21 世纪环境科学

环境土壤学

（第三版）

主　编　陈怀满

副主编　朱永官　董元华　周东美

科 学 出 版 社

北　京

内容简介

环境土壤学是一门新兴的综合性交叉学科，是环境科学和土壤学的重要组成部分。本书对土壤在环境中的作用与地位，土壤中一些化学物质的行为与环境质量和健康效应，污染土壤的修复和环境土壤学研究法等进行了较为全面而深入的讨论，书中素材的组合以及对一些观点的阐述和认识具有探索性和前沿性，是该学科领域的重要著作和教材，兼具理论性、资料性、时代性和实用性。

本书可作为环境科学与环境工程、土壤学、地质学、生态学、生物学、农业科学、地理与资源科学等专业本科生和研究生的通用课程教材；也可供有关专业的老师、科技工作者、工程和管理人员及关心土壤环境保护的公众参考。

图书在版编目（CIP）数据

环境土壤学/陈怀满主编. —3版. —北京：科学出版社，2018.8（2024.5重印）
（21世纪环境科学）
ISBN 978-7-03-057684-2
Ⅰ. ①环… Ⅱ. ①陈… Ⅲ. ①环境土壤学 Ⅳ. ①X144
中国版本图书馆CIP数据核字（2018）第122796号

责任编辑：许 健
责任印制：黄晓鸣 / 封面设计：殷 靓

科学出版社出版
北京东黄城根北街16号
邮政编码：100717
http://www.sciencep.com
江苏句容市排印厂印刷
科学出版社发行 各地新华书店经销
*
2005年 2月第 一 版 开本：787×1092 1/16
2018年 8月第 三 版 印张：34
2024年 5月第十九次印刷 字数：787 000

定价：**89.00**元
（如有印装质量问题，我社负责调换）

《环境土壤学》（第三版）编辑委员会

主　编　陈怀满

副主编　朱永官　董元华　周东美

编　委（以姓氏笔画为序）

王　果　王玉军　王慎强　司友斌

朱永官　吴启堂　沈振国　张乃明

张甘霖　陈同斌　陈怀满　陈能场

林玉锁　林先贵　周东美　郑春荣

徐建明　董元华　蒋　新

第三版前言

本书第一版于 2005 年 2 月问世，在相当程度上适应了当时教学和科研工作的需要。李学垣教授对该书的评价中认为，“在 20 多年来我国普通高校本科生和研究生该门课程的通用教材中，首次明确了它是环境科学的重要组成部分，是现代土壤学的主要内容和标志。从内容和体系上体现了它是一门新兴的土壤学与环境科学交叉融合的综合性学科”。2010 年本书再版，在学科内容的完整性与系统性、基本概念的科学性等方面做了进一步的完善，受到了读者的广泛认可和支持。

2010 年至今，随着土壤环境问题的日益突出，土壤环境保护受到了前所未有的重视和支持。2014 年 4 月 17 日，环境保护部和国土资源部发布了《全国土壤污染状况调查公报》，认为“全国土壤环境状况总体不容乐观，部分地区土壤污染严重，耕地土壤环境质量堪忧，工矿业废弃地土壤环境问题突出。”2015 年为“国际土壤年”，“健康土壤带来健康生活”的主题，带给公众对良好土壤环境质量的期许和渴望。2016 年 5 月 28 日，国务院发布了《土壤污染防治行动计划》，简称“土十条”，共 10 条 35 款 230 多项具体措施，从污染状况调查到依法治理，从分类管理到风险管控，从推进修复到落实责任，对我国土壤污染防治作出了系统而全面的规划与行动部署，彰显了国家对土壤污染防治的决心。主要指标规定到 2020 年，受污染耕地和污染地块安全利用率分别达到 90%以上；到 2030 年，受污染耕地和污染地块安全利用率分别达到 95%以上。2017 年，《中华人民共和国土壤污染防治法（草案）》在经过多次征求意见和反复修改后，有望尽快颁布，将为“防治土壤污染，保障农产品质量安全和公众健康，促进土壤资源可持续利用，保护和改善环境，推进生态文明建设”提供法律保障。习近平在中国共产党十九大报告中指出，要着力解决突出环境问题，包括强化土壤污染管控和修复，在顶层设计中昭示了土壤污染防治的重要性和紧迫性。在“绿水青山就是金山银山”这一价值观的大背景下，《环境土壤学》如何为国家完成生态和环境保护的相关目标，特别是在人才培养方面如何尽力而为，添砖加瓦，提供更有成效的系统理论和技术支撑，将研究成果转化为政府决策部门和公众的需要，便成为推动此次修订工作的巨大动力！

在此次修订工作中，遵循“着重基本原理、反映进展、兼顾传承与创新、体现交叉学科、服务国家需求、满足不同层次读者和人才培养之需要”的指导思想；注重“基础性、应用性和前沿性相结合，综合性、系统性和案例分析相结合，课堂内容和课外阅读与练习相结合”的结构体系；在内容上凸显土壤在环境中的作用与地位，污染物在土壤圈的行为与影响因素，污染土壤的防控与修复，土壤环境工程，环境土壤学研究法等；增加了土壤新型污染物与环境质量，新型污染物是指在环境中新发现的，或者早前已经被认识，但新近引起关注且对人体健康和生态环境具有风险的污染物，主要讨论了土壤中的抗生素及其抗性基因，以及纳米颗粒污染的相关问题；增加了土壤矿质元素与人体健康，以更好地理解人类健康和健康世界与土壤健康的依存性，呼应公众对土壤健康的关注；将污染土壤的修复划分为农用地和场地两个部分，农用地污染土壤修复单独成章，而场地污染土壤并入土壤环境工程，充实了土壤环境工程的内涵。本书兼具理论性、资料性、时代性和实用性，既是普通高校本科生和研究生的通用教材，也是该学科领域的著作，可适应不同读者的需求。

环境土壤学是研究自然因素和人为条件下土壤环境质量变化、影响及其调控的一门学科。它涉及土壤质量与生物品质，即土壤质量与生物多样性及食物链的营养价值和安全问题；涉及土壤与水和大气质量的关系，即土壤作为源与汇对水质和大气质量的影响；涉及人类居住环境问题，即土壤元素丰缺与人类健康的关系；涉及土壤与其他环境要素的交互作用，即土壤圈、水圈、岩石圈、生物圈和大气圈的相互影响；涉及土壤质量的保护和改善等土壤环境工程的相关研究和应用。环境土壤学的核心问题是土壤环境质量和可持续发展。在此次修订中将原书由十二章拓展为十四章，以下为各章的主要内容和修订或撰写者。

第一章为绪论（陈怀满），阐述了土壤和土壤圈在环境中的作用与地位，环境土壤学的产生与发展，简要地讨论了土壤质量、土壤环境质量、土壤健康、土壤安全、土壤污染、土壤环境质量标准和环境土壤学的主要研究内容。第二章为土壤的基本组成、性质和分类（徐建明、何艳），主要讨论了土壤生态系统的基本组成，土壤的物理、化学和生物学性质，土壤的形成与分类。第三章为土壤中碳、氮、硫、磷与环境质量（王慎强、赵旭、汪玉），主要讨论了土壤碳、氮与温室气体，土壤碳、氮的形态、迁移与转化，碳循环与气候变化，土壤碳存储和碳交易等；讨论了硫素和磷素循环与环境质量。第四章为土壤-植物系统中的硒、氟和碘及其环境行为（朱永官、陈怀满），讨论了土壤-植物系统中硒的迁移、硒的健康效应及其调节；氟的化学平衡、生物效应和地氟病；影响土壤-植物碘行为的因素和碘缺乏病的防治等。第五章为土壤重金属元素与环境质量（王玉军、郑春荣、周东美），讨论了土壤重金属（类金属、稀土元素）的形态、界面过程，以及对环境质量的影响，土壤背景值和土壤环境容量，化学物质的交互作用与环境质量等。第六章为土壤中有机污染物与环境质量（司友斌、高娟、陈怀满），讨论了土壤中有机污染物的种类、来源、理化性质、环境行为、生态毒性，以及对环境质量的影响。第七章为土壤中的放射性物质与环境（朱永官、陈怀满），核技术在工业、农业和医学等领域中发挥重要作用的同时，也不可避免地带来了它的副作用——放射性污染，本章主要讨论了土壤中的放射性物质的来源、行为及其环境效应（包括典型核事故的影响），在土壤侵蚀研究中的应用，以期加强对放射性物质的管理、污染防治和合理利用的认识、理解与实践。第八章为土壤生物污染与环境质量（林先贵、胡君利），讨论了土壤生物污染的成因与危害，土壤中生物污染物的环境行为及其预防与控制。第九章为土壤新型污染物与环境质量，包括土壤中的抗生素及其抗性基因（陈青林、安新丽、朱永官），以及纳米材料的环境行为与环境质量（王玉军、党菲）两个部分，讨论了土壤中抗生素的起源与发展，微生物对抗生素的抗性机理，土壤抗生素与抗性基因的环境行为与风险；土壤中纳米材料的来源，纳米颗粒的环境化学行为和生态效应等。第十章为土壤退化过程与环境质量（张甘霖、杨金玲、李德成），讨论了主要的退化过程，包括土壤侵蚀、土地荒漠化、石漠化、土壤酸化、土壤盐渍化和土壤压实，它们的成因、主要过程、原位影响、环境效应和防治措施。第十一章为土壤矿质元素与健康效应（董元华、陈能场、李建刚），讨论了土壤健康的概念，土壤矿质元素的生态化学计量学特征，土壤矿质营养与土壤微生物、植物和人体健康，包括矿质元素与长寿和人体健康影响的矫正等。第十二章为农用地污染土壤的修复（郝秀珍、仓龙、郑春荣），农用地是指用于农业生产的土地，包括耕地、园地、林地和牧草地等，本章所指污染土壤涉及所有农用地土壤，重点是耕地或农田土壤的污染问题，讨论了农用地污染土壤修复的工程设计，物理、化学、微生物、植物等修复方法、修复案例等。第十三章为土壤环境工程（仓龙、陈怀满），讨论了场地污染土壤的修复工程，地下设施的腐蚀与防治，污水土地处理，固体废物土地处置等的技术和方法，近年来，场地污染问题受到了极大的关注。第十四章为环境土壤学研究法（郑春荣、王玉军、司友斌、刘存），本章是对方法学的部分补充，讨论了土壤样品的采集与制备，土壤中典型无机污染物和有机污染物的分析，以及土壤环境质量的评价等。讨论偏重于基础性、原理性内容，一些具体操作过程和步骤则给出了相关文献。阐述了土壤污染防治的有效措施——负载容量管控法；在对土壤环境质量单因子评价、多因子评价（内梅罗法、地累积指数法、潜在生态危害指数法）的优缺点进行评述的基础上，建议了土壤和农产品综合质量指数评价法，可较为客观地评价重金属对耕地土壤环境质量的影响。董元华和周东美预审了部分章节，郑春荣参与了全书的审阅和修改工作，全书由陈怀满审阅、定稿。

十分感谢成书过程中许多老师所付出的辛勤劳动，没有他们的无私奉献和支持，要完成如此艰巨的任务是不可能的，这不仅是指参与此次修订工作的同行，也包括从策划本书第一版开始就无条件地支持和参与工作的所有同事、朋友和领导。此次修订工作得到了中国科学院南京土壤研究所党委书记蔡立和副所长蒋新、张甘霖的支持与鼓励，科技处滕应处长给予了许多具体帮助，高级工程师朱平老师始终关心和支持本书的出版工作，王玉军研究员在修订组织工作和日常事务中发挥了重要作用，刘存博士提供了许多重要文献。南京农业大学沈振国教授、环境保护部南京环境科学研究所林玉锁研究员、福建农林大学王果教授、广东省生态环境技术研究所李芳柏研究员等在本书修订工作中给予了许多具体的指导和帮助。特别感谢龚子同老师的支持，并审阅了有关内容，参加此次审阅工作的教授和研究员有（按拼音排序）：崔岩山、黄标、贾仲君、司友斌、滕应、王芳、吴龙华、颜晓元和张甘霖。本书成书过程中陈能场研究员提供了许多有关土壤环境问题的重要信息，他在土壤环境与健康的科普教育方面做了许多卓有成效的工作，特别是提供了公众关注的数十条与土壤环境保护有关的问题，使我们不但注意到本书的专业性，也应该兼顾和回答公众关心的问题。对于来自上述的诸多帮助、支持与鼓励，在此一并表示衷心的感谢。

由于作者水平有限，书中难免存在不足和疏漏之处，敬请读者批评指正。

陈怀满

2018 年元旦于南京

目　　录

第一章　绪　　论

第一节　土壤与土壤圈

一、土　　壤

土壤是孕育万物的摇篮，是地球生命之本，和没有水就没有生命一样，没有土壤也就没有生命。“土壤”一词在世界上任何民族的语言中均可以找到，虽然不同学科的科学家对什么是土壤有着各自的观点和认识，但《维也纳土壤宣言——土壤对人类和生态系统的重要性》（IUSS，2015）表明了科学界对土壤功能和重要性的共识，即“土壤是环境的基石，也是微生物、植物和动物等生命的基础；土壤是生物多样性和抗生素的大宝库，可为人类健康和基因储备服务；土壤具有滤水功能，是提供饮用水和其他水资源的关键；土壤是缓冲器，可供应植物所需要的水分，并防止水分快速流失；土壤存储和供应植物营养，能够转化包括污染物在内的多种多样化合物；土壤是世界上大多数食品生产的基础；土壤是生产木材、纤维和能源作物等生物质所必需的；土壤捕获碳，有助于减缓气候变化”。对于土壤的定义，ISO（2005）从土壤的组成和发生考虑，认为土壤是“由矿质颗粒、有机质、水分、空气和活的有机体以发生层的形式组成，是经风化和物理、化学，以及生物过程共同作用形成的地壳表层”。运用当代土壤圈物质循环的观点，人们对土壤的认识和理解有了不同程度的深化与拓展（李天杰等，2004；周健民，2003；赵其国，2003，1991；阿诺德等，1991）；在地球关键带相关问题讨论中提出的土壤安全概念（朱永官等，2015a），使得人们对土壤功能、作用等方面的论述更接近于土壤本质的反映。土壤安全是一种基于土壤可持续发展目标的系统战略框架，为土壤资源的可持续利用和保护提供了理论基础。为了科学而全面地理解关于土壤的定义，需要依赖于对土壤组成、功能、特性与土壤过程等较为全面的理解，主要包括：

1）土壤是历史自然体　这一认识是1883年俄罗斯土壤学家V.V.道库恰耶夫首先提出的。土壤是地球演化过程中经过长时间的综合成土作用（气候、生物、母质、地形、时间和人为活动）而形成的三维自然体；是考古学和古生态学信息库；是自然史（博物学）文库；是基因库的载体。因此，土壤对理解地球和人类的历史至关重要。

2）具有生产力　含有植物生长所必需的营养元素、水分等适宜条件，是农业、园艺和林业等生产的基础；建筑物与道路的基础和工程材料。

3）具有生命力　是生物多样性最丰富、能量交换和物质循环最活跃的地球表层；是植物、动物和人类的生命基础。

4）具有环境净化力　是具有吸附、分散、中和和降解环境污染物功能的环境仓；只要土壤具有足够的净化能力，地下水、食物链和生物多样性就不会受到威胁。

5）环境要素中心　土壤是由矿物颗粒、有机质、水、气体和生物组成的地球表面疏松而不均匀的聚积层，它是一个开放系统，是自然环境要素的中心环节。作为生态系统的组成部分，可调控物质和能量循环。

基于上述认识，考虑到土壤抽象的历史定位（历史自然体）、具体的物质描述（疏松而不均匀的聚积层），以及代表性的功能表征（生产力、生命力和环境净化力），可将土壤作如下定义，即“土壤是历史自然体，是位于地球陆地表面和浅水域底部具有生命力、生产力的疏松而不均匀的聚积层，是地球系统的组成部分和调控环境质量的中心要素”。这是一个相对来说比较具有综合性的定义，较为充分地反映了土壤的本质和特征。

二、土 壤 圈

（一）概念

人们对地球表面的水圈、大气圈、生物圈和岩石圈早已熟悉，而对土壤圈的讨论则是后来才予以较多关注。水圈是指地球表面和接近地球表面的各种形态的水的总称，它包括海洋、河流、湖泊、沼泽、地下水、岩浆水、聚合水、生物圈中的体液、细胞内液和生物聚合水化物等，在水循环的作用下，各个特征不同的水体相联系而形成了水圈。

大气圈是指包围地球的空气层或大气层的总体。大气圈大气是以氮、氧为主的多成分均匀混合气体，按在各个高度的特征可将其分为若干层次，常用的分层法有：①按温度垂直变化特点可分为对流层、平流层、中层和热层；②按大气成分结构可分为均质层和非均质层；③按压力特性可分为气压层和外大气层（逸散层）；④按电离状态可分为中性层、电离层和磁层。此外，还可按大气化学成分分出臭氧层。

岩石圈是指地球的刚性外壳层，是由一些能够相互独立运动的离散板块构成的。固体地球内部最基本的构造层为地壳、地幔和地核，岩石圈是由地壳和地幔最上部组成的固体地球最外部的圈层，具有较高的刚性和弹性，与土壤圈密切相连，为大气圈和水圈所覆盖，大陆岩石圈的厚度为100～400 km。

生物圈是指地球上所有生命与其生存环境的整体，它在地球表面上至平流层，下到十几千米的地壳，形成一个有生物存在的包层。实际上，绝大多数生物生活在陆地上和海洋表面以下各约100 m厚的范围内，在地球上之所以能够形成生物圈，是因为在这样一个层面里同时具备了生命存在的4个条件：阳光、水、适宜的温度和营养成分。

土壤圈（pedosphere）于1938年由瑞典科学家马特森（S.Matson）提出，它是岩石圈、水圈、生物圈及大气圈在地表或地表附近相互作用的产物。现代土壤学、环境科学和生态学的研究进展加深了对土壤圈本质的理解。可以认为，土壤圈是“覆盖于地球陆地表面和浅水域底部的一种疏松而不均匀的覆盖层及其相关的生态与环境体系；它是地球系统的重要组成部分，处于大气圈、水圈、生物圈和岩石圈的界面和中心位置，既是它们所长期共同作用的产物，又是对这些圈层的支撑”，它可以表示为

$$\mathrm{Sq} = f(L, H, B, A, i) \tag{1-1}$$

式中，Sq为土壤圈；L为岩石圈；H为水圈；B为生物圈；A为大气圈；i为岩石圈、水圈、生物圈和大气圈之间的交互作用。土壤圈是最活跃与最富生命力的圈层，它与其他圈层间进行着永恒的能量与物质交换；土壤圈具有记忆块的功能，有助于识别过去和现在土壤和环境的变化，并有一定的预测性；土壤圈具有时空特征，在空间上具有垂直和水平分异，主要表

现在特定条件下土壤的形成过程、土壤类型和性质的差异；在时间上处于动态的连续统一体，表现在土壤-生态和土壤-环境体系的形成与演变过程之中，体现了土壤形成的阶段性；同时，在空间和时间特征上均体现了生态与环境的演替性。简言之，土壤圈的时空特征主要体现在不同的历史阶段和区域，类型及其组合和空间格局、土壤剖面构型与土层厚度等都处于不断发展变化中（李天杰等，2004）。

（二）功能

从圈层观点出发，土壤学不仅局限于研究土壤物质的本身，而且朝着研究土壤与生存环境及地球圈层间相互关系的方向发展，它对人类生存环境及其全球变化的研究有着深刻的影响。按照已有研究成果，土壤圈的功能包括如下几个方面。

1）对生物圈　支撑和调节生物过程，提供植物生长的养分、水分与适宜的物理和化学条件，决定自然植被的分布与演替；影响元素的生物地球化学行为；保持生物多样性；但土壤圈的各种限制因素对生物也可产生不良影响。

2）对大气圈　影响大气圈的化学组成、水分与热量平衡，吸收 O_2，释放 CO_2、CH_4、H_2S 和 N_2O 等，对全球大气变化和空气质量有明显影响。

3）对水圈　影响降水在陆地和水体的重新分配；影响水分平衡、分异、转化及水圈的化学组成；对地表水和地下水的水质有重要影响。

4）对岩石圈　作为地球的“皮肤”，对岩石圈有一定的保护作用，可减少各种外营力。

关于土壤和土壤圈的异同点，目前尚未有公认的、明确的界定，以至于有人认为土壤圈（pedosphere）仅仅是土壤（soil）的另一个名称而已。然而，通过上述讨论，我们可以认识到虽然土壤和土壤圈两者紧密相连、密不可分，但却又有着明显的区别，前者属于特指的物质，是具体的；而后者则是指土壤与其生态和环境的整体，是宏观的、概念性的，强调了与其他圈层的相互关系、相互作用与影响，具有环境的整体性。在环境土壤学的学习与研究中应始终贯彻土壤圈的学术思想，关注土壤环境的整体性、地域差异性、变动性和相对稳定性，以及土壤的资源性及其有限性和不可再生性。

第二节　环境污染与土壤污染

一、环境与环境污染

（一）环境与环境观

“环境”是相对于中心事物而言的，是指主体周围的空间及空间中存在的事物。一般认为环境是指围绕着人群的空间，以及其中可以直接或间接影响人类生活和发展的各种自然因素和社会因素的总体。在环境科学和工程研究中主要关心的是自然因素。

对环境认识的差异源于环境观的不同。环境观是人类对其赖以生存的地球环境，以及人与环境相互关系的基本认识，伴随着人类社会的发展，环境观的演变和实践从未停止过（李晓琴，2016）。农业社会，人们对环境的认识停留在“原始自然”的基础上，人与自然相对和谐发展；工业社会，环境被打上的“人的烙印”随处可见，人与自然的矛盾突出；信息社会，环境科学中虽然仍旧强调自然环境问题，但已经较为深刻地融入了生态学观念，包含了人文环境和社会环境，强调人类是自然界的一部分，应该和谐相处，可持续发展。不同的环境观影响着各个时期的环境状况和经济发展。

顶层设计对于公众环境观的改变和正确观念的形成有无可取代的引导作用，面对日益恶化的全球与我国现代化进程中的诸多生态与环境问题，国家从战略高度提出了诸多经济与生态环境协调发展的政策措施，提出了人与自然及人与人双重和谐的生态文明观；生态兴则文明兴的生态价值观；良好生态环境是最普惠民生福祉的生态民生观；绿水青山就是金山银山的生态经济和绿色发展观；最严格的制度和最严密的法制保护生态环境的生态法制观；以“生态红线”为生命线的生态安全观，为公平、合理、有计划、和谐而可持续发展确立了正确方向（侯子峰，2016；刘海霞和王宗礼，2015）。

随着可持续发展战略的推进，生态环境观逐渐受到人们的重视，而在环境立法和环境管理文件中，大多依据不同的目的和对象而具体规定环境的内涵。《中华人民共和国环境保护法》（2015 年 1 月 1 日起实施）指出，“本法所称环境，是指影响人类生存和发展的各种天然的和经过人工改造的自然因素的总体，包括大气、水、海洋、土地、矿藏、森林、草原、湿地、野生生物、自然遗迹、人为遗迹、自然保护区、风景名胜区、城市和乡村等”。世界各国环境保护法对环境一词的法律适用对象范围作出了明确的规定，以保证法律的正确实施。

（二）环境污染

环境污染主要是指人类活动所引起的环境质量下降而有害于人类及其他生物正常生存和发展的现象。自然过程也会产生环境污染，但人们习惯于将自然过程所引起的同类现象，称为自然灾害或环境异常。环境污染的产生有一个从量变到质变的过程，当进入环境中的某种物质的浓度或总量超过环境自净能力时，就可能产生危害。环境污染有不同的类型，按照环境要素可分为大气污染、水体污染和土壤污染等；按照污染物的性质可分为生物污染、化学污染和物理污染等；按照污染物的形态可分为废气污染、废水污染、固体废物污染、噪声污染和辐射污染等；按照污染产生的原因可分为生产污染和生活污染，生产污染又可分为工业污染、农业污染和交通污染等；按照污染物的分布范围又可分为局部性污染（面积小于 10^2 km^2）、区域性污染（面积小于 10^6 km^2）和全球性污染（按大陆或全球的尺度）等。目前，环境污染产生的最重要的原因之一是资源的不合理使用，将宝贵的有限资源变为废物并造成环境危害。比较典型的环境事件包括以下 6 个方面。

（1）世界重大公害事件　马斯河谷烟雾事件（1930 年 12 月 1～5 日，比利时马斯河谷工业区，系二氧化硫、氟化物等有害气体和粉尘对人体的综合作用）、洛杉矶光化学烟雾事件（1943 年，美国洛杉矶，以臭氧为主的光化学烟雾）、多诺拉烟雾事件（1948 年 10 月 26～31 日，美国宾夕法尼亚州多诺拉镇）、伦敦烟雾事件（1952 年 12 月 5～9 日，英国伦敦市，烟雾中的三氧化二铁促使二氧化硫氧化产生硫酸泡沫，凝结在烟尘或凝源上形成烟雾）、四日市哮喘事件（1961 年，日本四日市，重金属微粒与二氧化硫形成硫酸烟雾）、熊本水俣病事件（1953～1956 年，日本熊本县水俣市，含甲基汞的工业废水污染水体，人食用了汞污染的鱼体而中毒）、富山痛痛病事件（1955～1972 年，日本富山县神通川流域，工厂含镉废水污染水体和稻米，居民食用含镉的米和含镉的水而中毒）、爱知米糠油事件（1968 年 3 月，日本北九州市爱知县一带，由于生产米糠油时脱臭工艺中的多氯联苯混入米糠油中，使人食用后中毒）。切尔诺贝利核电站爆炸事故（1986 年 4 月 26 日，位于苏联乌克兰普里皮亚季镇的切尔诺贝利核电站 4 号机组反应堆爆炸，逾 8 t 强辐射物质泄漏，约 6×10^4 km^2 的土地遭到直接污染，约 3.2×10^6 的人口不同程度地遭受核辐射侵害）；福岛核事故（2011 年 3 月 11 日，日本发生里氏 9.0 级大地震，并引发海啸，导致福岛核电站多个机组厂房发生爆炸，造成继切尔诺贝利后的又一个七级核泄漏事故）。

（2）酸沉降　1872 年英国科学家史密斯在一些工业城市发现雨水的 pH 偏低，并使用了“酸雨”一词。20 世纪 60 年代“千湖之国”瑞典的 3 000 多个湖泊酸度过大，鱼虾绝迹，成为死亡之湖。我国在 70 年代末也发现有酸雨，且分布区域广泛，成因复杂。近年来酸雨出现的区域主要分布在长江以南、青藏高原以东的广大地区及四川盆地。华中、华南、西南及华东地区，北方局部区域也有酸雨记载。酸雨除对森林、建筑物和古迹等造成损害外，对农业生产也有不同程度的影响。

（3）温室效应　1896 年，瑞典化学家、诺贝尔奖得主阿伦纽斯经过一万次以上的手工计算，认为大气中的大量水蒸气和 CO_2 能够充分吸收来自于地球的热辐射，从而使地球升温（即温室效应）。他当时的结论是，如果大气中的 CO_2 浓度增加一倍，将会使全球地表平均温度比工业化之前升高 5～6℃，相当接近于当今气候专家所认定的大气中 CO_2 浓度倍增所造成的后果，即全球升温 1.5～4.5℃；而工业革命之后，大气中 CO_2 的浓度已增加了 25%。温室气体主要有 CO_2、CH_4、O_3、N_2O 和 CFCs（氯氟烃）等。

（4）臭氧层破坏　臭氧层破坏是指大气圈中臭氧层出现耗竭而遭受破坏的现象。臭氧层浓度较高的大气层距地面 10～50 km，在 25 km 处浓度最大，形成了平均厚度为 3 mm 的臭氧层（在标准条件下压缩），它能吸收太阳紫外辐射，给地球提供防护紫外线的屏蔽，并将能量储存在上层大气层中，起到调节气候的作用。臭氧层的破坏可造成地面过量的紫外线辐射，使平流层温度发生变化，导致地球气候异常，影响植物生长、生态失衡和危害人类健康等后果。

（5）生物多样性减少　生物多样性是指地球上所有生物，即植物、动物和微生物及其构成的综合体，它包括生态系统多样性、物种多样性和遗传多样性 3 个部分。生物多样性是人类生存发展环境中各种生命资源的总汇，是未来农业、医学和工业发展的生命资源基础。资料表明（葛家文，2009），中国有高等植物 35 000 余种，占世界的 10%，居第三位。中国有脊椎动物 6 347 种，占世界的 14%，其中，鸟类 1 244 种，鱼类 3 862 种，均居世界前列。属于中国特有的高等植物 17 600 余种，脊椎动物 667 种。但随着人口的增长和经济开发的冲击，特别是森林破坏、环境污染及自然条件的恶化，将加速某些物种的消失速度，部分生物物种已到濒临灭绝的境地，有的已经灭绝，数百物种已列入国际濒危物种名单。有关生物多样性的评价和变化趋势受到了广泛关注（张明和高吉喜，2016）。相应地，一个重要的现象是土壤多样性也在减少，不论是国外国内均有同样的趋势，因而必须受到足够的重视（任圆圆和张学雷，2015）。

（6）水资源短缺和水质性缺水　《2016 年联合国世界水发展报告》的资料表明，自 20 世纪 80 年代以来，全球淡水取水量以年均 1%的速度增长，未来数年甚至数十年部分国家和地区的“缺水问题”将持续下去。农业灌溉用水占全球取水量的 70%，而全球 38%的灌区依赖于地下水；与此同时，近一半世界人口的饮用水来自于地下水；世界上最大的 37 个含水层中，估计有 21 个属于严重超采，涉及中国、印度、法国和美国，造成地下水枯竭。另外，较差的水质无法满足多种需求，预计在未来的几十年水质恶化将进一步加剧，估计 2050 年生活在由生化需氧量（BOD）过高造成高度水质量风险环境下的人口数量约为全球人口的 1/5，而面临氮和磷过高风险的人口数量将约占全球总人口的 1/3。直至 2050 年，淡水供应将面临持续增长的压力，超过全球 40%的人口将生活在严重缺水的地区，尤其是在北美、南非、南亚和中亚等地区。

二、土壤环境问题和土壤污染

土壤环境是以土壤为中心的地球表层系统的时空连续体，是岩石圈、水圈、生物圈、大气圈和土壤圈相互作用及物质循环和能量交换的中心，是地球环境的重要组成部分（周健民和沈仁芳，2013）。虽然土壤污染及其相关问题是环境土壤学关注的主要内容，但从广义上讲，土壤环境问题还包括土壤荒漠化、盐渍化和侵蚀等退化过程。20 世纪自然土壤的面积有了可观的减少，20 世纪 90 年代的统计资料表明，全世界有 15%的土地（大约 2.0×10^7 km^2，其中可耕地大约占 10%）在过去的一万年中被人为诱发的土壤退化所掠夺。因各种不合理的人为活动所引起的土壤和土地退化问题，已严重威胁世界发展的可持续性。我国土壤资源的特点是土壤类型多，绝对数量大，但人均数量少（0.30 hm^2；世界人均约 0.37 hm^2）（赵其国和骆永明，2015），还面临水土流失、耕地肥力下降、土地沙漠化、土壤盐渍化、石漠化和酸化等诸多土壤退化的突出问题，对我国生态安全构成了较为严重的威胁。

在我国，土壤环境保护的形势也比较严峻。2014 年 4 月 17 日，环境保护部和国土资源部联合发布了《全国土壤污染状况调查公报》，认为全国土壤环境状况总体不容乐观，部分地区土壤污染严重，耕地土壤环境质量堪忧，工矿业废弃地土壤环境问题突出。工矿业、农业等人为活动，以及土壤环境背景值高是造成土壤污染或超标的主要原因。全国土壤总超标率为 16.1%，其中，轻微、轻度、中度和重度污染点位比例分别为 11.2%、2.3%、1.5%和 1.1%。污染类型以无机物为主，有机物次之，复合型比重较小，无机污染物超标点位占全部超标点位的 82.8%。耕地土壤点位超标率为 19.4%，其中，轻微、轻度、中度和重度污染点位比例分别为 13.7%、2.8%、1.8%和 1.1%，主要污染物为镉、镍、铜、砷、汞、铅、滴滴涕和多环芳烃。从污染情况看，南方重于北方，长江三角洲、珠江三角洲和东北老工业基地等部分区域问题较为突出，西南、中南地区土壤重金属超标范围较大；镉、汞、砷和铅 4 种元素含量分布呈现从西北到东南、从东北到西南方向逐渐升高的趋势。这是 2005 年 4 月～2013 年 12 月近 9 年时间首次全国土壤污染状况调查样点真实而表观的反映。之所以说它是真实的，因为它是从大约 630 万 km^2 实际调查面积中所取土壤样品分析结果所获得的结论；继之说它是表观的，因为它是一个“数据成果”，对于数据形成的原因缺乏必要的深度分析，因而对土壤环境质量现状的描述显然存在一些可商榷之处，包括评价标准的确定、相应利用状况的影响（农产品品质等）、高背景值土壤的定位、污染或超标点位的原因等，均应慎重甄别（王玉军等，2014）。

（一）土壤污染的定义

为了更好地理解土壤污染的定义，可以同时将其与土壤沾污进行比较。土壤沾污和土壤污染原本是两个不同的概念，可由土壤沾污物质（contaminant）和土壤污染物质（pollutant）的差异性进行辨别（ISO，2005），前者指由人类活动而引入土壤的外源物质或制剂；后者指所引入物质或制剂的性质、数量或浓度可对土壤功能或使用价值产生负面影响，两者的显著差异性在于前者不涉及沾污物质的危害后果，后者则强调了污染物的不良作用。由此可见，土壤沾污是指由人类活动而引入土壤的外源物质或制剂的现象；而土壤污染则是指人为因素有意或无意地将对人类本身和其他生命体有害的物质或制剂施加到土壤中，使其增加了新的组分或某种成分的含量明显高于原有含量，并引起现存的或潜在的土壤环境质量恶化和相应危害的现象。土壤沾污是普遍存在的，是外源物质的侵袭和累积现象，而污染是沾污的极端情况与发展的后果。人们在实际工作中重点关注的是土壤污染或者污染土壤（指已经构成污染的样点、场地和不同尺度的区域土壤）。然而，由于对概念理解的差异性，在实践中混淆了沾污和污染的差别，以至于时有夸大土壤污染或污染土壤的问题。

对于概念的确切理解，有助于把握对土壤环境质量状况的正确识别，为了避免沾污与污染的混淆，本书建议将土壤环境质量状况分为背景、具有外源物质的侵袭与累积，以及污染等不同的状况来描述，但并不排斥将“具有外源物质的侵袭与累积”称为沾污，即可将土壤环境质量的状况分为背景、沾污（未污染）与污染，但必须明确沾污与污染的差别；根据土壤污染的定义可以清楚地了解到构成土壤污染的三要素，即有可识别的人为污染物，有可鉴别的污染物数量的增加，有现存（直接显露）或潜在（通过转化）的危害后果，三者缺一不可；由此可见，由自然成土过程而形成的高背景值土壤，不宜归属于污染土壤的范畴，应视为“问题土壤”或“环境异常土壤”。在基础研究中，人们对土壤环境质量的不同状况都应该十分重视；但在实践中，更为关注的是土壤污染或污染土壤的问题。

（二）土壤污染的特点

土壤污染有三大特点，即隐蔽性或潜伏性、不可逆性和长期性，以及后果的严重性（陈怀满，1996）。

1. 隐蔽性或潜伏性

水体和大气的污染比较直观，严重时通过人的感官就能发现；而土壤污染则往往要通过农作物，包括粮食、蔬菜、水果或牧草，以及摄食的人或动物的健康状况才能反映出来，从遭受污染到产生后果有一个逐步积累的过程，具有隐蔽性或潜伏性。日本的第二公害病——痛痛病便是一个典型的例证，该病 20 世纪 60 年代发生于富山县神通川流域，直至 70 年代才基本证实其原因之一是当地居民长期食用被含镉（Cd）废水污染的土壤所生产的“镉米”（重病区大米含 Cd 量平均为 0.527 mg/kg），此时，致害的那个铅锌矿已经开采结束，其间历经二十余年。

在过去的岁月中，我国张士灌区人和家畜也曾受到明显的污染危害，污灌区居民每人每日摄取的 Cd 量达 558 μg，而对照区仅为 17.6 μg，灌区摄入量为对照区的 32 倍；镉在人体器官中有明显的积累（吴燕玉等，1986），在灌区家畜脏器中的积累也十分明显，例如，猪肉和猪肾中的含量分别为对照区的 8 倍和 460 倍，这是由于污灌区用作饲料的米糠、稻谷等含有较高的镉。

场地污染是长期工业化的产物，是一个世界性的环境问题。有关标准指出，污染场地是指“对潜在污染场地进行调查和风险评估后，确认污染危害超过人体健康或生态环境可接受风险水平的场地，又称污染地块”[《场地环境监测技术导则》（HJ 25.2—2014）]。城市工业污染场地是我国城市化进程中面临的新环境问题，制约着城市土地资源的安全再利用。近年来，产业结构升级、城市布局调整、污染企业搬迁，致使大量污染场地遗留在城区，给人口稠密的城市带来环境和健康风险，制约着城市土地资源的安全再利用，阻碍了城市建设和地方经济的发展，构成了对人类和环境的潜在危害。

2. 不可逆性和长期性

土壤一旦遭到污染后极难恢复，重金属元素对土壤的污染是一个不可逆过程，而许多有机化学物质的污染也需要一个比较长的降解时间，例如，1966 年冬至 1977 年春沈阳—抚顺污水灌区发生的石油、酚类污染，以及后来张士灌区的镉污染，造成大面积的土壤毒化、水稻矮化、稻米异味和含镉量超过食品卫生标准。经过多年的艰苦努力，包括施用改良剂、深翻、清灌、客土和选择品种等各种措施，其部分生产力才逐步恢复，人们付出了大量的劳力和代价。

广东省韶关市翁源县大宝山矿区自 20 世纪 60 年代开始兴建，由于长期缺乏科学、有序而严格的管理，矿产开发使翁源县至少 83 个自然村受到严重污染，11 000 人的健康受到了严重的威胁，翁源县上坝地区成为皮肤病、肝病、癌症，尤其是食管癌高发区。研究表明（邹晓锦等，2008），污染区 31 户井水中 14 口井水的镉含量超过生活饮用水水质标准；铅（Pb）、镉在蔬菜中的含量分别为国家标准限值的 4.0 倍、5.6 倍，在大米中的含量为国家粮食卫生标准限值的 7.0 倍、2.9 倍。重金属暴露接触对人体健康风险评价结果表明，通过大米摄入的铅、锌（Zn）、镉和铜（Cu）的靶标危险商数（target hazard quotients，THQ）均大于 1，饮食摄入重金属途径中大米对人体健康已构成巨大的潜在风险，蔬菜中镉和铅也具有潜在风险；铅、镉等通过大米摄入人体是造成当地居民健康风险的主要原因。近年来虽然进行了大量的调查、修复等试验工作，但距离基本安全的要求尚需在综合修复技术方面加大投入，而急需解决的无疑是"镉米"问题。

3. 后果的严重性

一旦土壤受到污染，生物多样性、生物循环和水循环（包括水质和水循环过程）等也就必然受到相应的影响；同时，往往通过食物链危害动物和人体的健康。研究表明，土壤和粮食的污染与一些地区居民肝肿大之间有着明显的剂量-效应关系，污灌引起的污染越严重，人群的肝肿大率越高。一些土壤污染事故严重威胁着粮食生产，三氯乙醛污染是一个比较典型的事例，其中，万亩（1 亩≈666.7 m^2）以上的污染事故在山东、河南、河北、辽宁、苏北和皖北等地曾多次发生，受害品种包括小麦、花生和玉米等十多种农作物，轻则减产，重则绝收。有的田块毁苗后重新播种多次仍然受害，损失十分惨重。

化学定时炸弹问题是另一种严重后果的例证。20 世纪 80 年代末至 90 年代初，奥地利人 W.M.Stigliani 根据环境污染的延缓效应及其危害，用"化学定时炸弹"（chemical time bomb，CTB）的概念来形象化地描述这一过程，其含义是指，在一系列因素的影响下使长期储存于土壤中的化学物质活化，而导致其突然爆发的灾害性效应。化学定时炸弹包括两个阶段，即累积阶段（往往经历数十年或数百年）和爆炸阶段（往往在几个月、几年或几十年内造成严重灾害）。一个典型例证是，在中欧、德国、捷克与波兰边界的森林土壤中，由于两个世纪的工业化进程积累了大量的酸性物质，当森林土壤承受并中和酸性物质的能力达到极限时，土壤 pH 突然降低至 4.2 以下，导致大量铝（Al）活化，从而在 80 年代初引起大片森林死亡。

龚子同和黄标（1998）拓展了化学定时炸弹的内涵，详细分析了其在我国土壤中存在的可能性，包括地带性和泛地带性的"化学定时炸弹"，前者包括土壤盐渍化和土壤酸化等；后者包括施肥、工业污染和特殊成土作用造成的，如酸性硫酸盐土壤所形成的"化学定时炸弹"。同时，探讨了导致土壤中内在和外在的触爆因素，包括土壤有机质含量降低、土壤遭受强烈侵蚀、阳离子交换容量、pH 和氧化还原电位变化等。

（三）土壤污染源

土壤污染源可分为天然源和人为源。天然源是指自然界自行向环境排放有害物质，或者造成有害影响的场所，这种状况一般称为自然灾害，如正在活动的火山。人为源是指人类活动所形成的污染源，是研究的主要对象，而在这些污染源中，化学物质对土壤的污染是人们最为关注的。按照物质或制剂进入土壤的途径所划分的土壤污染源可分为污水灌溉、固体废弃物的利用、农药和肥料、大气沉降物等。

1. 污水灌溉

污水灌溉是指以已经经过处理并达到灌溉水质标准要求的污水为水源所进行的农田灌溉，但生产实践中大部分污水未经处理就被直接利用，给中国耕地带来了较为严重的影响。环保部门在 2006 年公布的数据显示，污水灌溉污染耕地达 2.17×10^6 hm^2（http://china.caixin.com/2013-01-29/100487291.html）。由于北方比较干旱，缺水严重，而许多大城市都是重工业城市，耗水量大，所以农业用水更加紧张，污灌在这些地区比较普遍，如沈阳、西安、太原、郑州、北京、天津、兰州、石家庄和哈尔滨等均存在因污灌引起的农田环境问题。广东大宝山矿山下游地区稻田土壤存在以镉和铜为主的多金属复合污染（许超等，2008）。钢铁厂污水灌溉的菜园土壤存在铜、镉和铅污染，以镉最为严重（王艳霞等，2012）。甘肃白银东大沟污灌区表层土壤中铜、铅、锌、镉、砷和汞等平均值均显著高于背景值，出现了严重的重金属累积，镉的污染为首要污染物（马廷民等，2015；Li et al.，2006）。历史上，张士灌区在 20 多年的污灌中，污灌面积约达 2 500 hm^2，镉污染十分严重，其中有约 330 hm^2 的土壤含 Cd 5～7 mg/kg，稻米含 Cd 0.4～1.0 mg/kg，最高达 3.4 mg/kg（周锡爵，1987）。

2. 固体废弃物的利用

固体废弃物包括采矿废弃物、工业废渣、污泥和城市垃圾等多种物质。由于污泥中含有一定的养分，因而可用来作为肥料使用，城市生活污水处理厂的污泥含氮量为 0.8%～0.9%，含磷量为 0.3%～0.4%，含钾量为 0.2%～0.35%，有机质含量为 16%～20%。但是，混入工业废水或工业废水处理厂的污泥，其成分较生活污泥要复杂得多，特别是重金属的含量很高。这样的污泥如果在农田中施用不当，势必造成土壤有害物质的累积。一些城市在历史上曾经将大量垃圾运往农村，垃圾中含有的煤灰、砖瓦碎块、玻璃和塑料等都会影响土壤性质。例如，1986 年广州居民生活垃圾的平均组成为，动植物残体占 28.3%；无机物、煤灰、砖瓦和陶瓷等占 64.1%；纸、纤维和塑料等占 5.2%；金属和玻璃占 2.4%。含有这些成分的垃圾长期施用于农田后，可逐步破坏土壤的团粒结构和理化性质。同时，城市垃圾也含有一定量的重金属，使土壤中的重金属含量随着垃圾施用量的增多而增加（吕春元等，1985）。煤矸石的堆积对周围环境有着明显的影响（张锂等，2008；王朝旭等，2007）。黄土高原兰州红古矿区煤矸石长期堆积、风化淋溶导致其周围土壤中重金属富集和污染，表现为随着煤矸石堆放、风化淋溶时间的延长，矿区土壤中重金属含量呈上升趋势，其中镉、铅、锌表现出较强的迁移性。

矿山开采与矿产冶炼几乎无例外地给周围环境带来了不同程度的影响。在矿产资源的开采和利用中，法律、技术和认识等诸方面的问题，致使在一些矿产开采和利用过程中产生了环境破坏，特别是重金属污染。矿山污染土壤的文献资料表明（Li et al.，2014），受采矿影响的土壤重金属浓度均比未受影响的农业土壤有明显增加。

3. 农药和肥料

农药在生产、储存、运输、销售和使用过程中都可能对环境产生不良影响，施在作物上的杀虫剂有一半以上流入土壤中。进入土壤中的农药虽然经历着生物、光解和化学降解，但对于有机氯等长效农药来说，那是十分缓慢的。土壤中的农药结合残留问题，更应特别注意，因为它具有更大的潜在危害性。农药在土壤中的残留性与土壤的理化性质和环境条件有着密切的关系，如呋喃丹在灌溉地区的土壤中残留量较低，在腐殖土中的降解速度分别为壤土和砂壤土的 1/2 和 1/3；土壤 pH 越高，其分解越快。大量施用含有重金属的农药也是造成土壤重金属累积或污染的一个重要原因，例如，果园长期施用含铜的农药，会造成土壤中铜的累积（Wang et al.，2009a），对土壤生态功能产生不良影响。

化肥问题，一是不合理施用和过量施用，使土壤养分平衡失调，并可造成河川、湖泊和海湾富营养化；二是施用的肥料中含有有害物质，例如，前已述及的含三氯乙醛的磷肥，它是由含三氯乙醛的废硫酸生产的，当它在土壤中施用后，三氯乙醛转化为三氯乙酸，两者均可给植物造成毒害。磷肥中的重金属，特别是镉的含量也是一个不容忽视的问题。世界各地磷矿含 Cd 范围一般在 1～110 mg/kg，但也有个别矿高达 980 mg/kg。我国每年随磷肥带入土壤的总镉量及其在土壤环境中的迁移、转化是一个值得关注的问题。化肥，尤其是进口磷肥是河北省设施蔬菜土壤镉污染的主要来源（王丽英等，2009）。资料表明（潘霞等，2012；陈林华等，2009），研究区市售常用肥料样品中镉、铜和锌的含量均有超标现象，有机肥中也含有重金属。

有机肥与耕地土壤质量有着十分密切的关系（董元华，2015）。目前，有机肥大多来自于畜禽养殖业，抗生素作为兽药和饲料添加剂有着广泛的应用（王娜等，2017），我国是抗生素生产和消费大国，大约年消费量的 46%用于畜禽养殖业，所以包括有机肥在内的抗生素和抗性基因污染问题与发达国家相比尤为突出，已经引起了较多的关注（赵文等，2017；王春红等，2010；王冉等，2006）。

4. 大气沉降物

气源重金属微粒是造成土壤重金属侵袭、累积或污染的途径之一，它的构成主要是金属飘尘。在金属加工过程中，在交通繁忙的地区，往往伴随有金属尘埃进入大气，其种类视来源的不同而异。这些飘尘自身降落，或随着雨水接触植物体或进入土壤后，其中的有害物质有可能随之为植物或动物所吸收，在大气污染严重的地区，有害物质在土壤和作物体中也有明显的累积（章明奎等，2010；Wong et al.，2003）。例如，大气湿沉降是岷江下游五通桥区域土壤中铅、镉和锌的污染源之一（朱鹏等，2013）。从对长江口青草沙水库及长兴岛采集的大气颗粒物样品分析发现，大气气溶胶中重金属 Zn、Cr、Mn、Cu、Ni 和 Pb 存在明显的元素富集，浓度分别达到 297 ng/m^3、241 ng/m^3、186 ng/m^3、181 ng/m^3、52 ng/m^3 和 32 ng/m^3，而相应的日平均干沉降通量分别为 0.14 $mg/(m^2 \cdot d)$、0.09 $mg/(m^2 \cdot d)$、0.08 $mg/(m^2 \cdot d)$、0.08 $mg/(m^2 \cdot d)$、0.02 $mg/(m^2 \cdot d)$和 0.02 $mg/(m^2 \cdot d)$（战雯静等，2012）。

在同一城市的不同功能区，大气沉降对土壤重金属的影响程度也有差别，例如，根据预测（李山泉等，2014），南京大气沉降 100 年后不同功能区表土（20 cm）重金属的累积增量分别为 Cu 1.3%～4.9%，Zn 2.9%～29.9%，Pb 2.1%～16.6%，Cr 0.3%～2.0%，Ni 0.6%～1.3%。钢铁工业区由于大气沉降输入量最高，各元素在表土中的长期累积增量和增加比例都最大；其次为工业与居民混合区；而风景区最低。就元素而言，Zn 在表土的长期累积增量最大，可导致表土 Zn 含量增高 29.9%，其次为 Pb，增量为 16.6%。

一些地区土壤中多环芳烃（PAHs）污染主要来源于石油等燃料的燃烧（王瑶等，2016；王潇磊等，2014）。由核裂变产生的两个重要的长半衰期放射性元素是 ^{90}Sr（半衰期为 28 a）和 ^{137}Cs（半衰期为 30 a），它们可经由大气沉降而进入土壤，土壤中 ^{90}Sr 的浓度常与当地降雨量成正比。

此外，尚有多个污染源的叠加影响。

（四）土壤污染的类型

土壤污染的类型目前并无严格的划分，从物质的属性来考虑，一般可分为有机物污染、无机物污染、土壤生物污染、土壤放射性物质污染、复合污染和新型污染。

1. 有机物污染

有机物污染可分为天然有机物污染和人工合成有机物污染，这里主要是指后者，它包括有机废弃物（工农业生产及生活废弃物中生物易降解和生物难降解有机毒物）、农药（包括杀虫剂、杀菌剂和除莠剂）等污染。我国塑料地膜地面覆盖栽培技术发展很快，部分地膜弃于田间而形成污染。持久性有机污染物（POPs）进入土壤后，随着持留时间的延长而被锁定，影响土壤的正常功能，甚至造成地下水、大气和食物链污染，对人类健康和环境质量产生威胁。

2. 无机物污染

无机污染物主要是随着人类的生产和消费活动而进入的。采矿、冶炼、机械制造、建筑材料和化工等生产部门，每天都排放大量的无机物质，包括有害的元素氧化物、酸、碱和盐类等，特别关注一些重金属、类金属和与生物健康有关的元素。

在现实生活中，“重金属”虽然是环境领域论文中一个相当流行的术语，但也有着诸多的误解。人们往往将这一类金属等同于“污染和毒害”，与“有毒有害”相联系，认为它们是“坏金属”，是“妖魔鬼怪”，但这在化学或者毒理学数据中并无根据。因此，有些学者批评概念性术语“重金属”既没有意义又具有误导性，强烈地认为应该被废除（Hodson，2004；Duffus，2002）。然而，笔者认为在没有公认的、科学严谨的术语替代之前，以金属物理性质“密度”为依据划分的“重金属”一词，可能在相当长的时间内仍然是为公众所熟悉和最容易被接受的概念，但必须客观地评估其利弊。

3. 土壤生物污染

有文献将土壤生物污染定义为“一个或几个有害的生物种群，从外界环境侵入土壤并大量繁衍，破坏原来的动态平衡，对人类健康和土壤生态系统造成不良影响”（周璧华和高拯民，1983）。随着环境科学的发展，土壤生物污染的概念有所扩展，本书第八章的定义为“生物污染一般是指外来生物侵袭一个新的生态系统，或本土有害生物的大量聚集，并对该系统造成负面影响或危害的现象”。造成土壤生物污染的主要物质来源是未经处理的粪便、垃圾、城市生活污水、饲养场和屠宰场的污物等。其中，危害最大的是传染病医院未经消毒处理的污水和污物。进入土壤的病原体能在其中生存较长的时间，可传染疾病；一些植物致病细菌污染土壤后能引起植物病害；由于广泛的连作和设施农业，土生病原菌的发展趋势值得关注。

4. 土壤放射性物质污染

土壤放射性物质污染是指人类活动排放出的放射性物质使土壤的放射性水平高于天然本底值。放射性污染物是指各种放射性核素，它的放射性与其化学状态无关。每一种放射性核素都有一定的半衰期，能放射具有一定能量的射线，除了在核反应条件下，任何化学、物理或生化处理都不能改变放射性核素的这一特性。

放射性核素可通过多种途径进入土壤。放射性废水排放到地面上，放射性固体废物埋藏处置在地下，核企业发生放射性排放事故等，都有可能造成局部地区的土壤放射性问题。大气中的放射性沉降，施用含有铀、镭等放射性核素的磷肥，以及用放射性污染的河水灌溉农田也会造成土壤放射性的侵袭和累积，这种状况虽然一般程度较轻，但范围较大。

土壤被放射性物质污染后，通过放射性衰变，能产生 α、β 和 γ 射线。这些射线能穿透人体组织，损害细胞或造成外照射损伤，或通过呼吸系统或食物链进入人体，造成内照射损伤。

5. 复合污染和新型污染

复合污染是指同一类型的多种物质或者不同类型污染物的同时污染，在土壤环境污染中颇为常见；近年来，一些新型污染物，包括纳米污染（王玉军，2016；王国豫，2012；王萌等，2010；汤鸿霄，2009）、微塑料污染（王昆等，2017；屈沙沙等，2017；周倩等，2015）、抗生素抗性基因污染等引起了较多关注（朱永官等，2015b；王冉等，2006）。

（五）土壤污染的防治

2016 年 5 月，国务院发布了《土壤污染防治行动计划》（简称“土十条”），提出开展土壤污染调查，加快土壤污染防治立法，禁用高毒性、高残留农药等具体措施，预设了工作目标。到 2020 年，全国土壤污染加重趋势得到初步遏制，土壤环境质量总体保持稳定，农用地和建设用地土壤环境安全得到基本保障，土壤环境风险得到基本管控。到 2030 年，全国土壤环境质量稳中向好，农用地和建设用地土壤环境安全得到有效保障，土壤环境风险得到全面管控。到 21 世纪中叶，土壤环境质量全面改善，生态系统实现良性循环。此外，规定了土壤治理成效的具体工作指标，到 2020 年，受污染耕地安全利用率达到 90%左右，污染地块安全利用率达到 90%以上；到 2030 年，受污染耕地安全利用率和污染地块安全利用率均达到 95%以上。我国土壤污染防治应遵循“土十条”所规定的基本精神、方法和措施。

1. 土壤污染底数的调查

摸清土壤污染的家底是最基本的一步。多年来，环境保护部、国土资源部和农业部都曾先后开展规模不一的土壤环境调查，但调查时间跨度大、方法不统一等，使得调查精度难以满足土壤污染风险管控和治理修复的需要。“土十条”提出通过对农用地和重点行业企业用地进行污染调查（加密调查），提高调查精度，真正摸清土壤污染底数，为全面实施土壤污染防治行动计划提供科学依据。

2. 推动土壤污染防治法立法工作

“土十条”对完成土壤污染防治法、完善土壤污染防治相关技术标准和规范提出了要求。明确监管重点，以镉、汞、砷、铅和铬等为重点重金属；以多环芳烃、石油烃等为重点有机污染物；以有色金属矿采选、有色金属冶炼、石油开采、石油加工、化工、焦化、电镀和制革等为重点行业；以产粮（油）大县、地级以上城市建成区为重点区域。建立专项环境执法机制，全面强化土壤环境监管。

《中华人民共和国土壤污染防治法（草案）》（简称《草案》）已于 2017 年 7 月完成了向社会公众征求意见的工作。《草案》突出以提高环境质量为核心，实行最严格的环境保护制度。规定了土壤污染防治工作的管理体制、政府责任、目标责任与考核；强化了政府、企业和公众在土壤污染防治方面的责任。规定了单位和个人的一般性权利、义务，确立了土壤污染责任人、土地使用权人和政府顺序承担防治责任的制度框架。《草案》明确要求建立土壤污染防治标准体系，规定每 10 年组织一次土壤环境状况普查，国家将实行土壤污染状况监测制度。《草案》还特别指出，在制定和修改土地利用规划和城乡规划时，应当充分考虑土壤污染防治要求，合理确定土地用途。同时，国家和地方的土壤污染防治工作将被纳入环境保护规划，有的地方还需制定专项规划。对未污染的耕地、林地、园地、牧草地和饮用水水源地土壤要优先保护；保护生态用地和未利用地土壤等。

3. 实施农用地分类管理

划定农用地土壤环境质量类别，以保障农产品的质量安全，最大限度地降低农产品超标风险。农用地按质量状况划为 3 个类别，未污染和轻微污染的划为优先保护类；轻度和中度污染的划为安全利用类；重度污染的划为严格管控类，采用种植结构调整或退耕还林还草等措施，既充分利用了土地资源，又避免了产出超标粮食的风险。

4. 实施建设用地准入管理

自 2017 年起，对拟收回土地使用权的有色金属冶炼、石油加工、化工、焦化、电镀和制革等行业企业用地，以及用途拟变更为居住、商业、学校、医疗和养老机构等公共设施的企业用地，由土地使用权人负责开展土壤环境状况调查评估；已经收回的，由所在地市、县级人民政府负责开展调查评估。自 2018 年起，重度污染农用地转为城镇建设用地的，由所在地市、县级人民政府负责组织开展调查评估。在评估结果的基础上，自 2017 年起要逐步建立污染地块名录及其开发利用的负面清单。

土壤污染防治应该实行“以防为主、防治结合”的原则，充分发挥土壤自身净化功能，切实保证“输入”和“输出”的平衡，推行负载容量管控法（王玉军等，2015），以保障土壤圈物质的良性循环。

此外，“土十条”明确了污染治理与修复主体，按照“谁污染、谁治理”的原则，其治理和修复责任将由造成土壤污染的单位或个人承担。这一规定将明确在城市化进程中，企业关闭搬迁后，仍需担负遗留污染场地的治理和修复责任。污染土壤的修复含有物理、化学和生物学的多种措施。被称为环境友好、绿色修复的植物修复方法虽然具有较多的优势，但也面临诸多挑战（Mahar et al.，2016）。

第三节　土壤质量和土壤健康、土壤安全

一、土壤质量和土壤健康

（一）土壤质量

“土壤质量”是一个发展中的概念（周健民，2017；陈怀满等，2006；陈怀满，2002）。我国有关标准定义《土壤质量 词汇》（GB/T 18834—2002），土壤质量是有关土壤利用和功能的总和。ISO（2005）给出了相似的定义，称土壤质量是所有与土壤利用和土壤功能相关的土壤性质的总称。有关土壤质量及评价体系的研究进展一直受到普遍的关注，对其定义曾有系统的总结与评述（曹志洪和周健民，2008；曹志洪，2004）。美国国家研究委员会于 1993 年给出了土壤质量的定义（NRC，1993），认为土壤质量是土壤调节土壤生态系统及外部环境影响的能力；有学者认为，土壤质量是指土壤履行其对人类和环境基本功能的能力（Doran et al.，1994）；美国土壤学会给出的定义略有差异（SSSA，1995），认为土壤质量是在自然或人工生态系统内，某种特定土壤维持植物和动物生产力、保持和提高水质和空气质量、支撑人类健

康和生活环境的能力。一些学者对上述定义提出了诸多质疑（Letey et al.，2003），例如，认为“功能”（function）具有多重性，一种土壤对某种“功能”可能是“好”的，但对于另外某些“功能”可能是“差”的；而“能力”（capacity）本身是一个定性术语，它与“功能”之间也无定量关系；甚至认为上述定义与大气和水质的定义相差甚远，应该给出一个与大气质量和水质可比较的土壤质量的定义，将其定义为“影响其使用价值的土壤之化学、物理学和生物学性质”。但由于土壤本身具有复杂性，这一模拟大气质量和水质的定义也很难对土壤质量作出科学的概括。另外，在土壤质量评价中，不可能回避土壤的功能与能力。一些中国学者在研究、借鉴和实践中对土壤质量的定义做了概括，认为土壤质量是土壤维持生产力及对人类和动植物健康的保障能力，是指在由土壤所构成的天然或人为控制的生态系统中，土壤所具有的维持生态系统生产力和人与动植物健康，而自身不发生退化及其他生态与环境问题的能力，是土壤特定或整体功能的综合体现（周健民，2003；张桃林和潘剑君，1999）。

另一种定义认为，土壤质量是土壤肥力质量、土壤环境质量和土壤健康质量 3 个既相对独立而又相互联系组分的综合集成（徐建明和汪海珍，2004）。土壤肥力质量是土壤提供植物养分和生产生物物质的能力；土壤环境质量是土壤容纳、吸收和降解各种环境污染物质的能力；土壤健康质量是土壤影响和促进人类与动植物健康的能力。根据上述论述，结合土壤的功能与特性，从土壤质量评价的实用角度出发，可将土壤质量定义为“正常或胁迫条件下土壤履行、维持和改善其生产力、生命力和环境净化能力的综合体现与量度，包括土壤肥力质量、土壤环境质量和土壤健康质量”。这一定义包含了土壤的基本功能、性质的动态性和对外界影响的缓冲能力，同时强调了量化的重要性。

（二）土壤健康

土壤污染的危害是土壤质量下降。自从 20 世纪 90 年代以来，土壤质量就成为人类所共同关注的热点问题之一，特别是因为它与土壤健康密切相关。一个“清洁”或“健康”的土壤才能持续生产出既丰富又优质的产品，所以人们往往将健康的土壤-健康的生物-健康的人紧密地联系在一起。人类的可持续发展在很大程度上依赖于土壤生产力、生命力和清洁度，即土壤质量或健康状况的保持与提高。2013 年联合国粮食及农业组织大会通过了每年 12 月 5 日为“世界土壤日”，加之 2015 年“世界土壤年”活动，使得“健康土壤带来健康生活”的理念成为公众生活的重要组成部分。

土壤和人类健康的关系似乎是一个永恒的主题（Brevik and Sauer，2015）。健康的土壤是满足粮食、生物质（能源）、纤维和饲料等产品不同需要的基本前提，并确保在世界所有区域提供必要的生态系统服务（联合国粮食及农业组织，2015）。其是指“具有维持生命系统中生物生产力，维护环境质量，改善植物、动物和人类健康功能的土壤”（Kemper and Lal，2017）。一般认为，健康的土壤应具有良好的组成、结构、性质和功能，并具有可持续性。土壤健康是指土壤的一种状态、程度或适宜性。

有人认为土壤健康即土壤质量，但目前并无统一的认识。1995 年加拿大农业和农产品部出版了《我们的土壤健康——为了加拿大农业的可持续发展》一书，书中将土壤健康和土壤质量作为同义词，在农业术语上定义为“土壤供给作物生长而不导致自身退化，且不损害环境的适宜性”（周健民和沈仁芳，2013）。也有作者认为“土壤健康是农产品安全和人类健康的基础，是一个赋有 21 世纪新时代气息的新观念”（杨晓霞等，2007）。有关论述（盛丰，2014）

在综述文献的基础上，认为土壤健康和土壤质量具有近乎相同的含义，在科技出版物中交替呈现，但也存在一些差异。土壤质量可分为静态质量和动态质量，静态质量指成土过程中所形成的土壤自然组成与性质，这些性质不受或少受人类活动（主要指农业实践）的影响；动态质量是指那些可通过人为干预而优化的部分，例如，有机质、生物多样性等，它明显地受利用、管理方式和方法的影响，所以土壤健康主要指土壤质量中的动态质量，强调了生物或者生态服务功能，是一种应用性、针对性较强的科学观念（Suja et al.，2017；Derner et al.，2016；Rojas et al.，2016；Doran，2002）。可以预期，“健康土壤”或“土壤健康”将会成为具有较好可操作性，科学界特别是公众容易接受，并逐步由定性向定量描述的科学概念。关于土壤健康问题在本书第十一章中还有较为详细的讨论。

二、土壤环境质量

（一）概念

土壤环境质量是指在一定的时间和空间范围内，土壤自身性状对其持续利用，以及对其他环境要素，特别是对人类或其他生物的生存、繁衍和社会经济发展的适宜性，是土壤环境“优劣”的一种概念，它与土壤遭受外源物质的侵袭、累积或污染程度密切相关（背景状况→外来物质的侵袭与累积状况（沾污）→污染状况），是“特定需要之环境条件”的量度。此种“优劣”和“特定需要”充分体现了土壤环境质量的相对性，适用于某一种需求的良好环境条件，不一定同样适用于其他需要；对土壤环境质量的概念性解释有可能随土地的实际使用状况而变化，对农业和非农业土壤来说也并非总是相同的。土壤环境质量是环境科学和土壤环境保护研究中的热门课题，是环境土壤学的核心内容之一，它是土壤质量的重要组成部分。和土壤质量一样，目前土壤环境质量也是一个发展中的概念。土壤环境质量依赖于土壤在自然成土过程中所形成的固有环境条件、元素或化合物的组成与含量，土壤利用过程及其动态变化，同时应考虑土壤作为次生污染源对整体环境质量的影响。本书关注的是土壤环境质量及其可持续发展的问题，特别是外源物质的侵袭、累积或污染程度及其预防与修复。很显然，人们必须保持良好的土壤环境质量，这样才能使其适用于农业生产，安全而有效地使用废弃物和副产品作为土壤改良剂。同时，在土壤受到人为活动的影响时，必须采取适当的措施，以减少其自身及其对大气、水和植物等的不良影响。从环境角度出发，首先必须发展一种灵敏而合适的方法来评价土壤环境质量，土壤环境质量评价是“土壤环境质量现状评价”和“土壤环境质量影响评价”的总称，是对土壤环境状况的价值判定、保护和利用的基础。在耕地土壤环境质量现状评价中，建立了土壤和农产品综合质量指数法（王玉军等，2016），评价参数中同时包含了土壤元素背景值、土壤环境质量标准和农产品中污染物的限量标准，相关内容在本书第十四章中将有较为详细的评述。《耕地质量等级》（GB/T 33469—2016）于 2016 年 12 月 30 日起正式实施。标准从农业生产角度出发，对耕地地力、土壤健康状况、田间基础设施构成的满足农产品持续产出和质量安全的能力进行评价，明确了相关评价指标的涵义、获取方法和划分标准等。

对土壤环境质量进行评价的最重要依据是其质量标准，因而土壤环境质量标准一直是各方面关注的热点。由于中国土壤类型十分复杂，各种土壤类型之间在性质上存在较大的差异，现有的《土壤环境质量标准》（GB 15618—1995）不能适应实际需要。环境保护部于 2009 年 9 月发布了公开征求土壤环境质量标准修改意见的公告，并启动标准的修改，至 2017 年已经四易其稿。

（二）土壤环境质量标准

土壤环境质量标准的建立是一个相当复杂的系统工程，它具有独立性和依存性（周东美等，2014）。以重金属为例，土壤环境质量标准的独立性与依存性是指其土壤环境标准赋值时的依据。依据土壤背景状况建议的土壤自然质量保护标准值（基准值或目标值），视为赋值的独立性；而将土壤作为资源利用或健康与生态风险评估时所规定元素的限量值，称为赋值的依存性。标准赋值的独立性是主动保护土壤资源的需要，通常以背景值为依据获得土壤自然质量保护基准值，它不以土壤资源利用的差异而改变，是保护土壤自然环境质量的目标值；可以土类为单元制定全国标准，土壤重金属可用总量标示。土壤环境质量标准赋值的依存性是土壤作为资源利用的需要，基准或标准受制于多种因素，因而具有依存性和相对性，很难给出一个全国的统一标准，可由产业部门和地方单位制定，以重金属总量或可提取态标示均可。就农产品产地而言，可由食品污染物限量或其他合适的指标推导土壤临界值。关于土壤环境质量标准的制订，许多研究者都发表了原则性见解，并提出了行之有效的方法。以重金属为例，在标准研究中基本上有土壤负载容量法和元素背景值法，或将其归纳为生态效应法与地球化学法。在土壤负载容量法或生态效应法中，采用不同的指标体系来确定土壤有害物质临界值（基准值），这些指标包括：

1）产量指标　将农作物产量（主要指可食部分）减少 5%～10%时的土壤有害物质浓度作为土壤有害物质的最大允许浓度。

2）微生物与酶学指标　当微生物数量减少 10%～15%，或土壤酶活性降低 10%～15%时，土壤有害物质的浓度为最大允许浓度。

3）食品卫生标准指标　即当作物可食部分某元素的含量达到食品卫生指标的限量时，相应土壤中某元素的含量为最大允许浓度。

4）环境效应指标　包括流行病学法和血液浓度指标；对地面水、地下水及其他环境要素的影响限量等。将上述指标进行综合分析比较，采用最敏感因子作为土壤中有害物质的最大允许浓度，再结合社会、经济等因素制订出合适的标准。目前，人们实际关注的大多集中于耕地土壤的环境质量标准或基准问题的研究，一些研究者认为，在标准制订中，应该关注土壤与整体环境要素的关系，制订出合理而普遍适用的土壤环境基准值（张耀丹等，2017）。

（三）建立土壤环境质量标准的原则和方法

从本质上说，目前对中国土壤环境质量标准的建立原则和方法在学者之间并无太大的分歧，就重金属而言，大多认为：

1）土壤是一个十分复杂的体系，土壤环境质量标准应该是包含多种标准的系列标准或标准系列。

2）从土壤质量的本质考虑，在土壤环境质量标准制订中应该考虑其性质的“固有”状态和“动态”变化，必须与土壤类型、利用与管理方式紧密相连。

3）从“固有”状态考虑，应该制订以保护土壤资源自身为目标的“土壤环境质量保护限量标准”，根据不同的土壤类型，以背景值为依据（地球化学法），可以中国土壤系统分类或分类系统中的土类为基本单元。这一标准应该有严格的要求，且具有唯一性，是保护土壤自身资源的目标值，强调了背景状态下的可持续利用性。从“动态”角度考虑，应该制订以土壤资源利用为目标的“土壤有害物质限量标准”（土壤负载容量法），这一标准具有多重性，可依据不同的应用目的制订不同的标准，强调了特定利用条件下的可持续发展。该标准系列可以清楚地标明特定土壤的环境质量现状，标明为“背景状态”或“外源物质侵袭与累积（沾污）状态”或“污染状态与污染程度”；也可明确地回答是否需要修复的问题。

4）由于土壤元素“可提取态”具有复杂性和局限性，目前在土壤环境质量评价中仍旧以“总量”为主，它是一个“容量”因素；必要时，可将“总量”和“可提取态”一并考虑，将“可提取态”（强度因素）一并纳入评价参数中；应该鼓励有条件的地区，制订“可提取态”（有效态）的量化标准，福建进行了有益的尝试［《农产品产地土壤重金属污染程度的分级》（DB35/T 859—2016）］。

5）体现公众参与的包容性。我国土壤类型众多，性质各异，一个统一的全国性标准很难适应这种多样性的需要，当土壤中的污染物含量无法用规定的标准衡量时，可结合当地实际情况，确定具体土壤的标准值，并报请管辖权环保部门批准和环境保护部备案，如此将有可能避免不必要的争论，有利于土壤环境的保护。

一些学者结合国家的相关环境政策，提出了服务于管理需求的土壤环境标准框架体系（王国庆和林玉锁，2014），包括土壤环境质量标准、土壤环境风险管控标准和针对特定污染土壤的治理修复标准，以适应国家“严格保护、风险管控和治理修复”的土壤环境政策。需要注意的是，风险评价是一个十分复杂的过程，但在评价中至少需要掌握两个基本点，一是识别有无引起风险的过程；二是量化可能发生的风险。因为风险评价过程中存在固有的不确定性，所以根据土壤对其他环境要素的影响所表征的土壤环境质量有一定的局限性，对特定要素或指示物所确定的土壤中化学物质的限量标准质量，并不一定适用于其他情况；即使同一要素或指示物在环境条件发生变化时，也可能产生新的风险。目前，在土壤环境质量的评价中，大多应用“临界值”或“毒性限量”，体现了特定条件下的土壤质量状况；然而，除了“土壤有害物质限量标准”外，制订有利于土壤资源持续利用、以保护土壤自身为目的的土壤环境质量保护限量标准问题，应是土壤环境质量调控中的重要内容。

三、土壤安全

土壤安全是一个多维的概念（McBratney et al.，2014），涉及性能（capability）、状态（condition）、资本性（capital）、关联性（connectivity）和政策法规（codification）。具体来讲（朱永官等，2015a），土壤性能是指其已经具有的功能和潜在功能。土壤状态是指土壤现在的状况与参照体系相比所发生的变化，主要包括物理状态、化学状态和生物状态。土壤的状态决定了土壤的最佳性能，同时土壤的性能也能够反映土壤的状态，而两者共同构成了土壤的生产力。土壤资本性是指土壤所提供的影响整个生态系统功能和生态系统服务的能力，包括其自身的价值和潜在的生产力。土壤关联性是土壤安全社会属性方面的指标，其主要指负责管理土壤的人是否已经掌握正确的知识和资源来管理土壤以达到其最佳性能，关联性主要是为了更好地管理土壤和改善土壤环境质量。上述 4 个指标最终都要通过政策和法规来进行约束和规范，以保障土壤安全和土壤资源的可持续发展。评估土壤安全这 5 个方面的指标构成了土壤可持续发展和利用的理论框架，所以土壤安全的概念具有多维性，并且涵盖社会、经济和生物物理等学科，比“土壤质量”“土壤健康”和“土壤保护”的概念更宽广、更综合，因而土壤安全提供了一种解决人类面临的环境问题的理论框架，将土壤放在这种理论框架的核心位置能够更好地为可持续发展提供决策依据。

目前，土壤安全面临六大全球挑战，即粮食安全、水安全、能源安全、减缓气候变化、生物多样性保护和生态系统服务，也是我国急需解决的土壤科学问题。沈仁芳和滕应认为（2015），我国土壤安全的重点任务应包括：①加强土壤价值的评估研究；②完善国家土壤监测网络，开展土壤例行监测；③构建和完善土壤安全政策、法律及管理体系，建立土壤安全预警和接受支撑体系；④加强土壤安全问题的基础性研究，确保土壤资源的可持续利用；⑤启动公众土壤安全教育，提高全民土壤保护和土壤安全意识。

第四节　环境科学与环境土壤学

前已述及，环境是相对于中心事物而言的背景，它始终相对于中心事物而言。在环境科学中，环境是指以人类为主体的外部世界，主要是地球表面与人类发生相互作用的自然和社会要素及其总体。人类通过生产和消费活动，从自然界获取生存资源，然后又将经过改造、利用和生产的物质，以及作为副产品的各种废弃物还给自然界，从而参与了自然界的物质循环和能量流动过程。当人类行为引起环境结构与状态改变不超过一定限度时，即在环境系统的自净能力内，则环境系统的自动调节功能可使这些改变逐渐消失，使结构和状态恢复原有的功能，这就意味着，人类可以通过自己的实践行为在一定程度上促进环境的定向发展，但也可能导致相反的结果，使环境产生不同程度的退化，这就是所谓的环境问题。

环境科学是环境问题产生后发展起来的一门新兴的、综合性的交叉学科，它涉及地学、生物学、化学、物理学、医学、工程学、数学、社会科学、经济学和法学等多种学科知识。它的主要任务是探索全球范围内环境演化的规律，揭示人类活动同自然生态之间的关系，探索环境变化对人类生存的影响，研究区域环境特征及保护的技术管理和措施，核心是环境质量与可持续发展问题。20 世纪 80 年代以来，由于西欧、北美和大洋洲等地区的许多发达国家出现粮食过剩，因而已不再局限于对粮食产量的关注，而是更加重视粮食的品质和粮食生产过程中的环境问题。国际土壤学的研究重点已从以增产粮食为主转向以提高粮食品质和安全性、保护环境、可持续发展及促进人畜健康为主要目标（宋长青，2016；宋长青和谭文峰，2015），促进了环境科学和土壤学的相互渗透，体现了土壤学在环境科学中日益增加的重要性，孕育了环境土壤学的创建与发展。

一、土壤在环境中的作用与地位

土壤与水质、土壤与大气环境质量、土壤与植物品质，以及土壤与人体和动物健康有着十分密切的关系（陈怀满，2002）。

（一）土壤与水质

1. 土壤与水质的关系

水是人类生存不可缺少的物质，没有水就没有生命，同时，水在人类文明发展中也起着重要的作用。我国江河众多，流域面积＞100 km^2 的河流有 5 万多条，流域面积＞1 000 km^2 的河流有 1 500 多条。水资源通常是指逐年可以得到恢复和更新的淡水量，《2016 年中国水资源公报》等资料表明，我国水资源总量为 3.2×10^{12} m^3，少于巴西、俄罗斯、加拿大、美国和印度尼西亚，居世界第六位；但中国人均水资源量仅有 2 300 m^3，约为世界人均水资源量的 1/4，因而水资源的保护任务是十分艰巨的。为了保护水资源，必须重视土壤质量的保护与提高，因为水质与土壤有着十分密切的关系（表 1-1）。

表 1-1 土壤与水质的关系（Bezdicek et al.，1996）

土壤性质与过程	对水质的影响	土壤性质与过程	对水质的影响
直接影响		**间接作用**	
母质	盐浓度，软硬度	耕作方法	沉积物浓度与悬浮物负荷
有机质含量	色度	化学品输入	可溶物负荷，富营养化
土壤结构与可蚀性	浊度	农作制度	生物量
CEC	可溶物负荷	排水	可溶物负荷
厌氧环境（anaerobiosis）	BOD，COD		
质地	悬浮物负荷		

由土壤性质可以概略地推测流经地河流水质的基本性质，如地表水的浑浊度是由水中所含泥沙、黏土和有机物等造成的，不同河流因流经地区的土壤和地质条件不同，浑浊度可能有很大差别。水中离子的种类和流经地土壤性质有关，因而影响水的嗅和味，如浑浊河水常有泥土气或涩味；含氧较多或含硫酸钙的水略带甜味，含氯化钠的水带咸味，含硫酸镁、硫酸钠的水带苦味，含铁的水微涩。表 1-2 为中国土壤系统分类土纲及划分依据，从主要成土过程或影响成土过程的性状、主要诊断层和诊断特性中，可以大致推测其对地表水基本性质的影响（龚子同等，2014）。

表 1-2 中国土壤系统分类土纲及划分依据（龚子同等，2014）

土纲名称	主要成土过程或影响成土过程的性状	主要诊断层、诊断特性
有机土（Histosols）	泥炭化过程	有机土壤物质
人为土（Anthrosols）	水耕或旱耕人为过程	水耕表层和水耕氧化还原层，或灌淤表层、土垫表层、泥垫表层、肥熟表层和磷质耕作淀积层
灰土（Spodosols）	灰化过程	灰化淀积层
火山灰土（Andosols）	影响成土过程的火山灰物质	火山灰特性
铁铝土（Ferralosols）	高度富铁铝化过程	铁铝层
变性土（Vertosols）	高胀缩性黏土物质造成的土壤扰动过程	变性特性
干旱土（Aridosols）	干旱水分状况下，弱腐殖化过程，以及钙化、石膏化、盐渍化过程	干旱表层、钙积层、石膏层、盐积层
盐成土（Halosols）	盐渍化过程	盐积层、碱积层
潜育土（Gleyosols）	潜育化过程	潜育特性
均腐土（Isohumosols）	腐殖化过程	暗沃表层、均腐殖质特性
富铁土（Ferrosols）	中度富铁铝化过程	低活性富铁层
淋溶土（Argosols）	黏化过程	黏化层
雏形土（Cambosols）	矿物蚀变过程	雏形层
新成土（Primosols）	无明显发育	淡薄表层

2. 土壤对水体中污染物的控制

土壤可控制其饱和层或非饱和层水中的有害物质浓度（图 1-1）。土壤与有害物质的反应包括以下几点。

1）土壤作为一种含有固体、气体和水的不均匀物质，具有独特的物理和化学性质，具有一定的化学活性，从而影响水中有害物质的浓度。

2）土壤固体具有较大的表面积，可作为多种物理和化学反应的媒介，如水解、氧化、还原、键合残留和多种吸持与固定反应。人们注意到，水始终与土壤表面紧密接触，因而不难理解水和土壤环境质量之间的相互关系。

3）土壤含有大量的水，因而土壤中也可发生许多水化学反应。多氯联苯（PCBs）等有机污染物在土-水体系中往往吸附在土壤颗粒表面，十分牢固，但在油性溶剂中却难以吸附。

4）土壤含有大量的微生物，它们所具有的各种各样的酶可催化有机和无机分子的转化。

5）土壤具有一定的孔隙度，是许多挥发性有害物质的通路。

6）土壤体系中可能有多种反应同时出现，对许多有害物质来说，土壤是一个复杂的缓冲体系，它调节着水中许多有害物质的浓度，但如果有害物质保持在土壤的交换位和有机质与矿物的吸附位上，则其有可能被重新释放到水中，使土壤成为二次污染源。

应当注意到，不同土壤中所出现的反应可能有着很大的差别，如 PCBs 可能从沙土中迁移到地下水中，而在一个富含蒙皂石的表土中，这种迁移完全可以被忽略。

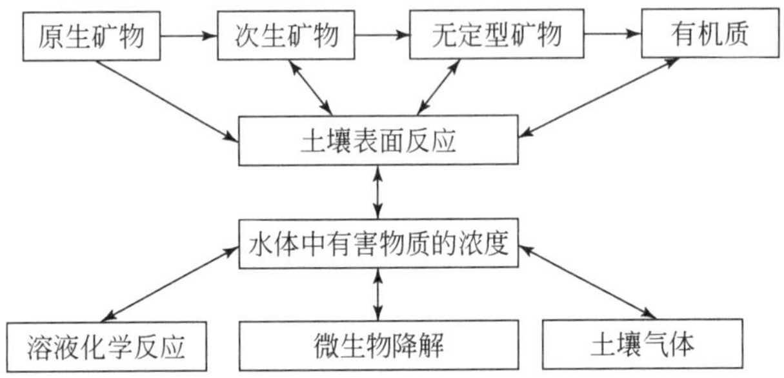

图 1-1　土壤对水中有害物质浓度控制示意图

河流悬浮物与其流域的土壤性质关系密切，而且对水体中有害物质，例如，重金属的浓度有很大的影响。废水或污染物进入水体后，立即产生两个互相关联的过程：一是水体污染过程；二是水体自净过程。水体污染的发生和发展，即水质是否恶化，要视这两个过程进行的强度和净效果而定。这两个过程进行的强度与污染物性质、污染源大小和受体 3 个方面及其之间的相互作用有关。重金属离子进入水体后，往往为河流悬浮物所吸附，从而起到了不同程度的净化作用。研究表明，悬浮物的吸附作用使许多污染物，特别是各种重金属离子，由水中转入底泥，是环境污染物自净过程的重要方式。镉的吸附和解吸作用最有可能是控制天然水中镉浓度的主要因子，其他重金属也有类似的行为，因而悬浮物对重金属的吸附能力在一定程度上可反映河流对重金属的净化能力。但是，河流因其地域的差异，其悬浮物的组成、性质各不相同，因而其吸附行为也不一样；此外，吸附还受到水体 pH、温度、矿化度和悬浮物含量的影响。重金属吸附试验中的“泥沙效应”显示，在吸附质浓度固定时，单位吸附量随吸附剂含量的增大而减少，因而如何用河流悬浮物的吸附作用来比较相互之间，或同一河流的不同地段，或同一地段丰、枯水期的净化能力，就成为一个相当复杂的问题。我国主要河流悬浮物样品对镉离子吸附作用的研究表明，当将不同含量的悬浮物所测得的分配系数进行比较时，有必要考虑其含量的影响，否则相互之间的比较可能是无意义的。但在实际条件下，各河流的泥沙含量均有差异，为了排除这种“泥沙效应”，对河流之间悬浮物的净化能力进行有效的比较，可用吸附势这一强度因子来比较各河流之间，或同一河流不同地段，或同一地段丰、枯水期的相对净化能力（陈怀满和郑春荣，1995）。

（二）土壤与大气环境质量

土壤与大气环境质量有着密切的关系。土壤圈与大气圈之间不断地进行着固、液和气三相物质的交换。土壤通过绿色植物固定大气中的CO_2，释放出O_2；通过固氮植物固定大气中的N_2。植物的枯枝落叶在土壤微生物的作用下，一部分转化成土壤有机质，另一部分则以CO_2的形式排入大气。降雨为土壤补充水分，土壤水的蒸发和蒸腾作用是大气水蒸气的来源之一。大气中的悬浮颗粒主要来源于土壤的风蚀过程，而大气降尘又是一些地区土壤物质的重要来源，例如，我国的黄土区、美国中部的大平原、欧洲中部、以色列及尼罗河谷沉积黄土发育的土壤都与地质历史上风力搬运物质的沉降有关。现今一些地区沙尘暴的产生在本质上也属于土壤风蚀的结果。风蚀吹走了表土中的细小颗粒，从而使土壤贫瘠化、粗质化，进而沙漠化，它是我国西北地区土壤荒漠化最为重要的作用力。

大气环境与土壤质量相互依存，要改善大气环境必须重视土壤环境质量的保护。从绝对质量来衡量，土壤尘埃是大气悬浮颗粒最主要的组成部分，因而大气悬浮颗粒对大气质量的影响，在很大程度上取决于土壤尘埃的理化性质。我国大气颗粒物对酸的缓冲能力呈现北高南低的趋势，这与我国土壤的地带性分布相一致。

1. 温室气体

人们将大气中存在的某些含碳和含氮气体（如CO_2、CH_4和N_2O）、某些含硫气体［如二甲硫（DMS）、氧硫化碳（COS）和二硫化碳（CS_2）］，以及含氯氟烃系列气体的化合物等称为温室气体，它们可以吸收来自太阳、地表的热辐射，或改变云层的光学性质，因而这些气体含量的变化可影响地球表面的热平衡，从而影响到气候变化，这种由温室气体引起的地表热辐射变化称为“温室效应”。土壤在调节温室气体浓度中起重要作用，它是最大的陆地碳（C）库，约为1 400 Pg（$1\ Pg=10^{15}\ g$），还有95 Tg N（$1\ Tg\ N=10^{12}\ g$），如果土壤发生碳和氮（N）库消耗，也就意味着增加了大气的碳和氮库（主要以CO_2、CH_4和NO_x的形式而存在）。土壤质量通过有关的土壤过程在调节与土壤有关的气体通量方面起着十分重要的作用，耕作措施、施肥和作物轮作等均可影响气体通量。

直接影响土壤温室气体排放的土壤性质包括有机碳、土壤温度、土壤水和通气程度：

$$J_q=f(SOC,\ K_t,\ C_t,\ f_a) \tag{1-2}$$

式中，J_q为CO_2或NO_x的气体通量；SOC为土壤有机C；K_t为热传导率；C_t为土壤热容量；f_a为土壤通气孔隙度。

土壤碳库和氮库是地球碳库和氮库的重要组成部分，在其循环中产生CO_2、CH_4和NO_x等温室气体，从而影响气候的变化；而气候的变化又反过来影响有机质的分解速率，从而影响温室气体。在自然条件下，温度的升高有利于甲烷的排放，对海南东寨港和厦门西港两个白骨壤（*Avicennia marina*）群落红树林土壤甲烷产生率及其土壤理化因子影响的研究结果指出，相隔约5个纬度的两个红树林的土壤甲烷产生率均表现为暖季较高而冷季较低的季节性变化模式，表现出温度对湿地甲烷排放影响的重要性（叶勇等，2000）。土壤含水量、有机质、Ca^{2+}、Mg^{2+}和SO_4^{2-}对海南红树林土壤甲烷产生率有影响，而厦门红树林土壤甲烷产生率的主要影响因素是土壤含水量、全N及Cl^-/SO_4^{2-}之比。海南红树林与厦门红树林甲烷产生的差异性，说明土壤性质与大气环境质量之间有密切的关联。土壤质地对稻田平均甲烷排放通量也具有显著的影响，黏质土壤排放的甲烷显著低于壤质和砂质土壤。水稻土甲烷产生、氧化和排放皆受土壤水分历史条件的强烈影响，非水稻生长期土壤水分含量越高，随后水稻生长期甲烷排放量越大，产生和氧化能力也越强（徐华等，2006）。

2. 二氧化硫（SO_2）的影响

除了土壤中气体的释放受制于各种环境条件和土壤性质之外，土壤质量也受到大气环境质量的影响。SO_2 作为形成酸雨的最重要的前体物之一，经气相氧化形成酸雨或硫磺烟雾，或经液相氧化附着于大气颗粒物表面沉降至地面，可能对土壤质量有一定的影响。葫芦岛锌厂排放 SO_2 使附近土壤中有效硫的含量与对照相比均有一定的提高（徐照丽等，1998），有效硫增加与锌厂烟囱的高度和风力有关，依距离的近远呈现低→高→低的变化。由于距锌厂 8 km 的采样点是强风向落点，因而有效硫含量增高特别明显。

（三）土壤与作物品质

"民以食为天，食以土为本"，土壤与食物链的安全有着十分密切的关系。当今食品安全有着十分丰富的内涵，它包括食品的数量安全、质量安全、经济安全和生态安全。数量安全是食品安全的最基本要求，是指具有足够的食品以满足日益增长的人口的需求；质量安全是指营养质量和安全质量，如无公害食品、绿色食品和有机食品等；经济安全是指对生产者经济受益的保障；而生态安全则强调了清洁生产的重要性。土壤污染对农产品的产量和质量有着明显的影响，植物可从污染土壤中吸收污染物，从而引起代谢失调，生长发育受阻或导致遗传变异。如沈阳市沈抚灌区曾利用炼油厂未经处理的废水灌溉，田间观察发现，水稻严重矮化；初期症状是叶片披散下垂，叶尖变红；中期症状是抽穗后不能开花授粉，形成空壳，或者根本不抽穗；后期仍继续无效分蘖，这种现象被认为是污水中油、酚等有毒物质和其他因素综合作用的结果。一些被重金属镉、汞等污染的农田所生产的粮食不能食用。

随着生活水平不断提高，人们不但追求食品的数量，而且十分重视其质量。土壤质量的好坏直接影响到作物的产量与品质，有关土壤与作物品质的研究引发了"土宜学"的诞生，强调了土壤质量对作物产量与品质的适宜性。

土壤质量与稻、麦、豆、茶、橘、麻、西瓜和蔬菜等作物的产品质量有着密切的关系。晚稻米的蛋白质含量与土壤有机质呈显著正相关。有机肥（猪粪尿和绿肥）做基肥单施，不仅使稻谷产量比对照显著增加，而且使糙米的含氮量、蛋白质氮和氨基酸总量都分别比单施尿素有明显提高。长期定位试验表明施用合格有机肥的小麦籽粒中 17 种氨基酸中的谷氨酸、丙氨酸和异亮氨酸的含量均比施化肥者含量高。

茶叶品质与土壤有机质也有重要的相应关系，有机质能改善茶叶汤色、香气和滋味，增加茶叶浸出物。我国一些优质名茶产地的茶园土壤富含有机质，一般表土有机质在 20～30 g/kg，亚表土也在 15 g/kg 左右。土壤有机质含量多少是茶园土壤质量的重要指标之一。对于茶树生长，我国古代就有"上者生烂石，中者生砾壤，下者生黄土"之说，说明茶叶品质与土壤质量的关系是十分密切的。

柑橘生长和果实的品质与土壤微量元素含量有关，土壤与柑橘叶片中某些营养元素的相关性分析表明（欧阳洮等，1994），叶片中锌、钼、铜含量与土壤中相应元素的有效态含量有显著的相关性；而叶片中锌的含量与柑橘的生长和品质有关。广西高产优质柑橘园表土有效锌含量通常在 2.2～3.8 mg/kg 范围内，而当有效态锌含量低于 0.5 mg/kg 时，则表现出明显的缺锌症状。在土壤氮素供应充足的情况下，果实含糖量与土壤、叶片含氮量呈负相关关系，因而在生产中，保持柑橘体内氮和钾的含量处于中等水平对品质和产量均较有利。磷对柑橘品质的影响也较突出，缺磷使柑橘果皮粗糙，果汁少而含酸量高。土壤缺锰会使柑橘所需锰含量不足，从而影响果实的柠檬酸和维生素 C 的合成。

土壤外源铬和镉污染对水稻、牧草及稻谷品质均有明显的影响。铬使小麦籽粒的粗淀粉、粗蛋白含量显著下降，与对照相比，在 Cr（Ⅲ）浓度为 400 mg/kg 和 800 mg/kg 处理中，粗淀粉分别下降了 5%和 10%，粗蛋白分别下降了 63%和 87%，赖氨酸含量分别下降了 17%和 39%，而氨基酸总量在 Cr（Ⅲ）浓度为 800 mg/kg 的处理中与对照相比下降了 26%。铬也使红三叶草、紫苜蓿、黑麦草和苏丹草的粗蛋白、氨基酸总量等养分含量下降。镉使糙米中的粗蛋白、粗淀粉、直链淀粉和赖氨酸等含量减少（郑文娟和邓波儿，1993），因而重金属的污染除了它自身的毒性外，还降低了产品的营养价值。

（四）土壤与人体和动物健康

关于土壤与人及动物健康的关系，文献中曾有很好的总结（Oliver，1997）。有人认为，人类的健康依赖于土壤健康（Kemper and Lal，2017）。土壤可从多种途径影响人体健康，从而导致特殊的疾病或健康危害。一些疾病是由吞食土壤引起的，在吸入含有石棉状矿物的土壤时可导致恶性健康问题；病原体可导致破伤风和十二指肠疾病；被病原体污染的土壤能传播伤寒、副伤寒、痢疾和病毒性肝炎等传染病。被传染病的病原体污染的土壤又反过来污染水源，还可通过飘尘等途径传播疾病，造成疾病流行。被有机废弃物污染了的土壤，是蚊蝇孳生和鼠类繁殖的场所，而蚊、蝇和鼠类又是许多传染病的媒介，因此，被有机废弃物污染的土壤，在流行病学上被视为特别危险的物质。污染土壤中的致癌物质，如苯并（a）芘，也对人类健康带来威胁。公园和庭院花园中的土壤污染，可直接对人，特别是儿童造成危害；污染土壤还可以通过食物链影响人体健康。土粒经过破损处进入身体后可导致象皮病；一些癌症与来自土壤中的氡有关；一些地区发现婴儿的死亡率与排水不良的土壤有关。

光合植物形成了地球上的生命基础和支撑动物生命的食物链，植物支持了动物，而动物为人类提供了食物链中肉类、奶类食物。植物吸收的大部分营养元素是土壤中溶解于水的矿物盐。然而，人类在消费植物和动物产品的同时，有可能改变土壤的生物、化学和物理学性质。土壤中营养元素过量或缺乏，以及外源有毒化学品的侵袭、累积或污染，在其循环过程中将有可能影响植物、动物和人类食物链的组成成分，从而影响植物、动物和人类的正常生长与发育。

土壤类型与人体和动物的健康有密切的关系。中国关于土壤与人类健康的问题早在两千多年前就有了研究。《淮南子》一书称（顾迁，2009）“土地各以类生人。是故山气多男，泽气多女；…轻土多利，重土多迟；…是故坚土人刚，弱土人脃（脃：同脆）；垆土人大（垆土：黑刚土），沙土人细；息土人美，耗土人丑”，大意是说，土地各自因为它们不同的品类而影响着人。因此，山中云气多而使人生男孩，沼泽雾气多而使人生女婴；松软沃土之地的人行动敏捷，板结贫瘠土地上的人行动迟钝；在坚硬土地上生活的人性格刚强，在松软土地上生活的人性格脆弱；在黑刚土上生活的人身材高大；在沙土上生活的人体形矮小；在肥沃土地上生活的人长得漂亮。说明地形、土壤类型与质量不同，人类的健康、姿态及性格也有明显差异。虽然这样的观察具有明显的局限性，但它也说明了人类的文明和素养与土壤质量之间有着紧密的联系。明代著名医学家李时珍提出“人乃地产”，人类的美、恶、寿、夭与水土环境密切有关。土壤类型与健康的关系曾有概括的总结（林年丰，1991），它表明灰化土、沼泽土、泥炭土、腐殖土和冰碛土地区心血管病的发病率（或死亡率）较高；而在棕色土、棕钙土和黑钙土地带的发病率（或死亡率）较低。在石灰岩母质上发育的土壤中碳酸钙含量高，这些地区很少见到地方病，因而认为黑钙土和碳酸盐土是一种有利于健康的土壤。不同土壤类型所含元素的差异，可直接或间接地影响人类和牲畜的健康，即通常所说的“一方水土养一方人”。蔡德华（1993）对江苏省杨中县 13 种元素的土壤背景值及其与恶性肿瘤死亡率关系的研究表明，逐步回归分析所揭示的肿瘤死亡率（Y）与土壤中的 Pb（X_1）、Cd（X_2）、Cr（X_3）、Se（X_4）和 F（X_5）的关系为

$$Y=1\,741+34.34X_1+10\,306X_2+1.32X_3-18\,542X_4-1.16X_5 \quad R^2=0.946 \tag{1-3}$$

这表明在调查区的范围内，土壤中铅、镉和铬有增加肿瘤死亡率的趋势，而硒和氟有减少之趋势。江苏如皋长达多年的土壤地球化学研究结果表明，长寿区土壤微量元素中有效态硒、锌、钼和硼等显著高于其他地区（黄标和龚子同，2006）。

“健康的世界需要健康的土壤”是一些科学家在一篇关于土壤退化、土壤保护和修复专著的书评中所共同发出的声音（Meena et al.，2015），体现了人类对健康土壤的渴求。

二、环境土壤学的产生与研究内容

（一）环境土壤学的产生与定位

土壤是人类赖以生存的物质基础，环境土壤学是环境问题出现以后在土壤学和环境科学中发展起来的一门综合性交叉学科，它起源于土壤环境保护的理论与实践的研究（陈怀满，1991）。1972 年 6 月，联合国在斯德哥尔摩召开了“人类环境会议”，这是第一次在世界范围内回顾、总结和展望人类环境的会议。1973 年我国召开了全国第一次环境保护会议，以世界公害为警示，提出了我国存在的环境问题，但这些问题主要涉及大气和水污染，土壤污染问题并未受到应有的重视。以熊毅先生为首的老一辈土壤学家以高度的负责精神和敏锐的科学灵感，及时地提出了土壤环境保护问题，于 1976 年建立了我国最早的专门从事土壤环境保护的研究机构，积极开展土壤环境保护的研究工作，并在随后确立了以环境土壤学为土壤环境保护研究的学科方向，有力地推动了我国土壤环境保护的研究。有关环境土壤学这一学科概念虽在 20 世纪 80 年代初就曾有简要的介绍（高拯民，1983），但对其缺乏深入的研讨。90 年代，特别是近年来，随着研究工作的深化与发展，对环境土壤学的认识无论是在理论还是在实践上都有所拓展。环境土壤学是研究自然因素和人为条件下土壤环境质量变化、影响及其调控的一门学科。它涉及土壤质量与生物品质，即土壤质量与生物多样性及食物链的营养价值和安全问题；涉及土壤与水和大气质量的关系，即土壤作为源与汇（或库）对水质和大气质量的影响；涉及人类居住环境问题，即土壤元素丰缺与人类健康的关系；涉及土壤与其他环境要素的交互作用，即土壤圈、水圈、岩石圈、生物圈和大气圈的相互影响；涉及土壤质量的保护和改善等土壤环境工程的相关研究及应用。环境土壤学具有两大特征：第一，它是一门交叉的界面科学，研究的理论基础来源于近代土壤学、环境科学、生态学、生物地球化学、化学、生物学及土壤-地理医学等学科；第二，研究环境中化学物质的生物小循环与地质大循环结合交点上兼有生命与非生命科学的双重内涵。

环境土壤学是土壤学和环境科学的重要组成部分。其所涉及的层面既多、又广、也深，它不但是对该领域科学家在知识、能力和思维等诸方面的严峻挑战，同时也表明，需要团结

除了土壤科学以外的其他领域的科学家，例如，环境、生态、化学、数学（统计学），乃至于经济和社会学等专家，相互融汇和整合，与他们一道来解决所面临的土壤环境问题。在解决土壤环境问题的同时，还必须尽量获取明显的物质、经济和审美方面的效益，以服务于社会和公众的实际需要。由此可见，环境土壤学是践行土壤质量、土壤环境质量、土壤健康和土壤安全的理论和技术支撑的重要学科之一。

环境土壤学从环境科学和土壤圈物质循环的角度与观点出发，着眼于土壤环境质量的保护、利用和改善，研究土壤和环境的协调关系及土壤的可持续利用。因为它的研究主体是土壤，所以它与其他土壤学分支学科一样，是现代土壤科学发展的产物和重要组成部分，在学科上归属于土壤学，它对提高土壤学的学科地位、维系土壤学的生存与发展、发挥土壤学在环境中不可替代的作用至关重要。环境土壤学又是环境科学的重要组成部分，是完善环境科学教学与科研体系的关键学科之一。近年来，土壤学各分支学科都在扩充环境方面的研究内容，从而丰富和发展了环境土壤学的研究范畴。随着我国国民生活质量的提高，对食品安全和居住环境问题也倍加关注。所有这一切，无一不与土壤环境质量相关，这就给土壤环境科学工作者提供了良好的发展机遇，同时也倍感使命的重大。这一使命至少包括两方面的内容，即土壤环境保护的理论和实践与学科的发展。

近年来，土壤环境保护研究有了长足发展。我国大规模开展的土壤环境质量状况调查，极大地推动和丰富了环境土壤学的基础资料和研究内容。面对未来科技和经济社会发展重大领域的大数据研究，极有可能促进土壤环境大数据的构建与应用（郭书海等，2017），通过数字土壤环境的大数据集合，搭建保护与防治等专题平台，提供基于土壤环境大数据的公共服务；利用大数据的深度挖掘与知识发现，实现土壤环境的量化管理；面向污染土壤的靶向修复与安全利用，建立保障农产品质量安全的数字化溯源网络，从而保障区域农产品质量安全。

与大数据相呼应的是微观研究的不断深入与拓展，无论是化合物还是元素在土壤中的行为和机理研究都取得了显著的进展（宋长青，2016；Xu and Sparks，2013）。例如，围绕农业环境中的砷及其对人体健康风险这一主题，系统地阐述了我国土壤中砷污染的来源与化学行为，包括土壤微生物过程与砷迁移转化的相互关系及其机制；植物根际砷，特别是水稻根际生物和化学过程的耦合机制；植物对砷的吸收与代谢机制等（朱永官，2013）。结合相关模型的微观研究，有助于理解外源物质在土壤环境系统中的反应行为。采用生物配体模型（BLM）研究重金属的生物有效性和毒性是环境与风险评价、标准制订中的重要内容（陈中智等，2009；孙晋伟等，2008；罗小三等，2008；王学东等，2006），应用改进的 BLM 模型（罗小三等，2007），定量探讨了不同浓度 Mg^{2+}存在下，Cu^{2+}对普通小麦（*Triticum aestivum*）根的毒性，小麦根生长抑制的毒性效应指标 EC_{50}（以自由铜离子活度 Cu^{2+}表示）与自由镁离子活度（Mg^{2+}）间存在良好的相关性，线性回归方程为

$$pEC_{50} = -0.36（Mg^{2+}）+ 6.47 \qquad R^2=0.997 \tag{1-4}$$

式中，EC_{50}为导致 48 h 暴露后的小麦根生长减少 50%的自由 Cu^{2+}活度。Mg^{2+}对 Cu^{2+}毒性的影响强度可以通过该方程进行预测。该研究积累了铜对典型陆生受试植物小麦的毒性数据，探讨了模型的构建方法。然而，目前生物配体模型是特定条件下的结果，在构建过程中存在许多假设与简化，因而使得模型的应用具有一定的局限性，特别是陆地生态系统中土壤、生物、金属相互作用的复杂性使得模型的预测更加困难，它的研究有待于不断地完善与深化。

在金属元素生物有效性的研究中，一个值得关注的假设是，有关金属离子与金属配合物

之间的平衡问题（Wang et al.，2009b），对生物有效的金属不仅来自自由离子，还可能来自一定时间尺度内解离的金属配合物。因此，考察金属生物有效性或毒性时不能单纯只考虑自由态离子，还必须包括动力学过程。研究表明，将发生在根表的物理过程（扩散运输）、化学过程（动态解离）和生物过程（转运吸收）进行综合考虑，同时与根表的双亲和力吸收系统结合起来，提出了双亲和力吸收方程模型（TPU-Model），该模型在预测配位介质中植物吸收重金属锌时取得了很好的结果。

研究方法的挖掘与创新在某种程度上可促进基础研究的发展。利用维恩（Wien）效应或者维恩效应与现代分析技术——扩展 X 线吸收精细结构光谱（EXAFS）相结合，量化了金属离子在土壤胶体扩散双电层中的分布；从能量和形态角度探索了有机质对锌在土壤中固定的分子机制；研究了不同价态离子在土壤黏粒上的结合能和吸附能，加深了金属离子非专性吸附的认识（Fan et al.，2016a，2016b，2015；范婷婷等，2015；Wang et al.，2013，2008）。

分子环境土壤学集中反映了不同学科的科学家能够跨越学科和空间尺度，在分子水平上理解和调节化学物质的土壤过程（Xu and Sparks，2013），包括土壤-微生物生态系统过程，元素的循环过程与机理，土壤表面化学，以及土壤肥力、土壤质量等相关问题在分子水平上的进展情况。

（二）主要研究内容

环境土壤学主要研究内容无疑与土壤质量、土壤环境质量、土壤健康和土壤安全及可持续发展等密切相关，但不同时期的重点可因经济、社会和科学发展的不同而有差异。统计表明，2016 年环境土壤学国际研究热点主要为“重金属污染与生物累积效应”“土壤有机污染与生物降解”“土壤管理与元素循环”和“土壤固碳与全球气候变化”（吴同亮等，2017），它在一定程度上反映了相关学科领域的关注重点。环境土壤学的核心内容是土壤环境质量和可持续发展，因此，要注重人为引起的土壤环境质量变化，以及这种变化的影响、对策与修复，主要包括土壤的基本组成、性质和分类，土壤中碳、氮、硫、磷与环境质量，土壤-植物系统中的硒、氟和碘及其环境行为，土壤重金属元素与环境质量，土壤中有机污染物与环境质量，土壤中的放射性物质与环境，土壤生物污染与环境质量，土壤新型污染物与环境质量，土壤退化过程与环境质量，土壤矿质元素与健康效应，农用地污染土壤的修复，土壤环境工程和环境土壤学研究法等；其中，“土十条”所要求的一些内容应该受到特别关注。

1. 土壤环境的现状及其演变

土壤元素背景值与土壤负载容量的研究是土壤环境现状及其演变研究的重要内容（陈怀满，1996）。对土壤环境现状的研究十分重要，因为这是检验过去和预测未来土壤环境演化的基础性资料，也是判断土壤中化学物质的行为与环境质量必要的基础数据，它包括土壤和植物的元素背景值、有机化合物的类型与含量、动物区系、微生物种群和活性等生物多样性资料，以及对外源化学物质的负载容量等。在对原始资料大量积累的基础上，建立土壤环境资料的数据库，以保证研究资料的系统性、完整性、准确性和可比性，并在此基础上，使其发展成一个实用的，具有数据检索、环境质量模拟和评价、环境规划和决策辅助功能的国家土壤环境信息系统，从而使土壤环境管理工作逐步科学化、程序化和规范化。

（1）土壤元素背景值　　土壤元素背景值较为真实地反映了在一定时间和空间范围内，一定的社会和经济条件下土壤中元素的基本信息及其相互之间的关系，是环境科学的一项基本数据和重要的科学信息，它影响着土壤负载容量和水体、作物、大气等的环境质量与人体健康。

附表 1 和附表 2 给出了中国土壤元素背景值（A 层）和中国土壤（A 层）与世界土壤化学组成的中值（中国环境监测总站，1990）；有关汇编提供了各种重要地质介质的地球化学基础数据（迟清华和鄢明才，2007）；有关研究列举了我国不同地区 2005～2013 年采集的土壤样品中 Cd、Cr、As、Hg、Pb、Cu、Zn 和 Ni 的平均值与范围值（本书第五章表 5-7，Chen et al.，2015），如将这些元素的数据与 20 世纪七八十年代的相关资料进行比较，可大致了解有关元素的基本信息。利用土壤元素背景值和土壤环境质量保护标准（土壤有害物质限量标准）、食品中污染物限量标准等数值可有效地评述外源物质对土壤的侵袭、沾污或相对污染程度及其变化情况。

（2）土壤负载容量 土壤负载容量，也称土壤环境容量，是指一定环境单元和一定时限内，土壤遵循环境质量标准，在既能保证土壤质量，又不产生次生污染时所能容纳的污染物最大负荷量。如从土壤圈物质循环来考虑，也可简要地将其定义为“在保证土壤圈物质良性循环的条件下，土壤所能容纳的污染物的最大允许量”。由于影响因素的复杂性，所以土壤负载容量不是一个固定值，而是一个范围值。表 1-3 是我国不同区域重金属的土壤负载容量，它受到多种因素的影响，土壤性质、指示物的差异、外源物质侵袭、累积或污染历程、环境因素、化合物的类型与形态等，是当前容量研究中已知的重要影响因素，它们在土壤污染物临界含量的确定中均应予以考虑。但已有土壤负载容量研究的基础仍然建立在黑箱理论上，仅考虑输入和输出而不涉及所发生的过程，而这些过程却是影响土壤负载容量的重要因素，应在有关的研究中注意引入相应过程的参数，在土壤这样一个多介质的复杂体系中，逐步完善污染物负载容量的计算与预测模型与模式。鼓励和支持将土壤负载容量参数作为土壤环境监测和测土施肥的基本参数，并在此基础上推行负载容量管控法，有效地减少和防止土壤重金属污染（王玉军等，2015）。

表 1-3 我国不同区域 As、Cd、Cu 和 Pb 的土壤负载容量（动容量）

元素	计算年限/a	容量值/[g/(hm²•a)]	土壤区域	土壤
As	100	337～450	干旱土区	灰钙土、粟钙土、棕钙土
	50	394～844		
	100	450～675	硅铝质土区	棕壤、褐土、黑垆土
	50	844～1 237		暗棕壤、黑土、黑钙土
	100	675～787	富铝质土区	砖红壤、赤红壤、红壤、黄壤
	50	1 237～1 462		
Cd	100	9.0～23	富铝质土区	砖红壤、赤红壤、红壤
	50	15～37		黄壤、黄棕壤
	100	23～37	硅铝质土区	黑土、棕壤、褐土
	50	37～73	干旱土区	灰钙土
Cu	100	562～1 687	富铝质土区	砖红壤、赤红壤、红壤、黄壤
	50	1 237～2 925		
	100	1 687～2 812	硅铝质土区	棕壤、褐土、黑垆土
	50	2 925～5 062	干旱土区	灰钙土、粟钙土、棕钙土
	100	2 812～3 937	硅铝质土区	暗棕壤、黑土、黑钙土
	50	5 062～6 750		
Pb	100	4 500～6 750	富铝质土区	砖红壤、赤红壤、红壤、黄壤
	50	8 775～13 050	硅铝质土区	褐土、黑垆土
			干旱土区	灰钙土
	100	6 750～10 125	硅铝质土区	黑土、暗棕壤、棕壤、黑钙土
	50	13 050～20 025	富铝质土区	黄棕壤

注：根据夏增禄（1992）的资料进行计算并修正。

迄今，有机污染物土壤负载容量的研究甚少，其一是因为有机污染物进入土壤后大多能较为迅速地降解，其容量值的研究在实践上意义不大；其二是技术上的原因，由于土壤中有机污染物定量测定具有复杂性，这给土壤中有机污染物背景值的研究带来了很大的困难，如何获得土壤中有机污染物的种类及其背景值，是目前环境土壤学中亟待解决的问题。另外，一些持久性有机污染物对土壤环境质量的影响及其调控的问题，特别是生物碳的作用，已获得了越来越多的关注（Khorram et al.，2016）。

2. 外源物质在土壤环境系统中的反应行为

外源物质包括化学物质和外来生物，它们在该系统中的迁移、转化、效应、归属及其影响因素是环境土壤学的重要研究内容。土壤是重要的环境仓，高负载容量的土壤与低负载容量者相比，能够容纳更多的某一特定的外源物质。土壤中毒害物质的生物有效性依赖于它们在环境中的反应行为和归属。控制土壤中化学物质归宿的过程包括吸附、解吸、沉淀、溶解、氧化、还原、配位、催化、异构化、光化学反应和生物过程等，研究这些过程及其影响因素有助于加深对土壤负载容量这一系统工程的理解。在研究中应注意黏粒矿物的表面效应，土壤组分和性质与污染物迁移、转化、危害的关系，有机污染物的结构、性质与在土壤中持留、降解的关系，元素或物质之间的交互作用及反应动力学等。在综合研究的基础上确立土壤环境质量的标准和指标体系，相关物质（特别是优先污染物）在土壤中迁移、转化的数学模型，并在实践中进行检验与修正，使其具有较为准确而可靠的预测、预报性。

在研究土壤环境系统中外源物质反应行为时，应重视对根际（rhizosphere）环境的研究。根际微区是一个只有 0.1～4 mm 的区域，在该区域中，由于植物根系的存在，使其在物理、化学和生物特征方面会产生有异于土壤本体的现象。根际特征可归纳为微型性、特殊性、复杂性、动态性和开放性，根际环境中的酸-碱反应、氧化-还原反应、配位-离解反应、生化反应、活化-固定及吸附-解吸等行为的变化最终将表现为特定物质的形态变化，从而改变生物有效性和生物毒性。根际效应的研究是揭示外源物质环境行为的重要组成部分，对认识土壤-水-植物系统污染物的迁移、转化及其归宿至关重要，当前对污染物根际效应的研究偏重于重金属，且大多为现象的描述，缺乏对反应机理和过程的深刻探讨；因而加强机理性研究应是今后污染物根际效应关注的重点。

3. 土壤环境与生态和人体健康

土壤环境与生态和人体健康主要研究土壤异常与地方病的关系，研究与人类和生物健康有关的疾病和营养问题的土壤因素，这些因素与土壤环境化学、矿物学和生物学等性质有关。土壤胶体（包括有机胶体、无机胶体和有机-无机复合体）是微量元素和持久性有机污染物（包括环境激素）的储藏库，土壤胶体能影响微量元素和有机污染物的生物有效性和动态变化，而许多微量元素和有机化合物同动物营养，人类的健康、繁衍与幸福有关。重视特大事故给土壤环境、与土壤有关的健康效应所带来的长期和负面影响。

4. 人为活动对土壤环境的冲击

人为活动对土壤环境的冲击包括点源与面源污染对整体环境质量的影响；土壤与温室效应和全球变化的关系；经济开发与土壤生态和环境的演变；工矿开发和重大工程对土壤环境质量的影响；土壤质量变化及其对其他环境要素、社会经济、人文环境、生态结构和功能影响等方面的基础性与应用基础性研究；同时注重其研究成果在生态恢复、环境治理和持续发展等方面的应用。

5. 土壤环境工程

土壤环境工程包括：土壤环境质量的监测与评价；有机食品、绿色食品和清洁生产中的土壤环境建设；污染土壤的物理、化学、微生物和植物修复；土壤净化功能的开发，特别是污水和固体废弃物的土地利用和土地处理；与土壤有关的地下设施的腐蚀与防护等。

（三）研究方法特点

环境土壤学是一门多学科和跨学科的科学，目前已初步形成自己的学科体系和独特的方法论，当然在一个很长的时期内还需不断地充实与完善。它的研究方法承袭与融合了土壤学、化学、环境科学、生态学和数学等学科，体现了自身的研究特点。

（1）分析测试技术要求高　土壤是一个十分复杂的体系，测试工作的预处理难度大。对测试仪器要求其敏感度高、干扰少，定性与定量准确；且监测过程中的时空观念强。

（2）宏观与微观相结合　注重量化，采用系统分析的原理与方法，比较全面地观察与研究土壤圈所发生的能流、信息流与物质循环过程，在工作中既有宏观区域的定点观察，又有微观机理的深入剖析。

（3）模型与模拟　充分发挥模型与模拟的作用，不断提高研究成果在宏观决策与实践中的应用，这就要求提高模型与模拟的准确性与可靠性，逐步从经验模型向理论模型与仿真模型发展。

（4）土壤环境大数据的构建与应用　根据国家大数据发展战略，统筹建立土壤环境大数据云平台、管理平台和专题应用平台，推进土壤环境数据资源全面整合共享，统筹信息化项目建设管理；研发土壤环境大数据的分析技术。

（5）人员素质要求高　要求高素质的综合性人才和研究群体。研究工作涉及的学科多、知识面广，单一学科的研究很难适应环境土壤学研究的需要，因而培养综合性人才和组织综合性人才研究群体便成为当今环境土壤学发展的重要任务。

思考题与习题

1. 请叙述土壤和土壤圈的定义与功能。
2. 什么是土壤污染？请举例说明土壤污染的特点与危害。在评估土壤污染时需要注意哪些问题？
3. 目前，我国土壤污染防治应遵循“土十条”所规定的基本精神、方法和措施，它的主要内容是什么？
4. 请讨论土壤质量、土壤健康和土壤安全的概念及其在实践中的意义。
5. 什么是土壤环境质量？土壤环境标准的影响因素以及应用中需要注意的问题有哪些？
6. 请举例说明土壤在环境中的作用与地位。
7. 请叙述环境土壤学的定义、特点和主要研究内容。

主要参考文献

阿诺德 R W，绍博尔奇 I，塔库里昂 V O. 1991. 全球土壤变化. 赵其国译. 土壤学进展，19（5）：16～23
蔡德华. 1993. 杨中县土壤背景值及其与恶性肿瘤死亡率关系. 农村生态环境，（2）：42～46
曹志洪，周健民. 2008. 中国土壤质量. 北京：科学出版社
曹志洪. 2004. 土壤质量演变规律与持续利用研究的进展. 见：面向农业与环境的土壤科学（综述篇）. 北京：科学出版社
陈怀满，郑春荣，周东美等. 2006. 土壤环境质量研究回顾与讨论. 农业环境科学学报，25（4）：821～827
陈怀满，郑春荣. 1995. 用吸附势评估河流悬浮物对水体重金属的净化功能. 土壤学报，32（增刊 2）：86～92
陈怀满. 1991. 环境土壤学. 地球科学进展，6（2）：49～50
陈怀满. 1996. 土壤－植物系统中的重金属污染. 北京：科学出版社
陈怀满. 2002. 土壤中化学物质的行为与环境质量. 北京：科学出版社

陈林华，倪吾钟，李雪莲等. 2009. 常用肥料重金属含量的调查分析. 浙江理工大学学报，26（2）：223～227
陈中智，朱琳李，燕姚坤等. 2009. 生物配体模型的适用性研究. 环境保护科学，33（6）：81～84
迟清华，鄢明才. 2007. 应用地球化学元素丰度数据手册. 北京：地质出版社
董元华. 2015. 有机肥与耕地土壤质量. 中国科学院院刊，30（增刊）：257～269
范婷婷，王玉军，李成保等. 2015. 基于悬液 Wien 效应研究离子与土壤黏粒之间的能量关系及其应用. 地球科学进展，30（12）：1295～1305
高拯民. 1983. 环境土壤学. 见：中国大百科全书编辑部. 中国大百科全书（环境科学）. 北京·上海：中国大百科全书出版社
葛家文. 2009. 中国生物多样性现状及保护对策. 安徽农业科学，37（11）：5066～5067，5071
龚子同，黄标. 1998. 关于土壤中“化学定时炸弹”及其触爆因素的探讨. 地球科学进展，13（2）：184～191
龚子同，黄荣金，张甘霖. 2014. 中国土壤地理. 北京：科学出版社
顾迁. 2009. 淮南子. 北京：中华书局
郭书海，吴波，张玲妍等. 2017. 土壤环境大数据：构建与应用. 战略与决策研究，32（2）：202～208
侯子峰. 2016. 习近平生态思想探析. 湖州师范学院学报，38（7）：15～19
黄标，龚子同. 2006. 健康长寿与环境. 科学时报，12 月 27 日
李山泉，杨金玲，阮心玲等. 2014. 南京市大气沉降中重金属特征及对土壤环境的影响. 中国环境科学，34（1）：22～29
李天杰，宁大同，薛纪渝等. 2004. 环境地学原理. 北京：化学工业出版社
李晓琴. 2016. 生态环境观的历史演变及经济影响. 当代经济，（22）：84～86
联合国粮食及农业组织. 2015. 世界土壤宪章（修订版）
林年丰. 1991. 医学环境地球化学. 长春：吉林科学技术出版社
刘海霞，王宗礼. 2015. 习近平生态思想探析. 贵州社会科学，303（3）：29～33
吕春元，袁焕强，廖英龙. 1985. 城市垃圾的土壤处理. 土壤，17（5）：252～256
罗小三，李连祯，周东美. 2007. 陆地生物配体模型（t-BLM）初探：镁离子降低铜离子对小麦根的毒性. 生物毒理学报，2（1）：41～48
罗小三，周东美，李连祯等. 2008. 水、沉积物和土壤中重金属生物有效性/毒性的生物配体模型研究进展. 土壤学报，45（3）：535～543
马廷民，高建峰，王承魁等. 2015. 白银市东大沟污灌区表层土壤重金属污染及潜在生态风险评价. 现代农业科技，（15）：215～217
欧阳洮，龚高实，周建国等. 1994. 柑橘土壤微量元素含量与柑橘生长. 见：龚子同. 中国名特优农产品的土宜. 长春：吉林人民出版社
潘霞，陈励科，卜元卿等. 2012. 畜禽有机肥对典型蔬果地土壤剖面重金属与抗生素分布的影响. 生态与农村环境学报，28（5）：518～525
屈沙沙，朱会卷，刘峰平等. 2017. 微塑料吸附行为及对生物影响的研究进展. 环境卫生学杂志，7（1）：75～78
任圆圆，张学雷. 2015. 土壤多样性研究趋势与未来挑战. 土壤学报，52（1）：9～8
沈仁芳，滕应. 2015. 土壤安全的概念与我国的战略对策. 中国科学院院刊，30（4）：468～476
盛丰. 2014. 康奈尔土壤健康评价系统及其应用. 土壤通报，45（6）：1289～1296
宋长青，谭文峰. 2015. 基于文献计量分析的国内外土壤科学发展过程解析（1986—2014）. 中国科学院院刊，30（增刊）：257～267
宋长青. 2016. 土壤学若干前沿领域研究进展. 北京：商务印书馆
孙晋伟，黄益宗，石孟春等. 2008. 土壤重金属生物毒性研究进展. 生态学报，28（6）：2861～2869
汤鸿霄. 2009. 环境纳米材料及其生态风险. 水处理信息报导，（3）：1～2
王朝旭，任琚，陶玲等. 2007. 焦作演马矿研石山周围土壤重金属污染特征分析. 资源环境与工程，21（3）：272～275
王春红，梁巍，薛爱芳等. 2010. 兽药抗生素在土壤中行为的研究进展. 华中农业大学学报，29（2）：245～250
王国庆，林玉锁. 2014. 土壤环境标准值及制订研究：服务于管理需求的土壤环境标准框架体系. 生态与农村环境学报，30（5）：552～562
王国豫. 2012. 纳米伦理：寻求未来安全的伦理. 中国科学院院刊，27（4）：411～417
王昆，林坤德，袁东星. 2017. 环境样品中微塑料的分析方法研究进展. 环境化学，36（1）：27～36
王丽英，陈丽莉，张彦才等. 2009. 河北省设施蔬菜土壤微量金属元素状况评价及来源分析. 华北农学报，24（增刊）：268～272
王萌，陈世宝，李娜等. 2010. 纳米材料在污染土壤修复及污水净化中应用前景探讨. 中国生态农业学报，18（2）：434～439
王娜，王昝畅，郭欣妍等. 2017. 兽药抗生素环境风险控制管理探析. 生态与农村环境学报，33（7）：586～591
王冉，刘铁铮，王恬等. 2006. 抗生素在环境中的转归及其生态毒性. 生态学报，26（1）：265～270
王潇磊，高镜清，申进朝. 2014. 典型区域土壤中多环芳烃的污染分布特征. 环境监测管理与技术，26（2）：22～25
王学东，马义兵，华珞等. 2006. 环境中金属生物有效性的预测模型－生物配体模型型研究进展. 生态毒理学报，1（3）：193～202，778
王艳霞，张萍，陈映婕. 2012. 钢铁厂污水灌溉农田土壤重金属含量分析. 安徽农业科学，40（15）：8512～8514
王瑶，李金柱，何中发等. 2016. 长江三角洲典型农用地土壤多环芳烃的空间分布及源解析——以华东某地区为例. 上海国土资源，37（1）：82～85
王玉军，陈能场，刘存等. 2015. 土壤重金属污染防治的有效措施：土壤负载容量管控法—献给 2015“国际土壤年”. 农业环境科学学报，34（4）：613～618
王玉军，刘存，周东美等. 2014. 客观地看待我国耕地土壤环境质量的现状. 农业环境科学学报，33（8）：1465～1473

王玉军，刘存，周东美等. 2016. 一种农田土壤重金属影响评价的新方法：土壤和农产品综合质量指数法. 农业环境科学学报，35（7）：1225～1232
王玉军. 2016. 纳米颗粒、抗生素及抗性基因等新兴污染物风险评估. 见：宋长青等. 土壤学若干前沿领域研究进展. 北京：商务印书馆
吴同亮，王玉军，陈怀满等. 2017. 基于文献计量学分析2016年环境土壤学研究热点. 农业环境科学学报，36（2）：205～215
吴燕玉，陈涛，张学询. 1986. 沈阳张士灌区镉的污染生态的研究. 见：高拯民. 土壤-植物系统污染生态研究. 北京：中国科学技术出版社
夏增禄. 1992. 中国土壤环境容量. 北京：地震出版社
徐华，蔡祖聪，八木一行. 2006. 水稻土甲烷产生、氧化和排放过程的相互影响：以水分历史处理为例. 土壤，38（6）：671～675
徐建明，汪海珍. 2004. 土壤质量指针及评价体系研究进展. 见：中国土壤学会. 面向农业与环境的土壤科学（综述篇）. 北京：科学出版社
徐照丽，依艳丽，王宏亮. 1998. SO_2排放对土壤的影响. 见：刘孝义，依艳丽主编. 土壤质量中的环境问题. 沈阳：东北大学出版社
许超，夏北成，何石媚等. 2008. 大宝山矿山下游地区稻田土壤重金属含量特征. 中山大学学报（自然科学版），47（3）：122～127
杨晓霞，周启星，王铁良. 2007. 土壤健康的内涵及生态指示与研究展望. 生态科学，26（4）：374～380
叶勇，卢昌义，谭风仪等. 2000. 红树林湿地土壤CH_4产生率及其土壤理化因素影响的研究. 土壤学报，37（1）：77～84
战雯静，张艳，马蔚纯等. 2012. 长江口大气重金属污染特征及沉降通量. 中国环境科学，32（5）：900～905
张锂，韩国才，陈慧等. 2008. 黄土高原煤矿区煤矸石中重金属对土壤污染的研究. 煤炭学报，33（10）：1141～1146
张明，高吉喜. 2016. 中国生物多样性变化趋势分析. 环境保护科学，42（6）：85～91
张桃林，潘剑君. 1999. 土壤质量研究进展与方向. 土壤，31（1）：1～7
张耀丹，邱琳琳，杜文超等. 2017. 土壤环境基准的研究现状与展望. 南京大学学报（自然科学），53（2）：209～217
章明奎，刘兆云，周翠. 2010. 铅锌矿区附近大气沉降对蔬菜中重金属积累的影响. 浙江大学学报（农业与生命科学版），36（2）：221～229
赵其国，骆永明. 2015. 论我国土壤保护宏观战略. 中国科学院院刊，30（4）：452～458
赵其国. 1991. 土壤圈物质循环研究与土壤学的发展. 土壤，23（1）：1～3，15
赵其国. 2003. 发展与创新现代土壤科学. 土壤学报，40（3）：321～327
赵文，潘运舟，兰天等. 2017. 海南商品有机肥中重金属和抗生素含量状况与分析. 环境化学，36（2）：408～419
郑文娟，邓波儿. 1993. 铬和镉对作物质量的影响. 土壤，25（6）：324～326
中国环境监测总站. 1990. 中国土壤元素背景值. 北京：中国环境科学出版社
周璧华，高拯民. 1983. 土壤生物污染. 见：中国大百科全书编辑部. 中国大百科全书（环境科学）. 北京·上海：中国大百科全书出版社
周东美，王玉军，陈怀满. 2014. 论土壤环境质量重金属标准的独立性与依存性. 农业环境科学学报，33（2）：205～216
周健民，沈仁芳. 2013. 土壤学大辞典. 北京：科学出版社
周健民. 2003. 新世纪土壤学的社会需求与发展. 中国科学院院刊，18（5）：348～352
周健民. 2017. 浅谈我国土壤质量变化与耕地资源可持续利用. 中国科学院院刊，30（4）：159～167
周倩，章海波，李远等. 2015. 海岸环境中微塑料污染及其生态效应研究进展. 科学通报，60（33）：3210～3220
周锡爵. 1987. 张士灌区镉污染及其解决和利用途径. 农业环境保护，6（2）：17～19
朱鹏，刘洋，陈良华等. 2013. 岷江下游农田生态系统重金属铅镉锌的输入源格局. 农业环境科学学报，32（9）：1814～1820
朱永官，李刚，张甘霖等. 2015a. 土壤安全：从地球关键带到生态系统服务. 地理学报，70（12）：1859～1869
朱永官，欧阳纬莹，吴楠等. 2015b. 抗生素耐药性的来源与控制对策. 中国科学院院刊，30（4）：509～516
朱永官. 2013. 农业环境中的砷及其对人体的健康风险. 北京：科学出版社
邹晓锦，仇荣亮，周小勇等. 2008. 大宝山矿区重金属污染对人体健康风险的研究. 环境科学学报，28（7）：1406～1412
Bezdicek D F，Papendick R I，Lai R. 1996. Introduction：Importance of soil quality to health and sustainable land management. In：Doran J W，Jones A J. Methods for Assessing Soil Quality，SSSA Special Publication Number 49. Madison Wisconsin，USA：Soil Science Society of American，Inc.，1～8
Brevik E C，Sauer T J. 2015. The past，present，and future of soils and human health studies. SOIL，1：35～46
Chen H Y，Teng Y G，Lu S J et al. 2015. Contamination features and health risk of soil heavy metals in China. Science of the Total Environment，512～513：143
Derner J D，Stanley C，Ellis C. 2016. Usable science: Soil health. Rangelands，38（2）：64～67
Doran J W，Coleman D C，Bezdicek D F et al. 1994. Defining soil quality for a sustainable environment. Soil Science Society of America. Madison，SSSA Special Publication
Doran J W. 2002. Soil health and global sustainability: translating science into practice. Agriculture，Ecosystems and Environment，88：119～127
Duffus J H. 2002. "Heavy Metals" —A meaningless term. Pure and Applied Chemistry，74（5）：793～807

Fan T T，Wang Y J，Li C B et al. 2015. Comparison between ion activity method and suspension Wien effect method in determing binding energy of divalent cations to soil particles. Journal of Soil and Sediments，15：2276～2284

Fan T T，Wang Y J，Li C B et al. 2016a. Effect of organic matter on sorption of Zn on soil: elucidation by Wien effect measurements and EXAFS spectroscopy. Environmental Science and Technology，50（6）：2931～2937

Fan T T，Wang Y J，Li C B et al. 2016b. Evaluating the fraction of electrically associated cations on surface of soil particles by extrapolation of strong-field Wien effect measurements in dilute suspensions. Journal of Soil and Sediments，16：1683～1689

Hodson M E. 2004. Heavy metals—geochemical bogey men. Environmental Pollution，129：341～343

ISO 11074. 2005. International Standard，Soil quality — Vocabulary

IUSS（International Union of Soil Science）. 2015. Vienna Soil Declaration. December 7，Vienna，Austria

Kemper K J，Lal R. 2017. Pay dirt! human health depends on soil health. Complementary Therapies in Medicine，32：A1～A2

Khorram M S，Zhang Q，Lin D L et al. 2016. Biochar：A review of its impact on pesticide behavior in soil environments and its potential applications. Journal of Environmental Science，44：269～279

Letey J，Sojka R E，Upchurch D R et al. 2003. Deficiencies in the soil quality concept and application. Journal of Soil and Water Conservation，58（4）：180～187

Li Y，Wang Y B，Gou X et al. 2006. Risk assessment of heavy metals in soils and vegetables around non—ferrous metals mining and smelting sites，Baiyin，China. Journal of Environmental Sciences，18（6）：1124～1134

Li Z Y，Ma Z W，van der Kuijp T J et al. 2014. A review of soil heavy metal pollution from mines in China: pollution and health risk assessment. Science of the Total Environment，468-469：843～853

Mahar A，Wang P，Ali A et al. 2016. Challenges and opportunities in the phytoremediation of heavy metals contaminated soils: A review. Ecotoxicology and Environmental Safty，126：111～121

McBratney A，Field D J，Koch A. 2014. The dimensions of soil security. Geoderma，213：203～213

Meena R S，Meena V S，Meena S K et al. 2015. The needs of healthy soils for a healthy world. Journal of Cleaner Production，102：560～561

NRC（National Research Council）. 1993. Soil and water quality：An agenda for agriculture. Washington D C：National Academy Press

Oliver M A. 1997. Soil and human health：a review. European Journal of Soil Science，48：573～592

Rojas R V，Achouri M，Maroulis J et al. 2016. Healthy soils: a prerequisite for sustainable food security. Environmental Earth Science，75：180～189

SSSA（Soil Science Society of America）. 1995. SSSA statement on soil quality. Agronomy News，June 7，SSSA，Madison，WI

Suja G，Byju G，Jyothi A N et al. 2017. Yield，quality and soil health under organic vs conventional farming in taro. Scientia Horticulturae，218：334～343

Wang P，Zhou D M，Luo X S et al. 2009b. Effects of Zn–complexes on zinc uptake by wheat（*Triticum aestivum*）roots：a comprehensive consideration of physical，chemical and biological processes on biouptake. Plant and Soil，316：177～192

Wang Q Y，Zhou D M，Cang L. 2009a. Microbial and enzyme properties of apple orchard soil as affected by long–term application of copper fungicide. Soil Biology & Biochemistry，41：1504～1509

Wang Y J，Li C B，Wang W et al. 2008. Wien effect determination of adsorption energies between heavy metal ions and soil particles. Soil Society of America Journal，72：56～62

Wang Y J，Wang L X，Li C B et al. 2013. Exploring the effect of organic matter on the interactions between mineral particles and cations with Wien effect measurements. Journal of Soil and Sediments，13：304～311

Wong C S C，Li X D，Zhang G et al. 2003. Atmospheric deposition of heavy metals in the Pearl river delta，China. Atmospheric Environment，37：767～776

Xu J M，Sparks D L. 2013. Molecular Environmental Soil Science. Springer：Progress in Soil Science

建议进一步阅读的文献

曹志洪，周健民. 2008. 中国土壤质量. 北京：科学出版社

陈怀满. 2002. 土壤中化学物质的行为与环境质量. 北京：科学出版社

龚子同，陈鸿昭，张甘霖. 2015. 寂静的土壤. 北京：科学出版社

骆永明. 2009. 土壤环境与生态安全. 北京：科学出版社

宋长青. 2016. 土壤学若干前沿领域研究进展. 北京：商务印书馆

FAO（Food and Agriculture Organization of the United Nations）. 2015. World Soil Charter（Revised）. June 2015

Field D J，Morgan C L S，McBratney A B. 2017. Global Soil Security. Springer：Progress in Soil Science

International Union of Soil Science. 2015. Vienna Soil Declaration. Vienna，Austria，December 7，2015

Pierzynski G M，Vance G F，Sims J T. 2005. Soil and Environmental Quality（3rd ed.）. Boca raton，FL: CRC Press

Saha J K，Selladurai R，Coumar M V et al. 2017. Soil Pollution-An Emerging Threat to Agriculture. Springer

Tan K H. 2009. Environmental Soil Science（3rd edition）. Boco Raton，London，New York：CRC Press

第二章　土壤的基本组成、性质和分类

第一节　土壤生态系统的基本组成

土壤是由固体、液体和气体三相物质组成的疏松多孔体。固相物质包括三部分：岩石风化后的产物，即土壤矿物质；土壤中植物和动物残体的分解产物和再合成的物质；生活在土壤中的生物。前者构成土壤的无机体，后两者构成土壤的有机质。土壤固相物质之间为形状和大小不同的孔隙，孔隙中充满了水分和空气。

一、土壤矿物质

土壤矿物质是土壤固相的主体物质，构成了土壤的“骨骼”，占土壤固相总质量的 90%以上。而土壤矿质胶体是土壤矿物质中最活跃的组分，其主体是黏粒矿物。土壤黏粒矿物胶体表面在大多数情况下带负电荷，比表面大，能与土壤固、液、气相中的离子、质子、电子和分子相互作用，影响着土壤中的物理、化学、生物学过程与性质。分析土壤矿物及其组成对鉴定土壤类型、识别土壤形成过程具有重大的意义。

（一）土壤矿物质的矿物组成和化学组成

矿物是天然产生于地壳中具有一定化学组成、物理性质和内在结构的物体，是组成岩石的基本单位。矿物的种类很多，约 3 300 种以上。

1. 土壤矿物质的主要元素组成

表 2-1 列出了地壳和土壤的平均化学组成，据此可将土壤矿物的元素组成特点归纳如下：

表 2-1　地壳和土壤的平均化学组成（质量%）（黄昌勇等和徐建明，2010）

元素	地壳中	土壤中	元素	地壳中	土壤中
O	47.0	49.0	Mn	0.10	0.085
Si	29.0	33.0	P	0.093	0.08
Al	8.05	7.13	S	0.09	0.085
Fe	4.65	3.80	C	0.023	2.0
Ca	2.96	1.37	N	0.01	0.1
Na	2.50	1.67	Cu	0.01	0.002
K	2.50	1.36	Zn	0.005	0.005
Mg	1.37	0.60	Co	0.003	0.0008
Ti	0.45	0.40	B	0.003	0.001
H	0.15	不确定	Mo	0.003	0.0003

首先，土壤矿物质主要组成元素约有十余种，包括氧、硅、铝、铁、钙、镁、钛、钾、钠、磷、硫，以及一些微量元素，如锰、锌、铜和钼等。其中，氧（O）和硅（Si）是地壳中含量最多的两种元素，分别占地壳重量的 47%和 29%；铝、铁次之，四者合计共占地壳重量

的 88.7%。而其余 90 多种元素合在一起，也不过占地壳重量的 11.3%。所以在地壳组成中，含氧化合物占了极大比重，其中，又以硅酸盐最多。其次，土壤矿物质的化学组成充分反映了成土过程中元素的分散、富集特性和生物积聚作用。一方面，它继承了地壳化学组成的遗传特点；另一方面，有些化学元素，如氧、铁、铝、碳和氮等在成土过程中增加了，而有的则显著降低了，如钙、镁、钾和钠。此外，土壤矿物质中元素的组成还与风化产物的淋溶强度有关。根据风化壳中元素迁移的特点，可将其分为以下几类：

（1）强移动性　以阴离子形态强移动的元素，包括硫、氯、硼和溴。

（2）中移动性　包括以阳离子形态移动的钙、钠、镁、锶和镭等元素，以及以阴离子形态移动的氟等元素。

（3）弱移动性　其中以阳离子形态弱移动的元素有钾、钡、铷、锂、铍、铯和铊等，此外，还包括硅、磷、锡、砷、锗和锑等主要以阴离子形态弱移动的元素。

（4）环境依赖性（Ⅰ）　在氧化环境中可移动，而在还原环境中移动性低的元素：①在氧化环境中，随酸性水强烈迁移，而在中性、碱性水中移动性低的元素（主要呈阳离子形态迁移），如锌、镍、铅、钙、汞和银等；②在酸性或碱性水中都强烈迁移的元素（主要呈阴离子形态迁移），如钒、铀、钼、硒和稀土等。

（5）环境依赖性（Ⅱ）　在还原环境中可移动，而在氧化环境中移动性低的元素，如铁、锰和钴。

（6）微移动　在大多数环境中难以移动的元素：①形成化合物的微迁移元素，如铝、锌、铬、钇、镓、铌、钍、硒、钽、钨、铟、铋和碲等；②不形成或几乎不形成化合物的难移动元素（天然金属），如锇、钯、钌、铂、金、铑和铱等。

各种元素迁移的特点不仅直接影响土壤矿物质的元素组成，而且与土壤质量密切相关。

2. 土壤的矿物组成

按照矿物的来源，可将土壤矿物分为原生矿物和次生矿物。原生矿物是直接来源于母岩的矿物，其中，岩浆岩是其主要来源。而次生矿物，则是由原生矿物分解、转化而成的。

（1）原生矿物　土壤原生矿物是指那些经过不同程度的物理风化，未改变化学组成和结晶结构的原始成岩矿物，主要分布在土壤的砂粒和粉砂粒中，以硅酸盐和铝硅酸盐占绝对优势，常见的有石英、长石、云母、辉石、角闪石和橄榄石，以及其他硅酸盐类和非硅酸盐类。表 2-2 中列出了土壤中主要的原生矿物组成和相对稳定性。

（2）次生矿物　原生矿物在母质或土壤形成过程中，经化学分解、破坏（包括水合、氧化和碳酸化等作用）而形成次生矿物。土体中次生矿物种类繁多，包括次生层状硅酸盐类、晶质和非晶质的含水氧化物类，以及少量残存的简单盐类（如碳酸盐、重碳酸盐、硫酸盐和氯化物等）。其中，层状硅酸盐类和含水氧化物类是构成土壤黏粒的主要成分，因而土壤学上将这两类矿物称为次生黏粒矿物（对土壤而言简称黏粒矿物；对矿物而言简称黏土矿物），它是土壤矿物中最活跃的组分。

（二）黏粒矿物

1. 构造特征

层状硅酸盐黏粒矿物一般粒径＜5 μm，X 射线衍射结果揭示其内部构造由 1 000 多个层组所构成，而每个层组由硅（氧）片和（水）铝片叠合而成。硅片由硅氧四面体连接而成。

表 2-2　土壤中主要的原生矿物组成（黄昌勇和徐建明，2010）

原生矿物	分子式	稳定性	常量元素	微量元素
橄榄石	$(Mg, Fe)_2SiO_4$	易风化	Mg, Fe, Si	Ni, Co, Mn, Li, Zn, Cu, Mo
角闪石	$Ca_2Na(Mg, Fe)_2(Al, Fe^{3+})(Si, Al)_4O_{11}(OH)_2$	↑	Mg, Fe, Ca, Al, Si	Ni, Co, Mn, Li, Se, V, Zn, Cu, Ga
辉石	$Ca(Mg, Fe, Al)(Si, Al)_2O_6$		Ca, Mg, Fe, Al, Si	Ni, Co, Mn, Li, Se, V, Pb, Cu, Ga
黑云母	$K(Mg, Fe)(Al, Si_3O_{10})(OH)_2$		K, Mg, Fe, Al, Si	Rb, Ba, Ni, Co, Se, Li, Mn, V, Zn, Cu
斜长石	$CaAl_2Si_2O_8$		Ca, Al, Si	Sr, Cu, Ga, Mo
钠长石	$NaAlSi_3O_8$		Na, Al, Si	Cu, Ga
石榴子石	$(Mg, Fe, Mn)_3Al_2(SiO_4)_3$ 或 $Ca_3(Cr, Al, Fe)_2(SiO_4)_3$	较稳定	Cu, Mg, Fe, Al, Si	Mn, Cr, Ga
正长石	$KAlSi_3O_8$		K, Al, Si	Ra, Ba, Sr, Cu, Ga
白云母	$KAl_2(AlSi_3O_{10})(OH)_2$		K, Al, Si	F, Rb, Sr, Ga, V, Ba
钛铁矿	$FeTiO_3$		Fe, Ti	Co, Ni, Cr, V
磁铁矿	Fe_3O_4		Fe	Zn, Co, Ni, Cr, V
电气石	$(Ca, K, Na)(Al, Fe, Li, Mg, Mn)_3(Al, Cr, Fe, V)_6(BO_3)_3Si_6O_{18}(OH, F)_4$		Cu, Mg, Fe, Al, Si	Li, Ga
锆英石	$ZrSiO_4$	↓	Si	Zn, Hg
石英	SiO_2	极稳定	Si	

四面体的基本结构由 1 个硅离子（Si^{4+}）和 4 个氧离子（O^{2-}）组成，砌成一个三角锥形的晶格单元，共有 4 个面，所以称为硅氧四面体（简称四面体），如图 2-1 所示。

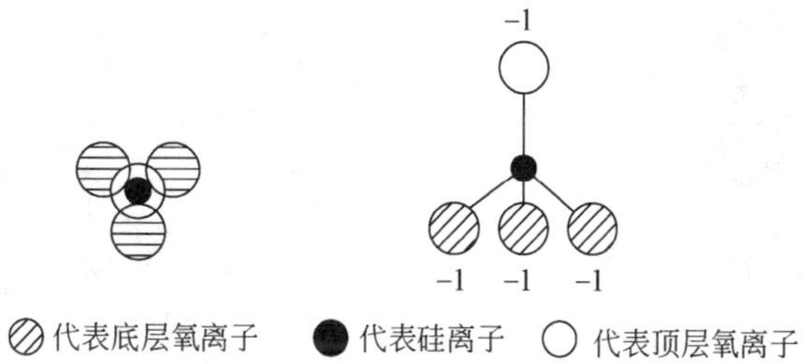

图 2-1　硅氧四面体及其构造图示法

从化学结构看，四面体为（SiO_4）$^{4-}$，它不是化合物，在其形成硅酸盐黏粒矿物之前，四面体可自聚合，聚合的结果是，在水平方向上四面体通过共用底层氧的方式在平面两维方向上无限延伸，排列成近似六边形蜂窝状的四面体片，这就是硅片。硅片顶端的氧仍然带负电荷，硅片可用 n（Si_4O_{10}）$^{4-}$表示，如图 2-2 和图 2-3 所示。

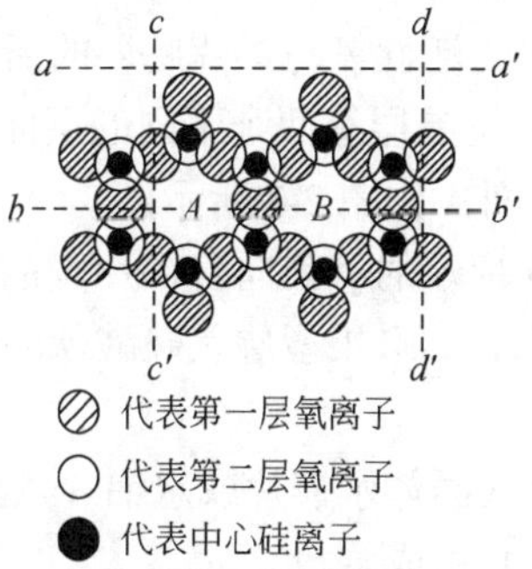

图 2-2　硅四面体在平面上相互连接成硅片的图形

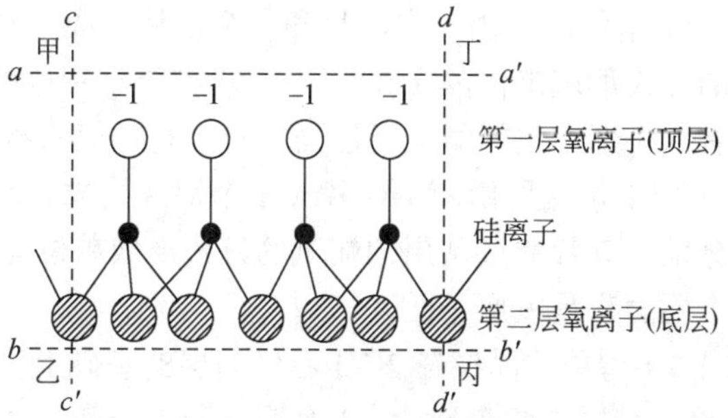

图 2-3　硅片（硅氧片）图示法

铝片由铝氧八面体连接而成。八面体基本结构由 1 个铝离子（Al^{3+}）和 6 个氧（O^{2-}）离子（或氢氧离子）构成。6 个氧离子（或氢氧离子）排列成两层，每层都由 3 个氧离子（或氢氧离子）排成三角形，但上层氧的位置与下层氧交错排列，铝离子位于两层氧的中心孔穴内。其晶格单元具有 8 个面，所以称为铝氧八面体（简称八面体），如图 2-4 所示。

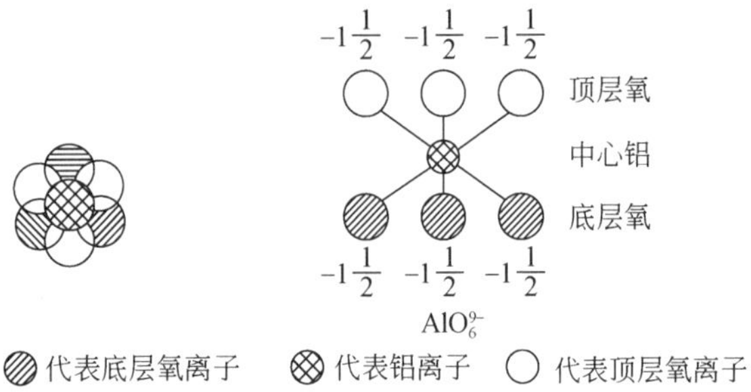

图 2-4　铝氧八面体及其构造图示法

水平方向上的相邻八面体通过共用两个氧离子的方式，在平面二维方向上无限延伸，排列成八面体，从而构成铝片，铝片两层氧都有剩余的负电荷，铝片可用 $n(Al_4O_{12})^{12-}$，如图 2-5 和图 2-6 所示。

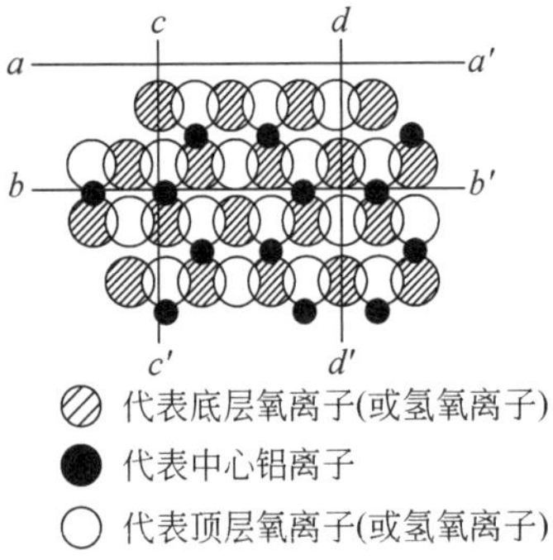

图 2-5　铝八面体在平面上相互连接成铝片的图形

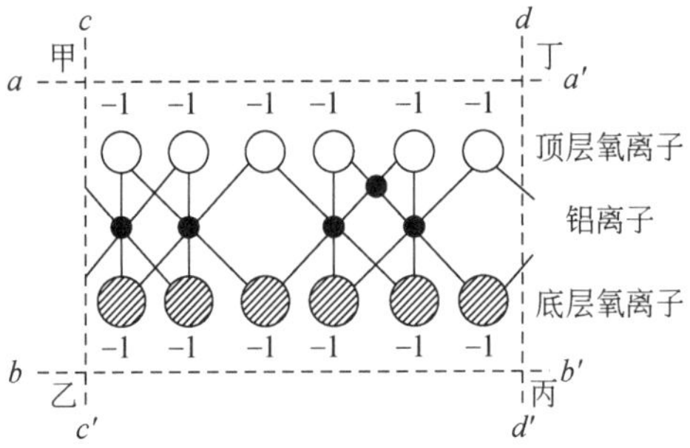

图 2-6　铝片（水铝片）图示法

硅片和铝片都带有负电荷，不稳定，必须通过重叠化合才能形成稳定的化合物。硅片和铝片以不同的方式在 c 轴方向上堆叠，形成层状铝硅酸盐的单位晶层。两种晶片的配合比例不同，而构成 1∶1 型、2∶1 型和 2∶1∶1 型晶层。

1∶1 型单位晶层由一个硅片和一个铝片构成。硅片顶端的活性氧与铝片底层的活性氧通过共用的方式形成单位晶层。这样 1∶1 型层状铝硅酸盐的单位晶层有两个不同的层面，一个是由具有六角形空穴的氧离子层面，一个是由氢氧构成的层面，如图 2-7 所示。

2∶1 型单位晶层由两个硅片夹 1 个铝片构成。两个硅片顶端的氧都向着铝片，铝片上下两层氧分别与硅片通过共用顶端氧的方式形成单位晶层。因此，2∶1 型层状硅酸盐的单位晶层的两个层面都是氧原子面。

2∶1∶1 型单位晶层在 2∶1 单位晶层的基础上多了 1 个八面体水镁片或水铝片，这样 2∶1∶1 型单位晶层由两个硅片、1 个铝片和 1 个镁片（或铝片）构成。

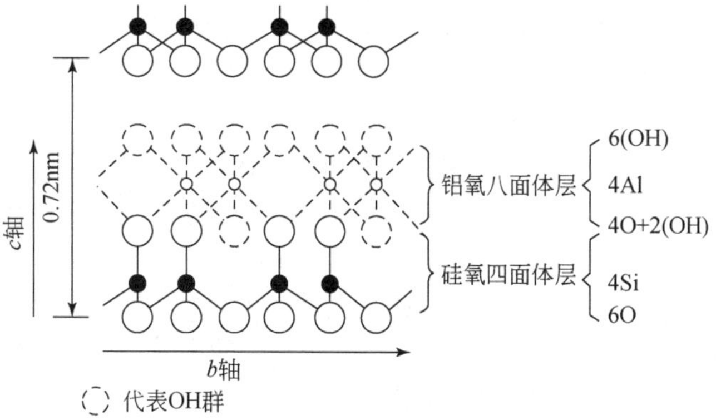

图 2-7　1∶1 型层状硅酸盐（高岭石）晶体结构示意图

2. 同晶置换

矿物形成时，性质相近的元素在矿物晶格中相互替换而不破坏晶体结构的现象，称为同晶置换。在硅酸盐黏粒矿物中，最普遍的同晶置换现象是晶体中的中心离子被低价的离子所代替，如四面体中的 Si^{4+}被 Al^{3+}所替代，八面体中的 Al^{3+}被 Mg^{2+}替代，所以土壤黏粒矿物一般以带负电荷为主。同晶置换现象在 2∶1 和 2∶1∶1 型的黏粒矿物中较为普遍，而在 1∶1 型的黏粒矿物中则相对较少。

低价阳离子同晶置换高价阳离子会产生剩余负电荷，为达到电荷平衡，矿物晶层之间常吸附阳离子。阳离子同晶置换的数量会影响晶层表面电荷量的多少，而同晶置换的部位是发生在四面体片还是发生在八面体片，则会影响晶层表面电荷的强度。这些都是影响层间结合状态和矿物特性的主要因素。同时，被吸附的阳离子通过静电引力被束缚在黏粒矿物表面而不易随水流失。因此，从环境的角度对同晶置换进行评价，其结果可能导致某些重金属等外源物质在土壤中不断积累，以致超过环境容量而引发土壤污染。

3. 黏粒矿物的种类及一般特性

根据构造特点和性质，土壤黏粒矿物可以归纳为 5 个类组：高岭组、蒙蛭组、水化云母组、绿泥石组和氧化物组。其中，除氧化物组属于非硅酸盐黏粒矿物以外，其余 4 类均属于硅酸盐黏粒矿物。

（1）高岭组　　硅酸盐黏粒矿物中结构最简单的一类，包括高岭石、珍珠陶土和埃洛石等，其单位晶胞分子式可用 $Al_4Si_4O_{10}(OH)_8$ 表示，是水铝片和硅氧片相间重叠组成的 1∶1 型矿物，无膨胀性，所带电荷数量少，胶体特性较弱。在南方热带和亚热带土壤中普遍而大量存在。

（2）蒙蛭组　　又叫 2∶1 型膨胀性矿物，由两片硅氧片中间夹一水铝片组成，其单位晶胞分子式可用 $Al_4Si_8O_{20}(OH)_4 \cdot nH_2O$ 表示。包括蒙脱石、绿脱石、拜来石和蛭石等。与高岭组相区别的是，蒙蛭组具有膨胀性，所带电荷数量多且胶体特性突出。蒙蛭组在我国东北、华北和西北地区的土壤中分布较广。蛭石广泛分布于各大土类中，但以风化不太强的温带和亚热带排水良好的土壤中最多。

（3）水化云母组　　属于 2∶1 型非膨胀性矿物，以伊利石为主要代表，故又称伊利组矿物，它的特征近似于蒙脱石，主要区别在于相邻晶层之间有 K^+的引力作用而使晶层间的结合较之蒙脱石更为紧密，所以膨胀性较小。广泛分布于我国多种土壤中，尤其是西北、华北干旱地区的土壤中含量很高。

（4）绿泥石组　　这类矿物以绿泥石为代表，绿泥石是富含镁、铁及少量铬的硅酸盐黏粒矿物。具有 2∶1∶1 型晶层结构、同晶置换较普遍和颗粒较小等特征。土壤中的绿泥石大部分是由母质残留下来的，但也可由层状硅酸盐矿物转变而来。沉积物和河流冲积物中含有较多的绿泥石。

（5）氧化物组　包括水化程度不等的各种铁、铝氧化物及硅的水化氧化物。其中，有的为结晶型，如三水铝石、水铝石、针铁矿和褐铁矿等，有的则是非晶质无定形的物质，如凝胶态物质水铝英石等。无论是晶质还是非晶质的氧化物，其电荷的产生都不是通过同晶置换获得的，而是由于质子化和表面羟基中 H^+的离解。氧化物组除水铝英石外，一般对阳离子的静电吸附力都很弱。但是，铁铝氧化物，特别是它们的凝胶态物质，都能与磷酸根作用而固定大量磷酸。红壤中这类矿物的含量较多，因此红壤的固磷能力较强。同时，它们具有专性吸附作用，影响着外源物质的行为与归宿。

二、土壤有机质

土壤有机质是土壤中各种含碳有机化合物的总称。它与矿物质一起构成土壤的固相部分。土壤中有机质含量并不多，一般只占固相总重量的 10%以下，耕作土壤多在 5%以下，但它却是土壤的重要组成部分，是土壤发育过程的重要标志，对土壤性质的影响重大。

（一）土壤有机质的来源、含量及其组成

1. 土壤有机质的来源

一般来说，土壤有机质主要来源于动植物及微生物的残体。但不同土壤的有机质，其来源也有差别。自然土壤的有机质主要来源是生长于其上的植物残体（地上部的枯枝落叶和地下的死根与根系分泌物）及土壤生物；耕作土壤的情况则不同，由于自然植被已不复存在，栽培作物的大部分又被收获带走，因而进入土壤中的有机残体一般远不及自然土壤丰富，其有机质主要来源是人工施入的各种有机肥料、作物根茬及根的分泌物，其次才是各种土壤生物。

2. 土壤有机质的含量及其组成

有机质的含量在不同土壤中差异很大，高的可达 200 g/kg 或 300 g/kg 以上（如泥炭土、一些森林土壤等），低的不足 5 g/kg（如一些漠境土和砂质土壤）。在土壤学中，一般把表层含有机质在 200 g/kg 以上的土壤，称为有机质土壤，含有机质在 200 g/kg 以下的土壤，称为矿质土壤。耕作土壤中，表层有机质的含量通常在 50 g/kg 以下。土壤中有机质的含量与气候、植被、地形、土壤类型和耕作措施等影响因素密切相关。

土壤有机质的主要元素组成是碳（C）、氧、氢和氮（N），其次是磷和硫，C/N 比大约为 10。土壤有机质中主要的化合物组成是类木质素和蛋白质，其次是半纤维素、纤维素及乙醚和乙醇可溶性化合物。与植物组织相比，土壤有机质中木质素和蛋白质含量显著增加，而纤维素和半纤维素含量则明显减少，且大多数土壤有机质组分为非水溶性。

土壤腐殖质是除未分解和半分解动、植物残体及微生物体以外的有机物质的总称。土壤腐殖质由非腐殖物质和腐殖物质组成，通常占土壤有机质的 90%以上。非腐殖物质为有特定物理化学性质、结构已知的有机化合物，其中，一些是经微生物代谢后改变的植物有机化合物，而另一些则是微生物合成的有机化合物。土壤非腐殖物质占土壤腐殖质的 20%～30%，其中，碳水化合物（包括糖、醛和酸）占土壤有机质的 5%～25%，平均为 10%，它在增加土壤团聚体稳定性方面起着极其重要的作用。此外，还包括氨基糖、蛋白质和氨基酸、脂肪、

蜡质、木质素、树脂、核酸和有机酸等。

腐殖物质是经土壤微生物作用后，由多酚和多醌类物质聚合而成的含芳香环结构的、新形成的黄色至棕黑色的非晶形高分子有机化合物。它是土壤有机质的主体，也是土壤有机质中最难降解的组分，一般占土壤有机质的60%～80%。

（二）土壤腐殖酸

1. 土壤腐殖酸的分组

腐殖物质是一类组成和结构都很复杂的天然高分子聚合物，其主体是各种腐殖酸及其与金属离子相结合的盐类，它与土壤矿物质部分密切结合形成有机无机复合体，因而难溶于水。因此，要研究土壤腐殖酸的性质，首先必须用适当的溶剂将它们从土壤中提取出来。理想的提取剂应满足：①对腐殖酸的性质没有影响或影响极小；②获得均匀的组分；③具有较高的提取能力，能将腐殖酸几乎完全分离出来。但是，由于腐殖酸结构上的复杂性及组成上的非均质性，满足所有这些条件的提取剂尚未找到。

目前一般所用的方法，是先把土壤中未分解或部分分解的动植物残体分离掉，通常是用水浮选、手挑和静电吸附法移去这些动植物残体，或者可以采用比重为1.8或2.0的重液更有效地除尽这些残体，被移去的这部分有机物质称为轻组，而留下的土壤组成则称为重组。然后根据腐殖物质在碱、酸溶液中的溶解度可划分出几个不同的组分。传统的分组方法是将土壤腐殖物质划分为胡敏酸、富啡酸和胡敏素3个组分，其中胡敏酸是碱可溶、水和酸不溶，颜色和相对分子质量中等；富啡酸是水、酸和碱都可溶，颜色最浅和相对分子质量最低；胡敏素则水、酸和碱都不溶，颜色最深和相对分子质量最高，但其中一部分能被热碱所提取。再将胡敏酸用95%的乙醇回流提取，可溶于乙醇的部分称为吉马多美郎酸。目前对富啡酸和胡敏酸的研究最多，它们是腐殖物质中最重要的组成。但需要特别指出的是，这些腐殖物质组分仅仅是操作定义上的划分，而不是特定化学组分的划分。

2. 土壤腐殖酸的性质

（1）土壤腐殖酸的物理性质　腐殖酸在土壤中的功能与分子的形状和大小有密切的关系。腐殖酸的相对分子质量因土壤类型及腐殖酸组成的不同而异，即使是同一样品，用不同方法测得的结果也有较大差异。腐殖酸相对分子质量的变动范围为几万至几百万之间。但共同的趋势是，同一土壤中，富啡酸的平均相对分子质量最小，胡敏素的平均相对分子质量最大，胡敏酸则处于富啡酸和胡敏素之间。我国几种主要土壤胡敏酸和富啡酸的平均相对分子质量分别在890～2 550和675～1 450。

土壤胡敏酸的直径范围为0.001～1 μm，富啡酸则更小些。腐殖酸的整体结构并不紧密，整个分子表现出非晶质特征，具有较大的比表面积，高达2 000 m^2/g，远大于黏粒矿物的比表面积。腐殖酸是一种亲水胶体，有强大的吸水能力，单位重量腐殖物质的持水量是硅酸盐黏粒矿物的4～5倍，最大吸水量可以超过其本身重量的500%。

（2）腐殖酸的化学性质　腐殖酸的主要元素组成是碳、氢、氧、氮和硫，此外，还含有少量的钙、镁、铁和硅等灰分元素。不同土壤中腐殖酸的元素组成不完全相同，有的甚至相差很大。腐殖质含碳55%～60%，平均为58%；含氮3%～6%，平均为5.6%；其C/N比为10∶1～12∶1。但不同腐殖酸的含碳量和含氮量均以富啡酸、胡敏酸和胡敏素的次序增加，其增幅大致分别为4.5%～6.2%和2%～5%。富啡酸的氧、硫含量大于胡敏酸，C/H比和C/O

比小于胡敏酸。表 2-3 是我国主要土壤表土中胡敏酸和富啡酸的元素组成。

表 2-3　我国主要土壤表土中腐殖物质的元素组成（无灰干基）（黄昌勇和徐建明，2010）

腐殖物质元素组成	胡敏酸 HA/%		富啡酸 FA/%	
	范围	平均	范围	平均
C	43.9～59.6	54.7	43.4～52.6	46.5
H	3.1～7.0	4.8	4.0～5.8	4.8
O	31.3～41.8	36.1	40.1～49.8	45.9
N	2.8～5.9	4.2	1.6～4.3	2.8
C/H	7.2～19.2	11.6	8.0～12.6	9.8

腐殖酸分子中含有各种官能团。其中主要是含氧的酸性官能团，包括芳香族和脂肪族化合物上的羧基（—COOH）和酚羟基（“苯环”—OH），其中羧基是最重要的官能团。此外，腐殖物质中还存在一些中性和碱性官能团，中性官能团主要有醇羟基（“R”—OH）、醚基（—O—）、酮基（>C=O）、醛基（—CHO）和酯（—COO—）；碱性官能团主要有胺（$—NH_2$）和酰胺（$—CONH_2$），结构式见图 2-8。富啡酸的羧基和酚羟基含量，以及羧基的解离度均较胡敏酸高，醌基较胡敏酸低；胡敏素的醇羟基比富啡酸和胡敏酸高，但富啡酸中羰基含量最高。我国各主要土壤中胡敏酸的羧基含量在 270～480 cmol/kg，醇羟基含量在 220～430 cmol/kg，醌基含量在 90～189 cmol/kg。富啡酸的羧基含量为 640～850 cmol/kg，是胡敏酸的两倍左右，富啡酸的醇羟基和醌基的含量分别在 500～600 cmol/kg 和 50～60 cmol/kg。

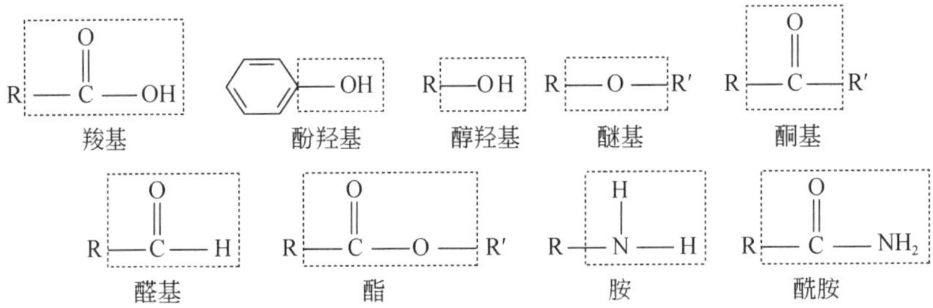

图 2-8　腐殖酸分子各种官能团结构式（虚线框内）

腐殖物质的总酸度通常是指羧基和酚羟基的总和。总酸度是以胡敏素、胡敏酸和富啡酸的次序增强的，富啡酸的总酸度最高，主要与其较高的羧基含量有关。总酸度数值的大小与腐殖物质的活性有关，一般较高的总酸度意味着有较高的阳离子交换量（CEC）和配位容量。羧基在 pH 为 3 时、酚羟基在 pH 超过 7 时质子开始解离，产生负电荷。羧基、酚羟基等官能团的解离及氨基的质子化，使腐殖酸分子具有两性胶体的特征，分子表面既带负电荷又带正电荷，而且电荷随着 pH 的变化而发生变化，在通常的土壤 pH 条件下，腐殖酸分子带净负电荷。正是由于腐殖酸中存在各种官能团，因而腐殖酸表现出多种活性，如离子交换、对金属离子的配位作用、氧化-还原性及生理活性等。

胡敏酸和富啡酸都含有较高的氨基酸氮，其中甘氨酸、丙氨酸和缬氨酸等酸性和中性氨基酸的含量较高，多肽和糖的组成也十分近似。腐殖酸中还包含少量的核酸（DNA 和 RNA）及其衍生物、叶绿素及其降解产物、磷脂、胺和维生素等。

（三）土壤有机质的转化

1. 土壤有机质的转化过程

有机残体进入土壤后，在以土壤微生物为主导的各种综合作用影响下，向着两个方向转化：一是在土壤微生物酶的作用下发生氧化反应，彻底分解而最终释放出 CO_2、H_2O 和能量；所含的氮、磷和硫等营养元素在一系列特定反应后，释放成为植物可利用的矿质养料，这一过程称为有机质的矿化过程，可用下式来表示：

$$\underset{\text{含碳和氢的化合物}}{R—(C,4H)}+2O_2\xrightarrow[\text{氧化}]{\text{酶}}CO_2+2H_2O+\text{能量} \tag{2-1}$$

另一个转化方向则是各种有机化合物通过土壤微生物的合成或在原植物组织中的聚合，转变为组成和结构比原来的有机化合物更为复杂的新有机化合物，这一过程称为腐殖化过程。有机残体的矿化和腐殖化是同时发生的两个过程，矿化过程是进行腐殖化过程的前提，而腐殖化过程是有机残体矿化过程的部分结果，矿化和腐殖化在土壤形成中是对立统一的两个过程。

2. 影响土壤有机质转化的因素

有机质是土壤中最活跃的物质组成。一方面，外来有机物质不断地输入土壤，并经微生物的分解和转化形成新的腐殖质；另一方面，土壤原有有机质不断地被分解和矿化，离开土壤。进入土壤的有机物质主要由每年加入土壤中动植物残体的数量和类型决定，而土壤有机质的损失则主要取决于土壤有机质的矿化及土壤侵蚀的程度。进入土壤的有机物质与有机碳从土壤中损失之间的平衡决定了土壤有机质的含量。

有机物质进入土壤后由其一系列转化和矿化过程所构成的物质流通称为土壤有机质的周转。由于微生物是土壤有机物质分解和周转的主要驱动力，因此，凡是能影响微生物活动及其生理作用的因素，如温度、土壤水分和通气状况、植物残体特性、土壤特性，都会影响有机物质的转化。

（四）土壤有机质的作用及其生态与环境意义

基础土壤学中，就土壤有机质的作用而言，着重探讨的是其在土壤肥力方面的功效。有机质是土壤肥力的基础，其在提供植物需要的养分和改善土壤肥力特性上均具有不可忽略的重要意义，它对土壤肥力特性的改善是通过影响土壤物理、化学及生物学性质而实现的。就环境土壤学而言，人们着重关注土壤有机质的生态与环境效应。

1. 有机质与重金属离子的作用

土壤腐殖物质含有多种官能团，这些官能团对重金属离子有较强的配位和富集能力。土壤有机质与重金属离子的配位作用对土壤和水体中重金属离子的固定和迁移有极其重要的影响。各种官能团对金属离子的亲和力为

$$\underset{\text{烯醇基}}{C=C—OH}>\underset{\text{氨基}}{—NH_2}>\underset{\text{偶氮化合物}}{—N=N—}>\underset{\text{环氮}}{\diagdown N \diagup}>\underset{\text{羧基}}{—COOH}>\underset{\text{醚基}}{—O—}>\underset{\text{羰基}}{C=O}$$

如果腐殖质中活性官能团（—COOH、酚—OH 和醇—OH 等）的空间排列适当，那么可以通过取代阳离子水化圈中的一些水分子与金属离子结合形成螯合复合体。两个以上官能团（如羧基）与金属离子螯合，形成环状结构的配合物，也称为螯合物。胡敏酸与金属离子的键

合总容量为 200～600 μmol/g，其中约有 33%是由于阳离子在复合位置上的固定，而主要的复合位置是羧基和酚基。

腐殖物质-金属离子复合体的稳定常数反映了金属离子与有机配位体之间的亲和力，对重金属环境行为的了解有重要价值。一般金属-富啡酸复合体条件稳定常数的排列次序为：Fe^{3+}＞Al^{3+}＞Cu^{2+}＞Ni^{2+}＞Co^{2+}＞Pb^{2+}＞Ca^{2+}＞Zn^{2+}＞Mn^{2+}＞Mg^{2+}，其中稳定常数在 pH 为 5.0 时比 pH 为 3.5 时稍大，这主要是由于羧基等官能团在较高 pH 条件下有较高的离解度。在低 pH 时，由于 H^+与金属离子一起竞争配位体的吸附位，因而与腐殖酸配位的金属离子较少。金属离子与胡敏酸之间形成的复合体极有可能是不移动的。

重金属离子的存在形态也受腐殖物质的配位反应和氧化还原作用的影响。胡敏酸可作为还原剂将有毒的 Cr(Ⅵ)还原为 Cr(Ⅲ)。作为 Lewis 硬酸，Cr(Ⅲ)能与胡敏酸上的羧基形成稳定的复合体，从而可限制动植物对它的吸收性。腐殖物质还能将 V(Ⅴ)还原为 V(Ⅳ)，Hg(Ⅱ)还原为 Hg^0，Fe(Ⅲ)还原为 Fe(Ⅱ)，U(Ⅵ)还原为 U(Ⅳ)。此外，腐殖物质还能起催化作用，促成 Fe(Ⅲ)变成 Fe(Ⅱ)的光致还原反应。

腐殖酸对无机矿物也有一定的溶解作用。胡敏酸对方铅矿（PbS）、软锰矿（MnO_2）、方解石（$CaCO_3$）和孔雀石［$Cu_2(OH)_2CO_3$］的溶解程度比对硅酸盐矿物大。就胡敏酸对 Pb^{2+}、Zn^{2+}、Cu^{2+}、Ni^{2+}、Co^{2+}、Fe^{3+}和 Mn^{4+}等各种金属硫化物和碳酸盐化合物的溶解程度而言，最低的是 ZnS（95 μg/g），最高的是 PbS（2 100 μg/g）。腐殖酸对矿物的溶解作用实际上是其对金属离子的配位、吸附和还原作用的综合结果。

2. 有机质对农药等有机污染物的固定作用

土壤有机质对农药等有机污染物有强烈的亲和力，对有机污染物在土壤中的生物活性、残留、生物降解、迁移和蒸发等过程有重要的影响。土壤有机质是固定农药的最重要的土壤组分，其对农药的固定与腐殖物质官能团的数量、类型和空间排列密切相关，也与农药本身的性质有关。一般认为极性有机污染物可以通过离子交换和质子化、氢键、范德瓦耳斯力、配位体交换、阳离子桥和水桥等各种不同机理与土壤有机质结合。非极性有机污染物可以通过分配机理与之结合。

腐殖物质的分子结构中既有极性亲水基团，也有非极性疏水基团，根据双模式理论，天然土壤有机质组分可分为无定型的橡胶态和紧密交联的玻璃态两部分。橡胶态有机质结构相对疏松，其对有机污染物的吸附以分配作用为主，速度较慢，呈线性且无竞争；而玻璃态有机质结构不仅致密紧实，内部还存在诸多纳米孔隙，其对有机物的吸附除了分配吸附外，还存在相当分量的孔隙填充作用，因而吸附较快，呈非线性，且存在竞争吸附现象。

可溶性腐殖质能促进农药从土壤向地下水迁移，富啡酸有较低的相对分子质量和较高的酸度，比胡敏酸更可溶，能更有效地促使农药和其他有机物质移动。腐殖物质还能作为还原剂而改变农药的结构，这种改变因腐殖物质中羧基、酚羟基、醇羟基、杂环和半醌等的存在而加强。一些有毒有机化合物与腐殖物质结合后，其毒性会降低或消失。

3. 土壤有机质对全球碳平衡的影响

土壤有机质也是全球碳平衡过程中非常重要的碳库。全球土地利用方式改变而导致土壤有机质分解产生大量 CO_2 是导致大气 CO_2 浓度增大的主要原因。据估计，全球土壤有机质的总碳量为 1 400～1 500 Pg C，大约是陆地生物总碳量（560 Pg C）的 2.5 倍。每年因土壤有机质生物分解释放到大气的总碳量为 68 Pg C，全球 2006～2015 年每年因化石燃料和工业释放到大气的碳远低得多，仅为 9.3±0.5 Pg C（Quéré et al.，2016）。可见，土壤有机质的损失对地球自然环境具有重大影响。从全球来看，土壤有机碳水平的不断下降对全球气候变化的影响，将不亚于人类活动向大气排放的影响（李学垣，2001；朱祖祥，1996）。

（五）土壤有机质研究进展

我国土壤有机质较为系统的研究始于 20 世纪 50 年代中后期至 80 年代。其间，中国科学院南京土壤研究所对土壤有机质中胡敏酸、富啡酸的物理及化学结构特性的系统研究奠定了我国土壤有机质研究的基础。90 年代以来，应用红外光谱仪（IR）、核磁共振波谱仪（NMR）、热裂解质谱仪（Py-MS）、同位素比值质谱仪（IRMS）、X 射线光电子能谱仪（XPS）及 $\delta^{13}C$、^{14}C、微生物量和模型技术等对腐殖质结构和形态转化的研究，以及结合长期定位试验对土壤培肥后有机质变化规律的探讨成为主流。21 世纪开始，相关工作开始将重心转移到多介质多界面体系，有机质与重金属、持久性有机污染物的相互作用、土壤固碳减排、土壤矿物-有机质-微生物交互作用等研究逐渐兴起，进一步拓展了我国土壤有机质的相关研究领域。

相关研究主要从腐殖质结构及形态转化、土壤有机质含量及碳库、活性有机质、土壤团聚体等几方面展开，其中腐殖质结构及形态转化研究尤为重要。腐殖质结构的研究内容涉及相对分子质量，元素组成和含氧官能团含量，各组分的活化度测定及大小对比，化学降解作用及产物分析，光学和光谱学性质及热分解特性等多方面。但直到近年来，随着 IR、XPS、ESR 和 NMR 等测试手段的应用，对腐殖质结构的认识才获得较大的进展。例如，研究发现土壤腐殖质以脂肪族碳较多，而芳香碳较少；对 4 种胡敏素残渣的固体交叉极化魔角自旋 ^{13}C 核磁共振光谱（CP/MAS ^{13}C-NMR）间接地计算了铁结合胡敏素、黏粒结合胡敏素、继承性胡敏素和高度发育胡敏素的结构特征，认为高度发育胡敏素的烷基碳比例最高。借助同位素方法的不断发展，从 ^{14}C 和 ^{13}C 标记，到利用 $\delta^{13}C$ 研究和模拟计算土壤中有机碳的转化和积累，发展了一系列的计算模型，揭示了腐殖质中富啡酸与胡敏酸存在的发生学联系及相互转化特点。将 $\delta^{13}C$ 方法用于短期培养实验中腐殖质的形成转化研究，表明加入玉米秸秆后，在培养初期，富啡酸的形成速度大于胡敏酸，随着培养时间延长，富啡酸转化为胡敏酸或相互转化。原土腐殖质中，胡敏酸、富啡酸也发生了相互转化，但转化速度相对较慢（窦森等，2003）。在不同氧气条件下对玉米秸秆在土壤中腐殖化过程的研究发现，高氧条件有利于腐殖化初期富啡酸的生成，但持续高氧不利于其积累，腐殖化后期高氧条件使富啡酸大量转化为胡敏酸，导致胡敏酸大量积累（杨翔宇等，2013）。环境因素对各组分在总腐殖质中的比重也影响重大。影响因子包括水分、温度、大气条件、pH、矿物组成和地带性等。

在土壤有机质含量及碳库方面，土壤、估算方法、数据收集及处理的差异，导致对我国土壤碳库的估算结果仍未达成一致。王绍强等（2000）、王绍强和周成虎（1999）运用第一次全国土壤普查资料，结合 1∶400 万中国土壤分布图，估算得到中国土壤总有机碳库为 100 Pg（不包括台湾省），运用第二次全国土壤普查资料的计算结果为 92 Pg；潘根兴（1999）根据《中国土种志》（1～6 卷）中全部约 2 500 个土种的有机碳含量资料计算结果为 50 Pg，且表层有机碳聚集突出；中国科学院南京土壤研究所史学正课题组利用其构建的中国土壤信息系统数据库和编制的 1∶100 万土壤图，将全部图斑的土壤类型有机碳数据和土壤图进行链接，提出全国土壤总有机碳库 89.1 Pg 的估计值（2007）。在第 236 次香山会议上，与会土壤学家讨论提出可以将 90 Pg 作为中国土壤总有机碳库的默认值。

溶解性有机质、微生物量碳及轻组有机碳等活性有机质的生物活性和化学反应活性都相对活跃，其对有机污染物有明显的增溶作用，可以改变土壤溶液中有机污染物的浓度，影响有机污染物在土壤固/液界面的吸附-解吸、环境介质间的迁移-转化等行为，因此，成为近年来的新增研究热点之一，进展显著。研究认为溶解性有机质是一种带有多种功能团的芳香族和脂肪族碳氢化合物的混合物，由此采用 XAD-8 树脂可将溶解性有机质按疏水酸性、酸不溶、疏水中性和亲水性等组分加以区分（周江敏等，2004）；对溶解性有机质的 ^{13}C-NMR 图谱进行分析，结果表明碳水化合物碳、羧基碳和长链脂肪碳为其主要成分（Ni et al.，2004）；土壤团聚体与土壤颗粒中碳、氮和腐殖质各组分含量随粒级变化的规律存在明显差异，不同粒级土壤颗粒中有机质的含量差异及其腐殖化程度差异会随着团聚化作用减弱（窦森和郝翔翔，2013）。

此外，在土壤形成过程中，矿物、有机质和生物相互作用形成具有三维空间组织结构、异质性和微生物定殖的土壤生物地球化学界面，该界面控制着污染物和营养物质的运移及其生物地球化学循环过程，也是土壤形成和发育的基础，在维持土壤生产力、保持和提高土壤健康中发挥着关键作用。近 20 年来，土壤矿物-有机质-微生物相互作用的耦合过程，正逐步成为土壤学及相关领域的研究前沿和热点。国际上土壤矿物-有机质-微生物交互作用的耦合过程研究可以概括为，在土壤多组分界面上，组分的互作机制及其对土壤性质、养分有效性、重金属化学行为与生态效应的影响等多个方面，主要针对人类活动和全球变化引起的土壤生态效应及其生态服务功能的实现。国内围绕土壤矿物-有机质-微生物互作界面的发生、形成及其功能，在土壤矿物与微生物、生物大分子互作过程与机制，土壤重金属和有机污染物在土壤-生物系统中迁移、转化方面均取得了重要进展，为我国土壤环境污染、土壤养分转化和全球变化等重要问题的研究奠定了坚实基础（宋长青，2016）。

三、土 壤 生 物

土壤生物是土壤具有生命力的重要部分，在土壤形成和发育过程中起主导作用。同时，它也是净化土壤有机污染物的主力军。因此，生物群体是评价土壤质量和健康状况的重要指标之一。

土壤富含无机物质和有机物质，也存在富氧和厌氧、强酸和弱酸、高温和低温、潮湿和干燥等多种微环境，其物质组成和微环境的复杂性导致了土壤具有丰富的生物多样性。一般来说，土壤中的生物趋向于聚集在最适宜的条件中，而不是均匀分布于整个土体中。因此土壤被认为是中型和微型生物优良的栖息地，为它们提供了隐蔽的场所、食物来源、环境梯度和生物隔离等条件。土壤生物激烈的能源、空间竞争形成了复杂的食物网（food web）（图 2-9）。按照营养级来分，土壤微生物主要分为初级生产者、初级消费者、次级消费者和高级消费者。按能量来源来分，土壤生物可分为自养型和异养型。自养型生物的能量来源于太阳能（光合自养）、某些无机化合物氧化所释放的能量（化能自养）；异养型生物的能量来源于含碳有机物，主要包括土壤动物、真菌、放线菌和大多数细菌。尽管自养型生物只占土壤生物的一小部分，但对土壤生态系统中的能量流通却起着至关重要的作用。

（一）土壤生物的类型组成

土壤生物主要包括土壤微生物、土壤动物和高等植物根系。它们有原核细胞的细菌、放线菌和蓝细菌，真核细胞的真菌（酵母、霉菌）和藻类，单细胞的原生动物，多细胞的后生动物，没有细胞结构的分子生物（如病毒）等。

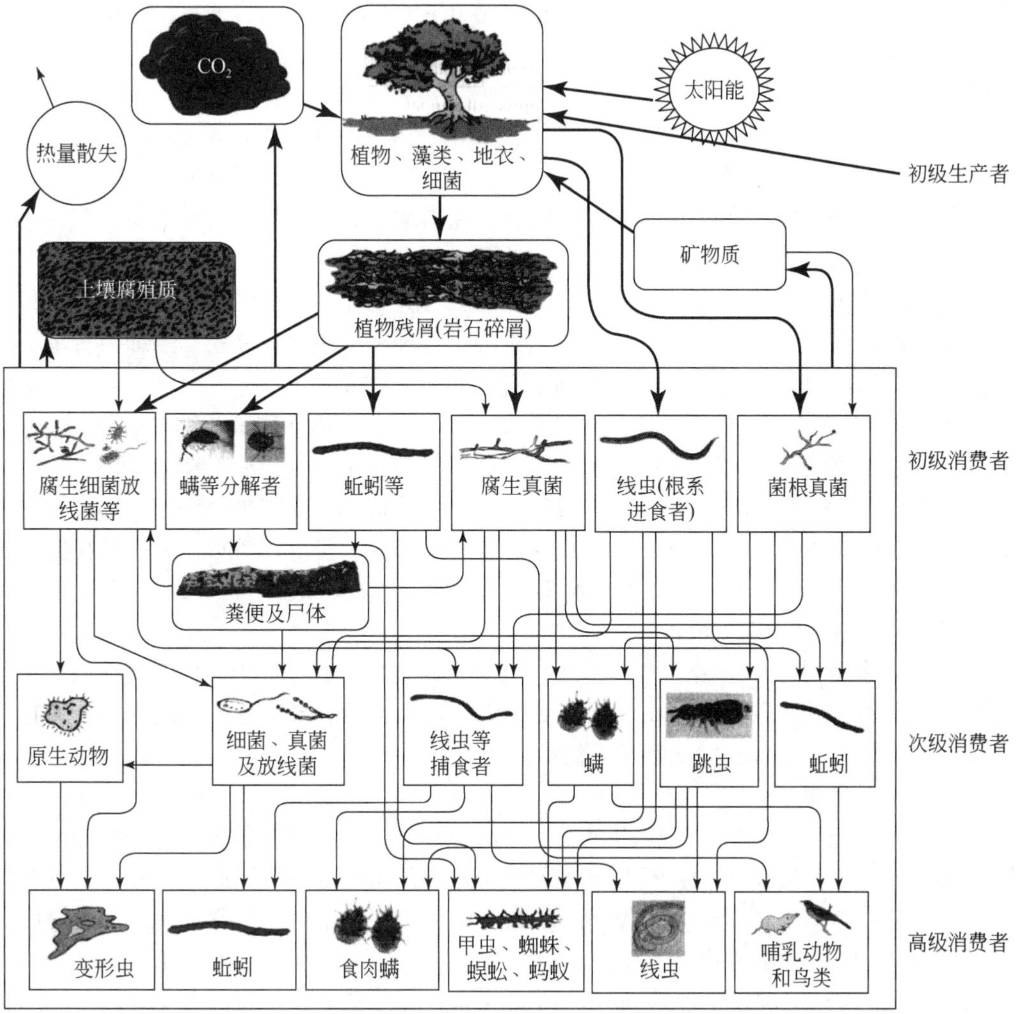

图 2-9　土壤食物网的简化示意图（Brady and Well，2008）

1. 土壤微生物

目前，已知的微生物绝大多数是从土壤中分离、驯化和选育出来的，但只占土壤微生物实际总数的10%左右。土壤中细菌量最多，放线菌次之，真菌再次之，藻类、原生动物和微型动物等由多到少依次排列。20 世纪 70 年代，沃斯以 16S rRNA 序列的相关性，将一类有别于细菌的、在特殊环境生长的古菌（为原核生物）单独列出，与细菌和真核生物并列于系统发育树中，称“三域”，即古菌域、细菌域和真核生物域。

（1）古菌域　　古菌是一群具有独特基因结构或系统发育生物大分子序列的单细胞生物，大多生活在地球上超高温、高酸碱度、高盐浓度和严格无氧状态等极端环境中，或生命出现初期的自然环境中。按照古菌的生活习性和生理特性，古菌可分为三大类型：产甲烷菌、嗜热嗜酸菌和极端嗜盐菌。产甲烷菌可在严格厌氧环境下利用简单二碳和一碳化合物生存和产甲烷；嗜热嗜酸菌大多数种是硫代谢菌，专性嗜热，最适宜生长温度在 70～105℃；极端嗜盐菌可以在极端盐浓度下生存。古菌在物质转化中扮演着重要的角色，有关研究对探索和揭示生物进化的奥秘，深化对生物进化的认识有重要意义。现已探明生物适应特殊环境因子的遗传基因普遍存在于质粒上。因此，有可能把这类生活在极端环境的古菌作为特殊基因库，用以构建有益的新种。

（2）细菌域

1)细菌　细菌是土壤微生物中分布最广泛、数量最多的一类，占土壤微生物总数的 70%～90%，其个体小、代谢强和繁殖快，与土壤接触的表面积大，是土壤中最活跃的因素。因其可利用各种有机物为碳源和能源，富集土壤中重金属及降解农药等有机污染物，在污染土壤修复研究中备受关注。

2）蓝细菌　蓝细菌是一种古老生物，属于光合自养型细菌，可利用光能吸收 CO_2 和 H_2O 合成自身所需营养物质，放出 O_2。常常在潮湿的土壤和稻田中大量繁殖。蓝细菌有单细胞和丝状体两类形态，现已知的 9 科 31 属蓝细菌中有固氮的种类。

3）放线菌　放线菌以孢子或菌丝片段存在于土壤中，其栖居数量及种类很多，仅次于细菌。用常规方法监测时，大部分为链霉菌属，占 70%～90%；其次为诺卡氏菌属，占 10%～30%；小单胞菌属占第三位，只有 1%～15%。放线菌除极少数是寄生型外，大部分均属于好氧腐生菌；它的作用主要是分解有机质，对新鲜的纤维素、淀粉、脂肪、木质素和蛋白质等均有分解能力，并可产生抗生素，对其他有害菌起拮抗作用。最适宜生长在中性、偏碱性及通气良好的土壤中，在 pH 为 5.5 以下时生长即受抑制。

4）其他原核微生物　立克次氏体介于细菌与病毒之间，更接近于细菌，是一类专性寄生于真核细胞内的革兰氏阴性原核微生物。支原体是自由生活的最小的原核微生物，分布在土壤、污水、垃圾、昆虫、脊椎动物及人体中。

（3）真核生物域

1）真菌　真菌是常见的土壤微生物之一，数量仅次于细菌和放线菌。适宜在通气良好和酸性土壤中生长，生长最适 pH 在 3～6，并要求较高的土壤湿度。因此，在森林土壤和酸性土壤中，真菌往往占优势或起主要作用。我国土壤真菌种类繁多，资源丰富，分布最广的是青霉属（*Penicillium*）、曲霉属（*Aspergillus*）、镰刀菌属（*Fusarium*）、木霉属（*Trichoderma*）、毛霉属（*Mucor*）和根霉属（*Rhizopus*）。按其营养方式，真菌又可分为腐生真菌、寄生真菌和菌根真菌（共生真菌）等。其中，菌根真菌目前在污染土壤修复方面的应用备受关注，不少研究均涉及接种菌根真菌快速降解土壤中有机污染物的问题。

2）藻类　藻类为单细胞或多细胞的真核原生生物。土壤中的藻类主要由硅藻、绿藻和黄藻组成，很多含有叶绿素，生长在土壤表层，能进行光合作用，吸收二氧化碳而放出氧气，有利于其他植物的根部吸收利用。不含叶绿素的藻类则多生长于土壤较下层，其作用在于分解有机质。藻类是土壤生物的先行者，对土壤的形成和熟化起重要作用，它们凭借光能自养的能力，成为土壤有机质的最先制造者。

3）地衣　地衣是真菌和藻类形成的不可分离的共生体。其广泛分布在荒凉的岩石、土壤和其他物体表面，通常是裸露岩石和土壤母质的最早定居者，于土壤发生的早期起重要作用。

2. 土壤动物

土壤动物是指在土壤中度过全部或部分生活史的动物。其种类繁多、数量庞大，几乎所有动物门、纲都可在土壤中找到它们的代表。按照系统分类，土壤动物可分脊椎动物、节肢动物、软体动物、环节动物、线形动物和原生动物等。

（1）土壤脊椎动物　土壤脊椎动物是生活在土壤中的大型高等动物，包括土壤中的哺乳动物（如鼠类等）、两栖类（蛙类）和爬行类（蜥蜴、蛇）等，它们多是食植物型或食动物型的。多具有掘土习性，对于疏松和混合上、下层土壤有一定作用。

（2）土壤节肢动物　主要包括依赖土壤而生活的某些昆虫（甲虫）或其幼虫、螨类、弹尾类、蚁类、蜘蛛类和蜈蚣类等，在土壤中的数量很大。其主要以死的植物残体为食源，是植物残体的初期分解者。

（3）土壤环节（蠕虫）动物　环节动物是进化的高等蠕虫，在土壤中最重要的是蚯蚓类。蚯蚓在土壤中的数量巨大，每公顷肥沃土壤中可达几十万至上百万条。蚯蚓可促进植物残枝落叶的降解、有机物质的分解和矿化这一复杂的过程，并具有混合土壤、改善土壤结构，提高土壤透气、排水和深层持水能力的作用。因此，它可以通过影响土壤的物理和生物性质而影响物质在土壤中的环境行为。依据此种生态功能，蚯蚓在污染土壤去污修复上的重要性逐渐为研究者所接受，目前被广泛应用于环境保护研究中。

（4）土壤线虫（蠕虫）　线虫个体比蚯蚓小得多，大都躯体纤细，属于较低等的微小蠕虫。按照食性，土壤线虫可分为杂食性线虫、肉食性线虫和寄生性线虫。许多线虫寄生于高等植物和动物体上，常常引起多种植物根部的线虫病。

（5）土壤原生动物　土壤原生动物为单细胞真核生物，简称原虫。其细胞结构简单，数量多及分布广。海洋、各种淡水水体和潮湿土壤都是他们的主要生活环境。土壤中都有原生动物，但不同地区和不同类型土壤原生动物的种类和数量有差异，一般每克土壤为 10^4～10^5 个，多时可达 10^6～10^7 个，表土中最多，下层土壤中少。鞭毛虫以取食细菌作为食料，变形虫在酸性土壤上层以动、植物的碎屑作为食料，纤毛虫以细菌和小型的鞭毛虫为食料。

原生动物在土壤中的作用可调节细菌数量，增进某些土壤的生物活性和参与土壤植物残体的分解。

3. 植物根系、菌根和根瘤

高等植物根系虽然只占土壤体积的 1%，但呼吸作用占土壤的 25%～33%。根据尺寸大小，根系可被认为是中型或微型生物。根系在土壤中有横向生长和纵向生长，其分布具有一定的水平幅度和垂直深度。它在土壤中穿插缠绕、相互交错，形成根系网，将土壤颗粒束缚、固结在一起，能有效改善土壤物理结构和透水性能，还能与土壤团粒、水分、微生物及矿质营养元素产生相互吸引的吸附力，可明显增强土体抵抗风化吹蚀、流水冲刷和重力侵蚀的能力；同时，植物根系与其他生物之间也常常存在竞争或协同关系。

菌根是高等植物根系与一类特殊的土壤真菌建立的互惠共生体。这类能够侵染植物根系并与植物建立共生关系的真菌叫菌根真菌，能够被菌根真菌侵染的植物称为菌根植物或宿主植物。共生体中真菌从植物中获得碳水化合物（光合产物）和一些生长物质维系自身生长，同时真菌的根外菌丝能从土壤中吸收矿质营养元素和水分等，并通过菌丝内部的原生质环流快速地运转到根系中供应植物生长。根据形态结构特征将菌根分为外生菌根、内生菌根、内外生菌根。其中，丛枝菌根是内生菌根中最普遍也最主要的类型。菌根可扩大寄生植物根的吸收范围，显著提高植物对磷的吸收；还能在植物根部起到机械屏障作用，防止病菌侵袭，防御根部病害；此外，菌根还可增强植物对重金属和农药等毒害的抗性，在污染土壤修复中显示出广阔的应用前景。

根瘤由细菌和植物根系共生形成，呈圆形或枣状。根瘤共生体中的根瘤菌通过自身的生命活动将空气中的分子态 N_2 固定下来，又以 NH_4^+ 的形式供给植物吸收利用，植物则为固氮作用提供所需的能量和相关组分。根据结瘤植物和微生物的不同，根瘤分为豆科植物根瘤和非豆科植物根瘤，前者由根瘤菌和豆科植物共生形成，后者主要由弗兰克氏放线菌和非豆科植物共生形成，还有少数由根瘤菌和榆科植物的山黄麻属共生形成。豆科植物结瘤受环境中化合态氮的影响，土壤中有效氮化物丰富时对豆科植物本身的生长无害，但会阻碍根瘤菌感染，影响根瘤生长，降低根瘤的固氮作用。因此，对豆科植物施用大量化合态氮不仅浪费资源，还会加重土壤和水体污染。

4. 非细胞生物（分子生物）——病毒

病毒是一类超显微的非细胞型生物，每一种病毒只有一种核酸。它们是一种活细胞内的寄生物，凡有生物生存之处，都有相应的病毒存在。随着电镜技术和分子生物学方法的应用，人们对病毒本质的认识不断深化，发现非细胞生物包括真病毒和亚病毒。但目前对土壤中的病毒了解较少，只知道土壤中的病毒可以保持寄生能力，并以休眠状态存在。病毒在控制杂草及有害昆虫的生物防治方面已显示出良好的应用前景。

（二）土壤微生物的根际效应及其环境意义

1. 土壤微生物的根际效应

根际是指生长中的植物根系直接影响的土壤区域，包括根系表面到几毫米的土壤部位，为植物根系有效吸收养分的范围，也是根系分泌作用旺盛的部位，是植物–土壤–微生物与环境交互作用的场所。与生活在根际外（非根际）土壤中的微生物群落相比，生活在根际中的微生物，在数量、种类和生物活性上都有明显不同，表现出一定的特异性，这种现象称为土壤微生物的根际效应。有别于一般土体，根际中的根系分泌物提供的特定碳源及能源使根际微生物的数量和活性明显增加，一般为非根际土壤的 5～20 倍，最高可达 100 倍。而且，植物根的类型（直根、丛根和须根）、年龄、不同植物的根（如有瘤或无瘤）和根毛的多少等，都可影响根际微生物的数量、种群（含特异菌群）结构及丰度特征。此外，根际微域中土壤 pH、Eh 及土壤湿度、养分状况及酶活性也是植物存在的影响参数。根与土壤理化性质的不断变化，导致土壤结构的响应变化，土壤微生物环境也随之变化。

植物根际促生细菌（plant growth-promoting rhizobacteria，PGPR）是存在于根际内的一些对植物生长有促进和保护作用的微生物，当植物受到病原菌攻击时，自身能启动一系列反应来诱导 PGPR 菌株的定殖或激活它们抗病原菌活性物质的产生，这可能是植物对抗病原菌入侵的一种防卫反应。在农业生态系统中，充分利用这些细菌的生物学潜力，将有助于减少化肥和农药投入，促进植物生长，减轻环境污染，实现农业可持续发展。近年来，在小麦、甘蔗、甜玉米、水稻和棉花等作物的健康植株中都发现了内生细菌和真菌。几十年来，PGPR 的应用研究一直未间断，已制成菌剂接种于小麦、水稻、玉米和甘蔗等禾本科作物，胡萝卜、黄瓜等蔬菜，以及甜菜、棉花和烟草等经济作物的根际，或用它们处理种子和马铃薯种块等，都取得了显著的增产和生物防治效果。但是由于土著菌的竞争及其他土壤环境因子的影响干扰了 PGPR 的繁殖和活性，在应用于田间时效果不稳定或不明显。目前，已从许多种根际细菌中鉴定了 PGPR 菌株，主要包括假单胞菌属（*Pseudomonas*）和芽胞杆菌属（*Bacillus*）。另有研究发现，荧光假单胞菌（*Pseudomonas fluorescens*）在很多植物的根际和根面都占了绝对优势，可达 60%～93%的比例。此外，还包括产碱菌属（*Alcaligenes*）、节杆菌属（*Arthrobacter*）、固氮菌属（*Azotobacter*）、固氮螺菌属（*Azospirillum*）、肠杆菌属（*Enterobacter*）、欧文氏菌属（*Erwinia*）、黄杆菌属（*Flavobacteria*）、哈夫尼菌属（*Hafnia*）、克雷伯氏菌属（*Klebsiella*）、沙雷氏菌属（*Serratia*）、黄单胞菌属（*Xanthomonas*）和慢生根瘤菌属（*Bradyrhizobium*）等。PGPR 对植物的促生作用是综合性的，可分为以下几个方面：①改善植物根际的营养环境；②产生多种生理活性物质刺激作物生长；③对根际有害微生物的生物防治作用；④提高植物耐受污染的能力，减轻污染物对植物的毒害，并达到修复根际污染的效果。

2. 土壤微生物根际效应的环境意义

近年来，土壤微生物根际效应作为污染土壤根际微生物修复的理论前提，在土壤重金属及有机农药等污染物的胁迫下，土壤根际微生物的动态响应效应的研究正大力推进，推动了环境土壤学、环境微生物学等相关学科的不断前进。目前，土壤微生物学研究已成为环境土壤学的活跃领域。

大量研究表明，根际有机污染物降解行为与根际土壤中特异功能性微生物的响应存在密切关系。如近年来，有学者针对五氯苯酚（PCP）、多环芳烃（PAHs）和多溴联苯醚（PBDEs）等典型有机污染物在黑麦草、高羊茅、紫花苜蓿、紫云英、西葫芦和不同基因型水稻品种等植物根际中的降解行为开展了一系列研究；结合对污染物污染老化效应影响的考虑，基于磷脂脂肪酸（PLFA）分析、变性梯度凝胶电泳（DGGE）、实时荧光定量核酸扩增检测系统（qPCR）和预测宏基因组技术，阐明了微生物群落变异与污染物浓度、根面的距离、植物生长时间等环境限制性因子的关系；发现在污染胁迫根际环境中，根系分泌作用的梯度递减效应会导致活性有机碳和微生物易利用性碳源，以及根际空间氧在根际微域存在水平空间上的梯度变异，一方面致使污染物的存在形态和生物有效性在根际水平空间上产生差异，另一方面诱导了土壤微生物在根际微域构建特殊的微生物相关性网络。这种根际效应和污染效应叠加导致根际微域中功能微生物（包括污染物降解菌及其协同菌群）在距离根面的不同毫米土层中通过生态位错位竞争策略避开与其他土著微生物的竞争，从而形成了有机污染物在根际微域中降解行为的空间非线性特征（He et al.，2015a，2015b，2009，2007，2005；Ma et al.，2010a，2010b）。

四、土　壤　水

土壤水是土壤的重要组成部分之一。由于形成土壤剖面的土层内各种物质的运移，主要是以溶液形式进行的，这些物质随同液态土壤水一起运动，因此，土壤水在土壤形成过程中起着极其重要的作用。同时，土壤水在很大程度上参与了土壤内进行的许多物质转化过程，如矿物质风化、有机化合物的合成和分解等。不仅如此，土壤水是作物吸水的最主要来源，也是自然界水循环的一个重要环节，处于不断的变化和运动中，势必影响到作物的生长和土壤中许多化学、物理和生物学过程。

（一）土壤水的物理形态

水在土壤中受到各种力（如重力、土粒表面分子引力和毛管力等）的作用，因而表现出不同的物理状态，这决定了土壤水分的保持、运动及对植物的有效性。在土壤学中，一般按照存在状态将土壤水划分为：气态水（存在于土壤空气中的水汽）；固态水（化学结合水、土壤水冻结形成的冰）；液态水，又分为吸附水和自由水，吸附水又称为束缚水，包括吸湿水（紧束缚水）和膜状水（松束缚水），自由水包括毛管水（毛管悬着水和毛管上升水）、重力水和地下水。这里主要介绍液态水。

（1）吸湿水　由干燥土粒的吸附力所吸附的气态水而保持在土粒表面的水分称为吸湿水。土壤饱和时所吸附的气态水量称为吸湿水量或吸湿系数。吸附力主要指土粒分子引力（土粒表面分子和水分子之间的吸引力），以及胶体表面电荷对水的极性引力。土粒分子引力产生的主要原因是土粒表面具有表面能，其吸附力可达上万个大气压。极性引力是因为水分子是极性分子，土粒吸引水分子的一个极，另一个被排斥的极本身又可作为固定其他水分子的点位。

土粒对吸湿水的吸持力很大，最内层可达 1.01×10^9 Pa，最外层约为 3.14×10^6 Pa，因此不能移动。它的密度在 1.2～2.4，平均达 1.5，具固态水性质，对溶质无溶解力。由于植物根细胞的渗透压一般为 1.01×10^6～2.03×10^6 Pa（平均为 1.52×10^6 Pa），所以吸湿水不能被作物根系吸收。

（2）膜状水　把达到吸湿系数的土壤，再用液态水来继续湿润，土壤吸湿水层外可吸附液态水分子而形成水膜，这种由吸附力吸附在吸湿水层外面的液态水膜叫膜状水。膜状水的形成是由于土粒表面吸附水分子形成吸湿水层以后，尚有剩余的吸附力，它不能再吸附动能较大的气态水分子，只能吸附动能较小的液态水分子，在吸湿水层外面形成水膜。膜状水所受吸力比吸湿水小，其吸力范围在 6.33×10^5～3.14×10^6 Pa。

膜状水的性质和液态水相似，但其黏滞性较高而溶解能力较小。它能移动，是以湿润的方式从一个土粒水膜较厚处向另一个土粒水膜较薄处移动，但速度非常缓慢，一般为 0.2～0.4 mm/h。

（3）毛管水　土壤中粗细不同的毛管孔隙连通在一起形成复杂的毛管体系。毛管水是土壤自由水的一种，其产生主要是土壤中毛管力吸持的结果。毛管力的实质是毛管内气水界面上产生的弯月面力。根据土层中地下水是否与毛管水相连，可分为毛管悬着水和毛管上升水两类。

在地下水较深的情况下，降水或灌溉水等地面水进入土壤，借助于毛管力保持在上层土壤的毛管孔隙中的水分，与来自于地下水上升的毛管水并不相连，好像悬挂在上层土壤中一样，称为毛管悬着水。毛管悬着水是山区、丘陵等地势较高处植物吸收水分的主要来源。

借助于毛管力由地下水上升进入土壤中的水称为毛管上升水，从地下水面到毛管上升水所能到达的相对高度叫毛管水上升高度。毛管水上升的高度和速度与土壤孔隙的粗细有关，在一定的孔径范围内，孔径越粗，上升速度越快，但上升高度低；反之，孔径越细，上升速度越慢，上升高度则越高。不过孔径过细的土壤，不但上升速度极慢，上升的高度也有限。砂土的孔径粗，毛管上升水上升快，高度低；无结构的黏土，孔径细，非活性孔多，上升速度慢，高度也有限；而壤土的上升速度较快，高度最高。

（4）重力水　当土壤水分超过田间持水量时，多余的水分就受重力的作用沿土壤中的大孔隙向下移动，这种受重力支配的水叫重力水，其不受土壤吸附力和毛管力的作用。当土壤被重力水所饱和，即土壤大小孔隙全部被水分充满时的土壤含水量称为饱和持水量，或称全蓄水量或最大持水量。

（5）地下水　土壤上层的重力水流至下层遇到不透水层，积聚起来形成地下水。它是重要的水利资源。当土壤中的重力水向下移动时，遇到第一个不透水层，并在其上较长期聚积起来的水分称为潜水。它具有自由表面，在重力作用下能从高处向低处流动。潜水面离地表面的深度称为地下水位。潜水位过高能引起土壤沼泽化和盐渍化，过深则引起土壤干旱。

上述各种水分类型，彼此密切交错联结，很难严格划分。在不同土壤中，其存在的形态也不尽相同。例如，粗砂土中毛管水只存在于砂粒与砂粒之间的触点上，称为触点水，彼此呈孤立状态，不能形成连续的毛管运动，含水量较少。在无结构的黏质土中，非活性孔多，无效水含量高。而在质地适中的壤质土和有良好结构的黏质土中，孔隙分布适宜，水、气比例协调，毛管水含量高，有效水也多。

（二）土壤水的能态

1. 土水势及其分势

土壤水分具有不同数量和形式的能量。在经典物理学中，把能量分为动能和势能。由于土壤水的运动速度很慢，因而动能一般忽略不计。位置或内部状况所产生的势能，在决定土壤水分的状态和运动方面是非常重要的。所有物质总是由高势能向低势能移动，而自由能的变化是物质运动趋向的一种衡量。因此，土壤水自由能的降低也可用势能值的降低来表示。土水势的定义为:“为了可逆地、等温地在标准大气压下从指定高度的纯水水体中移走无穷小量的水到土壤水分中去，每单位数量纯水所需做功的数量”。土壤水在各种力，如吸附力、毛管力和重力等的作用下，与同样温度、高度和大气压等条件的纯自由水相比（即以自由水作为参比标准，假定其势值为零），其自由能必然不同，这个自由能的差用势能来表示即为土水势（符号为 Ψ）。

由于引起土水势变化的原因或动力不同，所以土水势包括若干分势，如基质势、压力势、溶质势、重力势等。

1）基质势（Ψ_m）　在不饱和的情况下，土壤水受土壤吸附力和毛管力的制约形成的土水势为负值。土壤含水量越高，基质势越高。

2）压力势（Ψ_p）　土壤水在饱和状态下，由于受压力而产生的土水势变化为正值。

3）溶质势（Ψ_s）　是指由土壤水中溶解的溶质而引起土水势的变化，也称渗透势，一般为负值。土壤水中溶解的溶质越多，溶质势越低。在饱和及不饱和情况下，土壤水都有溶质势存在，但其中的溶质极易随水运动而呈均匀状态分布，所以溶质势对土壤水运动影响不大。

4）重力势（Ψ_g）　是指由重力作用而引起的土水势变化，为正值。高度越高，则重力势正值越大。

5）总水势（Ψ_t）　土壤水势是以上各分势之和，又称总水势（Ψ_t），用数学表达为

$$\Psi_t = \Psi_m + \Psi_p + \Psi_s + \Psi_g \tag{2-2}$$

在不同的土壤含水状况下，决定土水势大小的分势不同：在土壤水饱和状态下，若不考虑半透膜的存在，则 Ψ_t 等于 Ψ_p 与 Ψ_g 之和；在土壤水不饱和情况下，则 Ψ_t 等于 Ψ_m 与 Ψ_g 之和；在考察根系吸水时，一般可忽略 Ψ_g，因为根吸水表皮细胞存在半透膜性质，Ψ_t 等于 Ψ_m 与 Ψ_s 之和，若土壤含水量达到饱和状态，则 Ψ_t 等于 Ψ_s。

2. 土水势的定量表示

土水势的定量表示是以单位数量土壤水的势能值为准（最常用的是单位容积和单位重量）。单位容积土壤水的势能值用压力单位，标准单位为帕（Pa），也可用千帕（kPa）和兆帕（MPa），习惯上也曾用巴（bar）和大气压（atm）表示；单位重量土壤水的势能值则用静水压力或相当于一定压力水柱高度的厘米数（cmH_2O）表示。它们之间的转换关系为

$$1\ \text{Pa} = 0.010\,2\ \text{cmH}_2\text{O}$$

$$1\ \text{atm} = 1\,033\ \text{cmH}_2\text{O} = 1.013\,3\ \text{bar}$$

$$1\ \text{bar} = 0.989\,6\ \text{atm} = 1\,020\ \text{cmH}_2\text{O}$$

为了简便起见，也有用土水势的水柱高度厘米数（负值）的对数表示，称为 pF。例如，土水势为-1 000 cm 水柱，则 pF=3。土水势为-10 000 cm 水柱，则 pF=4。这样可以用简单

的数字表示很宽的土水势范围。

3. 土壤水吸力

土壤水吸力是指土壤水在承受一定吸力的情况下所处的能态，简称吸力，但并不是指土壤对水的吸力。上面讨论的基质势 Ψ_m 和溶质势 Ψ_s 一般为负值，在使用中不太方便，所以将 Ψ_m 和 Ψ_s 的相反数（正数）定义为吸力（S），也可分别称之为基质吸力和溶质吸力。由于在土壤水的保持和运动中不考虑 Ψ_s，所以一般谈及的吸力是指基质吸力，其值与 Ψ_m 相等，但符号相反。

吸力同样可用于判明土壤水的流向，土壤水总是有自吸力低处向吸力高处流动的趋势，但具体运动方向还需考虑其他作用力（或能量驱动）。在实际中经常应用。

（三）土壤水分含量及其有效性

1. 土壤水分含量

土壤水分含量是表征土壤水分状况的一个指标，又称为土壤含水量、土壤湿度等。土壤含水量有多种表达方式，数学表达式也不同，常用的有以下几种。

（1）质量含水量　质量含水量即土壤中水分的质量与干土质量的比值，又称为重量含水量，无量纲。它是指土壤中水分的实际含量，可由下式表示：

$$\text{土壤质量含水量}(\%)=\frac{\text{湿土质量}-\text{干土质量}}{\text{干土质量}}\times 100 \tag{2-3}$$

定义中的干土一词，一般是指在 105℃条件下烘干的土壤。而另一种意义的干土是含有吸湿水的土，通常称为“风干土”，即在当地大气中自然干燥的土壤，其质量含水量比 105℃烘干的土壤高（一般高几个百分点）。由于大气湿度是变化的，所以风干土的含水量不恒定，所以一般不以此值作为计算质量含水量的基础。

（2）容积含水量　容积含水量即单位土壤总容积中水分所占的容积分数，又称容积湿度、土壤水的容积分数，无量纲。它表明土壤中水分占据孔隙的程度，从而可据此计算土壤三相比（单位体积原状土中土粒、水分和空气容积间的比例）。由质量含水量换算而得

$$\begin{aligned}\text{土壤容积含水量}(\%)&=\frac{\text{土壤质量含水量}(\%)/\text{水密度}(1\ \text{g/cm}^3)}{\text{烘干土重}(100\text{g})/\text{容重}(\text{g/cm}^3)}\times 100\\&=\text{土壤质量含水量}(\%)\times\text{容重}\end{aligned} \tag{2-4}$$

（3）相对含水量　相对含水量指土壤含水量占田间持水量的百分数。它可以说明土壤毛管悬着水的饱和程度，有效性和水、气的比例等，是土壤学中常用的土壤含水量的表示方法：

$$\text{土壤相对含水量（\%）}=\frac{\text{土壤含水量}}{\text{田间持水量}}\times 100 \tag{2-5}$$

（4）土壤水储量　土壤水储量即一定面积和厚度土壤中含水的绝对数量，在土壤物理、农田水利学和水文学等学科中经常用到这一术语和指标，它主要由两种表达方式。

1）水储量深度　指一定厚度一定面积土壤中所含水量相当于相同面积水层的厚度，量纲为 L，多以 mm 为单位。

$$\begin{aligned}\text{水层厚度（mm）}&=\text{土层厚度（mm）}\times\text{土壤容积含水量（\%）}\\&=\text{土层厚度（mm）}\times\text{土壤质量含水量（\%）}\times\text{容重}\end{aligned} \tag{2-6}$$

2）水储量容积　水储量容积即一定面积一定厚度土壤中所含水量的体积，量纲为L^3。在数量上，它可简单由水储量深度与所指定面积相乘即可，但要注意二者单位的一致性。并且，水储量容积与计算的土壤面积和厚度都有关系，在参数单位中应标明计算面积和厚度，所以不如水储量深度方便，一般在不标明土体深度时，通常指 1 m 土深。

2. 土壤水的有效性

土壤水的有效性是指土壤中的水能否被植物吸收利用及其难易程度。不能被植物吸收利用的水称为无效水，能被植物吸收利用的水称为有效水。其中，因其吸收难易程度不同又可分为速效水和迟效水。通常把土壤萎蔫系数看作土壤有效水的下限，植物因根无法吸水而发生永久萎蔫时的土壤含水量称为萎蔫系数或萎蔫点。一般土壤质地越黏重，萎蔫系数越大。把田间持水量视为土壤有效水的上限，土壤毛管悬着水达到最多时的含水量称为田间持水量，在数量上它包括吸湿水、膜状水和毛管悬着水。田间持水量是确定灌水量的重要依据，其大小主要受土壤质地、有机质含量、结构和松紧状况等的影响。

土壤有效水范围的经典概念是从田间持水量到萎蔫系数，田间持水量与萎蔫系数之间的差值即土壤有效水最大含量。一般情况下，土壤含水量往往低于田间持水量。所以有效水含量就不是最大值，而只是当时土壤含水量与该土壤萎蔫系数之差。在有效水范围内，其有效程度也不同。在田间持水量至毛管水断裂量之间，由于含水多，土水势高，土壤水吸力低，水分运动迅速，容易被植物吸收利用，所以称为“速效水”。当土壤含水量低于毛管水断裂量，粗毛管中的水分已不连续，土壤水吸力逐渐加大，土水势进一步降低，毛管水移动变慢，根吸水困难增加，这一部分水属于“迟效水”。

土壤中各种类型水分的有效性可综合如图 2-10 所示。

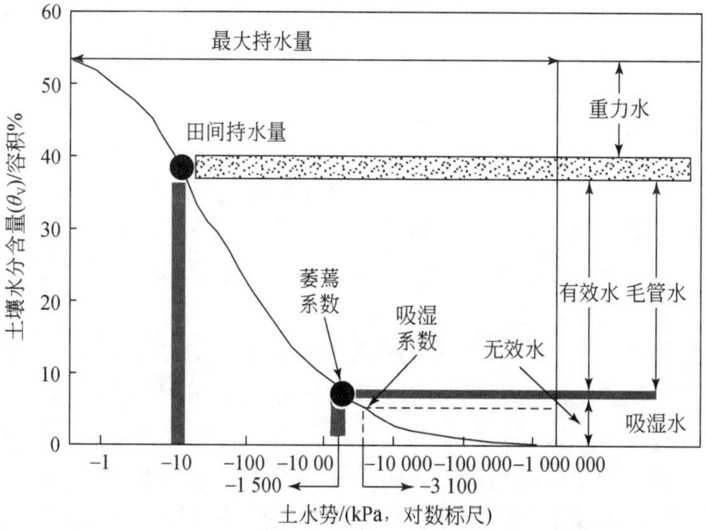

图 2-10　土壤水的形态、能量和有效性的关系示意图

五、土 壤 空 气

土壤空气是土壤的重要组成之一。它对土壤微生物活动、营养物质、土壤污染物质的转化及植物的生长发育都有重大的作用。

（一）土壤空气的组成

土壤空气主要存在于未被水占据的土壤孔隙中。就其含量而言，在一定容积的土体内，如果孔隙度不变，则含水量增多，空气含量必然减少，反之亦然，因此，土壤空气含量随含水量变化而变化。对于土壤空气的组成而言，它受到土壤通气性的影响，通气良好的土壤的空气组成接近于大气；若通气不良，则土壤空气组成和大气有明显的差异。表 2-4 是土壤空气和大气组成的差异情况。

表 2-4　土壤空气与大气组成的数量差异（容积%）（黄昌勇和徐建明，2010）

气体	O_2/%	CO_2/%	N_2/%	其他气体/%
近地表的大气	20.94	0.03	78.05	0.98
土壤空气	18.00～20.03	0.15～0.65	78.80～80.24	0.98

由于土壤生物（根系、土壤动物和土壤微生物）的呼吸作用和有机质分解等，土壤空气的 CO_2 含量一般高于大气，为大气 CO_2 含量的 5～20 倍；同样，由于生物消耗，土壤空气中的 O_2 含量则明显低于大气。但土壤通气不良时，或当土壤中的新鲜有机质状况及温度和水分状况有利于微生物活动时，都会进一步提高土壤空气中 CO_2 的含量和降低 O_2 的含量。同时，当土壤通气不良时，微生物对有机质进行厌氧性分解，产生大量的还原性气体，如 CH_4、H_2 等，而大气中一般还原性气体极少。此外，在土壤空气组成中，经常含有与大气污染相同的污染物质。

土壤空气的数量和组成不是固定不变的，土壤孔隙状况的变化和含水量的变化是土壤空气数量发生变化的主要原因。土壤空气组成的变化则受同时进行的两组过程制约，一组过程是土壤中的各种化学和生物化学反应，其作用结果是产生 CO_2 和消耗 O_2；另一组过程是土壤空气与大气相互交换，即空气运动。这两组过程，前者趋于扩大土壤空气组成与大气差别，后者则趋于使土壤空气组成与大气一致，总体表现为一动态平衡。

（二）土壤空气的运动

土壤是一个开放的耗散体系，时刻与外界进行着物质和能量的交换。土壤空气并不是静止的，它在土体内部不停地运动，并不断地与大气进行交换。如果土壤空气和大气不进行交换，土壤空气中的氧气可能会在 12～40 h 消耗殆尽。土壤空气运动的方式有对流和扩散，凭借这两种运动，土壤空气得以更新。

（1）土壤空气的对流　土壤空气的对流是指土壤与大气间由总压力梯度推动的气体的整体流动，也称为质流。土壤与大气间的对流总是由高压区向低压区流动。

许多因素可引起土壤与大气间的压力差，从而引起土壤空气与大气的对流，如大气中的气压变化、温度梯度、土壤表面的风力、降水和灌溉等。大气压力上升，一部分大气进入土壤孔隙。大气压下降，土壤空气膨胀，使得一部分土壤空气进入大气；温度的昼夜变化引起土壤空气的膨胀和收缩，推动空气的整体排出和进入；地面风力可加速蒸发和带走近地表部分土壤空气中的部分气体；降水或灌溉也能排出土壤大孔隙中的空气，而重力水排走后，空气又可整体进入，导致土壤空气整体流动。

土壤空气对流可用如下方程式描述：

$$q_v = -(k/\eta)\Delta p \tag{2-7}$$

式中，q_v 为空气的容积对流量（单位时间通过单位横截面积的空气容积）；k 为通气孔隙透气率；η 为土壤空气的黏度；Δp 为土壤空气压力的三维梯度。

（2）土壤空气的扩散　扩散是促使土壤与大气间气体交换的最重要物理过程。在此过程中，各个气体成分按照它们各自的气压梯度而流动。由于土壤中的生物活动总是使 O_2 和 CO_2 的分压与大气保持差别，所以对于 O_2 和 CO_2 这两种气体来说，扩散过程总是持续不断进行的。因此，土壤学中把这种土壤从大气中吸收 O_2，同时排除 CO_2 的气体扩散作用，称为土壤呼吸。

土壤空气扩散的速率与土壤性质的关系可用 Penman 公式表示：

$$\frac{\mathrm{d}q}{\mathrm{d}t}=\frac{D_0}{\beta}AS\frac{P_1-P_2}{L_e} \tag{2-8}$$

式中，$\frac{\mathrm{d}q}{\mathrm{d}t}$ 为扩散速率（q 为气体扩散量，t 为时间）；D_0 为气体在大气中的扩散系数；A 为气体通过的截面积；S 为土壤孔隙度；L_e 为气体通过的实际距离；P_1 和 P_2 分别为在距离 L_e 两端的气体分压；β 为比例常数。

上式说明，土壤空气的扩散速率与扩散截面积中空隙部分的面积（AS）及分压梯度成正比，与空气通过的实际距离成反比。因此，土壤大孔隙的数量、连续性和充水程度是影响气体交换的重要条件。土壤大孔隙多，互相通连而又未被充水，就有利于气体交换。但如果土壤被水所饱和或接近饱和，这种气体交换就难以进行。

第二节　土 壤 性 质

一、土壤物理性质

从物理学的观点看，土壤是一个极其复杂的、三相物质的分散系统（Jury，1991）。它的固相基质包括大小、形状和排列不同的土粒。这些土粒的相互排列和组织决定着土壤结构与孔隙特征，水和空气就在孔隙中保存和传导。土壤的三相物质组成和它们之间强烈的相互作用，表现出土壤的各种物理性质。

（一）土壤质地

土壤质地可在一定程度上反映土壤矿物组成和化学组成，同时，土壤颗粒大小与土壤的物理性质有密切关系，并且影响土壤孔隙状况，从而对土壤水分、空气、热量的运动和物质的转化均有很大的影响。因此，质地不同的土壤表现出不同的性状。

以下将从对土粒、粒级和机械组成（颗粒组成）等概念的探讨来了解土壤质地。

土壤颗粒（土粒）是构成土壤固相骨架的基本颗粒，其形状和大小多种多样，可以呈单粒，也可能结合成复粒存在。根据单个土粒的当量粒径（假定土粒为圆球形的直径）的大小，可将土粒分为若干组，称为粒级。

如何把土粒按其大小分级，分成多少个粒级，各粒级间的分界点（当量粒径）定在哪里，至今尚缺公认的标准。在许多国家，各个部门采用的土粒分级制也不同，当前，国内外常见的几种土壤粒级制列于表 2-5。由表 2-5 可见，各种粒级制都把大小颗粒分为石砾、砂粒、粉粒（曾称粉砂）和黏粒（包括胶粒）4 组。

表 2-5　常见的土壤粒级制

<table>
<tr><th>当量粒径/mm</th><th>中国制</th><th colspan="3">卡钦斯基制</th><th>美国农部制</th><th>国际制</th></tr>
<tr><td>3～2</td><td rowspan="2">石砾</td><td rowspan="2" colspan="3">石砾</td><td>石砾</td><td>石砾</td></tr>
<tr><td>2～1</td><td>极粗砂粒</td><td rowspan="4">粗砂</td></tr>
<tr><td>1～0.5</td><td rowspan="2">粗砂粒</td><td rowspan="7">物理性砂粒</td><td colspan="2">粗砂粒</td><td>粗砂粒</td></tr>
<tr><td>0.5～0.25</td><td colspan="2">中砂粒</td><td>中砂粒</td></tr>
<tr><td>0.25～0.2</td><td rowspan="3">细砂粒</td><td rowspan="3" colspan="2">细砂粒</td><td rowspan="2">细砂粒</td></tr>
<tr><td>0.2～0.1</td><td rowspan="3">细砂</td></tr>
<tr><td>0.1～0.05</td><td>极细砂粒</td></tr>
<tr><td>0.05～0.02</td><td rowspan="2">粗粉粒</td><td rowspan="2" colspan="2">粗粉粒</td><td rowspan="4">粉粒</td></tr>
<tr><td>0.02～0.01</td><td rowspan="3">粉粒</td></tr>
<tr><td>0.01～0.005</td><td>中粉粒</td><td rowspan="6">物理性黏粒</td><td colspan="2">中粉粒</td></tr>
<tr><td>0.005～0.002</td><td>细粉粒</td><td rowspan="2" colspan="2">细粉粒</td></tr>
<tr><td>0.002～0.001</td><td>粗黏粒</td><td rowspan="4">黏粒</td><td rowspan="4">黏粒</td></tr>
<tr><td>0.001～0.0005</td><td rowspan="3">细黏粒</td><td rowspan="3">黏粒</td><td>粗黏粒</td></tr>
<tr><td>0.0005～0.0001</td><td>细黏粒</td></tr>
<tr><td><0.0001</td><td>胶质黏粒</td></tr>
</table>

目前，国际上通行的粒级制是把<0.002 mm 的称为黏粒，美国农业部和我国的土壤系统分类与之相同。世界土壤资源参比中心对黏粒做了细分，<0.0002 mm 的称为细黏粒。

1. 土壤各粒级的理化性质

同级土粒的大小相近，其成分和性质基本一致。不同粒级土粒的矿物，其组成有很大差别，因而其化学成分也有所不同（表 2-6）。一般说来，土粒越细，石英、长石逐渐减少，云母、角闪石增多，SiO_2 含量越来越少，而 R_2O_3 及 CaO、MgO、P_2O_5 和 K_2O 等含量越来越多。

表 2-6　两种代表性土壤各粒级的化学组成（黄昌勇和徐建明，2010）

土类	粒级/mm	化学组成（占干重%）									
		SiO_2	Al_2O_3	Fe_2O_3	TiO_2	MnO	CaO	MgO	K_2O	Na_2O	P_2O_5
灰色森林土	0.1～0.01	89.90	3.90	0.94	0.51	0.06	0.61	0.35	2.21	0.81	0.04
	0.01～0.005	82.63	8.13	2.39	0.97	0.06	0.95	1.94	2.77	1.45	0.14
	0.005～0.001	76.75	11.32	3.95	1.34	0.04	1.00	1.05	3.32	1.30	0.25
	<0.001	58.03	23.40	10.19	0.73	0.17	0.44	2.40	3.15	0.24	0.46
	全土	85.10	5.96	2.46	0.53	0.12	0.92	0.68	2.38	0.75	0.11
黑钙土	0.1～0.01	88.12	5.75	1.29	0.45	0.04	0.74	0.29	1.99	1.21	0.02
	0.01～0.005	82.17	7.96	2.73	1.00	0.02	0.94	1.19	2.31	1.84	0.12
	0.005～0.001	67.37	17.16	7.51	1.38	0.03	0.75	1.77	3.04	1.38	0.23
	<0.001	57.47	22.66	11.54	0.66	0.08	0.38	2.48	3.17	0.19	0.39
	全土	71.52	13.74	5.52	0.70	0.18	2.21	1.73	2.67	0.75	0.21

2. 土壤的机械组成和质地

（1）土壤机械组成　根据土壤机械分析，分别计算其各粒级的相对含量，即为机械组成，并可由此确定土壤质地。

土壤机械组成数据是研究土壤的最基本的资料之一，有很多用途，如土壤比表面估算、确定土壤质地和土壤结构性评价等。随着计算机的运用，20 世纪 90 年代初，已在大尺度的土壤水文状况和污染监测中对土壤机械组成进行了应用研究。

（2）土壤质地

1）概念　关于土壤质地的定义，在早期土壤学研究中，常把它与土壤机械组成直接等同起来，这实际上是把两个有紧密联系而不同的概念相混淆了。每种质地的机械组成都有一定的变化范围，因此，土壤质地应是根据机械组成划分的土壤类型。土壤质地主要继承了成土母质的类型和特点，一般分为砂土、壤土和黏土三组，不同质地组反映不同的土壤性质。而根据这三组质地中机械组成的组内变化范围，又可细分出若干种质地名称。质地反映了母质来源及成土过程的某些特征，是土壤的一种十分稳定的自然属性；同时，其黏、砂程度对土壤中物质的吸附、迁移及转化均有很大影响，因而在土壤污染物环境行为的研究中常是首要考察因素之一。

2）质地分类制　国内外几种使用多年的土壤质地分类制包括国际制、美国农部制和卡钦斯基制等。它们都是与粒级分级标准和机械分析前的土壤（复粒）分散方法相互配套的。在众多的质地制中，有三元制（砂、粉和黏三级含量比）和二元制（物理性砂粒与物理性黏粒两级含量比）两种分类法，前者如国际制（图 2-11）、美国农部制（图 2-12）及多数其他质地制，后者如卡钦斯基制（表 2-7）。有时还考虑不同发生类型土壤的差别。

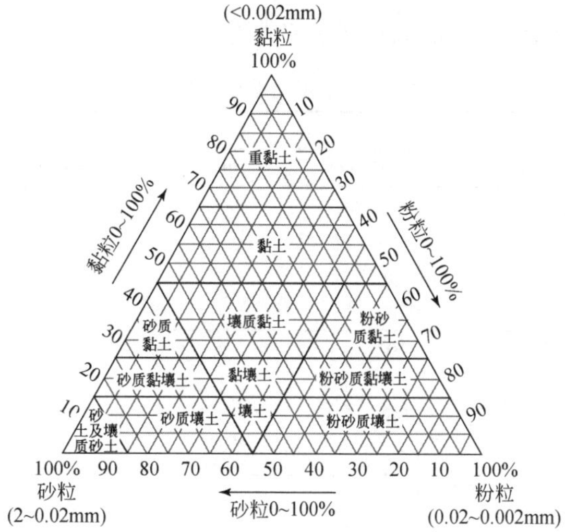

图 2-11　国际制土壤质地分类三角图

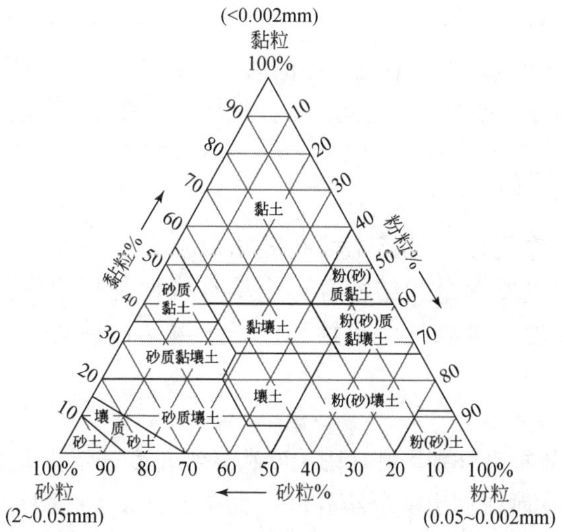

图 2-12　美国农部制土壤质地分类三角图

表 2-7　卡钦斯基土壤质地基本分类（简制）（卡庆斯基，1964）

质地组	质地名称	不同土壤类型的＜0.01mm 粒级含量/%		
		灰化土	草原土壤、红黄壤	碱化土、碱土
砂土	松砂土	0～5	0～5	0～5
	紧砂土	5～10	5～10	5～10
壤土	砂壤	10～20	10～20	10～15
	轻壤	20～30	20～30	15～20
	中壤	30～40	30～45	20～30
	重壤	40～50	45～60	30～40
黏土	轻黏土	50～65	60～75	40～50
	中黏土	65～80	75～85	50～65
	重黏土	＞80	＞85	＞65

我国首个较完整的土壤质地分类是于 20 世纪 30 年代由熊毅提出的，包括砂土、壤土、黏壤和黏土 4 组共 22 种质地。后于《中国土壤》（第二版，1987）中公布“中国土壤质地分类”，增加了“砾质土”部分，此后又稍作了修改并沿用至今（表 2-8）。

表 2-8　中国土壤质地分类

质地组	质地名称	颗粒组成 / %		
		砂粒（1～0.05mm）	粗粉粒（0.05～0.01mm）	细黏土（＜0.001mm）
砂土	极重砂土	＞80		＜30
	重砂土	70～80		
	中砂土	60～70		
	轻砂土	50～60		
壤土	砂粉土	≥20	≥40	
	粉土	＜20		
	砂壤	≥20	＜40	
	壤土	＜20		
黏土	轻黏土			30～35
	中黏土			35～40
	重黏土			40～60
	极重黏土			＞60

对比各种土壤质地分类制，不难看出其中的共同点就是各分类制均粗分为砂土、壤土和黏土三类，不同质地制的砂土（或黏土）之间，在农业利用上和工程建设上的表现是大体相近的。

（二）土壤孔性和结构性

土壤孔隙性质（简称孔性）是指土壤孔隙总量及大、小孔隙分布。其好坏取决于土壤的质地、松紧度、有机质含量和结构等。土壤结构性是指土壤固体颗粒的结合形式及其相应的孔隙性和稳定度。可以说，土壤孔性是土壤结构性的反映，结构好则孔性好，反之亦然。

1. 土壤孔性

土壤孔隙的数量及分布可分别用孔（隙）度和分级孔度表示。土壤孔度一般不直接测定，而以土壤容重和比重计算而得。土壤分级孔度，也即土壤大小孔隙的分配，包含其连通情况和稳定程度。

（1）土壤比重　单位容积的固体土粒（不包括粒间孔隙）的干重与 4℃时同体积水重之比称为土壤比重，乃无量纲。其数值大小主要取决于土壤的矿物组成，有机质含量对其也有一定影响。土壤学中，一般把接近土壤矿物比重（2.6～2.7）的数值 2.65 作为土壤表层的平均比重值。

（2）土壤容重　单位容积土体（包括粒间孔隙）的烘干重称为土壤容重，单位为 g/cm^3。受土壤质地、有机质含量、结构性和松紧度的影响，土壤容重值变化较大。

砂土中的孔隙大，但数量少，总的孔隙容积较小，容重较大，一般为 1.2～1.8 g/cm^3；黏土的孔隙容积较大，容重较小，一般为 1.0～1.5 g/cm^3；壤土的容重介于砂土与黏土之间。有机质含量越高，土壤容重越小。而质地相同的土壤，若有团粒结构形成则容重减小；无团粒结构的土壤，容重大。此外，土壤容重还与土壤层次有关，耕层容重一般在 1.10～1.30 g/cm^3，随土层增深，容重值也相应变大，可达 1.40～1.60 g/cm^3。

土壤容重大小是土壤学中十分重要的基本数据，可作为粗略判断土壤质地、结构、孔隙度和松紧状况的指标，并可据其计算任何体积的土重。

（3）土壤孔隙状况

1）土壤孔度　土粒或团聚体之间及团聚体内部的孔隙，称为土壤孔隙。土壤中孔隙的容积占整个土体容积的百分数称为土壤孔度，也叫总孔度。它是衡量土壤孔隙的数量指标，一般由土壤容重和土壤比重来计算，可由下式推导：

$$
\begin{aligned}
\text{土壤孔度（\%）} &= \frac{\text{孔隙容积}}{\text{土壤容积}}\times 100 = \frac{\text{土壤容积}-\text{土粒容积}}{\text{土壤容积}}\times 100 \\
&= \left(1-\frac{\text{土粒容积}}{\text{土壤容积}}\right)\times 100 \\
&= \left(1-\frac{\text{土壤重量/比重}}{\text{土壤重量/容重}}\right)\times 100 \\
&= \left(1-\frac{\text{容重}}{\text{比重}}\right)\times 100
\end{aligned}
\tag{2-9}
$$

砂土的孔隙粗大，但孔隙数目少，故孔度小；黏土的孔隙狭细而数目很多，故孔度大。一般说来，砂土的孔度为 30%～45%，壤土为 40%～50%，黏土为 45%～60%，结构良好的表土，其孔度高达 55%～65%，甚至在 70%以上。

2）土壤孔度分级　土壤孔度仅反映土壤孔隙“量”的问题，并不能说明土壤孔隙“质”的差别。即使两种土壤的孔度相同，如果大小孔隙的数量分配各异，土壤性质也会有很大差异。故此按照土壤中孔隙的大小及其功能进行了孔隙分类，并以分级孔度表示之。

由于土壤固相骨架内的土粒大小、形状和排列多样，粒间孔隙的大小、形状和连通情况极为复杂，难以找到有规律的孔隙管道来测量其直径以进行大小分级。因此，土壤学中常用当量孔隙及其直径——当量孔径（或称有效孔径）代替之。它与孔隙的形状及其均匀性无关。

土壤水吸力与当量孔径的关系按下式计算：

$$
d=\frac{3}{T} \tag{2-10}
$$

式中，d 为孔隙的当量孔径（mm）；T 为土壤水吸力（mbar 或 cmH_2O）。

当量孔径与土壤水吸力成反比，孔隙越小，则土壤水吸力越大。每一当量孔径与一定的土壤水吸力相对应。按当量孔径大小不同，土壤孔隙可分为三级：非活性孔、毛管孔和通气孔。其中，非活性孔为土壤中最微细的孔隙，当量孔径约在 0.002 mm 以下，几乎总被土粒表面的吸附水所充满，又称无效孔隙；毛管孔乃土壤中毛管水所占据的孔隙，当量孔径为 0.02～0.002 mm；通气孔则孔隙较粗，当量孔径大于 0.02 mm，其中，水分受重力支配可排出，不具毛管作用，所以又称非毛管孔。各级孔度的具体计算方法如下：

$$非活性孔度（\%）=\frac{非活性孔容积}{土壤总容积}\times 100 \tag{2-11}$$

$$毛管孔度（\%）=\frac{毛管孔容积}{土壤总容积}\times 100 \tag{2-12}$$

$$通气孔度（\%）=\frac{通气孔容积}{土壤总容积}\times 100 \tag{2-13}$$

2. 土壤结构性

了解土壤结构性可从土壤结构体及其分类着手。自然界中的土壤固体颗粒很少完全以单粒状况存在，多数情况下，土粒（单粒和复粒）会在内外因素综合作用下相互团聚成一定形状和大小且性质不同的团聚体（也即土壤结构体），由此产生土壤结构。因此，土壤结构性定义为土壤结构体的种类、数量（尤其是团粒结构的数量），以及结构体内外的孔隙状况等产生的综合性质。

土壤结构体的划分主要依据它的形态、大小和特性等。目前，国际上尚无统一的土壤结构体分类标准。最常用的是根据形态和大小等外部性状来分类，较为精细的分类则结合外部性状与内部特性（主要是稳定性、多孔性）同时考虑。常有以下几类：

1）块状结构和核状结构　土粒互相黏结成为不规则的土块，内部紧实，轴长在 5 cm 以下，而长、宽和高三者大致相等，称为块状结构。可按大小再将其分为大块状、小块状、碎块状及碎屑状结构。

碎块小且边角明显的称为核状结构，常见于黏重的心、底土中，由石灰质或氧化铁胶结而成，内部十分紧实。例如，红壤下层由氧化铁胶结而成的核状结构，坚硬而泡水不散。

2）棱柱状结构和柱状结构　土粒黏结成柱状体，纵轴大于横轴，内部较紧实，直立于土体中，多现于土壤表下层。边角明显的称为棱柱状结构，棱柱体外常由铁质胶膜包着；边角不明显，则称为柱状结构体，常出现于半干旱地带的心土和底土中，以柱状碱土碱化层中的最为典型。

3）片状结构（板状结构）　其横轴远大于纵轴，发育呈扁平状，多出现于老耕地的犁底层。在表层发生结壳或板结的情况下，也会出现这类结构。在冷湿地带针叶林下形成的灰化土的漂灰层中可见到典型的片状结构。

4）团粒结构　团粒结构包括团粒和微团粒。团粒为近似球形的较疏松的多孔小土团，直径为 0.25～10 mm。0.25 mm 以下的则为微团粒。团粒的形成可归纳为一种“多级团聚说”机制，与其他结构体的形成不同，团粒是在腐殖质（或其他有机胶体）参与下发生的多级团聚过程和切割造型过程。

与非团聚化土壤相比，团粒结构土壤的特征表现在：①团粒具有多级孔性，总的孔度大，即水、气总容量大，各级（复粒、微团粒和团粒）结构体之间大小孔隙兼备，蓄水（毛管孔隙）与透水、通气（非毛管孔隙）同时进行，土壤孔隙状况较为理想；②团粒与团粒之间是通气孔隙（非毛管孔），可以透水通气。团粒内部有大量毛管孔隙，可保存水分，不断供应植物根系对水气的需要；③团粒的表面（大孔隙）和空气接触，有好气性微生物活动，有机质迅速分解，供应有效养分。在团粒内部（毛管孔隙），储存毛管水而通气不良，只有嫌气微生物活动，有利于养分的储藏。每一个团粒好像既是一个小水库，又是一个小肥料库，起着保存、调节和供应水分和养分的作用；④团粒之间接触面较小，黏结性较弱，因而耕作阻力小，宜耕时间长，有利于根系活动。无结构土壤耕作阻力大，耕作质量差，宜耕时间短；⑤团粒结构的旱地土壤具有良好的耕层构造。肥沃的水田土壤耕层则有一定数量的水稳性微团粒，在一定程度上可以解决水、气并存的矛盾（微团粒之间是水，微团粒内都有闭蓄空气）；⑥ 团粒结构土壤水分状况良好，可以稳定整个土层的温度。

近几十年来，农用薄膜的大量使用给土壤结构造成了极大破坏。农用薄膜是一种高分子的碳氢化合物，在自然环境条件下不易降解。随着地膜栽培年限的延长，耕层土壤中的残留膜量不断增加，在土壤中形成了阻隔层，日积月累，形成农田“白色污染”。而土壤中残留薄膜碎片，将改变或切断土壤孔隙的连续性，增大孔隙的弯曲性，使土壤重力水的移动受到的阻力增大，重力水向下移动较为缓慢，长此以往，可明显降低土壤的渗透性能。

（三）土壤水分特征

描述土壤水分特征涉及土壤学中的一个重要概念——土壤水分特征曲线，它是土壤水的基质势或水吸力与土壤含水量的关系曲线，反映了土壤水的能量和数量之间的关系，以及土壤水分基本物理特性。

1. 基质势与土壤含水率——土壤水分特征曲线

土壤水分的基质势与含水率的关系，目前尚不能根据土壤的基本性质从理论上分析得出，通常是用原状土样测定其在不同水吸力（或基质势）下的相应含水率后绘制出来的，如图 2-13 所示。

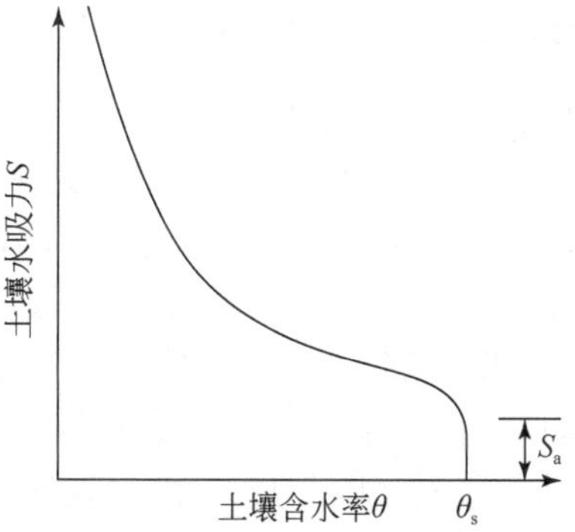

图 2-13　土壤水分特征曲线

当土壤中的水分处于饱和状态时，含水率为饱和含水率 θ_s，而土壤水吸力 S 或基质势 Ψ_m 为零。若对土壤施加微小的吸力，土壤中尚无水排出，则含水率维持饱和值。当吸力增加至某一临界值 S_a 后，由于土壤中最大孔隙不能抗拒所施加的吸力而继续保持水分，于是土壤开始排水，相应的含水率开始减小。饱和土壤开始排水意味着空气随之进入土壤中，所以称该临界值 S_a 为进气吸力，或称为进气值。一般来说，粗质地砂性土壤或结构良好的土壤进气值是比较小的，而细质地的黏性土壤的进气值相对较大。由于粗质地砂性土壤具有大小不同的孔隙，所以进气值的出现往往较细质土壤明显。当吸力进一步提高时，次大的孔隙接着排水，土壤含水率随之进一步减少，如此，随着吸力不断增加，土壤中的孔隙由大到小依次不断排水，含水率越来越小，当吸力很高时，仅在十分狭小的孔隙中才能保持着极为有限的水分。

2. 影响因素

1）土壤质地　不同质地的土壤，其水分特征曲线各不相同，差别很明显。图 2-14 是低吸力下实测的几种土壤的水分特征曲线（只绘出脱湿过程），一般来说，土壤的黏粒含量越高，同一吸力条件下土壤的含水率越大，或同一含水率下其吸力值越高。这是因为土壤中黏粒含量增多会使土壤中的细小孔隙发育。由于黏质土壤孔径分布较为均匀，所以随着吸力的提高，含水率缓慢减小。对于砂质土壤来说，其绝大部分孔隙都比较大，当吸力达到一定值后，这些大孔隙中的水首先排空，土壤中仅有少量水存留，所以水分特征曲线呈现出“一定吸力以下缓平，而较大吸力时陡直”的特点。

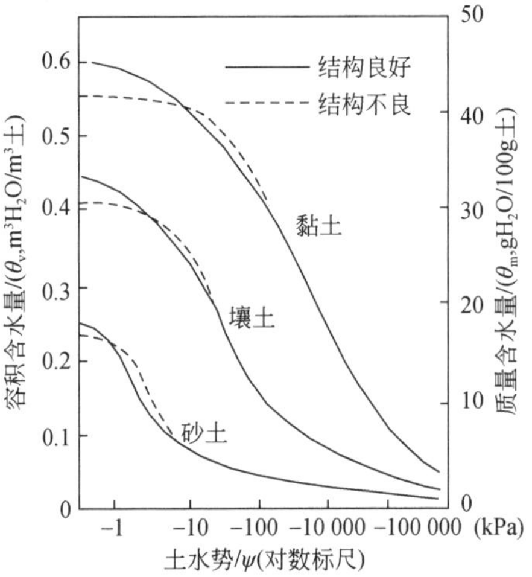

图 2-14　三种代表性土壤的水分特征曲线（低吸力脱湿过程）

2）土壤结构及土温　土壤结构也会影响水分特征曲线，在低吸力范围内，这种作用更为明显。土壤越密实，则大孔隙数量越少，中小孔径的孔隙越多。因此，在同一吸力值下，干容重越大的土壤，相应的含水率一般也大些。此外，温度升高，水的黏滞性和表面张力下降，基质势相应增大，或者说土壤水吸力减少。在低含水率时，这种影响表现得更加明显。

3）土壤水分变化过程　土壤水分特征曲线和土壤中水分变化的过程密切相关。对于同一土壤，土壤水分特征曲线并非固定的单一曲线。由土壤脱湿（由湿变干）过程和土壤吸湿（由干变湿）过程测得的水分特征曲线不同（图 2-15），这一现象称为滞后现象。

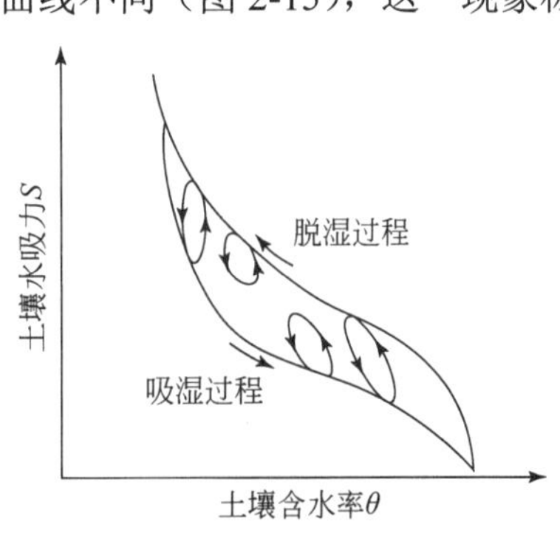

图 2-15　土壤水分特征曲线的滞后现象

滞后现象在砂土中比在黏土中明显，这是因为在一定吸力下，砂土由湿变干时，要比由干变湿时含有更多的水分。产生滞后现象的原因可能与土壤颗粒的胀缩性及土壤孔隙的分布特点（如封闭孔隙、大小孔隙的分布等）有关。

（四）土壤通气性

1. 土壤通气性概念及其重要性

土壤通气性是指气体透过土体的性能，它反映土壤特性对土壤空气更新的综合影响。土壤空气与大气的交换，主要取决于气体的扩散作用，而扩散作用只能在未被水占据的空气孔隙中进行。因此，土壤通气性的好坏，主要取决于土壤的总孔度，特别是空气孔度的大小。

土壤通气性对于保证土壤空气的更新有重大意义。如果土壤没有通气性，土壤空气中的氧在很短时期内就会被全部消耗，而 CO_2 含量则会过高地增加，以致危害作物的生长。实际测定表明，在 20～30℃以下，每平方米 0～30 cm 表层土壤，每小时的耗氧量高达 0.5～1.7 L。设土壤的平均空气容量为 33.3%，其中，O_2 的含量为 20%。如果土壤不能通气，土壤中的 O_2 将会在 12～40 h 后被耗尽。所以，土壤通气性的重要性可归结为通过与大气交流，不断更新土壤空气组成，保持土体各部分的气体组成趋向均一。

2. 土壤通气性的度量指标

常采用下列三种指标来衡量土壤的通气性。

1）空气孔度　空气孔度即非毛管孔隙度。一般将非毛管孔隙度不低于 10%作为土壤通气性良好的指标；或将土壤空气孔度占总孔度的 1/5～2/5，而且分布比较均匀时，作为土壤通气性良好的标志。

2）土壤氧扩散率　土壤氧扩散率是指氧被呼吸消耗或被水排出后重新恢复的速率，以单位时间通过单位土壤截面扩散的氧的质量表示，单位为 $g/(cm^2 \cdot min)$。土壤氧扩散率可作为土壤通气性的直接指标，一般要求在 30×10^{-8}～$40\times10^{-8} g/(cm^2 \cdot min)$以上，植物才可良好生长。

3）氧化还原电位（Eh 值）　土壤通气状况在很大程度上决定了其氧化还原电位，所以氧化还原电位也是土壤通气性的指标之一。一般以 Eh 值 300 mV 为界，大于此值土壤处于氧化态，小于此值为还原态。

3. 土壤通气性的生态与环境意义

土壤通气性好坏直接与土壤中植物的生长、微生物群落组成和活性及溶解氧等相关，因而影响到土壤中养分元素、污染元素和有机化学品等众多物质的环境行为。通气性良好的土壤中，植物根生理活动旺盛，根分泌作用强，好气性微生物数量增加、活性增强，土壤中的溶解氧浓度高，从环境意义角度，势必对重金属、农药等有机物在土壤中的迁移转化及降解过程产生影响，因而在污染土壤的修复研究中有重要的意义。

（五）土壤力学性质与耕性

土壤受外力作用（如耕作）时，显示出一系列力学特性，统称土壤力学性质（又称物理机械性），主要包括黏结性、黏着性和塑性等。耕性是土壤在耕作时所表现的综合性状，如耕作的难易、耕作质量的好坏、宜耕期的长短等。土壤耕性是土壤力学性质的综合反映。

1. 土壤黏结性和黏着性

土壤黏结性是土粒与土粒之间由于分子引力而相互黏结在一起的性质。在干燥土壤中，黏结性主要由土粒本身的分子引力引起。而在湿润时，由于土壤中含有水分，土粒与土粒的黏结常常是以水膜为媒介的，所以实际上它是土粒-水膜-土粒之间的黏结作用。同时，粗土粒是以细土粒（黏粒和胶粒）为媒介而黏结在一起的，甚至以各种化学胶结剂为媒介而黏结。土壤黏结性的强弱可用单位面积上的黏结力（g/cm^2）来表示。土壤的黏结力包括不同来源和土粒本身的内在力，有范德瓦耳斯力、库仑力及水膜的表面张力等物理引力，有氢键的作用，还往往有如化学胶结剂（腐殖质、多醣胶和碳酸钙等）的胶结作用等化学键能的参与。

土壤黏着性是土壤在一定的含水量范围内，土粒黏附在外物（农具）上的性质，即土粒-水-外物相互吸引的性能。土壤黏着力大小仍以 g/cm^2 等表示之。土壤开始呈现黏着性时的最小含水量称为黏着点；土壤丧失黏着性时的最大含水量称为脱黏点。

土壤黏结性和黏着性均发生于土粒表面，同属表面现象，影响因素主要有土壤活性表面和含水量两个方面。土壤质地越黏重，黏粒含量越高，土壤黏结性和黏着性越高；反之，土壤团聚化、腐殖质的存在会降低黏结性和黏着性。土壤含水量的多少对黏结性和黏着性强弱的影响很大，只有在适度的含水量范围内，土壤才表现一定的黏结性和黏着性。

2. 土壤塑性

塑性是指土壤在外力的作用下变形，当外力撤销后仍能保持这种变形的特性，也称可塑性。土壤塑性是由片状黏粒及其水膜造成的。一般认为，过干的土壤不能任意塑形，泥浆状态的土壤虽能变形，但不能保持变形后的状态。因此，土壤只有在一定含水量范围内才具有塑性。此时，土粒间的水膜已厚到允许土粒滑动变形，但又没有丧失其黏结性，否则在所施压力解除或干燥后就不能维持变形后的形状。此外，土壤塑性还必须以具有一定的黏结性为前提。例如，湿砂是可塑的，但干后就散碎了，因为它的黏结力很弱，所以砂土不具有塑性。因此，完全没有黏结性的土壤也没有塑性，而黏结性很弱的土壤不会有明显的塑性。

土壤呈现塑性的含水量范围称为塑性范围，它的上限、下限分别称为上塑限、下塑限，二者之差叫塑性值。塑性值越大，塑性越强。土壤塑性值的大小与黏结性强弱呈现正相关趋势。凡是影响土壤黏结性的因素（也就是影响土壤表面积大小的因素和土粒形状等）都影响塑性。然而，其中有一点值得注意，即土壤有机质能明显减弱土壤黏结性，提高土壤的上塑限、下塑限，但几乎不改变其塑性值。

3. 土壤耕性

土壤耕性是指由耕作所表现出来的土壤物理性质，它包括：①耕作时土壤对农具操作的机械阻力，即耕作的难易问题；②耕作后与植物生长有关的土壤物理性状，即耕作质量问题。因此，对土壤耕性的要求包括耕作阻力尽可能小，以便于作业和节约能源；耕作质量高，耕翻的土壤要松碎，便于根的穿扎，以及有利于保温、保墒、通气和养分转化；适耕期尽可能长。

由于耕性是土壤力学性质在耕作上的综合反映，所以凡是影响土壤力学性质的因子，如土壤质地、有机质含量、土壤结构性及含水量等，必定影响土壤的耕性。

二、土壤化学性质

（一）土壤胶体特性及吸附性

1. 土壤胶体及其种类

土壤胶体是指土壤中粒径小于 2 μm 的颗粒，为土壤中颗粒最细小而最活跃的部分。土壤胶体是土壤中所有化学过程和化学反应的物质基础，深刻影响着土壤中的矿物形成演化、土壤结构稳定性、土壤养分有效性、土壤污染物的毒性和污染土壤的修复等一系列物理、化学及生物学过程。按成分和来源，土壤胶体可分为无机胶体、有机胶体和有机无机复合胶体三类（Bohn，1985）。

1）无机胶体　无机胶体包括成分简单的晶质和非晶质的硅、铁和铝的含水氧化物，成分复杂的各种类型的层状硅酸盐（主要是铝硅酸盐）矿物。常把这两者统称为土壤黏粒矿物，因为它们都是岩石风化和成土过程的产物，并同样影响土壤属性。

含水氧化物主要包括水化程度不等的铁和铝的氧化物及硅的水化氧化物。其中，又有结晶型与非晶质无定形之分，结晶型的如三水铝石（$Al_2O_3 \cdot 3H_2O$）、水铝石（$Al_2O_3 \cdot H_2O$）、针铁矿（$Fe_2O_3 \cdot H_2O$）和褐铁矿（$2Fe_2O_3 \cdot 3H_2O$）等；非晶质无定形的如不同水化度的 $SiO_2 \cdot nH_2O$、$Fe_2O_3 \cdot nH_2O$、$Al_2O_3 \cdot nH_2O$、$MnO_2 \cdot nH_2O$，以及它们相互复合形成的凝胶、水铝英石等。

2）有机胶体　有机胶体主要是腐殖质，还有少量的木质素、蛋白质和纤维素等。腐殖质胶体含有多种官能团，属于两性胶体，但因其等电点较低，所以在土壤中一般带负电，因而对土壤中的无机阳离子，特别是重金属等的土壤吸附性能影响巨大。但它们不如无机胶体稳定，较易被微生物分解。

3）有机无机复合体　土壤的有机胶体很少单独存在，大多通过多种方式与无机胶体相结合，形成有机–无机复合体，其中，主要是二价、三价阳离子（如钙、镁、铁和铝等）或官能团（如羧基、醇羟基等）与带负电荷的黏粒矿物和腐殖质的连接作用。有机胶体主要以薄膜状紧密覆盖于黏粒矿物的表面上，还可能进入黏粒矿物的晶层之间。土壤有机质含量越低，有机–无机复合度越高，一般变动范围为50%～90%。针对有机无机复合体的特性及不同复合体之间转化问题的研究发现，钙键复合体和铁铝键复合体在成分、结构及相关的肥力性质方面都有明显的差异，且两类复合体在一定条件下可以相互转化，如在钙、铁和铝键三种复合体中，钙键复合体最易被置换，铝键次之，而铁键复合体基本上不能被置换，可以通过增加金属键改变复合体的组成和特性。

2. 土壤胶体特性

土壤胶体是土壤中最活跃的部分，其构造由微粒核和双电层两部分构成，这种构造使土壤胶体产生表面特性及电荷特性，表现为具有较大的表面积并带有电荷，能吸持各种重金属等污染元素，有较大的缓冲能力，对土壤中元素的保持和忍受酸碱变化，以及减轻某些毒性物质的危害有重要的作用。此外，受其结构的影响，土壤胶体还具有分散、絮凝、膨胀和收缩等特性，这些特性与土壤结构的形成及污染元素在土壤中的行为均有密切的关系。它所带的表面电荷则是土壤具有一系列化学、物理化学性质的根本原因。土壤中的化学反应主要为界面反应，这是由于表面结构不同的土壤胶体所产生的电荷，能与溶液中的离子、质子和电子发生相互作用。土壤表面电荷的数量决定着土壤所能吸附的离子数量，而由土壤表面电荷数量与土壤表面积所确定的表面电荷密度，则影响着对这些离子的吸附强度。所以，土壤胶体特性影响着污染元素、有机污染物等在土壤固相表面或溶液中的积聚、滞留、迁移和转化，是土壤对污染物有一定自净作用和环境容量的根本原因。

3. 土壤吸附性

土壤是永久电荷表面与可变电荷表面共存的体系，可吸附阳离子，也可吸附阴离子。土壤胶体表面能通过静电吸附的离子与溶液中的离子进行交换反应，也能通过共价键与溶液中的离子发生配位吸附。因此，在土壤学中，将土壤吸附性定义为：土壤固相和液相界面上离子或分子的浓度大于整体溶液中该离子或分子浓度的现象，有时称为正吸附。在一定条件下也会出现与正吸附相反的现象，称为负吸附，是土壤吸附性能的另一种表现。土壤吸附性是重要的土壤化学性质之一。它取决于土壤固相物质的组成、含量、形态和溶液中离子的种类、含量、形态，以及酸碱性、温度和水分状况等条件及其变化，影响着土壤中物质的形态、转化、迁移和有效性。

按产生机理的不同可将土壤吸附性分为交换性吸附、专性吸附、负吸附及化学沉淀等方面。

1）交换性吸附　带电荷的土壤表面借静电引力从溶液中吸附带异号电荷的离子或极性分子。在吸附的同时，有等当量的另一种同号离子从表面上解吸而进入溶液。其实质是土壤固液相之间的离子交换反应。

2）专性吸附　相对于交换吸附而言，专性吸附是非静电因素引起土壤对离子的吸附。土壤对重金属离子专性吸附的机理有表面配位作用说和内层交换说等；对于多价含氧酸根等阴离子专性吸附的机理则有配位体交换说和化学沉淀说。这种吸附仅发生在水合氧化物型表面（也即羟基化表面）与溶液的界面上。

3）负吸附　负吸附为与上述两种吸附相反的，土壤表面排斥阴离子或分子的现象，表现出土壤固液相界面上，离子或分子的浓度低于整体溶液中该离子或分子的浓度。其机理是由静电因素引起的，即阴离子在负电荷表面的扩散双电层中受到相斥作用；是土壤体系力求降低其表面能以达体系的稳定，因此，凡会增加体系表面能的物质都会受到排斥。在土壤吸附性能的现代概念中，负吸附仅指前一种（阴离子），后者（分子）常归入土壤物理性吸附范畴。

4）化学沉淀与土壤吸附　化学沉淀与土壤吸附指进入土壤中的物质与土壤溶液中的离子（或固相表面）发生化学反应，形成难溶性的新化合物而从土壤溶液中沉淀而出（或沉淀在固相表面上）的现象，实为化学沉淀反应，而不是界面化学行为的土壤吸附现象。但在实践上有时两者很难区分。

4. 土壤胶体特性及吸附性的环境意义

（1）对重金属等污染元素生物毒性的影响　土壤和沉积物中的锰、铁、铝和硅等氧化物及其水合物，对多种微量重金属离子起富集作用，其中，以氧化锰和氧化铁的作用更为明显。例如，红壤和黄壤的铁锰结核中，锌、钴、镍、钛、铜和钒等重金属元素都有富集，其中，锌、钴和镍的含量均与锰含量呈正相关，而钛、铜、钒和钼的含量与铁含量呈正相关。这些被铁、锰氧化物吸附的所有重金属离子都不能被提取交换性阳离子的通用试剂［如乙酸铵（CH_3COONH_4）、氯化钙（$CaCl_2$）等］所提取，也就是说，这种富集现象是氧化物胶体专性吸附的结果。专性吸附对微量金属离子具有富集作用的特性，因此，其正日益成为地球化学领域及环境等学科的重要内容。

氧化物及其水合物对重金属离子的专性吸附，起着控制土壤溶液中金属离子浓度的重要作用，土壤溶液中锌、铜、钴和钼等微量重金属离子的浓度主要受吸附–解吸作用所支配，其中，氧化物专性吸附所起的作用更为重要。因此，专性吸附在调控金属元素的生物有效性和生物毒性方面起着重要作用。

土壤是重金属元素的一个汇。当外源重金属进入土壤或河湖底泥时，易为土壤中的氧化物、水合物等胶体专性吸附所固定，对水体中的重金属污染起到一定的净化作用，并可以在一定程度上缓冲和调节这些金属离子从土壤溶液向植物体内的迁移和累积。另外，专性吸附作用也给土壤带来了潜在的污染危险。因此，在研究专性吸附的同时，还必须探讨通过土壤胶体专性吸附的金属离子的生物学效应问题。

（2）对有机化合物环境行为的影响　由于土壤胶体特性影响农药等有机化合物在土壤环境中的转化过程，从而导致化学物质的环境滞留等问题，进入土壤的农药等可被黏粒矿物吸附而失去其药性，而当条件改变时，其又可被释放出来。有些有机化合物可在黏粒表面发生催化降解而实现脱毒。一般来说，带负电的、非聚合分子有机农药，在有水的情况下，不会被黏粒矿物强烈吸附；相反，黏粒矿物对带有正电荷的有机物则有很强的吸附力。

黏粒吸附阳离子态有机污染物的机制是离子交换作用。例如，杀草快和百草枯等除莠剂是强碱，易溶于水而完全离子化，黏粒对这类污染物的吸附与其交换量有着十分密切的关系。很多有机农药是较弱的碱类，呈阳离子态，其与黏粒上金属离子相交换的能力取决于农药从介质中接受质子的能力，同时也受 pH 的影响。黏粒矿物的表面可提供 H^+使农药质子化。

有机污染物与黏粒的复合必然影响其生物毒性，影响程度取决于吸附力和解吸力。例如，蒙脱石吸附的百草枯很少呈现植物毒性，而吸附于高岭石和蛭石的百草枯仍具有生物毒性。不同交换性阳离子对蒙脱石所吸附农药的释放程度的影响也不同。铜–黏粒–农药复合体最为稳定，农药只少量地逐步释放；而钙–黏粒–农药复合体很不稳定，差不多立即释放全部农药；铝体系的释放情况介于二者之间。农药解吸的难易直接决定土壤中残留农药的生物毒性的大小。

（二）土壤酸碱性

土壤酸碱性与土壤的固相组成、吸收性能有着密切的关系，是土壤的一个重要化学性质，其对植物生长、土壤生产力及土壤污染与净化都有较大的影响。

1. 土壤 pH

土壤酸碱性常用土壤溶液的 pH 来表示。土壤 pH 常被看作土壤性质的主要变量，它对土壤的许多化学反应和化学过程都有很大影响，对土壤中的氧化还原、沉淀溶解、吸附、解吸和配位反应起支配作用。土壤 pH 对植物和微生物所需养分元素的有效性有显著的影响，在 pH 大于 7 的情况下，一些元素，特别是微量金属阳离子，如 Zn^{2+}、Fe^{3+}等的溶解度降低，植物和微生物会蒙受由于此类元素的缺乏而带来的负面影响；pH 小于 5.5 时，铝、锰及众多重金属的溶解度提高，对许多生物产生毒害；更极端的 pH 预示着土壤中将出现特殊的离子和矿物，例如，pH 大于 8.5，一般会有大量的溶解性 Na^+或交换性 Na^+存在，而 pH 小于 3 则往往会有金属硫化物存在。

2. 土壤酸度

（1）土壤中不同形态酸度之间的关系　土壤总酸度是用碱，如 $Ca(OH)_2$，进行滴定而获得的，它包括各种形态的酸，其大小顺序如下。

1）土壤潜在酸（或储备酸）　是与固相有关的土壤全部滴定酸，其大小等于土壤非交换性酸和交换酸之总和。

2）土壤的非交换性酸　是不能被浓中性盐（一般是 1.0 mol/L KCl）置换或极慢置换进入溶液的结合态 H^+和 Al^{3+}。非交换性酸与腐殖质的弱酸性基、有机质配合的铝及矿物表面强烈保持的羟基铝等有密切关系。

3）土壤的交换性酸　是能被浓中性盐（往往是 1.0 mol/L KCl）置换进入溶液的结合态 H^+和 Al^{3+}。交换性酸与有机配合铝、腐殖质的易解离酸性基及保持在黏土交换点位上的 Al^{3+}有关。矿质土壤的交换性酸主要由交换性 Al^{3+}组成，有机质土壤的交换性酸主要由交换性 H^+组成。有些土壤交换性酸的量能超过非交换性酸的量。

4）土壤的活性酸　是土壤中与溶液相关的全部滴定酸（主要是溶液中的游离 Al^{3+}和 H^+），

最好是直接测定土壤溶液中 Al^{3+}浓度和 pH 后进行计算。

（2）土壤 pH 与土壤潜在酸　保持在土壤固体上的、形态明显的酸度和潜在形态（产生质子）的酸度与土壤 pH 密切相关。土壤固体表面酸度的重要形态包括：①解离而释放酸的有机酸；②水解而释放酸的有机-Al^{3+}配合物；③被阳离子交换和水解作为酸释放的交换性 H^{+}和 Al^{3+}；④矿物上的非交换性酸，主要指铁、铝氧化物，水铝英石及层状硅酸盐矿物表面吸附的羟基铁和羟基铝聚合物等可变电荷矿物表面产生的非交换性酸。

以上这些形态的酸共同组成土壤潜在酸，因为这些酸性离子在土壤微孔隙中扩散缓慢，铝配合物的解离也相当缓慢，所以它们对土壤溶液中 H^{+}和 Al^{3+}浓度（土壤活性酸）变化的化学过程反应很迟钝。

3. 土壤碱度

土壤碱性反应及碱性土壤的形成是自然成土条件和土壤内在因素综合作用的结果。碱性土壤的碱性物质主要是钙、镁及钠的碳酸盐和重碳酸盐，以及胶体表面吸附的交换性钠。形成碱性反应的主要机理是碱性物质的水解反应，如碳酸钙的水解、碳酸钠的水解及交换性钠的水解等。

和土壤酸度一样，土壤碱度也常用土壤溶液（水浸液）的 pH 表示，据此可进行碱性分级。由于土壤的碱度在很大程度上取决于胶体上吸附的交换性 Na^{+}的相对数量，所以通常把交换性 Na^{+}的饱和度称为土壤碱化度，它是衡量土壤碱度的重要指标。

$$碱化度(\%)=\frac{交换性钠(mmol_{(+)}/kg)}{阳离子交换量(mmol_{(+)}/kg)}\times 100 \tag{2-14}$$

土壤碱化与盐化有着发生学上的联系。盐土在积盐过程中，胶体表面吸附有一定数量的交换性钠，但因土壤溶液中的可溶性盐浓度较高，阻止交换性钠水解。所以，盐土的碱度一般都在 pH 8.5 以下，物理性质也不会恶化，不显现碱土的特征。只有当盐土脱盐到一定程度后，土壤交换性钠发生解吸，土壤才出现碱化特征。但土壤脱盐并不是土壤碱化的必要条件。土壤碱化过程是在盐土积盐和脱盐频繁交替发生时，促进钠离子取代胶体上吸附的钙、镁离子，从而演变为碱化土壤。

4. 影响土壤酸碱度的因素

土壤在一定的成土因素作用下都具有一定的酸碱度范围，并随成土因素的变迁而发生变化。

（1）气候　温度高、雨量多的地区，风化淋溶较强，盐基易淋失，容易形成酸性的自然土壤。半干旱或干旱地区的自然土壤，盐基淋溶少，又由于土壤水分蒸发量大，下层的盐基物质容易随着毛管水的上升而聚集在土壤的上层，使土壤具有石灰性反应。

（2）地形　在同一气候小区域内，处于高坡地形部位的土壤，淋溶作用较强，所以其 pH 常较低地为低。干旱及半干旱地区的洼地土壤，由于承纳高处流入的盐碱成分较多，或因地下水矿化度高而又接近地表，土壤常呈碱性。

（3）母质　在其他成土因素相同的条件下，酸性的母岩（如砂岩、花岗岩）常较碱性的母岩（如石灰岩）所形成的土壤的 pH 低。

（4）植被　针叶林的灰分组成中，盐基成分常较阔叶林为少，因此，发育在针叶林下的土壤酸性较强。

（5）人类耕作活动　耕作土壤的酸度受人类耕作活动影响很大，特别是施肥。施用石灰、草木灰等碱性肥料可以中和土壤酸度；而长期施用硫酸铵等生理酸性肥料，会因遗留酸根而导致土壤变酸。排灌也可以影响土壤酸碱度。

此外，某些土壤性质也会影响土壤酸碱度，例如，盐基饱和度、盐基离子种类和土壤胶体类型。当土壤胶体为氢离子所饱和的氢质土时呈酸性，为钙离子所饱和的钙质土时接近中性，而为钠离子所饱和的钠质土时则呈碱性反应。当土壤的盐基饱和度相同而胶体类型不同时，土壤酸碱度也各异。这是因为不同类型胶体所吸持的 H^+ 具有不同的解离度。

5. 土壤酸碱性的环境意义

土壤酸碱性对土壤微生物的活性、矿物质和有机质的分解起重要作用。它可以通过对土壤中进行的各项化学反应的干预作用而影响组分和污染物的电荷特性，以及沉淀-溶解、吸附-解吸和配位-解离平衡等，从而改变污染物的毒性；同时，土壤酸碱性还通过土壤微生物的活性来改变污染物的毒性。

土壤溶液中的大多数金属元素（包括重金属）在酸性条件下以游离态或水化离子态存在，毒性较大，而在中、碱性条件下易生成难溶性氢氧化物沉淀，毒性大为降低。以污染元素镉为例，在高 pH 和高 CO_2 条件下，镉形成较多的碳酸盐沉淀而使其有效度降低。但在酸性（pH=5.5）土壤中同一水平下的总可溶性 Cd，即使增加 CO_2 分压，溶液中的 Cd^{2+} 仍可保持很高水平。土壤酸碱性的变化不但直接影响金属离子的毒性，而且也改变其吸附、沉淀和配位反应等特性，从而间接地改变其毒性。

土壤酸碱性也显著影响含氧酸根阴离子（如铬、砷）在土壤溶液中的形态，影响它们的吸附、沉淀等特性。在中性和碱性条件下，Cr(III)可被沉淀为 $Cr(OH)_3$。在碱性条件下，由于 OH^- 的交换能力大，能使土壤中可溶性砷的百分率显著增加，从而增加了砷的生物毒性。

此外，有机污染物在土壤中的积累、转化和降解也受到土壤酸碱性的影响和制约。例如，有机氯农药在酸性条件下性质稳定，不易降解，只有在强碱性条件下才能加速代谢；持久性有机污染物五氯酚（PCP），在中性及碱性土壤环境中呈离子态，移动性大，易随水流失，而在酸性条件下呈分子态，易为土壤吸附而降解半衰期增加；有机磷和氨基甲酸酯农药虽然大部分在碱性环境中易于水解，但地亚农则更易于发生酸性水解反应。

（三）土壤氧化性和还原性

与土壤酸碱性一样，土壤氧化性和还原性是土壤的又一个重要化学性质。电子在物质之间的传递引起氧化还原反应，表现为元素价态的变化。土壤中参与氧化还原反应的元素有碳、氢、氮、氧、硫、铁、锰、砷、铬及其他一些变价元素，较为重要的是氧、铁、锰、硫和某些有机化合物，并以氧和有机还原性物质较为活泼，铁、锰和硫等的转化则主要受氧和有机质的影响。土壤中的氧化还原反应在干湿交替下进行得最为频繁，其次是有机物质的氧化和生物机体的活动。土壤氧化还原反应影响着土壤形成过程中物质的转化、迁移和土壤剖面的发育，控制着土壤元素的形态和有效性，制约着土壤环境中某些污染物的形态、转化和归趋。因此，氧化还原性在环境土壤学中具有十分重要的意义。

1. 土壤氧化还原体系及其指标

土壤具有氧化还原性的原因在于土壤中多种氧化还原物质共存。土壤空气中的氧和高价金属离子都是氧化剂，而土壤有机物及其在厌氧条件下形成的分解产物和低价金属离子等为还原剂。由于土壤成分众多，各种反应可同时进行，其过程十分复杂。常见的氧化还原体系如表 2-9 所示。

表 2-9　土壤中常见的氧化还原体系

体系	E^0（V）		
	pH＝0	pH＝7	Pe^0=lgK[1)]
氧体系 $1/4O_2+H^++e \rightleftharpoons 1/2H_2O$	1.23	0.84	20.8
锰体系 $1/2MnO_2+2H^++e \rightleftharpoons 1/2Mn^{2+}+H_2O$	1.23	0.40	20.8
铁体系 $Fe(OH)_3+3H^++e \rightleftharpoons Fe^{2+}+3H_2O$	1.06	−0.16	17.9
氮体系 $1/2NO_3^-+H^++e \rightleftharpoons 1/2NO_2+1/2H_2O$	0.85	0.54	14.1
$NO_3^-+10H^++e \rightleftharpoons NH_4^++3H_2O$	0.88	0.36	14.9
硫体系 $1/8SO_4^{2-}+5/4H^++e \rightleftharpoons 1/8H_2S+1/2H_2O$	0.3	−0.21	5.1
有机碳体系 $1/8CO_2+H^++e \rightleftharpoons 1/8CH_4+1/4H_2O$	0.17	−0.24	2.9
氢体系 $H^++e \rightleftharpoons 1/2H_2$	0	−0.41	0

1）K 为反应的平衡常数。

土壤氧化还原能力的大小可用土壤的氧化还原电位（Eh）来衡量，主要为实测的 Eh 值，其大小的影响因素涉及土壤通气性、微生物活动、易分解有机质的含量、植物根系的代谢作用和土壤的 pH 等多个方面。一般旱地土壤的 Eh 为+400～+700 mV；水田的 Eh 为+300～−200 mV。根据土壤的 Eh 值可以确定土壤中有机物和无机物可能发生的氧化还原反应的环境行为。

土壤中的氧是主要的氧化剂，通气性良好、水分含量低的土壤的电位值较高，为氧化性环境；渍水的土壤电位值则较低，为还原性环境。此外，土壤微生物的活动、植物根系的代谢及外来物质的氧化还原性等也会改变土壤的氧化还原电位值。从土壤污染的研究角度出发，特别注意污染物在土壤中参与氧化还原反应所造成的对迁移性与毒性的影响。氧化还原反应还可影响土壤的酸碱性，使土壤酸化或碱化，pH 发生改变，从而影响土壤组分及外来污染元素的行为。

2. 土壤氧化性和还原性的环境意义

从环境科学角度看，土壤氧化性和还原性与有毒物质在土壤环境中的消长密切相关。

（1）有机污染物　　热带、亚热带地区的间歇性阵雨和干湿交替对厌氧、好氧细菌的增殖均有利；比单纯的还原或氧化条件更有利于有机农药分子结构的降解。特别是有环状结构的农药，因其环开裂反应需要氧参与，如 DDT 的开环反应，地亚农的代谢产物嘧啶环的裂解等。

有机氯农药大多在还原环境下才能加速代谢。例如，六六六（六氯环己烷）在旱地土壤中分解很慢，在蜡状芽孢菌参与下，经脱氯反应后快速代谢为五氯环己烷中间体，后者在脱去氯化氢后生成四氯环己烯和少量氯苯类代谢物。分解 DDT 适宜的 Eh 值为 0～−250 mV，艾氏剂也只有在 Eh＜−120 mV 时才快速降解。此外，泥浆试验比较同一土壤剖面不同深度土层中有机氯农药 PCP 还原转化时空动态及其与各电子受体还原关系的结果表明，PCP 还原脱氯所需的 Eh 条件介于启动 Fe(III)还原和 SO_4^{2-}还原的 Eh 值之间，排序为 NO_3^-＞Fe(III)＞PCP≥SO_4^{2-}，由此证明了铁还原偶联 PCP 的还原脱氯过程发生的可能性，同时也可推测稻田淹水后土壤中的 SO_4^{2-}还原作用可能导致 Fe(III)还原受到抑制进而影响 PCP 的还原脱氯过程；基于功能微生物的进一步分析揭示出 Fe(III)、PCP 和 SO_4^{2-}还原作用的耦合可能与淹水稻田中还原菌的多样性环境功能有关（Xu et al.，2017，2015，2014；Lin et al.，2014，2013）。

（2）重金属　　土壤中大多数重金属污染元素是亲硫元素，在农田厌氧还原条件下易生成难溶性硫化物，降低了毒性和危害。土壤中低价硫 S^{2-}来源于有机质的厌氧分解与硫酸盐的还原反应，水田土壤 Eh 低于−150 mV 时 S^{2-}的生成量在土壤中可达 200 mg/kg。当土壤转为氧化状态，如落干或改旱时，难溶硫化物逐渐转化为易溶硫酸盐，其生物毒性增加。例如，黏土中添加镉和锌等的情况下淹水 5～8 周后，可能存在 CdS。在同一土壤含镉量相同的情况下，若水稻在全生育期淹水种植，即使土壤含 Cd 100 mg/kg，糙米中 Cd 的浓度大约为 1 mg/kg（Cd 食品卫生标准为 0.2 mg/kg）；但若在幼穗形成前后此水稻田落水搁田，则糙米含 Cd 量可高达 5 mg/kg。这是因为土壤中镉溶出量下降与 Eh 下降同时发生。这就说明，在土壤淹水条件下，镉的毒性降低是因为生成了硫化镉的缘故。此外，水稻根表由于根系泌氧作用的影响，存在铁、锰氧化物胶膜。一般认为，由于形成的铁、锰氧化物膜可以吸附、氧化还原和固定土壤溶液中大量存在的金属离子，因此，可成为这些离子进入水稻根系组织的障碍层，减少它们的毒害作用。例如，在还原条件下，铁、锰氧化物胶膜的还原以至 As(Ⅴ)还原为 As(III)，使砷得以活化，导致水稻根际砷的积累。

总的来说，随着对土壤氧化还原过程的深入了解，已认识到微生物驱动土壤内部的氧化还原过程可清晰界定为生物电化学过程，认为是包括土壤微生物、有机质（电子供体）、氧化还原活性物质、氧化还原反应产生的电子及相关的化学表现的完整体系。能量经由电子供体（活性有机碳、无机化合物）的氧化及微生物耦合还原电子受体（腐殖酸、含铁矿物和过渡金属等）的过程而被释放和存储。土壤生物电化学正在成为破译土壤生物、物理和化学相互作用机制的突破口，将为深入解析地球关键带中元素循环、重金属脱毒转化、有机污染物迁移转化和温室气体排放等提供重要理论基础（贺纪正等，2015）。

（四）土壤中的配位反应

金属离子和电子供体结合而成的化合物称为配位化合物。如果配位体与金属离子形成环状结构的配位化合物，则称为螯合物，它比简单的配合物具有更大的稳定性。在土壤这个复杂的化学体系中，配位反应广泛存在。

土壤中常见的无机配位体有 Cl^-、SO_4^{2-}、HCO_3^-和 OH^-，以及特定土壤条件下存在的硫化物、磷酸盐和 F^-等，它们均能取代水合金属离子中的配位分子，而与金属离子形成稳定的螯合物或配离子，从而改变金属离子（尤其是某些重金属离子）在土壤中的生物有效性。此外，土壤中能产生螯合作用的有机物则更多，参与螯合作用的基团包括羟基（—OH）、羧基（—COOH）、氨基（$—NH_2$）、亚氨基（=NH）、羰基（C=O）和硫醚（R—S—R）等。富含这些基团的有机物包括腐殖质、木质素、多糖类、蛋白质、单宁、有机酸和多酚等，最重要的是腐殖质，它不仅数量占优，而且形成的螯合物较稳定。

在土壤中能被螯合的金属离子主要有 Fe^{3+}、Al^{3+}、Fe^{2+}、Cu^{2+}、Zn^{2+}、Ni^{2+}、Pb^{2+}、Co^{2+}、Mn^{2+}、Ca^{2+}和 Mg^{2+}等。各种元素所形成的螯合物稳定性不同，一般随着土壤 pH 的变化而变化。在酸性土壤中，H^+、Al^{3+}、Fe^{3+}和 Mn^{2+}等浓度增加，可对其他土壤离子产生较强的竞争力；相反，在碱性土壤中，Ca^{2+}、Mg^{2+}等浓度增加，而 Fe^{3+}、Mn^{2+}、Cu^{2+}和 Zn^{2+}等离子则因生成氢氧化物沉淀，使浓度降低，从而受到 Ca^{2+}、Mg^{2+}等离子的强烈竞争，因此，螯合态的比例差异也很大。一些元素，如具有污染性的金属离子，在形成配合物后，其迁移、转化等特性发生改变，螯合态可能是其在溶液中的主要形态。据此，已有许多研究涉及人工螯合剂的开发，并通过其在土壤中的施用，以降低污染元素在土壤中的生物毒性。

三、土壤生物学性质

（一）土壤微生物特性

土壤微生物特性表现在种群多样性、营养类型多样性和呼吸类型多样性 3 个方面。其中，种群多样性已体现在土壤微生物的“三域”组成的多样性。以下仅就营养类型多样性、呼吸类型多样性分述如下。

1. 营养类型多样性

（1）化能有机营养型　又称化能异养型，所需能量和碳源直接来自土壤有机物质。土壤中，大多数细菌和几乎全部真菌及原生动物都属于此类。其中，细菌又可分为腐生和寄生两类，腐生型细菌能够分解死亡的动植物残体获得营养、能量而生长发育；寄生型细菌必须寄生在活的动植物体内，以活的蛋白质为营养，离开寄主便不能生长繁殖。

（2）化能无机营养型　又称化能自养型，无需现成的有机物质，能直接利用空气中二氧化碳或无机盐类生存的细菌。这种类型的微生物数量、种类不多，但在土壤物质转化中起重要作用。根据它们氧化不同底物的能力，可分为亚硝酸细菌、硝酸细菌、硫氧化细菌、铁细菌和氢细菌 5 种主要类群。

（3）光能有机营养型　又称光能异养型，其能源来自光，但需要有机化合物作为供氢体以还原 CO_2，并合成细胞物质。

（4）光能无机营养型　又称光能自养型，利用光能进行光合作用，以无机物作供氢体以还原 CO_2 合成细胞物质。藻类和大多数光合细菌都属于光能自养微生物。藻类以水作为供氢体，光合细菌，如绿硫细菌、紫硫细菌，都是以 H_2S 作为供氢体。

上述营养型的划分都是相对的。在异养型和自养型之间，光能型和化能型之间都有中间类型存在。而在土壤中都可以找到，土壤具有适宜各类型微生物生长繁殖的环境条件。

2. 呼吸类型多样性

根据土壤微生物对氧气的要求不同，可将其分为好氧微生物、厌氧微生物和兼性微生物三类。好氧微生物是指在生活中必须有游离氧气的微生物。土壤中大多数细菌，如芽胞杆菌、假单胞菌、根瘤菌、固氮菌、硝酸化细菌、硫化细菌等，以及霉菌、放线菌、藻类和原生动物等都属于好氧微生物；在生活中不需要游离氧气而能还原矿物质、有机质的微生物称为厌氧微生物，如梭菌、产甲烷细菌和脱硫弧菌等；兼性微生物在有氧条件下进行有氧呼吸，在微氧环境中进行无氧呼吸，但在两种环境中呼吸产物不同，这类微生物对环境变化的适应性较强，最典型的例子就是酵母菌和大肠杆菌。同时，土壤中存在的反硝化假单胞菌、某些硝酸还原细菌和硫酸还原细菌是一类特殊类型的兼性细菌。在有氧环境中，与其他好气性细菌一样进行有氧呼吸。在微氧环境中，能将呼吸基质彻底氧化，以 NO_3^- 或 SO_4^{2-} 作为电子受体，使硝酸还原为亚硝酸或分子氮，使硫酸还原为硫或硫化氢。

（二）土壤酶特性

土壤酶是指土壤中的聚积酶，包括游离酶、胞内酶和胞外酶。在土壤成分中，酶是最活跃的有机成分之一，驱动着土壤的代谢过程，对土壤圈中养分循环和污染物质的净化具有重要的作用。土壤酶活性值可较灵敏地反映土壤中生化反应的方向和强度，它的特性是重要的土壤生物学性质之一。土壤中进行的各种生化反应，除受微生物本身活动的影响外，实际上是在各种相应的酶参与下完成的。土壤酶主要来自于微生物、植物根，也来自于土壤动物和进入土壤的动、植物残体。植物根与许多微生物一样能分泌胞外酶，并能刺激微生物分泌酶。土壤中已发现的酶主要包括氧化还原酶、转化酶和水解酶等，旨在对土壤环境质量进行酶活性表征。

1. 土壤酶的存在形态

土壤酶较少游离在土壤溶液中，主要吸附在土壤有机和矿质胶体上，并以复合物状态存在。土壤有机质吸附酶的能力大于矿物质，土壤微团聚体中的酶活性比大团聚体的高，土壤细粒级部分比粗粒级部分吸附的酶多。酶与土壤有机质或黏粒结合，固然对酶的动力学性质有影响，但它也因此受到保护，增强它的稳定性，防止被蛋白酶或钝化剂降解。土壤对胞外酶的保护性机制主要有吸附、包埋、封闭、离子交换、交联、吸附与交联、共聚合和共价结合等。

2. 土壤环境与土壤酶活性

酶是有机体的代谢动力，因此，酶在土壤中起重要作用，其活性大小及变化可作为土壤环境质量的生物学表征之一。土壤酶活性受多种土壤环境因素的影响。

（1）*土壤理化性质与土壤酶活性*　不同土壤中酶活性的差异不仅取决于酶的存在量，而且也与土壤质地、结构、水分、温度、pH、腐殖质、阳离子交换量、黏粒矿物，以及土壤中氮、磷、钾含量等相关。土壤酶活性与土壤 pH 有一定的相关性，如转化酶的最适 pH 为 4.5～5.0，在碱性土壤中受到不同程度的抑制；而在碱性、中性和酸性土壤中都可检测到磷酸酶的活性，最适 pH 是 4.0～6.7 和 8.0～10；脲酶则在中性土壤中的活性最高；脱氢酶则在碱性土壤中的活性最大。土壤酶活性的稳定性也受土壤有机质的含量和组成，以及有机无机复合体组成、特性的影响。此外，轻质地的土壤酶活性强；小团聚体的土壤酶活性较大团聚体的强；而渍水条件引起转化酶的活性降低，但却能提高脱氮酶的活性。

（2）*根际土壤环境与土壤酶活性*　由于植物根系生长作用释放根系分泌物于土壤中，使根际土壤酶活性产生很大变化，一般而言，根际土壤酶活性要比非根际土壤大。同时，不同植物的根际土壤中，酶的活性也有很大差异。例如，在豆科作物的根际土壤中，脲酶的活性要比其他作物根际土壤高；三叶草根际土壤中蛋白酶、转化酶、磷酸酶和接触酶的活性均比小麦根际土壤高。此外，土壤酶活性还与植物生长过程和季节性的变化有一定的相关性，在作物生长最旺盛期，酶的活性也最活跃。

（3）*外源土壤污染物质与土壤酶活性*　许多重金属、有机化合物，包括杀虫剂、杀菌剂等外源污染物，均对土壤酶活性有抑制作用。重金属与土壤酶的关系主要取决于土壤有机质、黏粒等含量的高低，以及它们对土壤酶的保护容量和对重金属缓冲容量的大小。

土壤酶活性的变化可用于表征受农药等有机物污染的土壤质量的演变。这方面的研究工作大部分集中在除草剂对土壤中转化酶、磷酸酶、蛋白酶、硝酸还原酶、脲酶、脱氢酶、过氧化氢酶和多酚氧化酶等的影响方面。农药对土壤酶活性的影响取决于许多因子，包括农药的性质和用量，以及酶的种类、土壤类型和施用条件等。其结果可能是正效应，也可能是负效应，同时也可能生成适于降解某种农药的土壤酶系。一般来说，除杀真菌剂以外，施用正常剂量的农药对土壤酶活性的影响不大。土壤酶活性可能被农药抑制或激发，但其影响一般只能维持几个月，然后就可能恢复到原来的水平。

（三）土壤中脱氧核糖核酸（DNA）特性

1. 土壤中胞外 DNA 的来源

DNA 是各种生物的基本遗传物质，土壤中的 DNA 包括胞内 DNA 和胞外 DNA 两个部分。由图 2-16 可见，土壤中的胞外 DNA 主要来源于植物残茬降解、花粉扩散，以及植物根系、动物、真菌、细菌的主动分泌和细胞裂解（图 2-16 中的Ⅰ、Ⅱ、Ⅲ、Ⅳ）。

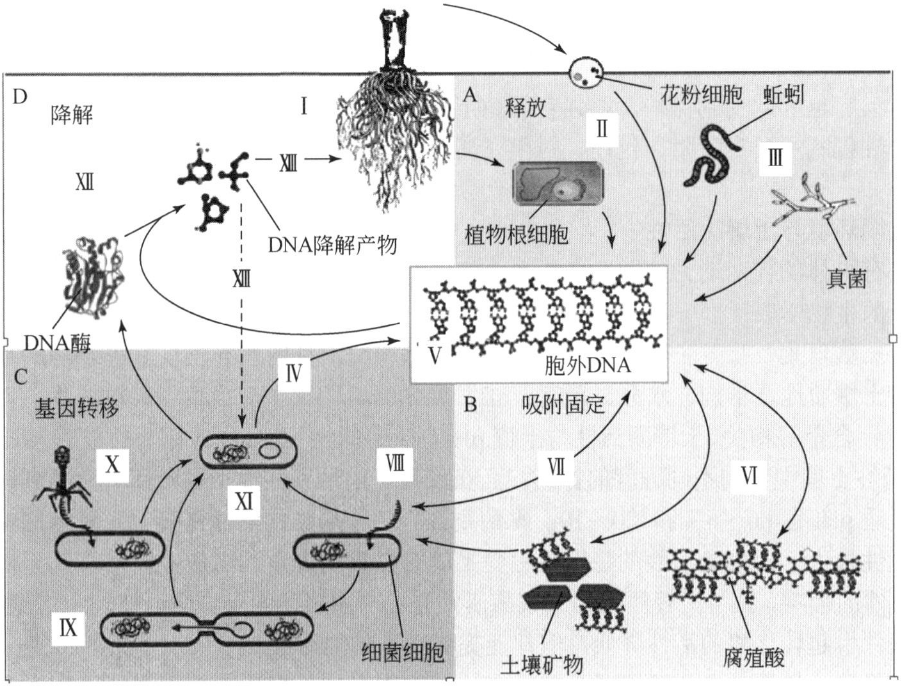

图 2-16　土壤中 DNA 的循环过程（Levy-Booth et al.，2007）

（1）微生物　微生物细胞死亡裂解或细胞主动分泌可释放 DNA 分子。目前，已知的可主动分泌 DNA 的细菌主要包括浮游细菌、蓝细菌和土壤细菌，如枯草芽胞杆菌、醋酸钙不动杆菌、大肠杆菌、微球菌、产碱菌、产黄菌和铜绿假单胞菌等。同时，土壤中的真菌也被报道过存在胞外 DNA。另外，自然条件变化，如土壤的冻融、风干土样的混合和研磨、原生动物的捕食及噬菌体的感染等因素均可提高微生物中 DNA 的释放量。

（2）植物　目前，植物 DNA 进入土壤的方式有 3 种：一是植物根系在生长过程中根冠表层细胞易受到磨损而脱落，脱落的根冠细胞凋亡后，植物 DNA 可进入土壤根际；二是植物花粉扩散，植物花粉细胞壁被微生物分解后，也可以将 DNA 释放到土壤中；三是通过农作物秸秆和叶片凋落物的分解产物使 DNA 进入土壤。

2. 土壤组分与胞外 DNA 的相互作用

DNA 进入土壤后，一部分游离态 DNA 被土壤中的脱氧核糖核酸酶 I（DNase I，deoxyribonuclease I）降解成寡聚核苷酸和一些无机养分，供动植物和微生物吸收利用，而绝大部分 DNA 可被土壤中的腐殖酸、黏土矿物和砂粒吸附固定，从而对 DNase I 降解产生抗性，在环境中持久存在，同时，土壤中的胞外 DNA 分子可通过转化、结合和转导的方式在土壤中发生基因转移（图 2-16）。

研究表明，双链 DNA 在硅土表面的吸附作用力主要包括范德瓦耳斯力、静电力、氢键和脱水作用等（Melzak et al.，1996），DNA 的磷酸基因是 DNA 与矿物质相互作用的主要基因（Franchi and Gallori，2004），其主要通过阴离子交换与黏土矿物表面的 OH-作用，或者与黏土矿物表面的正电荷位点发生静电作用而被吸附。Cai 等（2006a，2006b，2006c，2006d）系统探讨了恒电荷土壤活性颗粒与 DNA 相互作用的机制，发现 DNA 主要通过范德瓦耳斯力和静电力吸附在含有机质黏粒和蒙脱石的表面，吸附为吸热反应，DNA 固定后构型未发生变化，吸附的 DNA 容易被解吸。对于去除有机质的黏粒和高岭石，DNA 主要通过配位交换和氢键作用吸附在它们的边缘面，DNA 在去除有机质的黏粒表面的吸附为放热反应，吸附态 DNA 不易被解吸，DNA 固定后的构型由原来的 B 型变为 Z 型。

3. 土壤中胞外 DNA 的重要作用

胞外 DNA 不仅是异养微生物碳、氮和磷元素的来源，而且在细菌生物膜形成、微生物生态、生物多样性及遗传进化方面起着重要作用（Cai et al.，2005）。胞外 DNA 也是细菌生物膜的关键组成部分（Steinberger et al.，2002；Whitchurch et al.，2002），在生物膜形成的初级阶段，胞外 DNA 是细胞与载体，以及细胞之间的黏附剂。另外，通过比较恶臭假单胞菌、铜绿假单胞菌、红平红球菌和争论贪噬菌生物膜中胞外 DNA 与胞内 DNA 的指纹图谱（Steinberger and Holden，2005），发现生物膜中的胞外 DNA 系统发育信息不同于总 DNA 和胞内 DNA，且与细菌种类有关。这表明生物膜中胞外 DNA 所形成的网络可能是细菌对环境的一种适应机制，这种网络促使不同的细菌细胞间及细胞与有机质之间的结合（Bockelmann et al.，2006）。

第三节　土壤的形成与分类

一、土 壤 形 成

（一）土壤形成因素

土壤形成因素又称成土因素，是影响土壤形成和发育的基本因素，它是一种物质、力、条件或关系，或者它们的组合，这些因素已经对土壤形成发生影响或将继续影响土壤的演变。

自然成土因素包括母质、生物、气候、地形和时间，而人类活动也是土壤形成的重要因素，可对土壤性质和发展方向产生深刻的影响，有时甚至起主导作用。

（1）母质　通常把土壤形成的起源岩石称为母岩，而把与土壤发生直接联系的母岩风化物及其再积物称为母质。它是形成土壤的物质基础，是土壤的前身。其作用表现为：①不同母质因其矿物组成、理化性状的不同，在其他成土因素的作用下，直接影响着成土过程的速度、性质和方向。②母质的机械组成和矿物风化特征直接影响土壤质地，从而影响土壤形成及一系列土壤理化性质。③母质层次的不均一性也会影响土壤的发育和形态特征，如冲积母质的砂黏间层所发育的土壤易在砂层之下、黏层之上形成滞水层。

（2）生物　生物因素是促进土壤形成最活跃的因素。土壤形成的生物因素包括植物、土壤动物和土壤微生物。植物通过合成有机质向土壤中提供有机物质和能量，促使土壤肥力因素的改变，它的根部还可分泌二氧化碳和某些有机酸类，影响土壤中一系列生物化学和物理化学作用；根系还能调节土壤微生物区系，促进或抑制某些生物化学过程；同时，根在土壤中伸展穿插的机械作用，可促进土壤结构体的形成。土壤动物参加土壤中有机残体的破碎与分解作用，并通过搬运、疏松土壤和母质影响土壤物理性质。土壤微生物对成土的作用是多方面的，且非常复杂，其中，最主要的是作为分解者推动土壤生物小循环不断发展。

（3）气候　　气候不仅直接影响土壤的水热状况及物质的转化与迁移，而且还可通过改变生物群落（包括植被类型、动植物生态等）影响土壤的形成。地球上不同地带由于热量、降水量和干湿度的差异，其天然植被不同，土壤类型也各异。此外，气候条件还可影响土壤形成速率。

（4）地形　　在成土过程中，地形与母质、生物、气候等因素的作用不同，其主要通过影响其他成土因素对土壤形成起作用。由于地形影响水、热条件的再分配，从而影响母质和植被类型，所以不同地形条件下形成的土壤类型可有较大的差异。

（5）时间　　土壤是历史自然体，不仅随着空间条件的不同而变化，而且随着时间的推移而演变。土壤年龄是指土壤发生发育时间的长短，即土壤的发育程度。通常把土壤年龄分为绝对年龄和相对年龄。绝对年龄是指该土壤在当地新鲜风化层或新母质上开始发育时算起，迄今所经历的时间，通常用年表示；相对年龄则是指土壤的发育阶段或土壤的发育程度。

（6）人类活动对土壤发生演化的影响　　人类活动对土壤形成过程的影响与其他 5 个自然因素有本质的区别，因为人类活动对土壤的影响是有意识、有目的和定向的，具有社会性。同时，人类对土壤的影响具有双重性，利用合理则有助于土壤质量的提高；但如果利用不当，就会破坏土壤。例如，我国不同地区的土壤退化，主要就是由人类不合理利用造成的。

各种成土因素对土壤形成的作用不同，但都是互相影响、相互制约的，一种或几种成土因素的改变会引发其他成土因素的变化。

（二）土壤形成过程

1. 土壤形成过程的实质

土壤形成是一个综合性的过程，其实质是物质的地质大循环与生物小循环的对立统一，其中，又以小循环为矛盾的主要方面。两个循环过程在土壤形成过程中相互渗透和不可分割地同时同地进行，它们之间通过土壤而相互联结在一起。物质的地质大循环是指地面岩石的风化，风化产物的淋溶与搬运、堆积，进而再次成岩的作用，这是地球表面恒定的周而复始的大循环。而生物小循环是植物营养元素在生物体与土壤之间的循环：植物从土壤中吸收养分，形成植物体（进而促进动物生长），使部分营养元素暂时脱离地质大循环的轨道。而动植物残体又回到土壤中，在微生物的作用下转化为植物需要的养分，促进土壤肥力的形成和发展。

2. 主要的成土过程

在土壤形成过程中，主导的成土过程不同，由此产生土壤类型的分化。根据成土过程中物质交换和能量转化的特点和差异，土壤基本表现出原始成土、有机质积聚、富铝化、钙化、盐化、碱化、灰化和潜育化等成土过程。

（1）原始成土过程　　原始成土过程是从岩石露出地表着生微生物和低等植物开始到高等植物定居之前形成的土壤过程，称为原始成土过程，包括 3 个阶段，第一阶段为岩石表面着生蓝藻、绿藻和硅藻等岩生微生物的“岩漆”阶段；第二阶段为地衣对原生矿物发生强烈的破坏性影响的“地衣”阶段；第三阶段为苔藓阶段，生物风化与成土过程的速度大大增加，为高等绿色植物的生长准备了肥沃的基质。原始成土过程多发生在高海拔或高纬度地区，也可以与岩石风化同时同步进行。

（2）有机质积聚过程　　有机质积聚过程是在木本或草本植被下，土体上部有机质增加的过程，它是生物因素在土壤形成过程中的具体体现，普遍存在于各种土壤中。由于成土条件的差异，有机质及其分解与积累也可有较大的差异。据此，可将有机质积聚过程进一步划分为腐殖化、粗腐殖化和泥炭化三种。

（3）富铝化过程　　富铝化过程又称为脱硅过程、脱硅富铝化过程，它是热带、亚热带地区土壤物质由于矿物风化，形成弱碱性条件，促进可溶性盐基及硅酸大量流失，而造成铁铝在土体内相对富集的过程。因此，它包括两方面的作用，即脱硅作用和铁铝相对富集作用。

（4）钙化过程　　钙化过程主要出现在干旱及半干旱地区。由于成土母质富含碳酸盐，在季节性的淋溶作用下，土体中的碳酸钙可向下迁移至一定深度以不同形态（假菌丝、结核和层状等）累积为钙积层，其碳酸钙含量一般在 10%～20%，因土类和地区不同而异。

（5）盐化过程　　盐化过程指地表水、地下水和母质中含有的盐分，在强烈的蒸发作用下，通过土壤水的垂直和水平移动，逐渐向地表积聚（现代积盐作用），或是已脱离地下水或地表水的影响，而表现为残余积盐特点（残余积盐作用）的过程，多发生于干旱气候条件下。参与作用的盐分主要是一些中性盐，如 NaCl、Na_2SO_4、$MgCl_2$ 和 $MgSO_4$ 等。在受海水影响的滨海地区，土壤也可以发生盐化，盐分一般以 NaCl 占绝对优势。

（6）碱化过程　　碱化过程是土壤中交换性钠或交换性镁增加的过程，该过程又称为钠质化过程。碱化过程的结果可使土壤呈强碱性反应，pH＞9.0，土壤黏粒被高度分散，物理性质极差。土壤碱化的原因比较复杂，主要涉及脱盐交换、生物积累和硫酸盐还原 3 种学说。

（7）灰化过程　　灰化过程是指在冷湿的针叶林生物气候条件下，土壤中发生的铁铝通过配位反应而迁移的过程。在寒带和寒温带湿润气候条件下，针叶林的残落物被真菌分解，产生强酸性的富啡酸，对土壤矿物起着深刻的分解作用。在酸性介质中，矿物分解使硅、铝和铁分离，铁、铝与有机配位体作用而向下迁移，在一定的深度形成灰化淀积层；而二氧化硅残留在土层上部，形成灰白色的土层。

（8）潜育化过程　　潜育化过程的产生要求具备土壤长期渍水、有机质处于嫌气分解状态这两种条件。此过程中铁、锰强烈还原，形成灰蓝至灰绿色的土体。有时，“铁解”作用使土壤胶体破坏，土壤变酸。该过程主要出现在排水不良的水稻土和沼泽土中，往往发生在剖面下部的永久地下水位以下。

（三）土壤剖面形态

土壤剖面是一个具体土壤的垂直断面，其深度一般达到基岩或达到地表沉积体的相当深度。一个完整的土壤剖面应包括土壤形成过程中所产生的发生学层次（发生层）和母质层。不同发生层相互组合，可构成不同类型的土体构型，是土壤类型划分的重要依据。

1. 土壤发生层

土壤发生层是指土壤形成过程中所形成的具有特定性质和组成、大致与地面相平行的，并具有成土过程特性的层次。作为一个土壤发生层，在形态学上其至少应能被肉眼识别，并不同于相邻的土壤发生层。识别土壤发生层的形态特征一般包括颜色、质地、结构、新生体和紧实度等。

2. 土体构型

土体构型（土壤剖面构型）是各土壤发生层（也包括残留的具层次特征的母质层）的组合和排列状况，是土壤剖面的最重要特征。一个典型的土体构型由上至下一般可划分出 3 个最基本的发生层。

（1）表土层（A 层）　表土层处于土体最上部，主要发生有机质的积聚和物质的淋溶。该层中生物活动最为强烈，进行着有机质的积聚或分解的转化过程。在较湿润的地区，该层内还发生着物质的淋溶，可称为淋溶层。它是土壤剖面中最为重要的发生学土层，除强烈侵蚀土壤外，任何土壤都具有这一层次。

（2）淀积层（B 层）　淀积层处于 A 层的下面，是由物质淀积或土壤结构的形成作用造成的。淀积的物质可以来自于土体的上部，也可以来自于下部地下水的上升，可以是黏粒，也可以是钙、铁、锰和铝等，淀积的部位可以是土体的中部，也可以是土体的下部。

（3）母质层（C 层）　母质层处于土体最下部，是没有产生明显的成土作用的土层，其组成物就是所述的母质。

二、土 壤 分 类

土壤分类是土壤科学知识的有机融会、系统组织和科学表达，它是土壤科学水平的体现。数十年来，土壤分类研究虽然有很大的进展，但至今仍还没有一个公认的土壤分类原则和系统，目前依然是多种分类系统并存。从古至今，土壤分类发展大致经历了 3 个重要阶段：①古代朴素的土壤分类阶段；②近代土壤发生学分类阶段；③定量化土壤系统分类（诊断分类）阶段。目前，国际上主要土壤分类体系有美国的土壤系统分类（ST）、世界土壤资源参比基础（WRB），其中以美国土壤系统分类为代表。国内出现了土壤发生分类（中国土壤分类系统）和系统分类（中国土壤系统分类）并存的局面。其中土壤发生分类指土壤地理发生分类，是在承认“成土条件-成土过程-土壤属性”三者相互联系、相互统一的前提下进行土壤分类的。由于缺乏严格的定量分类标准，该分类体系在进行土壤分类时常以土壤的中心概念和土壤成土条件作为分类依据，所以它是一种定性分类；而土壤系统分类是一种以诊断层和诊断特性为基础的定量化分类体系。

通过本章的学习，我们对土壤与环境质量的关系、土壤在环境中的作用和地位等有了进一步的了解和认识。土壤的各种组成部分并不是孤立的，它们相互作用并相互联结，构成完整的土壤结构系统。这个复杂系统的各种性质之间相互影响和相互制约。当外界向土壤输入物质与能量时，土壤系统可通过本身组织的反馈作用进行调节与控制，保持系统的稳定状态。土壤本身所具有的各种调控能力在广义上总称为土壤缓冲功能，对营养元素、污染物质和氧化还原等均具有缓冲性，具有抗衡外界环境变化的能力，以及对外来污染物质的自净力。

思考题与习题

1. 名词解释部分

黏粒矿物、永久电荷、可变电荷、专性吸附、土壤质地、土壤胶体、土壤 pH、土壤缓冲性、土壤酸化、阳离子交换量、土壤有机质、土壤-植物-大气连续系统、土水势、土壤水吸力、水分常数、土壤水分特征曲线、土壤容重、土壤塑性、土壤呼吸、土壤剖面、母质、成土因素、土壤圈、土壤污染、土壤退化、土壤自净、土壤环境质量。

2. 理解部分

（1）土壤的颗粒组成及质地分类。

（2）土壤黏粒矿物构造特征及其类型划分。

（3）土壤有机质的性质及其生态环境意义。

（4）土壤界面反应及缓冲性的生态环境意义。

（5）土壤微生物的根际效应及其环境意义。

（6）土壤孔性和结构性。

（7）土壤通气机制。

（8）土壤水的物理形态及能态的划分。

（9）土壤组成及性质对环境污染物生物有效性的影响。

主要参考文献

窦森，郝翔翔. 2013. 黑土团聚体与颗粒中碳、氮含量及腐殖质组成的比较. 中国农业科学，46（5）：970～977

窦森，张晋京，Lichtfouse E 等. 2003. 用 $\delta^{13}C$ 方法研究玉米秸秆分解期间土壤有机质数量动态变化. 土壤学报，40（3）：328～334

贺纪正，陆雅海，傅伯杰. 2015. 土壤生物学前沿. 北京：科学出版社

黄昌勇，徐建明. 2010. 土壤学（第三版）. 北京：中国农业出版社

卡庆斯基 H A. 1964. 土壤机械组成、微团聚体组成及其研究方法. 田积莹等译. 北京：科学出版社

李学垣. 2001. 土壤化学. 北京：高等教育出版社

潘根兴. 1999. 中国土壤有机碳、无机碳库量研究. 科技通报，15（5）：330～332

宋长青. 2016. 土壤学若干前沿领域研究进展. 北京：商务印书馆

王绍强，周成虎，李克让等. 2000. 中国土壤有机碳库及空间分布特征分析. 地理学报，55（5）：533～534

王绍强，周成虎. 1999. 中国陆地土壤有机碳库的估算. 地理研究，18（4）：349～355

熊毅，李庆逵. 1987. 中国土壤（第 2 版）. 北京：科学出版社

杨翔宇，林学巍，窦森. 2013. 不同氧气条件对玉米秸秆在土壤中腐殖化的影响. 东北林业大学学报，41（1）：106～108，132

周江敏，代静玉，潘根兴. 2004. 应用光谱分析技术研究土壤水溶性有机质的分组及其结构特征. 光谱学与光谱分析，24(9)：1060～1065

朱祖祥. 1996. 农业百科全书·土壤卷. 北京：中国农业出版社

Bockelmann U，Janke A，Lawrence R J et al. 2006. Bacterial extracellular DNA forming a defined network like structure. FEMS Microbiology Letter，262：31～38

Bohn H L. 1985. Soil Chemistry（2-Ed.）. Chapter 4. New York，Toronto：John Wiley Sons，Inc

Brady N C，Well R R. 2008. The Natural and Properties of Soils（Fourteenth Edition）. Columbus，Ohio：Pearson Prentice Hall

Cai P，Huang Q Y，Jiang D H et al. 2006a. Microcalorimetric studies on the adsorption of DNA by soil colloidal particles. Colloides and Surfaces B: Biointerfaces，49：49～54

Cai P，Huang Q Y，Lu Y D et al. 2006b. Interactions of DNA with clay minerals and soil colloidal particles and protection against degradation by DNase. Environmental Science &Technology，40：2971～2976

Cai P，Huang Q Y，Zhang X W et al. 2005. Binding and transformation of extracellular DNA in soil. Pedosphere，15：16～23

Cai P，Huang Q Y，Zhang X W，et al. 2006d. Adsorption of DNA on clay minerals and various colloidal particles from an Alfisol. Soil Biology&Biochemistry，38：471～476

Cai P，Huang Q Y，Zhang X W. 2006c. Microcalorimetric studies of the effects of $MgCl_2$ concentrations and PH on the adsorption of DNA on montmorillonite，kaolinite and goethite. Applied Clay Science，32：147～152

Franchi M，Gallori E. 2004. Origin，persistence and biological activity of genetic material in prebiotic habitats. Origins of Life and Evolution of Biosphere，34：133～141

He Y，Li X，Shen X et al. 2015a. Plant assisted rhizoremediation of decabromodiphenyl ether for e-waste recycling area soil of Taizhou，China. Environmental Science and Pollution Research，22（13）：9976～9988

He Y，Xia W，Li X et al. 2015b. Dissipation of phenanthrene and pyrene at the aerobic-anaerobic soil interface: differentiation induced by the rhizosphere of PAH-tolerant and PAH-sensitive rice（Oryza sativa L.）cultivars. Environmental Science and Pollution Research，22（5）：3908～3919

He Y，Xu J M，Lv X F et al. 2009. Does the depletion of pentachlorophenol in root-soil interface follow a simple linear dependence on the distance to root surfaces. Soil Biology and Biochemistry，41：1807～1813

He Y，Xu J M，Ma Z H et al. 2007. Profiling of PLFA: implications for nonlinear spatial gradient of PCP degradation in the vicinity of Lolium perenne L. roots. Soil Biology and Biochemistry，39：1121～1129

He Y，Xu J，Tang C et al. 2005. Facilitation of pentachlorophenol degradation in the rhizosphere of ryegrass（Lolium perenne L.）. Soil Biology & Biochemistry，37（11）：2017～2024

Jury W A. 1991. Soil Physics（5-Ed.）. Chapter 1. New York，Toronto：John Wiley Sons，Inc

Levy-Booth D J，Campbell R G，Gulden R H et al. 2007. Cycling of extracellular DNA in the soil environment. Soil Biology & Biochemistry，39：2977～2991

Lin J J，He Y，Xu J M et al. 2014. Vertical profiles of pentachlorophenol and the microbial community in a paddy soil: influence of electron donors and acceptors. Journal of Agricultural and Food Chemistry，62（41）：9974～9981

Lin J J，Xu Y，Brookes P C et al. 2013. Spatial and temporal variations in pentachlorophenol dissipation at the aerobic-anaerobic interfaces of flooded paddy soils. Environmental Pollution，178：433～440

Ma B，Chen H，Xu M et al. 2010b. Quantitative structure activity relationship（QSAR）models for polycyclic aromatic hydrocarbons（PAHs）dissipation in rhizosphere based on molecular structure and effect size. Environmental Pollution，158（8）：2773～2777

Ma B，He Y，Xu J et al. 2010a. Dissipation of polycyclic aromatic hydrocarbons（PAHs）in the rhizosphere: synthesis through meta analysis. Environmental Pollution，158（3）：855～861

Melzak K A，Sherwood C S，Turner R F B et al. 1996. Driving forces for DNA adsorption to silica in perchlorate solutions. Journal of Colloid and Interface Science，181：635～644

Ni J Z，Xu J M，Xie Z M et al. 2004. Changes of labile organic carbon fractions in soils under different rotation systems. Pedosphere，14：103～109

Quéré C L，Andrew R M，Canadell J G et al. 2016. Global carbon budget 2016. Earth System Science Data，8：605～649

Steinberger R E，Allen A R，Hansma H G et al. 2002. Elongation correlates with nutrient deprivation in Pseudomonas aeruginosa unsaturated biofilms. Microbiological Ecology，43：416～423

Steinberger R E，Holden P A. 2005. Extracellular DNA in single-and multiple-species unsaturated biofilms. Applied and Environmental Microbiology，71：5404～5410

Whitchurch C B，Tolker-Nielsen T，Ragas P C et al. 2002. Extracellular DNA required for bacterial biofilms formation. Science，295：1487

Xu Y，He Y，Feng X L et al. 2014. Enhanced abiotic and biotic contributions to dechlorination of pentachlorophenol during Fe（III）reduction by an iron-reducing bacterium Clostridium beijerinckii Z. Science of the Total Environment，473：215～223

Xu Y，He Y，Tang X J et al. 2017. Reconstruction of microbial community structures as evidences for soil redox coupled reductive dechlorination of PCP in a mangrove soil. Science of the Total Environment，596～597：147～157

Xu Y，He Y，Zhang Q. 2015. Coupling between pentachlorophenol dechlorination and soil redox as revealed by stable carbon isotope，microbial community structure，and biogeochemical data. Environmental Science Technology，49（9）：5425～5433

建议进一步阅读的文献

贺纪正，陆雅海，傅伯杰. 2015. 土壤生物学前沿. 北京：科学出版社

黄昌勇，徐建明. 2010. 土壤学（第三版）. 北京：中国农业出版社

黄巧云，林启美，徐建明. 2015. 土壤生物化学. 北京：高等教育出版社

李学垣. 2001. 土壤化学. 北京：高等教育出版社

全国土壤普查办公室. 1998. 中国土壤. 北京：中国农业出版社

邵明安，王全九，黄明斌. 2006. 土壤物理学. 北京：高等教育出版社

张凤荣. 2016. 土壤地理学（第二版）. 北京：中国农业出版社

中国科学院南京土壤研究所土壤系统分类课题组. 2001. 中国土壤系统分类检索（第三版）. 合肥：中国科学技术大学出版社

朱祖祥. 1996. 农业百科全书·土壤卷. 北京：中国农业出版社

Plaster E. 2013. Soil Science and Management（6th ed.）. New York: Delmar Cengage Learning

Weil R R，Brady N C，2016. The Natural and Properties of Soils（Fifteen Edition）. Columbus，Ohio：Pearson

第三章　土壤中碳、氮、硫、磷与环境质量

第一节　土壤中的碳与环境质量

陆地生态系统碳循环是全球碳循环的重要组成部分，土壤是陆地表面最大的碳库，它包括土壤有机碳库和无机碳库两大部分，因为土壤无机碳库的更新周期大约为8 500年，所以土壤有机碳库在全球变化研究中显得更为重要。本节主要讨论土壤有机碳库及其相关的环境影响问题。

一、土壤有机碳库

（一）土壤有机碳库的重要性

1. 对环境的影响

土壤碳库是陆地生态系统中最大的碳库，对全球气候变化和人类生存环境有重要的影响。据估计，全球陆地土壤有机碳储量为1 300～2 000 Pg（1 Pg=10^{15} g），是陆地植被碳库的2～4倍，是大气碳库的两倍，因此，土壤碳库在全球碳平衡和循环中起着举足轻重的作用，温室气体排放均与碳循环有关。但是，目前对土壤有机碳储量的估算并没有形成统一标准或规范，各学者的研究方法和角度不同使得估算中存在较大的不确定性，研究结果存在较大差异（刘苗和刘国华，2014）。

土壤有机质是土壤有机碳库的重要来源，不同土壤表层有机碳的平均停留期受土壤有机质的性质、数量和环境条件等的影响，为100～3 000年。然而，进入地质大循环的土壤碳的周转时间则可达几百万年，甚至几亿年，远远长于大气碳库和陆地植被碳库，可见土壤碳库在生物地球化学碳循环中的周转速度最慢。因此，土壤在碳循环过程中充当“储存库（汇）”的功能，对减缓大气CO_2浓度上升具有重要意义。

自然湿地、沼泽土和水稻土中逸出的CH_4是大气中CH_4的主要来源之一。水稻种植面积的扩大增加了大气中CH_4的浓度。泥炭地作为农业利用时需要排水，这将改善土壤的通气性，从而加速泥炭的微生物降解；泥炭地的疏干，特别是热带雨林的开垦，将显著增加土壤中CO_2的净逸出量，增加大气中CO_2的浓度，大气中CH_4量和CO_2量的增加会通过温室效应而使气候变暖。

土壤圈是大气圈、水圈、岩石圈和生物圈共同作用的界面，土壤是陆地生态系统生物循环和生物地球化学循环过程中的重要介质和枢纽；同时，土壤在水循环过程中的作用决定了陆地河流向海洋输出碳量的形式和通量。

2. 对土壤性质的影响

土壤中各种有机化合物影响黏粒矿物的组合、土粒的聚集状态、离子的移动、土壤持水量、土壤通气性和盐基交换等各种性质。我国东北表层土壤氮（全N、碱解氮）、土壤磷（全

P、速效 P）、土壤钾（速效 K、K^+离子交换量）、土壤矿质含量（Fe_2O_3、P_2O_5）、总孔隙度均与土壤有机碳含量呈显著正相关，土壤 pH、容重与土壤有机碳呈负相关（祖元刚等，2011）。对新疆土壤有机碳含量与理化性质的分析也得出了同样的结论（冯锦等，2017）。一些易溶性的中间分解产物具有溶解铁、锰等金属离子或与之配位的能力，从而加速这些金属离子在剖面中移动。在有机质氧化后，这些配合态金属离子可以沉淀态析出，从而形成了水稻土等土壤剖面中的铁、锰淀积和淋溶层，在热带水稻土中的 20～30 cm 处甚至常形成一坚硬的不透水的铁盘层。易溶性有机物对金属离子的溶解、配位反应可显著提高铜、锰、铁和锌等离子的有效性。麦根酸与铁的配位反应有利于铁进入植物体中，从而可有效地克服缺铁症。许多湿草原土壤由于其深厚的腐殖质层（有机质 6%～8%）而具有良好的生产力。

3. 对土壤氮、硫和磷循环的影响

土壤中物质和能量的循环强度不仅影响到土壤的碳排放，同时也影响到陆地植被的养分供应。土壤碳循环是土壤氮、硫和磷循环的驱动因子，只有在适宜土壤有机碳积累的条件下，才会有有机氮、硫和磷含量的增多；另外，土壤有机碳的矿化将伴随着有机氮和碳键硫的矿化。硫酶和有机磷虽然不随有机碳的矿化而矿化，却受制于另外的机制，但会因碳键硫的矿化而影响硫酯的矿化。若土壤退化是由有机碳损失引起的，则碳和氮的损失将较有机磷的损失多，硫酯的损失在一定程度上也较碳和氮少，如因硫或磷的损失而引起土壤退化时，碳和氮的损失将较硫和磷的损失少。

（二）土壤有机碳储量、分布和密度

1. 土壤有机碳储量及分布

对全球土壤碳库储量的估算，由于缺乏一个统一的土壤分类系统，对不同土壤类型和植被类型面积的估计不够准确，因而目前尚无较为一致的数值。分析认为，导致土壤有机碳评估结果差异较大的原因为估算方法的选用、背景资料选择和采样过程的控制。而估算方法和背景资料的确定是评估结果出现偏差的内在原因。采样过程所考虑的人类干扰和气候变化等环境要素为外在因素（刘苗和刘国华，2014）。一个较为普遍接受的全球土壤碳储藏量的估计值（不包括表层的枯枝落叶）大约为 1 400 Pg C（Jenkinson et al.，1991）。2017 年 12 月 5 日，联合国粮食及农业组织发布了迄今最全面的全球土壤碳储量图，由碳储存图可知，地表以下 30 cm 内含碳约 680 Pg C，几乎是大气中的两倍；与全球植被中储存的碳 560 Pg C 相比，这是一个相当大的数字。在 680 Pg C 中，超过 60%储存在 10 个国家：俄罗斯（19.6%）、加拿大（12.7%）、美国（8.3%）、中国（6.9%）、巴西（5.4%）、印度尼西亚（3.4%）、澳大利亚（3.4%）、阿根廷（1.9%）、哈萨克斯坦（1.8%）和刚果民主共和国（1.4%）。70%以上的有机碳以土壤有机质的形态储存在土壤中。中国 20 世纪 80 年代土壤有机碳库为 70～90 Pg C。土壤碳库稳定、增加或减少都与大气 CO_2 浓度变化密切相关。自工业革命以来，土地利用变化和农业耕作导致全球碳损失（136±55）Pg C。全球土壤固碳潜力估计为 0.4～1.2 Pg/a，可抵消化石燃料释放 CO_2 的 5%～15%（黄耀等，2010）。全球有机碳储量与各区域面积、发达程度和土壤资源的保护密切相关（Köchy et al.，2015），亚洲面积最大，有机碳储量也最大，其次是北美洲，它的面积小于非洲，但有机碳储量却高于非洲（表 3-1），该统计的全球总有机碳储量为 1 061 Pg C，低于目前通常接受的储量 1 400 Pg C，进一步说明了研究者之间方法和参数的不同，导致了土壤碳储量估计结果存在较大的差异。

表 3-1　全球有机碳储量（Pg C）（Köchy et al.，2015）

陆地	土壤面积/Mm^2	有机碳储量（0～1 m 土体）
亚洲	42.0	369
北美洲	21.3	223
欧洲	9.4	110
非洲	27.2	148
南美洲	17.7	163
澳大利亚、新西兰、太平洋群岛	8.0	46
其他	0.2	2
合计	125.8	1061

注：1 $Mm^2=10^6$ km^2。

土壤有机碳的储藏量在不同生态系统的土壤中和不同类型土壤中的分布是不同的，它取决于土壤的植被类型、面积及单位面积的土壤碳密度。从植被类型上分，一般沙漠、热带雨林及稀疏草原等所占比例较高的地区，相应的土壤碳储藏量的比例较小，而湿地与此相反。由于土壤类型和植被类型之间并非一一对应，所以已有的关于土壤有机碳在不同生态系统土壤中和不同类型土壤中储量的报道之间难以比较。

森林生态系统为地球陆地生物圈最大的碳储库，世界森林的碳存量估计为 861±66 Pg C，其中，储存在相应土壤（1 m 深度）中的为 383±30 Pg C（大约 44%）（Pan et al.，2011）。我国各森林类型的土壤碳储量的变化范围在 44～264 t/hm^2，平均为 107.8 t/hm^2（刘世荣等，2011）。温带森林土壤和农业土壤可能是大气 CO_2 浓度的主要调节者。有研究表明（吴春生等，2016），常绿阔叶林树木由于其具有较大的生物量和碳储量，可能会在缓解全球气候变暖和碳循环中有着重要的作用。

2. 土壤有机碳密度

土壤有机碳密度是指单位面积（1 m^2 或 1 hm^2）中一定厚度土层有机碳的数量。由于土壤有机碳主要分布于表层 1 m 深度以内，一般情况下指的是上部 1 m 的土层。有机碳密度（C）的单位常用 kg/m^2 或 kg/hm^2，它已成为评价土壤中有机碳量的一个重要指标。

在一定地区，植物生物量和残落物量在很大程度上受植被类型及其生产力的制约，土壤有机碳密度或浓度大小与气候条件，如温度和水分密切相关，而全球尺度上的土壤碳密度分布也应与各地区的气候特征密切关联。Post 等（1982）计算了全球土壤有机碳密度的分布，湿润、潮湿和雨苔原的平均土壤碳密度分别为 10.9 kg/m^2、22.2 kg/m^2 和 36.6 kg/m^2；北部干旱灌丛、湿润森林、潮湿森林和雨林分别为 10.2 kg/m^2、11.6 kg/m^2、13.1 kg/m^2 和 25.6 kg/m^2；寒温带沙漠、沙漠灌丛、无树草原、湿润森林和潮湿森林分别为 9.7 kg/m^2、10.0 kg/m^2、13.3 kg/m^2、12.1 kg/m^2 和 13.9 kg/m^2；暖温带沙漠、荆棘草原、干旱森林和潮湿森林分别为 1.4 kg/m^2、7.6 kg/m^2、7.9 kg/m^2 和 6.0 kg/m^2；亚热带荆棘林地和干旱森林分别为 5.4 kg/m^2 和 2.6 kg/m^2；热带极度干旱森林、干旱森林、湿润森林和潮湿森林分别为 6.2 kg/m^2、10.2 kg/m^2、11.5 kg/m^2 和 21.0 kg/m^2。

土壤有机碳密度在不同的土壤类型之间有一定的差别，即使是同一地区的不同类型的土壤有机碳密度也有所不同（表 3-2）。Sanchez 等（1982）计算了 61 个热带土壤和 45 个温带土壤的碳密度（C），其平均值分别为 8.3 kg/m^2 和 7.4 kg/m^2，两者间并无显著差别，均腐土、淋溶土和富铁土的碳密度分别为 8.6 kg/m^2、6.4 kg/m^2 和 6.4 kg/m^2，而位于温带的相应土壤则分别为 10.1 kg/m^2、5.8 kg/m^2 和 4.2 kg/m^2。

表 3-2　中国土类土壤有机碳密度及储量清单（于东升等，2005）

土类	碳储量/10^6t	碳密度/(kg/m^2)	土类	碳储量/10^6t	碳密度/(kg/m^2)
砖红壤	389.6	9.23	石灰（岩）土	2086	13.05
赤红壤	1891	9.15	火山灰土	46.84	13.76
红壤	6022	9.58	紫色土	1254	5.34
棕色针叶林土	2626	24.74	石质土	279.7	1.62
漂灰土	10.57	94.29	粗骨土	841.2	5.15
黄棕壤	2885	13.12	草甸土	4732	14.43
黄褐土	365.0	6.70	砂姜黑土	353.2	7.07
棕壤	3235	12.81	山地草甸土	101.8	26.91
暗棕壤	7154	18.76	林灌草甸土	149.2	6.63
白浆土	634.5	14.00	潮土	2245	6.54
燥红土	66.05	9.20	沼泽土	6995	49.49
褐土	2198	8.25	泥炭土	769.9	146.76
灰褐土	800.0	13.38	盐土	711.9	6.36
黑土	966.4	15.42	漠境盐土	155.6	5.49
灰色森林土	936.5	29.38	滨海盐土	316.1	10.92
黑钙土	2259	16.12	酸性硫酸盐土	10.35	27.29
栗钙土	4287	11.06	寒原盐土	37.45	4.15
栗褐土	246.0	5.61	碱土	27.82	5.33
黑垆土	167.6	8.61	水稻土	5089	11.14
棕钙土	1106	4.25	灌淤土	147.5	7.21
灰钙土	244.7	5.28	灌漠土	107.1	9.52
灰漠土	241.3	3.60	草毡土	7484	14.79
灰棕漠土	441.1	1.53	黑毡土	4563	18.05
棕漠土	286.4	1.15	寒钙土	4443	6.08
黄绵土	727.8	3.98	冷钙土	941.6	6.20
红黏土	36.52	5.30	棕冷钙土	53.85	6.42
新积土	244.9	4.67	寒漠土	94.55	3.56
龟裂土	17.53	3.21	冷漠土	3.41	1.21
风沙土	1241	1.91	寒冻土	789.6	2.64

于东升等(2005)基于中国 1∶100 万的土壤数据库，计算了我国土壤有机碳的密度与储量，结果表明，土壤碳密度最小为 0.143 kg/m^2，最大为 446.25 kg/m^2，土壤平均碳密度为 9.60 kg/m^2，我国土壤面积共有 928.10×10^4 km^2，有机碳储量为 89.14 Pg C，其中，有机碳密度在 1～5 kg/m^2、5～10 kg/m^{2}和 10～20 kg/m^{2}的土壤面积分别占31.8%、28.3%和 18.1%，大于 60 kg/m^{2}的土壤面积占 0.8%。统计结果表明，泥炭土的平均有机碳密度最高，为 146.8 kg/m^2，漂灰土和沼泽土次之，分别为 94.29 kg/m^{2}和 49.49 kg/m^2；棕漠土和冷漠土的平均有机碳密度最低，小于 1.5 kg/m^2。有机碳储量排前 5 位的土壤为草毡土、暗棕壤、沼泽土、红壤和水稻土，碳储量高于 5.0×10^9 t（表 3-2）。

二、土壤碳的形态与活性

（一）土壤碳的形态

土壤碳库的变化与碳的存在形态和生物有效性有密切的关系，这种关系进而影响到土壤碳与地球表层系统间的交换，与温室效应有密切的联系。

1. 土壤有机碳的固体形态

土壤有机碳的存在形态包括粗有机质和有机质-土壤矿物质结合的细颗粒态两类。不同土壤中有机碳的存在形态和比例不同，在非洲热带土壤中，残落粗有机质和颗粒状有机质构成土壤总有机质的 20%～30%，且未熏蒸土壤的 CO_2 产生量与粗有机质呈极显著正相关关系。土壤团聚体中有机碳的分布及其对环境变化的响应在土壤碳储存研究中一直受到重视。一般以国际制土壤颗粒分类区分土壤微团聚体，并以重液区分出与细土土壤矿物质紧密结合的重组结合态有机碳和团聚于较粗颗粒的轻组有机碳。

轻组有机碳被认为是土壤中未和矿物结合的游离有机物质，是土壤中易分解的碳库。轻组有机碳对种植制度、耕作方式、施肥措施、土地利用及气候变化的响应比土壤总有机碳更为敏感，是反映土壤质量变化的一个敏感指标。而重组有机碳被认为是与矿物结合形成有机无机复合体的有机碳，这部分有机碳由于受土壤矿物的保护，是土壤中分解较慢的碳库，该组分对土壤肥力的保持和土壤碳的固持具有重要意义（韩士杰等，2008）。

2. 土壤有机碳的生物形态

近年来对土壤环境中微生物碳的研究日益活跃。微生物碳（C_{mic}）是活跃的移动性碳库，通常采用氯仿熏蒸-K_2SO_4 分散提取法测得。土壤微生物碳量（C）一般达 0.1～0.4 kg/m^2，占土壤有机碳的 0.5%～4.6%。我国黑土地区表层 0～20 cm 土壤中的微生物碳量为 130～240 mg/kg，红壤微生物碳量介于 20～425 mg/kg，水稻土介于 91～917 mg/kg，因土壤肥力而异。土壤微生物碳不仅因土壤类型不同而异，而且土壤微生物碳量明显随着作物生长季节和耕作制度的变化而变化。微生物碳量与土壤有机碳量的比值可作为土壤碳的生物有效性指示。

3. 土壤有机碳的溶解态

溶解性有机碳（DOC）是目前生态系统移动性碳的又一研究热点。DOC 是指能溶解于水中的有机碳，是陆地水系统中的重要物质。一般采用野外土壤溶液样品直接经总有机碳（TOC）分析仪测定而得到，也可用热水浸提测定。水稻土 DOC 浓度在 10～30 mg/kg；庐山酸沉降影响下森林生态系统土壤 DOC 浓度介于 150～700 mg/kg，因植物生长期和季节变化而异，并且与溶解铝浓度和单核铝-多核铝的比值高度相关，它表明了 DOC 作为移动性碳库对于土壤环境中元素迁移的驱动意义。森林生态系统灰化土 DOC 通量可高达 1 000～1 500 kg/(hm^2·a)（潘根兴等，2000）。

（二）土壤有机碳的活性

土壤有机碳的活性是指土壤有机质的活性部分，可以衡量其有效性的高低，它表明土壤有机质被土壤微生物分解、矿化与利用的难易程度，以及可为植物直接利用的营养元素含量的多少等。通常所指的土壤活性有机碳是指在一定的时空条件下，受植物、微生物影响强烈，具有一定的溶解性，且在土壤中移动较快、不稳定、易氧化、易分解和易矿化，其形态和空间位置对植物和微生物有较高活性的那部分土壤碳素，主要包括微生物生物量，轻组有机质，易矿化的碳和氮，容易浸提的碳、氮和碳水化合物等。

化学有效性指标在研究土壤碳库稳定性上很有价值，通常可用有机质氧化稳定性（K_{OS}）和氧化移动度表示。有机质氧化稳定性是指难氧化有机质与易氧化有机质的比值。我国主要类型土壤的有机质氧化稳定性为 0.5～1.2，此值越低，土壤碳的生物有效性越大，它与土壤肥力和环境质量有关。通常可用土壤碳的(氧化)移动度来评价土壤碳的移动性，即 1/3 mmol/L 的 $KMnO_4$ 可氧化碳除以残余碳得到的比值就称为土壤碳的移动度。巴西热带氧化土壤中碳的移动度约为 1，桂林岩溶洼地表土的碳移动度为 2～4，而太湖地区肥沃水稻土的碳移动度为 2 左右（潘根兴等，2000）。

三、土壤有机碳的分解与转化

土壤有机碳循环是指有机碳进入土壤，并在土壤微生物（包括部分动物）的参与下分解和转化形成的碳循环过程。进入土壤的有机碳主要包括植物、动物和微生物残体，土壤中的有机碳包括土壤腐殖质、土壤微生物及其各级代谢产物的总和（李忠和孙波，2002）。

（一）土壤有机质各组分的转化

1. 动植物残体的转化

土壤中动植物残体不同组分的生物学稳定性不同，简单有机物，如单糖、氨基酸、大部分蛋白质和一些多糖等较易分解；复杂有机物，如木质素、脂肪、蜡和多酚化合物等分解较慢。进入土壤中的各种有机物经微生物分解，大部分以 CO_2 的形式释放，一小部分进入微生物量的组成部分，另一部分形成腐殖质。不同有机物质不仅分解速率不同，而且分解产物在土壤有机质各组分中的分布也各不相同。

目前，关于植物物质中难分解组分及新形成腐殖质的分解过程还不十分清楚。利用超声波振荡-重液法将土壤分成轻组和重组两个部分，发现轻组中的有机碳主要来自于分解或半分解的植物残体，重组中增加的有机碳可看作是植物残体新形成的腐殖质。木质素含量较少的植物物质分解 2～3 a 后，残留的有机碳可看作是新形成的腐殖质碳。

2. 微生物生物量

微生物生物量虽然在土壤有机质总量中所占的比例较小，但却是最活跃的一个组分。微生物细胞中的蛋白质、细胞膜和细胞质在 7～10 d 内，其一级分解速率为 0.02～0.09/d。真菌和细菌在土壤中培育 10 d 后，平均分解量分别为 43%和 34%，28 d 后达到 50%左右。真菌黑素的分解比细胞壁或细胞质慢得多，但这些细胞组织分解后的残留碳大部分进入胡敏素组分，进入胡敏酸组分的量较少，这可能与培育时间较短有关。

3. 腐殖质组分

土壤腐殖质一般可分为胡敏酸、富啡酸和胡敏素 3 个部分，由于腐殖质的微生物学分解过程非常缓慢，通常利用 ^{14}C 断代法测定腐殖质的年龄。当腐殖质的分解与形成处于平衡状态时，测得的年龄可看作是腐殖质组分在土壤中的平均残留时间（MRT），由此可计算平均半衰期（$t_{1/2}=MRT\times\ln2$）。一般而言，土壤腐殖质各组分平均残留时间值的大小顺序为胡敏素＞胡敏酸＞富啡酸。长期以来，在实验室中研究腐殖质各组分的微生物可分解性的进展不大，这是因为胡敏酸溶液中的真菌菌丝的周围可形成胡敏酸沉淀，所以溶液中胡敏酸的减少并不都是由微生物分解所致。

（二）影响土壤有机碳分解与转化的因素

土壤有机碳的分解与转化主要受外源有机物的化学组成、土壤水分条件、温度、质地和土壤 pH 等因素的影响。

1. 外源有机物的化学组成

进入土壤的有机物化学成分不同，其分解速率也各异。一般而言，幼嫩的和木质素含量低的植物残体分解较快。Herman 等（1977）认为，草根中的多种化学组成都会影响其分解，CO_2 的释放量和碳水化合物损失的百分比与［（C：N）（木质素%）］/(碳水化合物%)$^{1/2}$ 成反比。其中，碳水化合物包括纤维素、半纤维素和水溶性糖。

林心雄等（1980）研究了 13 种植物残体在苏南地区的分解速率与植物化学组成的关系，结果表明，植物残体分解后的残留碳量与其木质素含量（%）或（木质素%）/［（苯醇溶性物+水溶性物+碳水化合物）%］呈显著正相关（苯醇：苯+乙醇混合物），而与 C/N 比及水溶性物质含量无关。黄耀等（2002）研究了 4 种不同有机物料在水分含量和温度相同条件下的 CO_2 释放量，结果表明，不同有机物料的 CO_2 释放量不同，总的趋势是秸秆的释放量大于根的释放量，且数量大小依次为小麦秸秆＞水稻秸秆＞小麦根＞水稻根。一般认为，有机质 N 含量低或 C/N 比高与有机质分解缓慢是相联系的，但影响植物残体分解的化学组成中 N 含量或 C/N 比不是唯一的因素。

2. 土壤水分条件

一般土壤微生物所需的最佳土壤含水量范围为 9%～12%，相当于土壤水分张力范围（−20～−50 Pa）。土壤水分为田间持水量的 5%～10%时，CO_2 产生量很小，但随着土壤水分的增加，CO_2 产生量增加很快，到水分饱和时产生量最大。饱和以后，微生物的活动由于氧气不足而受到抑制，CO_2 产生量减少（张雷等，2004）。一般情况下，同一土壤在水田条件下有机物质的分解速率低于旱地条件。

3. 土壤温度

土壤微生物生长的最佳温度为 35℃左右。在 10～40℃范围内，土壤有机碳分解的温度敏感性 Q_{10}（温度每增加 10℃，土壤有机碳分解速率增加的倍数）在 2～3，Q_{10} 随时间、空间、地点和生态系统类型的变化而变化。温度增加将提高土壤有机质的分解速率，加速 CO_2 的释放，导致土壤有机碳缺失。不同气候带土壤有机物质的分解与年均温密切相关。在第四纪红土母质和砂页岩母质发育的水稻土中，稻草的分解速率随年均温的升高而提高；但是在红壤和紫色土旱地中，稻草的分解速率并非完全随年均温呈有规律的变化，而是取决于温度和降水的共同影响。

温度对土壤中有机碳的不同分解阶段的影响也不同。从土壤微生物营养源的角度来看，在有机物料投入到土壤的初期，营养供应充足，营养物不是限制微生物活动的主要因素，而其他环境条件（如水热等）的变化则影响着微生物的活动。随着有机物料的不断降解，营养源不断减少，营养物的供应逐渐成为限制微生物活动的关键因素，随着培养时间的不断延长，温度对有机碳分解的影响越来越小。

4. 土壤质地

土壤中黏粒矿物类型和黏粒含量都影响有机物质的分解。黏粒可以固定有机物质的微生物分解产物，这种作用在土壤有机质转化的中期特别重要，此外，黏粒矿物可催化腐殖质的形成。但当黏粒与有机物质呈现结合态，或有机物质以单层形式存在于黏粒矿物的层间时，有机物质的分解速率最慢。一般质地黏重的土壤，其通气透水性较差，土壤微生物的活性受到影响，因此，有机物质在黏粒含量较高的非石灰性土壤中分解较慢，其影响大约可持续 10 a。

5. 土壤 pH 和碳酸钙含量

土壤 pH 影响微生物的生长。微生物种类在酸性土壤中受到限制，以真菌为主，从而减慢了有机物质的分解。在强酸性土壤中，植物物质在分解初期更为缓慢，土壤 pH 的影响能持续 5 a，甚至更长的时间。土壤在 pH 为 5～8，对植物物质分解的影响不大。在强碱性条件下，有机物质的溶解、分散和化学水解作用增大，提高了微生物对有机物质的利用率。

土壤中的游离碳酸钙影响土壤团聚体的状况及土壤 pH，通常促进植物物质的分解。据报道，三叶草的分解在碳酸钙添加量低于 2.5 mol/kg 时，随添加量的增加，分解加快；超过 2.5 mol/kg 时，分解反而减慢。这种现象可能是因为土壤中的游离碳酸钙在有机物质不同分解阶段的作用不同，即一方面提高了微生物的活性，促进了新鲜有机物质的分解；另一方面，钙离子与腐殖化有机质中的官能团配位形成腐殖物质——金属离子复合体，并在其表面覆盖一层碳酸钙结壳，因而抑制了腐殖化有机质的分解。

定量描述土壤有机碳转化的指标有两个：一是土壤碳更新周期，它是描述土壤碳（移）活动性的时间标尺。一般来说，易分解有机质的更新周期为 10～15 a，难分解有机质的更新周期可至 1 000 a，甚至数千年。二是半衰期或平均驻留期。与更新周期一样，常用半衰期或平均驻留期表示土壤碳的活动性。农业土壤表层 C-3 植物（CO_2 同化的最初产物是光合碳循环中的三碳化合物 3-磷酸甘油酸的植物）起源的有机质平均半衰期为 19 a，而轻组有机质半衰期小于 10 a。

四、土壤碳库与甲烷

（一）温室效应与土壤中的甲烷

太阳是地球气候的能量来源，它主要以可见光或近可见光（如紫外线）等短波形式向外辐射能量。大约有 1/3 到达大气层顶部的太阳能直接返回太空，其余的 2/3 主要为地球表面和大气吸收。地球吸收太阳辐射能后，主要以红外光的形式向外界进行热辐射，而这种热辐射中有相当一部分被大气中的温室气体和云层所吸收，所以使地表温度得以维持，这就是所谓的温室效应。如果没有自然的温室效应，地球表面的平均温度会降到冰点以下（大约−23℃），地球将会是一个寒冷寂寞的荒凉世界。因此，没有地球的自然温室效应，就没有人类现在的生活。然而，人类活动，特别是燃烧化石燃料和毁坏森林，导致大气中温室气体含量不断增加，从而增强了自然温室效应，引起全球气候变暖，其中，CH_4 对地球系统的能量平衡作用及地球气候变化是重要的影响因素之一（蔡祖聪等，2009）。

土壤是大气中 CH_4 的重要来源。土壤中 CH_4 的产生主要取决于两个条件：一是厌氧条件，即丰富的水分；二是碳源，即丰富的有机质。淹水土壤中 CH_4 的产生是一个生物化学过程。淹水土壤中复杂的有机物质被各类细菌组成的食物链转化成简单的产 CH_4 前体。产 CH_4 菌在严格的厌氧条件下作用于这些产 CH_4 前体，然后产生 CH_4。

淹水土壤 CH_4 的产生有两条主要途径，一是在专性矿质化学营养产 CH_4 菌的参与下，以氢气（H_2）或有机分子作为氢（H）供体还原 CO_2，或直接利用甲酸（HCOOH）和一氧化碳（CO）形成 CH_4：

$$CO_2+4H_2 \longrightarrow CH_4+2H_2O \tag{3-1}$$

$$4HCOOH \longrightarrow CH_4+3CO_2+2H_2O \quad (3\text{-}2)$$

$$4CO+2H_2O \longrightarrow CH_4+3CO_2 \quad (3\text{-}3)$$

二是在甲基营养产 CH_4 菌的参与下，对含甲基化合物的脱甲基作用，这里所指的含甲基化合物主要是乙酸，因为乙酸是天然条件下有机化合物厌氧分解的主要发酵中间产物：

$$CH_3COOH \longrightarrow CH_4+CO_2 \quad (3\text{-}4)$$

这是 CH_4 形成的主要途径，占 70%左右。事实上，在上述产 CH_4 过程之前，土壤中已经发生了两步反应：第一步是较复杂的土壤有机物、根系分泌物等分解为简单的有机物（简单糖类、有机酸和醇等）；第二步是由简单的有机物生成乙酸、H_2、CO_2 和甲酸等产 CH_4 的直接前体。淹水的土壤生态系统是大气 CH_4 的主要来源，如自然湿地（沼泽）、人工湿地（稻田）和湿冻原等。

（二）稻田土壤甲烷排放量及其影响因素

稻田生态系统 CH_4 排放量具有时间和空间变异性，但对这种变异性的认识还十分有限，因而给准确估算排放量带来了很大的困难。为了尽可能准确地估算稻田生态系统 CH_4 排放量，已经发展了多种估算方法。在联合国政府间气候变化专门委员会（IPCC）出版的《IPCC 国家温室气体清单指南》中，根据国家和地区的不同情况将其分为 3 个层次，第一层次为对某一类或全部稻田不具有实际测定数据的地区或国家，建议采用 IPCC 提供的缺省数据编制稻田生态系统 CH_4 排放量清单；第二层次为对部分类型稻田进行了实际田间测定，具有实测 CH_4 排放量数据的地区或国家，IPCC 鼓励对该地区或国家的稻田进行尽可能仔细的分类后，在田间实测数据的基础上对稻田水分类型等进行校正，采用与第一层次相同的方法进行估算；第三层次是指建立了稻田 CH_4 排放测定网，并进行连续测定且建立了估算模型的地区和国家，则可以采用模型估算的方法，但模型必须经过田间实际测定数据的验证。

世界各地的科学家虽然就全球稻田生态系统 CH_4 排放量的估算做了大量的研究工作，然而却获得了极为不同的数值。总体来看，20 世纪 90 年代以前估算的数值大多数都比较大，全球 CH_4 排放量为 30～280 Tg/a；90 年代以后，除了个别数值较大外，总体数值相对较小，并且呈下降趋势，为 10～110 Tg/a。近年来获得的数据表明，全球稻田生态系统 CH_4 排放量为 28.2 Tg/a，而中国为 7.67 Tg/a，占全球稻田生态系统 CH_4 排放量的 27.2%（蔡祖聪等，2009）。

影响稻田土壤 CH_4 排放量的因素有很多，也很复杂，主要包括土壤水分管理、施肥、土壤理化性质、土壤温度和水稻植株生长等（徐华和蔡祖聪，2002）。

1. 土壤水分管理对甲烷排放量的影响

水分管理对涉及稻田 CH_4 排放的过程有决定性的影响，因为稻田水层限制大气中的氧气向土壤传输，这是稻田厌氧环境形成的基本条件。如果水稻生长期持续淹水，则 CH_4 排放量远远高于经历烤田和干湿交替处理的稻田排放量。综合考虑烤田及重新淹水期间的 CH_4 排放量，烤田使土壤 CH_4 排放量可减少 8%～44%。

除了水稻生长期的水分管理强烈地影响 CH_4 排放量以外，非水稻生长期水分管理措施对后作水稻生长期 CH_4 排放量的影响也不可低估。蔡祖聪等（1997）研究了我国华南、西南稻田非水稻生长期水分管理措施对稻田 CH_4 排放量的影响，发现冬灌田（非水稻生长期持续淹水）的 CH_4 排放量远远高于非水稻生长期水分排干的稻田 CH_4 排放量，这是因为长期淹水导致土壤具有强还原性，促进了产 CH_4 菌数量的增长。非水稻生长期排干土壤，耕翻并使土壤最大限度地暴露于空气或种植旱作作物可以有效地减少稻田产 CH_4 菌存活数及其活性，从而减少稻田 CH_4 排放量。

2. 土壤性质对甲烷排放量的影响

淹水土壤中同时进行着 CH_4 的生成和氧化作用，土壤理化性质分别影响这两个过程，而且影响程度各不相同，这就导致了不同土壤的 CH_4 排放通量与 CH_4 产生潜力的比值不同。淹水稻田的 CH_4 排放量是这两个过程的综合结果。

（1）土壤氧化还原电位（Eh）　在氧气或其他氧化态无机化合物存在的情况下，产 CH_4 菌停止其活性而逐渐死亡。当土壤悬液的 Eh 从-200 mV 降到-300 mV 时，CH_4 的产生量增加 10 倍。而当土壤 Eh 处于-150～-230 mV 时，CH_4 排放通量随土壤 Eh 的降低呈指数增加。在一定条件下，土壤 Eh 与 CH_4 排放通量呈显著相关。

应当指出，虽然 CH_4 产生必须在土壤严格厌氧的条件下，Eh 下降到-100～-150mv 才有可能，然而在田间条件下，土壤 Eh 的测定值与 CH_4 排放通量之间通常无显著相关性，其可能的原因有两点，即：①生成 CH_4 的其他必要条件满足程度不一致。例如，对于长期淹水的稻田，土壤 Eh 已经下降到足以满足 CH_4 生成的需要，此时的 Eh 已经不是关键限制因子，而基质的供应水平、温度有可能成为主要影响因素。②可能的测定误差。由于土壤的不均匀性，以及测量电极与土壤接触的有限性，经常出现在电极的指示值远高于 CH_4 产生的 Eh 值时，已经可以监测到稻田生态系统 CH_4 排放的现象（蔡祖聪等，2009）。

（2）土壤 pH　一般来说，中性左右的土壤 pH 有利于土壤中 CH_4 的产生。由于微生物具有适应生长环境的能力，在酸性或碱性土壤中生长的产 CH_4 菌，其最佳生长 pH 也往往偏酸或偏碱。由于 Fe^{3+} 的还原、CO_2 累积或碱度的变化，大部分酸性土壤和石灰性土壤淹水后，其 pH 均有向中性变化的趋势，从而有利于产 CH_4 菌的活动，因此，可以认为土壤 pH 并非是影响稻田 CH_4 排放量的主要因素。然而，酸性硫酸盐土壤可能是一个例外，它的强酸性抑制了产 CH_4 菌的生成和活性，加之大量存在的硫酸盐和质子，此类稻田生态系统 CH_4 排放量往往较低。

（3）土壤质地和土壤渗漏率　土壤质地对稻田 CH_4 排放量有一定的影响，在河南封丘对砂质、壤质和黏质水稻田 CH_4 排放的研究表明，黏质水稻土排放的 CH_4 最少。这种现象可能是因为重质地土壤氧化还原缓冲容量较大，当稻田土壤由排水良好状态到淹水状态时，土壤 Eh 下降速率较慢，达到产 CH_4 菌活动所需的土壤 Eh 的时间较长，因而 CH_4 排放量较少（蔡祖聪，1999）。

渗漏速率对稻田 CH_4 排放量也有一定的影响。土壤水向下渗漏时带入一定的氧，提高了土壤 Eh，减少了 CH_4 的排放量；渗漏水还会带走一定量的溶解和闭蓄于土壤溶液中的 CH_4，进一步减少 CH_4 排放量。在相同的条件下，土壤 CH_4 排放量有随渗漏速率提高而下降的趋势。

（4）土壤类型　不同类型稻田 CH_4 排放量差异很大，一般为泥炭土＞冲积土＞火山灰土，泥炭土稻田 CH_4 排放量是火山灰土稻田的 40 倍。水稻土有机碳含量对 CH_4 产生潜力也有明显的影响，但其受到样品采集空间尺度的制约，土样代表的空间尺度越大，CH_4 产生量和土壤有机碳之间的相关系数越小。在土壤样品空间分布较小的情况下，土壤产 CH_4 量与土壤多种性质显著相关，除了有机碳以外，还有全氮、土壤颗粒组成和 pH。由此可以认为，当研究稻田 CH_4 排放的空间变化时，研究区域的空间尺度越小，越应该考虑土壤类型和性质对排放量的影响；而在全球尺度上，土壤类型并非影响稻田生态系统 CH_4 排放量的关键因素。

3. 有机肥的施用

施用有机肥一方面为土壤产 CH_4 菌提供了基质；另一方面，淹水后新鲜有机肥料的快速分解可加速氧化态土壤中氧的消耗和还原性物质的增加，使土壤 Eh 下降，为产 CH_4 菌的生长创造了适宜的环境条件。但是有机肥品种、施用量和施用时间对稻田 CH_4 排放量也有很大的影响。例如，沼渣肥作为一种特殊形式的有机肥，并不能增加稻田 CH_4 排放量（相对于新鲜有机肥），这是因为沼渣肥在沼气池中已经发酵并在露天堆腐，原来新鲜有机物中易分解的成分相当一部分已生成沼气（作为燃料）而消失，它所能提供微生物食物链的潜在食物量减少；不同有机肥对 CH_4 排放总量的影响为菜饼、麦秆＞牛厩肥＞猪厩肥，而秸秆还田方式的不同也会影响 CH_4 排放量，相较于均匀混施，表面覆盖可以减少稻田 CH_4 排放。

4. 化学氮肥的施用

稻田 CH_4 排放是土壤中 CH_4 的产生、氧化和向大气传输 3 个过程共同作用的结果。张广斌等（2010）认为，氮肥是影响稻田 CH_4 排放的重要因素，它通过同时影响稻田土壤 CH_4 产生潜力和氧化潜力，进而影响稻田 CH_4 排放通量。水稻全生育期内，施用尿素降低土壤 CH_4 产生潜力，并推迟其达到最大值的时间，尿素作为基肥和穗肥施用可抑制土壤 CH_4 氧化，而作为分蘖肥施用则短暂地促进然后抑制土壤 CH_4 氧化，施用尿素降低稻田 CH_4 排放量。丁维新和蔡祖聪（2003）总结认为，氮肥对土壤 CH_4 产生的影响受控于土壤的性质，尤其是土壤活性有机碳的含量，当土壤有机碳含量较低，或者有机碳含量较高但土壤质地黏重，导致活性有机碳含量较少时，由于土壤还原 SO_4^{2-} 和 NO_3^- 的能力较弱，硫铵和硝态氮肥的施入导致 SO_4^{2-} 和 NO_3^- 对产 CH_4 的抑制作用强于氮肥对产 CH_4 的促进作用，总体表现为抑制 CH_4 的产生。

5. 土壤温度

土壤温度对产生 CH_4 的微生物群落、水稻土表层和水稻根际 CH_4 的氧化，以及 CH_4 传输过程均有影响。土壤温度不仅影响有机质的分解速率、CH_4 的产生速率，以及 CH_4 由土壤向大气的传输效率，还影响产 CH_4 菌本身的数量和活性。大多数产 CH_4 菌在温度 30℃以上时最活跃，但某些产 CH_4 菌甚至在 5℃时也能生成 CH_4。有试验表明，温度每升高 1℃，CH_4 排放量增加 1.5～2.0 倍，最佳温度为 34.5℃左右，高于此值时，CH_4 排放通量急剧下降。

6. 水稻植株生长及品种

在 CH_4 从土壤向大气排放的过程中，水稻通气组织的运输最重要，有时可占到稻田 CH_4 排放总量的 95%以上。不仅如此，水稻植株也能传输大气中的氧气到根系，以维持根的呼吸，它在很大程度上影响根部区域 CH_4 的氧化；水稻植株还能通过根系分泌物影响土壤中 CH_4 的产生率。种植水稻后促进了 CH_4 的排放，其排放速率比未种植水稻高 2～50 倍。

不同水稻品种由于其通气组织及根际分泌物的组成和数量不完全相同，对稻田 CH_4 的排放量也有一定的影响，例如，水稻“中作 180”的 CH_4 排放通量为 16.6 mg/(m^2•h)，而“中花 8524 号”和“秦爱”则分别为 13.1 mg/(m^2•h)和 7.79 mg/(m^2•h)（林尔达，1993）。

五、全球气候变化对土壤碳循环的影响

土壤碳循环不仅关系到陆地生态系统生产力的形成，而且也影响到整个地球系统的能量平衡，影响到全球的气候变化。而全球气候变化又反过来影响土壤有机碳的分解，气候变化对土壤有机质存量的影响有两种方式：一是影响植物生长，从而改变每年回归土壤的植物残

体的数量；二是改变植物残体的分解速率。

IPCC 报告指出，1880～2012 年，全球气温上升了 0.85℃。温室气体中，经过计算，CO_2、CH_4、N_2O 和卤化碳（CFCs、HCFCs）对温室效应的贡献率分别为 56%、32%、6%和 6%，可以说 CO_2 是影响全球气候变化的主要气体（IPCC，2013）。

（一）气候变化与土壤 CO_2 释放

土壤向大气释放的 CO_2 主要是土壤碳库中有机物质矿化作用产生的，土壤有机质产生 CO_2 的过程也叫土壤呼吸。但从严格意义上讲，土壤呼吸作用是指未受扰动的土壤中产生 CO_2 的所有代谢作用，包括 3 个生物学过程（植物根呼吸、土壤微生物呼吸和土壤动物呼吸）和一个非生物学过程（含碳物质的化学氧化作用）。2007～2016 年土地利用变化排放的 CO_2（C）为 1.3±0.7 Pg/a，化石燃料和工业排放的 CO_2（C）为 9.4±0.5 Pg/a，大气 CO_2（C）增长率为 4.7±0.1 Pg/a，海洋碳汇为 2.4±0.5 Pg/a，陆地碳汇为 3.0±0.8 Pg/a（Quéré et al.，2017）。

大气中 CO_2 浓度的不断升高加剧了温室效应，可能导致全球变暖。全球变暖会大大刺激呼吸作用，导致更多的 CO_2 释放到大气中捕获能量。基于一个固定的全球温度敏感性的 Q_{10} 值（如 2.0），如果全球温度升高 2℃，土壤呼吸将释放出额外的超过 10 Pg/a 的碳（C），这比目前由于人类活动释放的碳还要多。额外的碳释放将使由于人类活动导致的变暖进一步加剧（骆亦其和周旭辉，2006）。

土壤呼吸即使发生较小的变化也会等于或超过化石燃料燃烧而进入大气的 CO_2 年输入量，所以土壤呼吸的变化能显著地减缓或加剧大气中 CO_2 的增加，进而影响气候变化。全球变暖将有利于增强土壤呼吸，释放出更多的 CO_2，大气的 CO_2 浓度增加又进一步加剧了全球气候变暖的趋势。

减缓土壤呼吸作用的一项简单措施是减少土壤耕作。当土壤受到耕作扰动时，分解作用的条件（土壤充气性和水含量）被改变，引起土壤呼吸速率加快，从而导致土壤有机质含量下降。耕作也破坏了土壤团聚体，使得被稳定吸附的有机质暴露而加速其被分解的过程。另外，当天然植被转变成农田时，输入到土壤中的新鲜植物碎片数量也会减少。随着世界人口的不断增长和所需粮食作物生产的增加，未来要求有更多的土地面积用于耕作。这样，农业土壤中有机质的流失就成为大气 CO_2 升高的一个重要原因。然而，适度的土壤耕作、有效的施肥和轮作等科学管理措施有可能使农业土壤成为 CO_2 的汇。

在农业土壤中，减少 CO_2 净释放和增加土壤碳储存是同等重要的，这一过程称为碳截留。增加土壤的碳储存意味着要增加碳输入量和（或）减少土壤的异氧呼吸作用。要增加土壤中有机残留物的输入量，应当做到在提高净初级生产力（NPP）的同时，还需要维持或增加返回到土壤中的 NPP 比例。

（二）气候变化与土壤 CH_4 释放

在厌氧条件下矿化发酵产生 CH_4，温度直接或间接地影响其矿化速度，即影响 CH_4 的产生量。CH_4 的产生量在空间和时间上变化很大，主要取决于土壤条件、地形和植被覆盖度等因素。在大气对流层中，CH_4 平均滞留时间为 8～12 a，各种排放源的年排放总量在 410～620 Tg。据 ^{13}C 同位素测定推测，大气 CH_4 排放总量中约 70%来源于土壤生态系统产 CH_4 微生物活动和反刍动物的排放，其余来自化石燃料和生物的燃烧。

在气候变暖的情况下，全球土壤 CH_4 的排放量可能增加。除自然生态系统外，大面积的农业生态系统，尤其是稻田，也是 CH_4 的重要来源。由于全球温度升高，各种植物的北界要向北发展，稻田种植面积的增加有可能导致 CH_4 释放量增加。在全球尺度上，稻田生态系统 CH_4 排放量的变化可能与总产量相一致。

六、土壤碳循环及碳的存储和交易

1997 年 12 月 11 日，在日本京都召开的《联合国气候变化框架公约》缔约国第三次会议上，通过了旨在削减各国温室气体排放、遏制全球变暖的《京都议定书》，并于 2005 年 2 月 16 日正式生效。《京都议定书》规定，发达国家在 2008～2012 年必须将 CO_2 等六种温室气体［CO_2、CH_4、N_2O、HFCs（氢氟烃）、PFCs（全氟碳化物）和 SF_6（六氟化硫）］的排放量在 1990 年的基础上至少减少 5%。在减排任务的分配上，《京都议定书》规定了“共同而有区别的责任”，每个国家都要承担起各自的义务与责任，但发达国家和发展中国家应该承担的责任有所区别。对于发展中国家，《京都议定书》没有提出相应的温室气体减排要求。发达国家人口占世界总人口的 22%，却消耗了全世界 79%以上的能源，排放了 50%以上的温室气体，必然需要承担相应的义务与责任。中国于 1998 年 5 月签署并于 2002 年 8 月正式核定了《京都议定书》，2009 年在国家层面确定了减排目标：即到 2020 年，单位国内生产总值 CO_2 排放量比 2005 年下降 40%～45%。中国和美国于 2014 年 11 月 12 日共同发表了《中美气候变化联合声明》，宣布了各自 2020 年后的行动目标，中国将努力实现温室气体排放量从 2030 年左右开始减少，美国则承诺确保 2025 年温室气体排放量较 2005 年下降 1/4。目前，中国和美国是全球两个最大的温室气体排放国，其排放量占全球排放量的 42%。2016 年 11 月 4 日，中国又公布了《“十三五”控制温室气体排放工作方案》，明确提出至 2020 年单位国内生产总值 CO_2 排放量比 2015 年下降 18%，碳排放总量得到有效控制。中国在国家发展规划中设定了降低能耗的具体目标，这是对国际社会做出的关于减排温室气体、缓解气候变化的具体承诺与重要贡献。

2015 年 12 月 12 日《联合国气候变化框架公约》第 21 次缔约方会议近 200 个国家一致同意通过《巴黎协定》，成为历史上首个关于全球变化的全球性协定，是应对全球变化的历史性转折点。这份具有普适性的协议为达到“至 2100 年将全球升温控制在 2℃以下”的目标制定了明确的路线图，主要行动措施包括：①争取在 2050 年使温室气体排放量达到极值，2050 年起迅速减少温室气体排放并使其达到平衡状态；②采取积极措施增加森林覆盖面积，并减少土地沙漠化，提高发展中国家的森林碳汇储备；③2020 年起，发达国家每年至少提供 1 000 亿美元给发展中国家应对气候变化，不仅仅是资金，还需要提供人力、物力；④关于 2030 年前减少温室气体排放，180 多个国家提交了详细计划，为更好地落实计划，每 5 年需要一次盘点，第一次盘点时间定于 2023 年。在巴黎气候大会期间，中国宣布从 2016 年开始将启动在发展中国家开展 10 个低碳示范区、100 个减缓和适应气候变化项目，以及 1 000 个应对气候变化培训名额的合作项目。

（一）耕地土壤碳循环研究中的重大问题

地球系统碳循环与全球变化研究的一个重要任务就是阐明陆地生态系统的碳汇演变及其对日益升高的大气 CO_2 的收集、固定能力和未来的演变趋势。一些学者以“《京都议定书》生效后我国耕地土壤碳循环研究若干问题”为题（潘根兴等，2005），讨论了我国农业土壤碳循环与全球变化研究的若干基础问题，提出了研究需求，以期为推动我国陆地生态系统碳循环与全球变化研究提供参考。在分析了土壤碳循环及固碳潜力研究是国际全球变化研究的主流趋势，以及全球变化下我国耕地农业生产与固碳的背景、压力与挑战后，提出了我国耕地稳产固碳的基础科学研究中的特殊问题与创新需求，包括我国耕地土壤碳循环与固碳过程的特异性（例如，我国耕地资源短缺背景下的集约化利用与高强度投入对土壤碳循环的影响与固碳潜力；以细碎化为特征的土地分散经营机制和以农户为主体的农民自由管理行为对土壤碳循环的影响；脆弱生态环境和低碳库背景下的耕地土壤碳循环与固碳过程的特点等），固碳研究的主要问题与优先研究的内容（如耕地土壤碳库及其演变态势、耕地土壤固碳潜力、土壤固碳与耕地生产力的关系等）。我国所处的自然环境和社会经济背景条件的特殊性决定了我国耕地农业利用与土壤碳循环的特殊性，而这种特殊性对耕地土壤固碳潜力及其过程的影响是国际陆地生态系统碳循环研究中没有解决，而又只能由我国自身来解决的重大科学理论问题。虽然已有研究涉及温室气体的减排措施（李香兰等，2008），然而从2004～2013年我国土壤碳循环的有关文献分析来看（沈志强等，2015），这些需要由我们自行解决的科学问题尚有很大的努力空间。

（二）碳交易

气候变化不仅仅是一个科学问题，也是人类所面临的主要挑战之一。为了应对这种挑战，在全球市场上进行碳交易的商机诞生了，即将CO_2排放权作为一种商品，从而形成CO_2排放权的交易，简称碳交易。这一市场的动机是减少CO_2排放量。

按照《京都议定书》中的清洁发展机制（CDM），由于发达国家的企业在本国减排的成本很高，而发展中国家平均减排成本低，因此，可由发达国家提供资金、技术和设备帮助发展中国家或经济转型国家的企业减排，产生的减排额度必须卖给帮助者，从而获得温室气体减排额度，这些额度还可以在市场上进一步交易。这一方面，对于发达国家而言，给予其一些履约的灵活性，使其能够以较低成本履行义务；另一方面，对于发展中国家而言，协助发达国家能够利用减排成本低的优势从发达国家获得资金和技术，促进其可持续发展；对世界而言，可以使全球在实现共同减排目标的前提下，减少总的减排成本；因此，CDM是一种多赢的选择。CDM 支持的业务领域与全球环境基金（GEF）在气候变化领域支持的业务领域基本相同，所不同的是，GEF 着重能力建设，通常是多边机制，且是政府主导的项目；而CDM项目的重点是，实施可观察的温室气体减排项目，通常是有投资主体的实际项目，一般采取的是双边机制，尽管项目的实施需要得到政府的认可和批准，但企业是CDM项目实施的主体。

2009年的哥本哈根气候变化大会，虽然最后没有达成具有国家法律约束力的排放削减协议，但发达国家承诺在2010～2012年，每年提供100亿美元，2020年后每年至少提供1 000亿美元的资金，支持发展中国家应对气候变化。2015年中国承诺200亿人民币建立“中国气候变化南南合作基金”，帮助发展中国家应对气候变化。

按照《京都议定书》，在碳限排市场，对天然的陆地碳汇进行经营管理可能获得碳交易商机。自2002年以来，以碳交易为目的的全球化市场已经存在，在欧盟国家该市场的交易额约为价值1 000万美元的排放配额，当时预期2010年的交易额达每年10亿美元配额（Johnson and Heinen，2004）。2005年《京都议定书》正式生效后，全球碳交易市场出现了爆炸式的增长。2007年碳交易量为27亿t，比2006年上升了68.75%。成交额的增长更为迅速，2007年全球碳市场交易额达400亿欧元，比2006年上升了81.8%，2008年上半年的交易额与2007年全年持平。经过多年的发展，碳交易市场渐趋成熟，据世界银行测算，2012年全球碳市场交易额达到1500亿美元，2020年将达到3.5万亿美元，将超越石油市场成为全球第一大能源交易市场。

为推动“绿色发展、低碳发展”，有效应对全球气候变化。2011年底，国务院印发了《“十二五”控制温室气体排放工作方案》，提出“探索建立碳排放交易市场”的要求。2011年10月，国家发展和改革委员会下发《关于开展碳排放权交易试点工作的通知》，批准在北京、天津、上海、重庆、湖北、广东和深圳7个省（市）开展碳排放权交易试点工作，2013年6月～2014年6月这7个省（市）碳市场试点陆续启动上线交易。《中国碳市场研究报告2017》指出，纳入7个试点碳交易平台的排放企业和单位共2 391家，分配的碳排放配额总量合计约12亿t。至2016年9月，完成了1.2亿t配额交易量，累计成交金额超过了32亿元人民币。在试点的基础性上，碳市场从地方性碳交易试点向全国碳交易市场过渡，2017年全国碳市场正式启动，全国统一碳交易，到2020年以前全面实施碳排放权交易体系的运行，这对捕获和减缓陆地生态系统的CO_2排放方面具有很好的潜力，以及经济、环境和社会效益。

（三）土壤碳存储

天然的碳汇主要存在于增大的森林蓄积量和增加的土壤碳汇中，可通过对其进行管理以增加碳汇的强度和减少大气CO_2。

全球森林的平均覆盖率是31%，我国为21.6%。森林可通过3种主要方式实现碳存储：①改善现有林区的经营管理；②通过造林和混农林业扩大目前没有森林的区域；③降低森林砍伐的速度。所有的管理方式都会导致树木生物量、凋落物、土壤有机质和木材中的碳蓄积量增加。

自从《京都议定书》于2005年正式生效以来，国际社会和科学界均认为耕地土壤碳收集和固存是经济和环境双赢的战略，或者说是唯一在气候控制努力上没有遗憾的技术。因此，与新能源开发、清洁生产机制（CDM）和碳贸易等温室气体减排的国际努力相呼应，欧盟、美国、加拿大及FAO自2002年纷纷出台国家或国际综合研究项目，分析耕地土壤的固碳减排潜力及其实现的途径和技术，不但为国家制定CO_2排放清单及提出减排配额提供依据，而且为全球全面实施控制气候变化的减排经济提供农业生产技术储备和支撑。

自然土壤把碳保存在很稳定的微粒中，随着环境条件的改变和土壤结构的稳定性被破坏，如土壤耕作，使最初在土壤中受到保护的有机质暴露出来，在微生物的作用下加剧了通过分解作用和呼吸作用而释放到大气中的碳损失。据估计，在过去的200 a时间里，从土壤中损失的碳（C）约78 GT（Lal，2004）。基于植物碳输入会增加土壤碳汇，土壤碳的储存可通过多种农艺管理技术实现。通过种植生物量大的作物，使其在原地分解后增加地下净初级生产力，种植覆盖作物等均可使碳输入增加。因此，采取合理的耕作、施肥、灌溉措施，以及混农林业的种植管理，均是提高土壤碳储存的主要措施。

当前科技界对农田土壤有机碳增加和减少排放的措施与管理技术已日趋成熟，如秸秆还田、少耕免耕、农田生产利用方式改变，以及农业生物质炭还田技术等。生物质炭是秸秆或枯枝落叶等生物质在无氧或低氧条件下高温裂解而成的产物，亦称生物炭、黑炭。最早是在巴西亚马孙流域考古发现，含有生物炭的黑土比邻近没有生物炭的土壤生产力高，而生物炭已具有1 000～1 500 a的历史。由此推断，如果将生物质转化成黑炭还田，具有提高土壤生产力、增加土壤碳库的作用。生物炭还田不仅能减缓全球气候变化，而且能提高全球粮食安全保障。为加强和推进生物炭在农业和全球变化中的作用研究，国际生物炭研究专家发起了“国际生物炭行动”计划（International Biochar Initiative），英国也成立了生物炭研究中心（UK Biochar Research Centre）。已有研究结果表明，生物炭还田后能被生物分解，分解速度快慢不一。Shindo（1991）研究发现，经过 280 d 培养，添加草地放火形成黑炭的土壤与没有添加黑炭土壤排放的 CO_2 相似，说明黑炭分解非常少。Nguyen 和 Lehmann（2009）一年的研究表明，黑炭分解与其制备材料有关，并受制备温度和土壤水分条件的影响。在土壤水分不饱和条件下，在 350℃时制玉米黑炭一年损失 21.2% C，在 600℃时损失 11.2% C；在饱和水分条件下，玉米黑炭损失率为 10%，制备温度对玉米黑炭分解影响不大。橡树黑炭在饱和、非饱和水分交替管理条件下损失可达 13.7%；连续饱和、连续非饱和水分管理的影响相似，为 8%左右。虽然玉米黑炭 1 a 分解率达 21.2%，但还是远远小于秸秆在土壤中的分解率（80%以上）。利用生物炭还田来减缓大气温室气体浓度升高引起的全球变化问题，关键在于技术措施能否实现生物炭还田的固碳效益、温室气体减排和农学效益的统一，全球碳交易市场可能是推动增加土壤碳存储措施的重要动力之一，而土壤碳汇的拓展也为碳交易市场提供了更大的潜力。

在土壤碳的研究中，一个值得关注的问题是土壤无机碳循环，特别是在荒漠区，植被稀疏，土壤有机碳含量低，在全球碳循环研究中一直被忽略；但研究表明（李彦等，2016），在生命过程微弱的干旱荒漠区，无机碳过程可以主导地-气界面碳交换与碳汇的形成，因而对有关土壤无机碳循环的问题应给予适当的关注。

第二节　土壤氮素与环境质量

氮素是植物生长必需的大量营养元素，增加有机肥料和化学氮肥的投入，提高土壤氮素供应能力，是农业生产采取的主要增产措施之一。我国能在占世界 9%的耕地上养活世界 20%的人口，化肥，特别是化学氮肥的作用功不可没。中国是世界上化学氮肥消耗量最多的国家，化学氮肥在增加中国农产品产量的增加中起到了重要的作用；同时，巨大数量的化肥投入对全球和区域环境质量的影响也备受关注（朱兆良和邢光熹，2002；朱兆良和文启孝，1992）。因为施入农田土壤中氮的有效利用率只有 30%～40%，大量氮素流失不仅影响氮素的生产效益和农产品品质，还会影响到水体和大气环境质量，因而研究氮素循环与温室效应、水体富营养化和酸雨等环境问题，以及如何寻求解决这些问题的对策和措施受到了人们的密切关注。

一、土壤中氮的含量和形态

（一）土壤中氮的含量

氮（N）是农业生产中最重要的养分限制因子，但通常多数土壤的含氮量却都比较低。土壤氮素含量受土壤类型、水热条件、有机质含量、质地、耕作措施和化学氮肥的施用等多种因素的影响。我国土壤除少数类型外（如东北黑土、中部棕壤、高山土壤、草甸土和沼泽土等），一般土壤含氮量都在 2.0 g/kg 以下，甚至有许多土壤含氮量不足 1.0 g/kg。一般土壤中氮素含量与其腐殖质含量呈正相关关系，土壤中的全氮含量是评价土壤氮素肥力的一个重要指标。

根据《2016年全国耕地质量监测报告》（http：//www.sohu.com/a/168838919_617339），全国土壤全氮平均含量为1.45 g/kg，其中水田1.79 g/kg，旱地（水浇地）1.23 g/kg。从区域分布看，黄土高原区和甘新区土壤供氮能力较低，平均含量为1.0 g/kg以下，东北区、华南区、长江中下游区，以及云南、青海等部分区域全氮含量较为丰富，平均含量大于1.5 g/kg。自然土壤表层的含氮量（除漠土和表土遭受侵蚀的少数土壤外）大多在0.4～7.0 g/kg。土壤中氮素的含量受到自然因素，包括植被、气候、地形地势、土壤质地和人为因素（特别是利用方式和施肥制度不同）的强烈影响。

（二）土壤中氮的形态

土壤中氮一般可分为无机态氮和有机态氮。表土中的氮有95%或更多为有机态氮。

1. 无机态氮

土壤无机态氮包括铵（NH_4^+）、硝态氮（NO_3^-）、亚硝态氮（NO_2^-）、单质氮（N_2）、氧化亚氮（N_2O）和一氧化氮（NO），土壤中的气态氮除N_2外，N_2O和NO含量都很低。无机态氮在土壤中占全氮的比例变化幅度较大，一般在2%～8%。单质氮表现为惰性，只能被根瘤菌和其他固氮微生物所利用。就土壤肥力而言，主要以NH_4^+和NO_3^-两种形态的氮最为重要，通常占土壤全氮的2%～5%；这两种形态的氮主要来源于土壤有机质的好气分解或施入的各种商品肥料。N_2、N_2O和NO是土壤中氮经反硝化作用造成氮素损失的主要形式，它们与整个生态系统的氮循环和大气环境质量密切相关。

2. 有机态氮

土壤有机态氮一般占土壤全氮的92%～98%，有机氮包括胡敏酸、富啡酸和胡敏素中的氮，固定态氨基酸（即蛋白质）、游离氨基酸、氨基糖、生物碱、磷脂、胺和维生素等，以及其他未确定的复合体，如铵和木质素反应的产物、醌和氮化合物的聚合产物、糖与胺的缩合产物等。目前，人们对有机氮的了解仍然十分有限，虽然有研究表明用同步辐射分析来研究土壤氮的组成和结构已成为可能（庄舜尧等，2007；Vairavamurthy and Wang，2002），但通常还是采用破坏土壤有机氮的组分来把不同化学形态氮分离出来的方法，例如，采用酸水解的方法将有机氮分为水解性氮和非水解性氮两大类，其中，水解性氮包括NH_4^+-N、氨基糖氮、α-氨基酸氮和未知态氮，表3-3为我国南方一些土壤中胡敏酸的氮素形态分布。

表3-3　土壤中胡敏酸的氮素形态分布（朱兆良和文启孝，1992）

土壤	HCl水解（6 mol/L，占全氮的%）					
	水解性总氮	NH_4^+-N	氨基糖氮	α-氨基酸氮	未知态氮	非水解性氮
红棕壤	73.1	7.6	2.4	45.2	17.8	26.9
酸性水稻土	77.5	6.5	2.3	48.3	20.4	22.5
红壤	66.7	9.8	3.8	31.1	22.1	33.3
红壤性水稻土	72.4	8.3	2.2	38.4	23.6	27.6
红色石灰土	66.4	12.0	2.0	33.0	19.4	33.6
中性水稻土	66.6	9.0	1.1	34.7	21.9	33.4

（三）土壤中氮的来源与循环

陆地生态系统中的氮以不同形态存在于大气圈、岩石圈、生物圈和土壤圈中。植物利用氮的主要来源为占地球大气层中78%的惰性气体N_2（单质氮），但高等植物不能直接利用单质氮，需要经过几种主要途径将其转化成可利用形态，可以说土壤中的氮素几乎直接或间接来源于大气圈，因此，大气圈可看成是土壤的“氮库”。

氮的固定包括以下 4 个方面：①豆科作物根瘤菌或某些非豆科作物根系共生根瘤菌和其他微生物的固氮作用；②自生土壤微生物的固氮作用，生长在热带植物叶片上的生物也可能有固氮能力；③大气放电作用使 N_2 转变成某种氧化氮产生的固氮作用；④采用工业合成方法（哈伯工业合成 NH_3 法）将 N_2 固定合成 NH_3、NO^-_3 以用来生产合成氮肥。各种来源的氮素进入土壤后，随时都在不断转化。各种转化作用相互衔接，构成了自然界的氮素循环（图 3-1）。

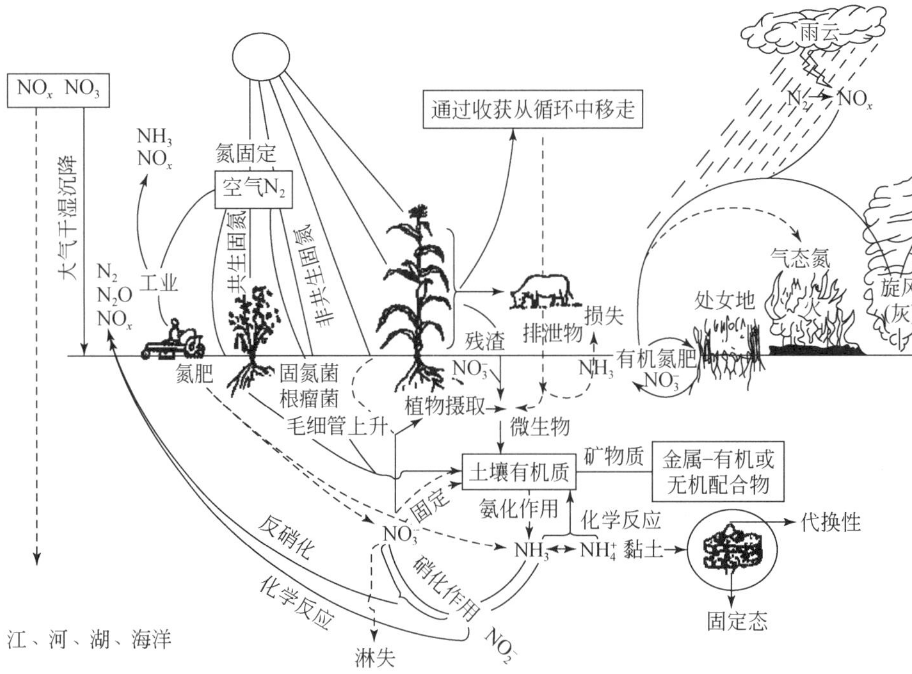

图 3-1　氮素循环示意图（朱兆良和邢光熹，2002）

二、氮在土壤中的迁移转化

（一）植物对土壤中氮的吸收

植物从土壤中吸收氮的过程很复杂，就形态而言多为铵态氮（NH_4^+-N）和硝态氮（NO_3^--N）。一般旱作土壤中硝态氮比铵态氮浓度高，容易通过质流而扩散到根部，因此，硝态氮是旱地植物营养主要的氮源之一；而对于水田，如种植水稻的水稻土，其氮营养主要是铵态氮。

（1）硝态氮　　硝态氮易为植物主动吸收，土壤 pH 低时更是如此；而铵态氮可与之竞争，以减少植物吸收硝态氮。施用大量硝态氮时，植物体内合成的有机阴离子数量增加，无机阳离子 Ca^{2+}、Mg^{2+}和 K^+的积累也相应增加，从而促使根际的 pH 上升。

（2）铵态氮　　铵态氮是植物一种理想的氮源，在蛋白质合成中若利用铵态氮，则比硝态氮更为节能。NO_3^-结合进蛋白质以前必须被还原，这是一种消耗能量的过程，还原 1 分子 NO_3^-需 2 分子 NADH（二磷酸吡啶核苷酸），而且 NH_4^+在土壤中既不易淋失，也不易发生反硝化作用，损失较少。当 pH 为 7 时，植物吸收铵态氮较多；而酸度增加吸收量降低。根吸收铵态氮后，植物组织中无机阳离子 Ca^{2+}、Mg^{2+}和 K^{+}浓度下降，而无机阴离子 PO_4^{3-}、SO_4^{2-}和 Cl^{-}浓度上升，从而促使根际 pH 下降。无论是根际 pH 上升还是下降，对根际中养分有效性、生物活性和污染物的行为都有重要影响。

（二）土壤中氮素转化的关键过程

1. 土壤无机氮的微生物固持和有机氮的矿化

土壤无机氮的微生物固持，是指进入土壤的或土壤中原有的铵态氮和硝态氮被微生物转化成微生物体的有机氮。它不同于土壤的铵态氮的矿物固定，也不同于铵态氮和硝态氮被高等植物的同化。土壤有机氮的矿化，是指土壤中原有的或进入到土壤中的有机肥和动植物残体中的有机氮被微生物分解转变为氨，因此，这一过程又叫氨化过程。有机氮的矿化和矿质氮的微生物固持是土壤中同时进行的两个方向相反的过程，这两者的相对强弱受到许多因素，特别是可供微生物利用的有机碳化物（即能源物质）的种类和数量的影响。当土壤中易分解的能源物质过量存在时，矿质氮的生物固持作用就大于有机氮的矿化作用，表现为矿质氮的净生物固持（朱兆良和邢光熹，2002）。只有在矿化作用大于固持作用时，才能有多余的无机氮化物供给植物营养，这主要取决于环境中有机碳和氮的比率（C/N）。有机物的 C/N 比对氨化的影响很大；C/N 比小的有机物氨化较快；C/N 比大的有机物氨化则较缓慢，此时若添加适量的无机氮，能加速氨化的进行。

土壤氮库实际上是以有机氮为主体的，不包括土壤矿物固定态铵在内的土壤有机氮库的组成及相互作用（Stevenson，1986）。有机残体腐解及其矿化放出无机氮（NH_3 和 NO_3^-），被微生物利用结合到微生物体，构成土壤微生物生物量。一部分微生物生物量氮在死亡后可进一步转变为无机氮和较稳定的有机氮，后者可通过腐殖化过程进一步转变成稳定的腐殖物质。

土壤中有机氮化合物的矿化作用主要分两个阶段，第一阶段先把复杂的含氮有机化合物（腐殖质、蛋白质和核酸等）经多种微生物酶的作用逐级分解成简单的氨基化合物，称为氨基化阶段，其作用过程可以用下式表示：

$$\text{含氮有机化合物} \longrightarrow R\text{—}NH_2 + CO_2 + \text{能量} + \text{其他中间产物} \qquad (3\text{-}5)$$

第二阶段是在微生物作用下将各种简单的氨基化合物分解成氨，称为氨化阶段或氨化作用。氨化作用可以用下式表示：

$$\begin{array}{l} R\text{—}NH_2 + HOH \longrightarrow NH_3 + R\text{—}O + \text{能量} \\ \qquad\qquad\qquad\qquad\quad \downarrow H_2O \\ \qquad\qquad\qquad\quad\;\; NH_4^+ + OH^- \end{array} \qquad (3\text{-}6)$$

有效态碳数量是限制硝态氮同化的关键因子之一。与铵态氮相比，微生物利用硝态氮需要消耗更多的能量，且土壤铵态氮浓度高时也会抑制硝态氮的转运，或硝态氮还原酶的合成，因而碳源限制条件下的微生物会优先利用铵态氮作为氮源。通常认为旱地耕作土壤硝态氮的微生物同化作用可以忽略不计，而森林和草地土壤中的硝态氮同化作用较明显，这归因于农业土壤所含的有效态碳数量较少（程谊等，2012）。在土壤中加入足够数量的简单碳源，如葡萄糖可以提高硝态氮同化。复杂碳源，如有机物料能否促进土壤微生物利用硝态氮取决于碳源类型（程谊等，2017）。在土壤中加入动物粪肥不能提高硝态氮同化，而施用小麦秸秆则可以使其提高。与动物粪肥相比，小麦秸秆 C/N 比较高，从而激发异养微生物吸收更多的外源氮来满足自身生长对氮的需求，致使微生物在利用铵态氮的同时也利用硝态氮。微生物对速效氮的吸收同化有利于土壤氮素的保存和周转。当前，我国农田面临着严重的土壤硝态氮径流、淋洗和反硝化等损失。硝态氮同化作为一个具有降低土壤硝态氮浓度作用的保氮过程应该获得广泛的关注。

2. 硝化作用

硝化作用是微生物在好气条件下将铵氧化为硝酸或亚硝酸，或者是由微生物导致的氧化态氮增多的过程，自养和异养微生物均可参与此过程（徐华和蔡祖聪，2002）。化能自养硝化细菌是硝化作用的主要作用者，它用 CO_2、碳酸或重碳酸作为碳源，并从 NH_4^+ 的氧化中获得能量：

$$NH_4^+ + 2O_2 \longrightarrow NO_3^- + 2H^+ + H_2O + 能量 \tag{3-7}$$

式中，NH_4^+ 来自于土壤有机质的矿化和施肥。

硝化作用分两步进行，第一步为氨氧化作用，也称亚硝化作用，中间过渡产物为 NH_2OH，总的反应式如下：

$$NH_3 + OH^- + O_2 \longrightarrow NO_2^- + H_2O + 2H^+ \qquad \Delta G = -351.7\ \text{kJ} \tag{3-8}$$

第二步由硝酸细菌将 NO_2^- 氧化为 NO_3^-：

$$NO_2^- + H_2O \longrightarrow NO_3^- + 2H^+$$

$$2H^+ + 1/2O_2 \longrightarrow H_2O \qquad \Delta G = -74.5\ \text{kJ} \tag{3-9}$$

与铵态氮一样，硝化作用形成的硝态氮也是植物容易吸收的氮素，但后者易于淋失而进入地下水；同时，硝化过程可能生成 N_2O，它具有破坏臭氧层的作用。然而，对硝化过程产生 N_2O 的机制一直存在争议，有两个过程可能与硝化作用形成 N_2O 有关：①铵氧化细菌在 O_2 缺乏的情况下利用 NO_2^- 作为电子受体从而产生 N_2O。②介于 NH_4^+ 与 NO_2^- 之间的中间体，或者 NO_2^- 本身能化学分解为 N_2O。异养有机体利用有机物质作为碳源和能量来源，它们能从氧化 NH_4^+ 或有机氮化合物中获得部分能量。真菌是最重要的异养微生物。异养微生物对有机、无机氮的氧化可能有如下途径（Killham，1986）：

有机氮：$$RNH_2 \longrightarrow RNHOH \longrightarrow RNO \longrightarrow RNO_2 \longrightarrow NO_3^- \tag{3-10}$$

无机氮：$$NH_4^+ \longrightarrow NH_2OH \longrightarrow NOH \longrightarrow NO_2^- \longrightarrow NO_3^- \tag{3-11}$$

与自养硝化相比，异养硝化的作用常被认为是微不足道的，并且被认为仅仅只有在实验室进行研究的意义。然而，Kuenen 和 Robertson（1988）发现一种异养硝化细菌也可以进行反硝化，并可能产生相当数量的 N_2O。另外，在一定的条件下，异养硝化的重要性也会超过自养硝化，例如，土壤 pH 低时似乎是严重影响自养硝化的因素，在微生物以真菌为主的酸性针叶林土壤中，硝化作用可能是异养型的；在我国亚热带地区，林地土壤平均异养硝化速率（N）可达 0.49 mg/(kg•d)，而农业利用土壤异养硝化缺失（Zhang et al.，2013）。异养硝化占总硝化（自养+异养硝化）的比例受氮源类型的影响，变化范围为 23%～93%，具体表现为玉米秸秆＞氨基酸＞硫酸铵（Zhang et al.，2014a）。

硝化作用受多种因素的影响，主要包括酸度、通气性、湿度、温度和有机质等。在排水良好的中性或微酸性土壤中，NO_2^- 氧化成 NO_3^- 的速率常大于 NH_4^+ 转变为 NO_2^- 的速率，形成 NO_2^- 的速率等于或快于形成 NH_4^+ 的速率，因此，土壤中易于积累硝酸盐。湿度（水分）的大小会影响土壤的通气性，进而也影响硝化作用，土壤水分为最大持水量的 50%～60%时，硝化作用最旺盛。温度对硝化作用的影响更大，最适温度为 30～35℃；通常，土壤温度在 5℃以下和 40℃以上时，硝化作用就受到抑制（李良谟等，1987）。土壤硝化作用旺盛，土壤中的 NH_4^+ 转化为易自由移动的 NO_3^- 随水流失，这不仅会造成植物有效养分的损失，而且可能会造成地表和地下水污染。

土壤生态系统中的氨氧化作用主要是氨氧化细菌（ammonia-oxidizing bacteria，AOB）和氨氧化古菌（ammonia-oxidizing archaea，AOA）催化完成的。土壤 pH 是影响氨氧化古菌和细菌组成分布的主要驱动因子之一。一般而言，在中性和碱性土壤中施入高氮时，AOB 是硝化作用的主要驱动者，而 AOA 主要在较苛刻的环境中，包括在低氮、强酸性和高温的环境中发挥功能活性（贺纪正和张丽，2013）。

3. 反硝化作用

土壤中的反硝化作用包括生物的和化学的反硝化作用，但生物反硝化作用是主要的。

（1）生物反硝化　生物反硝化作用是在厌氧条件下，由兼性好氧的异氧微生物利用同一个呼吸电子传递系统，以 NO_3^- 作为电子受体，将其逐步还原成 N_2 的硝酸盐异化过程。反硝化作用生化过程的通式可用下式表示：

$$2\,NO_3^- \longrightarrow 2\,NO_2^- \longrightarrow 2NO \longrightarrow N_2O \longrightarrow N_2 \qquad (3\text{-}12)$$

参与反硝化作用的微生物种类繁多，已发现有 80 多个属的细菌及部分古菌、真菌和放线菌，都可能参与反硝化作用的全部或部分反应步骤，多数微生物可能同时含有一种或多种功能基因，使得对反硝化微生物的研究较为困难（贺纪正和张丽，2013）。由反硝化微生物引起的反硝化过程是由反硝化微生物分泌的酶体系来催化的（朱兆良和邢光熹，2002）。反硝化产物的种类和数量由土壤本身的理化性质和微生物特性决定，土壤通气性、水分含量、土壤有效氮含量、土壤有机质和土壤 pH 等都影响土壤的反硝化作用及 N_2O 排放，其中，缺乏易分解的有机质是限制嫌气土壤反硝化的主要因素，一般增加土壤 NO_3^- 含量能提高反硝化速率。对全国尺度上的森林土壤进行研究表明，亚热带森林土壤的反硝化潜势显著低于温带森林土壤（Zhang et al.，2014b）。土壤氧化还原电位是控制反硝化潜势大小的关键因子，亚热带森林土壤较高的氧化还原电位抑制了亚硝酸盐还原酶的活性，进而降低反硝化潜势。总之，在土壤的氮素转化过程中，矿化作用和硝化作用是使土壤有机氮转化为有效氮的过程，而反硝化作用是使土壤有效氮遭受损失的过程。

（2）化学反硝化　化学反硝化作用是 NO_3^- 或 NO_2^- 被化学还原剂还原为 N_2 或氮氧化物的过程。在大多数土壤中，NO_2^- 通过硝化细菌氧化为 NO_3^- 的速率比 NH_4^+ 通过亚硝化细菌氧化为 NO_2^- 的速率快，因而通常很难检测出 NO_2^-。但当大量施用 NH_3 或 NH_4^+ 态氮肥（如液态氨、碳铵和尿素等），使局部土壤呈强碱性时，常导致 NO_2^- 大量积累，后者易通过化学反应，生成 N_2 而损失。化学反硝化作用反应方式可能有 4 种（中国农业百科全书编委会，1996）。

1）NO_2^- 与胡敏酸或富啡酸反应，生成 N_2 和 N_2O。

2）NO_2^- 与氨基酸反应，生成氮气：

$$RNH_2 + HNO_2 \longrightarrow ROH + H_2O + N_2 \qquad (3\text{-}13)$$

3）NO_2^- 与 NH_3 反应，生成亚硝酸铵，再复分解成氮气：

$$NH_3 + HNO_2 \longrightarrow NH_4NO_2 \longrightarrow 2H_2O + N_2 \qquad (3\text{-}14)$$

4）NO_2^-通过化学歧化作用，转变为NO_3^-和 NO：

$$3HNO_2 \longrightarrow HNO_3 + H_2O + 2NO \quad (3\text{-}15)$$

而 NO 与 O_2 反应，生成 NO_2：

$$2NO + O_2 \longrightarrow 2NO_2 \quad (3\text{-}16)$$

干燥的土壤条件特别有利于 NO_2^- 转化为氮气，有利于 NO 和 NO_2 逸失到大气中。化学反硝化生成的含氮气体中绝大部分为 NO，N_2O 所占的比例很小，其生成的 N_2O 量也远少于硝化过程或反硝化过程形成的 N_2O 量。

4. 铵的矿物固定和释放

在 2∶1 型黏粒矿物的膨胀性晶格中，层间的阳离子（Ca^{2+}、Mg^{2+}和 Na^+）被铵（NH_4^+）取代后，可引起铵的固定。被吸附的 NH_4^+ 容易脱去水化膜，进入黏粒矿物层间表面由氧原子形成的六角形孔穴中，当 NH_4^+ 离子进入层间的孔穴后，环境条件变化可导致黏粒矿物晶层收缩，使 NH_4^+ 固定。不同土壤对铵的固定能力不同，与下列因素有关。

（1）土壤黏粒矿物类型　蛭石对 NH_4^+ 的固定能力最强，其次是水云母，蒙皂石较小；高岭石为 1∶1 型黏粒矿物，基本上不固定铵。

（2）土壤质地　土壤质地一般随黏粒含量的增加而增加；在土壤剖面中，表土的固铵能力较心土和底土低。

（3）土壤中钾的状态　当晶层间为 K^+所饱和时，会影响 NH_4^+ 的进入，铵的固定明显减少。许多土壤可能因种植作物携出部分 K^+而使固铵能力增加。施用钾肥对 NH_4^+ 的固定有一定影响。

（4）铵的浓度　土壤中铵的固定量随铵态氮施用量的增加而增加，但施入 NH_4^+ 的固定率随施用量的增加而减少。铵的固定过程虽然能持续一段时间，但多在几小时内完成。

（5）水分条件　施 NH_4^+ 后土壤变干时，可增加铵的固定率和固定量。蛭石和水云母在大多数条件下能固定 NH_4^+，但蒙皂石必须在干旱时才能固定铵。干湿交替可能促进土壤铵的固定作用；土壤结冻和解冻可能与干湿交替的作用相似。

（6）土壤 pH　土壤酸度和 NH_4^+ 固定能力之间的关系尚未肯定。但随着 pH 升高，如通过施用石灰，铵的固定趋向于略微增加。强酸性土壤（pH＜5.5）一般固定的 NH_4^+ 很少。施用铵态氮肥后所形成的土壤“新固定态铵”，其有效性较高；而土壤中“原有固定态铵”的有效性则很低，能释放出来的数量很少。

5. 淋失

氮的淋失以 NO_3^- 淋失为主，但在砂质土壤中也可能有 NH_4^+ 淋失。在作物密植且不施肥或施肥较少的土壤中，氮的淋失很少，因为土壤中的 NO_3^- 含量较低，易被作物吸收和利用。在湿润和半湿润地区的土壤中，氮的淋失较多；在半干旱地区，NO_3^- 淋失很少；而在干旱地区，除砂质土壤外，几乎无淋失。硝酸盐淋失与地表覆盖有关，草地土壤根系密集，吸氮强烈，土壤中很少有硝酸盐积累；即使在湿润地区，氮的淋失也较弱；而休闲地淋洗作用则较强。在湿润、半湿润地区作物收获后，残留在土壤中的硝酸盐易受淋洗和通过反硝化作用而损失。氮的淋失量取决于土壤、气候、肥料和栽培管理措施等条件。对我国主要旱地土壤剖面硝酸盐累积的综合分析表明，小麦、玉米、菜地和果园 0～4 m 土壤剖面的硝态氮累积量分别高达 453 kg/hm^2、749 kg/hm^2、1 230 kg/hm^2、2 155 kg/hm^2（以纯氮计），土壤剖面硝态氮累积最容易发生在降雨量为400～800 mm的华北地区，且降雨强度、氮肥用量和盈余氮量是旱地土壤剖面硝态氮累积的驱动因子（Zhou et al.，2016）。淋洗出的硝酸盐可随地表径流排入河流、湖泊等水体中，增加水体的氮负荷，也可引起地下水污染。

三、土壤氮素管理与环境质量

氮素进入土壤后，可被作物吸收、残留于土壤中，或者通过各种途径而损失。农田中氮素的去向不仅制约着氮素的当季增产效果，还关系到水体和大气环境质量。因此，土壤氮素管理与环境质量的关系已成为世界农业可持续发展和环境土壤学研究中的一项重要内容。氮素的去向是氮在土壤中转化和移动的综合结果，它受到作物种类、生长情况、土壤性质、气候条件和耕作管理技术等因素的影响。

（一）土壤中氮的损失与去向

农田生态系统中，无机氮肥的损失途径主要包括氨挥发、硝化-反硝化、淋洗、径流、侧渗，以及通过作物地上部分直接损失。一般随着土壤pH的升高，无机氮肥损失率增大，而利用率降低；朱兆良和文启孝（1992）用 ^{15}N 进行的田间微区试验中测得无机氮损失的结果表明，在种水稻的条件下，氮肥的植物回收率变动于17%～75%，土壤中的残留率为5%～68%，损失率为 30%～70%。在淹水种稻条件下，硝态氮肥利用率很低，经反硝化作用造成的氮素损失严重；在水稻生长旺盛期施用氮肥，利用率远远高于生长早期表施作基肥或分蘖肥的处理，残留率和损失率则低得多。就不同施肥方法而言，表施时的利用率最低，损失率最高；采用混施或深施的方法，水稻氮的利用率略有提高，氮损失率有一定降低，但并不都是如此。在现有各种施肥技术中，粒施和深施是提高无机氮肥利用率、减少损失率的较好方法。

在我国农业生产中，无论是种植水稻还是旱地作物，无机氮肥的损失都比较多，尤其以水稻田最为严重。与无机氮肥不同的是，有机氮肥损失很大程度上取决于它本身的化学组成和C/N比。研究结果表明，除畜尿外，各种有机氮肥在土壤中的残留率都显著高于无机氮肥，而其氮素利用率和损失率则大都低于无机氮肥，这种增高或降低的程度则与其含氮量、C/N比和化学组成有密切关系。化学氮肥与有机肥料配合施用可能是较为科学而合理的措施。

（二）土壤中氮损失对环境的影响

农田中肥料氮的损失对环境的影响可概括为3个方面：一是径流和淋溶损失对地表水和地下水水质的影响；二是气态损失对大气的污染和温室效应；三是硝酸盐累积对农产品品质的影响。

1. 土壤氮损失对水环境的影响

土壤氮损失对水环境的影响包括地表水的富营养化和地下水中硝酸盐氮的污染两个方面。

（1）土壤氮损失与水体富营养化　土壤氮主要通过农田排水和土壤地表径流两个途径进入水体，一般来说，封闭性湖泊和水库水中的含氮量超过0.2 mg/L时就可能引起富营养化发生。所谓水体富营养化，通常指湖泊、水库和海湾等封闭性或半封闭性水体中氮、磷等营养元素的富集，导致一些特征性藻类（主要是蓝藻和绿藻）异常繁殖，“藻华”（algae blooms）爆发，致使水体透明度下降，出现水生生物随之大批死亡的现象。近年来，我国近海和湖泊藻华现象频繁发生，水体富营养化已成为一个严重的环境问题。氮是引起水体富营养化的关键元素之一，随着点源污染治理水平的提高，面源氮素化肥流失对水体富营养化的贡献率呈增加的趋势。《2014 中国环境状况公报》显示，农业源氨氮排放量为 75.5 万 t，占氨氮排放总量的 31.6%；国家重大科技专项“水体污染控制与污染治理”“十一五”太湖污染源调查表明，农业种植业总氮排放量占污染总排放量的 38%，氨氮占总污染排放量的 21%。

（2）土壤中氮的淋失对地下水的污染　淋溶损失是旱地土壤氮损失的基本途径之一。在一般情况下，土壤氮素的淋溶损失主要以 NO_3^- 的形式进行，NO_3^- 是地下水的重要污染物。对滇池周边地区农田土壤硝酸盐迁移累积特征进行研究表明（曹娜和张乃明，2007），流域内农田排水中氮污染负荷高、氮肥投入过量和灌水频繁是造成研究区内土壤硝酸盐淋洗污染地下水的主要原因。土壤中硝态氮累积量与氮肥施用量在生菜的苗期、结球期呈极显著、显著正相关。在生菜整个生育期里，硝态氮沿土壤剖面垂直迁移至土壤深层，导致下层土壤的硝态氮含量高于上层土壤。生菜在苗期硝态氮淋失量较大，对地下水污染的风险高。徐鹏等（2013）基于 Bayesian 递归回归树模型，初步估算了 2008 年华北平原农田肥料引起的硝态氮淋溶率和淋溶负荷分别为 15.4%和 995.1 Gg/a。土壤氮的淋溶损失受氮肥种类、施用量、土层厚度和渗透性、温度、降雨量和地表覆盖度及作物种类等因素的影响。在湿润和半湿润地区，NO_3^- 通常在心土层中累积，进而逐渐淋溶下移到地下水；在降水少又无灌溉条件的地区，残留 NO_3^- 通常累积在根区，被下一季作物吸收。氮素淋溶损失污染地下水主要发生在平原农业区，我国许多地区化学氮肥使用量与地下水中硝酸盐含量密切相关，如北京郊区 10 年间（1975～1985 年）氮肥使用量增加了一倍（施 N 量 100～200 kg/hm^2），相应地下水中硝酸盐含量增加了近两倍（20～54 mg/L）（陈效民等，2003），虽然地下水中硝酸盐含量增加还有其他原因，但是氮肥使用作出的贡献可能是主要原因之一。内蒙古地区的试验表明（李祯等，2017），当灌水定额一定时，NO_3^--N 淋失量随着施氮量的增加而递增。

通常，由淋溶引起的氮素损失占施肥量的 5%～15%（Adams and Pattison，1985）。有关中国农田氮淋失的统计研究表明（胡玉婷等，2011），水田中 NO_3^--N 平均淋失量为 6.26 kg/hm^2，95%的置信区间为 4.64～7.18 kg/hm^2，总氮平均表观淋失率为 2.19%（95%置信区间为 1.56%～2.82%）。旱地中 NO_3^--N 平均淋失量为 10.02 kg/hm^2（95%的置信区间为 7.97～12.08 kg/hm^2），总氮平均表观淋失率为 4.35%（95%的置信区间为 2.88%～5.82%）。结合 2007 年氮肥施用量和作物种植面积得到全国氮素淋失量为 0.644 Tg，占施氮量的 2.08%。

2. 土壤中氮的损失与氧化亚氮的释放

氮的气态氧化物主要是 N_2O、NO 和 NO_2，后两种总称为氮氧化物（NO_x）。其中，N_2O 与 CO_2 和 CH_4 一起均称为温室气体，它的浓度低于 CO_2 和 CH_4，但它的增温潜能是 CO_2 的 289 倍，在大气圈中停留的时间（寿命）都长于 CO_2 和 CH_4。同时，N_2O 在平流层的光学反应中充当了重要角色：$N_2O+hv \rightarrow N_2+O$，进入平流层的 N_2O 约有 95%通过这一反应被“消化”，另外的 5%的 N_2O 又与上列反应中形成的氧反应形成 NO（$N_2O+O \rightarrow 2NO$），新形成的 NO 又与 O_3 反应形成稳定态的 NO_2 和分子 O_2，从而消耗了 O_3，使臭氧层变薄（Crutzen，1970）。土壤释放到大气中的 N_2O 主要来源于土壤的硝化和反硝化作用，土壤 N_2O 的排放数量与土壤理化性质和农艺措施密切相关（夏仕明等，2017；朱永官等，2014），氮肥有效性是影响农田土壤 N_2O 排放的最重要因素之一，化学氮肥能够显著增加土壤中硝化作用和反硝化作用强度，促进土壤 N_2O 的产生与排放；生物因素，主要为土壤微生物、土壤动物和作物，土壤中相关微生物的种群丰度、结构与活性对 N_2O 排放具有重要影响；动物（如蚯蚓的活动）能够促进微生物的活性，从而增加 N_2O 的排放总量；不同的作物类型与品种主要通过影响土壤无机氮源、有机质和氧气的含量与分布来影响土壤氮相关功能微生物的反应过程与活性，进而影响土壤 N_2O 的产生和排放；土壤性质，包括 pH、有机质、水分和温度，土壤 pH 的影响是多方面的，主要通过影响氮相关功能微生物的活性及改变相应的氮素转化过程而影响 N_2O 排放；绝大多数异养微生物以土壤有机质作为碳源和电子供体，因此，土壤有机质是调控 N_2O 排放的重要因子，土壤中高含量的有机质能够促进微生物的异养硝化和反硝化过程而产生大量的 N_2O；水分状况主要通过影响土壤通气、土壤的氧化还原状况，以及土壤中微生物的活性来影响土壤 N_2O 的排放；而温度主要通过控制土壤有机质的分解和微生物代谢过程中相关酶的活性来调节土壤 N_2O 的释放。影响 N_2O 产生和排放的因素相当复杂。作为例证，对土壤通气性和土壤水分含量的影响做如下简要的讨论。

（1）土壤通气性　土壤通气性由土壤水分含量、O_2 在土体中的扩散状况和微生物与植物根系对 O_2 的消耗程度决定。由于土壤具有不均匀性，厌氧微域和好氧微域往往同时存在。反硝化作用需要厌氧条件，所以土壤反硝化速率与 O_2 成反比关系，然而反硝化产物中 N_2O/N_2 的比例随着土壤 O_2 浓度的增加而增加。一般认为，在土壤和大气间气体交换严重受阻时，N_2 可成为反硝化作用的主要或唯一产物。硝化作用需要好氧条件，随着土壤 O_2 供给的增加，土壤的硝化速率提高，硝化产物中 N_2O/NO_3^- 的比例增大。显然，在硝化和反硝化两个相反过程中，适中的 O_2 浓度有利于 N_2O 生成，当土壤处于好氧和厌氧区域共存，或好氧、厌氧交替发生时，N_2O 产生量和排放量较大。

（2）土壤水分　土壤中 N_2O 的排放量随着水分含量的降低而减少，这是由于微生物的活性较低而氧供应充足，从而导致反硝化作用的速率较低，而硝化作用进行较为彻底的缘故，硝化产物中 N_2O/NO_3^- 的比例极低。随着土壤水分含量的增加，土壤有机氮矿化速率和硝化速率增加，硝化产物中 N_2O 比例提高，反硝化也由于 O_2 扩散受阻而开始进行，N_2O 排放量增大。随着土壤水分含量进一步增加，硝化过程受到限制，反硝化过程以生成 N_2 为主，N_2O 在土壤中的扩散也受到严重阻碍，排放量减少。由此，如果土壤水分含量同时适宜于硝化过程和反硝化过程，土壤中 N_2O 的排放量可能最大，而这一水分含量一般在 45%～75%WFPS（土壤孔隙含水量），接近田间持水量。在旱作条件下，一般来说，旱作季节土壤 N_2O 排放量与水分含量成正相关。

根据 Bouwman（1990）的估计，全球 N_2O 的排放总量（N）为 14 Tg/a（$Tg=10^{12}$ g），自然土壤和施肥土壤的排放总量（N）分别为 6 Tg/a 和 1.5 Tg/a，占全球排放总量的 43%和 11%。有关资料显示，我国农田 N_2O 排放量为 0.63 Tg/a，占全国 N_2O 总排放量的 73.9%（邵美红等，2011）；福建 1991～2010 年农田 N_2O 直接排放量呈先增加后减少的趋势（李艳春等，2014），从 1991 年的 15.1 Gg/a 增加到 2006 年的 21.5 Gg/a，2010 年下降到 20.5 Gg/a。农田旱作（包括蔬菜地、非蔬菜旱地、水旱轮作的旱季）N_2O 排放量占农田 N_2O 直接排放量的 83.0%～90.7%，是农田直接排放量的关键源。

3. 土壤氮与农产品中硝酸盐的累积

粮食作物对硝酸盐的累积量较少，危害相对较轻。硝酸盐在蔬菜作物中的积累是硝酸盐累积造成污染的突出问题，而供氮量增加是蔬菜硝酸盐大量积累的主要原因。1973 年世界卫生组织和联合国粮食及农业组织（WHO/FAO）规定人体硝酸盐的日允许摄入量（ADI）为 3.6 mg/kg，我国蔬菜及其制品中目前没有硝酸盐限量指标，仅规定亚硝酸盐限量标准为 20 mg/kg《食品安全国家标准 食品污染物限量》（GB 2762—2017，以 $NaNO_2$ 计），在一定条件下，硝酸盐可转化为亚硝酸盐。蔬菜中硝酸盐累积主要受以下 5 个因素的影响。

（1）蔬菜种类　硝酸盐对人体的危害与人们对农产品可食部分的选择有关，在作物各器官中，对硝酸盐的累积量一般是根＞茎叶＞果实。在农产品的可食部分，大量累积硝酸盐的作物主要属于十字花科和葫芦科。同一种蔬菜、不同品种对硝酸盐的累积差异也较大。

（2）肥料品种　农作物体内硝酸盐含量与化学氮肥的用量呈显著正相关，而有机氮肥可明显减少蔬菜中的硝酸盐含量。化学氮肥施用过程中铵态氮和硝态氮的比值是决定硝酸盐含量的重要因素，根据不同氮肥品种对芹菜中硝酸盐含量的试验结果（表 3-4），施硝酸铵处理的芹菜中，硝酸盐含量显著高于施硫酸铵、尿素和碳酸氢铵的处理，说明硝酸铵较其他氮肥品种更易增加芹菜中硝酸盐的累积量。一般来说，当铵态氮多时，农作物的硝酸盐含量就低；而土壤中磷供应不足会抑制农作物生长，间接地促进农作物硝酸盐的积累，相反，磷肥充足可限制硝酸盐的积累；钾对农作物硝酸盐的积累起间接作用，它能促进氮转变成蛋白质，当氮与钾肥共施时，则农作物蛋白质氮含量就增加，而硝态氮含量就降低。一些微肥也会影响到硝酸盐在农作物体内的积累，如钼、钴、硼和锰等微量元素能提高硝酸还原酶的活性，促进农作物对硝酸盐的同化作用。

表 3-4　不同氮肥品种处理芹菜中硝酸盐含量的差异性（LSD0.05）（张乃明，2001）

氮肥品种	硝酸盐含量/(mg/kg)	差异性
硝酸铵	528.4	C
硫酸铵	402.6	B
尿素	391.3	B
碳酸氢铵	373.4	B
对照	216.5	A

（3）氮肥用量及时间　在施肥因素中施肥量对硝酸盐含量的影响最大。作物中的硝酸盐含量随施肥量的增加而增加，呈显著正相关。施氮适量可使植株蛋白质含量随施氮增长而逐渐增加，硝酸盐含量增加缓慢；当施氮量达到一定限量时，则蛋白质含量下降，硝酸盐含量激增；当施氮量超过 100 kg/hm^2 时，蔬菜体内蛋白质下降，硝酸盐含量从 0.11%～0.19%猛增至 0.78%～1.43%，增加近 10 倍（李东坡等，2008）。从食品品质角度考虑，在施氮时应重基肥而轻追肥，这样可以控制农作物后期硝酸盐的积累量，提高农产品品质；当然，这与提高氮肥利用率是矛盾的，因此，如何统筹兼顾仍是一个需要研究的课题。

（4）收获时间　研究证明，随着收获期的推迟，蔬菜中的硝酸盐含量逐渐降低，其原因可能是蔬菜在生长前期根系活力高，吸收硝酸盐的能力强，而后期根系活力降低，吸收硝酸盐的能力减弱，此外，还与后期蔬菜生长个体增大，硝酸盐在一定程度上得到稀释有关。

（5）环境因素　对蔬菜中硝酸盐积累影响最大的环境因素有水分、温度和光照。水分通过影响作物生长而影响硝酸盐在蔬菜作物体内的含量，在多雨年份，蔬菜硝酸盐含量比正常年份大约高两倍，在干燥与多雨的交替季节，饲料作物中的硝酸盐含量会增加，在收获前几天进行灌溉，会使农产品中的硝酸盐含量降低。温度通过影响硝酸还原酶的活性影响硝酸盐的积累，气温越高，蔬菜生理活动越旺盛，有利于植株体内硝酸盐同化，在一定范围内，蔬菜硝酸盐含量与气温之间呈负相关。光照影响蔬菜中硝酸还原酶活性的变化，光照强度最大时，硝酸还原酶活性最强，蔬菜体内的硝酸盐含量最低。因此，在大棚、温室等光照不足的条件下，农产品中的硝酸盐含量会相应增加。

4. 化学氮肥与土壤酸化

在植物生理学上，土壤酸化是因为根系吸收的阳离子多于阴离子，造成不同植物根系周围 pH 变化。氮肥施入土壤后会产生质子，各种氮肥转化成硝酸盐，硝酸盐损失的时候，带走钙、镁这些碱性离子，造成土壤酸化。另外，水冲洗、秸秆和籽粒的收获和移走都会带走大量的钙、镁盐基离子，造成土壤酸化。

长期大量施用氮肥（不合理施肥），导致了我国农田土壤大面积酸化。20 世纪 80 年代～21 世纪，全国农田土壤的 pH 平均下降了 0.5 个单位，其中，在小麦、玉米和水稻这些粮田里面，70%的酸化是由过量施氮造成的；在果蔬田，过量氮对酸化的贡献率高达 90%。从胶东半岛来看，20 世纪 80 年代以中性为主的土壤，现在基本上变成以酸性或中强酸性的土壤，其酸化原因为，63.4%是氮肥过量，30%是收获产物带走盐基离子（Guo et al.，2010）。

土壤酸化影响作物根系生长，产生一些有毒害的元素。酸化也改变了整个土壤化学和生物学的性质，活化了重金属元素，还加重了土传病虫的发生。实施农业引起土壤酸化的问题也应该引起足够的重视。

对氮素损失的影响与控制措施的研究，有重要的理论和实际意义，也是国际上的热点问题。我国历来十分重视有关氮肥的利用率和减少氮素损失的研究（段然等，2017；Che，2015；毛伟等，2014；王寅等，2013；卜容燕等，2012），通过不断地研究、实践、总结与提高，其中最为重要的措施是适量施肥，然而这种“适量”的确定却是一个非常困难的工作。根据我国农村田块小而多、测试工作量大及测试条件差等实际情况，提出了不需要进行土壤测试的“区域总量控制与田块适当调整相结合”的推荐方法（朱兆良，2008，2006），其有助于高产高氮地区在当前栽培水平下，在大面积生产中避免盲目过量施氮，以达到节本、保产和减轻污染的目的。另外，从 2005 年开始，农业部大力推广的测土配方施肥技术工程明显促进了氮素利用率的提高。利用文献调研方法研究了我国 2004～2014 年 10 月期间的氮肥效应（以纯氮计）的相关文献（于飞和施卫明，2015）。结果表明：目前三大粮食作物获得的不施氮肥的基础产量可达到施氮条件下最高产量的 67.9%～75.9%；根据施氮量与相对产量的回归方程，水稻、小麦和玉米最高产量的施氮量分别为 246 kg/hm^2、250 kg/hm^2 和 274 kg/hm^2。近 10 年，我国氮肥表观利用率、农学效率有所提高，水稻、小麦和玉米氮肥表观利用率分别为 39.0%、34.8%和 29.1%，农学效率分别为 12.7 kg/kg、9.2 kg/kg 和 11.1 kg/kg；氮肥表观利用率较 2001～2005 年的统计结果提高了 6.8%。目前，我国三大粮食作物较适宜的施氮量范围为 180～240 kg/hm^2。

为了降低氨挥发损失，可应用含钙、镁和钾的氯化物，或硝酸盐、脲酶和藻类抑制剂、改性尿素与缓释肥及深施氮肥；为了降低反硝化损失，可使用硝化抑制剂、缓释肥、含高多酚高蛋白的植物残体及深施氮肥；为了降低渗漏损失，可增加水分利用率、使用缓释肥和硝化抑制剂、黏闭土壤层、种植地表覆盖作物及利用作物原地截流。氮肥深施、稻田无水层混施及旱作上表施氮肥（特别是尿素）后随即适量灌水等措施，可显著降低旱作上的氨挥发，在稻田中同时还可降低硝化-反硝化损失。另外，在作物种植上使用促进植物生长的微生物，通过促进植物的吸收减少施氮量，是降低氮素对环境污染的有效策略。

第三节　土壤中硫素与环境质量

土壤圈作为水、生物、大气和岩石圈的交汇中心，硫（S）在土壤中的行为直接影响各圈层之间硫的交换和循环，而且与其他一些土壤过程、土壤环境、肥力和植物生长等有密切的关系，硫是作为继氮、磷和钾之后第 4 位重要的营养元素。本节主要介绍土壤中硫的含量、形态，硫在土壤中的吸附解吸、氧化还原和矿化等行为，以及土壤的硫素管理与环境质量的关系。

一、土壤中硫的含量与形态

（一）土壤中硫的含量

硫是地壳中含量最丰富的元素之一。地壳中平均含硫量估计为 0.06%～0.10%，其丰度名列第 13 位。土壤硫主要来源于成土母质、灌溉水、大气干湿沉降和施肥。世界土壤硫含量变幅为 30～1 600 mg/kg，其平均值为 700 mg/kg。中国土壤全硫含量为 100～500 mg/kg，中国南方 10 个省土壤全硫含量平均为 299.2 mg/kg，其中，四川土壤的含量最低，仅为 207 mg/kg，贵州含硫量最高，达 480 mg/kg。10 个省有机硫含量平均为 266.8 mg/kg，占全硫含量的 89.2%。10 个省土壤有效硫平均含量为 34.3 mg/kg，其中，以江西土壤的有效硫含量最低，为 22.5 mg/kg；贵州土壤有效硫含量最高，为 66.7 mg/kg（刘崇群，1995）。

不同类型土壤含硫量相差也很大，土壤含硫量与成土母质、风化程度、降水量、土壤质地和有机质含量等因素有密切关系。通常黏性母质，如石灰岩、第四纪红色黏土和板岩等发育的土壤黏粒含量较高，硫的含量高于砂性母质（如花岗岩、砂岩和冲积物等）发育的土壤。石灰岩发育的土壤平均有效硫含量为 38.2 mg/kg，高于花岗岩母质发育土壤的 23.9 mg/kg。据南方 10 个省份统计，在水田、旱地农作、种植园和林地 4 种情况下，土壤有效硫、全硫和有机硫的含量都按以下顺序排列，水田＞种植园＞旱地农作＞林地。在施肥土壤中，以水田耕作方式含硫量最高，旱地农作土壤含硫量最低；林地通常不施用肥料，因而含硫量最低。刘崇群等（1990）将中国南方土壤有效硫的丰缺分为 4 级：土壤有效硫（S）含量小于 10 mg/kg 为缺；10～16 mg/kg 为潜在缺；16～30 mg/kg 为中等；大于 30 mg/kg 为丰富。目前，对土壤有效硫的评价还没有一个统一指标，因为土壤有效硫含量与提取剂类型有着密切的关系，且不同作物和耕作方式之间的差异对硫素的需求差别也很大，因而在评价土壤中硫素供求状况时，必须与具体条件相结合。

大气沉降是各种生态系统获得硫素的重要途径之一，大气中含硫的化合物主要是气态二氧化硫（SO_2）和硫酸盐粒子（SO_4^{2-}）。火山和沼泽化等过程中可排出少量气态硫氧化物或硫化氢（H_2S）气体；作为燃料的煤炭、原油和其他含硫物质在燃烧过程中可使 SO_2 排入大气，从而为植物所吸收，有时作物需硫量的一半可能来自于大气。大气中的 SO_2 正常浓度为 0.05 g/m^3。我国江淮丘陵地区由大气输入的硫量约为 9 kg/hm^2。大气中的硫素一部分被雨水带回土地，每年由雨水降入土壤的硫为 3～4.5 kg/hm^2。

灌水也是土壤中硫的来源。干旱地区，灌溉水中硫的浓度一般为 300～1 500 mg/L，含硫量高，足以满足作物的需要。在温带地区，灌溉水中的 SO_4^{2-}浓度为 5～l00 mg/L。若每公顷耕地以含 SO_4^{2-}-S 为 50 mg/L 的水进行灌溉（灌溉量 1 000 m^3），则可提供的硫为 50 kg/hm^2。此外，含硫肥料也是土壤中硫的重要来源，动物粪肥的长期施用对土壤中全硫含量的影响甚微，但对土壤可提取的硫影响十分显著（王凡等，2007）。值得注意的是，硫对土壤和植物的影响是多方面的，连续两茬油菜盆栽试验表明（张昌爱等，2007），硫能显著降低土壤 pH，增加土壤电导率；施硫会使土壤交换性 Na、K 的含量升高，并加剧土壤水溶性阴离子总量的累积；在这一试验中，施硫未表现出明显的增产效应，施硫较多时，油菜产量显著降低。

（二）土壤中硫的形态

全面评价土壤硫的丰缺和了解土壤的潜在供硫能力及环境影响，必须对土壤硫形态组分进行研究。国内外的资料表明，土壤中的无机硫占总硫的 10%左右，主要是水溶性和吸附性 SO_4^{2-} 及难溶性硫酸盐，在透水很好、无盐化的土壤表层中，90%以上的硫是有机硫。土壤中的硫一般分为无机态硫（磷酸盐溶液提取的硫）和有机态硫两大部分（李书田等，2001）。

1. 土壤无机硫

无机硫指以无机化合物形态存在的硫，主要包括易溶硫酸盐、吸附态硫酸盐、与碳酸钙共沉淀的难溶硫酸盐，以及还原态无机硫和化合物（包括硫化物、单质硫等）。因为植物主要吸收溶解态 SO_4^{2-}-S，所以易溶态和吸附态 SO_4^{2-} 是植物利用的土壤有效态硫。

（1）单质硫　单质硫在土壤中一般不易被检测到，它不是在土壤还原条件下硫酸盐的直接还原产物，而是硫化物经化学反应过程为主的氧化反应中形成的中间产物，可能短期存在于土壤中。但在三角洲地区，可因周期性淹水中断了还原态硫的完全氧化而出现单质硫积累。单质硫不能直接提供作物所需要的硫，必须转化为 SO_4^{2-} 后才能供作物吸收利用。

（2）硫化物　在排水良好的土壤中，硫酸盐是硫的稳定形态，但也存在着少量的硫化物；在淹水土壤中的嫌气条件下，会因有机质分解而生成 H_2S 的积累。土壤中存在的 SO_4^{2-} 也可作为硫酸还原细菌的电子受体被还原为 H_2S。SO_4^{2-} 的还原依赖于氧化还原电位和 pH，氧化还原电位高于−150 mV 或 pH 在 6.5～8.5 以外时极少或根本没有 S^{2-} 积累。土壤中硫化物的性质依其生成方式而千差万别，主要取决于沉淀的粒径和结晶度。

（3）易溶性硫酸盐　易溶解于土壤溶液中的硫酸盐称为易溶性硫酸盐。几乎所有排水良好的耕地土壤中无机硫均以与 Ca^{2+}、Mg^{2+}、K^+ 和 Na^+ 等阳离子结合的 SO_4^{2-} 离子态存在。土壤或培养液中 SO_4^{2-} 的浓度为 3×10^{-6}～5×10^{-6} mol/L 时，就足以满足许多植物的生长。除富集硫酸盐类的干旱地区土壤外，一般认为大多数土壤易溶 SO_4^{2-} 低于土壤全量硫的 25%，表土中可能仅为 10%或更少。

（4）吸附性硫酸盐　土壤具有吸附硫酸盐的能力，特别是那些含有相当数量的黏粒和含铁、铝水化氧化物的土壤更是如此。土壤吸附硫酸盐的能力变化很大，主要受土壤活性氧化物表面的性质、黏粒含量、黏粒矿物的类型和土壤 pH 的影响。

（5）与天然碳酸钙共沉淀的硫酸盐　与碳酸钙结合的硫酸盐常是石灰性土壤中硫的重要组成部分，很可能以碳酸钙共沉淀或共结晶的杂质出现。这种形态的硫酸盐常被认为对植物无效，尤其是当碳酸钙颗粒粗大时更是如此。与碳酸钙共沉淀的 SO_4^{2-} 的溶解性和有效性受碳酸钙粒径、土壤湿度、同离子效应和离子强度等因素的影响，同离子效应在生成这种组分时可起重要作用。

（6）其他形态的硫酸盐沉淀　其他形态的硫酸盐主要有透石膏，一种结晶态石膏，存在于排水不良的底土中；一些土壤中极难溶的钡、锶硫酸盐偶尔也占较大比例；也有人从排水和耕种的潮汐沼泽地土块上的风化包膜中分离出了黄钾铁矾［$KFe_3(SO_4)_2(OH)_6$］和针绿矾［$Fe_2(SO_4)_3\cdot9H_2O$］。

2. 土壤有机态硫

湿润、半干旱、温带和亚热带地区排水良好的农业土壤表层中，硫大多为有机态。一般认为，大多数非石灰性土壤表层中有机硫占全硫的 90%以上。有机硫在全硫中的比例因土壤类型和在土壤剖面中的深度而异，通常底土低于表土。土壤有机硫主要来自于新鲜的动植物遗体，包括微生物细胞和微生物合成过程的副产品在内的土壤生物物质——土壤腐殖质。

目前，许多土壤有机硫尚未知晓，人们根据土壤有机硫对还原剂稳定性的相对大小将土壤有机硫分成三大组分，即酯键硫、碳键硫和惰性硫（残余硫）。

（1）酯键硫　酯键硫是碘化氢（HI）可还原的硫，平均约有 50%的有机硫属于该组，可被碘化氢还原为 H_2S。这种硫不直接被碳束缚，主要含 C—O—S 键的硫酯和硫醚、部分氨基磺酸硫（C—N—S），以及 S-磺酸半胱氨酸（C—S—S）。其中，有芳基硫酸酯、烷基硫酸酯、酚基硫酸酯、硫酸化多糖、胆碱硫酸酯和硫酸化类酯等。这部分硫为土壤有机硫中较为活跃的部分，易于转化为无机硫，受土壤利用状况、有机物投入和气候因素的影响。

（2）碳键硫　被 Ni-Al（Raney-Ni）还原的有机硫部分是碳键硫，其可直接键合在碳原子上，主要包括含硫氨基酸、硫醇（R—SH）、亚砜（R—SO—R′）、亚磺酸（R—SO—OH）和与芳香核相连的磺酸。碳键硫比较稳定，对当季作物无效，但在长期耕作条件下，碳键硫可以通过酯键硫转化为无机硫。

（3）惰性硫　土壤中既不能被氢碘酸又不能被 Ni-Al 还原的有机硫称为惰性硫或未知态有机硫。这一未被确定的组分通常占总有机硫的 30%～40%，它们异常稳定。

3. 微生物量硫（MB-S）

土壤微生物不仅是一个重要的硫养分库，而且还控制土壤硫的转化及其对作物的有效性。不同土壤的微生物生物量变化很大，从贫瘠耕地土壤（表层）的 1 t/hm^2（干物质）以下到肥沃草地土壤的 10 t/hm^2 以上，耕地表层土壤微生物生物量硫含量通常为 4～43 kg/hm^2，一般相当或大于土壤有效硫含量和植物硫吸收量（吴金水，2000）。当作为底物的硫不能有效地满足微生物需求时，微生物很快同化简单有机物，如低分子量的有机硫酸盐、氨基酸和无机硫；而同化大于微生物需求时，有机硫在胞外酶的作用下被矿化而释放出无机硫酸盐。MB-S 的矿化取决于微生物的种类和数量、土壤 C/S 比和有机硫酸盐的百分数。

二、硫在土壤中的行为

（一）土壤中硫的吸附与解吸

通常所说的土壤硫的吸附与解吸是指无机硫酸盐的吸附与解吸，可变电荷土壤可以吸附硫酸根离子（SO_4^{2-}），但 SO_4^{2-} 吸附仅发生在正电荷表面上，其吸附机理包括静电吸持和配位基交换等。鉴于可变电荷土壤吸附 SO_4^{2-} 过程中伴随有羟基释放和表面负电荷升高，一般认为配位基交换可能是主要的。第四纪红壤对 SO_4^{2-} 的吸附可以用 Langmuir 方程、Freundich 方程及 Temkin 方程式来表述，最大吸附量以前为专性吸附，而达到最大吸附量以后，以非专性物理吸附为主。周卫和林葆（1997）认为土壤对 SO_4^{2-} 的吸附有 4 种机理，即土壤有机质的吸附、交换吸附、置换水合方式吸附和阳离子诱导 SO_4^{2-} 吸附。活性氧化物在土壤 SO_4^{2-} 吸附中起重要作用，是土壤 SO_4^{2-} 的主要吸附体。

土壤中 SO_4^{2-} 配位基交换反应的主要载体是铁铝氧化物胶体，去除铁铝氧化物后 SO_4^{2-} 的吸附量明显降低。有机质能影响铁铝氧化物的结晶度或竞争吸附点位而干扰 SO_4^{2-} 吸附。层状铝硅酸盐矿物对 SO_4^{2-} 的吸附量为高岭石＞伊利石＞蒙脱石。不同质地的潮土对硫的吸附能力为黏质潮土＞壤质潮土＞砂质潮土。同时，SO_4^{2-} 吸附量随溶液 pH 升高而降低，当 pH 接近 8.0 时，土壤和土壤矿物表面就有可能不存在 SO_4^{2-} 吸附（胡正义和徐成凯，2002）。

（二）土壤硫的氧化还原

土壤硫的循环主要由以下几个步骤构成，即有机硫矿化成 S^{2-} 或 SO_4^{2-}；SO_4^{2-} 在渍水、缺氧土壤中还原；还原态硫（包括 S^0）氧化，终产物为 SO_4^{2-}。这些反应大都有微生物参与，但同时受环境条件的制约。很显然，氧化还原反应在硫循环中起着非常重要的作用（李新华等，2006；吴又先等，1993）。

1. 硫的还原

在常温常压下，有机硫还原的纯化学机理尚不清楚，微生物对硫的这一还原起主要作用。硫的生物还原包括硫的同化还原和异化还原两条途径。同化还原指硫酸盐在一系列酶的作用下合成为有机硫化物的过程，大多数微生物和植物均可有效地参与这一过程。首先将硫酸盐中的硫同化还原成各种含硫化合物，如半胱氨酸和胱氨酸等有机硫化物，构成生物的细胞组分，或释放出 H_2S。而硫的异化还原则是硫作为电子受体氧化有机质，相当于有氧呼吸中氧的作用。有关土壤中硫的还原研究，主要集中在 SO_4^{2-} 的还原和 H_2S 的形成这两个对农业生产和在环境影响上具有重要意义的过程。

（1）硫酸盐的还原　在强还原性土壤和沉积物中，SO_4^{2-} 可成为重要的电子受体，在微生物参与下还原成硫化物：

$$SO_4^{2-} + 10H^+ + e^- \rightleftharpoons H_2S + 4H_2O \tag{3-17}$$

在平衡时：

$$Eh = 302.1 - 7.4pSO_4^{2-} + 7.4pH_2S - 74pH \tag{3-18}$$

显然，硫酸盐的还原受 Eh 和 pH 等条件的影响。研究表明，Eh 与硫化物形成的关系密切，但有关土壤中 SO_4^{2-} 还原的 Eh 范围的研究结果差异较大，从+250mV、+100 mV 到−150 mV、−200 mV 均有报道。导致不同研究结果的原因可能是：一是 SO_4^{2-} 还原对环境条件具有很强的依赖性；二是生物参与使反应复杂化；三是硫酸盐还原可能在氧化还原电位较低的微域中进行，而测出的 Eh 值比这些微域中的 Eh 要高。

从化学平衡的角度看，SO_4^{2-} 还原成 H_2S 的过程要消耗 H^+ 离子，所以低 pH 有利于反应进行。在 pH 为 5.5～8.5 时，SO_4^{2-} 均可被还原形成硫化物，在一定的 Eh 下，pH 为 6.7 时还原速率最高。

（2）硫化氢的形成及转化　除 SO_4^{2-} 还原可产生 H_2S 外，有机物质的还原降解也是 H_2S 的一个重要来源。例如，在无氧环境中，胱氨酸和半胱氨酸在微生物作用下产生 H_2S，带自由硫基的化合物与硫代半胱氨酸反应也可产生 H_2S。pH 对土壤 H_2S 的浓度有决定性影响，一般而言，H_2S 量随 pH 的下降而上升，pH 在 4～8 的范围内 $\Delta pH_2S/\Delta pH$ 为 1 左右。

H_2S 离解后，很容易与土壤中的许多金属离子，如 Fe^{2+}、Mn^{2+} 和 Zn^{2+} 等形成稳定的金属硫化物。热力学计算表明，在 Fe^{2+} 大量存在的土壤中，H_2S 的浓度极低，但在测定 53 个水稻土后发现，水溶性硫化物的平均浓度约为 0.104 mg/kg，比热力学计算值高出 3～10 000 倍。在另一 pH 为 6.5、亚铁浓度达 300 mg/kg 的土壤中，水溶性硫化物的浓度达 0.29～0.37 mg/kg，这种情况可能是因为有机质与亚铁形成的配位化合物阻止了 FeS 的形成。

还原条件下形成的硫化物（包括 H_2S）在适当的条件下，可被土壤中的氧和铁、锰羟基氧化物直接氧化，也可以由一些微生物氧化而进入硫的地球化学循环中，对大气中的酸沉降和某些地区的土壤酸化有一定的影响。

2. 硫的氧化

硫的氧化指 H_2S 及土壤中的元素硫或硫的不完全氧化物在微生物的作用下被氧化，最终生成 SO_4^{2-}的过程。硫的氧化是一个非常复杂的过程，从 S^{2-}氧化到 SO_4^{2-}，中间产物有 FeS_2、S^0、SO_2、$S_2O_3^{2-}$和 $S_4O_3^{2-}$等。S^{2-}和 S^{4+}的氧化主要是生物化学反应，速度快；而其他中间产物的氧化则主要是由硫氧化菌和其他微生物参与的生物氧化，并受环境条件和土壤性质的制约。

（1）非生物氧化　游离的硫离子 S^{2-}可氧化成 SO_4^{2-}，或与水合氧化铁发生如下反应：

$$2FeOOH + 3H_2S \rightleftharpoons 2FeS + S^0 + 4H_2O \tag{3-19}$$

$$或\ 2FeOOH + 2H_2S + 2H^+ \rightleftharpoons Fe^{2+} + FeS_2 + 4H_2O \tag{3-20}$$

形成的元素硫 S^0 又可直接与一些硫化物，如 FeS 反应生成 FeS_2，该反应在土壤悬液中速度很快，如在 40℃下振荡 1 h 则可完成 50%的反应；但在固相中则反应很慢。FeS_2 还可被氧和 Fe^{3+}继续氧化。在中性水溶液中，氧与 FeS_2 的反应为

$$FeS_2（s）+ 3.5O_2 + H_2O \rightleftharpoons Fe^{2+} + 2\,SO_4^{2-} + 2H^+ \tag{3-21}$$

在硫酸盐形成过程中，土壤 pH 下降，Fe^{2+}增多，Fe^{2+}可继续被氧化为 Fe^{3+}，当 pH 在 4.5 以下时，Fe^{3+}有可能成为 FeS_2 的重要氧化剂：

$$FeS_2（s）+ 14Fe^{3+} + 8H_2O \rightleftharpoons 15Fe^{2+} + 2\,SO_4^{2-} + 16H^+ \tag{3-22}$$

由于这一反应消耗大量 Fe^{3+}，因而 Fe^{3+}的供给就成为 Fe^{3+}氧化 FeS_2 的限制因子。此外，Fe^{3+}可将 $S_2O_3^{2-}$氧化成 $S_2O_6^{2-}$，如果氧供给充足，在连续氧化的基础上，S^{2-}被氧化为 S^0 的速度很快，最终产生 SO_4^{2-}。在高压灭菌的风干土上进行长期培养实验表明，73%的游离硫可被氧化成 SO_4^{2-}，但在田间条件下如果有适量的空气和水分供应，硫的微生物氧化仍是一个重要的过程。

（2）生物氧化　硫的生物氧化是微生物参与的结果，微生物在氧化过程中发挥着重要作用，是一种特殊的催化剂。无论是自养微生物或异养微生物对这一过程均有贡献，参与硫氧化的细菌主要有化能自养细菌（如硫杆菌属）和异养硫细菌，表 3-5 为反硝化硫杆菌、铁氧化硫杆菌等硫杆菌所控制的硫氧化反应。硫的氧化还原受诸多因素的影响，包括温度、水分、pH、Eh、微生物、土壤硫的状态和土壤矿物学性质等。

表 3-5　硫杆菌控制的硫氧化反应（吴又先等，1993）

反应编号	化学反应方程式
1	$2S^0 + 3O_2 + 2H_2O \rightleftharpoons 2H_2SO_4$
2	$Na_2S_2O_3 + 2O_2 + H_2O \rightleftharpoons Na_2SO_4 + H_2SO_4$
3	$2Na_2S_4O_6 + 7O_2 + 6H_2O \rightleftharpoons 2Na_2SO_4 + 6H_2SO_4$
4	$2KSCN + 4O_2 + 4H_2O \rightleftharpoons (NH_4)_2SO_4 + K_2SO_4 + 2CO_2$
5	$5S^0 + 6KNO_3 + 2H_2O \rightleftharpoons 3K_2SO_4 + 3N_2 + 2H_2SO_4$
6	$5Na_2S_2O_3 + 8NaNO_3 + H_2O \rightleftharpoons 9Na_2SO_4 + H_2SO_4 + 4N_2$
7	$12FeSO_4 + 3O_2 + 6H_2O \rightleftharpoons 4Fe_2(SO_4)_3 + 4Fe(OH)_3$

在化能自养细菌对硫的氧化中，作为电子供体的主要硫化物是 H_2S、S 和 $S_2O_3^{2-}$，氧化产物在多数情况下为 SO_4^{2-}：

$$H_2S + 2O_2 \longrightarrow SO_4^{2-} + 2H^+ \tag{3-23}$$

$$2HS^- + 1/2\ O_2 \longrightarrow 2S + H_2O \tag{3-24}$$

$$S + 2H_2O + O_2 \longrightarrow SO_4^{2-} + 4H^+ \tag{3-25}$$

$$S_2O_3^{2-} + H_2O + 2O_2 \longrightarrow 2SO_4^{2-} + 2H^+ \tag{3-26}$$

能够将硫氧化的自养细菌的典型代表是硫杆菌属，该属广泛分布于含有还原态硫的环境中，包括土壤、河沟、湖底、海滩的淤泥和沉积物中。该菌属中氧化亚铁硫杆菌，还能在将亚铁氧化为高铁的过程中获得能量。

$$2FeS_2 + 2H_2O + 7O_2 \longrightarrow 2FeSO_4 + 2H_2SO_4 \tag{3-27}$$

$$4FeSO_4 + O_2 + 2H_2SO_4 \longrightarrow 2Fe_2(SO_4)_3 + 2H_2O \tag{3-28}$$

光合细菌也可促使硫的氧化作用，绿硫菌和红硫菌是氧化硫的两类主要光合细菌，它们是专性厌氧微生物，以硫化物或者硫代硫酸盐作为还原物进行 CO_2 的光合还原作用，生成有机物，反应式如下：

$$CO_2 + 2H_2S \longrightarrow CH_2O + H_2O + 2S \tag{3-29}$$

$$2CO_2 + S_2O_3^{2-} + 3H_2O \longrightarrow 2CH_2O + 2\ SO_4^{2-} + 2H^+ \tag{3-30}$$

（三）土壤硫的矿化

土壤有机硫的矿化是指土壤中含硫的简单有机化合物在微生物作用下，将有机硫转化成无机硫的过程。在好气情况下，微生物分解土壤有机硫的最终产物是硫酸盐，在嫌气条件下，则为硫化物。土壤中有机态硫矿化可出现下列 4 种情况：①起始阶段，硫酸盐被固定，随后有 SO_4^{2-} 释放；②在整个研究过程中，SO_4^{2-} 稳定地呈线性释放；③开始几天释放很快，随后缓慢地呈线性释放；④随着时间的推移释放速度下降。

在各种有机物分解过程中，硫的矿化机理尚未完全清楚，许多微生物参与了有机硫化物被氧化为 SO_4^{2-} 的过程，很难追踪其精确的途径，所以任何影响微生物生长的因素都会改变硫的矿化。影响有机硫矿化的因子如下。

（1）有机质中矿物质的含量　当土壤有机碳或氮对硫的比值过大时，土壤中可能出现生物固定硫。C/S 比等于或低于 200∶1 时只发生硫矿化；高于这一比值，特别是当比值大于 400∶1 时，有利于 SO_4^{2-} 生物固定为各种有机形态。生物固定的硫被束缚于土壤腐殖质、微生物细胞和微生物合成副产物中。

（2）温度和水分　低温对有机硫的矿化有限制作用，因为低温显著降低了胞内、胞外酶的活性。土壤湿度影响硫酸酯酶活性、硫矿化速率、有机质释出硫的形态和土壤中硫酸盐的移动。部分土壤有机硫很不稳定，易被加热、风干或研磨等转化为 SO_4^{2-}。田间持水量和萎蔫点之间湿度的逐渐变化通常很少影响硫的矿化；但一些土壤中水分条件急剧变化能造成一部分有机硫矿化，这种硫主要源自土壤有机质中的硫酸酯，可见大田条件下干湿交替对提高硫的有效性十分重要。

（3）pH　当 pH＜7.5 时，有机硫的矿化量与 pH 成正比，一些土壤中生成的 SO_4^{2-}随着施用碳酸钙量的增加而增加。接近中性的 pH 会刺激微生物活动，促进了土壤中有机硫的矿化。

（4）施肥和作物效应　种植作物可以加速土壤硫的矿化，同时也会影响硫组分之间的相对比例。种植活动可使土壤含硫量趋于下降，但在一段时间后达到平衡。施用无机硫肥可以减少有机硫的转化量；而施用氮肥能增强土壤有机硫的矿化。

（四）土壤硫的循环与迁移

土壤中硫的输入和输出、各种形态硫的互相转化和移动构成了土壤中硫的循环（图 3-2）。土壤中硫的输入主要有两种途径：①大气干湿沉降。大气干湿沉降的硫主要是无机硫（SO_2），其来源于自然排放（火山爆发、土壤和海洋）和人为排放（化石燃料燃烧）。SO_2 溶于水形成 H_2SO_4，形成酸沉降。②含硫矿物质和生物有机质的施用。农业生产中含硫的矿质肥料包括硫酸铵、硫酸钾、硫酸镁和石膏（$CaSO_4 \cdot 2H_2O$）等，在整个循环过程中，硫酸盐（SO_4^{2-}）发挥着特别重要的作用。影响土壤剖面有效硫累积的因素主要有土壤性质、气候与施肥等条件。

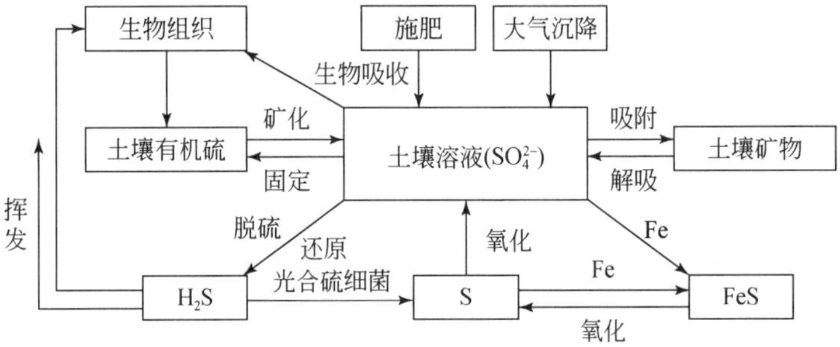

图 3-2　土壤中硫的循环

硫酸盐的易溶性使它容易发生淋溶和径流损失，通过淋溶损失的量变化很大，主要与淋溶强度、土壤剖面中的硫酸盐浓度和土壤的性质等因素有关。对江西 76 个耕作土样进行测试表明（胡正义和徐成凯，2002），土壤剖面有效硫一般是上层大于下层。河流冲积物、花岗岩和石英岩等母质发育的土壤由于粗砂粒多，地势又较高，上层土壤有效硫易淋溶，但耕作层土壤经过多年的耕作熟化形成一硬质犁底层，能减缓耕层有效硫的淋溶，形成了有效硫含量耕层高，底层低的现象。而像变质岩、石灰岩和紫色岩发育的土壤，质地均比较黏重，硫在土壤中的移动很慢，从而形成耕层低、底层高的现象。樊军和郝明德（2002）对黄土高原旱地黑垆土上有效硫的分布与累积进行了长期的研究，结果表明，试验区的降水集中和土壤结构的疏松为 SO_4^{2-}向下淋溶创造了条件，土壤 SO_4^{2-}在剖面中的累积峰值在 120 cm 左右，累积层在 80～140 cm 土层。

三、硫素循环对环境的影响

一些土壤中能产生大量的气态硫化物而进入大气，进而影响全球变化。土壤中气态硫化物的形成对大气酸沉降和环境酸化的发生起一定的作用，威胁到自然生态系统和人类生存环境。另外，土壤中硫的氧化还原作用对氮、碳循环及土壤环境也有一定的影响。

（一）硫对大气环境的影响

土壤中约有 100×10^{12} g/a 的气态硫化物进入大气，这些气体主要包括 H_2S、硫氧化碳（COS）、甲硫醇（CH_3SH）、二甲基硫[$(CH_3)_2S$，DMS]、二硫化碳（CS_2）、二甲基二硫[$(CH_3)_2S_2$，DMDS] 和 SO_2，与此同时，人为污染源也有大量硫化物进入大气，它们在大气中经过复杂的化学过程最终转化成颗粒相硫酸和硫酸盐，并可通过干湿沉降过程输送到地面。SO_2 是大气酸沉降的主要来源，在大气中易氧化转化成硫酸或硫酸盐，其氧化包括光氧化、与自由基反应和非均相化学反应等过程。我国大气酸沉降的主要成分是硫酸和硫酸盐的干沉降，占70%～90%。H_2S、CS_2 和 DMS 等在大气中可与羟基自由基（·OH）、H_2O 和 O_3 反应，被氧化成 SO_2。COS 在大气中的寿命可达两年，其浓度仅次于 SO_2，可进入臭氧层与 O_3 反应生成成硫酸或硫酸盐，从而对臭氧层的破坏也有一定影响。

植物可以通过根系吸收土壤中的硫，也可以通过叶片的气孔组织吸收大气中的含硫化合物（SO_2、SO_3、H_2S 和 COS 等），但植物也可以通过呼吸作用向大气释放一定量的硫化物气体，如盐沼可向大气层释放硫化物（S）3.5～650 g/(m^2·a)，玉米释放量（S）约为 0.237 g/(m^2·a)；植被或有机质分解过程中也可直接释放出硫，这些自然过程向大气排放的硫化物主要是还原态气体。气态硫化物在大气中被氧化为氧化物和酸。大气中的硫氧化物约有一半来自这种过程，另一半可能来自人为活动。大气环境酸化和酸沉降增加是当前人类面临的重要环境问题之一。

（二）硫对作物产量与品质的影响

硫是植物生长的必需元素，在植物营养中占有重要的地位，使用硫肥的增产效应已经是肯定的；但缺硫或硫过多对植物生长都不利。硫的还原产物在淹水土壤中，特别是产生的 H_2S 对植物根系有极大的破坏作用，对植物吸收养分、植物体内一些酶的活性、碳代谢和光合作用都有较大的影响。

硫在植物生理上有多种功能，它是胱氨酸、半胱氨酸和蛋氨酸的重要组成部分，而这些含硫氨基酸是蛋白质的主要成分，在植物体内约有 90%的硫存在于含硫氨基酸中；硫与叶绿素形成有关；硫对植物体内某些酶的形成和活化有重要作用；硫参与合成维生素 H 和 B；形成十字花科植物的糖苷油；硫与影响植物抗寒和抗旱性的蛋白质结构有关，它能增加某些作物的抗寒性和抗旱性；硫与根瘤菌和自生固氮菌的固氮作用有关。

作物缺硫时，不仅其正常生长发育会受到影响，而且能导致作物产量和品质下降。在缺硫地区施用硫肥可以增加作物产量，一般增产幅度为 10%～30%。试验证明，在中国南方施用硫肥对水稻、小麦、油菜、紫云英、花生、芝麻、甘蔗、烟草、黄麻、橡胶、荔枝和红薯等都有明显的增产作用；在缺硫地区，仅施用含硫少或不含硫的氮、磷和钾化肥，作物产量仍然下降。施用硫肥，均衡供应作物营养，产量可以持续上升；在复种指数大、产量高的情况下，如果长期不施用硫肥，即使是肥沃的土壤，也会在短期内出现因缺硫而减产的现象，为使作物高产、稳产，需要补充土壤中硫的不足。硫常存在于某些氮、磷和钾化肥中，在缺硫地区选用含硫化肥，增加较少的费用，即可满足作物对硫的需要。大豆盆栽试验表明（赵言文等，2006），硫处理使得侧根数和根系干物重分别比对照增加了 8.6%～33.2%和 6.6%～34.3%，根瘤数量和干重分别增加了 2.7%～35.9%和 13.0%～75.7%，叶绿素含量增加了 0.4～3.9 个单位，单株产量提高了 7.3%～12.8%。施硫还显著提高了土壤微生物（细菌、真菌和放线菌）数量，以及土壤过氧化氢酶、脲酶、中性磷酸酶和多酚氧化酶的活性，表明施硫可明显提高大豆各项生理生态指标，促进大豆植株生长，提高大豆产量，其作用效果因施硫水平不同而异，综合各因素，以 30 mg/kg 的施硫水平作用效果较好。对水稻和油菜进行试验表明（孟赐福等，2004），发育于不同母质的水稻土施用硫肥增产的稻谷为 40～1 135 kg/hm^2，平均增产稻谷 475 kg/hm^2，平均增产幅度为 10%。水稻施用硫肥的增产效应以采用易溶于水的硫酸盐（如硫铵、石膏、$MgSO_4$ 和普钙等）较好。油菜对硫的需求量较大，油菜施硫的平均增产量为 264 kg/hm^2，变幅为 60～615 kg/hm^2，平均增产率为 22%。磷矿粉和硫磺配施之所以使油菜增产，主要是因为施用硫磺使土壤酸化，从而提高了磷矿粉中磷的有效性。在浙江红壤地区，施用 20～30 kg/hm^2 硫肥已能满足水稻和油菜生长和高产的要求。硫对油菜吸收硒有明显的影响（刘新伟等，2014），施用适量硫肥在改善作物生长的同时，可以通过降低土壤 pH 和提高有机质含量，促使水溶态硒在土壤中向铁锰氧化物结合态和有机结合态转化，从而钝化并抑制硒向六价态转化来降低油菜对硒的吸收，对合理调控富硒地区作物硒含量、保障农产品质量和安全、土壤硒资源长效利用具有重要意义。

植株的氮硫比（N/S）是衡量作物营养价值的重要指标，施用硫肥可以使蛋白质的含量和质量都得到提高。氮素和硫素的供应对籽粒的成分会有一定的影响，虽然蛋白氮和蛋白硫的比例稳定，但总氮量和总硫量的比值变化很大，根据蛋白质合成的需要，氮素与硫素的供应比例应该为（12～15）∶1。籽粒蛋白质的合成受营养供应的影响，在硫的胁迫条件下，籽粒合成的蛋白质倾向于含较少的甲硫氨酸和半胱氨酸。

（三）硫对土壤酸化的影响

20 世纪 50～60 年代以来，由于 SO_2 和氮氧化物的排放量日渐增多，酸雨问题越来越突出，现在中国已是仅次于欧洲和北美的第三大酸雨区。中国酸雨主要分布地区是长江以南的四川盆地、贵州、湖南、湖北和江西，以及东南沿海的福建、广东等省份。酸雨也是制约我国农林业和社会经济可持续发展的因素之一。陈泽伟（2004）的研究表明酸雨给中国造成的经济损失每年超过 1 100 亿元。

酸性沉降物对土壤酸化的影响取决于以下 3 个条件：①土壤本身的 pH 或土壤溶液的石灰位；②酸雨数量与土壤缓冲能力的关系；③土壤阳离子交换反应的速度。

为了评估土壤对酸的敏感性，根据对我国南方大量酸性土壤缓冲曲线的测定结果，初步选定在土壤中添加 10 nmol/kg 硫酸后，土壤 pH 变化的大小（ΔpH）作为指标，根据这个指标，可以将土壤的酸敏感性分为 4 级（表 3-6）；选定 pH 为 3.5 为生物致害的 pH，根据 pH 下降至 3.5 所需的硫酸量，也可将土壤的酸缓冲能力分为 4 级（表 3-6）。

表 3-6　土壤酸敏感性和酸缓冲能力分级指标（季国亮等，2002）

等级	土壤酸敏感性		土壤酸缓冲能力		
	ΔpH	敏感性	缓冲容量/(nmol/kg)	缓冲能力	酸敏感性
Ⅰ	＞1.2	最敏感	＜2.5	极弱	最敏感
Ⅱ	1.2～0.8	敏感	2.5～10	弱	敏感
Ⅲ	0.8~0.5	稍敏感	10~25	中等	稍敏感
Ⅳ	＜0.5	不敏感	＞25	强	不敏感

酸雨中的 SO_4^{2-} 和 NO_3^- 对土壤酸化的影响并不完全一样，由于我国南方红壤中含有大量氧化铁，它可以对 SO_4^{2-} 产生很强的专性吸附作用，而对 NO_3^- 只发生电性吸附。因此，将相当数量的两种阴离子输入土壤中时，它们对土壤的酸化影响不同。例如，在江西红壤和广州赤红

壤中，加入不同量的硫酸和硝酸后，加入硫酸后的红壤 pH 明显高于加入硝酸者。作为对照，两种恒电荷土壤（南京黄棕壤和山东棕壤）加入不同量的硫酸和硝酸后，土壤的 pH 差别不大，它说明由于红壤中存在的大量氧化铁对 SO_4^{2-}发生强烈的专性吸附，所释放的羟基中和了部分土壤酸度。因此，硫酸对土壤酸化的影响明显小于硝酸。而对于恒电荷土壤，这两种无机酸对土壤酸化的影响则无明显的差别。

由于两种无机酸对红壤的酸化影响不同，因此，它们对红壤中铝离子的形态分布影响也不一样。在红壤和赤红壤中加入硫酸后，土壤溶液中的总铝、Al^{3+}和 Al-F 的浓度明显低于加硝酸者。在恒电荷土壤中加入硫酸后，土壤溶液中的 Al^{3+}浓度低于加入硝酸者，而 A1-F 配位化合物和 Al-SO_4^{2-}配位化合物的浓度均高于加入硝酸者，说明两种无机酸对红壤酸化的影响明显不同。

土壤酸化将加剧土壤中铝、锰等元素的释放。随着模拟酸雨 pH 的降低，土壤渗漏水中铝离子和锰离子的浓度都加大。土壤中锰离子的数量（交换态和水溶态）决定着对植物的有效性，当 pH 过低时，过量锰离子可以对植物产生毒害。土壤中锰离子的浓度与氢离子的浓度之间具有一定的相关性，不同红壤中的锰离子含量随土壤 pH 的升高而降低（季国亮等，2002）。土壤酸化以后，不但加剧了土壤养分的淋溶，降低了土壤的保肥能力，而且当土壤酸化至一定程度时，土壤中铝含量的增高会直接影响作物的生长和产量。在土壤学中，通常认为铝毒、锰毒和缺钙是酸性土壤中影响植物生长的 3 个主要因素，其中，铝毒可能是最重要的。对红壤的研究表明，在 pH 4.5～5.8 范围内，随着土壤 pH 的降低，大麦的相对产量几乎呈直线下降趋势；当红壤的交换性铝含量在 0.3～1.7（1/3 cmol/kg）时，随着交换性铝含量的增加，大麦的相对产量呈直线下降。

在田间条件下，虽然很难把植物生长不良简单地归因于土壤酸度，然而不少现象已经表明，在华南和西南地区，一些树木，特别是马尾松的生长会受到土壤酸度的严重影响；在广西柳州地区，树木生长不良地区土壤 pH 比正常地区低 0.3～0.5；在重庆南郊，马尾松生长不良的黄壤 pH 低至 3.6～3.9。

土壤酸化后，可加速土壤中含铝的原生和次生矿物风化而释放大量铝离子，形成植物可吸收的铝化合物。植物长期和过量地吸收铝，会中毒甚至死亡。在酸雨作用下，土壤中的钾、钠、钙和镁等营养元素也会释放并随着雨水而流失。频繁发生的酸雨会造成土壤中营养元素严重不足，从而使土壤贫瘠。此外，酸雨可抑制某些土壤微生物繁殖，降低酶活性，土壤中的固氮菌、细菌和放线菌均会明显受到酸雨的抑制。土壤中虽然也存在自然酸化过程，但这种土壤酸度的年变化，甚至数十年内的变化都是微小的。大气酸沉降污染物进入土壤后，会诱发并加快土壤的酸化过程，在目前的酸沉降地区，土壤酸化实际上是在自然酸化基础上的加速酸化作用。有关土壤酸化问题，还将在第十章中进行讨论。

（四）酸性硫酸盐土壤对生态环境的影响

酸性硫酸盐土壤是一种极为劣质的土壤类型。它发育于富含还原性硫化物的成土母质，经氧化后产生硫酸而使土壤强烈酸化，返酸田便是由酸性硫酸盐土发育而成的水稻土（易琼等，2014）。在强酸性环境下，铝、铁、锰及其他一些微量元素的溶解度猛增，因而对植物产生毒害作用。这些毒性物质也可随侧向流水排入河流、港湾和鱼塘而影响水生生物的生存；因而酸性硫酸盐土问题实际已超越一般土壤学的研究范畴而成为重要的生态与环境问题。

（1）对植物生长的影响　主要影响为土壤水中产生的毒性物质对植物有毒害作用，由于酸性硫酸盐土壤的pH通常低于4，甚至更低，在这种强酸条件下，铝、铁、锰等元素的溶解度猛增，这些元素浓度的增加将有害于植物的生长；强酸环境会引起营养元素（如钙、镁和钾）缺乏，或降低营养物质的有效性；增加植物病原体侵入的可能性及降低土壤微生物活性；阻碍根的发育。

（2）对重金属行为的影响　当河流的沉积物被重金属污染后，排出的酸化水能将沉积物中的重金属释放出来而引起环境问题。

（3）对生物的影响　酸性硫酸盐土排出的酸性水对河流中的鱼类及其他鳃呼吸生物产生的影响主要包括：引起河流中大量鱼类和甲壳纲动物死亡；影响水产养殖业的增长率和生产力。

（4）对金属建筑材料的影响　很多金属建筑材料和地下管道可能被酸化土所产生的硫酸腐蚀，钢在还原条件下也可被损坏。

（5）对动物和人类健康的影响　由于沉积物的絮凝作用，强酸性富铝化水体显得异常清澈，有可能被人误认为适合于游泳甚至饮用，从而带来对身体的伤害。酸性硫酸盐土产生的SO_2可引起呼吸困难和污染大气。

第四节　土壤中磷素与环境质量

磷素是作物必需的重要营养元素之一，也是农业生产中最重要的养分限制因子。在磷未被作为肥料应用于农业之前，土壤中可被植物吸收利用的磷基本上来源于地壳表层的风化释放，以及成土过程中磷在土壤表层的生物富集。农业中磷肥的应用在很大程度上增加了土壤磷素，为农业生产带来了巨大的效益。但随着磷肥的长期大量广泛施用，在改变土壤中磷的含量、迁移转化状况和土壤供磷能力的同时，增加了土壤磷素向水环境释放的风险，一些重金属元素也随磷肥的施用进入土壤和水体（鲁如坤，1998）。因此，了解土壤中磷的循环转化状况，磷肥施用对水体、土壤生态环境，以及对农产品质量的影响，已成为环境土壤学研究的重点内容之一。关于农田磷素流失的环境风险及评价的相关内容包括：农田土壤中磷的流失与水体富营养化；土-水界面磷的行为特征及其对农田磷流失的影响；农田磷向地表水迁移的途径、过程及输入水体磷量的估算；农田磷流失风险的评价指标体系及磷肥安全限量；不同区域农田磷的环境安全临界指标及依据等在一些资料中已有讨论（李文超等，2017；杨林章等，2013；连彦峰和刘树庆，2008；张凤华等，2008）。

一、土壤中磷的含量与形态

（一）土壤中磷含量

地壳中磷的平均含量约为1.2 g/kg，而大多数自然土壤的含磷量则远远低于地壳中磷的含量。自然土壤中的磷素取决于母质类型、风化程度和淋失状况。从世界范围来看，土壤全磷量为0.2～5 g/kg，平均为0.5 g/kg。中国土壤的磷含量大致为0.2～1.1 g/kg。我国土壤的含磷量随风化程度的增强而减少，表现在由北向南土壤全磷含量有下降的趋势。然而，耕作土壤含磷量除与成土母质有关以外，还与有机质和施磷肥料有关。根据全国第二次土壤普查资料，农业发达、化学磷肥施用历史悠久的广东、浙江和云南等省份，农田土壤的有效磷含量较高；干旱区农业化肥用量相对较少，土壤有效磷含量相对较低。一般而言，水田管理较旱田精细，施肥较多，因此，同一省、区内水稻土有效磷含量平均都高于旱地土壤。农业中化肥的应用在很大程度上改变了农用土壤的含磷量和土壤对作物的供磷能力。由于长期施用磷肥，一些农业发达国家耕层土壤中的磷有相当部分来自于肥料磷的积累（鲁如坤，1998）。据估计，英国自 1850 年以后的 130 余年中投入农业中的磷总量约为 1.18×10^7 t，以致于英国农田耕层土壤中的磷有 1/3～1/2 是施用磷肥而积累起来的。

（二）土壤磷的形态

土壤中的磷按其赋存形态可分为有机态磷和无机态磷两大类。

1. 有机态磷

从世界范围土壤来看，有机态磷在土壤全磷中的比重为 15%～80%，我国大部分土壤有机态磷占 20%～50%，但森林和草原植被下的土壤可占 50%～80%，而且常常和土壤有机质含量有良好的直线相关（红黄壤旱地除外）。这些直线相关的斜率为 0.008～0.014（*X* 轴为土壤有机 C%，*Y* 轴为有机 P_2O_5%），也就是说，当土壤每含 1%的有机碳时，相应的有机态 P_2O_5 含量为 0.01%，这一比例和早期所获得的矿质土壤有机质中 C∶N∶P＝110∶9∶1 相近似。但是，土壤有机态 C/P 比变化较大，不如 C/N 比稳定。主要原因是磷不像氮和硫那样是土壤腐殖酸和富啡酸的结构元素。例如，根据加拿大、美国、巴西、新西兰和印度等国 131 个标本的统计，其有机态 C/P 比为 78～231。不过通常估计土壤有机态磷是土壤有机质含量的 1%～3%（土壤有机 C 含量为 0.6%～1.8%）（鲁如坤，1998）。侵蚀严重的红壤表土有机质含量不到 1%，因而有机磷含量小于全磷量的 10%。而东北地区的黑土有机质含量高达 3%～5%，使得有机磷含量达全磷量的 2/3。在森林或草原植被下发育的土壤，其有机磷含量可占土壤全磷量的一半以上，高的甚至可达 90%。目前，有机磷化合物中大部分为未知，已知的土壤中的有机磷化合物和在有机磷中的相对含量为：

1）植素类 占土壤有机磷的 2%～50%，是普遍存在于植物体中的有机化合物；

2）磷脂类 占土壤有机磷的 1%～5%，主要为磷酸甘油酯、卵磷脂和脑磷脂，普遍存在于动物、植物和微生物组织中，一般为甘油的衍生物；

3）核酸及其衍生物类 占土壤有机磷的 0.1%～2.5%，它们能在土壤中迅速降解或重新组合，由核蛋白分解时产生，能与土壤无机黏粒结合形成有机无机复合体。

2. 无机磷

在大部分土壤中，无机磷含量占主导地位，占土壤全磷量的 50%～90%。土壤中无机磷化合物通常为正磷酸盐和聚磷酸盐，除了少量的水溶态外，绝大部分以吸附态和固体矿物态存在于土壤中。在实践上，根据无机磷在不同化学提取剂中的选择溶解性，将无机磷分为数组（操作定义）。在众多分组方法中，以张守敬和杰克逊及其相关的修正方法应用较为广泛，该法将无机磷分为以下 4 组。

1）磷酸铝类化合物（Al-P） 能溶于氟化物（0.5 mol/L NH_4F）提取液，如磷铝石，也包括富铝矿物（如三水铝石、水铝英石等）结合的磷酸根。

2）磷酸铁类化合物（Fe-P） 能溶于氢氧化钠（0.1 mol/L NaOH）提取液，如粉红磷铁矿，以及吸附于水合氧化铁等富铁矿物表面的非闭蓄态磷。

3）磷酸钙（镁）类化合物（Ca-P）　指各种酸溶性（0.25 mol/L H_2SO_4）钙（镁）磷酸盐，如磷灰石类，也包括磷酸二钙、磷酸八钙等。

4）闭蓄态磷（O-P）　或称还原溶性磷，包括被水合氧化铁胶膜包被着的各种磷酸盐，它用 0.3 mol/L 的柠檬酸钠和连二亚硫酸钠溶液浸提，应用连二亚硫酸钠将包被在磷外的氧化铁胶膜还原为亚铁，并用柠檬酸钠的配位反应使包膜破坏而提取被包被的磷。

土壤中的难溶性无机磷大部分被铁、铝和钙元素所束缚，一般来说，在酸性土壤中，磷与 Fe^{3+}、Al^{3+}形成难溶性化合物，在中性条件下与 Ca^{2+}和 Mg^{2+}形成易溶性的化合物，在碱性条件下与 Ca^{2+}形成难溶性化合物。土壤中的难溶性磷和易溶性磷之间存在着缓慢的平衡。由于大多数可溶性磷酸盐离子为固相所吸附，所以这两部分之间没有明显的界线。在一定条件下，被吸附的可溶性磷酸盐离子能迅速与土壤溶液中的离子发生交换反应。土壤中的有机磷和微生物磷与土壤溶液磷和无机磷总是处在一种动态循环中。

3. 土壤中磷形态测定方法

土壤中磷的形态历来是人们关注的问题之一，因为如果人们确切地知道土壤中磷的化学形态，就有可能根据磷化合物的化学性质推断其固液相之间的分配，从而判断其环境行为。目前，土壤磷的形态多是围绕磷的化学分组展开，经历了由单纯研究无机磷分级、有机磷分级，到无机磷和有机磷相结合的土壤磷素分级过程。Hedley 等（1982）利用不同浸提剂将土壤磷素大致分为树脂交换态磷、碳酸氢钠提取态磷、土壤微生物量磷、氢氧化钠提取态磷、土壤团聚体内磷、磷灰石型磷（HCl-P），以及残留态磷。Cross 和 Schlesinger（1995）等在 Hedley 分级法的基础上，将磷素形态进一步归纳为地球化学态磷和生物态磷；Tiessen 和 Moir（1993）对 Hedley 磷素分级法做了进一步改进，省去了对含量较少的土壤微生物量磷和土壤团聚体内磷的提取。近年来，科学家考虑到磷酸盐分子结构中磷原子和 4 个氧原子紧密相连，磷仅有一个稳定同位素，而氧有 3 个稳定同位素，因此，转向通过磷酸盐氧同位素组成定量追踪研究土壤中磷循环过程。Zohar 等（2010）仿照土壤磷酸盐不同形态分级测定的分类方法，对土壤中的磷酸盐进行逐级提取，并分别沉淀为 Ag_3PO_4 单独进行测试，发现不同形态的磷酸盐氧同位素存在显著差异；认为不同酸碱条件提取的磷酸根可能代表着不同的磷源，强酸碱提取部分反映了被钙、铁等固化的磷矿石原始同位素比率；弱碱提取部分为易被微生物吸收反应的磷源。此外，近年来一些先进的分析仪器，例如 X 射线衍射（XRD）、红外光谱（FTIR）、^{31}P 核磁共振（^{31}P NMR）、X 射线吸收近边结构（XANES）等技术也成为分析土壤中磷素形态的主要工具。这些分析手段与传统的化学分级方法结合使用，互相补充验证，为鉴定土壤中磷素的存在形态提供了可能。

然而，目前鉴定土壤中天然存在的含磷矿物的形态在技术上尚存在困难，因而其操作定义得到了广泛的应用，但它确实存在较多的不足之处，无法判断化合物的确切组成。因此，有关磷的形态问题仍是一个需要研究的课题。

二、磷在土壤中的迁移转化与固定

土壤磷的迁移转化包括一系列复杂的化学和生物化学反应，如有机磷的矿化和无机磷的生物固定，有效磷的固定和难溶性磷的释放过程。

（一）有机磷的矿化和无机磷的生物固定

土壤磷的矿化和生物固定是两个方向相反的过程，前者使有机态磷转化为无机态磷，后者使无机态磷转化为有机态磷。

1. 有机磷的矿化

土壤中的有机磷除一小部分被作物直接吸收利用外，大部分需经微生物作用进行矿化转化为无机磷后，才能被作物吸收，其分解反应示例如下：

$$\text{磷酸肌醇} \xrightarrow[\text{磷酸酯酶}]{\text{水解}} \text{肌醇} + H_2O \tag{3-31}$$

$$\text{卵磷脂} \xrightarrow[\text{磷酸酯酶}]{\text{水解}} \text{磷酸甘油} + \text{胆碱} + \text{脂肪酸}$$

$$\text{磷酸甘油} \xrightarrow{\text{水解}} \text{甘油} + H_3PO_4 \tag{3-32}$$

$$\text{核蛋白} \xrightarrow{\text{水解}} \text{核酸} + \text{蛋白质}$$

$$\text{核酸} \xrightarrow{\text{核酸酶}} \text{核苷酸}$$

$$\text{核苷酸} \xrightarrow{\text{核苷酸酶}} \text{核苷} + H_3PO_4 \tag{3-33}$$

土壤中有机磷的矿化，主要是土壤中的微生物和游离酶、磷酸酶共同作用的结果，其分解速率与有机氮的矿化速率一样，取决于土壤温度、湿度、通气性、pH、无机磷和其他营养元素、耕作技术和根分泌物等因素。温度在 30～40℃，有机磷的矿化速度随温度的升高而加快，矿化最适宜温度为 35℃，在 30℃以下不仅不进行有机磷的矿化，反而发生磷的净固定。干湿交替可以促进有机磷的矿化，淹水可以加速六磷酸肌醇的矿化，氧压低、通气差时，矿化速率变小。磷酸肌醇在酸性条件下易与活性铁、铝形成难溶性的化合物，降低其水解作用；同时，核蛋白的水解也需要一定数量的 Ca^{2+}，所以酸性土壤施用石灰后，可以调节 pH 和 Ca/Mg 比，从而促进有机磷的矿化；施用无机磷对有机磷的矿化也有一定的促进作用。有机质中磷的含量，是决定磷是否产生纯生物固定和纯矿化的重要因素，其临界指标约为 0.2%，大于 0.3% 时则发生纯矿化，小于 0.2%时则发生纯生物固定。同时，有机磷的矿化速率还受到 C/P 比和 N/P 比的影响，当 C/P 比或 N/P 比大时，则发生纯生物固定，反之则发生纯矿化。同样供硫过多时，也会发生磷的纯生物固定。

土壤耕作能降低磷酸肌醇的含量，因此，多耕的土壤中有机磷的含量比少耕或免耕的土壤少。植物根系分泌的、易同化的有机物能增强曲霉、青霉、毛霉、根霉、芽胞杆菌和假单胞菌属等微生物的活性，使之产生更多的磷酸酶，加速有机磷的矿化，特别是菌根植物根系的磷酸酶具有较大的活性。可见土壤有机磷的分解是一个生物作用过程，分解矿化的速度受土壤微生物活性的影响，环境条件适宜微生物生长时，土壤有机磷分解矿化速度就加快。

2. 无机磷的生物固定

土壤中无机磷的生物固定作用即使在有机磷矿化过程中也能发生，因为分解有机磷的微生物本身也需要有磷才能生长和繁殖。当土壤中的有机磷含量不足或 C/P 比大时，就会出现微生物与作物竞争磷的现象，发生磷的生物固定。

（二）土壤中磷的固定和释放

土壤对磷的固定和释放是磷的重要性质，磷的固定是水溶性磷从液相转入固相；磷的释放是固定作用的逆向作用，是从固相转入液相的过程。

1. 土壤中磷的固定

土壤中磷的固定机理主要是磷化合物的沉淀作用和吸附作用。一般磷的浓度较高，土壤中有大量可溶态阳离子存在和土壤 pH 较高或较低时，沉淀作用是主要的。相反，在土壤磷浓度较低时，以及土壤溶液中阳离子浓度也较低的情况下，吸附作用是主要的。

（1）土壤中磷的沉淀和溶解　　土壤中的磷和其他阳离子形成固体而沉淀，在不同的土壤中，由不同的体系所控制。在石灰性土壤和中性土壤中，由钙镁体系控制，土壤溶液中的磷酸离子以 HPO_4^{2-} 为主要形态（图 3-3），它与土壤胶体上的交换性 Ca^{2+}经化学作用产生 Ca-P 化合物。例如，水溶性一钙，在石灰性土壤中最初形成磷酸二钙，磷酸二钙继续作用，逐渐形成溶解度很小的磷酸八钙，最后又慢慢地转化为稳定的磷酸十钙。随着这一转化过程的继续进行，生成物的溶度积常数相继增大，溶解度变小，生成物在土壤中趋于稳定，磷的有效性降低。

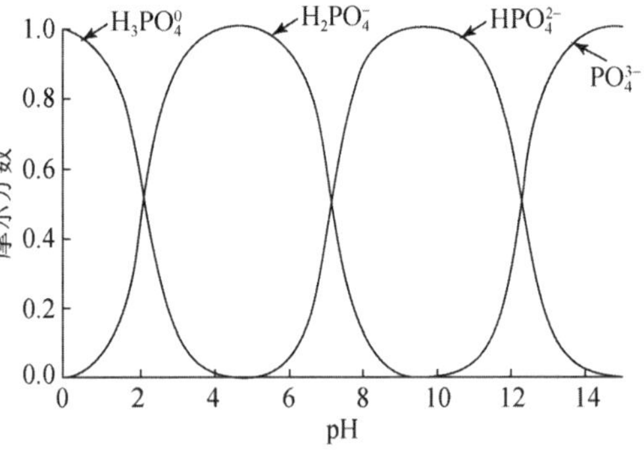

图 3-3　土壤溶液中磷的形态与 pH 的关系（Lindsay，1979）

在酸性土壤中，由铁铝体系控制。酸性土壤中的磷酸离子主要以 $H_2PO_4^-$ 形态与活性铁、铝或交换性铁、铝及赤铁矿、针铁矿等化合物作用，形成一系列溶解度较低的 Fe(Al)-P 化合物，如磷酸铁铝、盐基性磷酸铁铝等。

根据热力学理论，磷和土壤反应的最终产物在碱性土壤和石灰性土壤中，是羟基和氟基磷灰石，而在中性和酸性土壤中是磷铝石和粉红磷铁矿。当一个土壤不断进行风化时，土壤 pH 降低，这时磷酸钙就会向无定型和结晶的磷酸铝盐转变，而磷酸铝盐则进一步向磷酸铁盐转化。因此，土壤中各种磷肥和土壤的最初反应产物都将按着热力学的规律向着更加稳定的状态转化，直至变为最终产物（鲁如坤，1998）。

（2）土壤磷的吸附作用　　由于土壤固相性质不同，吸附固定过程又可分为专性吸附和非专性吸附。在酸性条件下，土壤中的铁铝氧化物能从介质中获得质子而使本身带正电荷，由于静电引力吸附阴离子，这是非专性吸附。

$$\text{M（金属）— OH} + H^+ \longrightarrow \text{M — }[OH_2]^+ \tag{3-34}$$

$$\text{M—}[OH_2]^+ + H_2PO_4^- = \text{M — }[OH_2]^+ \cdot H_2PO_4^- \tag{3-35}$$

除上述自由正电荷引起的吸附固定外，磷酸根离子置代土壤胶体（黏土矿物或铁铝氧化物）表面金属原子配位壳中的—OH或—OH_2配位基，同时发生电子转移并共享电子对，而被吸附在胶体表面上即为专性吸附。专性吸附不论黏粒带正电荷还是带负电荷，均能发生，其吸附过程较缓慢。随着时间的推移，由单键吸附逐渐过渡到双键吸附，从而出现磷的“老化”，最后形成晶体状态，使磷的活性降低。在石灰性土壤中也会发生这种专性吸附。当土壤溶液中磷酸离子的局部浓度超过一定限度时，经化学力作用，便在碳酸钙的表面形成无定形的磷酸钙。随着碳酸钙表面不断渗出Ca^{2+}，无定形磷酸钙便逐渐转化为结晶形，经过较长时间后，结晶形磷酸盐逐步形成磷酸八钙或磷酸十钙。

2. 土壤磷的释放

土壤磷的解吸作用是磷释放作用的重要机理之一，它是磷从土壤固相向液相转移的过程。土壤磷或磷肥的沉淀物与土壤溶液共存时，土壤溶液中的磷因作物吸收而降低，破坏了原有的平衡，使反应向磷溶解的方向进行。当土壤中的其他阴离子的浓度大于磷酸根离子时，可通过竞争吸附作用，导致吸附态磷的解吸，吸附态磷沿浓度梯度向外扩散进入土壤溶液。

土壤中磷的释放和植物吸收的动力学测定有多种方法，薄膜扩散梯度技术（DGT）是其中有效的工具之一，有关该技术的原理曾有较为详细的介绍（房煦等，2017；罗军等，2011）。对于植物有效态磷的测定，它是在固定相和外部环境介质之间（即扩散层）形成扩散梯度，通过固定相选择性地吸收可溶态磷，模拟植物根系对磷的吸收动力学，以及由此造成的固-液交换过程（Zhang et al.，2014c；Degryse et al.，2009）。有研究发现，DGT-P与作物产量之间具有很好的相关性（Six et al.，2012；Tandy et al.，2011）。此外，将DGT与高分辨测定方法结合，可以反映磷在土-水界面和根际微区的有效性变化及其耦合地球化学过程，例如，利用DGT结合高分辨率化学影像，通过激光剥蚀电感耦合等离子体质谱仪（LA-ICP-MS）技术发现水稻根际磷的释放量在水稻根际约1 mm范围内基本相当，并且认为探索作物根际磷素的吸收，以及根际土壤中磷的释放是一个具有挑战性的研究（Santner et al.，2012；Ding et al.，2011）。

三、土壤磷素与水体富营养化

水体富营养化是当今世界水污染治理的难题之一，而磷是大多数淡水水体中藻类生长的主要限制因子。影响水体富营养化的首先是磷的浓度，一般认为，水体中磷的浓度达到0.02 mg/L时即可能产生富营养化，但同时也受N/P比的影响。当N/P比大于4～5时，其限制因素是磷，富营养化取决于磷浓度的增加。如果N/P比小于4～5时，则限制因素可能是氮，在这种情况下，磷浓度的升降就对富营养化影响较少。

（一）水体中磷的来源

水体中的磷主要来自于天然和人为两方面，天然来源包括降水、地表土壤的侵蚀和淋溶；人为来源包括城市排放的含磷生活污水、农业施用的化肥和牲畜粪便经雨水冲刷和渗透而最终进入水体的磷。按照污染物进入水体的方式可分为点源污染（通过沟渠管道集中排放的污染源）和非点源（面源）污染（进入水体的污染物从广大的流域面积上或从一个城市区域汇集而来）。据估计，全世界每年有3×10^6～4×10^6 t P_2O_5从土壤迁移到水体中（单艳红等，2004）。

在一些地区，以农田排磷为主的非点源磷污染往往是水体中磷的最主要来源，非点源污染所占的负荷越来越大，非点源磷对水体富营养化的贡献也愈显突出，这在发达国家表现得更为明显。例如，在基本实现了对工业和城镇生活污水等点源污染有效治理的欧美等国家，非点源营养物质已成为水环境的最大污染源。而来自于农田土壤的氮、磷在非点源污染中占有最大份额，水体中的总磷与流域内农业施用磷肥的比例呈正相关关系。长期过量施用磷肥会导致土壤有效磷甚至全磷含量增加，土壤磷库盈余量不断攀升，增加了磷随农田地表径流和向下淋洗的流失，对地表水和地下水环境安全带来负荷。丹麦内陆湖泊的总磷含量在 20 世纪 80 年代有所降低，但这并没有使水质明显改善，因为其他来源的磷（主要是农田土壤磷的流失）仍足以使许多湖泊中的磷浓度超过 0.02 mg/L，其中，农业非点源磷占河流中磷来源的一半以上，一般以农业用地为主的流域内非点源磷年产生量（0.29 kg/hm^2）相当于自然流域（0.07 kg/hm^2）的 4 倍。据估计，在欧洲一些国家的地表水体中，农业排磷所占的污染负荷为 24%～71%（李秀芬等，2010）。世界各地由地表进入水源的磷量见表 3-7。

表 3-7　每年不同地区从土壤进入水源的磷量（鲁如坤，1998）　（单位：10^4 t P）

地区	磷量	地区	磷量	地区	磷量
北美	20	中国	40~60	南亚	20~30
欧洲	30	拉美	50~80	东南亚	40~70
前苏联	100~180	北非中东	20~30		

2010～2013 年我国太湖地区农田的平均磷流失量为 2.56 $kg/(hm^2 \cdot a)$（彭兆弟等，2016），地表径流是农田土壤磷素流失的主要途径。以太湖流域农田为例，整个水稻生长季稻田磷的流失总量能达到 0.95 kg/hm^2（焦少俊等，2007），径流迁移的磷素主要是颗粒态磷，占总流失磷的 70%～80%。土壤磷素随径流流失的量在其他条件相同的前提下，可随土壤有效磷含量的增加而提高，但在土壤有效磷含量达到一定累积水平之前，径流流失的磷量随有效磷的增加非常有限，一旦达到临界值后，径流流失的磷量便会迅速增加，这个临界值称为土壤磷素的环境警戒值。曹志洪等（2005）的研究结果表明，太湖地区水稻土磷素环境警戒值为 25～30 mg/kg（以 Olsen-P 为准，$NaHCO_3$ 提取）。

（二）磷进入水体的途径

磷可以通过地表径流、土壤侵蚀和渗漏淋溶等途径进入水体。但土壤，特别是下层土壤对磷有足够大的吸持能力，使实际进入地下水的磷很少，甚至在施用大量磷肥、厩肥和城市污泥时，也不大会造成污染问题，大部分磷都被保持在耕层中。英国洛桑试验站的试验表明，施磷 100 a 后，磷仍然集中在 40 cm 土层内。在施磷量（P）高达 268 kg/hm^2 的试验中，3 a 后 0～5 cm 土层中有效磷增加了 3～10 倍，而 5 cm 以下没有增加，它说明了下渗水流中磷一般含量很少。然而土壤性质和用量对磷的向下运动有明显的影响，在固磷低的轻质土壤中，磷的向下运动要大得多。例如，施过磷酸钙（P）600～2 000 kg/hm^2 时，在湖积细砂土上，虽然大部分积累在 15～45 cm 范围内，但磷的下移深度可至 200 cm。当磷用量（P）达 13 000 kg/hm^2，仍有 22%存在 15 cm 范围内，但下移最深处可达 400 cm。

农田土壤中的磷既可以随地表径流流失，也可以被淋溶流失，但除了过量施肥的土壤或地下水位较高的砂质土壤外，多数情况下土壤剖面淋溶液中的磷浓度很低，因而随径流流失是农田土壤中的磷进入水体的主要途径。农田排水中的总磷含量一般为 0.01～1 mg/L，其中，溶解态的磷不超过 0.5 mg/L。一般来说，农田土壤中磷的流失量只占化肥施用量的 2%左右，低于 1 $kg/(hm^2 \cdot a)$，从农学意义上讲，这一流失量对农业经济的影响并不大，但由此而产生的水环境质量问题却不容忽视。径流中的磷素按其形态又可分为溶解态磷和颗粒态磷两大类，溶解态磷主要以正磷酸盐形式存在，可为藻类直接吸收利用，因而对地表水环境质量有最直接的影响。

磷的流失主要是径流的作用。磷通过径流进入地表水，这是农田磷损失的主要途径，其中很大一部分是以悬浮颗粒损失的。农田中因施肥使其表土磷积聚较快，施入的磷肥大部分集中在表土，因此，表土冲刷可造成磷的较大损失。径流中的悬浮土粒都是比较细的颗粒，而磷在土壤中主要集中在细粒部分。施肥也可以显著提高径流水和渗漏水中的可溶态磷量，特别是在磷肥用量较高时。对滇池流域土壤的研究表明（张乃明等，2007），表层土壤的磷素累积明显，全磷和有效磷均高于全国土壤平均值。其中，全磷含量为0.5～7.0 g/kg，平均2.15 g/kg；有效磷含量为26.7～598 mg/kg，平均151 mg/kg。土壤磷的释放风险为57 mg/kg（Olsen-P），参考这一数值，滇池流域大约有69%的样点土壤已经对滇池水体构成了不同程度的环境风险，其中51%的样点土壤磷释放的风险较高、流失严重，并已成为滇池水体富营养化的主要原因之一。

应当注意的是，磷肥的当季利用率一般在 10%～25%，大部分施入土壤中的磷肥不能为当季作物利用而积累于土壤中，即磷肥在土壤中的积累性或积累态磷的问题。据统计，自从20世纪60年代初我国大规模施用磷肥以来，到1992年，在土壤中积累的磷量（P_2O_5）达到6 000×10^4 t左右。这一方面提高了土壤磷的供应能力，但另一方面农田磷素对环境的潜在威胁也大大增加。所以径流中的磷量不仅受当季磷肥用量的影响，也受土壤中已经积累的磷量的影响（鲁如坤，1998）。积累态磷是指化肥磷未被植物利用而积累于土壤中的那一部分磷素，是“后天”积累起来的，是磷肥和土壤发生了一系列复杂反应的产物，其性质不同于土壤中原来的磷素。积累态磷的可利用率可用化学耗竭法进行评价（郑春荣等，2002）。

影响径流中磷量的主要因素是土壤中磷肥的施用量和累积量。因此，防止农田磷对环境不利影响的主要途径是控制径流和合理施用磷肥。控制地表径流是水土保持的一个主要任务，包括工程和生物措施。而合理施用磷肥也应是减少磷对环境影响的主要措施，包括：①优化区域施磷方式，如在水旱轮作时，重点将磷肥施在旱作上，可以在很大程度上减少径流中和渗漏水中磷的浓度；采取有机肥和化学磷肥配合施用的方法，提高土壤有效磷的供应能力。②提高磷肥利用率，如充分利用土壤微生物作用来溶解或矿化累积于土壤中的磷源。然而，目前我国磷肥多以高浓度水溶性磷肥和复合肥为主，磷肥管理较少考虑肥料性质与土壤—作物体系的匹配，对于不同的集约化作物体系中磷肥的形态转化、无效化机理及阻控途径缺乏定量认识。因此，应加强研究肥料—土壤—作物的匹配关系，实现减磷增效、减少水体富营养化风险的目标。

思考题与习题

1. 土壤有机碳分几种形态？影响土壤有机碳转化的因素包括哪几个方面？
2. 土壤中甲烷是如何产生的？稻田土壤甲烷排放通量受哪些因素的影响？
3. 全球气候变化对土壤碳循环有何影响？土壤碳库对气候变化有何重要意义。
4. 土壤中氮素来源与自然界氮循环有何关系？
5. 氮在土壤中是如何转化的？硝化作用和反硝化作用有何不同？
6. 农田土壤氮素损失对环境的影响包括哪几个方面？
7. 土壤中的硫的形态包括哪几种？硫的矿化受哪些因素影响？
8. 硫素循环对环境有何影响？
9. 如何理解硫素与土壤酸化的关系？

10. 土壤中的磷素分几种形态？磷在土壤中的固定受哪些因素影响？

11. 土壤中磷的迁移转化与地表水富营养化有何关系？

12. 长期使用化学磷肥对土壤环境有何不利的影响？

主要参考文献

卜容燕，任涛，鲁剑巍等. 2012. 水稻-油菜轮作条件下氮肥效应及其后效. 中国农业科学，45（24）：5049～5056

蔡祖聪，魏朝富，廖宗文等. 1997. 冬水田水分管理对稻田甲烷排放的影响. 应用生态学报，9（2）：171～175

蔡祖聪，徐华，马静. 2009. 稻田生态系统 CH_4 和 N_2O 排放. 合肥：中国科学技术大学出版社

蔡祖聪. 1999. 水稻土甲烷排放. 见：马毅杰，陈家坊等. 水稻土物质变化与生态环境. 北京：科学出版社

曹娜，张乃明. 2007. 滇池周边地区农田土壤硝酸盐迁移累积特征的研究. 安全与环境学报，7（1）：20～23

曹志洪，林先贵，杨林章等. 2005. 论"稻田圈"在保护城乡生态环境中的功能Ⅰ. 稻田土壤磷素径流迁移流失的特征. 土壤学报，42（5）：97～102

陈效民，邓建才，柯用春等. 2003. 硝态氮垂直运移过程中的影响因素研究. 水土保持学报，17（2）：12～15

陈泽伟. 2004. 中国面对酸雨威胁. 瞭望，38：24～25

程谊，黄蓉，余云飞等. 2017. 应重视硝态氮同化过程在降低土壤硝酸盐浓度中的作用. 土壤学报，54（6）：1326～1331

程谊，张金波，蔡祖聪. 2012. 土壤中无机氮的微生物同化和非生物固定作用研究进展. 土壤学报，49（5）：1030～1036

单艳红，杨林章，王建国. 2004. 土壤磷素流失的途径、环境影响及对策. 土壤，36（6）：602～608

丁维新，蔡祖聪. 2003. 氮肥对土壤甲烷产生的影响. 农业环境科学学报，22（3）：380～383

段然，汤月丰，王亚男等. 2017. 不同施肥方法对双季稻区水稻产量及氮素流失的影响. 中国生态农业学报，25（12）：1815～1822

樊军，郝明德. 2002. 旱地长期定位施肥土壤剖面中有效硫累积及其影响因素. 植物营养与肥料学报，8（1）：86～90

房煦，罗军，高悦等. 2017. 梯度扩散薄膜技术（DGT）的理论及其在环境中的应用Ⅱ. 土壤与沉积物原位高分辨分析中的方法与应用. 农业环境科学学报，36（9）：1693～1702.

冯锦，崔东，孙国军等. 2017. 新疆土壤有机碳与土壤理化性质的相关性. 草业科学，34（4）：692～697

韩士杰，董云社，蔡祖聪等. 2008. 中国陆地生态系统碳循环的生物地球化学过程. 北京：科学出版社

贺纪正，张丽. 2013. 土壤氮素转化的关键微生物过程及机制. 微生物学通报，40（1）：98～108

胡玉婷，廖千家骅，王书伟等. 2011. 中国农田氮淋失相关因素分析及总氮淋失量估算. 土壤，43（1）：19～25

胡正义，徐成凯. 2002. 土壤中的硫与环境质量. 见：陈怀满等著. 土壤中化学物质的行为与环境质量. 北京：科学出版社

黄耀，刘世梁，沈其荣等. 2002. 环境因子对农业土壤有机碳分解的影响. 应用生态学报，13（6）：709～714

黄耀，孙文娟，张稳等. 2010. 中国陆地生态系统土壤有机碳变化研究进展. 中国科学•生命科学，40（7）：577～586

季国亮，徐仁扣，赵安珍. 2002. 红壤酸化的机理. 见：赵其国等. 中国东部红壤地区土壤退化的时空变化、机理及调控. 北京：科学出版社

焦少俊，胡夏民，潘根兴. 2007. 施肥对太湖地区青紫泥水稻土稻季农田氮磷流失的影响. 生态学杂志，26（4）：495～500

李东坡，武志杰，梁成华. 2008. 土壤环境污染与农产品质量. 水土保持通报，28（4）：172～177

李良谟，潘映华，周秀如等. 1987. 太湖地区主要类型土壤的硝化作用及其影响因素. 土壤，19（6）：289～293

李书田，林葆，周卫. 2001. 土壤硫素形态及其转化研究进展. 土壤通报，32（3）：132～135

李文超，翟丽梅，刘宏斌等. 2017. 流域磷素面源污染产生与输移空间分异特征. 中国环境科学，37（2）：711～719

李香兰，徐华，蔡祖聪. 2008. 稻田 CH_4 和 N_2O 排放消长关系及其减排措施. 农业环境科学学报，27（6）：2123～2130

李新华，刘景双，于君宝等. 2006. 土壤硫的氧化还原及其环境生态效应. 土壤通报，37（1）：159～164

李秀芬，朱金兆，顾晓君等. 2010. *农业*面源*污染*现状与防治进展. 中国人口·资源与环境，20（4）：81～84

李艳春，王义祥，王成己等. 2014. 福建省农业生态系统氧化亚氮排放量估算及特征分析. 中国生态农业学报，22（2）：225～233

李祯，史海滨，李仙岳等. 2017. 农田硝态氮淋溶规律对不同水氮运筹模式的响应. 水土保持学报，31（1）：310～317

李忠，孙波. 2002. 土壤中有机碳的贮量、分布及转化. 见：陈怀满等. 土壤中化学物质的行为与环境质量. 北京：科学出版社

李彦，王玉刚，唐立松. 2016. 重新被"激活"的土壤无机碳研究. 土壤学报，53（4）：845～849

连彦峰，刘树庆. 2008. 农田土壤中磷素流失与水体富营养化. 河北农业科学，12（7）：91～93

林尔达. 1993. 减少农业甲烷排放的技术选择. 农村生态环境-甲烷排放与温室效应专辑，（增刊）：9～12

林心雄，程励励，施书莲等. 1980. 绿肥和藁秆等在苏南地区土壤中分解特征. 土壤学报，17（4）：319～327

刘崇群，曹淑卿，陈国安等. 1990. 中国南方农业中的硫. 土壤学报，27（4）：398～404

刘崇群. 1995. 中国南方土壤硫的状况和对硫肥的需求. 磷肥与复肥，（3）：14～18

刘苗，刘国华. 2014. 土壤有机碳储量估算的影响因素和不确定性. 生态环境学报，23（7）：1222～1232

刘世荣，王晖，栾军伟. 2011. 中国森林土壤碳储量与土壤碳过程研究进展. 生态学报，31（19）：5437～5448

刘新伟，段碧辉，夏全杰等. 2014. 硫对土壤中硒形态变化及油菜硒吸收的影响. 环境科学，35（9）：3564～3571

鲁如坤. 1998. 土壤-植物营养学原理和施肥. 北京：化学工业出版社

罗军，王晓蓉，张昊等. 2011. 梯度扩散薄膜技术（DGT）的理论及其在环境中的应用Ⅰ. 工作原理、特性与在土壤中的应用. 农业环境科学学报，30（2）：205～213
骆亦其，周旭辉. 2006. 土壤呼吸与环境. 北京：高等教育出版社
毛伟，李文西，唐宝国等. 2014. 县级测土配方施肥指标体系建立研究——以江苏省江都市水稻为例. 植物营养与肥料学报，20（2）：396～406.
孟赐福，吕晓男，曹志洪等. 2004. 水稻和油菜施硫的增产效应及土壤有效硫临界指标的研究. 植物营养与肥料学报，10（2）：218～220
潘根兴，曹建华，周运超. 2000. 土壤碳及其在地球表层系统碳循环中的意义. 第四纪研究，20（4）：325～334
潘根兴，赵其国，蔡祖聪. 2005.《京都议定书》生效后我国耕地土壤碳循环研究若干问题. 中国基础研究，（2）：12～18
彭兆弟，李胜生，刘庄等. 2016. 太湖流域跨界区农业面源污染特征. 生态与农村环境学报，32（3）：458～465
邵美红，孙加焱，阮关海. 2011. 稻田温室气体排放与减排研究综述. 浙江农业学报，23（1）：181～187
沈志强，卢杰，方江平. 2015. 2004—2013年我国土壤碳循环研究文献分析. 安徽农业科学，43（4）：347～348
王凡，朱云集，路玲. 2007. 土壤中的硫素及其转化研究综述. 中国农学通报，23（5）：249～253
王寅，鲁剑巍，李小坤等. 2013. 江浙油菜主产区冬油菜的区域适宜施氮量的研究. 土壤学报，50（6）：50～61.
吴春生，刘苑秋，魏晓华等. 2016. 中亚热带典型森林倒木生物量、碳储量及其分布格局. 林业科学研究，29（3）：307～316
吴金水. 2000. 土壤微生物对硫素转化及有效性的控制作用. 安徽农业大学学报，27（s1）：109～113
吴又先，潘淑贞，丁昌璞. 1993. 土壤中硫的氧化还原及其生态学意义. 土壤学进展，21（4）：9～17
夏仕明，陈洁，蒋玉兰等. 2017. 稻田N_2O排放影响因素与减排研究进展. 中国稻米，23（2）：5～9
徐华，蔡祖聪. 2002. 土壤碳库和氮库与大气质量. 见：陈怀满等. 土壤中化学物质的行为与环境质量. 北京：科学出版社
徐鹏，后希康，周丰等. 2013. 华北平原农田硝态氮淋溶率和淋溶负荷估计. 环境科学学报，33（11）：3173～3180
杨林章，薛利红，施卫明等. 2013. 农村面源污染治理的“4R”理论与工程实践—案例分析. 农业环境科学学报，32（6）：2309～2315
易琼，杨少海，黄巧义等. 2014. 改良剂对反酸田土壤性质与水稻产量的影响. 土壤学报，51（1）：176～183
于东升，史学正，孙维侠等. 2005. 基于1∶100万土壤数据库的中国土壤有机碳密度及储量研究. 应用生态学报，16（12）：2279～2283
于飞，施卫明. 2015. 近10年中国大陆主要粮食作物氮肥利用率分析. 土壤学报，52（6）：1311～1324
张昌爱，张民，曾跃春. 2007. 硫对石灰性土壤化学性质的影响. 应用生态学报，18（7）：1453～1458
张凤华，刘建玲，廖文华. 2008. 农田磷的环境风险及评价研究进展. 植物营养与肥料学报，14（4）：797～805
张广斌，马静，马二登等. 2010. 尿素施用对稻田土壤甲烷产生、氧化及排放的影响. 土壤，42（2）：178～183
张雷，严红，魏涟. 2004. 土壤有机碳储量及影响其分解因素. 东北农业大学学报，35（6）：744～748
张乃明，李成学，李阳红. 2007. 滇池流域土壤磷累积特征与释放风险研究. 土壤，39（4）：665～667
张乃明. 2001. 施肥对蔬菜中硝酸盐累积量的影响. 土壤肥料，23（3）：37～38
赵言文，毕冬梅，赵全志等. 2006. 大豆施硫的生理生态效应. 应用生态学报，17（12）：2376～2380
郑春荣，陈怀满，周东美等. 2002. 土壤中积累态磷的化学耗竭. 应用生态学报，13（5）：559～563
中国农业百科全书编委会. 1996. 中国农业百科全书（土壤卷）. 北京：中国农业出版社
周卫，林葆. 1997. 土壤与植物中硫行为研究进展. 土壤肥料，（5）：8～11
朱永官，王晓辉，杨小茹等. 2014. 农田土壤N_2O产生的关键微生物过程及减排措施. 环境科学，35（2）：792～800
朱兆良，文启孝. 1992. 中国土壤氮素. 南京：江苏科学技术出版社
朱兆良，邢光熹. 2002. 氮循环. 北京：清华大学出版社
朱兆良. 2006. 推荐氮肥适宜施用量的方法刍议. 植物营养与肥料学报，12（1）：1～4
朱兆良. 2008. 中国土壤氮素研究. 土壤学报，45（5）：778～783
庄舜尧，王明光，胡正义. 2007. 高山森林土壤中有机氮的N K. edge XANES分析. 土壤学报，44（2）：368～372
祖元刚，李冉，王文杰等. 2011. 我国东北土壤有机碳、无机碳含量与土壤理化性质的相关性. 生态学报，31（18）：5207～5216
Adams J A，Pattison J M. 1985. Nitrate leachinglosses under a legume-baced crop rotation in Central Canterbury. New Zealand Journal of Agricultural Research，28：101～107
Bouwman A F. 1990. Introduction. In：Bouwman A F. Soils and the Greenhouse Effect. Chichester：John Wiley and Sons
Che S G，Zhao B Q，Li Y T et al. 2015. Review grain yield and nitrogen use efficiency in rice production regions in China. Journal of Integrative Agriculture，14（12）：2456～2466
Cross A F，Schlesinger W H. 1995. A literature review and evaluation of the. Hedley fractionation：Applications to the biogeochemical cycle of soil phosphorus in natural ecosystems . Geoderma，64（3～4）：197～214
Crutzen P J. 1970. The influence of nitrogen oxides on the atmospheric ozone content. Quarterly Journal of the Royal Meteorological Society，96：320～325
Degryse F，Smolders E，Zhang H et al. 2009. Predicting availability of mineral elements to plants with the DGT technique：A review of experimental data and interpretation by modelling. Environmental Chemistry，6（3）：198～218

Ding S，Jia F，Xu D et al. 2011. High-resolution，two-dimensional measurement of dissolved reactive phosphorus in sediments using the diffusive gradients in thin films technique in combination with a routine procedure. Environmental science & technology，45（22）：9680～9686

Guo J H，Liu X J，Zhang Y et a1. 2010. Significant acidification in major or Chinese croplands. Science，327（5 968）：1 008～1 010

Hedley M J，Stewart J W B，Chauhan　B S. 1982. Changes in inorganic and organic soil phosphorus fractions induced by cultivation practices and by laboratory incubations. Soil Science Society of America Journal，46（5）：970～976

Herman W A，McGill W B，Dormaar J F. 1977. Effects of initial chemical composition on decomposition of roots of three grass species. Canadian Journal of Soil Science，57：205～215

IPCC. 2013. Summary for Policymakers. In：Stocker T F，Qin D，Plattner G K et al. Climate Change 2013：The Physical Science Basis. Contribution of Working Group I to the Fifth Assessment Report of the Intergovernmental Panel on Climate Change. Cambridge，United Kingdom and New York，NY，USA：Cambridge University Press

Jenkinson D S，Adams D E，Wild A. 1991. Model estimates of CO_2 emissions from soil in response to global worming. Nature，351：304～306

Johnson E，Heinen R. 2004. Cabon trading：Time for industry involvement. Environ Int，30（2）：279～288

Killham K. 1986. Heterotrophic nitrification. In：Prosser J I. Nitrification. Oxford：IRL Press

Köchy M，Hiederer R，Freibauer A. 2015. Global distribution of soil organic carbon—Part 1：Masses and frequency distributions of SOC stocks for the tropics，permafrost regions，wetlands，and the world. SOIL，（1）：351～365

Kuenen J G，Robertson L A. 1988. Ecology of nitrification and denitrification. In：Cole J A，Ferguson S J. The Nitrogen and Sulphur Cycles. Cambridge：Cambridge University Press

Lal R. 2004. Soil carbon sequestration impacts on global cliamate change and food security. Science，304：1623～1627

Lindsay W L. 1979. Chemical equilibria in soils. New York：A Wiley Interscience Publication，John Wiley & Sons

Nguyen B T，Lehmann J. 2009. Black carbon decomposition under varying water regimes. Organic Geochemistry，40：846～853

Pan Y，Birdsey R A，Fang J et al. 2011. A large and persistent carbon sink in the world's forests. Science，333：988～993

Post W M，Emanuel W R，Zinke P J et al. 1982. Soil carbon pools and world life zones. Nature，298：156～159

Quéré C L，Andrew R M，Friedlingstein P et al. 2017. Global carbon budget 2017. Earth System Science Data，https：//doi. org/10. 5194/essd-2017-123

Sanchez P A，Gichuru M P，Katz L B. 1982. Organic matter in major soils of the tropics and temperate regions. International Congress of Soil Science，1：99～114

Santner J，Zhang H，Leitner D et al. 2012. High-resolution chemical imaging of labile phosphorus in the rhizosphere of Brassica napus L. cultivars. Environmental and Experimental Botany，77：219～226

Shindo H. 1991. Elementary composition，humus composition，and decomposition in soil of charred grassland plants. Soil Science and Plant Nutrition，37（4）：651～657

Six L，Pypers P，Degryse F et al. 2012. The performance of DGT versus conventional soil phosphorus tests in tropical soils-An isotope dilution study. Plant and Soil，359（1-2）：267～279

Stevenson F J. 1986. Cycles of soil cabon，nitrogen，phosphorus，sulfur，micronutrients. USA：John Wiley & Sons，Inc

Tandy S，Mundus S，Yngvesson J et al. 2011. The use of DGT for prediction of plant available copper，zinc and phosphorus in agricultural soils . Plant and Soil，346（1-2）：167～180

Tiessen H，Moir J O. 1993. Characterization of available P by sequential extraction. In：Carter MR. Soil Sampling and Methods of Analysis. Boca Raton，FL：Can Soc Soil Sci Lewis Publishers

Vairavamurthy A. Wang S. 2002. Organic nitrogen in geomacromolecules：Insights on speciation and transformation with K-edge XANES spectroscopy. Environmental Science & Technology，36（14）；3050～3056

Zhang C，Ding S，Xu D et al. 2014c. Bioavailability assessment of phosphorus and metals in soils and sediments：A review of diffusive gradients in thin films（DGT）. Environmental Monitoring and Assessment，186（11）：7367～7378

Zhang J B，Sun W J，Zhong W H et al. 2014a. The substrate is an important factor in controlling the significance of heterotrophic nitrification in acidic forest soils. Soil Biology & Biochemistry，76：143～148

Zhang J B，Yu Y J，Zhu T B et al. 2014b. The mechanisms governing low denitrification capacity and high nitrogen oxide gas emissions in subtropical forest soils in China. Journal of Geophysical *Research-Biogeo*_sciences，119：1670～1683

Zhang J B，Zhu T B，Meng T Z et al. 2013. Agricultural land use affects nitrate production and conservation in humid subtropical soils in China. Soil Biology & Biochemistry，62：107～114

Zhou J，Gu B，Schlesinger W H et al. 2016. Significant accumulation of nitrate in Chinese semi-humid croplands. Scientific Reports，6：25088

Zohar I，Shaviv A，Klass T et al. 2010. Method for the analysis of oxygen isotopic composition of soil phosphate fractions. Environmental Science & Technology，44（19）：7583～7588

建议进一步阅读的文献

蔡祖聪，徐华，马静. 2009. 稻田生态系统 CH_4 和 N_2O 排放. 合肥：中国科学技术大学出版社

鲁如坤. 1998. 土壤-植物营养学原理和施肥. 北京：化学工业出版社

颜晓元，张金波. 2016. 土壤碳、氮、磷及其环境效应. 见：土壤学若干前沿领域研究进展（宋长青）. 北京：商务印书馆

Blum S C，Lehmann J，Solomon D et al. 2013. Sulfur forms in organic substrates affecting S mineralization in soil. Geoderma，200：156～164.

Chen H，Yang L，Wen L，et al. 2016. Effects of nitrogen deposition on soil sulfur cycling. Global Biogeochemical Cycles，30（11）：1568～1577

Greaver T L，Clark C M，Compton J E et al. 2016. Key ecological responses to nitrogen are altered by climate change. Nature Climate Change，6（9）：836～843

He Y，Trumbore S E，Torn M S et al. 2016. Radiocarbon constraints imply reduced carbon uptake by soils during the 21st century. Science，353（6306）：1419～1424

Liu X，Sheng H，Jiang S et al. 2016. Intensification of phosphorus cycling in China since the 1600s. Proceedings of the National Academy of Sciences，113（10）：2609～2614

Philippot L，Hallin S，Borjesson G et al. 2009. Biochemical cycling in the rhizosphere having an impact on global change. Plant Soil，321（1-2）：61～81

Pries C E H，Castanha C，Porras R C et al. 2017. The whole-soil carbon flux in response to warming. Science，355（6332）：1420～1423

Stevenson F J. 1986. Cycles of soil carbon，nitrogen，phosphous，sulfur，micronutriens. New York：A Wiley Interscience Publication

Tamburini F，Pfahler V，von Sperber C et al. 2014. Oxygen isotopes for unraveling phosphorus transformations in the soil-plant system: A review. Soil Science Society of America Journal，78（1）：38～46

第四章　土壤-植物系统中的硒、氟和碘及其环境行为

第一节　土壤-植物系统中的硒

1817 年瑞典化学家贝采利乌斯（Berzelius）发现了元素硒。由于硒（Se）具有一定的毒性，早在几百年前就引起了人们的关注，然而，人们在研究毒性的过程中，却发现了硒的一些有益生物学功能，并于 20 世纪 70 年代证实了硒是谷胱甘肽过氧化物酶（GSH-px）的活性成分，提出了硒是有机体的一种保护性因子；同时，中国提出了用硒（Na_2SeO_3）预防和治疗克山病的建议。在 1975 年左右，硒被确认为是一种生物必需的微量元素，对人和动物的抗氧化系统起着关键作用。随着时间的推移，越来越多的研究表明，硒除了与谷胱甘肽过氧化酶密切相关外，很可能还与其他一些硒蛋白的功能有关，这些硒蛋白与人体荷尔蒙三碘甲酰胺的合成有密切关系，因此，硒的缺乏可能会加重碘缺乏所导致的甲状腺肿。环境中硒的不足或过量都会通过食物链而影响人类的健康。世界上约有 10 亿人口由于硒摄入不足而导致健康问题，但人体对硒的摄入量与血硒含量因地区的不同而有着一定的差异（Gissel-Nielsen et al., 1984）。土壤-植物-动物-人体之间有着密切的关系，有关土壤中硒的行为及其环境效应受到了普遍关注。

一、土壤中的硒

（一）土壤中硒的含量

硒（Se）位于元素周期表第四周期ⅥA 族，原子量为 78.96。硒是分散的稀有元素，自然界中没有单独的硒矿，通常以硒化物的形式作为杂质存在于金属硫化矿中。主要的氧化数有−2、0、+2、+4、+6。地壳中硒的平均含量在 0.05～0.09 mg/kg，世界土壤含硒量为 0.01～12 mg/kg，中值为 0.4 mg/kg。我国土壤（A 层）硒范围为 0.006～9.13 mg/kg，95%范围值为 0.047～0.993 mg/kg，算术平均值为 0.290±0.255mg/kg，各土类土壤硒的背景值请参见文献（中国环境监测总站，1990）。在表层土壤中，富铁土中的红壤（0.494 mg/kg）、黄壤（0.488 mg/kg）和赤红壤（0.545 mg/kg）硒的含量较高，而新成土中风沙土（0.094 mg/kg）、绵土（0.094 mg/kg）的硒含量较低。

根据土壤硒含量的状况可以将全球土壤分为低硒土壤和高硒土壤，这是一个相对概念，目前尚无量化关系。高硒土壤主要分布在美国的中西部、加拿大、委内瑞拉、印度，以及中国的陕西紫阳和湖北恩施等部分地区。美国南达科他州、怀俄明州硒中毒地区土壤含硒量为 22～23 mg/kg，而其他地区的含硒量仅为 0.01～2.5 mg/kg；爱尔兰硒中毒区土壤的含量很高，为 13～105 mg/kg，而相邻地区土壤含硒量为 1.4～3.3 mg/kg。我国湖北恩施硒中毒区土壤含

硒量平均为 9.68 mg/kg，而非中毒区土壤含硒量仅为 0.05～0.8 mg/kg。然而，与富硒土壤相反，世界上还存有大面积的低硒土壤地区。我国从 20 世纪 60 年代开始研究环境中硒含量与一些地方病的关系，大量调查研究表明，我国存在着一条从东北到西南分布的低硒带。

（二）影响土壤中硒含量的因素

土壤中硒的含量及分布特征与成土母质、成土过程、土壤质地和土壤有机质含量等土壤理化性质及环境条件密切相关（丁维新，1996）。影响成土过程的几大因素都影响着土壤中硒的含量（王美珠和章明奎，1996），母质是主要因素，同一地区母质硒含量可相差数百倍到数千倍。气候条件可影响土壤硒含量，岩石风化、雨水淋溶可促使硒在剖面中的再分配；生物作用可使土壤有机质不断积累，致使土壤表土硒富集；地形可促使硒再分配，包括水溶态硒和黏粒结合态硒；时间可以改变硒的消长速率，而人为因素可加速硒的积累。

1. 成土母质

土壤中硒的含量虽然受多种因素的影响，但在很大程度上取决于成土母质的组成和性质，发育程度低的土壤尤为如此。浙江北部富硒土壤有 90%的硒来自于母质（徐明星等，2013），而在该省中部的富硒土壤中，硒的含量也为地质背景值所控制（黄春雷等，2013）。大巴山地区自然土壤和母质中硒含量的相关分析表明两者之间有极显著的相关性（王五一等，2003），可用下式表示：

$$y = 1.2662x - 0.5468 \qquad r = 0.995\ (P < 0.01) \tag{4-1}$$

式中，y 为自然土壤中硒的含量（mg/kg）；x 为母质中硒的含量（mg/kg）。

由于在白垩纪及其之前有广泛的火山活动贯穿于大陆架，释放出大量的硒，因此，白垩纪年代的岩石，以及侏罗纪砂岩、板岩、石灰岩和页岩等发育的土壤硒含量较高；其他火成岩中硒的含量较低，由其发育形成的土壤常常缺硒，而沉积岩形成的土壤，绝大部分硒的含量较高。归纳起来，低硒母质有近代风沙沉积岩、黄土、花岗岩、石英砂岩、砂岩和流纹岩等。陕西地区分布着全硒量较低的第四纪黄土、风沙沉积物和花岗岩，富硒岩石仅在陕西南部局部地区出露，因此，陕西土壤硒平均含量仅为 0.115±0.0889 mg/kg（中国环境监测总站，1990）；而在宝鸡石头河一带的冲积区却出现了富硒土壤带（＞4mg/kg），可见母质影响的重要性（尹宗义等，2014）。

2. 成土过程

成土过程往往改变成土母质中硒的最初含量、结合形态及其在土壤剖面中的分布。随着成土过程的加深，母质对土壤的影响渐趋减弱。硒在土壤剖面中的分异受到生物富集、淋溶与黏化作用的强烈影响。富铁铝化过程常伴有硒的富集，淋溶作用则导致土壤贫硒；硒在土壤中的分布与一些地球化学因子密切相关（Shand et al.，2012）。用第四纪红壤发育的熟红黄泥进行的土柱淋溶试验表明（刘鹏等，2000），随着淋溶深度的增加，土壤中的水溶态、交换态和富啡酸结合态硒等均呈现由上而下递增的趋势，这是因为土壤在淹水后渐渐转化为还原条件，促使氧化铁等还原，并同时释放出所含有的硒，从而导致无机硒溶解量增加并随水下移至土壤底层。成土过程中形成的黏粒和铁铝氧化物对硒的化学行为、积累和淋溶具有重要的影响；一般来说，富铝化程度越高，则硒含量越高。在酸性条件下，硒主要以亚硒酸态（SeO_3^{2-}）存在，易被倍半氧化物、黏粒矿物和有机质吸附，或生成配合物；而在碱性条件下，硒以硒酸态（SeO_4^{2-}）存在，由于 SeO_4^{2-} 与黏粒矿物和氧化物的亲和力较弱，活动性较高，容易遭受淋溶而损失。

3. 土壤类型与质地

我国土壤类型与硒背景值的关系已有资料可循（中国环境监测总站，1990）。土壤类型和质地的差异有可能带来硒含量不同。东北平原土壤硒分布特征的研究表明（戴慧敏等，2015），黑土（0.23 mg/kg）、水稻土（0.24 mg/kg）、白浆土（0.23 mg/kg）的硒含量较高，而风沙土硒含量较低（0.10 mg/kg）；硒含量在不同土地利用方式下也表现出明显的差异性，耕地（水田、旱田）、林地具有较高的均值（0.20 mg/kg），草地、林草混杂地（0.13 mg/kg）受人类活动影响微弱，明显低于耕地。

在母质类型与土壤全硒的关系中，土壤颗粒组成有重要影响。对湖南省稻田土壤供硒状况的研究表明，石灰岩、湖积岩、第四纪红土、紫色砂页岩、板页岩、花岗岩、河流冲积物和砂砾岩 8 种成土母质的全硒量与＜0.001mm 的黏粒含量有显著的直线相关性（$r=0.767^*$）。土壤中硒的多寡也与黏粒含量密切相关，土壤质地越黏重，硒含量就越高（表 4-1）。

表 4-1　土壤中硒含量与质地的关系（丁维新，1996）

质地等级	样本数	硒含量/(mg/kg)	
		范围	平均值
砂壤土	5	0.21~0.28	
壤土	3	0.29~0.40	0.36
粉砂黏壤土	10	0.48~0.65	0.57
黏壤土	2	0.69~0.78	0.74

4. 土壤有机质

通常，土壤硒的含量与有机质含量具有显著的正相关性，表 4-2 所示土壤中的硒含量（y，mg/kg）与土壤中的有机碳含量（x，g/kg）有下列直线关系：

$$y = 0.4179x - 5.3366 \qquad r = 0.929 \quad (P < 0.01) \tag{4-2}$$

表 4-2　有机质对土壤硒含量的影响（丁维新，1996）

土壤深度/cm	硒含量/(mg/kg)	有机碳含量/(g/kg)	土壤深度/cm	硒含量/(mg/kg)	有机碳含量/(g/kg)
0～15	20.0	155	0～15	0.38	0.64
15～30	175	325	15～40	0.45	0.91
30～50	6.40	33.0	40～50	0.35	0.58
50～60	100	313	50～60	0.30	0.46
60～86	2.7	40	60～80	0.19	0.12
＞86	1.1	6.0			

有机质中的硒含量显著高于其载体土壤的硒含量，一般高出 1～2 个数量级。土壤有机质含量越高，硒含量相应也高。有机质是土壤中对硒含量影响最重要的因素之一，因为生物吸收硒且易富集于土壤中，土壤腐殖质对硒又有较强的吸附和配位反应能力，因而反映在土壤中硒的含量上即为富有机质土＞细质土＞粗质土。研究表明，土壤水溶态硒也与土壤有机质含量呈显著正相关（孙维侠等，2008）。中国东北部山地丘陵区富含有机质，土壤的硒含量就比西部平原土壤高，因为西部平原土壤所含的有机质要低得多。一部分湿润温带土壤也较湿润亚热带土壤富含有机质，因此，腐殖土比冲积土和新成土含有更多的硒。

有机质与硒含量的关系较为复杂，不同的地区可能有不同的结果。杭嘉湖平原富硒土壤的研究也表明，土壤中的硒与有机碳具有良好的相关性（宋明义等，2011）；但广西典型土壤剖面的研究却表明，不同成土母质土壤剖面中硒的含量并不总是如此（杨琼等，2016），该研究结果指出，虽然碳酸盐岩成土剖面中的硒含量与有机碳含量呈明显正相关，但陆源碎屑岩成土剖面的硒含量与有机碳含量没有相关性。对 12 个土类样品的统计分析也表明，土壤中硒和有机质的含量并无显著的相关性（Matos et al.，2016）。

5. 人为因素

对湖北恩施渔塘坝土壤硒分布的调查表明（朱建明等，2008），一些土壤样品中的硒含量十分异常，其硒含量达 346～2 018 mg/kg，平均为 899±548 mg/kg（n =11），相对于坝内成土基岩和耕作土硒含量 0.5 mg/kg 与 3.5 mg/kg 的含量而言，这些土壤受到了外源硒的严重影响。由于这些样品中含有大量的晶体状自然硒，其形貌特征与“石煤”燃烧型的自然硒特征类似，从而证实了石煤是土壤高硒的主要来源。20 世纪 50 年代后期，当地居民有使用石煤熏土作为肥料的耕作习惯，这种耕种方式使得土壤硒含量骤然增加，是形成土壤硒富集的主要因素，也是该地区 1963 年秋硒中毒爆发性流行，乃至恩施地区普遍存在人畜硒中毒的原因。

在人为因素影响中，施肥对土壤硒的含量也有明显的影响，由于磷酸根与硒酸根的竞争吸附，耕作土壤施用磷肥后对硒的吸附比非耕作土壤低（Lessa et al.，2016）。

（三）土壤中硒的形态

关于土壤硒的形态和有效性问题曾有简要总结（Nakamaru and Altansuvd，2014）。荷兰农业土壤的研究表明，土壤中的硒大多以有机态存在，无机态硒主要为亚硒酸盐（Supriatin et al.，2015）。土壤中的单质硒包括 3 种类型：无定形硒、晶体硒和金属硒。土壤中的硒有多种形态，按其价态不同可将其分为元素态硒、硒化物、硒酸盐、亚硒酸盐、有机态硒化物和挥发态硒等；若按操作定义，即按与土壤组分的结合方式来划分，则包括吸附型、铝型、铁型和钙型；这 4 种形态用连续分级浸提法可细分为水溶态、交换态、有机结合态、酸溶性铁锰氧化物结合态、硫化物态和硅酸盐结合态（残留态）。

1. 按价态划分的硒的形态

（1）元素态硒（Se^0）　土壤中含量极低，很不活泼，不溶于水，植物难以吸收。部分元素态硒在适当条件下，经氧化剂或微生物作用可直接被氧化，成为亚硒酸盐或硒酸盐。而土壤中的亚硒酸盐和硒酸盐经细菌、真菌等微生物和藻类的还原作用也可形成元素态硒。

（2）硒化物（Se^{2-}）　是较普遍存在于半干旱地区土壤中的形态，大多难溶于水，碱金属的硒化物可溶于水，而重金属的硒化物具有不溶性，但能为酸分解。由于其难溶于水，植物难以吸收，但通过风化过程可释放一些可溶性硒。

（3）硒酸盐（SeO_4^{2-}）　可溶于水，能被植物吸收。它是硒的最高氧化态化合物，在一般自然条件下难以氧化，因而硒酸盐在土壤中的含量很少。在干旱、通气或在碱性条件下，土壤水溶性硒多为硒酸盐形态，而在中性、酸性土壤中，硒酸盐则很少。

（4）亚硒酸盐（SeO_3^{2-}）　易溶于水，易为植物吸收利用，在土壤硒的各种形态中约占 40%以上，是土壤中硒的主要形态，也是植物吸收土壤无机硒的主要形态。亚硒酸盐广泛存在于温带湿润森林土壤或森林草地土壤中，这些地区土壤的含硒矿物在风化过程中容易形成亚硒酸盐，但也易被铁、铝氧化物吸附形成难溶复合体，从而使亚硒酸盐溶解度降低。

（5）有机态硒化物　土壤中的有机态硒主要来自于生物体的分解产物及其合成物，在土壤硒的含量中占有相当大的比例，对硒的有效性有双重影响。其中，与胡敏酸配位的硒为不溶态，植物难以吸收；与富啡酸配位的硒为可溶态，易为植物吸收，因而硒的有效性随着土壤中胡敏酸的增加而降低，随着富啡酸的增加而提高（陈雪龙等，2012）。

（6）挥发态硒　土壤微生物可使部分无机硒和有机硒转化成气态烷基硒化物而挥发散失到大气中。例如，在嫌气条件下，土壤微生物可使元素硒、亚硒酸盐、硒酸盐和硒胱氨酸产生硒化氢，在有碳源加入土壤时，可促进气态二甲基硒化物的生成，这种作用一般在碱性土中比在酸性土中强烈。砂土施入石灰可促进硒的挥发。

2. 按与土壤组分的结合方式划分

（1）吸附型硒　常用 1 mol/L NH_4Cl 溶液提取，这是一种断键的、结合松弛的硒，一般占土壤全硒的 6%～16%。

（2）铝型硒　用 0.5 mol/L NH_4F 溶液提取，是可提取的与铝化合物结合的硒酸盐和亚硒酸盐，含量为 8～59 mg/kg，一般占土壤全硒的 10%～16%。

（3）铁型硒　可用 0.10 mol/L NaOH 溶液提取，指可提取的与铁结合的硒酸盐和亚硒酸盐，含量一般占土壤全硒的 17%～42%。

（4）钙型硒　用 0.25 mol/L H_2SO_4 溶液提取，是与钙结合的硒酸盐和亚硒酸盐。

按与土壤组分结合方式划分的形态也可用连续提取法对其分级（吴少尉等，2004；葛晓立等，2000），即水溶态、交换态和有机结合态（富啡酸态硒和胡敏酸态硒）和残渣态（酸溶性铁锰氧化物态硒、硫化物态硒和硅酸盐态硒）；也有细分为 7 步提取的，即水溶态硒、可交换态硒、有机结合态硒、元素态硒、碳酸盐结合态硒、硫化物/硒化物态硒和残渣态硒（王玮祺等，2014；朱建明等，2007）。硒的形态研究解释了万山汞矿区土壤高硒而水稻低硒的现象，可能由于汞污染而形成了惰性的 Hg-Se 不溶性沉淀，致使硒的有效性降低（Zhang et al.，2014）。

植物对土壤中硒的吸收在很大程度上依赖于硒的有效性，除了连续提取的评估方法以外，梯度扩散法（DGT）也可用于土壤硒有效性的评价。在施用亚硒酸盐和硒酸盐的土壤中的测定结果表明，土壤溶液中硒酸盐的浓度比亚硒酸盐要高数倍，表明植物可从施用硒酸盐的土壤中获得较高的有效态硒（Peng et al.，2017）。

土壤中人为添加和土壤原有的硒在有效性方面有着明显的差别，利用硒的固/液分配系数 K_d（K_d=土壤残留 Se/水提取态 Se，L/kg）研究了在性质方面有较大差异的 26 种土壤样品，结果表明，背景硒的 K_d 值大于添加硒（Tolu et al.，2014），即添加硒的有效性较高。这种差异与原始地质阶段硒的含量无关，而与硒在土壤中的缓慢持留作用有关。环境条件的变化调控有机-无机复合体的聚合程度，从而改变着硒的移动性和有效性。老化也改变着土壤中硒形态分配和有效性（Tullo et al.，2016；Li et al.，2016）。

二、植物中硒的含量

硒是动物和人类必需的微量元素，但其在植物生长发育中的生理作用至今仍存在争议。较低浓度的硒具有促进植物生长、提高植物耐受能力的功能，而大部分植物在高浓度硒下表现出中毒现象。有关综述对植物硒吸收、转运及其影响因素，植物体内硒转化及其过程调控关键酶，硒在植物中的生理作用等进行了总结，并对植物硒生理及分子机制的未来研究等进行了展望（姜英等，2016；马建辉和孙梅好，2012）。关于植物中硒的研究已有许多报道，但现有资料尚难以证实硒是植物生长的必需元素；然而，也有研究者认为日趋增多的试验表明，硒可能是高等植物生长所不可缺少的营养元素（李金峰等，2016；杨玉雪和杨兰芳，2014）。有些观点认为硒可能参与植物的某些生理代谢过程，尤其是在富硒植物中。一些含硒化合物，例如，半胱氨酸和蛋氨酸，均存在于这些植物中（如紫云英属植物），但是它们的代谢功能尚不清楚。在富硒植物中合成硒-甲基-半胱氨酸，而在非富硒植物中合成硒-甲基-蛋氨酸，不同植物出现这种差异的生理学意义还有待于深入研究。据报道，蘑菇中硒的形态主要以低分子复合物形式存在。对大豆不同结合态硒含量分布的研究表明，蛋白结合的硒含量占大豆总硒含量的 50%～66%，其中，水溶性蛋白结合硒量达 42%～57%（孙景芳等，1996）。对硒在蛋白及其亚基间分布差异的研究表明，大豆中有 10 条以上含硒蛋白或亚基条带，并证实乳清蛋白中高分子量组分是植物过量摄取硒的主要结合部位（王子健等，1996）。

在土壤-植物系统中，硒和硫有很大的相似性。通常认为，植物对硒酸根的吸收是通过硫酸根载体来完成的，但是目前还不知道植物是通过何种载体或通道吸收亚硒酸根的。植物中硒的生物化学特性在一定程度上类似于硫，硒可以从氨基酸及一些生物过程中置换硫。已知植物中有多种硒-有机化合物存在，氨基酸，尤其是半胱氨酸，可以和硒相结合，并具有多种新陈代谢功能。从植物，特别是从富硒植物中挥发的含硒化合物（即二甲基二硒化物），是导致植物（如黄芪属植物）硒逸出和释放出难闻气味的原因。

（一）植物和植物制品中硒的含量

除富硒植物（例如黄芪属植物或富集硒较多的其他苜蓿类植物）以外（其含硒量可＞1 000 mg/kg，干重），不同植物对土壤中硒的吸收存在一定的差异，一般在 0.05～1.50 mg/kg，大部分农作物的硒含量＜30 mg/kg（杨柳和石卓功，2011）。在北欧的一些地区，由于硒易于从空气中沉降而被植物吸收，苔藓中硒含量的变化范围为 470～590 μg/kg（干重）。美味牛肝菌（*Boletus edulis*）也可从空气沉降中高度富集硒，吸收量可达 17 mg/kg（干重）（Kabata-Pendias et al.，2003）。饲料植物中的硒含量研究表明，多数国家草本植物中含硒量范围为 2～174 μg/kg（干重，平均值 33 μg/kg），三叶草和紫苜蓿为 5～880 μg/kg（干重，平均值 99 μg/kg），其他饲料植物为 4～870 μg/kg（干重，平均值 67 μg/kg）。谷粒中硒的含量范围为 7～490 μg/kg（干重）（表 4-3），其决定因素可能是土壤中硒的含量。食用植物中平均硒含量不超过 100 μg/kg（干重）。对全球市场上，包括中国、美国、印度和埃及等国家的 1 092 个稻米（主要为精米）样品中硒含量进行分析发现，不同国家精米中硒的含量范围为 2～1 370 ng/kg（干重）（表 4-4），其频数分布差异很大，美国和印度稻米中硒含量变幅较大，埃及稻米硒含量变幅最小（图 4-1）（Williams et al.，2009）。一般认为，区域多样性和地球化学特性是引起稻米中硒含量频数分布差异的主要原因。例如，美国的阿肯色州稻米（精米）中硒的中值浓度为 256 ng/g（$n = 6$），而加利福尼亚州稻米（精米和糙米）中硒的中值浓度仅为 57 ng/g（$n = 27$）（Kelly et al.，2002）。同时，在所涉及的样品中，美国和印度的精米硒含量最高，埃及稻米硒含量最低。例如，美国稻米中硒含量的中值和平均值分别为 176 ng/g 和 180 ng/g，分别是埃及稻米中硒含量的中值和平均值的 29 倍和 20 倍。在研究的 1 092 个稻米样品中，如果按照每人每天 300 g 稻米计算，75%的稻米不能满足人体 70%硒的摄入量（图 4-2）（Williams et al.，2009）。

表 4-3　不同国家谷粒中硒的含量（Kabata-Pendias et al.，2003）　（单位：μg/kg，干重）

国家	谷物	范围	平均值
澳大利亚	小麦	1～117	23
加拿大	大麦	9～38	21
	燕麦	4～43	28

续表

国家	谷物	范围	平均值
前捷克斯洛伐克	小麦	11～49	25
丹麦	大麦	2～110	18
	燕麦	3～54	16
	黑麦	6～72	16
	小麦	4～87	21
埃及	小麦	140～430	340
芬兰	大麦	＜10～50	—
	小麦	100～170	—
	所有谷物 1)	2～85	7
法国	大麦	27～42	33
	燕麦	20~44	35
	小麦	30～53	36
前西德	燕麦	70～140	110
	黑麦	160～250	210
	小麦	190～200	200
日本	燕麦 1)	8～17	—
	黑麦 1)	—	22
挪威	大麦	—	8
	燕麦	—	10
	小麦	1～169	33
	所有谷物 1)	2～29	—
瑞典	所有谷物 1)	4～46	13
美国	大麦	200～1 800	450
	燕麦	150～1 000	480
	小麦	280～690	490
	玉米 1)	10～2 030	87
南斯拉夫	小麦	5.6～23.1 2)	—

1）动物饲料；2）平均值范围。

表 4-4　全球市场上不同国家产精米中硒含量的描述性统计

国家	精米中硒含量/(ng/g)				全球份额	
	中位数	平均值	最小值-最大值	样本数	精米总产量/%	精米出口总量/%
中国	65	88	2～1 370	523	28.53	3.1
埃及	6	9	6～87	102	1.03	2.9
法国	70	94	53～241	13	0.01	—
加纳	66	92	21～254	45	0.04	—
印度	141	157	35～371	50	21.71	16.5
意大利	59	66	32～158	25	0.23	2.3
日本	50	55	26～109	26	1.69	—
菲律宾	86	101	56～241	18	2.46	—
西班牙	47	48	6～104	57	0.11	1.2
泰国	58	96	6～487	72	4.28	34.5
美国	176	180	6～406	161	1.38	10.6
总计	67	95	2～1 370	1 092	61.47	71.10

注：“—”表示未收集到相关数据。

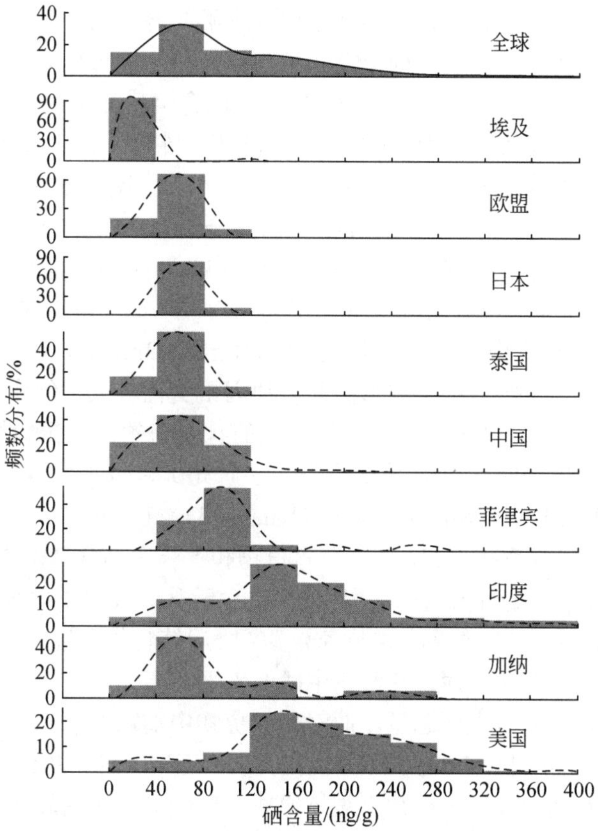

图 4-1　不同国家和地区稻米中硒含量的频数分布

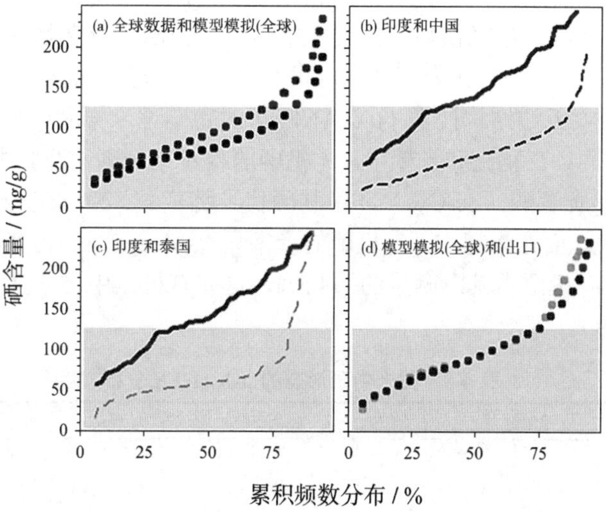

图 4-2　精米中硒含量的分布

（a）全部数据（黑色点线）和全球的模型模拟（灰色点线）；（b）大米产量最高的两个国家——印度（灰色实线）和中国（黑色虚线）；（c）大米出口量最高的两个国家——泰国（虚线）和印度（实线）；（d）模型模拟的全球以及出口数据。灰色阴影代表谷粒中的硒含量，以每天消费 300g 大米计，硒含量不足每日推荐硒摄入量的 70%。

从植物硒浓度的变化趋势来看，干旱地带植物中硒的含量高于湿润地带的植物，这是因为在热带、亚热带湿热环境中，一方面淋溶作用强烈，另一方面风化壳多由富含铁、铝的黏粒矿物所组成，它们对硒有较强的吸附能力。植物中的含硒量与土壤 pH、盐分和碳酸钙含量等密切相关。由于海洋浪花飞溅到地表的影响，近海岸植物硒水平一般较高。

一般来说，植物各种类之间硒的含量有一定的规律性，从大到小的排列顺序为乔木＞灌木＞草本；针叶树＞阔叶树＞草本植物；裸子植物＞蕨类植物＞双子叶植物＞单子叶植物。对我国一些天然植物硒含量的研究表明，7 种裸子植物的硒平均含量为 0.195±0.139 mg/kg，4 种蕨类植物的硒平均含量为 0.101±0.079 mg/kg，26 种双子叶植物的硒平均含量为 0.090±0.059 mg/kg，11 种单子叶植物的硒平均含量为 0.044±0.043mg/kg。

尽管植物对硒的需要量随摄取硒的形态和其他因素变化较大，但作物中硒的水平一般为 100 μg/kg 左右（干重），这对于动物来说是足够的且安全的。当饲料植物中硒的浓度低于 10 μg/kg（干重）时，家畜可能出现异常。也有一些研究认为硒的最小需要量应为 100 μg/kg，而硒浓度为 3 000 μg/kg 时属于硒的低毒水平（Kitagishi et al.，1981）。在我国土壤-植物系统中，低硒含量常与克山病联系在一起，病区草本植物和大豆中硒含量范围为 21～32 μg/kg（干重），而非病区则为 31～83 μg/kg。在这两种地区，含硒量最低的作物是水稻，含硒量最高的作物是大豆。芬兰是众所周知的低硒土壤国家，多数食用植物的含硒量在＜1（甘蓝，鲜重）～110 μg/kg（麦、面）之间变化，而仅在蘑菇中硒的水平较高。

对于多数植物，只了解其含硒总量，而对硒在植物中的赋存状态研究较少。有关研究总结了植物对不同形态硒的吸收、转运和形态转化机制（王晓芳等，2014），认为植物吸收的硒酸盐很快从根部转移到地上部，在叶片中被还原成亚硒酸盐，进而转化为有机硒化物进入其他组织；而亚硒酸盐及其代谢产物主要积累在根部，极少转移到地上部。进入植物体中的硒转化为含硒氨基酸和硒蛋白参与植物的代谢。

利用 *X* 射线荧光分析技术（μ-XRF）对富硒稻米样品进行定位研究发现，硒的含量在稻米的不同部位有明显不同。稻米横截面外层富集了较多的硒，特别是种皮和糊粉层部分。含硒量最高的部分为合点区，并且在合点区可以很明显地显示出由内向外硒含量分布逐渐增加。进一步利用 X 射线吸收近边结构技术（μ-XANES）对富硒稻米样品进行形态表征发现，稻米不同部分的硒形态不同：在稻壳和米糠中，无机硒的相对比例高于胚乳中的 10 倍。硒代蛋氨酸（Se-Met）、硒代半胱氨酸（Se-Cys）和甲基硒代半胱氨酸（MeSeCys）在稻壳中都能检测到，但以 Se-Met 为主。而在米糠中，有机硒的形态只有 MeSeCys，占其总硒量的 47%。胚乳中无机硒几乎很少，有机硒占其总硒量的 94.5%，这些有机硒中 55%是 MeSeCys（表 4-5）（Williams et al.，2009）。

表 4-5　稻米中硒形态的 μ-XANES 分析

样品	硒酸盐	亚硒酸盐	Se-Met	Se-Cys	MeSeCys	无机硒/%	拟合度（χ^2）
处理前各部分							
谷壳	14.7（1.3）	30.2（1.7）	32.7（8.1）	8.3（5.7）	14.1（5.8）	45	0.16
米糠	25.0（2.3）	28.2（2.5）			46.8（12.2）	53	0.12
胚乳		5.5（1.3）	39.2（1.2）		55.3（1.4）	5	0.07
微观分析							
横向点 1		7.8（0.9）			92.2（1.5）	8	1.11
横向点 2		8.1（0.9）			91.9（1.3）	8	0.23

续表

样品	硒酸盐	亚硒酸盐	Se-Met	Se-Cys	MeSeCys	无机硒/%	拟合度（χ^2）
横向点3		7.5（1.4）			92.5（2.1）	8	0.27
横向点4					100	0	0.24
纵向点1		13.3（1.2）		6.7（0.8）	80.7（1.4）	13	0.31
纵向点2		3.7（0.6）			96.3（1.5）	4	0.33
纵向点3		7.2（1.1）			92.8（1.3）	7	0.33
纵向点4		14.4（1.7）			85.6（2.3）	14	0.41

注：括号中为正负误差，99 个数据点。

（二）外源硒对植物硒含量的影响

人类活动，如金属加工和燃煤，导致硒向大气中释放，在工业区可见到硒的累积或污染现象。生长在煤灰上的一些豆科植物（如三叶草）含硒量可高达 200 mg/kg（干重），生长在磷肥厂附近的草本植物含硒量可达 1.2 mg/kg（干重），炼铜厂附近的树叶含硒量为 141～550 mg/kg（干重）。由于垃圾焚烧而产生的烟灰是硒的一个重要来源，用这种烟灰来补充植物缺硒是较为有效的。施用硒肥也可提高植物中硒的含量，试验表明，暗棕壤施用硒微肥是栽培富硒山野菜的可行途径（桑英等，2007）。外源硒对植物硒含量的影响与外源硒的形态有密切关系，当土壤外源硒为亚硒酸盐时，小白菜硒的主要累积部位在根部；当外源为硒酸盐时，硒则更易累积于地上部。硒酸盐态硒的生物有效性及其在小白菜体内的迁移能力大于亚硒酸盐态硒，所以外源硒酸盐比亚硒酸盐处理的小白菜硒含量高，这种差异性由小白菜对不同形态硒吸收、转运和累积的不同所致（薛瑞玲等，2011）。

在低硒土壤区，建议通过土壤施用或叶面喷施亚硒酸钠来矫正硒营养的缺乏。然而，考虑到硒盐的毒害性，在施用硒肥过程中要严格防止硒过量而导致作物中毒，例如，菠菜在溶液培养中，硒浓度达到 0.4 mg/kg 时会对菠菜生长产生明显的毒害作用（Zhu et al.，2004）。通过土壤外源加入 Se(Ⅳ)和 Se(Ⅵ)对小白菜生长、营养元素和硒吸收影响的研究表明，施硒对小白菜的生长均表现出低浓度（＜5 mg/kg）促进，而高浓度（＞5 mg/kg）抑制的趋势（付冬冬等，2011）。值得注意的是，采用硒超富集植物作为硒源用于缺硒土壤的改良，是一种有益的探索（Banuelos et al.，2015）。

三、土壤-植物系统中硒的迁移

（一）土壤-植物系统中硒行为的一般特征

前已述及，植物对硒的吸收与土壤中硒的含量和硒的形态有着十分密切的关系，而硒的形态又与土壤环境条件（pH、Eh、OM 和 CEC 等）紧密相连。尽管不同植物吸收硒表现出极大差别，但土壤中的水溶态硒是最容易被植物吸收的有效性硒；硫化物和硅酸盐态硒最不容易被植物吸收；交换态硒分布在土壤固相最外层，虽然能被植物吸收，但受土壤条件限制；有机态硒主要赋存在土壤腐殖质、胡敏酸和富啡酸中，胡敏酸为高分子有机化合物，结构稳定，其结合态硒难以被植物吸收利用；富啡酸结构比较简单，与其结合的硒容易矿化分解成无机硒和低分子有机硒化合物（如硒-氨基酸），因此，可以被植物吸收利用。酸溶性铁锰氧化物态硒主要为铁、铝、锰氧化物及其水合物结合态硒，难以被植物吸收利用。一般来说，土壤-植物系统中硒的行为特征可以概括为以下几点。

1）在酸性土壤和富含有机质的土壤中，硒化物和硒-硫化物占优势，这些化合物迁移能力较弱，因此，较难被植物吸收利用。

2）在排水良好的矿质土壤中，其 pH 接近中性，硒主要以亚硒酸盐形式存在，其碱性金属化合物是可溶的，但亚硒酸铁是不溶的；此外，亚硒酸盐容易被铁的氢氧化物和氧化物固定，因此，仅有少量硒被植物吸收利用。

3）在碱性和氧化条件下的土壤，其硒酸盐含量高，易于溶解且不易被含铁氧化物固定，因此，易于被植物吸收利用。

4）土壤肥力影响土壤-植物系统中硒的行为，施用有机肥有可能减少硒的有效性，从而减少植物对硒的吸收，长期肥料试验表明（Wang et al.，2016），有机堆肥和有机堆肥+NPK处理，小麦谷粒中硒的浓度低于 100 μg/kg；而土壤大量元素，特别是磷的缺乏，也可降低谷粒中的硒浓度，这似乎与磷酸盐可降低植物吸收硒的论述相矛盾，可见土壤-植物系统中元素行为的复杂性；除了一般原理性的认识外，必须重视环境条件的依赖性。深刻理解硒和土壤有机质的交互作用对于认识硒的环境风险和人体健康的影响具有重要意义，有关综述对硒-土壤有机质交互作用的机理，需要进一步研究的问题等进行了分析与总结（Li et al.，2017）。

（二）土壤及根际条件对硒行为的影响

土壤中硒的形态与氧化还原电位（Eh）和 pH 有关，在氧化过程中形成的较稳定的亚硒酸根易被黏粒矿物（特别是蒙脱石、铁氧化物）和有机质吸附。不同形态的硒和含硒金属复合物在各种条件下均可能存在，并可在一定条件下相互转化，从而改变土壤中硒的运动速度和方向，影响其有效性和植物的吸收。在钙、镁含量较高的土壤中，$CaSeO_4$ 和 $MgSeO_4$ 是土壤溶液中硒的来源；而在酸性和强酸性土壤中，KHSe、NH_4HSe 和 MnSe 为主要含硒化合物。在水稻土中，由于土壤长期处于淹水状态，土壤中的硒可能被还原成元素态硒，因此，降低了其生物有效性。水稻生长可导致土壤中硒的挥发，水稻对硒的强挥发作用可能是导致水稻土硒含量偏低的原因之一。与其他植物相比，水稻根系对硒的挥发能力影响较大（图 4-3），在水培条件下可观测到硒酸根和亚硒酸根在植物根（干重）中的挥发量大于 15 mg/(kg•d)，而甲基硒的挥发量可达 500 mg/(kg•d)。

植物对硒的吸收与土壤温度和湿度有关。在低硒土壤中生长的植物，当温度高于 20℃时比在较冷季节（温度＜15℃）时可吸收更多的硒。降雨也可能较大程度地影响草本植物对硒的吸收，在雨水充足的地区，植物体内硒含量常常较低。

土壤中其他元素的存在与植物对硒的吸收互有影响，它与外源硒的形态和浓度有关。两种价态硒处理的研究表明（付冬冬等，2011），小白菜对氮、磷、钾、硫、镁和锌的吸收表现出低浓度硒（＜5 mg/kg）时促进，高浓度硒（＞5 mg/kg）时抑制的趋势。Se(Ⅵ)显著增加了钙的吸收，而 Se(Ⅳ)却无显著影响；Se(Ⅳ)和 Se(Ⅵ)均能促进小白菜对铁的吸收。在相同浓度下，Se(Ⅵ)对各种营养元素吸收的影响显著大于 Se(Ⅳ)。综合硒对生长和养分吸收的影响，小白菜施硒量以 Se(Ⅵ)不超过 2.5 mg/kg 或 Se(Ⅳ)不超过 5 mg/kg 为宜。硒含量过高也可能抑制植物对元素锰、锌、铜、铁和镉等的吸收，例如，在实验条件下外源硒有效地降低了黄瓜对镉的吸收（熊仕娟等，2015）；但这种拮抗关系取决于元素间的比率，高浓度的硒对重金属吸收也可能有促进作用；与此相反（郦逸根等，2007），在过量重金属胁迫下形成的毒性环境中，

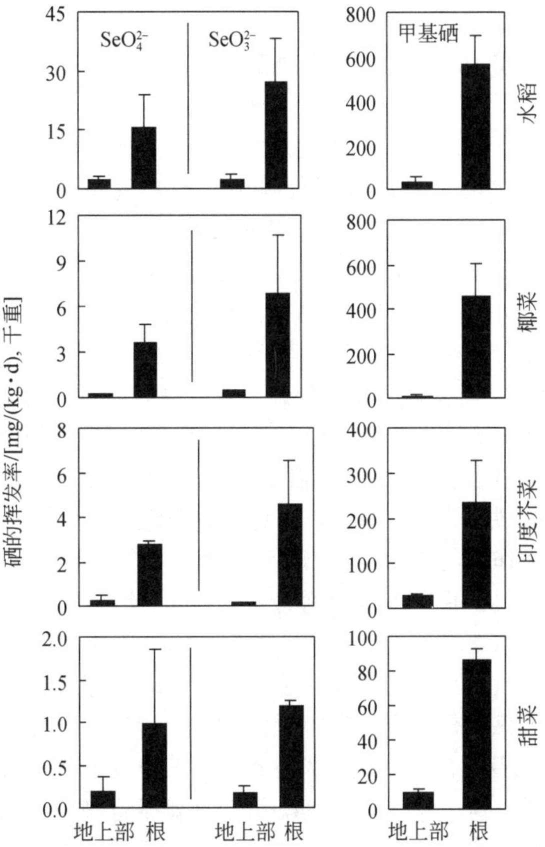

图 4-3　不同作物茎叶和根系中的硒挥发率（Zayed et al.，1998）

作物生长受微量元素离子和许多矿质养分离子之间交互作用的影响，造成植株体内对硒吸收利用和分配的不平衡。水稻植株体内的硒量一方面与种植土壤中的硒量有关，即土壤硒含量高时，水稻硒量也高；另一方面受种植土壤中镉、锌和铅等元素含量的影响，即当土壤中这些元素含量高时，水稻硒含量较低，但尚不清楚其内在的生物化学机理。磷、硫和氮的施用将有助于减少硒毒，可能是由于这几种元素的施用抑制了植物根系对硒的吸收。有研究表明，在土壤硫和硒的浓度较高时，SO_4^{2-}比 SeO_4^{2-}先进入作物体内，而抑制作物对 SeO_4^{2-}的吸收；在土壤硫和硒的浓度低时，SO_4^{2-}和 SeO_4^{2-}可同时被作物吸收。在 Cd-S-Se 复合作用条件下，空心菜和青菜（上海青）体内的硒含量明显降低（张华等，2009）。土壤可溶性有机酸（富啡酸）可以改变植物对硒的响应，富啡酸对硒的植物毒害有一定的抑制作用。关于有机酸对土壤硒有效性的影响在有关综述中进行了分析和讨论（Toan et al.，2017）。

四、硒的健康效应及其调节

硒与人类的健康有密切的关系，区域性人群长寿因素也与其相关（孙维侠等，2008）。动物和人对硒的反应比较敏感，可分为高硒性反应和低硒性反应，以及因硒过剩或不足引起的各种地方性疾病。人和动物的硒中毒有多种影响，可引起生殖力下降、高畸胎率。高硒有致突变作用，导致癌症发生。儿童硒中毒可使中枢神经和消化系统功能紊乱，引起贫血等疾病。对于低硒反应，动物较人更为敏感，在动物的低硒反应中，以白肌病的分布最广，危害最大。

人类与低硒有关的疾病包括循环系统的心血管疾病、克山病；消化系统的胃癌、肝癌和胰腺癌等；造血系统的溶血性贫血、白血病等。高硒或低硒与食品中硒的含量有着十分密切的关系，因而通过调节土壤-植物系统中硒的含量和有效性将有助于减少疾病的危害。

土壤硒污染的研究始于 20 世纪 30 年代，主要涉及美国西部地区家畜硒中毒的问题。硒中毒的主要症状是脱发、脱指甲、皮肤坏死、肝肿大和肠胃不适等。对我国湖北恩施的研究进一步明确了硒摄入量与硒中毒之间的剂量-效应关系。

关于土壤高硒的改良目前还没有很成熟的方法，种植具有富集功能的植物被认为是具有应用前景的技术（Parker et al.，2003）。硒污染土壤的植物改良主要有植物挥发和植物提取。

由于土壤硒污染通常与盐碱化和硼过量相关联，因此，筛选硒富集植物时应该考虑植物的耐盐和耐硼中毒的能力。在我国湖北恩施地区进行调查发现（邵树勋等，2006），遏蓝菜（*Thlaspi arvense* L.）植物含硒量高达 816 mg/kg，是我国当时发现的含硒最高的植物，接近于国际上公认的 1 000 mg/kg 硒的超富集植物临界标准。此外，萝卜菜、油菜富硒植物的发现为研究开发富硒保健作物提供了很好的物种。黄花蒿和鸡眼草耐硒植物属于野生杂草，容易种植，生长量大，可考虑用作修复硒污染的土壤和湿地。

相较于高硒环境的改良，目前人们对硒的缺乏更为关注。通过食物链提高人体对硒的摄入，是解决区域性土壤硒缺乏导致的人体疾病的有效途径之一。通过换粮把非缺硒地区的粮食供应给缺硒地区的居民食用可以有效地改善我国低硒地区群众的健康问题。对农作物施用含硒肥料被证明是较为可靠的补硒措施。20 世纪 70 年代芬兰的农作物通常只含有很低的硒，80 年代该国农业减产导致芬兰向北美进口大量富含硒的小麦，使得当时芬兰居民的硒摄入量和血清硒含量显著提高了。到了 80 年代中期，芬兰开始推行施用含硒的化肥，其结果是产妇血清中的硒含量得到了明显改善（Aro et al.，1995）。在我国，关于通过食物链补硒改善人体健康的工作也积累了较多有益的经验，例如，对茶叶和水稻喷施含硒肥料，不仅可以提高农产品中硒的含量，而且还可以改善农产品的其他品质，如提高维生素 C 和氨基酸的含量。喷施含硒肥料还可以改善蛋白质构成，从而提高大豆品质。通过对水稻施用硒肥来增加大米中的硒含量也被广泛采用（Cao et al.，2001），但是目前需要对富硒大米提高监管力度，因为添加过高的硒同样对人体有害。

第二节　土壤-植物系统中的氟

含氟牙膏问世以后，氟与人类生活的密切程度已为大众所熟知。当人体内缺乏或过量积累氟时都可以导致相关疾病的发生。人体中的氟主要是通过饮用水和食物而获得的，因而土壤、水体和大气中的氟与人体健康和动植物生长具有密切的联系。成人每天摄入的氟量为 0.2～2.0 mg，但在高氟地区的摄入量远超过这一水平。氟的生物化学功能主要是将骨骼中的磷酸钙转化成磷灰石，而磷灰石是人体骨组织的主要成分。较高的含氟量可以提高磷灰石的结晶度和降低其溶解性。但是过量摄入氟同样会对人体骨组织产生危害，这主要是因为氟积累在骨组织层间，并过量刺激新骨组织的生长而导致原有组织损伤。过量的氟还可以导致软组织硬化，从而干扰人体钙代谢和骨组织中胶朊蛋白的合成等正常生理过程。

一、土壤中氟的含量与来源

氟（F）位于元素周期表第二周期ⅦA 族，原子量为 18.998。氟是最活泼的元素之一，这种活泼性决定了它能与除惰性气体外的所有元素形成化合物或配合物，在氟化物中氟的氧化数总是-1。土壤是氟环境化学体系的枢纽，地壳中氟的平均含量在 270～800 mg/kg 之间，世界土壤含氟量为 20～700 mg/kg，中值为 200 mg/kg。我国土壤（A 层）氟含量在 50～3 467 mg/kg，95%范围值为 191～1 012 mg/kg，算术平均值为 478±197.7 mg/kg（中国环境监测总站，1990）。土壤中的氟含量受母质、气候、地形及人为活动等因素的影响。我国土壤中氟的变化幅度较大，风沙土的平均值为 271 mg/kg，而石灰（岩）土为 906 mg/kg。

氟是典型的亲石元素，土壤氟的基本来源是岩石的风化，自然界含氟矿物很多，已知道的有近 100 种。其中，最主要的有氟石（CaF_2）、氟镁石（MgF_2）、氟铝石（$AlF_3 \cdot H_2O$）、冰晶石（Na_3AlF_6）和氟磷灰石［$Ca_5(PO_4)_3F$］等。各类岩石中，酸性岩的平均含氟量较高，约为 800 mg/kg；中性岩和沉积岩次之，约为 500 mg/kg；基性及超基性岩较低，约为 370 mg/kg 及 100 mg/kg。随着岩石中二氧化硅含量的减少，氟的含量也降低。在常见的土壤矿物中，黑云母、白云母和角闪石可能是土壤的主要氟源（Kabata-Pendias et al.，2003）。

由于土壤中的氟主要来源于母质，因而在成土过程中会影响土壤剖面中氟的分布状况，其中风化程度和黏土含量是最重要的影响因素。由于氟通常与有机质的结合能力较弱，因此，大多数土壤表层中的氟含量较低。土壤表层有机质中，氟的浓度范围为 0.03～0.12 mg/kg。土壤氟的另一个来源是工业活动，包括钢铁、制铝、磷肥、玻璃、陶瓷、化工和砖瓦等工业和燃煤过程中排放出的含氟“三废”。一些工业使用冰晶石（Na_3AlF_6）、萤石（CaF_2）、磷矿石和氟化氢等作为原料。例如，电解铝企业以冰晶石为电解质，以 NaF、CaF_2 和 AlF_3 为添加剂，在高温电解过程中产生 HF 和 SiF_4 气体及含氟粉尘，每生产 1 t 铝要排放 15 kg HF、8 kg 氟尘和 2 kg SiF_4。磷肥工业以磷灰石为原料（含氟 1%～3.5%），生产过程中含氟量的 1/2～1/3 以 SiF_4 形式排入环境中。含氟磷肥、土壤改良剂、杀虫剂和污泥等的使用可以明显增加土壤中的氟含量。据估计，每年因施肥带入土壤中的氟可达 80～200 kg/hm^2（吴卫红等，2002）。

二、土壤中氟的形态

氟在卤族元素中的电负性最强，有较强的电子亲和力，易于与其他元素形成离子键或共价键化合物。土壤中氟的存在形态极为复杂，大凡在环境介质中所具有的氟赋存形态在土壤中皆有。从氟的赋存形态考虑，可将土壤氟分为吸附态氟离子（F^-）和氟配离子、氟化物。

（一）吸附态氟离子和氟配离子

吸附态的氟离子、分子，固体的氟化物和氟矿石颗粒等在土壤中均有存在。对于高度发育的土壤而言，吸附态的氟占有较大比重。从风化壳或母岩中迁移而来的难溶、难分解的含氟矿物在土壤中一般以微粒的形式存在，它在发育程度较低的幼年土壤中占有较大的比重。由大气沉降而进入土壤中的氟包括水溶性的简单粒子化合物、含氟的粉尘、氟硅酸和氢氟酸等。由地表径流和地下水带进土壤环境中的氟主要为可溶性的氟化物，以及生物死亡后经分解而释放出的氟化物。一般来说，由母岩和风化壳转移而进入土壤的氟化物大部分为土壤的原生矿物，而以其他途径进入土壤的氟则多以胶体吸附态的离子（简单阴离子或复杂配位离子）和分子（主要是氟化物）形式存在于土壤中。正是以离子态和分子态赋存于土壤中的氟显得异常活泼，它可参与土壤环境中物质的迁移和转化。

氟离子易被土壤黏粒矿物和其他一些有机-无机复合胶体所吸附。对于黏粒矿物而言，F^-通过与 OH^-交换而被吸附；金属-氟配阳离子（如 AlF^{2+}、AlF_2^+）可通过土壤中的阳离子交换而被吸附。一般而言，在热带和亚热带红壤、黄壤等酸性、富铝化土壤中，吸附的氟主要是氟阴离子。土壤吸附态氟活性不高，易在土壤中积累，但在强烈淋溶作用下，也可被淋失。

（二）氟化物

以氟化物存在于土壤中的氟成为土壤的组成成分，土壤中常见的含氟矿物及其存在形态如表 4-6 所示。易溶性的氟化物经由雨水、径流和灌溉水等溶解后，通常以 F^-阴离子的形式进入土壤溶液，其后可能与土壤溶液中的其他离子发生反应，形成某种配位化合物或配位离子。土壤性质和环境条件对土壤中氟化物的可溶性有较大的影响，溶解后氟的存在形态与土壤 pH、Ca^{2+}、Al^{3+}及其含量等密切相关。在热带和亚热带富铝化作用强烈的酸性土壤中的 CaF_2，一方面，酸析作用使溶解度大为提高，另一方面，土壤溶液中存在的大量 Al^{3+}会很快和 F^-形成配合物而随水迁移；然而，如果土壤溶液中含有大量的 Ca^{2+}，则可形成 CaF_2，在其浓度达到一定的饱和度时，溶液中的氟化物便又可淀积于土壤中。

表 4-6　土壤中的含氟矿物及其存在形态（何振立等，1998）

矿物名称	氟含量/%	存在形态	主要赋存的土壤
氟盐	—	NaF	碱性盐风化土壤
氟铝石	—	$3AlF_3 \cdot 4H_2O$	热液岩脉分布土壤
氟磷灰石	3～4	$Ca_5(PO_4)_3F$	广泛分布于各种土壤
萤石	49	CaF_2	花岗岩风化土壤
冰晶石	54	Na_3AlF_6	花岗伟晶岩风化土壤，局部
氟镁石	—	MgF_2	白云岩风化土壤及火山分布地区
氟黑云母	8	$K(Mg，Fe)_3AlSi_3O_{10}F_2$	广泛分布于各种土壤
锂冰晶石	—	$Li_3Na_3Al_2F_{12}$	花岗伟晶岩风化土壤
钸萤石	—	$(Ca, Ce)F_{2\text{-}3}$	伟晶岩矿物风化土壤
氟氯铅矿	—	PbFCl	热液含铅岩脉分布土壤
氟硼钠石	—	$NaBF_4$	火山岩分布地区土壤
方氟硅钾石	—	K_2SiF_6	火山岩分布地区土壤
氟硼镁石	—	$Mg_3BO_3(F, OH)_3$	热液岩脉分布土壤
黄玉	19	$Al_2SiO_4(OH, F)_2$	花岗岩风化土壤

（三）土壤中氟形态的操作定义

按照操作定义，土壤中氟的形态一般可分为水溶态、可交换态、铁锰氧化物态、有机束缚态和残余固定态等。其中，水溶态氟和可交换态氟对植物、动物、微生物和人类有较高的有效性。

水溶态氟主要包括 F^-、HF_2^-、$H_2F_3^-$、$H_3F_4^-$、AlF_6^{3-}和 FeF_6^{3-}等，一般采用亚沸水浸提。土壤水溶性氟与地下水氟污染有直接关系。在 pH 6.5～8.5 范围内，土壤 pH 每上升 0.5 个单位，水溶性氟含量增加 0.4～0.5 mg/kg。Wenzel 和 Blum（1992）对被铝冶炼厂污染了 50 a 的淋溶土和粗骨土中氟的形态和淋溶性的研究结果表明，在 pH 为 6.0～6.5 时，氟化物的溶解度最小，而当 pH<6 或 pH>6.5 时，其溶解度均有增加。氟化物在土壤酸性条件下的高溶解度归因于 $(AlF)^{2+}$ 和 $(AlF_2)^+$ 配合物的形成，而在 pH>6.5 时，由于荷电表面负电荷的增加而排斥负离子从而导致氟的解吸，因此，可以认为食品和地下水的氟污染风险在微酸性土壤中是较低的，但在强酸性和碱性条件下却增大了。

自然土壤中氟以残余态存在为主，水溶态和交换态所占的比例很低。土壤中水溶态氟的含量与土壤性质和氟的来源有关，通常为碱性土>中性土>酸性土。自然土壤中水溶态氟平均含量占全氟含量的 3%～5%。但污染红壤（采自磷肥制造厂附近下风方向）中氟的各种形态所占总量的比例与自然土壤显然不同（表 4-7）。在未被污染的自然土壤中，水溶态氟和可交换态氟含量所占比例均很小，大部分氟以残余态被固定于黏粒矿物内，必须用浓硝酸和浓高氯酸消化后才能被释放而进入溶液。相反，污染土壤中水溶态氟和可交换态氟所占比例很高，而残余态氟则相对较少，仅占 28.6%，它表明了在污染土壤中，外源氟对生物是高度有效的。从工业释放出的氟化物通常以可溶性氟化物的形式进入土壤表层，从而增加了氟对生物体产生毒害的几率。氟污染也可能会对土壤本身的组成产生影响，24 a 时间跨度的研究表明，外源氟对土壤黏粒矿物的转化和有机质的变化有重要的贡献（Egli et al.，2001）。土壤中的铁铝氧化物和腐殖质分别是氟的主要或重要吸附剂，羟基释放是土壤，尤其是可变电荷土壤对阴离子 F^- 进行配位吸附时的直接后果，它增加了黏粒的稳定性，不利于土粒聚沉，使其他污染物易从土壤进入水体，进而污染水源（许中坚等，2002）。

表 4-7　土壤中氟赋存形态所占比例（何振立等，1998）

土壤氟的形态	浸提剂	占总氟含量/%	
		未污染红壤	污染红壤
水溶态	亚沸水	4.3	10.7
可交换态	1 mol/L $MgCl_2$（pH 7.0）	9.8	19.3
铁锰氧化物态	0.04 mol/L $NH_2OH \cdot HCl$	23.4	26.7
有机束缚态	用 0.02 mol/L HNO_3+30%H_2O_2 处理后，再加 3.2 mol/L CH_3COONH_4	14.9	15.7
残余态		47.6	28.6

采用二次多项式回归模型，对影响水溶态氟含量的一些土壤因子进行回归分析表明（焦有等，1996），各因子与水浸氟的相关系数 r 的大小顺序为 Cl^->水溶盐总量>Na^+>盐酸洗失量>pH>HCO_3^->全氟。其中，除全氟显著外，其余均呈极显著水平（$P<0.01$）。有机质和黏粒含量与水浸氟呈负相关，但不显著。

对 15 种土壤的形态进行分析表明（吴卫红等，2002），pH、交换性钙、无定形铝和黏粒含量对水溶态氟的含量均有一定贡献，其中土壤 pH 的影响最为明显，其次为交换性钙和无定形铝；可交换态氟的主要决定因子是土壤 pH，其次为有机质含量；铁锰结合态氟的主要影响因子是无定形铁，其次是黏粒和无定形铝含量；有机态氟与各土壤性质的逐步回归方程中，仅有机质与其密切相关，从而说明了有机态氟的形态区分方法有较好的选择性。此外，该研究一个值得关注的结果是，水溶态氟与可交换态钙之间有极显著的相关性，而有文献表明，38 种酸性淋溶土可交换态钙与水溶态氟含量之间并无关联性（Water and Winfried，1992），土壤性质的不同有可能是导致其结果产生差异的原因。

三、土-水系统中氟的化学平衡

（一）沉淀-溶解平衡

前已述及，在土壤中氟多以难溶化合物的形式存在，这些矿物包括萤石、氟镁石和冰晶石，以及氟化铝［$AlF_3(s)$］和氟化铁［$FeF_3(s)$］等，它们是土壤中存在的较为稳定的含氟矿物。特别是当土壤 pH＞5.0 时，这些含氟矿物更为稳定。不过，KF(s)、$Hg_2F_2(s)$、NaF、$CdF_2(s)$、$CuF_2 \cdot 2H_2O(s)$、$ZnF_2(s)$和 $PbF_2(s)$等含氟矿物的溶解度比较高，它们不会在土壤中长久存在。此外，氟硅酸铵［$(NH_4)_2SiF_6$］、氟磷酸铅［$Pb_5(PO_4)_3F$］和六氟硅酸钾（K_2SiF_6）等含氟矿物在土壤中的溶解度也很高，它们也不可能长期存在于土壤中。但是，氟晶云母（$KMg_3AlSi_3O_{10}F_2$）在土壤中却可以稳定存在，特别是在碱性土壤中更是如此。

存在于土壤溶液中的游离氟离子，常常与土壤中的 Ca^{2+}发生沉淀作用。这种沉淀作用还包括与 Fe^{3+}、Al^{3+}、Mg^{2+}、Sr^{2+}、Ba^{2+}和 Li^+等金属离子发生反应。

例如：

$$Sr^{2+}+2F^- \rightleftharpoons SrF_2(s)\ (K_{sp}=3.49\times10^{-9}) \tag{4-3}$$

$$Ba^{2+}+2F^- \rightleftharpoons BaF_2(s)\ (K_{sp}=1.05\times10^{-6}) \tag{4-4}$$

在气候比较干旱、土壤钙质化活跃的地区，尤其是在草甸黑钙土和碳酸岩黑钙土中，由于土壤整个剖面均含有碳酸岩，土壤溶液和地下水也被 Ca^{2+}或 Mg^{2+}所饱和，这种情况有利于上述反应向形成沉淀的方向进行，使通过土壤的 F^-被拦截而以 CaF_2 或 MgF_2 的形式淀积于钙积层中，但这种沉淀作用是可逆的，一旦土壤条件发生变化，它就会溶解出来，重新转化为 F^-。

（二）配位-解离平衡

在一些富铝化的酸性土壤中，由于存在着大量的游离 Al^{3+}，氟阴离子会发生以下配位反应：

$$Al^{3+}+F^- \rightleftharpoons AlF^{2+} \quad (\lg K^0=6.98) \tag{4-5}$$

$$Al^{3+}+2F^- \rightleftharpoons AlF_2^+ \quad (\lg K^0=12.60) \tag{4-6}$$

$$Al^{3+}+3F^- \rightleftharpoons AlF_3^0 \quad (\lg K^0=12.65) \tag{4-7}$$

$$Al^{3+}+4F^- \rightleftharpoons AlF_4^- \quad (\lg K^0=19.03) \tag{4-8}$$

$$Al^{3+}+5F^- \rightleftharpoons AlF_5^{2-} \quad (\lg K^0=23.45) \tag{4-9}$$

$$Al^{3+}+6F^- \rightleftharpoons AlF_6^{3-} \quad (\lg K^0=26.61) \tag{4-10}$$

在 pH＜6.0 的酸性土壤中，Al-F 配合物（AlF^{2+}、AlF_2^+、AlF_3^0 和 AlF_4^-）为土壤溶液中氟的主要形态。在极酸性土壤中，Fe-F 配合物（FeF^{2+}、FeF_2^+ 和 FeF_3^0）为可溶性氟的重要组成部分。当土壤溶液中不存在 Al^{3+}和 Fe^{3+}等游离离子时，氟可使层状硅酸盐及铁、铝氧化物等矿物晶格解体，并把晶格内的 Al^{3+}和 Fe^{3+}带入土壤溶液中：

$$Al(OH)_3+6MF \rightleftharpoons M_3AlF_6+3MOH \tag{4-11}$$

$$Fe_2O_3+10\,MF+3H_2O \rightleftharpoons 2M_2FeF_5+6MOH \tag{4-12}$$

土壤溶液中的 F^-还可与 Co^{3+}、Sb^{3+}、Ti^{4+}、Pb^{2+}、Cu^{2+}、Cd^{2+}、Hg^{2+}、Na^+和 K^+等金属离子形成稳定的氟配合物，不过这些配合物并没有 F^-与 Fe^{3+}和 Al^{3+}形成的氟配合物那么稳定。

土壤溶液中存在的一些低分子量有机配位体，包括动、植物组织的天然降解产物，如氨基酸、羧酸、碳水化合物、低级醇和酚类物质等，可与金属氟配合物阳离子（如 FeF_2^+、AlF_2^+、CoF_2^+、ZnF^+、H_2F^+、PbF^+和 HgF^+等）形成复杂的配合物，它有利于这些中间产物和一些不稳定氟配合物的稳定作用。土壤中氟离子的配位反应对于它的生物有效性的维持是十分重要的，因为这种氟配合物对生物是高度或中度有效的，它的形成不利于沉淀反应的进行，而有利于土壤中一些含氟矿物向溶解方向转化。

（三）吸附-解吸平衡

土壤吸附-解吸对于防止地下水和食物链的氟污染至关重要（Gago et al.，2012）。土壤溶液中的氟除与土壤中的某些金属离子发生反应而沉淀外，还可被土壤中的铁铝氧化物、黏粒矿物和有机大分子吸附而失去活性。土壤中铁、铝氧化物胶体是 F^-的主要吸附剂。氧化物表面与中心金属离子配位的碱性最强的羟基（$—OH^{-1/2}$）或水合基（$—OH_2^{+1/2}$）均可与 F^-发生配位体交换吸附而不受胶体表面带电符号的限制。氧化铁表面配体与氟离子的交换产生了氧化铁对氟离子的专性吸附，其吸附机理是溶液中的 F^-取代了土壤胶体上的 OH^-，因此 OH^-释放是阴离子在可变电荷土壤中发生专性吸附的一个重要后果（姜军等，2008）。

1）与配位羟基交换

$$[H_2O—Fe—OH]^0 + F^- \rightleftharpoons [H_2O—Fe—F]^0 + OH^- \qquad (4\text{-}13)$$

$$[HO—Fe—OH]^- + F^- \rightleftharpoons [HO—Fe—F]^- + OH^- \qquad (4\text{-}14)$$

2）与配位水合基交换

$$[H_2O—Fe—OH]^0 + F^- \rightleftharpoons [F—Fe—OH]^- + H_2O \qquad (4\text{-}15)$$

3）桥接羟基破裂而产生新的吸附位：

$$[Fe—OH—Fe]^0 + F^- \rightleftharpoons [Fe—F]^{-1/2} + [Fe—OH]^{-1/2} \qquad (4\text{-}16)$$

土壤溶液中增加 OH^-，势必会导致土壤 pH 升高，从而使土壤向碱性反应发展。不过，土壤溶液中 OH^-的增加量与土壤胶体上 F^-的吸附量之间并不存在简单的数量关系，这可能是因为土壤具有较大的缓冲性，对土壤中发生的一定限度内的酸碱都有一定程度的缓冲效能。可变电荷土壤的实验表明，在 2～60 min 内，F^-在吸附过程中所释放的 OH^-量与时间的关系可用 Elovich 方程来描述（姜军等，2008）。

土壤腐殖质也是土壤中氟的重要吸附剂。土壤腐殖质主要由在分子的三维方向上带有很多活性基团的芳烃所组成，所以具有特别好的吸附表面。土壤腐殖质与氟的吸附主要通过与腐殖质中的羧基（—COOH）和羟基（—OH）等官能团的离子交换反应进行。

土壤中的有机质及铁、铝、锰氧化物含量越高，土壤对氟的吸附量就越高，表 4-8 表明去除氧化物后土壤对氟的吸附能力明显下降。在外源氟污染严重的地区，特定土壤通过吸附对地下水的保护发挥着重要作用（D'Alessandro et al.，2012）。

表 4-8　去除氧化物后土壤氟吸附量的变化（万红友等，2003）　　（单位：mg/kg，黄壤，贵州）

处理	初始氟浓度/(mg/L)			
	10	50	100	200
原土	230	1 050	1 461	1 789
去除无定型氧化物	224	886	1 218	1 489
去除游离氧化物	52	140	188	423

四、土壤氟的生物效应

（一）植物对氟的吸收和迁移

植物对土壤氟的吸收和富集一直是人们关注的问题（吴代赦等，2008）。通常情况下食物（植物）不是人体摄入氟的主要途径。在 pH 为中性的土壤中，土壤氟污染导致植物和动物毒害的可能性较小；但是当污染程度和土壤酸度增加时，土壤氟污染会对动植物产生明显的毒害作用。氟病发生地的某些人群通过食物摄入的氟可能会相当可观。关于土壤氟生物有效性与植物吸收积累氟的研究，一直是环境土壤学研究中关注的一个问题。虽然在很多情况下土壤中氟对植物的有效性与土壤全氟或可溶性氟的含量并无显著的相关性。然而，在一定条件下，植物中的含氟量可基本反映土壤中氟的含量（水溶态和交换态），例如，洛阳市郊区蔬菜中的氟含量为 4.71～17.83 mg/kg，白菜、青菜、菠菜和韭菜中的氟含量与土壤中的水溶性氟含量呈极显著相关，生菜、香菜中的氟含量与土壤的水溶性氟含量呈显著相关（朱书法等，2008）。土壤中氟的可溶性部分可由根被动吸收，在植物体内易于迁移。多数情况下，氟的有效性随土壤 pH 的降低而升高，这一情况正好与土壤水溶性氟随 pH 的升高而增加的情况相反，这种情况的产生可能与在低 pH 条件下氟以非离子态形式存在而易于透过细胞膜有关（Horner and Bell，1995），因此，通过施用石灰可以有效地减少植物对氟的吸收。研究表明（Fung and Wong，2002），茶叶中的氟含量随土壤 pH 的升高而降低，当土壤 pH 大于 4 时，茶叶中氟的含量显著降低。茶树是常见的富氟植物，饮茶已成为我国许多地方人群氟摄入的重要途径。我国不同产地砖茶的含氟量有一定的差异（孙殿军和孙玉富，2002），平均含量在 260～880 mg/kg，而绿茶的含氟量通常比红茶和砖茶要低一些，平均含氟量在 70 mg/kg 左右。另有长江三角洲大面积田间研究的结果认为，小麦吸收的氟可能主要来自于大气而不是土壤（Wang et al.，2012）。

氟的过多吸收会对植物产生毒害作用。土壤氟污染对作物的危害是慢性积累的生理障碍过程。氟能抑制作物的新陈代谢、呼吸作用和光合作用，抑制新陈代谢过程中马来酸脱氢酶的活性。氟对作物的危害主要表现为干物质积累量少、产量降低、分蘖少、成穗率低和光合组织受损伤，出现叶尖坏死、叶绿褪色变为红褐色的状况。Kundu 等（1987）的研究表明，随着土壤中氟加入量增大，小麦干物重减少，对土壤中的总磷和肥料磷的吸收量也减小，但吸收肥料磷的比例却增大了。在进行低磷处理时，氟的毒害增大，随着土壤施磷量的增多，氟毒害的相对程度倾向于减缓。氟污染土壤增加了金属铝的溶解性，导致氟、铝对植物的双重危害。对不同浓度的氟和在不同培育时间，两种不同土壤中的提取性和小麦吸收氟的影响研究表明，在砂壤土和黏壤土中，氟的可提取性均随添加氟的增加而呈线性上升趋势，但随着培育时间的延长而降低。当土壤中添加氟的浓度超过 40 mg/kg 时，小麦谷粒的产量会减少，而＞80 mg/kg 时，麦秆产量也有所减少。小麦谷粒中氟的浓度随土壤氟浓度的增大而呈指数增大，在试验条件下氟的临界限量为 8～11 mg/kg，超过此值小麦产量将受到不良影响（Singh et al.，1993）。

虽然植物能较容易地从污染土壤中吸收氟，但土壤中氟的生物可利用性比大气沉降的氟化合物生物可利用性要小；植物对大气沉降氟的吸收主要是通过叶面吸收。大气中氟的叶面吸收是随其他气体进入叶中的渗透途径进入的，在自然条件下，多数植物叶表面上的气孔和裂口均可促进叶片对氟的吸收。由氟引起的植物污染的生物学研究表明，当植物经由根吸收氟时，植物一般不出现氟毒性的症状；而大气中的氟，特别是以氢氟酸存在时，其毒性非常大。氟对植物代谢的主要影响包括氧吸收减少、呼吸作用失调、同化作用减少、叶绿素含量降低、淀粉的合成受阻、焦磷酸酶的功能受抑制、改变细胞器官的新陈代谢、损害细胞膜、脱氧核糖核酸（DNA）和核糖核酸（RNA）失调，以及氟磷灰石的合成等。

（二）氟对生物的影响

几百年前人们已注意到火山爆发后，氟对动物产生毒性的症状。20 世纪人们就认识到植物可吸收火山喷发时散发出来的氟，并通过食物链把氟转移给动物，例如，1970 年冰岛 Hekle 火山爆发后，人们立即收集草本植物的样品进行分析，结果发现了植物中氟的含量高达 4 300 mg/kg（干重）。植物氟浓度的增加对动物产生的影响最大，因此，饲料作物中的氟含量似乎比其他植物中的含氟量具有更大的生态利害关系。植物中的氟对动物的影响备受关注。目前，对植物氟中毒的阈值尚无统一的意见，一般认为是 30～40 mg/kg（干重）。高耐氟动物（例如，羔羊和火鸡）食用含氟量较高的饲料也不会受到危害。牧牛除了食用牧草成为氟的来源外，直接摄取含氟量较高的淤泥和土壤也是氟的重要来源。

实验表明，在低氟量时，土壤腐殖质的氮矿化、碱性磷脂酶（APA）和芳基硫酸酯酶（ASA）的活性会受到抑制（表 4-9），这是由 Al-F 化合物的形成所致；另外，氟也影响脱氢酶（DHA）的活性，脱氢酶活性的测定是标志土壤潜在微生物活性的较敏感方法；氟能抑制土壤纤维素的分解，也能抑制土壤硝化作用、呼吸强度及土壤酸性磷酸酯酶的活性。

表 4-9　氟化钠对有机土壤酶活性的影响（以占未用 NaF 处理的样品百分比表示）（Wilke，1987）

土壤类型及土层	F（H_2O）/(mg/kg)		碱性磷脂酶/%		芳基硫酸酯酶/%		脱氢酶/%	
半腐殖土	加入 F/(mg/cm^2)							
	1.5	4.5	1.5	4.5	1.5	4.5	1.5	4.5
弱分解有机层	462	714	115 a	90 a	91 a	71	135 a	99 a
半分解有机层	403	617	69 a	34	79	72	30	34
腐殖质层	277	518	94 a	71	100 a	95 a	41	27
粗腐殖土	加入 F/(mg/cm^2)							
	4.5	9.0	4.5	9.0	4.5	9.0	4.5	9.0
弱分解有机层	765	3 605	12	12	60	67 a	ND	ND
半分解有机层	612	3 245	7	7	67	69	ND	ND
腐殖质层	650	1 155	24	22	75 a	78 a	ND	ND
淋溶层（灰化层）	263	493	71 a	18	84 a	94 a	ND	ND

注：“a”表示与未用 NaF 处理的样品无差异；“ND”表示未检出。

铝厂附近大气氟沉降对土壤微生物生物量影响的研究表明，土壤水溶性氟含量反映了氟暴露的程度，距离污染源越远，土壤微生物活性越大，微生物生物量、脱氢酶和芳基硫酸酯酶的活性与土壤水溶性氟呈负相关。在大部分污染土壤中，微生物活性仅为未污染土壤的 5%～20%。然而，氟化氢对一些同功酶（如酸性磷酸酶和脱氢酶）具有显著的刺激作用，但其他酶却受到抑制。用活体观察法对甘肃省白银市氟化物生产的废水污灌土壤进行研究（刘娜等，2008），与对照土壤中原生动物群落的比较表明，氟化物污染对原生动物群落有很大的影响，体现在物种多样性显著下降，群落结构简单化，物种组成与正常群落有着极显著的差别。

氟污染对动物健康也有明显的影响，通过对宁夏一养牛场奶牛的饮水、饲料，土壤中的氟、硒、铜，血液中的氟、硒、铜，毛发氟和尿氟的检测，证实了该奶牛场含氟量偏高，从而影响了奶牛的产奶量和繁殖能力。

五、土壤-水-植物系统中的氟与地氟病

（一）地氟病与土、水和植物氟的关系

氟是人体必需的微量元素，它是生物钙化作用所必需的物质；氟可促进儿童的生长发育，并有益于老年人骨质疏松病的防治；氟是牙齿的组成部分，在牙表层形成氟磷灰石保护层；此外，氟还能促进肠道对铁的吸收，有利于防治贫血。但是过量的氟对人体是有害的，存在一定的健康风险（Fordyce，2011），它可引起氟中毒，如氟斑牙、氟骨症等，且具有地带性分布特征。

全球地带性氟病主要分布于干旱、半干旱带，这些地区年降水量大多在 200～400 mm 或更少，位于赤道南北纬的 15°～35°，亚洲中部北纬 35°～50°也有氟病带，包括中国、前苏联和蒙古境内的干旱区。除地带性氟病区外，还有非地带性氟病区，主要与火山作用、含氟岩石和矿床地质异常，以及人为活动释放氟污染有关，例如，北京小汤山地区土壤与水体的高氟环境是由燕山期岩浆活动携带的含氟物质侵入古老地层及涌出地表等因素造成的（杨全合等，2013），而人为污染中的工业生产是其主要来源，例如，砖窑对其周围土壤的污染极为明显（Uooj and Ahmad，2017）。

我国自 1930 年起就开始有地方性氟中毒的报道，不少地区出现了地氟病的流行，例如，氟斑牙和氟骨症患者。我国氟中毒症可分为饮水型、食物型、空气型（燃煤型）和混合型四大类。在食物型中，饮用砖茶可能是主要原因之一。在某些少数民族地区，饮用砖茶摄入的氟占总摄入量的 90%以上（表 4-10）。长期食用氟含量超标的大米也会导致地氟病，如氟斑牙。土壤氟含量与地氟病的相互关系比较复杂，虽然有调查表明儿童氟斑牙与表层土壤的氟含量具有极为显著的相关性（闫菊等，2013），但通常土壤水溶性氟与人体健康的关系较为密切，而土壤全氟含量与人体健康并没有直接的关系，这主要是因为土壤水溶性氟通过影响浅层地下水及食物链氟含量影响人体的健康；然而，有研究表明，水中氟含量与土壤氟含量之间并无良好的相关性，但表层土壤中的氟可通过淋溶而进入地下水，从而形成高氟水源（汪旸等，2012）。苏打盐渍化土壤水溶性氟与土壤碳酸氢根含量呈显著的正相关，因此，在苏打盐渍化土壤区地下水的含氟量通常较高，常出现地氟病。总的来说，土壤氟含量与地氟病的关系属于混合型，即土壤氟污染（人为和自然因素）可以通过地下水和食物链等多种途径影响人体的氟摄入量，不同途径的贡献随环境条件的变化而变化，必须进行具体分析和研究才能明确特定地区地氟病的主导因素，从而为地氟病的防治提供理论依据。

表 4-10　氟骨症与茶氟摄入量关系（孙殿军和孙玉富，2002）

调查年份	地点	氟骨症检出率/%	茶氟摄入量/(mg/d)	总氟摄入量/(mg/d)	茶氟占总氟比例/%
1983 年	四川壤塘	97.1[1)]	13.0	14.2	91.5
1992 年	四川道孚	31.6	7.8	10.4	75.0
1988 年	西藏阿里	55.2			
1999 年	四川阿坝	89.5	7.6	8.1	93.8
1999 年	内蒙古陈旗	40.0	11.8	12.0	98.3

1）为 X 线检出率，其他为临床检出率。

我国与地氟病有关的土壤类型为盐渍土地区的碱化土壤，如碱化栗钙土、碱化棕钙土和碱化盐渍土等，其水溶性氟含量可达 17 mg/kg，一般都在 10 mg/kg 以上，此土壤分布区就是

氟病区；碳酸盐土区的氟病主要分布于与碳酸盐土相组合的低地苏打盐渍地区，是由碳酸盐风化物中的氟迁移并在低洼处集中而引起的；北部沿海的滨海盐渍土、高氟地下水氟毒病区，是由海水氟进入而引发的；我国南方的铁铝土区一般不具备氟在土壤中积累的条件，地下水及地表水中的氟含量并不高，但受高氟地层出露的影响，如受二迭系武岩及煤系地层、海相浅海相石灰岩和白云岩含磷地层等的影响，生长于由这些岩石发育的土壤中的作物氟含量较高，人食用后可发生氟中毒事件。此外，还有非地带性的氟病区，如浙江、经福建龙溪至广东梅州、惠阳等地与受局部富氟环境影响的温泉型氟病区。

根据全国已经报道的地氟病发生率和土壤氟的相关资料（李静等，2005），对我国氟的土壤环境质量指标与人体健康关系的研究进行了总结与分析，探讨了氟的土壤环境质量指标，包括我国土壤中全氟和水溶态氟的土壤环境质量指标的确定和评价方法，可为环境质量评价和防治氟中毒症等地方病提供一定的科学依据。

（二）氟危害的调控

氟的安全范围很窄，从满足人体对氟的需要到氟过多而导致中毒的量之间相差很小。不同国家对于人体安全摄氟量有明确和严格的限制。我国相关行业标准《人群总摄氟量》（WS/T 87—2016）建议每人每日总氟摄入量按年龄不同设定为，8～16 岁≤2.4 mg，16 岁以上≤3.5 mg。过多和过少都应该进行适当的调节。

研究土壤及地下水污染的目的在于，认识其污染和危害的机理，从而预防、消除或减轻其危害程度。为了改良水质，降低水氟含量，最根本的途径是寻找含氟量适中的水源。另外，可采用一些常规的方法：①沉淀法，将石灰、氟化钙或铝化物（白矾、铝酸钠、氧化铝和磷酸铝等）加入水中，与 F^-形成胶状沉淀物，从而使水氟含量降低（唐锦涛等，1990）；②过滤法，将骨粉、磷灰石、活性炭等放在过滤池中，作为吸附剂，吸附水中的氟（王明远，1979）；③煮沸法去除 F^-。

在土壤、水、空气和植物这 4 者中，土壤是氟环境化学体系的枢纽，它是良好的净化器，对氟有很大的吸附容量。用火山灰土壤对饮水中的氟进行净化是一种经济、有效而简便的方法。实验表明，人工土壤层对氟离子具有良好的吸附效果，并在较大的氟离子质量浓度范围内均适用（姜凌和刘艳萍，2005）。土壤又是一个多种元素的结合体，很多元素能与氟形成稳定的化合物，这就为含氟废水进行土壤处理提供了基本条件。浅层地下水含氟量及植物吸收氟量与土壤水浸氟含量呈显著正相关。因此，降低土壤氟的生物活性是减轻氟危害的一种有效措施，例如，在苏打碱土上施用磷石膏，在酸性土上施用石灰。这些措施既能调节土壤 pH，又可使活性强的 F^-与 Ca^{2+}形成难溶性 CaF_2，从而降低土壤溶液中的氟化物浓度。江苏滨海盐土向潮土演化的过程中，水溶性 F^-与水溶性 Ca^{2+}互为增减，也与 pH 同步增减，钙与氟的亲和性在植物叶中也能显示出来。放射性 ^{45}Ca 的试验表明，先将叶子进行钙处理，再向叶片中加氟，将不会导致叶片的损伤或坏死。然而，添加钙的化合物必须通过试验来选择，钙对氟污染酸性土壤的改良效果表明，仅硝酸钙能够在供试条件下使得土壤中的有效态氟下降，而氧化钙和碳酸钙则无此效果（崔俊学等，2009）。

硫酸铝改良剂法在改善吉林省西部苏打盐碱土的物理、化学性质方面已经取得了较好的效果，而该区土壤氟含量较高，是典型的饮水型氟中毒区，于是在改造盐碱土理化性质的同时，添加硫酸铝能否改变土壤-植物系统中氟的行为便被提上日程（刘金华等，2012）。试验表明，在相同氟浓度下，随着硫酸铝用量的增加，水稻植株各部位的氟浓度呈先降低后增加的趋势，在 0.4%～0.6%的硫酸铝处理下出现最低值，并且与对照的差异性极显著。此时，植株各部分的氟浓度相对较低，降氟效果较好，而且土壤中的水溶态氟、可交换态氟含量较低，铁锰结合态氟和有机束缚态氟含量相对较高，能够减少氟向地下水中渗透的比例，进而降低人畜通过饮用地下水而摄入的氟量。然而，氟在土壤中的化学行为受多种因素的影响，铝离子能与氟形成配位数不同的氟铝配合物［式（4-5）～式（4-10）］，从而影响氟在土壤中的存在形态及其有效性；另外，对于氟以何种形式被植物根系所吸收，氟-铝配合物的形成是否能够降低氟的生物有效性还存在较多的争议，因而添加硫酸铝以减少植物吸收氟的措施需要慎重对待。除了添加合适的改良剂之外，采用电动修复去除土壤中的污染氟也有较多的尝试，该法可有效地去除红泥中的氟（Zhu et al.，2017）。

近期有关中国土壤氟污染的研究已有较为概括的总结（杨金燕和苟敏，2017），包括土壤中氟的来源、分布、迁移、危害及风险等级的划分，氟污染土壤的修复和研究展望，强调了需要进一步关注的问题，例如，氟污染的生态效应，土壤吸持机理，土壤-水-植物系统中的迁移、转化、健康效应，氟污染土壤的修复等。此外，土壤中氟的分析方法也为许多研究者所关注，一种可靠而适用的高分辨率连续光源石墨炉分子吸收光谱法在土壤氟的测定中获得了成功的应用（Boschetti et al.，2017）。

第三节　土壤-植物系统中的碘

碘是动物和人体的必需元素，是甲状腺素的主要成分。甲状腺素具有影响机体生长发育、代谢过程、神经系统及智力发育等功能。碘通过影响甲状腺荷尔蒙来影响动物和人体的生长发育。由于碘与人体的智力发育密切相关，因此，它被人们称为“智力元素”。缺碘导致的各种人体疾病（碘缺乏病，简称 IDD）可以出现在人体发育的各个阶段，尤其是在快速成长时期，如胎儿和婴儿。胎儿的存活与发育对碘缺乏均很敏感，尤其是大脑的发育。正常条件下，人均每天碘的摄入量为 100～150 μg。据估计，人体每天摄入的碘 20%来自水，80%来自食物，由此可见，土壤-植物系统中碘的行为与迁移转化与人体健康有非常密切的关系（武少兴等，1998）。缺碘的明显症状为甲状腺肿大，当人体碘摄入量为正常需要的 50%时就可以引发甲状腺肿；而当摄入量为所需的 75%时就可以影响大脑发育，患甲状腺肿的儿童通常智商偏低。碘的过量也可以引发类似碘缺乏的症状，如甲状腺肿和甲亢等。碘是最早被人类认识到是人体必需的微量元素，早在公元前 2700 年，我国古代劳动人民就认识到“大脖子病”可以通过食用海带来治疗。

尽管人类早已认识到碘对人体和动物健康的重要性，关于环境中碘的行为和碘在土壤-植物系统中迁移积累的研究一直进展缓慢，其主要原因是环境样品中碘的分析测定比较困难。目前，碘的主要分析方法有中子活化法、离子色谱法、等离子-质谱和常规比色法等。这些方法中分析精度高和前处理最简单的是中子活化法，但该方法必须依赖核反应堆，因此，其在推广上有很大的局限性。其他的分析方法都需要前处理，碘在高温下易于挥发而在前处理过程中造成损失，从而带来分析误差，因而对土壤圈中碘行为的研究，在基础、应用或分析技术等方面均有待于加强与完善。

一、土壤中碘的含量与来源

（一）土壤中碘的含量

碘（I）位于元素周期表第五周期ⅦA族，原子量为126.90，碘主要以钠、钾、钙和镁的无机盐形式存在于海水中。碘的特征氧化数为-1、+1、+3、+5和+7。地壳中碘的平均含量在0.3～0.6 mg/kg，世界土壤含碘量为0.1～25 mg/kg，中值为5 mg/kg。不同地区土壤碘的含量差异较大，英国132个表土碘的含量为0.5～98.2 mg/kg，平均值为9.2 mg/kg。澳大利亚种植谷类作物的农田土壤表层土的碘含量为1.1～5.6 mg/kg，算术平均值约为3.1 mg/kg。我国土壤（A层）碘范围在0.13～33.1 mg/kg，95%范围值为0.39～14.71 mg/kg，算术平均值为3.76±4.443 mg/kg（中国环境监测总站，1990）。不同土类的碘含量不同，砖红壤（5.71±3.793 mg/kg）、红壤（9.28±6.783 mg/kg）、黄壤（7.87±7.096 mg/kg）、赤红壤（8.72±5.216 mg/kg）和石灰（岩）土（11.34±6.183 mg/kg）的碘含量较高，而风沙土的碘含量很低（0.70±0.398 mg/kg）。土壤B层以下碘的含量变幅不大，例如，对我国22个较完整的土壤剖面进行测定表明，B层以下碘含量为2.0～3.5 mg/kg。泥炭土、火山灰土、沼泽土、草甸土、腐殖土和盐碱土的碘含量通常较高，而含砂量较高的紫色土、潮土、砂土和灰化土的碘含量较低。

爱尔兰、日本和新西兰的一些岛屿土壤中富集了较多的碘，有的高达80 mg/kg；日本滨海地区的山地上层土壤中的碘含量可高达135 mg/kg（平均值为46 mg/kg），英国威尔士近海岸的土壤中含碘量可高达149 mg/kg。通常潮湿气候地区的轻质土壤含碘量较低，而高腐殖质和高黏粒土壤中的含碘量较高。土壤含碘量随大气降水变化较大，距离海的远近和近期的冰川作用也影响土壤中碘的情况。由于从海水逸失到大气中的碘是土壤碘元素的重要来源，所以源于近期冰川沉积物（更新世）的土壤通常是贫碘的。

（二）土壤中碘的来源

土壤中碘的来源曾有概括的总结（谢恬等，2010），主要来自于母岩（母质）风化产物、大气干湿沉降和植物释放。

（1）母岩（母质） 母岩（母质）是自然土壤形成的物质基础，在长期的风化和生物作用下，碘可缓慢地从母岩中释放出来，成为土壤养分之一。许多矿物中都含有少量的碘，但其本身不能形成独立的矿物。含碘矿物主要包括一些金属碘化物，例如，AgI、CuI、$Cu(OH)(IO_3)$、多卤化物、碘酸盐和过碘酸盐等。一些硝酸盐沉积物中的含碘量较高，尤其是在智利硝石中（可高达400 mg/kg）。一般地，含碘量高的母质发育的土壤，其碘含量也较高；相反，含碘量低的母质，如风积物、黄土母质发育的土壤，其碘含量较低。岩石中碘的含量范围为0.01～6 mg/kg，在富含有机质的页岩中碘的含量最高（Kabata-Pendias et al.，2003）。

（2）大气干湿沉降 尽管土壤中的碘一部分来源于母岩，但要比母岩丰富得多；事实上，土壤中的碘除了来自于母质之外，主要通过降水而获得。已知海洋上空空气中的含碘量达10 μg/m^{3}以上，而在内陆上空仅为0.5 μg/m^3，而雨水中的含碘量为1～2 μg/L，因此，一年中随降水补给的碘可达9～50 g/kg，内陆为10 g/kg左右。所以，大气降水是土壤中碘的重要来源。一般，空气和海洋中的元素态碘会以蒸气形式或与灰尘结合而随风传播，通过大气降水沉落于土壤中，因而土壤中的碘含量基本上随着与海洋距离的增加而呈下降趋势。

另外，陆地土壤中碘的挥发、化石燃料的燃烧也排放部分碘到大气中。大气中的碘随干、湿沉降又进入土壤，成为土壤碘的来源之一，每公顷土地每年平均由干沉降进入的碘约为 96 g。

（3）植物　植物也是土壤碘的主要来源之一，植物可通过叶面和根部吸收大气和土壤中的碘，最后又以凋落物的形式，或者死亡后经微生物作用又把碘释放到土壤中。

（三）土壤中碘的存在形式

（1）碘化物　尽管碘具有混入硅酸盐结构的倾向，而很少形成独立的矿物，但土壤中仍有碘铜矿（CuI）、α-碘银矿（α-AgI）、β-碘银矿（β-AgI）和碘汞矿（HgI_2）等碘化物存在。这些碘化物在土壤中含量很少，且多与 Pb-Zn 或 Cu-Ag 矿化作用有关。

（2）碘酸盐　碘酸盐仅存在于氧化作用较强的碱性土壤中，一般受高氧化态锰的影响，包括水碘铜矿［$3Cu(IO_3)_2 \cdot 2H_2O$］、羟碘铜矿［$Cu(IO_3) \cdot OH$］、碘钙石［$Ca(IO_3)_2$］和碘铬钙石［$Ca_2(IO_3)_2 \cdot CrO_4$］。

（3）硅酸盐中的碘　由于碘离子能够置换硅酸盐结构中的 SiO_4^{4-}，所以它广泛存在于黑云母、白云母、角闪石、紫苏辉石、烟水晶、橄榄石、方钠石、针铁矿、萤石和磷灰石等基本造岩矿物中。另外，在异性石和方钠石等含氯矿物中，碘和氯的置换作用可能造成碘的富集，相对来讲，黏土矿物中蒙脱石和高岭石含碘量较少，而伊利石中含碘量则较多。

（4）元素态碘　碘在土壤中的形态主要有碘酸根离子（IO_3^-）、碘离子（I^-）和元素态碘（I_2）。土壤氧化剂的存在，如锰的高价态离子可促使碘化物或碘酸氧化，出现游离态碘。这些游离态碘又被土壤其他组分吸收或挥发至大气中。

对山东省水源性高碘区土壤中碘的形态进行分析表明（李洪伟等，2009），研究区土壤样品中碘的主要存在形态是 I^-，I^-所占碘的比例为 85.9%～97.9%，IO_3^- 仅占 2.1%～14.1%。

二、影响土壤碘行为的因素

土壤中碘的行为受制于诸多因素，如土壤有机质、黏粒矿物、铁铝氧化物、水分含量、温度、pH、挥发和淋溶及农事活动等。

（一）有机质、黏粒矿物及生物的影响

一般来说，土壤有机质和黏粒矿物的含量越高，其吸附的碘就越多，它表明富含有机质和黏粒矿物的土壤能固定较多的碘。土壤中的有机质是造成碘（碘离子）吸附的主要因素，因此，碘主要被聚集在土壤剖面的上部。碘和有机质、铁、铝氧化物及绿泥石-伊利石黏粒矿物之间存在一定的相关关系。研究表明（Dai et al.，2004a），土壤有机质和氧化铁含量对碘酸根离子（IO_3^-）的吸附有显著的影响，其相互关系可用下面的方程来表示：

$$Y = 3.15 \times \mathrm{Fe} - 2.78 \times \mathrm{OM} + 3.98 \qquad (P = 0.003) \tag{4-17}$$

式中，Y 为碘酸根离子（IO_3^-）的吸附量（mg/kg）；Fe 为土壤中氧化铁含量（%）；OM 为土壤有机质含量（%）。结果表明，土壤中的氧化铁有利于土壤对碘酸根离子（IO_3^-）的吸附；但土壤有机质含量与不同土壤中碘酸根离子（IO_3^-）的吸附呈负相关关系。而土壤有机质和阳离子交换量（CEC）对碘离子（I^-）的吸附关系可表示为

$$Y_I = 0.141 \times \mathrm{OM} + 0.079 \times \mathrm{CEC} + 2.232 \qquad (P = 0.020) \tag{4-18}$$

式中，Y_I 为碘离子（I^-）的吸附量（mg /kg）；OM 为土壤有机质含量（%）；CEC 为土壤阳离

子交换量（cmol/kg）。结果表明，土壤中的有机质和阳离子交换量有利于土壤对碘离子（I^-）吸附（戴九兰，2004）。

利用 H_2O_2 的氧化作用去除土壤有机质后，土壤对碘的吸附明显减少；而向土壤中添加有机质后，减少了土壤碘的挥发损失。在土壤对碘的吸附反应中，铁铝氧化物有重要的作用，尤其是在酸性环境中更是如此；当将土壤中的铁铝氧化物去除后，土壤对碘的吸附急剧减少。研究表明，土壤中的氧化铝含量（0.473**）和氧化铁含量（0.539**）与碘酸根离子（IO_3^-）在不同土壤中的分配系数 K_d 值之间呈显著的指数相关关系（Dai et al.，2004a）；而土壤中的有机质（0.557*）、氧化铁含量（0.585**）和阳离子交换量（0.693**）与碘离子（I^-）在不同土壤中的分配系数 K_d 值之间分别呈显著的线性、多项式和对数相关关系（戴九兰，2004）。此外，K_d 值还与碘在土壤中的培育时间有关，一般有随培育时间的延长而降低的趋势（Almahayni et al.，2017）。

碘是一种亲生物元素，碘的地球化学特性与其生物学进程密切相关。由于土壤微生物可积累大量的碘，因此，它们在碘的物质循环中起着重要作用。微生物碘约占土壤表层含碘量的 0.012%～3.24%。土壤中的一些真菌（如产黄青霉，*Penicillium Chrysogenum*）可聚集更多的碘。微生物能显著提高土壤对 I^- 的吸附量（吴世军等，2008）。

（二）土壤水分、温度和 pH

土壤对碘的吸附和解吸受土壤水分、温度和 pH 的影响。当土壤经过冷冻干燥或在 27℃、65℃和 100℃进行干燥后，与不干燥的土壤相比，减少了碘的吸附量。温度的影响与土壤有机质有关，当温度从 10℃增加到 35℃时，有机质含量较高的草地土壤对碘的吸附逐渐减少；而有机质含量较低的耕作土壤在 10℃时对碘的吸附较少，但在 26～35℃时吸附碘最多。

土壤对碘的吸附在 pH 为 2.0～4.0 时达到最大值，而 pH 增加到 5.0～6.0 时，碘的吸附量迅速下降；当 pH＜6.0 时，二三氧化物（Fe_2O_3 与 Al_2O_3）对碘的吸附作用较强。但研究表明，不同土壤 pH 与碘酸根离子（IO_3^-）、碘离子（I^-）的吸附无明显的相关关系，并且对不同土壤中的 K_d（IO_3^-、I^-）也无明显的影响（Dai et al.，2004a；戴九兰，2004）。

当土壤水分为土壤饱和水的 40%～60%时，碘从土壤固相溶解到土壤溶液相的比率最低；而在淹水条件下的溶解比率将提高 2～3 个数量级。土壤温度为 5～30℃时，碘的溶解比率最低，增加或降低温度时，溶解比率逐渐提高。pH 对碘的溶解比率也有明显的影响，当 pH 为 4.0～5.5 时，其溶解比率最低。施用石灰可减少土壤中碘化物、碘酸盐和碘的溶解度，进而降低碘的生物可利用性。

（三）碘的挥发、淋溶和农事活动

土壤中的碘通过化学和生物学反应，向大气中释放元素碘、碘化氢和甲基碘，从而造成土壤碘的挥发损失。土壤的干燥程度、酸碱度、氧化还原条件和微生物活动的强度决定着土壤中碘的挥发性。一般来说，干燥的、砂质的、有机质含量低的、酸性的和缺乏植被的土壤有利于碘的挥发。在 24 个表土、15 个心土、16 个砂与高岭石、蒙脱石、氧化铁和碳酸钙等土壤组分物质的混合物中（Whitehead，1981），施入 10 mg/kg 的碘（以 KI 溶液添加），30 d 后发现加入表土中碘的挥发量除个别土壤外，其他土壤基本可以忽略；有 11 个心土的碘挥发量＞10%；砂与土壤组分物质混合物的碘挥发情况如表 4-11 所示，在 pH 为 5.7 的纯砂中，碘的挥发达到 100%，而在含有机质的混合物中，碘的挥发性很小。碘易随着降雨或者灌溉水渗入到深层土壤和地下水中，并通过沟渠排入河流湖泊中，导致碘淋溶损失。

表 4-11　碘在砂与土壤组分物质混合物中的挥发（添加量的%）（Whitehead，1981）

混合物/g	挥发量/%	有机 C/%	pH
砂（10）	100	0.0	5.7
砂：$CaCO_3$（9：1）	100	0.0	7.4
砂：Fe_2O_3（9：1）	76	0.0	6.5
砂：O.M.（9：1）	8	3.8	6.4
砂：Fe_2O_3： $CaCO_3$（8：1：1）	48	0.0	7.3
砂：Fe_2O_3：O.M.（8：1：1）	2	3.8	5.2
砂：$CaCO_3$：O.M.（8：1：1）	0	3.8	6.6
砂：高岭石（5：5）	76	0.0	3.9
砂：高岭石：$CaCO_3$（4.5：4.5：1）	44	0.0	6.9
砂：高岭石：Fe_2O_3（4.5：4.5：1）	72	0.0	4.6
砂：高岭石：O.M.（4.5：4.5：1）	4	3.8	5.2
砂：蒙皂石（5：5）	44	0.0	6.9
砂：蒙皂石：$CaCO_3$（4.5：4.5：1）	28	0.0	7.1
砂：蒙皂石：Fe_2O_3（4.5：4.5：1）	22	0.0	6.9
砂：蒙皂石：O.M.（4.5：4.5：1）	2	3.8	6.7
砂：高岭石：Fe_2O_3 ： O.M.（4：4：1：1）	0	3.8	5.0
砂：蒙皂石：Fe_2O_3 ： O.M.（4：4：1：1）	1	3.8	6.5

刘晓红等（1998a）采用玻璃土柱法研究了 ^{125}I 在华南地区砖红壤和水稻土中的淋溶和垂直迁移情况，发现砖红壤中约有 5%的碘淋溶到 20 cm 的深度，而在水稻土中约为 11%。早期的研究工作认为，栽培过程中从土壤中移去的碘多于由大气干、湿沉降带来的碘，因此，农田的碘含量会因耕作而逐渐降低。然而，20 世纪 80 年代后的研究证实，在早期的文献中，分析方法的缺陷对植物碘含量的报道值偏高。对美国、英国、法国和新西兰等国家的大批植物标本进行分析表明，植物中碘的含量为 0.05～0.5 mg/kg（干重）；对密苏里州 38 个玉米样品进行测定，所获得的平均碘含量为 0.086 mg/kg。根据后来的研究结果，认为由农作物带走的碘量可为其他来源所补充，因而相信通过碘的循环，农业生产过程一般不会导致土壤中的碘浓度降低。

三、植物对碘的吸收

（一）植物体内碘的含量与分布

有关植物中碘的来源，影响植物对土壤碘吸收的因素，碘在植物中的含量与分布，不同种类蔬菜对碘的耐受性，富碘蔬菜的营养价值等方面的研究曾有概括的总结（邢怡等，2009）。碘在植物中的含量不多，随植物种类和环境条件而变。通过对世界范围内的牧草、蔬菜、粮食作物和野生植物叶片的碘含量进行分析，发现大部分植物的含碘量为 0.1～1.0 mg/kg。对日本境内植物叶片碘含量的调查表明（Yuita et al.，1982），森林植物叶片碘含量为 0.13～0.85 mg/kg，平均值为 0.35 mg/kg，乔木和草本的碘含量差异不大；大豆叶片碘含量为 0.36～1.30 mg/kg，平均值为 0.73 mg/kg；低洼地水稻叶片碘含量为 0.35～1.60 mg/kg，平均值为 0.72 mg/kg。在海洋中生长的植物含碘量较高，例如，新鲜海带中碘含量可大于 2.0 mg/kg。

碘在植物体内的分布与人类通过食物链获取碘密切相关。通常碘在植物体内的各个器官均有分布，但是不同植物的不同器官碘含量各异。通过比较几种不同水生植物碘的分布情况发现，矮慈姑有 74.84%的碘积累在根系中，25.16%的碘积累在茎叶中；陌上菜根系碘含量占 51.03%、茎 34.39%和叶片 14.58%；螃蜞菊根系碘含量占 26.15%、茎 48.52%和叶片 25.33%（刘晓红等，1998b）。此外，采用同位素示踪技术研究 ^{125}I 在水稻中的分布，得出水稻各器官 ^{125}I 的比活度大小顺序为根＞茎＞叶＞谷粒。在碘浓度为 50 mg/kg 的土壤中生长的玉米，收获时其根部碘含量为 5.7 mg/kg，茎叶中为 5.2 mg/kg，而籽粒中仅为 0.6 mg/kg（Sheppard and Erenden，1992），这是因为碘主要是从木质部运输而在韧皮部的移动非常低，因此，导致植物籽实中碘的积累较少。

盆栽实验的结果表明（Dai et al.，2004b），土壤中碘浓度的增加可明显促进蔬菜可食部分对碘的吸收（$P<0.001$，图 4-4）。菠菜、小油菜和空心菜可食部分碘的浓度高于其他蔬菜；土壤中不同碘浓度处理对小油菜和菠菜可食部分生物量的影响达极显著差异（$P<0.01$），外施碘（I）5 mg/kg 的处理可显著降低小油菜和菠菜可食部分的生物量；但土壤中不同碘处理对胡萝卜、空心菜、芹菜和洋葱可食部分的生物量没有明显的影响（表 4-12）。

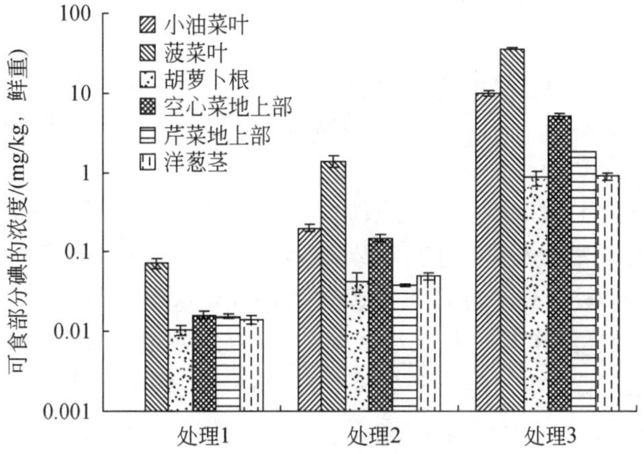

图 4-4 蔬菜可食部分碘的浓度

$P<0.001$，$n=4$。处理 1：对照；处理 2（I）：1 mg/kg；处理 3（I）：5 mg/kg。

表 4-12 碘处理对蔬菜可食部分生物量的影响 （单位：g，鲜重）

可食部分	小油菜	菠菜	胡萝卜	空心菜	芹菜	洋葱
处理 1	61.21±1.65[1)]	17.23±1.39	15.62±1.98	11.38±0.59	25.04±4.80	12.44±1.12
处理 2	62.72±2.19	17.40±0.89	14.33±1.67	12.31±0.88	14.36±3.70	17.33±0.64
处理 3	51.13±2.09	10.39±1.07	16.28±2.60	11.91±0.40	15.50±0.01	13.42±2.08
$LSD_{0.05}$	$P=0.005$[2)]	$P=0.005$	NS[3)]	NS	NS	NS
	6.37	3.73	6.77	2.09	14.72	4.80

1）平均值±标准差（$n=4$）；2）差异显著 $P=0.005$；3）NS：无差异［处理 1：对照；处理 2（I）：1 mg/kg；处理 3（I）：5 mg/kg］。

随着土壤中碘浓度的增加，不同蔬菜可食部分碘的转移系数也各不相同。在所有的处理中，无论是在对照、低碘，还是在高碘处理条件下，菠菜碘在其地上部分的富集量均远高于地下部分的富集量，分别有 57.81%、71.77%和 86.73%的碘分布在地上可食部分。菠菜可食部分碘的转移系数（0.083～6.16）远高于其他蔬菜，也远高于文献所报道的数据 0.0075～0.036（Johnson et al.，2002）。

（二）不同形态碘对植物生长的影响

植物对不同形态的碘反应不一样。在水培试验中，施用碘（I）1.0 为 mg/kg 浓度时，大麦茎叶和根系的干重均比不施碘的对照增加，不同碘形态的效果为碘乙酸＞碘化钾＞碘酸钾＞高碘酸钾。当碘浓度增加到 10 mg/kg 时，碘化钾和碘乙酸将抑制大麦生长，碘酸钾效果不明显，而高碘酸钾可促进大麦生长。在研究 I^- 和 IO_3^- 对水稻生长的水培试验中（Mackowiak and Grossl，1999），发现 IO_3^- 在 1 μmol/L 和 10 μmol/L 浓度时对水稻生长影响不大，100 μmol/L 时可抑制水稻生长；而 I^- 在 10 μmol/L 和 100 μmol/L 浓度时水稻生长均受到抑制。Zhu 等（2003）利用水培试验研究不同形态碘对菠菜生长的影响，结果发现 I^- 浓度为 10 μmol/L 时就对菠菜生长有抑制作用，而当 IO_3^- 浓度即使达到 100 μmol/L 时，也没有对菠菜生长产生毒害。施用不同浓度的 I^-（1 μmol/L、10 μmol/L、50 μmol/L 和 100 μmol/L）后，菠菜茎叶和根系中的碘含量分别达到 24.6～1 790 mg/kg 和 53.7～878 mg/kg；而施用相同浓度的 IO_3^-，菠菜茎叶和根系中的碘含量仅分别为 44.5～398 mg/kg 和 33.7～305 mg/kg。植物对碘的吸收受不同碘形态的分子量和化合价影响，一般随着分子量和化合价的增加而减少，如 IO_3^- 和 I^- 中碘的化合价分别为+5 和−1，IO_3^- 的分子量比 I^- 的分子量大，因此，植物施用 I^- 比施用 IO_3^- 时吸收更多的碘。

土壤盆栽实验结果表明（Dai et al.，2006），不同碘处理（不同碘形态 IO_3^-/I^- 和不同碘浓度）条件对菠菜生物量没有明显影响。在碘酸根处理时，随土壤中碘浓度的增加，菠菜生物量（根和叶）有升高的趋势，且一般高于碘离子处理时菠菜的生物量，但两种形态之间的差异不明显。随着土壤中碘浓度的增加，菠菜无论是地上部还是根部，其含碘量明显增加（$P<0.001$），且碘酸根处理下的菠菜各部分碘浓度远高于碘离子处理者（$P<0.001$），表明在土培条件下，碘酸根离子处理下的碘更容易向菠菜叶中转移。

值得注意的是，上述结果与一些水培试验结果（Zhu et al.，2003；Mackowiak and Grossl，1999）不同，即在水培试验中，碘离子处理者菠菜对碘的吸收富集高于碘酸根离子处理者，这可能是在土培条件下，碘离子比碘酸根离子更容易挥发，或碘离子在土壤中的生物有效性降低。根据碘在供试土壤中的吸附解吸特性可知，碘酸根离子在供试土壤中的吸附量远高于碘离子的吸附量，即碘离子处理者土壤溶液中碘的浓度理论上应该远高于碘酸根离子处理者；然而，实际上碘离子处理时，土壤溶液中碘的浓度一般低于碘酸根处理者，所存在的这种差别有可能是由碘从土壤中直接挥发或通过土壤-植物系统中挥发所致。

（三）不同形态的碘对菠菜品质的影响

研究证明（Xia et al.，2002），碘对芽苗菜的品质有显著影响，低浓度（0.5～1.0 mg/L）碘营养液培养（均为碘离子处理）可增加芽苗菜（黄豆芽、萝卜芽和豌豆苗）可食部分维生素 C（Vc）的含量，但对不同种类和品种的影响存在较大差异。菠菜盆栽试验表明（戴九兰，2004），在碘离子处理时，随着土壤中碘浓度的增加，菠菜叶中维生素 C 含量有降低趋势，但影响不明显。但是在碘酸根离子处理下，菠菜叶中的维生素 C 含量高于碘离子处理者，且随土壤碘浓度的增加有升高趋势；碘处理后菠菜叶中硝酸盐含量的变化也是如此。

（四）碘毒害

不同的植物对碘的剂量反应不一样，如西红柿、菠菜、芥菜和亚麻等在 KI 的用量（I）

范围为 0.01～0.1 mg/kg 时生长最好，在 0.1～1.0 mg/kg 时生长受抑制，而燕麦、芜菁等在 KI 的用量（I）范围为 0.01～0.1 mg/kg 时就受到毒害。碘的毒害首先影响植物的生理生化活性，然后再从外观上表现出来，如毒害症状出现、生物量或产量减少等。豆科植物叶片施 I^-后由于植物体内过氧化物酶的氧化作用，I^-容易被氧化，并与细胞内的一些组分（包括叶绿素等）结合在一起。当碘含量达到毒害水平时，过氧化物酶把 I^-氧化为碘自由基的过程将加快，从而影响植物的生长。当碘（I^-或 IO_3^-）浓度过高时，不管是在阳光充足，还是在黑暗的条件下，其均能降低豆科植物的光合作用效率，但是在阳光充足的条件下，植物叶片的水分含量、叶绿素 a 和叶绿素 b 含量比在黑暗条件下减少。在菠菜水培试验中，当 KI 的浓度达到 10～100 μmol/L 时，菠菜的生长就受到毒害，表现为生长矮小、老叶叶尖枯死和产量下降等（Zhu et al.，2003）。碘的毒害还可以诱使植物病害发生，日本低洼地的水稻田有一种水稻赤枯病（Reclamation-Akagare）便是由碘的毒害引起的（Watanabe and Tensho，1970）。

（五）关于植物碘源的商榷

关于植物所吸收的碘主要来自于土壤还是大气，目前的看法并不统一（郑宝山等，2001），有研究发现，在植物叶片中 ^{129}I 与 ^{127}I 之比高于同一地点土壤中的比值，这意味着植物叶片从大气中吸收的碘多于根部从土壤中吸收的碘。燕麦对加入到土壤中的 ^{125}I 的“吸收系数”小于天然稳定碘，这也表明燕麦可通过茎叶吸收富集大气中的天然碘。有人注意到，在同一地点自大气吸收养分的地衣含碘量比从土壤中吸收碘的地衣含碘量高，这从侧面也似乎说明大气是植物碘的主要来源。

然而，有人认为植物主要通过根系来从土壤中吸收碘，其最重要的证据就是免疫缺陷病（IDD）病区存在。如果植物主要从大气吸收碘，由于碘在大气中易于扩散迁移，全球大气中碘的浓度应当差别不大，进而植物碘含量也应相差不多。这样一来，IDD 就不应当存在了。

植物叶片有从大气中吸收富集碘的性质，而且植物根系从土壤中吸收的碘很少向植物地上部分输送。另外，植物的茎和叶吸收富集的大气碘也不向根系输送。目前，还不能对人类植物性食品（也应包括牧草）中碘究竟是主要来自于大气，还是主要经由根系吸收来自于土壤作出结论。如果最终证实主要是来自于大气的话，将必须改写已有的 IDD 病区成因理论。

传统观念认为，碘在大气和植物间存在着两个循环。一个循环是碘由海洋进入大气，大气的干湿沉降被土壤和植物所吸收。植物死亡腐烂后进入土壤，再经风化淋滤作用经河流返回海洋。另一个循环则是植物自土壤吸收碘，植物死亡腐烂后再把碘返还给土壤。郑宝山等（2001）认为有可能还存在着第 3 个循环过程，这一过程首先是土壤中碘的挥发，由于碘蒸气的比重是空气的 8 倍多，在静风条件下，由土壤挥发出的碘可在近地层空气中富集，植物的茎叶可直接吸收富集这些碘，植物在死亡腐烂后将碘返回土壤。自土壤中挥发出的另一部分碘因空气流动和分子扩散与大气中的碘混合，进入前两个循环之中。从这样的观点出发，尽管从全球碘的循环来看，土壤挥发出的碘还不到海洋释放到大气中碘的 1/1 000，但在植物生长的高度内，这部分碘可能比海洋提供的碘更有意义，它有可能促使植物经由叶片吸收的碘多于经由根系从土壤中吸收的碘。

（六）放射性碘的污染

由于核爆炸、核设施放射性废物排泄和核事故等，原子反应堆中的副产品——放射性碘，以各种比例释放到环境中，使环境体系中 ^{129}I（半衰期为 1.57×10^7 a）的含量呈数量级增加，给环境带来放射性污染，经过食物链进入人体，对生态系统和人类健康造成威胁（Katagiri et al.，1997）。例如，1986 年 4 月 26 日的切尔诺贝利核爆炸事故，自从 1990 年以后，白俄罗斯、乌克兰和俄罗斯等均出现儿童甲状腺癌上升的报道。调查结果表明，儿童甲状腺癌的患病原因主要是切尔诺贝利核爆炸事故释放大量的放射性碘的同位素（如 ^{131}I 的半衰期为 8.02 天）引起的（Beral and Reeves，1992；Baverstock et al.，1992；Prisyazhiuk et al.，1991）。另外，这次事故还引起了环境中放射性碘含量大量增加，尤其在事故周围的地区更是如此（Hou et al.，2003），并可经自然和生物挥发从污染地区迁移到非污染地区（Amachi et al.，2000），而且一直受到持续关注（Petersa et al.，2017；Michel et al.，2015；Daraoui et al.，2012）。另外，对于水生生物而言，^{129}I 的化学毒性超过其放射毒性（Laverock et al.，1995），但对人类还没有发现毒性影响（Sheppard，1995）。福岛核事故后，尚未见由于事故而释放的放射性碘引起健康问题的确切报道，但对包括碘在内的一些放射性元素的环境行为也有关注（Xu et al.，2016；Fujiwara，2016）。

四、碘缺乏病防治

（一）土壤碘缺乏与地方性甲状腺肿

地方性甲状腺肿（简称地甲病）是一种全球范围的疾病，主要是由于地质环境中碘的缺乏或过量而形成的一种地方性疾病。当人体摄入的碘量失衡时，会导致生化功能紊乱和生理功能异常，表现为甲状腺体肿大、生理发育停滞、体力和智商水平下降、脑电活动降低、细胞代谢异常和中枢神经发育不全，严重者会导致克汀病，出现智障、生长发育受阻、聋哑和瘫痪等症状，严重危害人类健康。

低碘地甲病的发生与土壤、地下水和地质地貌等地质环境因子存在着密切的关系。例如，对贵州农村居民生活环境与地甲病的研究表明（黄仁海和何敬，1994），该省地质条件比较复杂，一般来说，东部地层较老，往西部逐渐变新。东部以前震旦系和寒武系地层为主，有千枚岩、板岩、砂岩和页岩等。西部有二叠系和三叠系的灰岩、页岩和玄武岩。南部以泥盆系和石灰系的灰岩、石英岩和砂岩为主，是贵州地甲病流行区。北部有志留系、二叠系和三叠系的灰岩、页岩。贵州一般岩石含碘量在 1 mg/kg 以下，只有煤和磷灰石的含碘量比较高，白云石略超过 1 mg/kg。同种岩石在不同地区含碘不同，地甲病区石灰岩平均含碘量为 0.413 mg/kg；而非病区的石灰岩含碘量为 0.925 mg/kg。贵州岩石含碘量大多数低于同类岩石的世界平均值，仅少数例外。

贵州土壤以黄壤为主，平地和坡地大部分为耕地和水田。黄壤性耕作土和水稻土分布很普遍，土壤 pH 大都在 5～7，就土壤含碘量而言，地甲病区与非病区之间有明显的差异（表 4-13）。表 4-13 表明，非病区土壤含碘量平均为 2.75 mg/kg，而病区土壤含碘量平均为 0.61 mg/kg。同样的耕作土，其剖面含碘量在病区与非病区之间也有明显差别。一般来说，非病区土壤剖面含碘量高于病区土壤剖面含碘量；然而，山东部分地区的研究表明（王敏等，2010），土壤碘含量与高碘型地甲病不具有相关性，而与饮水中的碘含量具有非常好的正相关关系。

表 4-13　贵州地甲病区与非病区耕作土中含碘量的比较（黄仁海和何敬，1994）

黄壤性耕作土				耕作土				耕作土			
非病区 1		病区 4		非病区 2		病区 5		非病区 3		病区 6	
层次/cm	含碘量/(mg/kg)	层次/cm	含碘量/(mg/kg)	层次/cm	含碘量/(mg/kg)	层次/cm	含碘量/(mg/kg)	层次/cm	含碘量/(mg/kg)	层次/cm	含碘量/(mg/kg)
0～14	3.4	0～16	0.10	0~15	3.85	0～14	1.50	0～17	1.10	0～12	0.58
14～20	2.95	16～24	0.49	15～23	3.75	14～32	0.70	17～32	0.60	12～57	0.45
20～24	3.95	24～42	0.43								
平均	3.55		0.31		3.82		1.05		0.87		0.48

（二）碘缺乏病的防治方法

碘缺乏病防治的方法有几种，其中，最常见的方法为食盐加碘，简称为碘盐；其次为碘油。但作为公共卫生计划，补碘确实面临着诸多挑战，其中，包括如何实现快速、公平和持续的高覆盖率（Khattak et al.，2017；Untoro et al.，2010）。

1. 碘盐

虽然碘盐已经在全国范围内得到了普遍推广，是比较有效的防治碘缺乏病的措施，但是过去在一些地区，由于种种原因它们难以推广应用，或者不能满足对特殊人群（例如孕妇）碘营养的需求（王巨威等，2016）；另外，全民食盐加碘的弊病在于少数（指占人口总数的比例）真正贫碘的人在加碘的同时，还要给那些本来不缺碘的人，甚至极少数碘摄入量过多而受害的人强制性补碘，有可能产生不良后果。已有研究表明（李鸿和张嘉越，2016），碘过量与甲状腺的发病率存在一定的相关性，因此，有必要探索多途径补碘方式，例如，对不同地区食盐中的加碘量不同，或采用其他措施。

2. 农业法补碘

农业法补碘是在缺碘地区通过农业生产措施进行补碘，提高农产品的碘含量，并通过食物链进入人体，从而达到防治碘缺乏病的目的。在碘源选择上，对生物碘肥应给予足够的关注，例如，利用海带制成的海藻有机碘肥，在培育的富碘蔬菜中，碘含量可比普通蔬菜高十余倍（李睿等，2017）。

农业法补碘包括灌溉水补碘、作物施碘、牲畜补碘或其他补碘措施。Jiang 等（1997）在新疆和田地区进行了 4 年的灌溉水补碘试验，发现水体加碘导致土壤、粮食作物和蔬菜碘含量、羊和鸡的甲状腺碘浓度、肉类碘浓度、2～6 岁儿童和育龄妇女的尿碘水平等均提高了数倍，婴儿死亡率降低了 50%，羊产量增加了 43%。Zhu 等（2003）在进行菠菜施碘的水培试验中，得出当培养液中 IO_3^- 浓度为 1 μmol/L 时，菠菜叶片中的碘含量就可以达到 3 mg/kg（以鲜重计）水平，因此，人们每天仅需食用 50 g 左右这种含碘菠菜就能满足人体 150 μg/d 的需碘量。Dai 等（2004b）通过土壤盆栽实验结果表明，当土壤施碘（I）为 1 mg/kg 时，菠菜叶中碘的浓度就接近 3 mg/kg，就可满足人体对碘的需求；当土壤施碘（I）为 5 mg/kg 时，菠菜、小油菜和空心菜可食部分富集的碘就可能导致碘的过量摄入，以及碘的浪费。因此，在供试土壤中的推荐施碘量（I）为 1～2 mg/kg 时，菠菜叶中富集的碘就可满足人体对碘的需求。由于碘在不同土壤上的生物有效性不同（Dai et al.，2004a），所以在不同土壤上的施碘量也不应相同。

土壤施碘后土壤中碘的残效问题是农业法补碘措施中的一个重要问题。盆栽实验结果表明（Dai et al.，2004b），在第二茬蔬菜中，与对照相比，土壤中残留的碘仍能促进菠菜对碘的吸收富集，但低于第一茬菠菜的情况，这可能是因为：①尽管碘从土壤中的挥发速率至今仍不清楚，但碘很可能是从土壤中挥发损失了；②可能是土壤中碘的生物有效性降低，转变成植物不可利用的形态；③可能是温室中作物的生长条件（例如，日照长度和温度等）微小差异的影响。

由于通过肥料碘的生物强化（bio-fortification）来富集碘的问题目前还没有研究，因此，探讨不同条件下土壤-植物系统中碘的迁移转化是亟待解决的问题。了解不同土壤-植物系统中碘的迁移转化规律不仅可以提高碘肥的利用率，还可以更好地理解通过饮食摄入碘的区域性差异。从理论上讲，其他的补碘措施都应该参照摄入碘的区域性差异进行补碘。

土壤中碘的挥发损失（Ashworth et al.，2003）和生物有效性降低是不可避免的，可通过研制开发控释碘肥来提高土壤中外加碘源的生物有效性。

思考题与习题

1. 硒在人体和动物体内的功能如何？缺硒对动物和人类健康有何影响？
2. 简述硒在土壤-植物系统中行为有何特点，并在此基础上分析我国土壤硒状况的问题。
3. 硒污染土壤的修复技术有哪些？硒含量过高对植物的生长有何影响？
4. 哪些地方性疾病与硒有关？这些疾病的地理分布特点是什么？
5. 土壤中氟的主要化学行为有哪些特点？
6. 大气环境中的氟污染有哪些主要来源？
7. 我国的地氟病流行现状如何？我国人体暴露氟的主要途径有哪些？如何预防它？
8. 为什么碘被人们称为“智力元素”？
9. 植物吸收积累碘的主要规律和特点是什么？农业补碘的可行性如何？
10. 防治人类碘缺乏病的主要途径有哪些？各有何优缺点？

主要参考文献

陈雪龙，王晓龙，齐艳萍. 2012. 大庆龙凤湿地土壤理化性质与硒元素分布关系研究. 水土保持研究，19（4）：159～162
崔俊学，陈文枣，欧阳津. 2009. 钙对氟污染酸性土壤的改良效应. 广州化学，34（4）：13～18
戴慧敏，宫传东，董北等. 2015. 东北平原土壤硒分布特征及影响因素. 土壤学报，52（6）：153～161
戴九兰. 2004. 碘在土壤-植物系统中的生物有效性. 山东：山东农业大学
丁维新. 1996. 土壤中的硒. 中国土壤微量元素. 南京：江苏科学技术出版社
付冬冬，段曼莉，梁东丽等. 2011. 不同价态外源硒对小白菜生长及养分吸收的影响. 植物营养与肥料学报，17（2）：358～365
葛晓立，李家熙，万国江等. 2000. 张家口克山病地区土壤硒的地球化学形态研究. 岩矿测试，19（4）：254～258
何振立，周启星，谢正苗. 1998. 污染及有益元素的土壤化学平衡. 北京：中国环境科学出版社
黄春雷，宋明义，魏迎春. 2013. 浙中典型富硒土壤区土壤硒含量的影响因素探讨. 环境科学，34（11）：4404～4410
黄仁海，何敬. 1994. 贵州农村居民生活环境与地甲病现状分析. 贵州科学，12（3）：68～75
姜军，徐仁扣，王永等. 2008. 氟离子、磷酸根和铬酸根在可变电荷土壤表面吸附过程中羟基释放动力学. 土壤，40（6）：949～953
姜凌，刘艳萍. 2005. 关于人工土壤层吸附氟离子的研究. 化学工业与工程技术，26（5）：37～38
姜英，曾昭海，杨麒生等. 2016. 植物硒吸收转化机制及生理作用研究进展. 应用生态学报，27（12）：4067～4076
焦有，袁彩凤，魏克循. 1996. 模糊聚类分析在土壤和地下水氟污染分类中的应用. 河南科学，14（1）：82～86
李洪伟，刘晓端，李保山. 2009. 地下水和土壤中不同形态碘的分离测定. 岩矿测试，28（4）：337～341
李鸿，张嘉越. 2016. 碘过量与甲状腺癌相关性的研究进展. 医学综述，22（6）：1095～1098
李金峰，聂兆君，赵鹏等. 2016. 土壤-植物系统中硒营养的研究进展. 南方农业学报，47（5）：649～656
李静，谢正苗，徐建明等. 2005. 我国氟的土壤健康质量指标及评价方法的初步探讨. 浙江大学学报（农业与生命科学版），31（5）：593～597
李睿，刘嘉伟，洪春来等. 2017. 海藻修复富营养化海域与内陆缺碘环境的潜力. 中国环境科学，37（1）：284～291
郦逸根，董岩翔，郑洁等. 2007. 地质因素影响下的硒在土壤-水稻系统中的迁移转化. 物探与化探，31（1）：77～80

刘金华，赵兰坡，王鸿斌等. 2012. 添加硫酸铝对稻田土中氟形态及水稻氟吸收的影响. 中国水稻科学，26（4）：445～450
刘娜，宁应之，马正学等. 2008. 土壤氟化物污染的原生动物群落生态效应. 西北师范大学学报（自然科学版），44（2）：83～86
刘鹏，葛旦之，罗翠兰等. 2000. 淹水条件下土壤硒迁移行为的研究Ⅱ. 还原淋溶作用下土壤硒的迁移机理. 湖南农业大学学报，26（2）：84～87
刘晓红，刘琼英，邝炎华等. 1998a. 碘-125在华南亚热带地区土壤中淋溶和迁移的研究. 核农学报，12（3）：171～174
刘晓红，刘琼英，邝炎华等. 1998b. 水生植物对 ^{125}I 和 ^{3}H 的吸收、分配及消长. 核农学报，12（6）：359～364
马建辉，孙梅好. 2012. 植物硒转运蛋白的研究进展. 山西农业科学，40（8）：911～916
桑英，郝敬梅，李国江等. 2007. 外源硒在森林土壤中的存留及对山野菜植物的施用效果. 东北林业大学学报，35（7）：30～34
邵树勋，郑宝山，罗充等. 2006. 湖北恩施地区发现超富集硒植物. 矿物学报，26（2）：130
宋明义，蔡子华，黄春雷等. 2011. 杭嘉湖平原区富硒土壤特征与成因分析. 广东微量元素科学，18（8）：20～26
孙景芳，谢申猛，王子键等. 1996. 土壤含硒量极高极低地区黄豆中硒的含量及其在不同组分中的分布. 生态学报，16（8）：397～401
孙维侠，赵永存，黄标等. 2008. 长三角典型地区土壤环境中Se的空间变异特征及其与人类健康的关系. 长江流域资源与环境，17（1）：113～118
孙殿军，孙玉富. 2002. 砖茶含氟量综述. 中国地方病学杂志，21（6）：515～518
唐锦涛，曾凡勇，罗彬. 1990. 萤石矿高氟废水处理. 环境化学，9（3）：20～24
万红友，黎成厚，师会勤等. 2003. 几种土壤的氟吸附特性研究. 农业环境科学学报，22（3）：329～332
汪旸，王彩生，陈晓东等. 2012. 地方性氟中毒地区水氟含量与土壤氟含量关系的初步探讨. 江苏预防医学，23（4）：17～18
王巨威，王燕玲，朱小南等. 2016. 甘肃省不同生态类型区孕妇碘营养状况调查. 中华地方病学杂志，35（3）：200～204
王美珠，章明奎. 1996. 我国部分高硒低硒土壤的成因初探. 浙江农业大学学报，22（1）：89～93
王敏，庞绪贵，高宗军等. 2010. 山东省黄河下游地区部分县市高碘型甲状腺肿与地质环境的关系. 中国地质，37（3）：803～808
王明远. 1979. 氟的疾病地理. 环境，2（1）：29～31
王玮祺，吴思源，王小垚等. 2014. 陕西紫阳富硒核心区周边土壤中硒的赋存形态分析. 环境化学，33（11）：1999～2000
王五一，李永华，雒昆利等. 2003. 大巴山区土壤中硒、氟的地球化学特征. 地理研究，22（2）：177～184
王晓芳，陈思杨，罗章等. 2014. 植物对硒的吸收转运和形态转化机制. 农业资源与环境学报，31（6）：539～544
王子健，谢申猛，彭安. 1996. 不同硒水平地区蛋白及其亚基间硒的分布差异. 自然科学进展，7（4）：455～459
吴代赦，吴铁，董瑞斌等. 2008. 植物对土壤中氟吸收、富集的研究进展. 南昌大学学报（工科版），30（2）：103～111
吴少尉，池泉，陈文武等. 2004. 土壤中硒的形态连续浸提方法的研究. 土壤，36（1）：92～95
吴世军，陈繁荣，程俊等. 2008. 土壤酶对碘离子在土壤中吸附行为的影响. 地球化学，31（1）：37～44
吴卫红，谢正苗，徐建明等. 2002. 不同土壤中氟赋存特征及其影响因素. 环境科学，23（2）：104～108
武少兴，龚子同，黄标. 1998. 土壤中的碘与人类健康. 土壤通报，29（3）：139～142
谢恬，陈建斌，胡超等. 2010. 土壤中碘的来源和分布及影响因素. 安徽农业科学，38（21）：11350～11351，11354
邢怡，刘左军，袁惠君等. 2009. 植物中的碘与富碘蔬菜的研究. 安徽农业科学，37（12）：5451～5453
熊仕娟，刘俊，徐卫红等. 2015. 外源硒对黄瓜抗性、镉积累及镉化学形态的影响. 环境科学，36（1）：286～294
徐明星，潘卫丰，岑静等. 2013. 浙北平原富硒土壤资源区硒来源的定量分离. 环境科学，34（7）：2775～2781
许中坚，刘广深，王红宇等. 2002. 氟污染对土壤胶体稳定性影响的研究. 中国环境科学，22（3）：218～221
薛瑞玲，梁东丽，王松山等. 2011. 外源亚硒酸盐和硒酸盐在土壤中的价态转化及其生物有效性. 环境科学，32（6）：1726～1733
闫菊，钟朝晖，黄巧等. 2013. 氟斑牙检出率与病区土壤化学元素含量相关性研究. 中华地方病学杂志，32（3）：303～308
杨金燕，苟敏. 2017. 中国土壤氟污染研究现状. 生态环境学报，26（3）：506～513
杨柳，石卓功. 2011. 植物体内硒素的研究进展. 现代农业科技，（2）：37～39
杨琼，侯青叶，顾秋蓓等. 2016. 广西武鸣县典型土壤剖面Se的地球化学特征及其影响因素研究. 现代地质，30（2）：455～462
杨全合，冯辉，胡省英. 2013. 北京小汤山地区环境高氟的地质成因分析及其对生态系统的危害. 矿产勘查，4（1）：107～110
杨玉雪，杨兰芳. 2014. 土壤硒对植物生长影响研究进展. 耕作与栽培，（2）：50～52，54
尹宗义，王会锋，任蕊等. 2014. 陕西省石头河一带土壤及植物富硒特征. 物探与化探，38（2）：349～353
张华，史红文，邱喜阳等. 2009. 镉-硫-硒复合作用下硒在土壤一蔬菜系统中的迁移分配研究. 湖南科技大学学报（自然科学版），24（2）：112～115
郑宝山，王滨滨，朱广伟等. 2001. 大气与植物中碘的环境地球化学. 地学前缘，8（2）：359～365
中国环境监测总站. 1990. 中国土壤元素背景值. 北京：中国环境科学出版社
朱建明，秦海波，李璐等. 2007. 高硒环境样品中硒的形态分析方法. 矿物岩石地球化学通报，26（3）：209～213
朱建明，左维，秦海波等. 2008. 恩施硒中毒区土壤高硒的成因：自然硒的证据. 矿物学报，28（4）：397～400
朱书法，张景会，赵战坤. 2008. 洛阳市郊区蔬菜地土壤-蔬菜中氟含量的相关性分析. 安徽农业科学，36（8）：3045～3046，3175
Almahayni T，Bailey E，Crout N M J et al. 2017. Effects of incubation time and filtration method on *Kd* of indigenous selenium and iodine in temperate soils. Journal of Environmental Radioactivity，177：84～90
Amachi S，Muramatsu Y，Kamagata Y. 2000. Radioanalytical determination of biogenic volatile iodine emitted from aqueous environmental samples. Journal of Radioanalytical and Nuclear Chemistry，246（2）：337～341

Aro A，Alfthan G，Varo P. 1995. Effects of supplementation of fertilizers on human selenium status in Finland. Analyst，120（3）：841～843

Ashworth D J，Shaw G，Buthler A P et al. 2003. Soil transport and plant uptake of radio-iodine from near-surface groundwater. Journal of Environmental Radioactivity，70：99～114

Banuelos G S，Arroyo I，Pickering I J et al. 2015. Selenium biofortification of broccoli and carrots grown in soil amended with Se-enriched hyperaccumulator *Stanleya pinnata*. Food Chemistry，166：603～608

Baverstock K，Egloff B，Pinchera A et al. 1992. Thyroid cancer after Chernobyl. Nature，359：21～22

Beral V，Reeves G. 1992. Childhood thyroid cancer in Belarus. Nature，359：680～681

Boschetti W，Dessuy M B，Pizzato A H et al. 2017. New analytical method for total fluorine determination in soil samples using high-resolution continuum source graphite furnace molecular absorption spectrometry. Microchemical Journal，130：276～280

Cao Z H，Wang X C，Yao D H et al. 2001. Selenium geochemistry of paddy soils in the Yangtze River Delta. Environment International，26：335～339

D'Alessandro W，Bellomo S，Parello F. 2012. Fluorine adsorption by volcanic soils at Mt. Etna，Italy. Applied Geochemistry，27：1179～1188

Dai J L，Zhang M，Zhu Y G. 2004a. Adsorption and desorption of iodine by various Chinese soils：I. Iodate. Environment International，30：525～530

Dai J L，Zhu Y G，Huang Y Z et al. 2006. Availability of iodide and iodate to spinach（*Spinacia oleracea* L.）in relation to total iodine in soil solution. Plant and Soil，289：301～308

Dai J L，Zhu Y G，Zhang M et al. 2004b. Selecting iodine-enriched vegetables and residual effectiveness of iodate application to soil. Biological Trace Element Research，101（3）：265～276

Daraoui A，Michel R，Gorny M et al. 2012. Iodine-129，Iodine-127 and Caesium-137 in the environment：soils from Germany and Chile. Journal of Environmental Radioactivity，112：8～22

Dinh Q T，Li Z，Tran T A T et al. 2017. Role of organic acids on the bioavailability of selenium in soil：A review. Chemosphere，184：618～635

Egli M，Mirabella A，Fitze P. 2001. Clay mineral transformations in soils affected by fluorine and depletion of organic matter within a time span of 24 years. Geoderma，103：307～334

Fordyce F M. 2011. Fluorine：Human Health Risks. In：Nriagu J O Encyclopedia of Environmental Health. Elsevier，776～785

Fujiwara H. 2016. Observation of radioactive iodine（^{131}I，^{129}I）in cropland soil after the Fukushima nuclear accident. Science of the Total Environment，566～567：1432～1439

Fung K F，Wong M H. 2002. Effects of soil pH on the uptake of Al，F and other elements by tea plants. Journal of the Science of Food and Agriculture，82（1）：146～152

Gago C，Romar A，Fernández-Marcos M L et al. 2012. Fluorine sorption by soils developed from various parent materials in Galicia（NW Spain）. Journal of Colloid and Interface Science，374：232～236

Gissel-Nielsen G，Gupta U C，Lamand M et al. 1984. Selenium in soils and plants and its importance on livestock and human nutrition. Advances in Agronomy，37：397～460

Horner J M，Bell J N B. 1995. Effects of fluoride and acidity on early plant-growth. Agriculture Ecosystems & Environment，52（2-3）：205～211

Hou X L，Fogh C L，Kucera J et al. 2003. Iodine-129 and caesium-137 in chernobyl contaminated soil and their chemical fractionation. Science of the Total Environment，308：97～109

Jiang X M，Cao X Y，Jiang J Y et al. 1997. Dynamics of environmental supplementation of iodine：four years' experience of iodination of irrigation water in Hotien，Xinjiang，China. Archives of Environment Health，52（6）：399～408

Johnson C C，Strutt M H，Hmeurras M et al. 2002. Iodine in the environment of the High Atlas Mountain area of Morocco. British Geological Survey，Keyworth，Nottingham，UK，Commisioned Report，CR/02/196

Kabata-Pendias A，Pendias H. 2003. Trace elements in soils and plants. Boca Raton，Fla：CRC Press

Katagiri K，Shimizue T，Akatsu Y et al. 1997. Study on the behaviour of ^{129}I in the terrestrial environment. Journal of Radioanalytical and Nuclear Chemistry，226（1-2）：23～27

Kelly S，Baxter M，Chapman S et al. 2002. The application of isotopic and elemental analysis to determine the geographical origin of premium long grain rice. European Food Research and Technology，214：72～78

Khattak R M，Khattak M N K，Ittermann T et al. 2017. Factors affecting sustainable iodine deficiency elimination in Pakistan：A global perspective. Journal of Epidemiology，27（6）：249～257

Kitagishi K，Yamane L. 1981. Heavy metal pollution in soils of Japan. Tokyo：Japan Science Society Press. 302

Kundu S，Kamath M B，Goswami N N. 1987. Effect of fluoride on phosphate utilization by wheat. Journal of Nuclear Agriculture Biology，16（2）：65～68

Laverock M J，Stephenson M，Macdonald C R. 1995. Toxicity of iodine，iodide，and iodate to daphnia-magna and rainbow-trout（oncorhynchus-mykiss）. Archives of Environmental Contamination and Toxicology，29（3）：344～350

Lessa J H L，Araujo A M，Silva G N T et al. 2016. Adsorption-desorption reactions of selenium（Ⅵ）in tropical cultivated and uncultivated soils under Cerrado biome. Chemosphere，164：271～277

Li J，Peng Q，Liang D L et al. 2016. Effects of aging on the fraction distribution and bioavailability of selenium in three different soils. Chemosphere，144：2351～2359

Li Z，Liang D L，Peng Q et al. 2017. Interaction between selenium and soil organic matter and its impact on soil selenium bioavailability：A review. Geoderma，295：69～79

Mackowiak C L，Grossl P R. 1999. Iodate and iodide effects on iodine uptake and partitioning in rice（*Oryzasativa* L.）grown in solution culture. Plant and Soil，212：135～143

Matos R P，Lima V M P，Windmoller C C. et al. 2016. Correlation between the natural levels of selenium and soil physicochemical characteristics from the Jequitinhonha Valley（MG），Brazil. Journal of Geochemical Exploration，172：195～202

Michel R，Daraoui A，Gorny M et al. 2015. Retrospective dosimetry of Iodine-131 exposures using Iodine-129 and Caesium-137 inventories in soils e A critical evaluation of the consequences of the Chernobyl accident in parts of Northern Ukraine. Journal of Environmental Radioactivity，150：20～35

Nakamaru Y M，Altansuvd J. 2014. Speciation and bioavailability of selenium and antimony in non-flooded and wetland soils：A review. Chemosphere，111：366～371

Parker D R，Feist L J，Varvel T W et al. 2003. Selenium phytoremediation potential of Stanleya pinnata. Plant and Soil，249（1）：157～165

Peng Q，Wang M K，Cui Z W et al. 2017. Assessment of bioavailability of selenium in different plant-soil systems by diffusive gradients in thin-films（DGT）. Environmental Pollution，225：637～643

Petersa K O，Tronkob M，Maureen Hatcha M et al. 2017. Factors associated with serum thyroglobulin in a Ukrainian cohort exposed to iodine-131 from the accident at the Chernobyl Nuclear Plant. Environmental Research，156：801～809

Prisyazhiuk A，Pjatak O A，Buzano V A et al. 1991. Cancer in the Ukraine. Post-Chernobyl. Lancet，338：1334～1335

Shand C A，Eriksson J，Dahlin A S et al. 2012. Selenium concentrations in national inventory soils from Scotland and Sweden and their relationship with geochemical factors. Journal of Geochemical Exploration，121：4～14

Sheppard S C，Evenden W G. 1992. Response of some vegetable crops to soil-applied halides. Canadian journal of soil science，72：555～567

Sheppard S C，Evenden W G. . 1995. Toxicity of Soil Iodine to Terrestrial Biota，with Implications for ^{129}I. Journal of Environmental Radioactivity，27（2）：99～116

Singh A，Parmar P S，Gupta A P et al. 1993. Fluorine extractability and availability to wheat in texturally different soils. In BA on CD July December，Annals of Biology（Ludhiana），9（1）：136～143

Supriatin S，Weng L P，Comans R N J. 2015. Selenium speciation and extractability in Dutch agricultural soils. Science of the Total Environment，532：368～382

Tolu J，Thiry Y，Bueno M et al. 2014. Distribution and speciation of ambient selenium in contrasted soils，from mineral to organic rich. Science of the Total Environment，479～480：93～101

Tullo P D，Pannier F，Thiry Y et al. 2016. Field study of time-dependent selenium partitioning in soils using isotopically enriched stable selenite tracer. Science of the Total Environment，562：280～288

Untoro J，Timmer A，Schultink W. 2010. The challenges of iodine supplementation：A public health programme perspective. Best Practice & Research Clinical Endocrinology & Metabolism，24：89～99

Uooj R，Ahmad S S. 2017. Assessment of soil fluorine spatial distribution around brick kilns using GIS application. Energy Procedia，107：162～166

Wang C，Yang Z F，Chen L X et al. 2012. The transfer of fluorine in the soil-wheat system and the principal source of fluorine in wheat under actual field conditions. Field Crops Research，137：163～169

Wang Q Y，Zhang J B，Zhao B Z et al. 2016. Inuence of long-term fertilization on selenium accumulation in soil and uptake by crops. Pedosphere，26（1）：120～129

Watanabe I，Tensho K. 1970. Further study on iodine toxicity in relation to “Reclamation-Akagare” disease of lowland rice. Soil Science and Plant Nutrition，16（5）：192～194

Wenzel W W，Blum W E H. 1992. Fluorine speciation and mobility in F-contaminated soils. Soil Science，153：357～364

Whitehead D C. 1981. The volatilization，from soils and mixtures of soil components，of iodine added as potassium iodide. Journal of Soil Science，32：97～102

Wilke B M. 1987. Fluoride-induced changes in chemical properties and microbial activity of mull，moder and morsoils. Biology and Fertility of Soils，5：49～55

Williams P N，Lombi E，Sun G X et al. 2009. Selenium characterisation in the global rice supply chain. Environmental Science and Technology，43（15）：6024～6030

Xia S T，Peng K Q，Xiao L T et al. 2002. Effects of iodine on growth，free amino acid，vitamin C and Fiber contents in edible portion of pea sprouts. Journal of Hunan Agricultural University（Natural Science），28（2）：118～121

Xu C，Zhang S J，Sugiyama Y et al. 2016. Role of natural organic matter on iodine and ^{239,240}Pu distribution and mobility in environmental samples from the northwestern Fukushima Prefecture. Japan. Journal of Environmental Radioactivity，153：156～166

Yuita K，Nobusawa Y，Shibuya M et al. 1982. Iodine，bromine and chlorine contents in soils and plants of Japan. I. Iodine，bromine and chlorine contents in soils and plants of the Basin of the Miomote Rive. Soil Science and Plant Nutrition，28（3）：315～336

Zayed A，Lytle C M，Terry N. 1998. Accumulation and volatilization of different chemical species of selenium by plants. Planta，206（2）：284～292

Zhang H，Feng X B，Jiang C X et al. 2014. Understanding the paradox of selenium contamination in mercury mining areas：High soil content and low accumulation in rice. Environmental Pollution，188：27～36

Zhu S F，Zhu D Y，Wang X H. 2017. Removal of fluorine from red mud（bauxite residue）by electrokinetics. Electrochimica Acta，242：300～308

Zhu Y G，Huang Y Z，Hu Y et al. 2003. Iodine uptake by spinach（*Spinacia oleracea* L. ）plants grown in solution culture：Effects of iodine species and solution concentrations. Environment International，29：33～37

Zhu Y G，Huang Y Z，Hu Y et al. 2004. Interactions between selenium and iodine uptake by spinach（*Spinacia oleracea* L. ）in solution culture. Plant and Soil，261：99～105

建议进一步阅读的文献

刘铮. 1996. 中国土壤微量元素. 南京：江苏科学技术出版社

谭见安. 1996. 环境生命元素与克山病. 北京：中国医学科学出版社

Loganathan P，Hedley M J，Grace N D et al. 2003. Fertiliser contaminants in New Zealand grazed pasture with special reference to cadmium and fluorine：A review. Australian Journal of Soil Research，41：501～532

Sun G X，Meharg A A，Li G et al. 2016. Distribution of soil selenium in China is potentially controlled by deposition and volatilization? Scientici Reports，6：20953 | DOI：10. 1038/srep20953

White P J，Broadley M R. 2009. Biofortification of crops with seven mineral elements often lacking in human diets-iron，zinc，copper，calcium，magnesium，selenium and iodine. New Phytologist，182：49～84

White P J，Brown P H. 2010. Plant nutrition for sustainable development and global health. Ann Bot，105：1073～1080

Zhu Y G，Pilon-Smits E A H，Zhao F J et al. 2009. Selenium in higher plants：Understanding mechanisms for biofortification and phytoremediation. Trends in Plant Science，14：436～442

第五章　土壤重金属元素与环境质量

土壤中金属元素的过量与不足都是人们十分关心的问题，因为对于一些动植物来说，均有可能引起生长或生育障碍；而金属元素的环境污染问题已引起了广泛的关注。有关土壤重金属污染状况在《全国土壤污染状况调查公报》中有较为详细的介绍，主要污染元素为镉、铬、铜、汞、镍、铅和砷等。本章主要讨论土壤中重金属元素和稀土元素的来源、形态及其在土壤中的行为与生态、环境效应等。

第一节　土壤中的重金属

一、土壤重金属污染及其来源

（一）土壤重金属污染的定义

重金属是指比重大于 5.0 或密度大于 4.5 g/cm^3 的金属元素，在自然界中大约存在 45 种。但是，由于不同的重金属在土壤中的毒性差别很大，所以在环境科学中人们通常关注镉（Cd）、钴（Co）、铬（Cr）、铜（Cu）、汞（Hg）、钼（Mo）、镍（Ni）、铅（Pb）、铊（Tl）和锌（Zn）等元素。砷（As）是一种准金属（也称半金属、类金属），因其化学性质和环境行为与重金属有相似之处，通常也归属于重金属范畴进行讨论。由于土壤中的铁（Fe）和锰（Mn）含量较高，因而一般不太注意它们的污染问题，但在强还原条件下，铁和锰所引起的毒害也应引起足够的重视。

土壤重金属的输入与累积是一种十分普遍的现象，而人们最为关注的是污染问题。土壤重金属污染是指人类活动将重金属带入到土壤中，导致土壤中重金属含量明显高于背景值，并造成现存的或潜在的土壤质量退化、生态与环境恶化的现象。

（二）土壤中重金属的来源

土壤重金属来源广泛，主要包括大气降尘、污水灌溉、工业固体废弃物的不当堆置、矿业活动、农药和化肥等，表 5-1 为世界范围内土壤外源重金属的输入量，表明无论是在农村还是在城市，也无论是工业还是农业都有可能造成重金属对土壤环境的侵袭、累积或污染。

表 5-1　世界范围内土壤外源重金属的输入量（Nriagu and Pacyna，1988）　　（单位：10^6 kg/a）

来源[1]	As	Cd	Cr	Cu	Hg	Ni	Pb	Zn
农业和食品废物	0～6.0	0～3.0	4.5～90	3～38	0～1.5	6～45	1.5～27	12～150
厩肥	1.2～4.4	0.2～1.2	10～60	14～80	0～0.2	3～36	3.2～20	150～320
伐木与木材业废物	0～3.3	0～2.2	2.2～18	3.3～52	0～2.2	2.2～23	6.6～8.2	13～65
城市垃圾	0.09～0.7	0.88～7.5	6.6～33	13～40	0～0.26	2.2～10	18～62	22～97

续表

来源[1)]	As	Cd	Cr	Cu	Hg	Ni	Pb	Zn
城市污泥	0.01～0.24	0.02～0.34	1.4～11	4.9～21	0.01～0.8	5.0～22	2.8～9.7	18～57
有机废物	0～0.25	0～0.01	0.1～0.48	0.04～0.61	—	0.17～3.2	0.02～1.6	0.13～2.1
金属加工固体废物	0.01～0.21	0～0.08	0.65～2.4	0.95～7.6	0～0.08	0.84～2.5	4.1～11	2.7～19
煤灰	6.7～37	1.5～13	149～446	93～335	0.37～4.8	56～279	45～242	112～484
肥料	0～0.02	0.03～0.25	0.03～0.38	0.05～0.58	—	0.20～0.55	0.42～2.3	0.26～1.1
泥炭	0.04～0.5	0～0.11	0.04～0.19	0.15～2.0	0～0.02	0.22～3.5	0.45～2.6	0.15～3.5
商品杂质	36～41	0.78～1.6	305～610	395～790	0.55～0.82	6.5～32	195～390	310～620
大气沉降	8.4～18	2.2～8.4	5.1～38	14～36	0.63～4.3	11～37	202～263	49～135
合计	52～112	5.6～38	484～1 309	541～1 367	1.6～15	106～544	479～1 113	689～2 054

1）来源未包括冶炼厂的尾矿和尾渣。

1. 大气沉降

大气对土壤中各种元素的含量具有明显的影响。主要的大气污染源有电厂、黑色与有色金属冶炼、石油开采和加工、运输、建筑材料开采和生产等，进入大气的重金属通过干、湿沉降输入土壤和水体。例如，1986～1988 年甘肃白银有色金属基地由降水和降尘输入到农田的重金属为 Cd 10.8 g/(hm^2•a)、Cu 353 g/(hm^2•a)、Pb 415 g/(hm^2•a)和 As 242 g/(hm^2•a)，其中，铅、砷均高于灌溉水的输入量（许嘉琳，1995）。表 5-2 列出了我国一些地区大气沉降的重金属通量，表明在一些大气污染较为严重的地区，重金属大气沉降源是一个不可忽略的因素。

表 5-2　一些地区大气沉降重金属年均通量　　［单位：g/(hm^2•a)］

地点	Cd	Cr	Cu	Hg	Ni	Pb	Zn
兴化湾	0.08	11.63	2.72		7.81	3.83	104
珠三角	0.07	6.43	18.6		6.35	12.7	104
浙东铅锌矿 A	11.7		124	2.71		441	327
浙东铅锌矿 B	3.0		93	0.82		208	109
浙东铅锌矿 C	0.9		118	0.38		27	122
太原市	6.34			4.48		349	
焦作市	5.70			4.43		395	
岷江下游（湿沉降）	2.44					54.3	521
南京市		136	190		60	314	1295
长江口		32.9	29.2		7.3	7.3	51.1

资料来源：李山泉等，2014；朱鹏等，2013；战雯静等，2012；章明奎等，2010；吴辰熙等，2006；邹海明等，2006；Wong et al.，2003；张乃明，2001。

2. 污灌

污水灌溉是指以已经过处理并达到灌溉水质标准要求的污水为水源所进行的农田灌溉，但生产实践中大部分污水未经处理就被直接利用。我国污水灌溉面积约占全国总灌溉农田面积的 7.3%（张慧文等，2007）。由于北方比较干旱，缺水严重，而许多大城市都是重工业城市，耗水量大，所以农业用水更加紧张，污灌在这些地区比较普遍，如沈阳、西安、太原、郑州、北京、天津、兰州、石家庄和哈尔滨等均存在较为严重的因污灌引起农田土壤和农作物重金属累积或污染的问题，受不同物质侵袭、累积或污染的地区约占总污灌面积的 45%。

广东大宝山矿山下游地区稻田土壤重金属镉、锌、铅和铜的总量平均值分别为2.19 mg/kg、245 mg/kg、180 mg/kg 和 288 mg/kg（许超等，2008）。钢铁厂污水灌溉的农田也明显存在铜、镉和铅的污染（王艳霞等，2012）。甘肃省白银市是我国重要的有色金属工业生产基地，由于水资源缺乏，城郊农民长期截流东大沟含有重金属的工业污水灌溉，导致白银市郊区土壤重金属污染较为严重（张晓燕，2012；Li et al.，2006；吴国振和卢国俭，2002）。对白银市农业污灌土壤和作物中镉含量的研究表明（南忠仁和程国栋，2001），土壤中 Cd 的含量在 0.14～19.32 mg/kg，均值为 3.16±5.08 mg/kg，春小麦籽粒和玉米籽粒中的 Cd 含量分别为 0.61 mg/kg 和 0.58 mg/kg。而在非污灌区域，春小麦籽粒和玉米籽粒中的 Cd 含量分别为 0.042 mg/kg 和 0.054 mg/kg。

3. 金属矿采选和冶炼

工矿地区土壤重金属的影响主要由采矿、选矿和冶炼中的废水、废渣和降尘所造成，这在中国南方地区表现得尤为突出。对江西西华山、下龙塘、荡坪、大吉山和盘古山 5 个钨矿，永平和德兴两个铜矿，贵溪铜冶炼厂等 8 个主要金属矿山及冶炼厂附近地区土壤环境状况进行调查，采集了农田、饲料和水样品共 139 份，农田土壤中最高含 Cd 量达 29.8 mg/kg，含 Cu 量达 2 081 mg/kg（戴清文等，1993）。镉的污染非常严重，饲料中 Cd 含量最高达 16.1 mg/kg，Cu 含量最高也达 863 mg/kg。铜、钼含量比例严重失调，导致耕牛发生钼、镉中毒综合征的广泛流行，其他家畜也受到不同程度的伤害。2005～2012 年关于矿山污染土壤的文献资料表明（Li et al.，2014），与未受影响的农业土壤相比，不同国家受矿业影响的土壤重金属浓度均有明显增大（表 5-3）。

表 5-3　不同国家受采矿影响的土壤重金属浓度（Li et al.，2014）　（单位：mg/kg，平均值）

国别	调查矿山	As	Cd	Cr	Cu	Ni	Pb	Zn	Hg
中国	72	196	11.0	84.3	212	107	641	1 163	3.82
伊朗	3	146	1.49		88.4		1 002	363	3.13
西班牙	16	192	6.59	63.2	121	28.4	882	466	52.9
韩国	70	70.1	1.99		79.1	22.0	111	183	1.12
越南	3	3 144	135	1 501	271	2 254	30 635	41 094	
印度	5	18.6	3.82	1 509	63.5	1 069	305	339	
对照 1)	12	10.2	0.43	58.9	31.7	27.5	37.6	118	0.24

1）中国农业土壤。

4. 肥料和农药

肥料中重金属的含量及其对土壤环境质量影响的可能性越来越被重视。对杭州和宁波等地 29 种市售常用肥料样品中的重金属含量进行调查，结果表明（陈林华等，2009），肥料中 Cd、Cu、Pb 和 Zn 的含量范围分别为 0.02～6.56 mg/kg、0.11～165 mg/kg、0.07～39.9 mg/kg 和 0.75～460 mg/kg。有机肥中镉、铜和锌含量最高，过磷酸钙中铅含量最高。根据相关标准的限值，肥料样品中镉、铜和锌的超标率分别为 24.1%、13.8%和 17.2%。对江苏大型养殖场畜禽饲料、畜禽粪和商用有机肥的调查也表明，其中，镉、铜、铅和锌的含量都较高，长期使用将有可能造成严重的土壤和作物重金属累积或污染问题（Cang et al.，2004）。对浙江有关地区畜禽粪便的研究表明（潘霞等，2012），不同类型畜禽有机肥中重金属含量差异明显（表 5-4），3 种畜禽有机肥中最易造成土壤污染的是猪粪，其次是羊粪。采集样品的养羊场和养鸡场平时以自然放养为主，并配以自产蔬菜作为食料的补充，一般不外购饲料；而猪粪来源于集约化养殖场，该养殖场以商品饲料为主食，所以与山羊和肉鸡相比，猪对重金属的摄入量要高得多，猪粪中的重金属浓度也远高于羊粪和鸡粪。但无论何种畜禽有机肥，含量较高的重金属元素均为铜和锌，虽然两者均无明确的标准限量，但其对植物生长的可能影响却不可忽视。另外，由于我国进口的磷肥量较大，而来自于美国、加拿大和澳大利亚的磷肥镉含量较高，所以每年带入农田的镉量也相当大。

表 5-4　畜禽有机肥中重金属的平均含量（潘霞等，2012）　（单位：mg/kg）

种类	Cd	Cu	Pb	Zn
猪粪	1.35	197		947
羊粪	0.58	40.8	21.9	211
鸡粪	0.16	14.8	21.4	88.7
标准值[1)]（烘干基计）	≤3		≤50	

1）《有机肥料》（NY 525—2012）。

大量施用含有重金属的农药也是造成土壤重金属污染的一个重要原因，例如，果园土壤中铜的累积主要来自于长期施用含铜农药的结果。对苹果产区的研究表明（Wang et al.，2009a），果园土壤中铜的浓度随其栽培年限的增加而显著增加，而土壤中铜的累积已对土壤生态功能产生影响。土壤微生物生物量碳及其与土壤有机碳的比值随着土壤铜浓度的升高而降低，说明果园土壤中铜的含量已经影响了微生物生物量和土壤有机质的质量。同时，土壤酶活性也受到了显著的抑制；而土壤碳矿化率和土壤特定呼吸率随着铜浓度的升高而升高，这主要是由于土壤中铜的累积使得土壤微生物处于受胁迫的状态，呼吸速率增加，导致了更多的 CO_2 生成。

5. 工业生产

凡以重金属和含有重金属的材料为生产原料的行业，在生产过程中均可能排放重金属，如果处置不当，就会造成环境污染。信息技术（IT）产品制造业是重金属排放的源头之一，而中国是 IT 产业名副其实的世界工厂，世界上一半左右的电脑、手机和数码相机产于中国，重金属排放因而备受关注（张冉燃，2010）。特别是与 IT 产品相关的电池行业和印刷电路板制造相关的电镀行业，重金属污染问题更应该引起高度重视。印刷电路板主要涉及铜、铬、镍和镍化合物等污染，电池行业则多涉及铅污染，由于大量印刷电路板生产企业不能稳定达标排放，已经给当地河流、土壤和近海造成了污染。电子垃圾拆解区的农作物（23 种 78 个农作物样品）可食部的重金属含量明显高于对照区（周翠等，2011），Cd、Cr 和 Pb 的含量范围分别为 0.02～0.76 mg/kg、0.08～10.6 mg/kg 和 0.05～1.51 mg/kg，与食品卫生标准比较，Pb 的超标最为严重，达到 56.5%，Cd 和 Cr 的超标率分别为 39.1%和 34.8%。

对重庆市 3 个电镀厂附近土壤中的 Cr、Cu、Ni 和 Zn 4 种重金属含量进行了测定，平均含量分别为 1364 mg/kg、560 mg/kg、736 mg/kg 和 723 mg/kg（高洁等，2012）。江苏南部一电镀厂 1974～2009 年运行，主要从事镀锌和镀铬业务，受其影响的土壤中 Cr、Ni、Cu、Zn 和 Pb 的含量分别为 1564 mg/kg、679 mg/kg、297 mg/kg、276 mg/kg 和 51.4 mg/kg（甘文君等，2012）。

二、土壤中重金属的形态

实践表明，重金属的生物毒性在很大程度上取决于其存在形态，仅仅依据元素总量往往不能很好地说明环境中重金属的化学活性、再迁移性、生物可给性，以及最终对生态系统或生物有机体的影响。因此，通过元素形态分析方法定量地确认不同环境介质中重金属的形态成为环境土壤学研究领域的重要内容。随着分析测试技术的发展，元素的形态分析方法取得了长足进步，并且在土壤圈的物质循环、元素毒性及生态毒性确定、食品质量控制和临床分析等领域显示出独特的作用（罗小三等，2005）。关于土壤中重金属的形态分析曾有较为系统的总结与评述（周康民等，2007；罗小三等，2005；李非里等，2005；刘忠珍等，2005）。元素形态（element speciation）是指某元素具体的化学物种在某体系中的分布。化学物种（chemical species）是指化学元素的某种特殊形式（specific form），如分子态、特定的配位结构或氧化态等（Templeton et al.，2000）。在土壤重金属的形态方面，本书主要关注化合物的类型、元素的操作定义（连续提取）和特定试剂的可提取态。

（一）化合物的类型

土壤中重金属元素的迁移、转化及其对植物的毒害和环境的影响程度，除了与土壤中重金属的含量有关以外，还与重金属元素在土壤中的存在形态有很大关系。土壤中重金属存在的形态不同，其活性、生物毒性及迁移特征也不同。土壤中重金属形态的划分有两层含义，其一是指土壤中化合物或矿物的类型，其二是指操作定义上的重金属形态。对于前者，例如，12 种镉的矿物（Lindsay，1979），包括 CdO、$\beta\text{-}Cd(OH)_2$、$CdCO_3$、$CdSO_4 \cdot H_2O$、$CdSiO_3$、$CdSO_4 \cdot 2Cd(OH)_2$、$CdSO_4$、$Cd(OH)_2$、$Cd_3(PO_4)_2$、CdS、$2CdSO_4 \cdot Cd(OH)_2$ 和土壤-Cd 等，其中，$CdSiO_3(c)$、CdO、$\beta\text{-}Cd(OH)_2(c)$、$CdSO_4 \cdot 2Cd(OH)_2(c)$、$CdSO_4(c)$、$CdSO_4 \cdot H_2O(c)$和$2CdSO_4 \cdot Cd(OH)_2(c)$等矿物，由于比较容易溶解，因而可以预期它们在土壤中是不会形成的。

$Cd_3(PO_4)_2(c)$的形成较为复杂，它与控制磷酸盐浓度的矿物类型及 pH 条件有关。在低 pH 时，土壤中磷酸盐的浓度和镉的磷酸矿物的形成及其溶解度为 $FePO_4 \cdot 2H_2O$ 和 $Fe(OH)_3$ 所控制；在中等 pH 时，为$\beta\text{-}Ca_3(PO_4)_2$ 和土壤-Ca 所控制；而在高 pH 时，为 $Ca_3(PO_4)_2$、$CaCO_3$ 和 $CO_2(g)$ 所控制。

重金属化合物的类型对其生态效应有着明显的影响，当土壤中所含化合物的类型不同时，由于这些化合物本身性质的差异和与土壤交互作用的不同，因而所产生的生物效应有可能不一样，例如，在黄棕壤中添加相同 Pb 浓度（4 000 mg/kg）的 $PbCl_2$ 和 $Pb(NO_3)_2$ 处理，糙米中的含 Pb 量分别为 1.62 mg/kg 和 4.91 mg/kg；而不同类型砷化合物的试验表明，亚砷酸盐的毒性明显高于砷酸盐，即使同为砷酸盐，由于所结合的金属阳离子不同，其毒性也有显著差异。然而，要直接区分土壤中化合物的类型是相当困难的。

（二）形态的操作定义

土壤中的重金属元素与不同成分结合会形成不同的化学形态，它与土壤类型、土壤性质、外源物质的来源和历史、环境条件等密切相关。各种形态量的多少反映了其土壤化学性质的差异，同时也影响其植物效应。通常所指的“形态”为重金属与土壤组分的结合形态，即“操作定义”，它是以特定的提取剂和提取步骤的不同而定义的。目前，土壤重金属形态分级的操作定义大多根据各自研究的目的和对象来确定连续提取方法。Tessier 等（1979）提出的连续提取法有一定的代表性，主要可分为水溶态、可交换态、碳酸盐结合态、铁锰氧化物结合态、有机结合态和残留态。水溶态是指土壤溶液中的重金属离子，它们可用蒸馏水提取，且可被植物根部直接吸收，由于在大多数情况下水溶态含量极微，一般在研究中不单独提取而将其合并于可交换态一组中。可交换态是指被土壤胶体表面非专性吸附且能被中性盐取代的，同时也易被植物根部吸收的部分。碳酸盐结合态在石灰性土壤中是比较重要的一种形态，普遍使用醋酸钠-醋酸缓冲液作为提取剂。铁锰氧化物结合态是被土壤中氧化铁锰或黏粒矿物的专性交换位置所吸附的部分，不能用中性盐溶液交换，只能被亲和力相似或更强的金属离子置换，一般用草酸-草酸盐或盐酸羟胺作提取剂。有机结合态是指重金属通过化学键形式与土壤有机质结合，也属于专性吸附，选用的提取剂主要有次氯酸钠、H_2O_2和焦磷酸钠等。而残留态是指结合在土壤硅铝酸盐矿物晶格中的金属离子，在正常情况下难以释放且不易被植物吸收的部分，一般用 HNO_3-$HClO_4$-HF 分解。由于各种试剂的溶解能力不尽相同，即使是同一种形态，其提取量也只对特定的提取剂才有意义。图 5-1 为一些重金属在土壤中的结合形态，它表明不同重金属在土壤中的同一形态有显著的差异（Salomons and Stigliani，1995）。

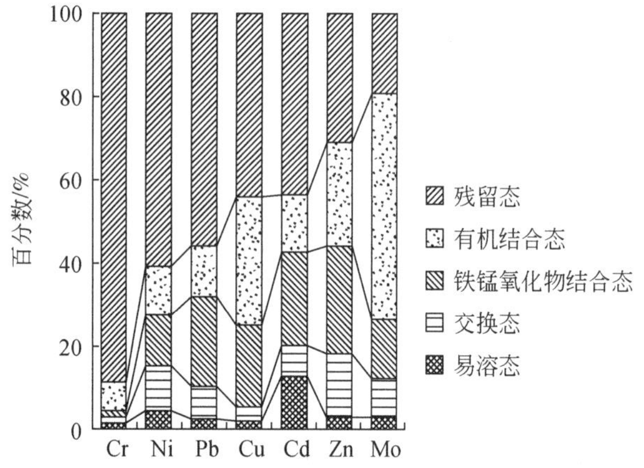

图 5-1　重金属在土壤中的结合形态（Salomons and Stigliani，1995）

另一种操作定义是欧盟提出的，原欧洲共同体标准物质局（BCR）致力于连续提取方法的标准化和参考物质的制备，这一方法后经有关研究人员的适当改进，将土壤重金属分为 4 步分级提取：①水溶态、可交换态和碳酸盐结合态（0.1 mol/L CH_3COOH，室温振荡 16 h）；②铁锰氧化物结合态［0.1 mol/L $NH_2OH \cdot HCl$（pH 2.0），室温振荡 16 h］；③有机物及硫化物结合态［30% H_2O_2在室温下振荡 1 h 后，增加温度到 85℃再振荡 1 h，再加入 30% H_2O_2于 85℃时振荡 1 h，然后加入 1.0 mol/L CH_3COONH_4（pH 2.0），在室温下振荡 16 h］；④残渣态，用王水消化。

砷的操作定义与上述分级有所不同，多以提取磷的方法为基础修改而成。砷在土壤中的形态一般分为吸附态砷，用 1 mol/L NH_4Cl 提取（包括水溶性砷）；铝型砷（Al-As），用 0.5 mol/L NH_4F 可提取的砷酸铝盐；铁型砷（Fe-As），用 0.1 mol/L NaOH 可提取的砷酸铁盐；钙型砷（Ca-As），用 0.25 mol/L H2SO4 可提取的砷酸钙盐；闭蓄型砷（O-As），不能被上述提取剂提取出的被闭蓄在矿物晶格中的砷。土壤中的水溶性砷主要以 AsO_4^{3-} 和 AsO_3^{3-} 离子的形式存在，含量极少，常低于 1 mg/kg，通常在吸附态砷中包括了水溶性砷。后 4 种形态的砷属于难溶性砷，Al-As 和 Fe-As 的毒性小于 Ca-As。Fe-As 在大多数土壤中占优势，Al-As 次之。一般来说，酸性土壤以 Fe-As 占优势，而碱性土壤以 Ca-As 占优势。

土壤中的砷以三价的亚砷酸盐（AsO_2^-）和五价的砷酸盐（AsO_4^{3-}）形态存在，As(III)的移动性远大于 As(V)，且毒性较大。进入土壤中的砷可被土壤胶体吸附。同时，砷酸根可以与土壤中的铁、铝、钙和镁等阳离子形成难溶性砷化合物，与无定形铁、铝等的氢氧化物产生共沉淀，不易发生迁移。其反应如下：

$$Fe^{3+} + AsO_4^{3-} \longrightarrow FeAsO_4 \quad K_{SP} = 5.7\times 10^{-21} \tag{5-1}$$

$$Al^{3+} + AsO_4^{3-} \longrightarrow AlAsO_4 \quad K_{SP} = 1.6\times 10^{-16} \tag{5-2}$$

$$3Ca^{2+} + 2AsO_4^{3-} \longrightarrow Ca_3(AsO_4)_2 \quad K_{SP} = 6.8\times 10^{-19} \tag{5-3}$$

$$3Mg^{2+} + 2AsO_4^{3-} \longrightarrow Mg_3(AsO_4)_2 \quad K_{SP} = 2.1\times 10^{-2} \tag{5-4}$$

由于这几种化合物的溶解度具有差异，所以以 Fe^{3+}固定砷酸盐的作用最大，Ca^{2+}、Al^{3+}的作用次之，Mg^{2+}所起的作用不如 Fe^{3+}、Al^{3+}和 Ca^{2+}显著。通常在活性铁含量高的土壤中，主要以 Fe-As 形式残留；如果活性铁含量低、活性铝或代换性钙含量高，则以 Al-As 或 Ca-As 累积。而土壤中的活性铁、铝和代换性钙均少，砷可能从土壤中流失。一般来说，不同类型的土壤对砷的吸附能力为红壤＞砖红壤＞黄棕壤＞黑土＞碱土＞黄土，这一顺序也说明了铁、铝氧化物对吸附砷起着重要的作用。

铬的操作定义也有其特殊性，一般分为水溶态、可交换态（1 mol/L CH_3COONH_4 提取）、沉淀态（2 mol/L HCl 提取）、有机结合态（5% H_2O_2-2 mol/L HCl 提取）和残留态等（陈英旭等，1994）。由于不同土壤的矿物种类、组成、有机质含量和 pH 等不同，铬的形态亦不同。土壤中水溶性铬含量非常低，一般难以测出；交换态铬含量也很低，一般＜0.5 mg/kg，约为总铬的 0.5%；土壤中铬大多以沉淀态、有机结合态和残渣态存在。有机结合态铬通常小于 15 mg/kg，残渣态含量一般占总铬的 50%以上。

土壤重金属形态的操作定义存在诸多不足之处：①提取步骤多、费时；②试剂的有限选择性；③已释出的金属可在各形态间再分配；④结果重现性差；⑤可比性差，只有类似方法和性质相似的样品才具有可比性。由于上述缺陷，所以操作定义要求程序的标准化，且其表征的只是在特定条件下，某一提取剂对土壤中重金属的提取形态，它虽然有助于人们理解重金属在土壤中的结合方式，但并非是完全真实形态的表述，具有明显的局限性。如果能确知重金属在土壤中的真实存在形态，将能够从分子水平上理解土壤重金属的释放机理、形态转化、毒性、生物可利用性、修复措施及风险评价等多方面的特性。测定土壤重金属的实际形态往往比较困难，近年来，基于同步辐射的 X 射线吸收光谱（X-ray absorption spectroscopy，XAS）技术被广泛应用于环境土壤学研究中，使环境土壤学可在分子水平探讨重金属的真实化学形态和土壤界面过程。另外，应用电化学和膜技术也可以分析土壤溶液中重金属的实际存在的化学形态，用以区分重金属离子态和有机配合态等。

（三）基于同步辐射的原位重金属形态研究

同步辐射 X 射线具有宽波段、高亮度、高稳定和窄脉冲等独特而优异的特性，且 XAS 现象只取决于短程有序的相互作用，不需要样品具有长程有序结构，因此，XAS 对样品的适用范围很大，可以在室温和常压条件下对含水固体表面、溶液，甚至生物样品等实现原位测定。X 射线吸收结构光谱是一种基于同步辐射 X 射线光源的结构分析方法。其基本原理是同步辐射的 X 射线照射目标物质会被吸收，而强度有所衰减，不同元素的吸收系数曲线在特定波长处会出现跳跃，这些跳跃称为该元素的吸收边。在吸收边前至边后 30～1 000 eV 的振荡结构称为 X 射线吸收光谱精细结构（X-ray absorption fine-structure，XAFS）。通常 XAFS 谱图可以分为两个能量区域：X 射线吸收近边结构（X-ray absorption near-edge spectroscopy，XANES）和延展边 X 射线吸收精细结构（Extended X-ray absorption fine-structure，EXAFS）。XANES 是低能光电子在配位原子做多次散射后再回到吸收原子与出射波发生干涉形成的，范围大致是从吸收边到吸收边后约 50 eV，其特点是连续的强振荡。它的形状取决于电子相关性和电子态密度，主要提供吸收原子的电子结构信息，特别是对化合价态、配位体类型和配位环境十分敏感。

同步辐射技术是一种从微观尺度研究物质相互作用的方法，已成为许多前沿研究领域和科学技术开发必不可少的手段，其基本原理和方法请参见本书第十四章的相关内容。基于 XANES 研究了亚铁对黄铁钾矾（Jarosite）还原溶解及其对砷和锑（Sb）固定的影响（Karimian et al.，2017），发现高浓度的 Fe^{2+}（10 mol/L 和 20 mol/L）迅速（<10 min）将黄钾铁矾转变成绿锈（green rust），随后在 24 h 内沉淀为针铁矿；而在较低浓度的 Fe^{2+}（1 mol/L 和 5 mol/L）下则转化为纤铁矿（lepidocrocite），砷的 K 边（K 为能层）XANES 光谱显示，较高浓度的 Fe^{2+}可使 As(Ⅴ)还原为 As(Ⅲ)，而在同样条件下，锑的 L 边 XANES 光谱表明 Sb(Ⅴ)没有被还原。转化过程增强了锑向水相中的迁移，而砷以表面键合的形式重新分配吸附在矿物表面。利用 XANES 技术对零价铁（ZVI）在不同硫含量土壤中镉形态影响的研究发现（Hashimoto and Yamaguchi，2013），随着土壤还原速度的加快（5 d 左右约为−200 mV），添加 ZVI 可以减少土壤溶液中镉和土壤的可交换态镉含量。与低硫土相比，高硫土土壤溶液中镉含量降低 3 倍以上。K 边 XANES 光谱线性组合拟合发现，至少有 55%的镉与土壤胶体（包括高岭土、水铁矿和腐殖质）有关，而与氢氧化物、碳酸盐和硫酸盐沉淀无关，ZVI 增强了 CdS 的形成，并减少了可交换部分和土壤溶液中的镉含量，这种影响在高硫土壤中更加显著。

EXAFS 是电离光电子被吸收原子周围的配位原子作单散射回到吸收原子与出射波干涉形成的，范围在 XANES 之后的约 800 eV，其特点是连续缓慢的弱振荡，似正弦波动。这一能量区域的振动频率与目标元素和周围原子间的距离成反比；振幅与配位原子的种类和配位数有关，它能够很好地反映吸收原子配位的径向几何分布，包括近邻原子配位的种类、数量和距离等结构信息。基于 EXAFS 和密度泛函理论（DFT）等技术研究了不同形态的锑在针铁矿表面的吸附机制（孙倩，2016），发现 pH 对 Sb(Ⅲ)在针铁矿表面的吸附量影响不大，而对 Sb(Ⅴ)的表面吸附量影响显著，具体表现为 pH 升高，吸附量降低。针铁矿对 Sb(Ⅲ)的吸附能力强于 Sb(Ⅴ)。支持电解质浓度对吸附量没有显著影响，说明锑在针铁矿表面可能形成了内圈配位结构。EXAFS 和 DFT 测定和计算的结果表明，Sb(Ⅲ)可在针铁矿表面形成双齿双核、单齿单核和双齿单核配合物，与针铁矿平均结合能为−22.4 kcal /mol；Sb(Ⅴ)可在针铁矿表明形成双齿单核、双齿双核、三齿双核和三齿四核配合物，与针铁矿平均结合能仅为−4.56 kcal/mol，这就很好地解释了为何土壤中的 Sb(Ⅴ)比 Sb(Ⅲ)迁移能力更强。

元素的化学形态和空间分布信息对于研究元素的生物有效性、生物地球化学特征和推断元素生物过程至关重要。目前，分析技术主要划分为两类：化学形态分析技术和成像技术。以同步辐射 XAS 和 X 射线荧光光谱（X-ray fluorescent，XRF）技术为代表，近些年 X 射线分析技术得到了很大的发展，目前能对元素化学形态和空间分布进行原位无损伤分析。XRF 技术能获取元素空间分布信息，主要是在同步辐射 X 射线荧光成像技术（X-ray fluorescent microscopy，XFM）线站采集。目前，随着光学器件和荧光检测器的飞速发展，XAS 和 XFM 线站之间的界限逐步消失。在 XFM 线站，通常在一个设定的能量下对样品进行扫描，首先获取元素空间分布的信息，然后在元素空间分布图谱上，选取一些感兴趣的微区域，采集该区域某一元素的μ-XANES 或μ-EXAFS 光谱，从而获取元素化学形态信息。值得一提的是，最新快速 XRF 荧光检测器，如 Maia 检测器的问世，使元素形态分辨的空间分布分析成为可能，我们称之为 X 射线近边吸收光谱成像技术（XANES-Imaging）。具体来说，XANES-Imaging 就是对某一区域在不同的能量下进行多次扫描，扫描的能量范围包含了元素的吸收边范围。有别于传统的 XRF 基础上的μ-XANES 或μ-EXAFS，即首先采集一幅元素分布图，然后单独采集该幅图中感兴趣微区的吸收光谱，XANES-Imaging 通过在不同能量下对该图进行多次扫描，这样就能提取该图区域内每个像素点的 XANES 光谱，进而获取该区域内元素不同化学形态的空间分布。例如，Wang 等（2016）利用该技术研究尾矿中砷形态分辨的空间分布，首先通过 XRF 在较高能量（15.6 keV）下对含高磁铁矿的尾矿颗粒进行初步扫描，获取砷、铁和钙等元素含量的空间分布，通过元素之间的关联分析，选取感兴趣的区域，在砷的 K 边能量 E_0 附近−20 eV 和+30 eV 区间内不同能量下，对该区域进行 86 次扫描，从而获取该区域内每个像素的 XANES，通过叠加和主成分分析，最终获取不同砷形态的空间分布（图 5-2）。

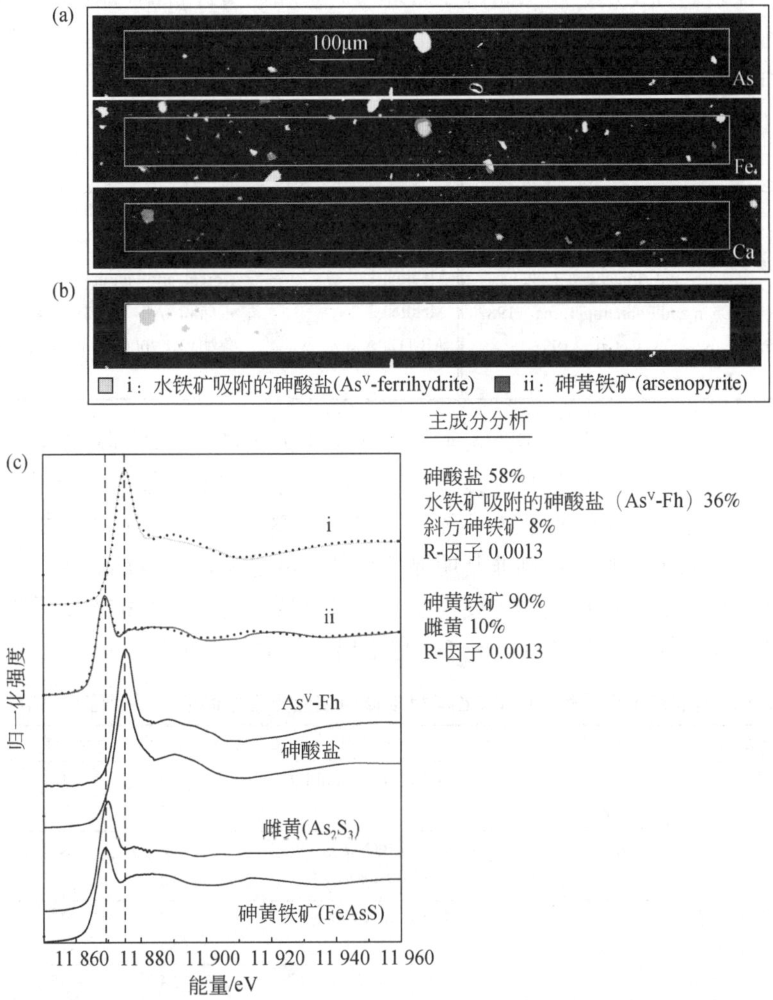

图 5-2　尾矿上不同砷形态分布（Wang et al.，2016）

XRF 扫描获取元素总砷、铁和钙等元素空间分布（a）；XANES Imaging 在不同能量下对感兴趣的区域进行 86 次扫描，扫描能量跨越砷的 K 边，从而获取该区域每个像素点的 XANES，通过聚类分析获取不同砷形态的空间分布（b，c）

（四）可提取态

土壤中元素的可提取态一直是人们关注的内容，在我国土壤元素背景值的研究中缺少元素可提取态的数据，从而在一定程度上影响了元素背景值的实际应用。事实上，元素可提取态的研究在土壤背景值研究中曾引起关注，在重金属的生物有效性与毒性的研究中几乎是一个不可或缺的内容；但由于可提取态自身具有复杂性，目前，还难以像元素总量一样给出全国范围的比较，它涉及不同土类之间提取剂的差异，同一提取剂在不同土类之间提取量的差异，以及提取量与生态效应的差异等，是一个有待于认真研究与解决的问题。

就名称而言，土壤中重金属的可提取态尚有“有效态”“植物有效态”和“生物有效态”等，为了避免认识上的某些差异，从土壤环境质量的研究方面考虑建议用“可提取态”，表明其是按照规定的方法和步骤由土壤中所提取的重金属浓度。研究“可提取态”的主要目的是检验土壤中重金属的可提取态与相应土壤中所规定的生物（靶生物）体中重金属浓度的关系及其影响程度，探索通过土壤分析来进行土壤环境质量和风险评价的可能性，目前最主要的是解决提取剂的科学性与广谱性（即多类型土壤的适用性）问题，表 5-5 为用于预测微量元素植物有效性的典型提取剂示例。

表 5-5　用于预测微量元素植物有效性的典型提取剂示例

提取剂/方法	来源	提取剂/方法	来源
DTPA（0.005 mol/L）	Lindsay and Norvell，1978	NH_4NO_3（1 mol/L）	Symeonides and McRae，1977
EDTA（0.05 mol/L）	Quevauviller et al.，1997	$NaNO_3$（0.1 mol/L）	Sanka and Olezal，1992；陈怀满，1988
HCl（0.1 mol/L）	Baker and Amacher，1982	Mehlich 1	Korcak and Fanning，1978
HCl（0.05 mol/L）	Chen and Ponnamperuma，1982	Mehlich 3	王玮和高明，2003；鲁如坤，2000
$CaCl_2$（0.01 mol/L）	Novozamsky et al.，1993	AB-DTPA	鲁如坤，2000；Soltanpour and Swab，1977
NH_4OAc（1 mol/L）	Sanka and Olezal，1992		

对国内外大量文献进行调研和实践表明，表 5-5 中的大部分提取剂对于同一类型土壤来说，其提取的土壤重金属浓度与生长于该土壤中的同一种植物所吸收的重金属之间，均有良好的相关性（铜可能是一个例外），但对于不同类型的土壤或同一土壤在不同植物之间则往往无可比性。然而，人们也同时注意到非常明显的另外一种趋势，即虽然尚无一个普遍接受的提取剂，但中性盐提取的土壤重金属浓度与生长于该土壤中的同一种植物所吸收的重金属之间较其他提取剂表现出较好的相关性，表 5-6 也给出了类似的结果。

表 5-6　土壤不同提取剂可提取性 Pb 和 Cd 与植物体中相应元素之间的关系（陈怀满等，2006）

采样地点	土壤类型	植物	提取剂	样本数（*n*）	元素	相关系数 *r*
江苏	黄棕壤	水稻（糙米）	NH_4OAc（1 mol/L）	32	Cd	0.9304**
江西	红壤	小麦（谷粒）		32	Cd	0.9628**
		水稻（糙米）	$Mg(NO_3)_2$ (0.5 mol/L)	32	Cd	0.9483**
		小麦（谷粒）		32	Cd	0.9654**
辽宁	草甸棕壤	水稻（糙米）	NH_4OAc（1 mol/L）	54	Pb	0.8771**
湖北	红壤			54	Cd	0.7764**
广西	灰色石灰土		$Mg(NO_3)_2$ (0.5 mol/L)	54	Pb	0.8981**
				54	Cd	0.8404**
			$CaCl_2$（0.025 mol/L）	54	Pb	0.8737**
				54	Cd	0.8308**

续表

采样地点	土壤类型	植物	提取剂	样本数（n）	元素	相关系数 r
辽宁 湖北 广西	草甸棕壤 红壤 灰色石灰土	水稻（糙米）	NH_4NO_3（1 mol/L）	54	Pb	0.9369**
				54	Cd	0.8379**
			DTPA（0.005 mol/L）	54	Pb	0.4642**
				54	Cd	0.2929**
			HCl（0.05 mol/L）	54	Pb	0.6313**
				54	Cd	0.3594**
		青菜（四月慢）	NH_4OAc（1 mol/L）	54	Pb	0.8397**
				54	Cd	0.9218**
			DTPA（0.005 mol/L）	54	Pb	0.4188**
				54	Cd	0.4234**

土壤中某一元素的生物有效性除了直接用所提取的浓度与靶生物之间的关系表示外，也有用元素活性（或称活化率）来表征的，即

$$A_c(\%) = \frac{A_{ci}}{B_{ci}} \times 100\% \qquad (5\text{-}5)$$

式中，A_c 为土壤中 i 元素的活性；A_{ci} 为 i 元素的可提取态浓度；B_{ci} 为 i 元素的全量值，由元素可提取态和全量影响因素推知。元素活性是有效态含量、全量值、土类、有机质、黏粒和 pH 等土壤理化性状的函数。关于黄绵土、垆土、塿土、灰钙土、粟钙土、黑钙土、黑土、白浆土、暗棕壤、花岗岩、棕壤、黄土棕壤、淋溶褐土、碳酸盐褐土、草甸土、潮土、紫色土、黄棕壤、水稻土、红壤、黄壤和砖红壤等土类的分析结果（李彤等，1993）统计显示，6 种元素（硼、钴、铜、锰、钼和锌）的活性（%）与可提取态（浓度 mg/kg）之间的相关性均呈极显著或显著水平。然而，活性与生物毒性和环境效应之间的关系，尚需要进一步研究。

潘根兴等（2000，1999）曾用活性（活化率）作为苏南土壤中重金属影响的指标，用 0.1 mol/L HCl（固液比=1∶1）作为提取液，所提取的浓度与样品全量之比所获得的土壤中铜、铅和锌的活化率由表层向下明显降低，由 20%～30%降至 10%左右。工业区土壤中铅、锌活化率显著高于农业区，这一结果从元素的活性强度上表达了土壤中铅、锌对环境影响的差异性。

三、重金属的土壤界面化学过程

人们要了解重金属进入土壤的反应行为和最终归宿，需要进行长期试验；然而，足够数量的长期试验在实践中很难办到，因为具有不同矿物和化学组成的土壤及重金属的种类很多，且元素之间或元素与土壤组分之间的交互作用对重金属的行为也有重要影响，因而掌握基本的化学原理并通过特定条件下的实际试验，将有助于了解和掌握土壤中重金属的反应行为。关于控制土壤中重金属溶解度的反应，McBride（1989）曾进行过很好的总结。

（一）离子交换

离子交换吸附又称非专性吸附，指重金属离子通过与土壤表面电荷之间的静电作用而被土壤吸附。土壤表面通常带有一定数量的负电荷，所以带正电荷的金属离子可以通过这种作用被土壤吸附。一般来说，阳离子交换容量较大的土壤具有较强吸附带正电荷重金属离子的能力；而对于带负电荷的重金属含氧基团，它们在土壤表面的吸附量则较小。但是，土壤表面正负电荷的多少与溶液 pH 有关，当 pH 降低时，其吸附负电荷离子的能力将增强。通常，

非专性吸附的重金属离子可以被高浓度的盐交换下来。

土壤中层状硅酸盐黏粒含有永久电荷，在适宜的 pH 条件下，进入的重金属以离子状态存在，因而它可以通过静电引力吸持金属离子。在层状硅酸盐表面，二价（M^{2+}）和三价（M^{3+}）过渡重金属离子表现出典型的离子交换特性。然而在浓度很低时，层状硅酸盐黏粒对 Cd^{2+}、Co^{2+}和 Zn^{2+}等金属离子存在专性吸附作用，这表明层状硅酸盐黏粒存在着少量能对这些金属离子进行化学吸附的位点，可能是位于边面上的—Si-OH 或—Al-OH 基团，也可能是黏粒中混有的氧化物和有机质所存在的位点。

（二）吸附反应

表面或界面化学涉及界面上分子或化合物的物理化学行为。吸附过程涉及吸附质（这里特指重金属）和吸附剂（这里特指土壤或黏粒矿物、氧化物等）的反应。本章有关吸附的概念是指界面上的吸附质在吸附剂上的单纯表面富集，或表面富集与渗入内部两者兼有的过程，包括物理吸附和化学吸附。

1. 吸附等温式

吸附等温式可分为两大类，即平衡吸附等温式和动力学吸附模式。

（1）吸附等温线　采用平衡热力学方法研究土壤中的吸附现象是一种比较传统的方法。一般在恒温条件下，测得不同浓度时平衡状态下土壤固相所吸附之吸附质的量，即所谓的吸附等温线，然后寻找能描述吸附等温线的吸附等温式，通过吸附等温式所对应的模型假设来阐明可能的吸附机制。吸附等温线的主要形状如图 5-3 所示，主要分为 S-型、L-型、H-型、C-型和 F-型（Greenland and Hayes，1981）。

S-型等温线，其特点是等温线的起始斜率随土壤溶液中吸附质浓度的增加而增大，这种特点的出现，认为是在低浓度下土壤固相对吸附质的相对亲和力小于对土壤溶液的亲和力的结果。L-型等温线，其起始斜率不随土壤溶液中吸附质浓度的增加而增大，这种特点是在低浓度下，土壤固相对吸附质的相对亲和力较高的结果。H-型等温线，是 L-型等温线的一种极端情况，与 L-型等温线相比，它有较大的起始斜率，这是由于土壤固相对吸附质具有非常高的相对亲和力的结果，这种情况的出现，通常是由于固相和吸附质间很高的专性或者物理吸附作用。C-型等温线，其起始斜率与土壤溶液中吸附质的浓度无关，此情况可以一直持续到可能的最大吸附，这类等温线的出现，可能是在吸附界面层和本体溶液之间吸附质的恒定分配，或吸附质被吸附时，吸附剂的表面积相应成正比例地增加。F-型等温线，其吸附量的对数值与溶液中溶质浓度的对数值成正比。

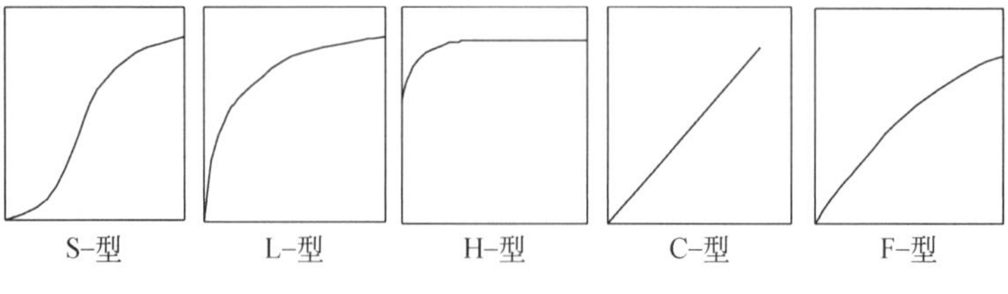

图 5-3　吸附等温线的形状

（2）平衡吸附等温式　线性吸附等温式：

$$S = K_d C \tag{5-6}$$

式中，S 为吸附量；K_d 为分配系数，是土壤基质对溶质吸持程度的量度；C 为吸附质的浓度。

1）Freundlich 等温式

$$S = K\,C^{1/n} \tag{5-7}$$

式中，K 和 $1/n$ 为常数；其他参数意义同上。这种等温式是最老的非线性吸附等温式，并已广泛地应用于描述土壤对溶质的吸附。

2）Langmuir 吸附等温式　Langmuir 吸附等温式的两个标准形式为

$$\frac{c}{S} = \frac{1}{kb} + \frac{c}{b} \tag{5-8}$$

$$S = \frac{kbc}{1+kc} \tag{5-9}$$

式中，k 为吸附常数，是土壤表面对溶质键合强度的量度；b 为最大吸附量；其他参数意义同上。

3）Langmuir 双表面吸附等温式　在有些吸附反应中有可能存在两种吸附位，一种具有高键合能，并能与吸附剂迅速反应；另一种结合能较低，反应较慢：

$$S = \frac{k_1 b_1 c}{1+k_1 c} + \frac{k_2 b_2 c}{1+k_2 c} \tag{5-10}$$

式中，b_1 和 b_2 分别为两类吸附位的最大吸附量；k_1 和 k_2 是与相应吸附位键合能有关的常数。

4）Langmuir 竞争吸附等温式

$$\frac{c_1/c_2}{S} = \frac{b_2}{k_1 b_1} + \frac{c_1}{b_2 c_2} \tag{5-11}$$

式中，下角 1 和 2 分别为被吸附的离子和吸附剂表面上的原有离子。某些溶质的吸附过程主要是离子交换过程。因为必须保持等当量的电荷，所以土壤对一种离子的吸附就会引起相应吸附位上另外一种离子的解吸。Griffin 和 Au（1977）将式（5-11）应用于描述钙饱和的蒙脱石对铅的吸附。Harter 和 Baker（1977）用该式对锌的吸附进行了分析。他们指出，当吸附是通过交换反应时，由 Langmuir 竞争吸附等温式得到的直线截距等于 $b_2/(k_1 b_1)$，而不是 Langmuir 吸附等温式式（5-8）中的 $1/(kb)$，因此，文献中所报道的“键合系数”应是与吸附和解吸离子结合能有关的系数比。

NICA-（non-ideal competitive adsorption）Donnan 模型在重金属吸附的研究中有着良好的应用与发展（赵雪涛和郜洪文，2009），在土壤中也有应用实例；在共存离子的竞争吸附的描述中，一种改进的竞争吸附等温模式（CAIM）也值得关注（Xue et al.，2009）。

（3）*动力学吸附模式*　Langmuir 和 Freundlich 等吸附模式主要描述吸附剂的吸附量与溶液中吸附质浓度的关系。但当需要了解吸附和解吸速度时，用动力学模式描述吸附和解吸的关系更为合适。动力学吸附模式包括可逆线性模式、可逆非线性模式、双直线吸附模式、质量传递模式、Elovich 模式及双位动力学模式等。这些模式均可应用于土壤中化学物质的吸附与移动的研究。

例如，一级吸附动力学速率方程为

$$\ln\left(1-\frac{S}{S_{\mathrm{b}}}\right) = -k_1 t + C \tag{5-12}$$

式中，S 为时间 t 时的吸附量；S_{b} 为平衡吸附量；k_1 为一级吸附动力学速率常数；C 为积分常数。

二级吸附动力学速率方程：

$$S=\frac{S_b t}{t+1/(k_2 S_b)} \tag{5-13}$$

式中，k_2为二级吸附动力学速率常数；其他参数的意义同前。

Elovich 方程：

$$S = a + b\ln t \tag{5-14}$$

式中，a、b 为常数；S 为 t 瞬时的吸附量。Elovich 方程为一经验式，描述非均相扩散过程。参数 a 和 b 可用一种称为“多化一”的方法求得，该法较之常用的最小二乘法更简单易行，准确度也较高（李爽等，2007）。

对土壤中的铜、铅离子竞争吸附动力学进行研究（王玉军等，2006），分别用一级、二级动力学方程、抛物线方程、Elovich 方程和幂函数方程来拟合吸附动力学过程。结果表明，当Pb^{2+}和 Cu^{2+}共存于溶液中时发生了竞争吸附，在吸附初期（t<400min），Pb^{2+}的存在增加了Cu^{2+}在红壤上的吸附；Pb^{2+}与土壤中的Ca^{2+}、Mg^{2+}的交换能力比较强，其存在增加了土壤中Ca^{2+}、Mg^{2+}的解吸。由于 Pb^{2+}的吸附能力比 Cu^{2+}强，随着 Pb^{2+}浓度的增加，它能将部分已经吸附在土壤上的Cu^{2+}解吸到溶液中，降低了Cu^{2+}的吸附。由于土壤中金属的吸附点位总量基本固定，所以Cu^{2+}的存在也稍降低了 Pb^{2+}在土壤中的吸附。

2. 化学吸附与物理吸附

通常，化学吸附又称专性吸附，化学吸附含有价键的形成，与化学反应一样，在进行过程中有吸热或放热现象，而且强化学键的形成往往与释放大量反应热有关。因为当重金属趋近于土壤物质的表面时，必须克服表面能障，所以化学吸附通常包括吸附过程中的活化能，它倾向于发生在吸附剂的专性吸附位上，且不经过单分子层阶段；解吸活化能也可能很大。

化学吸附含有价键的形成，与化学反应一样，在进行过程中有吸热或放热现象，而且强化学键的形成往往与释放大量反应热有关。因为当重金属趋近于土壤物质的表面时，必须克服表面能障，所以化学吸附通常包括吸附过程中的活化能，它倾向于发生在吸附剂的专性吸附位上，且不经过单分子层阶段；解吸活化能也可能很大。

进入土壤中的重金属离子大部分被其组分吸持而不可逆，这是由于土壤中的金属氧化物和氢氧化物及无定形铝硅酸盐等能提供化学吸附的表面位点。这种表面金属键形成的间接证据包括：①每吸附一个 M^{2+}离子有两个 H^+离子释放；②某些氧化物对特定的金属离子具有高度的专性；③由于吸附作用的结果改变了氧化物的表面电荷性质，这可归因于化学吸附增加了表面正电荷，例如，

$$—Fe—OH + M(H_2O)_6^{2+} \longrightarrow —Fe—OM(H_2O)_5^{+} + H_3O^{+} \tag{5-15}$$

化学吸附作用取决于吸附剂的结晶度和表面形态。试验已证实，在金属离子浓度较低时，吸附作用涉及金属-羟基键的形成，而不是在表面产生固相沉淀。某些金属离子可与氧化物表面和另一强配位基团同时进行配位，这些三元配位化合物包括氧化物—Cu^{2+}—铵配合物和氧化物—Cu^{2+}—磷酸根缔合物。Li 等（2013）基于 EXAFS 技术研究了除草剂草甘膦与锌在氧化铝表面的三元配合物结构，草甘膦通过膦酸酯基团与γ-氧化铝相结合，而羧基与锌结合吸附于氧化铝表面。

各种氧化物对金属离子具有不同的化学吸附能力。一些锰氧化物对 Co^{2+}、Cu^{2+}、Ni^{2+}和Pb^{2+}等具有非常高的选择性，由于金属的吸附作用与 pH 有关，从而可认为金属离子是通过与表面氧原子直接配位的方式被吸持的：

$$Mn^{4+}—OH + Co^{2+} \longrightarrow Mn^{4+}—O—Co^{+} + H^{+} \tag{5-16}$$

但对于某些金属来说，显然其作用要较上述反应更为复杂，伴随着某些重金属的吸附，会有Mn^{2+}从固相中释放：

$$Co^{2+} + MnOOH \longrightarrow CoOOH + Mn^{2+} \tag{5-17}$$

这种情况可能是引入的金属离子与预先存在于氧化物表面的Mn^{2+}进行离子交换作用的结果。Co^{2+}的吸附对Mn^{2+}的释放似乎特别有效，这归因于被吸附的Co^{2+}离子和氧化物之间的电子转移，伴随着Co^{2+}的吸附，锰氧化物本身的颜色变暗，表明矿物的氧化状态有所改变。然而，氧化锰也能强烈地吸附其他一些金属离子（如Pb^{2+}），但并未伴有任何氧化作用，在这种情况下，土壤氧化锰对金属离子的富集似乎是由于表面位点上形成了强共价键。

吸附作用的可逆性对于评价土壤重金属累积作用和潜在危害是十分重要的。铁、铝氧化物对重金属的吸附是一种内配位作用，它不遵守可逆的质量作用定律。例如，针铁矿对Pb^{2+}的吸附作用可表述为

$$—Fe—OH + Pb^{2+} \longrightarrow —Fe—O—Pb^{+} + H^{+} \tag{5-18}$$

在悬浮液中，上述反应不受离子强度调节剂（$NaNO_3$）浓度变化的影响，这意味着金属离子的化学吸附是通过内配位作用进行的，它不可能被那些对氧化物表面没有专性亲和力的阳离子完全置代。例如，水铝英石吸附的Co^{2+}、Cu^{2+}，几乎完全不能被Ca^{2+}离子所交换，而Pb^{2+}则能置代大部分Cu^{2+}。显然，对表面位点具有高度亲和力的金属离子易于置代预先被表面吸附的金属离子。

根据化学吸附理论，解吸作用总是需要一定的活化能，所以解吸作用的活化能通常较吸附作用大得多，而吸附反应速率则较解吸反应快得多。因此，有人认为解吸反应中的滞后现象可能实际上反映了由缓慢解吸作用引起的一种不平衡，而不是真正的不可逆性；然而，滞后现象的解释不能完全归因于缓慢的解吸速率，因为已证明部分金属可缓慢地被封闭在氧化铁中，而只有氧化物溶解时，这些被封闭的金属才能释入溶液。

化学吸附的本质不同于离子交换吸附。重金属离子的化学吸附通过与土壤中金属氧化物表面的—OH、$—OH_2$等配位基或土壤有机质配位而结合在土壤表面。这种吸附可以发生在带不同电荷的表面，也可以发生在中性表面上，其吸附量的大小不取决于土壤表面电荷的多少和强弱，专性吸附的重金属离子通常不能被中性盐所交换，只能被亲和力更强和性质相似的元素所解吸或部分解吸。

与化学吸附相比，物理吸附是吸附质和吸附剂通过弱的原子和分子间相互作用力（范德瓦耳斯力）而黏附，原子之间的电子云没有显著的叠加效应，是一种界面上的迅速而非活化过程；其速度取决于吸附质向界面的扩散，吸附热相当低；吸附质的化学性质在吸附和解吸过程中基本保持不变。

如何准确区分物理吸附和化学吸附一直是土壤化学的难点。EXAFS 通过分析目标原子周围的配位原子等信息区，可区分外圈吸附与内圈吸附、表面吸附与表面沉淀。Hayes 等（1987）利用 EXAFS 技术准确区分了 Se(Ⅲ)和 Se(Ⅴ)在氧化铁表面的吸附类型，Se(Ⅴ)在氧化铁表面主要为外圈吸附，而 Se(Ⅲ)则为内圈吸附。在 Se(Ⅴ)吸附样品中，没有检测到明显的 Se-Fe 第二壳层，硒主要以水合物的形式吸附于氧化铁表面；而在 Se(Ⅲ)吸附样品中，发现了明显的 Se-Fe 第二壳层，且 Se-Fe 的键长是 3.38Å，硒主要以双齿双核的形式吸附于氧化铁表面。

3. 土壤性质对重金属吸附过程的影响

（1）土壤表面电荷特征　土壤表面电荷特征制约着重金属离子在土壤胶体表面的吸附和解吸行为，是影响土壤吸附和解吸重金属最根本的因素之一。一般而言，恒电荷土壤吸附

重金属离子的能力比可变电荷土壤强。研究结果表明（邹献中等，2004，2003），可变电荷土壤的表面负电荷随 pH 的升高而增加，正电荷减少，土壤对铜的吸附量增大；随着离子强度增大，可变电荷土壤对铜的吸附百分率降低的幅度比恒电荷土壤小得多，土壤中氧化铁含量越高，降低幅度越小，体现了可变电荷土壤对铜的吸附中专性吸附的重要作用；可变电荷土壤中吸附性铜的解吸，也完全不同于恒电荷土壤。

（2）土壤阳离子交换量（CEC）　土壤阳离子交换吸附是指土壤胶体对离子态物质的吸附和保持作用，实际上是胶体分散系统中扩散层的阳离子与土壤溶液中的阳离子相互交换达到平衡的过程。它有以下 3 个特点：①阳离子吸附过程是一种可逆反应的动态平衡。进入土壤的金属离子浓度越高、价态越高，则越易被胶体吸附。当进入胶体表面的重金属离子过量时，土壤胶体吸附能力减弱，重金属有可能解吸出来。②阳离子交换是等量进行的。③各种阳离子被胶体物质吸附的亲和力大小各不相同，对同价离子，离子半径越小，越易被吸附。胶体吸附金属离子的能力还常常受到土壤环境条件的影响，不同胶体物质所能交换的阳离子量不同。对铜和锌在 27 种酸性土壤上的吸附研究表明（Arias et al.，2005），铜和锌在土壤中的吸附量大小与土壤 CEC 和 pH 有关。

（3）土壤 pH　土壤 pH 是影响重金属在土壤中吸附的重要影响因素之一。土壤 pH 直接控制着重金属氢氧化物、碳酸盐和磷酸盐的溶解度，重金属的水解，离子半径的形成，有机物质的溶解及土壤表面电荷的性质，因而在重金属吸附过程中起着主导作用。随着体系 pH 的升高，土壤中的黏土矿物、水合氧化物和有机质表面的负电荷增加，对重金属离子的吸附力加强，同时，重金属在氧化物表面的专性吸附、土壤有机质-金属配合物的稳定性增强；pH 升高则利于重金属羟基化合物（M—OH）的生成，M—OH 在土壤吸附点位上亲和力明显高于离子态重金属，同时也会生成碳酸盐沉淀（$MCO_3\downarrow$）。一般来说，在酸性条件下，土壤中的吸附反应起主控作用；在中性和碱性条件下，pH 升高生成重金属的氢氧化物、硫化物、磷酸盐和碳酸盐的沉淀反应所占的比重逐渐增大。

（4）土壤有机质　土壤有机质是吸持重金属最主要的土壤组分之一。土壤腐殖质含有多种含氧功能团，如羧基、酚羟基和醇羟基等，易与重金属元素发生配位或螯合反应。有机质可显著降低锌在土壤黏粒上的结合能（Fan et al.，2016），采用微区 X 射线荧光光谱技术（μ-XRF：micro-X-ray Fluorescence），以及 EXAFS 对锌在土壤黏粒上的分布和形态分析的结果表明，锌在土壤黏粒上主要是外圈结合态、伊利石结合态、高岭石结合态和有机质结合态。有机质结合态锌的比例随着有机质含量的增加而增加，外圈结合态锌则随着有机质含量的减少而逐渐增加，说明去除有机质后，通过静电吸附而固定在土壤固相上的锌比例增加，因此，锌在去除有机质的土壤黏粒上的结合能也随之增大。

（5）土壤质地　土壤为固、液和气三相共存的多相体系。土壤固体的分散程度越高，土粒直径越小，其总表面积就越大。比表面大的土壤物质具有较高的表面能，表现出胶结、吸附等诸多物理性质及物理化学性质。镉和铜在不同粒径土壤团聚体上的吸附表明（王芳等，2007，2006），不同粒径微团聚体对镉的吸附能力由大到小依次为＜0.002 mm、原土、2.00～0.25 mm、0.25～0.02 mm 和 0.02～0.002 mm；不同粒径微团聚体对 Cu 的吸附特性均符合 Freundlich 和 Langumir 方程，最大吸附量介于 1 667～3 333 mg/kg，以黏粒级和粗砂级为最大，其对铜的固持能力高于其他粒径的微团聚体。微团聚体颗粒对铜的吸附容量与土壤团聚体中有机质、游离氧化铁含量呈显著正相关关系。

（6）土壤矿物组成　黏土矿物是土壤中一类活性成分，它主要包括高岭石、蒙脱石等。

土壤矿物种类不同，其表面功能团的类型和活性也有差异。2∶1 型蛭石、蒙皂石和伊利石等矿物，其表面功能团主要是硅氧烷复三角网孔功能团；1∶1 型高岭石类矿物，其表面功能团主要是铝醇基、Lewis 酸点位和硅烷醇基；土壤黏粒氧化物、氢氧化物和水铝英石类的边缘断键处的表面功能团均为羟基。蒙脱石晶架内普遍存在着同晶置换现象，矿物上带有负电荷，使其一般有较高的阳离子交换容量和有较强的吸附阳离子的能力；而高岭石晶架内部水铝片和硅氧片中没有或极少发生同晶置换，其吸附阳离子的能力较弱；但高岭石的结构中有一面是水铝片上的 OH 群，可在一定酸度条件下解离，使其矿物表面带有负电荷，对阳离子有吸附能力，但较蒙脱石要小得多。土壤含有蒙脱石类矿物吸附重金属的能力较强，如乌栅土等；而含高岭石类的矿物吸附重金属的能力较弱，如红壤等。

（三）核晶过程、沉淀作用和固溶体

由于矿物可降低从溶液中形成晶核所需的能障，因而矿物表面能催化晶体的核晶过程，这种作用有利于重金属的吸附与沉淀。在吸附试验中将化学吸附过程和沉淀作用区分开来是十分困难的，因为在土壤吸附过程中很难辨认出有某种新固相形成。Chisholmbrause 等（1990）利用 EXAFS 技术研究了钴在氧化铝表面的沉淀过程，钴在氧化铝表面形成了多核金属离子配合物，可以看到明显的 Co-Co 第二壳层，证实了钴在矿物表面的沉淀。通常认为土壤中重金属的溶解度不受其纯固相溶度积所控制（铁和锰可能例外），因为土壤固相中大部分重金属离子的浓度较低，以致于不能发生沉淀作用。然而，在重金属污染严重的土壤中，有可能生成沉淀而制约重金属的溶解度。例如，被 Cd^{2+}污染的石灰性土壤而形成的碳酸镉沉淀可控制镉的溶解度，从而控制土壤溶液中 Cd^{2+}的浓度。在碱性土壤中，Pb^{2+}和 Zn^{2+}的溶解度可能分别受磷酸盐和硅酸盐固相所制约；而在强还原性的湿润土壤中，Zn^{2+}的溶解度可能受硫化锌的形成作用所控制。

应用溶度积原理来判断土壤中的重金属溶解度往往难以成功，这是因为通常不可能从金属配合物中分离并测定游离金属离子的浓度，以得到确切的离子活度积；虽然离子选择性电极的应用为离子活度的测定提供了有效的方法，但由于土壤体系具有复杂性，目前成功应用的例证仍然十分有限。其次，当将土壤从田间采集到实验室后，土壤固相中的 O_2 和 CO_2 浓度、pH 和电解质浓度发生了缓慢的改变，特别是 CO_2 含量的急剧变化对许多金属的溶解度都会有明显影响。当土壤中的 CO_2 从田间浓度（1%）降低到实验室浓度（350 μL/L）时，Cu^{2+}的溶解度大约增大 5 倍。此外，土壤的吸附作用也是用溶度积原理来判断土壤中重金属溶解度时往往难以成功的重要原因。

在铁、铝和锰氧化物中作为杂质存在的金属共沉淀，会因形成化学组成不定的固溶体而混淆“溶度积”的应用。已有相当多的证据证明了在土壤溶液中可发生重金属共沉淀，例如，锌与铁、铝的表观共沉淀作用可降低它们的溶解度，但锌大部分被吸附在新鲜沉淀的氧化物表面，而不是通过共沉淀而进入氧化物固相内部。研究还表明，Cu^{2+}可共沉淀在非晶质的、极细的 $Al(OH)_3$ 颗粒中，由于 Cu^{2+}、Mn^{2+}、Co^{2+}和 Ni^{2+}等能抑制氧化物的结晶作用，因而它们被集结在颗粒表面。“共沉淀”Cu^{2+}的大部分易与配位体或还原剂反应。研究表明，较小的三价金属离子，如 Cr^{3+}和 Mn^{3+}易于置代氧化物结构中的 Fe^{3+}和 Al^{3+}；土壤中的磷酸钙矿物能与 Pb^{2+}和 Cd^{2+}形成固溶体（因为 Pb^{2+}和 Cd^{2+}离子大小与 Ca^{2+}相近），特别是羟基磷灰石具有极强的倾向将 Pb^{2+}嵌入其结构中。

（四）氧化还原作用

土壤中某些金属离子的溶解度在很大程度上为生物活动所改变，这是由于直接或间接地改变了金属氧化还原状态。

1. 金属氧化物对重金属离子的氧化作用

通常，重金属的氧化态越高，可溶性越小，所以土壤中氧对金属的直接氧化或氧化锰的催化氧化作用，可降低重金属的溶解度。例如，当吸附的 Co^{2+}被氧化成 Co^{3+}，以及 Fe^{2+}被氧化成 Fe^{3+}后，其溶解度大为降低。Mn^{2+}的氧化是自动催化作用，随着 pH 的增加，氧化锰对 Mn^{2+}有很大的表观吸附容量，当没有为锰所氧化的有机体存在时，氧化锰对降低土壤溶液中 Mn^{2+}的浓度有重要作用。

土-水系统中的化学吸附、共沉淀和电子转移过程，都可有效地去除溶液中的重金属离子，但要区分具体的反应过程是很困难的。由于缺乏有效地鉴别这些过程的实用技术，所以在氧化锰吸附试验中尚不能证实氧化物或被吸持金属离子的平均氧化态的改变。由电子转移而增加金属溶解度的实例是，氧化锰吸附的 Cr(III)可被氧化成 Cr(VI)，由于铬酸根离子较 Cr(III)溶解度大，对动物的毒性较高，因此，这种氧化作用增加了该元素的环境危害性。

（1）土壤中 Cr(Ⅲ)的氧化　Cr(III)的氧化问题是人们对大量含铬废水排入环境引起疑虑和担忧的焦点之一，它关系到铬的二次污染，但目前对自然环境中 Cr(III)的氧化问题探讨不多。根据一些研究者的实验结果，认为土壤中的氧化锰对 Cr(III)有一定的氧化能力，并且在自然土壤条件下，不同形态的锰氧化物对 Cr(III)的氧化能力有差异。土壤 pH 和 Eh 对氧化锰氧化 Cr(III)的能力有一定的影响。

土壤中存在着二价、三价和四价锰氧化物，它们大多数是以氧化物及其水合物形态存在。一系列不同价态的锰氧化物及其水合物处于动态平衡中，它是土壤中最活跃的组分之一。锰氧化物的氧化还原是土壤中最主要的氧化还原反应之一，但不同土壤中锰含量和活性相差较大。氧化锰含量较高、有机质含量较低的大部分新鲜土壤样品对 Cr(III)都有一定的氧化能力（陈英旭等，1993），氧化总量最高可达到 27.1 mg/kg，因为该土样是从水稻土的潜育层采集来的，它的易还原性氧化锰含量特别高，达 1 540 mg/kg。如果用同一土样风干后来做氧化试验，可以发现土样经风干后，所有土壤对 Cr(III)的氧化能力都有不同程度的下降，其中一部分土壤样品已丧失了对 Cr(III)的氧化能力。把新鲜土壤样品氧化 Cr(III)的量与易还原性氧化锰含量进行线性回归分析，发现易还原性氧化锰含量与土壤样品氧化 Cr(III)的总量存在明显的线性关系，表明土壤中易还原性氧化锰在 Cr(III)氧化中起重要作用，它的含量越高，土壤样品对 Cr(III)的氧化能力越强，土壤在风干过程中，可能是锰形态的变化影响了锰氧化物的活性而使其氧化能力发生变化。

（2）土壤对 Cr(Ⅵ)的还原反应　土壤溶液中 Cr(VI)的减少主要是由于土壤吸附和还原作用的结果。Cr(VI)在土壤中的动态变化机制可用图 5-4 来表示，其中，k_1 是土壤对 Cr(VI)的吸附速率常数，k_2 是土壤中被吸附的 Cr(VI)解吸速率常数，k_3 是 Cr(VI)被还原为 Cr(III)的速率常数，k_4 是 Cr(III)氧化为 Cr(VI)的速率常数。由于风干土壤中，Cr(III)氧化为 Cr(VI)的量甚微，所以 k_4 的值可以忽略。C_1 是土壤溶液中 Cr(VI)的浓度，C_2 是土壤颗粒吸附 Cr(VI)的量，如设 C_0 是土壤颗粒对 Cr(VI)的饱和吸附量，那么土壤溶液中 Cr(VI)的减少可以用微分方程来表示（陈英旭等，1989）。Cr(VI)在土壤溶液中的动态变化主要与还原反应、吸附反应和解吸反应有关。它们的速率常数可根据实测的土壤溶液中 Cr(VI)的减少动力学曲线求得。

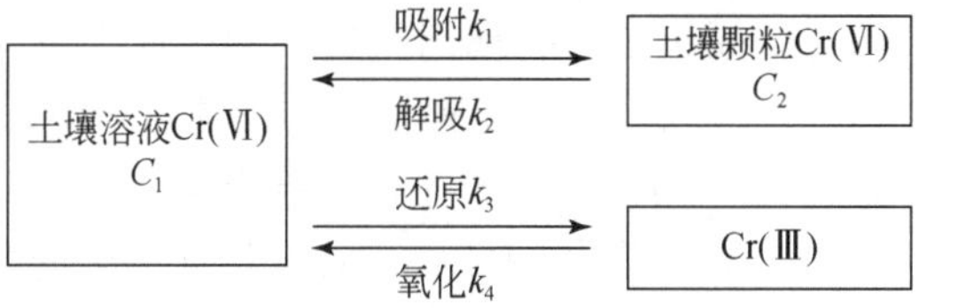

图 5-4　土壤中 Cr(Ⅵ)的动态变化

Cr(Ⅵ)在土壤溶液中的动态变化主要与还原反应、吸附和解吸反应有关。土壤中有机质的存在，致使土壤 Cr(Ⅵ)迅速被还原为 Cr(Ⅲ)，因此，土壤中一般难以检出 Cr(Ⅵ)，随着土壤有机质含量增加，Cr(Ⅵ)的被还原速度增加。除土壤有机质外，土壤 pH 对 Cr(Ⅵ)的被还原也有一定影响，有机质对 Cr(Ⅵ)的还原作用随土壤 pH 升高而减弱，随 pH 下降而增强。

（3）土壤中汞的氧化还原　汞在土壤中的迁移转化行为既受到土壤自身化学性质的影响，也受到环境因素的影响。土壤的氧化还原电位和 pH 决定着汞在土壤中的价态。三种价态之间在一定的条件下可以相互转化：

$$Hg^0 \rightleftharpoons Hg^{2+} \tag{5-19}$$

$$Hg^{2+} + Hg^0 \rightleftharpoons Hg_2^{2+} \tag{5-20}$$

$$Hg_2^{2+} \rightleftharpoons 2Hg^{2+} \tag{5-21}$$

土壤中的汞在富氧状态下，Hg^0 被氧化为 Hg^{2+}，Hg^{2+}能进一步与 Hg^0 反应形成亚汞离子（Hg_2^{2+}），在土壤溶液中，只有 Hg_2^{2+}能稳定存在。在强氧化条件下，Hg_2^{2+}被氧化为 Hg^{2+}。在淹水土壤中，也即在还原条件下，Hg^{2+}可被还原成 Hg^0，各种化合物中的 Hg^{2+}也可被微生物转化还原成 Hg^0。单质汞由于在常温下有很高的挥发性，除部分存在于土壤中以外，还以汞蒸气形态挥发进入大气圈，参与全球的汞蒸气循环。在含硫的还原环境中，汞主要以难溶的硫化汞（HgS）形式存在。

2. 有机物对金属溶解作用的影响

某些有机分子能与金属离子产生配位反应，可以增加矿物表面重金属的溶解作用，从而增加土壤溶液中金属离子的浓度。在常见的土壤 pH 范围内，有机质对金属的配位能力是土壤中金属氧化物溶解作用的一个良好指标，例如，在铁氧化合物的表面可发生如下反应：

$$\text{Fe(III)–有机配合物} \longrightarrow \text{Fe(II)+有机质氧化产物} \tag{5-22}$$

有机质的还原反应能引发或促进溶解作用，因而有机质使土壤矿物表面的金属离子减少，例如，胡敏酸可还原 Hg^{2+}为 Hg^0，Mo(Ⅵ)还原为 Mo(Ⅴ)和 Mo(Ⅲ)，从而改变它们在土壤中的溶解度。

（五）有机质对金属离子的吸附与配位反应

虽然有机质对金属离子的吸附可看作是有机质酸性官能团中的H^+与金属间的离子交换反应，但有机质对某些金属的高度选择性充分表明，有些金属离子能与有机质中的官能团形成内配位化合物。有机质对金属离子亲和力的顺序取决于有机质的本性、实验 pH 和测量所用的方法，特别是金属吸附选择系数在很大程度上取决于金属离子的吸附饱和度（即吸附离子量与吸附位点数的比例）及存在的竞争离子。例如在吸附饱和度较高时，Cd^{2+}对土壤位点的亲和力与 Ca^{2+}相似，但在吸附饱和度较低时则超过 Ca^{2+}。按路易斯酸分类，Cd^{2+}相对来说为“软酸”，它应该对“软碱”（如含硫配位基）表现出偏好，因此，土壤有机质中的巯基能对微量 Cd^{2+}（以及其他软酸，如 Pb^{2+}）产生极高的选择性；与此相反，“硬酸”（如 Ca^{2+}）优先键合配位基的顺序为 O>N>S，因此，钙离子能成功地与镉离子竞争土壤中的羟基。某些金属离子（如 Cu^{2+}、Zn^{2+}）是“边界酸”，具有居间性质，对于任何给定的配位基，周期表第一过渡系列中位于较后的那些金属所形成配合物的稳定性增大，这是因为欧文-威廉姆斯序列（Irving-Williams series）中金属酸度增加（离子半径减小），例如，铜-胺配合物的稳定性要比铁、锰等的大，Cu^{2+}直接与两个或两个以上的有机官能团（主要是羰基、酚基）键合，所以 Cu^{2+}被固定于坚实的内层配合物中。在 pH 低的情况下，铜几乎是唯一能与土壤有机质形成内层配合物的金属离子，其他二价过渡金属，如 Mn^{2+}、Fe^{2+}、Co^{2+}和 Ni^{2+}，则只能以外层配合物的形式键合，金属离子仍保留其水化圈。但当 pH 提高时，Mn^{2+}、Fe^{2+}、Co^{2+}和 Ni^{2+}等金属离子与有机质形成内层配合物的能力也会提高。另外，d-轨道电子数越多的金属是越软的酸（如 Ni^{2+}、Cu^{2+}），而过渡金属系列中位于较前面的金属和碱土金属则是较硬的酸。因此，Cu^{2+}和 Ni^{2+}对较软的含 N 配位基有较强的选择性（S>N>O），而 Mg^{2+}、Ca^{2+}和 Mn^{2+}对较硬的含氧配位基选择性较强（O>N>S）。

有机质吸附的过渡金属和重金属的解吸作用涉及水分子对有机配位基的置代过程，可与有机质牢固结合的 Pb^{2+}、Cu^{2+}等迅速地被泥炭吸附而解吸缓慢，这是因为有机配位体与其形成内配位化合物而具有较大的吸附热，所以解吸作用必须克服较大的活化能。金属配合物形成的速率与金属水合物上内配位水分子被交换的速率明显相关，例如，$Cr(H_2O)_6^{3+}$ 中的水分子交换速率非常缓慢，因而它与配位基的交换也是极其缓慢的。水化金属离子上除水分子外的其他配位基，能催化配位交换反应，例如，$Fe(H_2O)_5OH^{2+}$与有机配体形成配合物的速率要比 $Fe(H_2O)_6^{3+}$ 迅速得多，这可能是因为金属电荷减少，铁-羟基配合物比 Fe-H_2O 配合物的共价键更强。

第二节　土壤元素背景值和土壤负载容量

土壤元素背景值和土壤负载容量的研究是确定土壤外源重金属的侵袭、累积或污染、预测其环境效应和制定土壤环境质量标准的重要内容和基础性资料。我国自 20 世纪 70 年代开始先后开展了土壤环境背景值和土壤负载容量的研究，积累了丰富的研究数据，为土壤科学研究和环境保护提供了重要的基础性资料。近几年，国土资源部和环境保护部又先后在全国范围内开展了土壤环境质量的调查与研究，是对已有工作的重要补充与拓展。

一、土壤元素背景值

土壤元素背景值分为自然背景值和表观背景值。从概念角度考虑，自然背景浓度是指土壤在自然成土过程中所形成的物质的含量，它仅仅来自于天然源（如母质）；而自然背景值通常以一种物质的天然土壤地球化学含量的统计特征值来表示，有时也称本底值。事实上，自从 18 世纪工业革命以来，人类对环境的干扰越来越大，目前，要找到一个绝对没有遭受人类影响的土壤非常困难。所以，一般所指的背景值只是一个相对的概念，即表观背景值。表观背景浓度是指某一特定时间点上、一个地区或区域范围内一类土壤物质的特征浓度，它既来自于天然源（如母质），也可能包括非天然的面源物质（如大气沉降）。表观背景值通常是以统计特征值表示的表观背景浓度的上限，当统计单元内元素含量服从正态分布时，以“$X+2S$”来表示；当元素含量服从对数正态分布时，以“几何平均值×几何标准差（或几何标准差的平方）”来表示；也可以统计单元内90%的值来表示。事实上，在实际工作中很难区分自然背景值和表观背景值，因而往往笼统地称为元素背景值。在实际采集样品时应尽量寻找受人为影响较少的地区和土壤样品。

我国土壤元素环境背景值的研究始于20世纪70年代，已经发表的资料记载了60余种中国土壤元素背景值，外加总稀土、铈组和钇组稀土（中国环境监测总站 1990）。土壤是地壳表层岩石风化与成土作用的产物，总体上化学组成相对稳定，元素含量水平与变化幅度也相对固定，除了污染点以外，世界各地土壤化学元素之间有较高的可比性。中国土壤各主要元素环境背景值与美国、日本和英国土壤的含量水平大体相当，在数量级上更为一致。与日本和英国相比，中国土壤中汞、镉含量明显偏低，而铬、铅含量比日本和美国要偏高些，比英国要偏低些。表5-7列举了2005～2013年在我国不同区域采集的土壤样品中镉、铬、铜、汞、镍、铅、锌和砷的平均值与范围值（Chen et al.，2015），如果将这些元素的数据与中国环境监测总站（1990）相关资料进行比较，可大致了解有关元素的基本信息。

表5-7　中国不同地区表层土壤中一些重金属元素的含量（Chen et al.，2015）　　（单位：mg/kg）

地区	Cd	Cr	Cu	Hg	Ni	Pb	Zn	As
北京 （$n=175$）	0.169 （0.100～0.239）	59.3 （48.7～66.7）	29.9 （17.6～50.7）	0.422 （0.027～0.763）	25.6 （20.1～29.5）	30.7 （20.1～49.4）	81.0 （56.8～114.2）	11.7 （8.0～16.0）
天津 （$n=171$）	0.188 （0.100～0.320）	67.9 （47.4～90.0）	28.4 （15.4～40.8）	0.081 （0.015～0.226）	31.5 （19.8～43.9）	26.6 （18.3～34.4）	104.8 （53.5～176.2）	9.5 （5.1～15.1）
河北 （$n=2\,653$）	0.159 （0.093～0.211）	61.4 （36.2～87.3）	23.0 （12.4～32.9）	0.054 （0.010～0.088）	26.2 （14.8～36.6）	22.0 （11.9～31.6）	68.7 （41.4～95.3）	9.2 （5.3～13.2）
山西 （$n=1\,500$）	0.154 （0.059～0.268）	63.5 （47.1～82.9）	23.4 （17.4～29.5）	0.045 （0.013～0.085）	26.7 （19.0～34.0）	19.6 （11.8～25.8）	64.2 （42.3～84.7）	9.5 （6.0～12.8）
内蒙古 （$n=1\,643$）	0.086 （0.042～0.148）	45.7 （19.1～73.5）	15.2 （5.5～25.4）	0.031 （0.009～0.053）	20.3 （7.8～32.4）	21.6 （13.2～31.9）	55.4 （24.1～91.3）	7.7 （3.2～12.1）
辽宁 （$n=1\,552$）	0.180 （0.073～0.300）	65.3 （34.4～94.8）	32.9 （16.8～47.0）	0.091 （0.023～0.170）	25.8 （12.3～38.6）	24.0 （13.3～35.7）	67.7 （39.0～96.5）	5.7 （2.8～9.5）
吉林 （$n=1\,737$）	0.120 （0.032～0.229	41.5 （20.7～61.0）	16.7 （8.6～24.5）	0.044 （0.006～0.120）	19.5 （9.3～28.8）	24.1 （16.5～31.4）	54.5 （29.4～81.8）	10.8 （4.5～19.0）
黑龙江 （$n=1\,509$）	0.109 （0.062～0.161）	60.8 （45.3～74.7）	21.1 （15.2～26.9）	0.050 （0.016～0.092）	25.7 （18.8～32.5）	21.6 （18.5～25.4）	65.3 （49.1～81.6）	8.5 （5.1～11.2）
上海 （$n=162$）	0.214 （0.083～0.367）	72.4 （57.2～87.3）	27.1 （18.7～37.5）	0.131 （0.052～0.232）	35.6 （26.5～47.0）	26.4 （18.9～34.6）	97.5 （67.2～127.6）	9.0 （5.7～11.8）
江苏 （$n=801$）	0.177 （0.097～0.270）	80.1 （65.6～95.1）	27.7 （17.9～37.4）	0.133 （0.048～0.260）	33.2 （23.9～42.2）	33.1 （21.0～35.3）	78.0 （54.1～103.0）	9.7 （5.3～13.6）
浙江 （$n=1\,152$）	0.211 （0.082～0.337）	51.1 （14.2～90.7）	26.2 （7.4～39.6）	0.139 （0.038～0.251）	20.6 （6.1～39.0）	40.0 （23.9～56.2）	95.9 （54.8～134.2）	9.0 （3.3～14.1）
安徽 （$n=1\,501$）	0.161 （0.081～0.249）	69.1 （53.5～85.7）	26.4 （18.9～34.7）	0.059 （0.025～0.101）	28.2 （19.0～38.0）	26.7 （22.0～31.5）	65.4 （46.6～92.6）	10.0 （5.9～14.0）
福建 （$n=881$）	0.125 （0.048～0.218）	36.5 （11.2～76.7）	18.5 （4.5～34.9）	0.132 （0.052～0.235）	14.0 （4.6～27.2）	51.2 （23.7～78.0）	75.4 （34.2～119.0）	7.1 （2.1～12.9）
江西 （$n=1\,801$）	0.187 （0.030～0.370）	65.4 （25.2～98.0）	32.1 （14.5～48.0）	0.109 （0.026～0.213）	26.6 （12.0～42.3）	38.0 （20.3～58.2）	93.3 （49.1～137.7）	20.9 （3.5～57.1）

续表

地区	Cd	Cr	Cu	Hg	Ni	Pb	Zn	As
山东 （n=2 044）	0.121 （0.050～0.216）	60.4 （32.7～88.8）	24.8 （12.0～44.7）	0.037 （0.010～0.066）	28.8 （17.6～39.2）	24.2 （13.2～35.2）	73.1 （44.9～104.0）	9.1 （5.1～13.0）
河南 （n=1 801）	0.180 （0.119～0.225）	74.3 （61.0～90.0）	21.8 （15.4～28.7）	0.046 （0.022～0.073）	28.3 （20.0～37.2）	26.8 （20.0～31.7）	63.7 （47.5～80.4）	10.7 （6.5～15.1）
湖北 （n=1 470）	0.313 （0.113～0.465）	70.6 （45.0～97.5）	29.4 （16.3～46.9）	0.083 （0.033～0.147）	36.5 （20.5～52.5）	29.3 （19.7～39.7）	72.4 （40.7～109.9）	13.0 （8.5～17.8）
湖南 （n=1 945）	0.299 （0.060～0.493）	62.5 （33.5～95.6）	28.8 （14.0～46.0）	0.140 （0.036～0.260）	29.9 （12.0～48.6）	40.5 （21.9～64.0）	102.9 （53.5～161.3）	15.9 （4.8～30.8）
广东 （n=1 424）	0.336 （0.044～0.805）	60.4 （20.5～100.3）	24.1 （5.4～51.0）	0.199 （0.019～0.384）	18.7 （4.8～35.6）	60.4 （18.0～100.1）	87.4 （33.9～141.5）	16.7 （6.8～28.7）
广西 （n=1 259）	1.046 （0.048～2.564）	112.9 （37.9～231.6）	29.3 （9.3～52.2）	0.225 （0.051～0.393）	37.7 （10.1～93.0）	42.4 （17.2～70.7）	110.5 （28.6～271.5）	23.7 （5.1～51.5）
海南 （n = 167）	0.085 （0.012～0.208）	68.1 （12.0～209.4）	20.9 （3.8～66.8）	0.054 （0.016～0.098）	33.3 （3.7～131.0）	49.2 （22.4～80.5）	69.2 （19.9～149.8）	6.5 （2.3～11.3）
重庆 （n = 758）	0.269 （0.051～0.520）	76.7 （60.7～91.3）	24.5 （13.9～33.6）	0.081 （0.023～0.154）	34.8 （24.7～44.8）	28.2 （21.0～34.6）	90.7 （65.3～107.4）	8.7 （4.3～14.0）
四川 （n=2 678）	0.335 （0.150～0.507）	93.1 （69.2～111.9）	34.6 （19.5～47.5）	0.086 （0.027～0.168）	38.3 （23.4～50.2）	32.6 （22.3～43.7）	94.5 （66.6～120.6）	10.2 （3.6～16.7）
贵州 （n = 386）	0.752 （0.150～1.990）	89.9 （42.2～161.7）	40.2 （11.8～86.7）	0.238 （0.080～0.434）	59.9 （21.7～113.2）	38.6 （18.3～55.5）	138.9 （51.5～269.5）	31.1 （7.3～74.2）
云南 （n=1 505）	0.179 （0.035～0.390）	106.5 （53.9～169.5）	60.3 （18.3～130.0）	0.152 （0.035～0.282）	47.5 （20.2～80.1）	57.6 （19.5～70.4）	123.1 （47.5～172.0）	19.2 （4.5～40.7）
西藏 （n = 373）	0.171 （0.100～0.260）	97.9 （48.5～123.2）	24.4 （12.0～36.3）	0.063 （0.018～0.123）	48.0 （12.7～61.9）	38.2 （23.0～56.8）	79.2 （52.3～104.5）	21.4 （9.2～36.5）
陕西 （n = 870）	0.266 （0.110～0.310）	79.0 （60.9～96.0）	29.6 （15.9～40.5）	0.100 （0.015～0.173）	34.9 （21.2～42.2）	29.2 （17.2～32.5）	81.8 （55.5～107.0）	12.2 （5.7～16.7）
甘肃 （n=2 904）	0.146 （0.063～0.216）	68.2 （46.9～88.0）	25.2 （19.6～31.7）	0.040 （0.009～0.083）	33.1 （24.2～42.4）	24.5 （17.9～31.2）	71.8 （54.8～89.0）	12.2 （7.8～16.0）
青海 （n = 636）	0.172 （0.098～0.247）	62.4 （41.0～82.0）	21.7 （15.2～27.8）	0.030 （0.013～0.048）	27.6 （19.0～36.0）	22.5 （17.0～28.0）	66.9 （46.1～85.0）	14.5 （8.9～19.7）
宁夏 （n=386）	0.136 （0.066～0.211）	66.0 （49.1～81.7）	22.9 （15.6～29.9）	0.025 （0.009～0.040）	28.0 （22.0～33.0）	19.0 （14.8～23.5）	58.6 （42.2～76.0）	11.6 （8.5～14.9）
新疆 （n=690）	0.169 （0.082～0.275）	54.2 （35.5～73.9）	26.4 （16.9～35.9）	0.020 （0.010～0.030）	27.9 （18.2～36.3）	27.0 （16.9～38.4）	69.0 （45.9～91.1）	11.9 （6.8～17.1）

注：n 为样品数；括号内为范围值（10%～90%百分位）。

土壤元素背景值是环境科学的一项基础性研究工作，它为土壤环境质量标准的制订和环境评价，农、林和牧业生产的合理规划，微量元素肥料的合理施用，人体健康和地方病的土壤环境病因和防治的探讨，地球化学找矿，土壤元素的分布和迁移规律研究，以及工农业生产布局和环境区划与规划提供科学依据，同时，也是土壤学、地球化学、化学地理学、环境生态学和生物学等重要的参考资料。

土壤元素背景值与人类健康密切相关。由于成土母质和成土条件等的影响，一些土壤元素表现异常，从而影响人类健康，引起地方性疾病。例如，人类生活在低硒背景中，将有可能导致地方性疾病，如克山病、大骨节病和动物的白肌病等的发生；在低碘背景区，将可能出现人体地方性甲状腺肿，并影响人的智力。

二、土壤负载容量

污染物的土壤负载容量亦称土壤环境容量，是指在一定环境单元、一定时限内遵循环境质量标准，既能保证土壤质量，又不产生次生污染时，土壤所能容纳污染物的最大负荷量。如从土壤圈物质循环来考虑，也可简要地定义为“在保证土壤圈物质良性循环的条件下，土壤所能容纳污染物的最大允许量”。由于影响因素的复杂性，因而土壤负载容量不是一个固定值，而是一个范围值。

（一）土壤负载容量的研究方法

土壤负载容量的确定是通过对自然环境、社会经济与环境状况的调查，对污染物生态效应、环境效应和物质平衡进行研究，确定土壤临界含量。在此基础上，建立土壤重金属的物质平衡数学模型，制定出元素的土壤负载容量。

1. 自然环境、社会经济与污染状况调查

土壤负载容量具有显著的自然环境与社会经济依存性，保持良好的自然环境和社会经济的持续发展，是土壤负载容量研究的主要目标之一；同时，不同自然环境与社会经济的发展，可能对容量的制定产生重要的影响，因而土壤负载容量具有显著的区域性特征。污染源的调查是预测区域环境污染物的种类、来源与污染物控制所必需的内容，与环境质量现状有着十分密切的关系。

2. 污染物生态效应的研究

外源物质进入土壤生态系统后，不仅可能影响作物的产量与品质，同时也可能会影响土壤动物、微生物，以及酶的组成与活性。进入土壤的外源物质生态效应是通过不同浓度的物质对生物生长的影响，及其在生物各器官（尤其是可食部分）中残留积累的量来考察的。研究表明，不同污染载体、同样浓度的重金属进入土壤后的植物效应有着明显的差异，当土壤以直接添加纯化学物质为污染载体时，植物受到的影响最大；而以尾矿和污泥为载体时所受的影响相对较小，这是因为尾矿砂的重金属有效态较低，而污泥对重金属的毒性有较大的缓冲性。重金属以纯化学试剂的形式添加到土壤中时，其可提取量最大，水稻吸收的镉、铜、铅和锌最多；而以污泥为污染载体的土壤中，植物吸收的镉、铅和锌最少。农田系统中重金属的生态循环与外来物质来源是密切相关的，但在土壤负载容量的研究中，采用指定形态的化学试剂是一种较易统一而可取的方法，并在区域环境评价中有一定的可比性，由此确定的土壤负载容量亦较为安全。

3. 污染物环境效应的研究

污染物环境效应的研究主要是指土壤作为次生污染源，对地表水、地下水和大气环境质量的影响，而在土壤负载容量的研究中，着重于考察外源物质进入土壤后对地表水和地下水的影响。通过模拟试验和研究区的实际调查与监测来获得临界含量，也可利用陆地水文学中地表径流研究的成果和水文站观测资料，结合实际污染物进行综合分析与比较。

4. 物质平衡研究

土壤接受来自外源的所有污染物，同时通过自身的净化功能，包括外源物质在土壤中的迁移转化、形态变化及其影响因素，以及向水、大气和生物体的输出，使土壤中的物质处于动态平衡过程中，从而影响土壤的负载容量。

5. 土壤污染物临界含量的确定

土壤临界含量，又称基准值，是土壤所能容纳污染物的最大浓度，是决定土壤负载容量的关键因子。目前，临界含量是以特定的参比手段来获取的，是特定条件下的结果，随着环境条件的改变，该值有较大的变化。目前，比较通用的方法是利用土壤中物质的剂量-效应关系来获取，而且大多采用剂量-植物产量或可食部分的卫生标准来确定。

6. 土壤负载容量的计算

在实际工作中，将土壤负载容量分为静容量和动容量。土壤静容量是指在一定的环境单元和一定的时限内，假定特定物质不参与土壤圈物质循环的情况下所能容纳污染物的最大负荷量，可表示为

$$Q_{si} = W（C_{ci} - C_{oi}）\tag{5-23}$$

式中，Q_{si}为物质 i 的静负载容量；W 为耕层土重；C_{ci} 为特定物质 i 的临界含量；C_{oi} 为特定物质 i 的原有含量。当 C_{oi} 等于土壤背景值时，即为区域土壤背景静容量。将 Q_{si} 除以预测年限（t），即可获得一定时限内的年静容量。土壤静负载容量虽与实际容量有距离，但参数简单而具有一定的参考价值。

土壤动容量是指在一定的环境单元和一定时限内，假定特定物质参与土壤圈物质循环时，土壤所能容纳污染物的最大负荷量，其通式可表示为

$$Q_{di} = W\{C_{ci} - [C_{pi} + f（I_1, I_2, I_3, \cdots, I_n）- f'（O_1, O_2, \cdots, O_n）]\}\tag{5-24}$$

式中，Q_{di} 为土壤动容量；C_{ci} 为特定物质 i 的临界含量；C_{pi} 为土壤中特定物质 i 的实测浓度；I 和 O 分别为输入项和输出项，各输入项和输出项可分别建立各自的子函数方程。通过计算，可获得一定时限（t）内的动容量，将 Q_{di} 除以 t，并假定每年的输入量和输出量不变，即可得年动容量。不同区域有关重金属的土壤负载容量参见第一章表 1-3。

（二）土壤负载容量的影响因子

土壤负载容量受多种因素的影响，包括土壤性质、指示物、外源物质的侵袭、累积，或污染历程和化合物类型等。

1. 土壤性质的影响

不同类型的土壤对负载容量有显著的影响，中国土壤镉、铜和铅的容量大体上由南到北随土壤类型的变化而逐渐增大，而砷的变动容量在南方酸性土壤中的容量一般较高，北部土壤一般较低。即使是同一母质发育的不同地区的黄棕壤，对重金属的土壤化学行为的影响和生物效应均有显著差异。例如 Pb（500 mg/kg）对 3 个地区盆栽水稻土壤的硝化活性影响明显不同，对下蜀黄棕壤的硝化作用有明显的抑制作用（为对照的 63%），而对盱眙黄棕壤和孝感黄棕壤则有明显的刺激作用（分别为 158%和 110%）。

2. 指示物的影响

在土壤负载容量制定中，多选用特定的参照作物为指示物，由于指示物不同，所得的临界含量有很大的差异。例如下蜀黄棕壤中在添加相同浓度的重金属时，麦粒中的铅、镉含量大于糙米，而糙米的砷、铜含量大于麦粒。因而若以糙米和麦粒含量来确定临界含量，必然会产生容量值的差异。

3. 污染历程的影响

外源物质进入土壤后，可以溶解在土壤溶液中，吸附于胶体表面，闭蓄于土壤矿物中，

与土壤中其他化合物产生沉淀，这些过程均与外源物质的侵袭、累积或污染历程有关。随着时间的推移，土壤中重金属的溶出量、形态和累积程度均会发生变化。土壤的吸持使得土壤中重金属的溶出浓度越来越小，相对来说对生物的危害也越来越轻。

4. 环境因素的影响

1）温度　植物对一些重金属的吸收为被动吸收，温度变化势必影响水分的蒸腾作用，从而影响土壤-植物系统中重金属的迁移。例如进入土壤的外源 As 浓度为 40 mg/kg 时，早稻（成熟期月均温为27.8～28℃）、中稻（成熟期月均温为 16.9～22.7℃）和晚稻（成熟期月均温为 10.5～16.9℃）糙米中的 As 含量分别为 0.67 mg/kg、0.43 mg/kg 和 0.33 mg/kg。

2）pH 和 Eh　一般情况下，随着土壤 pH 的升高，土壤对重金属阳离子的“固定”能力增强。例如下蜀黄棕壤对铅的吸附随着 pH 的上升，土壤对铅的吸持能力明显增强。而砷为变价元素，以阴离子形式存在；随着土壤渍水时间的延长，pH 上升和 Eh 下降，从而使水溶性砷在一定时间内明显上升。

5. 化合物类型的影响

化合物类型对土壤负载容量有明显的影响。例如，当在红壤中添加 Cd 浓度同为 10 mg/kg 的 $CdCl_2$ 和 $CdSO_4$ 时，糙米中 Cd 的浓度分别为 0.65 mg/kg 和 1.26 mg/kg。

此外，复合污染和农产品质量标准对土壤负载容量均有明显的影响。国家制定的食品中污染物限量标准随着时间的推移有变动，则土壤负载容量要做出相应的调整。

（三）土壤负载容量的应用

土壤负载容量可以用于制定土壤环境质量标准，同时也可用于控制区域污染重金属的总量、制定农田灌溉水质标准和污泥施用标准。

由于我国水资源缺乏，在农业生产中常用污水进行灌溉。但是，未经处理或仅经初步处理的废水常常包含较高含量的重金属，过量或不合理使用将会导致土壤污染。根据土壤本身的动容量及计划的灌溉年限，可以确定灌溉水中污染物的允许浓度，计算式可表示为

$$C_w = (Q_d/t - q)/M_w \tag{5-25}$$

式中，C_w 为灌溉水中某一重金属的浓度；Q_d/t 为土壤中某一重金属元素的年变动容量；q 为特定物质通过降水、施肥等途径的输入量；M_w 为灌溉量。

同样，我们可以根据上述公式计算出污泥标准。

例题：某种土壤对镉的总动容量为 1 500 g/hm^2，污染物通过降水和施肥等途径的输入量为 7.5 g/(hm^2•a)。假如污泥的使用量为 30 t/(hm^2•a)，污泥使用年限分别为 20 a、50 a 和 100 a，那么污泥最大允许的镉浓度分别是多少？

解：根据公式 $C_w = (Q_d/t - q)/M_w$ 可知，当污泥使用年限为 20 a 时，

$$C_w = (1\,500/20 - 7.5)/30 = 2.25\ (\text{mg/kg})$$

同理可得，当污泥使用年限分别为 50 a 和 100 a 时，C_w 分别为 0.75 mg/kg 和 0.25 mg/kg。所以，当污泥使用年限分别为 20 a、50 a 和 100 a 时，污泥中最大允许的 Cd 浓度分别是 2.25 mg/kg、0.75 mg/kg 和 0.25 mg/kg。

采用负载容量管控法可有效地从根本上防治土壤重金属的污染。土壤重金属负载容量管控法是指在土壤环境质量保护和农产品清洁生产过程中，土壤重金属负载容量的全过程监测和控制方法，它既适用于正常土壤环境质量的管控，又适用于问题土壤的合理利用（王玉军

等，2015），其应用优势在本书第十四章中将有较为详细的叙述。

（四）土壤负载容量确定中存在的问题

土壤负载容量确定的基础建立在“黑箱”理论上，即只管输入和输出而不涉及其间所发生的过程，而重金属的负载容量取决于或受控于“黑箱”中许多化学过程，当前的土壤负载容量研究模式中缺乏这些过程的参数。

主要存在的问题：①缺乏长期试验结果；②选用化合物的类型有一定的局限性；③缺乏复合污染试验；④没有反映“总量”和“可提取态”关系中一系列反应和过程；⑤没有一个适合不同类型土壤的从“表观容量”到“实用容量”的修正方法。

第三节　重金属污染对环境质量的影响

土壤质量是正常或胁迫条件下土壤履行和维持并改善其生产力、生命力和环境净化能力的综合体现与量度，它包括土壤肥力质量和土壤环境质量。土壤重金属的侵袭、累积或污染将会对土壤质量产生影响。

一、重金属对土壤肥力的影响

重金属在土壤中大量累积必然导致土壤性质发生变化，从而影响到土壤营养元素的供应和肥力特性。氮、磷和钾通常被称为植物生长发育必需的 3 个要素，同时也是非常重要的肥力因子。在土壤重金属大量累积或污染的情况下，土壤有机氮的矿化、磷的吸附和钾的形态都会受到一定程度的影响，最终将影响到土壤中氮、磷和钾等元素的保持与供应。

土壤中有机氮的有效性主要依赖于有机氮的矿化特征。氮的矿化是指土壤有机态氮经土壤微生物分解形成铵或氨的过程，它受能源物质的种类和数量（主要是有机物质的化学组成和碳氮比）、水和热条件等的影响很大，因而所谓的土壤矿化氮量一般均为表观矿化量。土壤氮的矿化过程受许多因素的影响，一般遵循一级动力学方程：

$$N_t = N_0\left(1 - e^{-kt}\right) \tag{5-26}$$

式中，N_0为土壤氮矿化势（N，mg/kg）；N_t为时间 t（周）时土壤累计矿化氮量（N，mg/kg）；k 为矿化速率常数（/周）。重金属污染会影响到土壤氮矿化势 N_0 和矿化速率常数 k。土壤被重金属污染后，土壤氮素的矿化势会明显降低，其供氮能力也相应下降。不同重金属元素对土壤氮矿化势的影响不同，在相同的摩尔浓度下，单个重金属元素对氮素矿化势的抑制作用为 Cd＞Cu＞Zn＞Pb。

土壤对磷的吸附和解吸是反映土壤磷迁移性的主要指标，外源重金属进入土壤后，它使土壤对磷吸附位的数量和能量均有可能增加，也可能生成金属磷酸盐沉淀，可导致土壤对磷的吸持固定作用增强，可溶性磷、钙结合态磷和闭蓄态磷发生变化，有效性下降。

钾是公认的“品质元素”，因为它是生物体中很多酶的活化剂，与植物体内的许多代谢过程，如光合作用、呼吸作用及碳水化合物、脂肪和蛋白质的合成等密切相关，缺钾会扰乱叶片的新陈代谢，因此，钾肥不仅对产量的提高有显著作用，而且也可以改善产品品质。有关重金属，特别是重金属的复合污染，对土壤钾行为的影响所知尚少。土壤中的钾通常可分为水溶态、可交换态、非交换态和闭蓄态 4 种形态。重金属在土壤中的累积会占据部分土壤胶体的吸附位，自然就影响到钾在土壤中的吸附、解吸和形态分配。

有关研究讨论了镉、铜、铅和锌的复合污染对土壤中钾的化学形态、吸附、解吸和 *Q/I*（容量与强度）关系等的影响（陈怀满，2002），表明重金属污染后，一方面导致土壤对钾的吸附作用、缓冲能力（PBC_K）和交换态钾降低；另一方面又使吸附态钾的解吸作用、钾平衡活度比（AR_K^0）和水溶态钾升高。一般情况下，重金属累积越多或污染越严重，则水溶态钾上升越多，交换态钾下降也越多。不同种类的重金属对土壤钾形态的影响不同，重金属对土壤钾行为影响的大小为 Pb＞Cu＞Zn＞Cd，且复合污染效应大于单元素污染效应，在复合污染中存在着交互作用。土壤遭受重金属污染之初，似乎有利于提高钾的有效性，然而由于钾是一种容易迁移的元素，从长期来讲，重金属污染将导致土壤钾素肥力衰退，特别是在高温多雨的我国南方地区。土壤中重金属的大量累积或污染将导致土壤对钾的吸附能力降低，从而使土壤溶液钾活度增加，加速钾的流失。

二、重金属的植物效应及其影响因素

前已述及，进入土壤的重金属可以溶解于土壤溶液中，吸附于胶体表面，闭蓄于土壤矿物之内，与土壤中的其他化合物产生沉淀，这些都影响到植物的吸收与积累。土壤不同组分之间重金属的分配，即重金属形态，是决定重金属对植物有效性的基础，一种离子由固相形态转移到土壤溶液中，是土壤中增加该离子对植物有效性的前提。控制土壤固-液相间平衡的因子十分复杂，而且至今尚未完全弄清楚；但研究表明，在这样一个复杂体系中的平衡为 pH、温度、有机质含量、氧化还原电位、矿物成分、矿物类型以及其他可溶性成分的浓度等所影响（Bruemmer et al.，1986）。

（一）重金属浓度的影响

一般来说，植物吸收重金属的浓度有随土壤中重金属浓度的增高而增加的趋势，在重金属累积或污染土壤中生产的糙米平均重金属含量也较高。在重金属浓度增加到一定数值后，可对植物的生长产生危害，生理、生化过程受阻，生长发育停滞，甚至死亡，其原因可能是减缓了光合作用速度，引起禾苗缺水，或由于抑制了有机养分的矿化而使土壤中氮和磷等的供应降低等。

在一定范围内，植物产量与土壤重金属的累积或污染程度有着良好的相关性。对灰钙土中的重金属污染进行研究表明（许嘉琳，1995），春小麦的相对产量随着土壤中重金属浓度的增加而有着明显的降低。

除了对产量产生影响外，植物对重金属的吸收也随着土壤累积或污染程度的增强而增大，例如，盆栽试验中几种作物籽粒含砷量与土壤含砷量的关系表明（夏增禄，1992），植物对砷的吸收随着土壤中砷浓度的增加而增加，直至受害。大豆受轻度毒害时，长势较弱，植株萎缩并使干物重下降，受严重毒害时则绝产。

（二）氧化还原电位、pH 和阳离子交换量的影响

1. 氧化还原电位

氧化还原电位（Eh）、pH 是影响淹水土壤中重金属的可动性和对植物有效性的重要因子，

在控制氧化还原电位（−200 mV、−100 mV、0 mV、+100 mV、+200 mV 和+400 mV）和 pH（5、6、7 和 8）情况下的研究结果表明，水稻对镉的吸收总量随着氧化还原电位的增加和 pH 的降低而增加，许多试验均证实了这一点。不同品种，例如，小麦和水稻对重金属抗性的差异也与氧化还原电位有关，不同的农业管理措施，如水肥管理也可造成氧化还原电位和 pH 的差异，从而影响植物对重金属毒害的抗性，例如，在淹水条件下，减产 25%时的土壤添加 Cd 浓度为 320 mg/kg，而在非淹水条件下，同样减产幅度的 Cd 浓度仅为 17 mg/kg。在水稻不同生育期，由烤田处理所造成的 Eh 变化及其对糙米重金属含量的影响表明（许嘉琳，1995），烤田处理使糙米中重金属的含量有一定程度的增加。氧化还原电位的降低在一些土壤中有可能形成重金属的硫化物，从而使重金属的水溶性减少，因而减少了其毒害程度。

2. pH 和阳离子交换量（CEC）

土壤中重金属的活性与其所处环境的 pH 有密切的关系，对于重金属阳离子来说，pH 越低，溶解度越大，活性越大，植物吸收越多，这有可能因为一些固相盐类溶解度的增大使得重金属的吸附减少，从而增加了土壤溶液中重金属的浓度。在相同铅含量而 pH 不同的土壤中，所栽种的大豆对铅的吸收表现出随着 pH 升高而降低的趋势（Miller et al.，1975）。在其他条件相似的情况下，阳离子交换量越高，对重金属的钝化能力越强。试验表明，随着 CEC 的下降，大豆植株中 Pb 的含量显著增加。需要注意的是，在 pH 为 4.5 和 CEC 为 2.3 cmol/kg 的两个处理中添加 Pb 1 000 mg/kg 时反而比 500 mg/kg 的植株铅含量要低，这可能是因为在低 pH 和 CEC、高浓度铅的处理中，大豆根已经受到铅的伤害而使吸收受阻。

（三）土壤质地的影响

一定量的重金属或类金属投入到土壤后，土壤质地越黏重，它的持留性就越大，反之，土壤质地越砂，它的淋失率就越高。由土壤有效态镉与机械组成的关系可以看出：土壤机械组成对醋酸铵可提取镉，以及二乙三胺五乙酸（DTPA）可提取镉均有明显影响，即随着土壤质地加重，两种提取液可提取镉的量均随之减少，而小麦籽粒的吸收量也随着土壤质地的加重而降低。在投加 Cd 10 mg/kg 时，在质地为黏质土和砂质土中，醋酸铵可提取镉分别为 7.2% 和 11.3%，DTPA 可提取镉分别为 46.2%和 61.2%，而麦粒吸收率分别为 2.5%和 6.3%（许嘉琳，1995）。

（四）共存离子的影响

土壤中其他离子的存在也影响植物对重金属的吸收。研究表明，在石灰性土壤中有钙存在时，植物体内即使铅的浓度较高也没有明显的毒性，这可能是钙与铅竞争的结果，使铅被吸收在植物体中酶结构的不起毒害的位点上。磷酸盐的存在也影响植物吸收铅，当玉米幼苗生长在有足够磷酸盐的含铅培养液中时，叶中的含 Pb 量为 936 mg/kg，而当培养液中缺少磷酸盐时，则含 Pb 量高达 6 716 mg/kg；显然，磷酸盐减少了植物叶中铅的累积，这是因为根部的磷酸盐与铅作用而延缓了它向叶中迁移。

锌、镉共存对植物吸收锌和镉均有影响。在野外条件下，土壤和小麦含镉量的调查结果表明，土壤中锌和镉的含量变化影响着小麦对镉的吸收（夏增禄等，1984），当 Zn/Cd 比增大时，小麦吸收镉量会随之降低，土壤 Zn/Cd 比与小麦吸收镉之间呈负指数关系。在土壤含 Cd 量＜2 mg/kg 时，锌对镉的影响大约在 Zn/Cd 比小于 1 500 时较为显著，大于 1 500 时其影响较小。有关共存离子的影响在交互作用的讨论中将有进一步的阐述。

三、重金属对土壤微生物和酶活性的影响

（一）对微生物的影响

土壤微生物量（MB）是指土壤中体积小于 5×10^3 μm^3 的生物总量，但活的植物（如根系等）不包括在内，它是活的土壤有机质部分。一般先测得土壤微生物碳，然后根据微生物体干物质的含碳量（通常为47%）将其换算为微生物量，或直接用微生物碳来表示（何振立，1997）。在未污染的土壤中，土壤微生物量与土壤有机碳含量之间往往有很密切的正相关关系，但若遭受重金属（如铜、锌等）污染，则这种关系不复存在或很差。土壤遭受重金属污染后，可引起土壤呼吸量成倍增加，但用熏蒸-提取法测定的土壤微生物量则反而显著下降。重金属污染引起的土壤微生物呼吸量增加被认为是微生物对逆境的一种反应机制。研究表明，当葡萄糖和玉米秸秆加到污染土壤中后，发现 CO_2 的释放速率为正常土壤的 1.5 倍，但土壤微生物碳和微生物氮都只有正常土壤的 60%。可见重金属污染降低了有机物质的微生物转化效率，说明微生物在逆境条件下维持其正常生命活动需要消耗更多的能量。同位素 ^{14}C 标记底物的试验结果表明，CO_2 释放总量/微生物碳和 $^{14}CO_2$ 释放量/^{14}C-微生物碳的比值在重金属污染土壤中均比正常土壤高，从而验证了重金属污染可降低土壤微生物对能源碳利用效率的推断。欧洲几个国家经长期定位研究提出了对土壤微生物产生不良影响时几种重金属在土壤中的临界浓度（表 5-8）。由表 5-8 可知，在不同国家的试验得出的临界浓度差异较大，可能与土壤性质及气候条件不同有关。

表 5-8　土壤微生物量降低 60%时土壤几种重金属的临界浓度（何振立，1997）　（单位：mg/kg）

地点	Zn	Cd	Cu	Ni	Pb	Cr
英国（Woburn）	180	6.0	70	22	100	105
瑞典（Ultuna）	230	0.7	125	35	40	65
德国（Braunschweig 1）	360	2.8	102	23	101	95
德国（Braunschweig 2）	386	2.9	111	24	114	105

重金属污染的土壤往往富集多种耐重金属的真菌和细菌。一方面，微生物可通过多种方式影响重金属的活动性，使重金属在其活动相和非活动相之间转化，从而影响重金属的生物有效性；另一方面，微生物能吸附和转化重金属及其化合物，但当土壤中重金属的浓度增加到一定限度时，就会抑制微生物的生长代谢作用，甚至导致微生物死亡。

重金属超过一定浓度会对土壤微生物的活性和数量均有明显的影响。长期定位试验表明，当土壤中某些重金属浓度（mg/kg）分别为 Cd 2.9、Cr 80、Cu 33、Ni 17、Pb 40 和 Zn 114 时，可使蓝绿藻固氮活性降低 50%，其数量也有明显降低。重金属抑制共生固氮作用，从而也降低豆科作物的产量。

土壤重金属复合污染对微生物总量和区系结构有明显的影响，当土壤中镉、铬、铜、镍、铅和砷等重金属总量达到 659 mg/kg 时，土壤微生物生物量仅为对照（总量为 121.0 mg/kg）的 32%，细菌和真菌生物量分别较对照下降了 29%和 45%；当总量达到 3 447 mg/kg 时，分别下降了 81%和 85%（俞慎等，2003）。

（二）重金属对土壤酶活性的影响

土壤酶与土壤微生物密切相关，土壤中的许多酶由微生物分泌，并且和微生物一起参与土壤中物质和能量的循环。土壤中酶的种类有很多，常见的有脲酶、磷酸酶、多酚氧化酶、水解酶和磷酸单酯酶等，土壤中酶的活性可作为判断土壤生化过程的强度及评价土壤肥力的指标，也有用土壤酶活性作为确定土壤中重金属和其他有毒元素最大允许浓度的重要判据的，特别是近年来，把土壤酶活性作为衡量土壤质量变化的重要指标越来越受到重视。

研究表明，重金属胁迫会影响土壤酶活性（俞慎等，2003）。对土壤中 3 种酶进行研究发现，与土壤碳循环有关的酶受到的胁迫较小，与土壤氮、磷和硫等循环有关的酶受重金属胁迫作用显著。在重金属复合污染的情况下（Zn、Cu、Ni、V 和 Cd 分别为 300 mg/kg、100 mg/kg、50 mg/kg、50 mg/kg 和 3 mg/kg），芳基硫酸酯酶、碱性磷酸酶和脱氢酶分别只有对照的 56%～80%、46%～64%和 54%～69%。铜对土壤β-半乳糖苷酶和脱氢酶的 EC_{50} 值（指使生物数量或活性下降 50%的重金属浓度）分别为 78.4 mg/kg 和 24.8 mg/kg。重金属对土壤酶的抑制有两方面的原因，首先是重金属进入土壤对酶产生直接作用，使得酶的活性基因和空间结构等受到破坏，单位土壤中酶的活性下降；其次是重金属通过抑制微生物的生长、繁殖，减少微生物体内酶的合成和分泌，最终也使单位土壤中酶的活性降低。同一重金属元素对不同土壤酶的抑制作用不同，不同重金属对同一种土壤酶活性的影响也不一样，然而，重金属对土壤酶活性的抑制作用是一种暂时现象。由于脲酶活性恢复得较少、较慢，所以脲酶活性有可能作为土壤重金属累积或污染程度的一种生化指标。

对土壤重金属污染的微生物指标的研究在 20 世纪 90 年代后期逐渐展开，包括多种土壤微生物指标（俞慎等，2003）。然而，土壤中可利用现有手段和技术通过平板培养分离的微生物数量不到总量的 1%～5%，对土壤微生物的重金属胁迫机制了解不多，并且难以用实验室的结果来预测田间的重金属胁迫程度，甚至有很多矛盾的实验结果无法解释，从而导致许多表征指标不稳定，不可重复，而无法作为有效的微生物指标。更为重要的是无法确定污染土壤的对照，也为重金属污染土壤的微生物表征指标的确定带来了困难。土壤污染微生物指标的选择标准，必须可以在不同的土壤类型和条件下得以精确地测定；必须简单而经济，适合大批量样品的测定；必须是土壤的特征参数，其对照或背景值可以测定；必须灵敏、可靠，以免误判；必须具有科学的定义和清楚的涵义；可能由两三个指标组成指标体系，但无污染的原始环境（背景）或对照必须可知、可测。

根据上述原则，土壤代谢熵（qCO_2，一定时期内土壤呼吸作用产生的 CO_2-C 与土壤微生物生物量的比值）可能是较为合适的微生物指标之一，它实际上是单位数量的土壤微生物的呼吸强度。研究发现，土壤代谢熵在逆境条件下，其值是增加的，即单位数量的土壤微生物的呼吸强度增大，土壤微生物借此来提供自身能量抵抗逆境条件。因此，用土壤代谢熵作为重金属污染的表征指标可以与其逆境因子作相应的比较，同时，它是一个无单位的比值，其他的因子对其无直接的影响。

四、重金属对人类健康的影响

生长在重金属污染土壤上的作物，其可食部位的重金属含量较高，并能通过食物链经消化道进入人体；同时，受重金属污染的土壤还可经扬尘和人体暴露等途径进入人体。我国制定的植物性食品中，某些重金属元素限量标准参见《食品安全国家标准 食品污染物限量》（GB

2762—2017)。

过量的砷、汞通过食物链进入人体后均能引起神经系统病变。砷是人们熟知的剧毒物，As_2O_3，即砒霜对人体有很大的毒性。人体砷中毒是由于三价砷的氧化物与酶蛋白质中的巯基（—SH）结合，抑制了细胞呼吸酶的活性，使细胞正常代谢发生障碍，破坏细胞分解及有关中间的代谢过程，最终可造成细胞死亡。慢性砷中毒主要表现为神经衰弱、消化系统障碍等，并有致癌作用，研究表明，砷污染区恶性肿瘤的发病率明显高于非污染区。汞的毒性很强，在人体中蓄积于肾、肝和脑中，毒害神经，从而出现手足麻木、神经紊乱、多汗、易怒和头痛等症状。有机汞化合物的毒性超过无机汞，“八大公害事件”之一的日本水俣病事件就是由无机汞转化为有机汞，经食物链进入人体而引起的。

镉属于易蓄积性元素，引起慢性中毒的潜伏期可达 10～30 a 之久。镉中毒除引起肾功能障碍外，长期摄入还可引起“骨痛病”，例如，日本神通川流域由镉污染引起的“骨痛病”是举世皆知的公害事件之一。贫血是慢性镉中毒的常见症状，此外，镉还可能造成高血压、肺气肿等，并发现有致突变、致癌和致畸的作用。铅中毒除会引起神经病变外，还能引起血液、造血、消化、心血管和泌尿系统病变。侵入体内的铅还能随血液流进脑组织，损伤小脑和大脑皮质细胞。儿童比成人对铅更敏感，铅会影响儿童的智力发育和行为。

铬、铜和锌是人体必需元素，过多时也会引发疾病，例如，铬污染导致消化系统紊乱、呼吸道疾病等，能引起溃疡，在动物体内蓄积而致癌；过量的铜会引起人体溶血、肝胆损害等疾病；过量的锌进入人体会造成腹痛、呕吐、厌食和倦怠，并引发贫血、高血压、冠心病和动脉粥样硬化等。

有关铊（Tl）在土壤中的行为与健康的关系也应给予较多的关注（黄林等，2017；Wang et al.，2013；Xiao et al.，2012；邓红梅等，2009；李强等，2009；刘敬勇等，2008；孙勇和范必威，2004）。铊是一种毒性较大的元素，对哺乳动物的毒性远较铜、汞、铅和锌为大。铊中毒主要表现为头晕、耳鸣、乏力、食欲减退、激烈腹痛、四肢神经痛、神经麻痹、视力障碍和脱发等症状。动物实验表明，铊有致突变和致畸作用。土壤铊污染对环境的危害，主要是因为土壤中铊的可提取态较多，很容易为植物所吸收，通过食物链而对人体健康产生影响，并且在铊污染地区，土壤和植物中的 Tl 含量均很高，土壤中的含量可达 20～280 mg/kg（中国土壤的 Tl 含量为 0.30～1.20 mg/kg），在甘蓝卷心菜中的 Tl 含量可达 120～495 mg/kg，平均为 338 mg/kg（肖唐付等，2003）。

第四节　稀土元素在土壤中的行为与环境质量

稀土元素（REE）是位于化学元素周期表第六周期ⅢB 族的镧系元素（Ln）和钪（Sc）、钇（Y）共 17 种化学元素的总称，镧系元素包括镧（La）、铈（Ce）、镨（Pr）、钕（Nd）、钷（Pm）、钐（Sm）、铕（Eu）、钆（Gd）、铽（Tb）、镝（Dy）、钬（Ho）、铒（Er）、铥（Tm）、镱（Yb）和镥（Lu）。根据稀土元素在岩石和矿物中的共生情况，将它们分为轻稀土（铈组，La、Ce、Pr、Nd、Pm、Sm 和 Eu）和重稀土（钇组，Gd、Tb、Dy、Ho、Er、Tm、Yb、Lu 和 Y），人们曾认为钷是自然界中不存在的人造元素，但后来已在高品位的天然铀矿中发现有低含量钷存在。

随着稀土在农业（稀土微肥、饲料添加剂）、工业（各种稀土工业材料、稀土添加剂等）

及现代生物医学上的广泛应用，稀土元素将不可避免地通过各种途径进入生物圈，进而影响人体。我国从 20 世纪 70 年代开始进行稀土的农业应用，随后农用面积迅速扩大。由于外源稀土元素通过各种途径进入生物圈有可能带来新的环境问题，因此，了解稀土元素在土壤中的行为及其对环境的影响具有重要意义。

一、土壤中稀土元素的来源和含量

（一）土壤中稀土元素的来源

稀土（RE）元素广泛分布于自然界中，主要以单矿物形式存在，已发现的稀土矿物有 250 多种，稀土元素总含量（ΣREE）＞5.8%的有 50～65 种，有开采价值的不到 10 种。重要的稀土矿物主要为氟碳铈矿、独居石、褐钇铌矿和磷钇矿，稀土一般以氧化物形式分离出来。钪的比重为 2.99 g/cm^3，钇为 4.47 g/cm^3，镧系元素在 6～10 g/cm^3。稀土元素在矿物和岩石中主要以三价（RE^{3+}）离子存在，少数稀土元素能以二价或四价离子存在。由于稀土元素的原子结构相似，所以共存在相同的矿物中，在矿物中存在的形态有：①存在于矿物晶格中，是矿物的主成分，如独居石；②存在于造岩矿物中，以同晶置换方式分散在造岩矿物中，如磷灰石、钛铀矿等；③以吸附态存在于次生矿物中（如吸附在黏粒矿物和铁锰氧化物上），称为离子型稀土矿。

自然土壤中的稀土元素主要来自于母岩，不同类型的岩石中稀土含量不同，一般酸性岩中的稀土含量高于基性岩，超基性岩和古石灰岩中的稀土含量最低。

20 世纪 80 年代，我国开始稀土农用的推广应用，从此外源稀土开始进入农田生态系统，稀土农用以喷施“常乐”（硝酸稀土）为主，用量约为 600 g/hm^2，折稀土氧化物（RE_xO_y）225 g/hm^2 左右。由于稀土碳铵复合肥的应用，同时又以基肥方式施入土壤，从而加速了稀土在土壤中的积累速度。

（二）土壤中稀土元素的含量

稀土元素在世界土壤中的分布较为均匀，且均以轻稀土为主，严格来说，以镧、铈和钕 3 个元素为主。土壤中稀土元素的含量与成土母质和土壤类型有关，土壤稀土元素的含量在一定程度上也反映出母岩的这种差异性。不同成土母质发育的土壤稀土元素含量不同（刘铮，1996），稀土元素以基性火成岩、酸性火成岩、砂岩和页岩的含量为最高，黄土母质和石灰岩最低。中国主要土壤（A 层）的稀土元素含量在 18.0～582 mg/kg，95%的范围值为 97.1～330.2 mg/kg，平均为 187.6±58.6 mg/kg。各土类的稀土背景含量可参见《中国土壤元素背景值》（中国环境监测总站，1990），从平均含量看，以风沙土稀土含量最低，石灰岩土最高。同一土壤类型因成土母质不同而稀土元素含量也有较大差异，例如，不同母质发育的红壤中，稀土的含量顺序为花岗岩＞第四纪红色黏土＞玄武岩＞紫色砂岩＞红砂岩。

二、土壤中稀土元素的形态

土壤中稀土元素的形态划分与其他重金属相似，方法之一是分为离子交换态、碳酸盐结合态、腐殖质和无定型氧化物吸附态、无定型铁锰氢氧化物共沉淀态、晶形铁锰氢氧化物结合态和残渣态（郭鹏然等，2008；邢光熹和朱建国，2003）。一些结果表明（刘铮，1996），水溶态和交换态稀土元素占总量的 0%～10.5%，平均为 3.11%，在红壤、砖红壤和黄棕壤等酸性和微酸性土壤剖面中变化较大，含量较高，而在黑钙土、黑土等石灰性和中性土壤中含量较低，剖面变化也小。碳酸盐结合态和氧化锰结合态稀土元素平均占总量的 3.42%和 2.03%，有机结合态稀土元素平均占总量的 12.6%，变幅大且无规律。无定形和晶形氧化铁结合态稀土元素占总量的 51.7%以上，是最主要的形态。残余态稀土元素平均占全量的 29.8%，在土壤发育程度较高的砖红壤和红壤中含量较高，在土壤发育程度较低的棕壤和黄棕壤中较少。

外源稀土进入土壤后的行为与归宿，与土壤性质和环境条件的关系十分密切。影响土壤中稀土元素形态的因素有土壤 pH、氧化还原电位、土壤有机质含量、质地和通透性等，其中，土壤 pH 的影响较大。酸性土壤（如红壤、砖红壤）具有较高的交换吸附态，一般比碱性土壤高出几倍到几十倍；而有机结合态和固定态较少，说明稀土进入酸性土壤后具有较高的活性或有效性。稀土进入碱性土壤则较多地转变为酸溶态和固定态，因为这些土壤具有较高的 pH，外源稀土进入土壤后，可能形成氢氧化物、难溶性碳酸盐类等沉淀，使有效性大为降低。

三、稀土元素在土壤中的吸附与解吸

外源稀土进入土壤及其在土壤中的转化，很大程度上取决于稀土的吸附与解吸特征。

（一）土壤中稀土元素的吸附和解吸

土壤对稀土元素有很强的吸附作用，并受土壤黏粒矿物种类与含量、无定形铁的含量、pH 和土壤阳离子交换量（CEC）等的影响。土壤对稀土的吸附包含交换吸附和专性吸附。

不同土壤类型对稀土的最大吸附量不同。汪新民和张桂良（1992）研究了安徽省主要土壤对稀土元素钕的吸附，试验结果与 Langmuir、Freundlich 和 Temkin 方程均有良好的拟合，而以 Langmuir 方程最佳，其理论最大吸附量与实测最大吸附量十分吻合，平均相对误差仅为 4.5%。几种土壤最大吸附量的顺序为砂姜黑土＞黄褐土＞灰潮土＞黄潮土＞棕红壤，并且发现最大吸附量与土壤 CEC 呈显著正相关。冉勇和刘铮（1993）也认为土壤对稀土元素的吸附也以 Langmuir 方程拟合最好，黏粒矿物的最大吸附量顺序为δ-MnO_2＞＞无定形铁＞Na-高岭石；土壤的顺序为黑土＞黑钙土＞黄棕壤＞红壤＞砖红壤，并进一步发现最大吸附量不仅与 CEC 呈显著正相关，而且与无定形铁呈显著正相关。常江和竺伟民（1996）及章力干等（1996）分别用化学方法和同位素方法研究了全国 9 种不同性质的土壤对稀土元素镧、铈和钕的吸附，得出了类似的结果，并发现我国土壤对稀土元素的吸附呈明显的地带性特征，从南到北逐渐增加，以海南的砖红壤最小，黑龙江的黑钙土最大，且吸附量与 CEC 和伊利石含量呈显著正相关。我国土壤稀土吸附容量的地带性，主要影响因素是黏粒矿物类型，其次是无定形铁含量。

土壤对稀土元素的吸附量比土壤对其他重金属元素的吸附量要高出几倍到几十倍，这表明稀土若应用不当，极有可能与其他重金属一样对土壤性质产生潜在的影响。研究表明（谢祖彬等，2000），红壤对外源 La^{3+}具有较大的吸附容量，被土壤所吸附的 La^{3+}的存在状态随添加量的改变而变化，当外源 La^{3+}小于 400 mg/kg 时，吸附之 La^{3+}的非解吸态大于解吸态（1 mol/L CH_3COONH_4 提取），而大于 400 mg/kg 时，解吸态 La^{3+}随外源 La^{3+}的增加而增大，解吸态 La^{3+}与非解吸态的比例也相应提高，这与吸附位上 La^{3+}的饱和度有关。土壤中外源 La^{3+}的侵入量（累积或污染量）（mg/kg）与交换出的盐基离子量（mmol/kg）之间有良好的相关性（P＜0.001）。

该研究表明，交换性酸和交换性铝随外源 La^{3+}浓度的增加而增加，特别是在 La 的浓度大于 300 mg/kg 时，交换性铝、交换性氢和交换性酸均随 La^{3+}浓度的增加而增加，因此，长期施用稀土可能引起铝毒加重。

稀土元素的解吸量均是随着土壤稀土吸附量的增加而增加，两者之间存在着一定的函数关系，相关性达极显著水平。这说明在低吸附量区域，大部分三价稀土元素可能占据着高能量吸附位，并且以专性吸附为主，解吸剂很难将其置换下来；达到一定吸附饱和度后，专性吸附位点逐渐减少，以交换吸附为主，因此，易于解吸，解吸量也随之增加。土壤的酸碱度对稀土元素的解吸有一定的影响，土壤所吸附稀土元素的解吸率随 pH 降低而升高。

（二）稀土元素在土壤中的迁移

稀土在土壤中的迁移性决定其在土壤中积累的难易程度和是否对地下水产生污染。稀土在土壤中的迁移分剖面的纵向迁移和地表径流迁移两种类型，影响土壤中稀土迁移的因素主要是土壤稀土含量、吸附容量、土壤 pH 和土壤质地等。

竺伟民等（1996）用同位素 ^{141}Ce、^{147}Nd 标记进行了土柱模拟淋洗试验，发现不同土壤中稀土的移动性有很大差异，但总的看来，是稀土的移动距离与土壤吸附容量成反比。模拟结果表明，在用中性淋洗液时，稀土元素铈、钕在酸性土壤中每年向下迁移约 1 cm，中性和弱酸性土壤每两年下移约 1 cm，碱性土壤几乎很难下移。按此估算，地下水位为 1 m 的地区，土壤表层中的稀土需要 100 多年甚至更长时间才能进入地下水。

土壤中的稀土也可随地表径流而迁移，一般地表径流水中的稀土浓度大于雨水，所以如果土壤中稀土不断积累，则有可能造成地表径流稀土输出，增加水污染的压力。

四、稀土元素的环境效应

近几十年来，有关土壤稀土元素生态毒性的研究表明（金姝兰和黄益宗，2014），稀土元素对农田生态系统中的植物、动物和微生物生长、发育和繁殖均有明显的影响，高浓度的稀土元素会破坏植物细胞膜的性质和结构，影响植物的抗氧化系统，干扰植物对矿质营养元素的正常吸收和利用，诱使植物细胞发育不良、染色体畸变等。稀土元素对动物（消化、呼吸、生殖、神经、血液和免疫系统）、微生物（数量、种类、群落结构与功能、多样性等）均有影响。土壤中稀土元素的研究在地学、环境科学和生命科学中都有重要的意义。但许多问题，特别是对环境的长远影响目前尚无定论。

陈祖义等（2000）在实验的基础上，并结合有关研究对稀土农业应用所提出的建议认为：

1）稀土元素不宜作为化肥的“添加剂”随化肥施用，这不仅使稀土元素用量成倍增加，而且会打乱稀土元素原有的有效使用规律。

2）稀土元素在动物体内具有明显的蓄积性，且其排泄物进入环境后可能产生次生污染，因此，作为饲（饵）料添加剂应从缓发展。

3）对稀土元素具有选择性吸收的植物（如甘薯、苋菜、空心菜、红皮菜、慈姑、荸荠和水芹菜等），以及食用时免洗或少洗的食用植物（如茶叶、食用菌和草莓等）应尽量少用或不用，以免人们从多个渠道超常摄入稀土元素。

4）继续重视土壤-植物系统中稀土元素行为与效应的研究。

第五节　土壤中化学物质的交互作用

在自然界中，单个污染物质构成的环境污染虽时有发生，但事实上绝对意义上的单一污染是不存在的，污染多具伴生性和综合性，即多种污染物形成的复合污染。单个污染物在土壤-水-植物系统中的行为必然在某种程度上受制于其他共存的污染物，导致其环境效应变化。交互作用，是指在一定条件下，两个或多个元素或化合物的结合效应小于、等于或大于它们各自效应之和，即所谓的拮抗、加和或协同作用。

交互作用对土壤中的元素与化合物化学行为的影响十分明显。一些配位基团可以改变重金属的吸附行为，这是因为这些基团与溶液中的离子或与吸附剂的矿物表面产生了作用。三水铝石对硫酸盐溶液中镉的吸附量高于纯硝酸盐溶液中镉的吸附量，在此情况下，硫酸根的吸附量也有相应的增加，表现出了一种协同作用，这是因为三水铝石对硫酸根的吸附增加了表面的负电荷，从而增强了重金属阳离子的吸附力。腐殖质对污染物的活化、迁移有着十分重要的影响，这是因为它在地球表面有着广泛的分布，同时可“固定”高分子量的憎水化合物，如多氯联苯、卤代烃和多环芳烃等，从而可促进或钝化这些化合物的迁移性。腐殖质与憎水有机化合物、重金属和黏土的交互作用具有重要的环境意义。大量元素也会显著影响重金属的生物有效性，研究发现 H^+、Ca^{2+}、Mg^{2+}、Na^+和 K^+的存在显著降低了赤子爱胜蚓（*Eisenia foetida*）镉的急性毒性，从而支持了生物配体模型（BLM）中阳离子、重金属离子与生物配体（BL）结合时存在竞争效应的假设。在模拟土壤溶液中的 Cd 为 5.0×10^{-4} mol/L 时，不同 Ca^{2+}浓度下的蚯蚓死亡率从 37.5%下降至无死亡的状况。由此可见，Ca^{2+}的存在显著降低镉的生物毒性，两者之间表现出明显的竞争（拮抗）效应。通过研究成功地获得了预测蚯蚓死亡和体内镉含量的方程（Li et al.，2009，2008）。

一、重金属之间的交互作用

重金属在土壤上的吸附除了与土壤类型和性质有关外，还与重金属的性质有关，土壤对阳离子的吸附与阳离子价态有关。阳离子价态越高，电荷越多，土壤胶体与阳离子间的静电作用力也就越强，吸引力也越大，因此，结合强度也大。而具有相同价态的阳离子，则主要取决于离子水合半径，即离子半径较大者，其水合半径相对较小，在土壤表面引力作用下，较易被土壤所吸附，土壤胶体结构及其电荷密度分布均对阳离子吸附作用产生影响。

红壤中植物对镉的吸收明显地由于铅的添加而增加的原因可由动力学试验来解释（陈怀满等，2002）。用动力学方法研究了土壤吸附 Pb-Cd 的影响，从流出液中镉浓度的变化可以证实 Pb-Cd 交互作用的存在（图 5-5），当溶液中仅含有镉时，400 min 后红壤对镉的吸附仍未达到平衡；而 Pb-Cd 共存时，约 200 min 时就已达到平衡，在 200～400 min 时，流出液中镉的浓度高于镉的起始浓度；红壤上的镉吸附量也远低于单元素时的吸附量，这是因为红壤原有吸附的镉由于受到亲和力较大的铅“排挤”，而又重新被释放到土壤溶液中。这种现象也存在于黄棕壤、砖红壤、青黑土和高岭石的吸附试验中，但在相同条件下没有红壤明显。

Wang 等（2009b）研究了 Cu^{2+}、Pb^{2+}在两种土壤上的竞争吸附动力学过程。结果表明，

Cu^{2+}、Pb^{2+}在乌栅土上的吸附量均高于其在红壤上的吸附量，Pb^{2+}又较 Cu^{2+}在土壤上的吸附量大。Cu^{2+}和 Pb^{2+}在乌栅土上的吸附主要是通过与土壤中的 Ca^{2+}、Mg^{2+}进行交换，其累积吸附量与 Ca^{2+}、Mg^{2+}的累积解吸量线性关系显著（R^2 为 0.990～1）；在红壤上是通过与土壤中的 H^+进行离子交换而吸附。Pb^{2+}对 Ca^{2+}、Mg^{2+}的交换能力比 Cu^{2+}强，其存在显著降低了 Cu^{2+}在两种土壤上的吸附量；而 Cu^{2+}的存在略降低了 Pb^{2+}在土壤上的吸附量。

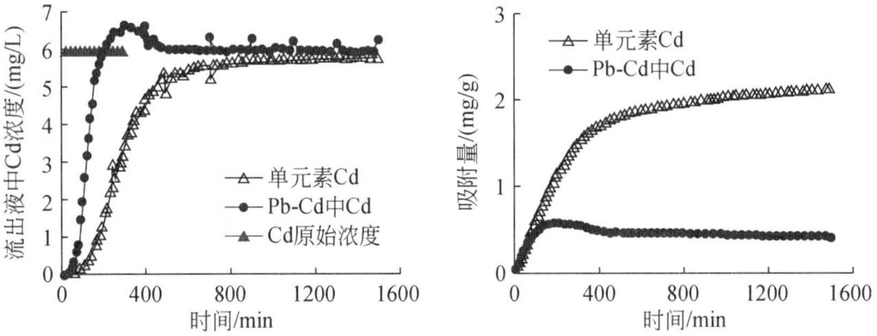

图 5-5　Pb-Cd 交互作用对 Cd 流出液浓度和吸附量的影响（红壤）

pH 和污染物的添加顺序同样也控制着重金属之间的交互作用过程，Wang 等（2017）研究了不同 pH 条件下，锌、砷在氧化铝表面的交互作用过程，发现在不同 pH 条件下，其作用机制差异显著。pH 为 5.5 时，无论锌、砷的添加顺序如何，均会在氧化铝表面形成类水砷锌石沉淀（koettigite-like precipitate）；而 pH 为 7.0 条件下，如果锌先与氧化铝反应，然后加入砷，则会形成锌-铝层状双氢氧化物（Zn-Al-LDH）和类水砷锌矿沉淀（adamite-like precipitates），若锌与砷同时加入，则会形成类水砷锌矿沉淀，如果砷先与氧化铝反应，再加入锌只会形成γ-Al_2O_3-As-Zn 三元配合物。

镉、铜、铅、锌和砷等多元素复合在草甸棕壤上的吸附研究表明（余国营等，1997），土壤对重金属元素的吸附不仅与平衡溶液中的元素浓度和共存元素有关，而且还存在元素间的交互作用。例如，土壤对镉的吸附随土壤溶液浓度的增大而增加，高浓度的铅、砷对土壤镉具有抑制作用，而铜、锌对其影响较轻。土壤砷吸附量与平衡溶液砷浓度呈显著正相关，低浓度镉、铜、铅和锌均能增加土壤砷的吸附量，而高浓度的镉、铅和锌具有明显的抑制作用，铜对其影响较小。

目前，在预测模型中对交互作用参数的考虑甚少，但交互作用参数对模型预测的准确性影响颇大，以黄棕壤中复合污染条件下水稻对镉的吸收为例，在镉、铜、铅和锌共存时，如果考虑交互作用，可将糙米吸收镉的模拟精度由 85%提高到 99.5%，由此可见交互作用的重要性（陈怀满，2002）。

需要强调的是，交互作用是一个十分复杂的过程，目前所获得的一些结果均为特定条件下的示例，但当条件改变时，必需作出相应的调整。

二、土壤中重金属与有机化合物的交互作用

土壤中重金属-有机化合物交互作用的研究是一个较为薄弱的环节，近年来得到了较多的关注，包括重金属-有机化合物交互作用对元素或化合物土壤物理化学过程的影响，重金属-有机化合物交互作用对土壤中生物学过程的影响。

（一）重金属-有机化合物交互作用对元素或化合物土壤物理化学过程的影响

1. 对土壤吸附行为的影响

重金属的存在通常不会影响有机污染物（特别是以分子形态存在的有机物）在土壤上的吸附，它本身在土壤有机质上的吸附主要是通过与有机质官能团之间的配位作用产生的。极性有机污染物则可以通过静电作用，以及在土壤黏粒矿物上形成氢键等方式被吸附在土壤表面，从而可能和重金属发生竞争吸附。带负电荷的重金属含氧基团，如铬酸根和砷酸根等，在矿物、土壤和次生表面矿物上的吸附经常会受到共存阴离子（例如，根系分泌物）的干扰。小分子有机酸阴离子直接竞争吸附点位，间接改变土壤表面的净电荷，从而影响其他阴离子在表面上的吸附。

镉-小分子有机污染物之间的交互作用研究表明（Zhou et al.，2003），添加柠檬酸、EDTA等可降低镉在黄棕壤和青黑土中的吸附。有机污染物，如邻苯二胺、邻苯二酚和氨基乙酸的存在，对镉的吸附-解吸具有非常明显的影响，特别是在酸性介质中。在酸性条件下，这些有机污染物能够与镉形成带正电荷的镉配合物，并进一步与土壤发生离子交换，从而普遍增加了镉在青黑土上的吸附。有机污染物-镉体系较之纯镉体系，交换态镉的含量明显减少，而非交换态镉的含量明显增加，反映了有机污染物与镉发生了显著的交互作用。镉在有机污染物-镉体系中的解吸率与总吸附量的倒数呈明显的正相关，即镉-有机配合物在土壤中的解吸能力比镉离子要弱。可见，有机化合物的存在导致吸附在土壤表面的镉主要以较难解吸的镉-有机配合物形式存在。

水溶性有机物（DOM）对重金属的吸附也有明显的影响，垃圾渗滤液中的DOM能促进土壤对重金属镉等的吸附（付美云和周立祥，2006），在有垃圾渗滤液DOM存在的条件下，土壤对镉的吸附量比对照处理（无垃圾渗滤液DOM）高1.13～1.42倍，填埋年限较长的垃圾渗滤液较之年限较短者的影响更为明显。

铜与四环素（TC）在蒙脱石上的吸附结果表明（Wang et al.，2008），在pH低于6.5时，Cu(Ⅱ)在蒙脱石上的吸附随TC的加入而增加，这可能是因为Cu(Ⅱ)经由TC桥接作用或TC-Cu(Ⅱ)配合物较Cu^{2+}有更强的吸附亲和力，在一个较宽的pH范围内，Cu^{2+}的存在可增加TC在矿物上的吸附，从而减少了TC和Cu^{2+}的移动性。范婷婷（2017）结合传统的批平衡实验法、X射线衍射（XRD）、原位衰减全反射傅里叶红外光谱（ATR-FTIR）和EXAFS等研究手段，探讨了不同pH（pH为5.5和8.0）条件下TC对锌在黏土矿物表面固定的分子机制。研究结果表明，在pH为8.0条件下，锌在γ-Al_2O_3和蒙脱石表面都会生成层状双金属氢氧化物共沉淀（Zn-Al-LDH）；但TC存在时，则会抑制此共沉淀的形成，从而减少锌在γ-Al_2O_3和蒙脱石上的吸附量。在pH为5.5条件下且无TC存在时，锌在蒙脱石和γ-Al_2O_3表面主要以外圈配合物和内圈配合物的形式存在；TC存在时，锌以γ-Al_2O_3-TC-Zn三元表面配合物的形式固定在γ-Al_2O_3表面，而TC-Zn的配合物插入到蒙脱石的层间。此外，由于TC对γ-Al_2O_3存在配位增溶作用，使得以三元配合物形式固定的锌随着γ-Al_2O_3的溶解而进入到溶液中，从而减少锌在γ-Al_2O_3上的吸附量。

2. 对化学物质氧化还原过程的影响

有些有机污染物含有得失电子的官能团，如酚基和醌基等，当这些污染物与铬、砷等共存时，会发生氧化还原反应，进而改变污染物的形态。Cr(Ⅵ)和对甲氧基苯酚（PMP）在红壤胶体上的吸附行为表明（Zhou et al.，2001），随着溶液酸度的增加，分子形态的对甲氧基苯酚含量逐渐增加。在纯水体系中，Cr(Ⅵ)与对甲氧基苯酚在 pH＞4.7 时未发现有反应发生；可是，在红壤胶体存在下，则可在不同 pH 条件下明显观察到 Cr(Ⅵ)与对甲氧基苯酚的氧化还原反应（图 5-6），其氧化产物确定为苯醌。图 5-7 为 Cr(Ⅵ)在对甲氧基苯酚存在和不存在条件下在红壤胶体上的吸附等温线。由图可以看出，对甲氧基苯酚的存在使 Cr(Ⅵ)的吸附量明显增加，反映出对甲氧基苯酚对 Cr(Ⅵ)的还原作用。

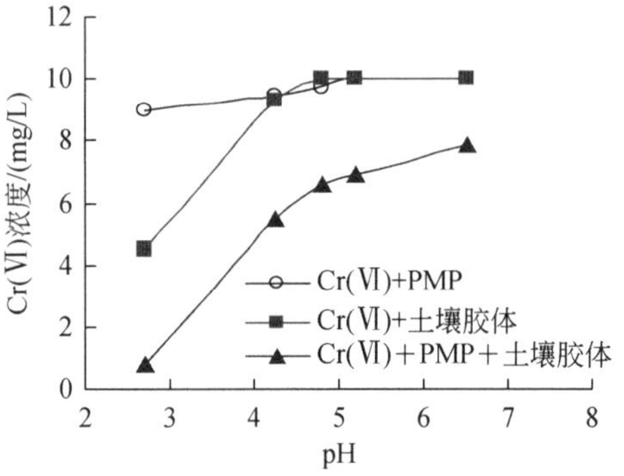

图 5-6　不同 pH 下 Cr(Ⅵ)与 PMP 在红壤胶体上的反应

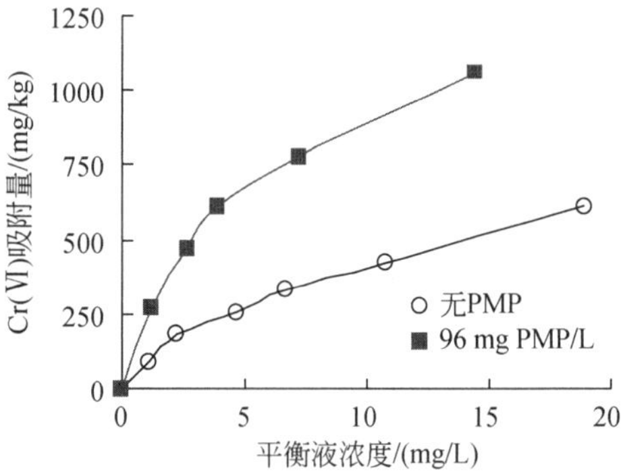

图 5-7　Cr(Ⅵ)在土壤胶体上的吸附量

当 Cr(Ⅵ)和对氯苯胺在土壤胶体中共存时，在一定的酸度范围内将可以观察到 Cr(Ⅵ)对对氯苯胺的氧化作用，土壤胶体可以作为 Cr(Ⅵ)与对氯苯胺的催化反应活性中心。对于不同类型的土壤胶体，其发生交互作用的 pH 不同，对于青黑土、黄棕壤和砖红壤胶体，其发生反应的最高 pH 分别为 4.0、4.5 和 5.0，说明砖红壤胶体较黄棕壤和青黑土胶体具有较强的催化活性，这与它们所包含的铁、铝氧化物的多少是一致的。

（二）对生物学过程的影响

1. 对植物的影响

通过温室盆栽试验研究了铜在邻苯二胺存在条件下对水稻生长的影响（Wang et al.，2003）。在没有邻苯二胺存在时，随着所添加外源铜浓度的增加，水稻的生物量呈降低趋势（在 99%置信水平下显著负相关）。添加邻苯二胺后，铜对水稻的毒害明显减轻，而且减轻程度随着邻苯二胺浓度的增加越加明显。当 Cu 浓度为 50 mg/kg 时，添加 1.0 mmol/kg 邻苯二胺的水稻生物量是对照的 1.4 倍，而添加 2.0 mmol/kg 邻苯二胺时水稻的生物量约是对照的两倍。

2. 对微生物和酶的影响

（1）化学物质的氧化还原与降解　　重金属-有机化合物交互作用对土壤生物学过程的影响主要是通过重金属影响酶的活性，从而间接影响有机化合物的降解，也可以通过改变土壤的氧化还原能力而影响有机化合物的降解或重金属形态的变化。厌氧条件下，微生物能够使用 Cr(Ⅵ)、Fe(III)、Hg(Ⅱ)、Mn(Ⅳ)、Se(Ⅵ)、U(Ⅵ)和 As(V)等作为电子接受中间体，从而改变这些重金属的毒性和溶解性以实现土壤的生物修复。土壤中 Cr(Ⅵ)、Se(Ⅵ)、U(Ⅵ)和 As(V)经微生物还原以后形成相应的非溶解性还原态，微生物还原可作为一种降低重金属迁移、减少重金属对人类危害的有效方法。相反，对于有机污染物的土壤降解过程，当不存在氧时，氧化态重金属就可以充当电子接受体，从而实现有机物的氧化。

Cr(Ⅵ)与苯甲酸之间微生物过程的研究表明（Shen et al.，1996），硝酸根、分子氧为 Cr(Ⅵ)

与苯甲酸之间微生物反应的激发剂。反应开始以后，即使硝酸根和分子氧被完全消耗，微生物还能够继续保持对 Cr(Ⅵ)的还原和对苯甲酸的降解。实验表明，苯甲酸的降解与 Cr(Ⅵ)的还原同时发生，而且强烈依靠 Cr(Ⅵ)的存在。当 Cr(Ⅵ)完全被除去时，苯甲酸的降解也将完全被终止。

（2）微生物与酶　　铜和锌具有杀菌作用，因而对土壤微生物和一些生化过程必然会产生一定的影响。曾有报道，当 Cu 的含量为 2×10^{-4} mol/L 时，对植物体内的羧酸酯酶（可水解 2，4–D 等）有抑制作用；生长在含 Zn 量为 500 μmol/L 培养基中的细菌、放线菌和真菌，其总数会减少；铜对土壤水解酶活性有较强的抑制效果，而在氰戊菊酯降解过程中，水解酶催化作用下的酯键水解起着重要的作用，因此，高浓度铜和锌通过抑制降解过程中所需的酶活性、土壤微生物的活性与数量来减缓氰戊菊酯降解（陈莉等，2006）。

镉和菲复合污染对土壤酶活性和微生物的影响表明（沈国清等，2005），在实验条件下（表 5-9），镉–菲复合处理的土壤中，蔗糖酶活性一直处于抑制状态，平均抑制率为 54%，而镉和菲单一处理对蔗糖酶活性的平均抑制率分别为 7%和–3%。镉–菲复合处理土壤中的脲酶活性相对于单一污染表现出同样的协同抑制作用，镉和菲单一处理对脲酶的平均抑制率分别为 6.4%和–2.6%，复合处理平均抑制率达 16.6%。镉、菲复合处理对脱氢酶活性的研究结果表明，随着处理时间的变化，脱氢酶呈现出先激活后抑制的效应，最大抑制率为 76%（49 d）。在整个试验过程中，镉、菲无论是复合处理还是单一处理，均对磷酸酶活性表现出抑制效应，然而复合处理的抑制效应持续时间较长。

表 5-9　镉–菲交互作用对土壤微生物的影响（沈国清等，2005）

化合物	土壤酶活性抑制率/%				土壤微生物数量抑制率/%		
	蔗糖酶	脲酶	脱氢酶	磷酸酶	细菌	放线菌	真菌
Cd	6.57	6.43	22.14	30.29	25.43	17.86	50.86
菲	–3	–2.57	–69.57	16.71	18.14	40.43	20.43
Cd＋菲（理论）	3.57	3.86	–47.43	47.00	43.57	58.29	71.29
Cd＋菲（实测）	53.57	16.57	–5.29	33.71	41.71	49.29	44.86
交互作用类型	协同	协同	协同	颉颃	颉颃	颉颃	颉颃

镉、铜、锌和荧蒽对土壤微生物影响的研究表明，荧蒽可以改变细胞膜的通透性，提高重金属对微生物的毒性。当低剂量的荧蒽和重金属单一存在时，对微生物无影响；而在共存时，则毒性明显增强。因此，受 PAHs 污染的土壤，重金属很容易进入微生物细胞中，从而影响和干扰其正常的功能。

思考题与习题

1. 污染源的调查是重金属污染源头控制的关键步骤之一，土壤重金属污染源包括哪些方面？

2. 重金属形态是评估其生态与环境影响的重要参数，如何区分土壤中的重金属形态？

3. 土壤中重金属的界面化学过程是理解其行为和归属的基础性资料，试讨论其主要反应有哪些？

4. 如何理解土壤元素背景值在保护土壤资源可持续利用方面的作用？

5. 什么是重金属的土壤负载容量？如何理解负载容量管控法在土壤污染防治中的作用？

6. 试说明稀土元素在土壤中的行为与环境质量的关系。如何看待稀土的农业利用问题？

7. 试讨论土壤中重金属交互作用的重要性。

主要参考文献

常江，竺伟民. 1996. 稀土在土壤中的吸附和解吸研究. 土壤通报，27（2）：84～87
陈怀满，郑春荣，周东美等. 2006. 土壤环境质量研究回顾与讨论. 农业环境科学学报，25（4）：821～827
陈怀满. 2002. 土壤中化学物质的行为与环境质量. 北京：科学出版社
陈怀满. 1988. 土壤对镉的吸附与解吸Ⅱ. 吸附势与解吸势. 土壤学报，25（3）：227～235
陈莉，章钢娅，胡锋. 2006. Cu、Zn 对氰戊菊酯在土壤中降解的影响. 江苏农业科学，（5）：173～176
陈林华，倪吾钟，李雪莲等. 2009. 常用肥料重金属含量的调查分析. 浙江理工大学学报，26（2）：223～226
陈英旭，何增耀，吴建平. 1994. 土壤中铬的形态及其转化. 环境科学，15（3）：53～56
陈英旭，朱荫湄，袁可能等. 1989. 土壤中铬的化学行为研究Ⅱ. 土壤对 Cr(Ⅵ)吸附和还原动力学. 环境科学学报，9（2）：137～143
陈英旭，朱祖祥，何增耀. 1993. 环境中氧化锰对 Cr(Ⅲ)氧化机理的研究. 环境科学学报，13（1）：45～50
陈祖义，刘玉，程薇等. 2000. 稀土元素（^{147}Pm，^{141}Ce，^{147}Nd）的环境毒理及其安全性评价. 中国核科技报告，CNIC-01499，CSNAS-0138，北京：原子能出版社.
戴清文，曾志明，王继玉. 1993. 江西省主要金属厂矿对畜牧业影响的初步调查. 农业环境保护，12（3）：124～126
邓红梅，陈永亨，常向阳. 2009. 腐殖酸对铊污染土壤中铊形态和分布的影响. 生态环境学报，18（3）：891～894
范婷婷. 2017. 锌在土壤中的吸附固定机制研究. 南京：中国科学院南京土壤研究所
付美云，周立祥. 2006. 垃圾渗滤液水溶性有机物对土壤吸附重金属 Cd^{2+}、Pb^{2+}的影响. 环境科学学报，26（5）：828～834
甘文君，何跃，张孝飞等. 2012. 电镀厂污染土壤重金属形态及淋溶去除效果. 生态与农村环境学报，28（1）：82～87
高洁，刘文英，陈卫军. 2012. 电镀污染区植物对复合重金属的富集、转移和对污染土壤的修复潜力. 生态与农村环境学报，28（4）：468～472.
郭鹏然，贾晓宇，段太成等. 2008. 土壤中稀土元素的形态分析. 分析化学，36（11）：1483～1487
何振立. 1997. 土壤微生物量及其在养分循环和环境质量评价中的意义. 土壤，29（2）：61～69
黄林，许露曦，钟格梅. 2017. 环境铊污染及其对人体健康影响的研究进展. 应用预防医学，23（2）：170～172
金姝兰，黄益宗. 2014. 土壤中稀土元素的生态毒性研究进展. 生态毒理学报，9（2）：213～223
李非里，刘丛强，宋照亮. 2005. 土壤中重金属形态的化学分析综述. 中国环境监测，25（4）：21～27
李强，乔捷娟，赵烨等. 2009. 污灌区土壤一棉花系统中铊的分布特征. 生态环境学报，18（2）：502～506
李山泉，杨金玲，阮心玲等. 2014. 南京市大气沉降中重金属特征及对土壤环境的影响. 中国环境科学，34（1）：22～29.
李爽，倪师军，张东等. 2007. 建立吸附动力学方程的“多化一”方法. 成都理工大学学报（自然科学版），34（3）：369～373
李彤，吴燕玉，王裕顺等. 1993. 土壤中铜、锌、锰、钴的活性与农业生产的关系. 见：国家环境保护局. 环境背景值和环境容量研究. 北京：科学出版社
刘敬勇，常向阳，涂湘林等. 2008. 广东某含铊硫酸冶炼堆渣场土壤中重金属的污染特征. 中国环境监测，24（2）：74～80
刘铮. 1996. 中国土壤微量元素. 南京：江苏科学技术出版社
刘忠珍，刘世亮，介晓磊等. 2005. 土壤环境中重金属形态区分方法的新进展及其应用. 中国农学通报，21（4）：206～211
鲁如坤. 2000. 土壤多元素通用浸提法和植物肥料养分简易测定法. 见：鲁如坤. 土壤农业化学分析方法. 北京：中国农业科技出版社
罗小三，周东美，陈怀满. 2005. 土壤中重金属形态分析研究进展. 中国科技论文在线，2005-7-27
南忠仁，程国栋. 2001. 干旱区污灌农田作物系统重金属 Cd、Pb 生态行为研究. 农业环境保护，20（4）：210～213
潘根兴，成杰民，高建琴等. 2000. 江苏吴县土壤环境中某些重金属元素的变化. 长江流域资源与环境，9（1）：51～55
潘根兴，高建芹，刘世梁等. 1999. 活化率指示苏南土壤环境中重金属污染冲击初探. 南京农业大学学报，22（2）：46～49
潘霞，陈励科，卜元卿等. 2012. 畜禽有机肥对典型蔬果地土壤剖面重金属与抗生素分布的影响. 生态与农村环境学报，28（5）：518～525
冉勇，刘铮. 1993. 稀土元素在土壤和氧化物表面的吸附与解吸研究. 环境科学学报，13（3）：288～293
沈国清，陆贻通，洪静波等. 2005. 菲和镉复合污染对土壤微生物的生态毒理效应. 环境化学，25（6）：662～665
孙倩，2016. 土壤中铁锰氧化物对锑固定与转化的机理研究. 北京：中国科学院大学
孙勇，范必威. 2004. 自然界中铊的分布及对人体健康的影响. 广东微量元素科学，11（11）：8～12
汪新民，张桂良. 1992. 安徽主要土壤对钕的吸附. 中国稀土学报，10（2）：159～162

王芳，李恋卿，董长勋等. 2007. 黄泥土和乌栅中不同粒径微团聚体对 Cu^{2+}的吸附与解吸.环境化学，26（2）：135～140
王芳，李恋卿，潘根兴. 2006. 黄泥土不同粒径微团聚体对 Cd^{2+}的吸附与解吸研究. 环境科学，27（3）: 590～593
王玮，高明. 2003. M3 浸提剂测定土壤微量元素铜锌锰的探讨. 山西农业大学学报，23（2）：117～119
王艳霞，张萍，陈映婕. 2012. 钢铁厂污水灌溉农田土壤重金属含量分析. 安徽农业科学，40（15）：8512～8514
王玉军，陈能场，刘存等. 2015. 土壤重金属污染防治的有效措施：土壤负载容量管控法——献给 2015“国际土壤年”. 农业环境科学学报，34（4）：613～618
王玉军，周东美，孙瑞娟等. 2006. 土壤中铜、铅离子的竞争吸附动力学. 中国环境科学，26（5）：555～559
吴辰熙，祁士华，苏秋克等. 2006. 福建省兴化湾大气沉降中重金属的测定. 环境化学，25（6）：781～784
吴国振，卢国俭. 2002. 白银污灌区土壤重金属污染的调查与防治措施. 甘肃有色金属，16（4）：8～14
夏增禄，穆从如，孟维奇等. 1984. Cd，Zn，Pb 及其相互作用对烟草、小麦的影响. 生态学报，4（3）：233～237
夏增禄. 1992. 中国土壤环境容量. 北京：地震出版社
肖唐付，陈敬安，洪冰等. 2003. 铊的土壤污染及其环境影响. 矿物岩石地球化学通报，22（2）：140～143
谢祖彬，朱建国，诸海燕等. 2000. 外源镧的吸附对红壤阳离子交换容量和溶液组成的影响. 南京农业大学学报，23（2）：61～64
邢光熹，朱建国. 2003. 土壤微量元素和稀土元素化学. 北京：科学出版社
许超，夏北成，何石媚等. 2008. 大宝山矿山下游地区稻田土壤重金属含量特征. 中山大学学报（自然科学版），47（3）：122～127
许嘉琳. 1995. 陆地生态系统中的重金属. 北京：中国环境科学出版社
余国营，吴燕玉.1997.土壤环境中重金属元素的相互作用及其对吸持特性的影响. 环境化学，16（1）：30～36
俞慎，何振立，黄昌勇. 2003. 重金属胁迫下土壤微生物和微生物过程研究进展. 应用生态学报，14（4）：618～622
战雯静，张艳，马蔚纯等. 2012. 长江口大气重金属污染特征及沉降通量. 中国环境科学，32（5）：900～905
张慧文，马剑英，陈发虎等. 2007. 污水灌溉的研究进展. 环境污染与防治，29（8）：622～627
张乃明. 2001. 大气沉降对土壤重金属累积的影响. 土壤与环境，10（2）：91～93.
张冉燃. 2010. 环保组织“通牒”世界品牌. 瞭望新闻周刊，（18）：14～16
张晓燕. 2012. 白银城郊污水灌溉危害治理探索. 农业环境与发展，（5）：50～53
章力干，竺伟民，张继榛等. 1996. 同位素示踪法测定稀土在土壤中的吸附、解吸和扩散. 中国稀土学报，14（3）：249～253
章明奎，刘兆云，周翠. 2010. 铅锌矿区附近大气沉降对蔬菜中重金属积累的影响. 浙江大学学报（农业与生命科学版），36（2）：221～229
赵雪涛，郜洪文. 2009. NICA—Donnan 模型对重金属吸附的应用进展. 离子交换与吸附，25（2）：185～192
中国环境监测总站. 1990. 中国土壤元素背景值. 北京：中国环境科学出版社
周翠，杨祥田，何贤彪等. 2011. 电子垃圾拆解区农作物可食部重金属污染评价. 浙江农业学报，23（4）：798～801
周康民，汤志云，黄光明等. 2007. 土壤中重金属形态分析方法研究. 江苏地质，31（3）：165～175
朱鹏，刘洋，陈良华等. 2013. 岷江下游农田生态系统重金属铅镉锌的输入源格局. 农业环境科学学报，32（9）：1814～1820
竺伟民，张继榛，章力干等. 1996. 稀土在土壤中运移数值模拟研究. 中国稀土学报，14（4）：341～346
邹海明，李粉茹，官楠等. 2006. 大气中 TSP 和降尘对土壤重金属累积的影响. 中国农学通报，22（5）：393～395
邹献中，徐建民，赵安珍等. 2003. 离子强度和 pH 对可变电荷土壤与 Cu 离子相互作用的影响. 土壤学报，40（62）：845～851
邹献中，徐建民，赵安珍等. 2004. 可变电荷土壤中 Cu 离子的解吸. 土壤学报，41（1）：68～73
Arias M，Pérez-Novo C，Osorio F et al. 2005. Adsorption and desorption of copper and zinc in the surface layer of acid soils. Journal of Colloid and Interface Science，288：21～29
Baker D E，Amacher M C. 1982. Nickel，copper，zinc，and cadmium.In：Page A L，Miller R H and Keeney D R. Methods of soil analysis，Part 2，chemical and microbiological methods. Madison：American Society of Agronomy/Soil Science Society of America
Bruemmer G W，Gerth J，Herms U. 1986. Heavy metal species，mobility and availability in soils. Zeitschrift Fur Pflanzenernahrung Und Bodenkunde，149：382～398
Cang L，Wang Y J，Zhou D M et al. 2004. Heavy metals pollution in poultry and livestock feeds and manures under intensive framing in Jiangsu province，China. Jounal of Environmental and Science，16（3）：371～374
Chen H M，Ponnamperuma F N. 1982. Yield and cadmium concentration of wetland rice grain as affected byaddition of cadmium，phosphorous and zinc compounds. Philippine Journal of Crop Science，7：109～113

Chen H Y，Teng Y G，Lu S J et al. 2015. Contamination features and health risk of soil heavy metals in China. Science of the Total Environment，512～513：143～153

Chisholmbrause C J，Oday P A，Brown G E. 1990. Evidence for multinuclear metal-ion complexes at solid water interfaces from X ray absorption spectroscopy. Nature J，348（6301）：528～531

Fan T T，Wang Y J，Li C B et al. 2016. Effect of organic matter on sorption of Zn on soil: elucidation by Wien effect measurements and EXAFS spectroscopy. Environmental Science & Technology，50：2931～2937

Greenland D J，Hayes M H B. 1981. The chemistry of soil processes. Chichester· New York· Brisbane · Toronto：John Wiley & Sons，Ltd.

Griffin R A，Au A K. 1977. Lead adsorption by montmorillonite using a competitive Langmuir equation. Soil Science Society of America Journal，41：880～882

Harter R D，Baker D E. 1977. Applications and misapplication of the langmuir equation to soil adsorption phenomena. Soil Science Society of America Journal，41：1077～1088

Hashimoto Y. Yamaguchi N. 2013. Chemical speciation of cadmium and sulfur K-Edge XANES spectroscopy in flooded paddy soils amended with zerovalent iron. Soil Science Society of America Journal，77（4）：1189～1198

Hayes K F，Roe A L，Brown G E. 1987. Insitu X-ray absorption study of surface complexes-selenium oxyanions on alpha-feooh. Science，238（4828）：783～786

Karimian N，Johnston S G，Burton E D，2017. Antimony and arsenic behavior during fe（II）-Induced transformation of Jarosite. Environmental Science & Technology，51（8）：4259～4268

Korcak R F，Fanning D S. 1978. Extractability of cadmium，copper，nickel，and zinc by double acid versus DTPA and plant content at excessive soil levels. J Environ Qual，7：506～512

Li L Z，Zhou D M，Luo X S et al. 2008. Effect of major cations and pH on the acute toxicity of cadmium to the earthworm eisenia fetida：implications for the biotic ligand model approach. Archives of Environmental Contamination and Toxicology，55：70～77

Li L Z，Zhou D M，Wang P et al. 2009. Effect of cation competition on cadmium uptake from solution by the earthworm Eisenla Fetida. Environmental Toxicology and Chemistry，28（8）：1732～1738

Li W，Wang Y J，Zhu M Q et al. 2013. Inhibition mechanisms of zn precipitation on aluminum oxide by glyphosate: A P-31 NMR and zn EXAFS study. Environmental Science & Technology，47（9）：4211～4219

Li Y，Wang Y B，Gou X et al. 2006. Risk assessment of heavy metals in soils and vegetables around non—ferrous metals mining and smelting sites，Baiyin，China. Journal of Environmental Sciences，18（6）：1124～1134

Li Z Y，Ma Z W，van der Kuijp T J et al. 2014. A review of soil heavy metal pollution from mines in China: pollution and health risk assessment. Science of the Total Environment，（468～469）：843～853

Lindsay W L，Norvell W A. 1978. Development of a DTPA soil test for zinc，iron，manganese，and copper. Soil Science Society of America Journal，42：421～428

Lindsay W L. 1979. Chemical equilibria in soils. New York: Awiley-Interscience Publication，John Wiley & Sons.

McBride M B. 1989. Reactions controlling heavy metal solubility in soils. Advanced in Soil Science，10：1～56

Miller J E，Hassett J J，Koeppe D E. 1975. The effect of soil properties and extractable lead levels on lead uptake by soybeans. Communications in Soil Science and Plant Analysis，6：339～347

Novozamsky I，Lexmond T T，Houba V J G. 1993. A single extraction proce-dure of soil for evaluation of uptake of some heavy metals by plants. International Journal of Environmental Analytical hemistry，51：4～58

Nriagu J O，Pacyna J M. 1988. Quantitative assessment of worldwide contamination of air，water and soils by trace metals. Nature，333（12）：134～139

Quevauviller P，Rauret G，Rubio R. et al. 1997. Certified reference materials for the quality control of EDTA-and acetic-extractable contents of trace elements in sewage sludge amended soils（CRMs483 and 484）. Fresenius Journal of Analytical Chemistry，357：611～618

Salomons W，Stigliani W M. 1995. Biogeodynamics of Pollutants in Soils and Sediments. Berlin，Hong Kong，Tokyo：Springer

Sanka M D，Olezal M. 1992. Prediction of plant contamination bycadmium and zinc based on soil extraction method and contents in seedlings. International Journal of Environmental Analytical Chemistry，46：87～96

Shen H，Prtichard P H，Sewell G W. 1996. Microbial reduction of Cr（VI） during anaerobic degradation of benzoate. Environmental Science & Technology，30：1667～1674

Soltanpour P N，Swab A P. 1977. A newsoil test for simultaneous extraction of macro and micro-nutrients in alkaline soils. Communications in Soil Science and Plant Analysis，8：195～207

Symeonides C，McRae S G. 1977. The assessment of plant-available cadmi-umin soils. Journal of Environmental Quality，6：120～123

Templeton D M，Ariese F，Cornelis R et al. 2000. Guidelines for terms related to chemical speciation and fractionation of elements：definitions，structural aspects and methodical approaches. Pure and Applied Chemistry，72：1453～1470

Tessier A，Campbell P G C，Bisson M. 1979. Sequential extraction precedure for the speciation of particulate trace metals. Analytical Chemistry，51（7）：844～851

Wang C L，Chen Y H，Liu J et al. 2013. Health risks of thallium in contaminated arable soils and food crops irrigated with waste water from a sulfuric acid plant in western Guangdong Province，China. Ecotoxicology and Environmental Safety，90：76～81

Wang P，Liu Y，Menzies N W et al. 2016. Ferric minerals and organic matter change arsenic speciation in copper mine tailings. Environmental Pollution，218：835～843

Wang Q Y，Zhou D M，Cang L. 2009a. Microbial and enzyme properties of apple orchard soil as affected by long-term application of copper fungicide. Soil Biology & Biochemistry，41：1504～1509

Wang S Q，Zhou D M，Wang Y J. 2003. Effect of o-phenylenediamine on Cu adsorption and desorption in red soil and its uptake by paddy rice（Oryza sativa）. Chemosphere，51：77～83

Wang Y J，Cui Y X，Zhou D M et al. 2009b. Adsorption kinetics of glyphosate and copper(Ⅱ) alone and together on two types of soils. Soil Science Society of America Journal，73：1995～2001

Wang Y J，Fan T T，Li W et al. 2017. Macroscopic and microscopic investigation of adsorption and precipitation of Zn on γ-alumina in the absence and presence of As. Chemosphere J，178：309～316

Wang Y J，Jia D A，Sun R J. 2008. Adsorption and cosorption of tetracycline and copper(Ⅱ) on montmorillonite as affected by solution pH. Environmental Science & Technology，42：3254～3259

Wong C S C，Li X D，Zhang G et al. 2003. Atmospheric deposition of heavy metals in the Pearl river delta，China. Atmospheric Environment，37：767～776

Xiao T F，Yang F，Li S H et al. 2012. Thallium pollution in China: A geo-environmental perspective. Science of the Total Environment，421～422：51～58

Xue W B，Yia H，Zhang Z Q et al. 2009. A new competitive adsorption isothermal model of heavy metals in soils. Pedosphere，19（2）：251～257

Zhou D M，Chen H M，Wang S Q. 2003. Effects of organic acids，o-phenyleneamine and pyrocatechol on cadmium adsorption and desorption in soil. Water Air and Soil Pollution，145：109～121

Zhou D M，Chen H M，Zheng C R. 2001. Catalytic effect of soil colloids on the interaction of Cr(Ⅵ) and p-methoxylphenol. Environmental Pollution，111（1）：75～81

建议进一步阅读的文献

陈英旭等. 2008. 土壤重金属的植物污染化学. 北京：科学出版社

王玉军，陈能场，刘存等. 2015. 土壤重金属污染防治的有效措施：土壤负载容量管控法—献给 2015“国际土壤年”. 农业环境科学学报，613～618

徐仁扣. 2016. 土壤界面化学过程与效应. 见：宋长青. 土壤学若干前沿领域研究进展. 北京：商务印书馆

中华人民共和国国务院. 2016. 土壤污染防治修订计划（土十条）. 2016 年 5 月 28 日

周东美，王玉军，陈怀满. 2014. 论土壤环境质量重金属标准的独立性与依存性. 农业环境科学学报，33（2）：205～216

朱永官. 2013. 农业环境中的砷及其对人体的健康风险. 北京：科学出版社

Alloway B J. 2013. Heavy metals in soil: Trace metals and metalloids in soil and their bioavailability. 3rded. Dordrecht Heidelberg New York Lodon：Springer

Peralta-Videa J R，Lopez M L，Narayan M et al. 2009. The biochemistry of environmental heavy metal uptake by plants: Implications for the food chain. International Journal of Biochemistry & Cell Biology，41（8～9）：1665～1677

Wei B G，Yang L S. 2010. A review of heavy metal contaminations in urban soils，urban road dusts and agricultural soils from China. Microchemical Journal，94（2）：99～107

Xu J M，Sparks D L.2013.Molecular environmental soil science. Progress in soil science. Dordrecht，Heidelberg，New York，Lordon: Springer

第六章　土壤中有机污染物与环境质量

随着现代工业的发展，人类向土壤排放了数以万计的有机化合物，如石油化工产品、油脂、溶剂、农药、兽医药、个人护理用品，以及来自于其他工业的有机毒物。目前世界范围市场上销售的化学品已达 7 万～8 万种之多，且每年又有 1 000～1 600 种新化学品进入市场，这些化学品都有可能进入土壤。以农药为例，全球每年使用量已达数百万吨；这些农药通过各种途径最终进入土壤，并且它们在土壤中可以发生迁移和转化，其残留物及其转化产物可能影响环境质量和农产品安全，对人类健康造成负面影响。大量研究发现，特定目标生物的生物杀灭剂同样会危害非目标生物，例如，曾一度被称为“最重要的生活必需品”之一的农药 DDT 虽然可以有效地降低疟疾等疾病的发病率，但却影响鳟鱼等鱼类的生长。DDT 在环境介质中能广泛传播，它在土壤、河流沉积物中的积累状况与地区销售量的趋势相似。一些并非用于生物杀灭剂的多氯联苯（PCBs）会在生物体内累积，通过食物链的传递危及人类健康。

持久性有机污染物（POPs）是一类能在环境中长期稳定存在、不容易被降解的有机污染物。20 世纪 90 年代初，POPs 对于环境和生态系统及人类健康的影响日益引起人们的关注。这类污染物能进行长距离迁移和沉积，并易于在生物体内富集，因此，对源头附近或远方环境与人体均有可能产生损害。POPs 通常具有低水溶性和高脂溶性，大部分为人工合成。2001 年 5 月，包括中国在内的世界绝大多数国家在瑞典斯德哥尔摩签署了《关于持久性有机污染物的斯德哥尔摩公约》（简称《公约》），《公约》决定禁止或限制使用 12 种持久性有机污染物，包括 8 种有机氯杀虫剂（艾氏剂、狄氏剂、氯丹、滴滴涕、异狄氏剂、七氯、灭蚁灵和毒杀芬），以及工业化学品和副产品[多氯联苯、六氯苯、多氯代二苯并二噁英（PCDDs）和多氯代二苯并呋喃（PCDFs）]。2009 年 5 月，《公约》又增加了 9 种需要控制的 POPs，分别是 3 种杀虫剂副产物（α-六氯环己烷、β-六氯环己烷、林丹）、3 种阻燃剂（六溴二苯醚和七溴二苯醚、四溴二苯醚和五溴二苯醚、六溴联苯）、十氯酮、五氯苯、全氟辛基磺酸及其盐类和全氟辛基磺酰氟。2011 年 5 月，联合国五次会议上添加 1 种农药硫丹；2013 年 5 月，联合国六次会议上添加六溴环十二烷。我国自 2014 年 3 月 26 日起，禁止生产、流通、使用和进出口α-六氯环己烷、β-六氯环己烷、十氯酮、五氯苯、六溴联苯、四溴二苯醚和五溴二苯醚、六溴二苯醚和七溴二苯醚。同时，禁止林丹、全氟辛基磺酸及其盐类和全氟辛基磺酰氟、硫丹（特定豁免和可接受用途除外）的生产、流通、使用和进出口。对于特定豁免用途的，应抓紧研发替代品，确保豁免到期前全部淘汰；对于可接受用途的，应加强管理及风险防范，并努力逐步淘汰其生产和使用。《公约》新增列“六溴环十二烷修正案”（简称《修正案》）自 2016 年 12 月 26 日起对我国生效，禁止六溴环十二烷的生产、使用和进出口。根据《公约》：①用于建筑物中发泡聚苯乙烯和挤塑聚苯乙烯的（主要作为阻燃剂），在特定豁免登记的有效期内，可生产、使用和进出口。特定豁免登记的有效期原则上自《修正案》对我国生效后 5 a（2021 年 12 月 25 日）终止。②用于实验室规模的研究或用作参照标准的，可生产、使用和进出口。

有关土壤有机污染与修复的发展历程与研究成果（2001～2014 年）曾有较为详细的总结与讨论（何艳和李永涛，2016），本章主要讨论土壤中有机污染物的种类、来源、理化性质、环境行为、生态毒性，以及对环境质量的影响。关于有机污染土壤的修复方法和技术将在第十二章、第十三章介绍。

第一节　土壤中有机污染物概述

土壤有机污染物种类非常多，每一类化合物都具有不同的分子结构和理化性质，发生不同的环境过程，并表现出不同的环境行为。对化合物分子结构的了解是探讨有机污染物环境行为的前提，是理解和预测它们行为的基础。因此，对于本章的学习，首先需要读者学习和掌握有机化学的相关理论和基础知识，其中，包括有机化合物的组成（元素组成、分子式和摩尔质量，有机化合物中元素的电子壳层，共价键，键能、键长与电负性原理，有机分子中原子的氧化态，有机分子中原子的空间排列和共振与芳香性等）、有机化合物的分类与命名（有机化合物的碳骨架：饱和烃、不饱和烃和芳香烃，有机卤化物，含氧、氮、硫和磷的官能团等）。有关这方面的知识可参阅《环境有机化学》（施瓦茨巴赫等，2004），或其他有关的有机化学教科书。

随着环境保护事业的发展，许多国家都采取了防治污染的措施。但由于环境中有毒物质品种繁多，不可能对每一种污染物都制定控制标准或实行控制，因而许多国家都在众多污染物中重点筛选出潜在危害大的化合物作为优先研究和控制对象，称为优先污染物，俗称污染物“黑名单”。我国也开展了大量的优先污染物筛选工作，根据有毒化学品环境安全性综合调查结果，曾经提出 14 类 68 种优先控制污染物的名单。在各国的优先污染物名单中，绝大多数为有机化合物。土壤是有机污染物在环境中分布、归趋的重要介质，开展土壤中优先污染物研究与控制具有重要意义。

土壤中的有机污染物主要包括有机农药、石油烃、塑料制品、染料、表面活性剂、增塑剂和阻燃剂等，其来源主要为农业施用、污水灌溉、污泥和废弃物的土地处置与利用，以及污染物泄漏等途径（郭莉等，2017；张建英等，2009）。例如，曾因拆卸含 PCBs 的电器，造成了局部土壤的 PCBs 污染，在检测的两块田地中，PCBs 的总量分别为 260 ng/g 和 930 ng/g，而未受直接污染的西藏土壤中 PCBs 的含量为 0.625～3.501 ng/g，取于北京怀柔的土样则仅为 0.42 ng/g（毕新慧等，2001）。

一、农　　药

农药是各种杀菌剂、杀虫剂、杀螨剂、除草剂和植物生长调节剂等农用化学制剂的总称，其品种繁多，且大多为有机化合物（林玉锁等，2000）。施用农药是现代农业不可缺少的技术手段。然而，农药施入田间后真正起作用的量仅占施用量的 10%～30%，而 20%～30%因蒸发和流失进入大气和水体，50%～60%残留于土壤中。自 20 世纪 40 年代广泛应用农药以来，累计已有数千万吨进入环境，农药已成为土壤中主要的有机污染物。在土壤中残留较多的主要是有机氯、有机磷、氨基甲酸酯和苯氧羧酸类等农药。

（一）有机氯农药

有机氯农药（OCPs）大部分是含有一个或几个苯环的氯代衍生物（图 6-1），主要用来防治植物病虫害。此类农药在 20 世纪 50～70 年代为确保农、林和畜牧业的增产发挥过巨大作用。但是有机氯农药化学性质稳定、不易分解，并具有高生物富集等特点，可以通过食物链传递累积而威胁人畜的健康。现在，即使在远离各种工业的极地环境中都能监测到这类污染物，有机氯农药污染已经是一个全球性的环境问题。我国不同地区代表性省份的有机氯农药污染状况，上海地区主要污染物为滴滴涕类（DDTs）；广东的 OCPs 以历史残留为主；湖北土壤 OCPs 的残留量呈现出很明显的垂直分布趋势，污染物以 DDTs 为主；北京农田土壤受 OCPs 的污染比较严重；沈阳土壤中 OCPs 的主要污染物为 DDTs（来雪慧等，2016）。杨代凤等（2017）分析了我国农业土壤中有机氯农药污染来源与防控措施。

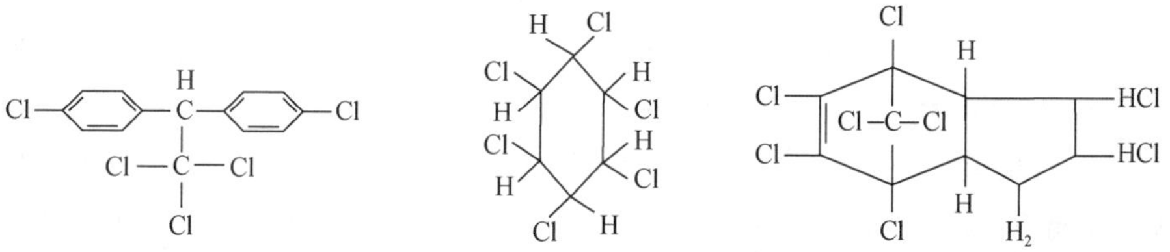

DDT($C_{14}H_9C_{15}$)　　林丹($C_6H_6C_{16}$)　　氯丹($C_{10}H_6Cl_8$)

(2,2–双(对氯苯基)–1,1,1–三氯乙烷)　　(γ–1,2,3,4,5,6–六氯环己烷)　　(1,2,4,5,6,7,8,8–八氯–2,3,3a,4, 7, 7a–六氢–4,7–甲撑茚)

图 6-1　有机氯农药结构式示例

有机氯农药主要分为氯代苯和氯代亚甲基萘制剂两大类。氯代苯类以苯作为基本合成原料，如滴滴涕（DDT）、六六六、林丹和六氯苯。这类制剂曾是我国应用最广、用量最大的品种。氯代亚甲基萘制剂以石油裂化产物作为基本原料合成而得，包括氯丹、七氯化茚、狄氏剂、艾氏剂和毒杀芬等。

（1）DDT　　DDT 在 20 世纪 70 年代以前是全世界最常用的杀虫剂。它有若干种异构体，其中，仅对位异构体（*p*，*p*'-DDT）有强烈的杀虫性能。在土壤中，表层土吸附 DDT 较多，所以它在土壤中的迁移不明显。但是植物可以通过根和叶片吸收 DDT，DDT 进入体内在叶片中的积累量相对较大，而在果实中较少。

DDT 对人、畜的急性毒性很小。大白鼠半致死剂量（LD_{50}）为 250 mg/kg。但由于 DDT 脂溶性强（100 000 mg/L）而水溶性差（0.002 mg/L），它可以长期在脂肪组织中蓄积，并通过食物链在动物体内高度富集，使居于食物链末端的生物体内蓄积浓度比最初环境所含农药浓度高出数百万倍。人在食物链中处于最末端，受害最大。

虽然 DDT 在全世界范围内已经被禁用，中国早在 1983 年也已不允许使用这种具有生物累积、致畸致癌的农药，但由于三氯杀螨醇的使用，历史上农药（六氯环己烷、林丹）残留和通过大气沉降传播，导致农田中 DDT 较高的检出率。在 DDT 和三氯杀螨醇生产厂附近 0.5～21.5 m 的土柱中，发现其深层 DDT 浓度要高于二氯杀螨醇，表明 DDT 要比二氯杀螨醇难以降解（Liu et al.，2015），因此，DDT 仍然受到人们的关注。

（2）林丹　　林丹是六氯环己烷（HCH，六六六）γ-异构体的俗名，含γ-异构体 99%以上，在六六六 8 种同分异构体中杀虫效力最高。林丹的大鼠经口急性 LD_{50} 为 88～270 mg/kg，小鼠为 59～246 mg/kg。按我国农药急性毒性分级标准，林丹属于中等毒性杀虫剂。在动物体内也有积累作用，对皮肤有刺激性。

林丹为白色或稍带淡黄色的粉末状结晶，在环境中不容易降解。20℃时在水中的溶解度为 7.3 mg/L，在 60～70℃下不易分解，在日光和酸性条件下很稳定，遇碱会发生分解而失去杀虫作用。但林丹在土壤中的残效期较其他有机氯杀虫剂短，其半衰期为 36.9～68.6 d，水解的半衰期为 8.94～2 310 d（刘济宁等，2011）。植物也能从土壤中吸收积累一定数量的林丹。

（3）氯丹　工业氯丹含量要求达到 60%以上，氯丹曾用作广谱性杀虫剂，通常加工成乳油状，琥珀色，沸点为 175℃，密度为 1.69～1.70 g/cm^3，不溶于水，易溶于有机溶剂，在环境中比较稳定，遇碱性物质能分解失效。其挥发性较大，但仍有比较长的残效期。在杀虫浓度范围内，对植物无药害，对人、畜毒性较低，如对大白鼠的 LD_{50} 为 457～590 mg/kg。但氯丹在体内代谢后，能转化为毒性更强的环氧化物，并使血钙降低，引起中枢神经损伤。其在动物体内的积累作用大于 DDT。

（4）毒杀芬　毒杀芬是用于控制农业蚊虫的杀虫剂，为黄色蜡状固体，有轻微的松节油气味。在 70～95℃范围内软化率为 67%～69%，熔点为 65～90℃。不溶于水，但溶于四氯化碳、芳烃等有机溶剂。在加热或强阳光的照射和铁之类催化剂的存在下，能脱掉氯化氢。毒杀芬对人、畜的毒性中等，能够引起甲状腺肿瘤和癌症。大白鼠 LD_{50} 为 69 mg/kg。能在动物体内积蓄。除葫芦科植物以外，对其他作物均无药害，残效期长。

（二）有机磷农药

有机磷农药是为取代有机氯农药而发展起来的，由于有机磷农药比有机氯农药容易降解，所以它对自然环境的污染及对生态系统的危害和残留没有有机氯农药那么普遍和突出。但有机磷农药毒性较高，大部分对生物体内胆碱酯酶有抑制作用。随着有机磷农药使用量的逐年增加，对环境污染和对人体健康危害等问题已经引起各国的高度重视。

目前，世界上的有机磷农药已有数百种，其中常用的约有百种，我国市场也有 200 余种，常用的有 30 余种。世界有机磷农药的生产量约占农药总量的 1/3，我国则占到一半以上。由于有机磷农药对有害靶生物的去除效果比较好，是我国目前使用最多的一种农药（宁诗琦，2017）。对有机磷在土壤中消解规律的研究，有助于评价其环境效应和污染防控（颜冬云等，2010）。有机磷农药大部分是磷酸的酯类或酰胺类化合物（图 6-2），按结构可将其分为如下几类，包括磷酸酯（如敌敌畏、二溴磷等）、硫代磷酸酯（如对硫磷、马拉硫磷、乐果等）、膦酸酯（敌百虫）和硫代膦酸酯、磷酰胺和硫代磷酰胺（如甲胺磷等）。

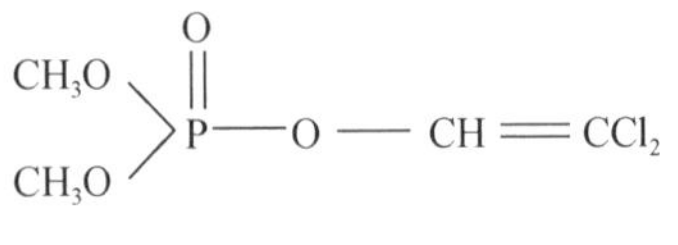

敌敌畏($C_4H_7O_4PCl_2$)

(O,O–二甲基–O–(2,2–二氯乙烯基)磷酸酯)

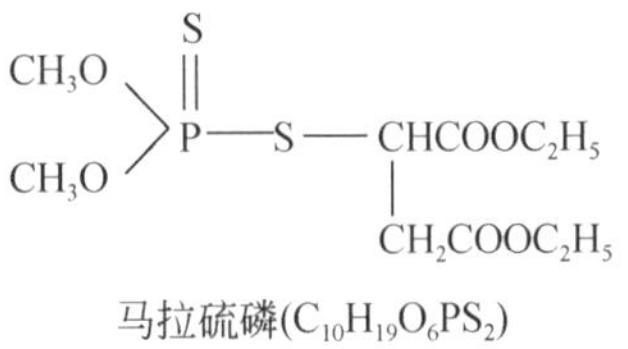

马拉硫磷($C_{10}H_{19}O_6PS_2$)

(O,O–二甲基–S–(1,2–二乙酯基乙基)二硫代磷酸酯)

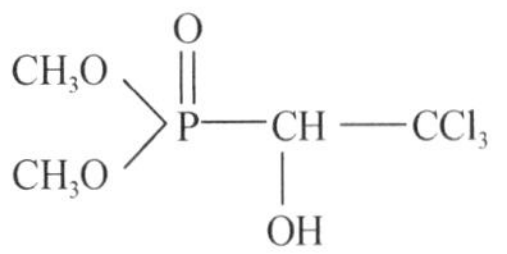

敌百虫($C_4H_8O_4Cl_3P$)

(O,O–二甲基–(2,2,2–三氯–1–羟基乙基)膦酸酯)

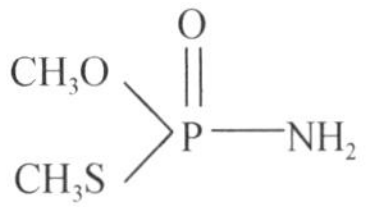

甲胺磷($C_2H_8O_2NPS$)

(O,S–二甲基胺基硫代磷酸酯)

图 6-2　有机磷农药结构式示例

有机磷农药多为液体，除少数品种（如乐果、敌百虫）以外，一般都难溶于水，而易溶于乙醇、丙酮和氯仿等有机溶剂中。不同的有机磷农药挥发性差别很大。

二、多环芳烃类

多环芳烃类（PAHs）是指两个以上苯环以稠环形式相连的化合物（图 6-3）。根据苯环的连接方式分为联苯、多苯代脂肪烃和稠环芳香烃三类。多环芳烃是最早发现的一类致癌物，已被发现的致癌性 PAHs 及其衍生物已超过 400 种，分布极为广泛，人们能够通过呼吸、饮食和吸烟等途径摄取，是人类癌症的重要起因之一。以表层土壤多环芳烃为研究对象，根据 2000～2016 年发表的有关中国主要地区表层土壤多环芳烃的文献，较为系统地分析了中国主要地区表层土壤中 PAHs 的含量、组分、分布特征及主要来源（张俊叶等，2017）。对 2004～2007 年公开发表的文献进行统计表明，我国表层（0～30 cm）土壤中 16 种优先控制的 PAHs 总量范围为 ND（未检出）～27 581 μg/kg，平均值为 1 462 μg/kg；七种致癌 PAHs 含量范围为 ND～3 658 μg/kg，平均值为 636.6 μg/kg，约占 PAHs 总量的 44%。京津及周围地区表层土壤中 PAHs 绝大部分来源于草、木和煤的不完全燃烧，而长江三角洲和珠江三角洲地区的来源以汽车尾气排放所占比例较大。我国北方受 PAHs 污染的土壤样点比例明显高于南方（邓绍坡等，2015）。

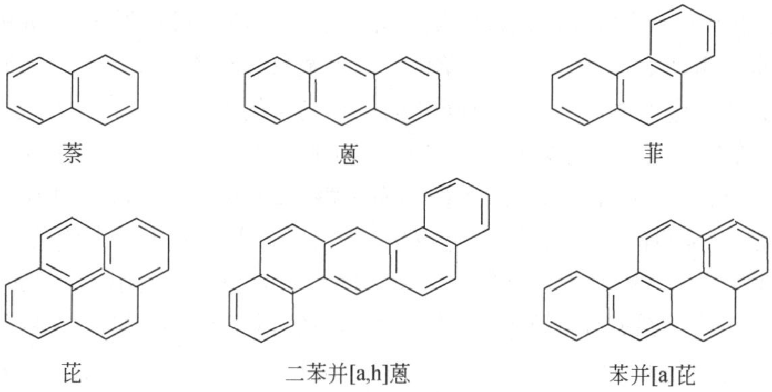

图 6-3　多环芳烃结构式示例

多环芳烃的来源可分为人为与天然两种，前者是 PAHs 污染的主源。PAHs 的形成机理很复杂，一般认为多环芳烃主要是由石油、煤炭、木材、气体燃料等不完全燃烧或在还原条件下热分解而产生的，人们在烧烤牛排或其他肉类时也会产生 PAHs。有机物在高温缺氧条件下，热裂解产生碳氢自由基或碎片分子，这些极为活泼的物质在高温下又立即热合成热力学稳定的非取代的 PAHs，如苯并［a］芘（BaP）是含碳燃料和有机物热解过程中的产物，其生成的最适宜温度为 600～900℃。

多环芳烃大都是无色、白色或淡黄绿色的固体，个别具深色，熔点及沸点比同碳数目的正构烷烃高，蒸气压小。由于其水溶性低，辛醇/水分配系数高，因此该类化合物易于从水中分配到生物体内或沉积于河流沉积层中。土壤是 PAHs 的重要载体，吸附态的 PAHs 在土壤中有较高的稳定性。发生反应时，PAHs 通常通过亲电取代反应形成衍生物，环状共轭体系不被破坏。

多环芳烃是一类惰性较强的碳氢化合物，能通过光氧化和生物作用而降解。低分子量的 PAHs，如萘、苊和苊烯均能快速被微生物降解，初始浓度为 10 mg/L 的溶液 7 d 内可降解 90%以上，而大分子量的 PAHs，如苯并［a］芘等很难被生物降解。PAHs 在土壤中很难发生光降解。

三、多氯联苯

多氯联苯（PCBs）是一类以联苯为原料，在金属催化剂作用下，高温氯化生成的氯代芳烃。根据氯原子取代数和取代位置的不同，共有 209 种同系物（图 6-4）。

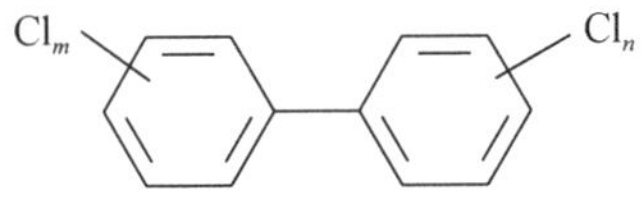

图 6-4 多氯联苯（PCBs，209 种同系物）

多氯联苯具有良好的化学惰性、抗热性、不可燃性、低蒸气压和高介电常数等优点，因此，广泛应用于电力工业、塑料加工业、化工和印刷等领域。PCBs 曾被作为热交换剂、润滑剂、变压器和电容器内的绝缘介质、增塑剂、石蜡扩充剂、黏合剂、有机稀释剂、除尘剂、杀虫剂、切割油、压敏复写纸和阻燃剂等，是重要的化工产品。PCBs 的商业性生产开始于 1930 年，据世界卫生组织（WHO）报道，至 1980 年世界各国生产的 PCBs 总计近 1.0×10^6 t，1977 年后各国陆续停产。我国于 1965 年开始生产 PCBs，大多数工厂于 1974 年底停产，到 20 世纪 80 年代初，国内已基本停止生产 PCBs，估计历年累计产量近万吨。50～70 年代，我国在不知情的情况下，曾由一些发达国家进口部分含有 PCBs 的电力电容器、动力变压器等，这些电子器件的拆卸导致了土壤 PCBs 污染（郭莉等，2017；张建英等，2009）。动物实验表明，PCBs 对皮肤、肝脏、胃肠系统、神经系统、生殖系统和免疫系统的病变甚至癌变都有诱导效应。一些 PCBs 进入体内后会影响哺乳动物和鸟类的繁殖，它们对人类健康也具有潜在致癌性。历史上曾发生过几次污染教训，如 1968 年日本北部九州县发生的震惊世界的米糠油事件，1 600 人因误食被 PCBs 污染的米糠油而中毒，22 人死亡。1979 年中国台湾也重演了类似的悲剧。深刻的教训、沉重的代价使 PCBs 的污染日益受到国际上的关注。

土壤中多氯联苯主要来源于大气颗粒沉降，工业园区造成的影响比较明显（宋康等，2017；林根满等，2015）；有少量来源于用作肥料的污泥、填埋场的渗漏，以及在农药配方中使用的 PCBs 等。土壤中的 PCBs 含量一般比它上部空气中的含量高出 10 倍以上。若仅按挥发损失计，土壤中 PCBs 的半衰期可长达 10～20 a。PCBs 在土壤中的挥发速率随着温度的升高而升高，但随着黏粒含量和联苯氯化程度的增加而降低。挥发过程最有可能是引起土壤中 PCBs 损失的主要途径，尤其是高氯取代的联苯。

四、二噁英

二噁英类（Dioxins）是对性质相似的多氯代二苯并二噁英（PCDDs）和多氯代二苯并呋喃（PCDFs）两组化合物的统称（图 6-5），是一种无色无味、毒性严重的脂溶性物质。二噁英熔点较高，分解温度大于 700℃，极难溶于水，可溶于大部分有机溶剂，易在生物体内积累，对人体危害严重。二噁英具有极强的致癌性、免疫毒性和生殖毒性等多种毒性作用。这类物质化学性质极为稳定，难以生物降解，并能在食物链中富集，可存在于各种环境介质中，属于全球性污染物质。在 75 个 PCDDs 和 135 个 PCDFs 同系物中，侧位（2，3，7，8-）被氯取代的化合物（TCDD）对某些动物表现出特别强的毒性，有致癌、致畸和致突变作用，引起人们的广泛关注。

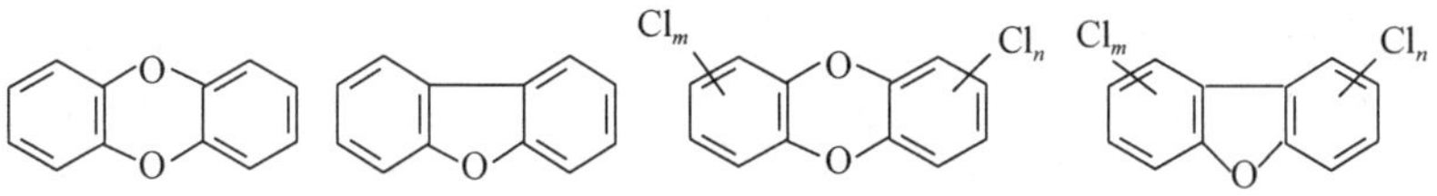

二噁英 (PCDD)　　(PCDF)　　多氯代二苯并二噁英 (PCDDs, 75个同系物)　　多氯代二苯并呋喃 (PCDFs, 135个同系物)

图 6-5　二噁英结构式

环境中的 PCDDs/PCDFs 主要来源于焚烧和化工生产，包括城市废弃物、医院废弃物、生活垃圾、化工厂的废物焚烧和燃煤电厂等，聚氯乙烯塑料、氯酚、氯苯、多氯联苯及氯代苯氧乙酸除草剂等农药的生产过程，钢铁冶炼、纸浆和造纸工业的氯气漂白过程，六六六热解废渣、造纸行业的污泥、汽车尾气的排放，苯氧羧酸类除草剂和杀虫剂等的使用都可向环境中释放二噁英。PCDDs 和 PCDFs 通过大气沉降、污泥农用和农药的施用等途径进入土壤（吴卫红等，2000）。虽然在我国一些地区土壤中二噁英的状况已有报道，例如，电子拆解地表层土壤中的含量普遍较高，但整体分布状况仍旧需要进一步调查研究（唐婷等，2016；邵科等，2013）。

除草剂、杀菌剂和杀虫剂中也发现含有二噁英类化合物，如用于森林的苯氧乙酸除草剂 2，4，5-三氯苯氧乙酸（2，4，5-T）和 2，4-二氯苯氧乙酸（2，4-D）。最毒的 2，3，7，8-TCDD 异构体最初就是在 2，4，5-T 中发现的。我国用农药六六六无效体生产氯代苯，废渣中的 PCDDs/PCDFs 含量相当高。自从 20 世纪 30 年代以来，氯酚被广泛用作杀菌剂、杀虫剂、木材防腐剂，以及亚洲、非洲、南美洲地区血吸虫病的防治，氯酚的生产主要采用苯酚直接氯化或氯苯的碱解这两种方式，因此，PCDDs/PCDFs 常常作为氯酚制造过程中的副产物而进入环境。这些废弃物若不能妥善处理，随意堆放，易通过渗漏、地表径流而进入土壤引起环境污染。

由于环境中的二噁英类主要以混合物形式存在，在对混合物进行二噁英类的毒性评价时，国际上常把不同组分折算成相当于 2，3，7，8-TCDD 的量来表示，称为毒性当量（toxic equivalents，TEQ）。样品中某 PCDDs 或 PCDFs 的浓度与其毒性当量因子（TEF）的乘积之和，即为该样品的二噁英类毒性当量 TEQ。城市污泥所含 PCDDs/PCDFs 的毒性当量（以干重计）通常在 20×10^{-9}～40×10^{-9} g/kg。施用污泥的土壤是否会造成 PCDDs 或 PCDFs 的累积，取决于污泥中二噁英的含量及土壤性质等因素（史烨弘等，2010）。

大气迁移与尘埃沉降也是土壤中二噁英类污染物的重要来源之一。有的学者甚至认为大气降尘向土壤输入的 PCDDs/PCDFs 远比施用污水和污泥重要。采用焚烧法处理城市生活垃圾时，其中包含的氯化物与燃烧过程中的碳、氢、氧和金属等元素，在一定的温度范围内发生反应生成二噁英类物质（450℃左右时生成量最高），尽管大部分二噁英在高温（850℃以上）下被分解，但仍然有一定数量排放于大气中，最终随大气及雨水沉降而进入土壤，从而造成潜在的危害（孔丝纺等，2011）。研究表明，医疗废物焚烧厂周边土壤二噁英含量随着时间的推移而逐步增加，2014 年焚烧炉周边土壤平均含量为基线含量（2007 年）的 6.5 倍（李敏等，2016）。

五、石　油　类

20 世纪 80 年代以来，土壤中的石油烃类污染成为世界各国普遍关注的环境问题。虽然石油能自然溢流进入土壤，但土壤石油烃类污染主要来自于石油钻探、开采、运输、加工、储存、产品不当使用及其废弃物的处置等人为活动，例如，油井附近土壤中石油类污染物的含量平均可达 15.8 g/kg，而正常灌溉条件下的农田，其含量仅为 2.2 mg/kg（韩言柱等，2000）。

在辽河油田的重污染区，土壤原油含量达到约 1.0×10^4 mg/kg（王梅等，2010）。石油排放、石油泄漏、输油管破损等事故，以及包含 PAHs 的润滑油等石油类产品的不合理排放，都会导致石油烃类化合物污染土壤环境；长期的慢性排放造成的土壤污染有时比石油泄漏事故更严重。有关石油土壤污染状况，特别是油田采油过程中的污染及存在的问题、石油烃的性质及生态影响，石油污染土壤的主要生态修复技术及原理等曾有较为系统的归纳与总结（唐景春，2014）。

石油烃类是包含数千种有机分子的复杂的混合物，其主要元素是碳和氢，也含有少量氮、氧、硫元素及钒、镍等金属元素。依据碳链的长度及是否构成直链、支链、环链或芳香结构，石油烃类化合物可以分为链烷烃、环烷烃、芳香烃和少量非烃化合物，如烷烃、苯、甲苯和二甲苯等。石油中的芳香烃类物质对人和动物的毒性较大，尤其是以双环和三环为代表的多环芳烃毒性更大。石油中的苯、甲苯、二甲苯和酚类等物质，如果经较长时间、较大浓度接触，会引起恶心、头痛和眩晕等症状。

土壤中的石油污染物在土壤中的吸附、解吸、挥发、渗滤和自然降解等环境行为和危害与它们的存在状态有关（李永霞等，2011）。石油烃类在土壤中以多种状态存在，包括气态、溶解态、吸附态和自由态。其中，被土壤吸附和存留于毛管孔隙的部分不易迁移，从而影响土壤的通透性。模拟研究表明（魏准等，2016），表层土壤中低含量的石油污染物对容重和孔隙度的影响不显著，当土壤中石油污染物含量超过 30 g/kg 以后，土壤容重随含油量的增加而显著降低；当土壤中石油污染物含量超过 50 g/kg 以后，土壤孔隙度随含油量的增加而显著增大。石油污染物能显著降低土壤的渗透性能和含水率，随着石油污染物数量的增加，土壤渗透系数达到稳定的时间也随之延长。

由于石油类物质的水溶性一般很小，因而土壤颗粒吸附石油类物质后不易被水浸润，不能形成有效的导水通路，透水性降低，透水量下降。能积聚在土壤中的石油烃，大部分是高分子量分子，它们粘附于植物根系表面并形成一层黏膜，阻碍根系的呼吸与吸收功能，严重的能引起根系腐烂。对动植物的毒性顺序为芳香烃＞烯烃＞环烷烃＞烷烃。以气态、溶解态和单独的一相存留于非毛管孔隙的石油烃类迁移性较强，容易扩大污染范围，最终可引起地下水的污染。此外，石油烃类在强酸、强碱和存在氧化剂的条件下都有很强的稳定性，在环境中的残留时间较长。

六、药物与个人护理品

工业化的发展和人民生活水平的提高使药品及个人护理用品（PPCPs）的生产和使用量迅猛增长，使 PPCPs 广泛分布于大气、水和土壤中。这是 21 世纪新显现并备受关注的一类污染物（贾瑷等，2009；刘莹等，2009；周启星等，2008；胡洪营等，2005），包括所有人用与兽用的医药品、诊断剂、保健品、麝香、化妆品、遮光剂、消毒剂和其他在 PPCPs 生产制造过程中添加的组分，如赋形剂、防腐剂等。目前，大约有 4 500 种医药品广泛用于人类或动物的疾病预防与治疗等领域，例如，抗生素、止痛剂、抗癫痫药物、降压剂、降脂剂、抗癌剂和抗抑郁药等，有关抗生素的影响问题本书有专题讨论。环境中的 PPCPs 含量多在 ng/L～μg/L 或 pg/g～ng/g 数量级。PPCPs 进入环境的主要途径如下。

1）药物直接或间接排放　人体和动物摄入医药品后，经过代谢以尿液或粪便的形式排入下水道；或使用后随洗漱、游泳等活动进入城市污水处理系统；也有未使用完或过期的 PPCPs 类化合物以垃圾形式被直接丢弃。一般情况下，含有 PPCPs 的污水经过常规处理后，仍然有相当一部分残留而排入地表水体。

2）污水　未处理完全的生产废水，畜禽和水产养殖业及动物直接排放在地表的粪便可以通过地表径流或渗滤进入水体和深层土壤。

3）污泥与粪便　污水处理厂的污泥和动物粪便经施肥进入农田造成土壤污染。

4）垃圾渗滤液　垃圾填埋场的垃圾渗滤液的渗漏也可能污染土壤或地下水；反之，土壤中的 PPCPs 由于渗滤作用也会进一步污染地下水。

尽管 PPCPs 是为了促进人体或动物的某种特定生理反应而设计的，但是人们对 PPCPs 的环境影响，尤其是对直接暴露于含 PPCPs 环境中生物的潜在影响尚了解不多。在 PPCPs 的生态和健康危害方面，目前最为关注的是抗生素和固醇类激素两大类物质。前者主要引起微生物的选择压力和抗药病原菌的选择性存活，后者则主要通过干扰内分泌系统而影响生物的发育和繁殖。由于 PPCPs 可持续不断地输入环境中，因而它们在环境中的残留浓度呈上升趋势，并逐渐显现对微生物和动植物的生态毒性，对人类也具有潜在的生态风险。

七、增　塑　剂

我国常用的增塑剂为酞酸酯类化合物（phthalic acid esters，PAEs），又名邻苯二甲酸酯，如邻苯二甲酸二丁酯（DBP）和邻苯二甲酸二异辛酯（DEHP）（图 6-6）。酞酸酯类化合物从二甲基酯到十三烷基酯共 20 多种化合物。一般为无色油状黏稠液体，难溶于水，具有较高的脂溶性，且易溶于有机溶剂。由于它们的广泛使用，这类化合物在土壤、水体、大气及生物体乃至人体诸多环境或组分中均有检出，成为全球最为普遍的污染物之一。由于此类化合物显著的环境类激素效应，中国、美国和日本等许多国家都将其列入优先控制污染物黑名单之中。

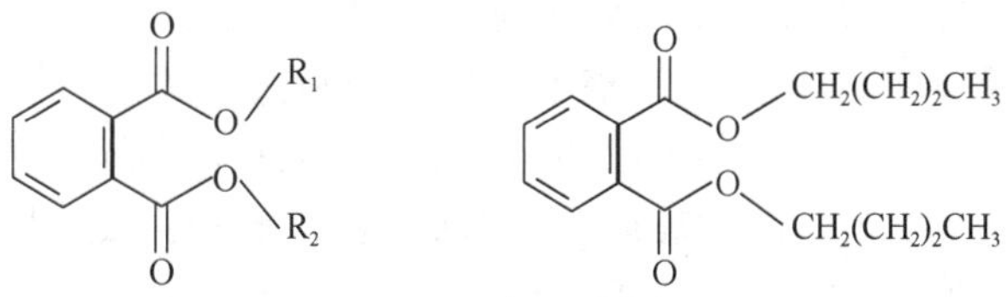

邻苯二甲酸酯　　　　邻苯二甲酸二丁酯

图 6-6　增塑剂结构式示例

土壤中酞酸酯主要来源有农膜及其他废弃塑料制品、工业烟尘的沉降，用含酞酸酯的地表水进行灌溉，施用化肥和农药等。我国是塑料农膜生产和消费大国，在制作塑料地膜过程中所添加的增塑剂与其塑料分子只是一种物理性的结合，在使用过程中能直接释放，通过接触直接进入土壤和环境中（崔明明等，2013）。我国农业土壤已受到 PAEs 不同程度的污染，含量一般在μg/kg～mg/kg 数量级，其中，不同地区检出率最高的化合物主要是 DEHP、邻苯二甲酸二乙酯（DEP）、DBP，含量均超过了美国相关土壤控制标准（陈永山等，2011；张茂生等，2009；关卉等，2007）。PAEs 检测研究表明，胡萝卜、番茄、油菜和丝瓜等作物均会富集 DBP 和 DEHP，并且最高含量高达 43.21 mg/kg，作物吸收累积土壤中的 PAEs 从而进入食物链，影响人类健康（方杰，2008；高军和陈伯清，2008），因而必须重视 PAEs 对土壤-植物系统的污染问题。

八、其他重要的有机污染物

土壤中的有机污染物很复杂，除了前面介绍的几类外，还有全氟化合物、溴代阻燃剂、染料类、表面活性剂，以及酚类和亚硝胺物质等（图 6-7～图 6-12）。这些污染物来自于大气沉降、工业废水、污灌，以及污泥和堆肥。他们进入土壤环境后，会造成对生态与环境的危害。

（一）全氟化合物

全氟化合物（perfluorochemicals，PFCs）是指化合物分子中与碳原子连接的氢原子完全被氟原子所取代的一类有机化合物。PFCs 主要由离子型全氟烷基类化合物（PFASs）和非离子型全氟化合物（Non-ionic PFCs）等组成，PFASs 又可分为全氟磺酸类化合物（PFSAs）和全氟羧酸类化合物（PFCAs）。一般在环境和生物体中最常见的 PFCs 为：PFSAs 中的全氟辛烷磺酸（PFOS）和 PFCAs 中的全氟辛酸（PFOA）（图 6-7）。

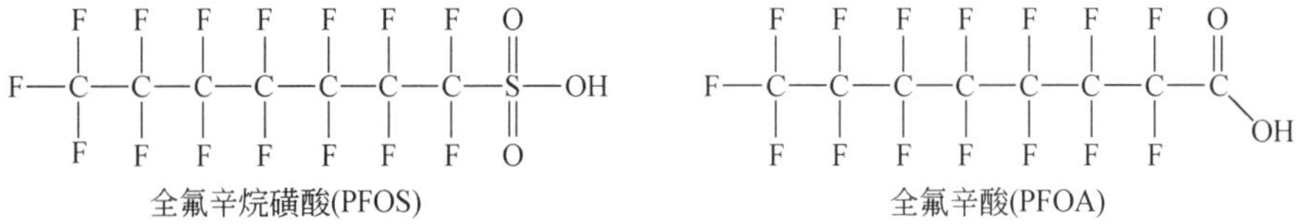

图 6-7　全氟化合物结构式示例

全氟辛烷磺酸和全氟辛酸因具有优良的热稳定性、化学稳定性、高表面活性，以及疏水、疏油性能，被广泛应用于工业生产和生活消费领域。其稳定的化学性质、不易挥发，以及不能被生态系统降解的特性使其在世界范围内广泛分布，成为严重威胁生态环境和人群健康的安全隐患。2009 年，PFOS 及其盐和全氟辛烷磺酰氟被正式列入 POPs 名单（史亚利和蔡亚歧，2014）。环境学家根据目前的初步调查结果认为，PFOS 和 PFOA 是继多氯联苯、二噁英等之后又一种新的持久性环境污染物，会对整个生态系统和人类健康产生严重影响。大气中的 PFCs 可通过干湿沉降进入土壤，水中的 PFCs 可通过地表径流、灌溉进入土壤。目前，土壤中 PFCs 的研究主要为河口及近岸、农田、水源保护地等，也有涉及工厂周边及城市不同功能区土壤的报道（梁欢欢等，2017；张鸿等，2014；胡国成等，2013；孟晶等，2013）。通过了解土壤中的 PFCs 含量及其污染特征，可以为 PFCs 环境风险评价及其来源解析提供重要的科学数据。

（二）溴代阻燃剂

溴代阻燃剂（brominated flame retardants，BFRs）是一类用于阻燃的溴代化合物，被广泛应用于工业生产和日用品中，包括电子产品、纺织、家具、防火材料、装饰物和塑料制品等，提高产品的着火点，降低发生火灾的可能性。由于这类化合物具有良好的阻燃性能和低廉的价格，一直是阻燃剂中使用最为广泛的一种。随着社会经济的快速发展，全球对溴代阻燃剂的需求量不断增加（Covaci et al.，2011）。其中，多溴联苯醚（PBDEs）、六溴环十二烷（HBCD）、四溴双酚 A（TBBPA）这 3 类产品（图 6-8）市场需求量最大。

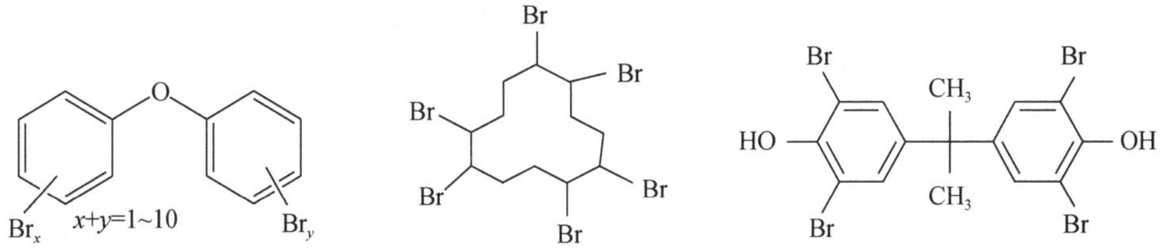

图 6-8　溴代阻燃剂结构式示例

溴代阻燃剂在自然环境中相当稳定，不易被降解，能够在环境中长期积累、迁移和转化，具有较强的生物蓄积毒性（邱孟德等，2010）。研究者已从底泥、土壤和生物体等多种样品中检测到溴代阻燃剂（曾甯等，2013；邹梦遥等，2009）。近年来，随着我国电子产业的迅猛发展，以及国际电子垃圾大量涌入，生态环境中溴代阻燃剂的含量显著提高（叶昊等，2015）。

土壤中多溴联苯醚的来源主要有 3 种途径：①主要来源于大气沉降，由于 PBDEs 是一种添加型阻燃剂，缺乏化学键的束缚作用，因此，阻燃剂聚合产品制造厂、电器制品厂、塑料制品厂等工业生产企业生产的 PBDEs 容易通过挥发进入环境，后经大气沉降进入土壤。②来源于地表径流和灌溉用水，由于电子垃圾在非法拆卸及长期露天堆放过程中，其中的 PBDEs 可通过泄露和降水作用进入地表径流，而后渗入土壤。③来源于污水处理厂污泥的农业利用，PBDEs 随污水进入污水处理厂，由于 PBDEs 具有高辛醇-水分配系数，因此，大部分 PBDEs 会被分配到污泥中（罗孝俊等，2009）。

（三）染料类

随着染料生产、纺织和印染工业的迅速发展，有机染料（图 6-9）在衣服、食物染色及家庭装修等方面应用广泛。有些染料具有致癌性物质，例如，芳香胺类中的联苯胺、萘胺和芴胺等。土壤中的染料主要来源于工业废水的排放、含有染料的污水灌溉、污泥和堆肥等。调查发现毗邻污染源地区的农业土壤中各种有机染料的总含量可达 19～3 114 mg/kg。

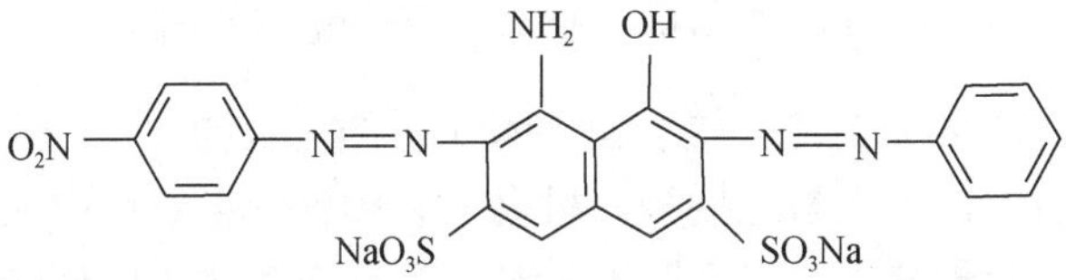

图 6-9　染料类结构式示例（酸性蓝黑）

（四）表面活性剂

表面活性剂是家庭和工业洗涤产品的活性成分（图 6-10），随着它的大量应用，含有表面活性剂的工业废水和城市生活污水，以污灌和污泥的方式进入土壤，对土壤产生不同的影响，甚至污染。表面活性剂分为阴离子型、阳离子型和非离子型 3 类。土壤污染中常见的表面活性剂主要是烷基苯磺酸盐，如烷基苯磺酸钠。土壤中表面活性剂的作用有双面性，当浓度低时能改善土壤团聚性能，提高土壤持水性；但是，较高浓度的表面活性剂进入土壤后可导致土壤黏粒稳定性增强，不利于黏粒聚沉，使土壤颗粒的分散性和流动性增加，从而加重水土流失；同时，吸附于土壤颗粒上的农药和重金属，可随径流转移而扩大污染范围。另外，土壤中的许多营养成分富集在黏粒上，表面活性剂对土壤环境的污染也会加重水体的富营养化和土壤自身的贫瘠化。

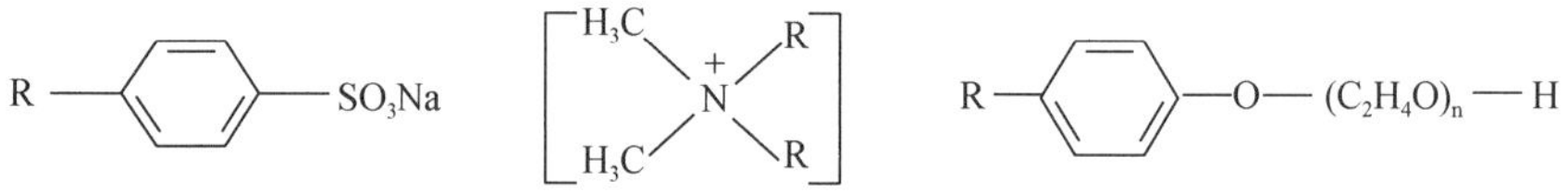

烷基苯磺酸钠（阴离子表面活性剂）　季胺盐（阳离子表面活性剂）　烷基苯酚聚氧乙烯醚（非离子表面活性剂）

图 6-10　表面活性剂结构式示例

土壤中的低浓度表面活性剂对一些植物的生长有刺激作用，但高浓度会导致减产。表面活性剂还对土壤微生物有影响，能引起微生物种群数降低。

（五）酚类和亚硝基化合物

酚类化合物（图 6-11）是芳烃的含羟基衍生物，可根据挥发性将其分为挥发性酚和不挥发性酚。环境中的酚污染物主要来源于工业企业排放的含酚废水，通常含酚废水中以苯酚和甲酚的含量最高。在许多工业领域，如煤气、焦化、炼油、冶金、机械制造、玻璃、石油化工、木材纤维、化学有机合成工业、塑料、医药、农药和油漆等工业排出的废水中均含有酚，这些废水若不经过处理或处理不达标而直接排放，或用于灌溉，就会污染土壤，并对土壤生物和人体健康产生不利影响。酚类物质被农作物吸收会导致农作物的可食部分产生异味（杨国栋，2004）。

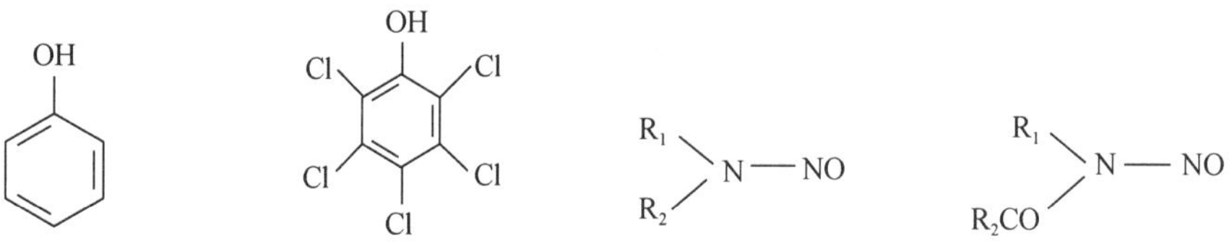

苯酚　五氯苯酚　N–亚硝基胺　N–亚硝基酰胺

图 6-11　酚类和 N-亚硝基化合物结构式示例

N-亚硝基化合物（图 6-11）是一类含有 NNO 基的化合物，是一类广谱的致癌物，其前体物质广泛存在于环境中，人类与之接触的机会十分频繁。当农田中大量使用含有硝酸盐的化肥，或土壤中铁、钼元素缺乏，或光照不足时，会造成植物体中硝酸盐的明显积累。过多的硝酸盐不仅严重影响动植物产品的安全，它还会从土壤渗入地下水而对水体造成严重污染（蔡丽和崔艳，2010），而硝酸盐在一定条件下可转化为 N-亚硝基化合物。

（六）废塑料制品

由于塑料价格便宜、性能好和加工方便，塑料工业迅速发展，各类农用塑料薄膜和塑料制品被大量使用，除部分被回收外，很多都作为垃圾被抛弃或进行土地填埋。塑料是一种高分子材料，常由聚氯乙烯、聚乙烯、聚丙烯和聚苯乙烯等化工原料制成（结构式示例见图 6-12），由于它们不易腐烂、难以消解，散落在土地里造成永久性“白色污染”，一些塑料在土壤中可能需要 200 a 之久才能被降解。

聚乙烯　　　　聚苯乙烯

图 6-12　塑料物质结构式示例

农膜的大量使用带来了一定的环境问题。残留的地膜碎片会破坏土壤结构，阻断土壤中的毛细管，影响水肥在土壤中的运移，妨碍作物根系发育生长，降低农作物产量。实验表明，土地残留地膜 45 kg/hm^2 时，则蔬菜产量可减少 10%，而小麦可减产 450 kg/hm^2。残膜还影响农田耕作管理，使农田生态系统受到大面积破坏。同时，增塑剂随农膜的使用而大量进入农田生态系统中，使农田土壤、作物生长发育和产品品质受到影响。

微塑料（<5 mm 的塑料颗粒）的环境问题是一个新的研究领域，在过去 60 a 中全球塑料生产量增加了 560 倍，海洋环境中微塑料的积累在不断增加，有关论文综述了海洋环境中微塑料生态风险的研究进展（孙晓霞，2016）。土壤微塑料污染问题也开始被关注，周倩等（2016）探讨了土壤样品中微塑料的分离方法，研究了微塑料类型、丰度和形貌，讨论了应予以重点关注的问题，包括基于微塑料表面特性的污染物结合机制、生物积累与生态毒性等。

第二节　有机污染物的土壤环境行为

土壤是一个复杂的多介质、多界面体系，有机污染物在土壤中的行为涉及不同的界面过程。有机污染物在土壤中可能发生吸附/解吸、挥发、渗滤、生物降解和非生物降解等（王春辉等，2014），这些过程往往同时发生，相互作用，有时难以区分并受许多因素的影响。一般来说，土壤对外源性人工合成化学物质具有自净能力，但是不同结构的化学物质在土壤中的降解过程和机制却有很大的差异，一些有机物在土壤中可能还有特异性反应，生成比母体化合物毒性更大或具有潜在危险性的转化产物。关于土壤有机污染物的界面行为，包括吸附与解吸、生物有效性及调控、土壤污染修复等都有很好的总结与论述（朱利中，2016）。

一、有机污染物在土壤中的吸附和解吸

（一）吸附

1. 吸附行为的描述

化学物质（吸附质）与固相物质（吸附剂）的结合过程通常称为吸附过程。当吸附质仅仅与吸附剂的表面结合时，称为吸附（adsorption）；而当吸附质深入吸附剂的内部时，称为吸收（absorption）；当不能区分“吸附”和“吸收”作用时，则统称为吸着或吸持（sorption）；然而在中文习惯中常常用“吸附”这一词汇。吸附作用是有机污染物与土壤固相之间相互作用的主要过程，直接或间接影响着有机污染的迁移性和生物可利用性等行为。

土壤对有机污染物的吸附是环境土壤学的重要研究内容。有机化合物在土壤中的吸附作用通常用吸附等温线表示，在研究中常用 Freundlich 模型、Langmuir 模型和 BET 公式进行拟

合，可估算出吸附平衡常数等有关参数。例如，将过 60 目的风干土和若干不同浓度的农药溶液，按一定的水土比在恒温条件下振荡一段时间达到平衡后，离心测定上清液中农药的余量，通过拟合 Freundlich 吸附公式可求得农药的土壤吸附系数（K_f）。

$$\lg S = \lg K_f + \frac{1}{n}\lg C_e \tag{6-1}$$

式中，S 为农药在土壤中的吸附量（μg/g）；C_e 为达到吸附平衡后溶液中农药的浓度（μg/mL）；$1/n$ 为关系曲线的斜率。由此可见，吸附等温线是在同一温度下，不同初始浓度污染物相对应的平衡浓度 C_e 与土壤吸附量 S 之间的关系曲线。

常见的吸附等温线有直线型（C-型）、Langmuir 型（L-型）、Freundlich 型（F-型）、高亲和力型（H-型）和 S-型等（参见第五章图 5-3），它依赖于吸附质和吸附剂的性质及其环境条件。最简单的是线性吸附等温线，它表明在一定浓度范围内，有机物与吸附剂间的作用力不变，适用于均匀有机相中的分配占主导地位或当强吸附位点处于低浓度、远未达到饱和时的情形。F-型和 L-型等温线表明，随着有机物浓度的升高，吸附变得越来越困难，这是因为吸附位点开始饱和或者剩下的吸附位点对有机污染物吸引力减小的原因；S-型等温线和 H-型等温线的特征可参阅第五章中的相关内容。在土壤或沉积物中，往往存在多种吸附剂，因此，总的吸附等温线可能是不同类型吸附等温线的综合结果。有关有机化合物吸附等温线的类型可参见文献（施瓦茨巴赫等，2004）。

2. 吸附模型

土壤固相包含无机矿物、金属氧化物和有机质部分，对有机污染物的吸附实际上是这几种成分共同作用的结果；但由于相似相溶的原理，有机污染物可以通过溶解分配而进入土壤有机质，因而土壤吸附有机污染物机理的研究在一个相当长的时期内主要是从土壤中有机质的角度进行的（党志等，2001）。

（1）线性分配模型　早期的研究发现，土壤中有机碳的含量直接决定着土壤吸附杀虫剂的能力，并从机理上进行了解释，它假定土壤有机质的作用相当于有机萃取剂，有机污染物在土壤有机质与水之间的分配就相当于该化合物在水-憎水性有机溶剂之间的分配。经过许多学者的共同努力（Chiou et al.，1979；Karickhoff et al.，1979），20 世纪 80 年代初期形成了一个较为普遍接受的线性分配模型，该模型假定土壤有机质在组成和分子结构上都是均匀的，疏水性有机化合物被土壤吸附，实际上是这些化合物在土壤有机质上的分配过程，此过程的特点包括：①吸附等温线应该是线性的，对给定的疏水性有机化合物，其经过有机碳标化过的分配系数（K_{oc}）为常数；②吸附速率很快；③吸附是完全可逆的；④不同疏水性有机化合物之间没有竞争吸附现象。

（2）非线性分配模型　实际的吸附并非总是线性的，有的学者从分配原理出发提出了非线性分配模型，试图用以解释实验中常常观察到的这一现象。该模型认为发生非线性吸附主要是由于以下一个或多个因素共同作用的结果，即液相中存在的悬浮物会改变疏水性有机化合物在土壤中分配系数的大小；土壤中的无机矿物组分参与了吸附；土壤有机质组成和结构的不同而影响吸附。

但是，对于给定的反应体系，该模型无法给出非线性吸附的范围和大小。20 世纪 80 年代后，人们发现了大量非线性吸附现象：①土壤有机污染物体系，其吸附等温线常常是非线性的，且遵循 Freundlich 吸附方程；②对一种非极性有机污染物，用不同的土壤进行吸附实验时，所得到的 K_{oc} 值不同，而且实验所得到的 K_{oc} 值比经验式预测的普遍偏高；③吸附速率随时间的推移逐渐减慢，吸附平衡时间可能需要数月；④同化学吸附相比，土壤对非极性有机污染物的吸附焓要小得多，有放热和吸热双重现象；对给定的非极性有机化合物，其吸附焓随土壤的不同而异；⑤有机污染物从土壤中的解吸速率明显低于吸附速率，有滞后现象；⑥不同物理化学性质的非极性有机污染物与土壤作用时存在竞争吸附，这是线性分配模型所无法解释的。

随着研究的不断深入，为了对实验中的现象进行合理解释，一些学者从不同角度出发，建立了一些模拟效果较好的模型，如双模式吸附模型、三端元反应模型（高敏苓和戴树桂，2006；党志等，2001）和电荷分布多位点表面配位模型（CD-MUSIC，Hiemstra and Riemsdijk，1996）。

（3）双模式吸附模型　在一系列实验结果的基础上，假设土壤有机质实际上是一个双模式的吸附剂（Pignatello and Xing，1996；Xing and Pignatello，1996；Xing et al.，1996），则可将土壤有机质分为溶解相（或有机质的橡胶质区域）和孔隙填充相（或有机质的刚性区域）两个部分。这两个部分都会对吸附产生影响，但机理却完全不同。其中，有机污染物在溶解相上的吸附是一个分配过程，表现为线性和非竞争性，在这个区域内主要是有机物分子与胡敏酸和富啡酸发生反应，它在此相中具有较大的扩散系数，吸附与解吸的速率都很快，不会发生滞后现象；而在孔隙填充相中，吸附则遵循 Langmuir 吸附等温模型，有机污染物在此相中的扩散比在溶解相中的扩散要慢得多，需要的平衡时间较长，从而构成了慢吸附。在刚性区域，分配作用和孔的填充同时发生。孔的填充是指有机污染物分子与土壤基质的特殊点位的相互作用。双模式吸附模型认为土壤有机质中有大量性质不同的微小（纳米级）孔隙，即特殊点位存在，而不同性质的点位对有机污染物的吸附能力不同，所以就会有不同的吸附和解吸速率，即滞后现象的发生。就土壤有机质中的溶解相的存在，人们已经达成相当程度的共识，但对纳米级微小孔隙的存在则有一些分歧（Xing and Pignatello，1997）。

进一步的研究还表明竞争吸附只发生在土壤有机质相中，具体的吸附位置就是孔隙填充相，而非溶解相。并且，随着土壤有机质缩合程度的增加（例如，土壤腐殖质中的胡敏素比胡敏酸缩合程度大），吸附的非线性和竞争吸附现象也越明显（Xing and Pignatello，1998）。双模式吸附模型不但适应于非极性有机化合物，而且也适用于极性有机化合物。

（4）三端元反应模型　Weber 等（1992）客观地认定土壤（包括有机质）的不均匀性，在此基础上引入了“硬碳”（缩合态土壤有机质）和“软碳”（无定形的土壤有机质）的概念，认为有机化合物与硬碳之间倾向于非线性吸附，而与软碳之间则倾向于线性分配。土壤对有机污染物的吸附是由一系列线性的和非线性的吸附反应组合而成的，观察到的宏观吸附现象实际上是由很多微观上机理各不相同的吸附所组成的。如果每一项微观的吸附都是线性的，总的吸附也应该是线性的；如果其中有一项或几项吸附是非线性的，则整个吸附等温线为非线性。线性部分的吸附服从分配机理，而非线性部分则与表面反应有关。这就是所谓的分布式反应模型（distributed reactivity model），也称为多端元反应模型。菲在土壤上的吸附可以用多端元反应模型进行很好的解释（连国玺和沈珍瑶，2006）。

Weber 和 Huang（1996）将土壤中吸附有机污染物的组分分成无机矿物表面、无定形的土壤有机质和缩合态的土壤有机质 3 个部分，从而构成了三端元反应模型。有机污染物通过不同的吸附方式进入到土壤的上述 3 个部分，其中，无机矿物和无定形的土壤有机质对有机污染物的吸附以相分配为主，是一个可逆过程；而在缩合态的吸附则表现为非线性，吸附速率与无机矿物和无定形的土壤有机质相比明显缓慢，需更长的时间达到平衡，并难以解吸，因而在吸附与解吸之间会存在明显的滞后现象。三端元反应模型不仅适用于平衡体系，同时也适用于非平衡体系，因此，它能较为成功地解释两个阶段的吸附现象。

腐殖酸的差热扫描分析表明，它具有一个玻璃过渡点，这可能意味着土壤有机质具有两种不同的吸附相，分别是橡胶态吸附相和玻璃态吸附相，前者相当于无定形的土壤有机质，后者相当于缩合态的土壤有机质。进一步的吸附实验还发现，有机污染物在橡胶态上的吸附和解吸可以用线性分配理论来描述，而在玻璃态上的吸附则表现为 Langmuir 等温吸附，这为三端元反应模型提供了一个直接的证据。

（5）电荷分布多位点表面配位模型　20 世纪末提出的电荷分布多位点表面配位（络合）模型（CD-MUSIC）较为充分地考虑了固体颗粒表面的特异性，通过分析表面电荷分布和多位点表面配位方式来解释有机物、重金属离子在颗粒表面的吸附（Hiemstra and Riemsdijk，1996）。根据扩散层分配理论，电解质表面有 3 层模式，当没有专性吸附离子时，可以简化为双电层模式来区分内圈吸附和外圈吸附。CD-MUSIC 模型能很好地解释草甘膦在二氧化钛表面发生的 P-O-Ti 内圈配位吸附（高远志和段晋明，2017）。CD-MUSIC 是一种适合离子型有机污染物吸附研究的模型，例如，苯羧酸盐（Filius et al.，2001）和两性离子型氟喹诺酮类抗生素（Paul et al.，2014）在针铁矿上的吸附，均可利用该模型对吸附现象进行很好的解释。

在有机污染物的吸附研究中，有机质（腐殖质）的研究固然重要，然而，土壤中矿物的吸附也是不容忽略的，因为在特定条件下，矿物表面的吸附也与污染物的降解相关联。土壤吸附作用可以认为是外源污染物进入土壤后的首要反应，也是影响其环境行为的第一步，例如，土壤对有机化合物（2，4-二硝基苯甲醚）的吸持对其在土壤中的迁移有阻滞作用，从而减少了负面环境效应（Arthur et al.，2017）。目前，在吸附研究中，关于生物质炭的作用、机理和应用受到了前所未有的关注（李晓娜等，2017），但对于全面了解和评价其在实际应用中的环境效应，特别是大面积农田应用中可能带来的负面影响，是一个值得深入探讨的科学问题。

农药的土壤吸附与解吸试验可根据国家相关标准《化学农药环境安全评价试验准则 第 4 部分：土壤吸附/解吸试验》（GB/T 31270.4—2014）进行，采用 K_{oc}（以有机碳含量表示的土壤吸附系数）表征农药在土壤中的吸附特性等级，分为 5 级：Ⅰ级 $K_{oc}>20\,000$，易吸附；Ⅱ级 $5\,000<K_{oc}\leqslant 20\,000$，较易吸附；Ⅲ级 $1\,000<K_{oc}\leqslant 5\,000$，中等吸附；Ⅳ级 $200<K_{oc}\leqslant 1\,000$，较难吸附；Ⅴ级 $K_{oc}\leqslant 200$，难吸附。

（二）解吸

解吸是吸附行为的逆向反应，是吸附质克服一定的能障离开吸附剂的过程。与吸附相关联的解吸是个复杂的过程，其滞后性反映了吸附过程的可逆程度。有机污染物被土壤吸附以后，其解吸过程通常不是吸附过程的可逆过程，有时甚至为完全不可逆过程（Sander et al.，2005）。一般认为，化合物解吸的滞后性主要有两方面的原因，一是化合物与特殊吸附位点的结合不可逆，二是吸附到土壤有机质和无机矿物晶格中的化合物的解吸速度缓慢。由于有机污染物与土壤有机质的相互作用会导致土壤有机质结构、构型和形态改变，或其与土壤有机、无机组分间的相互作用会改变土壤不同组分的三维构型和孔径大小，从而形成了解吸行为的不可逆性。通常在研究工作中，解吸试验往往随吸附试验而开展，以探求吸附的可逆性，从而评估吸附质的生态与环境效应；同时，也有通过溶剂提取来评价其可解吸性。有机化合物在水-土界面间的吸附和解吸过程是影响其在环境中归趋、生物可利用性和持久性的重要因素，而解吸的不可逆性过程可用滞后指数（hysteresis index，HI）来表征（Huang and Weber，1997）：

$$\mathrm{HI}=\left.\frac{q^{\mathrm{d}}-q^{\mathrm{s}}}{q^{\mathrm{s}}}\right|_{T,C_{\mathrm{e}}} \qquad (6\text{-}2)$$

式中，q^{s}和q^{d}分别为在吸附和解吸过程中，在一定的温度和浓度下吸附质在土壤上的浓度，它们可以通过吸附或者解吸等温式的计算而获得。在特定温度和平衡液浓度条件下，当 HI 为 0 或者负值时，表示解吸的滞后性可以忽略不计，当 HI＞0 时表示解吸存在滞后性。

除草剂苯噻草胺［2-(1，3-苯并噻唑-2-氧基)-N-甲基乙酰苯胺］在不同性质土壤中的吸附与解吸行为的研究表明（刘振宇等，2009），吸附和解吸等温线都可用 Freundlich 方程式很好地拟合。在试验条件下，黑土和红壤对苯噻草胺的吸附等温式可表示为

$$\text{黑土：}q^{\mathrm{s}}=K_{\mathrm{f}}C_{\mathrm{e}}{}^{1/n}=24.18C_{\mathrm{e}}{}^{0.64} \qquad (6\text{-}3)$$

$$\text{红壤：}q^{\mathrm{s}}=K_{\mathrm{f}}C_{\mathrm{e}}{}^{1/n}=11.00C_{\mathrm{e}}{}^{0.59} \qquad (6\text{-}4)$$

而解吸等温式为

$$\text{黑土：}q^{\mathrm{d}}=K_{\mathrm{f}}C_{\mathrm{e}}{}^{1/n}=34.33C_{\mathrm{e}}{}^{0.65} \qquad (6\text{-}5)$$

$$\text{红壤：}q^{\mathrm{d}}=K_{\mathrm{f}}C_{\mathrm{e}}{}^{1/n}=19.81C_{\mathrm{e}}{}^{0.62} \qquad (6\text{-}6)$$

假定在苯噻草胺的平衡浓度 C_{e}为 0.05 mg/L、0.10 mg/L 和 0.20 mg/L 时，利用式（6-3）～式（6-6）计算黑土的 HI 分别为 0.37、0.38 和 0.39；红壤的 HI 分别为 0.65、0.69 和 0.72，HI 均大于 0，所以判定苯噻草胺在土壤中的解吸过程具有一定的滞后性。苯噻草胺在土壤中的吸附主要是土壤有机质的作用，土壤有机质与苯噻草胺之间的氢键作用、π-π 电子交互作用都可能导致吸附过程的不可逆性，从而导致解吸滞后现象。苯噻草胺在土壤中较强的吸附能力与解吸滞后现象，预示其在土壤中的迁移能力较差。

利用 HI 研究土壤不同粒径组分中菲的解吸表明（李秀华等，2006），它们对菲解吸的滞后现象随着平衡浓度和土壤组分粒径的差异而不同；而不同土壤解吸的滞后现象也有差异，随着有机质在土壤中“老化”时间越长，疏水性有机污染物从有机质中解吸出来的速率越慢，滞后现象越明显（梁重山等，2004）。双元平衡解吸（DED）模型的应用，同样证实了萘和菲解吸的滞后现象（罗晓丽等，2008）；而黑碳导致菲在土壤和沉积物上的吸附强度与解吸不可逆性显著增加（齐亚超等，2010）。

二、有机污染物在土壤中的迁移与转化

在自然界，污染物并不总是停留在它最初进入的环境介质中，而是通过跨边界迁移进行着动态分配，并在环境介质单元中发生复杂的物理、化学和生物转化。了解并掌握相关基础理论和技术，对于有效地进行污染防控是十分重要的。在此，主要讨论有机污染物的挥发、水解、光解和生物降解等相关内容。

（一）迁移

1. 挥发

有机污染物在土壤中的挥发作用是指该物质以分子扩散形式从土壤逸入大气中的现象。

对于农药而言，挥发作用可发生于农药的生产、储运和使用等各个阶段，各种农药通过挥发而损失的数量约占农药使用量的百分之几到一半以上不等（蔡道基，1999）。

国家有关标准（GB/T 31270.6—2014）规定了农药在土壤表面的挥发性试验方法，首先求解其挥发率：

$$R_v = (m_v/m_0) \times 100\% \tag{6-7}$$

式中，R_v为挥发率（%）；m_v为供试化合物挥发量（μg）；m_0为加入土壤中的供试化合物量（μg）。再根据挥发率划分农药的挥发性等级：Ⅰ级 $R_v>20$，易挥发；Ⅱ级 $10<R_v\leqslant 20$，中等挥发性；Ⅲ级 $1<R_v\leqslant 10$，挥发性；Ⅳ级 $R_v\leqslant 1$，难挥发。

农药从土壤中的挥发速率在研究工作中也可通过一些参数的计算而获得（林玉锁和朱忠林，2002），它除了与其本身的理化性质，如蒸气压、水溶解度有关以外，还与土壤的含水量、土壤对农药的吸附作用有关，通常可用下式来表示：

$$V_{sw/a} = \frac{C_w}{C_a}\left(\frac{1}{r} + K_f\right) \tag{6-8}$$

式中，$V_{sw/a}$为农药从土壤中的挥发速率；C_W为农药在土壤溶液中的浓度；C_a为农药在空气中的浓度；r为土壤固相与水的重量比；K_f为土壤对农药的吸附系数。$V_{sw/a}$值越小，表示农药的挥发性能越强，越易从土壤表面向大气中挥发；反之，其值越大，表示农药的挥发性能越弱。通常根据 $V_{sw/a}$值的大小，将农药的挥发性能划分为 3 个等级：$V_{sw/a}<10^4$，为易挥发；$V_{sw/a}$值在 $10^4\sim10^6$为微挥发；$V_{sw/a}>10^6$为难挥发。土壤吸附系数 K_f越大，$V_{sw/a}$值也就越大，农药也就越不易从土壤中挥发。这就是为什么具有较高蒸气压的农药（如氟乐灵等）在水中有较大的挥发性，而进入土壤后却很少有挥发的原因。

国家标准中农药的挥发性是通过室内模拟而获得的。事实上，土壤表层有机化合物挥发性研究是一项较为困难的工作，首先是“表层土壤”并无严格定义，不适当的采样可能导致错误的结论。一种新的被动采样装置能够有效地原位获得 PAHs 和 PCBs 在土壤-空气（soil-air，地面上 0.8 cm）和空气（air，地面上 1.5 m）中的通量（Carey et al.，2017）。

2. 移动性

有机污染物在土壤中的移动性是指土壤中的有机物随水分运动的可迁移程度。根据水分运动方向可分为沿土壤垂直剖面向下的运动（淋溶）和沿土壤水平方向的运动（径流）两种形式。径流可以使农药等有机污染物从农田土壤转移至沟、塘和河流等地表水体中，淋溶则可使之进入地下水。有机污染物在土壤中的移动性是一种综合性特性，所有影响到有机物的吸附性能、水解性能、土壤降解性能和光解性能等因素都会或多或少地影响到它在土壤中的移动性。

对于有机农药，研究其在土壤中的移动性对于预测农药对水资源，尤其是地下水资源的污染影响具有重要意义。农药在土壤中移动性的研究方法一般有土壤薄层层析法和柱淋溶法（GB/T 31270.5—2014）。

（1）土壤薄层层析法　　土壤薄层层析法是以自然土壤为吸附剂涂布于层析板上（土壤厚度一般为 0.5～0.75 mm），点样后，以水为展开剂，展开后采用适当的分析方法测量土壤薄板每段的农药含量。以 R_f值作为衡量农药在土壤中的移动性能指标，R_f值为农药在薄板上的平均移动距离与溶剂前沿移动距离之比：

$$R_f = L/L_{max} \tag{6-9}$$

式中，L 为原点至层析斑点中心的距离（mm）；L_{max} 为原点到展开剂前沿的距离（mm）。农药在土壤中的移动性等级可根据 R_f 值进行划分：Ⅰ级 $0.90<R_f\leq1.0$，极易移动；Ⅱ级 $0.65<R_f\leq0.90$，可移动；Ⅲ级 $0.35<R_f\leq0.65$，中等移动；Ⅳ级 $0.10<R_f\leq0.35$，不易移动；Ⅴ级 $R_f\leq0.10$，不移动。表 6-1 列出了一些农药在土壤中的移动性（林玉锁等，2000）。

表 6-1　一些农药在土壤中的移动性

移动性能	农药品种
不移动	草不隆，枯草隆，敌草索，林丹，甲拌磷，对硫磷，乙拌磷，敌草快，氯草灵，乙硫磷，代森锌，磺乐灵，灭螨猛，异狄氏剂，苯菌灵，狄氏剂，氯甲氧苯，百草枯，氟乐灵，七氯，氟草胺，艾氏剂，异艾氏剂，氯丹，毒杀芬，滴滴涕
不易移动	环草隆，地散磷，扑草净，去草净，敌稗，敌草隆，利谷隆，杀草敏，禾草特，扑草灭，赛草青，敌草腈，灭草猛，克草猛，氯苯胺灵，保棉磷，二嗪磷
中等移动	毒草安，非草隆，扑草通，抑草生，2，4，5-T，特草定，苯胺灵，伏草隆，草完隆，草乃敌，治线磷，草藻灭，灭草隆，莠去通，莠去津，西玛津，抑草津，甲草胺，莠灭净，扑灭津，草达津
可移动	毒莠定，伐草克，氯草定，2 甲 4 氯，杀草强，2，4-D，地乐酚，除草定
极易移动	三氯醋酸，茅草枯，草芽平，杀草畏，麦草畏，草灭平

（2）柱淋溶法　　在实验室条件下，根据土壤容量将一定质量的土壤样品装入淋溶柱中，将农药置于土柱的表层，或者与一定量土壤均匀混合并铺陈于土柱顶部，模拟一定的降水量进行一段时间的淋溶，收集淋出液。结束后将土柱分段取样，测定各段土壤及淋出液中农药的含量。以距土壤表层的距离为横坐标，以测得的土柱各段中农药的含量为纵坐标作图，即可得到待测物在土柱中的分布图，根据待测物在土柱中移动的远近可预测有机物在环境中淋溶性（移动性）的强弱（GB/T 31270.5—2014）：

$$R_i = (m_i/m_0) \times 100\% \tag{6-10}$$

式中，R_i 为各段土壤（$R_{1\sim3}$）及淋出液（R_4）中供试化合物含量的比例（%）；m_i 为各段土壤及淋出液中供试化合物质量（mg）；m_0 为供试化合物的添加总量（mg）。式中，i=1、2、3 和 4，分别表示组分 0～10 cm、10～20 cm、20～30 cm 的土壤和淋出液。农药在土壤中的移动性划分为 4 级：Ⅰ级 $R_4>50$，易淋溶；Ⅱ级 $R_3+R_4>50$，可淋溶；Ⅲ级 $R_2+R_3+R_4>50$，较难淋溶；Ⅳ级 $R_1>50$，难淋溶。

田间土壤中农药的实际移动性也可用一定时期内农药在土层中的移动深度来衡量。俄罗斯麦尔尼科夫等在年均气温为 25℃和年降水量为 1 500 mm 条件下，根据农药在土壤中的移动深度将农药的移动性能划分为 4 个等级：1 级<10 cm/a；2 级<20 cm/a；3 级<35 cm/a；4 级<50 cm/a。表 6-2 列出了部分农药的移动级别（林玉锁等，2000）。

表 6-2　部分农药在土壤中的移动级别

农药	移动级别	农药	移动级别	农药	移动级别
谷硫磷	1～2	狄氏剂	1	2，4，5-T 酸	2
草不绿	1～2	乐果	2	对硫磷	2
艾氏剂	1	克菌丹	1	毒杀芬	1
苯菌灵	2	西维因	2	氟乐灵	1～2
七氯	1	马拉硫磷	2～3	倍硫磷	2
六六六	1	代森锰	3	磷胺	3～4

续表

农药	移动级别	农药	移动级别	农药	移动级别
2，4-D	2	速灭磷	3～4	氯丹	1
茅草枯	4	甲基 1605	2	代森锌	2
DDT	1	2 甲 4 氯酸	2	异狄氏剂	1
二嗪农	2	砜吸磷	3～4	乙硫磷	1～2
二溴磷	3	敌稗	1～2		

（二）转化

有机污染物在土壤中的转化行为包括非生物降解和生物降解两大类。其中，非生物降解主要指氧化还原、化学水解和光解，而生物降解是指通过生物的作用将有机污染物转化为其他物质的过程。

农药等有机污染物在土壤中的降解方式与其自身结构、理化性质和土壤环境条件相关。农药在土壤中的降解试验是将供试化合物添加到不同特性的土壤中（GB/T 31270.1—2014），在一定的温度与水分条件下避光培养，定期采样，测定土壤中供试化合物的残留量，以得到供试化合物在不同性质土壤中的降解曲线，从而求得供试化合物的土壤降解半衰期。农药在土壤中的降解性根据半衰期（$t_{1/2}$，d）分为 4 级：Ⅰ级 $t_{1/2}\leqslant 30$，易降解；Ⅱ级 $30<t_{1/2}\leqslant 90$，中等降解；Ⅲ级 $90<t_{1/2}\leqslant 180$，较难降解；Ⅳ级 $t_{1/2}>180$，难降解。

1. 氧化还原

土壤环境受到通气性和含水量的影响而处于不同的氧化还原状态。例如，一般旱地的氧化还原电位为+440～+730 mV，水田的氧化还原电位为-200～+300 mV（丁昌璞，2008）。在厌氧条件下，土壤的氧化还原状态与以下几个氧化还原体系相关：铁体系 Fe(Ⅲ)–Fe(Ⅱ)，锰体系 Mn(Ⅳ)–Mn(Ⅱ)，硫体系 SO_4^{2-}—S^{2-}，氮体系 NO_3^-—NO_2^-(N，NH_4^+)和碳体系 CO_3^{2-}—CH_4。这些氧化还原体系通常和土壤中有机污染物的氧化还原过程相耦合。

（1）土壤中的铁锰氧化物　　土壤中含有大量的铁、锰元素，它们分别占地壳丰度的 4.75%和 0.09%，而且存在不同的价态。铁元素的常见价态是 0，+2，+3，最高价态为+6（不稳定）；锰的常见价态是+2，+3，+4，最高价态是+7。当环境中有氧气、过氧化氢等存在时，容易在铁、锰氧化物表面发生类芬顿反应，产生羟基自由基 •OH。•OH 是一类活性强（E^0 2.80 V）（Moraes et al.，2004）、广谱性的氧化性自由基，可以降解大多数有机物。

（2）土壤中的还原性有机质　　土壤中的有机质主要来自于动植物体、微生物的残骸和根系分泌物等，这些有机质中通常含有酚羟基、—COOH 和酰胺基团等，这些基团可以与土壤颗粒中的铁、锰氧化物和黏土矿物发生吸附、氧化还原和配位等相互作用，由于电子传导而生成还原态的铁、锰离子和自由基等，从而促进有机污染物的氧化还原降解。

（3）土壤中的微生物胞外呼吸作用　　在厌氧环境下，土壤微生物吸收有机物分子，通过氧化有机物分子获得碳源，释放出电子，产生的电子经胞内呼吸链传递到胞外受体，如铁、锰氧化物和层状硅酸盐等，获得生长的能量。这个过程也被称为微生物的胞外呼吸过程，它把微生物的生长、有机物的氧化还原代谢和无机矿物的循环整合在一起。目前，发现有这类功能的微生物有金属还原地杆菌（*Geobacter metallireducens*）、奥奈达希瓦氏菌（*Shewanella oneidensis* MR-1）、铁还原红细菌（*Sinorhodobacter ferrireducens*）（Yang et al.，2013）和广东从毛单胞菌（*Commamonas guangdongensis*）（Zhang et al.，2013）。微生物胞外呼吸的本质是微生物胞外电子传递，而微生物胞外电子传递是地球表层系统元素循环与能量交换的重要驱动力。近年来，以微生物-腐殖质-矿物之间电子转移为核心的生物地球化学过程得到重视，拓展了以带电的土壤胶体与离子之间的相互作用为重心的土壤界面过程的内涵，成为地球表层系统物质间相互作用新的关注点，启示我们从化学与生物两个角度重新认识地球表层系统过程（吴云当等，2016）。

2. 水解

有机化合物的水解与其在环境中的持久性密切相关，是影响有机化合物在环境中归属机制的重要判据之一，也是评价有机化合物残留特性的重要指标（杨克武等，1994）。水解是化合物与水分子之间发生相互作用的过程，由于土壤体系含有水分，因而水解是有机污染物在土壤中的重要转化途径。有机污染物（RX）的水解是指其与水的反应，X 基团与 OH 基团发生交换，而 H 与 X 相结合：

$$RX + H_2O \rightarrow ROH + HX \tag{6-11}$$

（1）水解产物举例　反应历程可以包括一个或多个中间体的形成，有机物通过水解反应改变了原化合物的化学结构。对于许多有机物来说，水解作用是其在环境中消失的重要途径。在环境条件下，可能发生水解的官能团类有烷基卤、酰胺、胺、氨基甲酸酯、羧酸酯、环氧化物、腈、膦酸酯、磷酸酯、磺酸酯和硫酸酯等。式（6-12）～式（6-17）列出了几类有机物可能的水解反应的产物（戴树桂，1997；王晓蓉，1993）。

水解作用改变了有机污染物的结构。一般情况下，水解可导致产物的毒性降低，但也有例外，例如，2，4-D 酯类的水解就生成了毒性更大的 2，4-D 酸。水解产物的挥发性可能与母体化合物不同，与 pH 有关的离子化水解产物可能没有挥发性，而且一般比母体更易于生物降解。影响有机化合物水解的因素包括 pH、温度、离子强度和缓冲剂、溶剂组分、金属离子的催化作用和吸附效应等（王连生，1994）。

$$CH_3—CH_2—CH(Br)—CH_3 \xrightarrow{H_2O} CH_3CH_2—CH(OH)—CH_3 + Br^- + H^+ \tag{6-12}$$

2-溴代丁烷

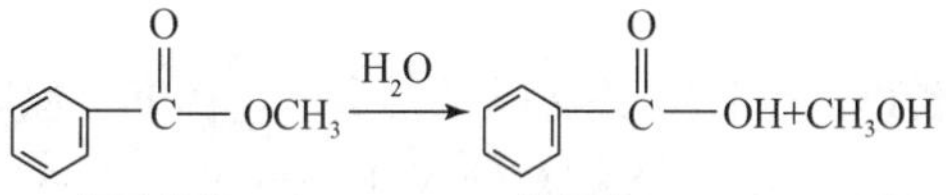

（6-13）

苯甲酸酯　　苯甲酸　　醇

$$CH_3P(=O)—(OCH_3)_2 \xrightarrow{H_2O} CH_3P(=O)(OH)—OCH_3 + CH_3OH \tag{6-14}$$

磷酸双酯　　磷酸单酯　　醇

$$CH_3OC(=O)NHC_6H_5 \xrightarrow{H_2O} CH_3OH + CO_2 + NH_2C_6H_5 \tag{6-15}$$

氨基甲酸酯　　醇　　苯胺

（6-16）

环氧乙烷　　乙二醇

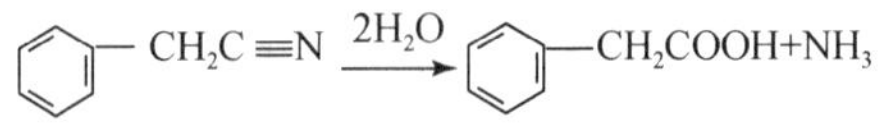

苯乙腈　　苯乙酸　　(6-17)

（2）水解速率　农药等有机污染物的水解速率主要取决于其本身的化学结构和土壤环境条件，如土壤水、pH、温度、离子强度和其他化合物（如金属离子、腐殖质等）的存在与否。通常水解作用随温度升高而加快，而 pH 与溶液中其他离子的存在对水解反应速率的影响具有双重性。

式（6-11）为水解反应的通式，通常可按准一级反应来描述，有机污染物的消失速率与其在特定时段的浓度（C）成正比，即

$$-dC_t/dt = kC_t \tag{6-18}$$

式中，C_t 为 t 时供试化合物的质量浓度（mg/L）；k 为水解速率常数。式（6-18）的积分式为

$$\ln C_t = \ln C_0 - kt \tag{6-19}$$

以 $\ln C_t$ 对 t 作图通常为一直线，按回归分析的最佳拟合方式得出直线的斜率，从而获得反应速率常数 k，则 t 时供试化合物的质量浓度可通过计算而获得：

$$C_t = C_0 e^{-kt} \tag{6-20}$$

式中，C_0 为供试化合物的起始质量浓度（mg/L）；其余符号的意义同上。在反应条件，如温度、pH 等不变时，RX 的水解半衰期与其浓度无关：

$$T_{1/2} = \ln 2/k \tag{6-21}$$

式（6-21）表明，水解半衰期仅仅与反应速率常数有关，而与化合物的起始浓度无关。根据不同温度下的 k 值，利用阿仑尼乌斯（Arrhenius）方程，以 $\ln k$ 对 $1/T$ 作图得到一直线，可估算 25℃条件下的水解速率常数和半衰期：

$$k = Ae^{-E/RT} \tag{6-22}$$

$$\ln k = -E/RT + \ln A \tag{6-23}$$

式中，A 为频率因子；$\ln A$ 为拟合线的截距；E 为活化能（kJ/mol）；R 为气体常数［8.314J/(mol•k)］；T 为绝对温度（K）。

有机化合物和农药的水解试验在有关文献（蔡道基，1999；徐晓白等，1998）与标准《农药理化性质测定试验导则 第 9 部分：水解》（NY/T 1860.9—2016）和《化学农药环境安全评价试验准则 第 2 部分：水解试验》（GB/T 31270.2—2014）中可见。

3. 光解

有机污染物在土壤表面的光解指吸附于土壤表面的污染物分子在光的作用下，吸收光能使分子变为激发态而发生裂解或转化，是有机污染物在土壤环境中消失的重要途径。土壤表面农药光解与农药防除有害生物的效果、农药对土壤生态系统的影响及污染防治有直接的关系。尽管 20 世纪 70 年代以前人们对农药光解的研究主要集中于水、有机溶剂和大气等介质，但此后已对土壤表面农药光解十分重视（张利红等，2006；司友斌等，2002）。1978 年美国 EPA 等机构已规定，新农药注册登记时必须提供该农药在土壤表面的光解资料。

相比而言，农药在土壤表面的光解速率要比在溶液中慢得多。光线在土壤中的迅速衰减可能是农药在土壤中光解速率减慢的重要原因；而土壤颗粒吸附农药分子后发生内部滤光现

象，可能是农药在土壤中光解速率减慢的另一个重要原因。多环芳烃在碳、铁含量高的粉煤灰中，光解速率明显减慢，可能是因为分散、多孔和黑色的粉煤灰提供了一个内部滤光层，保护了吸附态化学品不发生光解。此外，土壤中可能存在的光猝灭物质可猝灭光活化的农药分子，从而减慢农药的光解速率。

（1）影响因素　土壤环境存在许多影响农药等有机污染物光解的因素，主要包括土壤质地、土壤水分、共存物质、土层厚度和矿物组分等。

1）土壤组分与性质　土壤的自然组分对有机污染物的光解有着不同程度的影响。在干燥土壤中添加腐殖质可以使有些农药的光解速率降低，表明有机质使农药在土壤中的光降解过程没有光敏化作用，或者可以认为有机质是一种光稳定剂。土壤无机组分对有机化合物的光解也有影响，γ-六六六光解速率常数随 Fe_2O_3 含量的增加而增大，表明天然土壤中的 Fe_2O_3 对γ-六六六的光解起着不容忽视的作用。土壤质地可影响农药的光解，例如，在砂质和黏质土壤中，农药在 0.5～1.0 mm 粒径范围的光解速率最快，在 0.1～0.25 mm 粒径范围的光解速率最慢（岳永德等，1993），这可能是因为土壤团粒、微团粒结构影响光子在土壤中的穿透能力和农药分子在土壤中的扩散移动性。例如，咪唑啉酮除草剂在质地较粗和潮湿的土壤中容易光解，除草剂 2-甲-4-氯丙酸和 2，4-D 丙酸在质地粗、粒径大的土壤中光解速率快。对氟乐灵、三唑酮和甲基对硫磷 3 种农药在不同质地土壤中的光解进行研究表明（岳永德等，1995），几乎在所有实验条件下，3 种农药都是在砂质土壤中光解最快，在黏质黑壤中光解最慢；土壤的黏粒含量越低，农药光解越快。但是也有研究表明，黏粒矿物表面的氧和水由于光照极易形成活性氧自由基（线态氧、羟基自由基和过氧化氢），这些活性氧自由基对吸附态农药的光解有明显的影响。例如，光诱导氧化作用是有机磷杀菌剂甲基立枯磷在高岭石和蒙脱石等黏粒矿物上的主要降解途径。

pH 也是影响土壤中有机物质光解的重要条件之一，在其他条件相同时，随土壤 pH 的增大，丁胺在土壤中的光降解速率加快，光降解深度增加。

2）土壤水分含量　土壤水分有利于农药的光解，不仅因为土壤表面的水分在光照条件下容易形成大量的自由基（过氧基、羟基、过氧化物和单重态氧），可加速农药的光解；而且水分增加能增强农药在土壤中的移动性，从而有利于农药的光解。在湿度为 80%的土壤中，丁草胺和乙草胺的光解深度及光解速率均比干燥条件下的大。调节湿度是改变贝螺杀在土壤中光解速率的最重要方法。增加土壤湿度也可加快西维因在土壤中的光解。对咪唑烟酸在 4 种风干土壤中光解深度的研究表明（王学东等，2005），湿度的增加能较大地提高其在土壤表面的光解深度，这是因为增加湿度一方面减弱了咪唑烟酸在土壤中的吸附，土壤中水分子的极性很强，极易吸附在土壤表面，这样占据了土壤表面的吸附位点，使得咪唑烟酸在土壤表面的吸附作用减弱，影响了其光化学行为；另一方面，在土壤中其他化学物质的光诱导下，水分子可以产生羟基自由基，这些氧化剂可以深入到土壤深部氧化土壤中的咪唑烟酸，提高了咪唑烟酸的光解深度。

3）共存物质的猝灭和敏化作用　共存物质的猝灭和敏化作用是影响土壤中有机污染物光解的另一重要因素。研究发现，土壤色素可以猝灭光活化的农药分子；二苯甲酮具有紫外吸收作用，可作为光保护剂，在田间使用可明显延长杀虫剂杀螟松的光解周期。土壤中也存在可加快农药光解的光敏化物质，如胡敏酸和富啡酸，两者在光照下表现为瞬时自由基浓度增加。此外，光照时土壤表面形成单重态氧、强氧化物或其他自由基，从而促进农药的间接光解。例如，土壤样品能以与光敏剂中的叶绿素和玫瑰红相似的方式产生单重态氧，加速拟除虫菊酯农药的光解。通常土壤中农药的光解局限在土表 1 mm 左右，但单重态氧的垂直移动会使得农药光解深度有所增加。ZnO 等金属氧化物对土壤中的阿特拉津具有光诱导降解作用，因此，它们可能是影响农药在土壤中光解的另一类重要光敏物质。

此外，有机污染物在土壤中的光化学行为还受到光辐射强度、土壤层深度和污染物的吸收光谱特性等的影响。对有机污染物在土壤中光解反应过程和影响因素研究的主要困难是实验和检测方法（赵旭等，2002），因而建立有效的实验方法，并用于研究多种因素对有机污染物光化学行为的综合影响，仍旧是该领域研究的重点内容之一。

（2）光解类型　土壤表面农药的光解反应过程比较复杂，主要类型有光氧化、光还原、分子重排和光异构化等。通常土壤表面农药光降解过程涉及多种光反应类型。

1）光氧化　这是农药光解的最重要、最常见的途径之一。在氧气充足的环境中，一旦有光照，许多农药比较容易发生光氧化反应，生成一些氧化中间产物。例如，对硫磷、杀螟松、地亚农和甲拌磷等硫逐型磷酸酯可进行光氧化反应。乙拌磷、倍硫磷、丁叉威和灭虫威等农药分子中的硫醚键可通过光氧化生成亚砜和砜。当农药芳香环上带有烷基时，该烷基会逐渐发生光氧化反应，如可氧化成羟基和羰基，或进一步氧化为羧基。比较敌草隆在有氧和无氧条件下的光降解情况，发现在有氧条件下，会发生式（6-24）的光氧化反应，而在含去氧剂 $C_2Cl_3F_3$ 的体系中就不存在该反应（Jirkovsky et al.，1997）。

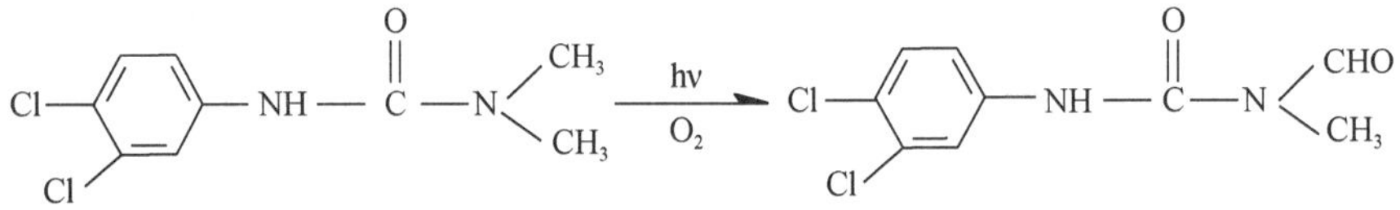

（6-24）

2）光还原　带氯原子的农药在光化学反应中能被还原脱氯。例如，二氯苯醚菊酯在光照下生成一氯苯醚菊酯。一些农药可进行光还原脱羟基反应，同时得到多种分解产物。对氟乐灵在土壤中的光分解研究证明，氟乐灵能脱羟基、硝基而被还原，并产生苯并咪唑衍生物。

3）光水解　土壤表面吸附的带有酯键或醚键的农药，在有紫外光和有水或水汽存在时可发生光水解反应。水解部位往往发生在最具有酸性的酯基或醚位上，如哌草丹除草剂光照后在硫醚位发生裂解。

4）分子重排　农药光解过程一般都有自由基参与。许多农药分子在光分解后本身会产生自由基，在一定条件下就会发生分子重排。例如，除草剂草萘胺光解后会产生自由基，该自由基可进一步反应得到对位转位体产物，或自由基猝灭为降解中间体，这种伴随自由基的光转位在农药光解过程中是不能被忽视的。

5）光异构化　在这类反应中形成对光更加稳定的异构体。一些有机磷农药在光照下会发生异构化现象，分子的硫逐型（P＝S）转化为硫赶型（P—S），如对硫磷的芳基异构化和乙基异构化。

此外，农药在环境中还可以发生光亲核取代反应和光结合反应等。有关农药在土壤中的光解试验可根据国家标准进行（GB/T 30270.3—2014）。

4. 生物降解

生物降解就是通过生物的作用将有机污染物分解为小分子化合物的过程。参与降解的生物类型包括各种微生物、植物和动物，其中，微生物是最重要的生物降解者。其原因为：①微生物可参与污染物的氧化还原过程、脱羧反应、脱氮反应、水解反应和脱水反应等，它们比高等生物更能有效利用能量；②微生物能快速繁殖并发生遗传变异，而且它的酶体系能最快地适应外界环境的变化；③微生物比植物和动物能更快将有机污染物降解为无机物质（CO_2、H_2O 和矿物质），或者说，微生物是有机化合物生物降解中的第一因素。所以，通常提到的生物降解即微生物降解。

（1）微生物代谢有机物的方式　土壤中微生物代谢农药有多条途径（表 6-3）。因为环境条件会影响微生物的生理状况，因此，就同一种微生物和同一种有机污染物而言，在不同的环境条件下可能有不同的代谢方式。

表 6-3　微生物代谢农药的方式（林玉锁和朱忠林，2002）

A．酶促方式
1．不以农药为能源的代谢
（i）通过广谱的酶（水解酶、氧化酶等）进行作用
（a）农药作为底物
（b）农药作为电子受体或供体
（ii）共代谢
2．以农药为能源的代谢
分解代谢，多发生在农药浓度较高且农药的化学结构适合微生物降解及作为微生物的碳源被利用时
3．解毒代谢：微生物抵御外界不良环境的一种抗性机制
B．非酶方式
1．以两种方式促进光化学反应的进行
（i）微生物的代谢物作为光敏物吸收光能并传递给农药分子
（ii）微生物的代谢物作为电子受体或供体
2．通过改变 pH 发生作用
3．通过产生辅助因子促进其他反应进行

研究表明，在微生物降解烃类和农药等有机物的过程中，微生物的共代谢降解起着重要的作用，其主要特点是在有机物浓度非常低时（如μg/kg），微生物也能对其进行降解。共代谢降解，是指作为“非生长基质”的污染物与微生物的“生长基质”共酶，并被微生物产生的各种酶完全氧化成 CO_2 和水。“生长基质”是可以被微生物利用作为唯一碳源和能源的物质。“非生长基质”和“生长基质”共酶，是指有些有机污染物（非生长基质）不能作为微生物的唯一碳源和能源，其降解并不导致微生物的生长和能量产生，它们只是在微生物利用生长基质时，被微生物产生的酶降解，或转化为不完全的氧化产物，而这种不完全的氧化产物可以被别的微生物利用并彻底降解。

（2）微生物代谢有机物的途径　由于微生物降解有机污染物受到环境条件、微生物种类和污染物特征等的影响，因而目前还难以预测有机污染物在土壤中的生物降解途径。概括起来，土壤中有机污染物的微生物降解有氧化、还原、水解和合成等几种类型的反应。

1）氧化　氧化是微生物降解有机污染物的重要酶促反应。其中有多种形式，如羟基化、脱烃基、β-氧化、脱羧基、醚键断裂、环氧化、氧化偶联、芳环或杂环开裂等。以羟基化来说，微生物降解土壤中有机污染物的第一步是将羟基引入有机物结构中，使这种化合物极性增强，更溶于水，从而容易被生物所利用。羟基化过程在芳烃类有机物的生物降解中尤为重要，苯环的羟基化常常是苯环开裂和进一步分解的先决条件。

2）还原　在有机氯农药的生物降解中常常发生还原性脱氯反应。在厌氧条件下，DDT 被还原脱氯与细胞色素氧化酶和黄素腺嘌呤二核苷酸（FAD，氧化还原酶辅基）有关。微生物的还原反应还常使带有硝基的有机污染物还原成氨基衍生物，如硝基苯变成苯胺类，这在带芳环的有机磷农药代谢中较为常见。

3）水解　在氨基甲酸酯、有机磷和苯酰胺一类具有醚、酯或酰胺键的农药中，水解是常见的，有酯酶、酰胺酶或磷酸酶等水解酶参与。水解酶多为广谱性酶，在不同的 pH 和温度条件下都较为稳定，又无需辅助因子，水解产物的毒性往往明显降低，在环境中的稳定性也低于母体化合物。因此，水解酶是有机污染物生物降解中最有实用前景的酶类。

4）合成　生物降解中的合成反应可分为缩合和结合两类。例如，苯酚和苯胺类农药污染物及其转化产物在微生物的酚氧化酶和过氧化酶作用下，可与腐殖质类物质缩合。结合反应常见的有甲基化和酰化反应。

土壤中有机污染物的实际降解过程通常至少有两个或多个作用的组合。例如，涕灭威，在土壤中可同时发生氧化、裂解与水解等作用，其在土壤中的降解途径如图 6-13 所示。

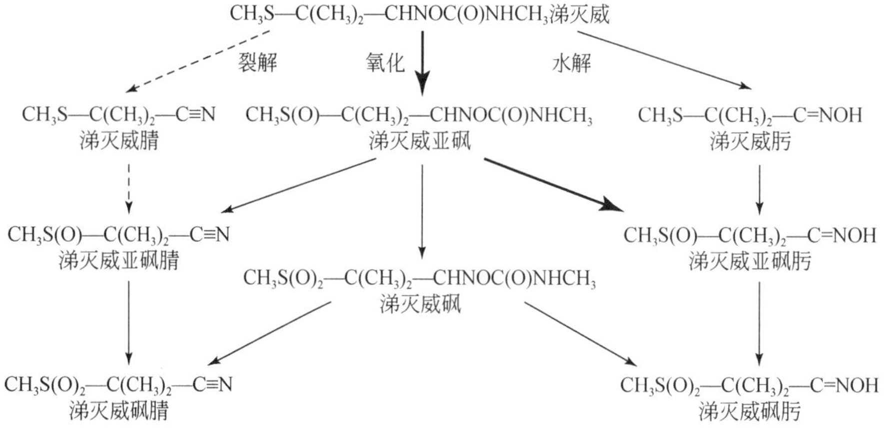

图 6-13　涕灭威农药在土壤中的降解途径

→ 主要途径；→ 一般途径；- - -→ 推测途径

（3）影响有机污染物生物降解的环境因素　土壤中影响有机污染物生物降解的因素较多，如气候条件（温度、降水、风和光照等）；土壤特性（好氧/厌氧状态、有机质含量、pH 和矿物质等）；生物群落（植物、动物和微生物）。其中，土壤有机质、土壤温度和土壤水分等决定了土壤中微生物的数量和活性，因此，是影响土壤中有机污染物生物降解的主要因素。此外，有机污染物在土壤中的“老化”“锁定”与“结合残留”也是影响其生物降解的重要因素。

1）土壤类型和性质　不同土壤中有机化合物的降解过程受土壤所有特性的综合影响，例如，溴氰菊酯在江苏太湖水稻土、江西红壤和东北黑土中的降解半衰期（$t_{1/2}$）分别为 4.8 d、8.4 d 和 8.8 d。即使是同一种土壤的不同层次中的行为也可能不同（华小梅等，1995），对涕灭威在不同层次土壤中的降解特性进行研究表明，上层土壤（0～30 cm）和下层土壤（60～120 cm）中的半衰期是不同的。25℃时，不同土壤类型表层土壤中涕灭威的 $t_{1/2}$ 为 3～8 d，其残留物总量的 $t_{1/2}$ 为 30～65 d；下层土壤中 $t_{1/2}$ 为 34～120 d，其残留物总量的 $t_{1/2}$ 为 159～686 d，其中亚砜较难降解。可见，在土壤不同层次，微生物数量分布不均匀，有机质含量等土壤特性有差异，直接影响了农药的土壤降解速率。研究还发现，如果在土壤中添加葡萄糖能显著加快涕灭威的降解，半衰期可缩短一半左右。

卤代苯胺类化合物为取代脲类农药在土壤中的主要降解产物，由于该类中间产物在土壤中相对稳定，生态毒性较大，因而对其中间产物环境行为的研究应引起足够的重视。秀谷隆是取代脲类除草剂，4-溴苯胺为其主要降解产物。对土壤中 4-溴苯胺的降解动力学进行研究表明（蒋新等，2000），其表观降解动态可用一级反应动力学方程来描述：

$$dC/dt=-kt \tag{6-25}$$

式中，C 为土壤中 4-溴苯胺的含量（mg/kg）；t 为时间（d）；k 为反应速率常数。该方程能较好地对实验结果进行拟合（图 6-14），积分动力学解析式为

$$C_{黏}=10.27e^{-0.065t} \tag{6-26}$$

$$C_{砂}=10.28e^{-0.036t} \tag{6-27}$$

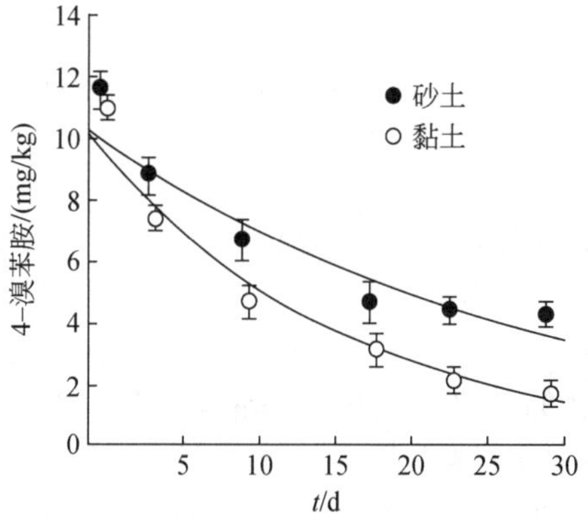

图 6-14　4-溴苯胺在 2 种不同土壤中的降解动力学

由计算所得的 4-溴苯胺在黏土中的表观半衰期 $t_{1/2}$=10.7 d，而砂土 $t_{1/2}$=19.3 d，表明 4-溴苯胺在黏土中的降解速率明显大于在砂土中的降解速率，其主要原因推测为供试黏土中有机质含量高，相对而言，微生物活动所需的物质与能量较砂土更为充分，因而微生物代谢能力较强；此外，黏土含有较多金属氧化物及有机无机胶体等细颗粒，它们比表面较大，且具有一定的催化降解能力。

2）土壤水分和温度　土壤水分对农药降解的影响因农药品种而异。例如，甲基异柳磷在水田土壤中的降解半衰期比旱田长 10 d，而克草胺的半衰期旱田为 5 d，比水田长 2 d。温度对农药降解的影响程度因农药品种而异，一般来讲，温度升高能提高农药降解速率。

3）老化作用　有机污染物进入土壤后，随时间的延长产生“老化”现象，使其与土壤组分更紧密结合，降低了生物可利用性，其矿化率明显降低（Scow and Johnson，1997）。图 6-15 表明菲在人为污染土壤的新制备样品和老化样品中接种细菌后矿化的情况，两者之间表现出显著的差异。老化对有机污染物在土壤中生物可利用性的影响备受关注，并有良好的总结与评述（李晓军等，2007a，2007b；高敏苓和戴树桂，2006；王帅杰和朱坦，2003）；此外，在“老化”问题的讨论中，也涉及“锁定”和“结合残留”问题，并在文献总结的基础上有较为明确的界定（李晓军等，2007b）。

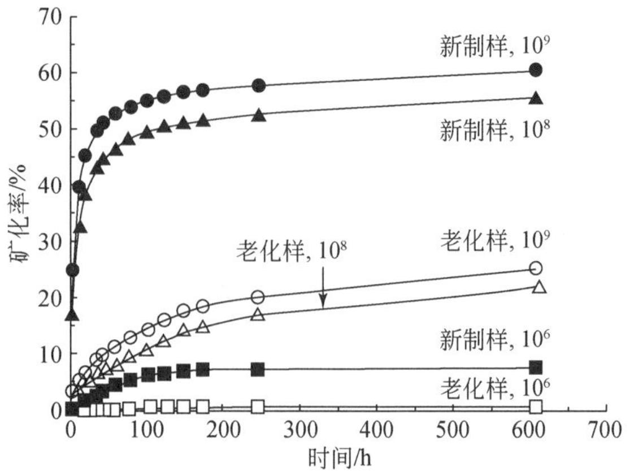

图 6-15　老化和菌细胞密度对灭菌土壤中菲降解的影响（Scow and Johnson，1997）

图中数字表示每克土壤初始接种的菌细胞数目；新制样指在灭菌土壤中接种的同时添加污染物；老化样指土壤与菲在接种细菌前已培育 10 周。

一般来说，土壤中有机污染物的老化（ageing）是指随土壤与有机污染物接触时间的延长，有机污染物的可提取性和生物可利用性下降，可以认为是对有机污染物生物效应与时间变化的表观、总体的描述，它包括导致可提取性和生物可利用性下降的所有过程（包括锁定、结合残留）。土壤中有机污染物的锁定（sequestration）是指土壤中的有机污染物与降解生物发生隔离，或者转化为不能被利用状态的限速过程，是相对于生物作用而言的。随着老化时间的延长，有机污染物可从外表面移到生物组织、细胞或酶进不去的土壤组分的微孔，从而失去生物可利用性；因而可以认为“锁定”是老化进程中生物可利用性降低的重要原因，是老化的机理性或本质的反映之一。土壤中有机污染物的结合残留是指对特定有机化合物采用特定溶剂的可提取性，表示的是在化学萃取后，以母体物质或其代谢产物的形式存留于土壤、植物或动物载体组织内的化合物，是操作性定义。总之，可以认为老化过程导致了有机污染物的锁定和结合残留，而锁定和结合残留均是有机污染物发生老化的结果和具体表现。有机化合物在土壤中的结合残留问题在农药研究中颇受关注。

三、土壤中农药的结合残留

（一）土壤结合态农药残留的概念

结合残留又称不可萃取性残留，是由美国生物学研究所的学者提出的，他们认为用非极性和极性溶剂提取后仍存在于腐殖质（胡敏酸、富啡酸和胡敏素）中不可提取的、化学上也不可鉴定的农药残留称为结合残留。随着研究的深入和测试技术的提高，上述定义暴露出很大的局限性，它只考虑了残留农药与土壤腐殖质部分的结合作用，而忽略了土壤矿质组分对残留物的影响，也没有准确表达土壤结合残留含义。因此，有研究者认为，“农药的结合残留是源于农药施用、不能为农药残留分析通常所使用的萃取方法所萃取的、存在于环境样品中的化学物质”（Khan，1982；Khan and Hamilton，1982）。由于该定义没有限定常规的农药残留分析的内涵，因而联合国粮农组织和国际原子能机构（FAO/IAEA）于 1986 年确定“用甲醇连续萃取 24 h 后仍残存于样品中的农药残留物为结合残留”（苏允兰等，1999）。

结合残留物既可以是农药母体化合物，也可以是其代谢产物。它们主要存在于有多种官能团的网状结构组分中（例如，土壤腐殖质和植物木质素），结合残留物同环境样品的反应可能包括化学键合、吸附及物理镶嵌等作用。

（二）某些常用农药的结合残留量

表 6-4 概括了一些常用的高结合残留农药的结合残留量，由表 6-4 可以看出，有机磷杀虫剂在土壤中的结合残留量高达 26%～80%，氨基甲酸酯类农药西维因的结合残留量达 49%左右，拟除虫菊酯类农药的结合残留量达 36%～54%，一些除草剂的结合残留量达 28%～72%。

表 6-4　某些农药在土壤中的结合残留量（苏允兰等，1999）

农药	土壤	农药用量/(mg/kg)	培养时间/d	结合残留量占使用量的百分比/%
对硫磷	壤土	1	28	45
甲基对硫磷	黏壤土	6	46	32
伏杀硫磷	黏壤土	10	84	80
甲拌磷	黏壤土	4	7	26
地虫硫磷	黏壤土	1	28	35
杀螟松	砂壤土	74	50	50
氯氰菊酯	壤土	0.075	120	36~54
溴氰菊酯	砂壤土	0.1	30	42
西维因	砂壤土	2	32	49
呋喃丹	砂壤土	117	30	13
氟乐灵	黏壤土	10	63	72
2，4-D	砂壤土	2	35	28
敌乐胺	黏壤土	0.6	244	55
扑草净	有机土	12.4	150	43

（三）农药结合残留的特征

影响农药结合残留形成的因素有土壤有机质含量、土壤水分条件、土壤微生物活性及农作物的生长等。农药结合残留一般具有以下特点。

1）结合残留与农药品种有关，对土壤中农药结合残留的研究表明，氯代烃在土壤中只形成少量的结合残留，而苯酚类、苯胺类及其衍生物具有较高的结合残留。氨基甲酸酯、均三嗪和有机磷类农药也能形成相当的结合残留，特别是分子结构中有胺基或代谢反应生成胺基的某些有机磷农药，如对硫磷、甲基对硫磷、地虫硫磷、杀螟松、甲拌磷和伏杀磷等与土壤结合的速率是比较高的。

2）结合点位主要位于土壤腐殖质，土壤结合农药残留主要是农药及其降解产物与土壤腐殖质相结合。

3）微生物对其有降解作用，土壤微生物可以将土壤中的结合残留态农药释放出来，并将其降解。

4）结合残留可降低农药的有效性和毒性，在土壤中结合残留农药对生物的毒性降低，植物对土壤中结合残留态农药的利用率也比较低。

第三节　土壤中有机污染物的生态效应与环境质量

农药等有机化合物进入土壤后可能进入生物组织，并可在食物链中不断传递、迁移，从而可对整个环境质量和人体健康产生有害的影响（Brambilla et al.，2016；王小艺和黄炳球，1997；龚平等，1996）。

一、有机污染物对生物的影响

（一）对微生物的影响

土壤中有机污染物浓度的改变可引起微生物种群活细胞数量及组成结构的变化，而微生物也会在生理代谢方面对污染物的浓度变化做出响应，以适应环境的选择压力。

研究发现了丁苯乙烯、间-二氯苯、邻-二氯苯、氯苯、邻苯二甲酸二丁酯和十六烷 6 种有机污染物对褐球固氮菌（*Azotobacter chroococcum*）、纤维单胞菌（*Cellulomonas* sp.），以及土壤中的放线菌、霉菌和酵母菌的影响，通过方差分析，发现在供试土壤中，纤维单胞菌在邻苯二甲酸二丁酯 10 mg/kg 和 50 mg/kg 两个浓度下都不能存活，其他 5 种污染物对土壤微生物也有抑制作用，但刺激效应各不相同（曹幼琴和叶定一，1991）。

农药污染有选择性地影响土壤微生物的生长。如果微生物能利用污染物作为碳源和能源，污染物可能会刺激其生长与繁殖；而对于缺乏耐性的微生物来说，污染则会对其产生抑制作用（石兆勇和王发园，2007）。微生物对农药的反应大体可分为可忽略、可忍受与可持久 3 类。有些微生物对农药非常敏感，其主要代谢过程易受农药干扰；有些农药则作用于动物、植物和微生物共有或相似的生化过程，因而该农药对非靶生物也有影响。例如，除草剂地乐酚能够作用于生物反应的电子传递过程，从而阻碍三磷酸腺苷（ATP）的生成。地乐酚具有一定的广谱性，能对土壤藻类、细菌和真菌等许多微生物产生影响。农药的选择性在一定程度上取决于其作用方式，通常内吸型比非内吸型杀真菌剂具有更强的选择性。

除草剂主要作用位点是叶绿体，因而它们对植物的毒性远远高于对微生物的毒性；但有些除草剂对植物和微生物均有不同程度的影响，例如，镇草宁、杀草强、咪唑烷酮类和磺酰脲类除草剂可以抑制植物和微生物生长所需的某些氨基酸的合成；二硝基苯胺除草剂和氨基甲酸酯类农药能抑制植物和真菌维管束的形成，从而阻碍植物细胞分裂和抑制真菌的生长。氯乙酰替苯胺类除草剂（如草不绿、毒草安）也有抗真菌作用。虽然这些除草剂可能有许多不同的作用方式，但已经证实，与它们结构相似的杀真菌剂（如甲霜灵等）都能抑制核糖核酸的合成，只是它们的毒性阈浓度远高于甲霜灵的阈浓度。

很显然，尽管农药对靶生物和非靶生物的作用方式相同，但大量比较研究表明，大多数农药对非靶生物的毒性远远低于对靶生物的毒性。对农药作用方式与机理的研究有助于深入了解其对土壤微生物的生态效应。

1. 对微生物数量的影响

一般认为，杀虫剂对土壤微生物具有选择性，只能抑制某些敏感种，而其他种很快取代敏感种，因此，对种群数量影响很小，整体代谢活性的变化不大。若以 5.60～22.4 kg/(hm^2•a) 剂量的艾氏剂、狄氏剂、氯丹、DDT 和毒杀芬投入到一种砂质沃土中，土壤中的细菌和真菌数量均无变化，而且对微生物分解植物残体的能力也没有影响。在土壤中投入 2 000 μg/g 狄氏剂，培养 12 周，真菌和细菌数量与对照相比也无明显差异；然而投入高剂量林丹（0.5%）或毒杀芬（0.05%～0.5%），在一段时间内对土壤中的细菌有刺激作用；DDT 和狄氏剂培养 56 d，均使细菌数量降低，而真菌数量有所增加（龚平等，1996）。

有机磷农药对土壤微生物种群和数量也会产生一定的影响，这种影响随农药的种类、浓度和土壤类型而变化。甲基对硫磷对红壤地区土壤微生物种群和数量影响的研究表明（曹慧等，2004），高浓度甲基对硫磷能明显增加土壤细菌的数量，细菌数量的最大值出现在第 10 d 左右；低浓度甲基对硫磷对土壤微生物数量的影响不大。平板混合菌体培养实验证明，甲基对硫磷通过抑制或者杀灭某些种类土壤的细菌，从而促进土壤生态系统中部分种类细菌的增殖。

石油类物质进入土壤后，影响植物和土壤微生物的生长繁殖，引起土壤微生物群落、微生物区系的变化；大量石油堵塞土壤孔隙，对土壤微生物和土壤酶活性均有抑制作用。对山东主要类型土壤的研究表明（王梅等，2010），石油烃含量对细菌、真菌和放线菌 3 种微生物类群产生的影响以放线菌最为显著，当土壤石油烃含量为 500 mg/kg 时，潮土、褐土和棕壤的放线菌总数在试验期间分别下降了 80%、85%和 89%，并且减少的放线菌数量在短时期内很难恢复至原有水平；石油烃对潮土真菌数量的影响较褐土和棕壤为大。

2. 对呼吸作用的影响

呼吸作用的大小通常与土壤微生物的总量有关，微生物数量越多，呼吸作用越强，而呼吸强度是评价污染物对土壤微生物生态效应的重要指标之一。除草剂对呼吸作用的影响与浓度有关。例如，2.0 μg/g 的西玛津对呼吸强度无任何影响，而 10 μg/g 的西玛津能促进呼吸作用。一般来说，正常使用除草剂不会影响土壤呼吸作用。杀虫剂对呼吸作用的影响也很小。尽管土壤微生物消耗氧气的量随有机磷杀虫剂浓度的增大而提高，但这可能是农药被微生物代谢和利用的结果。

广谱杀真菌剂和熏蒸剂在短期内能强烈抑制土壤呼吸作用。田间施用农药对土壤微生物呼吸作用的影响主要取决于农药对微生物的毒性、农药种类与用量（傅丽君和杨文金，2007）。高浓度甲基托布津会抑制土壤微生物群体的生命活动，降低土壤的呼吸作用，进而影响土壤中有机质的分解与再循环，降低土壤肥力。

3. 对土壤酶活性的影响

土壤酶主要来源于土壤微生物的生命活动，土壤酶参与许多重要的生物化学过程，因而土壤酶活性在一定程度上反映了土壤功能状况。20 世纪 70 年代初，人们开始注意到土壤微生物活性与土壤酶有相关性。与此同时，土壤酶也逐渐被广泛应用于污染物对土壤微生物影响的研究中。1958～1973 年，在以 4 kg/(hm^2•a)施用除草剂莠去津的果园土壤中，磷酸酶、蔗糖酶、β-葡萄糖苷酶和脲酶的活性降低了 50%以上。酶活性的降低不一定直接来自农药的使用，而长期使用农药去除覆盖植物的同时导致有机质损失可能是重要的原因（Voets et al.，1974）。研究表明，对吡氟氯禾灵、灭草环和 2-氯-6（2-甲氧基呋喃）- 4 -（三氯甲基）吡啶 3 种农药对脱氢酶有显著增强作用。脲酶抑制剂氢醌可暂时促进或抑制多酚氧化酶、脱氢酶、蛋白酶、磷酸酶和蔗糖酶的活性，但培养 88 d 后抑制和促进作用均消失。

淀粉酶与脲酶广泛存在于土壤中。在自然界碳素循环中，淀粉酶能使淀粉水解生成糊精和麦芽糖；脲酶的酶促反应产生氨，是植物所需氮的来源之一，同时，脲酶与土壤有机质含量、微生物数量也有相关性。吡唑醚菌酯处理对土壤脲酶活性有较为明显的抑制作用，吡唑醚菌酯对土壤脲酶的抑制率第 1 d 最大，浓度越高，脲酶活性越低，100 mg/kg 处理抑制率可达 33.5%。但随着处理时间的推移，抑制作用逐渐降低，处理第 21 d，10 mg/kg 以下浓度的处理基本恢复至对照水平，100 mg/kg 处理对脲酶活性的抑制作用有所恢复，抑制率仍有 8.52%（袁传卫等，2015）。而草甘膦对水稻土中的淀粉酶和脲酶都有显著的激活作用，且随着草甘膦含量增大，激活强度增大。与对照相比，草甘膦（100 mg/kg）处理对淀粉酶和脲酶的激活率可分别达到 57.8%和 116%，这可能是因为微生物能够利用草甘膦作为碳源、氮源和能源，刺激自身的生长，从而激活淀粉酶和脲酶活性（程凤侠等，2009）。

4. 抗生素类兽药对土壤微生物的影响

由于抗生素兽药的广泛使用，它们对生态与环境的影响逐渐成为研究的热点问题。抗生素主要用来防治细菌引起的疾病，它可抑制病原菌的生长，在很低浓度下即可影响微生物活性，土壤中 1 mg/kg 的四环素对脱氢酶和磷酸酶活性有明显抑制作用。在 14 d 培养期内，土霉素和磺胺嘧啶显著降低了土壤微生物量，但真菌数量随着两种兽药浓度升高而升高，而且土霉素对真菌量的增加效果更明显。

兽药对土壤微生物的作用主要受兽药种类和土壤性质（如土壤有机质性质和含量、矿物种类、pH 等）的影响，由于微生物吸收兽药是一个需要能量的主动过程，因此，必须添加一定碳源，微生物才能将兽药转移至体内，从而兽药毒性才能表现出来；但经过一段时间后，微生物对兽药表现出一定的抗性。兽药作用时间、化学结构和浓度是土壤微生物群落抗性发展的主要影响因子。有机质能够加速土壤微生物群落抗性的发展，由于兽药往往随粪便施入土壤，因此，土壤微生物会很快获得群落抗性，从而对整个农田生态系统产生潜在危害。这种抗性甚至可以通过蔬菜、农作物而垂直进入人体，进而对人类产生极大危害（孔维栋和朱永官，2007）。

（二）对土壤动物的影响

土壤动物通常是指经常或暂时栖息在土壤环境中，并在那里进行某些活动的动物类群。主要包括蚯蚓、线蚓、线虫、甲壳类、多足类、软体动物、昆虫及其幼虫、螨类和蜘蛛的某些类群。由于土壤动物身体微小，通常不引人注意，但是它们的数量惊人、生物量巨大，在土壤的形成与发展中起着极其重要的作用，并参与土壤生态系统的物质循环。

动物与环境统一是动物生存和分布的一般法则，任何动物的生存都离不开环境。土壤动物长期生活在土壤环境中，它们一方面积极同化各种有用物质以建造其自身，另一方面又将其排泄物归还到环境中从而不断地改造环境。因此，它们和环境间存在着密不可分的关系。土壤动物活动范围小、迁移能力弱，它们与环境间具有相对稳定的关系，土壤动物的组成、数量、生物量及分布基本上反映了其生存环境的质量。土壤具有一定的自净能力，即大部分有机污染物进入土壤后逐步由种类繁多、数量巨大的土壤微生物和土壤动物分解转化，进入物质循环。

目前，污染物对土壤动物影响的研究主要集中于蚯蚓。因为蚯蚓在土壤中存在数量大、范围广，利用对蚯蚓的生态监测与毒理研究既可反映土壤污染状况，又能鉴定鉴别各种有害物质的毒性。研究从群落结构、污染物指示种类、剂量反应和毒性机理方面开展，结果表明，随着土壤污染程度增加，蚯蚓分布的种类与数量明显减少，主要原因可能是蚯蚓属于大型土壤动物，摄食量大，在摄食和移动过程中广泛接触有害物质，导致有害物质在蚯蚓体内大量富集后产生毒害效应，其中，一些对污染物敏感的种类由于抵抗力差不能维持生存和繁衍而消失。多数农药在正常用量下对蚯蚓的危害不大，但有一些持久性农药因在蚯蚓体内大量积累而产生明显的毒性；由于蚯蚓是鸟类和小型兽类的食物来源之一，它可能通过食物链传递对鸟类和兽类产生危害影响，蚯蚓在土壤生物与陆生生物之间起传递农药的桥梁作用。

农药对蚯蚓的毒性与土壤性质、农药致毒速度及其在土壤中的分解速率密切相关（林玉锁等，2000）。为了使毒性试验结果具有可比性，首先要求试验使用的土壤标准化；倘若使用自然土壤，需要详细说明来源和基本性质。赤子爱胜蚓（*Eisenia foetida*）规定为农药毒性试验用品种，它对农药具有中等敏感性。农药对蚯蚓的急性毒性分为 3 个等级：低（LC_{50}＞10 mg/kg），中（LC_{50}＝1～10 mg/kg），高（LC_{50}＜1 mg/kg）。

（三）对植物生长的影响

作为生物圈的重要一环，植物对有机污染物的环境归趋行为有重要影响。其中，植物的吸收、累积和代谢更是影响有机污染物迁移、转化的重要环节之一（Dalla et al.，2004）。随着人们越来越重视有机污染物的危害，所关注的植物类型也从常见作物扩展到阔叶林、针叶林、苔原等天然植被。

土壤中的多环芳烃可以穿过植物根皮层而进入木质部，通过根毛细胞的作用累积于植物茎部，或通过运输作用达到叶部并累积（徐胜等，2013）。植物对 PAHs 的吸收速率取决于 PAHs 的理化性质、植物种类、土壤性质、耕作措施和环境条件等因素（Wu et al.，2011；Li et al.，2008）。土壤中 PAHs 浓度越高，植物对 PAHs 的吸收量则越多，低分子量的 PAHs 水溶性相对较高，较易被植物吸收。

植物生长的变化是植物受到胁迫严重伤害时最直观的症状。通常，植物对于多环芳烃的处理可能具有一定的耐受阈值。在阈值以内，植物生长受到的影响较小，甚至表现为刺激作用；而超过此阈值，植物的正常生长就会受到抑制。用芴、蒽、芘分别对土培燕麦和玉米等 6 种作物进行胁迫试验，结果发现，培养初期土壤中的 PAHs 质量浓度低于 10 mg/kg 时，对作物生长有刺激作用，最低的植物毒害阈值可达 100 mg/kg（Maliszewska-Kordybach and Smreczak，2000）。随着土壤中菲浓度的升高，秋茄（*Kandelia candel*）幼苗根系和地上部分的生长呈现先升高后降低的趋势；低浓度处理刺激了植株根系和地上部分生长量的增加，高浓度处理不利于植株生长（洪有为和袁东星，2009）。在 PAHs 胁迫下，植物株高、根长、根表面积和叶面积等生长指标均受到抑制。此外，PAHs 对植物生长的影响与不同的器官有关，幼苗的生长比种子萌发更敏感（Smith et al.，2006）。

植物体中氯苯类化合物的浓度一般在μg/kg～mg/kg，当灌溉水中 1，2-二氯苯和 1，3-二氯苯浓度为 200 mg/L 以上时，小麦种子停止发芽（徐应明等，2005）。1，2，4-三氯苯对水稻种子发芽率影响较小，而对幼苗株高、根长、根数、干物质积累及叶绿素含量有显著的抑制作用，其中，根系的伸长生长对污染物最为敏感（王泽港等，2006）；1，2，4-三氯苯影响在水稻品种之间的差异显著（李玉等，2016）。

二、有机农药污染与农产品质量安全

有机污染物在食物链中传递并逐级富集，影响食品安全与人体健康。持久性有机污染物由于其亲脂性通过食物链富集，例如，有机氯农药可通过土壤-植物系统残留于肉、蛋、奶和植物油中，通过人的膳食进入人体后，参与人体内各种生理过程，使人体产生致命的病变，破坏酶系统，阻碍器官的正常运行，从而导致神经系统功能失调，甚至有“三致”问题（致癌、致畸和致突变）。农药残留调查表明，农产品有机磷农药的检出率比较普遍，而且国家禁止使用于蔬菜的剧毒农药甲胺磷等也占有相当的比例（魏云潇等，2011）。

（一）作物对土壤中有机农药的吸收、转运与积累

许多农药都是通过土壤-植物系统进入生物圈的。植物对农药的吸收被认为是农药在食物链中生物积累，并危害陆生动物的第一步（王晓蓉，1993）。农药由土壤进入植物体内至少有两个过程：①根部吸收；②农药随蒸腾流而输送至植物体各部分。

1. 根部和茎的吸收与输送

土壤中的农药主要通过根部吸收进入植物体。农药通过吸收进入植物根部有两种方式：主动吸收过程和被动吸收过程，前者需要消耗代谢能量，后者则包括吸收、扩散和质流。

根部浓缩系数（RCF）可以用来研究农药的根部吸收过程，用下式表示：

$$\text{RCF} = \text{根部农药的浓度/外部溶液中农药的浓度} \qquad (6\text{-}28)$$

农药的向上传导发生在木质部中，其途径包括质外体和共质体（姚安庆等，2012），向上传导的化合物必须具有一定的亲脂性，并与水的移动密切相关。它可用蒸腾流浓缩系数（transpiration stream concentration factor，TSCF）来表示：

$$\text{TSCF} = \text{蒸腾流中农药的浓度/外部溶液中农药的浓度} \qquad (6\text{-}29)$$

蒸腾流浓缩系数定义为蒸腾流中药剂浓度与植物根部所处介质中药剂浓度之比值。TSCF受到药剂的亲脂性和植物的种类及其代谢生理学的影响。研究表明，久效磷在悬铃木体内的传导速度和传导量受植物组织的代谢速率和环境条件的影响，由于树体上部枝、叶生命活动旺盛，新陈代谢快，生命力强，其输导量大、输导速度快，因此，药剂随树液输导到上部的量较其他部位多。

由于水总是优先于农药而被吸收，因而 TSCF 值总是小于 1。TSCF 值与农药在培养液中的浓度无关，说明农药从根部到茎部的运输过程是一种平衡分配的结果。进入植物茎的化合物也会出现向上或双向传导两种可能，化合物一般表现为侧向运转后随植物的蒸腾流或同化流进行上下传导。对于农药在茎部的分布，可用茎部浓缩系数（SCF）来表示：

$$\text{SCF} = \text{茎部农药的浓度/外部溶液农药的浓度} \qquad (6\text{-}30)$$

茎只起着一种导管作用，农药在茎部的基部和中部的积累是由茎表皮层和木质素液泡之间的可逆分配过程决定的。虽然在茎部浓度达到最大平衡值之前有小部分农药到达了茎叶顶部，只有当茎部完全达到平衡后，进入木质部的农药才能被有效地运输到茎叶顶部，并在水蒸发的部位积累起来。

如果假设农药在植物体内不发生降解作用，植物根部吸收和随后的运输过程是一个被动过程，它可以看成一系列连续分配过程的总和，其中包括农药在土壤颗粒与土壤溶液、土壤溶液与植物根系、植物根系与蒸腾、蒸腾溶液与植物茎叶之间的分配，这些分配过程均和农药的正辛醇-水分配系数有关。

2. 农药的性质与作物累积量的相关性

植物对农药的吸收及在体内的运输和积累与农药的性质，特别是正辛醇-水分配系数 K_{ow}

有关。关于食用菌农药残留风险评估和预测研究进展概述中认为（杨慧等，2011），K_{ow} 代表化合物的亲脂性程度，如果 $\lg K_{ow}<0$，说明该化合物为亲水性；如果 $\lg K_{ow}>0$，则为亲脂性。RCF 与其疏水性相关，亲脂性较强的非电离性农药（$\lg K_{ow}>1$），RCF 随着 $\lg K_{ow}$ 值的增加而迅速增加；亲脂性弱的极性农药（$\lg K_{ow}<1$），$\lg K_{ow}$ 值的变化对 RCF 值的影响很小。多环芳烃能否为植物根系所吸收，与其 K_{ow}、水溶解度、亨利系数和分子量理化性质有关。石陶然等（2017）介绍了有关文献中定量预测植物对有机物积累的限制分配模型，并指出 K_{ow} 是植物根系吸收有机污染物的主要限制因子；然而，这一看法并不为所有实验事实所认可，例如，有研究认为小麦根系对多环芳烃的吸收随着 K_{ow} 的增加而增加，但也有研究认为小麦根系多环芳烃富集系数与 K_{ow} 没有线性关系，因为当 $\lg K_{ow}>4$ 时，大多数土壤和根表皮上的多环芳烃不为根系或者木质部所吸收。

曾有研究者研究了两类 18 种化合物（O-甲基-氨基-甲酰基和苯基脲除草剂）的植物吸收过程，认为植物从根部到茎部的运输是随着水蒸腾的被动过程，将 TSCF 和 K_{ow} 进行拟合，得到了具有很好相关性的高斯分布方程：

$$\mathrm{TSCF} = 0.784\exp\left[-(\lg K_{ow}-1.78)^2/2.44\right] \tag{6-31}$$

已有研究表明，$\lg K_{ow}$ 在 1.5～2.0 的农药最适宜植物从根部到茎部的运输，即存在着一个最适宜的亲脂性 K_{ow} 值：$\lg K_{ow}=1.8$；对于极性农药，当 $\lg K_{ow}<1.8$ 时，其运输作用受到根部类脂膜的阻止；对于亲脂性农药，当 $\lg K_{ow}>1.8$ 时，输送作用被亲脂性化合物的迁移速率所限制。虽然从理论上认为当达到平衡时，亲脂性农药能自由地、可逆地通过木质部，这时 TSCF 值达到最大值（等于 1）；然而对于非亲脂性农药，即使经长时间的暴露，也不能完全从根部输送到茎部，它可在 24~48 h 达到平衡，TSCF 值不再改变。存在于土壤中的高 $\lg K_{ow}$ 值的农药，主要被土壤或植物的根部吸着，低 $\lg K_{ow}$ 值的农药才能迁移到植物体内，运输至植物地上部分并在植物体内积累。

（二）农产品的农药污染

农药的发明和使用大大提高了农业生产力，是农业生产的一次革命。中国是农业大国，每年大面积的病虫害需通过施用大量的农药进行防治，以减少粮食产量的损失。但过量和不当使用对农产品和土壤造成的污染也不可忽视。使用农药可造成硝酸盐、亚硝酸盐、亚硝胺、重金属和其他有毒物质在农产品中的积累，造成农药在动植物食品中的富集和残留，直接威胁着动植物和人体的健康，表明化学农药的不合理使用有可能使农产品质量与安全性降低，影响优质农产品的生产（郑世英，2002）。有关食品中一些农药和有机化合物的限量指标可参见国家标准《食品安全国家标准 食品中农药最大残留限量》（GB 2763—2016）。

有机农药的降解和转化有可能产生毒性更高的产物。乙酰甲胺磷（ACE）作为高毒农药甲胺磷的替代品，具有低毒、广谱等特点，但是它在使用过程中产生的增毒代谢物甲胺磷（MAP）备受关注。研究结果表明（张慧涵等，2014），通过土壤灌根施药方式，番茄可以通过根部吸收土壤中的乙酰甲胺磷，并且向上运输至果实；土壤中的乙酰甲胺磷在向果实转运过程中代谢产生了增毒代谢物甲胺磷，表明乙酰甲胺磷在番茄上的使用有质量安全风险。

农药对农作物的污染程度除了与施用量直接有关外，还与作物种类、土壤质地、有机质含量和土壤水分有关。砂质土壤要比壤土对农药的吸附作用弱，作物从中吸取的农药较多。土壤有机质含量高时，土壤吸附能力强，作物吸取的农药较少。土壤水分因能减弱土壤的吸附能力，从而增加了作物对农药的吸收。对有机氯农药污染严重地区进行调查表明，大豆、花生、马铃薯和胡萝卜等作物的地下部分农药污染明显，而茄子、番茄、辣椒等茄果类和叶菜类一般污染较少。

（三）减少农药对农产品污染的措施

农药的使用一定要讲究科学，严格按照操作规程进行。农作物病虫害的防治应采用化学和生物措施相结合的方式，施行生态栽培技术（如水稻-水产养殖），可大幅度减少或者免除农药的施用。利用抗病品种、间种套种、合理施用微肥及生长调节剂等来增强植物的抗病虫能力；利用天敌（昆虫），施用生物农药，选择高效、低毒和低残留化学农药等多项措施，降低农药用量，减轻农药对农产品的污染；根据防治对象和农作物生长特点，选择合适的农药和施药方法（如土壤处理、拌种、喷雾、喷粉和熏蒸等），利用合格的喷药器械，掌握最佳的防治时期，进行有效防治。施药时严格控制用药量和施药次数，特别是几种农药混合使用时注意浓度，确保农产品农药残留量在标准范围内。杜绝在蔬菜上使用剧毒、高毒农药，注意蔬菜采收时的安全间隔期。

第四节　土壤中有机污染物的研究展望

与无机污染物相比，有机污染物在研究和测试技术发展方面均留有更为宽阔的空间，深入研究土壤有机污染物的微观过程、机理与生态毒理效应，建立生物有效性、风险评价方法与模型、污染防治技术与方法等，都是目前和未来需要重视和加强的问题。

1. 强化有机污染物迁移、转化的机理性研究

土壤是一个复杂的多介质、多界面体系，有机污染物在土壤中的行为涉及不同的界面过程。土壤对外源性人工合成化学物质均具有一定的自净能力，但是不同结构的化学物质在土壤中的降解历程却有很大的差异，一些化学物质在土壤中还可出现特异性反应，生成比母体毒性更大或具有潜在危险性的转化产物，例如，三氯乙醛在试管反应中需要特定的几种氧化剂（如硝酸、次氯酸等）作用才能被氧化成三氯乙酸，而在土壤中，这一反应却能自然地进行，这是由于土壤微生物的生物催化作用；又如，在试管反应中，胺类化合物的重氮化作用只能生成稳定的重氮盐，但在含 3,4-二氯苯胺的土壤中分离出了一种芳香三氮烯，其结构式见图 6-16。这一过程已证明是在土壤中硝酸盐的参与下，由苯胺在土壤中自然进行的重氮化作用与仲胺分子偶联而成的。因此，研究土壤中有机污染物的行为对正确评价其环境影响是十分必要的。

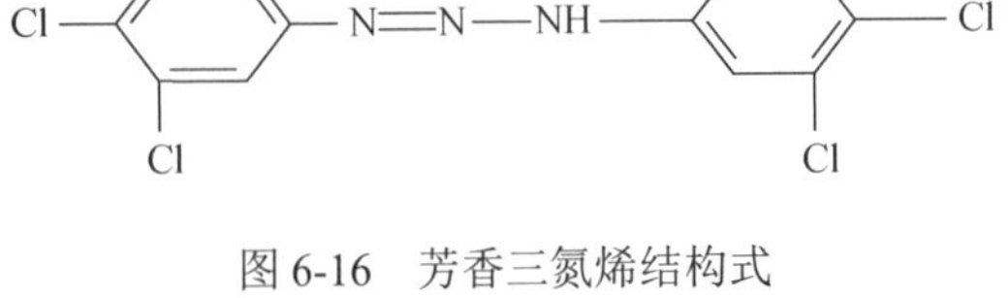

图 6-16　芳香三氮烯结构式

2. 注重背景和分离、检测方法的研究

迄今为止，我国土壤中有机污染物的背景情况尚不清楚，在一定程度上是由于土壤有机污染物提取和分离方法的限制，因此，研究有效地分离和监测土壤污染物的方法是正确评估土壤有机污染的迫切和重要的内容。对于稳定的有机污染物，加速溶剂萃取技术是公认和常用的；而超声提取技术的开发（李利荣等，2007）可以提取土壤中的半挥发性有机污染物，包括苯系物、苯酚类、苯胺类、硝基芳香烃类、氯代芳烃类、多环芳烃类和酞酸酯类等 64 种痕量化合物，在样品净化部分提出了新的处理方法，克服了 EPA8270C 规定方法中步骤繁琐和仪器费用高的缺点，一次处理可将所有待测有机化合物全部提取、净化与浓缩，操作较为简单、快速，总体精密度较好。塑料制品是人们所熟知的生活必需品，然而对其在土壤中的行为却知之甚少，因而对微塑料在土壤中的分离、检测方法和环境行为的研究应给予足够的关注（Bläsing and Amelung，2018）。

3. 加强复合污染的研究

由于土壤体系组成复杂，研究难度大，因而对于土壤体系的多介质环境问题的系统研究甚少，目前的研究大都取其中的某些界面，研究某种污染物在其中的环境行为。然而污染物之间复杂的交互作用是土壤污染的重要特征，因而应加强有机污染物参与的复合污染的研究。

（1）*不同有机污染物之间的复合污染*　有机污染物之间的相互作用，是土壤-植物系统中常见的复合污染形式。近年来，土壤中一些有毒有机污染物不仅含量持续上升，其种类也在不断增加。这些有毒有机污染物有相当一部分是难以降解的人工合成化学品，它们在土壤中经常有相互作用，其毒性效应也随着污染物的浓度、形态和老化时间等的变化而变化。有机污染物在土壤环境中的毒性效应往往是非单一性的行为，如各种杀虫剂、除草剂、石油烃、多环芳烃、多氯联苯和有机染料等之间的相互作用，由于能够形成毒性更大的降解产物或中间体，因此，要比无机污染物之间的相互作用更为复杂，其结果也更难以预测。

（2）*有机污染物与重金属所构成的复合污染*　有机污染物-重金属的复合污染是一种比较普遍的现象。例如，污水处理厂的污泥、城市生活垃圾、各种农药的施用及工业废水等造成的污染，同一环境介质中往往同时存在一些难降解有机污染物和有毒重金属。土壤中有机污染物和重金属的产生有时是同源，有时是异源。它们进入土壤环境以后，除了自身的毒性效应外，相互之间还发生交互作用。例如，炼焦、炼油、电镀、化肥、印染和农药合成等工业废水及生活污水。而土壤-植物系统中现存的各种生态因子与条件可以催化有机污染物和重金属之间的相互作用，影响了有机污染物-重金属的复合污染的环境效应。

（3）*有机污染物与病原微生物构成的复合污染*　有机污染物与病原微生物的复合污染是一个重要的复合污染类型。随着污水处理行业的发展，大量污泥产生并应用于农业土壤中，或在林地、休闲地进行堆置，由此产生有机污染物-病原微生物的复合污染。同时，土壤历来是作为废物的堆放、处置和处理的场所，大量的有机污染物和病原微生物随之进入土壤-植物系统；农业化学物质和有机肥的施用也会带入某些病原微生物，与农药本身及其分解残留物或其他有机污染物构成了复合污染。

4. 关注土壤中优势流对有机污染物迁移影响的研究

土壤中的优势流是指土壤在整个入流边界上接受补给，但水分和溶质绕过土壤基质，只通过少部分土体快速运移。优势流是田间土壤中非常普遍的一种水分和溶质运移形式，其存在将导致溶质快速向下迁移，从而有可能引起地下水污染，关于此方面的研究还不是很多。优势流受许多因素的控制，如土壤中的大孔隙、结构、质地、水分含量、初始水分含量、水和溶质的施加速率及溶质的施加方法等。土壤中优势流的存在降低了作物对水和养分的可利用性。同时，同土壤基质接触的面积小、时间短，使得许多污染物，特别是水溶解度高的有机污染物来不及降解就快速向下运移，从而增加了地下水污染的危险性。

有关有机污染物在土壤中的持留、释放和迁移规律，国内外均有大量研究，并建立了反映有机污染物在土壤与环境介质中迁移、转化的相关模型，但对优势流的影响尚缺乏足够的关注。虽然人们已经提出了许多模型来描述优势流，但对它的模拟却非常困难。使用平均运移参数模拟的模型，已被广泛用来预测水和溶质通过非饱和土壤的运移；然而，在模型计算结果和实际田间测量之间常常出现差异。由于建立在 Richards 方程和对流-弥散方程基础上的模拟模型采用的是平均流速，它表示水和溶质在非饱和土壤中运移时的所有路径的平均值，而不能体现出使水和溶质快速运移的优势路径。

5. 关注个人护理用品

在过去一个相当长的时间内，人们对药物（特别是抗生素）和个人护理用品中的活性成分、人或动物使用的处方药和生物制剂、诊断试剂、芳香剂和日光遮蔽剂等很少关注，其实，它们是具有潜在生态风险的环境污染物，应该积极开展相关的研究工作（安婧和周启星，2009；孔维栋和朱永官，2007；周启星等，2007）。

（1）个人护理用品在土壤中环境行为的研究　　PPCPs 在不同土壤中的环境行为及其生物有效性差异很大，因此，应深入研究其在多种类型土壤上的吸附、解吸特征，探求吸附、解吸与土壤因子间的关系，并进一步研究其向水体的迁移等环境风险，为在个体、群落和生态系统等多个水平上研究 PPCPs 的生态毒理学效应提供理论依据。

（2）土壤微生物抗药性研究　　残留于土壤中的 PPCPs 会诱导土壤中大量抗性菌的生长，因此，应研究在常规农业管理措施下土壤中微生物群落抗性的发展、抗性基因的迁移及其影响。

（3）强化分析测试技术研究　　为适应不同种类 PPCPs 检测，可以将具有不同检测特性的分析技术有机地结合起来，以提高检测灵敏度和准确性，要逐步建立一套完整而规范的标准化方法。

对有机污染物研究的前瞻性认为（何艳和李永涛，2016），未来有可能在土壤有机污染过程、有机污染物修复技术与应用基础、新技术与新方法的发展等方面有所发展和突破，而这些领域也是未来需要加强研究与实践的方向和任务。

思考题与习题

1. 请列举土壤环境中常见有机污染物的来源与分布特征。
2. 如何描述有机污染物在土壤中的吸附行为？造成解吸滞后效应的因素有哪些？
3. 如何表征有机污染物在土壤中的挥发和可移动性？其主要的影响因素有哪些？
4. 请简述土壤中有机污染物的水解、光解和生物降解的试验和表征方法。
4. 请叙述土壤中有机污染物的主要生态效应及其对环境质量的影响。
5. 有机污染物的研究是土壤环境研究的重要内容，你认为目前研究工作中需要关注的问题有哪些？

主要参考文献

安婧，周启星. 2009. 药品及个人护理用品（PPCPs）的污染来源、环境残留及生态毒性. 生态学杂志，28（9）：1878～1890

毕新慧，储少岗，徐晓白. 2001. 多氯联苯在水稻田中的迁移行为. 环境科学学报，21（4）：454～458

蔡道基. 1999. 农药环境毒理学研究. 北京：中国环境科学出版社

蔡丽，崔艳. 2010. 硝酸盐和亚硝酸盐对食品的污染及控制. 内蒙古农业科技，（1）：64～65

曹慧，崔中利，周育等. 2004. 甲基对硫磷对红壤地区土壤微生物数量的影响. 土壤，36（6）：654～657

曹幼琴，叶定一. 1991. 六种有机污染物对土壤微生物的影响. 土壤学报，28（4）：426～433

陈永山，骆永明，章海波等. 2011. 设施菜地土壤酞酸酯污染的初步研究. 土壤学报，48（3）：516～523
程凤侠，司友斌，刘小红. 2009. 铜与草甘膦单一污染和复合污染对水稻土酶活性的影响. 农业环境科学学报，28（1）：84～88
崔明明，王凯荣，王琳琳等. 2013. 山东省花生主产区土壤和花生籽粒中邻苯二甲酸酯的分布特征. 应用生态学报，12：3523～3530
戴树桂. 1997. 环境化学. 北京：高等教育出版社
党志，于虹，黄伟林等. 2001. 土壤-沉积物吸附有机污染物机理研究的进展. 化学通报，64（2）：81～85
邓绍坡，吴运金，龙涛等. 2015. 我国表层土壤多环芳烃（PAHs）污染状况及来源解析. 生态与农村环境学报，31（6）：866～875
丁昌璞. 2008. 中国自然土壤、旱作土壤、水稻土的氧化还原状况和特点. 土壤学报，45：66～75
方杰. 2008. 蔬菜中 DEHP 含量分析及冬瓜累积 DEHP 初探. 杭州：浙江工商大学
傅丽君，杨文金. 2007. 4 种农药对枇杷园土壤磷酸酶活性及微生物呼吸的影响. 中国生态农业学报，15（6）：113～116
高军，陈伯清. 2008. 酞酸酯污染土壤微生物效应与过氧化氢酶活性的变化特征. 水土保持学报，22（6）：166～169
高敏苓，戴树桂. 2006. 土壤中有机污染物生物可利用性研究进展. 华中农业大学学报，25（3）：334～340
高远志，段晋明. 2017. 草甘膦在高指{201}二氧化钛表面的吸附去除. 环境科学学报，网络出版时间：2017-08-10；http://kns.cnki.net/kcms/detail/11. 1843. X. 20170810. 1631. 027. html
龚平，孙铁珩，李培军. 1996. 农药对土壤微生物的生态效应. 应用生态学报，7（sup.）：127～132
关卉，王金生，万洪富等. 2007. 雷州半岛典型区域土壤邻苯二甲酸酯（PAEs）污染研究. 农业环境科学学报，26（2）：622～628
郭莉，汪亚林，李成等. 2017. 电子电器废弃物拆解区蔬菜多氯联苯污染及其健康风险. 科学通报，62（7）：674～684
韩言柱，王立成，许学工等. 2000. 黄河三角洲土壤（潮土）石油类含量对小麦的影响研究. 环境科学与技术，（4）：1～4
何艳，李永涛. 2016. 土壤有机污染与修复. 见：宋长青. 土壤学若干前沿领域研究进展. 北京：商务印书馆
洪有为，袁东星. 2009. 秋茄（*Kandelia candel*）幼苗对菲和荧蒽污染的生理生态效应. 生态学报，29（1）：445～455
胡国成，郑海，张丽娟等. 2013. 珠江三角洲土壤中全氟化合物污染特征研究. 中国环境科学，33（S1）：37～42
胡洪营，王超，郭美婷. 2005. 药品和个人护理用品（PPCPs）对环境的污染现状与研究进展. 生态环境，14（6）：947～952
华小梅，朱忠林，单正军等. 1995. 涕灭威在土壤中的降解特性. 农村生态环境，11（4）：9～13（27）
贾瑗，胡建英，孙建仙等. 2009. 环境中的医药品和个人护理品. 化学进展，21（2/3）：389～399
蒋新，和文祥，Mueller P. 2000. 土壤中 4-溴苯胺降解动力学及其生态毒性追踪. 环境化学，19（5）：414～418
孔丝纺，解庆龙，曾辉等. 2011. 焚烧源二噁英的排放对周边土壤和植被污染的研究进展. 生态环境学报，20（3）：560～566
孔维栋，朱永官. 2007. 抗生素类兽药对植物和土壤微生物的生态毒理学效应研究进展. 生态毒理学报，2（1）：1～9
来雪慧，程健，杨晓荣等. 2016. 我国土壤中有机氯农药的污染分布特征. 山东化工，45（21）：166～167
李利荣，吴宇峰，杨家凤等. 2007. 土壤中 64 种痕量半挥发性有机污染物的分析方法研究. 分析试验室，26（1）：79～84
李敏，王超，倪明江等. 2016. 医疗废物焚烧厂二噁英排放对周边土壤的影响（2007—2014 年）. 环境科学学报，36（10）：3804～3809
李晓军，李培军，蔺昕. 2007a. 土壤中难降解有机污染物锁定机理研究进展. 应用生态学报，18（7）：1624～1630
李晓军，李培军，蔺昕等. 2007b. 土壤中有机污染物的老化概念探讨. 应用生态学报，18（8）：1891～1896
李晓娜，宋洋，贾明云等. 2017. 生物质炭对有机污染物的吸附及机理研究进展. 土壤学报，54（6）：1313～1325
李秀华，倪进治，骆永明. 2006. 土壤不同粒径组分对菲的吸附解吸行为的研究. 土壤，38（5）：584～590
李永霞，郑西来，马艳飞. 2011. 石油污染物在土壤中的环境行为研究进展. 安全与环境工程，18（4）：43～47
李玉，陈璐，严凯等. 2016. 1，2，4-三氯苯对 2 个不同耐性水稻品种光合特性与产量的影响. 作物学报，42（2）：255～264
连国玺，沈珍瑶. 2006. 土壤吸附菲的灰色关联分析. 安全与环境学报，6（2）：39～42
梁欢欢，吴明红，徐刚等. 2017. PFCs 在水和底泥中的分布、毒性和去除. 上海大学学报（自然科学版），23（5）: 752～761
梁重山，党志，刘丛强等. 2004. 菲在土壤/沉积物上的吸附-解吸过程及滞后现象的研究. 土壤学报，41（3）：329～335
林根满，吴健，王敏等. 2015. 石化工业区周边土壤中多环芳烃的组成及分布特征分析. 环境污染与防治，37（8）：39～45
林玉锁，龚瑞忠，朱忠林. 2000. 农药与生态环境保护. 北京：化学工业出版社
林玉锁，朱忠林. 2002. 农药污染对环境质量的影响. 见：陈怀满等. 土壤中化学物质的行为与环境质量. 北京：科学出版社
刘济宁，张晓清，吴冠群等. 2011. 林丹的环境安全性评价研究. 农业环境科学学报，30（9）：1842～1846
刘莹，管运涛，水野忠雄等. 2009. 药品和个人护理用品类污染物研究进展. 清华大学学报（自然科学版），49（3）：369～373
刘振宇，郭会琴，何欢等. 2009. 苯噻草胺在土壤中的吸附与解吸行为研究. 环境科学，30（6）：198～ 204
罗晓丽，齐亚超，张承东等. 2008. 多环芳烃在中国两个典型土壤中的吸附和解吸行为研究. 环境科学学报，28（7）：1375～1380
罗孝俊，麦碧娴，陈社军. 2009. PBDEs 研究的最新进展. 化学进展，21（2/3）：359～368
孟晶，王铁宇，王佩等. 2013. 淮河流域土壤中全氟化合物的空间分布及组成特征. 环境科学，34（8）：3188～3194
宁诗琦. 2017. 土壤中残留有机磷农药的环境行为及生物修复研究进展. 安徽农学通报，23（08）：93～95
齐亚超，张承东，王贺等. 2010. 黑碳对土壤和沉积物中菲的吸附解吸行为及生物可利用性的影响. 环境化学，25（9）：848～855
邱孟德，陈杏娟，邓代永等. 2010. 溴代阻燃剂微生物降解的研究进展. 微生物学通报，37（7）：1043～1047
邵科，尹文华，朱国华等. 2013. 电子垃圾拆解地周边土壤中二噁英和二噁英类多氯联苯的浓度水平. 环境科学，34（11）：4434～4439
施瓦茨巴赫 R P，施格文 P M，英博登 D M. 2004. 环境有机化学. 王连生等译. 北京：化学工业出版社
石陶然，田凯，包环宇等. 2017. 多环芳烃在冬小麦体内的吸收与转运及富集研究进展. 环境科学研究，30（9）：1398～1405
石兆勇，王发园. 2007. 农药污染对微生物多样性的影响. 安徽农业科学，35（19）：5840～5841，5915

史亚利，蔡亚岐. 2014. 全氟和多氟化合物环境问题研究. 化学进展，26（4）：665～681
史烨弘，陈左生，沈杨. 2010. 活性污泥与施泥土壤中二噁英污染水平的研究. 环境科学，31（5）：1287～1292
司友斌，岳永德，周东美等. 2002. 土壤表面农药光化学降解研究进展. 农村生态环境，18（4）：56～59
宋康，孙健，段永红. 2017. 工业园区周边土壤中多环芳烃的研究进展. 山西农业科学，45（7）：1200～1204
苏允兰，莫汉宏，杨克武等. 1999. 土壤中结合态农药环境毒理研究进展. 环境科学进展，7（3）：45～51
孙晓霞. 2016. 海洋微塑料生态风险研究进展与展望. 地球科学进展，31（6）：560～566
唐景春. 2014. 石油污染土壤生态修复技术与原理. 北京：科学出版社
唐婷，安显金，肖保华. 2016. 二噁英毒性和中国土壤及沉积物二噁英的研究进展. 地球与环境，44（5）：586～593
王春辉，吴绍华，周生路等. 2014. 典型土壤持久性有机污染物空间分布特征及环境行为研究进展. 环境化学，33（11）：1828～1840
王连生. 1994. 环境健康化学. 北京：科学出版社
王梅，江丽华，刘兆辉等. 2010. 石油污染物对山东省三种类型土壤微生物种群及土壤酶活性的影响. 土壤学报，47（2）：341～346
王帅杰，朱坦. 2003. 持久性有机污染物在土壤中的老化行为研究进展. 城市环境与城市生态，16（3）：39～41
王小艺，黄炳球. 1997. 农药对农业生态系统的影响与生态学控制对策. 农业环境保护，16（6）：279～282
王晓蓉. 1993. 环境化学. 南京：南京大学出版社
王学东，熊珺，李爱民等. 2005. 咪唑烟酸在浙江 4 种代表性土壤中的光解深度. 华中师范大学学报（自然科学版），39（4）：500～504
王泽港，葛才林，万定珍等. 2006. 1，2，4-三氯苯和萘对水稻幼苗生长的影响. 农业环境科学学报，25（6）：1402～1407
魏云潇，金旭忠，何良兴. 2011. 农产品有机磷检测及我国各地区残留概况. 中国卫生检验杂志，21（11）：2819～2820
魏准，田应兵，杜显元等. 2016. 石油污染对土壤物理性质的影响. 长江大学学报（自科版），13（9）：59～62
吴卫红，谢正苗，徐建明. 2000. 二噁英类化合物的土壤环境质量研究进展. 农业环境保护，19（6）：368～372
吴云当，李芳柏，刘同旭. 2016. 土壤微生物—腐殖质—矿物间的胞外电子传递机制研究进展. 土壤学报，53（2）：277～291
徐胜，王慧，陈玮等. 2013. 土壤中多环芳烃污染对植物生理生态的影响. 应用生态学报，24（5）：1284～1290
徐晓白，戴树桂，黄玉瑶. 1998. 典型化学污染物在环境中的变化及生态效应. 北京：科学出版社
徐应明，袁志华，李军幸等. 2005. 二氯苯胁迫对小麦种子萌发和幼苗生长的影响. 灌溉排水学报，24（4）：10～14
颜冬云，蒋新，徐绍辉等. 2010. 有机磷农药在土壤中的消解机理及 QSAR 研究. 土壤学报，47（1）：58～63
杨代凤，刘腾飞，谢修庆等. 2017. 我国农业土壤中持久性有机氯类农药污染现状分析. 环境与可持续发展，（4）：40～43
杨国栋. 2004. 酚在土壤环境中的生态转移. 农业环境科学学报，23（2）：372～376
杨慧，赵志辉，王瑞霞等. 2011. 食用菌中农药残留安全及风险预测. 食用菌学报，18（3）：105～110
杨克武，莫汉宏，安凤春等. 1994. 有机化合物水解的研究方法. 环境化学，13（3）：206～209
姚安庆，杨健. 2012. 农药在植物体内的传导方式和农药传导生物学. 中国植保导刊，32（10）：14～18，22
叶昊，李良忠，向明灯等. 2015. 电子垃圾拆解场地土壤重金属和溴代阻燃剂的污染现状及其对生态环境和人体健康影响. 环境卫生学杂志，5（3）：292～297
袁传卫，姜兴印，殷万元等. 2015. 吡唑醚菌酯对土壤微生物呼吸作用及土壤酶活性的影响. 农业环境科学学报，34（5）：897～903
岳永德，花日茂，汤锋等. 1993. 土壤粒径对农药在土壤中分布和光解的影响. 安徽农业大学学报，20（4）：309～314
岳永德，汤锋，花日茂. 1995. 土壤质地和湿度对农药在土壤中光解的影响. 安徽农业大学学报，22（4）：351～355
曾甯，姚建，唐阵武等. 2013. 典型废旧塑料处置地土壤中多溴联苯醚污染特征. 环境科学研究，26（4）：432～438
张鸿，赵亮，何龙等. 2014. 不同功能区表层土中全氟化合物污染指纹及其来源解析. 环境科学，35（7）：2698～2704
张慧涵，朱光艳，汪清等. 2014. 土壤中乙酰甲胺磷向番茄果实中的转运代谢与积累. 安徽农业大学学报，41（5）：892～894
张建英，李丹峰，王慧芬等. 2009. 近电器拆解区土壤—蔬菜多氯联苯污染及其健康风险. 土壤学报，46（3）：434～441
张俊叶，俞菲，俞元春. 2017. 中国主要地区表层土壤多环芳烃含量及来源解析. 生态环境学报，26（6）：1059～1067
张利红，李培军，李雪梅等. 2006. 有机污染物在表层土壤中光降解的研究进展. 生态学杂志，25（3）：318～322
张茂生，李明阳，王纪阳等. 2009. 东莞市蔬菜基地邻苯二甲酸酯（PAEs）的污染特征研究. 广东农业科学，6：172～176
赵旭，全燮，于秀超. 2002. 表层土壤中有机污染物的光化学行为. 环境污染治理技术与设备，3（10）：6～9
郑世英. 2002. 农药对农田土壤生态及农产品质量的影响. 石河子大学学报（自然科学版），6（3）：255～258
周启星，罗义，王美娥. 2007. 抗生素的环境残留、生态毒性及抗性基因污染. 生态毒理学报，2（3）：243～251
周启星，王美娥，范飞等. 2008. 人工合成麝香的环境污染、生态行为与毒理效应研究进展. 环境科学学报，28（1）：1～11
周倩，章海波，周阳等. 2016. 滨海潮滩土壤中微塑料的分离及其表面微观特征. 科学通报，61（14）：1604～1611
朱利中. 2016. 土壤有机污染物界面行为与调控原理. 北京：科学出版社
邹梦遥，龚剑，冉勇. 2009. 珠江三角洲流域土壤多溴联苯醚（PBDEs）的分布及环境行为. 生态环境学报，18（1）：122～127
Arthur J D，Mark N W，Taylor S et al. 2017. Batch soil adsorption and column transport studies of 2，4-dinitroanisole（DNAN） in soils. Journal of Contaminant Hydrology，199：14～23
Bläsing M，Amelung W. 2018. Plastics in soil: analytical methods and possible sources. Science of the Total Environment，612：422～435
Brambilla G，Abate V，Battacone G et al. 2016. Potential impact on food safety and food security from persistent organic pollutants in top soil improvers on Mediterranean pasture. Science of the Total Environment，543：581～590
Carey E，Donald C E，Anderson K A. 2017. Assessing soil-air partitioning of PAHs and PCBs with a new fugacity passive sampler. Science of the Total Environment，596～597：293～302

Chiou C T，Peters L J，Freed V H. 1979. A physical concept of soil-water equilibria for non-ionic compounds. Science，206（16）：831～832

Covaci A，Harrad S，Abdallah M A E et al. 2011. Novel brominated flame retardants: A review of their analysis，environmental fate and behavior. Environment International，37：532～556

Dalla V M，Dachs J，Sweetman A J et al. 2004，Maximum reservoir capacity of vegetation for persistent organic pollutants：Implications for global cycling. Global Biogeochemical Cycles，18（4）：GB4032

Filius，J D，Meeussen J C L，Hiemstra T. et al. 2001. Modeling the binding of benzene-carboxylates by goethite: The ligand and charge distribution model. Journal of Colloid and Interface Science，244：31～42

Hiemstra T，Riemsdijk W H V. 1996. A surface structural approach to ion adsorption: The charge distribution（CD ） model . Journal of Colloid and Interface Science，179（2）：488～508

Huang W，Weber W J. 1997. A distributed reactivity model for sorption by soils and sediments. 10. Relationships between desorption，hysteresis，and the chemical characteristics of organic domains. Environmental Science and Technology，31：2562～2569

Jirkovsky J，Faure V，Boule P. 1997. Photolysis of diuron. Pesticide Science，50：42～52

Karickhoff S W，Brown D S，Scott T A. 1979. Sorption of hydrophobic pollutants on natural sediments. Water Research，13：241～248

Khan S U，Hamilton H A. 1982. Extractable and bound residues of prometryn and its metabolites in an organic soil. Journal of Agricultural and Food Chemistry，28：126～132

Khan S U. 1982. Bound pesticide residues in soil and plants. Residue Reviews，84：1～25

Li J H，Gao Y，Wu S C et al. 2008. Physiological and biochemical responses of rice（*Oryza sativa* L.） to phenanthrene and pyrene. International Journal of Phytoremediation，10：106～118

Liu L，Bai L，Man C G et al. 2015. DDT Vertical migration and formation of accumulation layer in pesticide-producing sites. Environmental Science and Technology，49：9084～9091

Maliszewska-Kordybach B，Smreczak B. 2000. Ecotoxicological activity of soils polluted with polycyclic aromatic hydrocarbons（PAHs）: Effect on plants. Environmental Technology，21：1099～1110

Moraes J E F，Quina F H，Nascimento C A O et al. 2004. Treatment of saline wastewater contaminated with hydrocarbons by the photo-fenton process. Environmental Science & Technology，38（4）：1183～1187.

Paul T，Liu J Y，Machesky M L et al. 2014. Adsorption of zwitterionic fluoroquinolone antibacterials to goethite: A charge distribution-multisite complexation model. Journal of Colloid and Interface Science，428：63～72

Pignatello J J，Xing B. 1996. Mechanisms of slow sorption of organic chemicals to natural particles. Environmental Science and Technology，30：1～11

Sander M，Lu Y，Pignatello J J. 2005. A thermodynamically based method to quantify true sorption hysteresis. Journal of Environmental Quality，34：1063～1072

Scow K M，Johnson C R. 1997. Effect of sorption on biodegradation of soil pollutants. Advances in Agronomy，58：1～56

Smith M J，Flowers T H，Duncan H J et al. 2006. Effects of polycyclic aromatic hydrocarbons on germination and subsequent growth of grasses and legumes in freshly contaminated soil and soil with aged PAHs residues. Environmental Pollution，141：519～525

Voets J P，Meerschman P，Verstraete W. 1974. Soil microbiological and biochemical effects of long-term atrazine applications. Soil Biology & Biochemistry，6（3）：149～152

Weber W J，Huang W. 1996. A distributed reactivity model for sorption by soils and sediments. 4. Intraparticle heterogeneity and phase-distribution relationships under nonequilibrium conditions. Environmental Science and Technology，30：881～888

Weber W J，McGinley P M，Katz L E. 1992. A distributed reactivity model for sorption by soils and sediments. 1. Conceptual basis and equilibrium assessments. Environmental Science and Technology，26（10）：1955～1962

Wu F Y，Yu X Z，Wu S C et al. 2011. Phenanthrene and pyrene uptake by arbuscular mycorrhizal maize and their dissipation in soil. Journal of Hazardous Materials，187：341～347

Xing B，Pignatello J J，Gigliotti B. 1996. Competitive sorption between atrazine and other organic compounds in soils and model sorbents. Environmental Science and Technology，30：2432～2440

Xing B，Pignatello J J. 1996. Increasing isotherm nonlinearity with time for organic compounds in natural organic matter：Implications for sorption mechanisms. Environmental Toxicology and Chemistry，15：1282～1288

Xing B，Pignatello J J. 1997. Dual-mode sorption of low-polarity compounds in glassy poly（vinyl chloride） and soil organic matter. Environmental Science and Technology，31：792～799

Xing B，Pignatello J J. 1998. Competitive sorption between 1，3-dichlorobenzene or 2，4-dichlorophenol and natural aromatic acids in soil organic matter. Environmental Science and Technology，32：614～619

Yang G Q，Chen M，Zhou S G et al. 2013. Sinorhodobacter ferrireducens gen. nov，sp. nov，a non-phototrophic iron-reducing bacterium closely related to phototrophic *Rhodobacter* species. Antonie van Leeuwenhoek，104（5）：715～724

Zhang J，Wang Y Q，Zhou S G et al. 2013. *Comamonas guangdongensis* sp. nov.，isolated from subterranean forest sediment，and emended description of the genus *Comamonas*. International Journal of Systematic and Evolutionary Microbiology，63（Pt 3）：809～814

建议进一步阅读的文献

何艳，李永涛. 2016. 土壤有机污染与修复. 见：宋长青. 土壤学若干前沿领域研究进展. 北京：商务印书馆

施瓦茨巴赫 R P，施格文 P M，英博登 D M. 2004. 环境有机化学. 王连生等译. 北京：化学工业出版社

王连生. 2005. 有机污染化学. 北京：高等教育出版社

余刚，牛军峰. 2005. 持久性有机污染物：新的全球性环境问题. 北京：科学出版社

朱利中. 2016. 土壤有机污染物界面行为与调控原理. 北京：科学出版社

Alegbeleye O O，Opeolu B O，Vanessa A J. 2017. Polycyclic aromatic hydrocarbons: A critical review of environmental occurrence and bioremediation. Environmental Management，60：758～783

Cébron A，Faure P，Lorgeoux C et al. 2013. Experimental increase in availability of a PAH complex organic contamination from an aged contaminated soil: consequences on biodegradation. Environmental Pollution，177：98～105

Duarte R M B O，Matos J T V，Senesi N et al. 2018. Chapter 5 – organic pollutants in soils. In：Duarte A C et al. Soil Pollution. Pittsburgh：Academic Press

Hung H W G，Sheng D，Lin T F et al. 2009 . The organic contamination level based on the total soil mass is not a proper index of the soil contamination intensity. Environmental Pollution1，57：2928～2932

Zhang C，Feng Y，Liu Y et al. 2017. Uptake and translocation of organic pollutants in plants: A review. Journal of Integrative Agriculture，16（8）：1659～1668

Zhang P，Chen Y G. 2017. Polycyclic aromatic hydrocarbons contamination in surface soil of China: A review. Science of the Total Environment，605-606：1011～1020

第七章　土壤中的放射性物质与环境

人类认识放射性物质始于 1896 年法国科学家贝克勒尔（H. Becquerel）对放射性铀的发现。1897 年居里夫人（M. Curie）预言原子核释放射线是一种十分普遍的现象，并且在随后几年中，科学家又陆续发现了其他一些天然放射性核素。在元素周期表中，原子序大于 83 的所有元素都具有放射性，其射线来自于原子核，释放射线的同时，原子核发生蜕变，从一种核素变为另一种核素。核素是指具有相同质子数和相同中子数等性质的一类原子。在原子序小于 83 的元素中也有两个放射性元素，即 43 号元素锝（Tc）和 61 号元素钷（Pm）都是人工合成元素。放射性同位素是指某一元素中具有放射性的核素，例如，^{14}C 是 ^{12}C 的放射性同位素；具有相同核电荷的核素可互称为同位素，以表明它们在元素周期表中处于同一位置；即原子序相同而原子量不同，在元素周期表中占据同一位置的元素称为同位素。放射性元素则指其所有已知同位素均为放射性者（北京师范大学等，2003）。

随着核裂变研究的不断深入，核能已日益成为世界上许多国家的主要能源之一。核技术在工业、农业和医学等领域中发挥重要作用的同时，也不可避免地带来了它的副作用——放射性污染。福岛核事故给所在地区带来了严重的污染（Koma et al.，2017），即使是在远方的库页岛地区也受到了不同程度的影响（Ramzaev et al.，2013）。有关放射性核素的研究进展曾有专题综述（张如金等，2015），而土壤中放射性物质的污染与修复问题，也曾有学术会议讨论与专刊发表（Bech et al.，2014）。本章主要讨论土壤中的放射性物质及其环境效应，以期加强对放射性物质的管理、污染防治和合理利用的认识、理解与实践。

第一节　土壤中的放射性物质

一、放射性和放射性污染

（一）放射线及其特征

自然界里的所有物质都是由各种元素组成的，而组成元素的基本单位是原子，原子由原子核和围绕原子核按一定能级运行的电子所组成。原子核带正电荷，直径为 10^{-13}～10^{-12} cm，原子的质量主要取决于原子核，但其仅占整个原子的极小部分空间。核外的电子带负电荷，质量很小。一个电子所带的电荷为 4.803×10^{-10} e（e 为静电单位），其质量为 0.000 549 u（u 为原子质量单位，其值为 ^{12}C 原子量的 1/12.000 0；1u=1.660 54×10^{-24} g），原子核所带的正电荷与电子（e^-或β）所带的负电荷相等，所以原子呈中性。

原子核由质子（p）和中子（n）组成，质子就是氢原子的核，质量为 1.007 278 u。中子是一种不带电荷的中性粒子，比质子略重，质量为 1.008 663 u。由于中子不带电荷，因此，原子核所带的正电荷数实际上就是核内的质子数。

有些原子核是不稳定的，它能自发地改变核结构而转变成另一种核，这种现象称为核衰变或称为放射性衰变。自然界中的某些元素，如铀、钍、钋和镭等的原子发生核衰变时，可放出射线。天然放射性元素中，一个放射核常常放射出α粒子或β粒子，而γ射线往往是伴随α粒子或β粒子射出的。

（1）α射线　α射线是带两个电荷的氦核流，α粒子实际上就是氦原子核（$^{4}_{2}He$），它的质量与氦核相等，由两个质子和两个中子组成；α粒子是相对大而重的放射性粒子，其飞行速度大约为光速的 1/10。一个运动着的大而重的α粒子容易从原子和分子中移去电子，因为它们碰撞其路径上的原子或分子，从而产生所谓的离子对。离子对由被移去的电子和移去电子后遗留下来的带电粒子所组成。电离过程削弱了α粒子的能量，所以它的运动缓慢下来，最后捕获一对电子而变成一个电中性的氦原子。由于α粒子具有相对大的质量和相对小的速度，所以与其他放射线相比，它的穿透能力比较弱，但有很高的电离能。

（2）β射线　β射线是高速电子流，β粒子就是核内放射出的电子，具有较低的电离能力和较大的穿透能力，它的质量小，运动速度大，其穿透能力比α粒子约大 100 倍。β射线能穿透金属薄片，因而它能造成放射线伤害。

（3）γ射线　γ射线是波长极短的光射线（高能量的光子），是原子核从较高能级跃迁到较低能级或基级——核正常所处的最低能级时所放射的电磁辐射。γ射线具有比可见光大得多的能量，它的穿透能力特别强，能穿透 20～25 cm 的铅，且不受电磁场的影响。

（二）放射性污染和土壤放射性污染

含放射性元素的天然矿物原料，提取出来的化合物和单质金属，都有放射现象，物质所具有的放射性质称为物质的放射性；而具有放射性的物质称为放射性物质。与其他环境污染物一样，放射性核素也在人类采矿和加工矿石过程中进入环境并形成污染。放射性污染是指由人类活动导致的物料、人体、场所、环境介质表面或者内部出现超过国家标准的放射性物质或者射线。放射性污染与通常所说的核污染均是辐射污染的一部分，属于电离辐射污染。

放射性污染主要包括如下几种类型。

（1）核设施污染　主要指核电厂核燃料循环系统，即从铀矿开采到后处理的全过程中产生的核污染。

（2）核技术应用中的污染　包括开放性同位素，主要应用于医疗诊断上（如 X 光机、医疗加速器等）、密封放射源和各种射线装置中，它们在使用中如果处置不当可能产生放射性污染。

(3)伴生放射性矿开发利用过程中的放射性污染　主要是含有放射性的废矿渣对环境和人体的污染。我国第一次污染源调查发现伴生放射性矿产品和一些原矿中放射性水平偏高；开采和冶炼加工企业产生的工业固体废物中的天然放射性核素放射性水平偏高（刘华等，2011）。

人类的生活环境实际上每时每刻都在接受着各种天然放射性的照射，它们来自于宇宙射线或存在于土壤、岩石、水和大气中的放射性核素，这些由自然因素构成的放射性（或辐射）剂量称为天然本底值。但随着核试验、核工业的迅速发展，以及放射性核素的广泛应用，排放到土壤中的含有放射性的废水、废渣等日益增多，从而构成了土壤的放射性沾污或污染。土壤放射性沾污或污染是指人类活动排放出的放射性污染物，使土壤放射性水平高于天然本底值或超过国家规定的标准，并造成土壤环境质量恶化和相应危害的现象，它和其他污染物一样给人类生存和生态安全带来了严重威胁。史志诚（1995）对 1930～1992 年 50 起重大毒性灾害进行的分析表明，在这些灾害中，由核爆炸和核辐射引起的有 6 起，即广岛和长崎原子弹爆炸、乌拉尔存储罐核爆炸事件、塞拉菲尔德核电站核泄漏事故、三哩岛核电站事故及切尔诺贝利核电站事故，造成了十分严重的后果。2011 年 3 月 11 日，日本发生里氏 9.0 级大地震，并引发海啸，导致福岛第一核电站多个机组厂房发生爆炸，造成核泄露事故，以核电站为中心、半径 20 km 范围近 20 万居民收到“避难指示”。根据国际核能事件分级表等级，此次福岛第一核电站泄露事故被评定为 7 级，是继 1986 年苏联切尔诺贝利核事故后，又一 7 级核事故（解然和莫莉，2017）。福岛核电站核污染的主要问题是通过持续不断地向海洋排放污水而污染全球海洋（郭兴，2016）。

放射性核素辐射污染主要有 4 个评价指标，即放射性活度、放射性粒子的能量、吸收剂量及放射性核素的物理半衰期 $t_{1/2}$。放射性活度（或放射性强度，或放射性物质总量），是单位时间内放射出的粒子数（或单位时间内发生的核衰变数目）；放射性活度原先以居里（Ci）为单位，表示每秒钟有 3.7×10^{10} 个原子衰变（或每秒钟有核衰变 3.7×10^{10} 次），这样的活度叫作一个 Ci；现在放射性活度以贝克勒尔（Bq）表示，代表每秒钟有 1 个原子衰变。放射性粒子的能量（或放射性核素射线的能量）用电子伏（eV）来衡量，即 1 eV 使 1 个电子通过 1V 电位的加速电场时所得到的能量，由于放射性粒子的能量大，因此，往往用百万电子伏（MeV）来做能量的计量单位。吸收剂量是指电离辐射授予某物质单位质量的平均能量，原先用拉德（rad）表示，$1\ \text{rad}=1\times10^{-2}$ J/kg，或 1×10^{2} erg/g；现在用戈瑞（Gy）表示，1 Gy = 1 J/kg。吸收剂量也用有效剂量表示，单位为希沃特（Sv），或者毫希沃特（mSv）。

二、土壤中放射性物质的来源

（一）天然放射性核素

天然放射性核素是指在天然产物中发现的放射性元素，包括 ^{40}K、^{238}U、^{232}Th 和 ^{226}Ra 等。它们通过放射性衰变产生一系列放射性子体，广泛分布于土壤和岩石中（陈思等，2013）。目前，环境中的天然放射性核素主要有两类，一类是在地球开始形成时就出现的放射性核素，即所谓的陆生放射性核素；另一类是通过外层空间宇宙线的作用而不断形成的放射性核素，即所谓的宇生放射性核素，典型的陆生放射性核素和宇生放射性核素如表 7-1 所示。

表 7-1　地球上常见的天然放射性核素

陆生放射性核素	半衰期/($t_{½}$, a)	宇生放射性核素	半衰期/($t_{½}$, a)
^{40}K	1.28×10^{9}	^{3}H	12.32
^{87}Rb	4.80×10^{10}	^{7}Be	53.29
^{147}Sm	1.06×10^{11}	^{10}Be	1.6×10^{6}
^{176}Lu	3.80×10^{10}	^{14}C	5.73×10^{3}
^{138}La	1.05×10^{11}	^{22}Na	2.60
^{187}Re	5.00×10^{10}	^{24}Na	14.96
^{115}In	4.40×10^{14}		
^{152}Gd	1.10×10^{14}		

在陆生放射性核素中，与人类关系最为密切的是 ^{40}K 和 ^{87}Rb，这两个放射性核素在自然界的丰度比较稳定。放射性核素 ^{40}K 同时为γ和β发射体，而 ^{87}Rb 为β发射体。钾是动植物必需

的营养元素，很容易通过食物链在人体内积累，^{40}K 在人体内的比活度一般较为稳定，通常为 60 Bq/kg，但是不同器官中的分布却有很大的变异。关于铷（Rb）在土壤-植物系统中的行为及其在生物体内的积累，目前知之甚少，一般认为人体内铷的平均比活度为 8.5 Bq/kg。自然界中典型天然放射性核素的比活度列于表 7-2。

表 7-2　常见陆生天然放射性核素的比活度（van der Stricht and Kirchmann，2001）　（单位：Bq/kg）

样品	^{40}K	^{226}Ra	^{232}Th	^{238}U
土壤	400	40	25	25
花岗岩	1 000	100	80	60
煤	<40	<20	<20	—
肥料	<4 000	<400	<20	—
地下水	<1	<1	<1	<1
海水	10	<1	<1	0.04
饮用水	0.2	<1	—	0.004
牛奶	47	0.003	—	—
食品	40～300	0.01～100	—	—
人体	～60	0.03	—	0.1

土壤中天然放射性核素 ^{238}U、^{226}Ra、^{232}Th 和 ^{40}K 是环境辐射水平的主要贡献者，有关中国大陆主要省份土壤中天然放射性核素含量和分布状况曾有概括的总结（表 7-3），研究结果表明（曹龙生等，2012），中国 28 个省（自治区、直辖市）土壤中放射性核素 ^{238}U、^{226}Ra、^{232}Th 和 ^{40}K 的含量按面积加权平均值分别为 39.5 Bq/kg、36.5 Bq/kg、49.1 Bq/kg 和 580 Bq/kg；除 ^{40}K 以外，土壤中这些元素的含量随地域的变化情况基本一致。土壤中的天然放射性核素含量与成土母岩和铀资源分布有着明显的相关性，这一情况在广东省有关元素的研究中也有类似的结果（Rikhvanov et al.，2014）。

表 7-3　我国各省土壤中一些天然放射性核素的含量（曹龙生等，2012）　（单位：Bq/kg）

省份	^{238}U	^{226}Ra	^{232}Th	^{40}K	省份	^{238}U	^{226}Ra	^{232}Th	^{40}K
安徽	41.8	41.2	53.0	549	江西	55.9	52.9	67.5	617
北京	19.4	21.4	34.1	662	内蒙古	29.8	27.5	33.4	656
福建	55.2	62.0	96.3	609	宁夏	30.9	30.4	41.8	700
甘肃	53.5	29.9	42.4	526	青海	44.2	34.7	44.2	526
广东	71.2	50.8	57.2	415	山东	33.5	30.5	45.2	675
广西	53.0	53.1	69.1	332	山西	36.6	34.2	52.2	595
贵州	45.6	41.3	71.4	350	陕西	34.8	35.4	47.3	606
河北	30.2	26.9	40.7	612	上海	37.5	35.2	53.3	640
河南	33.9	28.2	50.4	572	四川	34.7	35.4	51.0	571
黑龙江	26.2	22.0	42.3	546	天津	31.2	33.4	40.2	690
湖北	40.1	36.7	51.0	555	西藏	47.4	43.0	69.7	627
湖南	47.8	54.2	59.4	446	新疆	33.8	31.4	39.0	598
吉林	25.2	35.6	47.9	700	云南	47.1	48.3	65.2	532
江苏	35.7	35.8	49.6	568	浙江	46.3	43.4	63.0	771
平均（浙江省除外）						39.5	37.5	52.4	573

注：除浙江省为按点加权平均外，其余均为按面积加权平均。

（二）人工放射性核素

引起土壤人工放射性核素沾污或污染的原因为，生产、使用放射性物质的单位所排放的放射性废物，以及核爆炸等产生的放射性尘埃。重原子的核裂变是人工放射性核素的主要来源，特别是大面积的放射性污染。人工放射性核素通过以下途径进入环境。

1）核爆炸和其他军用核设备　通过大气、水体使核废料等在环境中扩散，特别是地面核爆炸造成大面积沾污或污染（党海军和张自禄，2014）。

2）铀、钍矿的开采冶炼、核燃料的加工过程和核废料的处置（桑园和覃波，2017；周程和赵福祥，2011；王卫星等，2005）。

3）民用核设施　核电厂、医用、科研和工农业等放射源的影响，特别是核能利用中因不同原因诱发的核事故（郭兴，2016）。

大气层核试验产生的放射性尘埃是迄今土壤环境的主要放射性污染源。核试验爆炸和核泄漏事故可大面积污染土壤，使土壤长期残存放射性核素 ^{137}Cs 和 ^{90}Sr。核武器地面爆炸有50%～80%放射性物质沉降在300～400 km范围内，其余进入大气层后经扩散传播而最终形成全球沉降（党海军和张自禄，2014）。1970 年以前，全世界大气层核试验进入大气平流层的 ^{90}Sr 达到 5.76×10^{17} Gy，其中97%已沉降到地面（孙赛玉和周青，2008）。

放射性废水排放的地面和放射性固体废物土地处理时的操作失当，核企业发生放射性排放事故等，均会造成局部土壤的沾污和污染，例如，美国花汉福德钚（Pu）生产中心从20世纪40年代中期，向地面渗透池排放了 5×10^8 m^3 的放射性废水，其中含钚大约200 kg，铀大约 1×10^5 kg，经过衰变后至1972年，其β放射性核素为 7.4×10^{15} Bq，当地成了全球土壤污染最严重的地区（李正德，1983）。核事故造成的影响往往较为深远，切尔诺贝利核事故释放的大量 ^{137}Cs 通过飘尘沉降于芬兰南部的针叶林和土壤中，至2013年表层土壤中的 ^{137}Cs 仍旧处于活动状态（Pumpanen et al.，2016）。

主要的人工放射性核素列于表7-4。核能和核技术的广泛使用将不可避免地向环境释放放射性核素，这些放射性物质主要通过食物链进入人体，有可能对人类健康产生潜在的危害。关于放射性物质的健康影响曾有简要的总结（Gupta，2016）。

表7-4　环境中主要的人工放射性核素

放射性核素	半衰期/($t_{1/2}$，a)	射线类型	放射性核素	半衰期/($t_{1/2}$，a)	射线类型
^{60}Co	5.27	β，γ	^{134}Cs	2.06	β，γ
^{63}Ni	100	β	^{137}Cs	30.2	β，γ
^{90}Sr	28.6	β	^{238}Pu	87.75	α
^{99}Tc	2.13×10^5	β	^{239}Pu	24 131	α
^{129}I	1.57×10^7	β	^{241}Am	432.2	α

（三）技术激活型放射性核素

技术激活型放射性核素的沾污或污染是指由人类采矿和燃煤等工业活动导致环境中天然放射性核素增加。表7-5列出了西班牙一个铀矿区和非矿区放射核素的状况，可以看出铀矿开采显著增加了土壤中天然放射性核素的比活度。研究表明（李香梅等，2007），铀矿井排风口尾气对周边土壤的放射性核素的累积性影响呈逐年递增趋势，需要采取切实可行的控制措施。一些无序开采而遗留的铀矿废弃物会造成长期不良的放射性影响，必须采取切实有效的防控措施（张佳兵，2013）；如果防护措施到位，铀矿周围表土中的放射性物质同样可保持在安全范围内（Haribala et al.，2016）。

表 7-5　铀矿开采对土壤和植物中天然放射性核素比活度的影响（Vera Tome et al.，2002）（单位：Bq/kg，干重）

核素	土壤样品		植物样品	
	矿区	非矿区	矿区	非矿区
^{238}U	4 352～18 717	93～328	103～3 246	2.8～169
^{234}U	4 354～19 044	102～362	107～3 267	3.2～167
^{226}Ra	1 151～13 420	191～492	193～3 713	26～177

由于粉煤灰中含有一定的营养成分（包括多种微量元素），自 20 世纪 60 年代以来，我国曾开展粉煤灰应用于农业的试验与推广工作。粉煤灰作为土壤改良剂可促进生荒地土壤的熟化，可对黏土起到疏松的作用，对盐碱地有抑制和压制泛盐作用，对酸性红壤有一定的改良作用。然而，当人们在利用其有益方面时，也将它的污染物质带进了土壤，其中包括放射性核素（表 7-6）。由表 7-6 可见，粉煤灰场放射性核素的含量均比当地土壤要高。杨俊诚等（1999）的模拟研究表明，当粉煤灰施用量达 675 t/hm^2 时，土壤中天然放射性核素 ^{226}Ra 和 ^{228}Ra 的比活度分别是对照的 3.56 倍和 2.60 倍。土壤中 ^{228}Ra 的比活度（y）与粉煤灰施用量（x）的相关性可表示为

$$y = 22.04x + 17.25 \qquad r^2 = 0.991, \quad P<0.01 \tag{7-1}$$

土壤中 ^{226}Ra 的比活度：

$$y = 21.38x + 2.45 \qquad r^2 = 0.997, \quad P<0.01 \tag{7-2}$$

表 7-6　粉煤灰、土壤、煤中放射性核素的含量示例（韩怀强和蒋挺大，2001）　（单位：Bq/kg）

地点	^{238}U	^{232}Th	^{236}Ra	^{40}K
Ⅰ号电厂灰场（1）	188.4	155.7	184.2	245.0
Ⅰ号电厂灰场（2）	119.7	124.9	117.0	264.3
Ⅰ号电厂土壤	33.4±10.2	42.1±5.6	27.2±3.6	550.0±46.2
Ⅱ号电厂灰场	163.7	139.4	160.1	258.6
Ⅱ号电厂土壤	49.9	42.5	28.0	492.0
煤	78.6	70.0	76.9	128

式（7-1）和式（7-2）表明，随着粉煤灰施用量的增加，土壤中两个重要的天然放射性核素 ^{228}Ra 和 ^{226}Ra 的比活度有极显著的增加。

农用化学品（磷肥和稀土肥料）的施用也可以导致土壤中天然放射性元素的积累。磷肥的施用是粮食增产的重要措施，但它却含有可观的天然放射性元素。1945 年，在美国宾夕法尼亚州发现一处桃花不结果，人们猜测是受附近生产 UF_6 工厂的影响；后来又发现从加利福尼亚州运来的桃子中也含有铀。经调查证实，植物中的铀是由磷肥带来的，所施用磷肥中铀的含量达 75～150 mg/kg。磷、铀共生的特点，使铀伴随着磷肥，因而铀可通过施磷肥进入土壤和植物中。

磷肥中铀的含量与矿石中铀的多少密切相关，磷酸盐矿石，特别是海生磷酸盐矿石中的铀含量颇高。摩洛哥、前苏联、美国和中国都大量生产磷酸盐矿石。例如，美国磷酸盐矿石中铀含量为 8～400 mg/kg，平均为 80 mg/kg。我国磷酸盐矿分布广泛，含铀量为 0.5～34 mg/kg。所生产的磷酸盐中大约有 80%作为肥料而施入土壤，使得这些土壤中氡（Rn）的析出率不亚于磷酸盐矿的尾矿堆。

三、放射性污染物的危害

（一）对生物与人体健康的影响

在自然条件下，放射性核素可通过沉降将其带到植物表面和土壤中，严重地污染农业环境。它们可通过渗透而直接进入植物组织，也可通过植物根系从土壤中吸收。^{137}Cs 和 ^{90}Sr 的化学性质与生命必需元素钾和钙相似，它们进入生物和人体后，在一定部位积累，从而对生态系统演替产生影响；使农产品放射性核素比活度上升，危及食品安全和人体健康；影响土壤微生物的生存与种群结构，继而影响到土壤肥力和环境净化力；土壤中放射性核素通过水、气循环，进一步污染水体和大气。水稻对 ^{137}Cs 的吸收与当地环境条件密切相关，试验表明，在相同污染条件下，大亚湾地区水稻比秦山地区水稻受到更为明显的影响；而哺乳动物和脊椎动物对γ射线的敏感性均比昆虫高（路子显，2017；孙赛玉和周青，2008）。

日本福岛核事故后，由于放射性物质不断扩散，福岛及周边地区的土壤、空气和水质均受到了不同程度的核污染，严重威胁了日本的农产品安全，先后检测出牛奶和菠菜中放射性碘超标，捕获的鱼类中放射性铯和碘超标，母乳汁中检测出了微量放射性碘，牛肉、大米和干萝卜丝中铯含量超标。随着时间的推移，核污染农产品的种类和地区持续扩大（高琦等，2015）。

自从发现 X 射线和镭以后，科学家相继发现放射性损伤、皮肤癌、白血病和再生障碍性贫血等病症；以后又发现铀矿开采工人肺癌高发，接触发光涂料（镭，Ra）的女工患有下颌骨癌。特别是 1945 年日本广岛长崎遭原子弹袭击后，当地居民长期受到辐射效应的影响，肿瘤、白血病的发病率明显增高，引起了人们对射线危害的重视。1954 年以后，核爆炸试验急剧增加，放射性沉降物造成的环境沾污或污染使全球受到影响。

放射性污染物对生物受体的毒性既有化学的，又有放射性的。化学毒性通常并不重要，因为环境中放射性核素的物理浓度通常较低。电离辐射则是放射性核素的主要毒性，即放射性毒性。典型放射性核素的毒性比较列于表 7-7。

表 7-7　陆地生态系统中放射性核素的化学和放射性毒性（Fellows et al.，1998）

同位素（放射线[2]）	化学相似物	外部照射	内部危险性	化学毒性[1]		
				植物	无脊椎动物	哺乳动物-鸟
$^{235,238}U$（α）	无			*H*	*L*	VH
^{60}Co（β，γ）	Co			*H*	RT[3]	*M*
$^{134,137}Cs$（β，γ）	K			RT	RT	*M*
$^{89,90}Sr$（β）	Ca			RT	RT	*L-M*
^{239}Pu（α）	无			RT	RT	RT
^{99}Tc（β）	S			VH	RT	RT
^{3}H（弱β）	H	无	有	RT	RT	RT

1）化学毒性等级：植物（土壤中浓度，μg/g），*L*≥100，*M*＝1～100，*H*＝1～0.1，VH≤0.1；无脊椎动物 96h LC_{50}（mg/L），*L*≥1.0，*M*＝0.01～1.0，*H*＝0.001～0.01，VH≤0.001；哺乳动物-鸟 LD_{50}（mg/kg），*L* ≥1 000，*M*＝201～1 000，*H*＝41～200，VH ≤40。2）相对内部放射性毒性 ＝α>>β>>γ。3）RT＝ 放射性毒性>化学毒性。

放射线辐照生物体后可以诱导细胞损伤。这种损伤的程度取决于许多因素，包括射线的种类、射线能量的时空变异性和细胞对射线的敏感程度等因子。不同的射线具有不同的能量特征，与生物体的作用机制也不同。α和β是带电粒子，通过物质时，主要受到电子和核的静电作用，引起能量损失（表现为电离和激发）及改变运动方向（表现为弹性散射）。γ射线是不带电的电磁波，通过物质时，不能使径迹中的原子直接电离，主要产生光电效应、康普顿–吴（有训）效应和电子对效应。在核爆炸后的放射性沉降物中，α、β和γ三种射线的放射性强度是不同的，一般β和γ比α射线的强度高 5～6 个数量级。此外，中子是不带电的中性粒子，当它通过物质时，不与壳层电子作用，而能进入原子核内，与核子相互作用，发生弹性散射或非弹性散射及核反应。分子的离子化可以形成自由基，而自由基可与重要生命分子，如 DNA 和各种酶发生反应，从而对细胞生命过程产生负面影响，甚至导致细胞死亡。如果这种细胞水平上的损害达到一定程度，则可以导致个体水平的损伤。

关于放射污染与人体健康关系的研究报道，曾主要集中在切尔诺贝利核电站爆炸事故和海湾战争及波黑战争综合征方面。切尔诺贝利核电站爆炸后的 4～7 a，白俄罗斯、乌克兰和美国等地的甲状腺癌发病率显著提高，这和环境中放射性碘（^{131}I）在甲状腺中的积累有关。海湾和波黑战争综合征的原因有很多，但是普遍认为战争中所使用的贫铀弹带来的低剂量的放射污染是其中的原因之一（Bleise et al.，2003）。日本福岛核电站事故之后，对低剂量放射污染问题相继开展了不少新的研究。

目前，人们主要关注放射性污染对 DNA 的损伤。如果辐射对 DNA 的损伤超过其自我修复能力，则可能将这种损伤传递给后代细胞。如果辐射损伤出现在体细胞上，则损伤将在个体生命周期中表现出来（如癌症等）。如果 DNA 损伤出现在性细胞上，那么这种损伤将在其后代中得以表现，影响到后代的繁衍，甚至种群的变化。

值得注意的是，在评价摄入原生放射性核素所致内照射剂量的影响时，首先必须了解天然辐射剂量参考值、我国参考人相应参数和辐射监测背景值，诸洪达和刘庆芬（2005）的研究结果有一定的参考价值。

（二）生态毒理学指标概述

放射性污染物的生态毒理学指标是多方面的，指标的选择主要与辐射剂量有关。近几年来新技术不断运用到放射生态毒理学的研究中，颇受青睐的单细胞凝胶电泳技术（彗星试验）可以直接定量受体生物 DNA 双链断裂的程度，不仅定量 DNA 损伤，还可以了解 DNA 损伤后的修复程度（Singh et al.，1988）。利用细胞流式仪测定受体生物 DNA 含量，也可用来表征放射污染的毒理学特征（Bickham，1990）。其他方法包括同工酶和聚合酶链反应（polymerase chain reaction，PCR）等技术。PCR 技术是特异性 DNA 片断体外扩增的一种非常快速而简便的新方法，有极高的灵敏度和特异性。采用 PCR 技术可直接用于土壤、废物和污水等环境标本中的细胞检测。PCR 利用转基因植物来检测土壤放射污染毒性是国际上生态毒理学发展的重要成果。

转基因植物检测放射污染的基本原理是：含有隐性标记基因（GUS 基因）的转基因植物在接受放射胁迫后，GUS 基因发生点突变或重组突变后使 GUS 基因得以表达，然后通过检测细胞化学染色后叶片蓝色斑点的多少（GUS 基因表达的结果）来判别污染物的毒性（Kovalchuk et al.，2001）。但是由于基因突变率通常为千分之几，因此一个实验常需要几千株植物，在实际应用上有一定的局限性。有关评论认为，环境中的污染物是不断变化的，所以对环境污染水平的监测是一项需要恒心和毅力的工作。新的转基因植物环境监测系统有可能成为环境污染的报警器（于典司和郭长虹，2010）。

四、放射性核素在土壤中的行为

土壤中放射性核素污染的长期影响很大程度上取决于核素在土壤剖面中的迁移。放射性核素在土壤剖面中的迁移是核素与土壤物理化学和生物学组成成分之间相互作用的结果。土壤胶体和腐殖质对核素在土壤中的迁移有重要的影响，核素可以通过与土壤胶体的结合而一起移动；土壤有机质在土壤-土壤溶液之间的分配系数是影响表层土壤和亚表层土壤放射性核素分布的关键因素（Unno et al.，2017）。对美国内华达地区（核弹试区）地下水的研究表明，过滤地下水（即去除水中的胶体）可以明显降低水溶液中的放射性检出，其中铕（Eu）、钚（Pu）的去除率达 99%，钴的去除率达 91%，铯（Cs）的去除率达 95%，它表明了胶体对控制环境中放射性核素迁移的重要性（Kersting et al.，1999）。土壤中的氯化物可与铯形成可溶性无机化合物，从而影响其可移动性（Fujishiro et al.，2014）。

（一）放射性铯、钴和锶

1. 放射性铯的吸附和解吸

大量研究已经表明，^{137}Cs 容易被非膨胀性层状硅酸盐吸附，如伊利石和云母，2∶1 型黏粒矿物的破损边缘对铯有较强的专性吸附能力。土壤黏粒矿物对 ^{137}Cs 的吸持包含了从土壤溶液到固相的迁移、非专性吸附（可交换态）、专性吸附（部分可交换态）和固定（不可交换态）几个过程。矿质土壤对 ^{137}Cs 的固定通常比有机质土壤来得快，但土壤对 ^{137}Cs 的固定能力不仅取决于非膨胀性层状硅酸盐含量，还与土壤钾素状况有关，因为钾可以诱导矿物层间的塌陷，从而将 ^{137}Cs 固定在黏粒矿物中。

土壤对 ^{137}Cs 的吸附不但受黏粒矿物含量多少的影响，黏粒矿物的类型也十分重要。一般来说 2∶1 型的矿物（如伊利石、蒙脱石等）具有较高的阳离子交换容量，它比 1 ∶1 型的矿物（如高岭石）能吸附较多的 ^{137}Cs，它们不但吸附量较高，而且被吸附的 ^{137}Cs 也难以解吸。同时，土壤组分，特别是矿物比表面的大小对 ^{137}Cs 的吸附和解吸也有明显的影响，一个含有伊利石（比表面 102 m^2）的土壤，当 ^{137}Cs 的吸附量为 104 mg/kg 时，采用 0.01 mol/L $CaCl_2$ 连续提取 3 次，结果仍有 99%的 ^{137}Cs 留在土壤中。用一定的提取剂提取后仍旧留在土壤中的 ^{137}Cs 的量和提取次数的定量关系为（Singh and Gilkes，1990）：

$$Y = A + BC^x \tag{7-3}$$

式中，Y 为土壤经浸提后仍然存留的 ^{137}Cs 的量；x 为提取次数；A、B 和 C 为常数，其中 $C<1$。在此方程中，当 x 趋于无穷大时，Y 的值近似等于 A，即土壤对 ^{137}Cs 的吸附和解吸处于平衡状态。Y 和 x 有很好的相关性，因此，该方程能用来描述土壤对 ^{137}Cs 的吸附或固定能力。

土壤中放射性核素 ^{137}Cs 的比活度 A（Bq/kg）的对数值随土壤颗粒表面积 S（cm^2/g）的对数值的增加而增加，它们有良好的线性相关性（尹显和等，2001）：

$$\lg A = 1.82 \lg S - 6.35 \tag{7-4}$$

上式虽然是特定条件下的试验结果，但却表明了土壤比表面对 ^{137}Cs 的吸附有重要的影响。

土壤有机质对 ^{137}Cs 的吸附有着明显的影响，它与 ^{137}Cs 在土壤固-液相之间的分配系数（K_d）成正比，表明土壤有机质对 ^{137}Cs 有良好的固持作用；当用 $CaCl_2$（0.5mol/L），CH_3COONH_4（1mol/L），$CuCl_2$（0.5mol/L），HNO_3（1mol/L）连续浸提有机质土壤时，其提取量仅为 ^{137}Cs

总量的 8%；但同样的方法在一些矿质土壤中却可提取 40%的 ^{137}Cs。

分配系数（K_d）值可简单地用来描述土壤溶液和固相上放射性核素的相互关系，其表达方式为

$$K_d = [M]_{ads} / [M]_{aq} \tag{7-5}$$

式中，$[M]_{ads}$ 为固相上交换态金属元素或放射性核素的浓度；$[M]_{aq}$ 为溶液中金属元素或放射性核素的浓度。由上述方程可以看出，固液相分配系数的优点是不需要测定许多复杂的参数，但缺点是在实际应用中它不是一个定值。实验室 K_d 的简单计算方法是测定土壤固相上放射性核素的浓度和水溶液中放射性核素的浓度。这样的测定值通常会高估真实的 K_d 值，因为土壤固相上的核素并不是全部可交换的，即有相当一部分处于所谓的固定态。因此，运用这种方法测定的 K_d 值通常被称为总 K_d 值，该值随时间的推移而不断增加。因此，真正的 K_d 值的测定取决于交换态的测定。

放射性铯在土壤中具有专性吸附性，通常很难从土壤中通过解吸而移除；而核事故后铯污染的广泛性，要求提出必要的应对措施。研究表明，采用水热处理法（hydrothermal treatment）在 250℃时，Mg^{2+}可有效地进入土壤矿物的晶格内层而几乎取代出全部的 Cs，从而有效地消除铯污染问题（Yina et al.，2018）。

2. 放射性铯在土壤剖面中的分布

李仁英等（2001）对土壤中 ^{137}Cs 的化学性质及其分布规律的研究曾进行过总结。到达地表的 ^{137}Cs 往往通过离子交换、配位作用等而被土壤所吸持，然后随着土壤黏粒矿物和有机质的迁移而重新分布。因此，在非耕作土和未扰动的土壤中，^{137}Cs 主要分布在土壤剖面的上部，并富集在 0～5 cm。尽管土壤剖面 ^{137}Cs 的分布规律因土壤类型和结构不同而具有很大的变异性，但总的趋势都是随剖面深度的增加而下降；然而在耕作土壤与非耕作土壤中有着明显的不同。由于受到人为因素的强烈干扰，使 ^{137}Cs 在耕作层中呈较为均一分布的态势。

（1）^{137}Cs 在非耕作土壤中的分布　对非耕作土壤中枯枝落叶层和不同利用方式下土壤层次中 ^{137}Cs 分布情况的研究表明（Ritchie et al.，1972），^{137}Cs 主要集中在土壤的 0～2.5 cm 深度的层次中，它占总量的 50%～70%。土地利用方式不同，^{137}Cs 在不同层次的分布略有差异。在松树林和橡树林中，约有 80%的 ^{137}Cs 分布在土表 2.5 cm 深度的层次中，而在草地相同层次上的分布仅约为 50%。由于草地、橡树林和松树林土壤表面所含的枯枝落叶量差异很大，分别为 0、854 g/m^2 和 1 720 g/m^2，因而，在橡树林和松树林中，随雨水入渗到枯枝落叶层中的 ^{137}Cs 将由于腐解作用而释放到土壤中；而在草地中，由于缺乏枯枝落叶层，导致 ^{137}Cs 随雨水入渗到土壤中，或通过地表径流而损失。因此，^{137}Cs 在草地土壤中的入渗深度大于其他两种利用方式，表明枯枝落叶层的存在会减少 ^{137}Cs 在土壤剖面中的迁移。有机质对 ^{137}Cs 在土壤剖面中分布的影响主要通过两种方式，一是通过阳离子交换或形成配合物等作用而使 ^{137}Cs 得以固持，使其富集在土壤的表层；二是通过可溶性有机碳与 ^{137}Cs 的结合而使 ^{137}Cs 进一步向下发生有限的迁移。^{137}Cs 在土壤剖面的入渗速率大致在（1.7±2）～（2.4±2）mm/a。有研究显示砂质和黏壤质土壤中 ^{137}Cs 的入渗速率无显著差异，因此可以认为在富含有机质的土壤中，黏粒矿物表面上的离子交换对 ^{137}Cs 迁移的影响是一种次要因素；然而在另外一些情况下，例如，在有机质含量较低时，黏粒矿物的类型也是重要的影响因素。此外，入渗的降水量也是个重要参数，放射性核素在土壤剖面的迁移深度与含该元素的下渗雨水总量及溶解土壤中核素所需的水量有关。

高军和欧阳志云（2006）对 ^{137}Cs 在卧龙自然保护区内不同生态系统土壤中的分布特征的研究结果表明，在非耕地土壤中，^{137}Cs 均随土壤深度的增加而呈现出明显的指数形式递减趋势，0～10 cm 土层存在一个 ^{137}Cs 富集层，富集层以下铯含量有一个骤降的过程；曾有研究对土壤中 ^{137}Cs 的放射性强度随土壤剖面深度的变化进行了定量探讨（Du et al.，1998；Filipovic-vincekovic et al.，1991）。

（2）^{137}Cs 在耕作土壤中的分布　经过人为的翻耕及田间管理等作用，^{137}Cs 在耕作土壤中呈均一分布，但在不同的地区、不同的时间会有一定的差异。^{137}Cs 在耕作土壤中的分布规律要根据耕作层土壤的混合程度、土壤侵蚀状况及沉积物运移作用等因素而定。对铯在土壤中的垂直分布和水平分布进行研究，结果表明（王小雷等，2009），铯在耕作土壤剖面中的分布主要集中在耕层以内，且各个层的质量活度介于 292～401 Bq/kg，不存在较大的波动性，呈稳定分布状态。在土壤表层水平面上质量活度介于 28.77～30.98 Bq/kg，该核素在土壤剖面和地表水平面上都呈现均一性分布特征。

^{137}Cs 沉降到地表后，在尚未通过翻耕与土壤混匀的情况下，^{137}Cs 在土壤剖面中的分布状况既不同于耕作土壤，也不同于非耕作土壤，而是两者的结合。也就是说，它在土壤表层 0～2 cm 有富集现象，而在这个层次以下呈均匀分布。利用我国秦山和大亚湾两个核电厂周围 7 个地区土壤的 ^{137}Cs 吸附作为研究对象，在土柱实验条件下，^{137}Cs 主要积累在土壤表层，0～2 cm 土壤吸收达 99%，而土壤上层 5 cm 滞留量达 100%（路子显，2017）。然而，人工模拟土壤的土柱淋溶试验与淋溶剂的组分有一定的关系，酸性淋溶液增加了试验中添加 ^{134}Cs 的移动性；而同样的淋溶剂对土壤剖面中已经存在的 ^{137}Cs 却没有明显的影响（Thørring et al.，2014）。

3. 放射性锶和钴的吸附和解吸

吸附和解吸对于核素的环境影响和核废弃物处置中土壤条件的选择具有重要的意义。放射性锶（Sr）进入土壤后，会发生淋溶、迁移，它们在土壤中的行为与核素的量、土壤性质（如表面电荷）和矿物组成有关（梁艳等，2008）。^{89}Sr 进入淹水土壤后，迅速地被土壤吸附，1 h 以后，小粉土、红黄壤和青紫泥的吸附率分别达 31.9%、37.0%和 60.4%，然后吸附率逐渐增大，分别在 2.0 d、2.5 d 和 1.7 d 达平衡（张永熙等，1990）。^{89}Sr 在土壤淋溶液中含量甚微，有一半以上残存在土壤表层 2 cm 内，其中，青紫泥表层 2 cm 内的量为 67.4%，小粉土为 65.7%，红黄壤为 65.1%；而水稻田有 58.2%滞留于表层 2 cm 内，97.6%在表层 6 cm 内（王寿祥等，1992，1991）。土壤中的 ^{89}Sr 含量随深度按指数规律衰减。^{90}Sr 的生物化学性质类似于钙，主要以离子交换态存在，在土壤中的吸附和解吸都比 ^{137}Cs 容易。

放射性钴（Co）是压水堆核电站主要的放射性液态流出物，其中 ^{60}Co 毒性较大，因其半衰期较长（5.27 a）、γ射线能量高（平均 1.25 MeV），而更具有环境毒理学意义。应用同位素示踪技术研究了 ^{60}Co 在小粉土、黄红壤、青紫泥和海泥中的吸附和解吸，结果表明，^{60}Co 进入淹水土壤之后，迅速地被土壤吸附而达到平衡，不易解吸。吸附率和分配系数大小排列顺序均为海泥＞青紫泥＞黄红壤＞小粉土；解吸因数的大小排列顺序为黄红壤＞小粉土＞青紫泥＞海泥（邵敏等，2006）。采用模拟土柱法及同位素示踪技术研究了 ^{60}Co 在两种淹水土壤（小粉土、黄红壤）中的淋溶和垂直迁移，结果表明，^{60}Co 绝大部分分布在土壤表层 0～1 cm 范围内，土壤中 ^{60}Co 比活度与距土壤表层深度分布呈单项指数关系（赵希岳等，2010）。

4. 土壤中放射性 ^{137}Cs 和 ^{90}Sr 的移动性比较

在通常情况下，沉降在土壤中的放射性尘埃绝大部分都在土壤表层。放射性铯（^{137}Cs）也主要集中在土壤表层，在土壤中的移动性很小，吸附非常牢固，虽然一部分也参加离子交换吸收过程，但另一部分则被土壤牢牢地固定着，很难用中性盐溶液等把它解吸出来。落在土壤中的 ^{90}Sr 是带正电的阳离子，它在土壤、植物中的行为与营养元素钙的行为相似。^{90}Sr 在土壤中的活动性很大，吸附和解吸都比较容易，它在土壤中主要是参加离子交换吸附过程，因此，在很大程度上与土壤的阳离子交换容量、盐基饱和度和阳离子组成等有关。^{90}Sr 在各层土壤中的活度是较为均匀地降低的，并推测 ^{90}Sr 在土壤中的移动主要靠交换反应，即首先被上层的非放射性土壤吸附，然后通过解吸而进入溶液，又重新被下一层非放射性土壤吸附，再解吸下来。这种吸附-解吸-再吸附的结果使 ^{90}Sr 沿土柱的分布比较均匀。土壤中交换态的 ^{90}Sr 占土壤中 ^{90}Sr 总量的 55%以上。在栽培小麦的土壤中，有 22%左右的 ^{90}Sr 会随着灌水由土壤表层向下层移动（朱永懿和裘同才，1991）。

1987～1993 年，切尔诺贝利沉降物 ^{137}Cs 和 ^{90}Sr 在乌克兰、白俄罗斯和俄罗斯土壤中的迁移研究结果表明，在未扰动、排水良好的砂质土和砂壤土中，沉降物沉降 6～7 a 后，^{137}Cs 和 ^{90}Sr 仍留在土壤最上部 5 cm 层内。在砂质土和砂壤土中，^{90}Sr 的迁移率比 ^{137}Cs 高，但在泥炭沼泽土中差异很小。20 世纪 50～60 年代，全球大约 500 次原子弹、氢弹大气层试验沉积的 ^{137}Cs 每年只向下移动几毫米。用北京褐土进行的研究表明，在相同的试验条件下，当 ^{90}Sr 向下层土壤移动的份额达到 22%时，仅有 1%的 ^{137}Cs 随灌水向下层土壤移动，表明 ^{137}Cs 的活动性比 ^{90}Sr 小得多。同样，土壤中交换性 ^{137}Cs 所占的比例也比 ^{90}Sr 小得多，它仅占土壤中 ^{137}Cs 总量的 2.8%左右（朱永懿等，1998；朱永懿和裘同才，1991）。关于铯在土壤中的这种迁移行为目前还没有很完整的解释，这种行为可能与土壤微生物活动有关，特别是土壤真菌的菌丝可能可以固定大量的放射性铯。

核素迁移能力是放射性废物处置场选址、设计、建造和安全评估的一个重要参考指标。模拟喷淋试验表明，^{90}Sr 在砂土土柱体中的迁移距离与喷淋强度或时间成正比；而在水量一致、不同喷淋强度下，^{90}Sr 的浓度峰在土柱体中的迁移距离基本一致。应用平衡吸附模式已经无法对 ^{90}Sr 浓度分布曲线的拖尾进行准确描述，而采用非平衡吸附模式，引入一级速率系数β后，能更好地描述该现象（朱君等，2017）。

（二）铀

铀（U）的原子序数为 92，价层电子结构为 $5f^36d^17s^2$。铀是土壤中的天然放射性元素。我国土壤中铀的背景含量为 0.42～21.1 mg/kg，典型土壤中铀的含量见表 7-8。核电厂的运行、核废料的处置和铀矿资源的开发可导致土壤环境中铀含量增加。虽然铀可以+2、+4、+5 和+6 价存在，但环境中却以其+4 和+6 价化合物为主。铀在土壤和溶液中的形态主要与介质 pH 有关。在酸性条件下土壤中的铀主要（80%～90%）以铀氧基形式存在（UO_2^{2+}）。在近中性条件下，铀可以形成水化氧化铀（UO_2OH^+）和磷酸铀［$UO_2PO_4^-$、$UO_2(HPO_4)_2^{2-}$］；而在碱性条件下则主要以碳酸盐的形式存在［UO_2CO_3、$UO_2(CO_3)_2^{2-}$］。不同形态的铀在土壤和溶液中的稳定性很不相同，但在 pH4～7.5，磷酸铀最稳定。铀与硫酸根、氟离子和氯离子的配合态也十分重要，但它们的稳定性远不如碳酸盐和磷酸盐结合态。不同 pH 条件下铀的溶解特性如图 7-1 所示。

铀与溶解态富啡酸的结合可以提高其在土壤中的移动性。铀和腐殖酸配合物的稳定性通常要比钙与腐殖酸配合物高 3 个数量级。由于环境中存在大量的有机和无机配位体，因而在自然环境中，铀不容易形成沉淀态。只有在 U(Ⅵ)被还原成 U(Ⅳ)时，铀才有可能以 UO_2 的形式沉淀。铀的还原主要与有机质、硫化氢和微生物活动等有关。碳酸盐对铀的吸附有明显的影响，当介质中没有碳酸盐存在时，铀可以被氧化铁和蒙脱石等土壤黏粒矿物所吸附；但是在碳酸盐和有机配合物存在的条件下，这种吸附作用则大为减弱。因而可以认为，铀在固相上的吸附强弱主要取决于黏粒矿物含量、溶液 pH、有机配合物和碳酸根的含量。

表 7-8　全国及东部森林地带土壤铀的背景含量（魏复盛等，1991）　（单位：mg/kg）

类别	样本数	范围值	中位值	类别	样本数	范围值	中位值
全国	861（23）	0.42～21.1	2.72	黄棕壤	35	1.02～14.1	3.46
砖红壤	7	0.71～5.61	3.13	棕壤	53（2）	0.75～5.89	2.36
赤红壤	30	1.90～14.4	4.16	褐土	45（1）	0.79～5.02	2.38
红壤	77	1.40～14.4	4.11	暗棕壤	29（1）	1.20～4.39	2.64
黄壤	37	1.43～11.1	3.76	棕色针叶林土	10（1）	0.64～5.03	2.17

注：括号内为剔除数。

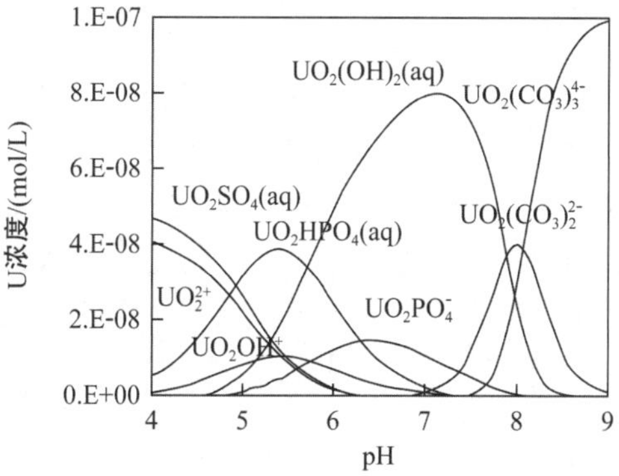

图 7-1　不同形态铀的溶解性与 pH 的相互关系（Rufyikiri et al.，2002）

当土壤中的 ^{238}U 衰变为 ^{222}Rn 时，^{222}Rn 会逃逸到大气中，并在大气中继续衰变，衰变产物在大气中停留 4～40 d，然后随着降雨或降尘到达地面，成为土壤中 ^{210}Pb 的大气来源，它被土壤颗粒强烈吸附，主要集中于土壤剖面上部的 40 cm，而在表层 5 mm 内的含量大约占整个剖面含量的 50%以上。土壤中的 ^{210}Pb 随着剖面深度的增加而减少，当达到一定深度时，其含量为一常数，表明此时土壤中 ^{210}Pb 的来源主要为土壤中的衰变产物。

对南方某铀尾矿库区周边稻田土壤中放射性核素 ^{238}U 分布的研究表明（表 7-9），除 2 号点位 ^{238}U 的比活度在土壤剖面 40 cm 深处达到最大值外，其余各采样点均在土壤表层最高，随深度增加呈递减趋势，且在表层土壤下降速率更大。土壤中放射性核素含量分布不均匀可能受人为因素、当地降水量、土壤酸碱度、土壤颗粒粒径及与铀尾矿库的水平距离等多种因素的影响（姚高扬等，2015）。

表 7-9　不同剖面中 ^{238}U 的比活度（姚高扬等，2015）　（单位：Bq/kg）

采样点	0～5 cm	40 cm	100 cm	采样点	0～5 cm	40 cm	100 cm
1	316.1	140.2	44.5	5	77.1	79.4	44.8
2	142.4	580.0	50.1	6	103.4		68.5
3	129.5	42.9	33.6	7	44.5		36.8
4	170.6	47.4	25.0				

第二节　土壤中放射性核素的植物效应

一、植物吸收的途径

植物大概占陆地生态系统生物量的 90%以上，也是人类生物链的基础。除了生长在铀矿区附近的植物外，植物体内天然放射性核素的活度通常均较低。全球核武器大量试验和核电站事故，尤其是 1986 年切尔诺贝利核电站事故后，较为广泛地研究了植物对人工放射性核素的吸收与积累。当放射性核素释放到环境中后（主要通过大气干湿沉降过程）将可能对人类产生长期的辐射危害。

植物吸收放射性核素的主要途径包括大气干湿沉降、土壤颗粒在植物体表面的黏附和植物根系吸收（朱永官和朱永懿，2002）。

（一）根外吸收

大气干湿沉降发生在核武器或核电站爆炸事故之后较短的时间内，沉降在植物表面的放射性核素可以直接转移到放牧的动物体内，也可以被植物叶片吸收而转移到植物体内的其他部分。沉降在植物表面的放射性核素也可通过雨水和风的作用、植物生长（稀释效应）、组织衰老、叶片凋落或动物吞食而降低，这些过程被称为植物表面放射性核素的风化作用。风化作用和放射性核素衰变决定了植物表面放射性核素的实际消失量，实际消失量的动态规律已被广泛用来研究核事故发生时的放射性沾污或污染与评价（Scotti，1994；Fraley et al.，1993）。这种动态规律可用如下方程来表达：

$$\frac{\mathrm{d}A(t)}{\mathrm{d}t}=[1-\exp(-\mu B(t))]D-\lambda_{\mathrm{e}}A(t) \tag{7-6}$$

式中，$A(t)$ 为时间 t 时，植物表面的放射性比活度（Bq/kg 或 $\mathrm{Bq/m^2}$）；D 为沉降速率[$\mathrm{Bq/(m^2 \cdot t)}$]；$B(t)$ 为时间 t 时植物的生物量（$\mathrm{kg/m^2}$）；μ为吸收速率（$\mathrm{m^2/kg}$）；λ_e 为有效消失速率常数（$1/t$）。有效消失速率常数是消失速率常数的总和，包括风化作用和物理衰变。表征植物表面放射性核素风化速率的参数通常为半衰期。切尔诺贝利核电站爆炸后的观测研究表明，放射性碘（^{131}I）的风化半衰期为 8 d，放射性铯（^{131}Cs）为 10 d。

1. 放射性核素的植物地上部吸收

在核爆炸和核事故中产生的放射性微尘沉降在植物的表面，植物可以通过根外器官吸收其中的放射性核素，并随植株体内的物质运输一起把这些放射性核素转移到植株未直接接触的部位，造成农作物的放射性沾污或污染。研究表明，植物叶片对于不同核素的吸收有很大区别；同时，植物的生育期也是影响植物吸收放射性核素的重要因素。朱永懿和裘同才（1985）曾经将 ^{90}Sr 和 ^{137}Cs 分别涂于油菜和小麦的叶片上进行研究，结果表明，植物对 ^{90}Sr 的吸收及在体内的转移较少，油菜对 ^{90}Sr 的吸收仅占施入量的 0.41%，对 ^{137}Cs 的吸收占施入量的 50%左右。小麦试验的结果说明，植株对放射性核素的吸收与植物生育期有很大关系，当外源核素的影响发生在小麦拔节期时，小麦对 ^{90}Sr 的吸收占施入量的 0.07%，而在孕穗期时，^{90}Sr 的吸收量占施入量的 0.1%；小麦对 ^{137}Cs 的吸收和转移比 ^{90}Sr 快得多，大约占施入量的 38.1%。而在孕穗期发生污染时，小麦对 ^{137}Cs 的吸收要比拔节期的吸收量大得多，其吸收量占施入量的 86.5%。此外，不同生育期的外源 ^{137}Cs 在植株中的分配也有影响，与拔节期受到的影响相比，当外源 ^{137}Cs 的影响发生在小麦孕穗期时，成熟期小麦籽粒中的 ^{137}Cs 要比拔节期发生影响的小麦高 3 倍。上述情况说明，当放射性核素沉降发生在谷类作物生长后期时，它对谷物的影响及对人类的危害比在作物生长前期发生沾污或污染时所造成的危害要大。

2. 放射性核素土壤颗粒的再弥散作用

植物也可以通过含有放射性核素的土壤颗粒的再弥散作用而受到污染（黏附作用）。为了估算植物通过再弥散作用受污染的程度，必须知道植物表面土壤颗粒的总量。土壤颗粒在植物表面的黏附作用受许多环境因素的制约，很难给出一个常见的数值。通常离地面距离 40 cm 以上的农作物叶片或牧草（干物重）黏附的土壤颗粒为 4 g/kg，而离地面距离 10 cm 的部分含土壤 10 g/kg。黏附到植物表面的土壤量对植物 ^{137}Cs 污染的贡献率高达 23%，但适当的农业措施（如土壤覆盖等）可以有效降低植物表面土壤颗粒的含量。植物通过根外吸收放射性核素对于土壤-牧草-动物系统来说十分重要，因为动物可以直接将黏附在植物体表的放射性污染物摄入体内，并通过食物链传递到人体。

在环境放射性研究中，通常将单位体积空气中再悬浮气容胶的放射性活度（Bq/m^3）与单位面积土壤沉降的放射性活度（Bq/m^2）比率称为再弥散因子（resuspension factor，RF）。对于直径小于 10 μm 的颗粒来说，RF 值大约为 2×10^{-10}/m；而对于直径大于 15 μm 的颗粒来说，其 RF 值为 $2\times10^{-10}\sim1.7\times10^{-10}$/m。另一个表征再弥散特征的参数为再弥散速率（resuspension rate，RR），其定义为每秒钟沉降在表面上的放射性再弥散的比率。根据切尔诺贝利爆炸后的观测资料表明，对于放射性铯而言，其 RR 值通常为 $5\times10^{-12}\sim5\times10^{-10}$/s，变异非常大。对放射性污染区内植物中 ^{239}Pu 含量的分析表明，沙漠植物体内 ^{239}Pu 含量平均值为 1.8±4.9 Bq/kg（干重），明显受到了钚的污染，而再弥散（悬浮）是造成植物表面污染严重的重要因素之一（徐辉等，2012）。为了减少空气中的放射剂量率（air dose rate），在严重污染区移除表土，或者将表土与亚表土互换（Malins et al.，2016），都不失为一种减少大气污染的有效措施。

（二）根系吸收

植物根系吸收是放射性核素从土壤向植物转移的主要途径之一。在核事故或者核爆炸的初期，污染植物通过根系吸收人工放射性核素的量是不大的，因为大部分放射性物质都集中在土壤表面 0～1.5 cm 的土层中。随着雨水、灌溉等的淋洗，会有少量放射性物质逐渐下渗到根系密集的土层中，对植物的影响也随之增大。

1. 植物吸收的放射性核素

植株中放射性核素的活度与土壤沾污或污染水平有关。春小麦试验的结果表明，当土壤中 ^{90}Sr 和 ^{137}Cs 的比活度在 $5.6\times10^3\sim18.5\times10^6$ Bq/kg 时，植株对 ^{90}Sr 和 ^{137}Cs 的积累与土壤放射性核素的水平呈显著的正相关。然而，在放射性核素水平相同的情况下，春小麦籽粒中 ^{90}Sr 的比活度要比 ^{137}Cs 高。土壤中的 ^{90}Sr 和 ^{137}Cs 被植物吸收以后在植株中的分配规律是不同的，^{90}Sr 在植株中的分配规律与钙相似，它主要积累在植物营养器官中，在叶子中按叶序自上而下逐渐增加，基部老叶中 ^{90}Sr 的比活度比旗叶高得多。^{90}Sr 在小麦植株地上部的分配是叶＞茎＞颖壳＞籽粒。而 ^{137}Cs 的分配规律却与钾相似，主要分配在植株幼茎、幼叶和繁殖器官中。春小麦穗部 ^{137}Cs 的积累约占植株地上部总量的 57%，叶占 31%，茎占 12%。小麦穗部的 ^{137}Cs 主要积累在颖壳中，在籽粒中占的份额较少（朱永懿和裘同才，1991）。

土壤性质不同对作物吸收 ^{90}Sr 有明显的影响。在我国 6 种土壤中进行的试验表明，^{90}Sr

在土壤-春小麦系统中的转移依次为红壤＞水稻土＞褐土＞紫色土＞黄棕壤＞黑土。主要影响因子是土壤 pH、交换性钙含量和有机质等。随着土壤 pH 升高，植物吸收 ^{90}Sr 的量下降，两者呈显著的负相关关系。土壤交换性钙含量与植株中 ^{90}Sr 积累量的关系也是呈显著的负相关。增加土壤有机质含量可以促进植株生长，并减少植物对放射性物质的吸收。

2. 转移系数

通常而言，植物可以吸收任何放射性核素，其吸收量随核素和植物种类而有差别，且不同的作物对放射性核素的吸收积累能力区别很大。单位干物质中豆科作物积累的 ^{90}Sr 和 ^{137}Cs 比禾本科作物多。影响植物吸收放射性核素的因子有很多，要估计植物从土壤中吸收放射性核素的比例可用转移系数（TF）来表示，转移系数的定义为

$$TF = SA_{plant} / SA_{soil} \tag{7-7}$$

式中，SA_{plant} 为植物体中核素的比活度（Bq/kg，干重或鲜重）；SA_{soil} 为土壤中核素的比活度（Bq/kg，干重）。

秦苏云等（1995）给出了两类地区、7 类农产品和 5 种核素（^{90}Sr、^{137}Cs、天然铀、^{126}Ra 和 ^{239}Pu）的土壤-农产品转移系数。统计数涉及我国南方湿润区和北方干旱区的 14 个省（自治区）。南方地区属于热带亚热带气候，土壤类别多属于山地灰化红壤与红壤，或山地黄棕色森林土与黄壤，包括广东、广西、福建、贵州、江西、湖南、四川和浙江。北方地区属于温带或暖温带干旱、半干旱气候，土壤类型多属于灰钙土与灰棕色漠土，包括甘肃、青海、内蒙古、河南、陕西和辽宁等。7 类农产品分别为：粮食类，小麦、大米、玉米和高粱；叶菜类，白菜和青菜；根菜类，萝卜；薯类，红薯和马铃薯；果菜类，茄果类的茄子、番茄和荚果类的豆角；瓜菜类，南瓜、西瓜和冬瓜等；茎秆类，小麦和玉米茎秆。统计表明各组的转移系数数值大部分在相差两个数量级范围内波动，且大多数数值均为北方大于南方。在转移系数与土壤中核素的相关分析中，除了叶菜类、薯类的天然铀和果菜类的 ^{226}Ra 以外，其余均呈显著或极显著水平。

比较不同植物对 ^{90}Sr 的吸收，可以发现不同种类的植物对 ^{90}Sr 的吸收和积累能力有很大差异。从表 7-10 中可以看到，葫芦科作物对于 ^{90}Sr 具有很高的富集能力，可以大量地吸收土壤中的 ^{90}Sr。例如，在北京褐土上种植的西葫芦，其转移系数可以达到 14。酸性土中 ^{90}Sr 在土壤-西葫芦系统中的转移系数要高一些，可以达到 16.8。不同科的植物对 ^{90}Sr 的富集能力以葫芦科最强，禾本科最低。^{137}Cs 在土壤-不同科植物系统中的转移系数以锦癸科、十字花科、葫芦科和藜科较大，禾本科、大戟科较小（表 7-10）。在相同条件下，^{137}Cs 在土壤-植物系统中的转移系数比 ^{90}Sr 小得多。例如，在北京褐土上种植春小麦，获得 ^{137}Cs 在土壤-春小麦中的转移系数为 0.05，比 ^{90}Sr 在土壤-春小麦中的转移系数（1.2）低两个数量级。即使是同一植物在同类土壤上生长，由于生长期或生长条件具有差异，对转移系数也会有影响。

表 7-10　植物茎叶的 ^{90}Sr 和 ^{137}Cs 转移系数[1]（裘同才，1988；赵文虎等，1996；侯兰欣等，1996）

植物	^{90}Sr				^{137}Cs			
	核电站水稻土		北京褐土		核电站水稻土		北京褐土	
	平均	范围	平均	范围	平均	范围	平均	范围
葫芦科	5.9	2.6～16.8	5.5	2.2～14.8	0.47	0.09～1.34	0.37	0.06～1.56
锦葵科	3.8	2.4～5.1	2.7	2.0～3.6	1.25	0.095～5.1		
十字花科	3.3	2.3～4.9	2.4	1.6～3.6	0.48	0.27～0.64	0.52	0.14～2.31
唇形花科	3.0	2.4～3.3	1.9		0.18	0.04～0.49	0.13	0.06～0.37
大戟科	2.5		2.3	2.3～2.4	0.07			

续表

植物	^{90}Sr				^{137}Cs			
	核电站水稻土		北京褐土		核电站水稻土		北京褐土	
	平均	范围	平均	范围	平均	范围	平均	范围
豆科	2.4	0.9～4.7	3.1	1.2～7.7	0.13	0.03～0.32	0.14	0.03～0.37
苋科	2.4	2.4～2.5	5.1	2.1～9.3	0.2		0.11	
菊科	2.3	1.3～3.1	3.1	1.1～7.2	0.18	0.04～0.44	0.41	0.09～1.0
茄科	2.3	1.5～4.2	3.3	1.2～7.5	0.16	0.07～0.27	0.63	0.35～1.15
马齿苋科	2.0	1.6～2.4			0.1			
百合科	2.0		1.5	1.2～1.9	0.07	0.06～0.08		
旋花科	1.9		2.0	1.8～2.3				
藜科	1.7	0.8～2.8	3.3	1.3～9.4	0.8	0.21～1.18	0.98	0.26～1.45
禾本科	1.1	0.6～2.4	1.0	0.5～2.4	0.13	0.04～0.28	0.12	0.05～0.27
胡麻科	—		3.8	2.0～7.5			0.23	
其他	2.0	0.8～3.9	2.5	1.1～4.4	0.18	0.08～0.35	0.37	0.04～0.11

1）以植物干重计。

二、影响植物根系吸收放射性核素的因素

前已述及，植物根系吸收是放射性核素从土壤向植物转移的主要途径，因此，在过去几十年中，尤其是在切尔诺贝利核电站事故后进行了广泛研究。根系对核素的吸收主要与土壤溶液中该核素的浓度、土壤溶液化学组成和植物的富集能力直接相关。植物吸收放射性核素还与菌根共生有关（Entry et al.，1999）。

（一）土壤因子

土壤因子（即土壤的物理化学性质）可以通过影响放射性核素在土壤中的生物有效性而影响根系吸收。土壤性质对植物吸收放射性核素的影响随核素种类而变，因为不同核素以不同化学形态（包括电荷数、氧化还原状况和离子半径）存在于土壤溶液中。通常土壤黏粒矿物含量、有机质含量、pH、阳离子交换量和土壤水分状况是主要影响因素。

关于土壤因子对植物吸收放射性铯和锶的研究已有较多报道。放射性铯转移系数（TF 值）与土壤有机质成正相关。植物吸收放射性锶随 pH 的上升而下降，但 pH 不影响植物对铯的吸收（Bergeijk et al.，1992）。然而，这些关系并没有广泛的适用性，例如，Bilo 等（1993）发现谷类作物对放射性铯的吸收与 pH 呈负相关，并且与阳离子交换量、阳离子总量和盐基饱和度等都有关系。由于缺乏放射性核素的系统大数据，尚无法得出关于土壤因子和植物吸收之间的一般结论。通常来讲，土壤溶液中的放射性核素仅占土壤中总放射性含量的一小部分。因此，凡是能够影响土壤溶液中放射性核素浓度缓冲能力的因子都会影响到植物对核素的吸收。

对于有些放射性核素而言，例如铀，它们在土壤溶液中的形态与植物吸收之间的关系较为密切。溶液中铀的形态主要受 pH 影响（图 7-1），而铀形态对植物吸收有很大的关系。在以铀的碳酸盐为主要组分的石灰性土壤上，植物在地上部和根系积累了最多的铀，而在酸性黏土上，铀主要以铁、锰结合态存在，植物积累铀最少。土壤矿物对 U(Ⅵ)的吸附随 pH 的升高（在 pH<7 情况下）而增加，降低 pH 则发生解吸。在土壤和水体中，铀能够如同与 CO_3^{2-} 和 OH^-复合一样，与 SO_4^{2-} 和 PO_4^{3-} 形成复合物。这些复合物能够提高铀的总溶解度。从修复土

壤的角度考虑，对 U(Ⅵ)在土壤中的化学行为进行详细研究将有助于正确决策。在 pH 为 5 时，UO_2^{2+} 是主要形态，这一形态的铀易被植物吸收，当 pH＜5 时，土壤中铀的生物有效性非常低，很难为植物所吸收；土壤 pH 影响铀从根部向地上部转移，在 pH 为 6 和 8 时，豌豆吸收的铀主要富集在根系中，很少一部分被转移至茎部（Ebbs et al.，1999）。

（二）离子交互作用

植物根系对放射性核素的吸收通常与该核素在理化性质上相似的元素有很大关系。这些经典的相似元素对包括 $^{3}H/H$（即 ^{3}HHO 和 H_2O）、Cs/K、Sr/Ca、Tc/S（或硝酸根）、As/P、Cr/P 和 U/P 等。这里的离子交互作用是指放射性核素与其非放射性的相似化学元素之间的作用。最广泛研究的元素对是 Cs/K。钾可以有效地竞争根表面的离子吸附位，因此增加溶液中钾离子的浓度可以有效地降低植物对铯的吸收。溶液中钾离子浓度与铯吸收可以用一个负指数方程来描述（图 7-2）。这一负指数方程表明，当溶液中钾离子浓度高于一个临界值后，继续增加钾离子浓度并不能继续抑制铯的吸收。施用钾肥也能够降低盆栽和田间小区试验中水稻对 ^{137}Cs 的吸收，使水稻植株中 ^{137}Cs 的积累减少了 22%～55%，这是因为随着钾肥施用量的增加，土壤中交换性 ^{137}Cs 的浓度下降（朱永懿等，1999，1998）：

$$y = 5.77-7.06x \qquad r=0.838 \qquad (P<0.05) \tag{7-8}$$

式中，y 为土壤中交换性 ^{137}Cs 的浓度；x 为钾肥施用量。

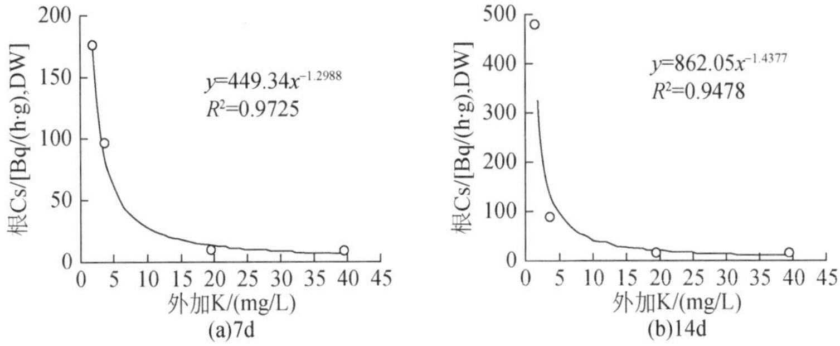

图 7-2　外源钾浓度对春小麦吸收放射性铯的影响（Zhu，2001）

增加土壤溶液中 NO_3^- 的浓度可以降低菠菜叶片中 $^{99}TcO_4^-$ 的浓度，向土壤中施用 NO_3^- 可以有效地降低 $^{99}TcO_4^-$ 在牧草中的转移系数。这种抑制作用很可能与 NO_3^- 和 $^{99}TcO_4^-$ 之间在根系吸收过程中的竞争作用有关。此外，土壤溶液中的磷酸根可以有效地抑制植物对铀的吸收（图 7-3）。

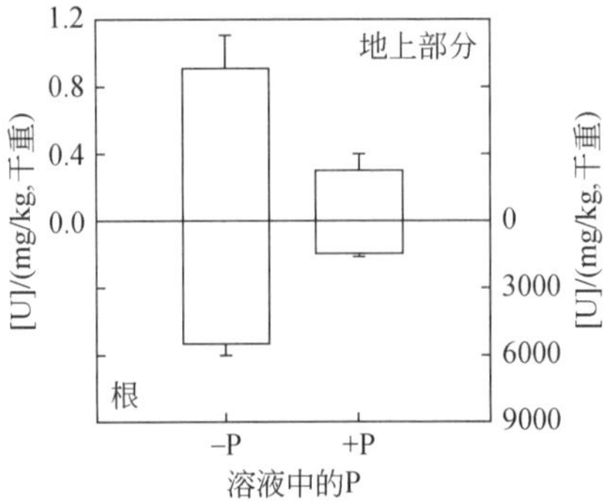

图 7-3　溶液培养条件下磷素供应对植物（豌豆幼苗）吸收积累铀的影响（Ebbs et al.，1999）

（三）植物吸收核素的种间差异

不同植物种类或品种对放射性核素的吸收积累能力不同。已有关于不同植物吸收积累放射性核素的研究，主要涉及放射性危险评价和放射生态学等领域，从表 7-10 中可以看到，不同作物吸收积累放射性的 TF 值有很大的差别。植物吸收放射性核素的基因型差异可以根据植物对相似营养元素的吸收来预测。

Ebbs 等（1999）研究了 12 种植物对铀的吸收积累能力，发现不同植物对铀的吸收积累能力存在很大的差别，这为植物修复过程选择相应特殊植物提供了依据。早期有研究人员从 34 种植物中筛选铀的富集植物，发现虽然不同植物积累铀的能力存在明显差异，但铀主要累积在根中。向日葵（*Helianthus annuus*）和印度芥菜（*Brassica Juncea*）比其他植物能积累更多的铀，因而被选作铀富集植物。在矿区自然生长的植物在环境污染下往往进化成特殊的适应机制，这些植物类群可用作矿区生态恢复的备选植物种质库，很多重金属超富集植物正是从这些植物中发现的。利用作物或野生植物对放射性核素吸收的基因型差异可以在植物修复技术体系中得以应用。

（四）菌根真菌

土壤微生物对环境中放射性核素的活化与固定起着关键作用。菌根真菌是土壤中广泛存在的土壤微生物，它与大部分植物根系形成的菌根是自然界中普遍存在的高等植物与微生物共生的现象。在所有菌根种类中，外生菌根主要存在于树木根系，在植树造林中具有重要作用，近 85%的不同植物和几乎所有的农作物能够形成丛枝菌根。在菌根共生体系中，真菌从植物那里获得生长必需的碳水化合物；作为回报，提供给植物矿质养分并提高植物对重金属、病菌和干旱等逆境的耐性（或抗性）。尽管人们已普遍认同菌根真菌在植物矿质营养和重金属区隔化中的重要作用，但对于菌根真菌对植物吸收放射性核素的影响却知之甚少，也没有统一的认识。有一些研究者发现菌根促进了植物对 ^{137}Cs（Berreck and Haselwandter，2001；Entry et al.，1999）、^{134}Cs（Strandberg and Johansson，1998）和 ^{90}Sr（Entry et al.，1999）的吸收。当内生菌根侵染一种雀稗属植物（*Paspalum notatum*）根系后，植物吸收放射性铯的量增加了两倍。研究表明，内生菌根真菌侵染可以明显提高三种牧草对放射性铯的吸收与积累（表 7-11）。Rufyikiri 等（2002）研究了菌根对植物吸收铀的影响，发现内生菌根真菌可以有效地吸收和转移铀，并受到溶液 pH 的显著影响。

表 7-11　从枝状菌根真菌对柳枝稷累积 ^{137}Cs 的影响（Entry et al.，1999）

菌根	8 周收获		16 周收获	
	地上部分累积（Bq/植物）	生物浓度比率 1)	地上部分累积（Bq/植物）	生物浓度比率
NM	691.6	5.9	548.4	5.9
G. mosseae	1 378	17.3	1 001	13.2
G. intraradices	1 751	16.6	795.7	9.5

1）生物浓度比=（Bq/g 植物组织）/（Bq/g 土壤）。

不同菌根真菌对植物吸收放射性核素的影响很可能是不一样的。石南型（内生）菌根真菌（Ericoid）和外生菌根真菌很有可能降低植物对放射性核素的吸收。植物受石南型（内生）菌根真菌侵染后，对放射性铯的吸收能力下降；而外生菌根真菌可以明显降低挪威杉木幼苗对放射性铯和锶的吸收，但这一影响与氮素供应有关。

Chen 等（2006）研究了菌根真菌对蜈蚣草吸收铀的影响（表 7-12），表明根系对铀的转移系数要远高于地上部，显示了仅有极少一部分（少于铀吸收总量的 2%）铀被转运到地上部。两次收获时菌根真菌接种均显著提高了根系铀浓度。从枝菌根真菌 *G. mosseae* 和 *G. intraradices* 接种处理使得根系对铀的转移系数由 7（不接种对照）提高到 14。最高铀浓度出现在第二次收获 *G. mosseae* 接种处理的蜈蚣草根中。试验数据显示，蜈蚣草能够在根中大量积累铀，具有修复铀和砷复合污染环境的潜在应用价值。不同菌根真菌接种处理对铀积累具有不同程度的影响，表明可以筛选出有效的菌根真菌菌株，提高植物修复铀污染土壤的效果。

表 7-12　不同 AM 真菌接种处理下蜈蚣草植株 ^{238}U 浓度和 ^{238}U 含量（Chen et al.，2006）

植株部位	接种处理	^{238}U 浓度/(mg/kg)		^{238}U 含量/(μg/pot)	
		第一次收获	第二次收获	第一次收获	第二次收获
地上部	−M	2.08	6.85	9.36	56.30
	Glm	2.69	6.17	8.45	49.77
	Glc	4.16	4.09	9.55	31.45
	Gli	4.97	9.03	9.83	60.86
根系	−M	776	1 027	1 525	3 722
	Glm	1 040	1 574	1 298	5 259
	Glc	1 453	1 128	1 387	3 420
	Gli	1 534	1 511	963	4 321

注：−M、Glm、Glc 和 Gli 分别代表不接种对照和接种菌根真菌 G. mosseae、G. caledonium 和 G. intraradices。

菌根真菌不仅能影响植物吸收铀，还能辅助植物固定铀尾矿（Chen et al.，2008）。在铀尾矿中种植苜蓿后发现，苜蓿比其他植物具有更高的铀浓度，单位根长（m/pot）吸铀量较高，在生长介质中存在铀尾矿情况下，大多数铀被固持在植物根中，而接种菌根真菌进一步强化了这种固持作用，降低了铀由地下部向地上部的转移，提高了铀在植物体内的地下部和地上部之间的分配比例，强化了植物固定铀的作用（图 7-4），它意味着可通过植被重建或者植物固定等原位技术来实现可持续性治理铀尾矿的目的。

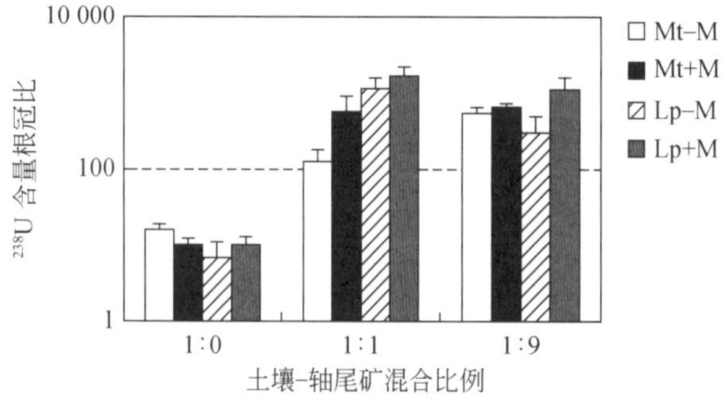

图 7-4　土壤-铀尾矿混合比例和接种丛枝菌根真菌 *G. intraradices* 对苜蓿和黑麦草植株 ^{238}U 含量根冠比的影响（Chen et al.，2008）

注：−M 和+M 分别代表不接种对照和接种菌根真菌 *G. intraradices*；Mt 和 Lp 分别指苜蓿（*M. trunctula*）和黑麦草（*L. perenne*）。

三、土壤放射性污染的防治

我国原子能事业起步于 20 世纪 50 年代中期，在巩固国防和维护世界和平方面起到了极其重要的作用。以放射性同位素与核辐射技术为代表的核技术，在我国工业、农业、医疗、卫生、地质勘探和科学研究等领域的应用越来越广泛。在发展核能与核技术应用的过程中，已经出现的和潜在的放射源污染也引起了政府和公众的高度重视，国家有关部门先后制定了不同层次的法规、规章和技术规范。为了更好地管理、利用核能和核技术，在总结我国 50 多年放射性污染防治的实践经验、借鉴国外成功经验的基础上，于 2003 年制定了《中华人民共和国放射性污染防治法》，随后有关省（市）和中国人民解放军先后发布了《放射性污染防治条例》，从法律层面规范了放射性污染防治的监督管理、核设施的放射性污染防治、核技术利用的放射性污染防治、铀（钍）矿和伴生放射性矿开发利用的放射性污染防治、放射性废物管理和法律责任等，通过立法建立制度、采取措施，防止在开发、利用核能和核技术过程中放射性污染环境；通过理顺管理体制，建立必要的制度，促进核能、核技术的开发与和平利用。2017 年环境保护部发布了《核安全与放射性污染防治“十三五”规划及 2025 年远景目标》，要求到“十三五”末，我国运行和在建核设施安全水平明显提高，核电安全保持国际先进水平，放射源辐射事故发生率进一步降低，核安保和应急能力得到增强，核安全监管水平大幅提升，核安全、环境安全和公众健康得到有效保障。到 2025 年，我国核设施安全整体达到国际先进水平，辐射环境质量持续保持良好，核与辐射安全监管体系和监管能力实现现代化。毫无疑问，土壤放射性污染的防治首先必须贯彻和执行国家有关的法律和法规。

切尔诺贝利和福岛核事故后，有关土壤放射性核素的污染防治问题受到了前所未有的关注，有关土壤放射性污染的修复问题呈现于诸多文献中，并有概括的总结（张琼等，2016，2012），主要包括隔离限制、铲土去污、深翻客土或覆盖客土、悬土移除法、可剥离性膜法、土壤搅拌淋洗法、农业化学法、植物和森林修复法等，在比较和总结的基础上认为植物修复法是极为切实可行的方法。有关土壤修复，包括放射性修复的原理和方法，在农用地土壤修复和场地修复的内容中讨论，本节仅简要地讨论植物吸收放射性污染物的调控问题。

1. 施加土壤改良剂

改良土壤是一个减少放射性核素从土壤迁移到植物的简单、便宜且有效的手段，对环境没有什么危害性，它在苏联切尔诺贝利核事故后被广泛应用。土壤改良剂可以通过降低土壤溶液中放射性核素的浓度（生物有效性）而降低植物吸收。降低植物生物有效性的主要土壤改良剂是矿物材料，如沸石，表 7-13 列出了在泥炭土和壤质土中添加沸石可以明显降低牧草对放射性铯的吸收。作为一个粗略的指标，如果添加材料的阳离子交换量为污染土壤的 100 倍或以上时，添加材料可以有效地降低植物对核素的吸收。六氰铁酸铵（ammonium-ferric-hexacyano-ferrate，AFCF）可用来降低土壤中的放射性核素，尤其是对放射性铯生物有效性的降低有显著效果。

表 7-13　沸石对草本植物中放射性铯提取的影响（Campbell and Davies，1997）　（单位：mg/kg，DW）

沸石/%	壤质土		泥炭土	
	第一次收获	第二次收获	第一次收获	第二次收获
0	7.32 ± 0.41	4.96 ± 1.73	307.0 ± 28	427.0 ± 37
10	3.69 ± 0.07	2.00 ± 0.12	8.41 ± 0.64	19.10 ± 7.9

施用石灰可提高土壤的 pH 和增加钙离子浓度，从而改变土壤溶液的化学组成。当施用石灰将土壤 pH 从 5.2 提高到 6.8 时，植物对放射性铯的吸收可降低 50%左右（表 7-14）。施用石灰可以降低菠菜和绿豆对锶和铯的吸收，它也可以有效地抑制放射性锶由土壤向小麦、青菜和大豆植株迁移。石灰对植物吸收锶的影响可能主要与钙离子/锶离子的竞争作用及石灰改变土壤 pH 有关。由于没有关于施用石灰降低植物对核素吸收的一般指南，所以有必要针对不同地区的具体特点确定适量的石灰施用量，以达到最佳的控制效果。

表 7-14　5 年期间石灰对一些植物吸收 ^{137}Cs 的影响 [1)]（Adriano et al.，1984）

作物	1977 年	1978 年	1979 年	1980 年	1981 年
三叶草	0.55	0.98	0.76		
大豆（豆）		0.60	0.42	1.44	1.00
大豆（叶）	0.53	0.39	0.41	0.79	0.65
草	0.17	0.20	0.22	0.14	0.43
小麦		0.28	0.60	1.00	1.14
玉米（叶）	0.42	0.45	0.41	0.79	0.43
玉米（茎）	0.43	0.21	0.74	0.71	0.74

1）施用石灰的植物吸收量与对照的相对比值。

2. 化学肥料

施用化学肥料来控制植物对放射性核素的吸收是切尔诺贝利核事故后广泛推行的农业措施。化学肥料施用可以通过改变土壤溶液（固-液相交换）和植物吸收过程（根系表面-土壤溶液界面）来影响植物对核素的吸收。在生草灰化土中施用钾肥可使植物对铯的吸收降低 3～4 倍。在一个砂质土壤的排水采集试验装置中，施用钾肥可以有效地降低春小麦谷粒中放射性铯的浓度。然而应当注意的是，已有的许多研究结果并不一致，因为各地土壤种类与肥力状况、肥料种类和数量差别很大。

有些磷肥（尤其是磷矿粉）含有放射性核素铀，反而可能会通过施肥进入土壤，并通过食物链累积危及人类食物安全。Chen 等（2005）利用根毛突变体大麦（*Hordeum vulgare* L.）和相应的野生型，研究了根毛和菌根真菌对于植物吸收磷矿粉中的铀和磷的相对作用。结果表明，施加磷肥引起了土中铀浓度的增加，但是在不施加磷及施加磷矿粉情况下，菌根显著提高了突变体大麦的干物重和磷含量，但无论施磷处理如何，菌根在总体上降低了野生型大麦的干物重。菌根对根系和地上部铀含量的影响截然不同，尤其是对于突变体大麦而言，菌根增加了根系铀浓度而减少了铀自根系向地上部的转移，表明菌根真菌不仅能促进植物对磷矿粉的利用，同时能够强化铀的植物固定。

对于 ^{137}Cs 污染的土壤来说，施入钾盐增加了土壤中溶解的阳离子浓度，减少了土壤溶液中 ^{137}Cs/K 的比值，从而可有效地减少植物对 ^{137}Cs 的吸收。用浙江省秦山地区土壤进行连续 3 a 的水稻苗期盆栽试验和模拟小区试验表明，硫酸钾、碳酸钾和氯化钾均有很好的效果。随着钾盐施用量的增加，植株中的 ^{137}Cs 活度下降，两者呈显著的负相关。在选用的钾盐中以硫酸钾的效果最好，在施用的第一年，可以使水稻植株中 ^{137}Cs 的比活度比对照减少 90.8%，在第二年和第三年的后效试验中仍然有很好的效果，使植株中的 ^{137}Cs 比活度降低 99%。如前所述，施入钾盐可以有效地降低土壤中交换性 ^{137}Cs 含量，从而有效地抑制植物对 ^{137}Cs 的吸收。表 7-15 表明，在北京地区褐土上施用硫酸钾、碳酸钾、氯化钾和草木灰均可以有效地减少植物对 ^{137}Cs 的吸收，籽粒中的 ^{137}Cs 可减少 65%以上。然而有研究表明，当土壤交换性钾大于

0.5 cmol/kg 时，施用钾肥抑制植物吸收铯的效果有可能不明显。当土壤可利用的钾含量很低（土壤溶液中 K<10 μmol/L）时，使用钾肥的有效性最大。钾盐施用量以土壤阳离子交换量的 1/30 计算为宜，过多加入钾肥可在阳离子交换位取代出放射性铯离子，进而增加植物根部对放射性铯的吸收。国际原子能机构建议使用钾肥的量要少于 200 kg/(hm^2•a)。

表 7-15　施肥对春小麦吸收 90Sr 和 137Cs 的影响（朱永懿和裘同才，1991）（单位：Bq/g，DW）

处理	^{90}Sr		处理	^{137}Cs	
	茎叶	籽粒		茎叶	籽粒
对照	429.2	66.6	对照	29.5	7.4
Na_3PO_4	421.8	66.6	K_2SO_4	21.5	2.6
K_2CO_3	388.5	62.9	K_2CO_3	14.8	2.1
$NH_4H_2PO_4$	654.9	81.4	KCl	16.8	2.6
$Ca(H_2PO_4)_2$	440.3	62.9	$NH_4H_2PO_4$	38.1	11.0
K_2SO_4	366.3	59.2	草木灰	16.2	2.6
—	—	—	$Ca(H_2PO_4)_2$	40.5	14.2
L.S.D	44.4	18.5	L.S.D	1.85	1.3

磷肥也可以抑制植物对放射性铯的吸收，但是效果不如钾肥好。值得注意的是要避免使用铵肥，因为 NH_4^+ 和 Cs^+ 在离子半径和电性上相近，从而使 NH_4^+ 可在吸附位取代 ^{137}Cs，使 ^{137}Cs 进入土壤溶液中而易被植物吸收。

改变土壤 pH 及施肥会对植物吸收 ^{90}Sr 的速度有重大的影响。例如，施用钙肥可以抑制植物对 ^{90}Sr 的吸收。在钙饱和度低的酸性土壤中施用石灰可以提高土壤的 pH 进而提高土壤的阳离子交换能力。这是由于土壤中发生了一些官能基团的解离作用，特别是土壤中有机物的解离作用随 pH 的升高而增大，可以产生更多的负电荷位去吸附更多的正离子，从而有效地抑制植物根系对 ^{90}Sr 的吸收；但值得注意的是，在石灰性土壤上施用石灰对抑制植物根系吸收 ^{90}Sr 是无效的。

有人认为，由于磷酸锶相当难溶，在土壤中施用可溶性磷酸盐可使其产生磷酸锶沉淀，从而有效减少植物中 ^{90}Sr 的积累。然而，在北京地区褐土上进行的盆栽试验结果表明，施用磷酸钠对于减少春小麦对 ^{90}Sr 的吸收没有获得预期的结果。施用磷酸二氢铵反而增加了植物中 ^{90}Sr 的积累。其中，茎叶中 ^{90}Sr 的含量比对照组增加了 52.6%，籽粒增加了 22.2%（表 7-15），因此应该根据不同的土类进行必要的探索。

土壤中放射性核素的种类比较多，本章尚无法对每一个核素都进行系统的论述。除了上述讨论的核素外，土壤中的放射性卤素，如碘和氯，也是广受关注的两个核素。通常碘和氯在土壤中的移动性较大，而且可能与土壤有机质形成有机卤化物。目前关于这两个核素的研究还不够系统，今后应对其予以关注。

需要特别注意的是，在与放射性有关环境影响的问题中，放射性颗粒物环境行为的研究存在诸多挑战（Salbu et al.，2017），这些挑战主要与放射性颗粒物污染区的环境影响和风险评价的概念与结构的不确定性有关。由于来自不同污染源的颗粒物具有不同的性质，需要对污染源项进行确切甄别；由于污染颗粒物的风化与动态变化，以及进入生物体的多途径，恒定的生态系统传递参数是不合适的；在放射性颗粒物的剂量估算方面，不可忽视剂量分布的不均匀性和点源的影响，否则有可能获得错误的结论。

第三节　放射性核素在土壤侵蚀研究中的应用

土壤侵蚀及其导致的土壤退化问题已引起世界范围内的广泛关注。全球每年农业土壤的侵蚀面积可达 3.0×10^6 hm^2。我国土壤侵蚀总面积为 294.91×10^4 km^2，其中水力侵蚀面积为 $129.32\times10^4 km^2$、风力侵蚀面积为 $165.59\times10^4 km^2$（刘震，2013）。全世界每年耕作土地的土壤侵蚀损失达 2.3×10^{10} t，超过土壤的形成量，也就是说，全世界每 10 a 的土壤损失率可达 7%。土壤侵蚀不仅导致土壤质量下降，而且还会造成水体污染、富营养化和河床抬升、加速侵蚀区生态系统的功能失调等严重后果。

现有的土壤侵蚀测定方法基本可以分为：①侵蚀小区测定法；②普查法；③示踪剂法。其中，放射性核素（如 ^{137}Cs、^{210}Pb、^{7}Be、^{226}Ra 和 ^{228}Ra 等）示踪法克服了侵蚀小区观测法和普查法的不足之处，该法利用通过大气干沉降和湿沉降到达地表的宇宙成因或人工放射性核素，通过分析其在地表再分布的空间特征，可以对土壤侵蚀的空间变化、沉积土壤不同层次的形成年代和土壤迁移的空间分布进行研究，并可估算中长期或短期的土壤侵蚀量。

应用放射性核素示踪土壤侵蚀的研究是土壤学的国际前沿研究热点之一，其中，以 ^{137}Cs、^{210}Pb 和 ^{7}Be 示踪技术在土壤侵蚀（水蚀）中的应用研究较为深入。运用 ^{137}Cs 和 ^{210}Pb 技术，通过一次侵蚀点踏勘、采样，可分别进行大约 45 a 以来和近 100 a 以来的土壤侵蚀（包括面蚀和沟蚀）的速率估算和空间分布研究，进而获得特定小流域的平均输沙率。^{7}Be 则可用于示踪短期内某种土地利用方式下的土壤空间分配研究（史忠林等，2008；向慧昌和张锦娟，2006；魏彦昌等，2006；郑永春和王世杰，2002）。

一、放射性核素示踪土壤侵蚀的基本原理

^{137}Cs 是 20 世纪 50～70 年代大气热核试验，以及 1986 年苏联切尔诺贝利核电站事故的副产物，其半衰期为 30.17 a。^{137}Cs 进入大气同温层后随着大气环流运动，通过干沉降和湿沉降作用到达地表，^{137}Cs 一旦进入土壤后，就马上被强烈吸附于黏粒矿物颗粒和有机质上，且不易向下淋溶、迁移。^{137}Cs 的地表空间运移主要由土壤侵蚀、土壤颗粒的迁移和土壤沉积颗粒的淀积等过程所造成，而且 ^{137}Cs 的地表损失量、累积量与土壤的侵蚀量、沉积量有一定的关系。也就是说，对于较小的土壤侵蚀小区而言，^{137}Cs 在土壤中的再分配和侵蚀小区土壤的运移之间紧密相关。因此，土壤侵蚀和沉积作用是导致土壤中 ^{137}Cs 的迁移和再分配的主因，这正是土壤 ^{137}Cs 能示踪土壤侵蚀作用的先决条件。

不同于 ^{137}Cs，^{210}Pb 则是土壤中自然产生的放射性核素，半衰期为 22.2 a，是 ^{222}Rn 衰变的产物。^{222}Rn 的母体是 ^{238}U 衰变系列之一的 ^{226}Ra。一般而言，当地产生的 ^{210}Pb 与 ^{226}Ra 保持长期的平衡关系。然而，土壤中的一些 ^{222}Rn 则会扩散到大气中，衰变生成 ^{210}Pb，而后，通过干湿沉降到达地表，被土壤颗粒强烈固定，并随土壤颗粒的运动而发生迁移。大气沉降来源的 $^{210}Pb_{air}$（或 $^{210}Pb_{ex}$）可由土壤总 ^{210}Pb 活度减去 ^{226}Ra 活度计算得出，其活度在土壤剖面中呈指数下降，分布深度可达 10～40 cm。通过比较对照点和侵蚀点土壤 ^{210}Pb 和 ^{137}Cs 活度比的剖面分布特征，可以确定土壤侵蚀厚度，并进一步求得土壤侵蚀量（Wallbrink and Murray，1996）。

^{7}Be 则是一种宇宙射线成因的放射性核素，由对流层和同温层大气中的氧和氮在宇宙射线作用下分裂生成，其半衰期为 53.3 d。生成的 ^{7}Be 通过干湿沉降作用到达土表，并很快为表层

土壤强烈吸附。^{7}Be 示踪技术应用于研究土壤空间再分配的速率和形式的原理与 ^{137}Cs 技术是相似的。因此，特定采样点土壤的 ^{7}Be 含量与基准点 ^{7}Be 含量的差值可反映土壤的空间再分配作用的强度和形式。

二、侵蚀示踪技术的基本方法

以下将以目前发展最为成熟的 ^{137}Cs 示踪技术为例，说明放射性核素用于土壤侵蚀研究的基本方法。

^{137}Cs 示踪剂技术在土壤侵蚀估算中的成功应用应解决两个关键问题。其一，如何准确地确定该地区的基准值，以用于估算输入或输出土壤剖面的 ^{137}Cs 量。一般而言，作为基准值采样点的土壤应在历史上并未受到侵蚀或沉积。其二，如何确定土壤的 ^{137}Cs 输入或输出总量占该地区土壤 ^{137}Cs 基准值的比率与土壤侵蚀量之间的定量关系。用于研究这类关系的模型可以分为两大类，一类为经验模型，它是通过对现有数据进行统计分析，从而得出土壤 ^{137}Cs 损失率与土壤侵蚀量的简单经验函数关系；另一类为理论模型，它则是在对土壤侵蚀机理进行理论分析的基础上，综合考虑各种侵蚀影响因子，从而建立起土壤侵蚀量与土壤剖面 ^{137}Cs 损失率的关系。对于有关的土壤侵蚀估算模型曾有较为详细的评述（唐翔宇等，2000；Walling and He，1999）。

放射性核素不仅可用于土壤侵蚀速率的估算，而且还可通过多元素联合示踪来判别侵蚀的类型和泥沙来源。不同放射性核素的土壤透入深度的差异使之可以用于确定土壤剖面中沉积土壤的最初来源，并推断可能发生的侵蚀过程。如果沉积土壤中的 ^{137}Cs 和 ^{7}Be 活度都较高，说明土壤是通过片蚀或细沟侵蚀作用进行搬运的。若沉积土壤中的 ^{137}Cs 活度较高，而 ^{7}Be 活度较低，则说明它来自于人类活动较多的土壤环境，也就是说，土壤颗粒来自于土壤 5～50 mm 深度范围内。很低或检测限以下的 ^{137}Cs 和 ^{7}Be 活度则说明该土壤并未接受到 ^{137}Cs 和 ^{7}Be 的大气沉降，如遭受侵蚀的沟壁土壤。较高的 ^{7}Be 活度和较低的 ^{137}Cs 活度则表明该沉积土来自 ^{137}Cs 基本全部损失的土壤，但该土壤有足够的暴露时间获得大气沉降 ^{7}Be 的标记。Wallbrink 和 Murray（1993）采用 ^{7}Be 和 ^{137}Cs 及其他放射性元素联合示踪研究了不同侵蚀类型在土壤侵蚀作用中的相对贡献（图 7-5），结果证明，^{7}Be 用于示踪浅层表土来源是非常有用的。因此，只要在主要降雨期内每隔一定时间分析地表径流中悬浮颗粒的 ^{7}Be 和 ^{137}Cs 活度，即可确定该流域的主导侵蚀作用类型。

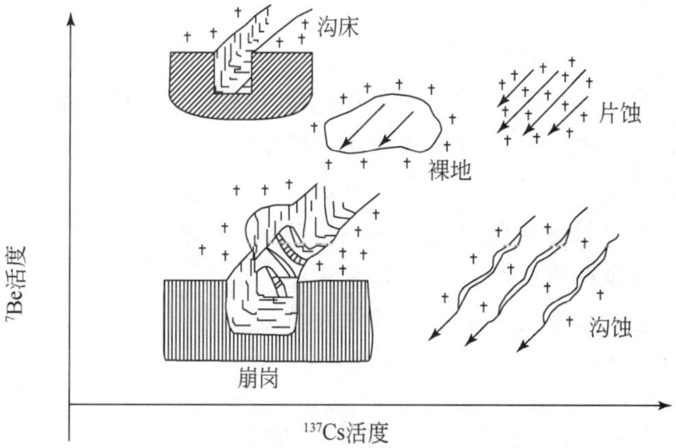

图 7-5　不同侵蚀类型所迁移的土壤中 137Cs 和 7Be 含量的相对差异示意图

（Wallbrink and Murray，1993）

三、侵蚀示踪研究的基本现状和前景

正如前所述，土壤侵蚀作为世界许多国家和地区面临的重要环境问题之一，已引起了各国政府和国际组织的广泛关注，并已投入大量的研究经费和研究力量。其中，首要问题是如何准确地定量评估各地区土壤侵蚀的空间特征和强度，特别是在流域尺度上。除放射性核素示踪法之外，目前已发展和建立了许多其他侵蚀量计算的研究手段，包括侵蚀小区法、遥感法、通用土壤流失方程及其他土壤流失方程等。然而，这些方法与放射性核素示踪法相比，除了具有前述局限性之外，尽管能获得许多有益的侵蚀状况的定量信息，但其准确性仍然相对较低，而且在反映微地形对侵蚀的影响和流域输沙量的计算上仍难以获得令人满意的可靠结果。

放射性核素示踪法在应用于土壤侵蚀示踪和侵蚀量估算方面有其自身的优点，有关综述曾就不同类型同位素的来源、几种常用同位素在土壤侵蚀示踪研究中的应用做了比较详细的讨论（王晓燕等，2003）。大量相关研究成果极大地推动了 ^{137}Cs 示踪技术在土壤侵蚀和沉积研究中的应用，并使该技术日益成熟，其估算结果的可靠性和精度得以较大的提高。^{137}Cs 示踪技术具有传统研究法所不可比拟的诸多优点，特别反映在研究中、长期的土壤侵蚀或沉积作用的强度和空间特征上更有其自身的优势。然而，迄今为止，环境中的 ^{137}Cs 总量已衰变掉 60%，随着时间的推移，其作为示踪元素的灵敏度将受到影响，因此，寻找一种可以替代 ^{137}Cs 作为示踪物质的放射性核素有重要意义。人造放射性核素钚同位素（^{239}Pu、^{240}Pu）与 ^{137}Cs 来源相同，但半衰期更长，且更容易被土壤中的细颗粒物质吸附，特别是随着测量技术的发展，电感耦合等离子体质谱技术（ICP-MS）及加速器质谱技术（AMS）等的应用，使得钚同位素的测量较 ^{137}Cs 更高效、灵敏，因而钚同位素有可能成为可以替代 ^{137}Cs 进行土壤侵蚀示踪的理想元素（徐仪红和潘少明，2012）。另外，也有学者对应用 ^{137}Cs 示踪技术基本原理中的假设提出了质疑，认为被土壤颗粒吸附的 ^{137}Cs 易被解吸成 Cs^+离子，随水流失或被植物吸收；但土柱淋溶模拟试验的结果表明，在试验条件下，土壤中的 ^{137}Cs 虽然有向下垂直迁移的现象，但并不显著（陈思宇等，2016）。为了进一步提高研究结果的可靠性和精度，在研究中应关注多元素的联合示踪技术应用，它可以有效地弥补单核素分布变异性较大的缺陷，降低核素分布的变异性，提高示踪精度（丁晋利等，2013），并可与“3S”技术结合，更好地解决研究精度和空间尺度上的问题。

思考题与习题

1. 土壤环境中放射性核素的来源与种类。
2. 与普通金属污染物相比，放射性核素在土壤环境中的主要化学行为有哪些特点？
3. 切尔诺贝利和福岛核事故的教训和启示有哪些？
4. 放射性污染物的毒性及其毒理学研究方法。
5. 植物对土壤中放射性污染物吸收的影响因子有哪些？
6. 植物对放射性污染物吸收的途径和控制方法。
7. 阐述放射污染土壤修复技术的种类及其优缺点。
8. 放射性核素示踪土壤侵蚀的基本原理和方法。

主要参考文献

北京师范大学，华中师范大学，南京师范大学. 2003. 核化学. 无机化学（下册）. 北京：高等教育出版社曹龙生，杨亚新，张叶等. 2012. 中国大陆主要省份土壤中天然放射性核素含量分布规律研究. 东华理工大学学报（自然科学版），35（2）：167～172
陈思，安莲英. 2013. 土壤放射性污染主要来源及修复方法研究进展. 广东农业科学，（1）：174～177
陈思宇，魏欣，韩瑚等. 2016. ^{137}Cs 在土壤中淋溶迁移的模拟试验. 北京师范大学学报（自然科学版），52（5）:635～638
党海军，张自禄. 2014. 大面积地表放射性污染评价与治理技术现状. 核化学与放射化学，36（Suppl. ）：6～12
丁晋利，巴明廷，郑晓梅. 2013. 多核素联合示踪技术在土壤侵蚀研究中的应用进展. 中国水土保持 SWCC，（5）：39～42
高军，欧阳志云. 2006. Cs 在卧龙自然保护区土壤中的分布特征. 中国水土保持 SWCC，（12）：31～33
高琦，赵璇，王晓文等. 2015. 日本农产品核污染现状及所采取的应对措施. 农产品加工，（2）：64～67
郭兴. 2016. 切尔诺贝利和福岛的教训. 百科知识，（6）：16 ～19
韩怀强，蒋挺大. 2001. 粉煤灰利用技术. 北京：化学工业出版社
侯兰欣，徐世明，赵文虎等. 1996. ^{90}Sr 在棉花等作物体内分布及高浓集植物的筛选. 中国核科技报告，CNIC－1070. 北京：原子能出版社
解然，莫莉. 2017. 近期日本福岛核污染相关报道及舆情焦点. 世界环境，（2）：52～57
李仁英，杨浩，唐翔宇. 2001. 土壤中 ^{137}Cs 的化学性质及其分布规律. 核农学报，15（6）：371～379
李香梅，王汉青，周星火等. 2007. 铀矿井排风口尾气对周边农田土壤放射性污染的预测. 安全与环境学报，7（1）：29～31
李正德. 1983. 放射性污染. 见：中国大百科全书《环境科学》编委会. 中国大百科全书（环境科学）. 北京·上海：中国大百科全书出版社
梁艳，张成江，倪师军等. 2008. 某地核废物填埋区土壤的表面电荷及矿物组成对核素锶吸附的影响，物探化探计算技术，30（1）：74～77
刘华，罗建军，马成辉. 2011. 第一次全国污染源普查伴生放射性污染源普查及结果初步分析. 辐射防护，31（6）：334～341
刘震. 2013. 谈谈全国水土保持情况普查及成果运用. 中国水土保持 SWCC，（10）：4～7
路子显. 2017. 论核污染与粮食质量安全. 粮食问题研究，（3）：21～24
秦苏云，戚勇，李淑琴等. 1995. ^{90}Sr、^{137}Cs、天然铀、^{226}Ra 和 ^{239}Pu 在陆地食物链中的转移系数. 辐射防护，15（4）：241～250
裘同才. 1988. 探索利用植物净化 ^{90}Sr，^{137}Cs 污染的土壤. 农业环境保护，7（5）：14～17
桑园，覃波. 2017. 独居石冶炼过程中的放射性污染与防护. 有色冶金节能，（1）：52～55
邵敏，蔡志强，赵希岳等. 2006. 放射性核素 ^{60}Co 在土壤中吸附和解吸的动力学研究. 江苏工业学院学报，18（3）：11～15
史志诚. 1995. 当代世界 50 起重大毒性灾害. 灾害学，10（2）：73～79
史忠林，文安邦，严冬春. 2008. ^{7}Be 示踪法在土壤侵蚀研究中的应用. 安徽农业科学，36（34）：15177～15179
孙赛玉，周青. 2008. 土壤放射性污染的生态效应及生物修复. 中国生态农业学报，16（2）：523～528
唐翔宇，杨　浩，赵其国等. 2000. ^{137}Cs 示踪技术在土壤侵蚀估算中的应用研究进展. 地球科学进展，15（5）：576～582
王寿祥，张永熙，胡秉民等. 1991. 锶-89 在土壤中淋溶和迁移的研究. 浙江农业大学学报，17（4）：360～364
王寿祥，张永熙，胡秉民等. 1992. 锶-89 在模拟水稻田中的动力学行为. 生态学报，12（4）：310～315
王卫星，杨亚新，王雷明等. 2005. 广东下庄铀矿田土壤的天然放射性研究. 中国环境科学，25（1）：120～123
王小雷，杨浩，桑利娟等. 2009. ^{137}Cs 在耕作土壤中的均一性分布研究. 土壤，41（6）：897～901
王晓燕，田均良，杨明义. 2003. 应用同位素示踪土壤侵蚀研究的进展. 中国水土保持科学，1（4）：72～77
魏复盛，　滕恩江，陈立乔. 1991. 中国及东部地区土壤中铀和钍的背景含量特征. 上海环境科学，10（11）：37～39
魏彦昌，欧阳志云，苗鸿等. 2006. 放射性核素 ^{137}Cs 在土壤侵蚀研究中的应用. 干旱地区农业研究，24（3）：200～206
向慧昌，张锦娟. 2006. ^{7}Be 示踪技术在坡面土壤侵蚀研究中的应用. 中国水土保持，（6）：39～41
徐辉，金玉仁，田梅等. 2012. 钚在放射性污染区沙漠植物中的含量. 原子能科学技术，46（5）：524～529
徐仪红，潘少明. 2012. Pu 同位素在土壤侵蚀示踪中的应用. 土壤学报，49（5）：1021～1029
杨俊诚，朱永懿，陈景坚等. 1999. 粉煤灰的农业利用及其环境放射性污染评价. 核农学报，13（5）：299～304
姚高扬，华恩祥，高柏等. 2015. 南方某铀尾矿区周边农田土壤中放射性核素的分布特征. 生态与农村环境学报，31（6）：963～966
尹显和，任剑锋，华建平. 2001. 放射性核素铯-137 在土壤里不同质地中的分布规律. 南华大学学报（理工版），15（3）：49～51
于典司，郭长虹. 2010. 转基因植物在环境污染监测中的应用. 生物技术通报，（3）：17～20，24
张佳兵. 2013. 云南矿产开发的放射性污染隐患及其防范对策. 环境科学导刊，32（增）：75～76
张琼，陈金融，张春明等. 2012. 福岛事故后土壤放射性污染修复及启示. 中国科技投资，（18）：54～56
张琼，王博，王亮等. 2016. 切尔诺贝利和福岛核事故后放射性土壤修复研究进展. 环境与可持续发展，（5）：17～21
张如金，王帅，黄德娟等. 2015. 放射性核素的研究进展. 江西化工，（3）：1～4
张永熙，王寿祥，胡秉民等. 1990. ^{89}Sr 在土壤中吸附的研究. 浙江农业大学学报，16（4）：412～416
赵文虎，徐世明，侯兰欣等. 1996. 农作物食用部分中 ^{90}Sr，^{137}Cs 含量的早期预报. 中国核科技报告，CNIC－1021. 北京：原子能出版社
赵希岳，樊国华，蔡志强等. 2010. 放射性核素 60Co 在土壤中的淋溶和迁移分布. 中国环境科学，30（8）：1118～1122
郑永春，王世杰. 2002. ^{137}Cs 的土壤地球化学及其侵蚀示踪意义. 水土保持学报，l6（2）：57～60
周程，赵福祥. 2011. 某废弃铀矿区环境放射性污染现状调查. 核技术，34（4）：278～282

朱君，邓安嫦，石云峰等. 2017. 不同喷淋强度对核素 Sr-90 在土壤中迁移的影响. 土壤学报，54（3）：785～793
朱永官，朱永懿. 2002. 土壤中放射性核素的行为与环境质量. 见：陈怀满等. 土壤中化学物质的行为与环境质量. 北京：科学出版社
朱永懿，裘同才. 1985. 春小麦和油菜经叶面吸收 ^{90}Sr，^{137}Cs 和 ^{144}Ce 的研究. 原子能农业利用，2（1）：44～48
朱永懿，裘同才. 1991. 裂变产物 ^{90}Sr、^{137}Cs、^{144}Ce 在土壤-植物系统中的行为. 中国环境科学，11（4）：266～270
朱永懿，杨俊诚，陈景坚等. 1998. 施肥和翻耕措施对减少水稻吸收 ^{137}Cs 的效应. 核农学报，12（3）：165～170
朱永懿，杨俊诚，陈景坚等. 1999. 施用钾盐对降低 ^{137}Cs 从土壤-农作物转移率的效应. 核农学报，13（4）：242～247
诸洪达，刘庆芬. 2005. 中国成年男子摄入原生放射性核素所致内照射剂量估算. 辐射防护，25（2）：91～101，108
Adriano D C，McLeod K W，Ciravolo T G. 1984. Long-term uptake of radiocesium by several crops. Journal of Plant Nutrition，7：1415～1432
Bech J，Abreu M，Korobova E et al. 2014. Radioactive chemical species in soils: pollution and remediation. Journal of Geochemical Exploration，142：1～3
Bergeijk K E，Noordijk H，Lambrechts J et al. 1992. Influence of pH，soil type and organic matter content on soil-to-plant transfer of radiocaesium and strontium as analyzed by a nonparametric method. Journal of Environmental Radioactivity，15：265～276
Berreck M，Haselwandter K. 2001. Effect of the arbuscular mycorrhizal symbiosis upon uptake of cesium and other cations by plants. Mycorrhiza，10（6）：275～280
Bickham J W. 1990. Flow cytometry as a technique to monitor the effects of environmental genotoxins on wildlife populations. In：Sandu W R，Lower et al. In situ evaluations of biological hazards of environmental pollutants. New York：Plenium Press
Bilo M，Steffens W，Fuhr F. 1993. Uptake of $^{134/137}$Cs in soil by creals as a function of several soil parameters of three soil types in Upper Swabia and North Rhine-Westphalia（FRG）. J Environ Radioactiv，19：25～39
Bleise A，Danesi P R，Burkart W. 2003. Properties，use and health effects of depleted uranium（DU）：A general overview. Journal of Environmental Radioactivity，64：93～12
Campbell L S，Davies B E. 1997. Experimental investigation of plant uptake of caesium from soils amended with clinoptilolite and calcium carbonate. Plant and Soil，189：65～74
Chen B D，Jakobsen I，Roos P et al. 2005. Mycorrhiza and root hairs enhance acquisition of phosphorus and uranium from phosphate rock but mycorrhiza decreases root to shoot uranium transfer. New Phytologist，165（2）：591～598
Chen B D，Roos P，Zhu Y G et al. 2008. Arbuscular mycorrhizas contribute to phytostabilization of uranium tailing. Journal of Environmental Radioactivity，99：801～810
Chen B D，Zhu Y G，Smith F A. 2006. Effects of arbuscular mycorrhizal inoculation on uranium and arsenic accumulation by Chinese brake fern（*Pteris vittata* L.） from a uranium mining-impacted soil. Chemosphere，62：1464～1473
Du M，Yang H，Chang Q et al. 1998. Caesium-137 fallout depth distribution in different soil profiles and significance for estimating soil erosion rate. Sciences of Soils，3（1）：23-33
Ebbs S D，Brady D J，Kochian L V. 1999. Role of uranium speciation in the uptake and translocation of uranium by plants. Journal of Experimental Botany，49：1183～1190
Entry J A，Watrud L S，Reeves M. 1999. Accumulation of ^{137}Cs and ^{90}Sr from contaminated soil by three grass species inoculated with mycorrhizal fungi. Environmental Pollution，104：449～457
Fellows R J，Ainsworth C C，Driver C J et al. 1998. Dynamics and transformations of radionuclides in soils and ecosystem health. *In*：Huang P M. Soil Chemistry and ecosystem health. Soil Science Society of America，Madison WI，USA
Filipovic-vincekovic N，Barisic D，Masic N et al. 1991. Distribution of fallout radionuclides through soil surface layer. Journal of Radioanalytical and Nuclear Chemistry，148（1）：53～62
Fujishiro F，Ishii K，Matsuyama S et al. 2014. Micro-PIXE evaluation of radioactive cesium transfer in contaminated soil samples. Nuclear Instruments and Methods in Physics Research B，318：99～101
Gupta P K. 2016. Health effects of radioactive materials. In: Gupta P K. Fundamentals of Toxicology. London，San Diego：Academic Press
Haribala，Hu B T，Wang C G et al. 2016. Assessment of radioactive materials and heavy metals in the surface soil around uranium mining area of Tongliao，China. Ecotoxicology and Environmental Safety，130：185～192
Jr Fraley L，Chavez G，Markham O D. 1993. Seasonal variation in deposition and retention of cerium-141 and cerium-134 in cool desert vegetation. Journal of Environmental Radioactivity，21：203～212
Kersting A B，Efurd D W，Finnega D L et al. 1999. Migration of plutonium in ground water at the Nevada Test Site. Nature，397：56～59
Koma Y，Shibata A，Ashida T. 2017. Radioactive contamination of several materials following the Fukushima Daiichi Nuclear Power Station accident. Nuclear Materials and Energy，10：35～41
Kovalchuk O，Titov V，Hohn B et al. 2001. A sensitive transgenic plant system to detect toxic inorganic compounds in the environment. Nature Biotechnology，19：568～572
Malins A，Kurikami H，Nakama S et al. 2016. Evaluation of ambient dose equivalent rates influenced by vertical and horizontal distribution of radioactive cesium in soil in Fukushima Prefecture. Journal of　Environmental Radioactivity，151：38～49

Pumpanen J，Ohashi M，Endo I et al. 2016. ^{137}Cs distributions in soil and trees in forest ecosystems after the radioactive fallout - Comparison study between southern Finland and Fukushima，Japan. Journal of Environmental Radioactivity，161：73～81

Ramzaev V，Barkovsky A，Goncharova Y et al. 2013. Radiocesium fallout in the grasslands on Sakhalin，Kunashir and Shikotan Islands due to Fukushima accident: the radioactive contamination of soil and plants in 2011. Journal of Environmental Radioactivity，118：128～142

Rikhvanov L P，Zlobina A N，Wang N P et al. 2014. The nature of high soil radioactivity in Chinese Province Guangdong. Procedia Chemistry，10：460～466

Ritchie J C，Mchenry J R，Gill A C. 1972. The distribution of ^{137}Cs in the litter and upper 10cm of soil under different cover types in northern mississippi. Health Physics，22：197～198

Rufyikiri G，Thiry Y，Wang L et al. 2002. Uranium uptake and translocation by the arbuscular mycorrhizal fungus，Glomus intraradices，under root-organ culture conditions. New Phytol，156：275～281

Salbu B，Kashparov V，Lind O C et al. 2017. Challenges associated with the behaviour of radioactive particles in the environment. Journal of Environmental Radioactivity，1～15（in press）

Scotti I A. 1994. Cs-134 levels in wheat related to contamination and sprinkling. Environmental and Experimental Botany，34：213～216

Singh B，Gilkes R J. 1990. Sorption-desorption behaviour of caesium in some Western Australian soils. Australian Journal of Soil Research，28：929～946

Singh N P，McCoy M T，Tice R R et al. 1988. A simple technique for quantitation of low levels of DNA damage in individual cells. Experimental Cell Research，175：184～191

Strandberg M，Johansson M. 1998. Cs-134 in heather seed plants grown with and without mycorrhiza. Journal of Environmental Radioactivity，40（2）：175～184

Thørring H，Skuterud L，Steinnes E. 2014. Influence of chemical composition of precipitation on migration of radioactive caesium in natural soils. Ournal of Environmental Radioactivity，134：114～11

Unno Y，Tsukada H，Takeda A et al. 2017. Soil-soil solution distribution coefficient of soil organic matter is a key factor for that of radioiodide in surface and subsurface soils. Journal of Environmental Radioactivity，169～170：131～136

van der Stricht，Kirchmann R. 2001. Radioecology：Radioactivity and ecosystems. Belgium.：International Union of Radioecology

Vera Tome F，Rodriguez P B，Lozano J C. 2002. Distribution and mobilization of U，Th and 226Ra in the plant-soil compartments of a mineralized uranium area in south-west Spain. Journal of Environmental Radioactivity，59：41～60

Wallbrink P J，Murray A S. 1993. Use of fallout radionuclides as indicators of erosion processes. Hydrological Processes，7：297～304

Wallbrink P J，Murray A S. 1996. Determinating soil loss using the inventory ratio of excess lead-210 to cesium-137. Soil Science Society of America Journal，60（4）：1201～1208

Walling D E，He Q. 1999. Improvement models for estimating soil erosion rates from cesium-137 measurements. J Environ Qual，28（2）：611～622

Yina X，Horiuchib N，Utsunomiyac S et al. 2018. Effective and efficient desorption of Cs from hydrothermal-treated clay minerals for the decontamination of Fukushima radioactive soil. Chemical Engineering Journal，333：392～401

Zhu Y G. 2001. Effect of external potassium（K）supply on the uptake of ^{137}Cs by spring wheat（Triticum aestivum cv. Tonic）：a large-scale hydroponic study. Journal of Environmental Radioactivity，55：303～314

建议进一步阅读的文献

放射化学咨询组. 2011. 中国放射化学的现状、问题和对策. 中国科学院院刊，26（增刊）：158～163

王祥云，刘元方. 2007. 核化学与放射化学. 北京：北京大学出版社

Gupta P K. 2016. Chapter 30: Health effects of radioactive materials. In:Grupta P K. Fundamentals of Toxicology. London，San Diego：Academic Press

Ibrahim M，Adrees M，Rashid U et al. 2015. Chapter 21: Phytoremediation of radioactive contamination soils. In: Hakeem K，et al. Soil Remediation and Plants. London，San Diego：Academic Press

Zhu Y G，Shaw G. 2000. Soil contamination with radionuclides and potential remediation. Chemosphere，41：121～128

Zhu Y G，Smolders E. 2000. Plant uptake of radiocaesium：A review of mechanisms，regulation and application. Journal of Experimental Botany，51（351）：1635～1645

第八章 土壤生物污染与环境质量

生物是自然环境的五大要素之一，在人类面临的诸多环境问题中，生物污染已成为整体环境质量中极为重要的一个方面，许多江河、湖泊和岛屿，甚至连南极，都受到外来生物污染的困扰。万物土中生，土壤生物污染不仅会影响土壤自身质量，而且有可能通过飘尘影响大气环境质量，随着水土流失和淋溶影响水质，沿着食物链及其他各种途径影响人体健康等，社会危害较为严重。目前，我国的土壤生物污染分布较为广泛，应该引起人们的高度关注。

本章首先概要讨论土壤生物污染的概念、成因与危害，然后较为系统地介绍了土壤中生物污染物的环境行为及其预防与控制。在分析一般原理的基础上，展望了土壤生物污染防控策略和关键措施，同时还指出应通过制定相关的标准、法规和法律等来加强综合管理。

第一节 土壤生物污染概述

一、土壤生物污染的定义

（一）生物污染

生物污染一般是指外来生物侵袭一个新的生态系统，或本土有害生物大量聚集，并对该系统造成负面影响或危害的现象。这里的外来生物主要是指有害的微生物、寄生虫等病原体或变应原（即引起变态反应的抗原物质），以及有害的动、植物种群，凡是在一个地区引入或传入新的生物种类，或是由于人为或自然因素致使个别生物迅速大量繁殖或获得新的特征和特性，对环境和人类造成负面影响和不良后果的，都可称为生物污染，它是造成被侵袭区本土生物多样性下降或疾病流行的主要原因之一。因此，生物污染可以分为动物污染（包括有害昆虫、寄生虫、原生动物和水生动物等）、植物污染（常见的有各种杂草、某些树种和海藻等）和微生物污染（包括病毒、细菌和真菌等）。据估计，我国已经受到逾 500 多种外来物种的侵袭，其中至少有 270 余种入侵植物、200 余种入侵动物和 60 余种入侵微生物（鞠瑞亭等，2012）。生物作为活的生命体，其污染特点不同于化学和物理污染，这是由于随着时间的推移，外来生物可逐步适应新的环境，并通过大量繁殖而造成“反客为主”的状况，危及本土物种的生存，造成原有生态系统在物质流、能量流和生物多样性等方面的严重失衡。需要说明的是，从广义上讲，生物污染还应包括本土生物所产生的、影响环境质量的物质，例如，猫、狗和鸟类等脱落的毛发、皮屑，以及环境微生物应对各类抗生素的抗性基因等，而本章所关注的主要是外来生物的侵袭和本土有害生物的聚集对土壤环境质量的影响，有关抗性基因问题在第九章中有专题讨论。

（二）土壤生物污染

按中国大百科全书定义，土壤生物污染是指“一个或几个有害的生物种群，从外界环境侵入土壤，大量繁衍，破坏原来的动态平衡，对人体健康或生态系统产生不良的影响”（周璧华和高拯民，1983）。随着环境科学的发展，土壤生物污染的概念和范畴也有所扩展。目前一般认为，土壤生物污染是指一个或几个有害的生物种群从外界环境入侵土壤并大量繁衍，或本土有害生物在土壤中大量聚集，改变土壤生物区系原先的稳定结构并破坏生态系统原有的动态平衡，引起现实的或潜在的土壤环境质量恶化及相应危害的现象。与其他污染相比，土壤生物污染更具潜伏性，如对外来生物的入侵时间和地点难以做出准确判断，且在其侵入土壤后也不易被发现，潜伏期可长达数年甚至数十年，难以跟踪观察。有关外来物种的侵袭方面前已述及，而本土有害物种的聚集可以根结线虫（*Meloidogyne*）作为例证。随着蔬菜重茬复种指数的不断增大，温室大棚土壤受有害生物的污染日趋严重，造成蔬菜减产 20%～50%，其主要原因是土壤中的病原生物逐年积累，尤其是根结线虫数量逐茬剧增，导致植物根系受害极为严重；这种污染会不断蔓延、逐渐加重，可使蔬菜发病率达 90%以上，根结线虫因而成为大棚蔬菜生产的重要限制因素（谢德燕等，2008），其影响及危害甚为严重。

关于土壤生物污染的危害，人们对寄生虫与健康的关系可能具有切身体会与认识。土壤是土源性蠕虫卵或幼虫生长发育过程中的一个必需环节，在被含有虫卵的粪便污染后即可成为传播蛔虫、钩虫和鞭虫等肠道寄生虫病的载体。杨国华和贾洪忠（1995）曾对我国部分地区在特定时间内的相关污染情况做过检测，发现江苏江都被调查土壤的蠕虫卵总阳性率高达72%，其中，蛔虫、鞭虫和钩虫卵分别为 53%、54%和 0.33%；而江苏江阴、河南淮阳、福建云霄、浙江宁海和山东邹县等地被调查土壤的钩蚴阳性率为 34%～66%。樊金祥等（1995）曾对河南安阳部分菜地及市售蔬菜样品进行调查，发现蛔虫卵阳性率为 4.9%，钩虫卵（蚴）阳性率为 10.5%。上述调查表明，土壤受蠕虫卵和钩蚴污染的情况曾经较为普遍。此外，若施用未腐熟的畜禽粪便，粪肥携带的大肠菌群对蔬菜和土壤的污染也较为严重（陈欣等，2007）。土壤生物污染的结果首先是破坏土壤的环境质量，进而使生长在其上的作物受到不同程度的污染，最终通过食物链影响动物和人体健康。

（三）土壤生物污染的评估

在土壤生物污染的评估方面，目前尚无统一的国家标准，但通常采用指示生物法。指示生物是指对特定环境要素、环境污染物或某些因素能产生非一般性反应或特殊信息的生物体，它可以将受到的各种影响以其自身的数量或其他症状表现出来，以此表征环境质量状况；它可能随着入侵生物的不同而有差异。就微生物而言，土壤是其天然培养基，土壤生物污染在相当程度上是病原微生物的入侵。病原微生物污染不仅会危害土壤质量、破坏土壤功能及造成农业减产，同时还通过食物链对动物、植物和人类健康造成危害，引发人畜疾病。此外，受病原体污染的土壤在雨水冲刷和渗透作用下，病原体会被带进地表水或地下水中，进而引起各种疾病的水型暴发流行；或通过风进入空气，再被人畜吸入而引起感染（姚槐应等，2006）。用于评估微生物污染的指示微生物，要求该微生物的存在能够证明病原微生物也存在。例如，大肠菌群（Coliform）存在于所有温血动物的肠道中，可随粪便大量排出，土壤在施用粪便后，其大肠菌群的浓度总体上会随粪便施用量的加大而升高。由于大肠菌群的生命力通常强于普通致病菌，因此，土壤中大肠菌群含量的多少可表征其在细菌学上的相对清洁程度。尽管人们经常以大肠杆菌（*Escherichia coli*）的数量作为判断土壤污染程度的指标（王红旗等，2007），但一般认为仅根据单一指标来判断土壤生物污染的状况比较粗略，还应再结合一些其他指标加以综合考虑（表 8-1）。

表 8-1　土壤污染的生物指标（杨景辉，1995）

土壤污染程度	病原菌/(个/g)	大肠杆菌[1]/(个/g)	寄生虫卵/(个/g)	受人粪尿污染时病原菌/(个/g)	受牲畜污染时病原菌/(个/g)
未受污染	$<10^4$	<1	0	<10	$<10^2$
轻微污染	10^4～10^5	1～100	<10	10～10^3	10^2～10^4
中等污染	10^5～10^6	100～10^3	10～100	10^3～10^4	10^4～10^5
严重污染	$>10^6$	$>10^3$	>100	$>10^4$	$>10^5$

1）数据来源于韩力峰等（1995）。

表 8-2 列出了一个针对灌区灌溉水、地下水、土壤与蔬菜等不同环节生物污染的评分尺度单，在数理统计基础上，通过评分方法赋予每一项指标适当的分值和权重，计算总环境质量指数（environmental quality index，EQI），再取其平均值来评估受影响的程度。

表 8-2　灌区生物污染评分尺度（韩力峰等，1995）

媒介	分级	一	二	三	四	五
	评分[1]	5	4	3	2	1
	质量状况	清洁	相对清洁	轻度污染	中度污染	严重污染
灌溉水	细菌总数/(个/mL)	10^3	10^4	10^5	10^7	$>10^7$
	大肠菌群/(个/mL)	10^4	10^5	10^7	10^9	$>10^9$
	肠道致病菌/(检出率%)	—	15	30	45	>45
地下水	细菌总数/(个/mL)	≤100	200	300	500	>500
	大肠菌群/(个/L)	<3	27	92	230	>230
	肠道致病菌/(检出率%)	—	—	5	10	>10
土壤	细菌总数/(个/g)	10^4	10^5	10^6	10^7	$>10^7$
	大肠菌群/(个/kg)	10^3	10^4	10^5	10^6	$>10^6$
	肠道致病菌/(检出率%)	—	10	20	30	>30
蔬菜	细菌总数/(个/g)	10^2	10^3	10^4	10^5	$>10^5$
	大肠菌群/(个/kg)	10	10^2	10^3	10^4	$>10^4$
	肠道致病菌/(检出率%)	—	5	20	30	>30

1）5 分（一级），4.9～4 分（二级），3.9～3 分（三级），2.9～2 分（四级），1.9～1 分（五级）。

二、土壤生物污染的成因

土壤是一个与其他环境要素不断进行着物质交换和能量传递的综合开放体系，是外源物质汇聚的重要场所。土壤中外来或固有有害生物的种类很多，主要包括危害人与动物消化和呼吸系统的病原菌、寄生虫，引起创伤和烧伤等继发性感染的溶血性链球菌（*Streptococcus haemolyticus*）、金黄色葡萄球菌（*Staphylococcus aureus*），以及可引起呼吸道、肠道和皮肤病变的花粉、毛虫长毛和真菌孢子等大气变应原。土壤生物污染物的来源非常广泛，主要包括未经处理的人畜粪便、垃圾、城市生活污水、工业废水、医院污水，以及病畜尸体处理不当的污物等。近年来，因抗生素滥用而导致抗生素抗性基因的扩散和积累，也被归为新型的生物污染物。各种生物污染物进入土壤后会破坏土壤生态系统原有的平衡，影响土壤的生物活性和生态功能发挥，既有可能造成农业减产和农产品品质降低，也有可能通过各种途径危害人体健康（钟晓兰等，2006；杨柳燕和肖琳，2003）。

我国是一个农业大国，肥料需求量大。生活污水和人畜粪便由于含有有益于作物生长的养分和有机物质，其既可以解决灌溉问题，又是很好的肥源，这也是我国传统农业的一大特点。然而，如果不能规范使用它们，就有可能造成包括土壤生物污染在内的严重后果。根据山东聊城一项对 238 个春季蔬菜样品的调查发现，47%的样品受到污染，具体来看，轻度、中度和重度污染的样品比例分别是 27.7%、14.3%和 5%；其中，中度污染样品 100%是由大肠菌群超标造成的，而重度污染样品则全部源于肠道致病菌（朱奇等，2000）。究其原因，主要是直接使用人畜粪便为蔬菜施肥，或用稀释的粪便浇灌菜园，粪便中的大量细菌污染了蔬菜；其次是使用污水（食品工业污水、屠宰废水及生活污水等）或被污水污染的水源灌溉菜园。此外，运输蔬菜的工具及菜市场的垃圾也有污染蔬菜的可能。如果按照来源划分，土壤外源生物污染的成因可大致分为灌溉污水、施用粪污与污泥、堆埋固废、大气沉降和植物入侵 5 种主要类型，而本土生物污染的结果则多表现为连作障碍。

（一）灌溉污水

污水回灌农田是一种低费用、低能耗的污水处理途径，也是解决农业灌溉水源不足的一项重要措施，在水资源配置中具有突出地位。生活污水和工业废水中含有氮、磷和钾等许多植物必需的养分，合理使用污水灌溉农田一般都会有增产效果。严格操作下的污水灌溉是将已通过处理并达到灌溉水质标准的污水所进行的农田灌溉，但生产实践中大部分污水未经处理就被直接利用。据调查，未被污染的天然水体中细菌含量很低，而污水中含有大量的细菌、病毒和寄生虫卵等（表 8-3），如果不经过有效处理而任其排入城市下水道或周围水体，或直接灌溉于农田，将会造成明显的生物污染（表 8-4）。

表 8-3 未经处理的生活污水中病原体的种类和数量（梅尔等，2004）

病原体	浓度/(个/mL)	病原体	浓度/(个/mL)
总大肠菌	10^5～10^6	肠病毒	10～10^2
粪大肠菌	10^4～10^5	沙门氏菌（*Salmonella*）	1～10^2
粪链球菌（*Streptococcus faecalis*）	10^3～10^4	贾第虫胞囊	10^{-1}～10^2
肠球菌（*Enterococcus*）	10^2～10^3	隐孢子虫胞囊	10^{-1}～10
产气荚膜梭菌（*Clostridium perfringens*）	10～10^3	蠕虫卵	10^{-2}～10^2
		志贺氏菌（*Shigella*）	出现

表 8-4 赤峰市灌区土壤及浅层地下水生物污染状况（韩力峰等，1995）

地点与介质		样本数	细菌总数	大肠菌群	肠道致病菌检出率/%
污灌区	土壤	23	6.5×10^6 个/g	7.0×10^6 个/kg	25.0
	地下水	20	105 个/ml	41 个/L	40.0
清灌区	土壤	21	0.83×10^6 个/g	2.0×10^6 个/kg	8.39
	地下水	19	58 个/ml	16 个/L	0

未经处理的城市污水如果排入河、渠，也会导致灌区水源受到不同程度的影响，因而间接的污水灌溉也较为普遍。由于污水成分复杂，含有多种有害有毒物质和病原微生物及寄生虫等，这不仅造成了部分农田污染，而且对水质，特别是农村水环境构成了威胁（沙鲁生，2007；李峰等，2007），对人体健康也会造成不同程度的影响。例如，韩力峰等（1995）调查发现两个污灌区的婴幼儿急性腹泻发病率为 5.4%，病死率为 22.3/10 万，而对照区则为 4.0%和无死亡病例。我国国家标准《城市污水再生回灌农田安全技术规范》（GB/T 22103－2008）规定了城市再生水用于灌溉农田的水质要求、规划要求、具体使用与控制原则、检测及环境

影响评价，适用于以城市再生水为水源的农田灌溉区。

（二）施用粪污与污泥

土壤历来是处理人畜粪便的场所，但新鲜粪便中含有大量致病微生物和寄生虫卵（表 8-5 和表 8-6），即使是健康人群的粪便，其有害微生物的数量也相当可观，而疾病患者的排泄物更为突出。据检测，肠胃炎患者的粪便，每克含肠道病毒颗粒可达 10^{10}～10^{12} 个；霍乱和伤寒患者的粪便，每克含菌 10^{8}～10^{9} 个。在寄生虫病流行区，40%的人群排出钩虫卵，30%～60%的人群排出蛔虫卵和鞭虫卵；在蛔虫病集中区，71%的土壤样品含有蛔虫卵。粪便中可致人感染的生物多于 150 种，如大肠杆菌、沙门氏菌、弯曲菌（*Campylobacter*）、贾第虫（鞭毛虫）、原虫及一些病毒等。王一明（2010）以粪大肠菌群、大肠菌群和沙门氏菌等典型粪源性人畜共患病原菌为例，对江苏的集约化养殖场进行调查发现，在采集的 157 个畜禽粪便样品中，粪大肠菌群和大肠菌群检出率均为 100%，沙门氏菌检出率为 75.8%；从留存数量看，大肠菌群相对较高，有 48 个样品（占 30.6%）含量高于 10^{8} MPN/g（most probable number，MPN，最大可能数）；而沙门氏菌含量相对低，仅 3 个样品（占 1.91%）含量高于 10^{8} MPN/g。据联合国世界卫生组织报道，粪便也是禽流感传播的主要载体（张立强和沈黎风，2005；孙锡娟等，1996）。

表 8-5　健康成人粪便内微生物的平均数量（王家玲，1988）

微生物名称	菌落数/(个/g)	微生物名称	菌落数/(个/g)
主要微生物		次要微生物	
拟杆菌属（*Bacteroides*）	10^{10}	柠檬酸杆菌属（*Citrobacter*）	10^{5}～10^{6}
乳杆菌属（*Lactobacillus*）	10^{9}	梭菌属（*Clostridium*）	10^{5}～10^{6}
大肠杆菌（*Escherichia coli*）	10^{8}	葡萄球菌属（*Staphylococcus*）	10^{5}～10^{6}
粪链球菌（*Streptococcus faecalis*）	10^{8}	克雷伯氏菌属（*Klebsiella*）	10^{4}～10^{5}
较少的微生物		肠杆菌属（*Enterobacter*）	10^{4}～10^{5}
变形杆菌（*Proteus*）	10^{2}～10^{3}	芽胞杆菌属（*Bacillus*）	10^{4}～10^{5}
铜绿假单胞菌（*Pseudomonas aeruginosa*）	10^{2}～10^{3}	酵母菌属（*Saccharomyces*）	10^{4}～10^{5}
		霉菌	10^{4}～10^{5}

表 8-6　畜禽粪便中的细菌含量（梅尔等，2004）

种类	生物	平均密度/(个/g)		
		粪大肠菌	粪链球菌	产气荚膜梭菌
家畜	母牛	2.3×10^{5}	1.3×10^{6}	200
	猪	3.3×10^{6}	8.4×10^{7}	3.98×10^{3}
	绵羊	1.6×10^{7}	3.8×10^{7}	1.99×10^{5}
	马	1.26×10^{5}	6.3×10^{6}	<1
禽类	鸭	3.3×10^{7}	5.4×10^{7}	—
	鸡	1.3×10^{6}	3.4×10^{6}	250
	火鸡	2.9×10^{5}	2.8×10^{6}	—
宠物	猫	7.9×10^{6}	2.7×10^{7}	2.51×10^{7}
	狗	2.3×10^{7}	—	—
野生动物	老鼠	3.3×10^{5}	7.7×10^{6}	<1
	兔子	20	4.7×10^{4}	<1
	金花鼠	1.48×10^{5}	6.0×10^{6}	—

粪污进入土壤后，其中的蛋白质、脂肪和糖等可被土壤微生物分解，但当粪污量超出土

壤的自净能力时，便会由于降解不完全和厌氧腐解产生氨、硫化氢、挥发性有机酸等恶臭物质和亚硝酸盐等有害物质，招致苍蝇孳生、鼠类繁殖，致使环境严重恶化，这也为传染病的流行创造了条件，所以在流行病学上粪污被视为特别危险的物质（郑耀通，2006），研究表明，土壤在受到由粪污携带的致病菌污染后，很容易通过食物链对人体健康造成危害。例如，2006年9月，美国发生“毒菠菜”事件，26个州受到波及，共200余人染病、3人死亡，其污染源头是加利福尼亚州中部一家养牛场，大肠杆菌O157:H7通过牛粪流入附近菜地，造成菠菜污染。在我国食品污染物监测网食源性致病菌调查报告中，也曾报道从生食蔬菜中检出了沙门氏菌，推测为未经处理的新鲜粪便直接浇灌所致（王茂起等，2004）。然而很不幸的是，国内外均有不少人因为生吃被污染的蔬菜或瓜果而生病（李现军和张秀，2000）。病人一般带有病原体，他们的粪便、咳痰和生活污水若不经处理便进入土壤就会导致病原体污染，而这些被污染的土壤能传播伤寒、副伤寒、痢疾和病毒性肝炎等疾病。武尔坎地区1942年的伤寒流行就是由于居民点附近的土壤被含有致病菌的粪便污染所造成的，当去除了这些粪便以后，伤寒的流行才停止下来。很显然，这种经人体排出然后通过土壤传播回人体的病原菌，是对人类健康的一大威胁（Mawdsley et al.，1995）。由此可见，我国当前正在推行的农村“厕所革命”，在防治生物污染方面将发挥举足轻重的作用。

与之相似的是，生活污泥或工业污泥往往也含有丰富的有机质及氮、磷等养分，将其施于农田或林地是当前污泥处置和利用中最主要而又经济的途径之一。但是，无论是活性污泥还是二沉池污泥，其病原体的浓度仍然较高（表8-7），而且由于污泥含水率高、易腐烂发臭，如果无害化处理不完全即直接施入土地，将有可能造成土壤生物污染。有研究表明，活性污泥在堆肥后必须经过高温处理才能实现安全化和资源化（穆国俊等，2007）。

表8-7　二沉池污泥生物固体中病原体和指示微生物的密度（梅尔等，2004）

种类/生物	密度(以干重计)/(个/g)	种类/生物	密度(以干重计)/(个/g)
病毒		原生动物	
各种肠病毒	3×10^2	贾第虫	$10^2\sim10^3$
细菌		蠕虫	
总大肠菌	7×10^8	蛔虫	10^3
粪大肠菌	8×10^6	弓蛔虫	$<3\times10^2$
沙门氏菌	9×10^2	巧鞭虫	$<10^2$
粪链球菌	2×10^2		

（三）固废堆埋

固体废弃物俗称“固体垃圾”，是指人类在生产、生活中丢弃的固体状或泥状物质，又简称“固废”，包括植物的枯枝落叶、动物的骨骼与排泄物、生活中的各种垃圾、工业生产过程的排出物，以及从废水或废气中分离出来的固体颗粒物等。这些废弃物中往往含有生物污染物，如城市固废中就可能含有来自宠物粪便、食品垃圾和一次性尿布中的肠道病原体。有研究发现，每克干固废中粪大肠菌的平均浓度达到4.7×10^8个，粪链球菌为2.5×10^9个。固废（包括未作为肥源或堆肥材料使用的污泥）在土壤上堆放或填埋，经淋溶或渗透可使包括病原体在内的有害物质进入土壤，从而影响土壤环境质量，并有可能造成二次污染，影响空气和水体质量。例如，在没有良好防渗衬层的垃圾填埋场，其渗滤液中可检测到肠病毒（郑耀通，2006）。

医疗废弃物是指医疗卫生机构在医疗、预防、保健及其他相关活动中所产生的具有直接或间接感染性、毒性或其他危害性的废弃物，主要包括传染性废弃物、病理废弃物、利器废弃物、制药废弃物、基因污染物、化学品废弃物和放射性废弃物等。就土壤生物污染而言，人们特别关注医院内可能被致病微生物污染的医疗垃圾，主要包括一次性医疗卫生用品、手术与包扎残余物、化验检查残余物和传染性废弃物等。与生活垃圾相比，医疗废弃物具有立体污染、急性传染和潜伏性传染等特点，其危害性是普通垃圾的几倍甚至几百倍，其中危害最大的是传染病医院未经消毒处理的污水和污物（王红英，2005）。根据《中华人民共和国传染病防治法》等国家法律，为防止医疗废弃物中的病原微生物再次传播并对人体健康造成影响，医院的所有医疗废弃物均必须进行彻底的无害化处理。

（四）大气沉降

按照国际标准化组织（International Organization for Standardization，ISO）的定义，大气污染是指由于人类活动或自然过程引起某些物质进入大气中，呈现出足够的浓度、达到足够的时间，并因此危害人体的舒适、健康和福利或环境的现象。悬浮在大气中的气溶胶、花粉、微生物及其副产物的集合体被称为生物气溶胶（Bioaerosols），病原微生物一般通过生物气溶胶和水滴传播，或借助于土壤及人和生物体扩散。空气传播的人类病原微生物和疾病主要有白喉棒状杆菌（*Corynebacterium diphtheriae*）和白喉，溶血性链球菌（*Streptococcus hemolyticus*）和猩红热、风湿热，结核分枝杆菌（*Mycobacterium tuberculosis*）和结核，肺炎链球菌（*Streptococcus pneumoniae*）、肺炎支原体和肺炎，脑膜炎奈瑟氏菌（*Neisseria meningitidis*）和脑膜炎，博德特氏菌（*Bordetella*）和百日咳，病毒和天花、流感等（郑耀通，2006；祁建华和高会旺，2006），这些病原微生物可由大气沉降而进入土壤中，并可通过飘尘和侵蚀等途径再次进入大气等环境介质中，从而构成生物污染循环链。

气溶胶中的病原微生物主要来源于城市垃圾、污水处理厂、动植物体、土壤和带菌者。例如，结核病人的痰液含有大量结核杆菌，其在细小的土壤颗粒上在水分蒸发干燥后还能生存很长时间，这些带菌的土壤颗粒随风进入空气，使人通过呼吸感染结核病。广东广州某垃圾压缩站周围的居民点，空气中的细菌数最多为 13 317 个/m^3，大肠菌群多达 632 个/m^3，而无垃圾收集点（清洁区）居民区空气中的细菌数只有 1 932 个/m^3，未检出大肠菌群。此外，动物圈舍的微生物气溶胶能够通过舍内外气体交换传播到舍外，造成病原微生物的扩散及对周边环境的影响；污水处理及污灌过程中由于液滴飞散或气泡上浮，都可产生带菌的气溶胶，并随风飘散沉降于土壤中（段会勇等，2008；柴同杰等，1999）。研究发现，在污灌的下风侧 350 m 处检出大肠菌群，60 m 处检出沙门氏菌，40～100 m 处检出肠道病毒；而伤寒沙门氏菌（*Salmonella typhi*）、肠炎沙门氏菌（*S. enteritidis*）等曾被认为很少能通过空气传播的病原体，现也被证明可以通过空气途径进行传播。

（五）植物入侵

这里所说的植物入侵主要是指外来物种的盲目引进或入侵。长久以来，山脉、沙漠和海洋等作为自然边界将不同生态系统分隔开来，而人类贸易、旅行和其他活动造成的生物污染破坏了这些自然边界的作用。例如，位于美国东部海岸线的一种网茅属（*Spartina*，即大米草属）植物，随船只的压舱水被带到南安普敦后，与当地另一种网茅植物进行了杂交，产生了不育的杂交品系，再经染色体加倍又形成了一种可育新网茅，该新种具有很强的进攻性，占据了被侵袭地的大部分海岸带，而原外来种和土著种则被局限在有限的生活空间中。我国也曾发生了“植物杀手”——薇甘菊（*Mikania micrantha*）事件：薇甘菊原产于中、南美洲，20世纪90年代初踏上了海南岛的土地，几年后深圳宝安一片人工山林（>200 hm^2）遭其侵袭和破坏约达80%，一些杉树林被其封杀，一些山顶也被其完全覆盖。据悉，世界自然保护联盟（International Union for Conservation of Nature，IUCN）公布的全球100种最具威胁的外来生物中，我国已达50余种（姚润丰，2005）。然而，外来物种在我国呈现出更快的增长趋势，曾有20余种危险性入侵物种接连在我国大面积暴发成灾，已导致严重的经济损失与生态灾难。对我国农业带来严重危害的植物有紫茎泽兰（*Eupatorium adenophora*）、豚草（*Ambrosia artemisiifolia*）、凤眼莲（*Eichhornia crassipes*，即水葫芦）、空心莲子草（*Alternanthera philoxeroides*，即水花生）、刺花莲子草（*Alternanthera pungens*，即地雷草）、香泽兰（*Eupatorium odoratum*，即飞机草）和毒麦（*Lolium temulentum*）等。此外，原产于意大利的大米草（*Spartina anglica*）是一个有相当争议的外来种，它是一种耐海水、耐盐渍且能抵抗风暴潮的大型禾本科植物。我国从1963年开始在沿海引种，截至20世纪末，面积大约已有$3.3\times10^4 hm^2$，特别是在江苏、上海、浙江及福建沿海地区的“保滩护堤、保淤造陆”方面发挥了一定的功效。但大米草繁殖力强、根系发达，可通过不断蚕食空间，导致贝类、蟹类、鱼类和藻类等多种生物窒息死亡；它在发挥有益功效的同时，也破坏了近海生物的栖息环境，堵塞航道，影响海水交换能力，对生态与环境带来了负面影响。

（六）连作障碍

随着我国农业产业结构的调整，农作物种植趋于规模化、产业化。由于现代农业强调土地的高强度集约化利用，且作物种植单一、复种指数高，随着栽培年限延长难免会出现作物生长滞缓、土传病害加剧、产量和品质下降等问题，严重制约我国农业的可持续发展。狭义的连作是指在同一块地里连续种植同一种或同一科作物，广义的连作是指同一种作物或感染同一种病原菌或线虫的作物连续种植。同一作物或近缘作物连作以后，即使在正常管理情况下，也会产生产量降低、品质变劣和生育状况变差等现象，这就是连作障碍。连作障碍的成因十分复杂，但主要是土壤、植物和微生物三重因素综合作用的结果，包括土壤理化性质劣化、植物自毒作用和土传病原菌激增等。由于连作形成了特殊的土壤环境，土壤微生物区系也会发生变化，如固氮菌、根瘤菌、光合菌、放线菌、硝化细菌、氨化细菌和菌根真菌等有益微生物的生长繁殖受到抑制，而有害微生物大量滋生。因此，土传病原菌是引起连作障碍极为重要（约占70%）的因素（Xiao et al.，2010），通常以真菌为主，也包括部分细菌，所以主要表现为土壤微生物区系由“细菌型”向“真菌型”转变（Wu et al.，2009），而“真菌型”则往往是土壤健康质量退化的标志。

土传病害是指生活在土壤中的病原体，如真菌、细菌、线虫和病毒，条件适宜时就会从作物根部或茎部侵害作物而引起的病害，常见的有十字花科的根肿病、菌核病和软腐病，茄果类、瓜类等作物的猝倒病、立枯病、疫病、根腐病、枯萎病和黄萎病，番茄、黄瓜和甜（辣）椒的青枯病及根结线虫病等。由于菜农受所掌握栽培技术、栽培习惯和产品销售等因素的制约，往往连续多年、多茬种植同一个种类，这就更容易导致病害发生。特别是复种指数高的蔬菜保护地，一年四季不歇地，病原物不断积累，导致土传病害发生较重，而且会催生很多新的病原菌，形成所谓“用药不治病”的现象。设施大棚连作后由于土壤理化性质，以及光照、温湿度和气流等条件的变化，一些有益微生物（铵化菌、硝化菌等）的生长受到抑制，而一些有害微生物迅速得到繁殖，土壤微生物的自然平衡遭到破坏，这样不仅影响肥料分解过程甚至导致肥料分解障碍，而且病虫害发生多、蔓延快、会逐年加重，特别是一些常见的叶霉病、灰霉病、霜霉病、根腐病、枯萎病和白粉虱、蚜虫、斑潜蝇等基本无越冬现象，从而使生产者只能靠加大药量和频繁用药来控制，造成对环境和农产品的严重污染。当然，连作也会引起线虫的大量发生，它们主要破坏作物的根系，影响作物的正常生长，如大姜在连作几年后就会因为线虫而引起严重的姜癞病。

三、土壤生物污染的危害

前已述及，土壤是农业生产中物质转化与能量交换的重要场所，土壤一旦管理不当，将会成为病原微生物驻留及疾病传播的媒介。如果灌溉污水或施用未经适当灭菌处理的垃圾和厩肥，不仅影响土壤的生物多样性和生产力，使农业生产遭受严重损失，而且会成为某些病原菌的疫源地，引起食物链的生态风险和人畜疾病。若将含严重生物污染源的固体废弃物直接堆放在土壤上，不仅会直接破坏土壤生态系统，还会严重影响环境与公共卫生安全，甚至引起各种疾病的暴发流行。这些有害生物对人类和其他生物的危害程度，主要取决于微生物和寄生虫的致病力、人和其他生物的易感性及环境条件 3 个因素。

土壤生物污染的影响是多方面的，但归结起来无外乎两点，即直接引发的土壤环境质量下降和间接促成的土壤环境风险上升（张薇等，2005；章家恩，2004）。在直接影响方面，可造成土壤孔隙堵塞、透气与透水性下降及板结等现象，改变甚至破坏土壤的组成、性状与功能，致使土壤环境质量下降，继而可能引起农作物的倒伏、晚熟或不熟，以及大面积腐烂等灾害现象，造成严重减产；在间接影响方面，通过土壤—植物—动物—人体之间的食物链传递有害物质，威胁人类健康。综合来看，土壤生物污染的危害主要包括生态失衡与物种风险、作物减产与品质下降、食品安全与人体健康 3 个方面。

（一）生态失衡与物种风险

与化学污染不同，外来生物一旦入侵到某一生态系统中，在条件适宜的情况下就可以不断地增殖并扩散到周边地方，逐步适应新的生存环境，并有可能很快形成优势地位，并通过对资源的干扰和破坏及新的种间作用关系（包括竞争、捕食和寄生等），打破生态系统原有的平衡，对土著物种构成直接或间接的影响和危害。此外，入侵物种与土著物种杂交可能造成土著物种竞争力降低及多样性下降，导致数量减少乃至灭绝。然而，目前人类对这种威胁的认识还很不够，不可预测的生物污染事实上已对全球的经济体系、自然保持能力和道德标准（对其他生物生存权认可的能力）等产生了极大的影响（连云峰，2009）。例如，美国 24 种濒危物种中有 3 种就是因为与外来种杂交而引起的，而外来病虫害的侵入则会造成巨大的经济损失，美国每年由外来害虫对森林造成的损失高达 40 亿美元，而由食品中病原菌造成的医疗费用和经济损失高达 65 亿～349 亿美元。

1983 年以来，转基因作物因其特有的高产性或抗性而备受关注。在转基因作物种植方面，加拿大是种植抗除草剂转基因油菜面积最大的国家。1998 年，即在大面积种植 3～4 a，阿尔伯达（Alberta）省在相关油菜田里发现了能抗草甘膦、固杀草及保幼酮 3 种除草剂的自播植物，其生命力很强，不能被一般的除草剂杀死，被人们称为“超级杂草”（原意特指驯化作物与野生近缘种杂交产生的有害植物）。1999 年，在萨斯喀彻温（Saskatchewan）省的油菜田中又发现了抗多种除草剂的自播植物，甚至在与之相邻的小麦田中也有发现。基因漂移发生的途径很多，可以由花粉通过风媒或虫媒进行传播，可以由种子通过动物传播或在装卸、运输过程中被无意扩散。因此，由于基因污染，加拿大种植传统油菜的农民难以确保其出售的油菜种子是非转基因的。2001 年报道的墨西哥玉米受到转基因污染的事件，是另一个基因污染的典型例证（陈茂等，2004；宋小玲和强胜，2003；魏伟和马克平，2002）。

人们对转基因作物的释放一直存在争议，一是担心其与近缘种的杂交和种质渗入，二是如果基因水平转移到其他生物，特别是微生物种群中，可能会引发生态系统的紊乱。基因漂移的结果，一方面可使某些野生物种从转基因生物身上获得新的性状，如耐寒、抗病或速长等，因此，可能会具有更强的生命力；另一方面，或者如另一种观点所认为的，其生命力可能会更弱，因为它们没有经过自然选择过程。无论哪种结果，种植转基因作物均将有可能打破自然界的生态平衡，创造“超级杂草”或产生新的病毒及病害（张振钿等，2005）。可以说，转基因技术对土壤生态系统是一次冲击，转基因作物的种植可能影响土壤微生物区系和整个土壤生态系统的功能、健康与稳定。因此，转基因植物在批准进行大田种植前，必须进行足够的试验和严格的审定，以保证安全和免除公众的担心（刘佳等，2009）。然而，另一种观点则认为，抗病毒转基因作物应得到更广泛的种植，因为在防治植物病、虫、草害的诸多方法中，基因工程手段最为有效（牙库甫江·阿西木等，2015）。

（二）作物减产与品质下降

土壤生物污染，特别是那些在土壤中长期存活的植物病原体（包括线虫、病毒、真菌和细菌等），它们常常侵害各种作物，寄生于作物组织中使其不能正常生长，出现叶绿素消失、植株枯萎等现象，造成农产品品质下降与大面积减产甚至绝收，最终导致巨大的经济损失。当前，土传植物病毒主要有烟草花叶病毒（*Tobacco mosaic virus*，TMV）、烟草坏死病毒（*Tobacco necrosis virus*，TNV）、小麦花叶病毒（*Wheat spindle streak mosaic virus*，WSSMV）和莴苣巨脉病毒（*Lettuce big vein virus*，LBVV）等。某些致病细菌能引起番茄、茄子、辣椒、马铃薯和烟草等百余种茄科、非茄科植物的青枯病，果树的细菌性溃疡或根癌病等；某些致病真菌能引起大白菜、油菜、芥菜、萝卜、甘蓝和荠菜等 100 多种栽培或野生十字花科蔬菜的根肿病，茄子、棉花、黄瓜和西瓜等的枯萎病，菜豆、豇豆等的根腐病，小麦、大麦、燕麦、高粱、玉米和谷子的黑穗病等。此外，甘薯茎线虫，黄麻、花生和烟草根结线虫，大豆胞囊线虫（*Heterodera glycines*），马铃薯线虫等，都能侵入植物根部引起线虫病，而剑线虫（*Xiphinema*）、长针线虫（*Longidorus*）和毛刺线虫（*Trichodorus*）等属的线虫也能在土壤内传播一些植物病毒（宋广真等，2006）。

据统计，我国每年由甘薯黑斑病造成的产量损失为 5%～10%，危害严重时为 20%～50%，甚至更高。该病于 1890 年在美国被发现，1937 年日本侵略军将病薯输入我国东北，后逐渐蔓延至全国，虽已采取各种防治措施，至今仍难以彻底消除（张勇跃和刘志坚，2007）。随着保护地的发展和高附加值作物的连年栽培，土壤中的病原菌、虫卵积累，各种毁灭性土传病害，如枯萎病、根腐病、黄萎病、青枯病及根结线虫病等连年发生，逐年加重，通常栽种 3～5 a 后，作物产量和品质受到严重影响，轻的减产 20%～40%，严重的减产 60%以上，甚至绝收。此外，人类滥用化肥和农药，也会使一些原本无侵袭能力的镰刀菌和青霉菌等变得有侵袭能力，这也属于土壤生物污染引起的病害。研究表明，土壤生物污染明显影响农产品包括卫生品质在内的整体品质，例如，有些污灌地区蔬菜的口感变差，甚至出现难闻异味，许多农产品的储藏品质和加工品质也低于深加工要求。

（三）食品安全与人体健康

土壤生物污染除通过食物链影响人体健康外，还可以直接从土壤中危害人体健康，不管是细菌还是真菌，都可以从土壤直接侵入人体，而放线菌可以引起人体皮肤的足分枝菌病。此外，有些人畜共患的传染病或与动物有关的疾病也可以通过土壤传播给人。例如，破伤风杆菌（*Clostridium tetani*）多来自马粪等动物粪便，其污染土壤后可通过伤口接触而使人患破伤风，伤口越深越有利于其在厌氧环境下生长，甚至可能危及生命。

1. 传播途径

土壤病原菌有多种传播方式，包括动物—土壤—动物，即动物排出后再通过土壤传播给动物的病原菌；动物—土壤—人，即动物排出后再通过土壤传播给人体的病原菌；人—土壤—人，即人体排出后再通过土壤传播给人体的病原菌。病原体污染土壤能够传播伤寒、副伤寒、痢疾和病毒性肝炎等传染性疾病，这将直接危害公共健康（表 8-8）。

表 8-8　生物污染的危害（路光仲，1990）

致病菌	来源	传播途径	危害
曲霉、青霉、毛霉、酵母	土壤、腐败植物及飘浮在空中的孢子	直接或者通过容器、工具和动物携带的尘土而污染粮谷、豆类食品	引起霉烂，曲霉和青霉能产生真菌毒素，黄曲霉毒素会引起动物肝脏病变和致癌
镰刀菌	植物、土壤及飘浮在空中的孢子	直接污染粮谷类，有些病原菌存在于病变粮食中	赤霉病麦中毒、霉玉米中毒、食物中毒性白细胞缺乏
交链孢霉、葡萄孢霉、欧文氏杆菌	植物、土壤	直接或通过容器、工具和动物所携尘土污染果蔬	使蔬菜和水果腐软
假单胞菌、芽胞杆菌、变形杆菌、沙门氏菌、弧菌、葡萄球菌、链球菌	土壤、水、动物和人的粪便，以及鼻、眼和皮肤的排泄物	直接或通过洗涤用水、苍蝇、容器、工具及带菌动物和人污染动物食品	使动物食品腐软，有些病菌能产生毒素，入侵人会引起食物中毒
传染性肝炎病毒、脊髓灰白质炎病毒、志贺氏菌、霍乱弧菌、痢疾变形虫、鞭虫卵	病人粪便	直接或通过水和苍蝇而污染鱼、肉、乳，以及生的新鲜蔬菜	使人感染肠道传染病和寄生虫病
口蹄疫病毒、炭疽杆菌、绦虫的囊尾虫、肺吸虫囊蚴	病畜和鱼体	原始存在于病畜肉、内脏、乳和鱼肉内	使人和牲畜患传染病和寄生虫病

有的线虫也可以通过土壤使人感染，土源性线虫卵对人体的危害很大。曾经在湖南衡山检测发现，农田土壤受土源性线虫污染相当严重，蛔虫卵与鞭虫卵的检出率分别为 63.4%和 36.6%，并检出类圆线虫卵、肝毛细线虫卵和长膜壳绦虫卵等鼠类常见寄生虫，以及犬弓蛔虫卵、猫弓蛔虫卵、带绦虫卵、艾美尔球虫卵囊和结肠小袋纤毛虫包囊等（许隆棋和陈庆伟，1994）。在江西进贤 4 个村的调查显示，1 210 人中蛔虫、鞭虫和钩虫的感染率分别为 26.3%、65.3%和 1.74%；另对 131 户庭院、客厅、厕所、菜园等共 494 个土壤样本进行调查显示，蛔虫卵、鞭虫卵和钩虫卵的检出率分别为 58.0%、77.9%和 3.82%，且土壤中土源性线虫卵的检出率与人群感染率之间呈极显著相关（姜唯声等，2006）；但在粪便无害化处理后，土源性线虫卵和人群感染力均有明显的下降（姜唯声等，2008）；1989～2009 年，浙江省人体土源性线虫总体感染率也呈明显下降趋势（姚立农等，2012），但对于农村居民的钩虫病仍需要持续关注。

2. 对食品安全的影响

目前，土壤生物污染分布最广的是由肠道致病性原虫和蠕虫类所造成的污染，全世界有一半以上人口受到一种或几种寄生蠕虫的感染，其中在热带地区最为严重，欧美暖温带地区寄生虫发病率也很高。上海市郊的一份调查显示，202 个蔬菜样品的寄生虫卵检出率为 11.9%，且近 30%的蔬菜受到不同程度的生物污染（王玮和汪雅各，1992）。蠕虫根据其传染方式分为土源性和生物源性，土源性蠕虫在达到成熟状态之前直接在土壤中发育，包括在儿童中广泛传播的蛔虫和在成人中广泛传播的鞭虫等，其有利的发育环境为衰弱的人体机体；生物源性蠕虫是肠道寄生虫，它需要寄生和传播者，即蠕虫卵从动物或人体中随粪便排入土壤，如果遇到不利条件则会死亡，但常被各种动物连同垃圾一起吃掉，然后在动物体内发育并达到成熟状态，成熟状态的蠕虫卵则能在动物体内生存下去，各种类型的蠕虫卵可利用不同的动物（牛、羊和狗等）作为中间寄主。在温暖潮湿的土壤中，十二指肠钩口线虫（*Ancylostoma duodenale*）、美洲钩虫（*Necator americanus*）和粪类圆线虫（*Strongyloides stercoralis*）等虫卵经过几天孵育变为感染性幼虫，再通过皮肤穿入人体。

当人们津津有味地吃着新鲜水果和蔬菜时，也许没有人会想起它们的生长环境。例如，沙门氏菌不但易引起畜禽感病，也常通过食物途径引起人类细菌性感染，进而导致食物中毒和急性肠胃炎等疾病。被沙门氏菌污染的一种红色圆形西红柿曾引起美国市民感染，患者的临床表现包括头痛、恶心、腹痛、呕吐、腹泻和发热等。疫情蔓延至美国 16 个州，感染者达 160 余人，其中得克萨斯州和新墨西哥州分别发现了 56 个和 55 个病例。美国疾病控制与预防中心警告人们避免进食受沙门氏菌污染的西红柿，有关超市和快餐店也紧急终止销售可能受沙门氏菌污染的西红柿（Guo et al.，2002；Jiang and Morgan，2002；Natvig et al.，2002）。在海口市市售蔬菜的检测中（马晨等，2015），供试蔬菜的细菌总数和大肠杆菌数均较高，分别在 10^2～10^4 个/g 和 240～1 100 个/g，在香菜和生菜中分别分离到 1 株疑似沙门氏菌和大肠杆菌 O157，土壤中、有机肥和灌溉水中可培养的细菌种类与蔬菜相似，所以土壤环境是蔬菜食源性致病菌的潜在污染源。我国细菌性食物中毒的 70%～80%是由沙门氏菌引起的，其中约 90%是肉、蛋和奶等畜产品。中、美、日、欧对肉、蛋和奶类产品中沙门氏菌的规定均为不得检出，为所有微生物限量标准中的最严格级（曾晓芳，2003）。关于新鲜蔬菜的微生物污染危害、检测和控制方法的研究进展曾有综述（成黎，2015）。有关食品的微生物限量可查阅相关标准；在没有标准可依的情况下，表 8-9 列出了有关新鲜蔬菜卫生学方面的评价参考值，表中细菌总数指 1 g 检样经技术处理，在一定条件下培养所得的细菌菌落数，以此作为判定蔬菜被污染程度的标志。

表 8-9　新鲜蔬菜生物污染评价参考标准 1)（王玮和汪雅各，1992）

污染等级	细菌总数/(个/g)	大肠杆菌近似值/(个/g)	肠道致病菌/(1 个/10g)	寄生虫卵
未受污染	≤10 万	$\leq 10^2$	无	无
轻微污染	10～300 万	$\leq 10^3$	无	+
中等污染	＞300 万	$\leq 10^4$	无	++
严重污染	＞300 万	$> 10^4$	有	+++

1）上述只要有一项指标符合便认为属该级污染。

3. 对人体健康的危害

传染性细菌和病毒污染土壤后对人体健康的危害风险甚大。其中，来自粪便和城市生活污水的致病细菌一般包括沙门氏菌（*Salmonella*）、志贺氏菌（*Shigella*）、芽胞杆菌（*Bacillus*）、拟杆菌（*Bacteroides*）、梭杆菌（*Fusobacterium*）、假单胞杆菌（*Pseudomonas*）、丝杆菌（*Bacterionema*）、链球菌（*Streptococcus*）和分枝杆菌（*Mycobacterium*）等。此外，随患病动物的排泄物、分泌物或尸体进入土壤而传染至人体的还有炭疽、破伤风、恶性水肿和丹毒等疾病的病原菌。在土壤中已发现 100 多种可能引起人类致病的病毒，如脊髓灰质炎病毒（*Polio virus*）、人肠细胞病变孤儿病毒（*Echo virus*）和柯萨奇病毒（*Coxsackie virus*）等，其中最为危险的应是传染性肝炎病毒（周壁华和高拯民，1983）。被病原体污染的土壤还能传播伤寒、副伤寒、痢疾和禽流感等（宣昊等，2005）。

综合已有资料来看，土壤生物污染对人体健康的危害主要包括以下 3 个方面。

（1）引起肠道传染病和寄生虫病　人体排出的含有病原菌或寄生虫卵的粪便污染了土壤，再经过某种途径（如生吃蔬菜、瓜果等）由口腔进入人体引起传染病。许多肠道传染病菌在土壤中能存活相当长时间，如霍乱弧菌（*Vibrio cholerae*）可存活 8～10 d，伤寒沙门氏菌（*Salmonella enterica*）、痢疾杆菌（*Shigella castellani*）和肠道病毒等可存活数十天，寄生虫卵的存活时间则更长。

（2）引起钩端螺旋体病和炭疽病　这些都是动物粪便污染了土壤后再传染给人而引起的，钩端螺旋体的带菌动物为牛、羊、猪和鼠等，病原体通过人的皮肤或黏膜进入体内，其中炭疽杆菌（*Bacillus anthraci*）抗力最强，一个地区一旦有家畜感染此病并污染土壤后就会在相当长时期内传播。

（3）引起破伤风和肉毒中毒病　土壤中常常存在着两种抵抗力很强的致病菌——破伤风梭菌（*Clostridium tetani*）和肉毒杆菌（*Clostridium botulinum*），它们在土壤中能长期存在，人因接触土壤而感染。这两种致病菌均能产生较强的神经毒素，分别引起典型的破伤风疾病和肉毒中毒病。

第二节　土壤生物污染物的环境行为

一、土壤生物污染物的生存条件

土壤环境中的病原体包括肠道致病菌、肠道寄生虫、钩端螺旋体、炭疽杆菌（*Bacillus anthracis*）、破伤风梭菌（*Clostridium tetani*）、肉毒杆菌（*Bacillus botulinus*）、霉菌和病毒等。土壤是培养微生物的温床，破伤风梭菌在土壤中本就存在且能存活很长时间，而肉毒杆菌则在土壤和动物粪便中均存在。土壤如果被染病动物排出的病原体所污染，如携带钩端螺旋体的猪、牛、羊、马和鼠等常从尿液排出大量钩端螺旋体，它们在中性或微碱性土壤中可存活数周，而炭疽杆菌能形成芽胞以抵抗恶劣环境，在土壤中甚至可存活 30 a 以上（王红旗等，2007）。一些常见致病菌在土壤中也均可存活较长时间（表 8-10），例如，痢疾志贺氏菌（*Shigella dysenteriae*）25～100 d，肠道致病菌 100～170 d，伤寒沙门氏菌 100～400 d，产芽胞杆菌（破伤风、气性坏疽和肉毒的致病菌）、结核分枝杆菌（*Mycobacterium tuberculosis*）1 a 以上，而厌氧芽胞杆菌（如破伤风梭菌）、产气荚膜杆菌（*Bacillus perfringens*）则能长期生存。另外，蛔虫卵能在土壤中生存 315～420 d。病原菌和寄生虫卵在土壤中的存活时间与土壤类型、性质、温度、湿度和微生物数量等环境条件有关。

表 8-10　致病菌在土壤中的生存时间（王家玲等，2004）

致病菌	存活时间	致病菌	存活时间
炭疽杆菌（*Bacillus anthraci*）	15～60 a	沙门氏菌（*Salmonella*）	15～280 d 或以上
结核分枝杆菌（*Mycobacterium tuberculosis*）	＞180 d	志贺氏菌（*Shigella*）	30～90 d
粪链球菌（*Streptococcus faecium*）	26～77 d	肠道病毒	8～170 d
霍乱弧菌（*Vibrio cholerae*）	8～60 d	钩端螺旋体	15～43 d
溶组织内阿米巴（*Entamoeba histolytica*）	6～8 d		

（一）土壤环境条件

总体而言，砂质土壤更适合大肠杆菌存活，而黏质土壤更适合肠球菌；酸性土壤中真菌较多，而碱性土壤中放线菌较多；不同质地土壤中的大肠杆菌和肠球菌均能适应较低的环境温度。在 5℃时，大肠杆菌在 68 d 时降至检测下限，肠球菌能存活更长时间；而在 25℃时，大肠杆菌和肠球菌分别于 26 d 和 54 d 降至检测下限（Zhai et al.，1995）。也有研究表明，大肠杆菌在 5℃、15℃和 21℃条件下，在灭菌土壤中分别存活 77 d、226 d 和 231 d，在非灭菌土壤中分别存活 42 d、152 d 和 193 d。综合分析来看，土壤低温潮湿对大肠杆菌最为有利，100%田间持水量、5℃时约可存活 80 d，肠球菌这时也有存活；而 60%田间持水量、25℃时两种菌分别于 18 d 和 38 d 降至检测下限（Cools et al.，2001）。沙门氏菌在土壤中的存活时间比其他致病菌更长，例如，在湿润土壤中接种量为 10^8 个/mL 时，在 20℃培养 45 d 后仅减少两个数量级。此外，沙门氏菌的存活动态可通过 Weibull 单指数模型得到较好的模拟，在不同土壤中的存活时间为水稻土＞潮土＞滨海风沙土＞紫色土＞红壤＞黄壤（张桃香和杨文浩，2016）。还有研究表明，土壤经 15 d 干旱后，细菌种类下降近 90%，非芽胞细菌和球菌近乎消失，产芽胞细菌只剩 1/3（张薇等，2005）。

除上述影响外，病原体进入土壤后可能会因土壤吸附而被其截留，其生存状况与土壤类型、温度、湿度、光照、酸碱性、盐度、有机质和土著微生物等因素有关（表 8-11）。一般来说，土壤表面积越大、pH 越低、阳离子交换量越高，吸附病原体的数量就越多（赵文强，2013）。此外，渗滤液流速、土壤水分含量、病原体大小和土壤溶液中的可溶性有机物数量等都会影响病原体在土壤中的持留及转移速度。如果能通过改变这些因子来降低土壤对病原体的吸附量，降低其在土壤中的停留时间，就有可能减轻土壤的生物污染。

表 8-11　环境条件对土壤肠道细菌生存的影响（王红旗等，2007）

环境条件	细菌病原体	滤过性病毒病原体
温度	对高温和低温均不耐受；若形成孢子则能在高于 45℃环境中生存一段时间	比细菌有更大耐受性；低温有助于病毒存活
湿度	湿度较小时肠道病原体不能长期生存	在潮湿土壤中生存能力更强；寄生虫也如此
阳光	紫外光对细菌有害	病毒受紫外光影响，但是比细菌耐性强
酸碱性	极端 pH 条件下停止活动	对于较高和较低 pH，耐受性均极强
盐度	高盐度将导致原生质分离	水中某些离子能保护病毒，使其抵抗热失活
有机质	高有机质保护细菌	有机质帮助病毒抵御氧化，从而促进存活
土著微生物	通过单纯竞争和分泌细菌素抑制外来细菌	微生物活力（特别是胞外酶）降低了肠道病毒的存活时间

（二）施肥管理措施

有关病原菌的存活时间与施肥的关系，通过实验室土培试验发现，相同环境下上层（0～

15 cm）和下层（15～30 cm）农田土壤中的粪大肠菌群存活率相似，施肥量对粪大肠菌群死亡率没有影响，8 周后粪大肠菌群均降至最低检测限以下（Zhai et al.，1995）。但另一试验结果中病原菌的存活时间要短很多，在试验中将猪粪接种沙门氏菌后施入土壤中，采集表层土样（0～2 cm）进行分析，发现沙门氏菌和粪大肠菌仅能存活 6～10 d，而大肠杆菌噬菌体持留 143 d。虽然施肥量与沙门氏菌和粪大肠菌的存活无相关性，但与大肠杆菌噬菌体的持留时间成正相关（Gessel et al.，2004）。在江苏常熟、海安地区的研究表明，稻季施用粪肥后，土壤中的粪大肠菌群、总大肠菌群等病原菌数量有一个先上升后又下降的过程，并在施肥 1 个月后接近施肥前的水平，施肥 3 个月后接近或低于检测限，且施肥量对病原菌的存活时间无明显影响（王一明，2010；汪勇，2008）。

这里需要特别指出的是，尽管已经证实土壤中病原菌的持留性，但目前对病毒存活状况的了解很少；虽然畜禽养殖过程中产生的粪便很大一部分施于农田中，但关于不同施粪处理对农田土壤中病原菌持留与消长影响的研究，仍然是一个有待于加强的领域。

（三）寄主与病原菌种类

一般情况下，土传病原菌具有广泛的寄主范围且能产生大量致病菌体，当存在感病寄主时就可能进入持续的致病期，特别是随着作物连作而大量繁殖扩散；在感病寄主不存在时也能在土壤中存活下来，主要存活于非寄主的根表面或残枝落叶上；在养分耗尽或温度、湿度等对菌体不利时可以进入休眠期。但是，不同病原菌的存活时间是有差异的（表 8-12），像镰刀菌和轮枝孢菌在土壤中可存在 5～15 a，甚至无限期生存下去；而其他一些土传真菌病原，例如，蛇孢腔菌（*Ophiobolus*）在土壤中的存活时间仅为 2～4 a。

表 8-12　主要土传真菌病原及其在土壤中的存活年限

病原菌属	代表病害	繁殖	存活年限/a
镰刀菌（*Fusarium*）	瓜类枯萎病	厚垣孢子	5～15
蛇孢腔菌（*Ophiobolus*）	小麦全蚀病	子囊孢子	2～4
疫霉菌（*Phytophthora*）	番茄晚疫病	卵孢子	2～8
腐霉菌（*Phythium*）	猝倒病	卵孢子	>5
丝核菌（*Rhizoctonia*）	水稻纹枯病	菌核	>5
轮枝孢菌（*Verticillium*）	棉花黄萎病	菌核	5～15

二、土壤生物污染物的迁移

土壤生物污染物除通过各种途径向大气和水体环境扩散以外，还会通过各种途径黏附于植物和动物体上，或为动物、植物所吸收，实现其在生态系统中的迁移。观测土壤生物污染物的迁移规律及与其他生物和环境的关系，对于认识和防治生物污染具有重要意义。

（一）向环境迁移

生物污染物在土壤中的运移过程包括生长、吸附、解吸、沉积（过滤、布朗扩散、截流和沉降）、腐解、钝化和滞留等过程，当然也可通过飘尘和侵蚀等途径进入大气与水体等环境介质中。多数学者认为微生物在土壤中的运移主要受吸附-解吸反应控制，致病微生物在土壤中的淋溶量与土壤质地、土壤化学性状及微生物表面性质有关（郭笃发和姜爱霞，1998）。此外，病原微生物对土壤环境中养分的利用能力，与土著微生物或其他生物的竞争，以及对环境条件的适应能力等，都将影响它们的生长、繁殖和存活，进而影响它们的数量和迁移传播。尤其需要注意的是，致病微生物除了在土壤中增殖以外，还可能随径流水进入灌溉水或饮用水水源，甚至迁移到更远的水体中。例如，对江苏省养殖大县海安县的环境调查表明，各养殖场下游 200 m 河水中均有沙门氏菌检出；在养殖场附近被畜禽粪便污染的土壤、排污口沉积物及河泥（0～10 cm）中均有相当数量的粪大肠菌群、沙门氏菌等人畜共患病原菌，在排污口沿河下游 100 m 取样点的河泥中仍有病原菌检出，甚至其数量还高于排污口（汪勇，2008）。有研究表明，1～2 cm 表层土中的粪源性病原微生物污染地表径流水的可能性最大；而对土壤剖面的研究显示，所有种类的细菌均会随下渗水迁移到某一深度。被粪便污染的水体，其所带病原菌也可能进入底泥，如江西九江某鱼塘的塘泥中就检测到了沙门氏菌（检出率为 12%），且从塘水塘泥中分离出国内罕见报道的恩多洛沙门氏菌（*Salmonella ndolo*）达 5 株之多（邵丽君和龚天恩，1997）。

（二）向植物迁移

土壤生物污染物可通过根系侵染向植物迁移，也可以黏附或侵染植物的茎叶表面。因此，污染物在生物体各个部位的分布是不均匀的，且不同生物之间也存在差异。了解污染物在生物体内的一般分布规律，对正确采集样品、选择适宜的检测方法也十分重要。

1. 根系侵染

作为植物直接从土壤中吸收水分和养分的器官，根系与土壤生物之间的作用尤为重要，决定着植物的生存状况。根系在两种情况下可被生物侵染：一是根系与入侵生物建立了互惠共生关系，这有助于植物更好地吸收营养，对植物是有利的，如根瘤菌入侵豆科植物形成根瘤、菌根真菌入侵高等植物形成菌根等；二是对入侵生物有益而对植物有害，最典型的例子是线虫侵染。线虫在土壤中是普遍存在的，也是维持土壤生态平衡的重要物种之一，但在土壤管理措施不当，或者遭遇严重污染的情况下，线虫数量急剧增加，就会影响植物的生长。蔬菜根结线虫病是由寄生线虫侵染而引起的生长发育障碍，主要危害根部。黄瓜、番茄感染根结线虫病后，根系发育不良，主根和侧根萎缩、畸形，根面形成肥肿、畸形和大小不等的瘤状物，即藏有很多白色卵圆形雌线虫的虫瘿。植物染病后，轻者地上部植株无明显症状；较重者植株生长不良、矮化和叶缘发黄，病株在高气温条件下很容易萎蔫；重病株结果少而小，严重者停止生长后枯死（洪奎贤和许凤仙，2007）。

除线虫侵染以外，还有细菌和真菌侵染。农业生产中常见的有软腐菌、根腐菌和镰刀菌等。软腐菌中以白菜软腐菌研究较多，主要在田间病株、窖藏种株或土壤中未腐烂的病残体及昆虫体内和肥料中越冬，通过雨水、灌溉水、昆虫和带菌肥料等自然媒介入侵菜株伤口。由于该病原菌寄主范围广，可在不同季节的多种蔬菜上传染繁殖，不断为害。大白菜发病后，在田间又能进行多次再侵染。据报道，软腐菌从白菜幼芽阶段起，在整个生育期内均可由根毛区侵入，潜伏在维管束中，甚至传到地上各部位，在遇到厌氧条件时则大量繁殖而发病，称为潜伏侵染。大白菜潜伏带菌率有时高达 95%（王成云，2001）。

2. 表面附着与表面侵染

表面附着指污染物以物理方式黏附于植物表面的现象。例如，土壤中的生物污染物可通过飘尘和侵蚀等途径进入大气等环境介质中，散逸于大气中的各种气态物质和有害孢子等可再次通过大气沉降部分黏附于植物表面，造成污染和危害。表面附着量的大小与植物体表面形状、面积和性质及污染物的性质和状态等有关。一般来说，表面积大、表面粗糙、有绒毛的植物附着量较大；而粉状或黏度较大的污染物，其附着量也较大。

植物茎叶表面，包括植株表面的气孔、角质层的间隙等，都是病原菌侵染的通道，而叶片、种子等器官也可成为病原菌传播的载体。以番茄细菌性溃疡病菌为例，该菌在植物病残组织中可以存活 2～3 a，在田间或温室可通过水、培养料和修剪刀等传播，由植株的伤口、叶毛、根、气孔和其他自然孔口或幼嫩果实表面侵入植物组织。带菌种子和病株可进行远距离传播。果实上的病斑是由风雨或喷灌时滴下的混有病汁液的带菌水所致；花柄染病后，病菌可经维管束进入果实的胚，侵染种脐或种皮，致使种子内部带菌；病、健果混合采收时，病菌黏附在种子上致使种子内外层都可带菌，其带菌率一般为 1%～5%，严重时可达 53.4%。这些带菌种子可远距离传播，当种子带菌率达 1%时，便能迅速引起病害流行。如果苗床土壤带菌，则病株可达 50%以上（王晓辉，2006）。

（三）向动物迁移

土壤生物污染物向动物迁移一般是先扩散到介质环境中，然后主要通过动物吸收和动物传染两种途径。

1.动物吸收

土壤中的生物污染物可通过飘尘和侵蚀等途径进入大气，污染地表径流水的可能性也很大。在土壤受到生物污染的区域，动物在呼吸空气的同时将不可避免地吸收来自空气中的杂质，例如，气态污染物及悬浮颗粒物等；在饮水和进食中也会同时将存在于其中的污染物摄入；当皮肤有病损时，原不能经完整皮肤吸收的物质也可通过皮肤创面进入动物体内。由呼吸道吸收的污染物通过肺泡可直接进入动物体内参与大循环；消化道吸收的污染物通过小肠吸收（吸收程度与污染物性质有关）经肝脏再进入大循环；经皮肤吸收的污染物可直接进入血液循环。另外，由呼吸道吸入并沉积在呼吸道表面上的有害物质也可以咽到消化道，再被吸收而进入肌体。当有毒物质在体内的蓄积超过某一限度时，或生物污染物在潜伏期后爆发，则会给生物体造成损害或感染，出现发病症状。

沙门氏菌主要通过食物传播，因为其在感染牛肉或家禽后可在这些食物中生长。在美国，每年非伤寒沙门菌感染约 140 万例，其中 8 万～16 万例患者到医院就诊，16 000 例住院，1 600 例死亡（Hargrett Bean et al.，1988）。肠出血性大肠杆菌（enterohemorrhage *E. Coli*，EHEC）是南美、非洲和亚洲婴儿患腹泻的主要致病原，人、牛和猪都能被感染，该病的爆发与食用生牛肉和鸡肉、未熟透或生的汉堡包与生奶、未经巴氏消毒的果汁或被牛粪污染的蔬菜等有关。此外，寄生的原生动物和蠕虫均可以从水、土壤和被污染的食物中进入寄主体内，如牛吃草时可能会因摄入含有妊娠期的人类废弃物而感染绦虫，钩端螺旋体可以通过黏膜、伤口或浸软的皮肤进入动物和人的肌体而感染发病。

2. 动物传染

病原体可以通过各种渠道脱离宿主，如粪便、尿液、唾液、眼泪、口鼻分泌物和因死亡而脱落的皮肤等，它们可以污染空气、土壤、水、食物或其他生命体。当动物摄入被污染的空气、食物、水或接触被污染的土壤等时，病原体便传播到新的宿主，开始新的感染过程。例如，鸟分枝杆菌复合体（*Mycobacterium avium* complex，MAC）对人的感染被认为是始于胃肠道或呼吸道的寄生，也就是说通过吸入或摄入引起的。在传染过程中，病原体可能通过宿主的粪便、尿液和呼吸分泌液等又释放到环境中，如此循环。

在通过食物传播的传染病中，感染创伤弧菌（*Vibrio vulnificus*）是最严重的疾病之一，其败血症致死率超过 50%。一个有意思的现象是，这种病例常与食用生牡蛎有关，即患者在症状发作前 1～2 d 内基本上都食用过生牡蛎。研究显示，在肉类、牡蛎、鱼和生牛奶中均能发现小肠结肠炎耶尔森菌（*Yersinia enterocolitica*），究其原因是，这种有机体在土壤、水和动物中的普遍存在为该菌进入食物源提供了充足的机会。调查表明，空肠弯曲菌（*Campylobacter jejuni*）是在美国导致细菌性腹泻的首要原因，它广泛存在于零售鸡肉（23%～98%）和健康的鸡肠道系统内，也可从健康的牛、鸟甚至苍蝇中分离得到，还出现在未经氯化处理的水源中，这都有可能通过食物链传递（肖政，2003）。

第三节　土壤生物污染的预防与控制

尽管不同生物污染物在土壤中的存活时间长短不一，但都与土壤理化性质、光照时间、暴露条件、温度和湿度、微生物区系和抗生物质及噬菌体等因子有关。在了解了生物污染物的为害机理之后，就可以根据其特点来寻找适当的方法进行防治。只要找出关键的环境敏感因子，并将其控制在不适宜病原菌和寄生虫生长的范围内，就有可能有效降低它们在土壤中的存活时间，达到灭菌杀毒的目的。概括而言，在土壤生物污染的预防与控制中，应该加强污染源管理和污染土壤治理，切断各种病原菌和寄生虫的传播途径。

按照污染物进入土壤的途径和污染类型，土壤生物污染防治可从以下几个方面着手。

（1）污水规范化灌溉　　在利用废水灌溉农田之前，应按照《农田灌溉水质标准》（GB 5084—2005）规定的程序进行净化处理，特别是含有病原体的污水（如医院、生物制品厂等），必须经过严格消毒后才能用于灌溉。

（2）固废无害化堆肥　　采取堆肥、制沼气和消毒等措施对污泥、粪便和垃圾等进行无害化处理，使其中的有机物转化成富含植物营养物的腐殖质，同时有效去除病原菌和寄生虫卵等污染物。其中，污泥必须经灭活处理并达到无害化卫生要求，才能在土地上施用（郑国砥等，2009）。

（3）控制病原菌气载　　空气中的悬浮物有相当一部分来自于土壤，形成了很多气载病原微生物，能够通过空气传播到很远的距离，造成传染病的流行。例如，1981 年口蹄疫病毒由法国布列塔尼以惊人的速度通过空气传到英格兰南部；2001 年美国由于气载炭疽引起不少患者死亡。空气传播最难控制，应该避免或减少病原菌进入气载，注重水土保持和植被覆盖度。

（4）预防植物入侵　　完善《国际植物保护公约》等条约，建立国际生物监控体系和数据库；控制自然资源管理者对外来物种（如牧区外来饲料植物和用作土壤保护的外来草种）的引进，提高人类整体生态意识，了解当地自然风景价值；抵抗外来生物的侵入，切断其入侵通道。

（5）修复污染土壤　　筛选高效安全的化学或生物修复剂，研究修复剂生产制备方法及土壤中病原菌与寄生虫污染的控制和修复技术；建立高效修复剂的科学规范使用和环境安全性评价方法，集成土壤生物污染控制和修复成套技术体系，并开展农田规模的应用示范与推广治理。

鉴于此，土壤生物污染的预防与控制，关键是做好以下 4 点：①重视生物污染，提高全民认识，加强源头监管；②加强各级立法，规范各种生物污染管理；③加强生物污染检测，做好污染识别与危险分类；④控制和修复生物污染新技术与新方法的应用。

根据生产实践需要，这里重点讨论固废堆肥技术、土壤消毒技术与生物防治技术。

一、固废堆肥技术

“固体废弃物”的概念是相对的，其中一部分可以依据条件的变化而转变为资源，如某些工业废弃物经过简单挑选加工后即可重新用作原料。显然，将固体废弃物中可利用的那部分材料进行回收利用是实现固体废弃物减量化的最佳途径。目前，我国处理固体废弃物的发展趋势是从无害化走向资源化，资源化以无害化为前提，无害化和减量化以资源化为归宿。其中，堆肥是较好实现固体废物减量化、无害化和资源化的处理方式。所谓堆肥，就是在人工控制条件下，通过微生物的作用将大分子物质分解为作物能吸收利用的小分子物质，有机废弃物被矿质化、腐殖化和无害化的过程。简言之，堆肥就是有机物稳定化的过程（吴遥远等，2007），一些有机物类农业废弃物经过适当处理后可转化成优质肥料。

（一）堆肥的方式

垃圾堆肥是指生活垃圾或其他垃圾中的有机废弃物在一定条件下经微生物分解成腐殖质含量很高的疏松物质，也被称为“腐殖土”。影响堆肥质量和进程的因素有很多，根据堆肥过程中微生物对氧的需求关系可分为厌氧堆肥与好氧堆肥两种主要方法。

（1）厌氧堆肥　厌氧堆肥也称普通堆肥，即在厌氧条件下进行堆制。一般采用坑式堆肥，即挖一个长方形坑，将秸秆、粪尿和动植物氮素源等有机物料进行层层堆积，经过1～2个月，肥料就能腐熟。这种堆肥方法造肥方便，但耗时较长，且腐熟程度不均。

（2）好氧堆肥　好氧堆肥也称高温堆肥，即在有氧条件下以好氧菌（含嗜温菌和嗜热菌两类）为主对有机废弃物进行吸收、氧化和分解的生化降解过程。微生物通过自身的生命活动，把一部分被吸收的有机物氧化成简单的无机物，同时释放出可供微生物生长活动的能量；而另一部分有机物则被合成为新的细胞质，使微生物不断生长繁殖，产生出更多生物体。

现代堆肥多为好氧堆肥，工艺流程主要是前处理—主发酵—后发酵—后处理—储存。堆肥过程依温度变化大致分成升温（嗜温菌活跃）、高温（嗜热菌活跃）和降温（嗜温菌再占优势）3个阶段，难降解的有机质进一步分解，腐殖质不断增多且趋于“稳定”，堆肥便进入腐熟阶段。现代堆肥具有堆肥温度高、基质分解较彻底、堆制周期短和异味小等优点，在生产上可进一步分为露天堆肥和快速堆肥两种方式。露天堆肥即在好的天气条件下，将秸秆、粪尿、动植物残体和污泥等按照一定比例加粪（如骡马粪或其浸出液）或已发酵的堆肥进行堆积；堆肥内的温度调控在60℃左右，时间持续大约半个月，这样能充分杀死堆肥中的病原菌、寄生虫卵及杂草种子等。快速堆肥技术是为了适应快速处理大量有机废弃物的需要而发展形成的，其中主发酵是整个生产过程的关键，应控制好通风、温度、水分、C/N比、C/P比及pH等发酵条件（杨柳燕和肖琳，2003）。

（二）堆肥的效果

河南洛阳郊区在粪便进行无害化处理后施于菜地中，对土壤与蔬菜污染状况、相应人群肠道传染病与肠道寄生虫病发病情况的调查表明，与对照区相比，菜田土壤大肠杆菌值和寄生虫卵污染率明显下降，蔬菜受粪大肠菌群、肠道致病菌和寄生虫卵的污染程度明显降低；两年的肠道传染病发病率分别为 1.95%和 1.64%，明显低于对照区的 3.92%和 4.24%；中小学生蠕虫卵感染率为 17.0%，同对照区的 29.0%相比，具有显著性差异。另对江西进贤一土源性线虫高度流行区的粪便进行无害化处理后，也有效降低了土壤中土源性线虫卵的污染率和污染度，并获得了显著降低人群感染的效果（姜唯声等，2008）。

虽然堆肥是杀灭粪便病原微生物非常有效的手段，但处理不当仍有环境与公共安全风险。值得关注的是，一些病原微生物（如沙门氏菌及大肠杆菌）在离开寄主（人或动物）后可以在堆肥中再度繁殖，如果翻堆不彻底会致使部分物料未经受高温或高温时间太短，或腐熟堆肥又与生粪接触导致重新受到病原菌污染，这时病原菌就会再次繁殖起来。有研究表明，即使存在很少量的病原菌，只要堆肥中碳、氮和水分适宜且竞争性微生物缺乏，就会迅速增殖起来。堆肥中常见的病原微生物有伤寒杆菌、沙门氏杆菌、大肠杆菌、志贺氏杆菌和结核分支杆菌等，在成熟的堆肥产品中，务必杀灭上述病原菌（Unc et al.，2006；Nicholson et al.，2005）。一些常见病原微生物的致死温度及忍受时间参见表 8-13。

表 8-13　常见病原微生物的致死温度及忍受时间（李国学，2000）

病原名称	致死温度及时间	病原名称	致死温度及时间
沙门氏伤寒菌	46℃以上不生长； 55～60℃，30 min 内死亡	流产布鲁士菌 （*Brucella abortus*）	61℃，3 min 内死亡
沙门氏菌属	56℃，1 h 内死亡； 60℃，15～20 min 死亡	牛型结核杆菌 （*Bacillus tuberculosis bovis*）	55℃，45 min 内死亡
大肠杆菌	绝大部分，55℃，1 h 死亡； 60℃，15～20 min 死亡	酿脓链球菌 （*Streptococcus hemolyticus*）	54℃，10 min 内死亡
阿米巴属	50℃，3 d 死亡； 71℃，50 min 内死亡	炭疽杆菌 （非芽胞营养体）	50～55℃，2 h 死亡
志贺氏杆菌	55℃，1 h 内死亡	霍乱弧菌	65℃，30 min 死亡
结核分枝杆菌	66℃，15～20min 内死亡	化脓性细菌	50℃，10 min 内死亡

德国的法律规定，为确保堆肥中病原微生物无环境风险，堆肥需满足 3 个要求：一是堆肥程序必须符合法定程序；二是堆肥过程需要符合过程管理要求，且有详细的记录；三是堆肥产物符合法定标准。此外，还指定森夫顿堡沙门氏菌（*Salmonella Senftenberg*）W775 作为检测堆肥是否符合卫生安全的标志性菌株，要求从堆肥终产品中取出的 50 g 样品不得检出该菌株。我国国家标准《城镇垃圾农用控制标准》（GB 8172—1987）中虽然规定了大肠杆菌与蛔虫卵数量等卫生指标，在《生活垃圾堆肥处理技术规范》（CJJ 52－2014）中也规定了堆肥的操作程序，但对大量未经处理就直接施入农田的粪便中致病微生物的数量及可能产生的环境风险缺乏研究，同时对有机肥质量也缺乏必要的市场监管。王一明（2010）以粪大肠菌群、大肠菌群和沙门氏菌 3 类典型的常见粪源性人畜共患病原菌为例，对江苏省部分有机肥企业生产的有机肥半成品（已完成堆肥发酵）和商品有机肥样品展开调查，发现半成品和商品有机肥均有这 3 类典型病原菌的检出（如沙门氏菌最高检出浓度达到 2.19×10^{6} MPN/g），但商品有机肥中病原菌的检出率和检出量均较有机肥半成品低；推测这些肥料样品中仍有粪大肠菌群及大肠菌群的残留超标，可能是因为堆肥过程中病原菌杀灭不彻底，或者生产过程中被新鲜粪便污染所致。因此，有必要对堆肥的工艺进行标准化管理，确定合适的监测指标和评测系统。

二、土壤消毒技术

土壤消毒也称土壤灭菌，其目的是快速、高效地杀灭土壤中的真菌、细菌、线虫、杂草、土传病毒、地下害虫和啮齿动物，形成防治病虫害的办法和技术，能很好地解决高附加值作物连续种植中的重茬问题，并显著提高作物的产量和品质。这里介绍常用的物理消毒、化学消毒和生物熏蒸技术（共计十余种具体技术）的要点（曹坳程等，2010）。

（一）物理消毒

物理消毒在生产实践中较为常用，最主要的有蒸汽消毒与太阳能消毒，此外还有土壤循环消毒、热水消毒、火焰消毒、臭氧消毒和射频消毒等，应根据实际情况选择使用。

蒸汽消毒是通过高压密集的蒸汽来杀死土壤中的病原生物，同时也可使病土变为团粒以提高土壤的排水性和通透性。该技术消毒均匀且速度快，只需用高压蒸汽持续处理土壤，保持 70℃、30 min 即可达到杀灭土壤中病原菌、线虫、地下害虫、病毒和杂草的目的，冷却后即可栽种。根据蒸汽管道输送方式可将其分为：①地表覆膜蒸汽消毒法（汤姆斯法），即在地表覆盖帆布或抗热塑料布，在开口处放入蒸汽管，该法效率较低，通常低于 30%；②Hoddeson 管道消毒法，即在地下（通常 40 cm 处）埋一个直径为 40 mm 的网状管道，在管道上每 10 cm 有一个 3 mm 的孔，该法效率较高，通常为 25%～80%；③负压蒸汽消毒法，即在地下埋设多孔的聚丙烯管道，用抽风机产生负压将空气抽出，将地表的蒸汽吸入地下，该法在深土层中的温度比地表覆膜高，热效率通常为 50%；④冷蒸汽消毒法，由于 85～100℃的蒸汽通常能杀死有益生物，如菌根真菌，并产生对作物有害的物质，所以将蒸汽与空气混合，使之冷却到适宜温度，较为理想的条件是 70℃、30 min。

太阳能消毒是指在高温季节通过较长时间覆盖塑料薄膜来提高土壤温度，借以杀死土壤中包括病原菌在内的许多有害生物，由于其具有操作简单、经济适用和生态友好等优点，日益受到人们的重视。该技术具有以下要点：①在气温较高、太阳辐射较强烈的季节，给土壤覆盖薄膜；②保持土壤湿润以增加病原休眠体的热敏性和热传导性能；③用最薄的透明塑料薄膜（25～30 μm）以减少花费、增强效果；④使用双层膜；⑤如有可能，结合生物防治或其他措施。太阳能灭菌处理地表下 30 cm 内的土温通常为 36～50℃，比对照高 7～12℃。但实际生产中，太阳能灭菌容易受气候等因素的影响，其效果经常不稳定。

土壤循环消毒技术是通过对土壤旋转翻耕，使之与高温、洁净、干燥的空气混合进行灭菌，其优点是不会造成土壤养分和水分的流失，使用过程中不受外在天气因素的影响，节能、高效且不易造成病虫害抗性产生。热水消毒是将过滤的 70～95℃热水通过热水管或喷孔施于土壤表面（250 L/m^2），可有效控制多种土传病害，同时可改善土壤的理化性质（如脱盐和氮的矿化作用），增加作物产量。火焰消毒是火焰喷射器使用煤油或丁烷等燃料在短时间内产生 1 000℃的高温火焰，在一个面罩下喷射到地面，绝大多数病原菌的细胞因此而死亡，在一些有机质含量低的砂性土壤中可取得很好的效果，具有成本低、不用塑料布、无水污染、无地域限制及消毒后即可种植下茬作物等优点。臭氧消毒是近年正在发展的一种消毒技术，可利用臭氧杀虫、杀菌的原理杀灭土壤中的有害生物。射频消毒是近年来发展的另一种高效消毒技术，也具有很好的杀虫与杀菌效果。

（二）化学消毒

化学消毒是将甲基溴、氯化苦、威百亩、棉隆、1，3-二氯丙烯、二甲基二硫、碘甲烷和福尔马林等熏蒸剂注入土壤中以使其发挥消毒作用，或通过强还原方式实现土壤灭菌。

注射是熏蒸剂常用的施药方式，通过“凿式”结构的注射装置将药剂注入土壤中，深度通常是地表下 30 cm，果园再植时可达 50～60 cm。注射灭菌早先主要用甲基溴，其关键是要减少施药量、提高效率及保障施药人员的安全性。由于一些替代品是在常温下分布性不如甲基溴的液体，因此需对施用机械作一些修改，如一种“犁刀”式的装置被用于 1，3-二氯丙烯和氯化苦的注射，一种旋转铲式施药机械可将威百亩精确地施于不同土层中。此外，有的机械可将熏蒸剂注入未耕过的土壤，再配合封土装置可减少熏蒸剂向地表面散发。当然，利用活塞的工作原理，手动注射也可通过人工冲压、手动压杆方式将储液桶中的药剂通过活塞筒、喷口阀喷射到土壤中，其药量通过注入量调节阀进行调节、深度通过深度定位盘的位置进行调节；该方法操作简单，但功效较低，适用于小面积施药。

在有滴灌的条件下，则可采用化学灌溉技术。该方法操作简单，由于可将熏蒸剂（如威百亩、1，3-二氯丙烯和氯化苦）均匀施于土壤中，因而效果非常理想。该法需要将熏蒸剂制成乳剂，以便与水混合均匀然后施于土壤中，由于熏蒸剂在施用中已与水充分混合，并且浓度较低，因而散发性较少。与注射法相比，化学灌溉法效果更好。此外，对于固体熏蒸剂（如棉隆），可通过混土施药法达到药剂均匀分布的目的；对于常温下是气体的熏蒸剂（如硫酰氟和溴甲烷），可采用分布带施法。胶囊是中国发展的一种使用熏蒸剂的技术，胶囊大小通常为 0.5～2.5 g，可用打孔的方法将胶囊均匀施于土壤中，胶囊中的熏蒸剂开始在土壤中释放。胶囊的优点是施用方便，无需任何施药设备，对使用者安全，可不带任何防护设备，储运输方便，可在种植床上条施或沟施，以减少用药量。

强还原土壤灭菌（reductive soil disinfestation，RSD）是一种在作物种植前应用的土壤处理方法，在日本、荷兰和美国已经被广泛应用于土壤灭菌。该方法实施时为创造强还原土壤环境和产生对土传病原菌有毒有害的物质，需要大量施用有机物料，并淹水或覆膜以阻止空气进入及利于厌氧环境的形成。该方法处理时间短，一般 1～4 周即可完成整个过程，对土壤性质的影响强度远远高于淹水或施用有机肥本身。在处理期间，土壤条件不适宜作物生长，但处理过程中产生的各类有毒物质在处理结束前会被完全分解掉，不会对处理后作物的生长产生毒害。所以，它是一种非常强烈的“医治”生物污染（土传病原菌侵染）和退化（酸化、次生盐渍化）土壤的方法。具体来看，该方法的灭菌机理主要包括厌氧杀灭好氧病原菌，还原过程产生有毒有害物质杀灭土传病原菌，强还原改变土壤微生物群落结构以抑制土传病原菌活性等。强还原土壤灭菌法还具有提高土壤 pH、减轻次生盐渍化的作用，因而具有广谱性和环境友好性（蔡祖聪等，2015）。

（三）生物熏蒸

生物熏蒸是利用来自十字花科或菊科植物的有机物释放的有毒气体杀死土壤中的害虫和病原菌。例如，葡萄糖异硫氰酸酯是十字花科或菊科植物中的一大类含硫化合物，其本身化学性质稳定、无生物活性，在植物亚细胞区室中被多价螯合；只有因害虫侵袭、收获、食品加工或咀嚼而使植物组织遭到损害时才能与内源性黑芥子酶接触，并立即反应，使糖苷键发生水解，释放出葡萄糖和一种自发降解的不稳定中间产物，形成各种各样的分解产物，包括硅烷硫酮、腈、硫氰酸酯和不同结构的异硫氰酸酯等水解产物，特别是异硫氰酸甲酯，对有害生物有很好的生物活性。含氮量高的有机物能产生氨，杀死根结线虫；几丁质含量高的海洋物品也能产生氨，并能刺激微生物区系活动、促进根结线虫体表几丁质的溶解，导致线虫死亡。另外，一些绿色植物覆盖土壤，能分泌异株克生物质，抑制杂草生长。因此，利用生物熏蒸，也可以杀死土壤中的病原菌、害虫和杂草等。

生物熏蒸的应用方法比较简单，在选择好时间后一般先将土地深耕，使土壤平整疏松，再将用作熏蒸的植物残渣或家畜粪便、海产品（也可相互按一定比例混合）均匀洒在土壤表面，之后浇足量的水，最后覆盖透明塑料薄膜。为了取得对病害较好的控制效果，要考虑以下几点：①最好在晴天日照时间长、环境温度高时操作，这样有利于反应；②要有一定湿度，以利于植物残渣等的水解；③粪肥要适量，根据土壤肥沃程度，选择好粪肥量，以防出现烧苗等情况；④如有可能，最好结合太阳能灭菌，可更有效地发挥作用。在夏季，将新鲜的鸡粪、牛粪或羊粪等加入稻秆或麦秆中，与土壤充分混合后再盖上塑料布，可显著提高土壤温度并产生氨，因而具有双重杀死土壤病原菌和线虫的效果。

三、生物防治技术

随着农业技术的进步，广谱、高效、微量和低毒的灭菌杀毒药物不断出现和更新，生物防治已经成为一个能有效控制土壤生物污染的重要研究方向。土壤生物防治就是充分利用有益生物的寄生、拮抗或者竞争作用减少土壤病原菌与害虫的数量及其对作物的侵害，防止病虫害的传播和蔓延。利用生物控制技术来降低农作物病虫危害、防治土壤生物污染，具有无二次污染、无残毒、不杀伤天敌、不产生抗药性、有利于人畜安全与环境保护等优势，是一种无公害技术，它有利于推动农业可持续发展，提高经济效益、社会效益和生态效益，发展前景广阔。

（一）拮抗性微生物

土传病害是指病原体生活在土壤中，在条件适宜时从作物根部或茎部侵害作物而引起的病害。土传病害的生物防治即利用土壤中的有益微生物产生拮抗病原菌的拮抗物质，或寄生于病原菌中，或通过竞争土壤营养遏制病原菌的孳生，或抑制植物病原菌的活动，或通过代谢产物诱导植物产生抗病性等作用，达到防治病害的目的。拮抗菌由于兼具保护生态和抗病的双重功效，在植物病害防治中发挥着巨大的作用。目前，有多种拮抗菌制剂已经商品化。为了提高拮抗菌中拮抗物质的分泌量，或者同时表达多种拮抗物质，很多研究者利用基因工程技术对拮抗菌进行遗传改良，获得了良好的效果。事实上，自然土壤中本来就存在很多具有生物防治潜力的有益微生物（如菌根真菌），它们不仅可以对病原菌进行有效的拮抗抑制，还能促进植物生长和增产。江木兰等（2007）从油菜植株体内分离出的内生枯草芽胞杆菌 BY-2 可以使油菜核盘菌的菌丝细胞浓缩变短，细胞壁破裂，原生质外溢，从而抑制真菌生长发育和菌核萌发，其抑制率高达 60%～70%。

（二）竞争性微生物

在污染土壤中添加拮抗性微生物来抑制病原菌固然是一种行之有效的方法，但如果加入一些无害的微生物，在改善土壤质地、结构、温度、湿度、pH、有机质含量和植被等因子的同时，通过竞争碳源和氮源或者其他元素，也可抑制致病菌的生长。例如，铁元素是生物细胞酶系统的必需成分，生命体需要从外界获取 Fe^{3+}作为酶的辅基和电子传递受体，以维持其新陈代谢；只要切断了病原菌获取铁的途径，就可以有效防止土壤生物污染。而事实上有很多微生物，如荧光假单胞菌（*Pseudomonas fluorescens*）CS121，能分泌强力结合 Fe^{3+}的嗜铁素螯合物，促使土壤病原菌由于得不到足够的铁而不能正常生长繁殖。de Boer 等（2003）的研究表明，假单胞菌 WCS358 可以大量分泌嗜铁素，与病原菌竞争 Fe^{3+}，从而抑制萝卜枯萎病。赵国其等（1998）用绿色木霉（*Trichoderma viride*）处理西瓜幼苗，能有效增强瓜苗长势，使其根系发达，以抑制西瓜枯萎病菌生长。此外，毛壳菌（*Chaetomium cupreum*）可以有效降解纤维素和有机物，对土壤病原菌有抑制作用。由于二硫化碳能够减弱土壤对木霉的抑制作用，木霉菌大量繁殖并竞争营养物和产生毒性物质，进而饿死和杀死有害细菌、病毒，因而可间接实现生物防治的效果（马成涛等，2007）。然而，目前生物防治大多具有单一性，如何通过几种微生物的联合协同作用，同时杀死土壤中的多种病原菌，以提高综合防治效果，仍是有待于加强的研究领域。

（三）微生物肥料

微生物肥料俗称“菌肥”，是利用高科技手段将野生环境中筛选出来的微生物经诱变、复壮后，再经工业发酵，以草炭、褐煤和粉煤灰等为载体精加工而成的一种含菌量高的生物制剂（徐志峰等，2010）。以细胞工程和发酵工程等生物技术为核心的微生物肥料产业，不仅创造了巨大的经济和社会效益，而且还产生了重大的生态与环境效益。根据以菌治菌和以肥抗病的原理，可利用微生物的生命活动及其代谢产物，一方面可为农作物提供营养元素等生长物质，以改善农作物的养分供应；另一方面又可产生拮抗物质，从而抑制土传病原菌的生长，达到提高产量、改善品质、减少化肥使用、减轻病害、提高土壤肥力和改善环境等目的。例如，芽胞杆菌是多种土传病原菌的拮抗菌，能有效预防和控制作物病害，在发挥作用过程中具有抢占生态位的功效，被普遍认为是一种对环境友好、经济有效的重要生防资源；且芽胞杆菌能产生具有较强抗逆性的内生孢子（即芽胞），能耐盐、耐酸、耐高温且易于保存和运输，相对于其他菌剂更有利于快速实现商品化生产（郑雪芳等，2016）。试验表明（何良祖，2009），菌肥区番茄的青枯病病株率平均为 2.3%，比化肥区的 6.5%减少 65%；晚疫病病株率平均为 27%，比化肥区的 61%减少 56%，说明植株的抗病能力明显提高。同时，菌肥可以降低有害物质的吸收，菌肥区番茄果实的镉和硝酸盐含量分别为 0.44 mg/kg 和 0.17 mg/kg，比化肥区的 1.0 mg/kg 和 0.29 mg/kg 分别降低 56%和 41%；菌肥区土壤的硝酸盐含量为 11.3 mg/kg，比化肥区的 18.9 mg/kg 降低大约 40%。这些结果说明，有益菌的代谢产物能促进重金属、硝酸盐等有害物质的转化和固定，降低作物对有毒物质的吸收量。

（四）化感物质

植物根系分泌物对某些病原菌也有抑制作用。根系分泌物包括糖、蛋白质、酶和凝胶等大分子有机物，还有小分子酸、酚、酮，以及一些生长激素和黄酮等，其中有一部分或其分解产物具有化感作用（表 8-14），如小麦根系分泌物能直接抑制小麦全蚀病原菌的菌丝发育。有些化感物质还可以抑制土壤的硝化作用，对一些通过硝化作用来获取物质和能量的病原菌也有很好的防治效果。这一现象除了表明科学、合理的间作可在一定程度上抑制病原菌外，还启发我们或许可以找到某些特殊植物，它们的根系分泌物能有效抑制土壤病原菌生长，从而通过人工合成和生产，以达到防治土传病害的效果（表 8-15）。

表 8-14　作物根系分泌的化感物质对植物的影响（王树起等，2007）

作物	根分泌的化感物质	化感效应
水稻	糖苷类黄酮、长链烯基间苯二烯、激动素、对香豆酸、1H-吲哚-3-羟酸、壬酸、1, 2-苯二羟基酸-二乙基己酯、羟基肟酸/二萜内酯、糖甙间羟基苯二酚	抑制稗草等伴生杂草；高浓度的对香豆酸抑制稗草根的生长
玉米	异羟肟酸	通过分泌物入侵影响周围植物生长
大豆	异黄酮和黄豆甙原、酚酸类化感物质、邻苯二甲酸、丙二酸	抑制植物生长，诱导豆科根瘤菌的结瘤基因，抑制后茬大豆苗生长及其某些生理活性
小麦	异羟肟酸、酚类物质（阿魏酸、对香豆酸、丁香酸、香草酸、对羟基苯甲酸）	抑制白茅生长
大麦	有机酸和芳香类物质	对其他植物根系的生长发育产生显著的影响
高粱	高粱酮内酯、5-乙氧基高粱酮内酯、2, 5-二甲基高粱酮内酯	对二色高粱、石茂两种杂草具有化感抑制作用
苜蓿	皂苷、酚类物质	自毒作用，抑制后茬作物生长

表 8-15　作物根系分泌的化感物质对土壤微生物的影响（王树起等，2007）

作物	根分泌的化感物质	化感效应
水稻	黄酮、双萜、异羟肟酸	影响产甲烷菌的活性和甲烷排放
大豆	香草酸、对（间）羟基苯乙酸	对大豆胞囊线虫的密度产生显著影响，促进胞囊线虫的繁殖；青霉菌、镰刀菌和立枯丝核菌增加
小麦	酚酸、异羟肟酸	促进好氧性纤维粘菌和木霉的繁殖；通过对微生物的作用抑制土壤硝化
苜蓿	皂苷	对木霉具有抑制作用
白菜	糖甙硫氰酸酯	对丛枝菌根萌发产生显著的抑制作用
韭菜	根分泌物体液	抑制番茄青枯假单胞菌

第四节　土壤生物污染的研究展望

万物土中生，土壤健康-食物健康-人体健康之间有着十分密切的因果关系。生物污染作为威胁土壤质量的重要因素之一，应引起人们的足够重视，土壤生物污染治理则是一项势在必行的工作。近年来，有关土壤生物污染与环境质量的研究进展迅速，但仍是整个环境土壤学领域中相对薄弱和亟待加强的部分，国家和地方均应从法制、政策和技术等层面给予必要的支持。当然，土壤生物污染的相关预防与控制技术已在不断研究与发展之中，人们正着力采取各种调控措施（包括采用法律手段）来防治土壤生物污染。

1. 强化土壤生物污染源的识别与阻控技术研究

世间事物是普遍联系的，除了人为通过污水、污物等形式直接向土壤中添加生物污染源外，自然因素包括大气圈和水圈中的有害微生物，也可以进入土壤圈，并引起有害生物的累积与污染。如前所述，土壤生物污染物按照进入土壤的途径可分为灌溉污水、施用粪污、堆埋固废、大气沉降和植物入侵等，但这不是绝对的，因为在具体情况下多数是复合污染。因此，对生物污染源的识别是认识污染规律和提出科学阻控措施的基础，必须因地制宜地对污染源进行无害化处理，切断污染源是防治生物污染的最根本途径。

2. 注重土壤生物污染物环境行为及机理研究

生物污染物进入土壤后，往往伴随有累积、吸附和繁殖等行为的产生，因此，要加强生物污染物对土壤生物系统结构和功能的影响，以及土壤生物系统对生物污染物的响应和反馈研究，深入揭示土壤生物污染物与土壤生物系统的相互作用机制。尽管大部分污染物在一个相当长的时期内仍可残留在土壤中，但也有相当一部分可随地表径流进入附近水域，引起地表水污染；也可随灌溉、淋洗和渗滤进入地下水，造成地下水污染；还可转移至植物或其他生物体内，从而引起食物链污染。目前，人们对生物污染物在土壤-植物系统中的迁移、分布和消长规律还缺乏比较完善的研究方法，一个比较值得期待的技术是通过构建高灵敏度的微生物传感器和实时荧光标记技术，实现微生物时空分布的有效监控，为揭示土壤生物污染物的环境行为及机理提供技术支撑。目前，对土壤中转基因物质效应的研究仍然十分有限，评价的物种单一、周期较短，对土壤中敏感微生物的研究仅局限在可培养的种类上（占土壤微生物总数不到1%）。由于土壤微生物在土壤生态系统中的重要性和复杂性，评价转基因物质对土壤微生物影响时，在实验设计、研究方法和结果解释方面都存在一定难度，迫切需要完善评价方法，尤其需要应用先进的分子生物学技术，以便于了解整个土壤微生物群落的变化（徐征，2004）。

3. 加强土壤生物污染的检测与修复技术研究

生物污染物进入土壤后，不仅要对污染物本身的繁殖与活动进行监测或检测，同时被侵袭的土壤-植物生态系统也可能产生不同程度的反应，也需要进行定性或定量检测。目前对病毒的类型检定虽已取得一定进展，但对土壤生物污染的综合检测尚未达到一个标准化的水平。例如，如果能建立菜地土壤中黄瓜枯萎病、棉花黄萎病等病害病原菌的快速检测方法与步骤标准，则可以在生产实践中对相应土传病害的发展规模或破坏程度提供一份比较准确的预警资料，从而实施经济有效的干预和应对措施。因此，需要构建与完善病原微生物高通量速测技术。对那些已经受到生物污染的土壤，则应研究高效安全的土壤修复成套技术体系，建立高效修复剂的安全使用细则和环境安全评价方法。

4. 关注全球环境变化对土壤生物污染的影响

在全球环境变化的研究中，温室气体无疑是最为关注的内容之一。例如，由于自然和人为因素的双重作用，大气CO_2浓度急剧增加；随着大气CO_2浓度的持续增大，将可能引起全球气候变化及区域温度、湿度、生长季长度、降水和蒸发等的变化；同时可能影响土壤结构、养分状况和环境条件，继而引起生物的生长与活性改变。当土壤的有机碳含量越高、pH越低时，其抑病性越强；pH改变会影响到土壤环境的氧化还原条件，改变某些元素（如铁）的价态或者浓度，减弱病原菌对这些元素的亲和力，从而抑制其生长。高浓度CO_2对土壤微生物的影响则十分复杂，贾夏等（2007b）从土壤微生物群落结构与微生物区系、微生物生物量与土壤呼吸及土壤酶活性等方面对大气高浓度CO_2的响应进行了综述；由于不同研究者采用的高浓度CO_2实验系统、所选植物材料和土壤特性等具有差异性，大气CO_2浓度升高对土壤微生物的影响并未得出一致结论。然而，从已有的研究结果来看，高浓度CO_2对土壤微生物生态系统的影响肯定是存在的，但影响的机理、程度和方向，以及研究方法的规范化是一个未来有待于加强和深入的领域。

从全球气候变化和温室效应考虑，在温度和大气CO_2浓度升高的情况下，土壤-微生物系统也会发生变化。从理论上讲，CO_2浓度升高有益于植物的光合作用，从而可能促进土壤有机碳的输入，为土壤微生物提供更多的可降解底物，增强土壤的呼吸作用；而呼吸率越高，作物发病率越低，说明土壤呼吸率与土壤抑病性有关。但是，如果土壤中的CO_2浓度升高了，有可能会抑制微生物的呼吸作用，或者改变土壤环境的pH，进而影响土壤微生物的生长繁殖。所以，在抑制病害的同时应避免影响土壤有益微生物的正常生长与繁殖。实验表明，高浓度CO_2处理（500～700 μmol/mol）可显著提高长白赤松和红松幼苗根际土壤中的细菌数量，而对非根际土壤中的细菌和真菌数量及红松幼苗非根际土壤中的放线菌数量均具有抑制作用（贾夏等，2007a；姚槐应和黄昌勇，2006），但对整体土壤环境质量的影响尚不明确，应该对其给予足够的关注，给出系统的、有说服力的研究结果。

5. 加强相关标准法规的研究和制定

系统、科学的污染物处理处置标准是选取合理、有效技术的重要前提。然而，我国标准的制订、评价和修改尚缺乏规范化和完整性的体系，致使标准修订不及时，而且还存在各标准间缺乏协调性和统一性等问题。例如，污泥处置和污水处理同等重要，我国城市污泥治理任务艰巨，但与污泥处理处置相关的标准在 2007 年以前仅有《农用污泥中污染物控制标准》（GB 4284—1984）、《城市污水处理厂污水污泥排放标准》（CJ 3025－1993）、《城镇污水处理厂污染物排放标准》（GB 18918－2002）三项，其中，一些具体指标缺失或不够完善。2007 年以来，住房和城乡建设部相继颁布了《城镇污水处理厂污泥处置 土地改良用泥质》（CB/T 24600－2009）和《城镇污水处理厂污泥处置 农用泥质》（CJ/T 309—2009）等行业标准，国家质量监督检验检疫总局和国家标准化管理委员会紧接着也出台了《城镇污水处理厂污泥处置 分类》（GB/T 23484—2009）、《城镇污水处理厂污泥处置 混合填埋用泥质》（GB/T 23485—2009）、《城镇污水处理厂污泥处置 园林绿化用泥质》（GB/T 23486—2009）、《城镇污水处理厂污泥泥质》（GB 24188—2009）等一系列国家标准。这些新制定的标准，对城市污水处理厂污泥的管理和处置提出了综合性要求，对重金属、病原菌和有机污染物等指标均有严格限制，对促进行业健康发展和控制污染物排放起到了规范作用。从上述标准还可以看出，在污泥等废弃物处理相关标准的修改与制定上，必须重视处理和处置的安全问题，特别要注意对生态与环境长期影响的监控。例如，污泥不管是农用、园林绿化用，还是混合填埋，还需制订污泥质量和土壤质量监测的有关规定，规范有害物质的风险分析。

虽然转基因技术在农业中的应用可获得显著的经济效益，但也可能潜伏着社会问题和生态危机，其中包括对土壤生态系统功能的冲击。因此，要制定与完善必要的法律法规，规范转基因技术的应用，严格防止造成新的污染。

思考题与习题

1. 叙述土壤生物污染的概念。
2. 土壤生物污染物的成因可分为哪几个大的途径？
3. 试说明土壤生物污染与土壤环境质量的关系。
4. 请阐述土壤生物污染对农产品安全与人类健康的影响及其机制。
5. 讨论防治土壤生物污染的主要措施。

主要参考文献

蔡祖聪，张金波，黄新琦等. 2015. 强还原土壤灭菌防控作物土传病的应用研究. 土壤学报，52（3）：469～475
曹坳程，郭美霞，王秋霞. 2010. 土壤消毒技术. 世界农药，32（增刊）：10～13
柴同杰，柴家前， Mueller W. 1999. 牛舍空气微生物及向环境传播的研究. 中国预防兽医学报，21（4）：311～313
陈茂，叶恭银，胡萃. 2004. 《*Nature*》有关转基因玉米生态安全争论性报道的回顾. 生态学杂志，23（2）：80～85
陈欣，常志州，袁生等. 2007. 常见蔬菜受粪肥病原菌污染情况的研究. 中国蔬菜，（2）：25～27
成黎. 2015. 新鲜蔬菜中的微生物污染危害、检测和控制方法研究进展. 食品科学，36（23）：347～352
段会勇，柴同杰，蔡玉梅等. 2008. ERIC-PCR 对鸡舍大肠杆菌气溶胶向舍外环境传播的鉴定. 中国科学 C 辑：生命科学，38（1）：74～83
樊金祥，韩风平，傅跃华等. 1995. 安阳市蔬菜医学蠕虫学调查. 中国寄生虫病防治杂志，8（4）：310
郭笃发，姜爱霞. 1998. 微生物在土壤中的迁移及其影响机制. 土壤通报，29（4）：188～190
韩力峰，李文琦，林杨. 1995. 赤峰市城郊污灌区生物性污染现状调查与研究. 内蒙古环境保护，7（1）： 38～42
何良祖. 2009. 生物菌肥与农家肥、化肥配合施用对土壤改良和番茄生长的影响. 长江蔬菜（学术版），（12）：63～64

洪奎贤，许凤仙. 2007. 设施栽培蔬菜根结线虫病发生及防治. 杭州农业科技，（6）：33
贾夏，韩士杰，赵永华等. 2007a. 大气 CO_2 浓度升高对红松和长白赤松幼苗非根际土壤微生物的影响. 西北林学院学报，22（6）：44～47
贾夏，赵永华，韩士杰. 2007b. 全球大气 CO_2 浓度升高对土壤微生物的影响. 生态学杂志，26（3）： 443～448
江木兰，赵瑞，胡小加等. 2007. 油菜内生生防菌 BY-2 在油菜体内的定殖与对油菜菌核病的防治作用. 植物病理学报，37（2）：192～196
姜唯声，陈红根，曾小军等. 2008. 粪便无害化处理控制土壤中土源性线虫卵污染的效果分析. 中国病原生物学杂志，3（1）：49～52
姜唯声，曾小军，陈红根等. 2006. 鄱阳湖区人群土源性线虫感染与土壤污染状况调查. 中国血吸虫病防治杂志，18（6）：499～452
鞠瑞亭，李慧，石正人等. 2012. 近十年中国生物入侵研究进展. 生物多样性，20（5）：581～611
李峰，穆征，佘娜. 2007. 污水灌溉存在的问题及解决途径. 河北水利，（5）：28～29
李国学. 2000. 有机废弃物堆制及在设施土壤培肥和二氧化碳肥源中的作用. 见：李晓林. 蔬菜营养、施肥和环境. 北京：中国农业科技出版社
李现军，张秀. 2000. 蔬菜生物性污染控制与居民肠道传染病发病关系的研究. 现代预防医学，27（3）：355～356
连云峰. 2009. 生物入侵的主要危害及其防范控制策略. 河北农业科学，13（12）：50～52
刘佳，吴忠义，张秀海等. 2009. 植物抗病毒基因工程研究进展. 中国农学通报，25（1）：30～38
路光仲. 1990. 食品生物污染. 湖北预防医学杂志，1（1）：15～16
马晨，陈雪华，钱程. 2015. 海口市市售新鲜蔬菜微生物污染分析. 浙江农业科学，56（3）：396～401
马成涛，胡青，杨德奎. 2007. 土壤有益微生物防治植物病害的研究进展. 山东科学，20（6）：61～67
梅尔 R M，佩珀 I L，格巴 C P. 2004. 环境微生物学. 张甲耀等译. 北京：科学出版社
穆国俊，魏静，王殿武等. 2007. 活性污泥应用于农业前发酵处理过程中病原菌变化研究. 华北农学报，22（增刊）：38～42
祁建华，高会旺. 2006. 生物气溶胶研究进展：环境与气候效应. 生态环境，15（4）：854～861
沙鲁生. 2007. 污水灌溉标准体系探讨. 节水灌溉，（2）：48～50
邵丽君，龚天恩. 1997. 生粪饲料养鱼致沙门氏菌污染鱼塘调查. 九江医学，（3）：183～187
宋广真，袁健，张秀梅. 2006. 土壤污染的种类、危害及防治措施. 环境，（S2）：114～115
宋小玲，强胜. 2003. 抗除草剂转基因油菜向杂草诸葛菜的潜在基因漂移. 安徽农业科学，31（4）：526～529
孙锡娟，周根娣，卢善玲等. 1996. 蔬菜卫生学生物污染. 上海农业科技，（6）：28～29
汪勇. 2008. 粪肥农用对土壤中病原菌及四环素抗性细菌的影响. 南京师范大学硕士学位论文
王成云. 2001. 大白菜软腐病的综合防治. 北方园艺，（4）：34～35
王红旗，刘新会，李国学等. 2007. 土壤环境学. 北京：高等教育出版社
王红英. 2005. 浅谈医疗废物的管理现状及对策. 医院管理论坛，（3）：40～42
王家玲，李顺鹏，黄正. 2004. 环境微生物学. 北京：高等教育出版社
王家玲. 1988. 环境微生物学. 北京：高等教育出版社
王茂起，冉陆，竹天等. 2004. 2001 年中国食源性致病菌及其耐药性主动监测研究. 卫生研究，33（1）：49～54
王树起，韩晓增，乔云发. 2007. 根系分泌物的化感作用及其对土壤微生物的影响. 土壤通报，38（6）：1219～1223
王玮，汪雅各. 1992. 上海市郊蔬菜生物污染的初步调查. 环境科学研究，5（1）：58～60
王晓辉. 2006. 新疆加工番茄细菌病害种类鉴定及防治研究. 石河子大学硕士学位论文
王一明. 2010. 畜禽粪便农用对土壤中四环素抗性细菌及粪源性病原菌的影响. 中国科学院南京土壤研究所博士学位论文
魏伟，马克平. 2002. 如何面对基因流和基因污染. 中国农业科技导报，4（4）：10～15
吴遥远，张桥，余新盛. 2007. 现代堆肥影响因素及控制. 安徽农学通报，13（13）：69～71
肖政. 2003. 空肠弯曲菌相关疾病的研究进展. 国外医学儿科学分册，30（2）：71～73
谢德燕，刘奇志，王建魁等. 2008. 根结线虫污染的温室番茄土壤修复——土壤修复剂稀释倍数筛选. 中国农学通报，24（10）：457～461
徐征. 2004. 农业转基因生物对土壤生态系统功能影响的研究进展. 中国农学通报，20（4）：47～50，72
徐志峰，王旭辉，丁亚欣等. 2010. 生物菌肥在农业生产中的应用. 现代农业科技，（5）：269～270
许隆棋，陈庆伟. 1994. 人体常见三种土源性线虫感染与土壤污染调查. 中国寄生虫病防治杂志，7（3）：171～174
宣昊，滕彦国，王金生. 2005. 土壤污染对人体健康的影响. 生态环境与旅游开发，22（5）：92～97
牙库甫江 · 阿西木，阿斯古丽 · 伊斯马伊力，王韵婧等. 2015. 植物抗病毒基因工程研究进展. 生物工程学报，31（6）：976～994
杨国华，贾洪忠. 1995. 我国土壤蠕虫卵和幼虫污染的近况. 环境污染与防治，17（2）：35～36
杨景辉. 1995. 土壤污染与防治. 北京：科学出版社
杨柳燕，肖琳. 2003. 环境微生物技术. 北京：科学出版社
姚槐应，黄昌勇等. 2006. 土壤微生物生态学及其实验技术. 北京：科学出版社
姚立农，阮卫，余可根等. 2012. 浙江省人体土源性线虫病调查及防治效果分析. 疾病监测，27（6）：459～461
姚润丰. 2005. 400 余种外来生物入侵我国. 草业科学，22（1）：51
曾晓芳. 2003. 畜产品中沙门氏菌污染的检测与控制. 四川畜牧兽医，30（4）：28～29

张立强，沈黎风. 2005. 防范人禽流感特别提醒. 上海：上海科技教育出版社
张桃香，杨文浩. 2016. 沙门氏菌在福建省主要土壤中的存活动态及其影响因子研究. 安徽农业大学学报，43（6）：946～950
张薇，魏海雷，高洪文等. 2005. 土壤微生物多样性及其环境影响因子研究进展. 生态学杂志，24（1）：48～52
张勇跃，刘志坚. 2007. 甘薯黑斑病的发生及综合防治. 安徽农业科学，35（19）：5997～5998
张振钿，黄国锋，钟流举. 2005. 基因污染与生态环境安全. 生态环境，14（6）：987～989
章家恩. 2004. 土壤生态健康与食物安全. 云南地理科学研究，16（4）：1～4
赵国其，林福呈，陈卫良等. 1998. 绿色木霉对西瓜枯萎病菌期的控制作用. 浙江农业学报，10（4）：206～209
赵文强. 2013. 病原菌在土壤组分上的界面作用与代谢活性. 华中农业大学博士学位论文
郑国砥，陈同斌，高定等. 2009. 对《农用污泥中污染物控制标准》中几个问题的商榷. 中国给水排水，25（9）：97～100
郑雪芳，刘波，朱育菁等. 2016. 番茄青枯病生防芽胞杆菌的筛选与鉴定. 中国生物防治学报，32（5）：657～665
郑耀通. 2006. 环境病毒学. 北京：化学工业出版社
钟晓兰，周生路，赵其国. 2006. 城乡结合部土壤污染及其生态环境效应. 土壤，38（2）：122～129
周璧华，高拯民. 1983. 土壤生物污染. 见：中国大百科全书编辑部. 中国大百科全书（环境科学）. 北京：中国大百科全书出版社
朱奇，陈彦，许伟等. 2000. 聊城市春季蔬菜生物污染的初步调查. 山东师大学报（自然科学版），15（2）：186～189
Cools D，Merckx R，Vlassak K et al. 2001. Survival of *E. coli* and *Enterococcus* spp. derived from pig slurry in soils of different texture. Applied Soil Ecology，17：53～62
de Boer M，Bom P，Kindt F et al. 2003. Control of *Fusarium* wilt of radish by combining *Pseudomonas putida* strains that have different disease–suppressive machanisms. Phytopathology，93（5）：626～632
Gessel P D，Hansen N C，Goyal S M et al. 2004. Persistence of zoonotic pathogens in surface soil treated with different rates of liquid pig manure. Applied Soil Ecology，25：237～243
Guo X，Chen J. Brackett R E et al. 2002. Survival of *Salmonella* on tomatoes stored at high relative humidity，in soil，and on tomatoes in contact with soil. Journal of Food Protection，65：274～279
Hargrett Bean N T，Pavia A T，Tauxe R V. 1988. Salmonella isolates from humans in United States 1984—1986. MMWR Surveill Summ，37（22）：25～31
Jiang X P，Morgan J. 2002. Fate of *Escherichia coli* O157：H7 in manure amended soil. Applied and Environmental Microbiology，68：2605～2609
Mawdsley J L，Bardgett R D，Merry R J et al. 1995. Pathogens in livestock waste，their potential for movement through soil and environmental pollution. Applied Soil Ecology，2：1～15
Natvig E E，Ingham S C，Ingham B H et al. 2002. *Salmonella enteria* serover *typhimurium* and *Escherichia coli* contamination of root and leaf vegetables grown in soils with incorporated bovine manure. Applied and Environmental Microbiology，68：2737～2744
Nicholson F A，Grove S J，Chambers B J. 2005. Pathogen survival during livestock manure storage and following land application. Bioresource Technology，96：135～143
Unc A，Garder J，Springthorpe S. 2006. Recovery of *Escherichia coli* from soil after addition of sterile organic wastes. Applied and Environmental Microbiology，72：2287～2289
Wu H S，Yang X N，Fan J Q. 2009. Suppression of *Fusarium* wilt of watermelon by a bio–organic fertilizer containing combinations of antagonistic microorganisms. BioControl，54：287～300
Xiao E R，Liang W，He F. 2010. Performance of the combined SMBR–IVCW system for wastewater treatment. Desalination，250：781～786
Zhai Q，Coyne M S，Barnhisel R I. 1995. Mortality rates of fecal bacteria in subsoil amended with poultry manure. Bioresource Technology，54：165～169

建议进一步阅读的文献

曹坳程，郭美霞，王秋霞. 2010. 土壤消毒技术. 世界农药，32（增刊）：10～13
董元华，林先贵，王辉. 2015. 中国畜禽养殖业产生的环境问题与对策. 北京：科学出版社
李桂花，李保国. 2003. 细菌在土壤中运移模型的研究进展. 应用生态学报，14（6）：1012～1014
林先贵. 2010 .土壤微生物研究原理与方法. 北京：高等教育出版社
梅尔 R M，佩珀 I L，格巴 C P. 2004. 环境微生物学. 张甲耀等译. 北京：科学出版社
沈德中. 2003. 环境和资源微生物学. 北京：中国环境科学出版社
张甲耀，宋碧玉，陈兰洲等. 2008. 环境微生物学（上、下）. 武汉：武汉大学出版社
Maier R M，Pepper I L，Gerba C P. 2009. Environmental microbiology（2nd ed.）. Burlington MA，California，London: Academic Press
Nicholson F A，Grove S J，Chambers B J. 2005. Pathogen survival during livestock manure storage and following land application. Bioresource Technology，96：135～143
Paul E A. 2007. Soil Microbiology and Biochemistry（3rd ed.）. Burlington MA，Oxford: Academic Press

第九章　土壤新型污染物与环境质量

随着工业化、城市化的飞速发展，人们制造和使用的化学品种类和数量逐年增加。目前美国化学文摘登记的化学品数量高达 7 000 多万种，而且近年来每年以数百万至千万种的速度递增。大量污染物通过各种途径进入土壤，不仅影响着动植物的生长和发育，而且通过食物链传递到人体中，对人类生存和健康构成严重威胁。因此，针对化学污染物质在土壤中的行为及环境效应研究迅速得到土壤和环境科学界的关注。随着现代分析手段的发展和人们环保意识的提高，环境土壤学研究热点逐渐从传统污染物转向新型污染物。新型污染物是指在环境中新发现的，或者早前已经被认识但新近引起关注且对人体健康及生态环境具有风险的污染物。新型污染物往往具有较高的毒性和风险，日益引起广泛的重视，并形成一个独特的研究领域。

不同历史时期土壤中主要污染物类型变迁的几个阶段为（周启星，2006）：①起始阶段（1960～1980 年），主要研究有毒重金属，如汞（Hg）和镉（Cd），有机污染物，如 DDT、六六六和林丹等持久性有机污染物；②识别阶段（1981～1990 年），主要污染物有铜（Cu）、锌（Zn）、铅（Pb）、镉（Cd）、铬（Cr）、汞（Hg）和砷（As）等有毒重金属（类金属）；甲基汞、甲基砷、四乙基铅和有机锡等金属有机污染物，有机污染物也进一步扩展到酚类化合物、狄氏剂、艾氏剂和氯丹等化学农药；③发展阶段（1985～2000 年），无机污染物研究包括铜、锌、铅、镉、铬、汞、砷、铝（Al）、镍（Ni）和氟（F）等，有机污染物有多氯联苯（PCBs）、多环芳烃（PAHs）和石油烃等。化肥的大量使用导致土壤中累积了过量的氮（N）和磷（P）等营养元素，土壤中氮和磷向水体迁移，造成了严重的水体富营养化，引起的面源污染也受到广泛的重视；④新兴阶段（2001 年起），分析手段的不断发展为研究土壤中微量和痕量污染物提供了技术支撑，学者在关注传统的污染物基础上，越来越重视新型污染物的环境化学行为研究。2006 年，环境科学著名杂志 *Environmental Science & Technology* 第 23 期发专刊介绍环境中的新型污染物，呼吁大家重视新型污染物环境过程及效应的研究，新型污染物的研究逐渐得到大家的重视。新型污染物种类较多，主要包括纳米颗粒污染物、抗生素、抗性基因、增塑剂、溴代阻燃剂、全氟辛烷磺酸等。环境中新型污染物的不断出现，给环境土壤学的发展带来了新的机遇和强劲的推动力，多溴联苯醚和全氟辛烷磺酸等新持久性有机污染物（POPs）已经被增列入《斯德哥尔摩公约》中。有关土壤中新型污染物的内涵、研究内容、研究方法、进展与科学问题曾有专题综述（王玉军，2016），本章主要讨论土壤中的抗生素及其抗性基因，以及纳米颗粒污染的相关问题。

第一节　土壤中的抗生素及其抗性基因

一、土壤中的抗生素

（一）抗生素的起源与发展

1. 抗生素的起源

抗生素（antibiotics）是由微生物（包括细菌、真菌和放线菌属）或高等动植物在生活过程中所产生的具有抗病原体或其他活性的一类次级代谢产物，也包括用化学方法合成或半合成的化合物，这些化学物质可干扰其他活细胞的生长与发育功能。有关文献对抗生素的发展简史（戴纪刚等，1999）、抗生素抗性基因研究、生态毒理学效应和控制对策等曾有较为系统的讨论（朱永官等，2015；苏建强等，2013；孔维栋和朱永官，2007）。当代抗生素的起源可追溯到 19 世纪 70 年代微生物间的拮抗现象，当时有研究发现真菌的生长往往会抑制细菌生长，列举了一种青霉菌对细菌生长的影响，霉菌溶解细菌的现象；19 世纪 80 年代发现，通过给动物接种无害菌而抑制了炭疽症的发生；铜绿假单胞菌会产生一种特殊的扩散物质，抑制了包括葡萄球菌在内的其他菌的生长；从而说明微生物之间存在拮抗作用。19 世纪 80 年代后期和 90 年代涌现出大量研究微生物抗菌活性的论文，例如，有美国学者利用假单胞杆菌的无细胞提取物局部治疗伤口感染，并取得了较好的效果。到 20 世纪初，已经发现并证实微生物间拮抗现象的普遍性，在某种情况下，这种作用由会扩散的抗生物质所引起，其中，青霉菌菌株和铜绿单胞杆菌成了引人注目的研究对象，探索了用于治疗疾病的可能性。

2. 抗生素的发展

（1）*天然抗生素的发展阶段*　虽然人们认识到微生物对抗生素发展的重要作用，但抗生素的研究进展仍然十分缓慢而曲折。在 20 世纪最初的 10 年，抗生素毫无新的进展，仅发现寥寥几种，例如，从某种真菌中分离出曲酸（1912）和青霉素酸（1913）。在 1920 年后的将近 10 年中，只有美国学者发现了放线菌素和绿脓菌素等，这些抗生物质的有效性不高或毒性较大，实用价值不大，并未引起多大的反响；直到青霉素的发现才使抗生素登上研究舞台。1928 年英国细菌学家弗莱明（A Fleming）发现在培养葡萄球菌的双层平板上的一株污染霉菌能杀死周围的葡萄球菌的现象（Tan and Tatsumura，2015），这是微生物拮抗现象的一个有趣例子，并对其进行了进一步的研究，证实其对葡萄球菌和许多其他细菌均有裂解作用；同时，利用培养物的滤液治疗伤口局部感染也有一定效果，并于 1929 年将霉菌培养物滤液中所含有的抗细菌物质叫做青霉素。

1938～1939 年英国牛津大学病理学家弗洛里（H. W. Florey）对已知由微生物产生的抗生物质进行了系统的研究，而青霉素是最能引起他注意的物质之一。在包括化学家们的共同努力下，促成了青霉菌培养物中的活性物质——青霉素的提取和纯化，1940 年已经制备成纯度可满足人体肌肉注射的制品，并在短短一年中青霉素便已商品化。从此，青霉素就成为第一个作为治疗药物应用于临床的抗生素。

美国土壤学家瓦克斯曼（S. A. Waksman，1952 年诺贝尔奖获得者）（Wainwright，2005）是抗生素研究历史中的一位重要人物。他抛弃了随机分离抗生素的传统方法，开始通过筛选成千上万的微生物来有意识、有目的地寻找抗生素。1942 年，他率先给抗生素下了一个明确的定义：抗生素是微生物在代谢中产生的，具有抑制它种微生物生长和活动，甚至杀灭它种微生物性能的化学物质。对土壤中的微生物区系研究多年后，1944 年他们发现了一种新抗生素——链霉素，它是由灰色链霉菌产生的（Schatz et al.，1973）。在当时看来，它是青霉素一种非常理想的补充。青霉素作用于革兰氏阳性菌，链霉素则作用于革兰氏阴性菌，以及青霉素作用无效的分枝杆菌，而且这两种抗生素之间无交叉抗药性。到此，抗生素研究进入了科学时代。瓦克斯曼的成就促使人们在世界范围内寻找土壤微生物的其他抗生素，于是开始了大规模筛选抗生素的时代。在短短的一二十年间，科研人员相继发现了金霉素（aureomycin）（1947 年）、氯霉素（chloramphenicol）（1948 年）、土霉素（oxytetracycline）（1950 年）、制霉菌素（nystatin）（1950 年）、红霉素（erythromycin）（1952 年）、卡那霉素（kanamycin）（1958

年）等。到 20 世纪 70～80 年代，抗生素进入药理活性物质的发展阶段，国内外发现并报道的生物活性物质，如酶抑制剂、免疫调节剂、受体结合抑制剂等的数量逐渐增多，并已有数十种用于临床、畜兽医或农作物中。

（2）半合成抗生素的发展阶段　进入 20 世纪 60 年代后，人们从微生物中寻找新的抗生素的速度明显放慢，取而代之的是半合成抗生素的出现，从此抗生素进入半合成抗生素的发展阶段。1958 年，希恩（Sheehan）发现了青霉素的活性母核——6-氨基青霉烷酸（6-APA），并通过 6-APA 的酰化反应合成了一系列新的青霉素。1960 年，通过对四环类抗生素、氨基糖苷类抗生素、大环内酯抗生素和利福平类抗生素等相继进行化学改造，获得了大量具有抗菌谱广、抗菌活力强、稳定、毒性小和易吸收等优点的半合成抗生素。1961 年，美国学者从头孢霉菌代谢产物中发现了头孢菌素 C。随着合成化学的进展和技术难关的攻克，将头孢菌素 C 水解，加上不同侧链后，成功地合成了许多高活性的半合成头孢菌素。经过一二十年的发展，出现了头孢菌素一代、二代和三代产品。目前，半合成青霉素和半合成头孢菌素品种已不下 70 个，其产量和销售额占据着抗生素的半壁江山（曾小龙和陈振强，2003）。

（二）人类活动与土壤抗生素

随着医学和生物技术的发展，新型抗生素不断涌现，为临床提供了更多的选择。除临床使用外，1950 年美国食品药品监督管理局（FDA）还首次批准抗生素可作为饲料添加剂，抗生素因此被全面推广应用于动物养殖业，在预防和治疗动物传染性疾病、促进动物生长及提高饲料转化率等方面发挥了重要作用。抗生素类物质低剂量使用能够促进畜禽的生长，高剂量使用能够起到治疗疾病的作用，因此，在畜禽养殖中得到了广泛的应用（王春红等，2010）。近年来，随着养殖者对畜禽养殖的经济利益追求和畜禽耐药性的增加，抗生素类物质的使用剂量不断提高，甚至以不合理的高剂量使用，土壤作为抗生素的最终受体，不规范的使用和滥用导致抗生素源源不断地进入土壤环境中，造成抗生素在土壤中的“假持久性”（王冲等，2014）。

抗生素进入土壤环境的途径主要包括施用含有抗生素的粪肥、污泥及灌溉含有抗生素的污水。此外，未使用或过期的、生产和运输过程中残留的抗生素药物通过填埋处理，以及喷洒抗生素防治水果、蔬菜和观赏性植物的细菌性病害也是抗生素进入土壤的重要途径。

（1）畜禽粪便　据估计，美国每年使用的抗菌剂达 16 000 t，其中，抗生素占 70%（Sassman and Lee，2005），欧盟每年大约使用 5 000 t 的抗生素（Tolls，2001），我国抗生素原料年产量约 2.1×10^5 t，其中 46.1%作为兽药使用（刘秀玲和卢静义，2012）。其中 30%～90% 的抗生素及其代谢产物，经受药动物的粪便和尿液排出，而大多数抗生素会随着施肥过程进入土壤。最近的研究表明，在不同地区畜禽粪便中所检测到的抗生素最高含量达到 mg/kg 级水平，例如，在中国猪粪中检出的磺胺氯哒嗪、恩诺沙星和土霉素的浓度分别达到 4 mg/kg、33 mg/kg 和 59 mg/kg，在德国猪粪中检测到的四环素和磺胺类抗生素分别达到 53 mg/kg 和 38 mg/kg，而在澳大利亚猪粪中检测到的氯四环素和磺胺二甲基嘧啶的浓度则达到 46 mg/kg 和 20 mg/kg（王冲等，2014）。在我国，绝大部分含有抗生素的畜禽粪便未经无害化处理或经简单堆肥处理后作为有机肥直接施于农田中。据估计，我国畜禽粪肥的使用量为 100～150 t/hm^2，在某些地区，农田施用畜禽粪肥的比率达到总施肥量的 60%～87%。

（2）污泥和污水　污水处理厂被誉为“城市的肠道”，每天接收上万吨工业、农业和医疗废水。进入城市污水处理系统的医用抗生素主要来源于医院废水中残留的药物和病人的排泄物、制药废水的流失药物、居民生活丢弃的过期药物和排泄物等。兽用抗生素则多来自兽用抗生素企业的生产废水、宠物医院废水和养殖场废水，居民生活污水中也含有部分兽用抗生素。城市污水处理厂通常被认为是污染物进入环境的一道防线。目前，大部分城市污水处理厂的处理工艺都是针对常规有机污染物和营养盐类设计的，而痕量抗生素在城市污水处理厂中得不到有效去除，随污水处理厂出水进入自然水体中，致使城市污水处理厂出水成为环境中抗生素的主要来源之一。此外，目前对污水处理厂抗生素的处理效果主要集中在废水中的去除率，对于吸附在活性污泥中的高浓度抗生素关注较少，未经过深度处理的剩余污泥通常作为肥料直接施于土壤从而导致抗生素向土壤环境中扩散。

二、微生物对抗生素的抗性机理

（一）抗生素抗性机理概括

作为20世纪最重要的医学发现之一，抗生素自从被发现以来已拯救了无数生命，为人类传染病的防治作出了重要贡献。抗生素除了应用于医疗领域之外，由于其具有预防疾病和刺激生长的作用，常以亚治疗剂量长期添加于饲料中，在全球范围内广泛应用于养殖业。但是由于不规范使用和滥用，抗生素会诱导细菌耐药性增强，从而引起潜在的公众健康风险。在医疗领域，对抗生素抗性细菌及抗性基因已有较为系统的研究，对各类已知抗性基因的分子机制已有较为清晰的认知，主要包括以下几类（图9-1）：

1）通过对抗生素的降解或取代活性基团，改变抗生素的结构，使抗生素失活；

2）通过对抗生素靶位进行修饰，使抗生素无法与之结合而表现出抗性；

3）通过特异或通用的抗生素外排泵将抗生素排出细胞外，降低胞内抗生素浓度而表现出抗性；

4）其他抗性机制包括在细胞膜上形成多糖类的屏障，减少抗生素进入细胞内（苏建强等，2013；Alekshun and Lery，2007）。

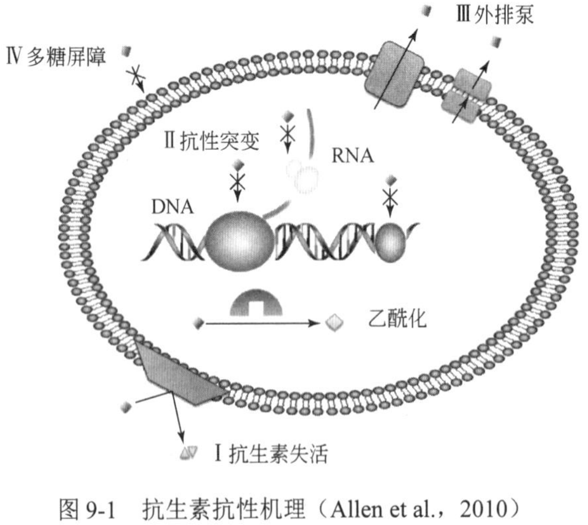

图9-1　抗生素抗性机理（Allen et al.，2010）

（二）抗性基因

抗性基因（resistant gene）即决定抗生素抗性的遗传因子。抗生素在医药、畜牧和水产养殖业中的大量使用造成环境中的抗性耐药菌和抗性基因日益增加，抗生素抗性基因（antibiotic resistance genes，ARGs）作为一种新型环境污染物已引起人们的广泛关注。世界卫生组织（WHO）已将抗生素抗性作为21世纪威胁人类健康的最重大挑战之一，并宣布将在全球范围内对控制抗生素抗性进行战略部署（WHO 2015，Global Antimicrobial Resistance SurveillanceSystem，http：//apps.who.int/iris/bitstream/10665/188783/ 188781/97892415 49400_eng.pdf.）。抗生素抗性基因在环境中的持久性残留、传播和扩散比抗生素本身的危害还要大，抗生素抗性基因的研究在环境科学研究领域日益增多。

1. 抗性基因的来源

环境中抗生素抗性基因的来源包括内在抗性（intrinsic resistance）和外源输入。

（1）内在抗性　　内在抗性是指存在于细菌基因组上的抗性基因原型、准抗性基因，或平时没有表达的抗性基因（Davies and Davies，2010）。细菌可通过随机突变或表达潜在抗性基因而获得抗性。在自然环境中，抗生素的浓度通常低于临床使用浓度。环境中这些低浓度抗生素均可作为微生物种群间或种群内的信号分子，使微生物群落中的各微生物种群产生表型和基因型上的适应性反应，因此，这些微生物种群普遍存在内在抗性基因（Aminov，2009）。

研究指出，抗生素抗性基因是一种古老的基因，普遍存在于环境微生物中。从北极3万年的冻土中提取到了来自于晚更新世生物的脱氧核糖核酸（DNA），发现存在多样性很高的抗性基因，这些抗性基因对β-内酰胺类、四环素类和糖肽类等抗生素具有抗性。这说明一些类型的抗生素抗性基因早就存在于自然界中，而并非是由现代临床治疗过程中抗生素的使用而造成的（D′Costa et al.，2011）。抗生素是抗性基因的选择压力，随着环境抗生素污染的加剧，可能加速了细菌抗性基因突变和抗性基因水平转移，这些抗性基因一旦形成，可能通过基因水平转移进入人类致病菌内，从而危害人类健康。

（2）外源输入　　抗性细菌通过人或动物粪便随着肠道细菌排出体外，是环境中抗生素抗性基因的重要来源之一。最初，大多数抗生素主要用于人体防治细菌感染，因此，多数抗性细菌最早也是在人体内被发现的，它们随着粪便排泄出体外，进入医疗废水、生活废水和其他环境中，而其携带的抗性基因即可通过水平转移传播到各种环境土著菌中。

在我国，医疗废水经医院内部的设施处理后达标排放或经简单处理后直接汇入市政污水管道，最终进入城市污水处理厂作进一步处理。但是抗生素在污水处理过程中很难被消除，城市污水处理厂产生的含有抗生素和抗生素抗性的微生物随水体进入了环境中（Michael et al.，2013）。此外，污水厂产生的污泥经填埋、露天堆放或堆肥农用后，抗生素抗性基因也随着污泥进入土壤环境中。在动物养殖业中，抗生素的使用极大地刺激了抗性基因的产生。动物肠道内和粪便中含有丰富的抗性细菌和抗性基因，这样的粪便用作肥料后增加了农田土壤中抗性基因的丰度（Heuer et al.，2011）。

2. 抗生素抗性基因在环境中的传播扩散

抗生素抗性基因在环境中的传播扩散途径有水、土壤和大气，包括土壤-植物体系由土壤向植物的扩散，在空气中的传播扩散，以及动植物体内抗生素抗性基因的扩散。目前，关于抗生素抗性基因在水环境和土壤中的研究日益增多，主要集中于城市污水处理过程中抗性基因的变化，以及农业生产过程中有机肥的添加导致的土壤中抗性基因的富集。相对于水和土壤环境，对抗性基因在空气中的扩散及动植物体内的研究相对较少。目前，在大气环境中已发现抗生素抗性基因，相关研究主要集中在养殖场附近的空气环境中分离到的耐药细菌及抗性基因。食物链是抗生素抗性基因进入人体最直接的途径，研究表明，在零售的生肉样品及一些蔬菜（如芹菜、香菜、菠菜等）中，分离出了具有抗性的肠球菌属，发现了抗生素成分的存在。

（三）微生物耐药性控制对策

微生物耐药性的产生是不可避免的，是生物长期进化和优胜劣汰的结果。耐药性一旦产生，它将会保持下去，抗生素的继续使用不仅为高耐药菌株继续提供选择压力，而且促进其复制、组构及共同享用耐药基因。为此，如何预防和减缓微生物耐药性的传播变得尤为重要。

1）加强抗菌药物的研究，开发新的作用机制的抗菌药物。目前的问题是，一种新型抗生素开发的速度已经严重滞后于抗性的产生速度，所以仅仅加强抗生素药物的研究是远远不够的。

2）针对耐药机制合理选择抗菌药物，抗菌药物使用不当会产生对细菌的筛选作用，使耐药菌株有更好的生存环境，导致耐药菌株的流行。因此，应针对致病源，合理选择抗菌药物，制定个体化给药方案，防止抗生素类药物的滥用。

3）在选择药物方面，以恢复突变为理论依据的循环使用抗菌药物，防止细菌的耐药性传递下去。

4）加强抗生素耐药性相关的基础与应用研究，包括耐药性发生和传播的生态学机制、消除和缓解耐药性发生和传播的环境技术及其系统解决方案等。具体方案可改进污水处理厂和畜禽粪便的处理工艺，削减抗性基因向环境中传播。

5）加强对于抗性基因水平转移的阻控研究。现有研究表明，某些化学物质可以影响抗性基因的水平转移，起到阻控的效果。

6）加强抗生素耐药性的科普宣传，提高全社会对耐药性的认知能力，从而在源头上有效控制抗生素在农业和医疗方面的滥用及其环境污染。保护抗菌药物资源，维护人类抗感染的生存权利（李树钧等，2010）。

（四）抗性基因的研究方法与进展

近年来，抗生素抗性基因的研究在环境科学领域也日益受到关注。但是，要评估抗生素抗性基因的生态风险、在环境中的分布、传播途径和机制，需要对各个环境介质中的抗性基因进行定性和定量分析与监测。目前，采用基于细菌培养的筛选技术、定量聚合酶链式反应（qPCR）技术、宏基因组学和功能宏基因组学技术，科学家已经发现大量抗性基因广泛存在于各种生态环境介质中（图 9-2）。

1. 基于细菌培养的基因组鉴定

鉴定抗生素抗性的经典方法是传统的培养技术，使用抗生素抗性的选择培养基可以对特定的抗生素抗性菌群进行计数和分离。分离到的菌株抗性可以通过多种方法来测定，包括固体/液体培养基系列稀释评估最小抑制浓度（MIC），基于 MIC 的药敏纸片琼脂平板扩散法和药敏实验分析（王丽梅等，2010）。通过聚合酶链式反应（PCR）扩增特定的靶标基因，或者基因组序列注释，可以进一步鉴定分离菌株所携带的抗性基因。但是，基于细菌培养的方法通常费时、费力，且其最大局限在于复杂环境中仅有少量细菌是可培养的。然而，标准培养筛选方法依然有不容忽视的自身优势和价值。

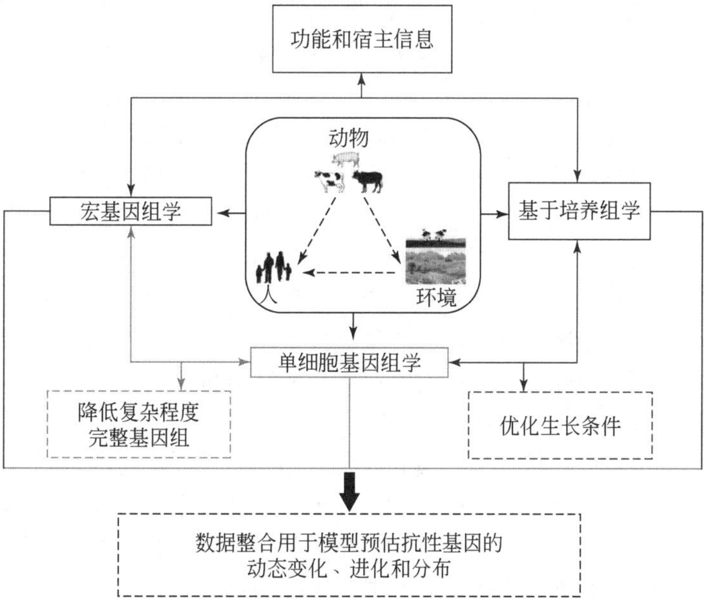

图 9-2　环境中抗性基因的研究方法（Su et al.，2017b）

1）该方法可以在抗性表型和基因型之间建立直接联系，为活跃表达的抗性基因提供表型信息。致病菌和指示细菌易于在选择培养基上生长，深入挖掘它们的基因型和表型特征可以进一步评估它们对人类健康产生的潜在风险。此外，多种抗药性细菌在临床医疗上至关重要，检测多种抗药性最直接的方法就是采用培养筛选的方法。

2）该方法可以建立抗生素抗性基因（ARGs）与其细菌宿主之间的联系，这是尤为重要的。因为 ARGs 宿主的确定可以获得抗性基因的来源信息及评价其在环境细菌和致病菌之间的扩散。此外，基于分离获得的抗性菌株的全基因组数据可以获得多个 ARGs 及其相关基因（例如，重金属抗性基因）的排列信息（Ma et al.，2016）。更为重要的是，可以鉴定位于可移动遗传元件（MGEs）上的 ARGs，通过水平基因转移，MGEs 相关的抗性基因可以在细菌和致病菌之间进行扩散。而且，通过比较基因组分析，可以确定 ARGs 是内在抗性还是外源输入，以及 MGEs 及其相关 ARGs 的宿主特征。

3）大量培养和筛选来源于人类和动物的抗性菌株，比较它们的基因组信息和菌株表型特征可以进一步促进人类和动物抗生素抗性的流行病学研究，确定抗生素抗性的来源。鼠伤寒沙门氏菌（*Salmonella typhimurium*）DT104 是临床上比较重要的流行病菌株。科学家发现来源于人类和动物的 DT104 菌群具有明显不同的多样性，以及抗性表型和基因型特征，这表明人类抗生素抗性是由其他来源造成的，而非当地的动物。

因此，基于上述优势，根据细菌培养的抗性检测方法，可以为我们提供抗生素抗性的表型、基因型、扩散和流行病学等重要信息，尤其是针对临床上重要的微生物。

2. 宏基因组学挖掘抗生素抗性基因

宏基因组学以环境中所有微生物的基因组总和为研究对象，克服传统培养方法中绝大多数微生物不可培养的局限（孙欣等，2013）。宏基因组高通量测序技术规避了引物或探针设计与选择的限制，可以挖掘所有的抗生素抗性组学信息，包括各种复杂环境中未知抗性基因的检测，从而发现新型 ARGs 和抗性机制。该方法不仅可以提供微生物群落结构信息（包括物种丰度和分布），而且可以获得群落的代谢功能特征。目前，科学家利用宏基因组学技术已经发现在人体肠道、动物粪便、水体、土壤和空气等生境中存在大量的 ARGs 和 MGEs。基于宏基因组学分析，鉴定了新型抗生素抗性基因，包括β-内酰胺、四环素、氨基糖苷和博来霉素抗生素抗性基因。有关鉴定抗生素抗性基因的宏基因组学方法讨论如下。

（1）基于序列分析的宏基因组学　基于测序的宏基因组学研究即直接提取和随机测序环境中的总 DNA 序列，包括不可培养细菌的 DNA。环境样品中随机选取一个样品假设代表整个微生物群落，通过高通量测序技术对该样本 DNA 进行测序，获得的宏基因序列与已知的序列数据库（参考序列）进行比较，从而鉴定抗性基因或引发抗性的突变体（Schmieder and Edwards，2012）。基于大量参考抗性基因的数据库，科学家可以从一个宏基因组中预测许多抗生素的潜在抗性基因。此外，宏基因组学序列分析可以剖析由抗生素处理带来的微生物群落（包括不可培养的微生物）多样性变化特征。

到目前为止，科学家已经从各种环境介质中测序了上千个不同的宏基因组，解析了环境中抗生素抗性基因动态变化特征和扩散机制。发现人类肠道中含有大量 ARGs，人类肠道和人类周围居住环境中的微生物群落共享着大量抗性基因，这些共有的抗性基因可能是通过水平基因转移在细菌基因组间进行交换移动产生的（Pehrsson et al.，2016）。这表明人类活动与环境中抗性基因的分布和扩散密切相关，是抗性基因扩散的主要驱动因子。这些人类肠道中的微生物及其携带的抗性基因通过分泌物排放进入污水处理系统。从中国 17 个主要城市收集了 32 个污水处理厂的 116 个进水样品进行宏基因组测序研究（Su et al.，2017a），表明城市污水也是抗性基因的一个热点，并具有明显的季节性分布特征；同时发现一个核心共享的抗生素抗性组占据了总抗性基因的 57.7%。传统的污水处理系统并不能完全去除抗性基因，以及它们的宿主细菌，通过污水排放或者污泥农用，这些携带抗性基因的细菌，尤其是临床致病菌将进入土壤等环境系统中，最终威胁人类健康。

通过宏基因组数据鉴定大量 ARGs 需要有效数据分析工具和权威综合的参考数据库。目前，科学家主要通过与数据库同源比对检索序列来鉴定和注释抗性基因［抗性基因的数据库包括美国国立生物技术信息中心（NCBI）、抗生素抗性基因数据库（ARDB）、抗生素抗性基因综合数据库（CARD）］。但是，基于序列检索的同源比对有一定的缺陷。如果宏基因组数据与数据库序列同源比对没有显著的相似性，新型 ARGs 可能会丢失或遗漏。大部分同源比对注释的抗性基因功能无法验证，这必然会造成基因注释假阳性出现；因此，严格控制序列检索相似性标准，优化改良分析方法，以及发展由抗性基因基因型预测表型的新的计算机计算方法将会极大地促进 ARGs 的精准鉴定。

（2）功能宏基因组学　功能宏基因组学技术是在外源宿主中异源表达宏基因组 DNA，通过活性筛选，进而发现功能基因，但通过它们的序列并不易发掘这些基因的功能。该方法通过构建功能宏基因组文库，表达克隆的基因组片段，可以直接用抗生素进行克隆子筛选，规避了传统未知序列研究的缺陷；因此，功能宏基因组学可以挖掘以前未知的，以及通过序列无法认知的新的抗生素抗性功能蛋白。通过功能宏基因组学技术已经鉴定了可以使抗生素失活的蛋白编码基因，编码多种抗药性外排泵的基因及抗甲氧苄氨嘧啶（叶酸拮抗剂）的基因（Torres-Cortes et al.，2011）。通过对阿拉斯加冻土中的β-内酰胺类和氯霉素类抗性基因进行筛选，从中发现了具有双重功能的β-内酰胺酶和新型氯霉素外排基因（Lang et al.，2010；Allen et al.，2009）。通过构建功能宏基因组克隆文库（Su et al.，2014），发现 45 个克隆子对二甲胺四环素、四环素、链霉素、庆大霉素、卡那霉素、丁卡那霉素、氯霉素和利福平可产生抗性，并发现在施用有机肥的土壤中，抗性基因约占总抗性基因的 70%，有力地证实了农田管理（如有机肥添加）可以增加土壤中抗性基因的多样性。

由于功能宏基因组学是基于功能筛选和 DNA 片段的克隆和表达技术，克隆子和插入片段的大小可能会限制由多个基因调控表达 ARGs 的鉴定。功能宏基因组片段在外源宿主中异源表达也可能会产生假阳性 ARGs。此外，采用不同种类的培养基、抗生素浓度和孵育方法，使得不同环境中的抗生素抗性很难进行比较。功能宏基因组文库中的许多 ARGs 可能在外源宿主中不表达，从而可低估环境样品中抗性基因的检出频率。

与传统培养方法相比，宏基因组学技术面临一个极大的挑战，即 ARGs 宿主细菌的鉴定。目前，科学家常常基于 ARGs 与细菌群落之间的显著相关性（共发生格局）通过网络分析来间接推测抗性基因的宿主（Li et al.，2015a）。ARGs 及其侧翼 DNA 的序列分析可以为抗性基因宿主的确定提供直接信息。基于分类学的亲缘关系和相似性方法，不同样品中 ARGs 在不同分类学水平上的细菌宿主，发现埃希氏菌属（*Escherichia*）与多种抗药性抗性基因具有显著相关性（Ma et al.，2016）。

抗性基因的宿主来源也可以通过一个基于组成的方法 RAIphy 来预测，该法采用相对丰度指数标准和迭代分类方法对宏基因组数据组装获得的不同片段长度的 DNA 片段进行分类鉴定（Nalbantoglu et al.，2011）。通过这种算法，科学家预测土壤中的变形菌门和放线菌门是主要的携带抗生素抗性的宿主来源。尽管目前科学家仅可以在相对较大的分类学水平上（如门水平）预测抗性基因的系统发育，鉴定到属水平上的片段比例相对较低（如低于 30%），但是这些研究已成功地在 ARGs 和它们的宿主细菌之间建立了联系。

宏基因组学的另一个挑战即揭示 ARGs 的遗传学背景特征。理解抗性基因的遗传背景不仅有助于注释基因的分类学分类，而且可以促进抗性基因与 MGEs 上携带的抗性基因共发生特征的剖析，进而可以评估多种抗性基因及水平基因转移发生的潜在可能性（Allen，2014）。抗性基因遗传背景知识的缺乏，在很大程度上是归因于当前测序方法检测的局限性和宏基因组序列有效组装的费用与挑战，而减少测序成本和发展更为精细的生物信息学可以减少或者克服这些局限性。随着生物信息技术的发展，三代测序技术可以促进精确遗传背景的获得。在一个牛粪便样品的宏基因组文库分析中，PacBio 技术已经用于抗性克隆子大片段插入片段的解码测序。研究结果表明，来源于不同细菌菌种的 ARGs 常常聚类在一起，这为多种抗药性抗性基因的预测提供了遗传学基础（Wichmann et al.，2014）。

直接测序移动组（一个宏基因组数据中所有 MGEs 的集合）可以揭示 ARGs 和 MGEs 的共发生特征。在污水处理厂研究中，科学家采用一个借助于转座子的捕获体系从环境宏基因组中分离新型质粒，研究发现微生物群落中存在大量抗性基因和介导水平基因转移的可移动遗传元件（Zhang et al.，2011）。临床来源的 I 类整合子基因具有相同保守的 DNA 序列，它们在人类主导的生态系统中与 ARGs 的密切联系，使得这些“临床” *intI* 1 基因的相对丰度可以作为人为活动影响的遗传标记（Gillings et al.，2015）。整合子库的序列数据表明，医院出水中含有大量整合子，这些整合子内部携带许多不同的基因盒。环境中移动组学特征的发掘将会拓展那些易于通过水平基因转移在环境中扩散的抗性基因研究。

3. 基于基因芯片技术检测抗生素抗性基因

基于基因芯片的检测方法也是一种高通量分析复杂环境中微生物群落种类和功能基因的技术手段，它可以同时检测高达几十万个生物标记基因。根据靶标的生物标记基因种类的不同，可将基因芯片分为两个主要种类，系统发育基因芯片和功能基因芯片（Zhou et al.，2015）。系统发育基因芯片技术主要靶标是系统发育的标记基因，包括 rRNA（核糖体核糖核酸）和 *gyr*B 基因（结核分枝杆菌 DNA 旋转酶 B 亚单位编码基因），该技术已经广泛应用于研究环境中微生物群落的结构特征。科学家已经设计了多种系统发育基因芯片来监测不同生境中的微生物群落，包括可以检测广泛分布的微生物分类单元的 PhyloChip^{TM}（生物微矩阵芯片）、堆肥中微生物群落的 COMPOCHIP（该微矩阵芯片针对稳定化的有机物料的典型微生物和病原菌）和人类肠道微生物的基因芯片。此外，基于 *gyr*B 基因的基因芯片可以研究更精细的系统发育分析（致病菌种的水平），包括大肠杆菌（*Escherichia coli*）、志贺氏杆菌（*Shigella*）、沙门氏菌（*Salmonella*）、分枝杆菌（*Mycobacterium*）和嗜肺军团菌（*Legionella pneumophila*）。

功能基因芯片是基于种水平的各种细菌基因组、pan-基因组（细菌种水平所有菌株的全套基因）、比较基因组分析中的宏基因组，以及用于研究基因型分析或者研究微生物功能基因组成和结构的宏基因组而设计的（Shilova et al.，2014；Tu et al.，2014）。已鉴定的 ARGs 可以用来设计寡核苷酸探针，这些探针与基因组/宏基因组 DNA 杂交可以研究环境中这些 ARGs 的分布特征。目前，科学家设计了多种可以检测特定 ARGs 的基因芯片，用于研究致病菌株和环境样品中的 ARGs。这些抗性基因芯片一直应用于畜禽养殖业中致病菌的抗性基因分布特征和基因型分型研究中。在基因芯片中，毒力致病因子基因常与 ARGs 组合共同用于在更细微水平上研究细菌菌株抗性和致病性基因型的特征。例如，毒力致病因子基因芯片（PathoChip）包含 3 715 个探针，可以检测来自于 1 397 个种水平的微生物（2 336 个菌株）的 13 类毒力致病因子，可以用于研究环境中致病菌群落动态变化和致病性特征（Lee et al.，2013）。ARGs 也可以与其他的功能基因组合在基因芯片中，例如，一个微生物溯源的基因芯片包含致病菌、粪源指示菌、溯源标记和 ARGs，可以用于环境中粪源污染和致病菌的高通量检测。GeoChip 是一个功能基因芯片，这些功能基因参与各种生物地球化学循环过程，包括毒力、重金属抗性和抗生素抗性，该芯片也已用于监测环境中 ARGs 分布特征（Li et al.，2015b）。

与宏基因组学技术相比，基因芯片技术依赖于已知序列来设计探针，因此，无法检测新型 ARGs。但是，基因芯片技术具有高通量、低检测限、高重复性和半定量等特征，这些特点使得基因芯片技术在 ARGs 的研究领域具有很好的发展前景。目前，基因芯片技术也面临一些挑战，例如，高度同源或者不完整序列的 ARGs 特定探针的设计；偶尔的技术重复间或者重复内大的波动；与 PCR 分析相比，从非特异的背景噪音中区分真实杂交信号的敏感性更低等。

4. 高通量定量聚合酶链式反应技术

在检测 ARGs 的技术中，无论是针对细菌基因组，还是宏基因组，PCR 技术都是相对更敏感、快速的一种方法。传统的 PCR 技术只能定性分析和仅能提供环境中 ARGs 存在的依据。然而，qPCR 技术除了具有普通 PCR 的优势之外，还可以对 ARGs 进行定量分析，是一种快速检测、定量丰度和比较分析的强有力手段。qPCR 技术一直广泛应用于定量各种环境中的 ARG 和 MGE 基因，包括土壤、水体和污泥样品等，揭示这些环境样品中 ARGs 的分布特征和人类活动对 ARGs 生态学上的影响（Su et al.，2015；Zhu et al.，2013）。

基因组和宏基因组学研究的发展使得数据库中 ARGs 的数目逐渐增加，促进了各种 ARGs 和 MGEs 基因的特定引物的设计。Li 等（2012）采用传统 qPCR 技术研究了养猪场和周围环境中 8 种质粒介导的喹诺酮抗性基因（PMQR）的可能扩散特征。从 10 个肉牛养殖场颗粒物质中检测到数个 ARGs，表明 ARGs 可以通过空气途径进行传播（McEachran et al.，2015）。尽管传统 qPCR 技术可以成功检测 ARGs，但是该技术仍有一定缺陷，包括低通量（96/384 微孔板）、增加的成本和劳力（检测和定量环境样品中多种 ARGs 需要大量反应）。

高通量定量聚合酶链式反应技术（HT-qPCR）规避了这一限制，可以同时进行成千上万个纳升级的 qPCR 反应，进而评价上百个基因，包括致病菌毒力致病基因和抗性基因的表达及丰度。在复杂环境中，抗性基因种类繁多且高度丰富，有限数目 ARGs 的检测不足以代表整体 ARGs 的水平，例如，四环素类的抗性基因有 40 多种，这些基因主要是编码外排泵、核糖体保护蛋白和使酶失活的基因。目前，HT-qPCR 技术已广泛应用于各种环境中抗性基因分布和扩散机制的研究。采用 HT-qPCR 技术在 3 个大规模的养猪场（10 000 头/年）中，发现 149 个不同的抗性基因，重金属可能通过共选择机制促进了这些抗性基因的增加（Zhu et al.，2013）。此外，中水回收灌溉可以增加城市公园土壤的抗生素和抗性基因的丰度（Wang et al.，2014a）；传统的商业有机肥的使用也会增加土壤中抗性基因的丰度（Zhou et al.，2017）。污水处理厂也是抗性基因的一个热点，长期施用污泥和动物粪肥用作农作物肥料也会增加农田土壤中抗性基因的丰度和多样性（Chen et al.，2016）。

虽然 HT-qPCR 是一种快速检测和定量抗性基因的极具前景的技术，但是其最大缺陷，即引物设计，需要获得已知抗性基因序列，因此，无法检测环境中未知的异源 ARGs（Allen，2014）。此外，引物设计和扩增反应条件也限制了 HT-qPCR 技术的发展，因为在整个分析中扩增反应的条件是统一不变的。另外，与传统的 qPCR 相比，HT-qPCR 技术采用纳升级的反应体系，其抗性基因的检测限则相对更高。

5. 单细胞基因组技术

生态系统中单个微生物细胞群的基因组是高度多样化的，单细胞基因组技术可以检测到其他方法（例如，宏基因组学和 HT-qPCR）无法检测到的稀有物种（Gawad et al.，2016）。细胞个体的基因组动态变化可以驱动某些生物过程，因此，研究细胞间的异质性是必要的。例如，科学家发现各种不同的微生物群落在抗生素压力下，它们各自的细菌类群表现出不同的耐药性，这解释了抗生素用于临床治疗上无法获得的预期效果（Wang et al.，2014b）。但是，单细胞水平上抗生素抗性产生和调控的分子生物学机制依然非常缺乏。单细胞测序技术可以通过剖析微生物单个细胞的基因组学特征，从而进一步揭示单个细胞对于抗生素抗性的贡献（Lasken，2012）。

单细胞基因组测序技术可以直接鉴定和组装环境或者临床上未可培养的细菌或病毒（微生物暗物质），从而可以从目的微生物中鉴定多种参与特定功能或代谢途径的新型基因，以及数据库中未包含的基因（Lasken，2012）。获得的单细胞基因组可以进一步应用于各个方面，例如，提高细菌生物能源生产、环境微生物临床治疗、微生物培养方法的研究（通过将细菌基因组与其营养需求和代谢过程联系起来），以及设计荧光原位杂交探针（用于分析微生物群落和高通量筛选目的微生物）。单细胞测序技术也可以与宏基因组技术结合，通过将微生物个体和群落总基因组相联系，共同揭示微生物群落结构变化（Mason et al.，2012）。

目前，获得高质量的单细胞基因组还存在一定的技术局限性。单细胞测序技术的首要步骤是细胞个体的分离与筛选。随着科学技术的进步，分离单细胞的方法已经得到了极大改进，从低通量的手动操作到高通量的自动化分选。低通量的细胞分选包括采用微量移液器（Zong et al.，

2012）、纳升级微孔板稀释（Gole et al.，2013）、光学显微镊挑取（Landry et al.，2013）和激光喷射（Wang et al.，2013a）。高通量方法主要包括流式细胞仪分选和微流控分选，这种分选方法常与微液滴或微机械阀相结合（Leung et al.，2012；Zhu et al.，2012；White et al.，2011）。这些分选技术与荧光或者拉曼光谱相结合可以有效筛选特定的具有生物学意义的细胞（Wang et al.，2013a）。另一个重要的技术挑战则是单细胞的全基因组扩增（WGA），以及建立低偏差的和完善的下游基因组分析方法。单细胞全基因扩增常采用多重置换扩增技术（MDA）。此外，单细胞基因组技术需要低成本测序、相应的生物信息分析和合适的数据解析。

虽然单细胞基因组技术存在一定的技术挑战，但是该方法在抗生素抗性基因的研究上具有不可替代的优势。理论上，在抗生素选择压力下，细胞个体中抗生素抗性的存在可以使抗性菌株生存和繁殖，并最终在与其他菌株的竞争中占据优势地位。环境中抗性突变和水平基因转移的频率是相对较低的（抗性突变频率为 10^{-8}；水平基因转移频率为 10^{-5}），通过传统的培养方法追踪这些小概率事件费时费力。但是单细胞基因组技术可以灵敏地定量检测这些小概率事件。单细胞的分离使得快生长细胞和慢生长细胞之间无法竞争，因而可以获得大量培养方法无法获取的各种抗性表型。例如，科学家已经建立琼脂糖液滴微流控 PCR 技术，该技术可以在正常 K12 细胞（100 000）高背景条件下检测到致病菌 *E. coli* O157∶H7 的单个细胞（Zhu et al.，2012）。单细胞基因组技术也可以揭示细菌异质抗性的遗传机制，揭示选择压力下细菌代谢的动态变化（Maglica et al.，2015）。

近几年来，单细胞基因组技术发展迅速，已取得了宏基因组方法无法获得的新的研究成果。然而单细胞基因组技术在阐明环境抗生素抗性方面还鲜见报道，因此，将单细胞技术应用于环境抗生素抗性研究还具有巨大的前景。对不可培养的抗性细菌进行单细胞全基因组测序可以促进编码新型抗性机制和抗性途径的新型基因的鉴定。在一个特定环境中，可以准确标记目的细菌，进行分选、测序，进而进行比较基因组分析；分离到的单细胞可以在不同抗生素浓度下测定其抗性；通过获得的抗性表型进一步阐释抗性机制。通过单细胞水平上表型和基因型的密切关系，可以准确将抗性基因与宿主细菌联系，进而更精确地在群落水平分析和阐明抗性基因与微生物群落结构之间的动态关系，甚至将单细胞稳定同位素探针与拉曼光谱结合可以直接鉴定抗生素抗性基因（Wang et al.，2016a）。

综上所述，抗生素耐药性及其在全球范围内的传播已成为国际关注的焦点。抗性基因在人类和环境之间快速传播与扩散将严重威胁人类健康。目前，科学家主要采用基于细菌培养的方法、不依赖于培养的方法及单细胞基因组方法来检测和监测环境中的抗生素抗性。这些方法都有各自的优点和不足，因此，应根据研究目的和科学假设选取适当的方法。研究抗生素抗性旨在阐明人类活动对环境中抗生素抗性的来源、进化、发展、扩散和潜在的风险。培养与分子手段耦合分析将为科学家提供更加全面、综合的抗生素抗性生态学认识。基因组研究也将会促进新型药物靶点的筛选与鉴定，进一步推动新型抗生素药物的研发与应用。

当前，大部分抗生素抗性的诊断筛选主要基于分离菌株的表型特征，这从样品的收集到试验结果需要花费大量时间，因此，病患最初主要通过广谱抗生素来进行治疗。分子手段可以提供需求导向的抗生素抗性诊断，从而制定相应治疗措施。美国食品药品监督管理局已经授权几种基于 PCR 的检测手段用于抗生素抗性的检测。对于大量已鉴定的抗性机制，高通量定量 PCR 技术是一种可以综合反映抗生素抗性的有效方法。基因组学分析则会为科学家提供抗生素抗性元件信息及它们相应的表达调控机制。目前，除了细菌培养鉴定抗性方法之外，还应该发展和构建分子诊断标准操作规范，促进全球监管体系的建立，进而进行大规模数据的比较，为抗生素抗性与人类健康风险评估提供科学基础，这对保护人类健康和生态环境具有重要意义。

三、抗生素与抗性基因的土壤环境行为与风险

（一）抗生素的土壤环境行为

1. 抗生素在土壤中的吸附、降解等行为

抗生素进入土壤环境后，会发生吸附和降解等物理化学和生物过程。土壤的理化性质、有机质组成和抗生素本身的性质，以及微生物活动之间的交互作用决定抗生素在土壤中的吸附和降解行为。目前，关于抗生素的环境行为和影响的研究，国际上已经有不少文献报道。吸附过程会直接或间接地影响抗生素在土壤中的迁移、降解和生物有效性。

（1）抗生素在土壤中的吸附和影响因素　与非极性有机污染物不同，抗生素属于离子型极性有机化合物，它们一般含有多个离子型官能团，多个酸解离常数（pKa），并随溶液酸碱条件的变化，可出现阳离子、中性离子和阴离子等多种价态，一般具有较强的亲水性。对土壤或沉积物等吸附介质而言，抗生素的吸附主要与它们自身的憎水性、极性、可极化性及其空间构型等有关，而这些性质又是由它们的结构决定的。不同类型抗生素的结构各不相同，分别含有一些特殊的官能团、取代基，使得它们的吸附行为存在一定差异。抗生素在土壤中吸附能力的大小通常用土壤水分配系数（K_d）表示，K_d 值越大，吸附作用越强。

$$K_d = C_s/C_w \tag{9-1}$$

式中，C_s 和 C_w 分别为吸附平衡时固相和液相中污染物的浓度。

影响抗生素吸附的主要因素包括土壤 pH、离子强度和多价态金属离子、有机质和可溶性有机质含量，以及土壤的综合性质（齐会勉等，2009）。

土壤 pH 随土壤类型和组成的不同而有较大的变化，并通过改变抗生素和吸附介质的电荷状态对吸附产生显著影响。以土霉素（OTC）为例，当 pH＜3.6 时，溶液中以 OTC^+ 为主；3.6＜pH＜7.5 时，以 OTC^0 为主；pH＞7.5 时，主要以 OTC^- 的形式存在。当吸附介质为表面吸着大量可交换阳离子的纯黏土矿物时，pH 降低 OTC^+ 增多，阳离子交换作用增强，吸附量就会增加；当吸附介质为金属氧化物时，由于其表面电荷随 pH 可变性强，在酸性和碱性 pH 时，土霉素与金属氧化物表面因带有同种电荷而相互排斥，导致吸附量较低。而多价态金属离子（如 Ca^{2+}、Mg^{2+}、Cu^{2+}、Al^{3+} 和 Fe^{3+}）是影响部分抗生素吸附行为的重要因素。通常在低 pH 时，它们会同阳离子态或零价态的抗生素竞争吸附位，从而导致抗生素的吸附量降低。相反，在高 pH 时，它们可以起到桥接作用，通过共价键连接抗生素带负电部分与固体表面的吸附位点，形成抗生素-金属离子-吸附介质三相配合物，进而促进抗生素的吸附。

有机质是天然土壤中主要的吸附活性组分之一。有机质中大量的去质子化官能团，例如—COO^- 为带正电的抗生素离子提供了可能的吸附位；此外，抗生素可以与有机质中的极性官能团通过氢键作用而被吸附。然而，由于土壤中有机质的含量一般较低，而且有机质的存在可能屏蔽黏土矿物表面的吸附位点，因而减少了抗生素在土壤中的吸附，所以有机质并非自然土壤吸附抗生素的主要贡献者。溶解性有机质（DOM）含量很少，仅占土壤有机质的很少一部分，但其含有羧基、羟基、羰基等多种活性功能团，有研究表明 DOM 可以显著影响有机污染物（如多环芳烃和农药类）在土壤中的吸附和迁移行为。因此，DOM 对抗生素类污

染物吸附的影响也越来越受到关注。

（2）抗生素在土壤中的降解行为　自然环境中影响抗生素降解的因素主要有光照、温度、微生物作用等。由于抗生素自身结构性质不同，其在自然界中的降解行为也有差异，一些抗生素易发生生物降解，而一些抗生素则很难被生物降解。

1）光解　自然环境中光照是影响环境中抗生素残留量的重要因素。在光照条件下，抗生素不稳定，容易发生光解，最终生成 H_2O、CO_2 和其他离子等。四环素、土霉素、红霉素在模拟日光下均能发生光降解，研究表明光照 3 h，降解率即可分别达到 66.9%、90.6%和 92.8%（李圆杏等，2013）。抗生素的光降解过程中，受到 pH、催化剂、初始浓度等因素的影响。研究发现盐酸四环素的光催化降解与 pH、TiO_2 投加量和四环素初始浓度有关，改变影响因子会使多种抗生素共同降解，产生选择性。

2）水解　水解作用是抗生素在环境中降解的重要方式，抗生素中 β-内酰胺类、大环内酯类和磺胺类等易溶于水。有研究表明，pH 和温度影响氨苄青霉素、头孢噻吩和头孢西丁在环境中的水解。在环境条件（pH=7，温度为 25℃）下，半衰期为 5.3～27 d（Mitchell et al.，2014）。

3）生物降解　生物降解是抗生素在环境中降解的最重要途径（王冲等，2014）。被生物降解的抗生素可能转化为生物体的组成部分，或最终转化为没有生物毒性的无机或有机小分子。生物降解主要有植物降解和微生物降解两种方式。

（ⅰ）微生物降解。抗生素的微生物降解是指在微生物作用下，抗生素残留物的结构发生改变，从而引起其化学和物理性质发生改变，即通过将抗生素残留物从大分子化合物降解为小分子化合物，最后成为 H_2O 和 CO_2，实现对环境污染的无害化处理的过程，其中耐药细菌起最重要的作用。耐药细菌直接破坏和修饰抗生素而使其失活，包括水解、基团转移和氧化还原 3 种机制。许多抗生素含有易水解的敏感化学键（如酯键和酰胺键），耐药细菌含有消除这些脆弱化学键的酶而摧毁这些抗生素的活性。这其中主要的一类酶是可以消除青霉素和头孢菌素类药物β-内酰胺环的酰胺酶。另外，还有与大环内酯类药物耐药性有关的酯酶及与磷霉素耐药性有关的开环氧化酶。

（ⅱ）植物降解。植物具有庞大的叶冠和根系，在水体或土壤中，与环境之间进行着复杂的物质交换和能量交换，在维持生态环境的平衡中起着重要作用。植物修复受污染的水土环境主要有 3 种机制：①植物直接吸收有机污染物后转移或分解；②植物释放分泌物和特定酶降解土壤环境中的有机污染物；③植物促进根际微生物对土壤环境中有机污染物的吸收或利用转化。

2. 抗性基因与重金属的相互作用

抗性基因与重金属之间存在相互作用（张佳奇等，2016），目前，一些金属（如锌、铜等微量元素）作为饲料添加剂，已被广泛添加到饲料中，造成养殖业的重金属污染问题；同时为了实现增产，多种抗生素也被添加到畜禽养殖饲料中，已经在养殖动物的粪便中发现高浓度的抗生素和重金属。高浓度的抗生素和重金属导致畜禽养殖厂及其周边环境抗生素和重金属的复合污染，重金属和抗生素对细菌产生抗生素和重金属抗性的协同、交叉等机制，加剧了抗生素抗性基因的污染。越来越多的研究表明，抗生素抗性基因的丰度与砷、铜、镍、铬、铅等重金属污染程度显著相关，表明重金属和抗生素的复合污染可以增加环境中抗性基因的丰度。例如，土壤中铜的含量与土壤中多种抗性基因［四环素类抗性基因（*tet*M、*tet*W）、β-内酰胺类抗性基因（bla_{OXA}）、大环内酯类抗性基因（*erm*B、*erm*F）］的丰度有显著的正相关性，而铬、镍、铅等金属的含量与一些特定的抗性基因丰度也具有显著的正相关性。其中与金属铬相关的基因型有 *tet*M、$bla_{CTX\text{-}M}$（β-内酰胺类抗性基因）、bla_{OXA}，与金属镍相关的基因

型是 *tet*W。环境中的重金属污染对抗生素抗性基因的筛选具有促进作用，而且不同的重金属所促进的抗性基因也有区别。

细菌抗生素抗性与重金属抗性的协同选择机制如图 9-3 所示（Baker-Austin et al.，2006）。

（1）交叉抗性　细菌细胞利用同一种抗性系统对抗生素和重金属同时产生抗性，例如，外排泵系统。这种间接的选择过程是因为抗生素和重金属的抗性机制的耦合作用，这种抗性机制在生理学上的耦合作用称为交叉抗性。在交叉抗性的作用情形下，菌株对多种抗菌剂具有抗性，这些抗菌剂包括多种抗生素和重金属离子。当不同的抗生素攻击同一靶点时，可启动细胞共同通路，或者共享一个共同的途径获得各自的作用目标。

（2）协同抗性　协同抗性指细菌携带的多种特定抗性基因位于同一遗传元件上，如质粒、整合子，或者转座子等。研究发现重金属抗性基因和抗生素抗性基因可以存在于质粒上。因此，在重金属的选择压力下能生存的微生物可能会对一些特定的抗生素同样具有抗性。

（3）细菌抗生素抗性与重金属抗性的协同调控　协同调控是指细菌在抗生素或重金属任何一种压力下，细菌体内的一系列转录和翻译应答系统均会对其做出反应的作用过程。例如，细菌可通过双组分系统进行协同调控，对环境变化做出应答。为应对不同的环境变化，细菌演化出多种细胞信号转导途径，其中磷酸化和去磷酸化在生物体中广泛存在，其过程由不同的激酶催化完成。几乎所有的细胞都利用磷酸化介导的信号转导机制来应对代谢、环境和细胞周期的变化。双组分系统在细菌、古生菌和真菌中均有发现，而在细菌中的存在最为广泛，参与对环境刺激做出反应的多种信号转导过程。双组分系统有多个“靶点”，如感应外界刺激的位点、激酶自主磷酸化位点和反应调控蛋白磷酸化位点等。双组分系统能感应不同环境刺激并做出应答反应。

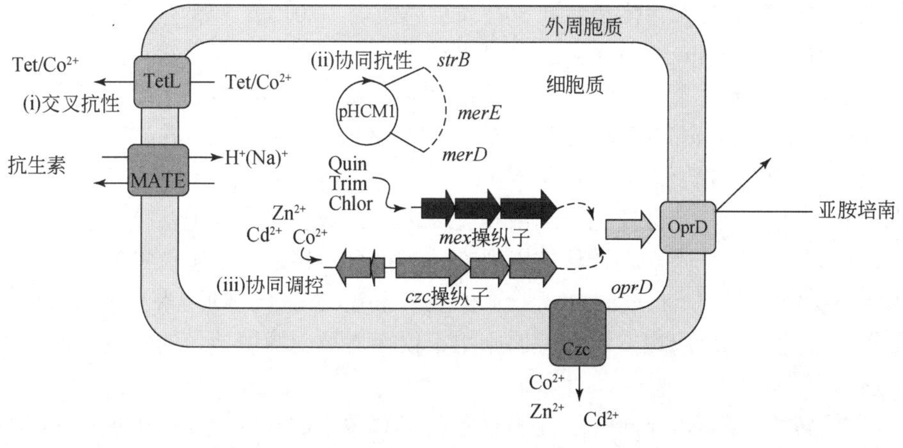

图 9-3　细菌抗生素抗性与重金属抗性的协同选择机制示意图（Baker-Austin et al.，2006）

抗菌药物的过度消费和抗药细菌的频繁检出之间存在明显的相关性。除了抗菌药以外，其他污染物也可能成为驱使环境中抗性基因选择性的重要因素。在农业领域中有毒金属杀菌剂的使用，在食品行业和医疗领域含汞和银的防腐剂、药剂的广泛使用，以及动物饲料中重金属添加剂的添加都会造成重金属污染物直接或间接被吸收进入人体，并可能长期蓄积造成严重的健康危害，而且还能引起环境中细菌耐药性水平的总体升高，最终造成更大的健康危害。因此，开展微生物抗重金属及抗生素抗性机制的研究，对于研究重金属污染作为一种环境选择压力对病原微生物携带抗性基因的维持机制非常重要，对降低医疗领域抗生素耐药性，以及消除环境中的细菌耐药性均具有重要意义。

3. 抗性基因水平转移（horizontal gene transfer，HGT）

抗性基因作为一种新型的污染物，和传统污染物相比，其在不同环境介质中的传播扩散可能比抗生素本身的环境危害更大，其中，水平基因转移是抗生素抗性基因传播的重要方式，是造成抗性基因环境污染日益严重的原因之一（杨凤霞等，2013）。非病原菌中的抗性基因对人类健康没有直接的威胁，抗性基因可通过水平转移进入人类致病菌而威胁人类的健康。此外，肠道微生物进入环境中，由于条件的改变其可能很难生存，因此，水平转移对于这类抗性基因在环境中的传播与扩散起着至关重要的作用。

（1）抗性基因水平转移的基础　可移动遗传元件（mobile genetic elements，MGEs）是抗性基因发生水平转移的基础。MGEs 包括质粒（plasmid）、整合子（integron）、转座子（transposon）等。质粒是一种普遍存在于细菌细胞内的共价闭合环状的 DNA 分子，是独立的、可自我复制的遗传元件。研究表明，质粒是多种抗生素抗性基因的携带载体，大部分抗生素抗性基因位于质粒上，少数位于染色体上。位于质粒上的抗性基因可通过接合、转导和转化等方式在同种属和不同种属的菌株之间进行水平基因转移。整合子作为基因捕获系统位于质粒和染色体上，也是抗性基因水平转移的重要分子元件。整合子本身并不具有转移功能，但它可以存在于染色体上传给子代，也可以通过质粒或作为转座子的一部分在细菌间传递，即整合子捕获的抗生素抗性基因随其在细菌间转移扩散。此外，转座子也是一种较重要的分子传播元件，可携带其他功能的外源性基因，例如，抗生素抗性基因、重金属抗性基因及编码产生毒素的功能基因等，其中以携带抗生素抗性基因最为常见。

（2）抗生素抗性基因发生水平转移的分子机制　目前，关于抗性基因发生水平转移的分子转移机制主要有接合、转化和转导 3 种（杨凤霞等，2013）。

1）接合　接合（conjugation）是供体菌和受体菌通过菌毛相互连接形成通道，携带抗性基因的 DNA 由供体菌进入受体菌的过程（图 9-4）。接合转移的载体主要有可自主转移的质粒（self-transmissible plasmids）和接合性转座子（conjugative transposons）。携带抗生素抗性基因的质粒 DNA 通过接合作用，不但可完成同一种属细菌之间的基因转移，而且可完成在不同种属细菌间相互传递，甚至发生在细菌和真菌之间。众多研究发现，抗性基因的接合转移十分普遍，可视为抗性基因水平转移的主要方式。接合转移是一个可调控的分子转移机制，受多种因素的影响。例如，土壤的温度、湿度、pH 和质地等非生物因素都影响着接合质粒的转移。值得注意的是，有研究发现粪肥的施用不仅会增加土壤中接合的发生，而且会产生新的可移动遗传元件。

2）转化　转化（transformation）是抗性供体菌释放出的裸露抗性基因被处于感受态的受体菌摄入体内，并在受体菌内整合表达，使其获得抗性的过程。感受态细菌和胞外游离 DNA 的存在是发生转化的先决条件。目前，已经确认的具有天然感受态特征的细菌达 90 多种，另外还有一些具有天然转化能力的人类致病菌，例如，奈瑟氏菌（*Neisseria*）、芽胞杆菌（*Bacillus*）、链球菌（*Streptococcus*）、嗜血杆菌（*Haemophilus*）等菌属中的一些代表菌，与这些细菌有关的抗性基因水平转移应受到重视。此外，环境中存在着大量携带抗性基因的胞外 DNA 也可通过转化方式进入细菌体内。不过，由于胞外 DNA 稳定性差及具有天然转化能力的细菌所占比例并不大等，转化只是部分菌种获得抗性基因的主要方式。

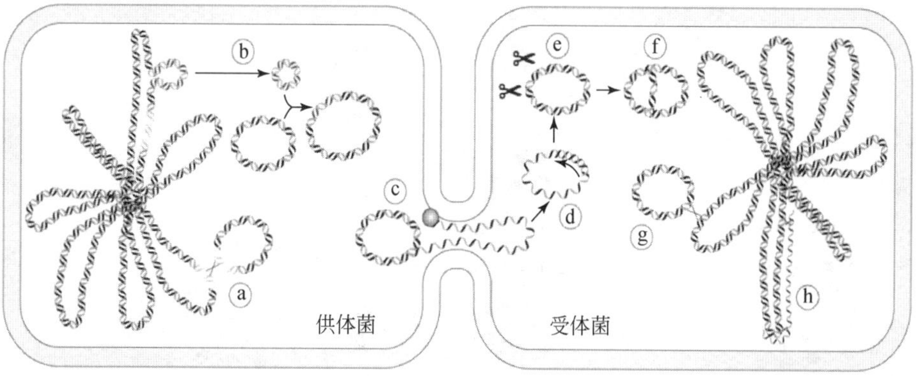

图 9-4　通过结合质粒基因水平转移示意图（Thomas and Nielsen，2005）

3）转导　转导（transduction）是借助于噬菌体将抗生素抗性基因由受体菌转移给供体菌的过程，即噬菌体在抗性菌中进行组装子代噬菌体时错误地将菌体内抗生素抗性基因包装在自身 DNA 上，释放出携带抗性基因的子代噬菌体侵染其他细菌时，将抗性基因一同注入整合到该细菌的 DNA 中，从而使该菌表现出抗性。但由于噬菌体的特异性及其传播的 DNA 量较少，抗药性的转导现象仅能发生在同种细菌内，且通常仅能传递对一种抗生素的耐药性。

（二）食物链的抗生素与抗性基因污染风险

人类或动物通过饮用残留有抗生素的水和食用含有抗生素的食品或饲料，使得人体或动物体内保持着一定抗生素的含量。如今，新鲜牛奶和奶制品已经成为人们（尤其是老人和儿童）生活食品中的重要组成部分，牛奶物美价廉，是人类膳食中蛋白质和钙的最佳来源；然而，抗生素在现代畜牧业中的广泛应用会不可避免地造成牛奶中抗生素残留。此外，随着生活水平的提高，人们对绿色有机蔬菜的需求逐年增加。绿色有机蔬菜在生产过程中以有机肥代替传统的化肥，一方面减少了化肥的使用，以及对土壤环境的危害，同时实现了资源循环利用。但是，有机肥中残留的污染物，如重金属、抗生素也随之进入人类的食物链。残留的抗生素会导致体内的某些条件性致病菌易产生耐药性，一旦患病再用同种抗生素治疗就很难奏效。

食物链被认为是动物细菌和人体细菌之间耐药性转移的主要途径。抗生素耐药性基因在食物链中的转移是以微生物为载体进行的。已有研究表明，有机种植的蔬菜与传统生产方式相比可能含有更多的抗性基因（Zhu et al.，2017），这些抗性基因可能直接来自有机肥里面的抗性微生物（Chen et al.，2017a）。土壤中的微生物作为地上部分微生物的源，很多地下部分和地上部分的微生物是相同的，因此，地下和地上的微生物可以通过根际、植株而联系在一起。由于有机肥的添加直接导致地下部分抗性微生物增加，进而通过地下和地上联系而导致地上部分微生物的抗性增加。图 9-5 展示了蔬菜叶表抗性基因的可能来源。因此，当人们食用那些可以生食或者不需要烹饪的蔬菜时，会导致含有抗性基因的微生物直接进入人体内部从而威胁人类的健康。特别需要指出的是，没有经过加热处理的发酵奶制品和发酵肉制品在消费之前提供了一个抗生素耐药性细菌的载体，它将动物固有微生物群落和人类胃肠道微生物群落直接联系起来。因此，牛奶或奶制品中的抗性基因也应受到足够的重视。

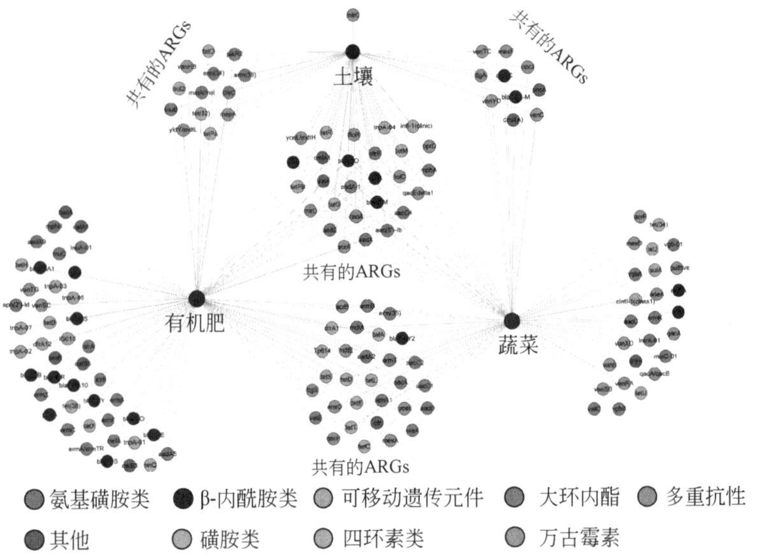

图 9-5　蔬菜表面抗性基因的可能来源（Chen et al.，2017a）

（三）致病菌抗性基因表达的风险

致病菌（pathogenic bacteria）是能引起疾病的微生物，也被称为病原微生物。抗生素的大规模使用使得人类几乎所有的病原菌也具有了某类抗生素耐药性。人类病原菌获得的每一个耐药性基因都有一个环境起源（Martinez，2008）。抗性基因作为一种古老的基因在自然环境中一直存在，抗性基因本身对人类健康没有直接的威胁。近年来，抗生素的滥用首先诱导动物体内产生抗生素抗性基因，从而加速了抗性基因在环境中细菌间的传播扩散，同时也增加了人类致病菌携带抗性基因的可能性，可能导致“超级细菌”的产生。其中，耐甲氧西林金黄色葡萄球菌（MRSA）作为其中之一，可引起皮肤及软组织的化脓性感染，当宿主免疫功能低下时，该菌可侵入机体引起呼吸道等疾病，严重者可致败血症。耐甲氧西林金黄色葡萄球菌不仅对β-内酰胺类抗菌药物耐药，还常对喹诺酮类、氨基糖苷类和大环内酯类等抗菌药物耐药。如今，“超级细菌”的家族也越来越庞大，已成为引起临床感染的严重病原菌，可能面临无药可治的境地。2014 年世界卫生组织发布的《微生物耐药：全球监测报告》显示，每年美国因感染超级耐药细菌而死亡的人数高达 6.3 万人，欧盟范围内死亡人数也有 2.5 万人。超级细菌每年在美国造成的死亡人数远超过感染艾滋病毒的死亡人数。2016 年 5 月 21 日，世界卫生组织发文呼吁全球关注抗生素耐药问题。报告中提到，到 2050 年全球抗菌素耐药每年会导致 1 000 万人死亡，造成 100 万亿美元的经济损失。目前中国抗生素用量约占世界的 1/2，其中 48%为人用，其余主要用于农牧养殖业。据研究估计，如不采取有效措施，到 2050 年将有可能产生严重后果。

四、展　　望

土壤是抗生素抗性的巨大储库，减少土壤生态系统中的抗生素抗性对人类可持续发展至关重要。目前对土壤环境抗生素抗性的研究主要集中在抗性基因的定性、定量及一些相应抗性菌株的检测等，大多数研究比较单一，缺乏整体性和系统性。现实环境的污染情况却日趋复杂，存在多种抗生素污染、抗生素-重金属复合型污染等。因此，相关研究在考虑抗生素污染物的前提下，还应该考虑复合型污染所带来的环境效应，所以有必要开展环境中抗生素和重金属的复合污染、多重抗性和抗性基因组学的研究等。

许多抗生素抗性基因常与一些可移动遗传元件相关联，而这些元件往往还携带大量的其他种类的抗性基因，如重金属抗性基因、抗杀虫剂基因等，从而使微生物具有多重抗性，对环境和人类生活都造成更大的潜在危害。因此，需开展对各环境介质中多重抗性的污染水平、抗性基因种类和基因水平迁移规律的研究，评估其生态健康风险，为国家制定相关政策提供理论依据。

此外，开展抗生素抗性基因在环境中的传播、扩散机制和控制对策的研究，特别是抗性基因从污染源向地表水迁移、地下水渗漏及在土壤介质中的传播规律，同时应对渔业、畜牧环境中抗生素抗性基因、重金属抗性基因的传播、扩散机制开展深入研究，以期更加有效地遏制抗生素抗性基因在环境中的扩散。

第二节　纳米材料的环境行为与环境质量

纳米材料指颗粒三维粒径中至少一维尺寸小于 100 nm 的材料。因为纳米材料尺寸小、比表面积大和表面活性高，所以具有不同于一般大颗粒物质的物理化学性质，如表面效应、体积效应和量子尺寸效应等，已被广泛应用于计算机和微电子学、医学、生物科学、电子传感器、环境保护、交通、能源生产、化工制造、农业和消费品等诸多领域。根据化学组成，纳米材料一般分为（林道辉等，2009；Klaine et al.，2008）：①碳纳米材料，包括单壁纳米碳管、多壁纳米碳管和富勒烯等，在催化剂、燃料电池、航空航天和汽车加工等领域的应用日益广泛。②金属及氧化物纳米材料，包括氧化物纳米材料（如纳米 CeO_2、纳米 TiO_2 等）、零价纳米金属材料（如纳米零价铁等）和纳米金属盐类（如纳米硅酸盐等）。其中，CeO_2 主要作为柴油燃烧催化剂，TiO_2 具有优良的光电催化性能，常用于太阳能电池、燃料等，且 TiO_2 和 ZnO 因具有抗紫外线性质，其在化妆品等方面也有大量应用。纳米零价铁作为一种有效的脱卤还原剂，可降解有机氯农药、卤代芳香烃等有机污染物；③量子点，如 CdSe 等，主要用于医学成像和靶向治疗等，在光电设备等方面也有应用；④纳米聚合物，如聚苯乙烯等，在生物、材料和医学等方面均有应用。在纳米科技快速发展及纳米材料广泛使用的同时，也带来了新的挑战。这些挑战不仅包括已有纳米材料不确定的生态风险和人体健康风险，还包括一些难以预测的新风险（Service，2005）。近年来关于土壤环境中纳米颗粒的研究进展曾有很好的总结（王玉军，2016），对于环境中典型人工纳米材料的毒性效应也曾有专题综述（蒋国翔等，2011）。基于细胞、微生物、动物和人体等有关论文，从纳米材料种类、暴露途径、摄入动力学、体内分布和消除行为等方面，对人工纳米材料的生物可给性与毒性进行了讨论（文若曦等，2017）。

一、土壤中纳米材料的来源

土壤是主要的环境介质，也可能是纳米材料最重要的汇。除了一些自然源（如火山爆发、沙尘暴和森林火灾等）会产生纳米颗粒并进入土壤以外，土壤本身也存在天然纳米颗粒，包括胶体矿物、纳米铁锰氧化物及部分有机质等。这些天然纳米颗粒为研究人工纳米颗粒的环境行为提供了基础。本节重点关注被有意或无意释放到土壤中的人工纳米颗粒。这些纳米颗粒可通过使用纳米肥料、纳米农药、污水、污泥、含纳米材料成分的土壤修复剂等方式直接进入土壤（Gardea-Torresdey et al.，2014）。

污泥是土壤中纳米材料的一个重要来源。消费品等各种来源的人工纳米材料进入污水处理厂，在污泥中浓缩。污泥中纳米材料的浓度在 10^{-6}～10^{4} mg/kg（Gottschalk et al.，2009），其中，超过 90%的 Ag、ZnO、CeO_2、TiO_2 或者富勒烯滞留于污泥中（Kaegi et al.，2011）。由于有机质、氮和磷含量高，污泥在欧美国家被用作肥料，导致土壤中的纳米材料，尤其是纳米 TiO_2、纳米 ZnO 和纳米 Ag 等浓度显著增加（Gottschalk et al.，2009）。

二、纳米颗粒的环境化学行为

（一）纳米颗粒在土壤中的吸附

吸附是纳米颗粒在土壤中最基本的环境化学行为之一。纳米颗粒在土壤中的吸附过程与其团聚过程密切相关，纳米颗粒的团聚分为纳米颗粒间的同相团聚和纳米颗粒与介质颗粒间的异相团聚（Cornelis et al.，2013）。纳米颗粒的粒径小、表面能高，可通过活性碰撞发生同相团聚。发生同相团聚以后，纳米颗粒浓度迅速降低，粒径变大。当纳米颗粒与土壤中大颗粒物质，如黏土颗粒，发生异相团聚后，纳米颗粒的环境行为更倾向于黏土颗粒的环境行为，纳米颗粒的生物有效性会降低（Hotze et al.，2010）。影响纳米颗粒在土壤中发生团聚的因素有多种，主要包括纳米颗粒自身的性质（如颗粒浓度、粒径、形状和表面修饰等）和土壤理化性质（如土壤离子强度、有机质含量和 pH 等）。一般来说，纳米颗粒表面修饰可以增加纳米材料的稳定性；高离子强度条件下，纳米颗粒的稳定性降低且高价阳离子的影响显著大于低价阳离子（Petosa et al.，2010）；土壤有机质、聚电解质和表面活性剂等大分子物质可以通过静电、空间位阻效应增加纳米颗粒的稳定性（Hotze et al.，2010）。纳米颗粒的团聚行为在反应受限和扩散受限的系统下差异很大。团聚行为的发生直接改变了纳米颗粒的离子溶出能力，进而导致纳米颗粒的生物有效性和毒性发生变化。此外，纳米颗粒的团聚会改变纳米颗粒的粒径分布，影响它们在生物系统中的归趋，进而影响其毒性作用。

纳米颗粒在土壤中的固定与土壤性质密切相关，杜欢等（2015）考察了土壤 pH、有机质和 Ca^{2+}对纳米银（AgNPs）在土壤上吸附的影响。结果表明，纳米银在酸性土壤中的吸附量高于中性土壤，当土壤酸碱性相似时，土壤有机质含量越高，纳米银在其表面的吸附量越高，纳米银在 4 种土壤上的吸附等温线都能较好地利用 Freundlich 方程进行拟合。Ca^{2+}的存在增加了纳米银在 4 种土壤上的吸附量，Ca^{2+}浓度在 0.1～10 mmol/L 范围内，纳米银在中性土壤上的吸附量随 Ca^{2+}浓度的增加而增加，而在酸性土壤上则随着 Ca^{2+}浓度的增加，出现先增大后减小的趋势。Stankus 等（2010）研究了天然有机质（NOM）对阳离子、阴离子和中性包被物包被的纳米金颗粒团聚的影响，结果表明，当 NOM 存在时，表面包被物的不同对纳米金颗粒团聚的影响较小，从而说明了 NOM 是影响纳米金颗粒团聚的主要因素；随着 NOM 含量的增加，纳米颗粒团聚作用增加（Baalousha et al.，2008），透射电子显微镜（TEM）测试结果显示，在 NOM 作用下，纳米颗粒粒径由 10 nm 增加到 500 nm。

（二）纳米颗粒在土壤中的迁移

纳米颗粒在多孔介质中迁移规律的研究主要集中于模型多孔介质（如玻璃珠、二氧化硅和石英砂填充柱）。目前，少量文献报道了人工纳米颗粒在自然土壤中的迁移过程，例如，环境中的可溶性有机物（腐殖酸和富啡酸）会增加纳米颗粒的胶态稳定性（Kretzschmar and Sticher.，1997）。Ghosh 等（2010）发现腐殖酸包被的纳米氧化铝的稳定性显著提高。Fang 等（2009）研究了纳米 TiO_2 在土柱中的迁移，发现随土壤性质的变化，TiO_2 的迁移距离范围为 41.3～370 cm；TiO_2 胶体悬液的稳定性与土壤溶解性有机碳和黏土含量呈显著正相关，与土壤溶液离子强度、pH 及 Zeta 电位呈显著负相关。Jaisi 和 Elimelech（2009）发现单壁碳纳米管在土壤中的迁移能力很弱，在 1 mmol/L 和 19 mmol/L KCl 溶液中，其迁移距离分别只有 5.5 cm 和 4.6 cm，同时背景溶液中二价阳离子（Ca^{2+}）显著抑制碳纳米管的移动性。对纳米银在地中海砂质黏土中迁移的研究发现（Sagee et al.，2012），相比于石英砂填充柱，纳米银在土柱中会提前穿透，这是因为实际土壤中存在大孔隙，纳米银通过这部分大孔隙提前流出土柱；随着土壤颗粒粒径降低，纳米银的迁移能力降低，进一步验证了土壤大孔隙促进其迁移。Darlington 等（2009）发现纳米铝的粒径、表面电荷和团聚速率是控制其在土壤中迁移的关键因素。Wang 等（2015a）考察了纳米银在我国 3 种典型土壤——红壤、黄泥土和潮土上的迁移规律，发现纳米银在这 3 种土壤中的迁移能力依次为红壤＜黄泥土＜潮土，这是因为红壤的 pH 低、黏粒和铁氧化物含量高，可以提供较多的纳米银吸附位点，导致纳米银滞留，而潮土提供的吸附点位最少。总体来说，目前关于纳米颗粒在自然土壤中迁移的研究仍然十分缺乏，对影响纳米颗粒在自然土壤中迁移的土壤性质了解较少。Wang 等（2011）考察了 Cu^{2+} 浓度、离子强度（IS）及离子组成（IC）对纳米羟基磷灰石（*n*HAP）在饱和石英砂填充柱迁移能力的影响。结果发现，腐殖酸能稳定 *n*HAP 悬液，随着溶液离子强度增加，*n*HAP 胶体的双电层被压缩，Zeta 电位降低，从而降低了它的迁移能力。Ca^{2+} 对 *n*HAP 迁移能力的影响远高于 Na^+，且 Ca^{2+} 能够桥连 *n*HAP 分子并加速其聚沉，降低了迁移距离。Cu^{2+} 对 *n*HAP 迁移能力的影响要强于 Ca^{2+}，因为 Cu^{2+} 能竞争 *n*HAP 上 Ca^{2+} 的吸附位点，促进 Ca^{2+} 的解吸，从而降低 *n*HAP 的迁移距离。

（三）纳米颗粒在土壤中的转化

纳米颗粒在土壤中的转化（如团聚、氧化、硫化及溶解）将直接影响其在土壤中的形态，进而影响其生物有效性乃至毒性。因此，纳米颗粒在土壤中的转化和形态对于理解纳米材料的潜在生态风险和人体健康风险具有十分重要的意义。纳米颗粒在土壤中的转化在很大程度上受环境条件的影响，且其转化产物多具有热力学稳定性。Lv 等（2012）基于同步辐射技术首次研究了外源磷对 ZnO 溶解的影响，发现外源磷促使纳米 ZnO 向更稳定的磷化锌转变。Ma 等（2013）基于同步辐射和 X 射线衍射（XRD）技术研究了外源硫对 ZnO 溶解的影响，观察到外源硫促进了纳米 ZnO 的溶解，基于高分辨透射电子显微镜（HR-TEM）又发现氧化锌表面形成了小于 5 nm 的 ZnS 沉淀。

溶解是一些金属纳米材料（如纳米银、氧化锌等）最常见的转化过程。纳米 ZnO 在土壤中很容易溶解，在进入土壤 1 h 后便检测不到纳米 ZnO（Wang et al.，2013b）。纳米银和纳米金（AgNPs 和 AuNPs）在土壤中标记 28 d 后，其溶出率分别约为 17%和 8%（Shoults-Wilson et al.，2011；Unrine et al.，2010a）。对纳米银而言，有机质和 pH 被认为是土壤中纳米银溶解的关键因素（Benoit et al.，2013）。在土壤中标记纳米银后，酸性土壤中可形成 AgCl，而中性及碱性土壤中形成了 Ag-S 化合物（Sekine et al.，2015）。溶出的银离子可以逐渐转化为单质银，并与土壤（尤其是碱性土壤）中的铁氧化物及硫结合（Settimio et al.，2014）。近期研究表明，水稻土的氧化还原电位和有机质含量控制纳米银的转化（Li et al.，2017b）：通过 X 射线吸收近边结构（XANES）分析，发现尽管不同 Ag 形态（如 AgCl、Ag_2O 等）均在土壤中短暂存在（表 9-1），但在土壤厌氧条件下则主要以 Ag_2S 形式存在（＞78%），且纳米银和 $AgNO_3$ 在水稻土中的转化途径不同；相反，好氧条件下土壤中银的硫化反应速率较慢，以单质纳米银、银-半胱氨酸（Ag-cysteine）和 Ag_2S 等形式存在（Sekine et al.，2015；Shoults-Wilson et al.，2011）。除了氧化还原电位，土壤中的有机质会增加纳米银的固液分配系数，透射电子显微镜-能量色散光谱（TEM-EDS）分析结果表明，有机质促使转化后的 Ag_2S 在土壤黏土矿物表面团聚，从而降低土壤溶液中 Ag 的含量。与此类似，纳米银在土壤中的吸附也与黏土含量有关（Hoppe et al.，2014；Cornelis et al.，2012）。可见，纳米颗粒的溶解与颗粒自身性质（如颗粒表面修饰材料、化学组成和颗粒大小等）及土壤理化性质（如土壤氧化还原条件、土壤 pH、有机质和微生物活动等）相关。

表 9-1　不同氧化还原条件下土壤样品中 Ag 的形态（%）（Li et al.，2017b）

处理组	时间/d	条件	Ag 标准物质 [c]					*R* 因子
			Ag_2S	AgNPs	Ag_3-PO_4	AgCl	Ag_2O	
AgNPs-AN [a]	2	厌氧	95（0.8）		5（0.8）			0.000054
AgNPs-AN [a]	28	厌氧	95（0.9）		5（0.9）			0.000072
$AgNO_3$-AN [a]	2	厌氧	97（1.3）				3（1.3）	0.000046
$AgNO_3$-AN [a]	28	厌氧	96（1.4）				4（1.4）	0.000056
AgNPs+OM [b]	2	好氧	7（1.4）	90（0.5）			3（1.5）	0.000052
AgNPs+OM [b]	28	厌氧	94（1.0）		6（1.0）			0.000087
$AgNO_3$+OM [b]	2	好氧	56（1.5）		3（2.4）	41（2.8）		0.000207
$AgNO_3$+OM [b]	28	厌氧	73（1.5）	18（0.6）			9（1.6）	0.000055

a -AN：厌氧处理；b +OM：没有移除有机质的土壤；c XANES 光谱中 Ag 的 K 边 LCF 拟合结果；括号中的数值为不确定度；*R* 因子表征拟合优度，*R* 因子越小表示拟合结果越好。

三、纳米颗粒的生态效应

（一）纳米颗粒与土壤微生物的相互作用

微生物处于生态系统的最底端，是主要的初级生产者和分解者，还是物质和能量的储存者，对生态系统的循环发挥着重要作用。因此，纳米颗粒对微生物的毒性效应对于评价纳米材料的环境和生态风险具有非常重要的作用。目前，在纳米材料的生态毒理学研究中，与微生物相互作用的研究相对较多，主要关注在单一细胞和种群水平上产生的毒性效应。多种纳米材料具有抗菌作用（如纳米银、纳米 TiO_2），因此得以广泛应用。例如，纳米银由于其表面尺寸效应，其抗菌性能远远大于传统的银系抗菌剂，具有广谱抑菌性，对金黄色葡萄球菌、产气荚膜杆菌、大肠杆菌、绿脓杆菌、白念珠菌和滑念珠菌等均有抑菌或杀菌作用，因而被应用于纤维织物和创伤敷料。Xu 等（2004）发现 80 nm 的纳米银能够通过细菌的外膜和内膜，其中，主动外排系统 MexAB-OprM 型蛋白参与纳米银的跨膜运输过程，且纳米银的毒性与其浓度有关。纳米 ZnO 和纳米 TiO_2 都对大肠杆菌具有毒性，且 ZnO 毒性比 TiO_2 毒性更高（Reddy et al.，2007）。基于基质诱导呼吸和土壤总脱氧核糖核酸（DNA）的分析，研究者发现纳米 TiO_2 和纳米 ZnO 均减少了土壤微生物的生物量和多样性，改变了土壤细菌群落的组成，而且纳米 ZnO 的作用较纳米 TiO_2 强，因此，纳米金属氧化物对土壤细菌群落有不利影响（Ge et al.，2011）。不同纳米材料对微生物产生抑制效应的机制不同，包括直接接触损伤和间接氧化损伤。直接接触损伤是纳米材料直接损伤细胞膜，或致使与细胞膜有关的酶失活。间接氧化损伤是纳米材料在含有微生物的介质或微生物细胞内产生的活性氧氧化间接造成的损伤。

微生物胞外聚合物（EPS）作为一种微生物产生的天然有机物质，占土壤生物膜干质量的90%以上。EPS 由多糖、氨基糖、蛋白质磷壁和核酸组成，能够保护菌群应对周边环境威胁，为微生物细胞提供天然屏障。EPS 可以通过提供许多结合位点（例如，磷酰基、羧基、酰胺、氨基和羟基基团）减轻金属/纳米金属氧化物的微生物毒性（Kang et al.，2013）。有试验证明绿叶假单胞菌（*Pseudomonas chlororaphis* O6）的 EPS 可以降低纳米银毒性（Dimkpa et al.，2011）。近期研究表明，恶臭假单胞菌（*Pseudomonas putida*，革兰氏阴性菌）的 EPS 可以显著降低纳米银对小麦根的毒性（Li et al.，2016）。与对照相比，EPS 处理的小麦相对根伸长增加 7%～59%，根生物量增加 8%～99%，丙二醛（MDA）含量降低 26%～32%，H_2O_2 含量降低 11%～43%。这主要因为 EPS 显著地降低了纳米银的溶出，并降低了 Ag^+的生物有效性，最终导致小麦根中银积累量降低（降低了 7%～79%）。红外光谱（FTIR）图谱分析发现，EPS 中的胺基、羟基和磷酸基团参与了反应。可见，EPS 作为陆生生态系统中重要的天然有机物质，在毒性试验中如果忽视 EPS 的影响，可能会高估纳米银的植物毒性。

（二）纳米颗粒与植物的相互作用

植物是陆生生态系统的重要组成部分。目前已有大量文献报道纳米颗粒对植物种子萌发、生长、生理生化过程和基因可能产生的影响（Schwab et al.，2016；Gardea-Torresdey et al.，2014）。Lin 和 Xing（2008）研究了几种植物对纳米 ZnO 的吸收及根际毒性，发现纳米 ZnO 显著降低了黑麦草的生物量，导致根尖收缩、根皮细胞发生空化和坍塌。研究发现，纳米银可以进入拟南芥的根尖与根毛中（Geisler-Lee et al.，2013），并在根尖根冠及小柱细胞中聚集，导致小柱初始细胞受损，影响细胞分裂，并诱导侧根根冠细胞脱落，从而最终抑制根毛生长。Stampoulis 等（2009）研究了 5 种纳米颗粒［碳纳米管（MWCNT）、Ag、Cu、ZnO 和 Si］对南瓜根的毒性，发现除了纳米铜会抑制根伸长和纳米银减少生物量外，其他纳米颗粒对南瓜种子的发芽没有影响。当南瓜在水培条件下暴露于 0.5 g/L 纳米 Fe_3O_4（直径 20 nm）悬浊液中时，会有 1.3%的纳米颗粒转移到植物叶片中，而大多数纳米颗粒则附着在南瓜根表面。另外，砂培条件下南瓜仍可吸收 Fe_3O_4 纳米颗粒，而在土培条件下则没有吸收（Zhu et al.，2008）。López-Moreno 等（2010）报道了纳米 CeO_2 对不同植物表现出不同的毒性，在 2 000 mg/L 时对玉米、西红柿和黄瓜的发芽抑制率分别为 30%、30%和 20%；纳米 CeO_2 能抑制紫花苜蓿根的生长而促进玉米和黄瓜根的生长。而且他们观察到纳米 Ce 和纳米 ZnO 在大豆植物中的生物毒性也不同，尽管这些纳米颗粒均不影响大豆发芽，但是却产生了一些基因毒性效应。Patlolla 等（2012）发现纳米银进入蚕豆细胞后会同细胞内物质相互作用，并且可能通过减缓细胞周期从 DNA 合成期（S 期）到有丝分裂期（M 期）的转化速度，使得分裂指数下降；同时纳米银还会诱导活性氧簇（ROS）积累，使得 DNA 发生损伤，阻碍 DNA 损伤修复，导致染色体畸变，造成基因组不稳定等系列毒害作用。Kumari 等（2009）研究了纳米银对洋葱根尖的毒性，纳米银在短时间内的处理就会导致洋葱根尖细胞发生染色体畸变和分裂指数下降，进而抑制细胞分裂过程。

以往认为，一些纳米金属颗粒通过释放金属离子而被植物吸收且产生毒性效应，但越来越多的证据表明纳米颗粒自身也可能以颗粒形式被植物吸收而致毒。Yin 等（2011）用半胱氨酸络合溶液溶解出来 Ag^+后，虽然黑麦草毒性得到缓解，但纳米银仍显著地抑制黑麦草生长，说明纳米颗粒态银对植物有毒性作用。研究表明纳米银对西葫芦萌发毒性是因为纳米银自身的毒性而不是 Ag^+的作用（Stampoulis et al.，2009）；通过激光共聚焦显微镜和电子透射显微镜发现纳米银自身而非 Ag^+对拟南芥（*Arabidopsis thaliana*）产生毒性并呈现特定的"褐色根尖"响应特征（Geisler-Lee et al.，2013）；纳米银会对拟南芥的生物量、根长、亚细胞结构、开花时间和抗氧化基因表达等产生不利影响，而同等浓度的 Ag^+则没有显著影响（Qian et al.，2013）。

植物对纳米颗粒的吸收与毒性响应与其暴露途径相关。Li 等（2017a）分析比较了纳米银的叶面和根系暴露对水稻和大豆幼苗的影响，发现叶面暴露下植物体内银的含量更高，然而纳米银的毒性却比根系暴露组小。有趣的是，不论哪种吸收途径，植物体内均检测到了尺寸相近的含银纳米颗粒（图 9-6），且颗粒尺寸大于原始颗粒粒径，说明纳米颗粒在生物体内可能发生了转化。此外，植物对纳米颗粒的吸收与植物的种类、大小，以及纳米颗粒的粒径、化学组成和稳定性等因素密切相关。

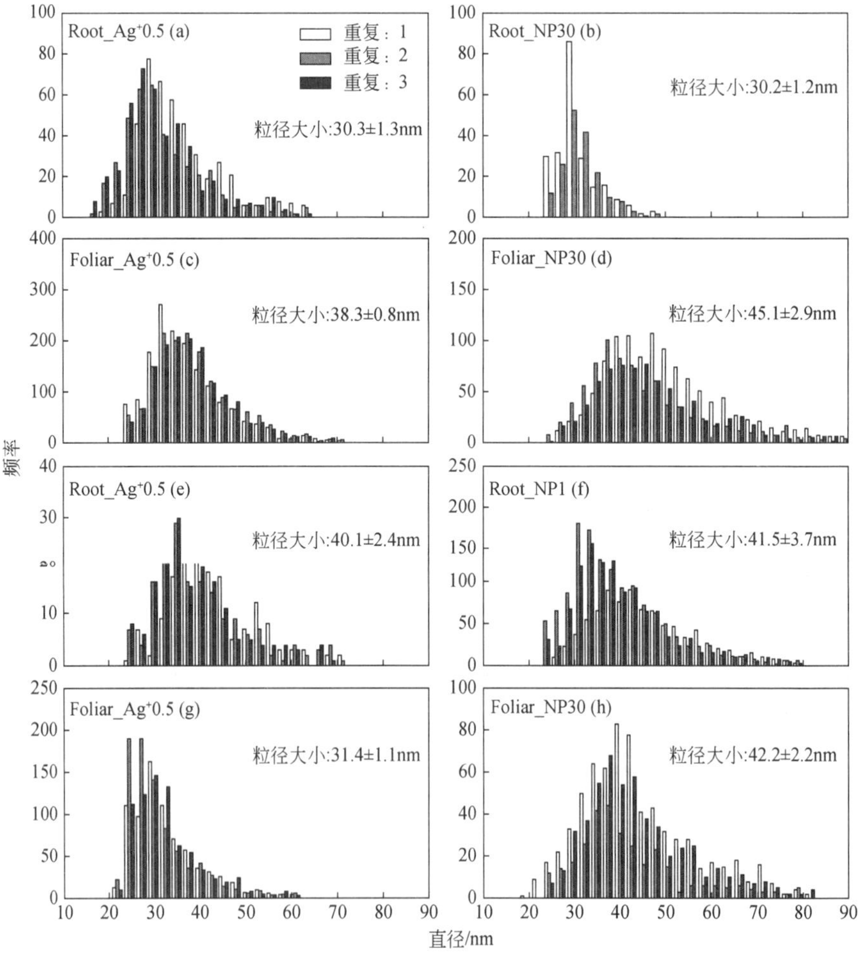

图 9-6　单颗粒模式电感耦合等离子体质谱法（SP-ICP-MS）检测到大豆［(a)～(d)］及水稻［(e)～(h)］叶片中含银纳米颗粒的粒径分布（Li et al.，2017a）

Root_Ag^+0.5 为根部暴露于 0.5 mg/L Ag^+的植物根；Root_NP1 和 Root_NP30 分别代表根部暴露于 1 mg/L 和 30 mg/L 的 AgNPs；Foliar_Ag^+0.5 为叶片暴露于 0.5 mg/L Ag^+的植物叶片；Foliar_NP30 代表叶片暴露于 30 mg/L 的 AgNPs。

纳米颗粒可以通过水分子通道，或者离子通道、内吞作用、与载体蛋白形成复合物、物理性损伤等方式进入植物细胞（Schwab et al.，2016；杨新萍和赵方杰，2013）。不同植物、不同纳米颗粒其途径也有差别。因此，尽管过去几年纳米颗粒如何进入植物体内引起了关注，但是仍然缺乏足够的证据来证明纳米颗粒进入植物细胞的途径，这值得深入研究。

植物吸收的纳米颗粒可能发生形态转化。例如，纳米银被根部吸收后生成 Ag-谷胱甘肽配合物、Ag_2S、AgCl 和 Ag-组氨酸配合物等（Wang et al.，2016b，2015b）；纳米银被生菜叶面吸收后也转化为 AgCl（Li et al.，2017a；Larue et al.，2014）。纳米 ZnO 被植物吸收内化后，基于同步辐射和电镜技术，在大豆体内观察到了 Zn 柠檬酸配合物（Hernandez-Viezcas et al.，2013），在小麦体内发现了 Zn-磷酸配合物（Dimpka et al.，2013），在豌豆体内发现了 Zn-柠檬酸、Zn-组氨酸等溶解态 Zn（Wang et al.，2013b）。一些研究还发现纳米 Yb_2O_3 在黄瓜体内（Zhang et al.，2012）及 CuO 在小麦体内的转化（Dimpka et al.，2013）。植物体内的 CeO_2 纳米颗粒中有一部分铈从 Ce(Ⅳ)还原为 Ce(Ⅲ)（Hernandez-Viezcas et al.，2013）；有研究指出，该还原反应很可能发生在植物根表（Ma et al.，2015）；相反，TiO_2 在植物体内则较少发生形态转化（Servin et al.，2012）。这些研究表明纳米颗粒在植物体内的转化与纳米颗粒性质、植物种类等因素相关。值得注意的是，植物吸收金属离子后也能在植物体内合成纳米颗粒性质，例如，Ag^+暴露的植物体内检测到了含 Ag 的纳米颗粒（Li et al.，2017a；Haverkamp and marshall.，2009），这可能与植物体内的还原性糖类有关（Beattie and Harerkamp，2011），它为纳米材料的植物吸收提供了一个新的研究思路。总之，目前对纳米颗粒在植物体内转化的具体过程知之甚少。

植物对纳米颗粒的吸收、积累与转化如图 9-7 所示。虽然目前植物与纳米颗粒的相互作用尚处于起步阶段，仍有大量知识空白（Gardea-Torresdey et al.，2014），但近期研究表明，CuO、碳纳米管、CeO_2、TiO_2 和 Au 等纳米颗粒能够在植物体内运输，并有转移到植物可食用部分的风险（Wang et al.，2016b；Dan et al.，2015；Hong et al.，2014）。Lin 等（2009）通过第一代水稻暴露，在第二代水稻茎、叶中检测到富勒烯 C_{70}，表明富勒烯 C_{70} 可被陆生植物代际传递。

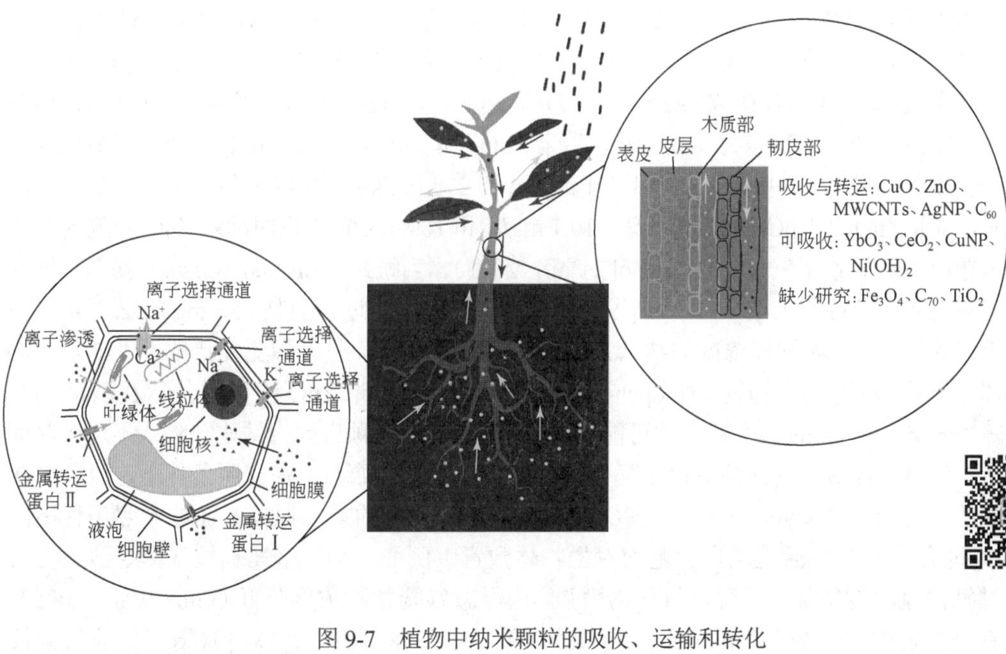

图 9-7　植物中纳米颗粒的吸收、运输和转化

除了纳米颗粒直接对植物致毒，植物也会影响纳米颗粒的转化及其生物有效性。植物根际环境 pH 低于土壤，且含有大量小分子有机酸（例如乳酸）、氨基酸和糖类等植物根系分泌物，这些根系分泌物可能会促进纳米颗粒的溶出（del Real et al.，2016；Navarro et al.，2014）。

（三）纳米颗粒与土壤动物的相互作用

对于土壤动物而言，生长率、死亡率等传统的个体水平毒性参数并不能准确指示人工纳米金属颗粒的毒性（Unrine et al.，2010a）。越来越多的研究表明纳米颗粒能富集于土壤动物体内并产生毒性，包括氧化应激反应、细胞坏死、凋亡、组织器官损伤、生长发育抑制和繁殖力降低等（Stoiber et al.，2015；Tsyusko et al.，2012；McShane et al.，2012；Shoults-Wilson et al.，2011；Kool et al.，2011；Unrine et al.，2010a）。Heckmann 等（2011）研究发现暴露于 1 000 mg/kg TiO_2 28 d 后，赤子爱胜蚓（*Eisenia foetida*）没有明显死亡，但产茧数量下降 49%。当粉正蚓（*Lumbricus rubellus*）暴露于纳米 C_{60} 28 d，亲代蚯蚓的产茧量下降，子代蚯蚓的生长率降低且死亡率增加，可见幼虫对纳米 C_{60} 的毒性更敏感；种群水平模型计算进一步表明，纳米 C_{60} 暴露将导致种群呈现“年轻化”趋势（van der Ploeg et al.，2011）。等足类动物（*P. scaber*）暴露于食物中的纳米 TiO_2 3 d 后，其生长率、死亡率不受影响，但消化腺内过氧化氢酶（CAT）和谷胱甘肽硫转移酶（GST）活度降低（Jemec et al.，2008）。同样，土壤中 1 000 mg/kg 的纳米 TiO_2 和 5 000 mg/kg 的纳米 ZnO 暴露均会造成赤子爱胜蚓的 DNA 和细胞损害；在较低暴露浓度（100 mg/kg 和 500 mg/kg ZnO）下 CAT 浓度增加，而在 5 000 mg/kg ZnO 暴露浓度时则减少；在 500 mg/kg ZnO 暴露浓度以上，超氧化物歧化酶（SOD）浓度会显著降低（Hu et al.，2010）。当人工土壤中纳米 CuO 的浓度不超过 65 mg/kg 时，不会显著诱导蚯蚓的金属硫蛋白表达基因（Unrine et al.，2010b）。

1. 致毒机制

纳米金属颗粒的致毒机制包括溶解金属离子及纳米颗粒本身的毒性。纳米金属颗粒在环境中会溶解产生金属离子。通过纳米金属颗粒与金属离子、非纳米金属颗粒的毒性对比，人们可分析纳米金属颗粒的毒性机制。Pipan 等（2010）的研究结果发现，等足类动物对锌的吸收主要来源于纳米 ZnO 溶解释放的 Zn^{2+}。在 Zn 高达 6 400 mg/kg 的土壤中暴露 28 d 后，白符跳（*Folsomia candida*）的繁殖力受到影响，纳米 ZnO、非纳米 ZnO 和 $ZnCl_2$ 处理的半效应浓度（EC_{50}）值（Zn）分别为 1 964 mg/kg、1 591 mg/kg 和 298 mg/kg；当 EC_{50} 值用土壤孔隙水锌浓度表征时，纳米 ZnO 和 $ZnCl_2$ 的数值相近（10.1 mg/L 和 16.8 mg/L），说明纳米 ZnO 释放的 Zn^{2+} 而非纳米颗粒本身导致了繁殖毒性（Kool et al.，2011）。当蚯蚓（*Eisenia veneta*）暴露于纳米 ZnO 或等量 $ZnCl_2$ 染毒的土壤 21 d 后，尽管蚯蚓体内锌浓度相近，但是 750 mg/kg Zn^{2+} 可以完全抑制蚯蚓的繁殖力，而同样浓度的纳米 ZnO 抑制率则为 50%，且蚯蚓免疫活性不受纳米 ZnO 的影响却几乎被 $ZnCl_2$ 完全抑制（Hooper et al.，2011），可见纳米 ZnO 的毒性小于 $ZnCl_2$，但是也不排除纳米 ZnO 释放的 Zn^{2+} 致毒的可能性。另外，纳米金属颗粒因为结构缺陷或不连续晶面而具有活性位点，容易产生活性氧自由基（ROS），对细胞产生毒性。在光照条件下，纳米 TiO_2 会产生活性氧自由基（Sayes et al.，2006），这可能是其致毒的重要原因；在非光照条件下，纳米 TiO_2 也有可能产生活性氧自由基而对生物体致毒。例如，纳米金属颗粒暴露导致人支气管细胞过氧化氢浓度增加，脂质过氧化物增强，还原态谷胱甘肽浓度降低（Gurr et al.，2005）。

已有研究表明，一些人工纳米金属颗粒能以颗粒形态在土壤生物体内富集。基于 X 射线荧光光谱（XRF）和 XANES 技术发现赤子爱胜蚓体内存在离子态 Cu 和纳米 CuO 颗粒，说明纳米 CuO 颗粒能够被生物吸收（Unrine et al.，2010b）。运用激光剥蚀电感耦合等离子体质谱（LA-ICP-MS）和微-延展边 X 射线吸收精细结构（μ-EXAFS）技术，Unrine 等（2010b）证实了纳米金能以颗粒的形态被赤子爱胜蚓吸收，并且在肠道上皮细胞以单个颗粒，或者 2～7 个颗粒的聚集方式存在。Hooper 等（2011）用扫描电子显微镜（SEM）分析发现蚯蚓能够吸收颗粒态的纳米 ZnO，相同暴露剂量（纳米 ZnO 和 $ZnCl_2$ 暴露）条件下蚯蚓体内锌的浓度相近。纳米银颗粒及其释放的银离子都会被赤子爱胜蚓吸收富集（Shoults-Wilson et al.，2010）。然而当陆生蚯蚓（*Lumbricus terrestris*）暴露于食物、土壤，或者水中的纳米 TiO_2 时，尽管能观测到肠道和表皮细胞死亡，但是并未有证据表明纳米 TiO_2 能在蚯蚓体腔液或者肌肉中富集（Lapied et al.，2011）。由此可见，不同的人工纳米金属颗粒的生物可利用性有所差别。

2. 毒性影响因素

（1）纳米金属自身的性质　纳米金属的性质包括尺寸大小、金属种类等，可能通过影响其在土壤中的行为和形态进而影响毒性。在水生生态系统中，纳米金属颗粒的大小与其毒性呈现负相关（Zhao et al.，2012），即纳米金属颗粒越大，毒性越小。但是土壤体系中人工纳米金属颗粒的实际大小和毒性间可能没有直接的关系（Unrine et al.，2010b），这是因为土壤体系比水生系统更加复杂，纳米金属会在土壤颗粒和土壤溶液间重新分配；土壤溶液中含有天然胶体而导致纳米金属颗粒在土壤溶液中的聚集行为，最终影响毒性效应。急性暴露时 TiO_2 对线虫的半致死浓度（LC_{50}）和 Al_2O_3 相近，小于 ZnO 的 LC_{50}（Tourinho et al.，2012）。在 Ag、Cu、Ni、Al_2O_3、SiO_2、ZrO_2 和 TiO_2 等纳米金属颗粒中，Ag、Cu 和 TiO_2 对蚯蚓的毒性最大（Heckmann et al.，2011）。

（2）环境因素　除了纳米颗粒的自身性质，环境因素也可能影响纳米金属颗粒的毒性。蚯蚓在天然沙土里的趋避行为比人工土壤更加明显（Shoults-Wilson et al.，2011）。当土壤中标记的 TiO_2 未经超声处理时，较低（0.5 mg/kg）或较高浓度（2 000 mg/kg 和 3 000 mg/kg）的 TiO_2 会引起 CAT 和 GST 活性降低，而经过超声处理的 TiO_2 则无不利影响（Jemec et al.，2008）。过去的许多毒性研究由于较少考虑环境因素的影响，只关注高剂量急性毒性效应问题，因此，测试结果往往不能反映真实环境的复杂性。

（四）纳米颗粒的食物链传递

纳米颗粒在水生食物链传递的研究较多。例如，羰基化和酰基化的量子点可以通过淡水藻类-纹蚤进行食物链传递（Bouldin et al.，2008）。Zhu 等（2010）提供了纳米 TiO_2 从大型蚤（*Daphnia magna*）传递到斑马鱼（*Danio rerio*）的直接证据，发现食物相暴露是斑马鱼富集纳米 TiO_2 的主要途径。McTeer 等（2014）的研究表明，纳米银能从莱茵衣藻（*Chlamydomonas reinhardtii*）传递到大型蚤中。

纳米颗粒可沿陆生食物链进行传递。在陆地食物链中，Judy 等（2011）发现烟草天蛾幼虫（*Manduca sexta*）能以纳米颗粒形态而非金属离子形态吸收烟草（*Nicotiana tabacum* L. *cv Xanthi*）叶子中的纳米金，经计算，5 nm、10 nm 和 15 nm 的纳米金生物放大因子分别为 6.2、11.6 和 9.6，尽管纳米金没有对烟草天蛾表现出明显的致毒效应，但是纳米金可以沿食物链进行生物放大。该研究揭示了陆地食物链中人工纳米金属粒子的生物放大现象，强调了食物相暴露在纳米金属颗粒风险评估的重要性。他们进一步研究发现烟草天蛾对叶片表面沾染的纳米金的生物富集系数远远小于叶片吸收的纳米金的富集系数（Judy et al.，2012）。类似地，Unrine 等（2012）发现纳米金可以从污染土壤转移到赤子爱胜蚓，并进一步沿食物链传递到牛蛙（*Rana catesbeiana*）。可见，暴露途径对纳米金属颗粒的生物毒性及食物链传递有效性具有显著影响。一项研究表明，在大多数情况下食物相吸收是中华白玉蜗牛累积纳米银的主要途径（图 9-8），强调了食物相暴露对纳米颗粒生物累积的重要性（Chen et al.，2017b）。然而，椭圆体的磷酸盐和生物素修饰的量子点可以在陆生食物链（纤毛原生动物-轮虫）中进行传递，但是没有量子点的生物放大现象（Holbrook et al.，2008）。

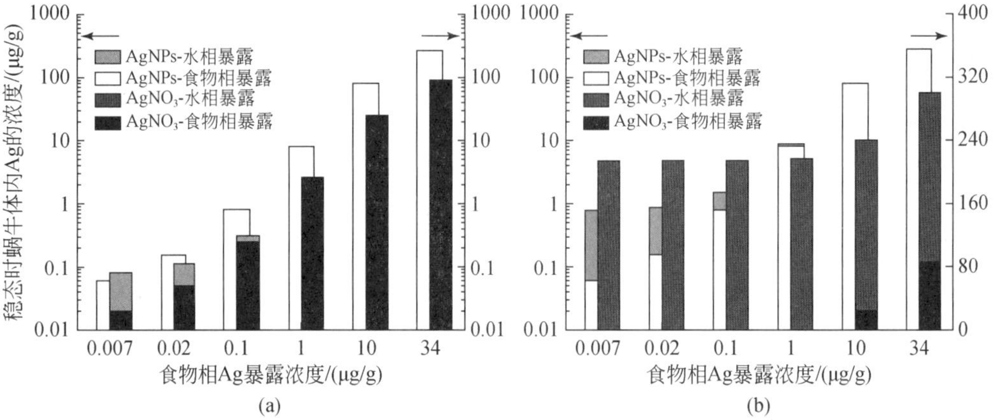

图 9-8　基于生物动力学模型预测蜗牛累积银过程中水相吸收和食物相吸收的相对贡献（Chen et al.，2017b）

水相 Ag 的含量为 0.01 μg/L（a）和 34 μg/L（b）；食物相 Ag 的含量为 0.007～34 μg/g。

四、展　　望

20 世纪后期，纳米科学与技术的发展成为热潮，纳米材料的研究和应用几乎遍及各个领域，纳米商品快速增加，许多纳米材料成分复杂，含有大量的有毒元素，难以对其毒性效应进行定性和定量表征，化学包被和修饰改变了纳米颗粒的团聚性、反应活性和生物有效性，增加了评价纳米颗粒毒性效应的难度。纳米颗粒的植物毒性及吸收试验几乎都在水培条件下进行，这些研究成果外推到实际土壤仍存在一定的困难，这是因为土壤是一个非均相的复杂体系，含有大量的有机质和共存阴、阳离子，纳米材料的性质受环境介质的影响很大。所以，从实际土壤出发研究纳米材料的生物毒性更有理论和实际意义。此外，现有研究往往都是高剂量短期暴露实验，而实际环境中人工纳米材料的含量比较低，所以开展低剂量长期暴露的纳米材料毒性研究非常重要。纳米颗粒在土壤中的形态决定了纳米的毒性和有效性，纳米颗粒在土壤中的形态分析将是纳米颗粒土壤环境化学研究的重点方向之一；土壤有大量的有机质、黏土矿物等，如何准确从土壤中提取和鉴定痕量的纳米材料也是亟待解决的关键问题。纳米颗粒具有较高的活性和比表面积，进入土壤中的纳米颗粒会与土壤有机质和土壤黏粒相互作用，影响纳米颗粒在土壤环境中的迁移、化学行为及各种生态效应，由于缺乏有效的分析检测手段，目前关于这方面的研究尚处于实验室中相对简单体系的模拟，且模拟浓度很高，与实际情况不符；但模拟研究是认识、评价纳米颗粒环境风险的基础，它将是纳米土壤环境化学研究的重点之一。量子化学计算技术是研究污染物各种物理化学过程的重要手段，它以量子力学和统计力学理论为基础，与各种实验技术相结合，用于分子水平的机理研究。目前，有关土壤中纳米颗粒行为的化学计量研究依然匮乏，亟需加强这方面的工作。

纳米颗粒具有高活性，可在环境保护和污染控制方面发挥重要作用，如何开发环境友好型、绿色和低成本纳米材料也将是纳米研究的重点之一。纳米技术已被《国家中长期科学和技术发展规划纲要（2006—2020）》列为重大科学研究计划，必须加强纳米颗粒环境行为和毒性效应研究，为我国土壤环境保护提供有力的理论和技术支撑，促进我国纳米科技的可持续发展。

思考题与习题

1. 简述抗生素的由来及其发展过程。
2. 抗生素的使用与抗生素抗性之间有什么关系？
3. 抗生素抗性基因的起源，以及对人类健康有哪些危害？
4. 举例说明抗性的机理有哪些？
5. 举例说明农业活动对环境中抗生素抗性基因的影响。
6. 影响抗生素在土壤中吸附的因子有哪些？
7. 环境中抗生素的降解主要有哪些方式？
8. 简述不同抗生素抗性基因分析方法的优缺点。
9. 阐明抗生素抗性基因水平转移的方式有哪些，占主导作用的是哪种？
10. 抗生素抗性与重金属抗性相互作用的机制有哪些？
11. 结合实际生活谈谈如何从自身做起降低抗生素抗性基因的传播与扩散。
12. 土壤中人工纳米材料来源包括哪些方面？
13. 土壤中人工纳米材料的主要环境化学行为有哪些？如何受到环境因素的影响？
14. 土壤中人工纳米材料对土壤微生物和酶有哪些影响？
15. 说明土壤中人工纳米材料与植物相互作用的机制及影响因素。
16. 阐述人工纳米材料对土壤动物的毒性效应及控制因素。

参 考 文 献

戴纪刚，张国强，黄小兵等. 1999. 抗生素科学发展简史. 中华医史杂志，29（2）：88～91
杜欢，王玉军，李程程等. 2015. 纳米 Ag 在四种不同性质土壤上的吸附行为研究. 农业环境科学学报，34（6）：1069～1075
蒋国翔，沈珍瑶，牛军峰等. 2011. 环境中典型人工纳米颗粒物毒性效应. 化学进展，23（8）：1769～1781
孔维栋，朱永官. 2007. 抗生素类兽药对植物和土壤微生物的生态毒理学效应研究进展. 生态毒理学报，2（1）：1～9
李树钧，施海，冯全新等. 2010. 致病性微生物耐药性严重化问题的思辨. 医学与哲学（临床决策论坛版），31（02）：5～8
李圆杏，黄宏，刘臻. 2013. 模拟日光照射下三种抗生素的光降解行为. 环境化学，32（08）：1513～1517
林道辉，冀静，田小利等. 2009. 纳米材料的环境行为与生物毒性. 科学通报，54（23）：3590～3604
刘秀玲，卢静义. 2012. 抗生素在畜牧业中的应用现状及其潜在危害分析. 兽医导刊，（02）：46～47，54
齐会勉，吕亮，乔显亮. 2009. 抗生素在土壤中的吸附行为研究进展. 土壤，41（05）：703～708
苏建强，黄福义，朱永官. 2013. 环境抗生素抗性基因研究进展. 生物多样性，21（4）：481～487
孙欣，高莹，杨云锋. 2013. 环境微生物的宏基因组学研究新进展. 生物多样性，21（04）：393～401
王冲，罗义，毛大庆. 2014. 土壤环境中抗生素的来源、转归、生态风险以及消减对策. 环境化学，33（01）：19～29
王春红，梁巍，薛爱芳等. 2010. 兽药抗生素在土壤中行为的研究进展. 华中农业大学学报，29（02）：245～250
王丽梅，罗义，毛大庆等. 2010. 抗生素抗性基因在环境中的传播扩散及抗性研究方法. 应用生态学报，21（04）：1063～1069
王玉军. 2016. 纳米颗粒、抗生素及抗性基因等新兴污染物风险评估. 见：宋长青. 土壤学若干前沿领域研究进展. 北京：商务印书馆
文若曦，孙振东，周群芳等. 2017. 人工合成纳米材料的生物可给性与毒性. 环境化学，36（1）：1～15
杨凤霞，毛大庆，罗义等. 2013. 环境中抗生素抗性基因的水平传播扩散. 应用生态学报，24（10）：2993～3002
杨新萍，赵方杰. 2013. 植物对纳米颗粒的吸收、转运及毒性效应. 环境科学，34（11）：4495～4502
曾小龙，陈振强. 2003. 抗生素的发展与应用. 广东教育学院学报，（02）：78～81

张佳奇，徐艳，罗义等. 2016. 重金属协同选择环境细菌抗生素抗性及其机制研究进展. 农业环境科学学报，35（03）：409～418
周启星. 2006. 土壤环境污染化学与化学修复研究最新进展. 环境化学，25（3）：257～265.
朱永官，欧阳纬莹，吴楠等. 2015. 抗生素耐药性的起源与控制对策. 中国科学院院刊，30（4）：509～516
Alekshun M N，Levy S B. 2007. Molecular mechanisms of antibacterial multidrug resistance. Cell，128（6）：1037～1050
Allen H K，Donato J，Wang H H et al. 2010. Call of the wild：Antibiotic resistance genes in natural environments. Nature Reviews Microbiology，8（4）：251～259
Allen H K，Moe L A，Rodbumrer J et al. 2009. Functional metagenomics reveals diverse beta-lactamases in a remote Alaskan soil. Isme Journal，3（2）：243～251
Allen H K. 2014. Antibiotic resistance gene discovery in food-producing animals. Current Opinion in Microbiology，19：25～29
Aminov R I. 2009. The role of antibiotics and antibiotic resistance in nature. Environmental Microbiology，11（12）：2970～2988
Baalousha M，Manciulea A，Cumberland S et al. 2008. Aggregation and surface properties of iron oxide nanoparticles：Influence of pH and natural organic matter. Environmental Toxicology and Chemistry，27（9）：1875～1882.
Baker-Austin C，Wright M S，Stepanauskas R et al. 2006. Co-selection of antibiotic and metal resistance. Trends in Microbiology，14（4），176～182
Beattie I R，Haverkamp R G. 2011. Silver and gold nanoparticles in plants：Sites for the reduction to metal. Metallomics，3：628～632.
Benoit R，Wilkinson K J，Sauve S. 2013. Partitioning of silver and chemical speciation of free Ag in soils amended with nanoparticles. Chemistry *Central* Journal，7（1）：1～7
Bouldin J L，Ingle T M，Sengupta A et al. 2008. Aqueous toxicity and food chain transfer of quantum dots TM in freshwater algae and Ceriodaphnia dubia. Environmental Toxicology and Chemistry，27（9）：1958～1963
Chen Q L，An X L，Zhu Y G et al. 2017a. Application of struvite alters the antibiotic resistome in soil，rhizosphere，and phyllosphere. Environmental Science & Technology，51（14）：8149～8157
Chen Q，An X，Li H et al. 2016. Long-term field application of sewage sludge increases the abundance of antibiotic resistance genes in soil. Environment International，92～93：1～10
Chen Y Z，Si Y B，Zhou D M et al. 2017b. Differential bioaccumulation patterns of nanosized and dissolved silver in a land snail Achatina fulica. Environmental Pollution，222：50～57
Cornelis G，Doolette C，Thomas M et al. 2012. Retention and dissolution of engineered silver nanoparticles in natural soils. Soil Science Society of America Journal，76（3）：891～902
Cornelis G，Pang L，Doolette C et al. 2013. Transport of silver nanoparticles in saturated columns of natural soils. Science of the Total Environment，463～464：120～130
Dan Y B，Zhang W L，Xue R M et al. 2015. Characterization of gold nanoparticle uptake by tomato plants using enzymatic extraction followed by single-particle inductively coupled plasma–mass spectrometry analysis. Environmental Science & Technology，49（5）：3007～3014
Darlington T K，Eeigh A M，Spencer M T et al. 2009. Nanoparticle characteristics affecting environmental fate and transport through soil. Environmental Toxicology and Chemistry，28（6）：1191～1199
Davies J，Davies D. 2010. Origins and evolution of antibiotic resistance. Microbiology and Molecular Biology Reviews，74（3）：417
D'Costa V M，King C E，Kalan L et al.2011. Antibiotic resistance is ancient. Nature，477（7365）：457～461
del Real A E P，Castillo-Michel H，Kaegi R et al. 2016. Fate of Ag-NPs in sewage sludge after application on agricultural soils. Environmental Science & Technology，50（4）：1759～1768
Dimkpa C O，Calder A，Gajjar P et al. 2011. Interaction of silver nanoparticles with an environmentally beneficial bacterium，Pseudomonas chlororaphis. Journal of Hazardous Materials，188（1～3）：428～435
Dimpka C O，Latta D E，McLean J E et al. 2013. Fate of CuO and ZnO nano- and microparticles in the plant environment. Environmental Science & Technology，47：4734～4742
Fang J，Shan X，Wen B. 2009. Stability of titania nanoparticles in soil suspensions and transport in saturated homogeneous soil columns. Environmental Pollution，157（4）：1101～1109
Gardea-Torresdey J L，Rico C M，White J C. 2014. Trophic transfer，transformation，and impact of engineered nanomaterials in terrestrial environments. Environmental Science & Technology,48：2526～2540
Gawad C，Koh W，Quake S R. 2016. Single-cell genome sequencing：Current state of the science. Nature Reviews Genetics，17（3）：175～188
Ge Y，Schimel J P，Holden P A，2011. Evidence for negative effects of TiO2 and ZnO nanoparticles on soil bacterial communities. Environmental Science & Technology，45（4）：1659～1664
Geisler-Lee J，Wang Q，Yao Y et al. 2013. Phytotoxicity，accumulation and transport of silver nanoparticles by *Arabidopsis thaliana*. Nanotoxicology，7（3）：323～337
Ghosh S，Mashayekhi H，Bhowmik P et al. 2010. Colloidal stability of Al_2O_3 nanoparticles as effected by coating of structurally different humic acids. Langmuir，26：873～879

Gillings M R，Gaze W H，Pruden A. et al. 2015. Using the class 1 integron-integrase gene as a proxy for anthropogenic pollution. ISME Joural，9（6）：1269～1279

Gole J，Gore A，Richards A et al. 2013. Massively parallel polymerase cloning and genome sequencing of single cells using nanoliter microwells. Nature Biotechnology，31（12）：1126～1132.

Gottschalk F，Sonderer T，Scholz R W et al. 2009. Modeled environmental concentrations of engineered nanomaterials（TiO_2，ZnO，Ag，CNT，Fullerenes） for different regions. Environmental Science & Technology，43（24）：9216～9222

Gurr J R，Wang A S S，Chen C H et al. 2005. Ultrafine titanium dioxide particles in the absence of photoactivation can induce oxidative damage to human bronchial epithelial cells. Toxicology，213（1～2）：66～73

Haverkamp R G，Marshall A T. 2009. The mechanism of metal nanoparticle formation in plants：Iimits on accumulation. Journal of Hazardous Materials，11：1453～1463

Heckmann L H，Hovgaard M，Sutherland D et al. 2011. Limit-test toxicity screening of selected inorganic nanoparticles to the earthworm Eisenia fetida. Ecotoxicology，20（1）：226～233

Hernandez-Viezcas J A，Castillo-Michel H，Andrews J C et al. 2013. In situ synchrotron x-ray fluorescence mapping and speciation of CeO_2 and ZnO nanoparticles in soil cultivated soybean（Glycine max）. ACS Nano，1415～1423

Heuer H，Schmitt H，Smalla K. 2011. Antibiotic resistance gene spread due to manure application on agricultural fields. Current Opinion in Microbiology，14（3）：236～243

Holbrook R D，Murphy K E，Morrow J B et al. 2008. Trophic transfer of nanoparticles in a simplified invertebrate food web. Nature Nanotechnology，3（6）：352～355

Hong J，Peralta-Videa J R，Rico C et al. 2014. Evidence of translocation and physiological impacts of foliar applied CeO_2 nanoparticles on cucumber（Cucumis sativus） plants. Environmental Science & Technology，48（8）：4376～4385

Hooper H L，Jurkschat K，Morgan A J et al. 2011. Comparative chronic toxicity of nanoparticulate and ionic zinc to the earthworm Eisenia veneta in a soil matrix. Environment International，37（6）：1111～1117

Hoppe M，Mikutta R，Utermann J et al. 2014. Retention of sterically and electrosterically stabilized silver nanoparticles in Soils. Environmental Science & Technology，48（21）：12628～12635

Hotze E M，Phenrat T，Lowry G V. 2010. Nanoparticle aggregation：challenges to understanding transport and reactivity in the environment. Journal of Environmental Quality，39：1909～1924

Hu C W，Li M，Cui Y B et al.，2010. Toxicological effects of TiO_2 and ZnO nanopanticles in soil on earthworm *Eisenia fetida*. Soil Biology and Biochemistry，42（4）：586～591

Jaisi D，Elimelech M，2009. Single-walled carbon nanotubes exhibit limited transport in soil columns. Environmental Science & Technology，43（24）：9161～9166

Jemec A，Drobne D，Remskar M et al. 2008. Effects of increased nano-sized titanium dioxide on terrestrial isopods（Porcellio scaber）. Environmental Toxicology and Chemistry，27（9）：1904～1914

Judy J D，Unrine J M，Bertsch P M. 2011. Evidence for biomagnification of gold nanoparticles within a terrestrial food chain. Environmental Science & Technology，45：776~781

Judy J D，Unrine J M，Rao W et al. 2012. Bioaccumulation of gold nanomaterials by Manduca sexta through dietary uptake of surface contaminated plant tissue. Environmental Science & Technology，46（22）：12672～12678

Kaegi R，Voegelin A，Sinnet B et al. 2011. Behavior of metallic silver nanoparticles in a pilot wastewater treatment plant. Environmental Science & Technology，45（9）：3902～3908

Kang F，Alvarez P J，Zhu D. 2013. Microbial extracellular polymeric substances reduce Ag+ to silver nanoparticles and antagonize bactericidal activity. Environmental Science & Technology，48（1）：316～322

Klaine S J，Alvarez P J J，Batley G E et al. 2008. Nanomaterials in the environment：Behavior，fate，bioavailability，and effects. Environmental Toxicology and Chemistry，27（9）：1825～1851

Kool P L，Ortiz M D，van Gestel C A M. 2011. Chronic toxicity of ZnO nanoparticles，non-nano ZnO and $ZnCl_2$ to *Folsomia candida*（Collembola） in relation to bioavailability in soil. Environmental Pollution，159（10）：2713～2719

Kretzschmar R，Sticher H. 1997. Transport of humic-coated iron oxide colloids in a sandy soil：Influence of Ca^{2+} and trace metals. Environmental Science & Technology，31：3497～3504

Kumari M，Mukherjee A，Chandrasekaran N. 2009. Genotoxicity of silver nanoparticles in *Allium cepa*. Science of the Total Environment，407（19）：5243～5246

Landry Z C，Giovanonni S J，Quake S R et al. 2013. Optofluidic cell selection from complex microbial communities for single-genome analysis. Methods in Enzymology，531：61～90

Lang K S，Anderson J M，Schwarz S et al. 2010. Novel florfenicol and chloramphenicol resistance gene discovered in Alaskan soil by using functional metagenomics. Applied and Environmental Microbiology，76（15）：5321～5326

Lapied E，Nahmani J Y，Moudilou E et al. 2011. Ecotoxicological effects of an aged TiO_2 nanocomposite measured as apoptosis in the anecic earthworm Lumbricus terrestris after exposure through water，food and soil. Environment International，37（6）：1105～1110

Larue C，Castillo-Michel H，Sobanska S et al. 2014. Foliar exposure of the crop Lactuca sativa to silver nanoparticles：Evidence for internalization and changes in Ag speciation. J Hazard Mater，264：98～106

Lasken R S. 2012. Genomic sequencing of uncultured microorganisms from single cells. Nature reviews Microbiology，10（9）：631～640

Lee Y J，Nostrand J D，Tu Q C et al. 2013. The PathoChip，a functional gene array for assessing pathogenic properties of diverse microbial communities. ISME Journal，7（10）：1974～1984

Leung K，Zahn H，Leaver T et al. 2012. A programmable droplet-based microfluidic device applied to multiparameter analysis of single microbes and microbial communities. Proceedings of the National Academy of Sciences of the United States of America，109（20）：7665～7670

Li B，Yang Y，Ma L P et al. 2015a. Metagenomic and network analysis reveal wide distribution and co-occurrence of environmental antibiotic resistance genes. ISME Journal，9（11）：2490～2502

Li C C，Dang F，Li M et al. 2017a. Effects of exposure pathways on the accumulation and phytotoxicity of silver nanoparticles in soybean and rice. Nanotoxicology，11（5）：699～709

Li C C，Wang Y J，Dang F. 2016. Mechanistic understanding of reduced AgNP phytotoxicity induced by extracellular polymeric substances. Journal of Hazardous Materials，308（5）：21～28

Li J，Wang T，Shao B et al. 2012. Plasmid-mediated quinolone resistance genes and antibiotic residues in wastewater and soil adjacent to swine feedlots：potential transfer to agricultural lands. Environmental Health Perspectives，120：1144～1149

Li M，Wang P，Dang F et al. 2017b. The transformation and fate of silver nanoparticles in paddy soil：effects of soil organic matter and redox conditions. Environmental Science-Nano. 4（4）：919～928

Li X，Harwood V J，Nayak B et al. 2015b. A novel microbial source tracking microarray for pathogen detection and fecal source identification in environmental systems. Environmental Science & Technology，49（12）：7319～7329

Lin D，Xing B. 2008. Root uptake and phyotoxiciy of ZnO nanoparticles. Environmental Science & Technology，42：5580～5585

Lin S，Reppert J，Hu Q et al. 2009. Uptake，translocation，and transmission of carbon nanomaterials in rice plants. Small，5（10）：1128～1132

López-Moreno M L，Rosa G de la，Hernández-Viezcas J A et al. 2010. X-ray absorption spectroscopy（XAS） corroboration of the uptake and storage of CeO_2 nanoparticles and assessment of their differential toxicity in four edible plant species. Journal of Agricultural and Food Chemistry，58（6）：3689～3693

Lv J T，Zhang S Z，Luo L et al. 2012. Dissolution and microstructural transformation of ZnO nanoparticles under the influence of phosphate. Environmental Science & Technology，46（13）：7215～7221

Ma L P，Xia Y，Li B et al. 2016. Metagenomic assembly reveals hosts of antibiotic resistance genes and the shared resistome in pig，chicken，and human feces. Environmental Science & Technology，50（1）：420～427

Ma R，Levard C，Michel F M et al. 2013. Sulfidation mechanism for zinc oxide nanoparticles and the effect of sulfidation on their solubility. Environmental Science & Technology，47（6）：2527～2534

Ma Y H，Zhang P，Zhang Z Y et al.，2015. Where does the transformation of precipitated Ceria Nanoparticles in hydroponic plants take place. Environmental Science & Technology，49（17）：10667～10674

Maglica Z，Ozdemir E，McKinney J D. 2015. Single-cell tracking reveals antibiotic-induced changes in mycobacterial energy metabolism. Mbio，6（1）：e02236-14

Martinez J L. 2008. Antibiotics and antibiotic resistance genes in natural environments. Science，321（5887），365～367

Mason O U，Hazen T C，Borglin S et al. 2012. Metagenome，metatranscriptome and single-cell sequencing reveal microbial response to Deepwater Horizon oil spill. ISME Jounal，6（9）：1715～1727

McEachran A D，Blackwell B R，Hanson J D et al. 2015. Antibiotics，bacteria，and antibiotic resistance genes：aerial transport from cattle feed yards via particulate matter. Environmental Health Perspectives，123（4）：337～343

McShane H，Sarrazin M，Whalen J K et al. 2012. Reproductive and behavioral response of earthworms exposed to nano-sized titanium dioxide in soil. Environmental Toxicology and Chemistry，31（1）：184～193

McTeer J，Dean A P，White K N et al. 2014. Bioaccumulation of silver nanoparticles into *Daphnia magna* from a freshwater algal diet and the impact of phosphate availability. Nanotoxicology，8（3）：305～316

Michael I，Rizzo L，McArdell C S et al. 2013. Urban wastewater treatment plants as hotspots for the release of antibiotics in the environment：a review. Water Research，47（3）：957～995

Mitchell S M，Ullman J L，Teel A L et al. 2014. pH and temperature effects on the hydrolysis of three beta-lactam antibiotics：Ampicillin，cefalotin and cefoxitin. Science of the Total Environment，466：547～555

Nalbantoglu O U，Way S F，Hinrichs S H et al. 2011. RAIphy：Phylogenetic classification of metagenomics samples using iterative refinement of relative abundance index profiles. Bmc Bioinformatics，12：1～14

Navarro D A，Kirby J K，McLaughlin M J et al. 2014.　Remobilisation of silver and silver sulphide nanoparticles in soils. Environmental Pollution，193（193）：102～110

Patlolla A K，Berry A，May L B et al. 2012. Genotoxicity of silver nanoparticles in vicia faba：A pilot study on the environmental monitoring of nanoparticles. International Journal of Environmental Research & Public Health，9（5）：1649～1662

Pehrsson E C，Tsukayama P，Patel S. et al. 2016. Interconnected microbiomes and resistomes in low-income human habitats. Nature，533（7602）：212～216

Petosa A R，Jaisi D P，Quevedo I R et al. 2010. Aggregation and deposition of engineered nanomaterials in aquatic environments：Role of physicochemical interactions. Environmental Toxicology and Chemistry，44（17）：6532～6549

Pipan T Z，Drobne D，Jemec A et al. 2010. Zinc bioaccumulation in a terrestrial invertebrate fed a diet treated with particulate ZnO or $ZnCl_2$ solution.Toxicology，269（2～3）：198～203

Qian H F，Peng X F，Han X et al. 2013. Comparison of the toxicity of silver nanoparticles and silver ion on the growth of terrestrial plant model Arabidopsis thaliana. Journal of Environmental Sciences，25（9）：1～9

Reddy K M，Feris K，Bell J et al. 2007. Selective. Applied Physics Letters，90（213902）：2139021

Sagee O，Dror I，Berkowitz B，2012. Transport of silver nanoparticles（AgNPs） in soil. Chemosphere，88（5）：670～675

Sassman S A，Lee L S. 2005. Sorption of three tetracyclines by several soils：Assessing the role of pH and cation exchange. Environmental Science & Technology，39（19）：7452～7459

Sayes C M，Wahi R，Kurian P A et al. 2006. Correlating nanoscale titania structure with toxicity：A cytotoxicity and inflammatory response study with human dermal fibroblasts and human lung epithelial cells. Toxicological Sciences，92（1）：174～185

Schatz A，Bugie E，Waksman S A. 1973. Selman Abraham Waksman，Ph.D. 22 July 1888--16 August 1973. Streptomycin reported. Annals of Internal Medicine，79（5）：678

Schmieder R，Edwards R. 2012. Insights into antibiotic resistance through metagenomic approaches. *Future microbiolo*gy，7（1）：73～89

Schwab F，Zhai G S，Kern M et al. 2016. Barriers，pathways and processes for uptake，translocation and accumulation of nanomaterials in plants–critical review. Nanotoxicology，10（3）：257～278

Sekine R，Brunetti G，Donner E et al. 2015. Speciation and lability of Ag-，AgCl-，and Ag_2S- nanoparticles in soil determined by X-ray absorption spectroscopy and diffusive gradients in Thin Films. Environmental Science & Technology，49（2）：897～905

Service R F，2005. Calls rise for more research on toxicology of nanomaterials. Science，310（5754）：1609

Servin A D，Castillo-Michel H，Hernandez-Viezcas J A et al. 2012. Synchrotron micro-XRF and micro-XANES confirmation of the uptake and translocation of TiO_2 nanoparticles in cucumber（Cucumis sativus） plants. Environmental Science & Technology，46：7637～7643

Settimio L，McLaughlin M J，Kirby J K et al. 2014. A method to determine silver partitioning and lability in soils. Environmental Chemistry，11（1）：63～71

Shilova I N，Robidart J C，Tripp H J et al. 2014. A microarray for assessing transcription from pelagic marine microbial taxa. ISME Journal，8（7）：1476～1491

Shoults-Wilson W A，Reinsch B C，Tsyusko O V et al. 2011. Role of particle size and soil type in toxicity of silver nanoparticles to earthworms. Soil Science Society of America Journal，75（2）：365～377

Shoults-Wilson W，Reinsch B C，Tsyusko O V et al. 2010. Effect of silver nanoparticle surface coating on bioaccumulation and reproductive toxicity in earthworms（Eisenia fetida）. Nanotoxicology，5（3）：432～444

Stampoulis D，Sinha S K，White J C. 2009. Assay-dependent phytotoxicity of nanoparticles to plants. Environmental Science & Technology，43（24）：9473～9479

Stankus D P，Lohse S E，Hutchison J E et al. 2010. Interactions between natural organic matter and gold nanoparticles stabilized with different organic capping agents. Environmental Science & Technology，45（8）：3238～3244

Stoiber T，Croteau M N，Romer I et al. 2015. Influence of hardness on the bioavailability of silver to a freshwater snail after waterborne exposure to silver nitrate and silver nanoparticles. Nanotoxicology，9（7）：918～927

Su J Q，An X L，Li B et al. 2017a. Metagenomics of urban sewage identifies an extensively shared antibiotic resistome in China. Microbiome，5（1）：84

Su J Q，Cui L，Chen Q L et al. 2017b. Application of genomic technologies to measure and monitor antibiotic resistance in animals. Annals of the New York Academy of Sciences，1388（1）：121～135

Su J Q，Wei B，Ou-Yang W Y et al. 2015. Antibiotic resistome and its association with bacterial communities during sewage sludge composting. Environmental Science & Technology，49（12）：7356～7363

Su J Q，Wei B，Xu C Y et al. 2014. Functional metagenomic characterization of antibiotic resistance genes in agricultural soils from China. Environment International，65：9～15

Tan S Y，Tatsumura Y. 2015. Alexander fleming（1881-1955）：Discoverer of penicillin. Singapore Medical Journal，56（7）：366～367

Thomas C M，Nielsen K M. 2005. Mechanisms of，and barriers to，horizontal gene transfer between bacteria. Nature reviews Microbiology，3（9）：711～721

Tolls J. 2001. Sorption of veterinary pharmaceuticals in soils：A review. Environmental Science & Technology，35（17）：3397～3406

Torres-Cortes G，Millan V，Ramirez-Saad H C et al. 2011. Characterization of novel antibiotic resistance genes identified by functional metagenomics on soil samples. Environmental Microbiology，13（4）：1101～1114

Tourinho P S，van Gestel C A M，Lofts S et al. 2012. Metal-based nanoparticles in soil：Fate，behavior，and effects on soil invertebrates. Environmental Toxicology and Chemistry，31（8）：1679～1692

Tsyusko O V，Hardas S S，Shoults-Wilson W A et al. 2012. Short-term molecular-level effects of silver nanoparticle exposure on the earthworm，Eisenia fetida. Environmental Pollution，171（4）：249～255

Tu Q C，Yu H，He Z L et al. 2014. GeoChip 4：A functional gene-array-based high-throughput environmental technology for microbial community analysis. Molecular *Ecology Resources*，14（5）：914～928

Unrine J M，Hunyadi S E，Tsyusko O V et al. 2010a. Evidence for bioavailability of Au nanoparticles from soil and biodistribution within earthworms（Eisenia fetida）. Environmental Science & Technology，44（21）：8308～8313

Unrine J M，Shoults-Wilson W A，Zhurbich O et al. 2012. Trophic transfer of Au nanoparticles from soil along a simulated terrestrial food chain. Environmental Science & Technology，46：9753～9760

Unrine J M，Tsyusko O V，Hunyadi S E et al. 2010b. Effects of particle size on chemical speciation and bioavailability of copper to earthworms（Eisenia fetida） exposed to copper nanoparticles. Journal of Environmental Quality，39（6）：1942～1953

van der Ploeg M J C，Baveco J M，van der Hout A et al. 2011. Effects of C_{60} nanoparticle exposure on earthworms（Lumbricus rubellus）and implications for population dynamics. Environmental Pollution，159（1）：198～203

Wainwright M. 2005. A response to William Kingston，Streptomycin，Schatz versus Waksman，and the balance of credit for discovery. Journal of the History of Medicine and Allied Sciences，60（2），218～221

Wang D，Chu L，Paradelo M et al. 2011. Transport behavior of humic acid-modified nano-hydroxyapatite in saturated packed column：effects of Cu，ionic strength，and ionic composition. Journal of Colloid & Interface Science，360（2）：398～407

Wang D，Jaisi D P，Yan J et al. 2015a. Transport and retention of polyvinylpyrrolidone-coated silver nanoparticles in natural soils. Vadose Zone Journal，14（7）

Wang F H，Qiao M，Su J Q et al. 2014a. High throughput profiling of antibiotic resistance genes in urban park soils with reclaimed water irrigation. Environmental Science & Technology，48（16）：9079～9085

Wang P，Lombi E，Zhao F J et al. 2016b. Nanotechnology：A new opportunity in plant sciences. Trends in Plant Science，21：699～712

Wang P，Menzies N W，Lombi E et al. 2013b. Fate of ZnO nanoparticles in soils and cowpea（Vigna unguiculata）. Environmental Science & Technology，47：13822～13830

Wang P，Menzies N W，Lombi E et al. 2015b. Silver sulfide nanoparticles（Ag2S-NPs）are taken up by plants and are phytotoxic. Nanotoxicology，9：1041～1049

Wang X R，Kang Y，Luo C X et al. 2014b. Heteroresistance at the single-cell level：adapting to antibiotic stress through a population-based strategy and growth-controlled interphenotypic coordination. Mbio，5（1）：e00942-13

Wang Y，Huang W E，Cui L et al. 2016a. Single cell stable isotope probing in microbiology using Raman microspectroscopy. Current Opinion in Biotechnology，41：34～42

Wang Y，Ji Y T，Wharfe E S et al. 2013a. Raman activated cell ejection for isolation of single cells. Analytical Chemistry，85(22)：10697～10701

White A K，VanInsberghe M，Petriv O I et al. 2011. High-throughput microfluidic single-cell RT-qPCR. Proceedings of the National Academy of Sciences of the United States of America，108（34）：13999～14004

Wichmann F，Udikovic-Kolic N，Andrew S et al. 2014. Diverse antibiotic resistance genes in dairy cow manure. MBio，5（2）：e01017

Xu X H N，Brownlow W J，Kyriacou S V et al. 2004. Real-time probing of membrane transport in living microbial cells using single nanoparticle optics and living cell imaging. Biochemistry，43（32）：10400～10413

Yin LY，Cheng YW，Espinasse B et al. 2011. More than the ions：the effects of silver nanoparticles on Lolium multiflorum. Environmental Science & Technology，45（6）：2360～2367

Zhang P，Ma Y H，Zhang Z Y et al. 2012. Comparative toxicity of nanoparticulate/bulk Yb_2O_3 and $YbCl_3$ to cucumber（Cucumis sativus）. Environmental Science & Technology，46（3）：1834～1841

Zhang T，Zhang X X，Ye L. 2011. Plasmid metagenome reveals high levels of antibiotic resistance genes and mobile genetic elements in activated sludge. PLoS One，6（10）：e26041

Zhao L J，Peralta-Videa J R，Varela-Ramirez A et al. 2012. Effect of surface coating and organic matter on the uptake of CeO_2 NPs by corn plants grown in soil：Insight into the uptake mechanism. Journal of Hazardous Materials，225：131～138

Zhou J Z，He Z L，Yang Y F et al. 2015. High-throughput metagenomic technologies for complex microbial community analysis：open and closed formats. Mbio，6（1）：e02288-14

Zhou X，Qiao M，Wang F H et al. 2017. Use of commercial organic fertilizer increases the abundance of antibiotic resistance genes and antibiotics in soil. Environmental Science and Pollution Research，24（1）：701～710

Zhu B，Chen Q，Chen S et al. 2017. Does organically produced lettuce harbor higher abundance of antibiotic resistance genes than conventionally produced. Environment International，98：152～159

Zhu H，Han J，Xiao J Q et al. 2008. Uptake，translocation，and accumulation of manufactured iron oxide nanoparticles by pumpkin plants. Journal of Environmental Monitoring，10（6）：713～717

Zhu X，Wang J，Zhang X et al. 2010. Trophic transfer of TiO_2 nanoparticles from daphnia to zebrafish in a simplified freshwater food chain. Chemosphere，79（9）：928～933

Zhu Y G，Johnson T A，Su J Q et al. 2013. Diverse and abundant antibiotic resistance genes in Chinese swine farms. Proceedings of the National Academy of Sciences of the United States of America，110（9）：3435～3440

Zhu Z，Zhang W H，Leng X F et al. 2012. Highly sensitive and quantitative detection of rare pathogens through agarose droplet microfluidic emulsion PCR at the single-cell level. Lab on a Chip，12（20）：3907～3913

Zong C H，Lu S J，Chapman A R et al. 2012. Genome-wide detection of single-nucleotide and copy-number variations of a single human cell. Science，338（6114）：1622～1626

建议进一步阅读的文献

王玉军. 2016. 纳米颗粒、抗生素及抗性基因等新兴污染物风险评估. 见：宋长青. 土壤学若干前沿领域研究进展. 北京：商务印书馆

朱永官，欧阳纬莹，吴楠等. 2015. 抗生素耐药性的来源与控制对策. 中国科学院院刊，（04）：509～516

Bush K，Courvalin P，Dantas G et al. 2011. Tackling antibiotic resistance. Nature reviews Microbiology，9（12）：894～896

D'Costa V M，McGrann K M，Hughes D W et al. 2006. Sampling the antibiotic resistome. Science，311（5759）：374～377

Hawthorne J，Roche R D，Xing B S et al. 2014. Particle-size dependent accumulation and trophic transfer of cerium oxide through a terrestrial food chain. Environmental Science & Technology，48：13102～13109

Holden P A，Gardea-Torresdey J L，Klaessig F et al. 2016. Considerations of environmentally relevant test conditions for improved evaluation of ecological hazards of engineered nanomaterials. Environmental Science & Technology，50（12）：6124～6145

Li C C，Wang Y J，Dang F et al. 2016. Mechanistic understanding of reduced AgNP phytotoxicity induced by extracellular polymeric substances. Journal of Hazardous Materials，308：21～28

Luoma S N. 2008. Silver nanotechnologies and the environment：Old problems or new challenges. Project on Emerging Nanotechnologies，Publication 15.

Martinez J L. 2008. Antibiotics and antibiotic resistance genes in natural environments. Science，321（5887）：365～367

Udikovic-Kolic N，Wichmann F，Broderick N A et al. 2014. Bloom of resident antibiotic-resistant bacteria in soil following manure fertilization. Proceedings of the National Academy of Sciences of the United States of America，111（42）：15202～15207

Wang P，Lombi E，Zhao F-J wet al. 2016b. Nanotechnology：A new opportunity in plant sciences. Trends in Plant Science，21（8）：699～712

Zhu Y G，Johnson T A，Su J Q et al. 2013. Diverse and abundant antibiotic resistance genes in Chinese swine farms. Proceedings of the National Academy of Sciences of the United States of America, 110（9）：3435～3440

第十章　土壤退化过程与环境质量

土壤是独立的历史自然体，这一命题不但使土壤学成为独立的学科，脱离其对地质学、地理学等起源学科的依附，而且准确地反映出土壤是自然界的一个重要组分。它与自然界的其他构成，即岩石圈、生物圈、水圈和大气圈之间的物质和能量交换是其演化的基本驱动力，反过来，其演化又对其他圈层存在着明显的反馈和影响，这就是土壤圈理论的基本思想，其涵义已经在第一章中讨论过。1938 年瑞典科学家 S.Mattson 首先提出土壤圈（pedosphere）的概念之后，逐渐得到了地学界的重视。20 世纪 80 年代后期，土壤圈的思想进一步深化，已经认识到土壤-岩石、土壤-大气、土壤-水体和土壤-生物（植物）之间的物质交换和能量传递是影响土壤和环境质量的重要过程，这些圈层之间的相互作用已经成为土壤科学和环境科学研究的重要内容（赵其国，1994）。实际上，土壤早已不是被封闭地当作孤立的物体，在现阶段，它的演变原因、过程和影响已经凸显在它与环境的相互关系这一更广阔的视野内，而土壤退化过程对环境质量的影响就是其中一个直接关系到人类生存环境和可持续发展的重要问题。

本章首先从土壤演变的能量观点介绍土壤退化过程的内在涵义，然后选择最主要的退化过程，包括土壤侵蚀、土地荒漠化、石漠化、土壤酸化、土壤盐渍化和土壤压实，介绍它们的成因、主要过程、原位影响和环境效应及主要防治技术措施。本章的主要目的是，为读者提供一个认识和理解这些过程的轮廓和基本原理，而不过多地罗列土壤退化过程的种种表现。

第一节　土壤的自然演变与退化

土壤处于不断的变化之中，退化也是一种土壤变化，人为的不当影响会加速土壤退化，对土壤质量和功能发挥产生负面影响。比较土壤的自然演变过程和退化过程的异同，有利于更好地了解退化过程的实质和评价土壤退化的影响。

一、土壤变化与环境条件的关系

土壤、水、岩石、大气和生物都是重要的环境要素，它们之间通过物质交换和能量传递而互相影响。土壤在物理构成上包含固体、液体和气体等多相组成；在化学上由有机和无机物质构成；在生物学上包含大量生物并进行着复杂的生物活动；在热动力学上是一个开放系统，它与外界有频繁的物质和能量交换过程。

土壤的演变包含多种多样的物理、化学和生物学过程，这些过程取决于土壤的结构和组成，并由外界环境因子，如温度、水分状况所驱动。自然成土因素学说综合地表达了这样一个规律（Jenny，1941）：

$$S=f(\mathrm{cl}, o, r, p, t, \cdots) \tag{10-1}$$

式中，S 为土壤；cl、o、r、p 和 t 分别为气候、生物、地形、母质和时间等因子。这个概念模型清楚地说明环境因子改变必然导致土壤变化。

土壤变化是通过一系列过程来实现的，这些过程包括土壤与环境之间的相互作用，也包括土壤内部的物质迁移与转化。土壤发生学过程是土壤自然演变过程的重要表现。与此相对应，土壤自身的变化一方面是自然环境变化的一个组成部分，同时也对其他环境因子产生反馈。

任何土壤演变过程的实质都是物质转化和能量传递过程。很多过程，如土壤自然发生、退化、恢复和重建等，只有在土壤系统的能量观基础上才能深刻地理解它们的含义。土壤系统的能量包括由位置和压力所决定的物理势能，以及由土壤物质组成所决定的化学结合能。土壤系统中发生的风化、搬运和迁移过程实际上就是一个能量降低的过程。

能量转化过程中涉及熵的变化，熵则是表征系统混乱（或者组织）程度的一个物理量。Prigogine（1961）指出，在开放系统中，系统熵变（ΔS）可以由下列式子给出：

$$\Delta S = \Delta S_e + \Delta S_i \tag{10-2}$$

式中，ΔS_e 为土壤与环境之间反应熵的变化；ΔS_i 则为系统内部不可逆过程的熵变。虽然 ΔS_i 总是正的（不可逆过程），ΔS_e 则可以是正的也可以是负的，所以在开放体系中，依据 ΔS_e 的大小，总熵变可能是增加的，也可能是减少的。

对于生物和土壤体系（土体尺度）而言，随着细胞发育或者剖面发育，自然演变的总体方向是更加有序化，所以总体而言是熵减过程，按照热力学第二定律，这意味着环境中的熵会增加，也即环境的混乱度增加。环境混乱度增加的物理意义通常是环境质量的退化，如水体和大气中外源物质的增加（污染），这也说明即使是自然土壤发生过程也会在一定程度上影响环境质量。导致开放系统有序化，或者向高能量水平转变的过程是由外界（环境）的能量输入（如太阳能），或者由进入系统中的物质降解所驱动（如有机物质降解）。由热力学第二定律我们已经了解到，虽然不可逆过程导致封闭体系在向完全无序的状态演变，但开放系统可以通过环境的负熵流达到局部有序状态。

按照上述原理，土壤自然演化过程是一个能量消耗过程，在这一过程中伴随熵向环境的流动。以土壤中的具体过程为例，土壤的物理胀缩、生物活动等导致的物理混合过程可以增加空间混乱度，因而它是土壤中的熵增过程。矿物风化过程涉及化学键的破坏，导致结合能的释放并增加土壤组成的无序性，所以也是熵增过程。土壤过程中也有很多是朝组织程度提高和有序化方向发展的，这些过程对于土壤而言就是熵减过程，如次生矿物的形成、土壤结构的形成和有机质的富集等。淋溶-淀积过程是土壤成分，如黏粒、有机配位体、氧化物等从一个区域向另一个区域选择性移动并重新积聚的过程，因为它们趋向于重组土壤物质、增加土壤的有序度，所以它们是熵减过程。

对不同的土壤类型，这些过程作用的强度是不同的，例如，变性土的物理混合过程（高黏粒含量和2∶1型矿物组成导致的经常性收缩-膨胀过程）非常强烈，其强度超过其他结构有序化过程（如有机质的表层积累和物质移动等），导致总体上无序度增加，因而变性土在形成过程中是熵增的。对于物质移动强烈的淋溶土、富铁土和铁铝土而言，相对来说有序化过程非常明显，所以在演化过程中是熵减的。总而言之，如果受外界环境的影响，土壤的物理混合和原生矿物分解占主导地位，那么土壤发育过程将是熵增的；如果黏粒迁移-淀积、有机质积累、次生矿物形成和淋溶过程占主导地位，那么土壤的发育就朝更加有序化方向发展，是熵减的。

多数土壤自然演化过程朝熵减方向移动是外界能量或物质输入的结果，而驱动土壤形成过程的外界能量最终来源于太阳能或者重力。一般认为，土壤和生物体系相似，因为二者在构建（发展）过程中都是能量的净输入者，只有在生物体死亡或者土壤退化开始后才表现出能量的净损失。退化过程的实质就是能量损耗和有序化降低的过程。在土壤系统处于不随时间变化的“稳定态”（作为开放系统，土壤不能称为“平衡态”，因为热力学上的平衡态只可能出现在封闭体系中）时，能量和（或者）物质的输入刚好维持土壤性质的稳定。

虽然土壤是一个动态系统，但由于观察者时间尺度的限制，其自然变化通常是不明显的，从形态学观点来看，大多数土壤的变化是缓慢的。而实际上，由于植物养分吸收、风化、吸附-解吸反应、淋溶或者土壤水分状况改变，土壤溶液组成处于不断的变化之中。另外，人为影响下的土壤改变却是迅速而深刻的，人为管理影响下的土壤熟化相对于自然发生过程而言是迅速的，而土壤退化过程更是如此。

二、人为导致的土壤退化

土壤具有多种功能，概括起来包括如下 6 个方面：①农业和林业生产的基础；②过滤、缓冲和转化能力；③生物基因库和繁殖场所；④原材料来源；⑤容纳基础设施建设；⑥构成景观并保存自然和文化遗产（龚子同等，2015）。土壤不能同时具有上述所有的功能，因为它们之间是互相排斥的，当土壤的一个或多个功能不能发挥时，土壤便可以看作退化。在上述功能中，最重要的两个功能是农业生产潜力和环境调节容量，所以通常意义上，土壤生产力或功能的丧失，或者生产经济产品和环境调节的内涵功能下降都被视为土壤发生了退化。

土壤退化有两种主要类型，即自然土壤形成过程导致的“退化”（也即土壤“能量”降低的过程）和人为活动引起的“退化”（即人为活动引起的土壤“能量”加速下降的过程）。一般来讲，土壤退化更多的是指人为过程导致的土壤功能快速丧失的过程（也可以广泛地指人为引起的土壤质量降低过程），本章的讨论也主要局限于这样的概念范围。从土地利用类型上来看，它包括农业引起的土壤退化（物理的、化学的和生物的）、城市化过程引起的土壤退化（污染、压实和侵蚀）、工业化过程引起的土壤退化（污染、酸化）。对于农业土壤而言，不同的退化类型可以进一步划分，其中，物理退化包括压实、结皮、水分不平衡、通气阻滞、径流形成和加速侵蚀等；化学退化包括酸化、化学物质的污染、养分贫瘠化、淋溶、养分不平衡和毒害、盐碱化等；生物退化过程则有有机碳衰减、土壤生物多样性降低和微生物生物量碳衰减等。土壤退化类型的划分可参考图 10-1。

引起土壤退化的因素是多种多样的，除了工业和城市污染以外，就农业土壤资源而言，全球范围内普遍存在的主要退化过程包括土壤侵蚀（水蚀和风蚀）、土地荒漠化、土壤酸化和土壤盐渍化（陈杰等，2002；Oldeman et al.，1990），甚至还有石漠化和土壤的压实等，这些退化过程有自然背景的影响，如气候、植被、地形、地貌和地下水状况等，但毫无疑问人为作用的影响往往是决定性的，如植被破坏引起的加速侵蚀和荒漠化过程，不合理灌溉导致的土壤次生盐渍化，施肥不当引起的土壤酸化和耕作引起的土壤压实等。现代工业和城市化过程导致的土壤退化主要体现在大量有害外源物质进入土壤中，超过了土壤对污染物的容纳和降解能力及土壤压实。2015 年 12 月 4 日，由联合国粮农组织政府间土壤技术小组编制的《世界土壤资源状况》发布，报告中特别指出目前的土壤功能面临十大威胁：①土壤侵蚀（soil erosion）；②土壤碳损失（soil carbon loss，organic carbon change）；③养分不平衡（nutrient imbalance）；④土壤盐渍化（soil salinization，soil sodification）；⑤土地占用与土壤封闭（land take and soil sealing）；⑥土壤生物多样性减少（soil biodiversity loss）；⑦土壤沾污（污染）（soil contamination）；⑧土壤酸化（soil acidification）；⑨土壤压实（soil compaction）；⑩土壤渍水（soil waterlogging）（FAO and ITPS，2015）。这十大威胁均来自于土壤退化。

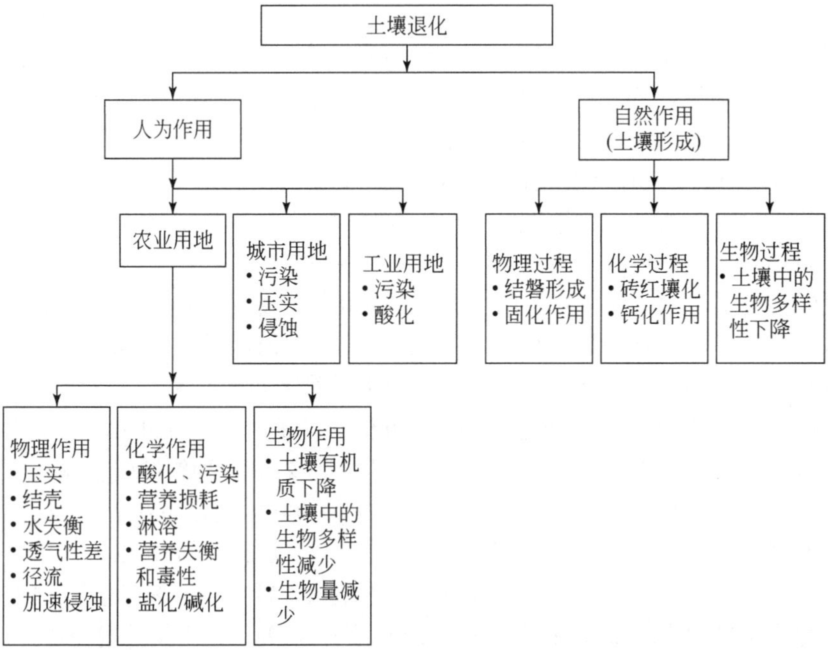

图 10-1　土壤退化的主要类型（自然退化和人为退化）

全球土壤退化评价（Global Assessment of Soil Degradation）研究结果显示（Oldeman et al.，1990），土壤侵蚀是最重要的土壤退化形式，全球退化土壤中水蚀影响占 56%，风蚀占 28%。至于水蚀的动因，43% 是由于森林的破坏，29% 是由于过度放牧，24% 是由于不合理的农业管理；而风蚀的动因，60% 是由于过度放牧，16% 是由于不合理的农业管理，16% 是由于自然植被的过度开发，8% 是由于森林破坏；全球受化学退化（包括土壤养分衰减、盐碱化、酸化和污染等）影响的土壤总面积达 2.4×10^6 km^2，其主要原因是农业的不合理利用（56%）和森林的破坏（28%）；全球物理退化的土壤总面积约为 8.3×10^5 km^2，主要集中于温带地区，绝大部分与农业机械的压实有关。

土壤退化具有原位（on-site）和异位（off-site）影响，是现代社会可持续发展面临的一个全球普遍存在的严重问题，它对地方、区域和全球范围内的经济和生态产生突出的负面效应。土壤退化对土壤本身的影响是多方面的，包括丧失土壤资源基础、降低土壤肥力和增加耕作难度等，最终综合表现为降低土壤生产力，构成对全球和地区粮食安全的威胁（Bindraban et al.，2012）。

原位影响包括作物产量降低，土壤环境调节能力、环境容量和对局部区域水热平衡调节能力的下降，例如，水分入渗和保水能力、对外来污染物的吸附容量和降解能力、固定有机碳能力的降低等；另外，表土侵蚀和压实过程可能会造成吸热能力降低、反射率增加，影响区域生态与环境。

土壤演化（特别是退化）会产生异位生态与环境影响。如前所述，退化过程是一个土壤“能量”降低的过程，也通常是物质消耗的过程，土壤退化过程通过加速物质输出，增加环境的混乱度，造成环境质量下降。土壤退化的物质输出必然通过固态、液态和气态途径，以泥沙、径流或淋溶及气态挥发释放的具体方式，影响水体和大气环境。

第二节　土壤侵蚀与环境质量

侵蚀是土壤及其母质在水力、风力、冻融和重力等外营力作用下被破坏、剥蚀、搬运和沉积的过程。简单地说，侵蚀是土壤物质从一个地方移动至另外一个地方的过程。水力或风力所造成的土壤侵蚀也相应地简称为水蚀或风蚀。土壤侵蚀导致土层变薄、土壤退化和土地破碎，破坏生态平衡，并引起泥沙沉积、淹没农田和淤塞河湖水库，对农牧业生产、水利、电力和航运事业产生危害。土壤水蚀还会输出大量养分元素，污染下游水体。侵蚀也会影响全球碳的生物地球化学循环，从而对全球变化也产生影响。

土壤侵蚀退化是对人类赖以生存的土壤、土地和水资源的严重威胁。据《2014 中国环境状况公报》，我国土壤侵蚀总面积为 2.95×10^8 hm^2，占国土面积的 30.7%。我国西部、西北部是土壤发生风蚀范围最广的地区；黄土高原、西南丘陵区和东北黑土区是水蚀发生最为频繁的地区；冻融侵蚀则主要发生在青藏高原区，西北的新疆、西南的四川，以及北部的内蒙古和黑龙江也有一些分布（龚子同，2014）。每年全世界在农业耕种领域因为风蚀和水运导致的耕地侵蚀可以达到 750 亿 t；这相当于每年直接损失 4 000 亿美元（Montanarella，2015）。依据 2000 年的估算，水土流失给我国带来的经济损失至少在 2 000 亿元以上，相当于当年全国 GDP 的 2.24%①。侵蚀可以是一个自然过程，所以实际上它几乎无所不在，但这里主要论述对人为活动所导致的加速侵蚀现象及其影响。El-Swaify（1994）指出侵蚀退化占全世界 2.0×10^9 hm^2 退化土壤的 55%，地球上没有哪个地区可以免受土壤侵蚀退化的影响。

一、土壤水蚀及其影响因子

土壤水蚀是由降雨和水流所决定的过程，但自然地貌类型、地表状况和土壤特征对侵蚀过程都有显著影响。土壤水蚀通常可以分为沟蚀（包括大小不同的侵蚀沟）和沟间侵蚀（片蚀）。沟间侵蚀是雨滴和极薄层水流（非径流）产生的土壤离位和搬运过程，在坡面特征不变的情况下它也是匀速的（Sharma，1996）。沟间侵蚀通常发生在雨滴影响到的 1 m 范围之内，然后将土壤物质传输到附近的侵蚀小沟中，侵蚀沟中的径流再进一步将土壤搬运至溪流。如果没有细沟径流，沟间物质则会停留在被剥离位置的附近。与此对应的是所谓的沟蚀，即土壤被流水剥离和搬运的过程。沟蚀和沟间侵蚀明显不同，估计和控制它们的方法也因而有很大差别，它们对土壤退化的影响也是如此。一般提到土壤侵蚀时实际上包括了上述两个过程，但它们的计算方法是完全不一样的。广为人知的通用土壤流失方程（universal soil loss equation，USLE）实际上是计算土壤沟间侵蚀的模型（Wischmeier and Smith，1978）。

在土壤侵蚀的影响因子中，气候因素是决定土壤侵蚀量的最重要影响因子，其中降雨是土壤侵蚀的驱动力，它的大小和强度直接决定土壤侵蚀的强度。气候因子在很大程度上影响着植被的生长和覆盖状况，以及由此决定有机物质输入土壤的多寡；气候影响土壤有机物质分解和腐殖质的含量，而它们又影响着土壤可蚀性。但是，这些影响不是简单的线性关系，而是互相联系的复杂过程，如热带湿润气候条件下雨量可以很大，强度很大，但良好的覆盖和腐殖质胶结所形成的良好土壤结构使土壤的侵蚀程度很小；又如，冷凉干旱气候条件下几乎没有有机质形成，雨量却通常很小，此时风蚀可能成为主要的侵蚀形式，而水蚀则不明显。

① 中国网. http：//www.china.com.cn/aboutchina/txt/2008-11/21/content_16802150.htm。

地表覆盖可以显著影响侵蚀状况，主要是防护雨滴直接冲击。雨滴能量通过植被冠层缓冲后到达土壤表面时对土壤的撞击作用明显降低，使侵蚀作用减弱。同时，覆盖还会阻滞径流速度，减少沟间侵蚀作用。植被的另一个经常被忽视的作用是其对土壤水分的利用可以降低土壤含水量，从而可增加土壤入渗，并减少径流量和径流速率，降低沟间侵蚀作用（Laflen and Roose，1998）。

地形也是影响土壤侵蚀的一个因素。虽然在水平表面同样可以发生侵蚀，但在坡地条件下侵蚀显著增加，因为此时不仅有沟间侵蚀，在径流作用下细沟侵蚀成为主要过程，并且径流速度和搬运能力随着坡度和坡长的增大迅速提高，因而可显著增加土壤侵蚀量。

影响土壤侵蚀量的一个重要方面是人为管理措施，它主要体现在两个方面。一是土壤耕翻措施，耕作扰动与否对土壤侵蚀有明显影响，耕翻可以增加、而免耕则相对降低侵蚀危险性。二是耕作方式，如顺坡耕种、等高耕种和建筑梯田等不同的坡面管理措施，都对土壤水蚀有明显的影响。众所周知，梯田是防止土壤流失的经典而有效的土壤管理措施。

二、土壤水蚀的估计和预测

土壤侵蚀量计算是定量评价土壤侵蚀水平的依据，也是确定影响侵蚀关键因子的重要方法，这对于提出合理的土壤管理措施，从而降低和治理侵蚀是非常必要的。侵蚀量计算的另一个重要作用是确定泥沙产量和养分输出，它是了解和评估侵蚀环境影响的重要基础。

不同的研究者提出了不同的土壤侵蚀估计模型，但应用最为广泛的是 Wischmeier 和 Smith（1978）提出的通用土壤流失方程（USLE）。Renard 等（1991）在 USLE 基础上提出了修正通用土壤流失方程（RUSLE）。USLE 和 RUSLE 是经验统计模型，该方程全面考虑了影响土壤侵蚀的自然因素，并通过降雨侵蚀力、土壤可蚀性、坡度坡长、作物覆盖和水土保持措施五大因子进行快速定量计算。20 世纪 90 年代提出的水蚀预报模型（water erosion prediction project，WEPP）（Laflen et al.，1991）应用也比较普遍，WEPP 模型是物理模型，用数学物理关系描述侵蚀过程，在理论上较之统计模型更为准确，它是目前国际上最完整，也是最复杂的土壤侵蚀预报模型，几乎涉及与土壤侵蚀相关的所有过程，主要包括天气变化、降雨、截留、入渗、蒸发、灌溉、地表径流、地下径流、土壤分离、泥沙输移、植物生长、根系发育、根冠生物量比、植物残荐分解和农机影响等子过程，可以描述土壤侵蚀时间和空间尺度上的流失状况，因而目前多采用物理模型进行土壤侵蚀评价。土壤侵蚀模型方法的主要任务是土壤侵蚀因子的参数化和定量化。

USLE 全面地表达了土壤水蚀的影响因子和流失量计算方法（主要针对沟间侵蚀）：

$$A = R \times K \times \mathrm{LS} \times C \times P \tag{10-3}$$

式中，A 为侵蚀量［$t/(hm^2 \cdot a)$］；R 为降雨因子；K 为土壤可蚀性因子；C 为地表覆盖因子；P 为人为管理措施；LS 则为坡长-坡度复合因子。通用土壤流失方程中的侵蚀因子都是变量，即使是土壤可蚀性因子 K 也不是固定不变的。

通用土壤流失方程是在特定的自然背景和土地利用条件下发展起来的土壤侵蚀预测模型，它以标准侵蚀小区的侵蚀量为计算基础。标准侵蚀小区是长度为 22.13 m、坡度为 9%、无植被覆盖的休耕地。

（一）R 因子

R 因子反映了降雨引起土壤侵蚀的潜在能力。根据 Wischmeier 和 Smith（1978），估计降雨侵蚀指数的最佳方法是每年降雨事件中的最大 30 min 雨强（EI_{30}），然后计算前 22 a 的平均值。但即使如此，每次降雨事件的详细记录仍然不容易得到，通常比较容易获得的是月平均数据。Bergsma（1981）和 Lal（1990）综述了应用这些粗略数据计算降雨侵蚀指数的经验公式。Bols 提出了如下模型（van den Berg，1992）：

$$R_{\text{bols},\,i} = aP_i^{\text{b}} \cdot D_i^{c} \cdot P_{\max,i}^{d} \tag{10-4}$$

式中，$R_{\text{bols},i}$ 为估计的各月 R 因子；P_i 为各月平均降雨量；D_i 为各月降雨天数；$P_{\max,\,i}$ 为各月最大 24 h 降雨量；a、b、c 和 d 是适合各地的经验常数。该经验公式是在热带地区建立起来的，适合热带、亚热带地区应用。

当然还有其他很多经验公式，但这些计算实际上都是一种近似估计，只能在降雨观测数据缺乏时用来简单地估算。

（二）K 因子

K 是表征土壤自身抵御侵蚀能力的一个因子。它与土壤结构的种类、强度和土壤孔隙状况等密切相关，其测定通常是在标准侵蚀小区上通过观测泥沙总量计算得到，单位是 $t/(hm^2 \cdot a \cdot ru)$（ru 为标准单元）。

同样因为测定上的困难，K 因子的获得通常也是在研究土壤属性与可侵蚀性关系的基础上进行经验估算。Wischmeier 和 Smith（1978）提供了一个查找土壤可蚀性的“诺莫图”（nomograph），其计算公式为

$$100\,K=2.24\cdot[2.1\cdot10^{-4}\cdot(\text{SILT+VFSA})^{1.14}\cdot(12-\text{OM})+3.25\cdot(b-2)+2.5\cdot(c-3)] \tag{10-5}$$

式中，（SILT +VFSA）为土壤粉粒与极细砂粒含量之和；OM 为土壤有机质含量；b 为土壤结构类型代码；c 为剖面渗透性等级。

在地表存在砾石、岩石或其他较粗成分时，由于这些物质的保护效果对土壤侵蚀量产生影响，上述方法所得到的 K 值可能需要进一步的校正（Soil Conservation Service，1980）。

（三）LS 因子

LS 因子是土壤所处位置的坡度和坡长复合因子。目前有多个关于该因子的估计方法，它们之间的差别不大，只有在坡度极缓（＜1%）或者极陡（＞20%）时才有明显不同的计算结果。Wischmeier 和 Smith（1978）所提供的计算公式为

$$\text{LS} = (L/22.1)(65.41\sin^2 q + 4.56\sin q + 0.065) \tag{10-6}$$

式中，L 为坡长；q 为坡度（百分比）。RUSLE 做了一些修正，对坡度在 9%以上或者以下的情况分别计算（Renard et al.，1991）：

$$\text{LS} = (L/22.1)(10.8\sin q + 0.03) \quad q<9\% \tag{10-7}$$

$$\text{LS} = (L/22.1)(16.8\sin q - 0.50) \quad q>9\% \tag{10-8}$$

（四）C 因子

C 因子表示植被覆盖和管理措施对土壤侵蚀的影响。它与土地利用状况密切相关，不同植被类型和覆盖程度的 C 值有很大差别。标准情况下（无覆盖）C 值为 1，所以实际条件下

一般 C 值小于 1，在完全土壤保护的情况下 C 值为 0，此时不认为有侵蚀产生。在一年生作物生长过程中，因为叶面积在不断变化，所以 C 值也是变化的。在具有植物残体覆盖的情况下，地表覆盖度大小也直接影响 C 值的高低。SWEAP（van den Berg，1992）提供了不同作物类型和生长期情况下 C 值的参照表，作为侵蚀量计算的估计值。

（五）P 因子

P 因子反映了水土保持措施对侵蚀的影响。根据不同的侵蚀控制措施取值，在没有耕作的休闲坡地，P 值为 1，在条带耕作、等高耕作和梯田等情况下，P 值不同程度地降低。Wischmeier 和 Smith（1978）提供了不同管理措施条件下 P 值的经验数值，可以用于侵蚀量的估计。

在 USLE 中的所有变量被计算以后，可以利用它计算特定条件下泥沙的产量，也可以进一步计算所携带的养分和其他污染物负荷。基于通用流失方程的比较研究还可以确定不同条件下侵蚀因子的贡献，从而了解不同条件下侵蚀产生的主要因子，为降低侵蚀、实现可持续土壤（土地）管理提供明确的方向。

除了 USLE 以外，其他土壤侵蚀量的估计模型，如 WEPP（Laflen et al.，1991），也是一个重要的侵蚀估计模型，它可以计算每次降雨事件的土壤侵蚀量：

$$D_\mathrm{i} = K_\mathrm{i} V I S_\mathrm{f} A_\mathrm{dj} \qquad (10\text{-}9)$$

式中，D_i 为沟间剥离速率［kg/(m²•s)］；K_i 为沟间可蚀性（kg•s/m⁴）；V 为径流速率（m/s）；I 为降雨强度（m/s）；S_f 为坡度调节因子（Liebenow et al.，1990），可按式（10-10）进行计算；A_dj 为所有其他因子的调节项。

$$S_\mathrm{f} = 1.05 - 0.85\mathrm{e}^{-4\sin\alpha} \qquad (10\text{-}10)$$

式中，α 为坡度角。

三、土壤水蚀对环境质量的影响

土壤侵蚀的影响是多方面的，它削蚀土层，降低土壤肥力，甚至破坏地表完整、丧失土壤资源；侵蚀造成泥沙淤积河床，加剧洪涝灾害；淤积水库湖泊，减少库容和调节能力；影响航运，破坏交通安全；输出养分，造成水体污染；加速有机物质氧化，影响全球变化。据估计，全国每年由于水土流失损失的土地价值巨大，仅黄土高原每年流失土壤 1.6×10^9 t，相当于损失氮、磷、钾总量（全量）4.0×10^7 t，东北地区因水土流失损失的氮、磷、钾总量约为 3.2×10^6 t，即使按照土壤中养分的有效含量来计算成分，这些元素的损失量也是巨大的。

侵蚀影响可以分为原位影响和异位影响。原位影响主要是针对被侵蚀的土壤资源而言，异位影响则是由所产生的泥沙和径流导致。上述土壤侵蚀的影响可以恰当地归类于这两类影响之中。

（一）原位影响

在原位影响中，侵蚀对土壤生产力的影响是最主要的方面。土壤侵蚀原位影响包括耕作层丧失、土壤肥力下降、土壤有机质下降、植物有效水库容下降、土壤热反射能力增加，以及结壳和压实等（Lal，1988）。

对原位影响的评价有两个学派争论。技术学派认为，可以开发新的生产方式或替代技术来弥补土壤退化（Ruttan，1991）；而表土学派则强调表土形成的缓慢速率和长期性，认为它是永远也无法替代的。一些表土学派的支持者以自然资源的过度利用和退化导致某些文明的消失为例，认为土壤退化的危害是无法弥补的（Carter and Dale，1974；Lal，1988）。

原位影响评价是土壤侵蚀效应研究的一个重要方面，大多数研究采用一个简单的“两步法”，首先从有关物理量估计侵蚀量（如上节介绍），然后建立侵蚀量与产量影响之间的联系。当然，这样的方法存在一些不足，因为它使用的是侵蚀量而不是土壤性质的改变，而影响产量的是作物生长的本身环境。

估计土壤侵蚀对作物生产力影响的一个替代方法是应用生物自然过程模拟模型，它依赖物理和生物过程的参数化计算，如 EPIC（erosion productivity impact calculator）模型。该模型是 20 世纪 80 年代中期在美国发展起来的，主要目的是确定土壤侵蚀和土壤生产力的关系（Williams et al.，1984），最初它有 4 个方面的目标：利用现有数据发展一个机理模型；具有长期预测能力；适合各种土壤、作物和气候条件；计算方便。

世界银行环境署在撒哈拉地区实践的基础上建立了一个简单但广为应用的产量损失模型（Bishop and Allen，1989）：

$$Y = C^{-\beta x} \tag{10-11}$$

式中，Y 为侵蚀土壤上的产量（t/hm^2）；C 为未侵蚀土壤上的产量（t/hm^2）；β 为不同作物和坡度条件下的修正系数；x 为累积的土壤侵蚀（t/hm^2）。该模型假定每年的产量损失会随表土流失而逐渐降低。

和土壤侵蚀的作物产量影响评价一样，可以进一步用经济评估方法来探讨土壤侵蚀的总体影响。Colacicco 等（1989）将原位影响区分为产量损失和养分损失。产量损失组分被定义为“永久的”，并归因于耕层和持水容量的丧失。这种方法的出发点接近上述的“表土学派”观点。

Barbier 和 Bishop（1995）综述了 8 个发展中国家土壤退化影响的经济评估，土壤退化的总损失占这些国家国民经济总产值的 1%～17%，大多数在 5%～10%。由此可见，土壤侵蚀对国民经济的现实和未来发展足以产生重要的影响。

（二）异位影响

与原位影响相比，土壤侵蚀还会产生广泛的异位影响。异位影响主要包括雨后径流高峰增大，可能加剧洪水灾害；泥沙沉积增加导致渠道和水库淤积，削弱通量或库容；由于溶解和颗粒结合态养分的输入，接受径流的水体养分升高，水质下降，产生富营养化的危险性增加。这些过程经常相伴出现，互相影响，产生严重的生态和环境问题。

1. 河道淤积

河流泥沙淤积的主要根源是植被破坏，水土流失严重。以长江为例，历史上长江上游森林覆盖率高达 50%，而现在由于长期采伐，上游覆盖率降低至 8%，水土流失面积超过 6.6×10^5 km^2，占长江流域面积的 1/3，仅长江上游每年的土壤侵蚀量就达 1.5×10^9 t，是长江泥沙的主要来源。

侵蚀土壤在水力推动下进入各级河道和水体，在水力条件减弱时最终沉积下来。20 世纪 50 年代长江宜昌站的年均输沙量约为 4.9×10^8 t，70 年代平均约为 5.1×10^8 t，80 年代实测达 6.8×10^8 t。长江的泥沙淤积已成为一个突出的问题。宜昌以上各类水利工程总库容为 1.67×10^{10} m^3，平均每年被淤积 3×10^8 m^3，占总库容的 1.8%。整个长江流域水利工程的泥沙淤积情况也相当严重。据 1986 年报道的长江流域部分水库淤积情况的资料，所调查的 23 个大型水库、12 个中型水库、182 个小型水库和 6492 个塘堰，淤积量占其库容的百分率分别是 5.04%、9.09%、21.42%和 55.90%，淤积严重。水库库容因泥沙淤积而减小，降低了防洪、灌溉等功能。由于泥沙淤积和过度围垦，湖泊沼泽化、萎缩和消亡极大地降低了调蓄能力，是长江流域面临的又一个生态、环境问题。

2. 水蚀的养分输出与污染负荷

地表水体污染有点源和非点源两大途径。虽然在城市环境和工业活动条件下点源污染往往贡献较大，但从影响的范围和持久性来看，非点源污染的范围更加广泛，治理更加困难。在非点源污染贡献中，包括土壤侵蚀、岩石和矿物的自然分解、大气沉积等主要方面，而在这些方面中，土壤侵蚀的贡献最为重要，特别是在养分含量较高的农业土壤中，径流和侵蚀泥沙含有富集的养分，其养分负荷通常很高。水土流失对水环境的影响是多方面的，物理上严重影响水的感官性能；化学上主要是加快了富营养化进程，从而导致藻类迅速繁殖；生物学特征上，微生物（包括病毒性细菌）大量增加。美国在东部马里兰州切萨皮克湾长期的研究表明，来自于农业土地的非点源污染对氮素的贡献率达到 39%，对磷素的贡献率高达 49%（图 10-2）[①]，这已经远高于点源污染的贡献，如果加上来自于森林同样是非点源的养分输出，则该比例将更高。同其他地方一样，在中国，水土流失也是河流湖泊水质下降的重要原因。以长江流域为例，全流域水域面积约为 80 000 km^2，占全国水域面积的 45.8%。长江中、下游湖泊面积有 21 000 km^2，大于 0.5 km^2 以上的湖泊有 4 000 多个，其中包括我国著名的五大淡水湖泊，是我国淡水湖泊最为集中的地区，也是我国重要的经济发展区。曾有统计，我国湖泊属于贫营养型的占 5.6%，中营养型的占 44.4%，富营养型的占 50.0%。长江中、下游的湖泊也不例外，半数以上的湖泊已受到不同程度的富营养化影响，尤以城郊湖泊受害最重。当然，侵蚀以外的其他来源也是造成这些水体污染的重要原因，但从根本上讲，侵蚀的土壤是沉积物的最终来源。

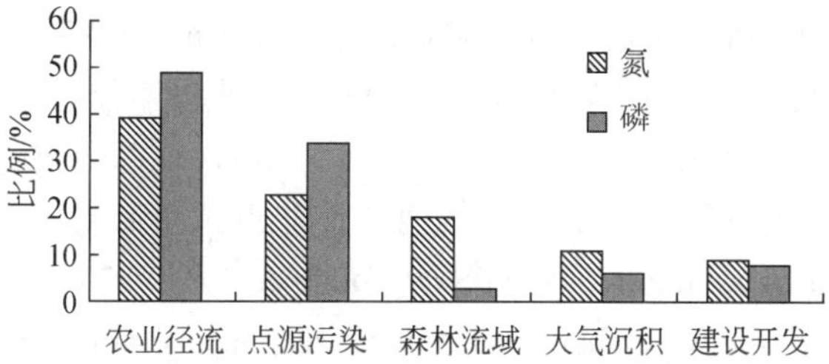

图 10-2　切萨皮克湾氮磷养分来源

磷素升高而导致水体富营养化是水体污染和水质下降的一个重要因素。水体中的全磷含量达到 0.02 mg/L 时，就可能引起藻华现象的发生。一般来说，藻类直接利用的是水溶性磷。但水体沉积物在适宜的条件下向水体释放并转化为生物可利用磷，从而促进浮游藻类的急剧增长，并加速湖泊的富营养化。所以，侵蚀泥沙中的部分磷素仍然是造成水体富营养化的重要原因。在侵蚀过程中，养分一方面通过径流水溶解态输出，而更多的则是由侵蚀产生的泥沙携带。对于磷素而言，悬浮颗粒态（particulate associated phosphorus，PAP）的输出通常占总输出的 90%以上，PAP 是磷素输出的主要形式，大量研究结果证明了这一点（Simard et al.，2000；Haygarth et al.，1998）。例如，紫色土泥沙中流失的颗粒主要为＜0.02 mm 的微团聚体和＜0.002 mm 的单粒，而这部分颗粒中富集了相当数量的磷（黄丽等，1998）。这些冲走的细粒全部进入水体中，尤其是在水土流失极为严重的情况下，PAP 成为磷素输出的主体。在亚热带丘陵地区，以稻田和次生森林为主要利用类型的流域研究表明，PAP 与输出泥沙有显

① http://wilkes.edu/～eqc/images/nutsorc1.gif.

著的相关关系［图 10-3（a）］（杨金玲等，2002），它控制着溶解态磷（dissolved phosphorus，DP）的含量，DP 和 PAP 的年输出量之间存在对数相关关系［图 10-3（b）］。

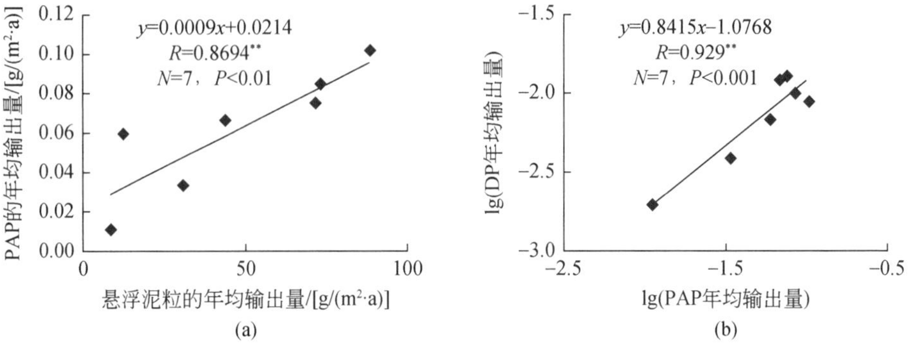

图 10-3　亚热带丘陵地区径流中的 PAP 年均输出量与悬浮泥粒的年均输出量（a），lgPAP 与 lgDP 输出量（b）之间的关系

侵蚀过程伴生的非点源污染主要包括几个方面：沉积物（泥沙）、泥沙包含的大量养分、溶解养分，以及其他有机污染物和无机污染物。在评价侵蚀对环境质量的影响时，也主要从这几个方面来考虑。

计算非点源负荷，特别是泥沙产量的最常用方法之一，是将 USLE 的计算结果乘以泥沙传输率（sediment delivery ratio，SDR）。SDR 表示侵蚀土壤到达水体的大致比例，在河流密度较高或者坡度较大的地区，SDR 值也较高。SDR 方法虽然简单易行，但可能带来很大的误差。因为不同的流域背景状况（森林覆盖、地形地貌、河流密度和河流特征等），SDR 值变化很大。利用 SDR 方法估计养分输出的另一个限制是，SDR 方法假设养分、污染物的输出与泥沙输出成简单的比例关系，而实际上它们还以溶解状态进入水体，这部分贡献无法用该方法估计。

20 世纪 80～90 年代前后发展了一些其他估计非点源负荷的方法，如农业非点源污染（agricultural non-point source pollution，AGNPS）（Young et al.，1987）和区域非点源流域环境响应模拟（areal non-point source watershed environment response simulation，ANSWERS）（Beasley et al.，1982），二者都是所谓的分布式参数模型，其主要原理是将流域划分成有限的单元（“细胞”），每一个单元内部是均一的，也即模型的参数一致，而在不同单元之间参数可以不同。模型参数包括坡度、植被（作物）覆盖种类和地表粗糙度等。通过一系列差分方程可以模拟泥沙和养分产量。

上述模型不仅能估计侵蚀和沉积物产量，而且还可以计算每个单元内氮和磷的输出负荷，因而这样的信息对确定泥沙和养分输出“目标”区域特别有用。在利用模型计算泥沙和养分输出时，首先要确定流域边界，然后依据土壤分布、地形特征和耕作措施等因素的变化状况确定单元大小，在此基础上进行模拟区域的空间参数化，从而运行模型。尽管 AGNPS 和 ANSWERS 是非常有效的模拟工具，但它们的应用还是存在一些限制，因为需要大量数据。在空间上，必须获得每个单元的数据，在时间上它们依赖于单次降水事件，因此，监测和分析工作量非常庞大。影响上述模型应用的另一个因素是空间尺度的限制，它们在数公顷以内的流域中应用是可行的，但随着流域的扩大，单元增加，运算难度急剧增大，因此限制了模型在更大区域的应用。

将 SDR 方法与分布式模型结合起来是一个有效的途径，这样将可以比较准确地估计较大流域的土壤侵蚀环境负荷。分布式参数模型因为考虑了土壤、坡度和耕作措施等因素，可以用来调整 SDR 数值，校正的 SDR 值可以进一步用来估计泥沙和养分输出（Lee et al.，1998）。

土壤侵蚀异位影响同样可以用经济损失方法来评估（Ribaudo，1989；Clark et al.，1985）。

3. 土壤水蚀的碳活化机制

在土壤侵蚀过程中，土壤有机碳（SOC）是一个净输出过程（因而也是一个能量损失过程），侵蚀过程原位土壤有机碳的损失可以用下式估计：

$$C_1 = \sum_0^n (\mathrm{SOC_i} - \mathrm{SOC_f}) \cdot \rho_b \cdot d \tag{10-12}$$

式中，C_1为剖面损失的土壤有机碳；SOC_i和SOC_f分别为侵蚀发生前后土壤有机碳的含量；ρ_b为深度为d的土层容重；n为损失的土壤层次数目。

在一个流域或类似空间单元内，土壤有机碳的损失必须同时考虑流失部分和沉积部分：

$$C_{ew} = \sum_0^n [(\mathrm{SOC_i} + \mathrm{SOC_d}) - (\mathrm{SOC_e} + \mathrm{SOC_l} + \mathrm{SOC_m}) \cdot \rho_b \cdot d] \tag{10-13}$$

式中，C_{ew}为侵蚀过程导致的流域土壤有机碳输出；SOC_i和SOC_d分别为起始土壤有机碳和沉积的土壤有机碳；SOC_e为侵蚀携带走的（包括溶解和颗粒态）的土壤有机碳；SOC_l和SOC_m分别为淋溶和矿化所损失的土壤有机碳。

可以利用一个简单的公式来估计土壤退化造成的土壤有机碳损失对大气碳库的贡献。假设侵蚀过程使平均容重为1.5 Mg/m^3、深度为1 m的土壤剖面损失1%的土壤有机碳，而所有遭受侵蚀的土壤有机碳最终都被分解进入大气，则一公顷土壤有机碳的输出为

$$\mathrm{Ce} = 面积 \times 深度 \times 容重 \times 1\% = (1 \times 10^4) \times 1 \times 1.5 \times 1\% = 150\ (\mathrm{Mg/hm^2}) \tag{10-14}$$

如果全球侵蚀退化土壤面积以$1.965 \times 10^9\ hm^2$计，则全球范围内碳的释放将达到

$$\mathrm{Ce} = 150\ \mathrm{Mg/hm^2} \times 1.965 \times 10^9\ \mathrm{hm^2} = 295\ \mathrm{Pg} \tag{10-15}$$

这相当于全球大气碳库的40%。同样，退化土壤恢复所增加的土壤有机碳也可以用类似方法计算，其环境意义也可以相对定量地评估。土壤有机碳如果能以每年0.01%的速率增加，那么每年土壤所固定的碳大约为3 Pg。

研究表明，全球陆地生态系统范围内由土壤侵蚀导致的土壤有机碳损失大约为5.7 Pg/a，其中20%的碳将被迅速矿化，对大气的CO_2输出为1.14 Pg/a，输出到海洋中的约为0.57 Pg/a（Lal，1995）。而低地和水库中沉积物碳的归宿和变迁仍然不清楚。因此，土壤侵蚀对全球气候变化的现实和潜在影响仍然是一个值得研究的课题。

从目前国内外防治水土流失的措施看，大体可分为耕作措施、工程措施和植物措施。这3种措施是相互依存、相互促进、缺一不可的，必须采取综合措施才能根治水土流失（刘宝元等，2013；唐克丽，2004）。植物措施是最经济和长效的水土保持措施，不仅能提供木材和多种林副产品，还具有长期持续的调节气候、保持水土、涵养水源、防风固沙、改良土壤和维持生态平衡等多种功能；工程措施分为山坡防护工程、山沟治理工程、山洪排导工程和小型蓄水用水工程；耕作措施包括横坡耕作、增加地面覆盖和等高种植等。对于坡耕地而言，植物篱和坡改梯是有效的水土保持措施。

第三节　荒漠化与环境质量

“荒漠化”指干旱、半干旱、偏干旱的半湿润地区在自然和人为活动影响下造成的土地退

化。荒漠化是一个复杂的土地退化过程，包含土壤退化、生态与环境退化，前者包括侵蚀、盐碱化和肥力衰竭等土壤演变过程，后者包括植被覆盖度降低、生物量减少和生物多样性下降等生态系统变化过程。

一、荒漠化及其影响

（一）荒漠化的现状

全球干旱地区总面积为 $61.49\times10^8\,hm^2$，其中荒漠化面积为 $35.92\times10^8\,hm^2$。在全部荒漠化土地中，荒漠化草场总面积为 $33.33\times10^8\,hm^2$，占 92.8%；荒漠化耕地面积为 $2.59\times10^8\,hm^2$，占 7.2%。可以看出草场是干旱地区的主要利用方式，也是荒漠化土地中所占比例最大的利用方式。1984～1991 年，全球干旱地区荒漠化草场面积以每年 $3\times10^7\,hm^2$ 的速度增加，并还在以这样的速率继续恶化。干旱地区荒漠化已经演变成全球性的环境问题之一，对人类的生存和发展构成了严重的威胁。

中国荒漠化类型多样，主要有风蚀荒漠化、水蚀荒漠化、冻融荒漠化和盐渍荒漠化等，其中风蚀荒漠化土地面积为 $1.83\times10^6\,km^2$，占荒漠化土地总面积的 69.82%；水蚀荒漠化土地面积为 $2.55\times10^5\,km^2$，占 9.73%；盐渍荒漠化土地面积为 $1.73\times10^5\,km^2$，占 6.59%；冻融荒漠化土地面积为 $3.63\times10^5\,km^2$，占 13.86%。各种荒漠化类型中以风蚀荒漠化面积最大，是中国荒漠化土地中面积最大、分布范围最广的一种荒漠化类型（郭瑞霞等，2015）。水蚀荒漠化主要分布在黄土高原北部、黄河中上游地区；盐渍荒漠化主要分布在西北、华北的重要粮食产区；冻融荒漠化主要发生在青藏高原。

中国荒漠化程度严重。据综合评价，中国轻度荒漠化面积为 $9.51\times10^7\,hm^2$，中度为 $6.41\times10^7\,hm^2$，重度为 $10.03\times10^7\,hm^2$。重度荒漠化比重达到 38.7%，高出全球重度荒漠化比例 37 个百分点。另外，由于受气候变暖、人类经济活动频繁等因素的影响，中国荒漠化扩展速度呈不断加快趋势。仅沙化面积每年大约扩展 $2.4\times10^5\,hm^2$。

（二）荒漠化的环境影响

日益严重的荒漠化不仅造成生态系统失衡，而且给工农业生产和人民生活带来了严重影响，是制约中国中西部地区经济和社会协调发展的重要因素。中国已经成为受荒漠化危害最为严重的国家之一，全国 1/4 以上的国土已荒漠化，每年因荒漠化造成的直接经济损失达 540 亿元。

荒漠化不仅使区域或者国家，甚至全球丧失大片土地，直接威胁人类的生存基础，它还产生严重的环境影响，其影响是广泛而强烈的，其中最为明显的是形成沙尘，严重影响大气环境质量。环境保护部“沙尘暴研究”表明，2003 年 3 月 15～17 日的沙尘天气过程，降尘量为 $25\,g/m^2$，按北京市区面积约为 $1\,040\,km^2$ 计算，北京总降尘量为 $2.6\times10^4\,t$。沙尘暴的初始源区就位于哈萨克斯坦、俄罗斯，冷峰携带沙尘向东移动时，在蒙古国中南部戈壁地区得以加强，特别是在我国南北疆沙漠区、河西走廊和河套以西广大的沙尘源区再度得到加强。

多年来的研究表明，北京地区的沙尘天气与我国北方地区的总体情况相似：最严重的是 20 世纪 50 年代初至 60 年代，平均每年的沙尘暴和扬沙天气达 56 d；60 年代后期开始逐渐减轻；80 年代以来发生日数呈明显下降趋势；到 90 年代中后期年均发生日数已降到 5 d 左右：但是，此后沙尘天气发生次数又呈现出急剧上升的趋势。

从目前已知的资料看，北京的沙尘主要来自 4 个方面：华北北部（北京周边）地区，主要包括内蒙古高原中南部的锡林郭勒草原、浑善达克沙地、乌兰察布高原-河北坝上-山西雁北的农牧交错区。这里干旱少雨，植被稀少，沙尘物质丰富，加之近年过度放牧、毁林毁草开荒造成大范围土地严重沙化，是离北京最近的沙尘源区。

西北干旱区主要包括河西走廊与阿拉善高原及新疆东部、乌兰布和沙漠与库布齐沙漠、毛乌素沙地、河套地区、黄土高原北部等地。这一范围内大部分地区降水量多在 150 mm 以下，属于典型的荒漠或半荒漠地带，气候极端干燥，我国主要的沙漠都分布在这一地区，是我国沙尘暴的高发区，从而影响东部地区的沙尘天气。

北京近郊及市区的就地扬沙，也是导致北京沙尘天气增强的沙尘来源之一。由于耕作习惯，冬春季北京市郊的农田完全呈裸露状态，此外，城市内建筑工地上的堆挖填土多数不加以覆盖。这些裸露的土地在冷空气到来时，便尘土飞扬，加剧了沙尘天气的强度。

第 4 个源区则在国境以外地区。近年来的气象卫星云图清晰显示出，一些冷空气在侵入我国之前就已携带了浓厚的沙尘，主要来于自蒙古及中亚诸国等境外地区。

二、荒漠化过程的特点和影响因子

（一）荒漠化过程的特点

（1）植被退化　过度放牧和其他原因引发的草场植被逆行演替，导致植被覆盖度降低、生产力下降、植被群落结构变劣、植被生物多样性降低及植被再生能力下降。

（2）土壤退化　土壤退化主要包括土壤侵蚀和土壤性质恶化两个方面。荒漠化过程中的土壤侵蚀包括侵蚀的各种类型：水蚀、风蚀、沙化、重力侵蚀和冰融滑坡侵蚀等。土壤性质退化主要是指由人为活动导致的土壤理化性质恶化，如土壤砂性加重、结构破坏、养分枯竭和次生盐渍化等。

（3）植被与土壤退化相互作用，加速草场荒漠化进程　植被退化导致的草场植被初级生产力降低，一方面加重地表的水土流失，另一方面削弱土壤内部营养元素的补给，使土壤理化性状恶化，从而加速土壤退化过程。

（二）荒漠化过程的影响因子

荒漠化的产生与特定的干旱、半干旱环境有关，主要原因在于水分严重短缺导致植被生长困难，有机质不足且分解较快，土壤结构破坏等互相关联的自然背景和过程。但人为活动的影响是加速荒漠化的直接因子，在干旱、半干旱草原地区，与人为活动相关的荒漠化过程原因在于：①干旱地区草场生态系统对自然条件与人为活动的变化较为敏感，抵抗退化的能力较弱；②草场生物资源过度开发；③草场土地资源的不合理利用。

有关研究表明，我国草场荒漠化的主要驱动因素具体体现在以下 3 个方面。

1）土地滥垦与不适宜的种植业发展　开荒造成大片草场被毁，天然植被破坏，其直接后果是地表稳定性明显下降、土壤入渗性能降低和蒸发加强。这不仅使干旱进一步加剧，而且导致风蚀、水蚀与盐渍化等土壤退化过程加速发展。

2）过度放牧与不当的草场管理　畜牧业的发展超过了草场的载畜量，导致植被迅速被破坏。加上没有考虑用养结合，导致草场植被普遍稀疏、低矮、植物种类减少、群落结构简单和草质变劣。

3）森林滥伐与地表植被的破坏　森林的破坏一方面改变了区域小气候条件，使蒸发量增大，相对湿度降低，风速增大，从而彻底使草场失去抵御风沙的天然屏障，另一方面土壤也因此失去了森林凋落物所提供的有机质和营养成分，以及林木根系的固定，使养分更加贫瘠，土层更加疏松，最终导致并加速土壤风蚀、水蚀等土地荒漠化进程。

三、荒漠化评价的土壤和环境指标及防治

荒漠化程度是评判其对土地生产和环境质量影响的主要依据，建立相对完善的荒漠化评价指标体系是荒漠化监测的基础，也是控制和治理荒漠化技术措施的主要根据。

有很多研究建议采用产量影响的方法来评价土地退化的程度（表 10-1），不同利用类型的土地退化造成的潜在产量损失作为评价土地退化程度的等级，但遗憾的是，几乎没有什么可靠的实验数据来支持这样的评价，包括全球土壤退化评价图（Oldeman et al.，1990）所采用的方法和国家土地退化数字化评价（Dregne and Chou，1992）所采用的方法，都极大地依赖于各国研究者的个人观点。

表 10-1　土地退化等级的标准（Dregne，1994）

土地利用	潜在产量损失百分比（等级）/%			
	轻度	中度	严重	极严重
灌溉土地	0～10	10～25	25～50	50～100
雨养土地	0～10	10～25	25～50	50～100
山地/草地	0～25	25～50	50～75	75～100

评价荒漠化的影响可以有不同的方法，如田间实验、产量模型、遥感技术和专家知识评价等，这些方法各有优劣（表 10-2）。以田间试验方法为例，如果要获得有效的田间数据，至少需要 3 a 的试验时间，对于干旱地区的山地和草地而言，由于年际状况的变异则往往需要 15～20 a 的时间，因此，其成本相当高。另外，一部分科学家反对用田间试验的方法，他们的反对源于土壤和植物覆被固有的变异性，认为“试验之前所有试验小区都是相同的”的假设是站不住脚的，因此，田间试验结果不能用来说明是否是退化导致了生物生产力的降低；另外，小区试验的地理位置的局限性使研究结果的外推存在相当的不确定性（Daniels et al.，1987）。

表 10-2　全球荒漠化的评价方法比较

方法	优点	缺点	参考文献
田间试验	定量数据，潜在精确性高，小区面积明确	试验周期长，成本高，采样面积小，结果难以外推，初始土壤和植物条件不确定	Daniels et al.，1987
产量模型	田间尺度快速估计，基本满足田间尺度的精度要求	USLE 应用的不确定性，大量数据要求，缺少当地的验证，大面积的不可靠性，成本高	Breman and De Wit，1983；Olsson，1985
遥感技术	覆盖区域和全球，相对低成本，计算机自动分析	低分辨率和精度，记录的瞬时性，需要地勘，难以区分植物生态系统	Graetz and Pech，1987
专家知识	广大地区的快速评估，相对便宜，专家知识丰富时比较可信，是定性数据分析的最好方法	专家之间意见分歧，缺乏计算估计误差的标准，专家个人偏见，背景数据质量高度变异	Dregne，1989；Oldeman et al.，1990

估计模型方法，如估计风蚀的 WEPS（wind erosion prediction system），一方面有其地区适用性，在不同的地区模型参数不同；另一方面则需要大量数据，如气候、土壤、管理、作物和残体状况等。在不同区域应用时，需要重新验证。将模型应用于一个更大的空间尺度时，

精度不可避免地受到制约。

荒漠化本身需要客观的土壤和植被状况标准，这对于评价荒漠化程度是必不可少的。陈杰等（2000）对我国干旱地区草场荒漠化的研究认为，建立草场荒漠化评价的指标体系应该遵循基准原则、空间变异原则、时间进程原则、量化原则和可比性原则。研究建立了风蚀荒漠化、水蚀荒漠化和盐渍荒漠化的一些植被和土壤标准（表 10-3）。除表中列出的例子以外，不同地貌类型和土地类型，如梁地、滩地和黄土丘陵等，都有各自的适用标准。

表 10-3　干旱地区某些类型草场荒漠化的评价指标

成因类型	评价因素	分级及范围			
		轻度	中度	重度	极重度
	地表形态	固定沙丘地	半固定沙丘地	半流动沙丘地与风蚀残丘	流动沙丘与风蚀劣地
风蚀荒漠化（沙地草场）	植被盖度/%	>50	30～50	10～30	<10
	表土层厚度/cm	>5	1~5	<1	0
	风蚀模数/[t/(km^2•a)]	<260	260～2 000	2 000～8 000	>8 000
	土壤有机质/%	>1.0	0.5～1.0	0.1～0.5	<0.1
	植被群落类型	沙地柏、黑格兰	油蒿、杨柴、柠条、沙柳	沙竹、鸡爪芦苇、紫蒿	沙米、牛心朴子、沙旋覆花
风蚀荒漠化（沙地耕地）	生产力下降幅度/%	<15	15～35	35～75	>75
	土壤质地	砂壤土	壤砂土	粉砂土	砂土
	风蚀模数/[t/(km^2•a)]	<260	260～2 000	2 000～8 000	>8 000
	表土层厚度/cm	>20	20～15	15～10	<10
	土壤有机质/%	>1.0	0.5～1.0	0.2～0.5	<0.2
水蚀荒漠化	植被盖度/%	>70	50～70	30～50	<30
	沟壑密度/（km/km^2）	<1	1～2	2～3	>3
	沟蚀面积/%	<10	10～15	15～20	>20
	坡面崩塌面积/%	<10	10～25	25～35	>35
	风蚀模数/[t/(km^2•a)]	200～2 500	2 500～5 000	5 000～8 000	>8 000
	表土流失厚度/cm	0.2～2.0	2.0～4.0	4.0～6.0	>6.0
盐渍荒漠化	植被盖度/%	>70	50～70	30～50	<30
	地表盐斑面积/%	<20	20～40	40～60	>60
	土壤含盐量/%	0.1～0.3	0.3～0.7	0.7～1.0	>1.0
	群落类型	寸草类型	芨芨草、马蔺、碱蓬群系	芨芨草、盐爪爪、白刺	盐爪爪、白刺

荒漠化防治主要技术措施包括发展观光旅游业、转移农村剩余劳动力、减轻农民对土地的过分依赖，制止“六滥（滥垦、滥伐、滥牧、滥采、滥用水资源和滥猎）”，大力恢复植被，因地制宜地建设乔、灌、草结合的固沙防风体系，遏制荒漠化的蔓延（慈龙骏，2010；朱震达等，1996）。

第四节　石漠化与环境质量

石漠化是指在热带、亚热带湿润地区岩溶极其发育的自然背景下，由于受人为活动的干扰，地表植被遭受破坏，造成土壤严重侵蚀，基岩大面积裸露，砾石堆积，地表呈现似荒漠化景观的土地退化乃至消失的现象，属于荒漠化的一种（张殿发等，2002）。石漠化是我国西南地区严重的土地退化类型之一，贵州、广西、云南、四川、湖南、湖北、重庆和广东 8 个省（自治区、直辖市）的石漠化土地面积为 $1.20\times10^5 km^2$，占区域国土面积的 11.2%（国家林业局，2012）。

一、石漠化成因和影响

（一）石漠化成因

石漠化的形成原因包括自然因素和人为因素：脆弱的生态地质环境是石漠化形成的前提和直接动力，而强烈的、不合理的人为活动是石漠化形成的主导驱动力。

1. 自然因素

自然因素有地质、地形地貌、气候、岩溶、水文地质、植被环境、土壤和坡度等。西南地区因新构造运动导致大面积碳酸盐岩出露，易溶蚀，土壤也易流失。另外，构造运动的差异性升降加大了喀斯特地区的地势高差，产生断裂、裂隙和节理，形成陡峻、破碎的地形地貌，更会加重石漠化。

岩溶山区具有土岩双层结构，上部土壤松散，下部碳酸岩盐坚硬密实，之间缺乏过渡层，当界面坡度较大时，易发生土体整体滑移，造成基岩裸露。此外，岩溶地区地表出现峰丛、峰林、溶丘、溶洼、溶谷、漏斗、天窗、脚洞、溶槽和溶函等地貌，地下管道（如溶洞、漏斗、溶孔和溶隙等）较发达，此种组合为土壤的岩溶化丢失和土壤受降水、地表水和地下水的侵蚀流失提供了充分的空隙场所与空间通道。

岩溶地区的水文地质条件也为石漠化形成提供了充分的条件，岩溶山区涵养水源能力弱，易形成“地表缺水、地下水丰富”的格局，导致植被生长缓慢，群落的自我调控能力弱，顺向演替慢而难，逆向演替快而易。一旦植被遭到破坏，就会不断退化，加剧降雨的时空分布不均匀性，造成水土不稳和土被不连续，进而在一定程度上促使石漠化不断演化与加剧。

2. 人为因素

不合理的人为活动主要表现为乱砍滥伐、陡坡开荒、毁林烧山、铲草皮和挖树根、烧秸秆、过度放牧及耕作不当等。人口压力及其所引起的人地矛盾超出环境的承载能力，加剧西南岩溶地区的贫困，最终形成“环境脆弱—贫困—掠夺资源—环境恶化—贫困加剧”恶性循环（李阳兵等，2006）。

（二）石漠化对土壤和环境的影响

1. 对土壤的影响

随着植被的退化和石漠化程度的增强，土层变薄，粉粒和黏粒明显下降，砂粒和土壤容重增加，大水稳性团聚体数量呈下降趋势，土壤的抗蚀性越来越差（周炼川等，2010）。土壤有机质、养分和阳离子交换量降低（宋敏等，2012；刘璐等，2010）。随着石漠化程度的加剧，土壤微生物数量，特别是放线菌数量减少，其分解林木凋落物中含有较多木质化纤维成分等难分解物质的能力下降，土壤生态系统物质和能量循环的能力减弱（龙健等，2004）；土壤微生物生物量碳的固持能力降低（刘璐等，2012）。

2. 对生态环境与社会经济的影响

随着石漠化程度的增强，植物群落由原生林→次生林→灌丛→稀灌草丛→稀疏草丛依次退化，植物群落分化和层次结构越来越不明显，群落的高度越来越低，个体和生物量越来越少（曾馥平等，2007），植物群落密度越来越低，物种丰富度、香农指数和均匀度越来越低，生态优势度呈增加趋势（宋同清等，2014）。

石漠化进程中造成的水土流失导致河道泥沙淤积、河床变窄、湖泊面积缩小，蓄水、泄洪能力下降，最终威胁到区域生态安全和经济发展，制约地区经济和社会发展。另外，石漠化是导致“三农”问题突出和地区贫困的根源。

二、石漠化演化过程

石漠化从地被物消失开始，以自然或人工植被的受损破坏为先导，以土壤侵蚀为核心过程，以地表水流失、土壤水丧失和基岩溶蚀侵蚀为关键环节，以土地生物生产力大大衰退、形成石质荒漠为终结。由植被退化丧失过程、土壤侵蚀过程、地表水流失过程、碳酸盐岩溶蚀过程和土地生物生产力退化 5 个相互联系的过程组成（李森等，2010），其中包括人为过程、生物学过程和地学过程。

石漠化的发展大致可分为 3 个主要阶段：毁林开荒—水土流失—岩石裸露，经历了顶极植被—灌草丛—石漠过程，人类不合理活动会加速这一过程。石漠化演变机理大致为：随着石漠化程度的加深，石灰岩植被的生境向旱生化和岩生化发展，群落结构渐趋简单，植被盖度和生物量显著降低（魏兴琥等，2008），土层厚度变薄，土壤物理、化学和生物学性质恶化（周炼川等，2010；龙健等，2005），地表水和壤中水流失量加大，地下、地上的石灰岩脉动式地向上加快“生长”为石芽、溶柱、角石和溶沟等溶蚀地貌，基岩裸露率迅速增加，最终导致土地生产力完全丧失（李森等，2010）。

三、石漠化定量评价指标体系与等级划分

（一）石漠化定量评价指标体系

就石漠化方面的评价指标体系而言，不同研究者和不同研究侧重点不尽相同。表 10-4 是依据有关文献归纳汇总出的用于定量评价石漠化的指标（覃小群和蒋忠诚，2011；胡宝清等，2005）。

表 10-4　石漠化定量评价指标体系［据（覃小群和蒋忠诚，2011）改编］

指标类型	类别	指标	可测量的参数
影响指标	岩石	碳酸盐岩	溶蚀速度、酸不溶物、孔隙度和泥质含量
	构造	切割度	切割度
	水文	地下水	地下水位、水量、水质
		表层岩溶水	表层岩溶带发育程度、泉水量、泉水质
	地貌	地貌类型	
		地形坡度	坡度
	气候	降雨量	降雨量
		降雨强度	降雨强度、日降雨量超过 36 mm 的天数
		酸雨分布	降雨 pH
	社会经济	土地利用方式	
		土地承载力或经济强度	土地承载力、经济密度
		陡坡耕地率	陡坡耕地率
		人均耕地或人口密度	人均耕地、人口密度
		土地垦殖率	土地垦殖率

续表

指标类型	类别	指标	可测量的参数
状态指标	土壤	土壤状态	土层厚度、土壤结构、土壤质地、土壤有机质
		土被覆盖率	土被覆盖率
	植被	植被覆盖率	植被覆盖率
		植被群落结构	植被种类
		土壤种子库	种子物种组成、分布密度
后果指标	岩石	岩石裸露率	岩石裸露率
	植被	生物产量	生物产量
	水文	地表水	含砂量
	土壤	土壤侵蚀	侵蚀量、侵蚀程度

（二）石漠化类型及特征

不同研究者、不同研究区域，石漠化的等级划分不同，一般分为 3～6 个等级（蒋忠诚等，2011；成永生，2009）。宋同清等（2014）在总结分析了他人有关石漠化类型划分的基础上，提出了将石漠化划分为无石漠化、潜在石漠化、轻度石漠化、中度石漠化和重度石漠化 5 级标准（表 10-5），并认为这一标准既比较科学地反映了石漠化程度的内涵和差异，又具有可操作性和可以推广使用。也有研究者将石漠化等级划分为极重度石漠化、重度石漠化、中度石漠化和轻度石漠化，其分级中的土层厚度分别定义为＜10 cm、10～20 cm、20～30 cm 和 30～50 cm（王金华等，2007）。

表 10-5　石漠化等级划分［据（宋同清等，2014）改编］

程度	裸岩出露程度/%	植被覆盖率/%	特征与利用
无石漠化（Ⅰ）	<10	>70	乔灌草植被、土层厚且连续，宜农林牧
潜在石漠化（Ⅱ）	10～30	>60	灌乔草植被、土层较薄但连续，宜林牧
轻度石漠化（Ⅲ）	30～50	30～60	乔草+灌草、土被不连续，宜林牧
中度石漠化（Ⅳ）	50～70	10～30	疏草+疏灌、土浅薄且散布，自然恢复
重度石漠化（Ⅴ）	>70	<10	疏草、土零星分布，难利用

四、石漠化治理

不同石漠化程度采取不同的综合治理策略（宋同清等，2014）：

1）无石漠化和潜在石漠化　该类土地具有较好的生产效率，可综合经营，但需预防水土流失或植被退化。

2）轻度石漠化　该类土地生产和生态效率较低，环境质量较差，可实施草丛→灌丛→次生林→常绿落叶阔叶林的恢复措施和步骤。

3）中度石漠化　该类土地生产力和生态效率低，环境质量差，可实施稀疏草丛→草丛→草灌丛→灌丛→乔灌丛→次生林逐步恢复措施。

4）重度石漠化　该类土地很难利用，需封境、环境移民、建设多功能的国家公园或自然保护区等进行自然恢复。

石漠化的具体防治技术主要有生物技术、农业技术和工程技术等方面：生物技术包括退耕还林、封山育林育草、飞播造林、植被恢复和先锋植物引进等；农业技术包括作物配置、土地整理、土壤改良、洼地排涝和不同作物间作等；工程措施包括坡改梯、淤地坝、引水渠、排水沟、拦水坝和蓄水过滤池建设等（蔡运龙和蒙吉军，1999）。

第五节　土壤酸化与环境质量

土壤酸化是指在自然或人为条件下土壤 pH 下降的过程。土壤的自然酸化过程即盐基阳离子淋失，使土壤交换性阳离子变成以 Al^{3+}和 H^{+}为主的过程是相对缓慢的。在热带亚热带高温多雨的气候条件下，土壤矿物风化和物质淋溶过程是主导的成土过程。全球范围内 pH＜5 的酸性土壤占全球土壤面积的 1/3 左右（表 10-6），因此，酸化过程的影响是极其广泛的。

表 10-6　酸性土壤（pH<5.5）的分布估计（Sanchez and Logan，1992）

土纲	总面积/10^6 hm^2	酸性土壤面积比例/%	总酸化土壤面积/10^6 hm^2
氧化土	840	60	500
富铁土、铁铝土	1 350	80	1 070
淋溶土	1 790	20	360
软土	1 100	0	0
新成土	2 730	30	820
始成土	1 550	40	620
变性土	310	0	0
干旱土	2 280	0	0
火山灰土	140	50	70
有机土	240	80	200
灰化土	480	100	480
合计	12 800	32	4 120

自然酸化过程中质子的来源主要是大气的无机酸和生物体对阳离子的吸收，以及部分来源于有机酸的离解、氨气的挥发和铵的硝化作用等（于天仁，1990）。人为活动的影响改变了自然酸化过程影响的范围和速度，由于近代工业的迅猛发展，大量化石燃料燃烧排放出 SO_2 和 NO_x，它们与大气中的水汽发生化学反应生成无机酸，使降水 pH 低至 4.0 以下（于天仁，1989）。大量的干、湿酸沉降进入土壤中，无机酸替代 CO_2 成为土壤酸化的主要因子，因此显著增加了土壤的酸化速率和铝的溶出。

一、土壤酸化过程的形成和实质

（一）盐基的淋溶

盐基（K、Na、Ca 和 Mg）的淋失是土壤形成过程中一个较为普遍的过程，在降水量超过蒸发量的情形下，土壤中铝硅酸盐矿物风化过程释放出的盐基离子将随土壤溶液从土体中流失。在热带、亚热带高温多雨的自然背景中，盐基淋失是富铁铝化的先行步骤，且随着富铁铝化的发展而增强，直至彻底淋失（陈志诚，1990）。热带富铁铝化土壤的形成过程实际上是一个典型的土壤自然酸化过程，它包括矿物的分解和合成、盐基的释放和淋失、部分二氧化硅的释放和淋溶，以及铁、铝氧化物的释放和富集等，最后形成低 pH、低盐基含量和饱和度、高氧化铁铝含量的土壤。土壤中的盐基元素通常以可溶态、交换态或与矿物结合态存在，因此，盐基淋失的化学过程是与溶解、交换和水解作用相联系的（Huang et al.，2012）。

土壤中与矿物结合的盐基主要存在于原生的含铝和不含铝的硅酸盐及次生的 2∶1 型铝硅酸盐中，矿物的水解使盐基不断释放，进入土壤溶液中。以蒙脱石为例：

$$2MgAl_7Si_{16}O_{40}(OH)_8 \cdot Na + 45H_2O \longrightarrow$$
$$2Mg^{2+} + 2Na^+ + 6OH^- + 18Si(OH)_4 + 7Al_2Si_2O_5(OH)_4\text{（高岭石）} \quad (10\text{-}16)$$

一般来说，在风化的初始阶段，由硅酸盐矿物的水解而引起的 K^+、Mg^{2+}的释放和淋失比 Ca^{2+}、Na^+缓慢，这与含 K^+、Mg^{2+}矿物的抗风化稳定性较强，并参与次生 2∶1 型黏粒矿物的合成有关。但随着富铁铝化的发展，在 H^+存在的条件下，铝硅酸盐矿物的水解作用显著增强，其中的 K^+、Mg^{2+}也继 Ca^{2+}、Na^+之后被释放而受到淋失。在土壤酸化的发展过程中，铝硅酸盐的水解与 H^+的增加是互相促进的过程，最后的结果是土壤可风化矿物逐渐减少，土壤胶体表面的 H^+增加，使土壤酸化逐步强化。

随着淋溶作用的增强，风化溶液中盐基的浓度下降，而且由于铝硅酸盐矿物风化产物释放出的 Al^{3+}与 $Si(OH)_4$ 合成高岭石，或者经水解而形成三水铝石，产生 H^+：

$$Al^{3+} + Si(OH)_4 + 1/2\,H_2O \rightleftharpoons 3H^+ + 1/2Al_2Si_2O_5(OH)_4 \quad (10\text{-}17)$$

$$Al^{3+} + 3H_2O \rightleftharpoons 3H^+ + Al(OH)_3 \quad (10\text{-}18)$$

土壤溶液中 H^+的增加势必导致土壤胶体上交换性盐基的置换和释放。一般认为，阳离子带的电荷越多，土壤胶体对它的吸附力越强；在氧化数相同的情况下，离子的水合半径越小，即电荷密度越大，土壤胶体的吸附力也越大。K^+、Na^+、Ca^{2+}和 Mg^{2+}的离子水合半径分别大约为 15 nm、21.5 nm、30 nm 和 40 nm，H^+由于氢键的电化学特性，其行为接近于二价或三价的阳离子。因此，这些被土壤胶体吸附的离子被置换的相对顺序为 Na＞K＞Mg＞Ca＞H（Al）（Bohn et al.，1979）。

随着土壤淋溶和富铁铝化的发展，土壤将形成以 1∶1 型高岭石占优势的黏粒矿物，这类矿物吸附阳离子的数量和强度都比较低。同时，风化时释放的铝以羟基铝离子或铝离子的形态存在，对交换性盐基产生强烈的置换作用。在极度风化的土壤中，土壤负电荷量减少以至没有明显的永久负电荷，导致土壤几乎不能吸附交换性阳离子，使它们的淋失达到最大程度（于天仁和张效年，1983）。

土壤自然酸化的另一个重要地理区域是湿润温带和北温带地区。在这些地区的灌丛和针、阔叶森林植被条件下，普遍发育着灰化土壤。其土壤酸化的原因在于森林凋落物分解产物中含有以富啡酸为主的有机酸（Duchaufour，1982），它们与硅酸盐相互作用，生成的配合物被水淋洗，并聚集在下部的淀积层中。由于有机酸可加快矿物分解和盐基淋失过程，加之配位过程的活化作用，促使灰化土 pH 通常＜5.5，而灰化层的 pH 则更低。灰化土的盐基饱和度也很低，但铝的迁移能力大为增加，所以灰化土是典型的酸性土壤。在酸雨地区，灰化土受到外源质子的影响，铝的释放和在水体中的增加是对北美和北欧水环境质量的重要威胁。

（二）铝的活化

土壤酸化过程除了盐基淋失以外，重要的变化发生在铝（Al）的活化过程中，实际上这两个过程是互相联系的，因为在盐基活化和淋失的同时，铝的活化也已经开始。土壤中的铝主要包括原生和次生矿物铝、无定形铝、黏土矿物的层间结合铝、无机和有机胶体吸附的可交换铝，以及土壤溶液中自由和配合态铝（王维君和陈家坊，1992）。这些不同形态的铝在土壤固–液界面和土壤溶液中可以互相转化。

土壤中铝的活化过程的解释大致有 3 种模式，即矿物的溶解–沉淀理论、有机质吸附理论和溶解有机碳的配位溶解理论。但是铝的活化过程受到土壤性质和类型、植被种类、气候和水文条件等多方面的影响，因此，没有哪一种模式可以成功地运用于所有土壤的铝迁移活化过程的解释，不同的土壤类型常常以某种机制为主导过程。

1. 矿物的溶解–沉淀理论

该理论主要以不同氢离子活度条件下各种矿物的溶解平衡来预测土壤溶液中铝离子的活度。如上所述，土壤包含多种含铝原生和次生矿物，其中三水铝石的溶解–沉淀平衡对 Al 的活度最有影响：

$$Al(OH)_3 + 3H^+ \rightleftharpoons Al^{3+} + 3H_2O \tag{10-19}$$

$$\lg\{Al^{3+}\} = \lg K_{sp} - 3pH \tag{10-20}$$

式中，K_{sp} 为三水铝石的溶度积常数，但该常数与矿物的结晶形态密切相关，可以变化于 10^{-8}～10^{-11}。Reuss 等（1990）建立了一个修正公式来描述 Al 活度与 pH 的关系：

$$\lg\{Al^{3+}\} = \lg K_o - \alpha pH \tag{10-21}$$

式中，K_o 和 α 为经验常数。

如果控制 Al 活度的是其他矿物，则这种关系也会随之变化。例如，在有些情况下，铝的硫酸盐矿物（如斜铝矿）决定着溶液中 Al 的活度（Alva et al.，1991）：

$$AlSO_4OH(s) + H^+ \rightleftharpoons Al^{3+} + SO_4^{2-} + H_2O \tag{10-22}$$

$$\lg\{Al^{3+}\} = \lg K_{ju} - \lg\{SO_4^{2-}\} - pH \tag{10-23}$$

式中，K_{ju} 为斜铝矿的溶度积常数（$10^{-3.4}$）。

2. 有机质吸附理论

土壤有机质包含大量对铝具有很强吸附能力的羧基、羟基和酚羟基，通过与 H^+进行交换可以释放交换态铝。研究认为，有机吸附态铝（SOM-Al）的离子交换平衡也是影响土壤溶液中铝活度的重要因素，这种离子交换作用主要受溶液 pH 和 SOM-Al 中的 Al 饱和度，以及盐基离子种类和浓度的影响。酸化条件下有机吸附态铝的交换反应过程和相互关系可以用如下方程和公式描述（Guo et al.，2006；Larssen et al.，1999）：

H^+与有机吸附态 Al 的交换反应为

$$RAl^{(3-x)}{}_{(s)} + xH^+ = RH_x(s) + Al^{3+} \tag{10-24}$$

则有

$$\{Al^{3+}\}/\{H^+\}^x = K_1 RAl^{(3-x)+}/RH_x \tag{10-25}$$

假设：

$$RAl^{(3-x)+}/RH_x = K_2\{Al_{org}\}/C \tag{10-26}$$

则有

$$\{Al^{3+}\}/\{H^+\}^x = K_1K_2\{Al_{org}\}/C \tag{10-27}$$

令

$$Y = \{Al^{3+}\}\,C/\{Al_{org}\} = K^*\{H^+\}^x \quad (K^* = K_1K_2) \tag{10-28}$$

则

$$pY = p\left(\{Al^{3+}\}\ C/\{Al_{org}\}\right) \tag{10-29}$$

$$pY = pK^{*} + x\,pH \tag{10-30}$$

式中，K_1 为交换反应的平衡常数；K_2 为系数；K^*为 K_1 和 K_2 的复合常数；$RAl^{(3-x)+}$为铝的活度；RH_x 为与土壤有机质结合的质子；Al_{org} 为可提取的有机结合态铝；C 为土壤有机碳含量。

3. 溶解有机碳的配位-溶解理论

除了无机矿物溶解和有机质解吸造成铝的活化以外，也有研究表明有机质的配位-溶解过程也是促进土壤 Al 活化的可能原因（徐仁扣，1998；Vogt and Taugbol，1994）。土壤溶液中的溶解有机碳（dissolved organic carbon，DOC）一般是低分子量的有机酸，它们能以配位反应的方式与铝结合，从而导致铝从其他结合态中游离出来。研究表明，DOC 含量与有机铝含量呈明显的正相关关系，但是铝的配位过程还取决于有机酸的种类、强度、电离度、pH 和离子强度等其他因素（Zhu et al.，1994）。外源质子在土壤中的反应是与土壤的酸缓冲机制相联系的。H^+首先作用的对象是土壤中的碳酸盐，其次是交换性阳离子，随后才是铝体系和铁体系（Prenzel，1985）。

二、土壤酸化的主要成因

（一）自然土壤发生过程

即使在没有人为干扰的情况下大气降水一般都呈酸性，酸和潜在酸进入土壤中会产生一系列质子反应（质子消耗过程）。图 10-4 表示了土壤体系内质子的收支平衡关系。土壤中的氧化还原反应通常都涉及质子的转移，因此，也是影响土壤酸度的重要机制。自然酸化条件下质子的来源主要是大气干湿沉降和土壤中有机物质转化形成的有机酸。

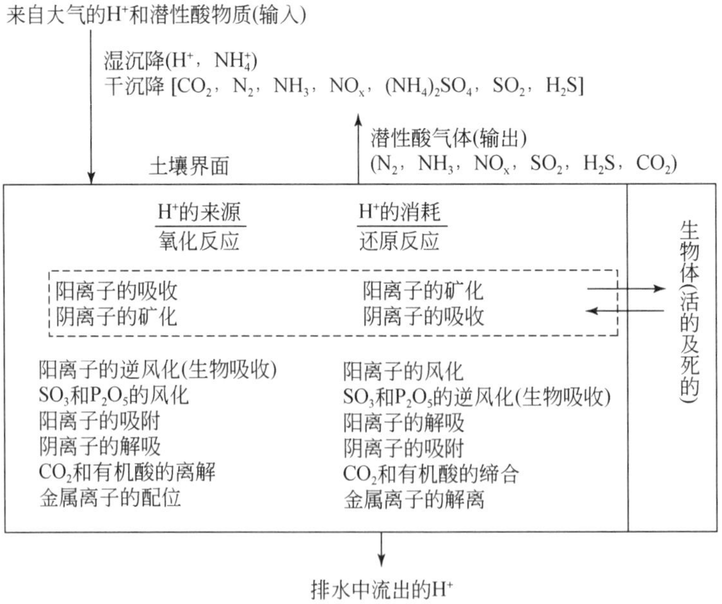

图 10-4　土壤中质子的输入和输出关系（van Breemen et al.，1983）

土壤发生中的酸化作用，如红壤化过程、砖红壤化过程（统称富铁铝化过程）和灰化过程都是典型的自然酸化过程，它们都涉及矿物的分解、盐基离子的淋失和土壤中活性铝的富集，但最初的动力并不一样。驱动灰化过程的因素主要是有机酸对矿物的分解，以及对铁、铝的配位反应引起的移动，而决定富铁铝化过程的主要因子是有利于矿物分解和盐基淋失的高温多雨的自然条件。

酸性硫酸盐土的形成是土壤酸化的另一种情形。这种含硫土壤的形成分为两个阶段，第一阶段是硫酸盐的还原，当土壤处于淹水还原条件时，硫酸盐还原形成的大部分硫化物以 FeS_2 的形态被固定于土壤中。当具备好气条件时，FeS_2 氧化使土壤的酸中和容量（acid neutralizing capacity，ANC）永久性地减少，所产生的质子量可以比任何其他土壤中的质子总量高 100 倍，以至于土壤极度酸化（于天仁，1990）。在随后的淋溶过程中就可能排出大量强酸性的渗漏或径流水，使周围的水体遭受严重的影响。酸性硫酸盐土中的主导反应可以表示为

$$FeS_2 + 3.5O_2 + H_2O \longrightarrow Fe^{2+} + 2SO_4^{2-} + 2H^+ \quad (10\text{-}31)$$

即使在没有硫参与的情况下，亚铁离子的氧化也是一个酸化的过程：

$$2Fe^{2+} + 1/2O_2 + 5H_2O \longrightarrow 2Fe(OH)_3 + 4H^+ \quad (10\text{-}32)$$

这一过程也是淹水土壤，如水耕人为土，在淹水还原后排干过程中发生的一个典型反应，这也是 Brinkman（1970）提出的铁解过程（ferrolysis）中的一个关键反应：在还原条件下，土壤中形成的交换性亚铁使一部分交换性盐基金属离子被置换，并以重碳酸盐的形态随水分淋失，致使土壤的酸中和容量减小；当土壤变为好气条件时，交换性亚铁被氧化，土壤胶体的一部分交换点被 H^+ 占据，从而降低 pH。土壤经过这样的反复循环以后，可以变成酸性土壤。

（二）生物地球化学平衡的失调

当土壤中的质子收支不平衡时，土壤 pH 必然发生变化。质子增加时，土壤酸度增加，pH 下降。所以，在生物地球化学循环过程中，元素的迁移过程往往导致土壤酸化发生。

元素吸收或释放的不平衡可以导致土壤的酸化。当植物吸收 NH_4^+ 等阳离子时，为了保持电中性，根系会分泌出等当量的 H^+ 从而使根际土壤酸化。这种机制的影响有时十分强烈，可使根际 pH 下降 2～4 个单位（从 6.8 降至 4.4），相应地，0.01 mol/L $CaCl_2$ 提取的可溶性 Al 从 0 增加到 0.023 mmol/L，大于 Al 的毒害水平（0.01～0.002 mmol/L）（Gahoonia，1983）。除了分泌 H^+ 以外，根系在缺磷等逆境条件下会分泌出柠檬酸、草酸、酒石酸和苹果酸等有机酸，它们大部分被土壤所吸附，或与固相铝作用，少部分与根内自由空间中的铝迅速反应生成有机配合态铝。

作物在选择性地吸收 K^+、Ca^{2+} 和 Mg^{2+} 等交换性盐基阳离子（养分）时，同样会产生上述生理机制，一方面分泌 H^+，另一方面使土壤中的铝相对富集，从而导致酸化作用的产生。实际上，这些作物，如茶叶、橡胶和桑叶等，在收获部分被移出土壤–生物系统以外时，被移走部分的（Ca+Mg+K+Na）/Al 的比例要高于土壤，这意味着土壤胶体表面的吸附态盐基离子被更多地移去，从而被 H^+ 或 Al^{3+} 所替代，产生酸化效应。橡胶吸收的无机养分中，以钙、镁、钾和钠为主，其中最多的是钾，约占新鲜胶乳重量的 0.12%～0.25%，而基本不含铝。我国茶园土壤酸化非常严重，75%的茶园土壤 pH 低于 4.5，已经成为限制我国茶叶生产发展的主要障碍因素（马力锋等，2000）。研究发现桑园土壤存在同样明显的酸化现象，土壤 pH 普遍低于 5.0（周奇迹和马亦农，1999）。张华等（2003）在海南对几种不同利用方式下土壤性质变化的研究表明，在橡胶种植条件下，土壤出现明显的酸化。与荒地相比，幼年橡胶和成年橡

胶地土壤 pH 下降约 0.6 个单位，交换性铝大约是咖啡园的两倍，总交换性酸也大为增加。

（三）施肥和土壤管理

某些土壤管理措施也是加速土壤酸化的一个重要原因。以农田施肥为例，长期施用氮肥后，土壤中的 NH_4^+经硝化作用产生酸（1 mol NH_4^+产生 2 mol H^+）：

$$NH_4^+ + 2O_2 \longrightarrow 2\,H^+ + NO_3^- + H_2O \tag{10-33}$$

从而降低土壤的 pH，增加土壤交换性铝和可溶解性铝的活化。上述反应是图 10-4 中指出的产生 H^+的氧化反应。研究表明，波兰华沙肥料长期试验地 30 a 连续施用硝酸铵的土壤，其 pH 下降 1～2 个单位，土壤交换性铝增加 6 倍（Porebska and Mulders，1994）；连续 14 a 施用硫酸铵（22 kg/hm^2）的土壤，其 pH 下降至 3.53。在波兰卢布林的酸性湿润雏形土中，长期施肥造成表层土壤活性铝提高了 16%～31%。林地在转变成农田后，仅种植了 10 a 时间的冬小麦就使土壤活性铝含量比未开发的森林黑土提高 30%～97%。Barak 等（1997）在美国威斯康星州的研究表明，施用氮肥引起的土壤酸化作用较酸沉降的影响大 25 倍，因为肥料施用产生的单位面积酸性物质的量远比单位面积的酸沉降量大。施肥引起的土壤酸化程度随氮肥品种而异，大体上酸化能力为硫酸铵＞尿素＞硝酸态氮肥。

Helyar 等（1990）针对澳大利亚的情况计算了不同缓冲容量的土壤 pH 下降到 5.0 和 4.5 时可能发生的时间（表 10-7）。在最大可能酸化情况下，按照常规施肥量［(N，210 kg/(hm^2•a)］计算，每 10 cm 土层能够产生的 H^+量最大可以达到 15 kmol/(hm^2•a)，这可以导致砂质壤土的 pH 在 10 a 内从 6.0 降低到 4.5，或者从另一个角度说，每 10 cm 的土层中需要施用 0.75 t/(hm^2•a)的石灰才能维持原来的 pH。

表 10-7　不同缓冲能力和初始 pH 条件下土壤酸化的速度

［H^+输入 1 kmol/(hm^2•a)，10 cm 土层］

土壤 pH 缓冲容量/(H^+，kmol/hm^2)	初始 pH（0~30 cm）	达到目标 pH 所需要的时间/a	
		pH5.0	pH4.5
30（砂壤土）	5.0	0	45
	5.5	45	90
	6.0	90	136
60（壤土）	5.0	0	90
	5.5	90	180
	6.0	180	270
150（黏土）	5.0	0	225
	5.5	225	450
	6.0	450	676

我国海南地处热带地区，土壤普遍呈酸性，在土壤利用过程中导致了土壤的进一步酸化。研究表明，20 世纪 90 年代与 50 年代相比，全岛土壤 pH 小于 5.0 的比例显著增加(图 10-5)。大量的土壤样品测定和统计显示，20 世纪 50 年代以来，由于农业土地利用的影响，土壤出现明显的酸化现象。与农业土壤相比，自然酸化导致的变化相对不明显（Gong et al.，2003）。Guo 等（2010）针对中国耕地的一项系统研究表明，从 20 世纪 80 年代到 21 世纪初的 20 a 左右时间内，中国主要粮食产区土壤 pH 显著降低，与氮循环相关的过程贡献了 20～221 kmol/hm^{2}的氢离子，而盐基吸收和收获贡献 15～20 kmol/hm^{2}的氢离子，相比较而

言，酸沉降对酸化的贡献要小得多。

在自然酸化条件下，酸化的速度是相对缓慢的。而在现代人为活动的大规模影响下，大气的酸沉降将更多的H^+带入土壤中。大量观测表明，目前一些地区降水的 pH 经常在 5 以下，甚至更低，因此，增加的H^+必然加速土壤矿物分解和盐基置换，增加土壤中铝的活性，产生更快的酸化。在工业活动较强的地区，酸雨带来的质子输入（H^+）大约为 1 kmol/(hm^2•a)，甚至可以高达 6 kmol/(hm^2•a)，但与农业活动（肥料和豆科作物种植等）相比，即使是最严重的酸雨沉降，也只贡献总酸性物质输入的 7%～25%。对于森林等自然生态系统而言，由于很难采取人为干预措施，因而在这种情形下，酸沉降的影响就起到了决定性作用（Summner，1998）。模拟酸雨试验表明，当酸性溶液 pH<4.0 时，铝的溶出量剧增，这将导致严重的铝毒害问题。在北美和欧洲酸沉降严重的地区，酸雨的累积效应使铝最终成为土壤溶液中占优势的阳离子，而 SO_4^{2-}和 NO_3^-成为其主要的陪伴阴离子。

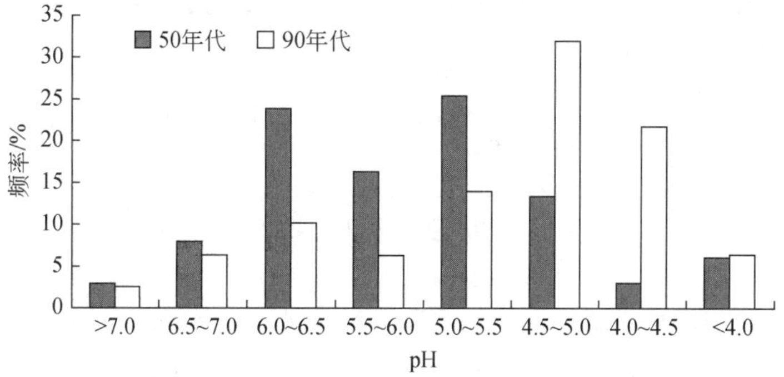

图 10-5　20 世纪 50 年代和 90 年代海南旱地土壤 pH 频率分布的比较

三、土壤酸化的环境效应

（一）作物效应

在酸性土壤中，多数农作物的生长会受到影响，在 pH＜5.0 时甚至产生铝中毒现象：如珊瑚状根系、主根变短变粗、侧根短少、根毛稀疏并多节瘤。严重中毒时变色、易断，直至坏死。铝作用于根尖分生组织细胞，改变细胞质膜的结构与功能，抑制膜结合酶的活性，从而引起矿质养分和水分吸收效率降低，细胞分裂和伸长受到限制。

酸化可以明显降低作物、森林或草地的生产能力，实际产量的下降量与作物有关。酸化影响作物产量主要在于它对土壤性质方面的负面影响。首先，随着酸度的增加，土壤阳离子交换量降低，而通常阴离子交换量升高，特别是在可变电荷土壤上（Gillman，1991），这势必降低土壤保持养分离子的能力，并且在交换性阳离子组成中，铝的比例增加，而 Ca^{2+}和 Mg^{2+}缺乏，从而可能导致铝的毒性增加。在很多酸性土壤中，锰的活性也有提高，因而可能形成毒害。

根瘤菌的活性在 pH＜6 时急剧降低，致使酸化条件下共生的或者非共生的固氮减弱，导致酸性土壤上的豆科作物通常生长不良；其中钼的缺乏也影响了根瘤菌的固氮过程（Rice et al.，1977）。

（二）水质效应

1. 对水体中盐基养分的影响

酸化过程对环境的影响主要是通过水分的运动（溶质迁移）来实现的。H^+进入土壤中后会置换土壤胶体所吸附的交换性阳离子，被置换的盐基离子一般随渗漏、侧渗和径流进入地下水或地表水中。图 10-6 是在北亚热带丘陵地区（安徽宣城）小流域观测到的一个结果（Yang et al.，2013）。从图中可以看出，森林流域地表径流的 pH 普遍高于相应时间降水的 pH，平均相差大约两个 pH 单位。

水分在进入土壤生态系统前后，H^+浓度的差别也意味着其他盐基离子浓度不同，这表示 H^+对土壤中的矿物态或者交换态的钙、镁、钾和钠发生了溶解或者代换作用，促使这些离子解离进入溶液中，然后随径流迁移。如果按照降水中的平均 H^+浓度（$10^{-4.7}$ mol/L）和径流水中的平均 H^+浓度（$10^{-6.7}$ mol/L）计算，H^+的消耗大约为 2×10^{-5} mol/L，则每年从该流域中被置换的盐基离子（Ca、Mg、K 和 Na）总量应该具有相同的摩尔数，在假定为二价离子的情况下，被置换的总摩尔数为

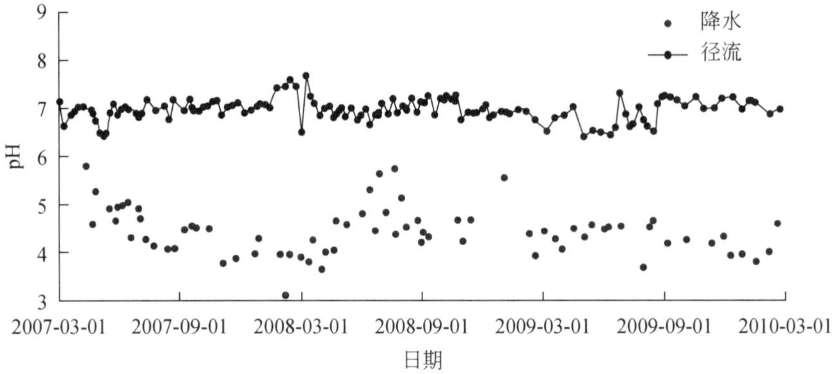

图 10-6　亚热带丘陵地区森林流域降水和径流的 pH 变化

$$浓度\times该小流域年径流量= 2\times10^{-5}（mol/L）\times0.454\,4\times10^{6}\times10^{3}（L）/2 = 4\,544\ mol \tag{10-34}$$

式中，0.454 4 为径流系数；10^6 为该小流域年径流量（m^3）。该置换量与径流总量密切相关，在区域范围内对水质的总体影响是非常明显的。实际上，该数字将随降水 pH 的下降而迅速增加，因此，通过该途径实际损失的盐基非常大。由此可以得出结论：在酸雨的长期作用下，酸化过程对森林和土壤生态系统中养分流失的影响是巨大的。

2. 铝的活化

铝是一种能严重影响动物健康的元素，其进入动物（特别是人体）体内的途径也受到特别的关注。人体一方面从食物中摄入铝，另一个重要途径来自于水体。研究表明，饮水中 Al 浓度大于 0.11 mg/L 地区的人群患老年痴呆症的危险性比 Al 浓度小于 0.01 mg/L 的地区高 50%。

土壤铝的释放是缓冲酸沉降的重要过程。通过铝的释放消耗了沉降的 H^+，但增加了土壤水和地表水中铝的浓度，对生物产生毒害。溶解态铝在土壤中的迁移过程一方面取决于土壤溶液的流动状况，另一方面还与土壤母质和溶液中铝的相互作用有关（Sullivan，1994）。研究发现表层土壤中活化的铝通过各种途径迁移至下层，可以沉淀在表下层中，或者通过下渗、侧渗和径流等溶质移动途径进入地下水或者地表水体中。上层土壤溶液中大量的铝与溶解有机质（DOM）的配位反应有关，它使铝能够在土壤剖面中迁移。表层土壤中含有大量草酸、柠檬酸和乙酸等低分子量有机酸，因而是土壤铝活化移动的基础。

无论是在湿润的温带地区，还是在高温多雨的热带、亚热带地区，当夏季来临时，融雪或者暴雨都会使表层土壤含水量达到饱和，形成地表径流，大量土壤中的铝随径流或侧渗进入江河湖泊中。Seip 等（1989）在挪威的研究表明，降雨与溪水中的活性铝有着密切的关系，降雨

后溪水中活性铝的含量比降水前提高了3～4倍。由于酸性水体中铝的浓度达到3.7 μmol/L时就会对某些水生生物显示急性毒性，所以土壤铝的径流迁移能造成水环境污染，影响鱼群的成活率并危及鱼卵与鱼苗。北欧地区“死湖”的形成主要是因为土壤活性铝大量进入湖泊水体。

四、土壤酸化的评价方法和防治

土壤酸碱度或者酸化程度最常用的指标是pH，但由于土壤具有缓冲性能，并不是土壤内部产生和外部输入的H^+都能引起土壤pH改变，因此，并不是所有的土壤酸化都能用pH反映出来。van Breemen 等（1983）用酸中和容量而不是pH这种强度因子来定义土壤酸化。土壤的酸中和能力可以定义为将一个酸–碱体系的pH降低到一个参比pH时所需要的强酸数量。土壤的酸中和容量ANC可以表示为

$$\begin{aligned} ANC = & 2[CaO] + 2[MgO] + 2[K_2O] + 2[Na_2O] + 3[Al_2O_3] + [NH_3] \\ & - 2[SO_3] - 2[P_2O_5] - [HCl] - 2[N_2O_5] \end{aligned} \tag{10-35}$$

式中，中括号代表摩尔浓度。所有的土壤都具有ANC，大多数土壤的ANC与硅酸盐矿物有关。在酸输入的情况下，ANC随着［CaO、MgO、K_2O、Na_2O］的总量下降或者［SO_3］等的增加而下降。重要的酸消耗反应包括碳酸盐的溶解、盐基离子的置换、可变电荷表面的质子化、矿物的溶解、碱性硫酸铁、铝的沉淀和反硝化过程（Ulrich，1991）。这些酸中和反应的缓冲容量差别很大，表10-8给出了一些典型的酸中和反应的H^+缓冲容量。Helyar等（1990）的研究表明，澳大利亚含有机质4%的某黏质土壤和不含有机质的砂子缓冲容量（以H^+计）分别为157 kmol/［(hm²·10cm)·pH］和10 kmol/［(hm²·10cm)·pH］。

表10-8　一些典型酸中和反应对H^+的缓冲容量

酸中和反应	缓冲容量	来源
碳酸盐溶解	1 500 kmol H^+/(%$CaCO_3$)	Ulrich（1991）
盐基离子代换	70 kmol H^+/(%clay)	Ulrich（1991）
表面质子化（表面带电）	<100 kmol H^+/(hm²·15cm)	Ulrich（1991）
矿物溶解	250~1 500 kmol H^+/(%clay)	Ulrich（1991）
碱性硫酸盐沉淀	<50 kmol H^+/(hm²·15cm)	Ulrich（1991）
反硝化	3~8 kmol H^+/(hm²·a)	Ryden（1983）

由于土壤的缓冲性能，明显可观测到土壤化学特性改变，如pH、酸中和容量等的变化一般需要几十年，甚至几百年，使酸化过程不易观测。很多研究采用流域方法，通过质子负荷平衡估算土壤酸化速率（Fujii et al.，2011；van Breemen et al.，1984）。在流域生态系统中，质子输入和输出是可以监测和估算的，而质子进入土壤系统后，H^+的两个主要消耗途径：土壤中的（原生和次生）矿物风化反应消耗与土壤胶体上吸附的阳离子交换消耗难以监测。长期以来酸化研究没有区分这两个过程对质子的消耗，笼统地将土壤中全部质子的年消耗量作为土壤酸化速率（Frey et al.，2004；De Vries et al.，2003）。但事实上，质子作用于矿物风化时并不能直接导致土壤酸化，只有当质子与盐基离子交换时才导致土壤活性酸或潜性酸增加，才是真正意义上的酸化过程。Yang等（2013）提出了利用硅与盐基离子的化学计量关系估算土壤酸化速率的新方法。因为硅酸盐矿物风化是硅循环的重要来源，硅循环与矿物风化和H^+消耗紧密相连，而不涉及阳离子交换过程。因此，建立硅在循环过程中与盐基离子和硅的化学计量关系可以定量估算土壤酸化速率。在中国皖南森林流域中，利用流域质子平衡估算的

H^+净输入量为 1 395 mol/(hm^2•a)，而利用流域主要可风化矿物斜长石风化成高岭石过程中释放的硅和盐基离子风化计量关系估算的土壤酸化速率为 703 mol/(hm^2•a)，约为质子平衡输入H^+的一半（Yang et al.，2013）。土壤酸化防治的主要技术措施包括：①利用氧化亚铁硫杆菌和氧化硫杆菌等微生物菌株的吸硫作用，除去酸雨中 70% 的无机硫，还可减少 60% 的粉尘；②减少酸性肥料施用、水旱轮作和间作套种等是治理酸化的有效方法；③使用土壤改良剂，如在农业生产中施用石灰、白云石、粉煤灰、磷石膏、磷矿粉、碱渣和工业废弃物、微生物肥料、农作物茎杆、家畜粪肥、绿肥及草木灰等、生物炭类；④利用土壤动物、植物和微生物对酸化土壤的修复作用和植物根系分泌物缓解酸性土壤铝毒。

生物质炭是近年来发展起来的一种治理土壤酸化的有效措施。生物质炭来源于各种原材料，从木质纤维到粪肥在高温（200～700 °C）下热解的产品（Dai et al.，2017）。生物质炭是碱性的，pH 一般大于 7.0，能够改善土壤的酸化状况并提高酸化土壤的质量，增加作物的产量（Jeffery et al.，2011；袁金华和徐仁扣，2010）。生物质炭具有大量的盐基离子和硅，在高温热解过程中能够产生碳酸盐和氧化物，可以与酸性土壤中的 H^+和 Al 反应，由此升高土壤 pH 并降低可交换性酸（Fidel et al.，2017；Yuan et al.，2011）。同时，生物质炭还可以通过与铝反应、吸附 Al^{3+}及将高毒性的 Al^{3+} 转化到低毒性的 $Al(OH)_3$ 和 $Al(OH)_4^-$，从而降低酸性土壤的铝毒（Qian et al.，2013）。因为生物质炭表面带有负电荷，具有很高的阳离子交换量（CEC），因此，将生物质炭作为土壤改良剂，还可以提高土壤的 CEC，提高土壤对养分元素的吸持能力。生物质炭含有大量植物生长所需的氮、磷、钾和钙，并具有丰富的孔隙结构，可以增强土壤的保水能力、改善土壤物理结构和其他物理性质、促进土壤微生物的种群发展并增强土壤微生物的活性、促进土壤养分的循环，从而可以促进植物的生长（徐仁扣等，2013）。因此，生物质炭可以提高土壤的肥力，是具有很好应用前景的酸化土壤改良剂。

第六节　土壤盐渍化与环境质量

土壤盐渍化包括盐化和碱化。土壤盐化是指可溶盐类在土壤中的累积，特别是在土壤表层累积的过程；土壤碱化则是指土壤胶体被钠离子饱和的过程，也常称为钠质化过程（sodication）。水溶性盐分在土壤中的积累是影响盐渍土形成过程和性质的一个决定性因子。不同盐分组成所形成的盐渍土在特性上也有区别（表 10-9）。在土壤盐度达到一定阈值以后，土壤性质产生变化，这种变化对土壤的生产能力和环境功能是有害的，它包括支持生物生长能力和生物多样性下降等。

表 10-9　盐渍土盐分积累的主要特性

引起盐化和碱化的电解质/离子类型	盐渍土的类型	形成环境	引起退化的主要负面性质	改良方法
氯化钠和硫酸钠（极端条件下硝酸钠）	盐土	干旱和半干旱	土壤溶液的高渗透性（毒害作用）	移去多余盐分（洗盐）
引起碱性水解的钠离子	碱土	半干旱、半湿润、湿润	高 pH，影响土壤物理性质	化学改良降低 pH
镁离子	镁质盐土、镁质碱土	半干旱和半湿润	毒害效果、高渗透压	化学改良、洗盐
钙离子（如硫酸钙）	石膏盐土	干旱和半干旱	pH 较高，毒害效果	化学改良
亚铁和铝离子（酸性硫酸盐）	酸性硫酸盐土	海岸、泻湖地区，黏质含硫沉积物	强酸性毒害作用	施用石灰

土壤的盐化和碱化是全球农业生产和土壤资源可持续利用中存在的严重问题。灌溉地区土壤次生盐渍化和碱化引起的土壤退化则更加突出。据估计，世界上现有灌溉土壤中有一半遭受次生盐渍化和碱化的威胁。由于灌溉不当，每年有 1.0×10^7 hm^2 的灌溉土壤因为次生盐渍化和碱化而被抛弃（Szabolcs，1985）。有人认为盐渍化是一个化学退化过程（Oldeman，1994），实际上盐分的数量和类型决定着所有土壤主要的物理、化学、生物，甚至矿物学属性。

一、土壤盐渍化过程及其影响因子

土壤盐分的形成和积累与地壳上层发生的诸多地球化学过程和水文化学过程有关。从形成来源上看，土壤中的盐分主要来自于矿物的风化、降雨、灌溉水、含盐岩层、地下水和人为活动（俞仁培，1990）。盐分积累依赖于 3 个方面：①可溶盐的数量；②盐分转化的化学过程；③积累的盐分在土壤和沉积物中的垂直和水平移动。

气候、地质、地貌和水文地质条件决定着盐渍化的类型和程度。盐分积累和盐渍化土壤不仅出现在干旱和低洼地区，而且还出现在从潮湿热带地区到极地圈的广泛范围。它们会发生在不同的海拔高度，从海平面以下（如死海地区），到 5 000 m 以上的高山地区（如青藏高原和洛基山脉）。盐渍土大约占陆地面积的 1/10，世界上 100 多个国家都有不同比例的土地为盐渍土所覆盖（Szabolcs，1989）。我国的盐碱化土地面积约为 1 亿 hm^2，其中现代盐碱土约占 37%，残余盐碱土约占 45%，潜在盐碱土约占 18%（全国土壤普查办公室，1998；熊毅和李庆逵，1987）。

（一）盐分的来源

可溶性盐分，特别是钠盐，在土壤剖面、岩石和水体中的积累，是盐渍土形成的根本原因。盐渍土的形成有两个重要前提：①可溶盐的来源；②盐分的积累周期性，或永久地超过盐分淋溶过程。

1. 矿物的风化

土壤中的盐分是由岩石风化而来的。组成地球表面岩石的主要元素在风化过程中释放出来，并重新组合成无机盐类，参与土壤的盐化和碱化过程。与土壤盐化和碱化关系最密切的元素是钙、镁、钠、氯、硫、硼和氮等，它们组成盐土中普遍存在的盐类，如氯化物、硫酸盐、碳酸盐和硝酸盐等，它包括 NaCl、$MgCl_2$、Na_2SO_4、$MgSO_4$、$CaSO_4$、Na_2CO_3、$NaHCO_3$ 和 $CaCO_3$ 等。

土壤中原生矿物的风化是土壤盐分的重要来源之一。当土壤溶液与矿物接触一定时间以后，溶液的盐分浓度一般增加 3～5 μmol/L，溶解出的离子数量主要取决于平衡气相中的 CO_2 含量。

2. 降雨

现代存在于海洋中的盐分主要来源于地壳的矿物风化，然而海洋又是干旱和半干旱地区盐分的主要来源之一。当海洋空气移向内陆时，大气中的盐分随移动距离的增大而呈指数下降趋势，盐分组成也发生变化，雨水中的 Cl/Na 及氯和钠的绝对浓度通常随离海岸的距离增大而下降，Ca^{2+}和 SO_4^{2-} 的相对量则增加。海洋空气中的盐分对内陆的影响通常可达到离海岸 50～150 km^2 的距离。据估计，在沿海，来自降雨的 NaCl 输入为 100～200 kg/hm^2，在大陆每年为 20～200 kg/hm^2，内陆地区则仅为 10～20 kg/hm^2（俞仁培，1990）。

3. 含盐构造

含盐地层的存在是某些背景下土壤盐分的主要来源。由于自然和人为活动的影响，这些岩石中的盐分被释放出来，参与现代土壤的积盐过程。例如，当水流经含盐地层后，溶解作用使水体含有高浓度的盐分，并使沿途土壤发生严重的盐渍化。

4. 灌溉水

灌溉水无论来自于地表还是地下，都有一定的矿化度，或多或少地含有可溶盐。在排水不良、盐分可以有净积累的条件下，就可能引起土壤盐分富集，进而产生土壤盐渍化。指示灌溉水质量的指标可以用矿化度，也可以用电导率。我国的主要灌区在黄河流域，黄河水的矿化度在没有污染时为0.2～0.36 g/L，按黄淮海平原小麦生长季节灌溉水量1 500 m^3/hm^2计算，每年随灌溉水带入土壤的盐分为300～500 kg/hm^2。在西北内陆等干旱地区引洪灌溉的情况下，灌溉水矿化度更高，盐分输入也高得多。

5. 地下水

地下水作为盐分的主要载体，是现代积盐的主导因素。在地下水位较高、盐分可以通过毛细管上升的河谷平原，或者使用地下水灌溉的地区，土壤的积盐量和盐分组成与地下水的矿化度和盐分组成密切相关。地下水的矿化度与盐分组成也是互相联系的。当矿化度小于0.5 g/L时，阳离子以镁为主，钙和钠、钾的总量大致相同，阴离子以重碳酸根（HCO_3^-）为主；当地下水的矿化度超过1 g/L时，氯离子的浓度超过重碳酸根离子。更高矿化度的地下水水质依次为碳酸盐-硫酸盐-氯化物型、硫酸盐-氯化物型和氯化物型。

6. 人为活动

人类活动通过多种方式将盐分输入到土壤中。灌溉是最为剧烈的形式之一，施肥也是重要的盐分输入过程。从化学组成上看，无机肥本身就是盐类，所以化肥的使用也是盐分进入土壤的过程。厩肥、土粪等也含有大量的盐分。我国北方农村有施用土粪的习惯，造成盐分的人为迁移。随着工业的发展，废水灌溉、废渣使用和污泥农用等都可能将盐分带入土壤中。近年来，随着设施农业的迅猛发展，各种温室栽培土壤盐分积累问题非常突出，已经成为威胁土壤可持续利用的最重要方式，常常造成大片土壤废弃。在城市范围内，人为使用盐类防冻更是土壤中盐分增加的直接原因。

（二）土壤盐分迁移

盐分作为溶质，其在土壤中的迁移规律是研究盐渍土形成过程及演变的理论基础。溶质迁移主要受自由水流、对流和扩散的影响。

1. 盐分随自由水的运动

土壤中自由水的运动包括重力下渗运动和地下水蒸发过程中支持毛管水的运动。由于自由水流动的速度快、流量大，对溶质的移动所起的作用很大，特别是地下水蒸发过程中毛管水的运动，是现代盐积过程的主导因素。

毛管水的上升高度一般可按下式计算：

$$H = 2T\cos\alpha/r \tag{10-36}$$

式中，H为毛管水上升的高度；T为液体的黏滞力；α为液体与管壁弯曲面的接触角；r为毛细管的直径。

毛细管中水的流速可用下式求出：

$$V = \kappa\left[(\Delta\psi/\Delta Z) - \psi_g\right] \tag{10-37}$$

式中，V 为垂直毛细管的中水的流速（cm/d）；κ 为毛细管的传导度（cm/d），可以由试验求得；$\Delta\psi/\Delta Z$ 为吸力梯度；ψ 为土壤的基质势（吸力）（cm），可以根据水分特征曲线查得；ΔZ 为某一假定水位以上的高度（cm）；ψ_g 为由重力产生的势能。根据该公式得到的 V 值乘以土壤过水断面，可以得到毛管流量，再乘以溶质的浓度就可求得溶质的运移量。

影响盐分毛管上升运移的因素有土壤的孔隙状况、土壤溶液的浓度和离子组成。通常盐分浓度的增加会降低毛管水上升的速度，一价盐类的毛管水上升高度小于纯水，尤其是钠盐溶液。氯化物溶液上升高度和速度大于硫酸盐溶液。

2. 溶质的扩散迁移

离子的扩散迁移是盐分在土壤中移动的一种重要方式，它取决于土壤溶液中的离子浓度梯度。根据 Fick 定律，在单向扩散时，单位时间内通过单位面积的扩散物质量（J）与浓度梯度（$\mathrm{d}c/\mathrm{d}x$）的绝对值和横截面积（A）成正比：

$$J = -DA\left(\mathrm{d}c/\mathrm{d}x\right) \tag{10-38}$$

式中，D 为扩散系数；负号表示扩散方向与浓度梯度方向相反。当溶质在土壤中通过扩散运动时，水流的有效横截面面积是上述方程中宏观横断面 A 的一个函数θ。即

$$J_\mathrm{D} = -D_\mathrm{p}\left(\theta\right)\left(\mathrm{d}c/\mathrm{d}x\right) \tag{10-39}$$

式中，J_D 为修正后的扩散通量；D_p 为有效扩散系数，它小于在自由溶液中的扩散系数，可以通过土壤容积含水量和弯曲系数等来计算，也可以通过经验公式估计。

3. 盐分的对流迁移

对流迁移是指溶解的盐类为运动的水携带所发生的迁移现象。土壤中的水分由于渗漏和蒸发而再分配，溶解的盐分便随之迁移。溶质的对流取决于宏观的流速，这主要取决于土壤的孔隙状况。

溶质的宏观对流迁移通常有两种形式，即平均流速的分散和机械分散（流速的局部差异引起的）。后一种形式类似于扩散，使溶质从高浓度带向低浓度带移动，因而可以用类似于扩散方程的方程式来叙述，只需要用机械分散系数 D_h 代替扩散系数 D_p：

$$J_\mathrm{h} = -\theta D_\mathrm{h}\left(V\right)\left(\mathrm{d}c/\mathrm{d}x\right) + V_{\theta c} \tag{10-40}$$

式中，J_h 为每单位时间内通过对流移动的盐分总量；V 为平均空隙流速；D_h 为机械分散系数。方程右侧第一项代表机械分散的溶质流，$V_{\theta c}$ 为平均流速迁移的溶质流。影响对流迁移的主要因素是液流流速和土壤孔隙大小、形状及其均匀度。

（三）土壤盐分平衡

盐分在土壤中的积累或损失取决于盐分的输入和输出过程平衡。在输入大于输出时，盐分积累到达一定程度时产生盐渍土；当输出大于输入时，盐分降低，极端情形下盐基离子淋溶，甚至产生酸化。下式综合地表达了土壤中的盐分平衡和因子：

$$S = \left(W+P+R+G+Y+F\right) - \left(\mathrm{lp}+r+g+\mathrm{li}+u\right) \tag{10-41}$$

式中，S 为一定深度和时期内土壤可溶盐分含量的变化；W 为风化过程产生的盐分；P 为大气中（通过降雨、尘埃、风）带来的盐分；R 为地表水携带的水平方向盐分输入；G 为地下水携带的水平方向盐分输入；Y 为灌溉水中携带的盐分；F 为以化学改良、化肥等方式进入土壤的盐分；lp

为降雨导致的盐分淋失；r 为地表水导致的盐分水平流出量；g 为表层以下（侧渗）水流导致的盐分输出量；li 为灌溉水所洗去的盐分；u 则为植物同化吸收并以收获的方式移出该区域的盐分。

盐分平衡因子共同左右的结果是特定区域和土壤深度内盐分的变化。盐分动态变化的结果有 3 种：

1）稳定　在观测期间内土壤盐分含量没有变化。

2）积聚　平衡为正值，特定面积和土壤深度内盐分含量增大。

3）淋失　平衡为负值，特定面积和土壤深度内盐分含量减小。

通过盐分平衡方程我们可以单独考虑各个因子对盐分平衡的贡献。土壤盐分平衡取决于很多因子，例如，地下水的深度和化学组成、地形的影响、灌溉技术方式等。在其他因子基本稳定的情况下，灌溉是引起土壤盐分变化的主要人为因子，它对土壤含盐量的影响可以用下列公式来表示：

$$b = a + (cv/Md)10^{-4} \tag{10-42}$$

式中，b 为灌溉后的土壤可溶盐含量（g/kg）；a 为灌溉前的土壤可溶盐含量（g/kg）；c 为灌溉水中盐分浓度（g/L）；v 为观察期间的灌溉水量（m^3/hm^2）；M 为盐分积累层的厚度（m）；d 为土壤容重（g/cm^3）。

二、盐渍化土壤的管理

（一）盐土和碱土的诊断

盐成土是在各种自然环境因素（包括气候、地形、水文和水文地质等）和人为活动因素的综合作用下，盐类直接参与土壤形成过程，并以盐渍化（或盐碱化）过程为主导作用而形成的。盐成土的标志是在土壤表层 30 cm 以内出现盐积层，或者碱积层。虽然在分类学上很多干旱地区的土壤因为同时具有干旱特征而被分类成干旱土，但实际上盐分的存在是这些土壤的另一个重要属性。

1. 盐土

盐积层是鉴别盐土的主要诊断层。目前，国内外常用于鉴别盐积层的厚度为 15～30 cm，含盐量为 10～20 g/kg（1∶1 土水比浸提液的电导率 EC＞30 dS/m）。根据我国盐成土的分布和生物气候特点，盐积层的形成过程较为复杂，在强烈的地面蒸发条件下，盐分随水通过土壤毛管作用，累积于土体上部，有时在地表形成盐霜，或厚度不等的盐结皮和盐结壳，反映出盐分的表聚性强，而盐积层的厚度和含盐量大小与干燥度成正相关，干燥度越大，盐积层表聚的厚度越大，含盐量也越高（表 10-10）。

表 10-10　我国境内区域干燥度与土壤盐积层厚度和含盐量的关系（王遵亲等，1993）

地域	干燥度/(E_T/P)	盐积层厚度/cm	含盐量/(g/kg)	盐结皮或盐结壳厚度/cm	地表盐渍状况
黄淮海平原	2~4	1~3	10~30	0.1~0.2	斑块
汾渭河谷盆地	3~5	3~10	30~100	0.2~0.5	斑块
宁、蒙平原地区	8~14	5~20	100~300	1~2	连片
青、甘、新盆地	6~≥15	10~≥30	300~≥600	5~≥15	连片

由于不同区域土壤的含盐量差别很大，因此，在盐成土的诊断上，按照区域特点的不同，对干旱地区和非干旱地区的盐土规定了不同的含盐量要求。具体的要求如下。

盐积层（salic horizon）为冷水中大于石膏溶解度的易溶性盐类富集的土层。它具有以下条件：

1）厚度　至少为 15 cm。

2）含盐量　①在干旱土或干旱地区，≥20 g/kg；或 1∶1 水土比提取液的电导率（EC）≥30 dS/m。②其他地区盐土中，≥10 g/kg；或 1∶1 水土比提取液的 EC≥15 dS/m。③含盐量（g/kg）与厚度（cm）的乘积≥600；或电导率（dS/m）与厚度（cm）的乘积≥900。

2. 碱土

碱土是一类特殊的盐土，其本质特征是土壤吸附的钠离子比例超过一定的阈值。碱化过程可以发生在土壤积盐过程，也可以发生于土壤脱盐过程，或土壤积盐和脱盐反复过程中。在输入到土壤中的盐分组成以碱性钠盐为主的情况下，在积盐过程的同时可以发生土壤碱化过程。总的来看，碱土含有较多的交换性钠，pH 很高（一般在 9 以上），含盐量不高。土粒高度分散，湿时泥泞，干时板结坚硬，呈块状或棱柱状结构。

表示交换性钠比例的钠吸附比（sodium adsorption ratio，SAR）是碱土的重要指标。SAR 是土壤饱和浸提液中钠离子与钙、镁离子的相对比例：

$$SAR = [Na] / \{[Ca] + [Mg]\}^{0.5} \qquad (10\text{-}43)$$

式中，[Na]、[Ca]、[Mg] 分别为土壤溶液中 Na、Ca、Mg 的摩尔浓度（mmol/L）。

一般认为，当 SAR 大于 13 时，土壤具有“钠质特性”，但不同国家和研究者所提供的标准不尽相同（Rengasamy，1998）。其他指标，如交换性钠饱和度（ESP）、EC 和 pH，都可以用来作为碱化的标准，并且它们与 SAR 都存在一定的相关关系（俞仁培，1990）。

钠质土壤具有特殊的物理化学行为。当土壤干燥时，团聚体由黏粒与其他大颗粒通过多种结合机理连接构成，键合离子主要为 Na^+，它将极大地影响土壤的性质。当土壤湿润时，Na^+很容易水解，黏粒趋向于分离，土壤趋向于分散；当水含量不足以饱和时，水解受到制约因而团聚体膨胀。随着水分含量的增加，水解作用加强，黏粒进一步分散为单个颗粒。通常在二价离子键合的情况下，即使水分饱和，水解作用也会受到制约，不至于出现土粒完全分散的情形。当钠质黏粒通过水解作用互相分离达到 7 nm 以上时，因为电性相斥（净负电荷的存在），所以会维持分散状态。即使是二价离子键合的黏粒在机械分散以后，也会由于上述原因而维持分散状态。但是，当游离电解质浓度超过一定水平时，渗透压的增大会克服电荷斥力而使分散黏粒趋向絮凝，该电解质浓度也称为临界电解质浓度（threshold electrolyte concentration，TEC），超过该临界浓度时，黏粒则不会从团聚体中分散（Rengasamy and Olssn，1991）。

钠质黏粒的分散和钠质团聚体的膨胀往往破坏土壤结构，减少土壤孔隙和渗透性，即使在高含水量时也会增加土壤的强度，因而钠质土壤有很多限制根系生长和空气、水分传导的不良属性，如在降雨或者灌溉后立即泥泞，或者很快变得太干，不利于植物生长。对植物生长没有限制的土壤水分含量范围（non-limiting water range，NLWR）非常小（Letey，1991）。

（二）盐渍土的管理与防治

大多数盐渍土是自然地质、水文和土壤学过程作用的结果，这是所谓的原生盐渍化过程。但是，人为活动从一开始就影响着这些自然过程，导致了大量盐渍土的产生和严重的土地退化，即所谓的次生盐渍化作用。众所周知，在美索不达米亚（Mesopotamia）、黄河流域、尼罗河等形成古老文明的社会里，有很多不合理的灌溉导致大量土地变为不毛之地的例子；同样，森林破坏和过度放牧也间接地导致大面积的盐渍化土壤产生。

不合理灌溉、排水不良和农业技术落后导致了盐化土壤产生。图 10-7 表示了全球范围内土壤次生盐渍化面积和灌溉土地面积的高度相关性，以及这种关系的变化（Szabolcs，1998）。总体来说，次生盐、碱化的面积甚至超过了灌溉面积，因为其中包括了部分历史上的盐渍化灌溉土地。这样的事实，加上灌溉引起的次生盐渍化，不仅影响灌溉土地本身，而且随着灌溉土地的扩展，次生盐渍化急剧上升。

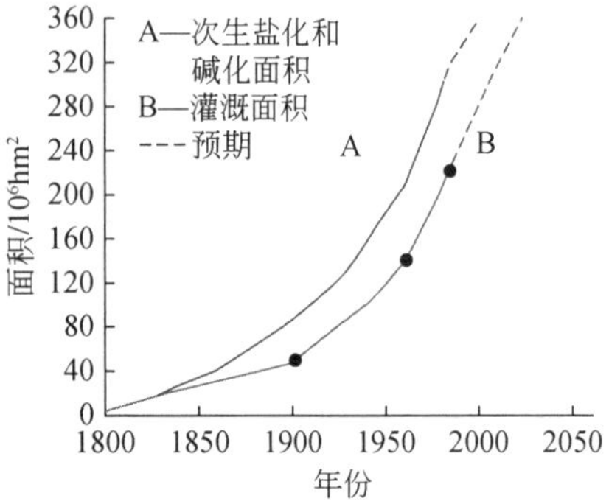

图 10-7　全球灌溉土壤和盐碱化面积的变化和预测

虽然绝大多数情况下，不合理灌溉是导致次生盐碱化的原因，但是其他人为活动也会强化或者诱发次生盐碱化过程。所有影响水分平衡和改变土壤形成过程中能量和物质流动的人为因素都会影响次生盐碱化过程，其中主要包括森林植被破坏、过度放牧、土地利用和耕作方式改变、土壤灌溉的淡水稀缺、生物物质耗竭和化学污染。在快速工业化地区，化学沾污或污染尤为严重，大型工矿附近经常伴随土壤盐分增加，这主要是化学盐类，包括硫酸盐、氯化物和硝酸盐及其他无机化合物向土壤中大量排放的结果。

因此，在实际的土壤管理实践中，一方面必须了解土壤的发生学特性、空间分布状况、地形特性和盐碱度水平，另一方面要了解有关环境和景观特征，如气候、水文、地质和地形地貌等，同时还要了解灌溉水水质和水量、地下水深度和水质、灌溉技术及植物的耐盐水平等，这些都是影响盐分平衡的重要因子，都应该作为建设灌溉系统的基础信息。

在实施灌溉的过程中，为了防止次生盐渍化的产生，必须实时监测土壤和地下水的盐碱度、地下水的水位和化学组成、灌溉水的化学组成、水分入渗属性、土壤其他物理性质，以及土壤和水中的其他污染物质水平。

盐渍化土壤的治理，主要措施包括：①增施有机肥和生物菌肥。②施肥方式采用沟施或穴施，少用氯化铵、硝酸钠等肥料。③利用生物降盐，在休闲期种一茬不施肥的作物，或种植生长速度快、吸肥能力强的速生作物。④利用休闲期深翻，稀释耕层土壤盐分；揭去地膜利用自然降雨或灌水淋洗土壤中的盐分；或在田边地外挖深 1 m 以上的排水沟、在保护地内起田埂，使土壤中的盐分随水排走。⑤采用省水省肥的膜下滴灌方式，减缓土壤中的盐分积聚。⑥秸秆覆盖减少水分蒸发，防止表层土壤盐分积累。

第七节　土壤压实与环境质量

土壤压实是土壤紧实和结构破坏，并使总孔隙和通气孔隙减少、导致土壤一个或多个功能丧失或下降的过程（Huber et al.，2008）。土壤是一个包含气体、液体和固体的多相体系，三者之间的比例决定着土壤的诸多重要物理、化学和生物学性质。多级土壤孔隙的存在使土壤具有一定的弹性和保持结构条件下的抗机械压力的能力，但这种能力具有一定的限度，一旦被超越，土壤结构就会被破坏，土壤颗粒重新排列，土壤的三相比例之间重新分配，孔隙所占比例降低，土壤因而被压实。

一、土壤压实的主要过程和特征

早在 18 世纪，Jethro Tull 就发现过度耕作的土壤相当紧实。19 世纪末，人们用亚表层的紧实土块作为铧，套在犁上耕地（Douglas and Crawford，1993）。当牛、马等家畜用于田间犁、耙时，土壤压实就已经开始，随着农业机械化程度的普及，农机具在田间行走作业时轮胎及器械对土壤产生碾压作用，造成了越来越明显的土壤机械压实状况。20 世纪 50 年代起，人们在用大型机械进行土壤耕作时，发现有益的耕作常被土壤压实抵消，土壤耕层的质量越来越差。据 Oldeman 等（1990）估算，土壤机械压实造成的全世界土地退化面积达 $6.80\times10^7\ hm^2$，其中非洲 $1.80\times10^7\ hm^2$、欧洲 $3.30\times10^7\ hm^2$、亚洲 $9.80\times10^6\ hm^2$。随着城市化的进行，城市里的土壤普遍存在压实（杨金玲等，2004）情况，土壤压实主要是由城市建设中的机械压实、人为践踏和雨点打击地面所致。

在土壤压实过程中，虽然外加压力直接作用于表土，但表土含有较高的有机质和更多的根系，因而有更活跃的生物活动，并且干湿和冻融交替在表土中更加活跃，因此，表土具有更好的自然和人为疏松作用，这使得表土相对于表下层而言对压实具有更强的抗逆性。

相对而言，表下层更容易出现压实的特征，最明显的是犁底层的形成。犁底层具有明显增加的容重，限制根系生长，并且具有很低的水分和氧气通透性。在很多情况下，犁底层是土壤功能发挥的重要“瓶颈”。犁底层的形成和发育具有累积性，随着外加压力的重复和持续，犁底层压实状况会一直持续而逐渐严重，直至土壤结构无法恢复（Eckelmann et al.，2006）。表下层土壤压实是现代农业中一个隐藏的环境问题，随着农业机械的大型化，以及使用的普及程度提高，在欧洲等地区日益严重（van den Akker et al.，2003）。

二、土壤压实对土壤性质、植物生长和环境的影响

（一）压实对土壤性质的影响

对于农业土壤，土壤压实主要受耕作方式和土壤水分条件的影响。土壤压实直接影响土壤的物理结构、通气、水分运移和养分状况，减少土壤孔隙，特别是通气孔隙（杨晓娟和李春俭，2008）。压实还会影响土壤的热导率和热容，因为压实过程减少了土壤中的气相，增加了固相和液相比例，而固相和液相的热导率和热容都大于气相，因此，随着土壤紧实程度增大，土壤的热导率和热容也会增加（Usowicz et al.，1996）。随着压实度增加，土壤中的大孔隙减少，不利于土壤水运动的孔隙增加，造成土壤饱和导水率下降，增加土壤侵蚀的危险（Richard et al.，2001）。

土壤压实会影响土壤中的养分有效性，这主要是压实改变了土壤的氧化还原状况。Lipiec 和 Stepniewski（1995）指出，土壤通气状况影响土壤氧化还原过程，改变氮、锰和硫等元素的形态。压实土壤中的氧气减少可能会影响一些变价元素的化学形态，例如，S(Ⅵ)会被还原，而与硫形成化合物的其他元素，如铁、锌、铜和锰等会被释放出来。Fe-P 中的 Fe^{3+}会被还原，

其中的磷会被释放出来。土壤中养分的运移也受土壤紧实度的影响，紧实土壤增加了质流运移的速率和养分扩散系数，也就加快了养分在土壤中的迁移速率，加速了养分的循环。

土壤压实会破坏土壤动物，特别是蚯蚓的活动通道，造成蚯蚓死亡（Whalley et al.，1995）。Bouwman 和 Arts（2000）4 年的实验研究发现，压实虽然对土壤中的线虫总量没有影响，但对线虫的组成有显著影响。压实能使土壤中的厌氧微生物活动增强，好氧微生物活动减弱。Jordan 等（2003）证明，紧实土壤中微生物碳（单位土壤中的 C）的数值为 139 μg/g，而正常土壤中为 160 μg/g。由于土壤压实导致的通气不良可降低真菌的数量，由此降低土壤微生物的 C/N（Li et al.，2004）。

（二）压实对植物生长的影响

压实首先影响养分在土壤中的移动。土壤养分元素以质流和扩散两种方式到达植物根表，质流是由植物吸水驱动的，扩散是由浓度梯度驱动的。由于土壤压实对扩散的影响大于对质流的影响，因而会增加主要靠扩散方式移动的磷和钾的移动。

土壤压实对氮、磷和钾这些植物生长所需要的大量元素的移动性有明显影响。由于压实会改变土壤的通气状况和氧化还原条件，因此可能会影响土壤中的反硝化过程，使气态氮的损失加大，降低土壤的矿化速率，并且减少豆科植物的结瘤和共生固氮能力。压实通过改变土壤的导水能力改变土壤的水力学性质。在砂土上，土壤压实增加持水量能降低氮的淋失；但在壤土上，土壤压实能增加土壤的不饱和导水率，加速水分的移动，同时增加氮流失的可能性；压实总体上降低土壤的饱和导水率，在降低土壤垂直入渗的同时可能增加土壤水分的侧向移动，加速土壤溶质的侧向流失。另外，土壤压实影响磷在土壤中的扩散速率，使磷在土壤中的移动速度增大，有利于植物对磷的吸收和利用。在紧实土壤中，植物对钾的吸收降低，主要是植物根系变小使根系吸收面积减小。因此，生长在紧实土壤上的植物要达到一定的生物量和产量，通常需要更多的肥料（Boone，1986）。

土壤压实还直接影响植物的根系形态。土壤压实使植物主根伸长受到抑制，侧根形成数量增加，根系变短变粗。研究表明（刘晚苟和山仑，2003），土壤压实降低了玉米根系的导水率，推测是因为植物根系直径变粗，根系直径和导水率有很好的负相关关系，理论上直径越大，水分通过皮层到木质部的阻力就越大，故导水率就越低。

紧实土壤中，单位根系的水分和养分吸收率都会增大，主要因为土壤和根系的接触加大，不饱和导水率增大。然而，根系吸水率增大并不能弥补由土壤紧实造成的植株根长减小所导致的整株吸水量减少（Douglas and Crawford，1993）。养分也是如此，特别是那些以质流方式到达植物根表的养分元素。因为紧实土壤中的根系不能为地上部提供充足的水分和养分，土壤压实也将导致地上部生长受到限制（杨晓娟和李春俭，2008）。

（三）土壤压实的环境效应

土壤具有容纳水分的能力，所以被称为“土壤水库”。土壤水库对生态环境的可持续发展具有重要的意义。首先，土壤水库是植物生长水分的重要源泉，土壤水库不仅能使间歇性的不均匀供水变为对植物的连续均匀供水，而且对满足植物总需水量的要求也有重要的调节作用。其次，土壤水库具有减少地表径流量和防洪减灾的重要作用，土壤水库的破坏是洪水产生的重要原因之一。由于长江流域水土流失，近数十年来，仅上游地区累计损失的土壤水库

容则达 $1.50\times10^{10}\sim2.00\times10^{10}\ m^3$，与三峡工程的防洪库容（$2.22\times10^{10}\ m^3$）基本相当（史德明，1999）。上游水土流失是加大长江中下游洪峰与流量不可忽视的重要因素之一。

就城市土壤而言，城市里存在大量的封闭地表，封闭地表除了降雨时有少量蒸发以外，其余全部形成地表径流，使得降雨径流系数非常大。因此，虽然城市绿地土壤面积比例并不占优势，而且又呈斑块状镶嵌分布，但对于减少和减弱瞬时洪涝却具有极其重要的意义。

杨金玲等（2005）对不同压实程度的土壤剖面分别进行计算，其具体库容状况见图 10-8。从图中可以看出，极疏松土壤的总库容最大，随着压实程度的增加，土壤的总库容减小，这主要是由压实引起土壤的总孔隙度减少造成的。从滞洪库容来看，随着土壤的压实程度增加，库容量明显下降。这是因为随着压实程度的增加，土壤中的大孔隙显著减少。从死库容来看，随着土壤压实程度的增加，库容量显著增大，这主要是由土壤萎蔫点的含水量随着压实程度的增加而呈线性增加所引起的。有效库容与土壤的有效孔隙度密切相关，极疏松土壤的总孔隙度虽然很大，但非常疏松，主要是大的通气孔隙，而毛管孔隙很少，因此，有效库容并非最大。所以疏松的土壤通过适度的压实可以增大田间持水量，这也是干旱地区蓄水保墒的重要措施之一。当土壤达到适度的压实程度时，其有效水含量达到最高值。此时进一步对其压实会减少土壤中的有效孔隙，使得土壤有效库容显著减少。

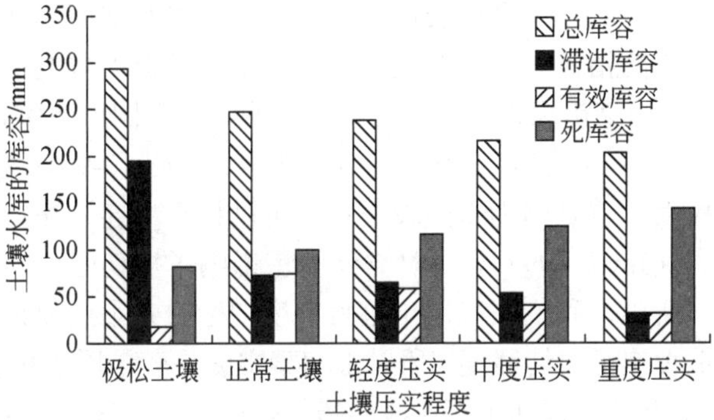

图 10-8　不同压实程度土壤水库的库容

图 10-8 也非常直观地反映了压实对城市土壤水库库容的影响，以及不同功能的库容与总库容的比例关系。从图中可以看出，城市土壤的压实对土壤总库容虽然有所减小，但程度并不很大；而土壤死库容占总库容的比例越来越大，从 27.6%增大到 70.2%；而土壤滞洪库容占总库容的比例越来越小，从 66.4%减少到 15.0%。可见，研究土壤水库库容的大小和作用时，不能仅注重总库容的大小，因为土壤压实会引起无效水含量增加，土壤死库容扩充，而滞洪库容严重萎缩，有效库容也有一定程度的下降，这使得城市土壤有效水含量下降，植物不耐干旱。所以必须分别对土壤水库的库容进行计算，将不同功能的库容分开来才能说明问题。按照南京市的具体情况计算，菜地转化为城市用地后，在不同压实程度下，土壤总库容损失 $14.77\times10^4\sim16.49\times10^4\ m^3/km^2$，土壤滞洪库容损失 $4.32\times10^4\sim5.98\times10^4\ m^3/km^2$。这种滞洪能力的损失无疑会对区域的径流形成产生显著的影响，极大地增加区域洪涝灾害的危险。

城市区域内普遍的土壤压实，水分入渗量的减少降低了土壤的净化能力，增强了污染物表聚现象，径流携带的污染物负荷（包括颗粒物、铵氮、有机污染物和重金属等）增加，导致地表水污染加剧。Barałkiewicz 等（2014）的研究发现，来自最大封闭地表径流水中的镉、锌、铅和钴对水生生物具有最强的毒性。城市区域暴雨期间地表径流水中的氮磷和悬浮物质含量均高于周边森林和农田流域。在南京的研究表明，NO_3^--N、NH_4^+-N、T-N、全磷、钼酸铵反应磷和悬浮物含量分别是森林流域水体的 8 倍、2 倍、6 倍、15 倍、6 倍和 4 倍（Yang et al.，2011）。

土壤紧实影响土壤中的硝化和反硝化过程，从而对温室气体排放也有重要影响，特别是氧化亚氮、二氧化碳和甲烷的排放。Ruser 等（1998）的研究结果表明，如果施用 NO_3^--N 肥，与正常土壤相比，紧实土壤中氧化亚氮的释放量增加了 12 倍。湿润季节田间机械碾压过的地方植物会表现出缺氮现象，这是由于在紧实土壤上容易发生反硝化作用，使土壤中的氮素损失，不但影响植物生长，而且增加了土壤向大气中排放氮氧化物的量（杨晓娟和李春俭，2008）。

三、土壤压实的评价

（一）土壤紧实度

由于土壤是土粒的集合体，所以土粒与土粒之间的结合力、凝聚力和土粒垒结状态等的综合作用使土壤具有某种“硬度”，这种硬度称为土壤紧实度。土壤紧实度又叫土壤硬度、土壤强度和土壤穿透阻力。土壤被压实后，必然导致土壤紧实度增大，这是土壤压实最直观的表现，也是土壤结构重排、孔隙度减少的集中体现。

紧实度虽然是土壤压实的一个重要表现，而且其测定也非常简单快捷，但是目前很少有人将其作为衡量土壤压实的指标。这主要是因为土壤紧实度很大程度上受土壤水分含量的影响。杨金玲等（2006）在南京市绿地土壤上的研究表明，对于同一土壤，随着含水量的增加，土壤紧实度呈直线下降趋势，而且其斜率的绝对值非常大（图 10-9），说明土壤水分含量对土壤紧实度的影响程度极大。这是因为水的表面张力可以将土粒连接在一起，但水也可以作为润滑剂减轻物理摩擦力（Jim，1993），这样含水量就影响了剪切强度，使得土壤紧实度标准的应用受到很大限制。所以，我们在应用土壤紧实度指标时必须还要说明土壤的含水量。由于测量时质地和含水量影响了剪切强度，所以土壤紧实度是衡量压实相对不可靠的指标。Jim（1993）认为如果用紧实度作为评估土壤压实的指标，应当在田间含水量最小的情况下进行。

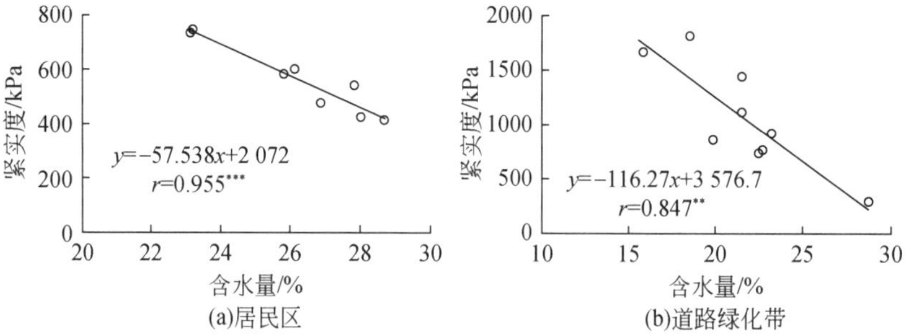

图 10-9　土壤紧实度与含水量的关系

（二）土壤容重

单位容积土壤体（包括孔隙）的干重量叫做容重。在土壤质地相似的条件下，容重的大小可以反映土壤的压实程度。容重小说明土壤疏松多孔，结构性良好；容重大则说明土壤紧实板硬而缺少团粒结构。土壤压实越严重，容重越大。所以人们一般用容重来反映土壤的压实程度。

容重数值的大小受土壤的质地、有机质、结构性和紧实度等土壤性质的影响。砂土容重较大；黏土容重较小；壤土介于两者之间。土壤有机质含量高，团聚化良好，形成具有多孔的团粒，则孔隙度显著增大，容重相应减小。这样，在不同的质地和结构性土壤上，土壤容重反映压实程度的精度受到一定的影响。但是在质地、结构类似的土壤上，容重可以很好地反映土壤的压实程度，并可以很好地进行空间上的比较。这也是人们通常用容重来反映土壤压实程度的主要原因。

（三）土壤孔隙度

单位容积土壤中孔隙容积所占的分数或百分数叫做孔隙度。土壤孔隙的大小对于土壤本身的性质和土壤对植物、水分和空气等的作用不同。土壤孔隙主要分为毛管孔隙度和通气孔隙度。毛管孔隙具有毛管作用，孔隙中水的毛管传导率大，可供植物吸收利用。通气孔隙比较粗大，孔隙中的水分可在重力作用下排出，因而成为通气的过道，在非滞水条件下，其中充满空气，具有供氧和防止瞬时洪涝的作用。

孔隙度是反映土壤压实的一个很好指标。有研究表明，如果压实不是过于强烈，一些通气孔隙会通过微结构重组而转变成毛管孔隙；但严重压实也将明显消除一部分毛管孔隙。土壤孔隙度仍然受到土壤质地和有机质含量的影响。对于未压实的土壤，黏土的孔隙度大，以毛管孔隙为主；砂土的孔隙度小，通气孔隙的比例相对较大；壤土的孔隙度居中，且孔径分配较为适当。由于有机质本身舒松多孔，所以富含有机质的土壤孔度较高。孔隙度指标虽然可以很好地反映土壤的压实程度，但目前测定土壤孔隙度的方法都相对粗糙，且测定过程较为复杂，这使得孔隙度指标的应用受到一定的限制。

四、土壤压实的防治

1. 农机技术措施

1）采用固定道系统，通过设置固定的拖拉机行走道将拖拉机行驶区和作物生长区分离开来，可以减少土壤压实（Liebig et al.，1993）。改善水分渗透，增加水利用率，减少水土流失（Hamza and Anderson，2005），节约能源。

2）履带拖拉机、大型低压轮胎（如子午线轮胎）可以改善牵引效率、降低接地比压，从而减轻对土壤的压实（Correa et al.，1997）。

3）可减少拖拉机作业次数，选择在土壤含水量适宜时进行，尽可能避免在土壤含水量较高时作业，以减轻土壤压实（Wiermann et al.，2000）。

2. 农艺技术措施

1）向土壤中施加有机物料，增加土壤有机质含量和孔隙度，促进土壤团聚化，形成良好的结构，起到疏松土壤的作用（Mosaddeghi et al.，2000）。

2）与紫花苜蓿、三叶草等绿肥轮作，利用其根系巨大的穿透土壤的能力，有效减轻土壤心土压实（Ishaq et al.，2001；Kirkegaard et al.，1992）。

3. 针对城市土壤的压实防治措施

1）在绿地建设时，很好地松动机械压实的土壤。

2）对于建成草坪尽量减少人为践踏，尤其是避免践踏湿润的土壤。

3）对于已经压实的土壤，改善其结构，引进蚯蚓或其他有益的松土生物等，也可以增施粉煤灰（Yunusa et al.，2009）和有机肥料（Nehls et al.，2008）。

综上所述，土壤退化是土壤演变在人为影响下所表现出来的一种特殊形式，其热力学实质是土壤能量加速降低的一个过程，使土壤趋向于能量更低、更稳定的状态，如侵蚀以后所形成的退化土壤。酸化过程实质上也是土壤胶体交换位被更稳定的、结合能更高的H^+和Al^{3+}饱和的过程，盐化和碱化过程则是土壤盐分随土壤溶液运动的结果，而土壤溶液的迁移则是趋向能量更低方向的。总之，趋向能量更低的土壤自然演化是一个自然存在的现象，而退化过程则是一种人为加速的过程。

土壤退化过程的结果不仅表现在土壤本身，同时也显著地影响水体、大气和生物等环境要素。土壤演化影响环境的实质是土壤物质输出导致环境混乱度增加。对于土壤侵蚀而言，主要体现在向环境中输出土壤物质、养分，向大气中输出CO_2；土壤酸化则是向环境中输出被交换的盐基盐分，降低水体质量，或者输出酸性物质，使水体也产生酸化效应；至于盐渍化过程，一方面盐渍土本身构成了环境的一部分，使其成为盐分积累的场所；另一方面，在排水过程中必定输出盐分，这也会影响水体质量；土壤压实阻滞了水分的下渗，可以强化径流的产生，与其他退化过程一样，不但降低了土壤自身的质量，同样还产生了不可忽视的环境影响。

本节介绍了几类典型的土壤退化过程，实际上退化还存在其他多种形式，如土壤结皮（Valentine and Bresson，1998）、土壤有机质下降（Huber et al，2008）、耕作层浅薄化（Ma et al.，2015）、土壤生物多样性下降（Huber et al.，2008）、滑坡（Huber et al.，2008）和土壤污染（陈怀满等，2002；Singh，1998）等。但这些问题或者相对局部发生，或者有更为专门的阐述，本章不另做赘述。

思考题与习题

1. 土壤退化过程与自然演变过程有哪些主要区别和联系？土壤退化过程的热力学实质是什么？

2. 土壤侵蚀过程的主要影响因子有哪些？如何估计或者预测土壤侵蚀的总量？

3. 土壤侵蚀通过哪些过程影响环境质量？

4. 荒漠化过程包含哪些互相联系的因子，这些因子是如何互相影响的？

5. 荒漠化过程具有哪些环境效应？针对已经荒漠化的土地，如何治理？

6. 导致土壤酸化有哪些主要的途径，各自的影响作用范围和程度有什么区别？作物生长从哪些方面可能导致土壤的酸化？

7. 土壤酸化过程中发生哪些主要的化学反应过程？如何进行酸化土壤的修复治理？

8. 土壤中的盐分有哪些来源？如何进行盐碱土的脱盐治理？

9. 不同地区土壤盐分的迁移和积累与人为水分管理的关系是怎样的？

10. 土壤压实有哪些特点？如何进行土壤压实的评价？土壤压实具有哪些环境效应？

11. 石漠化主要发生在我国哪里？为什么？

主要参考文献

蔡运龙，蒙吉军. 1999. 退化土地的生态重建：社会工程途径. 地理科学，19（3）：198～203

陈怀满. 2002. 土壤中化学物质的行为与环境质量. 北京：科学出版社

陈杰，龚子同，高尚玉. 2000. 干旱地区草场荒漠化及其评价. 地理科学，20（1）：176～181

陈杰，檀满枝，陈晶中等. 2002. 严重威胁可持续发展的土壤退化问题. 地球科学进展，17（5）：720～727

陈志诚. 1990. 富铁铝化. 见：于天仁，陈志诚. 土壤发生中的化学过程. 北京：科学出版社

成永生. 2009. 关于喀斯特石漠化类型划分问题的探讨. 中国地质灾害与防治学报，20（3）：122～127

慈龙骏. 2010. 中国的荒漠化及其防治. 北京：高等教育出版社

龚子同，陈鸿昭，张甘霖. 2015. 寂静的土壤. 北京：科学出版社

龚子同. 2014. 中国土壤地理. 北京：科学出版社
郭瑞霞，管晓丹，张艳婷. 2015. 我国荒漠化主要研究进展，干旱气象，33（3）：505～514
国家林业局. 2012. 中国石漠化状况公报. 中国绿色时报，2012-06-18
胡宝清，王世杰，李玲等. 2005. 喀斯特石漠化预警和风险评估模型的系统设计——以广西都安瑶族自治县为例. 地理科学进展，24（2）：122～130
黄丽，丁树文，董舟等. 1998. 三峡库区紫色土养分流失的试验研究. 土壤侵蚀与水土保持学报，（1）：8～13，21
蒋忠诚，李先坤，胡宝清. 2011. 广西岩溶山区石漠化及其综合治理研究. 北京：科学出版社
李森，魏兴琥，张素红等. 2010. 典型岩溶山区土地石漠化过程. 生态学报，30（3）：674～684
李阳兵，姜丽，白晓永. 2006. 亚热带喀斯特石漠化土地退化特征研究. 长江流域资源与环境，15（3）：359～399
刘宝元，刘瑛娜，张科利等. 2013. 谢云中国水土保持措施分类. 水土保持学报，27（2）：80～84
刘璐，宋同清，彭晚霞等. 2012. 木论喀斯特自然保护区土壤微生物生物量的空间格局. 生态学报，32（1）：207～214
刘璐，曾馥平，宋同清等. 2010. 喀斯特木论自然保护区土壤养分的空间变异特征. 应用生态学报，21（7）：1667～1673
刘晚苟，山仑. 2003. 不同土壤水分条件下容重对玉米生长的影响. 应用生态学报，14：1906～1910
龙健，江新荣，邓启琼等. 2005. 贵州喀斯特地区土壤石漠化的本质特征研究. 土壤学报，42（3）：419～427
龙健，李娟，江新荣等. 2004. 贵州茂兰喀斯特森林土壤微生物活性的研究. 土壤学报，41（4）：597～602
马力锋，石元值，阮建云. 2000. 苏浙皖茶区土壤 pH 状况近十年来的变化. 土壤通报，31（5）：205～207
全国土壤普查办公室. 1998. 中国土壤. 北京：中国农业出版社
史德明. 1999. 长江流域水土流失与洪涝灾害关系剖析. 土壤侵蚀与水土保持学报，5（1）：1～7
宋敏，彭晚霞，邹冬生等. 2012. 喀斯特峰丛洼地不同森林表层土壤有机质的空间变异及成因. 生态学报，32（19）：6259～6269.
宋同清，彭晚霞，杜虎等. 2014. 中国西南喀斯特石漠化时空演变特征、发生机制与调控对策. 生态学报，34（18）：5328～5341
覃小群，蒋忠诚. 2011. 石漠化的地质指标体系. 地质通报，30（11）：1769～1773
唐克丽. 2004. 中国水土保持，北京：科学出版社
王金华，李森，李辉霞等. 2007. 石漠化土地分级指征及其遥感影像特征分析——以粤北岩溶山区为例. 中国沙漠，27（5）：765～770
王维君，陈家坊. 1992. 土壤铝形态及其溶液化学的研究. 土壤学进展，20（3）：10～18
王遵亲，祝寿泉，俞仁培等. 1993. 中国盐渍土. 北京：科学出版社
魏兴琥，李森，罗红波. 2008. 粤北石漠化过程土壤与植被变化及其相关性研究. 地理科学，28（5）：662～666
熊毅，李庆逵. 1987. 中国土壤. 北京：科学出版社
徐仁扣. 1998. 有机酸对酸性土壤铝的溶出和铝离子形态分布的影响. 土壤，30（4）：214～217
徐仁扣等. 2013. 酸化红壤的修复原理与技术. 北京：科学出版社
杨金玲，汪景宽，张甘霖. 2004. 城市土壤的压实退化及其环境效应. 土壤通报，35（6）：688～694
杨金玲，张甘霖，张华等. 2002. 亚热带丘陵区流域不同土地利用系统磷素径流输出特征. 环境科学，23（5）：36～41
杨金玲，张甘霖，赵玉国等. 2005. 土壤压实指标在城市土壤中的应用与比较. 农业工程学报，21（5）：51～55
杨金玲，张甘霖，赵玉国等. 2006. 城市土壤压实对土壤水分特征的影响——以南京市为例. 土壤学报，43（1）：33～38
杨晓娟，李春俭. 2008. 机械压实对土壤质量、作物生长、土壤生物及环境的影响. 中国农业科学，41（7）：2008～2015
于天仁，张效年. 1983. 红壤的物理化学性质. 见：李庆逵. 中国红壤. 北京：科学出版社
于天仁. 1989. 中国土壤的酸化问题. 见：中国林学会. 酸雨与农业. 北京：中国农业出版社
于天仁. 1990. 酸化作用. 见：于天仁，陈志诚. 土壤发生中的化学过程. 北京：科学出版社
俞仁培. 1990. 盐化和碱化. 见：于天仁，陈志诚. 土壤发生中的化学过程. 北京：科学出版社
袁金华，徐仁扣. 2010. 稻壳制备的生物质炭对红壤和黄棕壤酸度的改良效果. 生态与农村环境学报，26（5）：472～476
曾馥平，彭晚霞，宋同清等. 2007. 桂西北喀斯特人为干扰区植被自然恢复 22 年后群落特征. 生态学报，27（12）：5110～5119
张殿发，王世杰，周德全等. 2002. 土地石漠化的生态地质环境背景及其驱动机制——以贵州省喀斯特山区为例. 农业生态环境，18（1）：6～10
张华，张甘霖，漆智平等. 2003. 热带地区农场尺度土壤质量现状的系统评价. 土壤学报，40（2）：186～193
赵其国. 1994. 土壤圈及其在全球变化中的作用. 土壤，26（1）：4～7
周炼川，陈效民，李孝良. 2010. 西南喀斯特地区不同石漠化阶段土壤物理参数的变异研究. 地球科学与环境学报，32（2）：195～199
周奇迹，马亦农. 1999. 浙北杭嘉湖平原桑园土壤酸化的调查研究. 土壤通报，30（5）：206～207
朱震达，吴焕忠，崔书红. 1996. 中国土地荒漠化/土地退化的防治与环境保护. 农村生态环境，12（3）：1～6
Alva A K，Kerven G L，Edwards D G et al. 1991. Reduction in toxic aluminum to plants by sulfate complexation. Soil Science，152：351～359
Barak P，Jobe P O，Krneger A R et al. 1997. Effects of long-term soil acidification due to nitrogen fertilizer inputs in Wisconsin. Plant and Soil，197：61～69
Barałkiewicz D，Chudzińska M，Szpakowska B et al. 2014. Storm water contamination and its effect on the quality of urban surface waters. Environmental Monitoring and Assessment，186：6789～6803

Barbier E B，Bishop J T. 1995. Economic values and incentives affecting soil and water conservation in developing countries. Journal of Soil and Water Conservation，50：133～137

Beasley D B，Hugins L F，Monke E J. 1982. Modeling sediment yields from agricultural watersheds. Journal of Soil and Water Conservation，37：113～117

Bergsma E. 1981. Indices of rainfall erosivity：A review. ITC Journal，4：460～484

Bindraban P S，van der Velde M，Ye L et al. 2012. Assessing the impact of soil degradation on food production. Current Opinion in Environmental Sustainability，4：478～488

Bishop J，Allen J. 1989. The on-site costs of soil erosion in Mali，Environment Working Paper No. 21. Washington DC：The World Bank，Environment Department

Bohn H L，Mcneal B L，O'Connor G A. 1979. Soil chemistry. New York：John Wiely.

Boone F R. 1986. Toward soil compaction limits for crop growth. Netherlands Journal of Agricultural Science，41：349～360

Bouwman L A，Arts W M B. 2000. Effects of soil compaction on the relationships between nematodes，grass production and soil physical properties. Applied Soil Ecology，14：213～222

Breman H，De Wit C T. 1983. Rangeland productivity and exploitation in the Sahel. Science，221：1341～1347

Brinkman R. 1970. Ferrolysis：a hydromorphic soil forming process. Geoderma，3：199～206

Carter V G，Dale T. 1974. Topsoil and civilization. Norman，OK：University of Oklahoma Press

Clark E，Haverkamp J，Chapman W. 1985. Eroded soils：The off-farm impact. Washington，D C：Conservation Foundation.

Colacicco D，Osborn T，Alt K. 1989. Economic danage from soil erosion. Journal of Soil and Water Conservation，44：35～39

Correa I M，Yanai K，Maziero J V G et al. 1997. Agricultural tractor equipped with low- pressure tyres and bias ply：Comparative performance. Engenharia Agricola，17：64～70

Dai Z M，Zhang X J，Tang C et al. 2017. Potential role of biochars in decreasing soil acidification：A critical review. Science of the Total Environment，581：601～611

Daniels R B，Gilliam J W，Cassel D K et al. 1987. Quantifying the effects of past erosion on present soil productivity. Journal of Soil and Water Conservation，42：183～187

De Vries W，Reinds G J，Vel E. 2003. Intensive monitoring of forest ecosystems in Europe 2：Atmospheric deposition and its impacts on soil solution chemistry. Forest Ecology and Management，174：97～115

Douglas J T，Crawford C E. 1993，The responses of a ryegrass toward to wheel traffic and applied nitrogen. Grass and Forage Science，48：91～100

Dregne H E，Chou N T. 1992. Global desertification dimensions and costs. In：Dregne H E. Degradation and Restoration of Arid Lands. Lubbock：Texas Tech University

Dregne H E. 1989. Informed opinion：Filling the soil erosion data gap. Journal of Soil and Water Conservation，44：303～305

Dregne H E. 1994. Land degradation in the world's arid zones. In：Baker R S，Gee G W，Rosenzeweig C. Soil and Water Science：Key to Understanding our Global Environment. Madison WI：Soil Sci. Soc. Am. Spec. Pub. ，41：53～58

Duchaufour P. 1982. Pedology，pedogenesis and classification，english edition. London：George Allen & Unwin

Eckelmann W，Baritz R，Bialousz S et al. 2006. Common criteria for risk area identification according to soil threats. European Soil Bureau Research Report No. 20，EUR 22185 EN，94pp. Luxembourg：Office for Official Publications of the European Communities

El-Swaify S A. 1994. State-of-the-art for assessing soil and water conservation needs. In：Napier T L，Camboni S M，El-Swaify S A. Ankeny，IA：Adopting Conservation on the Farm. Soil and Water Conservation Society

FAO，ITPS. 2015. Status of the world's soil resources（SWSR）—Main report. Rome，Italy：Food and Agriculture Organization of the United Nations and Intergovernmental Technical Panel on Soils

Fidel R B，Laird D A，Thompson M L et al. 2017. Characterization and quantification of biochar alkalinity. Chemosphere，167：367～373

Frey J，Frey T，Pajuste K. 2004. Input-output analysis of macroelements in ICP-IM catchment area，Estonia. Landscape and Urban Planning，67：217～223

Fujii K，Hartono A，Funakawa S et al. 2011. Acidification of tropical forest soils derived from serpentine and sedimentary rocks in East Kalimantan，Indonesia. Geodema，160：311～323

Gahoonia T S. 1983. Influence of root-induced pH on the solubility of soil aluminum in the rhizosphere. Plant and Soil，149：289～291

Gillman G P. 1991. The chemical properties of acid soils with emphasis on soils of the humid tropics. In：Wright R J，et al. （eds）. Plant Soil Interactions at Low pH. Dordrecht：Kluwer Academic Publishers.

Gong Z T，Zhang G L，Zhao W J et al. 2003. Land use related changes in soils of Hainan island during the past half century. Pedosphere，13（1）：11～22

Graetz R，Pech R P. 1987. Detecting and monitoring impacts of ecological importance in remote arid lands：A case study in the southern Simpson Desert of South Australia. Journal of Arid Environments，12：269～284

Guo J H，Liu X J，Zhang Y et al. 2010. Significant acidification in major Chinese croplands. Science，327（5968）：1008～1010

Guo J R，Vogt D，Zhang X et al. 2006. Aluminium mobilization from acidic forest soils in Leigongshan area，Southwestern China：Laboratory and field study. Archives of Environmental Contamination and Toxicology，51：321～328

Hamza M A，Anderson W K. 2005. Soil compaction in cropping systems：A review of the nature，causes and possible solutions. Soil and Tillage Research，82：121～145.

Haygarth P M，Hepworth L，Jarvis S C. 1998. Forms of phosphorus transfer in hydrological pathways from soil under grazed grassland. European Journal of Soil Science，49（1）：65～72

Helyar K R，Cregan P D，Godyn D L. 1990. Soil acidity in New South Wales：Current pH values and estimates of acidification rates. Australian Journal of Soil Research，28：523～537

Huang P M，Li Y C，Sumner M E. 2012. Handbook of soil sciences：Resource management and environmental impacts. Boca Raton：CRC. Press

Huber S，Prokop G，Arrouays D et al. 2008. Environmental assessment of soil for monitoring：Volume I Indicators & Criteria. Luxembourg：EUR 23490 EN/1，Office for the Official Publications of the European Communities

Ishaq M，Ibrahim M，Hassan A et al. 2001. Subsoil compaction effects on crops in Punjab，Pakistan：II. Root growth and nutrient uptake of wheat and sorghum. Soil & Tillage Research，60：153～161

Jeffery S，Verheijen F，van Der Velde M et al. 2011. A quantitative review of the effects of biochar application to soils on crop productivity using meta-analysis. Agriculture Ecosystems and Environment，144：175～187

Jenny H. 1941. Factors of soil formation. New York：McGarw Hill

Jim C Y. 1993. Soil compaction as a constraint to tree growth in tropical & subtropical urban habitates. Environmental Conservation，20（1）：35～49

Jordan D，Ponder F，Jr Hubbard V C. 2003. Effects of soil compaction，forest leaf litter and nitrogen fertilizer on two oak species and microbial activity. Applied Soil Ecology，23：33～41

Kirkegaard J A，Troedson R J，Kushwaha B L. 1992. The effect of compaction on the growth of pigeonpea on clay soils. II. Mechanisms of crop response and season effects on an oxisol in a humid coastal environment. Soil & Tillage Research，24：129～147

Laflen J M，Lane L J，Foster G R. 1991. The water erosion prediction project-a new generation of erosion prediction technology. Journal of Soil and Water Conservation，46：34～38

Laflen J M，Roose E J. 1998. Methodologies for assessment of soil degradation due to water erosion. In：Lal R，Blum W H，Valentine C et al. Methods for assessment of soil degradation. Advances in Soil Science. Boca Raton，New York：CRC Press

Lal R. 1988. Soil degradation and the future of agriculture in Sub-Saharan Africa. Journal of Soil and Water Conservation，43：445～451

Lal R. 1990. Soil erosion in the tropics：Principles and management. New York：McGraw-Hill

Lal，R. 1995. Global soil erosion by water and carbon dynamics. In：Lal R，Kimble J，Levine E et al. Soils and Global Change. Boca Raton：CRC/Lewis Publisher

Larssen T，Vogt R D，Seip H M et al. 1999. Mechanisms for aluminum release in Chinese acid forest soils. Geoderma，91：65～86

Lee J G，Southgate D D，Sanders J H. 1998. Methods of economic assessment of on-site and off-site costs of soil degradation. In：Lal R，Blum W H，Valentine C et al. Methods for assessment of soil degradation. Boca Raton，New York：CRC Press

Letey J. 1991. The study of soil structure：science or art. Australian Journal of Soil Research，29：699～707

Li Q H，Allen H L，Wollum A G. 2004，Microbial biomass and bacterial functional diversity in forest soils：Effects of organic mater removal，compaction and vegetation control. Soil Biology and Biochemistry，36：571～579

Liebenow A，Elliot W J，Laflen J M et al. 1990. Interill erodibility：collection and analysis of data from cropland sois. Transactions of the Asae，33：1882

Liebig M A，Jones A J，Mielke L N et al. 1993. Controlled wheel traffic effects on soil properties in ridge tillage. Soil Science Society of America Journal，57：1061～1066

Lipiec J，Stępniewski W. 1995. Effects of soil compaction and tillage systems on uptake and losses of nutrients. Soil Tillage Research，35：37～52

Ma Y X，Li D C，Zhang G L et al. 2015. Change of tillage layer thickness of farmland in Anhui Province of Eastern China. Agricultural Sciences，5：394～401

Montanarella L. 2015. Govern our soils. Nature，528：32～33

Mosaddeghi M R，Hajabbasi M A，Hemmat A et al. 2000. Soil compactibility as affected by soil moisture content and farmyard manure in central Iran. Soil & Tillage Research，55：87～97

Nehls T，Jozefaciuk G，Sokolowska Z et al. 2008. Filter properties of seam material from paved urban soils. Hydrology and Earth System Sciences，12：691～702

Oldeman L R，Van Engelen V W P，Pulles J H M. 1990. The extent of human-induced soil degradation. In：Oldeman L R，Hakkeling R T A，Sombroek W G. Annex 5 World Map of the status of human induced soil degradation，an explanatory note，Wageningen，Netherlands：ISRIC

Oldeman L R. 1994. The global extent of soil degradation. In：Greenland D J，Szabolcs I. Soil Resilience and Sustainable Land Use. Wallingford，UK：CAB International

Olsson L. 1985. An intergrated study of desertification. Department of Geography. Sweden：University of Lund

Porebska G，Mulders J. 1994. Effect of long term nitrogen fertilization on soil Al chemistry. Journal Ecological Chemistry，3（2）：269～280

Prenzel J. 1985. Verlauf und ursachen der bodenversauerung. Zeitschrift Der Deutschen Geologischen Gesellschaft，136：293～302
Prigogine I. 1961. Introduction to Thermodynamics of Irreversible Processes. New York：Wiley-Interscience.
Qian L，Chen B，Hu D. 2013. Effective alleviation of aluminum phytotoxicity by manurederived biochar. Environmental Science & Technology，47：2737～2745
Renard K G，Foster G R，Weesies G A et al. 1991. Rusle：Revised universal soil loss equation. Journal of Soil and Water Conservation，46：30～33
Rengasamy P，Olsson K A. 1991. Sodicity and soil structure. Australian Journal of Soil Research，29：935～952
Rengasamy P. 1998. Sodic soils. In：Lal R，Blum W H，Valentine C，et al. Methods for assessment of soil degradation. Advances in Soil Science. Boca Raton，New York：CRC Press
Reuss J Q，Walthall P M，Roswall R J. 1990. Aluminum solubility，Calcium-Aluminum exchange，and pH in acid forest soils. Soil Science Society of America Journal，54：374～380
Ribaudo M O. 1989. Water quality benefits from the conservation reserve program. Agricultural Economics Report No. 606. US. Washington D C：Department of Agriculture，Economic Research Service
Rice W A，Penny D C，Nyborg M. 1977. Effects of soil acidity on rhizobia numbers，nodulation，and nitrogen fixation by alfafa and red clover. Canadian Journal of Soil Science，57：197
Richard G，Cousin I，Sillon J F et al. 2001，Effect of soil compaction on soil porosity：Consequences on hydraulic properties. European Journal of Soil Science，52：49～58
Ruser R，Flessa H，Schilling R et al. 1998. Soil compaction and fertilization effects on nitrous oxide and methane fluxes in potato fields. Soil Science Society of America Journal，62（6）：1587～1595
Ruttan V W. 1991. Sustainable growth in agricultural production：Poetry，policy，and science. In：Vosti S A，Reardon T，von Urff W. Agricultural Sustainability，Growth，and Poverty Alleviation：Issues and Policies. Washington D C：Proceedings of Conferences
Ryden J C. 1983. Denitrification loss from a grassland soil in the field receiving different rates of nitrogen as ammonium nitrate. Journal of Soil Sciences，34：355～365
Sanchez P A，Logan T J. 1992. Myths and science about the chemistry and fertility of soils in the tropics. In：Lal R，Sanchez P A. Myths and Sciences of Soils of the Tropics. Soil Sci. Soc. Am. Spec. Pub. ，29：35～46
Seip H M，Christeophersn N，Sullivan T J. 1989. Episodic variation in stream water aluminum chemistry at Birkenes，Southern-most Norway. In：Lewis T E. Environmental Chemistry and Toxicology of Aluminum. Chelsea. MI：Lewis Publishers.
Sharma P P. 1996. Interrill erosion. In：Agassi M. Soil Erosion，conservation，and Rehabilitation. New York：Marcel Dekker
Simard R R，Beauchemin S，Haygarth P M. 2000. Potential for pathways of phosphorus transport. Journal of Environmental Quality，29（1）：97～105
Singh B R. 1998. Soil pollution and contamination. In：Lal R，Blum W H，Valentine C et al. Methods for assessment of soil degradation. Advances in Soil Science. Boca Raton，New York：CRC Press
Soil Conservation Service. 1980. Soil Survey-K values- soils with rock fragments. Washington：Washington Soil Survey Bulletin No. WA31-1-1
Sullivan T J. 1994. Progress in the quantifying the role of aluminum in acidification of surface and soil water. Journal Ecological Chemistry，3（3）：157～168
Summner M E. 1998. Acidification. In：Lal R，Blum W H，Valentine C，et al. Methods for assessment of soil degradation. Advances in Soil Science. Boca Raton，New York：CRC Press.
Szabolcs I. 1985. Salt affected soils as a world problem. Proc. Intern. Symp. Reclam. Salt-affected Soils. Jinan，China：30～47
Szabolcs I. 1989. Salt-Affected Soils. Boca Raton，FL：CRC press
Szabolcs I. 1998. Salt buildup as a factor of soil degradation. In：Lal R，Blum W H，Valentine C et al. Methods for assessment of soil degradation. Advances in Soil Science. Boca Raton，New York：CRC Press
Ulrich B. 1991. An ecosystem approach to soil acidification. In：Ulrich B，Summner M E Soil Acidity. Berlin：Springer-Verlag.
Usowicz B，Kossowski J，Baranowski P. 1996. Spatial variability of soil thermal properties in cultivated fields. Soil & Tillage Research，39：85～100
Valentine C，Bresson L M. 1998. Soil crusting. In：Lal R，Blum W H，Valentine C，et al. Methods for assessment of soil degradation. Boca Raton，New York：CRC Press
van Breemen N，Driscoll C T，Mulder J. 1984. Acidic deposition and internal proton sources in acidification of soils and waters. Nature，307：599～604
van Breemen N，Mulder J，Driscoll C T. 1983. Acidification and alkalinization of soils. Plant and Soil，75：283～308
van den Akker J J H，Avidsson J，Horn R. 2003. Introduction to special issue on experiences with impact and prevention of subsoil compaction in the European Union. Soil & Tillage Research，73：1～8
van den Berg M. 1992. SWEAP-a Computer program for water erosion assesssment applied to SOTER. Wageningen，the Netherlands：SOTER Report 7，ISRIC

Vogt R D，Taugbol G A. 1994. A model of dissolved organic carbon，aluminum and H^+ interactions in soil waters. In：Senes N，Miano T M. Humic substances in the global environments on human earth，Elsevier Science，1159～1200

Whalley W R，Dumitru E，Dexter A R. 1995. Biological effects of soil compaction. Soil & Tillage Research，35：53～68

Wiermann C，Werner D，Horn R et al. 2000. Stress/strain processes in a structured unsaturated silty loam Luvisol under different tillage treatment in Germany. Soil & Tillage Research，53：117～128

Williams J R，Jones C A，Dyke P T. 1984. A modeling approach top determining the relationship between erosion and soil productivity. Transactions-American Society of Agricultural Engineers，*27：*129～144

Wischmeier W H，Smith D D. 1978. Predicting rain-fall erosion losses-a guide to conservation farming. United States Department of Agriculture，Agricultural Handbook No. 537

Yang J L，Zhang G L，Huang L M et al. 2013. Estimating soil acidification rate at watershed scale based on the stoichiometric relations between silicon and base cations. Chemical Geology，337～338：30～37

Yang J L，Zhang G L. 2011. Water infiltration in urban soils and its effects on the quantity and quality of runoff. Journal of Soils and Sediments，11：751～761.

Young R A，Onstad C A，Bosch D D et al. 1987. AGNPS，agricultural non-point source pollution model：A watershed tool，conservation research report 35. Washington，D C：U S. Dept. of Agriculture

Yuan J H，Xu R K，QianW et al. 2011. Comparison of the ameliorating effects on an acidic ultisol between four crop straws and their biochars. Journal of Soils Sediments，11：741～750

Yunusa I A M，Braun M，Lawrie R. 2009. Amendment of soil with coal fly ash modified the burrowing habits of two earthworm species. Applied Soil Ecology，42：63～68

Zhu X，Pawlowski L，Kotowski M. 1994. Mechanism of aluminum mobilization in soils. Journal of Ecological Chemistry，3（3）：169～194

建议进一步阅读的文献

龚子同 2014. 中国土壤地理. 北京：科学出版社

徐仁扣等. 2013. 酸化红壤的修复原理与技术. 北京：科学出版社.

于天仁，陈志诚. 1990. 土壤发生中的化学过程. 北京：科学出版社

Eckelmann W，Baritz R，Bialousz S et al. 2006. Common criteria for risk area identification according to soil threats. European Soil Bureau Research Report No.20，EUR 22185 EN，94pp. Luxembourg：Office for Official Publications of the European Communities

FAO，ITPS. 2015. Status of the world's soil resources（SWSR）—Main report. Rome，Italy：Food and Agriculture Organization of the United Nations and Intergovernmental Technical Panel on Soils

Huang P M，Li Y C，Sumner M E. 2012. Handbook of soil sciences：Resource management and environmental impacts. Boca Raton：CRC. Press

Huber S，Prokop G，Arrouays D et al. 2008. Environmental assessment of soil for monitoring：Volume I indicators & criteria，EUR 23490 EN/1. Luxembourg：Office for the Official Publications of the European Communities

Lal R，Blum W H，Valentine C et al. 1998. Methods for assessment of soil degradation. Advances in soil science. Boca Raton，New York：CRC Press

Szabolcs I. 1989. Salt-affected soils. Boca Raton，FL：CRC press

Ulrich B，Summner M E. 1991. Soil acidity. Berlin：Springer-Verlag

第十一章　土壤矿质元素与健康效应

“健康土壤带来健康生活”，这是2015年“国际土壤年”带来的期许与希望，它表明“人类的健康依赖于土壤健康”（Kemper and Lal，2017；Sokolov et al.，2010）；不仅如此，有人曾认为“健康的世界需要健康的土壤”（Godhia，2015），土壤与人类健康密切相关（Brevik and Sauer，2015；Oliver and Gregory，2015），可见健康的土壤对人类的生存与发展的重要性。历史上，肥沃土壤的人为破坏造成了美索不达米亚文明的湮没（龚子同等，2016）；在现代，人类的贫穷程度与土壤质量或土壤健康密切相关，退化土地的比例越高则越贫穷，例如，对尼日利亚北部农业区的调查表明，土地退化是47%受访者贫穷的主要原因之一（Aigbe and Isiorhovoja，2013）；采用土壤保护措施可有效减少贫困；同时，贫穷不可避免地会带来一系列健康问题，营养不良，特别是矿质元素缺乏，人们会很自然地与土壤问题密切联系起来。

本章并非土壤环境与健康效应的全面论述，有关污染问题已经在其他章节讨论过；而土壤健康与食品生产的数量关系，也非本书讨论的主题。本章主要讨论部分土壤矿质元素与健康效应，特别是缺乏或者不足可能引起的健康问题，包括植物、微生物、土壤动物和人体，可与其他部分互为补充，以便较为全面地认识土壤健康的重要性。

第一节　土壤健康概述

一、土壤是“活”的类生命体——土壤健康的论述基础

随着科学研究的进展，土壤生物学性质日益被关注，越来越多的科学家认为土壤是“活”的类生命体（ECJRC，2016；Reicosky，2015；Zhu，2009；Coleman et al.，2004），土壤研究，尤其是土壤生态研究，必须采用生态系统和整体论的方法（Kibblewhite et al.，2008；Coleman et al.，2004）。其实，我国土壤科学的开拓者和奠基人之一侯光炯先生早在1960年发表的《农业土壤生理》一文中就提出了“土壤生理性”的见解。他认为静态的土壤理论无法对土壤与植物的关系作出科学的解释，也无法将农民长期积累而形成的丰产经验提高到理论高度上去认识。土壤是“活”的，是有“生命”的历史体。他认为常规的土壤采样与室内化验分析犹如从人体上挖一块肉进行解剖一样，不能反映活体全貌。对于土壤而言，以一次分析结果来估价它的土壤肥力和发展趋势难以获得正确的科学结论。这形象地反映了机械还原论与整体论对复杂系统研究方法论的差异。此外，他还认为土壤肥力应当包含土壤自我调节功能，土壤肥力的实质就是土壤生理性。产生这种谐调性的机制是土壤无机-有机-微生物-酶复合胶体体系，这是土壤具有代谢、调节功能的物质基础，从而产生关于土壤具有生理代谢性和自调力两大功能的设想。以上观点集中反映在他的论著《农民群众的生产斗争经验开辟了发展土壤科学的广阔道路》中，此文受到许多国外同行的关注，并被译成日文出版。1970年他运用土壤生理性理论解决了重庆歌乐山林场油橄榄青枯病问题，取得了良好效果。

二、土壤健康

（一）土壤健康的内涵

在一定的空间范围内，所有生物因子和非生物因子通过能量流动和物质循环过程形成彼此关联、相互作用的统一整体，即为生态系统，是一功能单位。生态系统是现代生态学研究的对象。生态系统的范围可大可小，相互交错，最大的生态系统是生物圈；最为复杂的生态系统是热带雨林生态系统和土壤生态系统，人类主要生活在以城市和农田为主的人工生态系统中。生态系统是开放系统，人类活动影响各类生态系统与功能，而各类生态系统的变化也直接或间接影响人类自身，包括人体健康（Brevik and Sauer，2015；Oliver and Gregory，2015；Pepper，2013）。土壤健康对人类健康有直接影响，也有间接影响（图 11-1）。

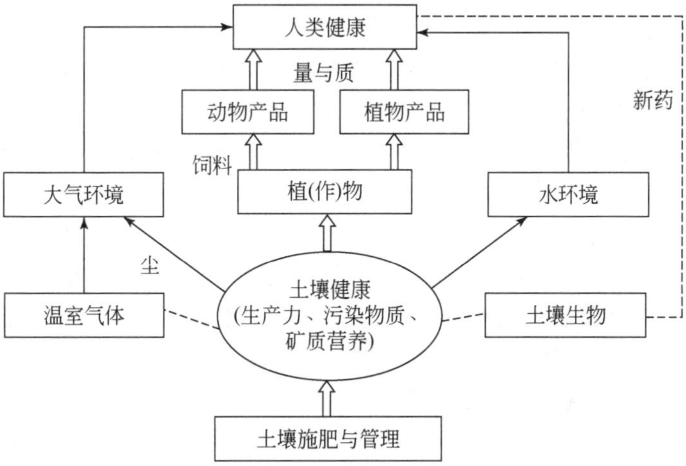

图 11-1　土壤健康与食物健康及人类健康的关系

要认识土壤健康，应先了解生态系统健康的相关问题。目前，对于生态系统健康并没有明确的定义，有学者认为它是一门研究人类活动、社会组织、自然系统和人类健康的综合性科学。一个健康的生态系统应具有如下特征（肖风劲和欧阳华，2002）：①不受对生态系统有严重危害的生态系统胁迫综合症的影响；②具有恢复力，能够从自然的或人为的正常干扰中恢复过来；③在没有或几乎没有投入的情况下，具有自我维持能力；④不影响相邻系统，也就是说，健康的生态系统不会对别的系统造成压力；⑤不受风险因素的影响；⑥在经济上可行；⑦维持人类和其他有机群落的健康。另有讨论认为（张志诚等，2005），虽然“生态系统健康”已经成为一个广泛使用的词汇，但应该从“广义进化论”来理解“生态系统健康”，它的切入角度不应该是“健康”，而应该是“疾病”，将目光转移到研究和解决生态环境问题（疾病）上来。尽管人们对于生态系统健康有着不同的看法，然而大多数人认为生态系统健康是实现可持续发展的重要前提，只有健康的生态系统才能为人类持续提供良好的生态系统服务功能。健康的生态系统是人类生存和发展的物质基础，也是人类健康的基础；因此，可以认为“生态系统健康”是指生态系统免受发生“胁迫综合症”、适应外界不良影响和满足自身持续发展与服务的能力。

如前所述，土壤是类生命体，其健康状态应更多从土壤生态系统的角度来定义，但相对于人体健康的概念，至今土壤健康仍未有一个公认的定义。如本书绪论中所述，土壤健康与土壤质量在内涵上一直存在争议，很多学者认为土壤质量和土壤健康是同义的，可以互换使用。但是，也有学者认为两者存在一定区别，从定义上看，土壤健康不仅涉及人类健康，还强调了动植物的健康。土壤质量通常与土壤适宜于某一特定功能相联系，而土壤健康将土壤当作一个有限的、动态的生物资源（Doran and Zeiss，2000）。从时间尺度考虑，可以用土壤健康描述土壤短期内“潜在的”和“动态的”状况，用土壤质量描述长时间尺度上“内在的”和“静态的”状况（Carter et al.，1997）。从研究角度，Anderson（2003）认为土壤健康应主要集中在土壤的生物成分上，主要考虑土壤的生物学组分及土壤生态系统功能性。在自然生态系统范围内两者也不完全等同，一些低质量的土壤可以认为是健康的，例如，处于演替初期或不利环境下的土壤，它们只有低的生物多样性和生物生产潜力，事实上它们处在自然的发展阶段（Sparling，1997）。因此，土壤健康的内涵与土壤生物学性质及其功能密切相关。随着国内外的研究进展，土壤被认为是具有生命的，是“活”的。因此，土壤健康与土壤质量的概念也逐渐分离，土壤质量侧重于土壤固有的内在属性，而土壤健康侧重于“活”的方面，与人体健康或生态系统健康概念相比，描述的是“生命体”的一种状态，是与具体的土壤利用目标和管理活动及环境因素相对应的一种状态，是动态的。

FAO 将土壤健康定义为:“土壤作为一个生命系统具有的维持其功能的能力。健康的土壤能维持多样化的土壤生物群落，这些生物群落有助于控制植物病害、害虫和杂草虫害；有助于与植物的根形成有益的共生关系；促进植物养分循环；通过对土壤持水能力和养分承载容量产生的积极影响，从而改善土壤结构，并最终提高作物产量；不会污染环境；通过维持或增加自身的碳容量，缓解气候变化”（FAO，2011）。综合来说，土壤健康是土壤作为一个活的复杂系统具有的维持其生态功能的能力。换言之，具有生物活力并具有良好功能的土壤才可定义为健康的土壤。土壤质量与土壤健康之间的关联和区别可用图 11-2 表示。在指定管理条件（或土壤利用）和光、温、水等环境条件下，土壤质量所处状态与特定的土壤健康状态指标相比较，即可判定土壤的健康状况。因此，土壤健康可定义为，在特定环境与目标用途下土壤功能可正常运转的能力或状态。

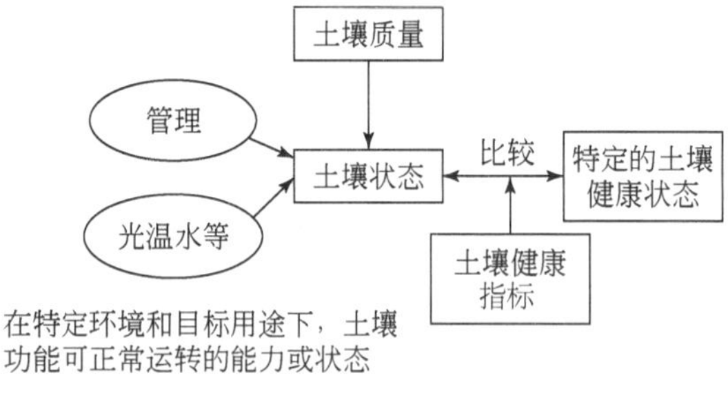

图 11-2　土壤健康与土壤质量的关系

（二）土壤健康的表征

相对于人体健康有着较完整的诊断指标体系，土壤健康的诊断指标体系的建立尚处于起步阶段。土壤健康诊断指标的选择是评价的基础，指标合理与否直接决定着评价结果的正确程度。不同的土壤类型和利用方式对各指标的要求不一。选择最少的参数集合有利于降低成本、提高评价效率。因此，一些学者提出了用最小数据集（minimum data set，MDS）监测由土壤和作物管理措施引起的土壤健康变化（Larson and Pierce，1991）。MDS 中的土壤健康指标包括有机碳、速效养分、pH、电导率、质地、根系深度、容重、水分传导率和有效持水量。随后的研究扩展了这一最小数据集，将微生物生物量和可矿化氮等生物学指标加了进去（刘占锋等，2006；Doran and Parkin，1994）。

土壤生物指标能敏感地反映出土壤健康的变化，有可能成为土壤生态系统稳定性的早期预警和敏感指标。近年来土壤生物学指标越来越受到重视，生物学指标包括土壤上生长的植物、土壤动物和土壤微生物等，其中应用最多的是土壤微生物指标。土壤微生物研究分为种群、群落和生态系统 3 个层次，生态系统层次的研究被认为是最好的快速评价土壤健康变化的可能方法。多数研究认为，土壤微生物（包括微生物生物量、土壤呼吸）是土壤健康变化最敏感指标。土壤动物是土壤环境质量和健康质量的重要指示特征，特别是无脊椎动物，如线虫、蚯蚓等，能够敏感地反映土壤中有毒物质的含量（Pankhurst et al.，1997）。

目前提出的用于评价土壤健康的微生物学指标包括微生物的群落组成和多样性、微生物生物量、微生物活性和酶活性等，其中，微生物生物量和土壤呼吸是最常用的微生物指标，并被纳入欧洲土壤监测方案的最小数据集。土壤健康（质量）微生物学指标包括（Kennedy and Papendick，1995）：①有机碳；②微生物生物量（总生物量、细菌生物量、真菌生物量、微生物生物量碳和氮）；③潜在可矿化氮；④土壤呼吸；⑤酶类活性（脱氢酶、磷酸酶、精氨酸酶和芳基硫酸酯酶）；⑥生物量碳/总有机碳比；⑦ 呼吸量/生物量比；⑧ 微生物群落指纹（基质利用、脂肪酸分析和核酸分析）。一些研究工作选择微生物生物量碳、可浸提有机碳、基础呼吸和诱导呼吸等基本量化指标，加上基础呼吸熵、诱导呼吸熵、矿化熵及呼吸活化熵等衍生系数，共 8～10 个指标，作为评价土壤健康的微生物学量化指标体系（赵吉等，2007；Hofman et al.，2003）。

美国康奈尔（Cornell）大学的土壤健康研究从实用角度出发，建立了经济实用的土壤健康诊断指标体系与方法（盛丰，2014）。该诊断方法首先根据对土壤管理措施响应的灵敏度、与土壤过程和功能的相关性、取样的难易程度和测定成本等因素，评价 30 多个物理、化学和生物指标在快速诊断土壤健康状况中的运用潜力，从中选出土壤质地、团聚体稳定性、有效持水量、田间入渗强度、潜在可矿化氮、活性碳、有机质含量、根系健康评估、pH、速效磷、速效钾和微量元素含量等作为诊断土壤健康的指标。然后从整个美国东北部收集数据，建立每个土壤健康诊断指标的评分函数和计分方式。指标的分值介于 0～100，并用不同颜色进行分级：0～30 分（红色）说明该指标值较低，影响土壤健康和制约土壤利用；30～70 分（黄色）为中间值；70～100 分（绿色）表示状态良好。将所有指标的分值进行综合，可以得出土壤健康的总体得分，该分值以百分比表示，＜40%被认为非常低，40%～55%为低，55%～70%为中等，70%～85%为高，＞85%为非常高，至此可以明确土壤的整体健康状况。此外，根据单个指标的分值，可以找出制约土壤健康的关键因素。分析解决这些制约因素的相应管理措施，提出针对性的土壤健康管理策略。康奈尔土壤健康项目工作小组已经在许多农场演示土壤健康评价方法，帮助种植者评估新的耕作方式、作物轮作体系、有机添加物和覆盖作物等土壤或作物管理措施对土壤健康状况的影响。他们还将土壤健康计划由蔬菜种植体系扩展到饲料作物上，区域由本地拓展到纽约州以外的其他地区（Gugino et al.，2009）。

总体来看，土壤健康诊断指标体系由定性向定量化方向发展，而评价指标与技术也逐渐从理论性向实用性方向跨越。土壤健康一般包括以下 5 个层面的内容：①土壤物理健康或形态健康（physical body health），一个健康的土壤首先必须具备一定厚度和结构的土体，即具有一定的剖面发育层次、土层厚度、土壤结构、机械组成、土壤密度、土壤孔隙度、土壤紧实度和土壤新生体等。②土壤化学健康或营养健康（nutrient health），一个健康的土壤必须具备一定的养分储存，如有机质、全量和有效氮、磷、钾，阳离子交换量（CEC）和微量元素等，以保持植物正常生长所需的营养状态。③土壤生物健康（biological health），土壤生物是土壤生态系统中有生命的组成部分，对土壤中物质与能量的转化、土壤肥力的维持和污染物的降解等起着重要的作用；因此，土壤生物的健康状况也是土壤健康的一个重要指标与指示因子；健康的土壤具有适度多样性的微生物和土壤动物群落，具有功能健康的优势生物种群，有害的土壤病原微生物和动物生长得到有效抑制。④土壤环境健康（environmental health），一个健康的土壤必须具备一个健康的发育环境，不存在严重的环境胁迫，如水分胁迫、温度胁迫、盐度胁迫、酸度胁迫、污染胁迫和重力侵蚀胁迫等。⑤土壤生态系统健康（soil ecosystem health），一个健康的土壤不仅需要各个组成部分的健康，而且需要生态系统整体上的健康，即要求各部分组成比例恰当、结构合理和相互协调，最终才能完成正常的功能。

三、土壤退化对土壤健康的影响

农业集约化、规模化的发展，土壤的高强度利用和缺乏科学管理，尤其是大量甚至过量施用化肥与农药，导致土壤板结、酸化、养分失衡、次生盐渍化和连作障碍等土壤健康问题日趋加剧。在此情况下，虽然土壤中氮、磷和钾养分含量高，但其内在生产能力却日益下降，出现土壤越肥越要增加施肥的怪象，最终导致土壤系统功能退化，养分利用率低下，农作物难以良好生长。研究表明，土壤矿质养分失衡是引起土壤生物多样性减少、功能退化的重要原因之一（Geisseler and Scow，2014）。土壤中矿质养分的耗竭、部分养分富集会直接影响作物产量及水、空气的环境质量（Zhu，2009），进而影响人类健康。

（一）化肥与农药投入水平高是我国目前土壤高强度利用的典型特征

2014 年我国化肥使用量为 5995.9 万 t，占世界的 35%，按照 1.50 亿 hm^2 种植地（1.35 亿 hm^2 耕地+0.145 亿 hm^2 园地）计算，平均单位面积化肥施用量约为 400 kg/hm^2，还远高于世界平均水平（约 125 kg/hm^2）。农业部对 1 万农户进行抽查表明，我国主要粮食作物氮肥平均使用量约为 230 kg/hm^2，已经接近环境安全上限（发达国家为防止水体污染所设置的安全上限值为 225 kg/hm^2），但果树 555 kg/hm^2、蔬菜 385 kg/hm^2 的氮肥平均使用量远高于环境安全要求，果园和设施蔬菜化肥过量施用现象较为突出（马常宝，2016；国家统计局农村社会经济调查司，2015）。20 世纪 90 年代对 31 个省 20 种大田作物的调查表明，蔬菜、瓜果等，单季作物氮化肥（折合纯养分）用量平均为 569～2 000 kg/hm^2，为普通大田作物的数倍，甚至数十倍，而作物吸收总量一般不超过 400 kg/hm^2（张维理等，2004）。1994～1997 年山东省设施蔬菜的年均施入氮肥（N）为 943～2 288 kg/hm^2、磷肥（P_2O_5）950～2 591 kg/hm^2 和钾肥（K_2O）281～1 245 kg/hm^2，施肥量大，利用率低，土壤养分出现表积现象，而且氮、磷、钾配比失调，菜地土壤养分大量积累，0～90cm 土层中硝态氮（N）、速效磷（P）和速效钾（K）分别达 1 390 kg/hm^2、1 321 kg/hm^2 和 1 817 kg/hm^2，为农田的 5.6 倍、8.4 倍和 2.2 倍（刘兆辉等，2008；寇长林等，2004；马文奇等，2000）。随着有机肥使用的比例增加，化肥使用量有所减少，2014 年的调查结果表示，山东省设施菜地土壤每年平均投入的氮肥（N）、磷肥（P_2O_5）、钾肥（K_2O）分别为 560 kg/hm^2、465 kg/hm^2、599 kg/hm^2，由于长期施肥量大，使用年限长，山东省约有 39.7%的设施菜地出现不同程度的次生盐渍化现象（李涛等，2018）。

我国农药使用量稳定在 32 万 t（有效成分）左右，占世界农药总用量的 1/7，当前我国农药利用率偏低，仅为 35%，比发达国家低 20%～30%（张桃林，2015）。2013 年单位面积使用量（商品量）约为 10.95 kg/hm^2，是世界平均水平的 2.5 倍。用量和强度较高的省份主要集中在我国中东部经济发达的农业大省，主要种植蔬菜水果地区使用量可达 51.3 kg/hm^2（陈晓明等，2016）。大量农药流失进入大气、水体、土壤及农产品之中，一些在环境中持留性较强的农药在土壤中的残留逐年增加。

（二）高强度利用下的土壤健康问题日益突显

土壤的高强度利用，以及与作物新品种不匹配的大量甚至过量施肥，已导致不少耕地土壤出现严重的健康问题。一是土壤物理退化，包括结构恶化、耕土层变浅，水、气、热调节能力退化；二是土壤化学退化，包括养分失衡、土壤酸化、次生盐渍化和土壤污染等；三是土壤生物功能退化，包括土壤生物多样性减少、有益生物种群减少、病原生物积累和土壤养分转化能力衰退等。实际上高强度利用下的退化土壤往往可能是上述土壤健康问题的叠加。

1. 次生盐渍化与酸化

大量使用化肥会引起土壤氮、磷的大量积累，从而引起土壤一系列化学性质恶化、环境功能退化，引发作物养分吸收利用障碍。在氮、磷含量越高的农田，作物对化肥的依赖性越强，导致地越“肥”越要施肥的恶性循环。设施土壤养分累积和次生盐渍化已成为我国设施蔬菜生产中出现的普遍问题，连年肥水投入过大，地下水位升高，致使设施地土壤比露地土壤盐分高 1.34～3.74 倍，尤其是有 3～5 年棚龄的土壤出现积盐高峰，表土电导率平均为 1.21 ms/cm，高者达 4.06 ms/cm；同时，土壤中 K^+、NO_3^-与 Ca^{2+}和 SO_4^{2-}增幅较大，一般含量是露地土壤的 2.1～21.5 倍。研究表明，我国 90%左右的耕地土壤有明显的酸化过程，且在种植经济作物的土壤上 pH 下降幅度显著大于种植粮食作物的土壤（Guo et al.，2010）。

2. 病害加重

因土壤生物功能退化，土传病害日益严重。土传病害是作物最主要的病害，且极其普遍，如粮食作物水稻、小麦和玉米的纹枯病，马铃薯的黄萎病，大豆的根腐病，棉花的立枯病、黄萎病，甘薯的根腐病等，土传病在果树、蔬菜上的发病率更高。近年来，我国作物土传病发病率不断上升，已经严重地威胁作物的高产、稳产和农产品品质，每年都造成巨大的经济损失，已成为粮食作物、油料作物和蔬菜等生产中亟待解决的重要问题之一（蔡祖聪和黄新琦，2016）。与此同时，施肥不合理导致土壤和作物处于不健康状态，极易受到病、虫害的侵袭，作物发病率高，为了减少作物土传病害导致的产量损失，不断地加大农药的使用频数和使用量，造成土壤污染进一步加剧。蔬菜地、果园、大豆种植地和棉花田土壤均面临连作病害的严重问题，一般土传连作病害的发病率至少在 10%以上，严重者发病率达 50%～80%。

（1）蔬菜土传病　　蔬菜生产中最易面临土传病害的威胁，90% 以上的蔬菜真菌病害都是土传病害。一般土传病害从零星发病到普遍发病只需 3～4 a，作物的产量和品质都受到严重影响，一般减产 20%～40%，严重时减产 60%以上，甚至绝收，如南方根结线虫病害显著加剧，发病田常年减产 10%～20%，严重时达到 70% 以上（徐建华等，1999）。在我国蔬菜栽培上，由于大棚化栽培的普遍推广，作物连作导致产量和品质下降，土传病害严重发生（侯慧等，2016），日益严重的连作障碍现象在某些地区已导致成片温室荒废，威胁到我国设施农业的持续、健康发展。大量施用化肥则会加重土传病害的发生。调查发现（孙树卓等，

2007），寿光市和济源市大棚土传连作病害已上升为主要病害，寿光市 170 栋大棚蔬菜有 73.2%土传病害严重，其中，根结线虫发生严重和较严重的大棚占 42.5%。济源市 2500 栋蔬菜大棚中有 95%每年都发生土传病害，其中，根结线虫占 35%。黄瓜、番茄、芹菜和草莓根结线虫病程度呈上升趋势，从种植第 2 a 的偶有发生，到 5 a 左右的迅速蔓延和病害程度的加重。济源市每年都发生生理性病害的棚室占调查数的 40% 以上，其中，由营养失衡而引起的占发病棚数的 63.2%。在浙江省 10 个地区调查了葫芦科、茄科、豆科和十字花科 4 科 12 种蔬菜，总计 1 256 块连作障碍田。结果表明，在设施蔬菜连作障碍成因中，土壤中病原累积性病害、地下害虫、生理性病害（缺素）、土壤理化性质恶化、线虫和其他因素的出现频率分别为 68.7%、10.2%、9.53%、6.67%、6.08%和 2.55%。土壤中病原累积性病害主要为连作障碍型，但不同品种之间存在一定的差异。连作障碍引起的相关病害主要有枯萎病、青枯病、根腐病和软腐病等；相关虫害有蛴螬、蝼蛄和小地老虎等（王汉荣等，2008）。

（2）*花生土传病*　油料作物土传连作病害也非常严重，花生、大豆和油菜等均有严重的土传病害难以克服。例如，花生连作重茬往往导致病虫害加剧（王明珠和陈学南，2005），其中，虫害主要有花生蚜虫和斜纹夜蛾等。花生苗期病害以镰刀菌根腐病为主，发病率随连作年限成倍增加；花果期多叶斑病，病株率近 100%；青枯病、白绢病则随连作年限延长从无到有，发病多在结荚成熟期。青枯病一旦感染，产量会损失 60%～70%，若在开花前与结荚期发病则会导致颗粒无收。连作对花生生长的影响主要表现在花生个体生长发育缓慢、植株矮小、结果数少、百果重低和产量下降等方面，且随连作年限的延长，上述症状加重。碱性土壤微区试验研究结果表明花生连作 1～2 a，荚果产量即下降 10.5%；酸性红壤小区试验表明，连作 3 a 花生产量比轮作 1 a、2 a 和 3 a 花生产量分别下降 8.3%、13.1% 和 17.4%。酸性红壤花生大田调查表明，10 a 以上的长期连作会引起根幅缩小 1/3～1/4，黑根、烂根 5%～20%；中后期株高矮 12～25 cm；有效分枝减少 51.1%，连作 21 a 的高节位无效分枝达 53%；连作 10 a 和 21 a 的单株总果数分别减少 15.4 个和 26.0 个，其产量分别比连作 3 a 的减少 28.9% 和 51.2%。

第二节　土壤矿质养分及其生态化学计量学特征

一、土壤矿质养分

目前，土壤健康的重要问题之一是矿质养分失衡。矿质养分又称矿物养分，是植物（生物）从环境中可以直接吸收的矿质元素及化合物。一般是由矿物质风化、分解而来，是高等绿色植物为了维持生长和代谢的需要而吸收、利用的无机营养元素（通常不包括碳、氢、氧）。它们是生物生长不可或缺的，或在其生长中参与某种生理作用，能够提高作物产量，促进植物健康生长及提升农产品品质（Datnoff et al.，2007）。植物生长所必需的营养元素被称为必需营养元素。判定植物必需元素的 3 个原则（El–Ramady et al.，2014；Arnon and Stout，1939）即：①缺乏该元素，植物不能完成其生命周期；②该元素的功能不能被其他元素替代；③该元素必须直接参与植物的代谢过程，如作为酶的组成成分，或某一酶促代谢过程必须有该元素参与才能完成。一般公认的是将植物营养元素区分为必需元素和有益元素（Marschner，1995）。其中，植物营养必需元素的判别原则已如上述；而有益元素则定义为有益于植物生长，但不是必需，或者是某些植物种类必需或在特殊条件下必需的元素。植物必需的营养元素有 17 种，其中除碳（C）、氢（H）和氧（O）以外，大量元素 6 种，即氮（N）、磷（P）、钾（K）、镁（Mg）、钙（Ca）和硫（S）。微量元素 8 种，即铁（Fe）、锰（Mn）、铜（Cu）、锌（Zn）、镍（Ni）、钼（Mo）、硼（B）和氯（Cl）。有益元素有钠（Na）、硅（Si）、钴（Co）、硒（Se）、铝（Al）、碘（I）、钒（V）、钛（Ti）、镧（La）、铈（Ce）和镍（Ni）等。除碳、氢和氧之外，植物主要从土壤中吸收其他矿质营养元素。关于部分矿质养分的功能曾有概括的总结（表 11-1）。

表 11-1　植物、动物和人体中主要元素的功能［摘引自（Cihacek et al.，1996）］

元素	在植物体中的主要功能	在动物体中的主要功能	在人体中的主要功能
B	非结构元素，新细胞的生长与发育，糖、淀粉、N、P 的输送，氨基酸和蛋白质的合成	非必需元素	非必需元素
Ca	细胞膜和壁的构成与渗透性	骨头与牙齿的形成，血液凝固，神经功能，肌肉活性，细胞膜的渗透性，产奶，蛋壳的形成	骨头与牙齿形成，血液凝固，神经功能，肌肉活性，细胞膜的渗透性，产奶
Cl	渗透效应，酸碱平衡，疾病控制	渗透效应，酸碱平衡，消化作用中的盐酸	渗透效应，消化作用中的盐酸
Co	豆科植物的需要，根瘤的生长	维生素 B_{12} 的成分，瘤胃中细菌生长需要和 B_{12} 的合成	维生素 B_{12} 的成分
Cu	光合作用—O_2 的形成，电子转移反应，RNA 和 IAA 酶	几种氧化还原酶体系的辅助因子，血色素的合成，神经髓磷脂的合成，骨头的形成，毛发着色	红血细胞的形成，蛋白代谢酶功能辅助因子，氧化反应酶功能辅助因子
F	非必需元素	骨头和牙齿的成分	骨头和牙齿的成分
Fe	卟啉，游离亚铁血红素分子电子转移反应，NO_3^-，N_2 还原酶，叶绿素的合成	氧的转移：血色素，能量代谢：细胞色素，肌肉：肌血球素	氧的转移：血色素，能量代谢：细胞色素，肌肉：肌血球素，将β-胡萝卜素转化成维生素 A，去毒作用，抗体的产生
I	非必需元素	甲状腺激素的组成，调节代谢	甲状腺激素的组成，调节代谢
K	非结构元素，酶活化作用，渗透效应，同化 CO_2 的转移，N 的吸收和蛋白质的合成，淀粉的合成，对一些植物疾病的抗性	渗透效应，酸碱平衡，肌肉活性，神经功能	渗透效应，酸碱平衡，肌肉活性，神经功能
Mg	叶绿素，核糖体，多肽和糖的酶活化作用，油的合成	骨头与牙齿的形成，糖酵解体系中酶的主要活化剂，肌肉活性，神经功能	骨头与牙齿的形成，糖酵解体系中酶的主要活化剂，肌肉活性，神经功能
Mn	光合作用—O_2 的还原作用，电子转移反应，根瘤的形成	合成和代谢酶，骨头的形成，生长与生殖	合成和代谢酶，骨头的形成，胰岛素的产生
Mo	酶：硝酸盐还原酶	嘌呤代谢，刺激瘤胃中微生物活性	酶辅助因子
N	蛋白质，核蛋白，DNA，RNA，叶绿素	蛋白质，器官和软结构的主要成分	蛋白质，器官和软结构的主要成分
Na	嗜盐植物的必需元素，渗透效应	渗透效应，酸碱平衡，细胞膜渗透性，肌肉活性	渗透效应，酸碱平衡，细胞膜渗透性，肌肉活性
Ni	尚不确定是必需还是非必需元素	非必需元素	一般认为对于人来说为非必需元素，但也有人认为对许多身体组织的功能和发育是必需的
P	能量的储藏与传输，核蛋白的结构成分	骨头与牙齿成分，能量储藏，DNA 和 RNA 的成分，在酸碱平衡中 PO_4^{3-} 起重要作用	骨头与牙齿成分，能量储藏，DNA 和 RNA 的成分，在酸碱平衡中 PO_4^{3-} 起重要作用
S	含 S 氨基酸的合成，辅酶 A、维生素 H、维生素 B_1，以及叶绿素的成分，在 CO_2 和 NO_3^- 还原中的铁氧化还原蛋白和叶绿素的合成	含 S 氨基酸，维生素 H 和维生素 B_1 的成分	含 S 氨基酸，维生素 H 和维生素 B_1 的成分
Se	非必需元素	抗氧化酶的辅助因子，保持肌肉的状态	抗氧化酶的辅助因子，有关维生素 E 的吸收

续表

元素	在植物体中的主要功能	在动物体中的主要功能	在人体中的主要功能
Si	必需-非必需，在根中积累阻抗干旱，细胞壁结构，非生物化学作用	非必需元素	一般为非必需元素，但可影响骨骼的钙化作用
Sn	非必需元素	一般认为为非必需元素，也可能为必需元素	一般认为为非必需元素，也可能为必需元素
Zn	植物生长代谢：色氨酸合成酶，色胺代谢，酶体系	几种酶体系的成分或辅助因子，骨头和羽毛的发育	生长酶辅助因子，复制酶功能辅助因子，性成熟，生殖力，夜视力，味觉与食欲

其实，元素是有益还是有害，生命是需要还是不需要，都是相对的，而不能将其绝对化（刘建明等，2016）。随着时间的推移和科技的发展，“必需”或者“非必需”、“毒害”或者“有益”常有可能发生逆转。即使目前已经确定为所必需的元素，也有一个“不足”或者“过量”的问题。例如，铬是公认的有毒有害重金属元素之一，然而由于铬参与细胞的一系列组成，所以微量铬可以提高植物体内酶的活性，并可增加叶绿素、有机酸、葡萄糖和果糖的含量，加速植物生长，增强植物对病害的抵抗力和提高作物的产量。但如果含铬过多，对人和动植物都是有害的。因此，必需元素、有益元素和有害元素之间并没有明显的界限，而仅仅为生物是否需要和量控问题，即任何一种元素的作用不仅取决于其化学性质，还取决于其浓度及与其他元素的比例关系是否适合，以适应受体在一定生长年龄时的平衡需求或耐受能力。矿质元素在植物体内均有一含量范围，低于临界值缺乏，高于毒害水平则可能中毒；各营养元素还有各自的拮抗元素和协同元素，影响其生物有效性（表 11-2）。这些均影响植物的健康状态。

表 11-2　土壤中主要矿质元素的植物健康效应特征［据（El-Ramady et al.，2014）改编］

元素	土壤中一般含量	植物临界水平（干重基）	植物毒害水平（干重基）	主要拮抗元素	主要协同元素
N	0.03%～0.3%	叶柄 3.0%N，0.1%NO_3^--N	>5.0%	B、Cu、K	B、Cu、Fe、Mo
P	0.01%～0.1%	叶柄 0.25%全 P，500 mg/kg P	叶片>1.0%	Al、B、Cd、Cr、Cu、F、Fe、Pb、Mn、Mo、Ni、Se、Si、Zn	Al、B、Cu、F、Fe、Mn、Zn
K	0.2%～3.0%	2.0%	>5.0%	Al、B、Cd、Cr、F、Mn、Mo、Rb	Mn、Fe
Ca	0.2%～1.5%	1.0%	>5.0%	Al、B、Cd、Cu、Fe、Mn、Zn	Cu、Mn、Zn
Mg	0.1%～1.0%	0.25%	>1.5%	Al、Be、Cr、Co、Cu、Fe、Mn、Zn	Al、Zn
S	0.01%～0.1%	0.3%	—	As、Fe、Pb、Mo、Se	F、Fe
B	5～100 mg/kg	25 mg/kg	>100 mg/kg	Ca、P、K、N	P、N
Cl	300 mg/kg	20 mg/kg	>0.5%	NO_3^-、SO_4^{2-}	—
Cu	20 mg/kg	5 mg/kg	>50 mg/kg	Ca、Mg、P、N	Ca、P、N
Fe	0.5%～4.0%	50 mg/kg	>400 mg/kg	Ca、Mg、P、S	P、N、S
Mn	200～400 mg/kg	25 mg/kg	>400 mg/kg	Ca、Mg、P、K	Ca、P
Mo	0.5～5.0 mg/kg	0.1 mg/kg	—	P、K、S	N、P
Zn	63 mg/kg	15 mg/kg	>300 mg/kg	Ca、Mg、P	Ca、Mg、P

二、土壤矿质元素的生态化学计量学特征

从养分元素角度而言，影响土壤生态系统的不仅是元素的全量和有效态含量，更重要的

是元素之间的比例与平衡状态。土壤养分失衡是目前土壤最主要的退化过程之一。而生态化学计量学（ecological stoichiometry）是研究生物系统能量平衡和多重化学元素（主要是碳、氮和磷）平衡的科学。它包括了生态学和化学计量学的基本原理，结合了热力学第一定律、生物进化的自然选择原理和分子生物学中心法则的理论，是一门生物学、化学和物理学等学科的交叉学科。它研究元素平衡与生态系统的交互作用及其影响因素，使得生物学科不同层次（分子、细胞、有机体、种群、群落、生态系统和生物圈）的研究理论能够有机地统一起来（曾德慧和陈广生，2005）。因此，生态化学计量学可应用于土壤矿质养分平衡状态的研究。元素化学计量学是生态学的一个研究领域之一，用于研究生物及生态系统结构和功能与环境的关系（Sardans et al.，2012；Zhang et al.，2004）。生态化学计量学是生态学与生物化学、土壤化学交叉研究领域的重要方向，也是研究土壤-植物相互作用与碳、氮、磷循环的有效方法（Michaels，2003）。化学计量学在生态学中应用的核心思想是，有机体和它们所消耗的资源之间的元素组成有相当大的差异，并具有自己特定范围的 C∶N∶P 比。因此，有机体对元素的需求将强烈地影响有机体之间及与非生物环境之间的相互作用，并把化学元素的平衡特点呈现出来（Liu et al.，2017；Zechmeister-Boltenstern et al.，2015；Bell et al.，2014；Hartman and Richardson，2013；Sinsabaugh et al.，2009；朴河春等，2005）。

根据人体中各元素的含量（鲜重），各元素生态化学计量比例（质量比）大致如表 11-3 所示（Sterner and Elser，2002）。陆地植物元素质量比约为 N∶P∶K∶Ca∶S∶Mg∶Mn∶Fe∶Zn∶Cu∶B∶Mo = 100∶10∶35∶2.5∶5∶4∶0.05∶0.2∶0.05∶0.03∶0.05∶0.007（Ǻgren，2008）。然而，迄今土壤及土壤微生物除 C∶N∶P 以外，其他元素的化学计量学比例文献仍然少见。

表 11-3　人体元素生态化学计量比例（鲜重，质量比）

元素	比值	元素	比值	元素	比值	元素	比值
H	375 000 000	S	206 000	Fe	2 680	Cr	7
O	132 000 000	Na	183 000	Zn	2 110	Se	4
C	85 700 000	K	177 000	Cu	76	Mo	3
N	6 430 000	Cl	127 000	I	14	Co	1
Ca	1 500 000	Mg	40 000	Mn	13		
P	1 020 000	Si	38 600	F	13		

（一）碳、氮、磷比例对养分匮缺的指示作用

土壤 C∶N 比是认识土壤有机质来源的一个重要指标，该比值可用于判断土壤中有机质的分解程度及其对土壤肥力的潜在贡献。C∶N 质量比＞25，说明有机质正在累积，其累积速率大于分解速率；C∶N 质量比在 12～16 说明有机质已经被微生物很好地分解。耕作土壤的 C∶N 质量比一般在 10～12，而底层土的 C∶N 质量比通常小于 10（Rayment and Higginson，1992）。土壤 C∶P 也可以表征有机质的来源、性质、分解状况及其对土壤肥力的潜在贡献。土壤的 N∶P 是其有机质可分解性的一个决定性因素，并且可以用来判断养分限制状况及哪种养分限制了有机质的分解，然而一些土壤的 N∶P，如耕作土壤，很容易受到施肥等人为因素的影响。

生态化学计量学上常用元素之间的质量比或摩尔比。在应用生态化学计量学原理研究植物、凋落物和土壤C∶N∶P比与食物链、营养结构、养分限制、生物地球化学循环、森林演替与退化等领域已有研究资料和总结（王绍强和于贵瑞，2008；Ptacnik et al.，2005；Hessen et al.，

2004；Wardle et al.，2004）。N∶P 比可用作氮饱和的诊断指标，并被用于确定养分限制的阈值（Tessier and Raynal，2003）。植物、凋落物和土壤碳、氮、磷比值可以作为养分限制、碳、氮、磷饱和的诊断和有效预测指标，植物生长养分限制的敏感性指数为叶 N∶P 比，它可有效地判断氮沉降对生态系统的健康影响。土壤氮或磷的有效性往往限制湿地植物凋落物的分解，所以可通过凋落物化学特性（氮含量、磷含量和 N∶P 比）来预测养分限制类型（Güsewell and Freeman，2003）。例如，当湿地植物叶 N∶P 比＜ 14 时为氮限制，叶 N∶P 比＞ 16 时为磷限制（Tessier and Raynal，2003）。土壤 C∶N 比与冠层生物化学成分、凋落物 C∶N 比、土壤净氮硝化和反硝化作用存在显著的相关关系（Ollinger et al.，2002；Dise et al.，1998）。森林生态系统土壤硝酸盐淋溶风险低或高的阈值为森林地被物的 C∶N 比是否＞30 或＜30（Gundersen et al.，1998）。Aitkenhead 和 McDowell（2000）发现土壤 C∶N 比可用于预测森林土壤溶解有机碳（DOC）浓度和解释生态系统中 DOC 通量 99.2%的变异性，因而 C∶N 比成为森林和森林溪流有机质分解作用的预测指标（Sterner and Elser，2002）。关于肥料的增产作用，Güsewell（2004）在分析了大量的研究结果后得出，植物 N∶P 比＜10 时，增加氮肥可以增加植被的生物量；N∶P 比＞ 20 时，增加磷肥可以增加植被的生物量；在两者之间时，施肥对生物量的效果与 N∶P 比关系不明显。土壤养分贫瘠草地的施肥试验表明（Braakhekke and Hooftman，1999），植物叶片氮或磷不足的 N∶P 比临界值分别为 10 和 14。结合叶片中氮和磷含量大小，N∶P 比大于 14，而植物叶片 P 含量低于 1.0 mg/g 时，该生态系统为磷所限制；而当 N∶P 比小于 10 和植物叶片 N 含量低于 20.0 mg/g 时，该系统为氮所限制；而 N∶P 比在 10～14 范围内，则为两种元素共同限制。当然，由于研究区域、植物器官及植物种类（种间和种内）具有差异，N∶P 比临界指标也会发生很大变化（Güsewell，2004）；但有研究表明，N∶P 比具有相对稳定性（Zhang et al.，2004），可以作为判断生境中氮或磷不足的指标，所获得的内蒙古草原草本植物的 N∶P 比＜ 21 时，则受氮限制，而当 N∶P 比＞ 23 时，则受磷限制。Sadras（2006）通过试验获得最大产量的谷物和油料作物中 N∶P 比在 4～6，作物获得最高产量时的氮和磷的吸收表现出明显的非线性关系；谷物、豆科和油料 3 种类型作物之间的最大氮吸收量相似，但实现途径不同，谷物表现为产量高、蛋白质含量低，而豆科和油料作物表现为产量低、蛋白质含量高。对麦冬的研究表明（陈伏生等，2007），氮添加不但提高了叶片中的 N∶P 比，而且降低了叶片磷浓度和磷再吸收效率；磷添加可降低叶片中的 N∶P 比，而对叶片氮浓度和再吸收效率无显著影响；氮、磷同时添加时，麦冬叶片 N∶P 比有不同程度的提高。对于蔬菜，肥料中 C∶N 比较高时，能提高蔬菜体内的 C∶N 比，进而提高蔬菜对氮肥的利用效率，其原因可能与蔬菜光合能力和根系生长的提高有关（袁伟等，2011）。

（二）土壤碳、氮和磷的生态化学计量学特征

由于土壤 C∶N∶P 摩尔比是反映土壤内部碳、氮和磷循环的主要指标，综合了生态系统功能的变异性，容易测量，而且有助于确定生态过程对全球变化的响应，因而成为确定土壤碳、氮和磷平衡特征的一个重要参数；凋落物和土壤 C∶N∶P 摩尔比也可成为碳、氮和磷矿化作用和固持作用的指标（Gundersen et al.，1998；Dise et al.，1998）。

虽然土壤的结构复杂，具有显著的空间变异性和生物多样性，但从大区域尺度上考虑，土壤中 C∶N∶P 具有较为稳定的趋势，其比值通常具有一定的相似性。在世界范围内，虽然土壤中碳、氮和磷含量的变化范围很大，但是它们三者之间具有显著的正相关关系，而且土

壤中碳、氮和磷的生态化学计量学比值也都在一个有限的范围内（Cleveland and Liptzin，2007），其中 C∶N 摩尔比为 2～30，N∶P 为 1～77；平均来看，全球土壤 C∶N∶P 摩尔比为 186∶13∶1。从中国 2 384 个表层土壤样本中发现，土壤碳、氮和磷的摩尔比为 134∶9∶1，三种元素间具有较强的相关性（Tian et al.，2010）。中国南方亚热带地区土壤 C∶N∶P 的摩尔比为 80∶7.9∶1（Li et al.，2012）。因施肥原因，山东海阳大棚土壤 C∶N、C∶P、N∶P、C∶AP（有效磷）和 N∶AP 的摩尔比平均值分别为 11、33、3、263 和 20，C∶N∶P 的摩尔比平均值约为 33∶3∶1。随大棚使用年限的增加，这 5 个摩尔比呈先增后减的趋势（万欣等，2013），这反映了设施土壤高量氮、磷投入的事实。土壤 C∶N∶P 摩尔比的显著降低，可能是设施土壤生物多样性减少、生物群落结构改变、生物功能退化的重要的内在驱动力。也有研究指出，不同植被类型下土壤的 C∶N∶P 并不相同；例如，对澳大利亚主要植被类型下的土壤碳、氮和磷研究发现（Bui and Henderson，2013），相对于其他植被类型来说，丛状草原（tussock grasslands）的 N∶P 和 C∶P 都非常低，而灌木林等则具有较高的土壤 N∶P 和 C∶P。

土壤生态化学计量学比值会发生变动是因为它们会受到很多因素的影响，例如，热带和亚热带生态系统，其年均温和降水量都比较高，因而造成土壤磷的淋溶损失；同时，这些地区初级生产力也比较高，又使得碳和氮的含量相对较高，这就导致了较高的 C∶P 和 N∶P。土壤发育阶段及人类活动都会影响土壤生态化学计量学比值的变化从而导致比值不稳定（王晓光等，2016）。总体而言，土壤微生物的 C∶N∶P 一般处于内稳状态，而土壤，尤其是农田土壤 C∶N∶P 因人类活动而变化较大，从而引起微生物群落结构改变。环境中养分元素比例的失衡，使得土壤微生物群落必须适应条件的变化，一是改变群落组成以适应环境，从内稳态变成非内稳态；二是微生物群落产生更多的胞外酶以获取短缺的养分；三是调节生长过程中养分元素的利用效率，释放体内过量的元素；四是通过固氮菌和腐生真菌进行氮、磷等养分的补充。其中，调节养分利用效率可能是主要对策（Mooshammer et al.，2014）。

从目前文献来看，利用生态化学计量学来研究土壤养分平衡方面主要集中于碳、氮和磷，而碳及氮、磷、钾与其他中、微量元素的平衡研究尚属少见。此外，目前研究多侧重于自然生态系统，如森林、草原和淡水湿地生态系统，而农田生态系统的研究相对较少。因强烈的人类活动干扰，农田土壤养分平衡状态包括大量元素与中微量元素之间的比例平衡，更易多变；虽然存在比较大的研究难度，但其与土壤生物多样性及功能的变化关系研究，将可为农田土壤的可持续管理提供重要的科学依据，因而有关方面的探索有可能成为今后的重要研究领域。

第三节　土壤矿质营养与土壤生物

一、土壤养分与微生物的相互作用

土壤健康与否直接影响土壤功能的发挥，而养分循环是土壤的重要功能之一。矿质元素不仅是土壤生物体的组成成分，而且土壤生物是土壤养分循环的引擎，生态系统中矿质元素的循环离不开土壤微生物和土壤动物的参与。

（一）土壤中的微生物

微生物是自然界中分布最广的一群生物，无论是在高山、陆地、淡水、海洋、空气，还是在动植物体内外，都有微生物的存在，这是微生物的重要特性之一。主要因为微生物营养类型多，适应能力强，所以它们能利用各种不同的基质在各种环境中生长。自然界中，土壤是微生物生活最适宜的环境，它能满足微生物生长繁殖和生命活动所需的一切营养物质及各种条件。对于微生物来说，土壤是微生物的大本营。土壤中微生物的种类和数量有很多。通常，一克肥沃土壤含有几亿至几十亿个微生物。贫瘠土壤每克也含有几百万至几千万个微生物。土壤中包含细菌、放线菌、真菌、藻类和原生动物等类群。其中，以细菌最多，约占土壤微生物总数的 70%～90%；放线菌、真菌次之；藻类和原生动物等较少。土壤微生物强烈影响土壤的健康状态。

（二）矿质养分与微生物的关系

1. 矿质养分是微生物生长的营养物质

微生物同其他生物一样，为了生存必须从外部环境中吸收营养物质，合成新的细胞物质，并从中获取生命活动所需要的能量，以保证机体的正常生长和繁殖。构成微生物细胞的物质基础是各种化学元素。在自然界常见的化学元素中，约有 20 多种元素参与生命活动。根据微生物对各类化学元素需要量的大小，可将它们分为常量元素和微量元素，常量元素包括碳、氢、氧、氮、磷、硫、钾、镁、铁和钙等，其中，碳、氢、氧、氮、磷和硫这 6 种常量元素可占细胞干重的 97%。微量元素包括锌、锰、氯、钼、硒、钴、铜、钨、镍和硼等。微生物细胞中的化学元素主要以有机物、无机物和水的形式存在于细胞中，可见营养物质是微生物生存的物质基础，为微生物细胞组成、构成酶的活性成分，以及微生物各种生命活动提供所需要的能量。代表性微生物的化学元素组成见表 11-4（Maier，2009）。不同微生物的营养生态位可能有差异，也可能存在营养生态位竞争关系。图 11-3 显示了青枯菌与荧光假单胞菌的 C∶N 生态位关系，符合抑制-竞争关系。在低 N∶P 条件下，有机质分解以细菌为主，在高 N∶P 条件下则相对以真菌为主（Güsewell and Gessner，2009）。真菌 C∶P、C∶N 显著高于细菌（Mouginot et al.，2014）。培养基质碳氮比对溶磷菌的溶磷能力影响很大，随着碳氮比的增大，溶磷量随之升高，在 mC∶mN =35∶1（质量比）时达到最高，而后降低（刘晓芳等，2005）。

表 11-4　大肠杆菌细胞（E. coli Cell）的化学组成［据（Maier，2009）改编］

元素	%（干重，质量，1 株 E. coli Cell）	元素	%（干重，质量，1 株 E. coli Cell）	元素	%（干重，质量，1 株 E. coli Cell）
C	50	S	1	Mg	0.05
O	20	P	3	Cl	0.05
H	8	K	2	Fe	0.2
N	14	Ca	0.05	Mn、Mo、Co、Cu、Zn	0.3

2. 土壤微生物与土壤养分循环

微生物是驱动土壤元素生物地球化学循环的引擎。在土壤中，微生物是参与碳、氮、磷和硫等元素转化的主要驱动力，对土壤植物生态系统中的物质循环和能量流通起着决定作用（叶协锋等，2009）。在土壤环境中，土壤养分可以被反复地循环和利用，典型的循环过程包括：①生物从土壤吸收养分元素；②生物残体和尸体归还土壤；③生物残体在土壤微生物的分解作用下，释放养分进入土壤；④释放的养分被生物再次吸收利用。

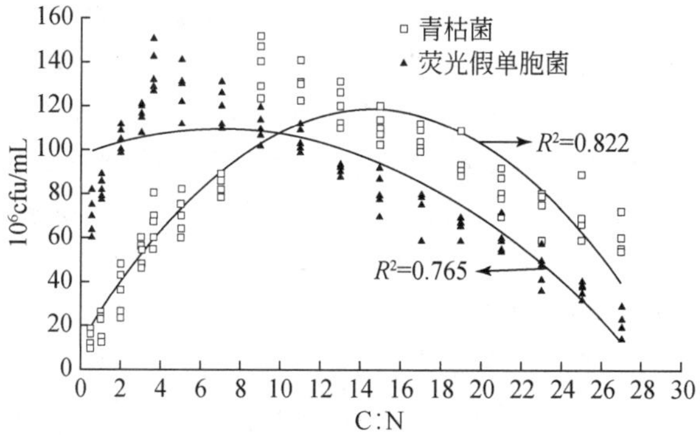

图 11-3　青枯菌 Zj3721 和荧光假单胞菌 4aYB1 的碳氮营养生态位（万欣等，未发表资料）

（1）土壤微生物与氮循环　　氮循环是描述自然界中氮单质和含氮化合物之间相互转换过程的生态系统物质循环。构成氮循环的主要环节是生物体内有机氮的合成、氨化作用、固氮作用、硝化作用和反硝化作用。其中，固氮作用、硝化作用及反硝化作用对土壤氮循环意义重大，因而与此相关的功能微生物一直是研究的热点。

1）固氮作用功能微生物　根据固氮微生物与高等植物的关系，可分为自生、共生和联合固氮菌。其所进行的固氮作用分别称为自生固氮、共生固氮或联合固氮。自生固氮菌能独立进行固氮作用，能以分子态氮为氮素营养，将其还原为 NH_3，再合成氨基酸和蛋白质，包括好氧菌、兼性厌氧菌和厌氧菌。土壤微生物的固氮作用对于提高土壤肥力、减少氮肥投入、提高作物产量作用十分显著。固氮细菌种类丰富，包括固氮菌属、固氮螺菌、拜叶林克氏菌属、着色菌属、脱硫弧菌、克氏杆菌、类芽胞杆菌属、假单胞菌属、红假单胞菌属、红螺菌属和硫杆菌属。蓝细菌和放线菌中的一些种类也可以固氮（侯海军等，2014）。土壤中固氮微生物群落结构特征及影响土壤固氮微生物分布的因素一直受到关注，但由于技术的限制，这方面的研究有待于加强。近年来，随着土壤微生物分子生态学的发展，对土壤固氮微生物多样性和丰度及影响因素研究逐步深入，发现土壤有机质和土壤氮是影响土壤固氮微生物的重要因素。氮肥的投入量也显著影响土壤固氮微生物的种群结构，土壤氮含量较高时，固氮微生物的生长可能受到抑制。

2）硝化作用功能微生物　硝化作用是指氨在微生物作用下被氧化为硝酸根的过程。通常发生在通气良好的土壤、堆肥等环境中。硝化作用由自养型硝化细菌分阶段完成。亚硝化是硝化作用的第一阶段，即将铵离子（NH_4^+）氧化为亚硝酸根（NO_2^-）的阶段，参与此过程的是氨单加氧酶（AMO）和羟胺氧化还原酶（HAO）。第二阶段为硝化，即亚硝酸根（NO_2^-）氧化为硝酸根（NO_3^-）的阶段。亚硝酸盐氧化还原酶（NXR）是硝化细菌将亚硝酸盐氧化为硝酸盐的关键酶。参与此阶段的硝化细菌主要包括 3 个属：硝化细菌属（*Nitrobacter*）、硝化刺菌属（*Nitrospina*）和硝化球菌属（*Nitrococcus*），其中以硝酸细菌属为主。

3）反硝化作用功能微生物　土壤反硝化作用是指在反硝化细菌的作用下，土壤中的硝酸盐被还原成氮气的过程。其还原反应过程可简述为 $NO_3^- \rightarrow NO_2^- \rightarrow NO \rightarrow N_2O \rightarrow N_2$。参与反硝化作用的酶包括硝酸盐还原酶、亚硝酸盐还原酶、一氧化氮还原酶和氧化亚氮还原酶。土壤反硝化作用的微生物分子生态学研究主要关注反硝化细菌对土壤环境因子（可利用碳、pH 和土壤水分）的响应，以及反硝化细菌与土壤反硝化能力和氧化亚氮释放之间的关系（Chen et al.，2010）。

近年还发现厌氧氨氧化是微生物参与氮循环的一个重要过程。随着宏基因组学等分子生物技术的快速发展和应用，发现了参与氮循环的新的微生物类群——氨氧化古菌（贺纪正和张丽梅，2009）。研究表明，随着施氮量增加，土壤微生物量碳、氮降低，矿化作用、呼吸作用速率也显著下降（Zang et al.，2016），根际微生物群落结构与多样性发生显著改变（Li et al.，2016）。氮肥用量可以驱动微生物群落组成的改变，氮肥用量和植物根围厚壁菌门（*Firmicutes*）细菌呈正相关，与拟杆菌门（*Bacteroidetes*）和变形菌门（*proteobacteria*）细菌呈负相关。土壤退化时，健康土壤与发病土壤根际微生物群落结构与多样性发生显著改变，发病土壤的微生物多样性下降，而且放线菌的数量显著增加（Li et al.，2014）。

（2）土壤微生物与磷循环　　磷对植物生长发育和成熟发挥着重要作用，但磷肥施入土壤后，可与土壤中钙、镁、铁和铝等形成难溶性磷酸盐而被固定，不能被植物直接吸收、利用。因此，提高磷肥利用率一直是相关领域研究的重点问题之一。解磷微生物能够利用自身代谢产物或者通过与其他生物的协同作用，可将土壤中难溶的磷酸盐转化为植物生长可利用磷（滕泽栋等，2017）。解磷微生物产生的植酸酶、核酸酶和磷酸酶等加速了植酸、核酸、磷脂等含磷有机化合物的分解，促进了磷的释放，可以提高植物磷营养。解磷微生物分泌的有机酸与 Ca-P、Fe-P 和 Al-P 等进行螯合，使难溶磷转化为有效磷（钟传青和黄为一，2008；林启美等，2000）。很多因素影响土壤磷的利用效率，微生物对土壤磷的转化和有效性影响很大。

土壤微生物量 C∶P 摩尔比可作为衡量微生物矿化土壤有机物质释放磷或从环境中吸收固持磷素潜力的一种指标。有研究报道，微生物量的 C∶P 摩尔比一般在 7～30 变化，C∶P 比小说明微生物在矿化土壤有机质中释放磷的潜力较大，土壤微生物量磷对土壤有效磷库有补充作用；C∶P 比大则说明土壤微生物对土壤有效磷有同化趋势，易出现微生物与作物竞争性吸收土壤有效磷的现象，具有较强的固磷潜力（Peng et al.，2005）。世界范围内土壤微生物量 C∶N∶P 摩尔比平均值为 60∶7∶1（Cleveland and Liptzin，2007），变异性不大。长期定位肥料试验研究结果也表明，土壤施高量磷肥时微生物量 C∶N∶P 处于内稳状态（Spohn，2016; Griffiths et al.，2012）。中国南方亚热带地区土壤微生物量碳、氮和磷的摩尔比值为 70.2∶6∶1（Li et al.，2012）。

（3）土壤微生物与硫循环　　植物吸收硫的主要形态是硫酸根。硫首先必须经过生物氧化作用，转化为硫酸后才能被植物吸收。硫磺在土壤中的氧化作用取决于 3 方面的相互作用，即土壤微生物、硫的性质和土壤环境条件。微生物在硫的生物地球化学循环整个过程中都起了重要作用，参与了还原态无机硫化物的氧化、异化硫酸盐还原、硫化氢的释放和同化硫酸盐还原。

硫在土壤中的氧化主要以生物学过程为主，其氧化过程为 $S^0 \rightarrow S_2O_3^{2-} \rightarrow S_4O_6^{2-} \rightarrow SO_3^{2-} \rightarrow SO_4^{2-}$，其中 $S_2O_3^{2-}$ 和 $S_4O_6^{2-}$ 是硫在土壤循环过程中的重要中间产物。有 3 类化学自养硫细菌参与硫氧化作用，第一类是最重要的自养型硫细菌，即硫杆菌属（*Thiobacillus*），它几乎参与了土壤中所有的硫氧化过程，利用无机硫氧化作用中释放出来的能量将 CO_2 固定为有机物；第二类是光合硫细菌，它利用 S^{2-} 和 S^0 作为光合作用中的氧化物库；第三类是一般的异氧型微生物，它们在某些土壤中数量大，作用也明显。硫氧化作用一般在作物根际发生较快，因为根际环境活跃着一大批不同种类的硫氧化微生物群体（叶协锋等，2009）。

二、土壤矿质养分和土壤中的酶

土壤中的一系列过程以碳、氮循环为中心，包括腐殖物质的形成，木质素、纤维素和糖类物质的分解，有机氮的矿化、硝化和反硝化作用，生物固氮作用，有机磷、硫的转化等，虽存在纯化学过程，但大部分反应是在微生物及其酶的作用下完成的（姚槐应等，2006）。

酶是土壤组分中最活跃的有机成分之一，土壤酶和土壤微生物一起共同推动土壤的代谢过程。土壤酶来源于土壤中动物、植物和微生物细胞的分泌物及其残体的分解物，其中微生物细胞是其主要来源。土壤中广泛存在氧化还原酶类和水解酶类，其对土壤肥力起重要作用。土壤中各有机、无机营养物质的转化速度主要取决于转化酶、蛋白酶、磷酸酶、脲酶及其他水解酶类，多酚氧化酶、硫酸盐还原酶等氧化还原酶类的酶促作用。土壤酶作为动力使得土壤中所有生物生化过程得以持续进行。土壤酶活性大小可表征土壤中各种生物化学活性的高低和土壤养分转化强度与方向的动态变化等（唐玉姝等，2007）。

土壤中有机质含量只有百分之零点几至百分之几，虽然数量比率不高，但其对土壤理化性质影响很大。土壤酶可以吸附在有机物质上，一系列土壤酶，如脲酶、多酚氧化酶、蛋白酶及水解酶等，都曾以"酶-腐殖物质复合物"的形式从土壤中提取出来，这些提取物中的酶仍可保留有活性；在某些情况下还有较强的抗分解能力和热稳定性（黄巧云和李学垣，1995）。一般而言，土壤全氮、全磷含量与有机质含量是成比例的，所以土壤氮、磷含量与土壤酶活性有关。土壤有机质、全氮和全磷通过直接或间接效应成为影响脲酶、酸性磷酸酶和转化酶活性的主要因素（刘广深等，2003）。

微量元素是植物、微生物和酶的激活剂和抑制剂，土壤中的微量元素含量可能是决定土壤酶活性的一个重要生态学因素（周礼恺，1987）。微量元素对土壤酶活性的影响取决于土壤的性质及不同酶类对微量元素的专有特性，对某些酶起激活作用的微量元素，对另一种酶则可能起抑制作用。而且，同一微量元素依含量不同，既可以对酶起激活作用，也可以起抑制作用（万忠梅和吴景贵，2005）。

三、土壤养分和土壤动物

（一）土壤动物

土壤动物是指其生活史中有一段时间在土壤中度过，而且对土壤产生一定影响的动物。土壤动物通常包括原生动物、扁形动物、线形动物、软体动物、环节动物、缓步动物和节肢动物，有时还包括部分两栖动物、爬行动物和哺乳动物中的食虫目和啮齿目（尹文英等，2000，1992）。土壤动物的定义有广义和狭义之分，广义的土壤动物是指经常或暂时栖息在土壤环境中（包括凋落物和枯木等植物残体在内），并且在此环境中进行某些活动的动物类群，既包括陆地大多数无脊椎动物，也包括蜥蜴、蛙类、啮齿类和鸟类等在土壤中栖居的脊椎动物；而狭义的土壤动物仅指整个生活史都在土壤中度过的无脊椎动物类群，如软体动物、蚓类、甲壳类、多足类、蜘蛛、螨类及昆虫等当中的某些类群，线虫等小型湿生动物及原生动物等当中的某些类群。土壤动物是生态系统中重要的消费者和特殊的分解者，具有分布广、种类多、密度大、活动范围小和迁移能力弱等特点。土壤动物对环境变化敏感，群落结构呈规律性季节变化，年度变化却相对稳定。

（二）土壤养分与土壤动物的关系

在陆地生态系统中，土壤生物区系是食物网的重要组成部分，并且是分解作用、养分矿化作用等生态过程的主要调节者。尽管在大多数系统中，微生物群落约占碳、氮矿化和固定量的 90%，但其活动受土壤动物的调节。研究发现，土壤动物体的矿质元素与其所在土壤的矿质元素显著相关。有实验证明，原生动物、线虫、螨类、跳虫、蚯蚓和一些大型节肢动物直接参与氮的循环；而生活在热带林区的白蚁与共生的菌类、原生动物一起能够分解纤维素和木质素，参与碳的循环。

自然界中物质循环的原动力主要来源于众多的土壤生物。土壤动物通过取食细菌、真菌及将微生物繁殖体向新的底物运输来直接调节微生物活动。土壤动物消耗微生物生物量后，排泄出无机氮，然后这些无机氮素又进一步供给微生物或植物吸收利用。土壤动物通过有机质的破碎和粪粒的形成来增加微生物侵袭的表面积。土壤动物也能通过粪土的产生间接地改变微生物的微环境，转过来又影响土壤孔隙空间、团聚体大小和稳定性。在土壤动物当中，小型土壤动物通过与微生物群落之间的相互作用产生重要的影响；中型和大型土壤动物产生粪粒，形成不同大小的生物孔隙，以此来影响水分运动、储存及根系的生长，也许更重要的是它们长期对土壤的腐殖化过程产生显著的影响（表 11-5）。总体而言，土壤动物活动对生态系统过程产生的最终影响是提高有机质的分解速率和养分的周转量。

表 11-5　土壤生物区系在土壤生态系统过程中的作用（梁文举和闻大中，2001）

种类	养分循环	土壤结构
小型土壤动物	调节细菌和真菌种群，改变养分周转	通过与微生物群落的相互作用影响土壤团聚体
中型土壤动物	调节真菌和小型土壤动物种群，改变养分周转	产生粪粒，创造生物孔隙
大型土壤动物	破碎植物凋落物刺激微生物活动	混合有机和无机颗粒使有机质和微生物重新分布，创造生物孔隙，提高腐殖化作用，产生粪粒

土壤动物可作为研究土壤环境要素的指标，它们在土壤生态系统中各生物类群或群落组成等的差异能够反映环境的细微变化，如土壤的温度、湿度、团粒结构、通气性、透水性、空隙数量和含水量等物理性变化，以及 pH、碳、氮、钠、钾、钙和锰等含量，有机质含量和 C∶N 等化学性质变化（王移等，2010）。蚯蚓（*P. corethrurus*）C∶N∶P 摩尔比为 127∶26.5∶1，蚯蚓密度与土壤有效磷正相关（Marichal et al.，2011）。当某些环境因素变化超出一定限度时，会影响到土壤动物的繁衍和生存，甚至导致其死亡。说明土壤动物的生态学特征与上述土壤环境要素的状态密切相关，可指示土壤健康状态（Pankhurst et al.，1997）。

第四节　土壤矿质营养与植物健康

一、土壤矿质营养与植物病害

Engelhard 对 20 世纪 80 年代中期以前矿质营养与土传病害的关系研究曾进行了系统的总结（Engelhard，1989），引起了植物保护领域的热烈讨论和关注。随后的总结和研究表明，在许多情况下，矿质营养显著影响植物的发病状况，且往往处于植物抗病的前沿阵地（Datnoff et al.，2007）。实际上，许多生物、农艺、物理和化学防治技术，最终起作用的可能都是因为改变了土壤养分的有效性。健康的土壤对抑制作物病害尤其是土传病害作用显著（Janvier et al.，2007）。

矿质营养不仅影响植物的正常生长发育，而且还以多种方式直接或间接地影响植物的感病和抗病性（Dordas，2008；Huber and Haneklaus，2007；Huber，1990）。矿质元素一方面可以作为植物组织的构成成分或直接参与新陈代谢而起作用，另外还可以改变植物的生长方式、形态和解剖学特性，如使表皮细胞加厚、高度木质化或硅质化，从而形成机械屏障，增强其抗病性，特别是可以通过生物化学特性的改变，如产生大量的抑制性或抗性物质（植物抗毒素），增强植物对病虫害的抵抗力，影响植物的生长和产量。因此，通过调节矿质营养这个重要的环境因子，可以影响寄主植物和病原物之间的交互作用过程。因此，矿质营养调节是控制植物病害发生的有效措施之一。

有关矿质养分与植物病害的关系曾有很好的总结（慕康国等，2000）。氮、磷和钾在调节作物抗病性方面十分重要。氮素的过量施用一般减弱了植物的抗病性，发病率增加，病害加重（Huber and Watson，1974）。在黑麦草上施用过量氮素促进了立枯丝核菌（*Rhizoctonia solani*）菌丝体的生长，这种病害与高水平的氮有关。通过尿素和一种缓释肥在春秋两季的施肥试验表明，与对照组（不施肥）相比较，两种肥料和不同时期的施肥均不能减少枯萎病的发生；而春季施肥由于增加了叶表面分泌物的量，促进了水稻纹枯病菌（*Riziocotinia solani*）菌丝的生长，秋季施用缓释肥减轻了病害的发生（Fidanza and Dernoeden，1996）。随着施氮量的提高，大麦白粉病的发生逐渐严重（黄金堂等，2006）。磷肥的施用对不同的作物病害表现不一致。施磷肥或氮、磷同施时，油菜黑斑病有加重的趋势（Sharma and Kolte，1994），而在重度缺磷的土壤中，随着磷用量的增加，小麦全蚀病的发病率和病情指数减少，产量提高；但这种应用磷肥减轻全蚀病只有在发病较轻和严重缺磷时比较明显，当全蚀病较严重（＞65%）时，施磷减轻病害的效果迅速降低（Brennan，1995）。钾素营养的改善一般有利于提高寄主植物的抗病性。施用钾肥对棉花枯萎病、黄萎病有明显的效果，施钾后，抗病品种中棉 12 号枯萎病的发病率和病情指数较对照降低分别达 28.6%和 30.6%，感病品种邯郸 14 号也分别较对照降低了 9.5%和 25.5%；在对黄萎病的防效上，施钾后中棉 12 号的发病率和病情指数分别降低 34.6%和 7.3%，邯郸 14 号则分别下降 50.7%和 44.4%（宋美珍和朱荷琴，1995）。同样，施用钾肥可抑制油菜黑斑病病菌（*Alternaria brassicae*）孢子的萌发，减少产孢，从而减轻病害的发生（Sharma and Kolte，1994）。因此，施钾可提高植物体内的含钾量，提高抗病性。随植株体内钾含量的增加，玉米茎腐病、小麦白粉病、棉花叶斑病、油菜黑斑病、番茄早疫病、茶树的炭疽病、轮斑病和云纹病等均不同程度地减轻。钾肥施用方式、肥料种类、施用量和土壤本身的钾素状况等与植物抗病性关系较大（刘晓燕等，2006），在土壤缺钾条件下，单独施钾（以 KNO_3 评价）或施用氯化钾对玉米茎腐病均具有明显的防治效果，且对感病品种的防治效果优于抗病品种，但施氯（以 $CaCl_2$ 评价）对玉米茎腐病的防治效果不明显（刘晓燕等，2007）。合理控施氮肥和增施钾肥，可控制小麦病害的发生，收到增产、增收的效果（许艳云等，2007）。土壤磷素超量积累，养分不均衡，氮和磷拮抗，过多的磷素影响了氮、钾的吸收，可引起黄瓜的灰霉病（梁运江等，2005）。研究发现合理施用氮肥，重施磷肥、钾肥有利于降低草莓黑根腐病的发生。高质量的有机肥可以在防治多种连作病害方面起积极作用（Joshi et al.，2009）。

已经证明有 30 多种不同作物病害与钙关系密切，储藏果实病害的发生与其组织中的钙含量呈现较强的相关性。硝酸钙肥料试验证明，尖孢镰刀菌（*Fusarium oxysporum*）侵染导致的枯萎病发病率低于用尿素或硫铵做肥料的处理，说明钙在防治植物病害方面的积极作用（Sindha and Parashar，1989）。土壤中游离钙离子含量与土壤抑病性有显著正相关（Heyman et al.，

2007）。施钙可以减轻番茄青枯病的发生（Jiang et al.，2013）。高剂量施钙能降低立枯病病菌（*Rhizoctonia solani*）对豇豆幼苗的侵染作用，而施用镁却相反，增加病原物的侵染，提高发病率；施镁提高了花椰菜头腐病的发病率；施硫导致大豆疫霉根腐病加重（Grau et al.，1989）。

关于微量元素对植物病害影响的文献有很多，但具体到 1 个元素单独施用的则不多，多是与大量元素或多种微量元素混用的结果。土壤施硼能有效地控制珍珠粟上霜霉的发生（Gupta and Singh，1995），叶面喷施硼显著降低葫芦落叶枯病（Bhargava and singh，1992）和番茄青枯病（Jiang et al.，2016）；而增施硼肥却增加了花椰菜头腐病的发病率。施锌和锰增加了洋葱白腐病的发病率，施锰处理的植物根际病原物的数量显著增加（Dabash，1985）。施锌能有效防治玉米的茎基腐病。适宜的铁营养可减轻大麦叶斑病、番茄叶枯病、大豆根腐病、谷类作物根腐病、花生枯萎病和黄瓜萎蔫病等的发生（鲁耀等，2008）。

叶片表层中硅的淀积，特别有利于植物组织抗真菌侵染（如白粉病、稻瘟病等）。用不同浓度的硅酸钠营养液处理黄瓜植株，并在叶片上接种白粉病菌（*Sphaerotheca fuliginea*），随着硅在营养液中浓度的增加，叶片上白粉斑的数目、面积及分生孢子的萌发数都显著减少（Fidanza and Dernoeden，1996）。

二、矿质营养与植物抗病性的关系

（一）矿质养分与酚类化合物代谢的关系

酚类化合物含量与植株抗病性之间有一定的相关性，主要是因为酚对病原物具有毒性，可以抑制孢子萌发和病菌生长；抑制病菌产生及分泌分解酶；降低或消除病原菌产生的毒素。苯丙氨酸解氨酶（PAL）、酪氨酸解氨酶（TAL）和过氧化物酶（POD）是参与酚代谢的 3 种关键酶。大量使用氮肥使合成酚的关键酶 PAL 和 TAL 活性降低，从而使植株总酚含量降低。在对柠檬流胶病的研究中发现，在一定范围内，氮量增加，多酚氧化酶活性降低；钾素含量增加，多酚氧化酶活性提高。而提高多酚氧化酶活性可以降低流胶病的发生。钾的营养状况对酚代谢有很大影响，施钾能够促进糖的合成与运输，而糖是合成酚的原料，进而提高作物体内多酚的含量。低钾条件下无机氮会积累，从而使酚类迅速降解，提高作物的发病率。这种情况在低钾高氮条件下会更严重。增施磷肥会使水稻酚含量降低，使水稻抗白叶枯病的能力减弱。施硅在病原物侵染点周围寄主细胞中积累酚类物质，从而提高抗性。微量元素铜是酚酶的成分，直接参与植物体内酚类的代谢，影响植物植保素的合成，对植物抵抗真菌的侵染、孢子的萌发和生长产生影响。硼、钙对植物体内酚的代谢也有调节作用，可能对酚类植物抗毒素的形成有促进作用（Jiang et al.，2016，2013）。

（二）矿质营养与碳氮化合物代谢及抗病性的关系

1. 含氮化合物对作物病害的影响

作物体内可溶性氮（主要是氨基酸和酰胺）、蛋白氮与作物病害密切相关。一般而言，可溶性氮含量高、蛋白氮含量低时作物易感病，反之则抗病。氨基酸及其酰胺，特别是谷氨酸、丙氨酸、天冬氨酸及其酰胺含量高容易致病，因为：①诱导孢子萌发；②促进病原菌生长；③提高某些水解酶活性。但一些与酚类物质关系密切的氨基酸（主要是芳香族氨基酸）对抗病有利。高氮能提高植物体内游离氨基酸总量，例如，谷氨酸、天冬氨酸及其酰胺的量显著提高，它们是病原菌偏爱的氮源，致使感病率提高（张福锁，1993）。钾能促进蛋白质的合成，促进糖、淀粉的合成和运输，协调碳氮代谢，进而减少体内可溶性氨基酸的含量，从而提高抗病性。但是在施氮过量的情况下，增施钾肥并不能改变碳、氮代谢失调状况，反而因为钾促进了氮的吸收，可溶性氮含量可能会更高。钙对维持生物膜的稳定性具有重要意义，钙含量降低可使低分子化合物（主要为氨基酸、糖等）从原生质体进入质外体，有利于菌丝生长。适量施镁使植株茎叶中的含碳化合物增加，可溶性氮下降，在一定程度上提高抗病性。许多微量元素能促进蛋白质合成，减少体内游离氨基酸含量，从而提高植物抗病性。

2. 碳水化合物对作物病害的影响

通常植株可溶性总糖含量高，则抗病性强，反之则抗病性弱。有些病害与总糖关系不大，却可能与某一类糖的含量关系密切。多数人认为，糖影响抗病是以间接作用为主，糖是酚类化合物、植保素、木质素和纤维素等物质生物合成的原料，又是蛋白质的碳架，同时能促进酚类化合物的合成；另外，糖能抑制果胶酸酶、纤维素酶的活性。淀粉含量与很多作物的抗病性关系密切，因为淀粉含量高，可溶性氮含量就低，不利于病菌繁殖。一般来说，随着氮肥用量的增加，植物体内糖、淀粉含量下降，抗病能力减弱（Li et al.，2014）。磷能加强光合作用和碳水化合物的合成与运转，增加植株体内可溶性糖类（特别是在逆境条件下），能够提高抗性。但是，由于磷参与叶绿体中三碳糖运转到细胞质和蔗糖在筛管内运输的过程，磷缺乏时植物体内的糖类也会相对积累。磷在抗病中的作用并不十分清楚，虽然磷营养充足时可减少小麦对全蚀病的敏感性，增强抗侵染能力，但却加重了玉米茎腐病和白杨锈病。施钾常常可以提高含糖量，从而改善植物的抗病能力。微量元素铁、锰、铜和锌等对光合作用的正常进行是必不可少的，高分子碳水化合物的形成也离不开微量元素，因此，微量元素缺乏时，作物抗病性就减弱。

（三）矿质营养与内源激素代谢及抗病性的关系

植物激素是植物体内合成的对植物生长发育和代谢有显著调控作用的几类微量有机物质，包括生长素类（IAA）、细胞分裂素类（CTK）、赤霉素类（GA）、脱落酸（ABA）和乙烯，它们与植物病害的发生具有重要的关系，而营养元素会影响这些内源激素的合成。有关研究曾从以下几个方面进行了总结（郭衍银等，2003）。

（1）*矿质养分对生长素类的影响*　生长素类吲哚乙酸主要由色氨酸→氧化脱氨→吲哚丙酮酸→脱羧→吲哚乙酸；或由色氨酸→脱羧→色胺→氧化脱氨→吲哚乙酸。缺锌能抑制色氨酸转化，阻碍 IAA 运输和促进其分解，阻碍植株茎的生长，引发簇生病。K^+ 能抑制 IAA 氧化酶活性，从而提高其在组织中的含量。锰在 IAA 氧化酶体系中具有两方面作用，一是影响辅助因子和抑制因子的水平与活性，二是作为酶的辅助因子。锰过高或过低均能增强 IAA 氧化酶的活性。缺硼或缺钙使向日葵下胚轴 IAA 运输速率下降。

（2）*矿质养分对细胞分裂素类的影响*　供氮水平显著制约着植物地上部 CTK 的含量与活性。在砂培试验中，低氮导致向日葵叶、芽、根及伤流液中的 CTK 水平迅速下降，这可能是因为根系中减少了 CTK 的合成和输出。过高或过低的供磷水平均可导致 CTK 下降，高磷时的下降可能与形成渗透胁迫有关，而低磷则直接限制了 CTK 的合成。K^+、Ca^{2+}和 B 对 CTK 的合成或调节作用均有影响，而锌对蚕豆茎顶端和幼叶的 CTK 含量影响不明显。

（3）*矿质养分对赤霉素类的影响*　赤霉素类的生理效应之一是促进细胞伸长，从而促进植株或器官的纵向生长。GA 对茎伸长的促进作用依赖于 K^+的供应，表明钾对 GA 具有增效作用。中断马铃薯植株的氮素供应会诱导茎中 GA 水平明显下降，同时 ABA 水平急剧升高；而提高施氮水平会降低植株茎叶中的 GA 含量，这可能是施氮促进了植株生长而产生的稀释效应。GA3 处理的南瓜、向日葵易受核盘菌（*Sclerotinia sclerotiorum*）的侵染，随着 GA3 的增加，侵染率和侵染程度也增大。

（4）矿质养分对脱落酸和乙烯的影响　植株中游离态 ABA 与结合态 DPA（ABA 氧化产物）含量均随着施氮量的增加而显著增加。与供磷充足的棉花相比，缺磷时叶片中积累的 ABA 更多，且缺磷植株对 ABA 的敏感性也增强。缺锌也会导致植株顶部 ABA 含量增加，但对叶与茎的 ABA 水平影响不显著。

矿质养分是植物正常生长发育所必需的，合理平衡施肥不仅使植物生长健壮，增强抗病性，而且多数元素自身或其代谢物，或直接作为病原物营养需要，或通过对病原物产生毒性，影响病原物的侵染繁殖，从而影响植物的抗病性。因此，要使植物获得最大的抗性，只有保持最佳的营养平衡状态。然而，有关矿质养分与土传病害之间量化关系的研究尚有较大的发展空间，一些机理性问题有待于进一步探讨。

第五节　土壤矿质元素与人类健康

一、矿质营养元素对人类健康的重要意义

矿质元素是人体正常生理活动所必需的，体内无法合成，必须不断地从环境中摄取以满足生命活动所必需的营养物质。研究表明，人体中的微量元素与地壳元素丰度呈正相关，这是土壤—植物—动物—人类的生物链传递结果。地壳中的元素在流体和生物的共同作用下被植物吸收并储藏，动物或微生物又进一步吸收和富集，最后传递到人。如果某一地区地壳中的化学元素浓度超出或者低于人体所适应的正常变化范围，就可能引起病变（刘建明等，2016）。然而人体的营养与动物营养、植物营养在元素需要种类、数量和元素间的比例方面是有区别的，除了植物所需要的前述 17 种元素外，人体还需要其他元素（邢光熹和朱建国，2003），它们在人体内参与身体的许多重要生理功能。

二、矿质养分与长寿

（一）长寿之乡分布状况

国内最具权威性的“中国长寿之乡”是中国老年学学会评选认定的称号，其评选注重长寿的代表性（区域户籍人口中存活实足百岁及以上老人占总人口的比例达到 10/10 万以上）、整体性（2010 年区域人口平均预期寿命达到 76.8 岁）和持续性（80 岁及以上高龄老人占 60 岁及以上人口的比例达到 14%以上）（中国老年学学会文件，2013）。截至 2014 年 9 月 30 日，我国共有 55 个长寿之乡（黄翌，2015）。

（二）自然环境及矿质养分与长寿的关系

针对北欧地区高龄双胞胎寿命的研究表明，遗传对人类个体平均寿命的贡献占 20%～

30%，而环境贡献的比重高达70%以上（Ljungquist et al.，1998）。地球环境的各类因子，如热量、气温、地形、垂直地带性、水质、土壤、日照、海拔、农作物、空气、气压、污染，甚至地磁场，都有可能影响人类健康和长寿。例如，局地环境中硒、碘等元素的丰缺将会导致克山病、大骨节病和甲状腺肿大等地方性疾病的发生。我国改革开放以来"癌症高发村"的形成及时空分布变迁普遍与环境污染有关（龚胜生和张涛，2013）。土壤中的微量元素含量分布与长寿人口的分布间又存在紧密的联系。以人-地系统为主要对象，探索人类健康与地质环境的相互作用，已成为国内外一个重要的研究领域。李家熙等（1999）运用数理统计，通过膳食中常量、微量元素的摄入量研究，结合不同群落人体中微量元素的统计结果，分析了其对人体健康的影响。具体到各类长寿人口聚集区自然环境特征的研究结果表明，长寿之乡大多为气候温和、日照充足、无霜期较长、环境污染极少、水质好、适宜各种动植物生长和空气中负氧离子高的良好环境，系统物质中含有较多的抗衰老元素，具有其独特的自然环境特征。例如，江苏如皋是中国有名的花木盆景之乡，树木种类繁多，土壤中碘、锌和硒的平均含量明显高于其他地区，而对人体有害的砷、汞、镉和铅等重金属含量处于较低水平，表明良好的生态地球化学环境是这地区长寿的原因（翁志华等，2012）。如皋市中东部地区"普通简育水耕人为土"和"水耕暗色潮湿雏形土"分布区，90岁以上人口比例较高，而中西部的"石灰淡色潮湿雏形土"分布区，90岁以上人口比例较低，地区之间的差异性显著，具有地域聚集特征（邹忠等，2005）。针对四川彭山、广西巴马、湖北钟祥等长寿之乡的调研也表明，长寿人口聚集的地区往往与某种土壤类型或与人体元素相关的微量元素或矿产资源的分布一致，这些微量元素增强了人们的抗衰老能力。河南省夏邑县不同乡镇间土壤元素的差异及其与长寿人口分布的相关性研究表明，富铬、锌、钾和锰且无重金属污染的土壤是区域长寿的一个重要原因，而土壤中硒、锌、铜和钠分布不均是限制夏邑县长寿人口分布的关键因素，该地区土壤环境中存在优越的"元素谱"。此外，该研究还发现长寿人口的空间集聚现象不能仅由一种元素的含量高低决定，而必须考虑多种元素之间的交互叠加效应（邹晓燕等，2011）。Lv等（2011）讨论了空气、水质和食物中的微量元素等几类环境因子对"长寿之乡"湖北省钟祥市人口长寿与健康的影响，研究结果表明，钟祥市空气中的SO_2和可吸入颗粒物都在一类空气质量标准范围内，而负氧离子含量明显高于城市环境，当地居民的饮食呈碱性，且微量元素含量较高。Liu等（2013）研究了省域尺度下的中国土壤要素特性与长寿人口分布间的关系，发现西南和东部沿海等区域长寿人口比重较大，土壤中硒背景浓度与长寿指数（每10万人中百岁老人数）显著正相关，而钡元素和镍元素与长寿指数显著负相关。刘旭辉等（2007）在对广西巴马瑶族自治县长寿地区的土壤进行检测分析后发现，巴马地区土壤中富含碘、锌、锂和硒等十多种对人体有益的微量元素，其中锰、锌含量特别高，铜的含量较低。Liu等（2014）研究了中国新疆长寿人口分布与自然水体中的化学特征，分析了1990年、2000年和2010年3个时间点南疆和北疆地区人口长寿指数（LI%，90岁以上人口占65岁以上人口的比例）和百岁指数（CI%，100岁以上人口占90岁以上人口的比例），并将其与区域水质结合进行比较，推断出高总硬度和Mg/Ca比例的饮用水对健康和长寿有益。Li等（2011）研究了中国健康百岁老人头发中的微量元素的富集状况，认为充足的硒和锌元素对于延长寿命具有促进作用，而铬、铅和镉则具有负面作用。Huang等（2009）在分析了农业生态系统中微量元素的分布与90岁以上人口分布的关系后得出，土壤中有效态元素含量比全量对生态系统中的元素生物可利用度和人类健康具有更大的意义。邱洪晟等（2000）的研究表明，大部分元素正常，个别有益元素稍高于正常是新疆和田地区长寿的重要因素之一。因此，长寿之乡的形成得益于土壤、水体中的微量元素，空气中的负离子等当地独特的自然环境，这些因子通过物质交换和食物链影响人体的健康长寿（黄翌，2015；秦俊法，2008）。

三、土壤矿质元素与人体健康矫正

有关微量元素与生物健康，吴求亮等（2000）曾从临床医学、动植物科学、环境与资源科学、分析测试科学等多方面、多层次地进行了较为全面的讨论。陈能场和郑煜基（2016）从土壤学角度以典型例证论述了土壤矿质元素缺乏与健康矫正问题。

（一）芬兰的土壤补硒行动

20 世纪 70 年代以前，芬兰和北欧纳维亚地区是世界上的低硒土壤区域，这些区域的基岩（主要为前寒武纪火成岩和变质岩）和土壤中的硒含量都很低，且因其土壤呈酸性，硒以亚硒酸形态存在，容易被土壤吸附，因此作物中的硒含量（Se）极低，通常只有 0.01 mg/kg（Keskinen et al.，2011；Elrashidi et al.，1987），造成当地居民和牲畜的硒摄入不足。当时芬兰人的硒摄取量为 25～60 μg/d，是世界上摄取量最低的国家之一。由于土壤和牧草缺硒，幼畜和快速增长期的牲畜经常发生硒缺乏病，即白肌病（Oksanen，1965）。

20 世纪 80 年代，芬兰卫生当局开始担心普通人群的硒摄入量不足，有可能导致严重的公共卫生问题，农林部一个专家小组认为需要对饮食进行较大的干预，所以在 1983 年提出了“土壤施硒”的建议（Alfthan et al.，2015），为此芬兰通过了一项法律（Keskinen et al.，2011），即要求将硒酸钠添加到芬兰国内使用的所有农用化肥中，旨在通过增加土壤中有效硒的水平来提高农作物和动物饲料的硒含量，从而增加食物中硒的含量，最终改善芬兰人的缺硒状况。在施硒行动开始后，于 1985 年开始了全国性的监测计划，每年由 4 个政府研究机构对谷物、食品、饲料、肥料、土壤和人体组织进行取样监测。食物采样每年 4 次，对同一组的成年人每年进行人体血液监测，同时也对施硒的环境影响进行了监控，表明施硒效果很显著（Alfthan et al.，2015）。在第一个生长季内，动物饲料、各种食品硒的含量均有所提高，牛奶硒浓度从肥料施用前的 0.02 μg/g 上升至 0.19 μg/g（干重），猪肉硒浓度从 0.02 μg/g 上升至 0.70 μg/g（干重），蔬菜和谷物的硒浓度也增加，特别是西兰花，硒浓度从 0.01 μg/g 猛增到 1.70 μg/g（干重）（Mäkelä et al.，1993）。膳食摄取的硒显著增加，与施硒前相比，施硒后第一年成年人摄入硒增加了 2～3 倍，达到 100 μg/d 左右，是施硒前的 1.5～4 倍。由于效果过于显著，人们担心硒摄入量过高会给动物和人体健康带来不利影响，因此从 1990 年开始，芬兰决定减少土壤补硒量，所有的作物和草地的施硒水平改为肥料中含硒 6 mg/kg。1993 年成人摄入量回落到 85 μg/d，城市和乡村人口的血清硒平均值为 100 μg/L。1997 年芬兰人血硒水平持续在欧洲排名第一且可以与北美人相提并论。

由于注重土壤硒的补充，芬兰没有显示出同一时期英国和其他一些欧洲国家硒摄入量下降的迹象。到 2012 年（Alfthan et al.，2015），春季谷物的硒浓度平均为施硒前的 15 倍。牛肉、猪肉和牛奶中硒的浓度平均增加 6 倍、2 倍和 3 倍。一个值得关注的现象是，有机农业生产的植物性有机食品的硒浓度与补硒前的产品相当，而有机喂养的奶牛产出的牛奶中的硒比普通牛奶要低 50%。这也证明没有施用补硒肥料的土壤和其植物-动物链依然处于低硒水平。在 20 多年期间，芬兰对全国范围内的土壤持续施硒对人体健康的有益影响虽然尚无定论，因为难以将单一因子（如增加微量元素摄入量）的效果从其他影响（如癌症和心脏疾病的病因因子）中分离出来。迄今，芬兰仍然是通过立法在全国范围采取土壤增硒行动的唯一国家。

（二）土耳其的补锌措施

另一个例证是锌。几乎世界上一半的作物缺锌，“缺锌”被称为世界上人体疾病的第五大风险因素。土耳其是土壤缺锌最严重的国家之一，曾有调查表明（Cakmak，2008），在 1 511 个土壤样本中，49.8%潜在缺锌。土耳其安纳托利亚（Anatolia）土壤施锌带来了巨额利润，它是一个小麦主产区，土壤 pH 平均为 7.9，90%以上土壤的有效锌（Zn）低于 0.5 mg/kg，25%的土壤有效铁低于 2.5 mg/kg（DTPA 提取，0.5 mg/kg 和 2.5 mg/kg 分别被认为是石灰性土壤植物缺锌和缺铁的临界值）。小麦的锌含量自然也低，且因为小麦中植酸/锌的摩尔比平均值为 137，范围值达 95～216（Cakmak et al.，1999），远远高于一般认为的植酸/锌比值（该值＞20 时就可能严重缺锌），导致当地以小麦为主粮的居民体内缺锌。有研究发现安纳托利亚东南部的儿童身材矮小，学童头发中的锌含量低，显示出低锌带来了健康影响。

缺锌问题在安纳托利亚中部最为突出。1991～1992 年的一个田间试验（Cakmak et al.，1999）研究了各种微量元素的施肥效应，发现只有锌能大幅度提高小麦的产量。基于这个结果，土耳其政府在科学促进稳定（Science for Stability，NATO）项目资助下，在该地区开展了多机构联合的土壤长期施锌试验。结果表明，一些小麦产量很低的区域，锌的施用使小麦产量提高了 6～8 倍，锌肥施用显著改善了土耳其人的身体健康。

以上案例清楚地道出了“土壤—营养—健康”的链条关系，微量元素的地质背景含量低，且受到土壤性质（硒-土壤酸性，锌-土壤碱性）的制约，造成微量元素在土壤—食物—人体链中的传递能力低下，从而带来了人体健康影响；通过人为干预矫正取得了很大成功。法国著名农学家安德烈•维尔森于 1959 年发表了《土壤、草和癌症》一书，总结说：“在努力改善人类健康方面，医学界在很大程度上忽视了土壤的作用，土壤科学应该是预防医学的基础”。

（三）营养在“痛痛病”控制中的作用

“痛痛病”发生后，很多科学家对营养在降低镉的体内吸收方面做了大量研究，结果表明，膳食营养和体内的营养状态对降低肠道镉的吸收有着极为关键的作用。当食物中的膳食纤维，以及钙、铁和锌等矿物质营养丰富或体内钙、铁和锌充足时，进入体内而被吸收的镉少于元素缺乏者的 1/10（Reeves et al.，2001a，2001b），可见进入体内镉的多少不是判断危害程度的唯一标准。例如，新西兰东南部的一个小岛（Chaney et al.，1999；McKenzie-Parnell et al.，1988），当地居民喜吃生蚝，并且多喝牛奶，生蚝中的 Cd 高达 5 mg/kg，小岛居民的 Cd 摄取量与神通川居民相当，达到 600 μg/d，但这些居民并没有因为高镉摄取而发生“痛痛病”，这是因为生蚝中同时富含的锌、铁及牛奶中钙的拮抗效应抑制了镉的吸收与毒性。

美国镉研究专家比较了欧美和日本镉污染地域人群的健康状况（Chaney et al.，1999），发现欧美一些镉污染区的污染程度并不比日本神通川流域低，但没有因此发生严重的镉健康损害，他认为此原因主要与膳食结构有关，亚洲人主要食用的大米缺乏铁、锌和钙等营养，而西方人的食物富含铁、锌和钙等元素。我国土壤（A 层）锌的中值为 68 mg/kg，远远高于世界土壤化学组成的中值 9 mg/kg；而我国土壤（A 层）镉的中值为 0.079 mg/kg，远低于世界土壤化学组成的中值 0.35 mg/kg，加之我国自古就有施用农家肥的措施，所以土壤锌含量丰富，Zn/Cd 比高，这可能是我国一些镉污染区没有发生“痛痛病”的原因之一。

（四）过量或者缺乏的评价方法——土壤和食品生物有效性的体外模拟

除了元素之间的拮抗效应之外，一个值得关注的问题是元素的生物有效性，这是元素过量和缺乏的常用评价方法。土壤和食品生物有效性的体外模拟有助于更好地理解土壤矿质元素的健康效应，胃肠模拟方法多种多样（朱永官，2013），包括生物有效性简化提取法（SBET）、生理原理提取法（PBET）、荷兰公共卫生与环境国家研究院法（RIVM）、体外胃肠法（IVG）、德国标准研究院法（DIN）、荷兰应用科学研究院胃肠法（TIM），以及人体肠道微生物生态模拟系统（SHIME），上述不同方法各有特色和侧重，都是为了更好地模拟人体的消化系统，准确测定元素或者化合物的生物有效性。对 11 个土壤样品镉的生物有效性模拟研究表明（崔岩山和陈晓晨，2010），胃和小肠液中镉的生物有效性平均值分别为 25.34%和 14.84%，在不同土壤之间有较大的差别。不同元素之间的有效性差异较大，对广西某尾矿库溃坝影响区域甘蔗地土壤的模拟研究表明（王晓飞等，2017），铅和镉的有效性平均值在肠模拟阶段分别为 1.81%和 11.9%，铜和锌分别为 4.65%和 4.41%。利用模拟生物有效性的数据，与相关标准中缺乏或者过量限值进行比较，便可对健康的相对影响进行评估。然而，如何在模拟研究中体现元素之间的拮抗效应对生物有效性的影响，尚是一个有待于解决的课题。

思考题与习题

1. 土壤健康的内涵是什么？与土壤质量概念有何联系和差别？
2. 生态化学计量学在土壤生态学研究中有何作用？
3. 论述土壤矿质养分与植物病害发生的关系。
4. 论述土壤养分循环与土壤微生物、动物之间的关系。
5. 论述矿质养分与人类健康的关系。
6. 通过土壤管理可矫正矿质元素引起的人体健康问题吗？

主要参考文献

蔡祖聪，黄新琦. 2016. 土壤学不应忽视对作物土传病原微生物的研究. 土壤学报，53（2）：305～310

陈伏生，胡小飞，葛刚. 2007. 城市地被植物麦冬叶片氮磷化学计量比和养分再吸收效率. 草业学报，16（4）：47～54

陈能场，郑煜基. 2016. 医生的土壤情结（四）. 东方早报，2016-8-3

陈晓明，王程龙，薄瑞. 2016. 中国农药使用现状及对策建议. 农药科学与管理，37（2）：4～8

崔岩山，陈晓晨. 2010. 土壤中镉的生物可给性及其对人体的健康风险评估. 环境科学，31（2）：403～408

龚胜生，张涛. 2013. 中国“癌症村”时空分布变迁研究. 中国人口 · 资源与环境，23（9）：156～164

龚子同，章扬德，史德明等. 2016. 20 世纪中苏土壤科学的交流. 土壤通报，47（2）：257～264

郭衍银，徐坤，王秀峰等. 2003. 矿质营养与植物病害机理研究进展. 甘肃农业大学学报，38（4）：385～393

国家统计局农村社会经济调查司. 2015. 中国农村统计年鉴. 北京：中国统计出版社

贺纪正，张丽梅. 2009. 氨氧化微生物生态学与氮循环研究进展. 生态学报，29（1）：406～415

侯海军，秦红灵，陈春兰等. 2014. 土壤氮循环微生物过程的分子生态学研究进展. 农业现代化研究，35（5）：588～594

侯慧，董坤，杨智仙等. 2016. 连作障碍发生机理研究进展. 土壤，48（6）：1068～1076

黄金堂，陈海玲，李清华. 2006. 大麦白粉病与播种密度、施氮水平关系探讨. 大麦与谷类科学，（1）：19～22

黄巧云，李学垣. 1995. 粘土矿物、有机质对酶活性的影响. 土壤学进展，23（4）：12～18

黄翌. 2015. “长寿之乡”成因研究述评与展望. 中国老年学杂志，35（7）：1977～1981

寇长林，巨晓棠，高强等. 2004. 两种农作体系施肥对土壤质量的影响. 生态学报，24（11）：2548～2556

李家熙，黄怀曾，刘晓端. 1999. 环境地球化学在农业和生命科学上的应用研究. 第四纪研究，19（3）：224～230

李涛，于蕾，吴越等. 2018. 山东省设施菜地土壤次生盐渍化特征及影响因素. 土壤学报，55（1）：100～110

梁文举，闻大中. 2001. 土壤生物及其对土壤生态学发展的影响. 应用生态学报，12（1）：137～140

梁运江，许广波，傅伟杰. 2005. 1 例保护地黄瓜施肥不当引起的病害的诊治. 安徽农业科学，33（6）：1014

林启美，赵小蓉，孙炎鑫等. 2000. 四种不同生态系统的土壤解磷细菌数量及种群分布. 土壤与环境，9（1）：34～37

刘广深，徐东梅，许中坚等. 2003. 用通径分析法研究土壤水解酶活性与土壤性质的关系. 土壤学报，40（5）：756～762
刘建明，亓昭英，刘善科等. 2016. 中微量元素与植物营养和人体健康的关系. 化肥工业，43（3）：85～90
刘晓芳，黄晓东，孔健. 2005. 不同的碳源、氮源及碳氮比对微生物溶磷的影响. 山东大学学报，40（2）：121～124
刘晓燕，何萍，金继运. 2006. 钾在植物抗病性中的作用及机理的研究进展. 植物营养与肥料学报，12（3）：445～450
刘晓燕，金继运，何萍等. 2007. 氯化钾中的钾素和氯素对玉米茎腐病防治效果研究. 玉米科学，15（6）：97～102
刘旭辉，银建军，黄明秋. 2007. 巴马区域长寿现象的初步探讨. 河池学院学报，27（2）：46～50
刘占锋，傅伯杰，刘国华等. 2006. 土壤质量与土壤质量指标及其评价. 生态学报，26（3）：901～913
刘兆辉，江丽华，张文君等. 2008. 山东省设施蔬菜施肥量演变及土壤养分变化规律. 土壤学报，45（2）：296～303
鲁耀，郑毅，赵平等. 2008. 间作条件下作物对铁的吸收利用和病害控制. 云南农业大学学报，23（1）：91～95
马常宝. 2016. 我国农业肥料施用发展趋势与展望. 中国农技推广，32（6）：6～10
马文奇，毛达如，张福锁. 2000. 山东省蔬菜大棚养分积累状况. 磷肥与复肥，15（3）：65～67
慕康国，赵秀琴，李健强等. 2000. 矿质营养与植物病害关系研究进展. 中国农业大学学报，5（1）：84～90
朴河春，刘丛强，朱书法等. 2005. 贵州石灰岩和砂岩地区 C4 和 C3 植物营养元素的化学计量对 N/P 比值波动的影响. 第四纪研究，25（5）：552～560
秦俊法. 2008. 中国的百岁老人研究Ⅴ. 微量元素—长寿的重要物质基础. 广东微量元素科学，15（2）：15～32
邱洪晟，谭雪英，冷兴文等. 2000. 和田地区百岁老人生活区土壤元素检测分析. 微量元素与健康研究，17（3）：52～53
盛丰. 2014. 康奈尔土壤健康评价系统及其应用. 土壤通报，45（6）：1289～1296
宋美珍，朱荷琴. 1995. 钾肥与棉花枯黄萎病的关系. 中国棉花，（3）：21～22
孙树卓，王红霞，李伟等. 2007. 设施蔬菜病害发生态势与无公害防治对策. 长江蔬菜，（6）：28～29
唐玉姝，魏朝富，颜廷梅等. 2007. 土壤质量生物学指标研究进展. 土壤，39（2）：157～163
滕泽栋，李敏，朱静等. 2017. 解磷微生物对土壤磷资源利用影响的研究进展. 土壤通报，48（1）：229～235
万欣，董元华，王辉等. 2013. 番茄温室土壤碳氮磷的生态化学计量学特征及其与土壤酶活性的关系. 江苏农业科学，41（10）：281～285
万忠梅，吴景贵. 2005. 土壤酶活性影响因子研究进展. 西北农林科技大学学报（自然科学版），33（6）：87～92
王汉荣，王连平，茹水江等. 2008. 浙江省设施蔬菜连作障碍成因初探. 浙江农业科学，1（1）：82～84
王明珠，陈学南. 2005. 低丘红壤区花生连续高产的障碍及对策. 花生学报，34（2）：17～22
王绍强，于贵瑞. 2008. 生态系统碳氮磷元素的生态化学计量学特征. 生态学报，28（8）：3937～3947
王晓飞，邓超冰，许桂苹等. 2017. 应用体外模拟法评价土壤中重金属的人体健康风险. 江苏农业科学，45（6）：251～254
王晓光，乌云娜，宋彦涛等. 2016. 土壤与植物生态化学计量学研究进展. 大连民族大学学报，18（5）：437～442
王移，卫伟，杨兴中等. 2010. 我国土壤动物与土壤环境要素相互关系研究进展. 应用生态学报，21（9）：2441～2448
翁志华，吴新民，金洋. 2012. 长寿之乡如皋的生态地球化学特征研究. 地质学刊，36（2）：175～179
吴求亮，杨玉爱，谢正苗等. 2000. 微量元素与生物健康. 贵阳：贵州科技出版社
肖风劲，欧阳华. 2002. 生态系统健康及其评价指标和方法. 自然资源学报，17（2）：203～209
邢光熹，朱建国. 2003. 土壤微量元素和稀土元素化学. 北京：科学出版社
徐建华，李红梅，沈培垠等. 1999. 南方根结线虫群体间致病性变异的生物测定. 南京农业大学学报，22（3）：33～36
许艳云，张求东，肖辉荣等. 2007. 控氮增钾控制小麦病害发生试验. 中国植保导刊，27（8）：9～11
姚槐应，黄昌勇等. 2006. 土壤微生物生态学及其实验技术. 北京：科学出版社
叶协锋，张友杰，鲁喜梅等. 2009. 土壤微生物与土壤营养关系研究进展. 土壤通报，40（1）：237～241
尹文英. 1992. 中国亚热带土壤动物. 北京：科学出版社
尹文英. 2000. 中国土壤动物. 北京：科学出版社
袁伟，董元华，王辉. 2011. 蔬菜与肥料中养分摩尔数比与作物生长及氮素利用的关系. 土壤学报，48（2）：445～451
曾德慧，陈广生. 2005. 生态化学计量学：复杂生命系统奥秘的探索. 植物生态学报，29（6）：1007～1019
张福锁. 1993. 植物营养生态生理学和遗传学. 北京：中国科学技术出版社
张桃林. 2015. 加强土壤和产地环境管理促进农业可持续发展. 中国科学院院刊，30（4）：435～444
张维理，武淑霞，冀宏杰等. 2004. 中国农业面源污染形势估计及控制对策Ⅰ. 21 世纪初期中国农业面源污染的形势估计. 中国农业科学，37（7）：1008～1017
张志诚，牛海山，欧阳华. 2005. "生态系统健康"内涵探讨. 资源科学，27（1）：136～145
赵吉，杨劼，邵玉琴等. 2007. 退化草原土壤健康的微生物学量化评价. 农业环境科学学报，26（6）：2090～2094
中国老年学学会文件. 2013. 第二届中国长寿之乡认证办法标准.（中老学〔2013〕43 号），中国长寿网，http：//www.zhgcsw. roboo. com［2013-10-23］
钟传青，黄为一. 2008. 不同种类解磷微生物的溶磷效果及其磷酸酶活性的变化. 土壤学报，42（2）：287～294
周礼恺. 1987. 土壤酶学. 北京：科学出版社
朱永官. 2013. 农业环境中的砷及其对人体的健康风险. 北京：科学出版社
邹晓燕，李永华，杨林生等. 2011. 河南夏邑县长寿现象与土壤环境的关系. 环境科学，32（5）：1415～1421
邹忠，杨荣清，丁峰等. 2005. 江苏省如皋市长寿现象与土壤环境关系研究初探. 土壤，37（1）：89～94

Ågren G I. 2008. Stoichiometry and nutrition of plant growth in natural communities. Annual *Review* of *Ecology* Evolution & and Systematics，39：153～170

Aigbe F O，Isiorhovoja R A. 2013. Crop productivity，land degradation and poverty nexus in delta north agricultural zone of delta state，Nigeria. Journal of Agricultural Science，5（4）：85-93

Aitkenhead J A，McDowell W H. 2000. Soil C∶N ratio as a predictor of annual riverine DOC flux at local and global scales. Global Biogeochemical Cycles，14（1）：127～138

Alfthan G，Eurola M，Ekholm P et al. 2015. Effects of nationwide addition of selenium to fertilizers on foods，and animal and human health in Finland：From deficiency to optimal selenium status of the population. Journal of Trace Elements in Medicine and Biology，31：142～147

Anderson T H. 2003. Microbial eco-physiological indicators to asses soil quality. Agriculture. Agriculture，Ecosystems and Environment，98（1～3）：285～293

Arnon D I，Stout P R. 1939. The essentiality of certain elements in minute quantity for plant with special reference to copper. Plant Physiology，14（2）：371～375

Bell C，Carrillo Y，Boot C M et al . 2014. Rhizosphere stoichiometry：are C：N：P ratios of plants，soils，and enzymes conserved at the plant species-level . New Phytologist，201（2）：505～517

Bhargava A K，Singh R D. 1992. Effect of nitrogenous fertilizers and trace elements on the severity of Alternaria blight of bottle gourd. Annals of Arid Zone，31（1）：63～64

Braakhekke W G，Hooftman D A P. 1999 . The resource balance hypothesis of plant species diversity in grassland. Journal of Vegetation Science，10（2）：187～200

Brennan RF. 1995. Effect of levels of take-all and phosphorus fertilizer on the dry matter and grain yield of wheat. Journal of Plant Nutrition，18（6）：1159～1176

Brevik E C，Sauer T J. 2015. The past，present，and future of soils and human health studies. Soil，1：35～46

Bui E N，Henderson B L. 2013. C∶N∶P stoichiometry in Australian soils with respect to vegetation and environmental factors. Plant and Soil，373（1～2）：553～568

Cakmak I，Kalayci M，Ekiz H et al. 1999. Zinc deficiency as an actual problem in plant and human nutrition in Turkey：a NATO-science for stability project. Field Crops Research，60（1～2）：175～188

Cakmak I. 2008. Zinc deficiency in wheat in Turkey. In：Alloway B J. Micronutrient Deficiencies in Global Crop Production. Dordrecht：Springer

Carter M R，Gregorich E G，Anderson D W et al. 1997. Concepts of soil quality and their significance. Developments in Soil Science，25：1～19

Chaney R L，Ryan J A，Li Y M et al. 1999. Soil cadmium as a threat to human health. In：McLaughlin M J，Singh B R. Cadmium in Soils and Plants. Developments in Plant and Soil Sciences. Dordrecht：Springer，85：219～256

Chen Z，Luo X，Hu R et al. 2010. Impact of long-term fertilization on the composition of denitrifier communities based on nitrite reductase analyses in a paddy soil. Microbial Ecology，60（4）：850～861

Cihacek L J，Anderson W L，Barak P W. 1996. Linkages between soil quality and plant，animal，and human health，In：Doran J W，Jones A J. Methods for Assessing Soil Quality，SSSA Special Publication Number 49，Soil Sci. Soc. Am. ，Inc. Madison，Wisconsin，USA

Cleveland C C，Liptzin D. 2007. C：N：P stoichiometry in soil：is there a “Redfield ratio” for the microbial biomass?. Biogeochemistry，85（3）：235～252

Coleman D C，Crossley D A，Hendrix P F. 2004. Fundamentals of Soil Ecology. 2nd ed. Amsterdam：Elsevier Academic Press

Dabash T S. 1985. Relation between fertilizers and white rot disease of onion with reference to the rhizophere. Agricultural Research Review，（2）：99～110

Datnoff L E，Elmer W H，Huber D M et al. 2007. Mineral nutrition and plant disease. American Phytopathol Society，St. Paul Minnesota Published by Amer Phytopathological Society

Dise N B，Matzner E，Forsius M. 1998. Evaluation of organic horizon C∶N ratio as an indicator of nitrate leaching in conifer forests across Europe. Environmental Pollution，102（Sl）：453～456

Doran J W，Parkin T B. 1994. Defining and assessing soil quality. SSSA Spec. Publ. 35. Am. Soc. Agron. Madison，WI，3～21

Doran J W，Zeiss M R. 2000. Soil health and sustainability：Managing the biotic component of soil quality. Applied Soil Ecology，15（1）：3～11.

Dordas C. 2008. Role of nutrients in controlling plant diseases in sustainable agriculture. Agronomy for Sustainable Development，28（1）：33～46

ECJRC（European Commission，Joint Research Centre）. 2016. Global soil biodiversity atlas / European Commission，Joint Research Centre. Luxembourg，Luxembourg Publications Office of the European Union. http：//trove. nla. gov. au/version/232141476

El-Ramady H R，Alshaal T A，Amer M et al. 2014. Soil quality and plant nutrition. In：Ozier-Lafontaine H，Lesueur-Jannoyer M. Sustainable Agriculture Reviews 14，Agroecology and Global Change. New York：Springer 14：345～447

Elrashidi M A，Adriano D C，Workman S M et al. 1987. Chemical equilibria of selenium in soils：A theoretical development. Soil Science，144（2）：141～152

Engelhard A W. 1989. Soilborne plant pathogens：Management of diseases with macro-and microelements. St. Paul，Minnesota：APS Press

FAO. 2011. Save and grow，Food and agriculture organization of the united nations，Rome，Italy，ISBN 978-92-5-106871-7

Fidanza M A，Dernoeden P H. 1996. Interaction of nitrogen source，application timing and fungicide on Rhizoctonia blight in ryegrass. HortScience，31（3）：389～392

Geisseler D，Scow K M. 2014. Long-term effects of mineral fertilizer on soil microorganisms：A review. Soil Biology and Biochemistry，75：54～63

Godhia M L. 2015. Assessment of nutritional status and malnutrition prevalence among selected GI conditions. BIT's 1st Annual World Congress of Digestive Diseases-2015. http：//www. bitcongress. com/wcdd2015/programs2. asp

Grau C R，Kelling K A，Wolkowski R P. 1989. Observations on the effect of phosphorus，potassium，and sulfur fertilization on alfalfa infected by Phytophthora megasperma. Journal of Production Agriculture，2（2）：136～139

Griffiths B S，Spilles A，Bonkowski M. 2012. C：N：P stoichiometry and nutrient limitation of the soil microbial biomass in a grazed grassland site under experimental P limitation or excess. Ecological Processes，1：6

Gugino B K，Idowu O J，Schindelbeck R R et al. 2009. Cornell soil health assessment training manual（2ed. ）. Ithaca，NY：Cornell University

Gundersen P，Callesen I，Devries W. 1998. Nitrate leaching in forest ecosystems is controlled by forest floor C/N ratio. Environmental Pollution，102（1）：403～407

Guo J H，Liu X J，Zhang Y et al. 2010. Significant acidification in major Chinese croplands. Science，327（5968）：1008～1010

Gupta G K，Singh D. 1995. Downy mildew on trolin pearl millet through nutrient application. Indian Phytopathol，48（4）：439～443

Güsewell S，Freeman C. 2003. Enzyme activity during N- and P-limited decomposition of wetland plant litter. Bulletin of the Geobotanical Institute ETH，69：95～106

Güsewell S，Gessner M O. 2009. N：P ratios influence litter decomposition and colonization by fungi and bacteria in microcosms. Functional Ecology，23（1）：211～219

Güsewell S. 2004. N：P ratios in terrestrial plants：variation and functional significance. New Phytologist，164（2）：243～266

Hartman W H，Richardson C J. 2013. Differential nutrient limitation of soil microbial biomass and metabolic quotients（qCO2）：Is there a biological stoichiometry of soil microbes. PLoS One，8（3）：e57127

Hessen D O，Agren G I，Anderson T R et al. 2004. Carbon sequestration in ecosystems：the role of stoichiometry. Ecology，85（5）：1179～1192

Heyman F，Lindahl B，Persson L et al. 2007. Calcium concentrations of soil affect suppressiveness against Aphanomyces root rot of pea. Soil Biology & Biochemistry，39（9）：2222～2229

Hofman J，Bezchlebová J，DušekL L et al. 2003. Novel approach to monitoring of the soil biological quality. Environment International，28（8）：771～778

Huang B，Zhao Y C，Sun W X et al. 2009. Relationships between distributions of longevous population and trace elements in the agricultural ecosystem of Rugao County，Jiangsu，China. Environmental Geochemistry and Health，31：379～390

Huber D M . 1990. Fertilizers and soil-borne diseases. Soil Use and Management，6（4）：168～173

Huber D M，Haneklaus S. 2007. Managing nutrition to control plant disease. Landbauforschung Volkenrode，57（4）：313～322

Huber D M，Watson R D. 1974. Nitrogen form and plant disease. Annual Review of Phytopathology，12：139～165

Janvier C，Villeneuve F，Alabouvette C et al. 2007. Soil health through soil disease suppression：which strategy from descriptors to indicators. Soil Biology Biochemistry，39（1）：1～23

Jiang J F，Li J G，Dong Y H. 2013. Effect of calcium nutrition on resistance of tomato against bacterial wilt induced by Ralstonia solanacearum. European Journal of Plant Pathology，136（3）：547～555

Jiang J F，Wan X，Li J G et al. 2016. Effect of boron nutrition on resistance response of tomato against bacterial wilt caused by Ralstonia solanacearum . Journal of Plant Pathology，98（1）：117～122

Joshi D，Hooda K S，Bhatt J C et al. ，2009. Suppressive effects of composts on soil-borne and foliar diseases of French bean in the field in the western Indian Himalayas. Crop Protection，28（7）：608～615

Kemper K J，Lal R. 2017. Pay dirt! human health depends on soil health. Complementary Therapies in Medicine，32：A1～A2

Kennedy A C，Papendick R I. 1995. Microbial characteristics of soil quality. Journal of Soil and Water Conservation，50（3）：243～248

Keskinen R，Räty M，Yli-halla M. 2011. Selenium fractions in selenate-fertilized field soils of Finland. Nutrient Cycling in Agroecosystems，91：17～29

Kibblewhite M G，Ritz K，Swift M J. 2008. Soil health in agricultural systems. Philosophical Transactions of the Royal Society. B：Biological Sciences，363（1492）：685～701

Larson W E，Pierce F J. 1991. Conservation and enhancement of soil quality. In：Evaluation for Sustainable Land Management in the Developing World：Proceedings of the International Workshop on Evaluation for Sustainable Land Management in the Developing World，Chiang Rai，Thailamd，15～21 September

Li J G，Ren G D，Jiang Z J et al. 2014. Composition and activity of rhizosphere microbial communities associated with healthy and diseased greenhouse tomatoes. Plant and soil，380：337～347

Li J G，Shen M C，Hou J F et al. 2016. Effect of different levels of nitrogen on rhizosphere bacterial community structure in intensive monoculture of greenhouse lettuce. Scientific Reports，6：25305

Li Y H，Yang L S，Wang W Y. 2011. Trace element concentrations in hair of healthy Chinese centenarians. Science of the Total Environment，409（8）：1385～1390

Li Y，Wu J，Liu S et al. 2012. Is the C：N：P stoichiometry in soil and soil microbial biomass related to the landscape and land use in southern subtropical China . Global Biogeochemical Cycles，26（4）：GB4002

Liu X，Ma J，Ma Z W et al. 2017. Soil nutrient contents and stoichiometry as affected by land-use in an agro-pastoral region of northwest China. Catena，150：146～153

Liu Y L，Luo K L，Lin X X et al. 2014. Regional distribution of longevity population and chemical characteristics of natural water in Xinjiang，China. Science of the Total Environment，473：54～62

Liu Y，Li Y H，Jiang Y. 2013. Effects of soil trace elements on longevity population in China. Biological Trace Element Research，153：119～126

Ljungquist B，Berg S，Lanke J et al. 1998. The effect of genetic factors for longevity：a comparison of identical and fraternal twins in the Swedish Twin Registry. Journals of Gerontology：Series A-Biological Sciences and Medical Sciences，53A（6）：M441～M446

Lv J M，Wang W Y，Krafft T et al. 2011. Effects of several environmental factors on longevity and health of the human population of Zhongxiang，Hubei，China. Biological Trace Element Research，143（2）：702～716

Maier R M. 2009. Chapter 14：Biogeochemical cycling. In：Maier RM，Pepper I L，Gerba C P. Environmental Microbiology（Second Edition）. New York：Academic Press，Elsevier

Mäkelä A L，Näntö V，Mäkela P et al. 1993. The effect of nationwide selenium enrichment of fertilizers on selenium status of healthy finnish medical students living in south western finland. Biological Trace Element Research，36（2）：151～157

Marichal R，Mathieu J，Couteaux M M et al. 2011. Earthworm and microbe response to litter and soils of tropical forest plantations with contrasting C：N：P stoichiometric ratios. Soil Biology & Biochemistry，43（7）：1528～1535

Marschner H. 1995. Mineral nutrition of higher plant . 2th Edition. London：Academic Press，Company Publishers

McKenzie-Parnell J M，Kjellstrm T E，Sharma R P et al. 1988. Unusually high intake and fecal output of cadmium，and fecal output of other trace elements in New Zealand adults consuming dredge oysters. Environmental Research，46（1）：1～14

Michaels A F. 2003. The ratios of life. Science，300（5621）：906～907

Mooshammer M，Wanek W，Zechmeister-boltenstern S et al. 2014. Stoichiometric imbalances between terrestrial decomposer communities and their resources：mechanisms and implications of microbial adaptations to their resources. Frontiers in Microbiology，5：Article 22

Mouginot C，Kawamura R，Matulich K L et al. 2014. Elemental stoichiometry of Fungi and Bacteria strains from grassland leaf litter. Soil Biology & Biochemistry，76：278～285

Oksanen H E. 1965. Studies on nutritional muscular degeneration（NMD）in Ruminants. Acta Veterinaria Scandinavica，40（suppl. 2）：1～110

Oliver M A，Gregory P J. 2015. Soil，food security and human health：A review. European Journal of Soil Science，66：257～276

Ollinger S V，Smith M L，Martin M E et al. 2002. Regional variation in foliar chemistry and N cycling among forests of diverse history and composition. Ecology，83（2）：339～355

Pankhurst C E，Doube B M，Gupta V V S R. 1997. Biological Indicators of soil health. Oxon，New York：CABI Publishing

Peng P Q，Zhang W J，Tong C L et al. 2005. Soil C，N and P contents and their relationships with soil physical properties in wetlands of Dongting Lake flood plain. Chinese Journal of Applied Ecology，16（10）：1872～1878

Pepper I L. 2013. The soil health-human health nexus. Critical Reviews in Environmental Science and Technology，43：2617～2652

Ptacnik R，Jenerette G D，Verschoor A M et al. 2005. Applications of ecological stoichiometry for sustainable acquisition of ecosystem services. OIKOS，109：52～62

Rayment G，Higginson F. 1992. Australian laboratory handbook of soil and water chemical methods. Melbourne：Inkata Press

Reeves P G，Chaney R L. 2001a. Mineral status of female rats affects the absorption and organ distribution of dietary cadmium derived from edible sunflower kernels（Helianthus annuus L）. Environmental Research，85（3）：215～225

Reeves P G，Nielsen E J，O'Brien-Nimens C et al. 2001b. Cadmium bioavailability from edible sunflower kernels：a long-term study with men and women volunteers. Environmental Research，87（2）：81～91

Reicosky D C. 2015. Conservation tillage is not conservation agriculture. Journal of Soil and water Conservation，70（5）：103～108

Sadras V O. 2006. The N：P stoichiometry of cereal，grain legume and oilseed crops. Field Crops Research，95（1）：13～29

Sardans J，Rivas-Ubach A，Penuelas J. 2012. The C：N：P stoichiometry of organisms and ecosystems in a changing world：a review and perspectives. Perspectives in Plant Ecology，Evolution and Systematics，14：33～47

Sharma S R，Kolte S J. 1994. Effect of soil-applied NPK fertilizers on severity of black spot disease（Alternaria brassicae）and yield of oilseed rape. Plant and Soil，167（2）：313～320

Sindha G S，Parashar R D. 1989. Effect of macro and micro nutrients on the development of powdery mildew of pea. Indian Journal of Mycology & Plant Pathology，2：219～221

Sinsabaugh R L，Hill B H，Shah J J F. 2009. Ecoenzymatic stoichiometry of microbial organic nutrient acquisition in soil and sediment . Nature，462（10）：795～799

Sokolov M S，Dorodnykh Y L，Marchenko A I. 2010. Healthy soil as a necessary condition of human life. Eurasian Soil Science，43（7）：802～809

Sparling G P. 1997. Soil microbial biomass，activity and nutrient cycling as indicators of soil health. In：Pankhurst C E. Biological Indicators of Soil Health. New York：CAB International

Spohn M. 2016. Element cycling as driven by stoichiometric homeostasis of soil microorganisms. Basic and Applied Ecology，17：471～478

Sterner R W，Elser J J. 2002. Ecological stoichiometry：The biology of elements from Molecules to the Biosphere. Princeton：Princeton University Press

Tessier J T，Raynal D J. 2003. Use of nitrogen to phosphorus ratios in plant tissue as an indicator of nutrient limitation and nitrogen saturation. Journal of Applied Ecology，40（3）：523～534

Tian H Q，Chen S，Zhang C et al. 2010. Pattern and variation of C：N：P ratios in China's soils：A synthesis of observational data. Biogeochemistry，98：139～151

Wardle D A，Walker L R，Bardgett R D. 2004. Ecosystem properties and forest decline in contrasting long-term chronosequences. Science，305：509～513

Zang H D，Wang J Y，Kuzyakov Y. 2016. N fertilization decreases soil organic matter decomposition in the rhizosphere. Applied Soil Ecology，108：47～53

Zechmeister-Boltenstern S，Keiblinger K M，Mooshammer M et al. 2015. The application of ecological stoichiometry to plant-microbial-soil organic matter transformations. Ecological Monographs，85（2）：133～155

Zhang L X，Bai Y F，Han X G. 2004. Differential responses of N：P stoichiometry of Leymus chinensis and Carex korshinskyi to N additions in a steppe ecosystem in Nei Mongol. Acta Botanica Sinica，46（3）：259～270

Zhu Y G. 2009. Soil science in the understanding of the security of food systems for health. Asia Pacific Journal of Clinical Nutrition，18（4）：516～519

建议进一步阅读的文献

宋长青，吴金水，陆雅海等. 2013. 中国土壤微生物学研究 10 年回顾. 地球科学进展，（10）：1087～1105

邢光熹，朱建国. 2003. 土壤微量元素和稀土元素化学. 北京：科学出版社.

尹文英. 2000. 中国土壤动物. 北京：科学出版社

张福锁. 1993. 植物营养生态生理学和遗传学. 北京：中国科学技术出版社

周礼恺. 1987. 土壤酶学. 北京：科学出版社

周宜开，王琳. 2015. 土壤污染与健康. 武汉：湖北科学技术出版社

Philippot L，Raaijmakers J M，Lemanceau P et al. 2013. Going back to the roots：The microbial ecology of the rhizosphere. Nature Reviews Microbiology，11（11）：789～799

Widder S，Allen R J，Pfeiffer T et al. 2016. Challenges in microbial ecology：Building predictive understanding of community function and dynamics. ISME Journal，10（11）：2557～2568

Wood M，Litterick A M. 2017. Soil health-What should the doctor order . Soil Use Manage，33（2）：339～345

第十二章　农用地污染土壤的修复

土壤污染的防治是土壤和环境科学领域中的一个重要方向。1994 年，由美国发起并成立了“全球土壤修复网络”（Global Soil Remediation Network），标志着污染土壤的修复已经成为世界普遍关注的领域之一。目前，我国在植物修复和微生物强化修复等领域已有一些成功案例，土壤修复已经成为一个新兴的环境保护产业，它是土壤环境工程的重要组成部分。

土壤本身具有一定的自净能力。在土壤矿物质、有机质和土壤微生物的作用下，进入土壤的重金属通过吸附、沉淀、配位和氧化还原等作用可转变为难溶性化合物，使其暂缓生物循环，减少了在食物链中的传递；有机污染物进入土壤后，经过化学、生物学等降解作用其活性降低，在一定条件下转变为无毒或低毒物质。重金属和有机污染物的上述过程称为土壤净化，它是指污染物通过土壤-水-生物系统的一系列反应，或以其他方式从土壤中消失，或降低其生物有效性和毒性的过程。土壤生态系统是一个高效的“过滤器”，但其自身的净化能力和速率通常满足不了污染给环境造成的压力，人们需要重视土壤污染治理和修复技术的研究。污染土壤修复的概念可一般理解为通过技术手段促使受污染的土壤恢复其基本功能和重建生产力的过程。

污染土壤修复的方法颇多，但必须慎重评估其在修复过程中的适用性（Morillo and Villaverde，2017；Khalid et al.，2016；Gómez-Sagasti et al.，2016；Surriya et al.，2015），在不同修复阶段应该选择合适、经济和有效的土壤修复技术。成本、时间、长效性、公众接受度，以及高污染和多元素污染的适用性等都是影响各种修复技术选用的重要因素；同时，还必须考虑对土壤健康的整体效应，因而确定具体对象的最优修复技术面临很大的挑战。从修复的原理来考虑，大致可分为物理修复、化学修复和生物修复三大类。物理修复是指以物理手段为主体的移除、覆盖、稀释和热挥发等污染治理技术。化学修复是指利用外来的，或土壤自身物质之间的，或环境条件变化引起的化学反应来进行污染治理的技术。生物修复包含广义和狭义两种类型。广义的生物修复是指一切以利用生物为主体的环境污染治理技术，包括利用植物、动物和微生物吸收、降解和转化土壤中的污染物，使污染物的浓度降到可接受的水平；或将有毒、有害污染物转化为无害的物质。在这一概念下，可将生物修复分为植物修复、动物修复和微生物修复三种类型。狭义的生物修复是特指通过微生物作用消除土壤中的污染物，或使污染物无害化的过程。然而，在修复实践中，人们很难将物理、化学和生物修复截然分开，因为土壤中所发生的反应十分复杂，每一种反应基本上均包含了物理、化学和生物学过程，因而上述分类仅是一种相对的划分。

农用地是指用于农业生产的土地，包括耕地、园地、林地和牧草地等，本章所指污染土壤涉及所有农用地土壤，重点是耕地或农田土壤；有关场地污染土壤的修复将在第十三章进行讨论。2014 年环境保护部和国土资源部联合发布的《全国土壤污染状况调查公报》指出：“全国土壤环境状况总体不容乐观，部分地区土壤污染较重，耕地土壤环境质量堪忧”，因此，急需开展污染土壤的修复工作，同时也是《土壤污染防治行动计划》的重要任务。

第一节　污染土壤修复工程设计

一、修复工程流程设计

污染土壤修复工程的流程见图 12-1，主要包括调查污染状况、进行风险评估、确定修复目标、筛选修复技术、编制修复方案和评价修复效果等步骤。

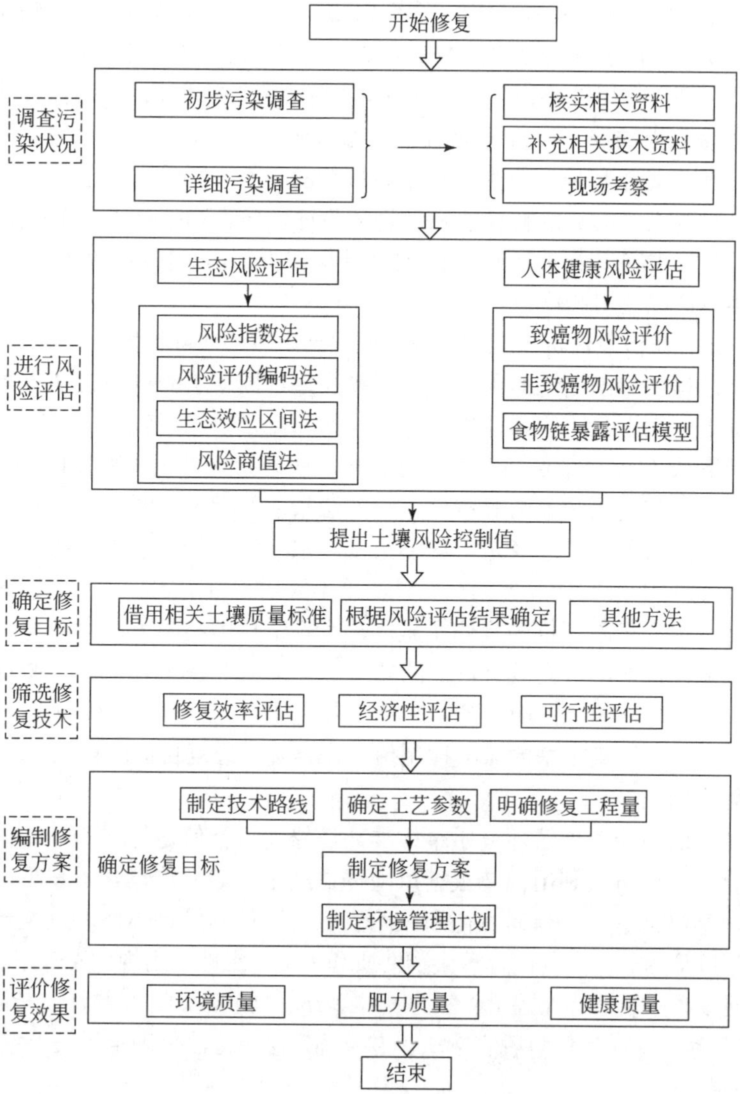

图 12-1　污染土壤修复工作流程

1. 调查污染状况

调查污染状况分为初步污染调查和详细污染调查，前者是初步确定污染区的污染物种类、浓度和范围，后者则是在初步调查的基础上对污染土壤的范围和浓度等进行详查，为量化修复工程提供依据。在调查过程中必须详细核实拟作业区的相关信息，以完善必要的数据和技术资料，同时要现场考察污染状况。基于污染概率和污染物局部空间变异特征的土壤污染调查加密布点的方法，可以提高土壤污染区范围和污染程度的估计精度（谢云峰等，2016）。

2. 进行风险评估

进行风险评估主要从“生态风险”和“人体健康风险”两个方面来评估污染的环境风险。生态风险的评价方法颇多，一些作者对国内外生态风险评价（ERA）内容、基本方法及评价模型等进行了研究（朱艳景等，2015），并从评价要求、数据可获得性及评价操作的难易程度等方面论述了模型选择的基本原则，比较了常用模型-商值法（HQ）、物种敏感度分布法（SSDs）和概率生态风险评估模型（PERA），表明概率生态风险评估模型最接近实际情况，但其对数据及专业知识要求较高。在土壤实际评价中，应结合现有经济技术水平，选择合适的评价方法。

目前适用于土壤的专用评价模型并不多见，大多为借鉴沉积物或者其他领域的评价模式，例如，潜在生态风险指数法、评价编码法、生态效应区间法、风险商值法、累积系数法等；“人体健康风险评估”是指环境污染物对特定人群的潜在不利影响与危害进行预测和评价的过程，主要从污染物对人体的致癌物和非致癌物风险评价与食物链暴露两个方面开展。暴露评估模型参数可参照《中国人群暴露参数手册》（环境保护部，2016a，2016b，2013）中的相关内容，并结合实际情况选用和修正。

必须强调的是，在借鉴评价模型时，务必要根据土壤的实际情况对模型进行修正与验证，并充分考虑评价过程中不确定性的影响，特别要注意目标土壤的危害识别、暴露途径、效应评估及风险表征等，切忌张冠李戴，生搬硬套。例如，目前应用较多的哈克松（Håkanson）潜在生态风险指数法（Håkanson，1980），文献作者明确指出“一开始就必须强调的是这里所推导得到的模型有一定的限制和前提条件，该方法只涉及湖泊系统”。在模型毒性因子的讨论中指出“该模型涵盖的主要途径是污染物沿着‘水—沉积物—水生生物—鱼—人体’生态链的传递过程”，这与土壤的情况大相径庭，如果不采用土壤的实际参数，其评价结果参考意义不大。我国对于生态风险评价的具体实施尚缺乏规范性的指导方法，但与土壤环境污染关系密切的生态风险评价框架研究具有很好的参考意义（龙涛等，2015），一些评价的具体例证也可供参考（王晓飞等，2017；杨阳等，2016；朱艳景等，2015；赵欧亚等，2015）。可以在风险评估的基础上提出污染土壤的风险控制值，作为确定修复目标的依据。

3. 确定修复目标

主要通过：①借用相关土壤环境质量标准，该修复目标值是保守和刚性的，土壤质量只有达标，才算合格并可再次利用；②根据风险评估结果，该方法包含了基于风险的概念和计算方法，是一个集污染鉴定、暴露表征和风险表征为一体的综合体系。该类土壤修复目标值主要以人体健康风险为关注点，结合污染物性质和浓度、土地利用规划和未来利用状况，同时涉及污染物毒理参数、场地特征因子、敏感受体等一系列参数，因此往往不是固定限值（李青青，2010）；③其他方法，包括负载容量法、专家确定法等方法来确定污染土壤的修复目标。

4. 筛选修复技术

根据现有污染土壤的修复技术，从修复效率、修复的经济性和可行性等角度进行评估和筛选。

5. 编制修复方案

在确定修复目标和修复技术的基础上，制定修复的技术路线，确定修复工艺参数，明确修复工程量，选择合适的修复成本，形成完整的修复方案。同时还需制定环境管理计划，主要是保证在修复过程中不会对周边环境和人群产生不利影响。

6. 评价修复效果

对于修复结束后的作业区，需从土壤的环境质量、肥力质量和健康质量等方面进行评估，明确是否达到了修复目标，且保证了土壤的基本功能和属性。

二、修复技术种类

污染土壤修复后需保持土壤的生态功能和农业用途。因此，在场地污染土壤修复中常用的修复技术，如高温热解、气相抽提、固化填埋、化学淋洗、电动修复等可能并不适用于农用地土壤。目前可用于农用地污染土壤修复的技术主要有翻土客土、化学修复、植物修复、微生物修复和农艺调控（水肥管理、叶面阻隔和选择低积累品种）等（表 12-1）。

表 12-1　不同污染土壤修复技术比较

修复技术	修复原理	目标污染物	适合土壤类型	相对修复成本	修复时间	适合污染程度
翻土法	深翻土壤，使聚积在表层的污染物分散到较深层次，达到稀释的目的	e	A～E	￥+	1 个月以内	轻度～中度
客土法	将干净土壤覆盖于污染土壤表层或与污染土壤混合，达到降低污染物浓度及减少根系与污染物接触的机会	e	A～E	￥￥￥	1 个月以内	重度
化学修复	使用化学方法降低土壤污染物的移动性和生物有效性，降低其进入环境介质的能力，或用淋洗除去污染物	b～e	B～E	￥+	2～6 个月	轻度～中度
植物修复	利用耐性或超富集植物及其共存微生物体系清除污染物	a～e	A～E	￥	2 a 以上	轻度～中度
微生物修复	利用天然或人工培养的微生物群，强化其代谢功能，从而达到降低污染物活性或降解污染物的目的	b～d	B～E	￥	1～2 年	轻度～中度
农艺措施	通过水肥管理、叶面阻隔、种植低积累品种、改变种植结构等农艺措施，降低土壤污染物生物有效性，减少作物可食部位对污染物的积累	e	A～E	￥	每季需使用	轻度

注：①污染物类型：a-挥发性；b-半挥发性；c-油烃类；d-杀虫剂；e-重金属。
②土壤类型：A-黏土；B-黏壤土；C-粉壤土；D-砂壤土；E-砂土。
③￥=低成本；￥+=低到中等成本；￥￥=中等成本；￥￥￥=高成本。

三、修复效果评价

污染土壤修复后的修复效果如何，是否达到预定的修复工程目标，是否还会对土壤生态系统和人类健康构成威胁，需要对修复后的土壤进行评估，这是土壤修复后最关键的一步。污染土壤修复效果评价是指结合有效的化学分析手段，通过对土壤生态系统中不同生物损伤的观察，定性或定量预测修复后土壤中的污染物对土壤生态系统和人体健康产生有害影响的可能性（晁雷等，2006）。土壤在修复过程中其物理、化学和生物学特性会发生改变，需要评价这种改变是否会对生态系统和人体健康产生不利影响；另外，修复后目标污染物含量的降低并不意味着土壤是清洁的或安全的，重金属的形态变化、有机污染物的降解产物，以及所使用的修复药剂等都有可能产生新的危害。因此，评价污染土壤修复后的效果和再利用风险，需要结合化学方法和生物学方法来综合评估。

目前对污染土壤修复效果的评价，主要通过土壤中目标污染物的检测值与由土地再利用目的、风险评价得到的污染物临界值进行比较来进行；然而，如此并不能真实反映土壤修复后的生态安全性；还应结合修复后的土壤生产力，包括农产品质量和数量。因此，根据全面性、客观性、易测性和可操作性的原则，结合我国现行的标准体系及规范，建立了污染土壤修复效果的推荐评价指标体系（表 12-2），主要从土壤的环境质量、肥力质量和健康质量 3 个方面考虑，并以其他指标作为补充。污染土壤修复效果的评价，通常选取修复前后土壤质量变化较大的指标，参照一定的标准值或参考值，定性或定量地评价修复后土壤质量的改善程度，重点关注修复后土壤中目标污染物环境风险的降低程度、土壤生态功能的恢复程度和农产品生产的安全性等（王涛等，2016）。

表 12-2　污染土壤修复效果的评价指标体系［据（王涛等，2016）修改］

指标类型	指标名称	指标意义	指标性质
土壤环境质量	污染物总量	评价是否达到修复目标和修复过程中是否引入外源污染物	约束性
	污染物生物有效性	评价土壤修复后污染物的生物有效性是否明显降低	参考性
	污染物浸出毒性	评价土壤修复过程中和修复后是否会对周边地表水及地下水产生二次污染	约束性
	……		
土壤肥力质量	pH	评价土壤修复后是否会对土壤基本性质和养分等产生明显影响	约束性
	有机质		约束性
	速效氮磷钾		参考性
	微量元素		参考性
	……		
土壤健康质量	农作物可食部分污染物含量	评价污染土壤修复后是否达到安全生产农产品的要求	约束性
	土壤动物、微生物群落结构和功能	评价修复后土壤的生态安全	参考性
	……		
其他指标	作物产量	评价污染土壤修复后的综合效果	参考性
	……		

污染土壤修复效果的评价是一项复杂的工作，在实践中应结合项目的预期目标、特点、利益相关方要求等具体分析，突出关键指标；同时，根据终身负责的要求，建立修复效果长期跟踪监测和评估方案（包括地表水、地下水和农产品的跟踪监测）。

第二节　翻土和客土修复法

土壤污染物通常集中于表层，例如，沈阳张士灌区土壤剖面中的镉含量大部分都累积在 0～30 cm 土层，尤以 0～10 cm 内的含量最高。翻土法就是深翻土壤，使聚积在表层的污染物分散到较深的层次，达到稀释的目的。该法适用于土层较深厚的土壤，且要配合增加施肥量，以弥补根层养分的减少。客土法包括：①混合，是在污染土壤中加入大量的干净土壤与原有的土壤混匀，使污染物浓度降低到临界危害浓度以下；②覆盖，将干净客土覆盖于污染土表层，以减少污染物与植物根系的接触，从而达到减轻危害的目的；③换土，即将污染土壤层移除，以客土替代。对于浅根植物（如水稻等）和移动性较差的污染物，采用覆盖的客土法较好。客土应尽量选择比较黏重或有机质含量高的土壤，以增加土壤对污染物的负载容量，增强土壤的自净能力。日本富士县神通川流域镉污染土壤通过挖去15 cm表土，压实心土，并覆盖20～30 cm客土，在适当的水肥管理条件下，可使稻米中镉的含量降低到符合食品中污染物限量标准的要求。江西德兴铜矿区的污染土壤经客土并进行植被恢复和重建3 a后，表层土壤的有机质和速效磷、速效钾均有不同程度的提高（陈怀满等，2005）。

换土和客土覆盖工程措施对污染土壤的治理效果相对较好，且在当年就能表现出来，但是其人力、物力和财力耗费量较大。一个值得注意的问题是，翻土深耕往往会破坏土壤结构、降低表层土壤的有机质和养分状况，从而带来负面影响；水田翻耕是一个重金属活化、再分布和表面富集过程，有可能造成负面影响（陈能场，2015），所以在大规模推广改良或者治理措施时，应该认真地进行论证和验证，以达到对症下药之效果。另外，客土法换出的污染土壤应妥善处理，以防止二次污染。

第三节　化学修复剂的应用

化学修复剂的应用是化学修复的主要措施，是基于污染物土壤化学行为的改良措施，如添加改良剂、抑制剂等化学物质来降低土壤中污染物的水溶性、扩散性和生物有效性，从而使污染物得以降解，或者转化为低毒性或移动性较低的化学形态，以减轻污染物对生态和环境的危害。化学修复剂的作用主要包括沉淀、吸附、氧化-还原、催化氧化、质子传递、脱氯、聚合、水解和pH调节等（孙铁珩等，2001）。其中，氧化-还原能够修复包括有机污染物（主要是具有芳香环、稠环结构的有机污染物，强共轭和环取代有机污染物）和重金属在内的多种污染物污染的土壤，它主要是通过氧化剂和还原剂的作用产生电子传递，从而降低土壤中存在的污染物溶解度或毒性。

化学修复剂的施用方式多种多样，水溶性修复剂可以通过灌溉将其浇灌或喷洒在污染土壤的表层；或通过注入井把液态化学修复剂注入亚表层土壤。如果试剂会产生不良环境效应，或者所施用的化学试剂需要回收再利用，则可以通过水泵从土壤中抽提化学试剂。非水溶性的改良剂或抑制剂可以通过人工撒施、注入和填埋等方法施入污染土壤。为保证化学修复剂能与污染物充分接触，需要采用普通农业技术（例如犁、耙）把固态化学修复剂充分混入污染土壤中。目前商用较多的是各种各样的土壤调理剂。

一、无机钝化剂

污染土壤的无机钝化材料主要分为以下几种：石灰和碳酸盐及矿物（碳酸钙镁）、含磷材料（磷灰石、磷酸钙、过磷酸钙和磷酸盐等）、硫化物、含硅材料（硅肥、粉煤灰、硅酸盐及硅酸盐类黏土矿物等）、金属和金属化合物（氢氧化铁、硫酸亚铁、硫酸铁、针铁矿、零价铁和赤泥等），以及新型材料（介孔材料和纳米材料等），其中，石灰、碳酸盐矿物和含磷材料是最常用和最有效的重金属钝化剂。

一般来说，在镉、铅、铜污染的土壤中，施用石灰性物质，可提高土壤的pH，使重金属生成氢氧化物沉淀，降低其在土壤中的活性，减少作物对重金属的吸收（Yu et al.，2016）。因此，对于受重金属污染的酸性土壤，施用石灰、高炉渣、矿渣和粉煤灰等碱性物质，或配施钙镁磷肥、硅肥等碱性肥料，能降低重金属的溶解度，从而可有效地减少重金属对土壤的不良影响，降低植物体内的重金属浓度；通过离子间的拮抗作用来降低植物对污染物的吸收。施入石灰硫磺合剂等含硫物质，能使土壤中的重金属形成硫化物沉淀。在一定条件下施用碳酸盐、磷酸盐和氧化物质都能促进沉淀形成。对于铅污染的土壤，施用磷灰石可使污染土壤中的水溶性铅减少 56.8%～100%。而对于一些以阴离子形态存在的重金属，在土壤呈碱性时，其溶解度增加，对作物的毒害也增大，因而应选用酸性钝化剂，例如，对砷污染的土壤应投加 $FeSO_4$ 或 $Fe_2(SO_4)_3$，它们在一定程度上可使土壤酸化，同时形成铁与砷的共沉淀，从而抑制作物对砷的吸收和迁移。

钝化剂的吸附作用也能降低土壤中重金属的生物有效性。研究表明，用膨润土、合成沸石等硅铝酸盐作添加剂，可以钝化土壤中的镉等重金属，显著降低镉污染土壤中作物的镉浓度。土壤 Cd 的浓度为 49.5 mg/kg 时，加入相当于土壤重量 1%～2%的合成沸石可使莴苣叶中的镉浓度降低 60%～88%。

介孔材料和纳米材料由于具有独特的表面结构和组成成分，在较低的施加水平下就有较好的修复效果。Xing 等（2016）的研究表明，微米/纳米羟基磷灰石对土壤铜、镉的吸附固定作用均高于常规粒径的羟基磷灰石，这可能与低粒径材料较大的比表面积有关。目前，纳米材料的高成本、低稳定性因素限制了其在重金属污染土壤修复中的大规模应用。因此，可考虑将常规材料进行纳米化，甚至进行改性来达到增强钝化效果的作用。

土壤钝化剂的选择必须根据生态系统的特征、土壤类型、作物种类和污染物的性质等来确定。例如，在重金属污染的碳酸盐褐土中，因其 $CaCO_3$ 含量高，土壤中的有效磷易被固定，因而不宜施用石灰等碱性物质；当在这样的土壤中施加 K_2HPO_4 时，既可使重金属形成难溶性磷酸盐，又可增加有效磷含量，治理效果较显著。钙镁磷肥与石灰配施效果优于单施石灰，原因是 Cd-CaO-P_2O_5 体系比单施石灰的 Cd-CaO 体系稳定；钙镁磷肥因有钙镁离子与镉共沉淀，抗淋溶性强，对 pH 影响小。如果钝化剂与农业措施及生物措施配合使用，效果会更好，但要加强管理，以免被吸附或固定的污染物再度活化。

二、有机钝化剂

有机钝化材料中常常含有一些羟基（—OH）、羧基（—COOH）或者甲氧基（—OCH_3）等活性基团。土壤中的溶解性有机质还能作为载体与土壤、水或沉积物中的游离的重金属离子进行离子交换、螯合/配位等，影响重金属离子在土壤中的吸附和解吸，改变重金属的最终形态。常用的有机钝化材料主要包括禽畜粪便堆肥、作物秸秆、泥炭、豆科绿肥和生物炭等。施用腐殖酸类肥料和其他有机肥料可以增加土壤中的腐殖质含量，使土壤对有机污染物和重金属的吸附能力增强，通过氧化还原作用和增强微生物活性促使有机污染物降解，从而减少植物的吸收和环境影响。生物炭是指生物质在无氧或缺氧条件下热裂解得到的一类含碳的、稳定的、高度芳香化的固态物质，在土壤修复中备受关注（李江遐等，2015；许妍哲和方战强，2015；唐行灿和张民，2014；石红蕾和周启星，2014；仓龙等，2012）。生物炭作为高品质能源和土壤改良剂，可在一定程度上为气候变化、环境污染和土壤功能退化等全球关切的热点问题提供解决方案。制备生物炭的常用原料主要有农业废物（如秸秆）、木材及城市生活有机废物（如垃圾、污泥）。生物炭对重金属的吸附固定机制主要有以下 4 个方面：①使土壤的 pH 升高，进而促进重金属离子形成难溶性的碳酸盐、磷酸盐或氢氧化物沉淀，或者增加土壤表面活性位点，从而降低重金属离子的活性和移动性；②离子交换和阳离子-π 作用；③与生物炭表面官能团形成特定的金属离子配合物；④表面吸附。同等条件下，生物炭的钝化效果要低于石灰而高于沸石，同时生物炭的添加量通常较高，一般要在 1%以上时才会起作用，在 5%时才会有比较好的效果。

由于对土壤吸附能力影响的因素比较多，而且吸附机制比较复杂，一般是几方面的综合作用影响溶解性有机物质对土壤重金属的吸附。因此，在施用有机改良剂进行土壤重金属修复时要根据重金属的种类和浓度合理添加有机物料，以达到修复的效果。

化学钝化的机理主要是通过改变土壤性状来降低土壤中污染物的活性，涉及沉淀/固定、吸附及离子交换、离子拮抗及螯合等作用。但对于多数钝化剂而言，其作用机理往往不是单一的，常常由多种机理共同作用。

化学钝化剂对重金属污染土壤的修复具有操作简单、经济有效和不影响农作物生产等优点。由于钝化机理的特殊性，多数钝化剂只是通过各种作用暂时性地降低了重金属的有效形态，随着土壤环境的改变或其他因素的变化，土壤中重金属的形态可能会恢复到之前的不稳定状态，存在一定的再污染风险。

无论是有机钝化剂还是无机钝化剂，在施入土壤之前都要开展一些针对性研究，包括土壤理化性质，污染物种类及污染程度，钝化剂筛选和研发，以及最佳剂量、最佳施用时期、稳定化效果评估等，在探明不同物料钝化机理的前提下，选择一种或多种效率高、无污染、稳定性长久的改良材料。在施入土壤后需要加强管理与长期监测，掌握改良剂的修复效率变化，适时追加改良剂，防止重金属再度活化而污染土壤。

三、氧化剂与还原剂

向污染土壤中添加氧化剂与还原剂可以降低污染物毒性，或者将其转化为易于生物降解的形态。将过氧化氢注入土壤（Ho et al.，1997），15 d 后观察到 15～66 cm 土层中 50%以上的硝基苯被氧化降解。向土壤中添加过氧化氢不仅能够起到氧化降解的作用，同时也能够为土壤中的污染物降解菌提供氧。此方法已经成功地应用于苯类化合物污染土壤的治理。

还原脱氯常用于多氯联苯（PCBs）和其他含氯有机污染物的治理。该方法是将污染土壤和碱金属在反应器中混合，通过还原作用改变污染物的分子结构，使得氯原子从母体分子上脱离，从而有利于污染物的生物降解，或者用其他方式去除。还原脱氯方法通常与其他化学方法结合使用。

四、催化与光降解

进入土壤表面的农药或除草剂，可在日光辐射下导致直接光化学降解，并可在催化剂作用下加速这一过程。在催化剂（如土壤中的 TiO_2、Fe_2O_3 等）、敏化剂（如土壤中的腐殖质）和氧化剂（如 H_2O_2、O_3 和 O_2）存在时，产生光催化、光敏化和光氧化现象，导致农药或除草剂进行间接光化学降解。

许多有机化合物能够吸收可见光和紫外光，吸收光能后可以加速化合物的降解。紫外光足以使许多类型的共价键断裂，可用于多氯联苯、二噁英、多环芳烃和石油中芳香族化合物的降解，但目前这类技术仍停留在实验室阶段。

第四节　微生物修复法

微生物修复是指利用天然存在或人工培养的功能微生物群，在适宜环境条件下，促进或强化微生物代谢功能，从而达到降低有毒污染物活性或降解成无毒物质的目的，减少或避免生态风险的生物修复技术。在实际运行中就是利用微生物的作用降解土壤中的有机污染物，或者通过生物吸附和生物氧化、还原作用等改变有毒元素的存在形态，所以微生物修复既可以用于修复受有机物污染的土壤，也可以用于修复某些受重金属污染的土壤。根据对污染土壤的扰动情况，微生物修复可以分为原位修复和异位修复两大类型，在修复实践中受到了广泛的重视，但在农用地土壤修复中更为重要的是原位修复。

一、有机物污染土壤的微生物修复

微生物修复技术在土壤有机污染土壤中有着广泛的应用。用微生物方法修复受有机物污染的土壤必须具备两个方面条件，其一是在土壤中存在能够降解或转化污染物的微生物；其二是有机化合物大部分具有可生物降解性，即在微生物作用下由大分子化合物转变为简单小分子化合物的可能性。只有同时具备上述两个方面的条件，有机物污染土壤的微生物修复才能实现。在修复实践中微生物的应用已不乏其例，石油类（屈撑囤等，2016；甄丽莎，2012；王红旗等，2008；程国玲和李培军，2007；胡晓芳等，2006）、农药类和持久性有机污染物（Feng et al.，2017；Liu，2016；许育新等，2008；吴松青等，2008；王锐刚等，2007；滕应等，2006）等多为常见，但目前仍旧缺乏田间试验，所以野外试验的结果更有意义（Zhang et al.，2017）。在修复中起作用的微生物可根据其来源分为 3 种类型，即土著微生物、外源微生物和基因工程菌（GEM）。

（一）土著微生物

微生物修复的基础是土壤中常见的各种微生物。土壤遭受污染后，会对微生物产生自然驯化和选择，一些特异的微生物在污染物的诱导下产生分解污染物的酶体系，进而将污染物降解、转化。

在微生物修复工程的实际应用中，目前大多数都是采用土著微生物。其原因一方面是土著微生物降解污染物的潜力较大；另一方面因为外源微生物在环境中难以保持较高的活性，基因工程菌的应用目前仍受到较严格的限制。引进外源微生物和基因工程菌时必须注意其对土著微生物的影响。单一微生物很少具有降解多种污染物的能力，因此在污染物实际处理过程中，若要提高修复效果，必须要考虑接种多种微生物，或者激发多种土著微生物的活性。研究表明（张超等，2014），石油污染土壤使用混合菌（4 种石油降解菌）的修复效果要明显优于接种单一菌种，40 d 后石油降解率达 67%；经混合菌修复的石油污染土壤，其肥力明显升高，脱氢酶、过氧化酶和脲酶的活性均升高，微生物数量也有明显增加。

（二）外源微生物

土著微生物虽然在土壤中广泛存在，但其生长速度较慢，代谢活性不高，或者污染物存在造成土著微生物的数量下降，致使其降解污染物的能力降低，因此，有时需要在污染土壤中接种一些降解污染物的高效菌。接种到土壤中用于启动生物修复初始步骤的微生物称为

"先锋微生物"，它们能起到催化作用，加快生物修复的速度。例如，采用洋葱伯克霍尔德氏菌（*Burkholderia cepacia*）中的烷烃降解菌、鞘氨醇单胞菌（*Sphingomonas* sp.）中的菲降解菌、伯克菌科 *Pandoraea* 菌属的 *pnomenusa* 种中的芘降解菌为初始菌种资源，经驯化复配后形成石油烃降解混合菌（沈伟航等，2015），将其加入石油污染的土壤中，经 8～40 d 的培育。结果表明，与对照土壤相比，投加混合菌的污染土壤在各阶段都表现出较高的降解率和较低的残留量，表观降解率为 54%～64%，而在对照土壤中，石油烃的降解率维持在 16%左右。

利用高效降解菌株对六六六、滴滴涕污染土壤的生物修复效果表明（赵煜坤等，2011），水稻田土壤中残留的六六六和滴滴涕农药的降解效果分别达到了 98.9%和 97.8%，且农药残留的降解速度与土壤中高效降解微生物的数量呈正相关。随着土壤中六六六、滴滴涕农药残留量的降低，高效降解菌株最终在土壤中消失，降解菌的喷施不会长时间影响土壤中土著微生物的数量平衡。

（三）基因工程菌

采用遗传工程手段研究和构建高效的基因工程菌已引起人们的普遍关注。构建基因工程菌的技术包括重组污染物降解基因以优化污染物降解途径，重组污染物摄入相关基因以改善对污染物的生物可利用性，重组环境不利因子抵抗基因以增强其环境适应性等（刘和和陈英旭，2002）。采用技术手段可将多种降解基因转入同一微生物中，使其获得广谱的降解能力（崔中利等，2012；关向杰等，2011；孙兰英等，2010；刘春等，2008）。例如，将甲苯降解基因从恶臭假单胞菌（*Pseudomonas putida*）转移给其他微生物，从而使受体菌在 0℃时也能降解甲苯。这比简单地接种特定的微生物要有效得多，因为接种的微生物不一定能够成功地适应外界环境的要求。

基因工程菌接种到修复现场后会与土著微生物产生激烈的竞争。因此，基因工程菌必须有足够长的存活时间，其目的基因才能稳定地表达出特定的基因产物——特异的酶。如果在环境中基因工程菌最初没有足够的能源和碳源，就需要添加适当的基质，以促进其增殖并表达其产物。如果没有外加碳源，引入土壤的大多数外源基因工程菌就不能在土壤中生存和增殖。解决这一问题的思路之一就是为目的基因的宿主微生物创建一个生态位，使其能利用土著微生物所不能利用的"选择性基质"。理想的选择性基质（如某些表面活性剂）应当无毒、价廉且便于使用。选择性基质有时还会成为土著微生物的抑制剂，从而增加基质的有效性，增强其对有毒物质的降解效果。在环境中加入选择性基质会造成土壤微生物系统的暂时失衡，土著微生物需要一段时间才能适应变化，而基因工程菌正好可以利用这段时间建立自己的生态位。由于土著菌群中的某些菌在后期也可利用这些基质，因此，在现场修复中，基因质粒的基因工程菌主要适用于一次性处理目标污染物，而不适宜反复使用。

尽管利用遗传工程提高微生物生物降解能力的工作已取得了良好的效果，但是目前美国、日本和其他大多数国家对基因工程菌的实际应用有严格的立法控制。在美国，基因工程菌的使用受到"有毒物质控制法"（TSCA）的限制。一些人担心基因工程菌释放到环境中会产生新的环境问题，导致人和其他高等生物产生新的疾病或影响其遗传基因。一些微生物学家指出，从科学的观点来看，决定一种微生物是否适宜释放到环境中，主要取决于该微生物的生物特性（如致病性等），而不是看它究竟是如何得来的。他们指出，应该实事求是地对待基因工程菌问题，过分严格的立法和不切实际的宣传会阻碍现代微生物技术在环境污染治理中的推广应用。

二、重金属污染土壤的微生物修复

利用微生物修复受重金属污染的土壤（Yu，2016），主要依靠微生物降低土壤中重金属的毒性，或者通过微生物来促进植物对重金属的吸收等其他修复过程。重金属污染的微生物修复包含两方面的技术，即生物吸附和生物氧化、还原。前者是重金属被活的或死的生物体所吸附的过程；后者则是利用微生物改变重金属离子的氧化、还原状态来降低其在环境中的有效性或毒性水平。与有机污染的微生物修复相比，关于重金属污染的微生物修复方面的研究对多种技术的协同效应更为重视。

细菌产生的特殊酶与重金属反应而降低其有效性或毒性。例如，柠檬酸杆菌属（*Citrobacter* sp.）产生的酶能使铀、铅和镉形成难溶磷酸盐；利用细菌也可降低废弃物中硒、铅的毒性。此外，一些微生物对镉、钴、镍、锰、锌、铅和铜等有较强的亲和力。微生物吸附的实际应用取决于两个方面，即筛选具有专一吸附能力的微生物和降低培育微生物的成本。

在有毒金属离子中，以铬污染的微生物修复研究较多。在好氧或厌氧条件下，有许多异养微生物能够催化Cr（Ⅵ）转化为Cr（Ⅲ）。另一些Fe^{3+}还原细菌可以把Co^{3+}-EDTA中的Co^{3+}还原成Co^{2+}。因为放射性Co^{3+}-EDTA的水活性很高，而Co^{2+}与EDTA结合较弱，可使钴的移动性降低，因此，具有较大的实际应用价值。除通过还原金属离子形成沉淀以外，微生物还可以把一些金属还原成活性的或挥发性的形态。例如，一些微生物可以将非活性态的Pu^{4+}还原成活性态的Pu^{3+}，一些微生物可以将Hg^{2+}还原成挥发性的Hg^0。

三、微生物修复技术的优缺点

（一）微生物修复技术的优点

与传统的污染土壤治理技术相比，土壤微生物修复技术的主要优点如下：

1）微生物降解较为完全，可将一些有机污染物降解为完全无害的无机物，二次污染问题较小；

2）处理形式多样，操作相对简单，有时可进行原位处理；

3）对环境的扰动较小，不破坏植物生长所需要的土壤环境；

4）与物理、化学方法相比，微生物修复的费用较低，为热处理费用的1/3～1/4，微生物处理的费用取决于土壤体积和处理时间；

5）可处理多种不同种类的有机污染物，如石油、炸药、农药、除草剂和塑料等，且无污染面积大小的限制，并可同时处理受污染的土壤和地下水；

6）微生物在与植物联合修复中发挥着举足轻重的作用（Deng and Cao，2017；刘世亮等，2004）。

（二）微生物修复技术的不足

对于微生物修复而言，微生物修复技术主要存在下述4个方面的限制：

1）当污染物溶解性较低，或者与土壤腐殖质、黏粒矿物结合得较紧时，微生物难以发挥作用，污染物不能被微生物降解；

2）专一性较强，特定的微生物只降解某种或某些特定类型的化学物质，污染物的化学结构稍有变化，同一种微生物的酶就可能不起作用；

3）有一定的浓度限制，当污染物浓度太低且不足以维持降解细菌的群落时，微生物修复不能很好地发挥作用；

4）修复地点有一定的限制，在一些低渗透的土壤中可能不宜使用该技术，因为细菌生长过多有可能会阻塞土壤本身或土中安装的注水井。

第五节　污染土壤的植物修复

污染土壤的植物修复曾有较为系统的论述（Surriya et al.，2015；沈振国和陈怀满，2002），是利用绿色植物来转移、容纳或转化土壤中的污染物，降低其对环境的危害。由于这种方法成本低、效果较好和不破坏环境，因而较早就受到了广泛的关注（韦朝阳和陈同斌，2001；沈振国和陈怀满，2000）。

一、植物修复技术的概念与分类

植物修复是利用某些可以忍耐和超富集有毒元素的植物为主体，结合共存生物，特别是微生物体系或物理、化学辅助技术，来清除污染物的一种环境污染治理技术。植物修复系统可以看成是以太阳能为动力的“水泵”和进行生物处理的“植物反应器”，植物可吸收转移元素和化合物，可以积累、代谢和固定污染物，是一条从根本上解决土壤污染的重要途径，因而植物修复在土壤污染治理中具有独特的作用和意义。植物修复可适用于金属（包括重金属和类金属）、有机污染物和放射性元素三大类别的污染物治理；从原理上可分为植物富集和植物固定（Mahar et al.，2016）（图 12-2），其中包括 6 种类型，在实践中往往是以植物为主体的技术集成。

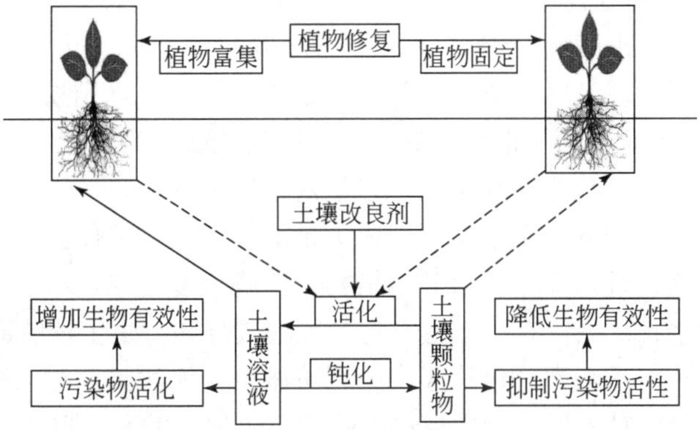

图 12-2　植物修复原理示意图［据（Mahar et al.，2016）绘制］

（1）植物富集　植物富集也称植物提取、植物吸收或植物捕获，这种技术是利用植物从生长介质中吸收重金属，并将其转运到可收割的部位；将收割后的富集部位用适当的物理、化学或生物方法进行处理，可减少植物的体积或重量，以达到降低后续加工和处置成本的目的。

（2）植物固定　植物固定也称植物稳定化、植物钝化或植物淀积，利用特殊植物将污染物吸收和累积，或者吸持于根表面，或为根系分泌物之有机化合物配位而固定于根区，降低其生物有效性及迁移性，使污染物不能为生物所利用，达到钝化、稳定、隔断和阻止其进入水体和食物链的目的，以减少对生物和环境的危害。植物枝叶分解物、根系分泌物和腐殖质对重金属离子的螯合作用等都可固定土壤中的重金属。

（3）植物挥发　植物可以从土壤中吸收污染物，并将其转化为气态物质释放到大气中，它适用于有机污染物和一些重金属，植物将硒、砷和汞等甲基化后，形成可挥发性的分子，释放到大气中去。虽然在一定条件下植物挥发可减少土壤对一些元素的污染负荷，但却是植物修复中最有争议的措施，因为存在明显的污染转移问题，而且没有有效的控制措施。

（4）植物根际降解　利用植物及其根际微生物区系将有机污染物降解，转化为无机物（CO_2和H_2O）或无毒物质，以减少对生物与环境的危害。它相当于一种生物化学过滤器，植物根际降解一般在污水处理中应用较多，包括重金属和放射性物质的净化。

（5）植物转化　在植物的根部或其他部位通过新陈代谢作用将污染物转化为毒性较小的形态。

（6）植物刺激　植物的根系分泌物，如氨基酸、糖和酶等物质能促进根系周围土壤微生物的活性和生化反应，有利于污染物的释放和降解。此外，有益的生物刺激也可促进植物对污染物的吸收，从而提高修复效率（Rojjanateeranaj et al.，2017）。

二、植物修复技术的优点与局限性

植物修复在土壤污染治理方面具有较大的优势，但也面临诸多挑战（Mahar et al.，2016）。

（一）植物修复的优点

（1）成本较低　植物修复只需在污染土壤上进行原位修复，不需要专门的大型设备和专业操作人员，比较易于推广和实施。因此，整个投资和运行成本均较低。根据美国的实践，种植管理的费用在每公顷200～10 000美元，即每年每立方米的处理费用为0.02～1.00美元，比物理、化学处理的费用低几个数量级。例如，用植物修复的方法把土壤铅含量（Pb）从1.4 g/kg降到0.4 g/kg，按照每年种植3季、每季收获干物质40 t/hm^2计算，共种植10 a，植物收获物在填埋场进行处理，所需费用为279 000 美元/hm^2；而用挖掘和填埋方法处理的费用为1 620 000 美元/hm^2，用土壤淋洗法的处理费用为790 000 美元/hm^2。

（2）对环境扰动少　植物修复是原位修复，不需要挖掘、运输和巨大的处理场所；不破坏土壤生态环境，修复的同时也给土壤带来大量的有机质，能使土壤保持良好的结构和肥力状态，无需进行二次处理，即可种植其他植物。植物修复技术可增加地表的植被覆盖，控制风蚀、水蚀，减少水土流失，有利于生态与环境的改善和野生生物的繁衍生境。

（3）减少二次污染　对植物进行集中处理可减少二次污染，对一些重金属含量较高的植物还可以通过植物冶炼技术回收利用植物吸收的重金属，尤其是贵重金属。

（4）美化环境　植物修复不会破坏景观生态，花草树木的种植能够达到美化生活环境和消除环境污染物的双重目的，容易为大众所接受。

（5）修复效果持久性　与传统的物理、化学措施相比，植物修复技术对土壤的修复具有相对永久性。

此外，植物修复可以激发微生物的活动；增加蒸腾作用，有益于根际的氧气供应和微生物集聚，有利于根际土壤中污染物的降解与固定，从而可以降低污染物的迁移（Wenzel，2009；王靖等，2008）。植物修复技术符合人类可持续发展的最终目标，因其巨大的潜力和优势而得到广泛的关注和期待。

（二）植物修复的局限性

（1）缺乏广谱性　一种植物通常只忍耐或吸收一种或两种重金属元素，而土壤重金属污染一般为复合污染，对土壤中其他浓度较高的重金属则往往没有明显的修复效果，甚至表现出某些中毒症状，从而限制了植物修复技术在重金属复合污染土壤治理中的应用。对于植物富集技术而言，污染物必须是植物可利用态，并且处于根系区域才能被植物吸收，对于深层土壤污染的修复有局限性。

（2）费时　筛选出的植物适应能力不强，植物的生长易受到季节和不同地理气候的影响，比较缓慢；超富集植物的植株生物量小，能够从土壤中带走的污染物总量不大，因此，土壤修复治理的周期较长。植物修复过程通常比物理、化学过程缓慢，比常规治理（挖掘、异位处理）需要更长的时间，尤其是与土壤结合紧密的疏水性污染物。

（3）生长条件的限制性　植物修复受到土壤类型、温度、湿度和营养等条件的限制，对土壤肥力、气候、水分、盐度、酸碱度、排水与灌溉系统等自然条件和人工条件有一定的要求。植物受病虫害侵染时会影响其修复能力。

（4）外来植物入侵　用于修复的外来植物与当地植物可能会存在竞争，外来植物会威胁到当地的生物多样性，可能对入侵地的自然生态系统结构和功能造成不良的影响。

（5）需要后续处理　用于净化重金属的植物往往会通过腐烂、落叶等途径使重金属元素重返土壤，因此，必须在植物落叶前收割，并进行无害化处理。

综上所述，植物修复技术具有明显的优势和应用前景，同时也存在一定的局限性，有必要因地制宜地加以使用。它可以用于治理中、低浓度污染土壤，也可以与其他修复技术联合使用，以减少成本和其他修复技术对环境造成的影响。对于植物修复，特别是重金属污染土壤植物修复的优势和不足的讨论，产生了植物修复新旧概念的论述（Sarwar et al.，2017）。从修复机理和方法考虑，传统的植物修复概念包括植物富集（提取）、植物钝化（稳定化）、植物挥发和植物冶金，一般情况下植物冶金可以包括在植物富集内而不一定单独列出，这一概念主要突出了植物自身的作用。植物修复新概念则涵盖了非超富集植物的化学辅助植物修复、生物炭辅助植物修复、微生物辅助植物修复和遗传工程技术（转基因植物），突出了以植物为主体的联合或综合技术的重要性。事实上，上述文献中所谓新旧概念的论述仅仅是技术发展的不同阶段，从早期的单一植物逐步发展为多种技术的结合，在实际工作中早已常见。本章关于植物修复的概念也做了较为客观的描述。

三、重金属污染土壤的植物修复

重金属不同于有机物，它不能被生物所降解，只有通过生物吸收才能够从土壤中去除。用微生物进行大面积现场修复时，不仅微生物吸收的金属量较少，而且富集重金属的微生物的后处理也比较困难。植物具有生物量大且易于后处理的优势，因此，植物修复是解决重金属污染问题的一个有效手段。植物主要通过植物富集、植物挥发和植物钝化/稳定等方式去除土壤中的重金属离子或降低其生物活性。

（一）超富集植物

植物可以吸收和积累必需的营养元素，浓度可高达 1%～3%，某些非主要元素（如钠和硅）也可以在植物体内大量积累。大多数植物都会将重金属排除在组织外，使重金属浓度一般不超过数个 mg/kg。但是也有一些特殊植物能超量富集重金属，即重金属的超富集植物。超富集植物是能超量吸收重金属并将其运移到地上部的特殊植物。对于超富集植物的界定，植物地上部重金属含量是常用的指标。由于各种重金属在地壳中的丰度，以及在土壤和植物中的背景值存在较大的差异，因此，对于不同重金属，其超富集植物的浓度标准也有所不同。目前采用较多的是 Baker 等（2000）提出的参考值（表 12-3），此外，超富集植物通常还表现出植物地上部重金属含量高于土壤重金属含量（即富集系数 BF＞1）、地上部重金属含量高于根部重金属含量（即转运系数 TF＞1）的特征，它们对土壤中的重金属具有较强的吸收和向地上部转运的能力。然而，目前所获得的超富集植物多为野外调查结果，并没有在严格的控制条件下证明这种超富集能力是否具有遗传特性，特别是要防止由实验误差而导致的错误结论。因此，将这些已经报道的超富集植物用于植物富集技术之前，应进一步甄别。

表 12-3　重金属在土壤和普通植物中的平均浓度及超富集植物的临界标准（Baker et al.，2000）

（单位：mg/g，DW）

元素	土壤	普通植物	临界标准
Cd		0.1	100
Co	10	1	1 000
Cr	60	1	1 000
Cu	20	10	1 000
Mn	850	80	10 000
Ni	40	2	1 000
Pb	10	5	1 000
Se		0.1	1 000
Zn	50	70	10 000

由于不同元素在土壤和植物中的背景值各不相同，不同重金属超富集植物的临界标准也有差异，如对于金（Au）来说，植物组织中只要含 1 mg/kg（干重）即可称为金超富集植物，金的自然丰度仅为 1 μg/kg。

1. 镍超富集植物

最早发现的是镍超富集植物，主要是大戟科（*Euphorbiaceae*）、十字花科（*Cruciferae*）、紫菀属（*Aster*）、庭荠属（*Alyssum*）、大风子科（*Flacourtiaceae*）、黄杨科（*Buxaceae*）和茜草科（*Rubiaceae*）等植物。遏蓝菜属（*Thlaspi*）的一些植物均有积累镍的能力，如 *T. elegans*、*T. oxyceras*、*T. montanum* L. var. *californicum* 和 *T. montanum* L. var. *siskiyouense* 叶片含 Ni 量范围分别为 8 800～20 800 mg/kg、3 080～35 600 mg/kg、3 850～11 600 mg/kg 和 8 240～24 600 mg/kg。原产在南非的草本植物 *Berkheya coddii* 叶片含 Ni 量达 11 600 mg/kg（干重），株高可达 1.8 m，年生物量约 22 t/hm^2，在污染土壤的植物修复中具有很高的潜力（沈振国和陈怀满，2002）。

2. 锌超富集植物

锌超富集植物主要是十字花科遏蓝菜属（*Thlaspi*）（又称菥冥属）植物，其中以天蓝遏蓝菜（*Thlaspi caerulescens*）最为关注（图 12-3）。早期的研究结果表明，德国西部和比利时东部的 *T. calaminare*（即 *T. caerulescens*）和堇菜属（*Viola calaminaria*）叶片能够积累高达 4% 的锌而没有明显伤害。*T. caerulescens* 在不列颠和比利时的分布与铅锌矿和其他工业污染有关。欧洲的 *Thlaspi* 属植物主要生长在蛇纹岩发育的土壤中，这类土壤也生长镍超富集植物。Reeves 和 Baker（1984）证实奥地利的 *T. goesingense* 积累镍和锌的能力是植物的内在特性，而与植物产地的地球化学特性无关。锌超富集植物 *T. caerulescens* 对其他重金属镉、钴、锰和镍也有较高的积累能力，而铝、铬、铜、铁和铅主要积累在根系（Baker et al.，1994），这对复合污染土壤的植物修复具有特别的意义。

图 12-3　超富集植物天蓝遏蓝菜（沈振国提供）

东南景天（*Sedum alfredii H*）是我国发现的一种锌超富集植物。野外调查发现，东南景天对土壤中高含量的锌有很强的忍耐、吸收和积累能力，地上部 Zn 含量为 4134～5000 mg/kg，平均为 4 515 mg/kg（杨肖娥等，2002）。东南景天对铅、镉也有一定的忍耐和富集能力。

3. 镉超富集植物

现已发现堇菜属的两种植物对镉具有超富集能力（刘威等，2003），地上部 Cd 含量最高可达 1 846 mg/kg。一些镉超富集植物能够富集两种重金属，例如，对锌超富集植物的室内研究和野外试验表明，*T. caerulescens* 也是镉、锌的超富集植物，Cd 含量可达 1 020 mg/kg。Lombi 等（2000）发现镍的超富集植物 *T. goesingense* 中 Cd 的含量也可以达到 830 mg/kg，也是镉的超富集植物。另外，Dahmani-Muller 等（2000）发现锌超富集植物 *Arabidopsis halleri* 对镉也具有超富集能力。

4. 铅超富集植物

铅超富集植物中 Pb 含量可超过 10 000 mg/kg。Baker 等（1994）发现，锌超富集植物 *T. caerulescens* 在铅含量为 20 mg/L 的水培条件下，地上部的 Pb 含量最高可达 7 000 mg/kg，表明 *T. caerulescens* 也具有超富集铅的能力。

另外，印度芥菜（*Brassica juncea*）和玉米虽然不是铅的超富集植物，但是在 EDTA 强化条件下，表现出对铅的超富集能力，印度芥菜地上部 Pb 含量可以超过 15 000 mg/kg。由于这种植物的生物量大，而且对镉、镍、铜和锌都具有一定的富集能力，因而成为植物修复领域研究较为广泛的植物材料之一，并取得了较好的修复效果。

5. 砷超富集植物

尽管已经证明很多植物能够耐受高浓度的砷，但砷超富集植物的发现还仅是 20 世纪末的事。2000 年在杭州“土壤修复国际会议”上报道了砷超富集植物的发现（Chen and Wei，2000），随后报道凤尾蕨属的蜈蚣草（*P. vittata* L.）（图 12-4）羽叶中 As 的最高浓度可达 22 630 mg/kg，富集系数（BF）超过 10（陈同斌等，2002；Ma et al.，2001）。通过对砷在蜈蚣草中的亚细胞分布研究发现，蜈蚣草羽片胞液是砷的主要储存部位，胞液对砷的区隔化作用可能是蜈蚣草能够解除砷毒的重要原因（陈同斌等，2005）。

对蜈蚣草进行同步辐射 X 射线近边吸收光谱分析发现，蜈蚣草对高毒性的二甲基砷酸的累积显著低于 As(V)。超富集植物中二甲基砷酸含量从根部到叶部呈现降低趋势（Huang et al.，2008）。蜈蚣草除了富集砷外，还对铅、铜和锌等重金属具有较强的耐性（雷梅等，2005）。铅与砷在叶片中具有相同的区隔化模式（Lei et al.，2008）。

图 12-4　砷超富集植物蜈蚣草（陈同斌等，2002）

野外调查或盆栽试验表明，凤尾蕨属的另一种植物大叶井口边草（*P. cretica* L.）（韦朝阳等，2002）、粉叶蕨（*Pityrogramma calomelanos*）（Visoottiviseth et al.，2002）、凤尾蕨属的 *P. longifolia* 和 *P. Umbrosa*（Zhao et al.，2003）也是砷超富集植物。

6. 铬超富集植物

早期报道的铬超积累植物仅有两种，即在津巴布韦发现的尼科菌（*Dicoma niccolifera*）和 *Sutera fodina*，其 Cr 的含量分别为 1 500 mg/kg 和 2 400 mg/kg。张学洪等（2006）通过野外调查，发现了湿生铬超富集植物——李氏禾（*Leersia hexandra* Swartz）。多年生禾本科李氏禾对铬具有明显的超积累特性，叶片内平均 Cr 含量达 1 787 mg/kg，最高可达 2 978 mg/kg；叶片内铬含量与根茎、根部土壤中铬含量之比分别最高达 11.6 和 56.8。李氏禾不仅对铬有很强的富集能力，而且对铜、镍等也表现出较强的耐性和富集能力。

（二）植物富集技术的应用

在长期的生物进化中，生长于重金属含量较高土壤中的植物可产生适应重金属胁迫的能力。这类植物有 3 种情况：

1）不吸收或少吸收重金属元素；

2）将吸收的重金属元素累积在植物的地下部，使其不向地上部转移；

3）大量吸收重金属元素，并将重金属转移到地上部，但植物仍能正常生长。

在超富集植物的木质部汁液中，重金属离子主要与有机酸和氨基酸等复合，以可溶态存在，而且容易向地上部运输。因此，超富集植物在净化重金属污染土壤方面具有很大的潜力。例如，将土壤含 Zn 量从 444 mg/kg 降低到 300 mg/kg 的欧盟标准，需要种植油菜 832 次，萝卜 2 046 次，而种植超富集植物遏蓝菜（*T. caerulescens*）理论上仅需 13～14 次。高生物量的镍超富集植物 *Brassica coddii* 干物质产量达 22 t/hm^2，植株平均含 Ni 量为 7 880 mg/kg，植株吸收的镍总量为 168 kg/hm^2，仅种植 2 a 即可使含 Ni 100 mg/kg 的中度污染土壤中的 Ni 含量降到 59 mg/kg；对于含 Ni 250 mg/kg 的土壤，也仅需种植 4 次可把土壤 Ni 含量降到欧盟标准所规定的 75 mg/kg 以下。

超富集植物修复重金属污染土壤时将重金属富集在植物的可收割部位，收割富集重金属的植物部位，经过微生物、物理或化学处理，即可去除土壤污染。如果所富集的元素具有回收价值，还可进行植物采矿。在蛇纹岩形成的富镍土壤上种植镍超富集植物 *Streptanthus polygaloides*（该植物含 Ni 可达 14 800 mg/kg），施氮、磷和钾肥后可使植物生物量增长 5 倍，通过焚烧植物回收金属镍并利用其热能，其收益可以达到甚至超过种植小麦（周国华等，2002）。

用植物富集技术来修复重金属污染土壤，修复效率主要取决于植物体内重金属的含量和植物生物量。目前发现的大部分超富集植物的生物量普遍较小，从而限制了其在污染土壤修复中的应用。蜈蚣草是现今发现的生物量最大的超富集植物之一，在野外条件下其生物量（鲜重）最高可以达到 36 t/hm^2，并且植物体内 As 的浓度最高可达 2.3%，具有较好的应用前景，并且已在国内建立了砷污染土壤的植物修复基地，每年的砷修复效率可达 8%以上。据研究，对于含 As 50～60 mg/kg 的土壤，经过 3～5 a 即可修复到安全标准以内（陈同斌等，2004）。

应用砷超富集植物蜈蚣草修复砷污染土壤后，其收获物中含有大量的砷，可以通过焚烧收获植物来回收砷。研究发现蜈蚣草中的砷在焚烧过程中的挥发主要发生在低温条件下。低温处理下蜈蚣草灰分中的 As(Ⅴ)会被还原成 As(Ⅲ)，活性炭（C）或低砷蜈蚣草在低温处理过程中均能促进 As_2O_5 的还原（Yan et al.，2008），因此，在控制焚烧温度并添加固砷剂的条件下对收获的植物进行焚烧，可以达到将收获物安全处置并资源化利用的目的。

（三）植物挥发

1. 硒

除了对微生物转化和挥发土壤硒早有报道以外，还发现某些特殊植物具有类似的功能，也可将环境中的硒转化为可挥发态的二甲基硒或二甲基二硒，从而降低硒对土壤生态系统的毒性。印度芥菜有较高的吸收和积累硒的能力，种植 1 a 和 2 a 后可使土壤中的全硒减少 48%和 13%。一些农作物（如水稻、花椰菜、卷心菜、胡萝卜、大麦和苜蓿等）也具有吸收、挥发土壤硒的能力。印度芥菜中 SeO_4^{2-}的代谢转化是由 ATP 硫化酶基因的过量表达所致，其转基因植物比野生品种对硒具有更强的吸收力、忍耐能力和挥发性。

根际细菌在植物挥发硒的过程中也能起作用。根际细菌不仅能增强植物对硒的吸收，而且还能提高硒的挥发速率。这种刺激作用归功于细菌对须根发育的促进作用，从而使根表有效吸收面积增加。更重要的是，根际细菌能刺激产生一种热稳定化合物，它使 SeO_4^{2-}通过质膜进入根内，使得植物体内出现硒酸盐的显著积累。实验表明，灭菌植株接种根际细菌后，其根内硒浓度增加了 5 倍，植株中硒的挥发作用增强了 4 倍，这可能是因为微生物促进了植物对硒的吸收。

2. 汞

汞在环境中以多种形态存在，有元素汞、无机汞离子和有机汞化合物等。金属汞在常温下以液态存在并容易挥发。在土壤或沉积物中，厌氧细菌的作用可使离子态汞转化为毒性很强的甲基汞（MeHg），其毒性比零价汞（Hg^0）高两个数量级。同时，污染土壤中的抗汞细菌，可以通过酶的作用将甲基汞和离子态汞还原成可挥发态的元素汞（Hg^0），它是一种降低汞毒性的生物途径。若将细菌体内的汞还原酶基因转入拟南芥属植物（*Arabidopsis*）后，得到的转基因植物比对照植物的耐汞能力提高了 10 倍，并可吸收土壤中的汞，将其还原成 Hg^0 后挥发到大气中。然而，由植物体挥发出的汞仍然是有毒的，需要通过进一步的工作将其转化为无毒的形态，或使气体汞的挥发作用控制在环境许可的范围内。

3. 砷

砷是另一个可被生物挥发的元素。海藻的耐砷毒的机理之一是把$(CH_3)_2AsO_2^-$ 挥发出体外。在普通植物体内，砷主要积累在根系中，较少向地上部运输。植物代谢或者植物与微生物复合代谢，也可形成甲基胂化物或砷气体。水稻根系外排 As(III)是其解毒的重要途径，其中包括挥发性甲基胂（朱永官，2013）。

由于植物挥发修复技术只适用于挥发性污染物，所以其应用范围很小，并且将污染物转移到大气中对人类和生物仍有一定的风险，因此，其应用受到一定程度的限制。

（四）植物固定或稳定化

植物固定或稳定化是利用植物来固定或沉淀土壤中的有毒金属，以降低其生物有效性，并防止其进入地下水和食物链，从而减少其对环境和人类健康的威胁。植物在污染元素固定中有两种主要功能，即保护污染土壤不受侵蚀，减少土壤渗滤以防止污染物的淋溶；通过在根部累积和沉淀对污染物起到固定或稳定化作用。

植物固定或稳定化技术可用于采矿、冶炼厂和污泥等污染土壤的修复，这方面最有应用前景的例子是铅的固定。铅的磷酸盐矿物比较难溶，难以为生物所利用，但它在自然界中的形成速度却很慢；然而植物可以加速磷酸铅矿物的形成，缓解铅对生物的毒害作用（Cunningham et al.，1995）。此外，含磷物质能够诱导铅在植物根表面发生形态变化而形成$Pb_5(PO_4)_3Cl$ 与 $Pb_5(PO_4)_3OH$ 沉淀，降低铅的生物有效性（李维立等，2014）。

植物固定或稳定化是利用植物来促进重金属转变为低毒性形态的过程。在这一过程中，土壤的重金属含量并不减少，只是形态发生变化而暂时钝化，使其对生物的毒害作用降低，但没有彻底解决环境中的重金属污染问题。如果环境条件发生变化，重金属的生物有效性可能又会发生改变，因此，植物固定或稳定化不是一个彻底去除重金属污染的方法。

四、有机物污染土壤的植物修复

植物修复可用于石油化工污染、炸药废物、燃料泄漏、氯代溶剂、填埋场淋滤液和农药等有机污染物的治理。土壤-植物系统对一些有机污染物有着天然的自我修复功能（骆永明和涂晨，2012）。植物对有机物污染土壤的修复有 3 种机制：①植物直接吸收有机污染物，这些污染物或不经代谢而直接在植物组织中积累，或将污染物的代谢产物积累在植物组织中，或将有机污染物完全矿化成无毒或低毒的化合物（如二氧化碳、硝酸盐、氨和氯等）；②从植物体中释放出促进生物化学反应的酶，将有机污染物分解成毒性较小的化合物；③植物刺激效应，即强化根际（根-土壤界面）的矿化作用，通过植物提高微生物（细菌和真菌）的活性来促进有机污染物的降解。有机污染土壤的植物修复研究与实践，一直受到广泛的关注（周际海等，2015；Gerhardt et al.，2009），包括农药（丁克强，2009；Matsumoto et al.，2009；张伟等，2007）、持久性有机污染物（Van Aken et al.，2010；彭胜巍和周启星，2008）等。

（一）有机污染物的直接吸收和代谢

利用植物去除土壤中的有机物污染涉及有机污染物性质、土壤环境条件和植物种类，因此，植物对有机污染物的吸收和代谢主要受这 3 个方面因素的影响。

1. 有机污染物的理化性质

土壤中的有机污染物浓度是影响植物修复效率的直接因素，而有机污染物的生物有效性是决定植物-微生物系统中污染物吸收和代谢效率的关键。生物有效性与化合物的相对亲脂性有关。亲脂性常用辛醇-水分配系数 K_{ow} 或 $\lg K_{ow}$ 表示，其值越小，表示该化合物的水溶性越高，而亲脂性越小。亲脂性高的化合物一般容易通过细胞膜。土壤中的有机污染物通过在水中的扩散和质流过程到达根系表面。对于 $\lg K_{ow}>3$ 的化合物，由于根系表面的强烈吸附而不易在植物体内转运；水溶性高的化合物（$\lg K_{ow}<0.5$）则不能被吸附到根系表面或不能进行主动的跨膜运输。因此，植物对位于浅层土壤中的中度憎水有机物（$\lg K_{ow}$=0.5～3.0）有很高的去除效率，这包括一些苯系化合物（苯、甲苯、乙苯和二甲苯）、氯化溶剂和短链的脂肪族化合物等。污染物分子量的大小也影响其通过渗透而进入植物细胞的速度，利用植物修复有机污染土壤时，植物根系对有机污染物的吸收往往局限于小分子极性化合物，并且吸收速率通常很低。

2. 土壤环境条件

除有机污染物的性质之外，土壤对有机污染物的吸附也会影响其生物有效性，与土壤颗粒紧密吸附的污染物不易被植物或微生物吸收和分解。影响污染物吸附的土壤理化特性主要有土壤质地、黏粒矿物类型、有机质含量、阳离子交换量、含水量及 pH 等。此外，污染时间长短也是影响其生物有效性的重要因素，土壤含有的可生物降解的污染物会因污染时间较长而转变为难降解的污染物。与土壤颗粒紧密吸附的污染物、微生物或植物难吸收的污染物不易被植物降解。如果污染物既不与其他生物（土壤节肢动物、草食动物）发生相互作用，又不易移动，则可以考虑采用植物固定/稳定化技术。

使用人工合成的或天然的表面活性剂可以增加有机污染物的溶解度，促进微生物对污染物的分解。这类表面活性剂包括 Triton X-100（聚乙二醇辛基苯基醚）、SDS（十二烷基磺酸钠）、鼠李糖脂和 Tergitol NPX（表面活性剂萘普生）等。值得关注的是，使用改性环糊精不仅可以促进土壤有机污染物的溶解，而且对土壤中重金属的溶解也有促进作用，从而有利于植物修复。生物表面活性剂对汽油污染土壤植物修复的结果表明，不但其二次污染的风险较小，而且可以提高修复效率（Almansoory et al.，2015）。

3. 植物种类及其他性质

不同植物对同一种有机污染物的吸收能力存在很大差异，所以在植物修复中也应注意植物之间的互补与协调（林道辉等，2003）。一些高等植物能从土壤和水体中吸收大量致癌性芳香烃类物质，如多环芳香烃（PAHs）。菜豆（*Phaseolus vulgaris*）根系在含 ^{14}C 标记蒽（ANT）（0.01 mg/L）营养液中生长 30 d，有 60%的 ^{14}C 分布在根系，茎和叶片的 ^{14}C 均占 ^{14}C 总量的 3%。在 30 d 内，有 90%以上的蒽（75 mg/株）可被植物代谢为其他化合物。黑麦草（*Lolium perenne*）可从土壤中吸收大量苯并[a]芘，它的地上部的苯并[a]芘含量可以达到 9 140 μg/kg。胡萝卜对苯并[a]芘也有较大的富集力，其叶片的苯并[a]芘含量可高达 1 430 μg/kg（Edwards，1986，1983）。

植物吸收有机污染物之后，可以通过木质化作用将污染物储藏在新的植物结构中，或转化为对植物无毒的代谢物，储藏于植物细胞中；也可以将其代谢或矿化，将其挥发到大气中。植物根对化学物质的吸收速率不仅取决于该物质在土壤溶液中的浓度及其物理、化学特性，还与植物本身的特性有关。其中，植物的蒸腾作用是决定植物修复工程中污染物吸收速率的关键变量，它又与植物种类、叶面积、养分、土壤水分、风力条件和相对湿度有关。

（二）酶的作用

某些植物根系释放到土壤中的酶可直接降解有机化合物，且降解速度快。在降解过程中，有机污染物从土壤中的解吸和质流过程成为限速步骤。植物死亡以后，释放到环境中的酶还可以继续发挥分解作用。虽然植物修复主要还是靠整个植物体来实现，然而，某些植物酶对有机污染物的降解提高了植物修复的潜力；当 pH 较低、金属浓度和细菌毒性较高时，游离的酶系有可能被破坏或钝化。

（三）根际的生物降解

某些“特异”植物的根系能释放出有利于有机污染物降解的化学物质，其中包括单糖、氨基酸、脂肪酸、维生素和酮酸等低分子化合物，以及多糖、聚乳酸和黏液等大分子有机物，它们与植物脱落的死亡细胞及植物向土壤释放的光合产物共同构成一个特殊系统，即根际，由此增加土壤有机质含量，改变有机污染物的吸附特性，从而促进它们与腐殖酸的共聚作用。生长于多环芳烃（PAHs）和矿物油污染土壤中的苜蓿草就具有这种特异的根际效应。从微生物角度来说，植物根系中生长的菌根菌能与植物共生，具有独特的代谢途径和独特的酶系，可以代谢自生细菌所不能降解的有机物。例如，无菌凤眼莲 10 h 内只能降解 1.9%的酚，假单胞菌对酚的降解也仅达到 37.9%，但是凤眼莲和假单胞菌的联合体系却能降解 97.5%的酚，其原因是凤眼莲的根系分泌物促进了假单胞菌等酚降解菌的生长，加速了酚的降解（乐毅全等，1990）。

1. 降解过程

在植物根际内，污染物的降解过程实际上包含了植物–微生物的联合作用，它包括微生物好氧、厌氧代谢过程和腐殖化作用过程。

（1）微生物好氧代谢过程　单一的专性好氧菌对芳烃类、苯磺酸类等污染物的降解作用并不明显。但是，若将这些单一的好氧菌与根际内其他微生物群落混合，组成共栖关系，即可显著提高对这些难降解污染物的矿化能力，防止有机污染物中间体的生成与积累。

（2）微生物厌氧代谢过程　厌氧菌对环境持久性污染物（POPs）如［PCBs、DDT 和 PCE（五氯乙烯）］的去除能力较强。一些有机污染物（苯和其相关污染物）在厌氧条件下可完全矿化为 CO_2。

（3）腐殖化作用过程　土壤的腐殖化作用过程也是一种有效的污染物解毒方法。同位素标记法实验表明，腐殖化作用可以影响 PAHs 在土壤-植物系统中的归宿。根际微生物可以加速腐殖化进程，减少污染物的暴露时间，从而减轻有害物质对植物的潜在毒性。

以微生物作用为主要方式的生物修复对治理土壤中的有机污染十分有效。采用植物-微生物联合修复技术，利用植物的独特功能，并与根际微生物协同作用，从而发挥生物修复的更大效能。

2. 根际作用

对于微生物而言，植物根际在生物降解中起着重要作用。植物提供了微生物的生长环境，可向土壤环境释放大量分泌物（糖类、醇类和酸类等），其数量占年光合作用产量的 10%～20%，细根的迅速腐解也向土壤中补充了有机碳，可以提高微生物矿化有机污染物的速率。植物根系分泌的糖类、有机酸、氨基酸和脂肪酸等有机质能够降低根际土壤的 pH，加上植物根系对土壤水分、氧含量和土壤通气性的调适，刺激了根系附近微生物群体的发育，使根际环境成为微生物作用的活跃区域。植物为微生物提供适宜的生存场所还表现在植物可以将地面氧气转移至根区，使根区的好氧分解作用能够正常进行。有利于好氧微生物生长和繁殖的有氧环境，促进了根区微生物的矿化作用。土壤中有机碳的含量与有机污染物的降解有直接关系，例如，有机碳的含量越高，莠去津的矿化越快；多环芳烃的降解会随植物根系微生物密度的增大而增加；草原地区的微生物对 2-氯苯甲酸的降解率比无植物生长的对照区高 11%～63%。

五、放射性核素污染土壤的植物修复

放射性污染土壤的修复是生物修复的热点问题之一（Ibrahim et al.，2015；查忠勇等，2014；孙赛玉和周青，2008）。核爆炸和核反应等过程所产生的核裂变副产物是一类特殊的污染物。这些放射性核素长期存在于土壤中，对人类及生物的健康造成了很大的威胁。治理放射性核素污染有挖掘与填埋、复合剂提取、离子交换、反渗透等工程与化学处理相结合的方法，用这些方法对大面积的放射性核素污染土壤进行修复，其成本极其昂贵，因而除了用于难以进行生物处理的、局部高放射性核素污染的治理以外，对于较大面积的低放射性核素污染土壤的修复应该尽可能采用生物修复的方法（汤泽平等，2009；张晓雪等，2008；唐秀欢等，2008）。曹少飞等（2016）介绍了大面积 ^{137}Cs、^{90}Sr、天然铀和钚（Pu）污染土壤植物修复技术的研究现状及应用性情况。一些特殊植物可以从污染土壤中吸收并积累大量的放射性核素，利用这类植物去除土壤环境中的放射性污染是一种经济、有效的方法。对核设施退役厂内受 ^{137}Cs 和 ^{90}Sr 污染区的土壤筛选了 9 科 17 种植物，认为菊科串叶草对 ^{90}Sr 的富集和转移系数分别为 3. 25 和 2. 95，均大于 1.00，是一种 ^{90}Sr 超富集植物，能修复 5.9%的 ^{90}Sr（赖捷等，2017）。

在植物修复方面，研究较多的放射性核素主要包括铀（唐丽等，2009；徐俊等，2009；张学礼和王尔奇，2008）、^{137}Cs 和 ^{90}Sr（查忠勇等，2014；唐永金等，2013；郑洁敏和宋亮，2006）等，对放射性核素污染土壤修复标准的问题也有涉及（唐世荣等，2007）。本节主要讨论与放射性核素铯（Cs）的植物富集的有关问题。

（一）铯的植物富集

与重金属污染土壤的植物富集技术相似，放射性核素的植物富集依赖于特殊的植物材料。植物对放射性核素的吸收不仅与植物种类有关，还与土壤的性质有密切的关系。土壤的离子交换能力越强，植物对放射性核素的吸收能力就越大。因此，利用植物修复放射性污染的另一项关键措施就是增加污染元素在土壤中的可溶性和生物有效性。研究证明，有机质含量高的土壤有利于铯在植物中积累，其机理可能是吸附在有机质上的铯易被交换，继而容易被植物吸收利用。一些有机酸，如柠檬酸、苹果酸和醋酸，可以增加植物对铀的吸收，其中以柠檬酸的效果最好，可在几天内使铀在印度芥菜地上部的积累增加 1 000 多倍（Huang et al.，1998）。

甜菜具有较高的铯吸收能力（Broadley and Willey，1997）。植物提取修复试验表明，反枝苋（*Amaranthus retroflexus* L.）有较高的 ^{137}Cs 含量和积累量。田间条件下反枝苋在生长 3 个月后，其地上部积累的 ^{137}Cs 约占土壤（表层 15 cm）铯的 3%（Lasat et al.，1998，1997）。假定一年种两季植物，且每季的修复效率维持不变，则 15 a 内可以把放射性铯污染水平从 15 Bq/g 降到 6 Bq/g。与反枝苋同一属的其他植物也有较高的铯吸收能力（Dushenkov et al.，1999）。对相关数据进行系统的整理表明（Broadley et al.，1999），石竹亚纲（*Caryophylidae*）比其他任何开花植物都有更高的铯吸收能力。细叶桉（*Eucalyptus tereticornis*）幼苗一个月可去除土壤中 31.0%的 ^{137}Cs 和 11.3% 的 ^{90}Sr（Entry and Emmingham，1995）。这些研究表明，有可能选择一组具有较高铯吸收能力的植物，然后在这一组植物中选择适合不同环境条件的植物类型用于特定的实地修复体系中。

美国、乌克兰和英格兰的植物修复研究表明，植物移走污染土壤中的铯量很小，这主要是因为在温带土壤中，以 2∶1 型黏粒矿物为主，这些黏粒矿物对铯有很强的固定作用，大大降低了铯的生物有效性。为了提高植物修复技术的效率，有必要进一步提高土壤中铯的生物有效性。土壤改良剂（如铵态氮肥的施用）可以在一定程度上改变植物根际微环境的化学和生物学性质，从而提高铯的生物有效性，但是在田间条件下这种作用十分有限（Dushenkov et al.，1999；Lasat et al.，1998，1997）。由于核设施通常建在远离农田的荒地上，在这些荒地土壤中，铯的生物有效性往往较高，因此，适宜采用植物修复技术。

植物修复技术净化污染所需的时间较长，就放射性铯而言，即使用富铯植物也需 20 a 左右才能将污染土壤净化到理想程度（表 12-4）。不过也有研究表明，植物对铯的吸收与铯在土壤中的浓度不成直线关系（Broadley et al.，1999），因此，关于植物修复放射污染土壤效率和年限一直处于研判之中。很多其他的放射性核素在土壤中的生物有效性高于铯，植物对它们的吸收可能要快得多。

表 12-4　土壤和植物中 ^{137}Cs 含量（Lasat et al.，1998）　（单位：kBq/m^2）

项目	印度芥菜	红根藜	叶菜豆
土壤中总 ^{137}Cs	2 640 ±480	2 400 ±960	1 680 ±720
地 上 部 ^{137}Cs	1.2 ±0.1	52 ±26	0.8 ±0.4

此外，放射性核素与某些植物营养元素的相似性对利用植物修复技术来净化污染土壤是十分重要的。目前观察到的能富集放射性铯的植物往往是能富集钾的植物；对钙吸收能力强的植物能够有效吸收土壤中的放射性锶。对于没有相应植物营养元素的那些放射性核素，植物吸收很可能只是依赖于土壤中该元素的活度或毒性。目前已有不少描述植物吸收钾的模型，对这些模型做适当的修改，就有可能用来指导植物修复净化污染土壤的速度。植物养分吸收的最快时期通常是植物的指数生长期，植物吸收积累铯可能也遵循这样的规律，因此，植物生长期的多次收获可以提高总的铯吸收量而加快修复进程。

（二）其他措施

许多用来调节植物营养元素吸收的农业措施有可能被应用到优化植物修复技术体系中，如添加有机酸和化肥等。另外，随着现代分子生物学技术的飞速发展，许多与植物养分吸收有关的基因相继被克隆并在生物体内表达，所以利用分子生物学手段来改善植物养分吸收可能会成为现实。而这方面的研究进展也一定会促进有关植物修复技术净化核污染土壤方面的研究。在评估植物修复技术净化核污染土壤的可能性时必须考虑以下几个因素，包括放射性核素是否有与之类似的营养元素、作物田间生长和养分吸收的农艺调控措施、作物田间生长的收获最佳时间等。

利用微生物处理放射性废物是对现有核素固化方法的有益尝试。用微生物菌体作为生物处理剂，富集回收存在于水溶液中的铀等放射性核素，效率高，成本低，耗能少，而且没有二次污染物。目前，研究与微生物作用的核素多为铀，通过微生物的吸附富集核素，减少放射性废物的含量（李琼芳等，2008）。此外，丝状真菌对土壤放射性核素具有一定的吸收能力，并最终将核素转移至果实中，通过收获和处理而将核素从土壤中移除。旱地草原土壤真菌是土壤中放射性铯的潜在富集库，可将其固定在表土中，从而防止地下水污染。张琼等（2014）以日本福岛核事故后土壤放射性核素铯污染修复为例，阐述了铲土去铯、深翻客土去铯、悬土去铯及植物修复去铯等方法的修复过程及效果，并就土壤铯污染所面临的问题及土壤修复方法前景进行了展望。

六、展　　望

1. 加强以应用为目的之基础研究

污染土壤的植物修复技术已逐步发展成为当今环境科学和土壤学等相关领域中的研究热点之一，越来越受到政府、学术界和企业界的高度重视。然而，污染土壤的植物修复技术在总体上仍旧处于应用基础研究阶段，在今后一个相当长的时间内，核心问题首先是超富集植物的发现、筛选、培育和驯化，以满足实际应用的需要；同时，在修复机理的研究方面，植物对污染物的吸收、积累及其解毒机理等一系列基础理论问题有待于深入研究，并在此基础上将自然界中超富集植物的耐性基因移植到生物量大、生长速率快的植物中去，从而提高植物修复效率（Abhilash et al.，2009；曹雪莲等，2008）。

2. 强化联合修复

由于土壤环境污染的复合性和复杂性，单一的修复方法往往很难满足实践工作的需要，因此应用多种修复技术的联合修复将是未来发展的重点方向（Barbafieri et al.，2017；Guarino and Sciarrillo，2017；薛嘉乐，2017；Glick，2010；McGuinness and Dowling，2009）。利用基因工程技术，构建能降解污染物的高效工程菌，培育高效超富集植物，利用酶工程技术，生产、提取、纯化和固定酶或酶制剂，都有着广阔的发展空间。微生物-植物-酶组合时能形成营养来源和环境空间的互补，这一体系在有机污染物污染土壤修复的研究与实践中需要强化。

3. 农业生态措施

改变耕作制度，调整作物品种，种植不进入食物链的作物，选择能降低土壤重金属污染的化肥，增施可固定重金属的有机肥等措施，可控制土壤重金属污染。施肥、间作等农业措施可显著增加作物对土壤中重金属的吸收累积量，从而提高植物修复的效率。施用不同肥料对作物吸收重金属的影响不同，相同条件下施加有机肥能在一定程度上缓解土壤重金属污染程度。适量施用磷肥明显促进蜈蚣草生长，提高其砷含量，增大砷累积量。筛选高耐性、低吸收重金属的农作物，它们不仅能够在污染较重的田块上正常生长，而且能够生产出符合安全质量标准的农产品。另外，选择能源植物既可以避免食物链的污染，又有一定的经济效益（Pandey et al.，2016）。

农业措施较物理、化学的修复方法具有简单、易操作和成本低等特点，对修复重金属污染程度较低的土壤效果显著。另外，可通过施肥（提高土壤肥力）、土壤化学环境调控（改变土壤pH和Eh等）及植物的栽培和管理（植物播种方式、植株密度、杂草控制、收获程序和方法、授粉控制及种子处理）等强化措施找出最优配套方法，为植物修复的商业化应用提供依据。

第六节　污染土壤修复工程案例分析

一、江西贵溪冶炼厂周边铜镉污染农田土壤修复工程

1. 项目区污染现状

项目区位于江西省贵溪市滨江乡（周静，2016），历史上由于江西铜业集团股份有限公司贵溪冶炼厂在冶炼过程中排放的废渣、废水和废气污染了周边农田，部分农田绝产绝收。2008

年，调查分析表明，土壤中的铜超标率为100%，镉超标率为87%～100%［《食用农产品产地环境质量评价标准》（HJ/T 332—2006）］。2012年在环境保护部“国家重金属污染防治专项资金”，以及科技部、中国科学院、当地政府和江西铜业集团有限公司等项目的资助下，对贵冶周边区域重金属污染土壤实施规模化修复治理工程（周静等，2015），总面积约133 hm^2，2014年底项目通过验收。

2. 修复思路

考虑到该项目区当地的经济发展水平和大面积治理的现实，以及修复成本、修复目标、未来土地利用方式、污染物种类、污染程度和修复周期等因素，该工程提出的修复技术总体思路为“调理—削减—恢复—增效”。

1）调理　通过物理调节和化学改良调理污染土壤中重金属的介质环境。

2）削减　通过物理化学-植物/生物联合的方法，降低污染土壤重金属总量或有效态含量。

3）恢复　在调理污染土壤介质环境、降低土壤重金属毒性基础上，联合植物及农艺管理技术，建立植被，逐次恢复污染土壤生态功能。

4）增效　增加污染修复区土地的生态效益、经济效益和社会效益。

3. 修复目标

本案例中，污染区域连片集中、面积大、污染程度不同且修复资金有限，所以采取“分区、分类、分级、分段”的治理模式。依据不同地块的污染程度，分类选择修复技术，能够降低土壤重金属活性（有效态或可提取态重金属含量），降低重金属向其他环境介质迁移的风险，使得污染土壤修复后能够安全利用。鉴于此，最终确定的修复目标如下。

1）重度污染土壤修复后，土壤中铜、镉的有效态降低50%，植被逐步恢复，覆盖率不低于85%。

2）中度污染土壤修复后，能够生长纤维、能源、观赏或经济林木等植物，具有一定的经济效益（每年每公顷7 500元）。

3）轻度污染土壤修复后能够种植水稻等粮食作物，且可食部分达到安全标准，经济效益显著（每季稻谷6 t/hm^2）。

4. 主要工作内容和修复技术

1）应用重金属铜和镉复合污染土壤分类分级治理的土壤调理（钝化和配位诱导）技术，集成物理/化学-生物联合修复措施，建立具有针对性的化学改良剂-植物-农艺管理的综合修复技术体系。

2）根据土壤污染程度，筛选合适的修复技术和土地利用方式，探索土壤修复治理与景观美化、生态建设与经济效益有机结合的治理模式。

3）建立我国中南地区土壤铜和镉复合污染修复治理示范基地。

5. 修复效果

（1）环境效益　有效降低了污染土壤中的重金属活性，有效态铜和镉的下降幅度均在50%以上，轻度污染区稻米产量达6.72～7.56 t/hm^2，比对照组提高了33%～49%，且稻米中的镉符合国家相关标准，实现了修复目标。土壤重金属活性的降低减弱了重金属向其他介质迁移的环境风险，同时也为植物生长创造了条件，农田植被和生态系统获得恢复，治理区生态效益显著提升。种植巨菌草的土壤可吸收转移Cu 6815 $g/(hm^2 \cdot a)$，Cd 143 $g/(hm^2 \cdot a)$，通过连续多年的吸收转移，可最终实现减少土壤重金属总量的目标。收获的巨菌草（图12-5）可作为生物质能源供给生物质电厂，燃烧后灰烬中的重金属浸出毒性低于国家相关标准。

图 12-5　耐性能源植物巨菌草在污染土壤联合修复中的生长状况（图中右下角为对照）（周静，2016）

（2）经济效益　采用物理/化学-植物-农艺联合技术修复重度污染土壤，与其他修复技术相比，成本较低，为每吨土 10～20 美元（按土壤表层计算）。本案例中，用改良剂与巨菌草联合治理，巨菌草具有较高的热值和其他多种用途，作为生物质电厂发电的原料时，每亩巨菌草生物量相当于 2～3 t 标准煤的发电量。

（3）社会效益　项目初步建立了大型重金属相关冶炼企业周边土壤污染治理示范工程，取得了较好的修复效果，受到了各级政府的重视和推介，以及当地群众的高度认可。

二、湖南石门砷污染农田土壤修复工程

1. 项目区污染现状

项目区位于湖南省石门县白云乡（陈同斌等，2016），由于长期开采雄黄，冶炼砒霜，冶炼过程中产生的砒灰飘尘和二氧化硫未经处理直接排放，导致对周边环境污染非常严重。2012 年的调查结果表明，在以原炼砒车间为中心，半径 10 km 的范围内，土壤中砷超标率达 66.1%，其中 17.9%属于重度污染，周边农田蔬菜超标率达 40.4%。2014 年在中国科学院科技服务网络计划项目的资助下，在石门开展了污染土壤修复工程（图 12-6）。

图 12-6　湖南石门砷污染农田土壤植物修复现场（陈同斌等，2016）

2. 主要工作内容和修复技术

针对项目区的土壤砷污染，采取以蜈蚣草植物修复为主的技术降低土壤砷总量。主要工程包括：

1）蜈蚣草工厂化育苗和设施建设；

2）修复种植与工程示范，建设规模为 13.3 hm^2，包括强化植物萃取、间作修复、植物阻

隔等修复模式；

3）修复植物安全处理和资源利用技术装备的工程化。

3. 修复效果

针对项目土壤污染现状，建立了防-控-治相结合的土壤环境保护模式。

1）针对高污染区提出了关键技术参数，蜈蚣草萃取修复的种苗繁育、田间管护、超富集植物收割和安全处置等，建立超富集植物育苗工厂。经过2 a修复，土壤总砷含量降低了13.6%。

2）结合项目区的种植结构，建立了蜈蚣草-柑橘间作修复模式，实现了边修复边生产的修复目标。

3）针对低污染区开展低积累玉米、水稻钝化修复的安全利用模式。经过钝化修复，土壤水溶性砷下降了65%以上，玉米达标率达到95%以上。

三、湖南长株潭地区镉污染土壤修复工程

湖南长株潭地区镉污染土壤修复工程是由农业部和财政部批复的国家级耕地土壤修复试点工程。2014年财政部、农业部批复了《湖南重金属污染耕地修复及农作物种植结构调整试点2014年实施方案》，同年4月，国家启动重金属污染耕地修复综合治理工作。这是目前唯一由农业部、财政部批复的国家级污染耕地土壤的修复试点工程，也是目前我国唯一大范围实施的耕地修复试点项目，由湖南省农业委员会具体组织实施（中国经济网，2014；湖南省财政厅，2014）。

1. 项目区概况

湖南省是我国闻名的有色金属之乡，中部地区重要的有色金属和重化工业云集，有色冶金、化工、矿山采选等行业占到全省工业的80%以上。根据湖南省农业厅多年来的定位监测，截至2013年，湖南将近1/3的耕地被不同程度污染，重度污染和轻度污染的面积分别为3.13×10^5 hm^2和6.33×10^5 hm^2；在地域分布上，湘江流域尤为严重，且主要重金属污染元素为镉。

2. 修复思路和措施

按照“因地制宜、政府引导、农民自愿、收益不减”的基本思路，2014年长株潭地区的试点耕地面积为1.13×10^5 hm^2。根据重金属污染的程度，试点的耕地分为轻度污染区、中度污染区和重度污染区三种类型进行分区治理。第一类为达标生产区（即轻度污染物），此区域不改变种植习惯，继续生产水稻，治理思路是“在污染的土地上生产出合格的大米”。第二种属于管控生产区（即中度污染区），这部分农产品在管控下进行生产。第三类为替代种植区（即重度污染区），采取调整农作物种植结构的思路，不再种植水稻。

第一类为达标生产区。主要采用“VIP+n”修复治理技术模式，其中V是指“品种”等生物措施，I是指“灌溉”等农业措施，P是指调整“pH酸碱度”，即通过生物、农业措施和环境改善来达到生产合格产品的目标。具体措施包括选种低镉积累的水稻品种（V）、优化水分管理（I）、施用生石灰提高土壤pH（P），同时推广增施商品有机肥、喷施叶面肥、种植绿肥和深耕改土（n），综合运用上述措施降低土壤镉活性，使稻米达到相关规定的污染物限量标准。

第二类为管控生产区。在该区域，继续种植水稻并进行品种替代，同时采取耕地修复措施。该区域的农产品在管控下进行生产，实行“四专一封闭”的管理模式，即专业品种、专区种植、专企收购、专厂储存和农产品封闭运行。不达标的产品将被全部收购，转为非食用用途，实现封闭运行，阻止其进入市场。

第三类为作物替代种植区（即重度污染区）。在该区域不再种植水稻，而是调整农作物种植结构，改种非直接食用、非口粮的棉花、蚕桑、麻类、花卉等农作物，同时对残余物的去向进行监控，不得再回流进入耕地。相关部门将摸索政府介入种植的环节，保证农民收入，不影响农产品生产。

3. 修复效果

根据2014年湖南省农业委员会重点工作完成情况的公示，试点第一年，达标生产区和管控专产区的早稻达标比例（米镉≤0.2 mg/kg）分别提高了53.1%和44.8%，修复取得了明显效果。

思考题与习题

1. 农用地土壤修复技术包括哪些主要类型？请简述各种方法的原理。
2. 微生物修复技术的优点有哪些？
3. 与传统修复技术相比，植物修复技术具有哪些优点和缺点？
4. 超富集植物有哪些主要特点？
5. 污染土壤修复的设计流程包括哪些要素？
6. 请讨论从本章所介绍的农田土壤修复案例中获得的体会和认识。

主要参考文献

仓龙，朱向东，汪玉等. 2012. 生物质炭中的污染物含量及其田间施用的环境风险预测. 农业工程学报，28（15）：163～167

曹少飞，李建国，韩宝华等. 2016. 大面积低水平放射性污染土壤的植物修复研究现状. 辐射防护通讯，36（1）：18～22，27

曹雪莲，惠泉，刘均洪. 2008. 转基因植物修复有机污染物的进展. 环境保护科学，34（3）：71～74

查忠勇，王定娜，冯孝杰等. 2014. 生物修复放射性污染土壤的研究进展. 化学研究与应用，26（2）：153～159

晁雷，周启星，陈苏. 2006. 污染土壤修复效果评定方法的研究. 环境污染治理技术与设备，7（4）：7～11

陈怀满，郑春荣，周东美等. 2005. 德兴铜矿尾矿库植被重建后的土壤肥力状况和重金属污染初探. 土壤学报，42（1）：29～36

陈能场. 2015. 翻耕稻田真的能治理重金属镉吗. 《中国科学报》，2015-04-15. （006）

陈同斌，阎秀兰，廖晓勇等. 2002. 砷超富集植物蜈蚣草及其对砷的富集特征. 科学通报，47（3）：207～210

陈同斌，阎秀兰，廖晓勇等. 2004. 磷肥对提高砷污染土壤的植物修复效率的研究：田间实例研究. 环境科学学报，24（3）：455～462

陈同斌，阎秀兰，廖晓勇等. 2005. 蜈蚣草中砷的亚细胞分布与区隔化作用. 科学通报，50（24）：2739～2744

陈同斌，杨军，雷梅等. 2016. 湖南石门砷污染农田土壤修复工程. 世界环境，161（4）：57～58

程国玲，李培军. 2007. 石油污染土壤的植物与微生物修复技术. 环境工程学报，1（6）：91～96

崔中利，崔利霞，黄彦等. 2012. 农药污染微生物降解研究及应用进展. 南京农业大学学报，35（5）：93～102

丁克强. 2009. TCP污染土壤的植物修复及其毒性评价. 生态环境学报，18（1）：167～171

关向杰，杨海君，盛博文等. 2011. 典型环境污染物修复基因工程菌的构建及应用. 生物技术通报，（9）：10～15

胡晓芳，夏福军，朱南文等. 2006. 油污染土壤的生物法修复效果研究. 环境化学，25（5）：593～597

湖南省财政厅. 2014. 重金属污染耕地修复及农作物种植结构调整试点资金管理办法. 湘财农（2014）58号

湖南省农业委员会. 2014. 2014年湖南省农业委员会重点工作完成情况公示. http：//agri. hunan. gov. cn/xxgk/gknb/201412/t20141225_3368841. html

环境保护部. 2013. 中国人群暴露参数手册（成人卷）. 北京：中国环境出版社

环境保护部. 2016a. 中国人群暴露参数手册（儿童卷 0-5岁）. 北京：中国环境出版社

环境保护部. 2016b. 中国人群暴露参数手册（儿童卷 6-17岁）. 北京：中国环境出版社

赖捷，邱孟琦，成建峰等. 2017. 一种新的锶超积累植物——串叶草. 安徽农业科学，45（24）：4～8，18

乐毅全，郑师章，周纪伦. 1990. 凤眼莲-根际微生物系统的降酚效应. 植物生态学与地植物学学报，14（2）：151～159

雷梅，岳庆玲，陈同斌等. 2005. 湖南柿竹园矿区土壤重金属含量及植物吸收特征. 生态学报，25（5）：1146～1151

李江遐，吴林春，张军等. 2015. 生物炭修复土壤重金属污染的研究进展. 生态环境学报，24（12）：2075～2081

李青青. 2010. 基于健康风险的土壤修复目标研究程序与方法——以多环芳烃污染土壤再利用工程为例. 生态与农村环境学报，26（6）：610～615

李琼芳，刘明学，康晋梅等. 2008. 微生物与放射性核素相互作用的研究进展. 环境科学与技术，31（10）：67～70

李维立，方月英，赵玲等. 2014. 含磷物质对铅耐性与敏感性植物生长及磷铅吸收的影响. 农业环境科学学报，33（7）：1288～1293

林道辉，朱利中，高彦征. 2003. 土壤有机污染植物修复的机理与影响因素. 应用生态学报，14（10）：1799～1803
刘春，黄霞，杨景亮. 2008. 基因强化在难降解污染物生物处理和修复中的应用. 微生物学通报，35（2）：286～290
刘和，陈英旭. 2002. 环境生物修复中高效基因工程菌的构建策略. 浙江大学学报（农业与生命科学版），28（2）：208～212
刘世亮，骆永明，丁克强等. 2004. 菌根真菌对土壤中有机污染物的修复研究. 地球科学进展，19（2）：197～203
刘威，束文圣，蓝崇钰. 2003. 宝山堇菜（*Viola baoshanensis*）——一种新的镉超富集植物. 科学通报，48（19）：2046～2049
龙涛，邓绍坡，吴运金等. 2015. 生态风险评价框架进展研究. 生态与农村环境学报，31（6）：822～830
骆永明，涂晨. 2012. 农田土壤-植物系统持久性有机污染物的界面过程与自修复——以多氯联苯为例. 土壤与作物，1（2）：65～69
彭胜巍，周启星. 2008. 持久性有机污染土壤的植物修复及其机理研究进展. 生态学杂志，27（3）：469～475
屈撑囤，马健波，贾汉忠等. 2016. 微生物协同降解深层石油污染土壤研究. 油气田环境保护，26（5）：6～9
沈伟航，朱能武，尹富华等. 2015. 微生物修复石油污染土壤的生态毒性指示. 生态环境学报，24（9）：1560～1569
沈振国，陈怀满. 2000. 土壤重金属污染生物修复的研究进展. 农村生态环境，16（2）：39～44
沈振国，陈怀满. 2002. 污染土壤的植物修复. 见：陈怀满等. 土壤中化学物质的行为与环境质量. 北京：科学出版社
石红蕾，周启星. 2014. 生物炭对污染物的土壤环境行为影响研究进展. 生态学杂志，33（2）：486～494
孙兰英，花日茂，唐欣昀. 2010. 有机磷农药降解菌及其基因工程研究新进展. 激光生物学报，19（2）：278～284
孙赛玉，周青. 2008. 土壤放射性污染的生态效应及生物修复. 中国生态农业学报，16（2）：523～528
孙铁珩，周启星，李培军. 2001. 污染生态学. 北京：科学出版社
汤泽平，陈迪云，宋刚. 2009. 土壤放射性核素污染的植物修复与利用. 安徽农业科学，37（13）：6101～6103
唐丽，柏云，邓大超等. 2009. 修复铀污染土壤超积累植物的筛选及积累特征研究. 核技术，32（2）：136～141
唐世荣，商照荣，宋正国等. 2007. 放射性核素污染土壤修复标准的若干问题. 农业环境科学学报，26（2）：407～412
唐行灿，张民. 2014. 生物炭修复污染土壤的研究进展. 环境科学导刊，33（1）：17～26
唐秀欢，潘孝兵，万俊生. 2008. 放射性污染植物修复技术田间试验及前景分析. 环境科学与技术，31（4）：63～68
唐永金，罗学刚，曾峰. 2013. 不同植物对高深度 Sr、Cs 胁迫的响应与修复植物筛选. 农业环境科学学报，32（5）：960～965
滕应，骆永明，李振高等. 2006. 多氯联苯复合污染土壤的土著微生物修复强化措施研究. 土壤，38（5）：645～651
王红旗，熊樱，陈延君. 2008. 土壤中石油污染物微生物修复动力学和机理初探. 环境化学，27（3）：339～344
王靖，张忠智，苏幼明等. 2008. 石油污染土壤植物修复根际效应研究. 石油化工高等学校学报，21（2）：36～40
王锐刚，张传义，张雁秋. 2007. 微生物修复氯丁唑污染土壤的研究. 农业环境科学学报，26（5）：1667～1671
王涛，李惠民，史晓燕. 2016. 重金属污染农田土壤修复效果评价指标体系分析. 土壤通报，47（3）：725～729
王晓飞，邓超冰，尹娟等. 2017. 基于区间数排序法的农田土壤重金属生态风险分析. 中国环境监测，33（3）：106～113
韦朝阳，陈同斌，黄泽春等. 2002. 大叶井口边草—— 一种新发现的富集砷的植物. 生态学报，22（5）：777～778
韦朝阳，陈同斌. 2001. 重金属超富集植物及植物修复技术研究进展. 生态学报，21（7）：1196～1203
吴松青，彭艳，黄张敏等. 2008. 有机磷农药的微生物修复回顾与前景展望. 中国农学通报，24（5）：343～347
谢云峰，曹云者，杜晓明等. 2016. 土壤污染调查加密布点优化方法构建及验证. 环境科学学报，36（3）：981～989
徐俊，龚永兵，张倩慈等. 2009. 三种植物对铀耐性及土壤中铀吸收积累差异的研究. 化学研究与应用，21（3）：322～326
许妍哲，方战强. 2015. 生物炭修复土壤重金属的研究进展. 环境工程，（2）：156～159，172
许育新，李晓慧，滕齐辉等. 2008. 氯氰菊酯污染土壤的微生物修复及对土著微生物的影响. 土壤学报，45（4）：693～698
薛嘉乐. 2017. 广东某污染土壤修复工程实例及总结. 广东化工，44（11）：230～231
杨肖娥，龙新宪，倪吾钟等. 2002. 东南景天（Sedum alfreii H）——一种新的锌超积累植物. 科学通报，47（13）：1003～1006.
杨阳，陈卫平，李艳玲等. 2016. 基于不确定性分析的土壤-水稻系统镉污染综合风险评估. 环境科学，37（12）：4800～4805
张超，陈文兵，武道吉等. 2014. 混合菌修复石油污染土壤. 化工环保，34（1）：19～23
张琼，陈金融，张春明等. 2014. 土壤放射性核素铯污染修复研究进展. 核农学报，28（10）：1924～1931
张伟，张忠明，王进军等. 2007. 有机农药污染的植物修复研究进展. 农药，46（4）：217～222，226
张晓雪，王丹，闻方平. 2008. 低放核素污染土-水介质的植物修复研究进展. 西北植物学报，28（12）：2571～2574
张学洪，罗亚平，黄海涛等. 2006. 一种新发现的湿生铬超积累植物—李氏禾（Leersia hexandra Swartz）. 生态学报，26（3）：950～953.
张学礼，王尔奇. 2008. 环境中铀污染的植物修复. 铀矿冶，27（1）：44～49
赵欧亚，冯圣东，石维等. 2015. 煤矿区农田土壤多环芳烃生态风险评估方法比较. 安全与环境学报，15（2）：352～358
赵煜坤，廖海丰，陈一楠等. 2011. 六六六、滴滴涕污染土壤的微生物修复作用研究. 江苏农业科学，39（2）：463～465
甄丽莎. 2012. 石油污染土壤的微生物修复. 江苏农业科学，40（8）：321～324
郑洁敏，宋亮. 2006. 放射性 Cs 污染土壤的植物修复及其影响因素. 杭州农业科技，（1）：33～35
中国经济网. 2014. 长株潭探索污染耕地治理有效路径. 2014-05-06
周国华，黄怀曾，何红蓼. 2002. 重金属污染土壤植物修复及进展. 环境污染治理技术与设备，3（6）：33～39
周际海，袁颖红，朱志保等. 2015. 土壤有机污染物生物修复技术研究进展. 生态环境学报，24（2）：343～351
周静，崔红标，梁家妮等. 2015. 重金属污染土壤修复技术的选择和面临的问题——以江铜贵冶九牛岗土壤修复示范工程项目为例. 土壤，47（2）：283～288
周静. 2016. 重金属污染土壤修复技术的现状和掌握——以江西贵溪冶炼厂周边区域土壤修复示范项目为例. 世界环境，161（4）：48～53

朱艳景，张彦，高思等. 2015. 生态风险评价方法学研究进展与评价模型选择. 城市环境与城市生态，28（1）：17～21
朱永官. 2013. 农业环境中的砷及其对人体的健康风险. 北京：科学出版社
Abhilash P C，Jamil S，Singh N. 2009. Transgenic plants for enhanced biodegradation and phytoremediation of organic xenobiotics. Biotechnology Advances，27（4）：474～488
Almansoory A F，Hasan H A，Idris M. 2015. Potential application of a biosurfactant in phytoremediation technology for treatment of gasoline-contaminated soil. Ecological Engineering，84：113～120
Baker A J M，McGrath S P，Reeves R D et al. 2000. Metal hyperaccumulator plants：A review of the ecology and physiology of a biological resources for phytoremediation of metal-polluted soils. In：Terry N. Phytoremediation of Contaminated Soil and Water. New York：CRC Press
Baker A J M，Reeves R D，Hajar A S M. 1994. Heavy metal accumulation and tolerance in British populations of the metallophyte *Thlaspi caerulescens* J. & C. Presl（Brassicaceae）. New Phytologist，127：61～68
Barbafieri M，Pedron F，Petruzzelli G et al. 2017. Assisted phytoremediation of a multi- contaminated soil：Investigation on arsenic and lead combined mobilization and removal. Journal of Environmental Management，203：316～329
Broadley M R，Willey N J，Meade A. 1999. A method to assess taxonomic variation in Cs concentrations among flowering plants. Environmental Pollution，106：341～349
Broadley M R，Willey N J. 1997. A comparison of Cs uptake in 30 taxa of plants. Environmental Pollution，97：11～15
Chen T B，Wei C Y. 2000. Arsenic Hyperaccumulation in some plant speciesin south China. In：Luo Y M et al. International Conference of Soil Remediation. Hangxhou：Proceedings of SoilRem 2000
Cunningham S D，Berti W R，Huang J W. 1995. Phytoremediation of contaminated soils. Trends Biotechnol，13：393～397
Dahmani-Muller H，Oort F van，Gélie B et al. 2000. Strategies of heavy metal uptake by three plant species growing near a metal smelter. Environmental Pollution，109（2）：231～238
Deng Z J，Cao L X. 2017. Fungal endophytes and their interactions with plants in phyto- remediation：a review. Chemosphere，168：1100～1106
Dushenkov S，Mikheev A，Prokhnevsky A et al. 1999. Phytoremediation of radiocaesium contaminated soil in the vicinity of Chernobyl，Ukraine. Environmental Science & Technology，33：469～475
Edwards N T. 1983. Polycyclic aromatic hydrocarbons（PAH's）in the terrestrial environment-a review. Journal of Environmental Quality，12（4）：427～441
Edwards N T. 1986. Uptake，translocation and metabolism of anthracene in bush bean（Phaseolus Vulgaris L. ）. Environmental Toxicology & Chemistry，5（7）：659～665
Entry J A，Emmingham W H. 1995. Sequestration of ^{137}Cs and ^{90}Sr from soil by seedlings of *Eucalyptus teretiocrnis*. Canadian Journal of Forest Research，25：1231～1236
Feng N X，Yua J，Zhao H M. 2017. Efficient phytoremediation of organic contaminants in soils using plant-endophyte partnerships. Science of the Total Environment，583：352～368
Gerhardt K E，Huang X D，Glick B R et al. 2009. Phytoremediation and rhizoremediation of organic soil contaminants：potential and challenges. Plant Science，176（1）：20～30
Glick B R. 2010. Using soil bacteria to facilitate phytoremediation. Biotechnol Adv，28（3）：367～374
Gómez-Sagasti M T，Epelde L，Alkorta I. 2016. Reflections on soil contamination research from a biologist's point of view. Applied Soil Ecology，105：207～210
Guarino C，Sciarrillo R. 2017. Effectiveness of in situ application of an Integrated Phytoremediation System（IPS）by adding a selected blend of rhizosphere microbes to heavily multi-contaminated soils. Ecological Engineering，99：70～82
Håkanson L. 1980. An ecological risk index for aquatic pollution control. A sedimentological approach. Water Research，14：975～1001
Ho S V，Athmera C J，Sheridana P W et al. 1997. Scale-up aspects of the Lasagna™ process for in situ soil decontamination. Journal of Hazardous Materials，55（1～3）：39～60
Huang J W，Blaylock M J，Kapulnik Y et al. 1998. Phytoremediation of uranium- contaminated soils：role of organic acids in triggering uranium hyperaccumulation in plants. Environmental Science & Technology，32：2004～2008
Huang Z C，Chen T B，Lei M et al. 2008. Difference of toxicity and accumulation of methylated and inorganic arsenic in arsenic-hyperaccumulating and hypertolerant plants. Environmental Science & Technology，42（14）：5106～5111
Ibrahim M，Adrees M，Rashid U et al. 2015. Phytoremediation of Radioactive Contaminated Soils. In：Hakeem K，Sabir M，Ozturk M et al. Soil Remediation and Plants：Prospects and Challenges. London，San Diego：Academic Press
Khalid S，Shahid M，NIazi N K et al. 2016. A comparison of technologies for remediation of heavy metal contaminated soils. Journal of Geochemical Exploration，in press，Contents lists available at ScienceDirect
Lasat M M，Fuhrmann M，Ebbs S D et al. 1998. Phytoremediation of a radiocesium-contaminated soil：Evaluation of cesium-137 bioaccumulation in the shoots of three plant species. Journal of Environmental Quality，27：165～169
Lasat M M，Norvell W A，Kochian L V. 1997. Potential for phytoextraction of ^{137}Cs from a contaminated soil. Plant and Soil，195：99～106
Lei M，Chen T B，Huang Z C et al. 2008. Simultaneous compartmentalization of lead and arsenic in co-hyperaccumulator *Viola principis* H. de Boiss. ：an application of SRXRF microprobe. Chemosphere，72：1491～1496

Liu W. 2016. Comprehensive treatment technology of pesticide-contaminated soil. Plant Diseases and Pests，7（2）：36～38

Lombi E，Zhao F J，Dunham S J et al. 2000. Cadmium accumulation in populations of Thlaspi caerulescens and Thlaspi goesingense. New Phytologist，145：11～20

Ma L Q，Ma Komar K M，Tu C et al. 2001. A fern that hyperaccumulates arsenic. Nature，409：579

Mahar A，Wang P，Ali A et al. 2016. Challenges and opportunities in the phytoremediation of Heavy metals contaminated soils：a review. Ecotoxicology and Environmental Safty，126：111～121

Matsumoto E，Kawanaka Y，Yun S J et al. 2009. Bioremediation of the organochlorine pesticides，dieldrin and endrin，and their occurrence in the environment. Applied Microbiology and Biotechnology，84（2）：205～216

McGuinness M，Dowling D. 2009. Plant-associated bacterial degradation of toxic organic compounds in soil. International Journal of Environmental Research and Public Health，6（8）：2226～2247

Morillo E，Villaverde J. 2017. Advanced technologies for the remediation of pesticide-contaminated soils. Science of the Totalnvironment，586：576～597

Pandey V C，Bajpai O，Singh N. 2016. Energy crops in sustainable phytoremediation. Renewable and Sustainable Energy Reviews，54：58～73

Reeves R D，Baker A J M. 1984. Studies on metal uptake by plants from serpentine and non-serpentine populations of *Thlaspi goesingense* Halacsy（cruciferae）. New Phytol，98：191～204

Rojjanateeranaj P，Sangthong C，Prapagdee B. 2017. Enhanced cadmium phytoremediation of Glycine max L. through bioaugmentation of cadmium-resistant bacteria assisted by biostimulation. Chemosphere，185：764～771

Sarwar N，Imran M，Shaheen M R. 2017. Phytoremediation strategies for soils contaminated with heavy metals：Modifications and future perspectives. Chemosphere，171：710～721

Surriya O，Saleem S S，Waqar K et al. 2015. Phytoremediation of soils：Prospects and challenges. In：Hakeem K，Sabir M，Ozturk M et al. Soil Remediation and Plants：Prospects and Challenges. London，San Diego：Academic Press

Van Aken B，Correa P A，Schnoor J L. 2010. Phytoremediation of polychlorinated biphenyls：New trends and promises. Environmental Science & Technology，44（8）：2767～2776

Visoottiviseth P，Francesconi K，Sridokchan W. 2002. The potential of Thai indigenous plant species for the phytoremediation of arsenic contaminated land. Environmental Pollution，118（3）：453～461

Wenzel W W. 2009. Rhizosphere processes and management in plant-assisted bioremediation（phytoremediation）of soils. Plant and Soil，321（1～2）：385～408

Xing J F，Hu T T，Cang L et al. 2016. Remediation of copper contaminated soil by using different particle sizes of apatite：a field experiment. Springer Plus，5：1182

Yan X L，Chen T B，Liao X L et al. 2008. Arsenic transformation and volatilization during incineration of the hyperaccumulator Pteris vittata L. Environmental Science & Technology，42（5）：1479～1484

Yu H Y，Liu C P，Zhu J S et al. 2016. Cadmium availability in rice paddy fields from a mining area：the effects of soil properties highlighting iron fractions and pH value. Environmental Pollution，209：38～45

Yu Z Q. 2016. Microbial remediation of heavy metal（Ioid）contaminated soil：A review. Agricultural Science&Technology，17（1）：85～91

Zhang N，Guo D，ZhuY et al. 2017. Microbial remediation of a pentachloronitrobenzene- contaminated soil planted with *Panaxnotoginseng*：a field experiment. Pedosphere，27（6）：476～479

Zhao F J，Wang J R，Barker J H A et al. 2003. The role of phytochelatins in arsenic tolerance in the hyperaccumulator *Pteris vittata*. New Phytologist，159（2）：403～410

建议进一步阅读的文献

黄铭洪. 2003. 环境污染与生态恢复. 北京：科学出版社

骆永明. 2017. 有机污染土壤的修复机制与技术发展. 北京：科学出版社

沈振国，陈怀满. 2002. 污染土壤的植物修复. 见：陈怀满等. 土壤中化学物质的行为与环境质量. 北京：科学出版社

吴龙华，施积炎. 2016. 土壤重金属污染与修复. 见：宋长青. 土壤学若干前沿领域研究进展. 北京：商务印书馆

周启星，宋玉芳. 2016. 污染土壤修复原理与方法. 北京：科学出版社

Hasegawa H，Rahman I M D M，Rahman M A et al. 2016. Environmental remediation technologies for metal–Cotaminated soils. New York：Spinger

Huang P M，Iskandar I K. 2000. Soils and groundwater pollution and remediation. Boca Raton，London，New York，Washington D C：Lewis Publishers

Lucchinia P，Quilliamc R S，DeLucad T H et al. 2014. Does biochar application alter heavy metal dynamics in agricultural soil. Agriculture Ecosystems and Environment，184：149～157

Singh A，Ward O P. 2004. Applied bioremediation and phytoremediation. Berlin Heidelberg：Springer-Verlag

Surriya O，Saleem S S，Waqar K et al. 2015. Soil remediation and plants：Prospects and challenges. New York：Academic Press.

第十三章　土壤环境工程

土壤环境工程是环境土壤学的重要研究内容，它主要运用工程技术、土壤学及相关学科的原理与方法，设计并运行处理工艺，以维持和更好地改善土壤环境质量。主要任务是进行土壤污染防治以满足环境质量目标和标准的需要，减缓土壤环境对地下设施效能的影响，以提高资源利用率和减少能源消耗，或提高地下设施对土壤环境的适应力以减少或避免其因损坏而带来的对土壤环境的污染，科学利用土壤对污染物的负载容量和净化力进行废弃物的处理和处置等。其内容主要包括污染土壤的修复工程、地下设施的腐蚀防治、废物土地处理、土壤环境质量的监测与评价等，其中，污染土壤的修复工程分为农用地和场地，侧重于实用技术的基本原理、修复工程的设计、效果评估和案例分析。虽然农用地和场地污染土壤修复在原理上有相通和重叠之处，但各自的特点和侧重点有着明显的差异，所以分别予以讨论。农用地污染土壤的修复已列于第十二章，而土壤环境质量的监测与评价，则在第十四章中进行讨论，所以本章的土壤修复部分主要涉及场地污染问题。

第一节　场地污染土壤的修复工程

场地污染土壤指污染场地中污染物含量高，并具有生态与环境危害的土壤。污染场地是指“对潜在污染场地进行调查和风险评估后，确认污染危害超过人体健康或生态环境可接受风险水平的场地，又称污染地块”[《场地环境监测技术导则》(HJ 25.2—2014)]。随着我国产业结构调整和城市化进程的加快，以及“退二进三”（退出第二产业进入第三产业）、“退城进园”政策的实施，全国各大中城市陆续开展了城市污染企业（涉及化工、冶金、石油、交通运输和轻工等行业）的搬迁或关闭工作，特别是京津地区、东北老工业基地、长江三角洲地区和珠江三角洲地区。根据《中国环境年鉴》(2002—2009 年）的统计，2001～2008 年我国关停并转迁的企业数由 6 611 个迅速增加到 22 488 个，年平均增数近 2 000 个；当前已搬迁和需搬迁改造的工业企业总数达 50 万个以上（罗泽娇，2015)。2014 年环境保护部和国土资源部联合发布的《全国土壤污染状况调查公报》指出：“长江三角洲、珠江三角洲、东北老工业基地等部分区域土壤污染问题较为突出”“重污染企业用地、工业废弃地、工业园区、固体废物处置场地的周边土壤点位超标率分别为 36.3%、34.9%、29.4%、21.3%”。长期以来粗放的环境安全管理模式、无序的三废排放导致了大量的污染场地，场区内及周边土壤和地下水污染严重，给人口稠密的城市带来了严重的环境和健康风险，制约着城市土地资源的安全再利用，阻碍了城市建设和地方经济的发展，因此，场地污染土壤的修复显得尤为迫切。

目前，对于化工场地酸化土壤污染的修复已有成功案例（潘云雨等，2011)，同时结合我国冶炼行业的特点，提出了基于层次性人体健康风险评估的冶炼行业污染场地风险管理与决策框架体系（潘云雨等，2010)、化工污染场地健康风险评估（房吉敦等，2013)。近年来，科研院所和相关的产业机构投入了大量的人力和物力，促进了场地修复工作的进展与提升。

一些修复策略和措施的有益评估（Song et al.，2018），对修复技术可持续性评估的实践具有借鉴意义。基于文献计量的铬污染土壤修复发展历程剖析（2001—2015 年），从侧面反映了污染土壤（包括场地污染）修复的进展，研究内容由少至多，由浅入深，材料功能优化和环境友好化日益成为研究的驱动力（朱宇恩等，2017）。有关专著对场地土壤修复管理与实践进行了很好的总结（施维林，2016）。环境保护部先后发布了《污染场地土壤修复技术导则》（HJ 25.4—2014）、《建设用地土壤环境调查评估技术指南》，为污染场地土壤修复提出了当前的要求与规范。在场地管理方面，我国多数省市已建立了结合不同利益相关者之间合作的多目标层次管理系统，以及多部门联动监管机制（Li et al.，2017）。目前，场地修复的关注点大多集中于城市老工业遗址，而其他一些场地土壤污染问题，例如，尾矿库（Wang et al.，2017）、电子垃圾回收场（Luo et al.，2017），以及很少有人涉足的靶场土壤污染问题（Saadia et al.，2016），也应该予以必要的关注。

一、场地污染土壤修复技术与原理

场地污染土壤的物理修复技术包括客土、高温热解、蒸气抽提、固化与填埋；化学修复技术包括施用改良剂、淋洗与萃取、电动修复；生物修复技术包括微生物和植物修复。有关客土、微生物和植物修复的部分内容已在第十二章中有所涉及，必要时可参阅相关内容。

（一）高温热解

高温热解法即热处理技术，是通过向土壤中通入热蒸气，或用射频加热等方法把已经污染的土壤加热，使污染物产生热分解，或将挥发性污染物赶出土壤并收集起来进行处理的方法。该法多用于能够热分解的有机污染物，如石油污染。产生热的方法有多种，例如，红外线辐射、微波和射频方式等，也可用管道输入水蒸气，或打井引入地热等来加热土壤，从而使污染物变为气态而挥发去除。研究表明，高温热解法的最低温度为 300℃，持续时间应在 30 min 以上。该法可去除土壤中 99%的多环芳烃（PAHs）等挥发性污染物（Pope et al.，2000）。

除有机污染物之外，热处理技术也可用于挥发性的重金属，如汞污染土壤的修复。加热的方法能将汞从土壤中解吸出来，然后再回收利用。为了使热解修复法得到更广泛的应用，在处理中加入了催化剂。适当的催化剂可以提高污染土壤中汞的去除率（Matsuyama et al.，1999），在加热去除火山灰土壤中的硫化汞时（Hg 含量为 400 mg/kg），向土壤中添加氯化铁作为催化剂，汞的去除率可随土壤温度的升高而增加。有关汞污染场地土壤修复技术曾有较为详细的评论（Wang et al.，2012）。

（二）气相抽提

土壤气相抽提技术（SVE）的基本原理是通过降低土壤孔隙内的蒸气压把土壤介质中的化学污染物转化为气态而加以去除。这一过程主要通过固态、水溶态和非水溶性液态之间的浓度差，以及通过土壤真空浸提过程引入的清洁空气进行驱动，因此，有时也将其称为“土壤真空浸提技术”。

从广义的角度理解，土壤气相抽提技术包括原位生物强化土壤气相抽提技术、原位充气修复技术和原位热修复技术等，特别是生物强化土壤气相抽提技术结合了生物修复的一些优点，更具有技术上的优势。土壤气相抽提技术具有成本低、可操作性强、可采用标准设备、处理有机物的范围宽、不破坏土壤结构和不引起二次污染等优点。在美国“国家优先控制场地名录”中，已实施或计划实施的污染场地修复技术，有 25%的项目采用了原位土壤气相抽提法（谷庆宝等，2008）。场地修复的现场试验表明，去污速率基本正比于抽气流量；土壤的透气性越强，气相抽提的影响半径越大，抽气流量及去除污染物的速率也越高；抽出气体的污染物浓度及去除速率总体随温度的升高而增大（王慧玲等，2015）；异位气相抽提法在有机污染场地的应用中也取得了良好的结果，土壤中甲苯、二甲苯两种挥发性有机污染物达到了相关标准的要求（梅志华和赵申，2015）。

土壤气相抽提技术一般要求：①待治理的污染物必须是挥发性的，或者是半挥发性的有机物，蒸气压不能低于 0.5 Torr（1 Torr =1 mmHg 压强）；②污染物必须具有较低的水溶性，并且土壤湿度不可过高；③污染物必须在地下水位以上；④被修复的污染土壤应具有较高的渗透性；而对于容重大、土壤含水量大、孔隙度低或渗透速率小的土壤，土壤气相抽提法受到很大的限制。

（三）固化与填埋

固化技术是将重金属污染的土壤按一定比例与固化剂混合，经养护一定时间后最终形成渗透性很低的固体混合物。固化剂种类繁多，主要有天然矿物和人工材料（任重等，2011），例如，水泥、硅酸盐、高炉矿渣、石灰、窑灰、粉煤灰、沥青、酚醛塑料和环氧化物等。由于技术和费用等方面的原因，水泥和石灰等无机材料的应用最广泛。水泥是铬污染土壤的有效固化剂，其掺量以 20%为宜（李喜林等，2017）。固化技术的处理效果与固化剂的成分、比例、土壤重金属的总浓度，以及土壤中影响固化的干扰物质有关。固化技术的不足之处在于会破坏土壤，而且需要使用大量的固化剂，因此只适用于污染严重且面积较小的土壤修复。固化技术可避免或减轻重金属污染对建筑物地基和地下结构物的影响。

玻璃化是固化的另一种形式，其原理是通过加热将污染的土壤熔化，冷却后形成比较稳定的玻璃态物质，金属很难被浸提出来。对于某些特殊废物（如放射性废物）是非常适用的，因为在通常条件下玻璃非常稳定，一般的试剂难以破坏它的结构。玻璃化后污染土壤可降低到原有体积的 20%～40%。

填埋处理是将固化或挖掘后的污染土壤按照固体废弃物土地处置的方式进行填埋，以减少或杜绝污染物扩散到其他土壤中。该法适用于污染严重的局部性、事故性土壤。

（四）淋洗与萃取

1. 土壤淋洗的概念与分类

土壤淋洗是指用淋洗剂去除土壤污染物的过程。这一过程可能包括物理、化学或物理化学反应，例如，将挖掘出的污染土壤用水淋洗、过筛、悬液分离、浮选和磁选等方法，将土壤分成粗砾、砂砾、砂和黏粒 4 个部分，其中，粗砾和砂砾部分可以回填；而富集重金属的黏粒部分可经絮凝、浓缩和压滤脱水形成“淤泥饼”后，再进行填埋处理，这一操作可认为是一个单纯的物理过程；然而，在将污染土壤淋洗、分级后，继续将含有重金属的组分用化学浸提剂进行浸提处理，那么该步骤便是一个化学或物理化学过程，这一过程有时也称为化学淋洗。土壤淋洗过程包括淋洗液向土壤表面扩散、对污染物质的溶解、淋洗出的污染物在土壤内部扩散，以及淋洗出的污染物从土壤表面向流体扩散等过程。

土壤的化学淋洗法是指利用物理化学原理去除非饱和带或近地表饱和带土壤中污染物的方法。按照对提取液的处理方式，化学淋洗法又可分为清洗法和提取法。清洗法就是用清水或含有能与污染物形成配位化合物的溶液冲洗土壤，当污染物（如重金属）到达根层以外但却未到达地下水时，用含有能与污染物形成难溶性沉淀物的溶液继续冲洗土壤，使其在一定深度的土层中形成难溶的间层，以防止其污染地下水。提取法是将水、溶剂和淋洗助剂渗入或者注入到污染土壤中，然后再把这些含有污染物的水溶液从土壤中提取出来，并送到传统的污水处理厂进行再处理。提取法又分为洗土法、堆摊浸滤法和冲洗法。这 3 种方法的原理相同，都是运用试剂与土壤中的重金属作用形成溶解性的重金属离子或金属配位化合物，最后从提取液中回收重金属，并循环利用提取液。在重金属和多环芳烃共存时，淋洗法可同时有效去除这两类污染物（彭立君等，2008），也可用于铬渣污染土壤的异位淋洗修复（李丹丹等，2011）。

土壤淋洗法按运行方式分为单级淋洗和多级淋洗（巩宗强等，2002）。单级淋洗的主要原理是物质分配平衡规律，即在稳态淋洗过程中从土壤中去除的污染物量等于淋洗液中污染物的量。单级淋洗又分为单级平衡淋洗和单级非平衡淋洗，当淋洗浓度受平衡控制时，淋洗只有达到平衡状态，才可能实现最大去除率。在实际应用中，污染物的去除很难达到理想的平衡状态，因而淋洗速率就成了一个重要因子。非平衡条件下的淋洗称为非平衡淋洗。当单级淋洗方法不理想时，可进行单级淋洗的组合运行，从而构成多级淋洗系统。多级淋洗系统不受淋洗平衡条件的限制，处理方式也灵活、多变，可采用顺流、逆流或交叉流进行淋洗。

2. 淋洗剂的选择和应用

选择高效的淋洗剂和助剂是土壤淋洗法的技术关键之一。研究表明，对于镉及胺、醚和苯胺等碱性有机污染物污染的土壤，酸溶液是一种高效的淋洗剂。淋洗动力学研究表明，柠檬酸适合用于淋洗去除污染土壤中的一些重金属（许超等，2009）；对于氰化物和酚类物质污染的土壤，碱溶液是较好的淋洗剂；而对于一些两性重金属元素（例如锌），酸、碱淋洗剂均可应用。淋洗助剂的应用对于提高淋洗效率也十分重要，某些非水溶性液体污染物（例如石油烃）污染的土壤，表面活性剂或许是很好的淋洗助剂。一些螯合剂对于重金属污染土壤的淋洗效果较好，在土壤重金属污染修复应用及研究中采用的螯合剂主要有两大类型（丁竹红等，2009）。第一类是氨基多羧酸类（aminopolycarboxylic acids APCAs），如人工合成的螯合剂 EDTA（乙二胺四乙酸）、DTPA（二乙三胺五三乙酸）、HEDTA（羟乙基替乙二胺三乙酸）、EGTA（乙二醇双四乙酸）、EDDHA（乙二胺二乙酸）和 CDTA（环己烷二胺四乙酸）等，以及天然螯合剂 S,S-EDDS（S,S-乙二胺二琥珀酸）和 NTA（二乙基三乙酸）等。APCAs 因具有较强的活化能力而被广泛应用，尤其是 EDTA。试验结果表明，EDTA 对于镉、铁、锌的淋洗效果较好，而对锰、镍的淋洗效果较差。

螯合剂的另一种类型是天然的低分子有机酸，如柠檬酸、草酸、酒石酸、苹果酸和丙二酸等，能促进金属离子的解吸作用，通过与金属离子形成可溶性的配合物来增加金属离子的活性和移动性。此外，联合运用多种淋洗技术也是一种有效的选择，采用酸性溶剂，并添加合适的氧化剂、还原剂或配位剂后，成功地治理了被 8 种重金属［银、镉、铬、铜、汞、镍、铅和铽（Tb）］污染的土壤（夏星辉和陈静生，1997），重金属的初始浓度均大于 1 600 mg/kg，治理后的 Pb 浓度小于 175 mg/kg，其他金属的浓度均降到了土壤背景值的范围。氧化剂过硫酸盐的应用引起了较多的关注，在热、光和过渡金属等条件的激活下，过硫酸盐活化技术能产生高活性过硫酸根自由基，其氧化能力接近于羟基自由基（E=+2.8V），从而能够快速降解大量有机污染物。由于其优异的特性，过硫酸盐活化技术在土壤和地下水有机污染及一些重金属污染的原位修复等环境污染治理方面显示出了广阔的应用前景（杨世迎等，2008）。

利用表面活性剂去除土壤污染的方法是可先将土壤挖出，然后进行异位处理。在实际工作中，应注意采用无毒和易降解的表面活性剂，如生物表面活性剂，以防止产生新的环境问题。淋洗剂还包括各种氧化剂和还原剂。值得注意的是，这些淋洗剂的使用可能会改变土壤环境的物理和化学特性，例如，在修复技术中包含生物技术时，淋洗剂有可能影响其生物修复潜力。此外，在多雨地区使用淋洗剂时还可能增大地下水污染的风险，因此，在使用之前必须慎重考虑。淋洗法对于烃、硝酸盐等污染的治理比较经济，但对导水性能差的土壤或强烈吸附于土壤的污染物［如多氯联苯（PCBs）和多氯代二苯并二噁英（PCDDs）等］则不适用。为了更有效地去除土壤中的污染物，在实际应用中可将土壤淋洗与泥浆反应器技术相结合。

3. 泵出处理

泵出处理（P/T）是一种适用于治理土壤深层污染的技术。它是将处理剂（水、表面活性剂、助溶剂和螯合剂等）从注入井（或沟）中注入土壤，使吸附固定在土壤颗粒上的污染物解吸下来并随处理液向土体下部迁移，再通过另一端的抽水井将含有污染物的处理液抽上来进行处理。泵出处理的关键是处理剂的选择。表面活性剂和有机助溶剂只适用于有机污染物的处理，而许多危险废物点往往受到有机物和重金属的复合污染，因而开发一种能同时处理有机物和重金属的处理剂就成为该项技术研究的热点之一。虽然环糊精多用于有机污染物的治理（廖文菊，2010），但羧甲基-β-环糊精（CMCD）分子内部的疏水性空腔可与蒽、萘和菲等有机污染物形成包合物，而分子外侧的羧甲基可以螯合重金属离子，因此，可用于重金属-有机复合污染土壤的修复。同时，CMCD 对土壤盐分、pH 不敏感，并且无毒，可生物降解，不像其他表面活性剂和有机助溶剂那样易被土壤吸持。实验表明，CMCD 可以将有机物和重金属同时从土体中解吸并洗脱出来，是一种很有潜力的土壤有机-重金属污染处理剂。泵出处理的缺点是在处理过程中要消耗大量的水，有的处理剂本身也会造成污染。

4. 萃取

超临界萃取技术适用于修复 PCBs 和 PAHs 等有机物污染的土壤。首先将污染土壤置于装有临界流的容器中，利用二氧化碳、丙烷、丁烷或者酒精，在临界压力和临界温度下形成流体，使有机污染物移动到容器上部，随后泵入第 2 个容器中。在第 2 个容器中，温度和压力下降，浓缩的有机污染物被回收处理，临界流再次被回收利用。用这种方法治理 PCBs 污染的沉积物，萃取效率在 90%～98%。然而，由于超临界萃取技术工艺复杂，费用较高，因此目前很少使用。

（五）电动修复

1. 电动修复的定义与原理

电动修复是在电场作用下去除污染物，使遭受污染的土壤恢复或重建生产力的工艺过程。通过在污染土壤两侧施加直流电压形成电场梯度，土壤中的污染物质在电场作用下以电迁移、电渗流或电泳的方式被带到电极两端，当电极池中的污染物达到一定浓度时，便可通过收集系统排入废水池，按废水处理方法进行集中处理，从而使污染土壤得以修复（周东美和邓昌芬，2003）。

土壤电动修复原理如图 13-1 所示。其装置主要包括提供直流电压的 DC 电源，阴、阳极电解池及阴、阳电极，处理导出污染液体的工程设施等。电解池通常设有气体出口，分别用来导出阴、阳两极产生的氢气和氧气。实验装置中的电极可选择铂电极、钛合金电极，也可采用较便宜、易得的石墨电极等。

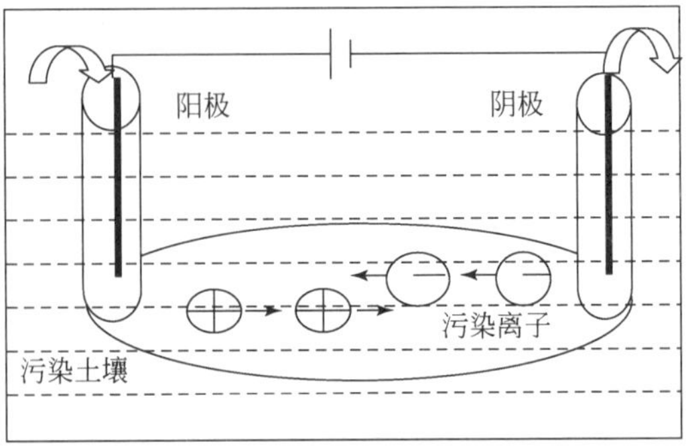

图 13-1　污染土壤电动修复示意图

电动修复中的电迁移是指带电离子在土壤溶液中朝带相反电荷电极的方向运动；电渗流是指土壤微孔中的液体在电场作用下，由于其带电双电层与电场的作用而作相对于带电土壤表层的移动；而电泳则是指带电粒子相对于稳定液体的运动。由于电动修复过程中带电土壤颗粒的移动性小，因而电泳对污染物移动的贡献有时可以忽略。

2. 阴极区 pH 的控制

pH 控制着土壤溶液中离子的吸附与解吸、沉淀与溶解等，而且酸度对电渗速度有明显影响。在电动修复中阴、阳极电解液在电解后会引起土壤 pH 的变化，可通过添加酸来消除电极反应产生的 OH^-。在实际运行中，有机酸具有较好的应用前景，这是因为大多数形成的金属配合物是水溶性的；同时，由于它的生物可降解性，因而具有良好的环境安全性；此外，缓冲溶液也是控制 pH 的有效方法，例如，利用磷酸盐作为缓冲溶液，控制介质 pH 在 9～10 能够有效地去除高岭石中的 Cr(Ⅵ)。

除了利用化学试剂来控制 pH 外，也可以考虑其他行之有效的措施：①在土柱与阴极池之间使用阳离子交换膜，阳离子交换膜仅允许重金属阳离子通过，而禁止 OH^- 离子向土柱中移动；②在阳极池与土柱间使用阴离子交换膜，可防止阳极池中的 H^+ 向土柱移动，从而避免土柱内的 pH 降低，使得电渗作用能够正常进行；③利用电渗析的方法也能够有效地避免土壤的碱化，在实验优化条件下，Cu、Cr 和 As 的去除效率可分别达到 93%、95%和 99%；④在电极与电解液之间使用盐桥，可以有效地减少阴极产生的 OH^- 向电解液中释放，避免在靠近阴极的土壤中形成重金属沉淀（Leinz et al.，1998）；⑤采用循环体系将阴极的电解液与阳极的电解液进行中和，来改变电极产生的酸碱对土柱 pH 的影响，显著改善修复效果（Lee and Yang，2000）。

3. 配位剂和表面活性剂的应用

为了提高修复效率和扩大电动修复应用范围，已经发展了针对不同类型土壤和污染物的增强修复技术。其中包括酸碱中和法、离子选择膜法、电渗析法、配位剂法、表面活性剂法和氧化还原法等（陈锋等，2008；陆小成等，2005），这里主要讨论配位剂和表面活性剂的应用。向污染土壤中加入配位剂，通过配位剂与重金属形成稳定的、且在较大 pH 范围内可溶的配合物，然后在电场作用下迁移出土体，可以提高重金属的去除效率（Wong et al.，1997；Yeung et al.，1996）。通过将 EDTA 二钠盐加入到阴极区和重金属形成负电荷的可溶性配合物，在电场作用下通过电迁移方式向阳极迁移，在人为污染的铅污染土壤电动修复试验中获得了接近 100%的去除率。配位剂的选择应满足配位体在较大 pH 范围内有较高的溶解度，不易吸附在土壤颗粒表面，且毒性低而易生物降解等特点。近年来，生物可降解的配位剂，如乙二胺二琥珀酸（EDDS）等，也已应用到污染土壤的电动修复研究中（Zhou et al.，2007；吴丹亚等，2007）。

为了提高疏水性有机污染物的溶解性和在土壤中的迁移，可向土壤中加入表面活性剂来提高疏水性污染物的溶解度。比较合适的表面活性剂有羟丙基-β-环糊精（HPCD）、正丁胺、吐温 80（Tween 80）等。通过使用 6.85 mmol/L HPCD 溶液，同时加入 Na_2CO_3 溶液控制土壤在较高的 pH，土壤中菲的去除率可达 75%（Ko et al.，2000）。使用正丁胺作为表面活性剂增加菲的溶解度，127 d 的修复时间后菲的去除率达 43%（Li et al.，2000）。采用 Tween 80 作为表面活性剂去除土壤中的菲，在 25 mA 的电场条件下运行了 72 h，获得了 90%的去除效率（She et al.，2003）。此外，电动与植物、电动与表面活性剂和氧化技术的联合修复均有可能强化污染土壤的修复效果（Sandu et al.，2016；Cameselle et al.，2013；樊广萍等，2010）。

（六）微生物修复

1. 泵处理工艺

微生物泵处理工艺（属于 P/T 工艺的一种）主要应用于修复受污染的地下水和土壤。它首先在受污染的区域开钻注入井和抽水井，通过注入井将接种的微生物、水、营养物和电子受体（如 H_2O_2）等注入土壤中；通过抽水井将地下水抽到地面上使其在地层中流动，促进微生物的分布和营养物质的运输，保持氧气供应。主要设备为水泵和空压机，必要时也建有活性污泥法等生物处理装置，将抽取的地下水处理后再回注地下。该工艺是较为简单的处理方法，费用较省；但由于采用的工程强化措施较少，需要较长的处理时间，污染物可能会进一步扩散到土壤深层和地下水中，因此，它主要适用于处理污染时间较长、状况已基本稳定，或者受污染面积较大的地区。

2. 生物通气工艺

生物通气工艺是一种强化污染物生物降解的修复技术。一般是在受污染的土壤中至少打两口井，安装鼓风机和真空泵，将新鲜空气强行通入土壤中，然后再抽出。在空气一进一出的过程中，土壤中的挥发性毒物随之从土壤中去除。为了给土壤中的降解菌提供氮素营养，有时在通入的空气中加入一定量的氨气；或将营养物质与水分批供给，从而达到强化污染物降解的目的。生物通气工艺就是为改变土壤中的气体成分而设计的（图 13-2），它有助于通过真空或加压进行土壤曝气，抽出土壤中的二氧化碳而补充氧气。生物通气工艺通常用于处理被地下储油罐泄漏污染的土壤，这些土壤可先进行生物修复，然后再用生物通气工艺强化处理。生物通气工艺作为处理受喷气机燃料污染土壤的一种基本方法。

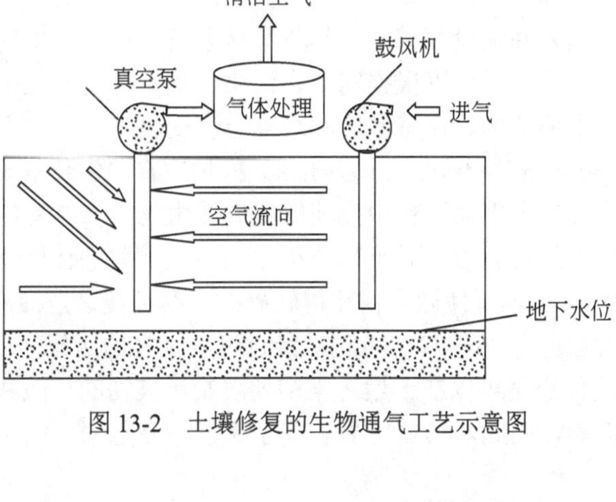

图 13-2　土壤修复的生物通气工艺示意图

3. 渗滤工艺与空气扩散工艺

在原位生物修复技术中还可使用渗滤工艺与空气扩散工艺。渗滤工艺的运行过程是在抽吸的污染地下水中加入营养物及降解菌，散布在污染区域的表面，经渗滤逐渐到达土壤中或与地下水混合而去除污染物。空气扩散工艺是直接将空气通过管道注入土壤和地下水，同时分批加入营养物或降解菌，使污染物降解。

图 13-3　有机氯农药污染土壤的微生物修复装置（陈同斌提供）

4. 堆肥修复工艺

堆肥修复工艺就是利用堆肥技术，将污染土壤与有机废物（木屑、秸秆和树叶等）、粪便等混合起来，依靠堆肥过程中微生物的作用来降解土壤中难降解的有机污染物，是一种与土地处理技术相似的生物处理方法。这种方法的最大特点是通过添加土壤改良剂为微生物的生长和石油类物质的降解提供能量。该方法适宜于易挥发、高浓度的石油污染土层的处理与修复。添加的改良剂主要有树枝、树叶、秸秆、稻草、粪肥和木屑等。

有机氯农药污染土壤的微生物修复技术及其生物反应器（图 13-3）已经成功地用于北京市农药厂的场地污染土壤异位修复。该工艺采用厌氧和好氧循环处理，2 个月后降解效率达到 80%～99%。该工艺可以进行温度和氧气的实时在线监测与自动调控，加速有机氯农药脱氯和降解，缩短修复过程中污染土壤的停留时间。

与堆肥修复工艺类似的生物堆法是一种新型的异位生物修复技术，是将大量污染土壤混合堆积成堆体，并通过氧气、水分和养分的调节以最大程度地促进微生物好氧降解污染物的过程，在实际应用中取得了良好的结果，氯苯、硝基苯和邻对硝基氯化苯在 40 d 后的去除率分别达 95.4%、91.7%和 72.6%（张磊等，2015）。

5. 挖掘堆置处理工艺

为防止污染物向地下水或邻近土壤扩散，可利用挖掘堆置处理工艺将受污染的土壤挖掘起来，并运输到其他地点堆放，形成上升的斜坡，在此进行生物修复处理，处理后的土壤再运回原地。堆放之前，该地点必需经过各种工程准备，包括布置衬里、设置通气管道等。因此，该法所形成的斜坡又称为处理床或预备床。简单的挖掘堆置处理工艺只是露天堆放，复杂的还可以用温室封闭起来并铺设管道。必须收集从系统中渗流出来的渗滤液，重新喷散至处理床，或另外处理。此外，也可以根据需要在污染土壤中补充一些树皮或木片之类的添加剂，它一方面可以改善土壤结构、保持湿度和缓冲温度变化，另一方面也能够为一些高效降解菌（如白腐真菌，*Phanerochaete chrysosporium*）提供适宜的生长基质。例如，将五氯酚降解菌接种在树皮上或包裹在多聚物材料中，能够提高微生物对五氯酚的降解能力，同时可以增加微生物对污染物毒性的耐受力。对不同类型原油污染土壤进行堆置处理的结果表明，通过投加肥料、调节水分和 pH，可使微生物获得较好的生存环境，当稀油、高凝油、特稠油和稠油污染的土壤中石油总量为 26～77 g/kg 时，经过近两个月的运行，石油总量的去除率可达 38%～57%。这种技术的优点是可以在土壤污染初期限制污染物的扩散和迁移，减少污染范围。但由于需要挖土方和运输，因此，其费用显著高于原位修复方法；同时也使原地点的土壤生态条件遭到严重破坏。

6. 土地耕作工艺

土地耕作工艺是在非透性垫层和砂层上平铺污染土壤，厚度为 10～30 cm，并淋洒营养物和水及降解菌株接种物，定期翻动充氧，以满足微生物生长的需要；处理过程产生的渗液回淋于土壤中，以彻底清除污染物。该工艺可用于处理受五氯酚、杂酚油、石油废水污泥、焦油或农药等污染的土壤。

在场地修复中，上述一些技术和措施的有机结合是能否成功的关键所在；例如，在场地铅污染土壤进行微生物-植物联合修复时，丛枝菌根可能更有益于植物钝化（Schneider et al., 2016）。

二、场地污染土壤的风险评估与修复目标确定

（一）场地污染土壤的特点

有关什么是污染场地，在行业标准（HJ 25.2-2014）尚未发布前，曾有研究者给出过定义，认为一般而言，因从事生产、经营、使用、储存、堆放有毒有害物质，或者处理、处置有毒有害废物，或者因有毒有害物质迁移、突发事故，造成土壤和/或地下水污染，并已产生健康、生态风险或危害的地块，称为污染场地（骆永明，2011）。我国污染场地类型多且复杂，与矿业、行业及其建设时间、生产历史等有关。在现有的污染场地中，有历史遗留的，也有新产生的。污染场地主要分布在城区，也有分布在居住、商业和公共娱乐活动用地相邻或附近的乡镇，以及生态敏感区等。矿业活动和行业生产过程是造成场地污染的主要途径。因此，矿区和污染行业往往是污染场地的集中分布地，例如，有色金属、黑色金属矿区和化工、石化、冶炼及电镀、制药、机械制造、印染等行业。其他的污染场地有填埋场、金属矿渣堆场、加油站、废旧物资回收加工区或电子垃圾处置场地等。

除了矿区外，场地土壤污染的面积一般不大，从几亩到上百亩不等；污染深度较深，从几米到几十米；污染物种类较多，既有重金属污染物，也有挥发性、半挥发性和农药等有机污染物；污染程度重，通常污染物浓度较高，从几百到上万 mg/kg 不等，中、重度污染的比例高。此外，多数污染场地的土壤和地下水同步受到污染，且污染物浓度的空间变异性明显，有的污染区污染物成团连片分布，有的可能是分散的点状分布，这与企业生产、储存、处理、处置方式方法、污染物性质和迁移性等有关。因此，场地污染土壤的修复一般较为复杂且修复成本高。

（二）场地土壤污染的风险评估

由于污染场地通常存在于城市中，其土壤利用方式一般为商住、工业用地，因此，污染场地土壤一般不存在经食物链的人体健康风险，所以场地土壤污染的风险评估以人体暴露风险评估为主。基于健康风险的场地土壤修复限值分析，获得了土壤中苯并（a）芘和苯并（a）蒽的修复目标值分别为 0.033 mg/kg 和 0.33 mg/kg（化勇鹏等，2012）；由于场地污染程度的不同，另一研究得到苯并（a）芘和茚并（1，2，3-cd）芘的修复目标值分别为 0.012 mg/kg 和 0.12 mg/kg（孙潇潇等，2014）。美国科学院（NAS）1983 年提出了风险评价的 4 个步骤，即危害识别、暴露评价、剂量效应评价和风险表征。针对特定污染场地健康风险评价，美国

国家环境保护局在 1989 年颁布的《超级基金场地风险评估导则——健康评价指南》中对上述步骤进行了细化，分别为数据收集与分析、暴露评估、毒性评估和风险表征。在上述研究的基础上，结合我国国情和污染场地的特点，环境保护部 2014 年发布了《污染场地风险评估技术导则》（HJ 25.3—2014），该导则中将污染场地的风险评估分为以下 4 个部分：①危害识别；②暴露评估和毒性评估；③风险表征；④控制值计算。详细的污染场地风险评估程序与内容参见（HJ 25.3—2014）。

另外，在场地污染土壤的风险评估中，由于存在参数选择、污染物毒性效应及复合污染、外界环境影响等诸多不确定因素，可能会使污染土壤的环境风险后果产生不确定性。因此，有必要从以下几个方面对环境污染风险评价进行不确定性分析：①在危害识别阶段，由于所依据的数据在监测、识别和描述时有一定的限制，会引入不确定性；②模型表达的内容不全面或问题阐述得不充分，导致在暴露评估过程中参数模拟的不确定性；③暴露评估和毒性评估中参数值或数据的不确定性，如使用不完全的数据或有偏向性的数据，以及对许多污染物来说在给定的暴露途径下的致癌特性和非致癌特性的数据信息很少；④风险表征中风险加和所带来的不确定性。

有关场地风险评估的操作软件目前也相对比较成熟。目前，国内外广泛使用的评估软件有英国的污染土地暴露评估（contaminated land exposure assessment，CLEA）和美国的基于风险的纠正行动（risk-based correction action，RBCA）软件，这两款软件系统性较好，评价体系全面完整，但稳定性较差，且众多参数并非根据我国特定的环境与地质场景所设。基于美国的 RBCA 模型、英国的 CLEA 导则和中国的《污染场地风险评估技术导则》研发出我国首套本土化的污染场地健康与环境风险评估软件（health & environmental risk assesment sofeware，HERA）（陈梦舫，2014），该软件稳定性高，功能全面，界面设计和操作合理方便，在国内得到了广泛的应用。

（三）场地污染土壤修复目标的确定

场地污染土壤修复标准的研究和制定要远落后于修复技术的研究。目前，我国尚未出台全国性场地污染土壤的修复标准，但有部分地方性和行业性标准。2007 年环境保护部颁布了环境保护行业标准《展览会用地土壤环境质量评价标准（暂行）》（HJ/T 350—2007），其中规定了 92 项污染物（无机污染物 14 项，挥发性有机物 24 项，半挥发性有机物 47 项，其他污染物 7 项）的土壤环境质量目标值（A 级）和土壤修复行动值（B 级），当场地土壤污染物监测值超过 B 级标准限值时，该场地必须实施土壤修复工程，使之符合 A 级标准。湖南省于 2016 年出台了地方性的土壤修复标准《重金属污染场地土壤修复标准》（DB43/T 1165—2016），分别规定了居住用地、商业用地和工业用地的 11 项重金属修复总量标准、土壤浸出浓度标准。场地土壤污染的修复目标可通过以下方法来确定。

（1）基于相关的土壤环境质量标准来确定修复目标　目前可参考的土壤质量标准仅有行业标准《展览会用地土壤环境质量评价标准（暂行）》和湖南省地方标准《重金属污染场地土壤修复标准》。

（2）基于风险评估确定修复目标　根据上节提到的风险评估方法和环境保护部颁布的《污染场地风险评估技术导则》来对污染场地进行风险评估，并计算场地土壤及地下水的风险控制值，以此来确定修复目标。

（3）专家评估确定修复目标　由于污染场地的情况多样，污染物种类和污染状况复杂，因此，需要专家在相关标准和风险评估的基础上综合判断场地条件和污染状况来确定修复目标。

三、场地污染土壤修复工程流程和修复效果评价

（一）场地污染土壤修复工程的流程

场地污染土壤修复工程的流程与农用地土壤修复工程流程比较接近（第十二章图 12-1），同样分为 6 个步骤，包括调查污染状况、进行风险评估、确定修复目标、筛选修复技术、制订修复方案和评价修复效果。

（1）调查污染状况　调查污染状况包括初步调查和详查，在此基础上核实场地相关资料、补充相关技术资料、现场考察。

（2）进行风险评估　进行风险评估包括危害识别（暴露评估、毒性评估）、风险表征（计算场地土壤风险控制值、计算保护地下水的土壤风险控制值、计算场地地下水风险控制值）、提出土壤和地下水风险控制值；风险评估主要以人体暴露和毒性评估为主，具体参照《污染场地风险评估技术导则》和使用相关软件来进行评估。

（3）确定修复目标　确定修复目标包括依据有关标准、根据风险评估结果和专家确定等方法，客观地拟定目标值。

（4）筛选修复技术　筛选修复技术包括采用场地修复技术筛选矩阵、多目标决策支持方法、成本-效益分析法和生命周期评价法，并对选用的技术进行修复效率评估、经济性评估和可行性评估。

（5）制订修复方案　制订修复方案包括制定技术路线、确定工艺参数和明确修复工程量，在此基础上制定和优选修复方案，进一步制定环境管理计划。

（6）评价修复效果　根据修复标准、修复目标值或者风险后评估的结果客观地评价修复效果。

场地污染土壤修复与农用地污染土壤修复相比，主要区别在风险评估的内容、修复技术的筛选和修复效果的评价指标等方面。场地污染土壤修复技术要比农用地土壤修复技术复杂，且需要考虑的因素更多。

（二）场地污染土壤修复技术的筛选方法

前已述及，由于场地污染土壤修复技术的种类繁多，污染场地的水文地质条件多样，场地污染状况复杂，因此，场地污染土壤修复技术的筛选需要借助于场地修复技术决策系统来完成。现有决策方法主要有场地修复技术筛选矩阵（Matrix）、多目标决策支持方法（MCDA）、成本-效益分析法（CBA）和费用效果分析方法（CEA）、生命周期评价法（LCA）等（廖晓勇等，2014）。在典型工业污染场地修复技术的筛选和应用方面也有相关研究和建议（肖业宁等，2015；李定龙等，2015）。

场地污染修复技术筛选矩阵（Matrix）（Critto et al.，2006）是在对场地修复技术市场、新型技术研发及应用情况调查的基础上，将每种修复技术的技术参数汇集到一张表格中，以供修复决策者进行查询（表 13-1）。但如果需要从社会、经济、技术和环境等方面综合考虑修复行为的影响，则需要采用多目标决策的方法。

表 13-1　不同场地污染土壤修复技术比较［据（杨勇等，2012；周东美和邓昌芬，2003）修改］

修复技术	适用范围	适应对象	优点	缺点	投资/（美元/t）	修复周期 /月
挖掘填埋	高污染区	任何	对设备和操作要求低	不能消除污染物	250	<3
客土法	大部分污染	任何	修复方法简单快速	不能消除污染物	20～50	<3
玻璃化	高污染区	重金属为主	稳定性高，可确保长期稳定	不能消除污染物	770	<5
固化/稳定化	高污染区	重金属为主	所用材料便宜，操作简单	不能消除污染物，需长期监测	70～200	<6
土壤淋洗	可溶性污染物	重金属，PAHs 等	适用于污染严重的土壤	限于良好渗透性的土壤，易带来二次污染	55～165	<12
化学氧化/还原	能发生氧化还原反应的污染物	有机污染物，部分重金属等	适用于重度污染土壤	处理费用高，对土壤结构和性质有破坏	150～450	<6
高温热解	挥发性污染物	有机污染物，部分重金属等	去除土壤中的挥发性物质，并收集污染蒸气	能耗大，破坏土壤有机质和水分	150～450	6～12
气相抽提	挥发、半挥发性污染物	VOCs，PAHs	针对挥发性有机物效果好，可与生物降解法联合使用	要求土壤渗透性强，地下水位影响修复	80～230	6～24
电动修复	高污染区	重金属、不易挥发的有机污染物	处理深度较深，宜与其他修复方法联合使用	大面积使用较困难	20～30	<6

多目标决策支持方法（MCDA）是解决多层次多目标决策问题的最好方法，为修复决策提供了一种科学工具。应用于场地修复决策的 MCDA 方法主要包括多属性价值理论/多属性效用理论（multiattribute value theory/multiattribute utility theory，MAVT/MAUT）、层次分析法（analytic hierarchy process，AHP）和级别高于关系法（outranking relation）3 种，MAUT 法还包括 SMART（明确性 specific、衡量性 measurable、可实现性 attainable、相关性 relevant、时限性 time-based）和逼近理想解排序（TOPSIS）两种派生法。SMART 法与 AHP 法结合能弥补 AHP 法的排序颠倒性关系（Bezama et al.，2007）。TOPSIS 与 AHP 法结合能克服 AHP 在不易定量化指标上的主观性，且能避免 TOPSIS 对指标权重的忽视（张倩等，2012）。

CBA 和 LCA 方法分别从场地污染土壤修复策略的费用效益角度和修复工程全过程的环境影响角度来量化污染场地修复方案评估。CBA 是一种环境经济学方法，能够比较不同贴现率水平下污染场地修复的费用效益情况（van Wezel et al.，2008）。LCA 可对污染场地修复工程全周期的环境影响进行后评估，为污染场地修复方案的筛选和优化设计提供环境影响基准等（Lesage et al.，2007；Page et al.，1999）。

场地修复技术筛选矩阵已成为污染场地修复技术初筛最常用的决策支持工具，但初筛处理的结果主观性较大，需要应用合适的模型方法对初筛结果进行综合评估，从而选择更加经济有效的修复技术。在修复技术初筛的基础上对修复技术进行综合评价，可采用 AHP 法来确定评价指标的权重，使用 MCDA 对场地修复技术进行优选和排序，这样既能克服 AHP 在不易量化指标上的主观性，又能避免多目标决策分析方法对指标权重的忽视。

（三）修复效果评价

场地污染土壤的修复效果主要从污染物总量和有效性是否达到修复目标，以及修复后的环境风险是否符合土地再利用的要求这两个方面来评价。前者主要通过在修复后对土壤中的污染物进行检测，判断是否符合修复方案中制定的目标或相关标准，从污染物总量和有效性（浸提浓度等）两个指标来判断。修复后的环境风险评估称为修复后评估，其基本程序按照前节的风险评估程序进行。

应当特别强调的是，土壤修复过程包括土方开挖和修复，是典型的工程监理和环境监理联合工作范畴，但目前在场地修复实践中，监理问题需要进一步完善，理应受到全方位的重视并在实践中贯彻执行，相关经验可供借鉴（吴波等，2016）。

四、场地污染土壤修复工程案例

场地污染土壤修复是一项系统工程，包括场地修复管理体系、场地土壤环境调查与风险评价、修复方案的制定与实施、修复工程监理等（施维林，2016），文献中已有较多的例证可供参考，本书所举案例不涉及工程质量和认可度等相关问题。

（一）北京某焦化企业场地污染修复案例

1. 污染状况及工程量

北京某焦化企业位于北京市东南郊，污染场地待修复面积约为 3.42×10^5 m^2（杨勇等，2016）。经过前期的污染情况调查，污染深度达到 18 m，污染土总量约为 1.53×10^6 m^3，主要污染物包括多环芳烃和苯，其中，难挥发多环芳烃类污染土壤共计 3.86×10^5 m^3，苯、萘类污染土壤共计 1.14×10^6 m^3。

该污染场地可分为 4 层，第一层为 0～1.5 m 的杂填土层，主要污染物为多环芳烃；第二层为 1.5～6.5 m 的粉土和黏质粉土层，主要污染物为多环芳烃和萘；第三层为 6.5～10 m 的粉质黏土和重粉质黏土层，主要污染物为苯和萘；第四层为 10～18 m 的细砂和中砂层，主要污染物是苯。

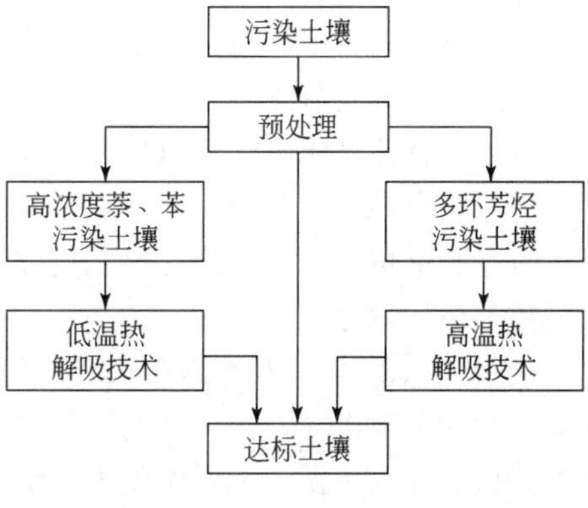

图 13-4 修复技术路线示意图

2. 修复方案制定

通过场地调查分析，0～6.5 m 土层主要是多环芳烃污染，6.5 m 以下的土层主要是苯、萘污染。苯、萘沸点低，容易挥发，可采用修复成本较低的低温热解吸技术（90～320℃）。多环芳烃沸点较高，需要采用高温热解吸技术（>320℃）。在用高、低温热解吸修复土壤前，先在预处理车间对土壤进行预处理。由于苯、萘的挥发性较强，部分土壤在预处理过程中就可以修复达标。修复工艺技术路线见图 13-4。

3. 修复工艺

将污染土壤运至密闭修复车间进行预处理。利用翻抛作业设备对污染土壤进行翻抛，这一过程可使土壤粒径和含水量有效降低，提高后续的修复处理能力。高、低温热解吸技术是通过间接或直接热交换，将污染介质及其所含的污染物加热到足够的温度，以使污染物从污染介质上得以挥发或分离，从而净化土壤；挥发进入烟气中的污染物经过除尘、降温和活性炭吸附等单元处理后，烟气达标排放。

4. 修复效果

低温热解吸设备处理能力达到 30～40 t/h，苯、萘污染土壤进入热解吸滚筒后，在 200℃下停留 10～15 min，即可使土壤苯、萘达到修复目标。高温热解吸设备处理能力达到 20～30 t/h，多环芳烃污染土壤进入热解吸滚筒后，在 600℃下停留 10～15 min，即可使土壤中的多环芳烃达到修复要求。热解吸烟气经过净化处理后，烟气当中的 SO_2、NO_X、粉尘、非甲烷总烃等大气污染物均达到当时北京市《大气污染物综合排放标准》（DB11/501—2007）规定的限值。

该工作在经验总结中认为：①认识合理选择修复技术的重要性，根据场地具体情况，采用了高效的预处理方式，降低了热解吸技术的修复工程量，缩短了修复时间。针对具体化合物进行分类修复，对多环芳烃和苯、萘污染的土壤分别采用了高、低温热解吸技术，降低了能耗。②重视二次污染防治，焦化类污染场地挥发性强，工程开挖面积大，必须有效地防止苯、萘等有机污染物的无组织排放。

（二）尾砂库重金属污染治理工程实例

1. 场地基本状况

本项目所在位置为郴州市苏仙区观山洞采选矿区，位于西河流域上游，项目周边矿口、选矿厂和尾砂库星罗密布（龚亚龙等，2016）。根据城市规划和发展需要，该区域的选矿企业基本关停，计划开发为生态旅游观光区。尾砂中，镉、铬、汞、铅和砷的浸出毒性检测结果低于当时《危险废物鉴别标准浸出毒性鉴别》（GB 5083.3—2007）限值，属于一般工业固体废物；土壤中至少有 1 种金属浓度超过土壤三级标准；底泥中的主要重金属污染物是砷、镉、铅和锌，浓度均超过了《土壤环境质量标准》（GB 15618—1995）三级标准；废渣样品中至少有一种重金属的含量超过《土壤环境质量标准》中的三级标准。

2. 修复方案与施工

本项目总体技术路线可概括为“超标污染物稳定化+原位堆填+工程阻隔”。首先将超标的废渣进行安全稳定化处理，表层尾砂采取原位稳定化处理，然后将底泥及处理达标后的废渣集中封存于堆填区域，表层尾砂稳定化后采取毛石抛填来解决地基沉降问题，最后采取屏障阻隔技术进行封存。

1）废渣稳定化　对废渣在临时处理场内进行安全稳定化处理。本项目需要稳定化处置的废渣量约为 1 300 m^3。稳定化剂（TH-CM-FP）用量为废渣干重的 5%。处理后的废渣需要养护，养护条件为常温，相对湿度为 90%，养护期为 24 h，确保废渣中重金属浸出毒性符合标准限值，经检测达标后方可运送到堆填场堆填。

2）表层尾砂稳定化及毛石抛填　清洁尾砂表面、添加重金属稳定剂，处理厚度为尾砂表层约为 1 m，处理尾砂量约为 64 000 m^3，稳定化后毛石抛填。

3）底泥干化及转运　底泥开挖前先将西河项目范围段进行截流并排干河水，以方便清淤。采用挖机对底泥进行挖掘，将底泥运至干化场干化，再运至堆填区域堆填。项目干化和堆填处理的底泥量约为 26 000 m^3。

4）工程阻隔防渗　在固体废物填埋区域靠近河流一侧建混凝土挡墙，阻隔墙底部延伸至土壤基岩层，并在堆填物和混凝土挡墙之间填充黏土墙（3 000～5 000 mm），将尾砂、底泥、废渣固定在该区域。在固体废物上层覆盖厚度为 1 000 mm 的毛石稳定化层，然后覆盖 500 mm 黏土层和 500 mm 卵石疏水层，黏土层用于防渗，卵石疏水层底部铺设疏水管，黏土层和卵石疏水层之间铺设土工布用于防渗，土工布规格为 600 g/m^2，最后覆盖种植土或铺设硬质水泥。

3. 处理后土地用途

稳定化处理后的土壤应避免与人体直接接触。填埋区域封场后，根据开发利用规划，将用于开发广场、路基和绿化。针对广场和路基区域，尾砂稳定化和毛石抛填、黏土防渗后，铺设 200 mm 厚的混凝土，30 mm 厚的 1∶3 干硬性水泥砂浆，直接进行地面硬化，最后表面铺装，用作广场或路基。针对绿化区域，尾砂稳定化和毛石抛填、黏土防渗后，直接回填 2 m 厚的种植土用作绿化。

4. 工程实践总结

尾砂重金属污染场地是一种特殊的场地修复案例，其占地范围较大，地形地貌复杂，影响因素多。工程实践证明，采用稳定化修复技术能有效降低污染土壤中重金属的浸出毒性，该技术修复效果显著，具有工程周期短、费用合理、机械化程度高等特点；采用阻隔防渗技术能有效隔离污染土壤，避免污染物向周围环境扩散，防止二次污染。该技术具有长效性，经济成本低，适合治理大范围的场地土壤污染，易于推广。此外，已有案例表明，尾矿库覆土种植是一种行之有效的场地修复措施（图 13-5）。

图 13-5　客土修复后铜矿尾矿库上的香根草（右下角为对照）

第二节　地下管道的腐蚀与保护

随着生产、生活日益增长的需要，人们对水、电、气和石油等的需求量日益增多，而对这些物质的供应多采用管道输送方式。管道常选用优质钢材，随着焊接技术的进步，无损检测方法的建立，以及安全接头的发展，管道已成为一种可靠的输送手段。但若忽视了防腐，在一定时期之后，由于管壁内外的腐蚀作用，特别是埋在土壤中的部分，常因金属表面腐蚀而造成泄漏事故（张军荣，2016；王聪等，2015；滕宪福，2014；周韬，2008；张绍奎等，2004）。从热力学观点出发，金属腐蚀是一种普遍现象，除了金和铂等少数贵金属以外，一般金属都有在环境介质中由元素状态逐渐转变为金属化合物的倾向，它是一种自发的破坏过程。由于地下管道的金属腐蚀与土壤性质有着十分密切的关系，因而对土壤中金属腐蚀机理的研究，并采用合适的防护措施，也应是环境土壤学研究的重要内容。

一、金属腐蚀的定义和分类

腐蚀是指材料或材料性质，与所处的环境介质之间发生反应而引起恶化的现象。金属腐蚀是指金属表面与环境介质发生化学或电化学作用而遭受破坏。它可按环境介质、腐蚀形式和腐蚀机理等来分类。

按照环境介质分类时，可分为大气腐蚀、海水腐蚀和土壤腐蚀等，这种分类方法有助于从环境系统的特性来研究和了解一些腐蚀的规律。按照腐蚀形式可分为全面性腐蚀或局部性腐蚀，这种分类方法可直观地认识各种腐蚀的表观现象，但不涉及腐蚀的本质。全面腐蚀是指腐蚀发生在整个金属表面上，它可以是均匀的，也可以是不均匀的，如图 13-6 的（a）和（b）所示；局部性腐蚀是指腐蚀部位主要集中在表面的一定区域，而其他部分几乎未被腐蚀所破坏，如图 13-6 的（c）～（i）所示。按照腐蚀的破坏机理，可将其分为化学腐蚀和电化学腐蚀，而土壤中的金属腐蚀是典型的电化学腐蚀。

金属在土壤中的腐蚀也可以分为自然腐蚀和电腐蚀两大类（孙慧珍，1989；张道明和刘继旺，1990）。自然腐蚀是金属与土壤介质之间发生化学作用所形成的自发溶解，主要有微电池腐蚀、宏电池腐蚀和生物腐蚀等，其中，宏电池腐蚀在土壤中常见的有浓差电池腐蚀、长管线腐蚀、应力腐蚀、水泥砂浆接触和钢筋混凝土接触形成的宏电池腐蚀等。电腐蚀是杂散电流腐蚀的简称，是因杂散电流而产生的强迫溶解，它是电化学腐蚀的一种特殊形式，包括直流杂散电流腐蚀和交流杂散电流腐蚀（张道明等，1993）。直流杂散电流对金属的腐蚀情况类似于电解原理，即阳极为正极，为腐蚀区；阴极为负极，为非腐蚀区。一般交流腐蚀的危害性比直流腐蚀小，但在高压线与管道平行架设时，由于静电场和交变磁场的影响，在钢管上感应出交流电压和电流，它对管道的危害不可忽视。

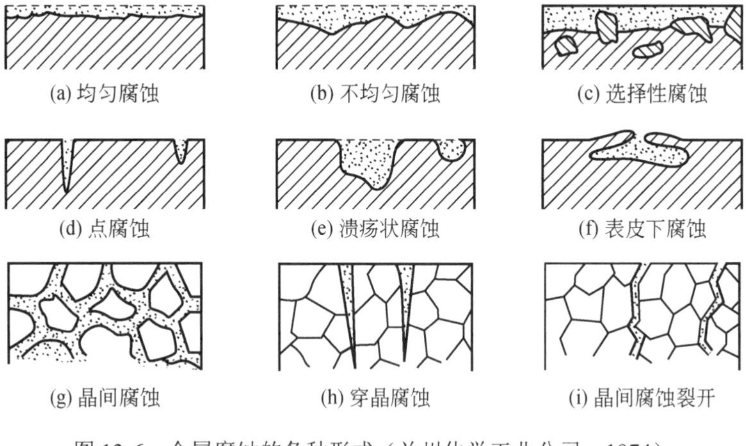

图 13-6　金属腐蚀的各种形式（兰州化学工业公司，1974）

二、土壤中金属的腐蚀原理

腐蚀原理的研究是对腐蚀本质的重要认知过程，对于控制金属腐蚀过程的发生与发展、探索防腐途径、优化防腐措施及研制新型材料都有重要的意义。

（一）金属腐蚀的自发性

金属的热力学不稳定性既与其自身的性质有关，也与腐蚀介质的特性和外界条件有关，它可以用发生相应腐蚀反应时自由焓的变化来表征。化学热力学指出，对于一个化学反应可用通式表示为

$$\nu_A A + \nu_B B = \nu_C C + \nu_D D \tag{13-1}$$

当在恒温、恒压条件下达到热力学平衡时，反应自由焓等于零，即

$$\Delta G = \sum_i \nu_i \cdot \mu_i = 0 \tag{13-2}$$

式中，ν_i 为化学反应式中各物质的系数，其中反应物系数取负值，生成物取正值；μ_i 为相应物质在给定体系中的化学位。如果$\Delta G<0$，表明腐蚀热力学过程是可能的，且ΔG 值愈负，则腐蚀反应进行的可能性愈大；当$\Delta G>0$ 时，表明腐蚀过程不可能发生，而有可能进行相反方向的反应——由化合物被还原为金属。例如：

$$Mg+H_2O+1/2O_2 \rightleftharpoons Mg(OH)_2 \qquad \Delta G^0= -596.64\ \text{kJ/mol} \tag{13-3}$$

$$Cu+H_2O+1/2O_2 \rightleftharpoons Cu(OH)_2 \qquad \Delta G^0= -119.66\ \text{kJ/mol} \tag{13-4}$$

$$Au+3/2H_2O+3/4O_2 \rightleftharpoons Au(OH)_3 \qquad \Delta G^0= +65.89\ \text{kJ/mol} \tag{13-5}$$

式（13-3）～式（13-5）表明，在潮湿环境下不考虑其他因素时，则在标准状态下，3 种金属的腐蚀趋势为 Mg＞Cu＞Au。当然，ΔG^0 变化的大小与金属腐蚀速度之间没有必然的联系，腐蚀的快慢主要取决于反应的动力学因素。由于土壤中的金属腐蚀是一种典型的电化学反应，对于金属电极反应：

$$M^{n+} + ne \rightleftharpoons M \tag{13-6}$$

$$E = E^0 + \frac{RT}{nF}\ln\left[\frac{a_{M^{n+}} \cdot a_e^n}{a_M}\right] \tag{13-7}$$

式中，E 为电化学反应的平衡电位；E^0 为标准电极电位；a_M，$a_{M^{n+}}$ 和 a_e 分别为金属、金属离子和电子活度。因为金属和电子的活度均为 1，所以：

$$E = E^0 + \frac{RT}{nF}\ln a_M^{n+} \tag{13-8}$$

这就是我们熟知的能斯特（Nernst）方程。假定在发生电化学腐蚀时，金属与溶液界面上建立起来的实际电极电位为E，将E 与E^0 进行比较，便可判断该电化学腐蚀过程能否自发进行：

当 $E>E^0$ 时，电化学腐蚀反应能自动进行；

当 $E<E^0$ 时，电化学腐蚀反应不能自动进行；

当 $E=E^0$ 时，电化学腐蚀反应处于平衡状态。

上述电化学反应的平衡电位 E 可以通过能斯特方程式进行计算，而反应的实际电位可通过测量而获得；因而为了确定金属在土壤中的腐蚀倾向，必须实际测量它的电极电位。

标准电极电位数据表明，当电极电位为负值时，表示金属可以转变为离子状态进入溶液，

电极电位愈负，则金属耐腐蚀性愈差；反之，电极电位愈正，则金属愈耐腐蚀。利用标准电极电位（电动序）可近似地判别金属电化学腐蚀的可能性（黄永昌，1989），根据 pH=7 或 pH=0 时氢电极和氧电极的平衡电位值（此时氢电极分别为–0.414 V 或 0.00 V，氧电极分别为+0.815 V 或+1.23 V）。可将金属划分为腐蚀热力学稳定性不同的 5 个组：①热力学上很不稳定的金属（贱金属），甚至能在不含氧和氧化剂的中性介质中被腐蚀。②热力学上不稳定的金属（贱金属），没有氧时在中性介质中是稳定的，但在酸性介质中能被腐蚀。③热力学上中等稳定的金属（半贵金属），当没有氧时在酸性介质和中性介质中是稳定的。④高稳定性的金属（贵金属），在有氧的中性介质中不被腐蚀，在有氧或氧化剂的酸性介质中可能被腐蚀。⑤完全稳定的金属，在有氧的酸性介质中是稳定的，有氧化剂时能溶解在配位剂中。应当注意，这里所说的稳定与不稳定是一种相对概念，因为热力学的稳定性不但取决于金属本身，而且也取决于腐蚀介质。同时，标准电极电位是热力学数据，它仅能指出金属发生腐蚀的趋势，但不能表明腐蚀速度的大小；另外，文献数据（黄永昌，1989）都是指金属裸露状态下的电极电位，实际上大多数金属表面都被一层氧化膜所覆盖，它对金属的腐蚀有明显的影响。

（二）腐蚀电池

1. 腐蚀电池的构成

将铜和锌两块金属直接接触在一起并浸入硫酸中，此时锌为阳极，铜为阴极。锌溶解后所提供的剩余电子流过它直接接触的铜，并在铜表面上为溶液中的氢离子所接受，氢气在铜表面形成并逸出。只要氢离子还原的阴极反应存在，锌就会继续溶解下去，它是一种腐蚀电池。腐蚀电池包括阳极、阴极、电解质溶液和电路 4 个不可分割的部分，由该 4 个组成部分构成腐蚀电池工作的 3 个环节，即：

1）阳极过程，金属进行阳极溶解，以金属离子或水化离子形式转入溶液，同时将等量电子留在金属上。

2）阴极过程，从阳极流过来的电子被电解质溶液中能够接受电子的物质，即氧化性物质所吸收。在金属腐蚀中将溶液中的电子受体称为去极化剂。

3）电子的流动、电池的流动在金属中是依靠电子从阳极流向阴极，在溶液中则依靠离子的迁移，即阳离子从阳极区向阴极区移动，阴离子从阴极区向阳极区迁移，从而使电极系统中的电流构成通路。

腐蚀电池的 3 个环节间既彼此独立又相互联系与依存，如果其中之一受阻而停止工作，则腐蚀过程即可终止。应当强调，使金属发生电化学腐蚀的最重要原因是溶液中存在着能够接受金属表面过剩电子的氧化剂（即去极化剂），而这一点恰恰是土壤中金属材料腐蚀的根本原因所在。

2.腐蚀电池的类型

目前，腐蚀电池的分类依据包括组成腐蚀电极电池的尺寸、阳极区和阴极区分布随时间的稳定性、形成腐蚀电池的影响因素及腐蚀破坏的特征等，一般将腐蚀电池分为宏观腐蚀电池、微观腐蚀电池和亚微观腐蚀电池三大类。在土壤腐蚀中可粗略地将其分为宏观腐蚀电池和微观腐蚀电池。

（1）宏观腐蚀电池　这类腐蚀电池的阴、阳极可由肉眼分辨出来，且阴极区和阳极区可保持长时间的稳定，由此而产生明显的局部腐蚀，它包括异金属电池和浓差电池等。金属构件表面与不均匀的土壤接触时，就可能在金属不同部位产生一定的电位差，一般可达数十至数百毫伏不等，有可能形成土壤腐蚀中危害性很大的宏电池腐蚀。

1）异金属电池　它是两种或两种以上金属相接触，在电解质溶液中构成的腐蚀电池，又称腐蚀电偶。构成异金属电池的两种金属电极电位相差越大，引起的局部腐蚀越严重，这种腐蚀破坏称为电偶腐蚀。例如，在一个铜器件上有一个铁的铆钉，当它埋在土壤中时，由于土壤水分或土壤溶液的作用，铜和铁便构成了一个腐蚀电池。

2）浓差电池　它是同一种金属与不同成分的电解质溶液相接触构成的腐蚀电池，又分为氧浓差电池和盐浓差电池。埋在不同容重土壤中的金属管道，会因土壤中含氧量的差异而造成氧浓差电池的腐蚀。

（2）微观腐蚀电池　　同一金属表面电化学的不均匀性会产生许多极微小的电极（从 0.1 mm～0.1 μm），因此，形成的腐蚀电池称为微观腐蚀电池。该类腐蚀电池电极的极性在腐蚀过程中能保持较为长久的恒定，可引起微观腐蚀（点腐蚀、晶间腐蚀），从宏观上可认为该腐蚀破坏是均匀的。在实际金属的腐蚀中，宏观腐蚀电池和微观腐蚀电池的作用往往同时存在。

三、影响土壤中金属管道腐蚀的因素

土壤腐蚀是造成埋地金属管道外腐蚀的主要因素，它通过在埋地金属管道表层形成各种腐蚀电池进行腐蚀。早期辽河油田地下油气管线采用外管壁沥青涂层绝缘并进行阴极保护来实现防腐，华良宝（2016）分析了此类管线产生腐蚀的危害因素并提出了相应建议。此外，土壤性质、土壤组成、水分含量、氧气含量、酸碱性和微生物等均对金属材料在土壤中的腐蚀状况有较大的影响（张军荣，2016；王聪等，2015；滕宪福，2014；伍禹臣，2013；陶翠翠等，2009；刘鹏等，2008；刘剑锋等，2006；孙慧珍等，2001）。

（一）土壤性质与环境

土壤性质和环境变化与腐蚀程度有一定的关系（表 13-2），但对于一个特定的对象，这种关系往往显得较为复杂。例如，就 pH 而言，虽为土壤腐蚀性指标之一，但全国土壤腐蚀网 14 个站的长期埋设试验却表明，钢铁的腐蚀率与土壤 pH 的相关性极低，由于供试地区的土壤 pH 在 7～10，因而可以认为在此 pH 范围内，pH 对钢铁腐蚀速度的影响不明显。然而，实验室模拟实验表明（孙慧珍等，2001），在酸性土壤中，随着酸度的增加，腐蚀速度明显加快，因而一般认为酸性土壤的腐蚀性强。

暴露于土壤环境中的钢质管道腐蚀率受到各种土壤理化性质不同程度的影响，但任何一项土壤理化性质与腐蚀形态指标都不是简单的线性关系。为了确切评价土壤对埋地钢管的腐蚀性，必须大量地综合现场检测结果，运用、改进、建立通用性的土壤腐蚀模型，为管道腐蚀与防腐提供理论和技术支撑（周阳等，2014）。

表 13-2　土壤腐蚀性与土壤性质的关系（刘春波等，2007）

土壤参数	土壤腐蚀性			
	弱	较弱	强	较强
pH	＞8.5	8.5～6.5	6.5～4.5	＜4.5
土壤电阻率/(Ω•m)	＞100	100～50	50～10	＜10
氧化还原电位/mV	＞400	400～200	200～100	＜100
含水率/%	＜3	3～7	7～12	＞12
管地自然电位/V	＜0.15	0.15～0.35	0.35～0.55	＞0.55
含盐量/%	＜0.01	0.01～0.1	0.1～0.75	＞0.75

（二）杂散电流

土壤中的杂散电流也是影响腐蚀性的重要因素。杂散电流分为直流杂散电流、交流杂散电流，其中，直流杂散电流对管道的腐蚀影响最大。当杂散电流从埋地金属管道的某一覆盖层破损点流入，并从另一覆盖层破损点流出时，极易使流入点处的覆盖层老化和剥离，并在流出点产生严重的坑蚀。因此，杂散电流对埋地金属管道的腐蚀是非常严重的，是管道腐蚀防护综合评判中的一个重要影响因素。

（三）土壤微生物

土壤中的微生物对土壤中金属管道的腐蚀有很大的影响，微生物的作用会加速电极反应。如果土壤中非常缺氧，而且又不存在氧浓差电池及杂散电流等腐蚀电池时，腐蚀过程很难进行。但对于含有硫酸盐的土壤，由于微生物，特别是硫酸盐还原菌的存在，仍然会产生严重的腐蚀，这是因为硫酸根的生物还原：

$$SO_4^{2-} \xrightarrow{\text{细菌}} S^{2-} + 2O_2 \tag{13-9}$$

生成的氧一部分消耗于微生物的新陈代谢，大部分消耗于金属腐蚀的阴极去极化，使腐蚀过程得以进行。硫酸根还原生成的硫离子可局部酸化土壤，使氢离子溶解增大，可使氢去极化和氧去极化同时进行。氢去极化产生的氢（原子或分子）又被细菌氧化（生物氧化）：

$$2H+1/2O_2 \longrightarrow H_2O \tag{13-10}$$

反应放出的热用来供给硫酸盐还原时的吸热，致使细菌维持良好的生存环境。由硫酸盐还原菌引起的钢材土壤腐蚀产物包括 $Fe(OH)_2$、$Fe(OH)_3$ 和 FeS 等，硫酸盐还原菌的活动与土壤的 pH 有关，该菌适宜生长的 pH 范围为 4.5～9.0。

四、土壤腐蚀性表征

虽然影响土壤腐蚀性的因素有着相互的联系和影响，然而却难以找出它们之间与腐蚀性的直接相关性，因为在不同的条件下，某一因素的影响可能会出现完全不同的情况，例如，钢的孔蚀深度在矿质土壤含水量为 11%～13%时最大，而在泥炭中含水量为 82%～92%时最大，它表明影响土壤腐蚀性的性质不但相当多，而且十分复杂，因而土壤腐蚀性的表征有着明显的条件依赖关系。土壤腐蚀性的表征参数与方法主要包括土壤电阻率、土壤化学参数、腐蚀性指数和模型预测等。

（一）土壤电阻率

一些国家和地区普遍采用土壤电阻率来表征土壤的腐蚀性，土壤电阻率和土壤质地、松紧程度、有机质含量、土壤温度、含水量和含盐量等有着十分密切的关系，它是土壤导电能力大小的指标。土壤腐蚀性一般可按土壤电阻的大小分级，即强、中和弱，所对应的土壤电阻率（Ω·m）分别为＜20，20～50 和＞50。然而，电阻率与腐蚀性的关系在不同的土壤中可能有不同的表现（金名惠和黄辉桃，2001），用土壤电阻率来判断金属材料在土壤中的腐蚀速度有时会出现误判，例如，在华南地区的一些酸性土壤中，金属材料的腐蚀速度不是随土壤电阻率的增大而减小，反而有增大的现象，表明单独利用电阻率来判别土壤中金属管道腐蚀性具有一定的局限性。

（二）土壤化学参数

除了土壤的电阻率与管道腐蚀相关以外，也有研究表明（董宝山，2007），pH、HCO_3^-和 Na^+是最为主要的影响因子。根据区域性土壤腐蚀分级分类技术，利用这 3 个因子建立土壤腐蚀分级的回归方程：

$$P = 1.896X_1 + 10.653X_2 + 4.097X_3 - 14.492 \tag{13-11}$$

式中，P 为一年期腐蚀率［$g/(dm^2 \cdot a)$］；X_1 为 pH；X_2 为 HCO_3^-离子百分含量；X_3 为 Na^+离子百分含量。研究将腐蚀程度分为 3 个等级，即 Ⅰ 级（轻腐蚀），$P<2.9$；Ⅱ级（中腐蚀），$2.9 \leqslant P \leqslant 4.2$；Ⅲ级（重腐蚀），$P>4.2$。方程可预测埋地管道所处不同环境的腐蚀等级及腐蚀速率。

（三）腐蚀性指数

土壤腐蚀性影响因素多，相互间又有交互作用，美国国家标准学会（ANSI）标准中关于土壤腐蚀性的评价，主要考虑了土壤电阻率、pH、氧化还原电位、硫化物和湿度等；德国工业标准（DIN）中关于土壤的腐蚀性评价，主要考虑了土壤性质（土壤电阻率、含水量、pH、硫化物、中性盐、硫酸盐、水平和垂直方向土壤均匀状况）、埋设位置的地下水情况和构筑物对地电位等。我国有关部门曾提出土壤腐蚀电流密度和试片失重相结合的方法（陶雪荣等，2005）。在腐蚀因素较为复杂的地区，可用腐蚀性指数之和来确定腐蚀程度，当其大于 0 时，几乎无腐蚀；0～−4 时，弱腐蚀；−5～−10 时，中等腐蚀；<−10 时，强腐蚀。

（四）腐蚀模型

BP 神经网络技术（back propagation neural network）被广泛应用于输油气管道腐蚀速度预测的研究中，但由于其收敛速度慢等，该方法的预测效率及精度都不高。作为一种改进方法，利用优化混合算法神经网络模型对金属管道腐蚀速率进行了成功的预测（佟立强和张鹤群，2009）；一些研究成果对于进一步完善模型和预测精度等方面均有良好的参考意义（雷德清等，2016；韩文海和周晶，2014；吴莉佳等，2013）。

五、地下管道的腐蚀防护

由于金属腐蚀的原因各不相同，影响因素也十分复杂，因而管道腐蚀的防护通常多采用综合性防腐蚀技术，它包括：①正确使用金属材料和合理设计的金属构件；②采用保护性覆盖层；③添加缓蚀剂；④电化学保护。

在保护性覆盖层方面，钢质管道聚乙烯热涂敷技术（俗称单层 PE 技术）（陈群尧等，2007）是将高密度、低密度或线性低密度聚乙烯粉末通过淋涂的方式涂敷在中频加热的钢质管道表面，使其热融化，利用熔融液体的自然流淌性能，均匀地附着在金属表面，经过冷凝后，形成严密的防腐覆盖层。

电化学防护是指通过施加外加电动势，被保护金属的电位移向免蚀区或钝化区，从而达到降低腐蚀的程度，它是一项经济而有效的防护措施。在土壤中要使用几十年的地下管线等，必须采用电化学防护，它可以单独采用，并可与涂料等联合使用。电化学保护的重点是阴极保护。

国内埋地管道阴极保护的发展与人们对腐蚀的认识有密切的联系（陈群尧等，2007）。20 世纪 50 年代初期，随着沥青类防腐覆盖层的应用，人们对电化学保护没有足够的认识，埋地钢质管道很少设置阴极保护措施。到了 60 年代，苏联的标准和技术逐步被引进，埋地管道的电化学保护逐渐被认识；到了 90 年代末期，逐步在大城市中推广电化学保护；90 年代中后期，新的防腐材料和防腐技术的引进和消化标志着国内防腐技术水平（包括阴极保护）进入了一个新的发展时期。

（一）阴极保护原理

金属与电解质溶液接触时，金属表面形成许多微阳极区与微阴极区，致使金属表面各个部分存在一定的电位差而引起电化学腐蚀。在金属体系中施加一阴极电流可消除电解质溶液中金属表面的电位差，从而可防止腐蚀。阴极保护的原理可用腐蚀极化图进行解释。图 13-7 中，E_A^0—T 为金属体系没有进行保护时腐蚀金属微电池的阳极极化曲线，E_C^0—P 为阴极极化曲线，两线相交于 O 点（忽略溶液电阻），O 点对应的电位为金属的腐蚀电位 E_K，即腐蚀金属微电池的总电位，对应的电流为金属的腐蚀电流 I_K。在腐蚀电流 I_K 的作用下，微电池阳极不断发生溶解，导致金属的腐蚀破坏。当对金属体系进行保护时，接通外加阴极电流后阴极发生极化，由于极化使金属体系的电位向负方向移动，使 E_K 降低至 E_1，此时的阴极总电流为 I_1，以线段 E_1—Q 表示，I_1 包括外加电流（S—Q 线段）和阳极腐蚀电流 I_A（E_1—S 线段）。此时金属微电池的阳极电流 I_A 显然比原来的腐蚀电流 I_K 减小了，金属腐蚀速度也相应降低而使金属得到了部分保护。差值（$I_K - I_A$）表示腐蚀电流的减小值，称为保护效应。当外加阴极电流增大，使金属微电池的总电位降到阳极起始电位 E_A^0 时，阳极腐蚀电流为零，阴极电流全部为外加电流 I_F（E_A^0—P 线段）。此时，原有的电位差消失，腐蚀停止，金属得到了完全保护，金属表面只发生阴极还原反应，这时的金属电位称为最小保护电位，达到最小保护电位时，金属所需的外加电流称为最小保护电流密度。也就是说，要使金属得到完全保护，必须将金属阴极极化到其腐蚀微电池阳极的平衡电位。

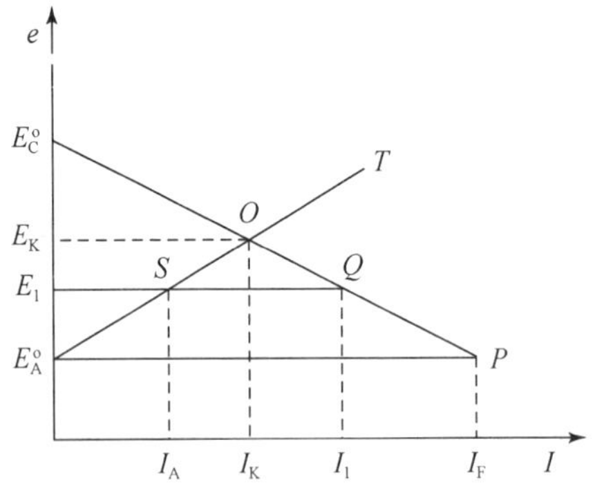

图 13-7　阴极保护原理示意图（黄永昌，1989）

实践表明，大庆—哈尔滨等 15 条输油管道由于施行了阴极保护技术，效果十分明显，连续 16 a 未发现管道穿孔的现象，部分管道安全运行 32 a，取得了良好的经济与环境效益（董宝山，2007）。中国石油天然气股份有限公司大庆石化分公司炼油厂的埋地水管网采取阴极保护措施后，管网腐蚀泄漏次数由 87 次/a 降为 45 次/a（牟义慧等，2007）。结合石油管道防腐的阴极保护技术对防护涂层进行优化处理和修复，可有效提高石油管道的防腐性能，延长输油管道的使用周期和寿命（乔法会，2015）。此外，尚有通过牺牲阳极法和强制电流法来实现阴极保护措施的做法（星野九平和山室富士雄，1979）。

（二）腐蚀防护的评估

为了保证埋地管道的安全运行，必须定期对管道的安全性作出评估。影响埋地钢质管道防腐状况的因素有很多，主要包括土壤环境及管体本身的运行条件。土壤环境主要指土壤腐蚀性和杂散电流的影响；管体本身的运行条件包括覆盖层电阻率、管道的运行年限、管道材质、阴极保护状况、泄漏次数和管地电位等。在进行综合评判时，通常选取有代表性的影响因素（表 13-3～表 13-5）。在详细分析影响埋地钢质管道腐蚀影响因素的基础上，建立了基于模糊评判理论的埋地钢质管道腐蚀防护状况综合评价模型（李宝荣等，2008；刘春波等，2007）。通过合理选取影响管道腐蚀的典型因素，依据一定的分级评价标准，建立评价集。利用层次分析法和灰色关联分析理论确定影响因素的权重大小，通过隶属函数法建立单因素评价矩阵，实现对各影响因素的模糊化处理。在综合考虑各影响因素权重的基础上，选取适当的模糊算子，通过定量分析的方法对管道的腐蚀防护状况进行评估。评判结果与直接开挖检测结果一致，表明建立的模糊综合评价系统具有一定的工程应用价值和可靠性。在特定条件下的管道腐蚀评估，国家已有推荐方法可供参考《腐蚀管道评估推荐作法》（SY/T 10048—2016）。

表 13-3　土壤腐蚀性与影响因素间的分级评价标准

等级	腐蚀性强度	pH	土壤电阻率/(Ω•m)	Eh/mV	含水率/%	管地自然电位/V	含盐量/%
1	弱	>8.5	>100	>400	<3	<0.15	<0.01
2	较弱	7～8.5	20～100	300～400	3～7	0.15～0.3	0.01～0.05
3	中等	5.5～7	10～20	200～300	7～10	0.3～0.45	0.05～0.1
4	强	4.5～5.5	5～10	100～200	10～12	0.45～0.55	0.1～0.75
5	较强	<4.5	<5	<100	>12	>0.55	>0.75

表 13-4　管地电位和阴极保护度的分级评价及描述

管地保护电位/V	防护态势	阴极保护度/%	防护态势
> −0.85	欠保护	>90	很好
−0.85～−1.20	保护	80～90	较好
<−1.20	过保护	70～80	中等
		60～70	较差
		<60	很差

表 13-5　主要影响因素及管道腐蚀防护状况分级评价标准和维护措施

等级	土壤环境		管道运行条件	阴极保护状况	腐蚀防护状况	保护措施
	腐蚀性	杂散电流/(mV/m)	覆盖层电阻率/(kΩ•m^2)			
1	弱	<0.5	>10	优	完好	暂不维修，例行检查
2	较弱	0.5～2.0	6.0～10	良	较好	每 3 a 检测 1 次非重点管段
3	中等	2.0～3.5	3.0～6.0	中	中等	每年检测和修补重点管段
4	较强	3.5～5	1.0～3.0	较差	较差	限期修补和维护重点管段
5	强	>5	<1.0	差	差	腐蚀严重，立即大修

由于埋地管道腐蚀检验与评价的复杂性，为了掌握整个庞大管网的防护状况，需要将全

部测点数据进行综合处理，工作量大且极易产生错误与遗漏，同时历次维护检测的原始数据量大而种类庞杂，因而数据处理的程序化、软件化和评价模型的建立及成功应用有助于管道腐蚀评价的完善与发展（赵鹏等，2007；王文达等，2006；李彬，2005；杨永等，2004）。

第三节　污水土地处理

污水土地处理是将污水经过必要的预处理，有控制地投配到土壤-微生物-植物生态系统中，通过物理、化学和生物学等自然条件下的综合作用，使污水达到预定的处理效果，转化为新的再生水源；同时，对污水中的氮、磷等资源加以利用，使其成为植物自身营养成分的一种生态处理技术（高琼，2014；闫佩等，2013）。污水土地处理系统的工程造价低、能耗省和管理方便，同时还能利用和再生污水资源，在科学的设计和管理条件下，可以构成高效的良性生态循环系统。它包括慢速渗滤、快速渗滤等处理系统。

一、污水慢速渗滤处理系统

典型的慢速渗滤处理系统具有自身的特点：①污水与降水、蒸发量和渗滤量大体平衡，并能满足植物生长的需要，所投配的污水一般不产生径流排放。②处理系统中水和污染物的负荷较低，处理效率较高，再生水质较好，渗滤水缓慢补给地下水，不产生次生污染问题。③适宜慢速渗滤处理系统的场地，土层厚度应＞0.60 m，地下水埋深应＞1.2 m，土壤渗透系数应＞0.15 cm/h。④处理系统中的植物以选择经济作物为主。由于气候和植物生长条件的限制，在冬季、雨季及作物播种、收割期不能投配污水，污水需要储存或采取其他辅助处理措施。⑤慢速污水土地处理要求进水需经过一级或二级预处理，并要求对其中工业废水的成分加以必要的控制。在沈阳西部城市污水慢速渗滤土地处理研究中，以一级沉淀池加稳定塘为前处理，其流程图可查阅相关资料（国家环保局，1993），对进水污染物的浓度及负荷率的要求，例如，生物耗氧量（BOD）和化学耗氧量（COD）的最大进水浓度分别为450 mg/L和1 000 mg/L，负荷率分别为9 000 kg/(hm^2•a)和20 000 kg/(hm^2•a)。

（一）水质净化功能

（1）生物耗氧量和悬浮物（SS）的去除　在地表以下0.5 m深处取渗滤水，BOD去除率一般应大于98%，SS的去除率大于99%。

（2）氮、磷的去除　污水中氮的去除包括氨氮挥发、植物吸收、反消化脱氮和土壤有机质积累等多种途径。根据土壤性质、植物种类、污水的组成、C/N比和气候条件的差异，总氮的去除率有所不同，但一般均大于60%。当污水中的C/N比接近10时，有利于水质的净化。为保护地下水水质，氮负荷是慢速渗滤处理系统的重要限制因素。在慢速渗滤处理系统中，土壤的离子交换、吸附等对污水中磷的去除有十分重要的作用。土壤的pH、矿物类型等与磷的吸附容量有关，绝大部分来自于污水的磷均累积在土壤表面0～20 cm处。

（3）微量元素和微量有机物的去除　如果投配污水的微量元素含量符合农业灌溉水质标准，土壤pH＞6.5时，系统表土以下1.5 m处渗漏水中微量元素的含量不会超过饮用水标准。但当处理高浓度有机废水时，由于有机物分解而产生大量CO_2，有可能促使土壤中Fe^{2+}、

Mn^{2+}的释放。

在慢速渗滤处理系统中对微量有机物有明显的去除作用，其中，三氯甲烷、甲苯、硝基苯、亚甲基氯化物、1，1-二氯乙烷、四氯乙烯、四氯化碳和邻苯二甲酸二丁酯等，出水的检出率较进水低 50%左右，污染物总浓度可降低 75%以上。

（4）病原微生物的去除　污水中的病原菌（如赤痢菌、粪大肠菌和伤寒菌等）和病毒（肝炎病毒、脊椎灰白质炎病毒等）在投入土壤表面后，经过滤、吸附、干化、太阳紫外线辐射及土壤微生物的吞食作用等而被去除。在慢速渗滤处理系统中，污水中病原微生物的去除效果不是设计限制因素；但在设计时，应对喷洒布水所产生的气溶胶对环境的影响，污水中病原微生物对运行操作、管理人员的影响等予以关注。

（二）污水慢速渗滤处理系统工艺设计

污水慢速渗滤处理系统工程设计的主要内容包括处理场地基本资料的收集与分析，以及土壤、污水等基本参数的测定，并根据污水性质、气候条件、环境标准和出水水质要求等确定预处理工艺和选择作物；确定渗滤速度，计算水力负荷，计算所需的土地面积，并设计布水和排水系统；水质、土壤和地下水监测；运行及管理等，其工艺设计程序如图 13-8 所示。在处理系统的设计计算中，水力负荷、土地面积和储存塘等计算是十分重要的参数，具体计算方法可参阅有关文献（聂永丰，2000；北京水环境技术与设备研究中心等，2000）。

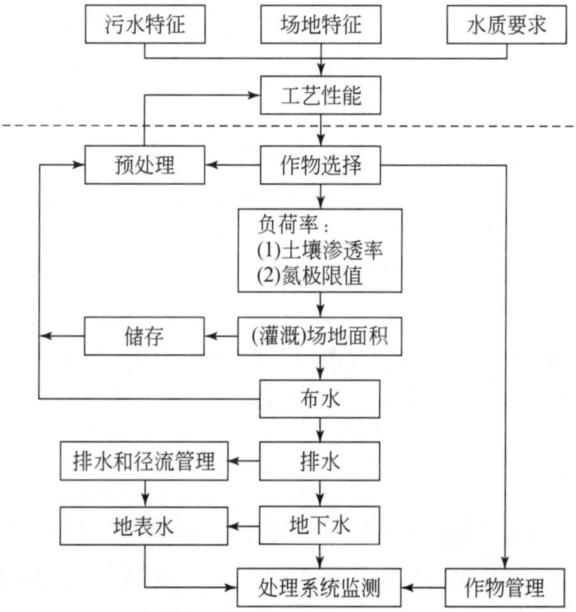

图 13-8　慢速渗滤处理系统工艺设计程序（北京水环境技术与设备研究中心等，2000）

污水慢速渗滤土地处理方式通常被称为自然净化技术，对氮、磷等污染物的去除效果较好；但是传统的慢速渗滤系统的污水投配负荷一般较低，针对这一缺点，曾有改进试验（赵建芬等，2005），试验装置建在温室大棚内，生活小区的污水通过无压输水系统（800 m）被引至大棚旁容积为 250 m^3 的蓄水池（兼沉淀池）中，经沉淀后流至污水土地处理灌溉主系统。改进后的慢速渗滤土地处理系统能充分利用污水中的水肥资源，处理污水水量大，处理效率高，对污水中各种污染物质的处理效果较好，系统出水中除总氮以外，各指标满足《地表水环境质量标准》（GB 3838—2002）中Ⅲ类水的要求，而且工程简单、基建投资省、管理简单方便和运行费用低，在处理污水方面具有良好的潜力。采用芦苇慢渗生态系统处理畜禽废水，为畜禽养殖和芦苇生产提供了新型经济模式，实现了废水的零排放（寇利卿，2014）。

二、其他土地处理系统

除了慢速渗滤处理系统以外，在废水土地处理系统中尚有快速渗滤处理系统、地表漫流处理系统、湿地处理系统和稳定塘处理系统等，它们均有各自的特点和适用的处理场合。

（一）快速渗滤处理系统

快速渗滤处理系统（RI）是将污水有控制地投配到土地表面，污水在通过具有良好渗透性的土壤向下渗滤过程中，借生物氧化、沉淀、过滤、氧化还原、硝化和反硝化等过程而得到净化的一种污水土地处理系统。RI 系统因为包括包气带（非饱和带）和非包气带（饱和带），所以也称为土壤含水层处理系统，污水中的污染物除了经过非饱和带中的物理、化学和生物作用以外，还受到土壤含水层的分散、稀释等作用来共同完成净化过程。RI 系统的工艺目标是处理和再利用污水，包括地下水回灌、回收渗滤水重新利用（或排入其他水体）和渗滤水自然补给地下水（或者渗滤水季节性地储存于具有回收系统场地之下的含水层中），在作物生长季节用于农业灌溉。RI 工艺的显著优势是可保证终年运行，即使在寒冷的北方地区也是如此。同时该系统运行成本低，一般为常规二级污水处理基本投资的 30%～60%，而能耗为常规二级污水处理的 1/4（郭伟和李培军，2004）。

适用于进行快速渗滤处理的地点，应具有大于 1.5 m 厚、渗透性能良好的粗质地土层，地下水埋深大于 2.5 m，地面坡度小于 10%，离人口密集区有一定距离的河滩地、砂岩地。典型的试验结果表明，该系统在具有良好预处理的情况下对污水中的 BOD_5、SS 和总氮（TN）的去除率在 95%以上，对总有机碳（TOC）、COD 的去除率达 85%～98%。快速渗滤处理系统可有效去除二氯乙烷类化合物，对磷的去除率约为 98%。然而，对难以生化降解的有机物，应在排放源内部处理，限制排放。

快速渗滤系统工艺设计的主要参数有水力负荷速率、渗滤地面积、淹水期与干化期之比、污水投配速率、渗滤池组的数目、渗滤池深度和地下排水系统等。

（二）地表漫流处理系统

污水地表漫流处理系统是将污水有控制地投配到土壤渗透性低、具有一定坡度和生长植物的土壤表面，薄层污水沿坡面流动，在此过程中不断被净化，大部分出水以地表径流汇积排放。它适用于土壤渗透性较低的黏土和壤土，或在场地 0.3～0.6 m 深处具有弱透水层的土地；场地最佳自然坡度为 2%～8%，经人工建造形成均匀、和缓的坡面；它对预处理要求较低，通常经一级处理或细筛处理即可。在污水浓度较低时，污水和污泥可合并处理，从而可省去耗费较大的污泥处理系统。由于地表土壤和淤泥层成分溶出，出水水质较渗滤处理效果要差一些，但一般也可达二级处理的标准。典型的试验结果表明，出水的 BOD_5 和 SS 低于 30 mg/L，氮的去除率为 60%～80%，磷的去除率为 40%～60%，粪大肠杆菌的去除率大于 99%。地表漫流处理系统处理城市污水时的负荷为 12～35 m/a，处理城镇污水时为 20 m/a，对啤酒废水的负荷为 10～15 m/a，而对造纸废水的负荷为 5 m/a。

利用地表漫流处理工艺对河流污水的净化进行了中试（张旭东等，2005），地表漫流系统由 4 块相邻场地组成，场地之间砌有隔水墙，表层土壤经过充分混合使其理化性质基本类似。选择马尼拉草（*Zoysia matrella*）、水香蒲（*Typha L.*）、春兰（*C.goeringii*）和早熟禾（*Poa Pratense*）4 种植物。试验结果表明，4 种植物中，早熟禾对污染物的去除效果最佳，COD_{Mn}、氨氮和色度去除率分别达到 55%、89.2%和 51.2%；4 种植物对氨氮去除率分别达到 78.8%、79%、67.6%和 89.2%。

（三）湿地处理系统

人工湿地充分利用生态系统中物种共生、物质循环再生原理，结构与功能协调原则，在促进废水中污染物质良性循环的前提下，充分发挥资源的生产潜力，防止二次污染。具有投资省、运行简便、处理效果稳定和出水水质好等优势，同时还可促进农业与渔业的发展。湿地本身又可供公共娱乐、野生动植物保护和科学研究使用，因而是污水处理与资源化的有效途径（李川和李秋红，2009；刘东阁等，2009）。污水人工湿地处理系统是将污水有控制地投配到经人工构造的湿地上，主要利用土壤、植物和微生物等作用来处理污水的一种污水自然处理系统。这里所谓的湿地是指地下水位终年接近地表，土壤处于饱和状态并生长着植物的地方。

人工湿地处理系统按水流方式分为以下几种。

（1）地表流湿地（SFW）　废水在填料表面漫流，水深较浅（一般在 0.1～0.6 m），它与自然湿地最为接近，绝大部分污染物的去除依靠植物根茎的拦截作用，以及根茎上生物膜的降解作用来完成。这种湿地造价低，运行管理方便，但是不能充分利用土壤（填料）和植物根系的作用，在处理废水的过程中容易产生异味并孳生蚊蝇。

（2）地下流（或潜流）湿地（SSFW）　废水在填料表面下渗流，一方面可充分利用填料表面及植物根系上的生物膜及其他各种作用处理废水；另一方面由于水流在地表下流动，保温性好，处理效果受气候影响较小，而且卫生条件比较好，是目前国际上较多研究和应用的一种湿地处理系统，但此系统的投资比表面流湿地系统略高。

（3）垂直流湿地（VFW）　水流结合了 SFW 和 SSFW 的特点，虽然投资较高，但具有表面水力负荷大、能节约用地等优点。

湿地处理系统一般由预处理、湿地田、水质和水量监控 3 部分组成。它的构筑物和设备较少，投资和运行费用低，一般仅需常规处理费用的 1/2～1/5，且易于维护与管理。由于不设二沉池，处理系统的产泥量较少，对污染物和营养物质有明显的去除效果；同时，它也具有绿化和野生生物保护等功能。但湿地处理系统需要两三个植物生长季节才能稳定地运行后再达到预期的处理效果。

（四）稳定塘处理系统

稳定塘是一种利用天然净化能力的生物处理构筑物的总称，主要利用菌藻的共同作用处理废水中的有机污染物。稳定塘污水处理系统具有构造简单、基建投资和运转费用低、维护和维修简单、便于操作、易于管理、处理效果稳定可靠，以及能有效去除污水中的有机物和病原体等优点。在我国，特别是在缺水干旱的地区，稳定塘是实施污水资源化利用的有效方法。它可以按照功能分为好氧、兼性和厌氧塘。

（1）好氧稳定塘　水深一般在 0.5 m 左右，阳光能够直透塘底，塘内藻类生长繁茂，光合作用旺盛，水中溶解氧充分，好氧微生物活跃，在污水停留 2～6 d 后，BOD 去除率可达 80%左右。好氧稳定塘净化反应中的一个主要特征是好氧微生物和植物性浮游生物（藻类）共生，藻类利用透过的太阳光进行光合作用，放出游离氧，它被好氧微生物利用来降解有机化合物，所产生的 CO_2 可为藻类在光合作用中所利用。好氧塘是各类稳定塘的基础，一般各种稳定塘的最终出水都要经过好氧塘。

（2）兼性塘　兼性塘是常见的一种污水稳定塘，塘深为 1.2～2.5 m，因而塘中存在不同的区域。在上层阳光能透射过的地方，藻类得以繁殖，溶解氧含量充足，好氧细菌活跃，为好氧区。底层有污泥积累，溶解氧几乎为零，主要厌氧菌对不溶性的有机物进行代谢，为厌氧区。中部则为兼性区，是过渡区，大量兼性菌存在其中，随着环境条件的变化以不同的方式对有机物进行分解代谢。

（3）厌氧塘　厌氧塘的塘深一般为 2.5～5 m，全塘大都处于厌氧状态。在厌氧状态下，进入厌氧塘的可生物降解的颗粒性有机物，可被胞外酶水解而成为可溶性有机物，溶解性有机物再通过产酸菌转化为乙酸，接着在甲烷菌的作用下，将乙酸转变为甲烷和二氧化碳。虽然厌氧降解机理是有顺序的，但是，在整个系统中，这些过程都是同时进行的，厌氧塘除对污水进行厌氧处理以外，还有初沉、污泥消化和浓缩作用。

然而，3 个区之间并无截然的界限，相互之间的联系十分密切。厌氧区中生成的 CH_4 和 CO_2 等气体经过上部两区的水层透出，且有可能被好氧层中的藻类所利用；生成的有机酸、醇等会转移至兼性区和好氧区，由好氧菌对其进一步分解。好氧区、兼性区中的细菌和藻类也会因死亡而下沉至厌氧区，由厌氧菌等对其进行分解。兼性塘可以接受原污水或经预处理的污水，易于运行管理，但有机负荷不如好氧塘高，出水水质也不如好氧塘。好氧塘、兼性塘、厌氧塘和生物塘等常组成复合稳定塘，通过并联、串联和并串联等多种形式，结合强化措施的应用，进行优化组合。

（4）组合塘　针对稳定塘存在诸如水力停留时间较长、占地面积过大、积泥严重和散发臭味等问题，人们不断地对稳定塘进行改良，出现了一些新型组合塘（何小莲等，2007），例如，水解酸化+稳定塘工艺，气浮+氧化沟+稳定塘工艺，微电解+接触氧化+稳定塘工艺，混凝+生物膜曝气池+氧化塘工艺，多级串联塘工艺，高级综合塘系统工艺，以及生态综合系统塘工艺等。

土地处理技术有很多优点（邓艾，2014），在国内外已经得到了广泛应用，但在其设计和运行过程中仍然存在许多有待于改进的问题（郭一令等，2013；张刚和张乃明，2010；简虹和张卫华，2009；林克明等，2008；黄玉珠和万红友，2008）。它的主要不足之处包括系统易于堵塞、对周围环境具有潜在的不利影响（例如，渗漏可能造成地下水污染、温室气体排放等）、长期除磷效果不佳（即磷穿透问题）等。其中，系统堵塞问题对该技术的应用及推广影响尤为严重，且目前还缺乏良好的解决方法；磷穿透与温室气体排放问题也会对该技术的推广带来负面影响。

此外，土地处理系统占地较为突出，在一定程度上制约了在我国的推广应用，如何解决土地利用矛盾是推广土地处理技术的重要关键问题。目前在一些地区（如成都市活水公园、深圳的洪湖公园）已经有效地将污水土地处理工程与城市绿化、建立生态公园等有机集合起来加以考虑，从而较好地解决了土地利用矛盾，实现了经济、社会、生态与环境效益的统一。

多级土壤渗滤系统（multi-soil-layering system，MSL）是一种新型、高效的人工强化土壤渗滤系统，它克服了传统土地处理系统占地面积大、处理效率低、容易堵塞及脱氮效果差等缺点，其核心理念是将土壤模块化，系统内渗滤层（PL）与土壤模块层（ML）交替排列，形成多个微“好氧-厌氧”环境来去除污染物，氮源的选择优化了氮的去除效果（吴浩恩等，2016）。

第四节　固体废弃物的土地处置

《中华人民共和国固体废物污染环境防治法》（2016年修订）对什么是固体废弃物有着明确的规定，固体废弃物是指在生产、生活和其他活动中产生的丧失原有利用价值，或者虽未丧失利用价值但被抛弃或放弃的固态、半固态和置于容器中的气态物品、物质，以及法律、行政法规规定纳入固体废物管理的物品、物质。固体废弃物有多种来源，可产生于住户、办公室、商场、市场、饭店、公共机构、工业设施、自来水厂和污水设施、建筑及爆破场地和农业活动等，它由城市固体废弃物、污泥、工业、农业和其他废弃物所构成。城市固体废弃物包括生活垃圾、花园（庭院）和公园垃圾、商业与公共机构垃圾、建筑与拆除垃圾等；污泥是指生活和工业废水处理厂产生的污泥，它可以作为废弃物的单独类别，也可将生活废水处理产生的污泥纳入城市固体废弃物范畴，而将工业废水处理产生的污泥纳入工业废弃物；其他固体废弃物主要指医疗废弃物和危险废弃物。

固体废弃物的处置是指将固体废物焚烧和用其他改变固体废物的物理、化学、生物特性的方法，达到减少已产生的固体废物数量、缩小固体废物体积、减少或者消除其危险成分的活动，或者将固体废弃物最终置于符合环境保护规定要求的填埋场的活动。我国固体废弃物的处置应遵守《中华人民共和国固体废物污染环境防治法》，以保护环境，保障人体健康，维护生态安全，促进经济社会可持续发展。固体废弃物的土地处置是指用土地填埋的方式来安全、可靠地处置这些废物，是固体废物的最终处置，也是全过程管理中的最重要环节；而土地处置由于现存和潜在的环境与场地问题，并不是最为理想的方式，但目前仍是最常用的固体废弃物最终处置技术，有关废弃物土地处理和处置的文献颇多（华锡昌，2009；刘志尧等，2008；刘艳辉等，2007；顾宝和，2001；聂永丰，2000）。由于固体废弃物存在潜在的或现实的环境问题，因而在利用土地处置时应遵循下列原则。

（1）*区别对待、分类处置、严格管制危险废物和放射性废物*　固体废弃物种类繁多，危害性和方式、处置要求及所要求的安全处置年限各不相同，就废物最终安全处置的要求而言，可根据所处置的固体废弃物对环境危害程度的大小和危害时间的长短，大体上可将其分为6类：①对环境无有害影响的惰性固体废物，如未受污染的岩石；②对环境有轻微、暂时影响的固体废弃物，如某些矿业固体废物、钢渣；③在一定时间内对环境有较大影响的固体废弃物，如城市生活垃圾；④在较长时间内对环境有较大影响的固体废弃物，如来自烟气脱硫后的石膏；⑤在很长时间内对环境有严重影响的固体废弃物，如危险废弃物，含有有害的特殊化学物质的废弃物；⑥在很长时间内对环境和人体健康有严重影响的废物，如必须进行封闭处理的特殊废物、易爆炸物或放射性水平高的废物。因此，应根据不同废物的危害程度和特性进行区别对待、分类管理，既能有效地控制主要污染危害，又能降低处置费用。

（2）*最大限度地将危险废物与生物圈相隔离原则*　固体废物，特别是危险废物和放射性废物，最终处置的基本原则是合理地、最大限度地使其与自然和人类环境相隔离，减少有毒有害物质进入环境的速率和总量，将其在长期处置过程中对环境的影响减到最低限度。

与废水和废气相比，虽然固体废弃物中的污染物质具有一定的惰性和滞后性，但在长期处置过程中，由于其本身固有特性和环境条件的变化，必然会产生固体废弃物中的物理、化学和生物学反应，导致污染物质向环境中释放。

一、处置过程中固体废弃物的反应和环境问题

（一）固体废弃物在处置过程中的反应

1. 物理反应

1）蒸发/气化　废物中的水分、挥发性和半挥发性有机化合物通过蒸发、气化转入处置过程所产生的气体中。

2）沉淀/悬浮　渗滤液中的悬浮和胶体物质在液相中所发生的重力作用。

3）扩散/迁移　气体在处置场中的横向扩散和向周围环境释放，渗滤液处置场中的迁移和进入覆土下层。

4）物理衰变　发生在自然界中的自发现象，随着时间的推移越来越明显。

2. 化学反应

1）溶解/沉淀　进入处置场的水在废物层中渗透时，会将废物原有的、或经过生物转化所产生的可溶性物质溶解出来，产生高浓度有机物和高盐分渗滤液；渗滤液的某些盐类会因 pH 变化等而产生沉淀反应。溶解的有机化合物可随渗滤液迁移出处置场。

2）吸附/解吸　处置场产生的气体中的挥发性和半挥发性有机化合物，渗滤液中的有机和无机污染物质，有可能被废物和土壤吸附；同时，在某些条件下，有可能发生解吸作用，使污染物重新进入气体或液体中。

3）脱卤/降解　有机化合物可发生脱卤、水解和化学降解作用。

4）氧化还原　氧化还原反应影响金属和金属盐的可溶性。

5）其他　有一些重要的化学反应发生在衬层和某些有机化合物之间，导致衬层结构和渗透性改变。

3. 生物反应

生物反应是处置有机物，特别是可降解的有机物时，处置场中发生的最重要反应，其产物为气体、水分和可溶解的有机物，最终可使所处置的有机废物达到稳定化。生物降解过程通常产生的气体是 CO_2 和 CH_4，少量的 NH_3 和 H_2S。事实上，处置场中所发生的化学反应均以生物作用为媒介。

上述的物理、化学和生物学反应，彼此间的相互作用与影响十分复杂。例如，水通过渗漏进入处置场内部，会在一定程度上加速各种反应；由于封闭作用，所产生的大量气体和渗滤液使处置场内部的压力随气体产生量的增加而增大，有可能造成密封系统破裂而发生大量渗漏；在处置场中，渗滤液的液位和下渗量也将随渗滤液的增多而增大，从而使处置场内部孔隙减少，阻碍处置过程中所产生气体的迁移。

（二）固体废弃物土地处置过程中的环境问题

废物处置场实际上是一个生物化学或物理化学反应器，进入的是废物和水分，流出的是气体和渗滤液，当降雨和地表水通过渗透进入处置区后，由于污染物的溶解而产生含污染物

的渗滤液；另外，在被处置的废物达到稳定化之前，填埋气和渗滤液对生态环境会产生危害（廖质琪，2016；李婧等，2015）。垃圾渗滤液有4方面比较突出的问题：①有机污染物浓度含量高、组分复杂。COD可高达60 000 mg/L，渗滤液有机污染物种类可达上百种；②氨氮含量高。垃圾填埋场渗滤液中的氨氮含量会随着时间的推移有所增加，氨氮的浓度可高达1 000 mg/L以上，氨氮含量占总氮的85%～90%；③渗滤液中的重金属含量较高，特别是生活垃圾与工业垃圾混合填埋时的情况更为严重；④渗滤液中含有大量致病菌和病原微生物。这些含污染物的渗滤液和气体如果未能适当处理，则有可能污染水体、空气和土壤，产生环境卫生问题（李晓红等，2008；隋淑梅等，2007；赵勇胜等，2007；沈东升等，2003；郑曼英和李丽桃，1996）。

二、固体废弃物的土地填埋

土地填埋是一种按工程理论和土工标准对固体废弃物进行有控管理的综合性科学管理方法，它具有工艺简单、成本较低和适合处置多种类型固体废弃物的优点。在进行土地填埋处置时，首先需要进行科学的选址，在设计、规划的基础上对场地进行防护处理（如防渗措施），然后按严格的操作程序进行填埋作业，要制定全面的管理制度定期对场地进行维护和监测。

（一）填埋场选址

在建设垃圾填埋场的过程中，填埋场的选址是最为关键的步骤（宋媛媛和高惠瑛，2016）。一个固体废弃物填埋场场址的选择和最终确定是一个复杂而漫长的过程，必须以场地详细调查、工程设计、费用研究和环境影响评价为基础。选址原则包括合理的技术、经济方案，并切实保证实现环境保护的目的。在规划填埋场时，首先应对适宜的场址进行现场踏勘调查，并根据所能搜集到的地理、地质、水文地质和气象资料，初步筛选出若干备选场地，再根据选址的基本原则进行比较和评价。在考虑适宜性时，主要考虑的因素为运输距离、场址限制条件、土地面积、道路、土壤条件与地形、气象条件及封场后的利用等。一个值得关注的基于北斗卫星导航和地理信息系统（GIS）的生活垃圾填埋场选址系统，可为生活垃圾填埋场选址创造一个信息化的服务平台（曾志煌等，2016）。

（1）运输距离　　运输距离是场址选择的重要因素，尽管运输距离越短越好，但也要综合考虑其他因素，特别是环境和社会因素，因而长距离运输现在已为常见。选择适当距离是既兼顾环境又经济可行的做法，一般建在距市区15～25 km处。

（2）场址限制条件　　距离居民区至少要大于1 000 m。运输或作业期间有害废物飘尘或气味应在当地气象扩散条件下不影响居民区，噪声的影响应符合国家有关标准。

（3）可用土地面积　　选址时需近、远期相结合，避免重复投资建设。应选择可使用面积充足的地方，一个场地至少要能运行15～20 a，并应考虑长期需要，有足够的面积供二期或其他后续工程的兴建和使用。

（4）地形、地貌及土壤条件　　场地地形、地貌决定了地表水，同时也往往决定了地下水的流向和流速。一个与斜坡相连的平地会汇聚地表径流和潜层水流，地形的自然坡度原则上不宜大于5%。不要选择在地形坡度起伏变化大的地方和低洼汇水区。在丘陵地区，凡在地貌上呈现三面山岗环绕，其内有“S”或“Y”形冲沟，并朝敞开方向伸展的盆地，或者山谷呈“V”或“U”形等场地可优先考虑。由于对填埋废弃物覆盖的需要，在合理的运输距离内要有足够的可供利用的土壤。

（5）地表水　所选场地必须在 100 a 一遇的地表水域的洪水标高泛滥区，或者历史最大洪泛区之外；避开湿地，场地与可航行水道没有直接水力联系；在长远规划中的水库或人工蓄水区不应选址；应远离供水水源和公共水源等饮用水保护区，最好选择在封闭的流域区内，这对地下水资源造成的危害最小。此外，场地自然条件应有利于地表水排泄。

（6）地质和地质水文条件　填埋场应尽量选择在基岩完整、抗溶蚀能力强和覆盖层较厚的地方，其附近不应有活动断裂。避开地震活动带、构造破碎带、褶皱变化带、废弃矿井、滑塌区、岩溶洞穴、石油和天然气勘探与开发的钻井等；场址不应在石灰岩发育区，以保证对有害物质的迁移和扩散具有一定的阻滞能力。最好选在渗透性弱的松散岩层或坚硬岩石的基础上，天然地层的渗透系数最好小于 10^{-8} m/s，并且具有一定的厚度。场地基础的岩性最好为黏土、砂质黏土、页岩、黏土岩或致密的火成岩，场地基础应位于地下水（潜水）最高丰水位标高 1 m 以上（图 13-9），对于潜水含水层，该数值的理解是，如果填埋场开挖深度是 4 m，区域地下水多年变化幅度为 3 m（最高丰水位），因而实际地下水位埋深应位于地表以下 8 m（距填埋场基础 4 m），才能在任何时候都与填埋场基础保持 1 m 的距离。场地选择应确保地下水的安全，设有保护地下水的严密技术措施。

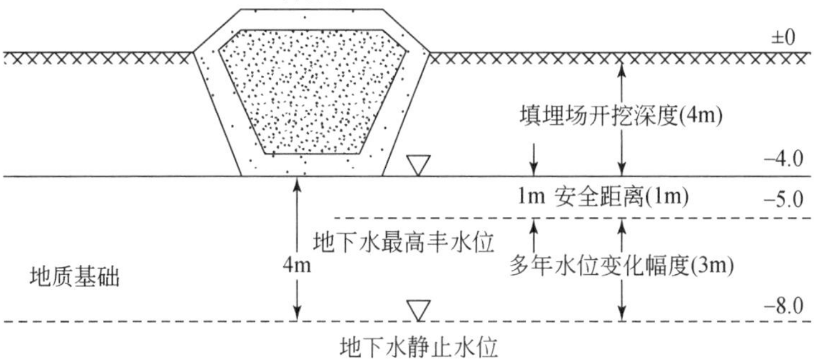

图 13-9　填埋场地质基础与地下水位距离示意图［据（赫英巨等，1998）绘制］

（二）填埋场处置技术

1. 填埋场的构造类型

（1）自然衰减型　如图 13-10 所示，它允许部分渗滤液由填埋场基部渗透，利用下伏包气带土层和含水层的自净功能来降低渗滤液中污染物的浓度，使其达到能接受的水平。最适宜自然衰减的土壤层是阳离子交换容量（CEC）较高（30～40 cmol/kg），渗透率在 1×10^{-4}～1×10^{-5} cm/s。

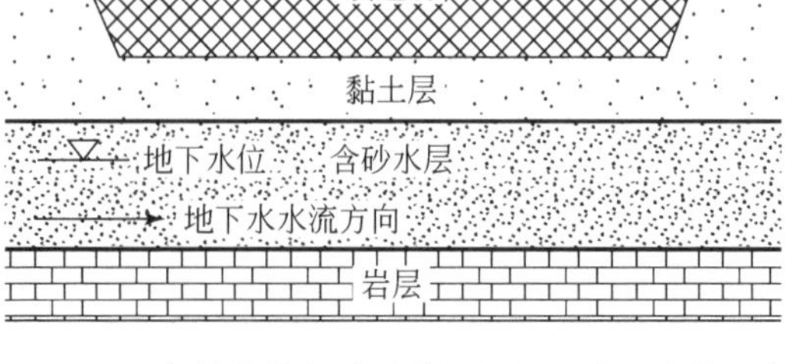

图 13-10　理想的自然衰减型填埋场土层分层结构示意图

在建立一座自然衰减型填埋场时，应该保证地下水的质量在某一距离内仍然可作为安全饮水，一般采用 300～360 m，或用水质下降、最近饮水井的距离来衡量。自然衰减型填埋场所能堆放的固体废弃物量，受渗滤液数量和性质、土壤理化性质、未饱和土层的衰减容量、地下水层的稀释容量等的影响。通常，固体废弃物产生量在 35 000～40 000 m^3 的城市垃圾是自然衰减型填埋场所能允许的最大容量。对于其他非腐败型废物可以允许填埋得多一些，其最大允许填埋量可根据有关地下水法规来决定。

（2）全封闭型填埋场　　如图 13-11 所示，其设计理念是将废物和渗滤液与环境隔绝开，将废物安全保存数十年至上百年。这类场地通常利用地层结构的低渗透性或工程密封系统来减少或防止渗漏，将地下水污染降到最低限度。它的基础、边坡和顶部均需设置有黏土或合成膜衬层，或两者兼备的密封系统，且底部一般为双衬层，并在顶部安装入渗水收排系统，底部安装渗滤液收集主系统及其检测收排系统。在这类填埋场内，整个衰减过程是在废物中进行的，它通常可减少渗滤液的产生量与外泄。

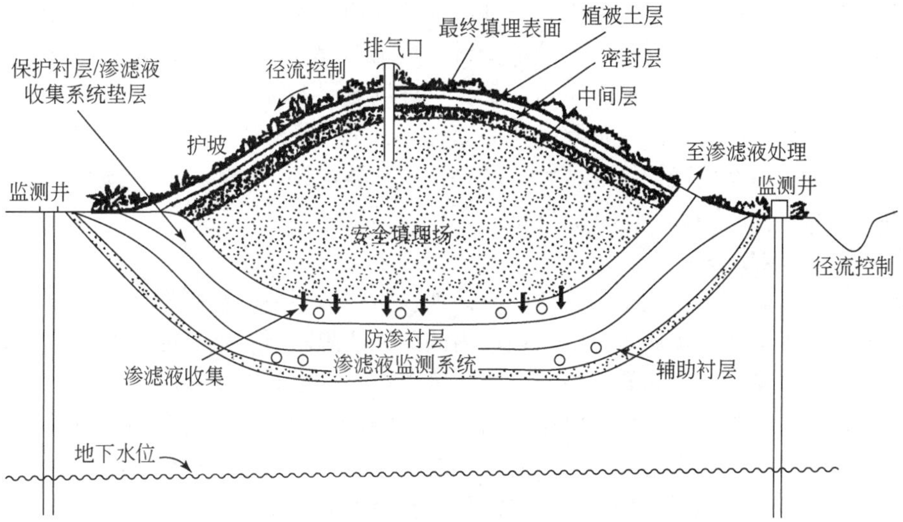

图 13-11　全封闭型废物安全填埋场剖面示意图

（3）半封闭型　　其设计理念介于自然衰减型和全封闭型之间，半封闭型填埋场的顶部密封系统要求不高，而底部一般设置单密封系统和在密封衬层上设置渗滤液收排系统。大气降水仍会部分进入填埋场，而渗滤液也可能部分泄漏进入下包气带和地下含水层，特别是仅采用黏土衬层时更是如此。

上述 3 种类型的填埋场各有其自身的特点，在选择时应从多方面综合考虑。对于无害的废物、处置量较低时，可以考虑自然衰减型；少量废物填埋场（如采用封闭型）是不经济的，因为其建造和运行费用都很高。封闭型填埋场则是大规模处置废物的唯一选择。

2. 填埋方式

（1）山谷型填埋　　山谷型填埋通常是在山谷出口处设一封口坝，在填埋场上方设一挡水坝，场的四周开挖排洪沟，以防地表排水进入填埋场。填埋场的防渗可采用两种方法，一是垂直密封技术，在填埋场周边设置垂直防渗帷幕；二是在填埋场底部和边坡铺设防渗衬层。

（2）地上式填埋　　通常用于地下水位较高或地形不适合挖掘的地方，要求坐落在较厚的黏土层之上，渗透系数小于 10^{-7}cm/s，否则需要设置人工密封层。地上式填埋场最好处置有机成分少的废物，以防异味和溢流渗滤液。它应采用边作业边封顶的方式，废物的堆存应从一侧开始，当达到堆存高度后，要及时采取表面密封措施。要远离居民区，避免对景观的不良影响。

（3）地下式填埋　地下式填埋适合于场地有丰富的覆盖层物质可供开挖而地下水位较深的地方，废物放入挖掘坑中，挖掘的土用于覆盖层。以人造薄膜或低渗透性黏土或两者相结合作为材料铺设衬层，以防渗滤液和填埋场气体从底边溢出。开挖的单元通常为方形，边长一般为 60～300 m，深度为 3～9 m，宽为 5～15 m。地下式填埋场要求有天然密封性良好的地质条件，密封层的渗透系数应小于 10^{-7} cm/s，且厚度应大于 5 m，否则应附加人工密封层。地下水至少应在填埋场基础以下 3 m。

地下填埋场的边坡坡度应为 1∶2.5～1∶3，以便于在边坡部分铺设密封层。密封层的下部应铺设排水层和管道，并建有一定数量的排水竖井，在排水管与竖井的连接处应达到密封要求，否则在使用过程中易发生水患。

在场址选定后，可按照一定步骤和内容进行填埋场的规划和设计，包括确定固体废弃物的数量及特性，收集现有和新建的填埋场资料、选址和各种设施设计。在设计过程中，对渗滤液的产生及控制、填埋气体的产生与控制、填埋场衬层系统、填埋场表面密封及环境监测与评价等应给予全面的关注，对危险废物的处理要有更严格的控制和管理措施，这些内容在有关手册和文献中均有明确规定（曹铭，2016；董林林，2015；耿广晋和郑爽英，2009；施达彬，2009；魏宁等，2009；IPCC，2006；聂永丰，2000）。

3. 填埋场气体的控制

城市垃圾填埋场可产生大量的气体，应该加以控制与利用，否则将会产生安全和环境问题。填埋气体的被动控制可用于释放填埋场内的压力或阻断所产气体的地表运移，适用于填埋量不大、填埋浅和产气量低的小型城市垃圾填埋场（<40 000 m^3）。将压力释放孔/燃烧器安装在填埋场最终覆盖层上便可构成排气孔（图 13-12），有时这些隔离通气口是用一根埋在底层中的穿孔管道连接起来的（图 13-13），系统由一系列隔离通气口组成，每 7 500 m^3 废物设立一个通气口可能就够了。如果排出的气体中有足够高的甲烷浓度，则可以将管道连接起来，并安装燃气系统而加以利用。

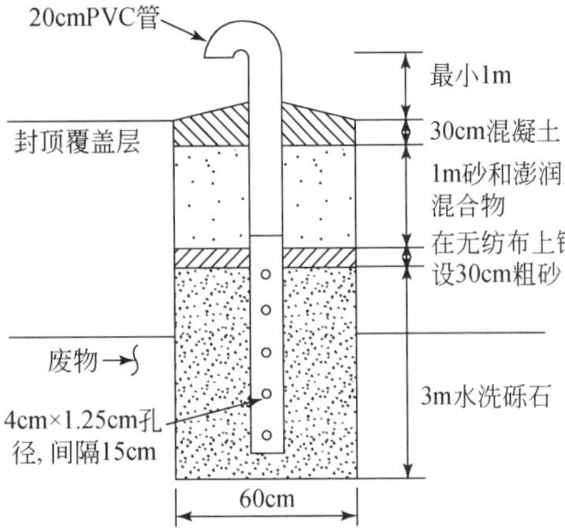

图 13-12　典型隔离气体排气口图

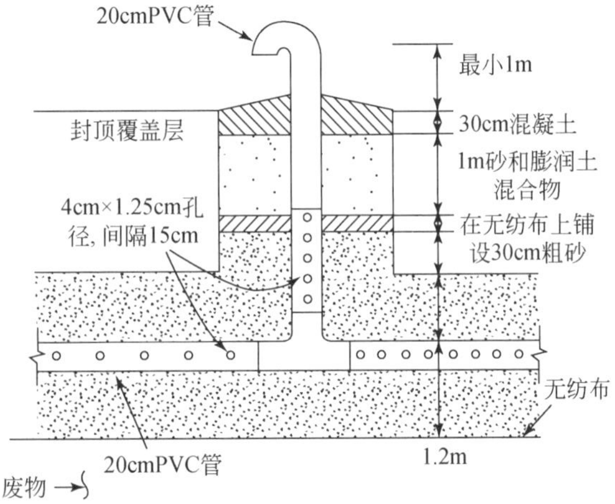

图 13-13　典型有穿孔管联结起来的被动排气系统图

4. 填埋场的防渗材料

填埋场的防渗衬层通常有无机天然材料，如黏土、膨润土等；天然有机复合防渗材料，主要指聚合物水泥混凝土（PCC），如沥青水泥混凝土；人工合成有机材料，主要是塑料卷材、橡胶和沥青涂层等。现在广泛使用的是高密度聚乙烯（HDPE）防渗卷材，通常称为柔性膜，用它建成的衬层称为柔性膜衬层（FML）。

在天然的黏土材料中，常用改性技术，即加入其他物质以改变原有黏土的性质，使其达到防渗要求。例如，在黏土中添加少量石灰、水泥，可以显著地提高黏土的吸附能力和酸碱缓冲能力。掺和添加剂后再加压实能够改变混合过程的凝胶作用，使黏土的孔隙明显变小，抗渗能力增强，其渗透系数可达到 10^{-7}～10^{-9} cm/s，符合填埋场防渗材料对渗透性的要求。

在天然黏土中添加3%～15%的膨润土矿物可以改善黏土的性质，使其达到防渗材料的要求。膨润土改性黏土在填埋场工程中有很好的发展前途，由于它具有吸水膨胀（吸水后体积可膨胀 10～30 倍）和巨大的阳离子交换容量（一般大于 40 cmol/kg），因而它优于其他无机添加剂。在黏土中添加膨润土，不仅可减少黏土的孔隙，使其渗透性降低，而且可以提高衬层吸附污染物的能力，同时也大幅度提高衬层的力学强度。必须注意，在进行衬层的渗透系数试验时，不可使用纯水，应尽量使用与填埋场渗滤液成分相当的液体。在获得实验室结果的基础上，应使用工程要求的成套设施来完成现场试验，检查现场衬层质量和渗透率是否达到要求。

天然黏土和人工改性黏土是建筑填埋场防渗结构的理想材料。然而，黏土仅能延缓渗滤液的渗漏，而不能完全避免渗漏现象，除非它的渗透性极低，且具有较大的厚度。为了更有效地进行密封作业，现代填埋场，特别是危险废物填埋场，经常使用人工合成有机材料（柔性膜）与黏土相结合作为防渗材料。高密度聚乙烯是应用最广泛的防渗柔性膜材料，它具有防渗性能好、渗透系数低（$K<10^{-12}$ cm/s）的优点；其化学稳定性好，对大部分化学物质有抗腐蚀能力；机械强度较高；焊接技术成熟，便于施工；气候适应性强，性能与价格较为合理。

渗滤液渗漏量的估算可用达西定律来表示：

$$Q = AKJ = AK\frac{H}{D} \tag{13-12}$$

式中，Q 为穿过防渗层的渗滤液流量（m^3/d）；A 为面积（m^2）；K 为防渗层的渗透系数（m/d）；J 为水力梯度；H 为渗滤液深度（m）；D 为防渗层的厚度（m）。达西定律表明，穿过防渗层的渗滤液流量与防渗层的渗透系数、渗滤液的积水深度成正比，与防渗层的厚度成反比。因此，衬层的厚度和衬层材料的渗透系数是保证衬层防渗能力的主要设计指标。垃圾渗漏液是对其周围地下水环境的主要威胁，应给予足够的关注（赵春兰等，2017），为及时发现和修补土工膜存在的渗漏破损国家已有标准规定（CJJ/T 214—2016）。

5. 生物反应器填埋场

生物反应器填埋场是通过控制手段来强化微生物过程，从而加速垃圾中易降解和中等易降解有机组分转化、稳定的一种垃圾卫生填埋场运行方式。这些控制手段包括液体（水、渗滤液）注入、备选覆盖层设计、营养添加、pH 调节、温度调节和供氧等。一个填埋单元就是一个小型的“可控生物反应器”，单元的组合便使填埋场构成了一个大型生物反应器。它与常规卫生填埋场相比具有如下特点。

（1）*液体添加和水分调节系统*　在填埋场内部，适宜厌氧微生物生长活动的适宜含水率为 40%～45%。采用生物反应器填埋系统，于填埋垃圾的同时在每个操作单元内铺设渗滤液回流管道，并在管道上每隔一定的间隔设置一个出水控制阀门和水分传感器，将操作单元内的回流管道与主管道连接，从而形成一个渗滤液回流与布水网络系统。管道上的水分传感器用于测量各处垃圾的含水率，如某处含水率低于设定值时，计算机控制系统便可自动运行而调节水分，使水分在整个填埋场内大体上得以均匀分布。

（2）填埋气体收集系统　在生物反应器填埋场内部铺设有类似于液体添加系统的填埋气抽取管道网络系统，它通过气体压力传感器与抽气泵配合，保持导气管道内始终处于微负压状态，以加快填埋气的抽取。为便于填埋气的迁移和抽取，可在每个操作单元面上铺盖一层废旧轮胎碎屑，它的通气性好，从而可提高气体的收集效率。

（3）渗滤液收集和监测系统　生物反应器填埋场的底部是常规的防渗系统，但在最下衬层上铺盖了一层废旧轮胎碎屑，以积聚产生的渗滤液，其水位数据可通过传感器适时监测，并与计算机相连。当需要时，渗滤液即可通过回流管抽出，从而调节填埋场内部垃圾的水分。循环使用的渗滤液在自上而下的流动过程中，经过垃圾的吸附和过滤等物理、化学和生物学过程，可部分得到净化。填埋场垃圾可看作为一个“复合净化反应器”，为保持 40%～45%的含水率，生物反应器填埋场的渗滤液往往全部进行循环使用，它一般不需要附加渗滤液处理设施，因而可节约投资和后期管理费用。

三、填埋场终场覆盖和利用

填埋场的终场覆盖技术根据其类型的不同而有所差异，惰性填埋场（如建筑垃圾填埋场）因其比较稳定，对周围环境的影响较小，因而终场覆盖较为简单，一般在填埋废物上覆盖一定厚度的黏土或膨润土层，再覆盖一定的营养土，即可进行植被的恢复或重建工作。然而生活垃圾填埋场的终场覆盖技术要求比较高，因其会产生含有污染物的垃圾渗滤液、气体和难闻气味等，如果处理不当，便会产生较为严重的环境问题，所以其封场设计有其自身的特点和要求（陈亮，2014）。在一些对环境要求较为严格的发达国家，对两者的覆盖技术有着同样的要求。表 13-6 列出了德国、美国和加拿大填埋场终场覆盖系统的构成和要求，它可分为 5 层，自上而下分别是植被层、营养层、排水层、阻隔层和基础层。

表 13-6　一些国家对填埋场终场覆盖的要求（沈东升等，2003）

覆盖层	德国（Ⅰ类）	德国（Ⅱ类）	美国	加拿大
植被层	生态恢复	生态恢复	生态恢复	生态恢复
营养层	厚 1.0 m，坡度<10%	厚 1.0 m，坡度<10%	厚 0.6 m	厚 0.3 m
排水层	厚 0.3 m，$k>10^{-3}$ m/s	厚 0.3 m，$k>10^{-3}$ m/s	厚 0.3 m，$k>10^{-2}$ m/s	厚 0.6 m，$k>3\times10^{-5}$ m/s
阻隔层	2~5 mm HDPE 膜，下覆 0.5 m 黏土层，$k<5\times10^{-10}$ m/s	下覆 0.5 m 黏土层，$k<5\times10^{-10}$ m/s	0.5 m 黏土层或 1.5 mm HDPE 膜，上覆 0.3 m 黏土层，下覆 0.3 m 黏土层	1.5 mm HDPE 膜，下覆 0.6 m 黏土层
基础层	厚 0.5 m	厚 0.5 m		厚 0.15 m

（一）植被层和营养层

植被层为填埋场最终的生态恢复层，它能净化和美化环境，减少雨水对土壤的侵蚀，有利于径流的收集和导排。营养层富含有机质和营养元素，其厚度与表层规划植被的类型有关。若植被为浅根系植物，则营养层厚度可相应减少，否则应增加其厚度。不同国家对营养层的规定差别较大，如加拿大规定的厚度为 0.3 m；丹麦为 0.2 m，但其推荐标准为 0.8 m。多数国家规定营养层的厚度应大于 0.6 m，最大达 1 m。为了保持土壤一定的持水性和表层植物的生长，营养层的坡度一般小于 10%；垃圾堆体间的坡度应小于 1∶3，以保证堆体的稳定性。

（二）排水层与阻隔层

排水层由砂砾质材料构成，渗透系数应大于 10^{-5} m/s，可以收集上层的下渗水以减少植物根系对阻隔层的侵入和破坏，避免了阻隔层和营养层的直接接触，对阻隔层起一定的保护作用。其厚度应能满足排水层中收集管的尺寸要求，欧美国家规定排水层的最小厚度为 0.3 m。

阻隔层是终场覆盖的关键技术，主要为了阻止雨水渗入垃圾体中，也能从一定程度上防止填埋场气体通过土壤孔隙迁移、扩散，一般用 HDPE 膜、膨润土板及黏土等组成单层和（或）双层防渗系统。单层防渗主要由膨润土板、压实黏土形成隔水层，其渗透系数 $k<10^{-9}$ m/s。双层防渗系统是在单层防渗体上覆盖一定厚度的 HDPE 膜，其渗透系数 $k<10^{-10}$ m/s。为了保护 HDPE 膜，有些国家（如美国）要求在其上必须覆盖 0.3 m 的压实黏土。

（三）基础层

基础层的材料是土壤、砂砾和建筑垃圾等，它对整个系统起支撑、稳定作用。基础层的厚度与填埋场的操作规范有关。由于填埋场终场已用覆盖土对垃圾体进行了压实覆盖，形成了一定的基础，所以在终场覆盖时，不同的国家有不同的规定。加拿大等国规定基础层的厚度为 0.15 m，德国等规定基础层的厚度为 0.50 m，而美国等对基础层没有要求，可直接在垃圾体上堆筑阻隔层。我国住房和城乡建设部、国家发展和改革委员会曾于 2010 年发布《生活垃圾填埋场封场工程项目建设标准》（建标 140—2010），对工程建设和环境保护提出了意见，但目前我国垃圾填埋场终场覆盖系统总体上技术水平不高，大多仅采用了单层防渗，且无排水层和基础层，阻隔层黏土厚度也较低，不适应经济水平的发展和环境保护的要求；所幸这一状况已引起了有关方面的重视。

填埋场完全不同于普通土地，它具有一定的稳定期，例如，垃圾填埋场由于腐烂降解，其在相当长一段时间内一直处于不稳定状态，因而填埋场土地利用有其特殊性。南方填埋场的稳定化时间大约在 20 a 左右，假定某一山谷型填埋场分为 3 个区，每区可填埋 10 a，在第一区和第二区填毕封场、第三区开始使用时，第一区已达到稳定化，其矿化垃圾可进行开采和利用，待第三区填毕后，再次使用第一区；此时开采第二座填埋场的矿化垃圾，以此类推，循环使用，垃圾就可通过填埋方法达到资源化和无害化。对于平原型填埋场，由于面积大，若分为若干填埋单元，同样可实现循环使用的目的。

然而，矿化垃圾的开采利用是一个十分复杂的问题，必须谨慎对待，避免产生二次污染。在填埋场服役期满封场后，可对老陈垃圾进行再利用（闫啸等，2016），如开辟成苗木、草皮和鲜花等繁殖基地，则可能具有更好的经济与环境效益（孙向辉和周丽贞，2016；张智翔等，2016；孙静，2015）。利用封场垃圾填埋场进行光伏发电建设，不仅利用了填埋场，而且有很好的经济收益（杨光磊，2015），在一些经济实力好的地方，也可改造为休闲、娱乐场所（王琳等，2014）。香港某垃圾填埋场在服役期满后已被建设成美丽的高尔夫球练习场。垃圾处理作为一个世界性的难题在北欧各国，尤其是在挪威有望得到解决（夕月，2015），目前我国正全面推行垃圾分类与应用，希望这一重要举措得以顺利开展，借助于先进的理念和技术，以切实解决垃圾的利用和污染问题。

思考题与习题

1. 什么是场地和场地土壤污染？如何进行场地污染土壤的风险评估？
2. 简述场地土壤污染修复的主要技术与原理、修复工程流程和修复效果评价。
3. 简述土壤中金属的腐蚀原理、影响因素和防护措施。
4. 简述污水土地处理系统的分类、各自的特点和在应用中需要注意的问题。
5. 简述固体废弃物科学处理的重要性。如何提高垃圾填埋场的利用效率？
6. 简述垃圾填埋场覆盖的重要性和技术要点。

主要参考文献

IPCC. 2006. 《2006 年 IPCC 国家温室气体清单指南》（中文版，第 5 卷：废弃物）. 日本全球环境战略研究所
北京水环境技术与设备研究中心，北京市环境保护科学研究院，国家城市环境污染控制工程技术研究中心. 2000. 三废处理工程技术手册（废水卷）. 北京：化学工业出版社
曹铭. 2016. 城市垃圾填埋场的规划和设计. 城乡规划，（54）：6
陈锋，王业耀，孟凡生. 2008. 重金属污染土壤和地下水电动修复技术研究. 中国资源综合利用，26（2）：32～34
陈亮. 2014. 生活垃圾填埋场封场设计要点思考. 环境卫生工程，22（2）：15～18
陈梦舫. 2014. 污染场地健康与环境风险评估软件（HERA）. 中国科学院院刊，29（3）：344，335
陈群尧，曹晓燕，陈群武等. 2007. 中国管道腐蚀与防护技术综述. 防腐保温技术，15（1）：1～13
邓艾. 2014. 污水土地处理系统工艺技术应用. 网络安全技术与应用，（5）：85，88
丁竹红，胡忻，尹大强. 2009. 螯合剂在重金属污染土壤修复中应用研究进展. 生态环境学报，18（2）：777～782
董宝山. 2007. 长输管道腐蚀机理研究及对策. 防腐保温技术，15（1）：36～40
董林林. 2015. 垃圾填埋场渗漏液控制技术研究. 环境科学与管理，40（11）：109～112
樊广萍，仓龙，徐慧. 2010. 重金属-有机复合污染土壤的电动强化修复研究. 农业环境科学学报，29（6）：1098～1104
房吉敦，杜晓明，李政等. 2013. 某复合型化工污染场地分地层健康风险评估. 环境工程技术学报，3（5）：451～457
高琼. 2014. 我国污水土地处理技术研究进展. 山西水土保持科技，（4）：1～4
耿广晋，郑爽英. 2009. 垃圾渗滤液产量预测. 水资源与水工程学报，20（2）：95～99
龚亚龙，李红艳，李喜青等. 2016. 郴州市王仙岭尾砂库重金属污染治理工程实例. 环境工程，37（2）：170～174
巩宗强，李增军，台培东等. 2002. 污染土壤的淋洗法修复研究进展. 环境污染治理技术与设备，3（7）：45～50
谷庆宝，郭观林，周友亚等. 2008. 污染场地修复技术的分类、应用与筛选方法探讨. 环境科学研究，21（2）：197～202
顾宝和. 2001. 固体废弃物处理的岩土工程问题. 工程地质学报，9（4）：424～428
郭伟，李培军. 2004. 污水快速渗滤土地处理研究进展. 环境污染治理技术与设备，5（8）：1～7
郭一令，王晗，王森等. 2013. 水温和 C/N 对土地生物过滤处理系统氮去除的影响. 环境工程学报，7（8）：2961～2967
国家环保局. 1993. 水污染防治及城市污水资源化技术. 北京：科学出版社
韩文海，周晶. 2014. 海底管道腐蚀模型对比研究. 石油工程建设，40（3）：9～13
何小莲，李俊峰，何新林等. 2007. 稳定塘污水处理技术的研究进展. 水资源与水工程学报，18（5）：75～77
赫英臣，孟伟，郑丙辉. 1998. 固体废物安全填埋场选址与勘察技术. 北京：海洋出版社
华良宝. 2016. 辽河油田地下油气管道腐蚀与防腐. 化工管理，（1）：150
华锡昌. 2009. 垃圾卫生填埋场选址与勘察设计技术综述. 资源环境与工程，23（1）：52～56
化勇鹏，罗泽娇，程胜高等. 2012. 基于健康风险的场地土壤修复限值分析. 工业安全与环保，38（4）：68～71
黄永昌. 1989. 金属腐蚀与防护原理. 上海：上海交通大学出版社
黄玉珠，万红友. 2008. 污水土地处理技术的优势及其应用前景. 环境科学导刊，27（6）：71～75
简虹，张卫华. 2009. 城市污水资源土地利用的研究进展. 安徽农业科学，37（16）：7624～7626
金名惠，黄辉桃. 2001. 金属材料在土壤中的腐蚀速度与土壤电阻率. 华中科技大学学报，29（5）：103～106
寇利卿. 2014. 畜禽养殖废水的土地处理技术研究及应用. 资源节约与环保，（4）：137
兰州化学工业公司化工机械研究所. 1974. 金属腐蚀基本理论. 北京：燃料化学工业出版社
雷德清，李纯清，李书进等. 2016. 土壤腐蚀特性描述及土壤中金属腐蚀的几个模型. 山西建筑，42（15）：64～65
李宝荣，王建国，王立涛等. 2008. 埋地钢质管道腐蚀防护系统综合评价技术. 管道技术与设备，（1）：44～47
李彬. 2005. 用模糊灰色理论评价管道腐蚀与防护态势. 油气储运，24（3）：32～34
李川，李秋红. 2009. 人工湿地污水处理系统研究. 甘肃水利水电技术，45（2）：50～52

李丹丹，郝秀珍，周东美等. 2011. 淋洗法修复铬渣污染场地实验研究. 农业环境科学学报，30（12）：2451～2457
李定龙，徐冉，吕浩等. 2015. 某典型化工污染场地土壤修复方案研究. 环境污染与防治，37（7）：94～99
李婧，陈森，周艳文等. 2015. 城市生活垃圾填埋场的环境问题及其治理研究. 安徽农学通报，21（13）：75～78，
李喜林，张佳雯，陈冬琴等. 2017. 水泥固化铬污染土强度及浸出试验研究. 硅酸盐通报，36（3）：979～983
李晓红，赵瑜，卢义玉等. 2008. 城市垃圾填埋场渗滤液的污染及其控制. 地下空间与工程学报，4（6）：1071～1075
廖文菊. 2010. 环糊精在有机污染土壤生物修复中的应用. 环境保护科学，36（6）：21～23
廖晓勇，陶欢，阎秀兰等. 2014. 污染场地修复决策支持系统的几个关键问题探讨. 环境科学，35（4）：1576～1585.
廖质琪. 2016. 国内外生活垃圾填埋场渗漏液的性质综述. 科研，（29）：159～162
林克明，奉均衡，朱南文. 2008. 污水土地处理存在的主要缺点及其解决方法. 环境科学与管理，33（11）：76～80
刘春波，王新华，何仁洋等. 2007. 埋地钢质管道腐蚀防护综合评价技术研究. 压力容器，24（6）：10～16
刘东阁，孙爱花，谢文军. 2009. 人工湿地污水处理技术研究综述. 山东林业科技，（4）：124～128
刘剑锋，王文娟，马健伟. 2006. 埋地管道腐蚀机理及应对措施. 石油化工腐蚀与防护，23（6）：20～22
刘鹏，陈保东，郭大成等. 2008. 埋地输油管道腐蚀成因及防护. 管道技术与设备，（4）：47～48
刘艳辉，魏天兴，孙毅. 2007. 城市垃圾填埋场植被恢复研究进展. 水土保持研究，14（2）：108～111
刘志尧，成湘伟，刘慧林等. 2008. 城市垃圾填埋场选址地质影响因素分析. 水科学与工程技术，（5）：62～64
陆小成，陈露洪，徐泉等. 2005. 污染土壤电动修复增强方法研究进展. 环境污染治理技术与设备，6（1）：14～24
罗泽娇，贾娜，刘仕翔等. 2015. 我国污染场地土壤风险评估的局限性. 安全与环境工程，22（5）：40～46，58
骆永明. 2011. 中国污染场地修复的研究进展、问题与展望. 环境监测管理与技术，23（3）：1～6
梅志华，赵申. 2015. 异位气相抽提法在某有机污染场地的应用浅析. 污染防治技术，28（1）：16～18
牟义慧，王巍，吴强等. 2007. 阴极保护在埋地水管网上的应用. 石油化工腐蚀与防护，24（6）：49～52
聂永丰. 2000. 三废处理工程技术手册（固体废物卷）. 北京：化学工业出版社
潘云雨，罗飞，徐正国等. 2011. 化工厂场地酸化土壤工程化中和修复案例研究. 环境监测管理与技术，23（3）：52～56
潘云雨，宋静，骆永明. 2010. 基于人体健康风险评估的冶炼行业污染场地风险管理与决策流程. 环境监测管理与技术，22（3）：55～61
彭立君，杨涛，刘云国等. 2008. 淋洗修复重金属和多环芳烃复合污染土壤的研究进展. 化工环保，28（5）：418～423
乔法会. 2015. 石油管道腐蚀因素分析及腐蚀防护优化措施. 世界有色金属，（12）：98～99
任重，董元华，刘云. 2011. 面向污染场地的环境修复功能材料. 环境监测管理与技术，23（3）：63～70
沈东升，何若，刘宏远. 2003. 生活垃圾填埋生物处理技术. 北京：化学工业出版社
施达彬. 2009. 城市生活垃圾卫生填埋场渗滤液产生量的预测方法研究. 商情，19：134，34
施维林. 2016. 场地土壤修复管理与实践. 北京：科学出版社
宋媛媛，高惠瑛. 2016. 垃圾填埋场选址方法研究. 中小企业管理与科技，（14）：178～180
隋淑梅，徐颖，孙健等. 2007. 阜新城市垃圾填埋场对地下水污染的研究. 化工矿产地质，29（4）：232～236
孙慧珍，胡士信，廖宇平. 2001. 地下设施的腐蚀与防护. 北京：科学出版社
孙慧珍. 1989. 地下金属构件腐蚀因素的研究. 土壤学进展，14（4）：1～7
孙静. 2015. 城市垃圾填埋场封场后场地更新利用规划的探索——以南京市水阁等三个垃圾填埋场封场后再利用规划为例. 建设科技，（24）：93～94
孙向辉，周丽贞. 2016. 垃圾填埋场植被恢复技术研究进展. 安徽农业科学，44（9）：100～102
孙潇潇，刘宁，钱新等. 2014. 基于健康风险的土壤修复目标值的研究——以某多环芳烃污染场地为例. 安徽农业科学，42（13）：4012～4014
陶翠翠，李亚峰，蒋白懿. 2009. 埋地金属管道外壁腐蚀原因及防治措施. 辽宁化工，38（7）：491～493
陶雪荣，左尚志，何仁洋. 2005. 国家标准《埋地钢质管道腐蚀防护工程检验》的研究制定. 中国锅炉压力容器安全，21（1）：43～45
滕宪福. 2014. 北二西埋地金属管道腐蚀原因分析与防护. 内蒙古石油化工，（5）：73～74
佟立强，张鹤群. 2009. 油气集输管道腐蚀速率预测研究. 管道技术与设备，（5）：52～54
王聪，马丹竹，屈洋等. 2015. 腐蚀现状与解决理论研究进展. 当代化工，44（11）：2645～2647，2651
王慧玲，王峰，张学平等. 2015. 气相抽提法去除土壤中挥发性有机污染物现场试验研究. 科学技术与工程，15（10）：238～243
王琳，易绮斐，宋贤利等. 2014. 澳门大谭山垃圾填埋场植物群落景观恢复的现状如评价. 热带亚热带植物学报，22（4）：558～566
王文达，黄桂柏，张宏杰. 2006. 埋地钢质管道外防腐蚀状况综合评价方法. 石油化工腐蚀与防护，23（4）：47～51
魏宁，李小春，王燕等. 2009. 城市垃圾填埋场甲烷资源量与利用前景. 岩土力学，30（6）：1687～1692
吴波，顾一稼，陈俊萍. 2016. 污染场地修复环境监理与工程监理合署监理实践. 四川环境，35（1）：86～91
吴丹亚，仓龙，周东美等. 2007. EDDS 应用于 Cu/Zn 污染土壤电动处理的基础研究. 农业环境科学学报，26（2）：436～442
吴浩恩，魏才倢，吴为中等. 2016. 多级土壤渗滤系统处理低有机污染水的脱氮效果与机理解析. 环境科学学报，36（12）：4392～4399
吴莉佳，胡博，于润桥. 2013. 瞬变电磁法检测埋地金属管道腐蚀模型的 ANSYS 仿真. 失效分析与预防，8（2）：69～73
伍禹臣. 2013. 天然气管道输送过程中管道防腐的研究以及防腐方法的创新. 中国高新技术企业，（2）：19～21
夕月. 2015. 北欧垃圾争夺战 尴尬为哪般. 绿色中国，（23）：58～61

夏星辉，陈静生. 1997. 土壤重金属污染治理方法研究进展. 环境科学，18（3）：72～76
肖业宁，展漫军，张磊. 2015. 某典型工业污染场地修复技术筛选及应用. 环境科技，28（3）：31～35
星野九平，山室富士雄. 1979. 管道及其设备的腐蚀与防蚀. 张宴 译. 北京：石油出版社
许超，夏北城，林颖. 2009. 柠檬酸对中低污染土壤中重金属的淋洗动力学. 生态环境学报，18（2）：507～510
闫佩，常文韬，袁向华. 2013. 废水生态处理技术研究. 环境科学导刊，32（3）：44～46
闫啸，孙秀玥，封克. 2016. 老陈垃圾再利用的可行性探讨——以扬州市江都区生活垃圾填埋场为例. 环境科技，29（2）：16～20
杨光磊. 2015. 已封场的垃圾填埋场光伏发电系统设计. 太阳能，（5）：30～33
杨世迎，陈友媛，胥慧真等. 2008. 过硫酸盐活化高级氧化新技术. 化学进展，20（9）：1433～1438
杨永，何仁洋，杨剑锋等. 2004. 埋地钢质管道腐蚀防护综合评价系统研究. 管道技术与设备，（2）：11～14
杨勇，何艳明，栾景丽等. 2012. 国际污染场地土壤修复技术综合分析. 环境科学与技术，35（10）：92～98.
杨勇，黄海. 2016. 北京某焦化企业场地污染修复案例简析. 世界环境，（4）：65～66
曾志煌，宋碧青，杨文良. 2016. 一种基于 BDS 和 GIS 的生活垃圾填埋场选址系统. 工业设计，（7）：164～165
张道明，刘继旺. 1990. 谈谈土壤腐蚀. 油田地面工程，9（6）：41～43，48
张道明，吴沟，孙慧珍. 1993. 土壤中的电腐蚀. 土壤，25（3）：165～168
张刚，张乃明. 2010. 农村生活污水土地处理技术研究进展. 环境科学导刊，29（4）：67～71；
张军荣. 2016. 导致埋地钢质燃气管道腐蚀的影响因素研究. 理论前沿，（15）：274
张磊，张栋，展漫军等. 2015. 模拟生物堆法处理硝基苯等有机污染土壤的研究. 环境科技，28（6）：53～55
张倩，蒋栋，谷庆宝等. 2012. 基于 AHP 和 TOPSIS 的污染场地修复技术筛选方法研究. 土壤学报，49（6）：1088～1094
张绍奎，张旭东，徐文杰. 2004. 大庆油田北过地区埋地金属管道腐蚀状况分析. 防腐保温技术，12（2）：13～15，9
张旭东，阮晓红，孙敏. 2005. 利用地表漫流系统处理新沂河污水的试验研究. 河海大学学报（自然科学版），33（3）：273～276
张智翔，李雅娜，郗金标. 2016. 上海黎明垃圾填埋场景观生态规划的探讨. 山西建筑，42（27）：189～191
赵春兰，凌成鹏，吴勇等. 2017. 垃圾渗漏液对地下水水质影响的数值模拟预测——以冕宁县漫水湾生活垃圾填埋场为例. 环境工程，35（2）：163～167
赵建芬，马香玲，韩会玲等. 2005. 慢速渗滤土地处理系统的改进试验研究. 河北农业大学学报，28（5）：107～109
赵鹏，何仁洋，杨永等. 2007. 埋地钢质管道腐蚀防护检验检测技术组合方法及评价系统研究. 化工设备与管道，44（1）：45～49
赵勇胜，洪梅，董军. 2007. 城市垃圾填埋场地下环境污染及控制对策. 长春工业大学学报（自然科学版），28（增刊）：136～141
郑曼英，李丽桃. 1996. 垃圾渗滤液中有机污染物初探. 重庆环境科学，18（4）：41~43
周东美，邓昌芬. 2003. 重金属污染土壤的电动修复技术研究进展. 农业环境科学学报，22（4）：505~508
周韬. 2008. 金属给水管道腐蚀现状及研究进展. 国外建材科技，29（3）：34～37
周阳，黄小美，彭世尼等. 2014. 钢质管道及储罐防腐蚀工程设计规范埋地钢质燃气管道腐蚀影响因素的相关性分析. 煤气与热力，34（10）：B06～B10
朱宇恩，张倩茹，张维荣等. 2017. 基于文献计量的 Cr 污染土壤修复发展历程剖析（2001—2015 年）. 农业环境科学学报，36（3）：409～419
Bezama A，Szarka N，Wolfbauer J et al. 2007. Application of a balanced scorecard system for supporting decision-making in contaminated sites remediation. Water Air and Soil Pollution，181（1～4）：3～16
Cameselle C，Chirakkara R A，Reddy K R. 2013. Electrokinetic-enhanced phytoremediation of soils：Status and opportunities. Chemosphere，93：626～636
Critto A，Cantarella L，Carlon C et al. 2006. Decision support-oriented selection of remediation technologies to rehabilitate contaminated sites. Integrated Environmental Assessment and Management，2（3）：273～285
Ko S O，Schlautman M A，Carraway E R. 2000. Cyclodextrin-enhanced electrokinetic removal of phenanthrene from a model clay soil. Environmental Science & Technology，34：1535～1541
Lee H H，Yang J W. 2000. A new method to control electrolytes pH by circulation system in electrokinetic soil remediation. Journal of Hazardous Materials，B77：227～240
Leinz R W，Hoover D B，Meier A L. 1998. NEOCHIM：An electrochemical method for environmental application. Journal of Geochemical Exploration，64：421～434
Lesage P，Ekvall T，Deschenes L et al. 2007. Environmental assessment of brownfield rehabilitation using two different life cycle inventory models-Part 2：Case study. The International Journal of Life Cycle Assessment，12（7）：497～513
Li A，Cheung K A，Reddy K R. 2000. Cosolvent-enhanced electrokinetic remediation of soils contaminated with phenanthrene. Journal of Environmental Engineering，126（6）：527～533
Li X N，Jiao W T，Xiao R B et al. 2017. Contaminated sites in China：Countermeasures of provincial governments. Journal of Cleaner Production，147：485～496
Luo J，Cai L M，Qi S H et al. 2017. A multi-technique phytoremediation approach to purify metals contaminated soil from e-waste recycling site. Journal of Environmental Management，204：17～22

Matsuyama A，Iwasaki H，Sano T et al. 1999. Basic study on the remediation technology of mercury compound-contaminated soil by low-temperature thermal treatment. In：Ebinghaus R et al. Mercury Contaminated Sites：Characterization，Risk Assessment and Remediation. Berlin：Springer-Verlag

Page C A，Diamond M L，Campbell M et al. 1999. Life-cycle framework for assessment of site remediation options：case study. Environmental Toxicology and Chemistry，18（4）：801～810

Pope C J，Peters W A，Howard J B. 2000. Thermodynamic driving forces for PAH isomerization and growth during thermal treatment of polluted soils. Journal of Hazardous Materials，79（1～2）：189～208

Saadia R. Tariq S R，Ashraf A. 2016. Comparative evaluation of phytoremediation of metal contaminated soil of firing range by four different plant species. Arabian Journal of Chemistry，9：806～814

Sandu C，Popescu M，Rosales E et al. 2016. Electrokinetic-Fenton technology for the remediation of hydrocarbons historically polluted sites. Chemosphere，156：347～356

Schneider J，Bundschuh J，do Nascimento C W A. 2016. Arbuscular mycorrhizal fungi-assisted phytoremediation of a lead-contaminated site. Science of the Total Environment，572：86～97

She P，Liu Z，Ding F X et al. 2003. Surfactant enhanced electroremediation of phenanthrene. Chinese Journal of Chemical Engineering，11（1）：73～78

Song Y N，Hou D Y，Zhang J L et al. 2018. Environmental and socio-economic sustainability appraisal of contaminated land remediation strategies：a case study at a mega-site in China. Science of the Total Environment，610～611：391～401

van Wezel A P，Franken R O G，Drissen E et al. 2008. Societal cost-benefit analysis for soil remediation in the Netherlands. Integrated Environmental Assessment and Management，4（1）：61～74

Wang J X，Fenga X B，Andersonc C W N et al. 2012. Remediation of mercury contaminated sites- a review. Journal of Hazardous Materials，221～222：1～18

Wang L，Ji B，Hu Y H et al. 2017. A review on in situ phytoremediation of mine tailings. Chemosphere，184：594～600

Wong J S H，Hicks R E，Probstein R F. 1997. EDTA-enhanced electroremediation of metal-contaminated soils. Journal of Hazardous Materials，55：61～79

Yeung A T，Hsu C N，Menon R M. 1996. EDTA-enhanced electrokinetic extraction of lead. Journal of Geotechnical Engineering，122（8）：666～673

Zhou D M，Chen H F，Cang L et al. 2007. Ryegrass uptake of soil Cu/Zn induced by EDTA/EDDS together with a vertical direct-current electrical field. Chemosphere，67（8）：1671～1676

建议进一步阅读的文献

孔小东，胡金娥，苏小江. 2016. 金属腐蚀与防腐导论. 北京：科学出版社

施维林. 2016. 场地土壤修复管理与实践. 北京：科学出版社

王绍文，秦华. 2007. 城市污泥资源利用与污水土地处理技术. 北京：中国建筑工业出版社

杨玉飞. 2016. 固体废弃物鉴别与管理. 郑州：河南科技出版社

邹家庆. 2003. 工业废水处理技术. 北京：化学工业出版社

Cappuyns V. 2016. Inclusion of social indicators in decision support tools for the selection of sustainable site remediation options. Journal of Environmental Management，184：45～56

Fuller W H，Warrick A W. 1985. Soil in waste treatment and utilization. Vol 1 land tretment. Boca Raton，Frorida：CRC Press

Harclerode M A，Macbeth T W，Miller M E et al. 2016. Early decision framework for integrating sustainable risk management for complex remediation sites：drivers，barriers，and performance metrics. Journal of Environmental Management，184：57～66

Li X N，Jiao W T，Xiao R B et al. 2017. Contaminated sites in China：Countermeasures of provincial governments. Journal of Cleaner Production，147：485～496

Muralikrishna I V，Manickam V. 2017. Chapter sixteen-solid waste management. In：Murali K. Environmental Management：Science and Engineering for Industry，Elsevier

Song B，Zeng G M，Gong J et al. 2017. Evaluation methods for assessing effectiveness of in situ remediation of soil and sediment contaminated with organic pollutants and heavy metals. Environment International，105：43～55

第十四章　环境土壤学研究法

从某种意义上说，科学的发展在很大程度上依赖于先进的研究方法。由于土壤是一个十分复杂的体系，因而环境土壤学的发展更离不开研究方法的完善与创新。一些涉及环境土壤学的重要研究方法，例如，土壤背景值、土壤环境容量、土壤中重金属的形态和污染土壤的修复等已在有关章节中进行了探讨，本章是对方法学的部分补充。作为示例，拟对土壤样品的采集与制备，土壤中典型无机和有机污染物的分析，以及土壤环境质量的评价等进行讨论。需要注意的是，本章讨论偏重于基础性、原理性内容，一些具体操作过程和步骤可参阅相关文献；凡是区域性或者国家级的任务一般均有统一的具体规划和要求；文中所列举的标准方法或有关规定需要关注内容的更新和修订。通过本章学习，一方面可根据任务拟定实施方案，另一方面有助于对任务中规定方法的科学性和可行性作出判断。

第一节　环境土壤样品的采集与制备

土壤样品的采集和处理是土壤分析工作的一个重要环节，采集有代表性的样品是测定结果能如实反映土壤环境状况的先决条件。一般情况下，采样误差要比分析误差大得多，与分析误差相比，99%的实验相对方差可用采样误差来解释（Boudreault et al.，2012），因此，必须周密地考虑采样方案。

一、采样方案的拟订

采样方案的选择在土壤污染与环境质量评价研究中起着重要的基础性作用。一个理想的采样方案应包括合理的采样布点方法与适宜的采样密度，要求基于此方案所得到的结果既能达到工作所需精度，又尽可能减少采样成本、简化采样工作程序。在一定的经济、设备条件下，应根据研究目的不同而采用不同的采样方法。

（一）采样方案制订的一般步骤

1. 明确采样目的

在方案制订过程中首先要明确调查采样的目的。区域性土壤环境质量调查是对不清楚哪些地方有污染、有什么样的污染及污染程度等进行的摸底调查；土壤环境背景调查是针对无污染的土壤或无明显污染源的土壤进行采样分析；土壤污染源与土壤污染事故的调查是在相对较为清楚哪儿有污染、大致是什么样的污染及污染程度如何的基础上进行的污染源追踪调查。不同的目的，采样方案差别很大。

2. 了解采样工作区的基本情况

为了制订科学的采样方案，必须尽可能多地了解采样工作区的情况，如土壤类型、地形地貌、河流、农业与工业生产情况、居民点与工矿分布情况等，并收集有关的工作图（如土壤图、地形图和行政区划图等）。一般还需要进行实地考察并进行探察性采样，以便制订更详细的采样计划。

3. 采样方案的初步制订

在明确采样目的和了解采样工作区的基本情况后，结合项目的经费支持力度，从理论上进行采样方案的初步制订，将拟采样点标注在工作底图上。采样方案应包括样品数量、采样点布置、单点采样还是混合采样、每个样品的重量、用何种采样和装样工具，以及样品如何标识记录等。不同分析项目的样品，对样品装载材质要求不同。重金属分析样品可用布袋或塑料袋，有机污染物分析样品用广口玻璃瓶，外加黑色塑料袋以防光解。采样工具根据不同的污染物，一般用竹刀或不锈钢器具。

4. 采样方案的修订

在实际采样过程中，采样点的布置与样品数量可根据采样工作区的现实情况做适当的调整，以更符合实际情况和调查目标为宗旨。尤其是在采样过程中发现特殊情况时，需要增加采样的数量。

（二）采样密度的确定

土壤的不均一性是造成采样误差的主要原因。土壤是固、液和气三相组成的分散体系，各种外来物进入土壤后要进行流动、迁移和混合均较为困难，所以采集的样品往往具有局限性。通常环境样品的采样和分析代价非常高，通过采样点优化可以在保证精度的条件下减少样品数量，从而节省采样与分析费用。如果对每一个土壤样品要测定多项指标，则整体上需要的采样点数取决于需要最大采样点数的指标。

一个采样区需要采多少点取决于土壤中的某种污染物在空间上的均质化程度和所要达到的精度。采样点数一般可用下式确定（Crepin and Johnson，1993）：

$$n = t^2 s^2 / D^2 \tag{14-1}$$

式中，n 为应采样点数；t 为在设定的自由度和概率时的 t 值（由 t 值表查得）；s^2 为方差，从其他研究中预先得之，或由公式 $s^2=(R/4)^2$ 求得，R 为采样中可能遇到的全距；D 为期望的围绕平均值的变异范围。

举例：假设某区域土壤多氯联苯（PCBs）含量的变化范围为 0～13 mg/kg，在设定 95%的概率和平均值的变异在 1.5 mg/kg 内（即 $\overline{X}\pm1.5$）条件下，先假设自由度为 10（查 t 值表得 t=2.228），

$$n=(2.228)^2(13/4)^2/(1.5)^2=23$$

如果所计算的样点数大于 10，则需用新的自由度时的 t 值重新计算样点数。当自由度为 23 时，查 t 值表得 t=2.069，则样点数为

$$n=(2.069)^2(13/4)^2/(1.5)^2=20$$

由上述计算可知，如果土壤中某污染物空间变异缩小，或所要求的概率降低，或预期的平均值的变异范围扩大，均可减少样点数。所要求的概率与预期的平均值的变异范围可根据具体调查目的进行合理的划定。

美国 EPA 曾对土壤污染调查采样数量做了规定（刘廷良等，1997）。在第一次取样后估计所需样品数量按下面的公式来计算：

$$n\geqslant[(Z_\alpha+Z_\beta)/D]^2+0.5\,Z_\alpha^2 \text{（单样本单侧 } t\text{-检验）} \tag{14-2}$$

$$\text{或 } n\geqslant2[(Z_\alpha+Z_\beta)/D]^2+0.25\,Z_\alpha^2 \text{（双样本单侧 } t\text{-检验）} \tag{14-3}$$

式中，Z_α 为根据给定的显著性水平 α 的标准正态分布概率百分数（根据 α 可查表）；Z_β 同 Z_α 类似；$D=d/CV$，其中，d 为在（$1-\beta$）概率下可检出的规定的高于背景值或标准值的百分数（一般选用 10%～30%），CV 为实测样品的变异系数。对于两尾概率为 α 的临界 t_α 值表，Z_α 和 Z_β 应变成相应的 $Z_{\alpha/2}$ 和 $Z_{\beta/2}$。所以，土壤污染监测样品的采集数量可根据监测区域面积的大小，按以往的经验布点，根据测定结果（主要是样品的变异程度）再评价采样密度，如果不能满足统计需要，要重新补采样品。

举例：假设 CV=30%，置信区间（$1-\alpha$）= 80%，权重（$1-\beta$）= 95%，最小可测相对偏差 d=20%。查表，当自由度无限大时，$Z_\alpha = 0.842$，$Z_\beta =1.645$，$D = 20\%/30\%$；由此可得

$$n \geqslant [(0.842+1.645)/(20/30)]^2 +0.5(0.842)^2$$

$$n \geqslant 13.917 +0.354=14.269$$

通常取整数，因此最小采样数为，$n = 15$。

（三）采样点的布置

通过前人的实践，人们发展了多种采样方法，这些方法各有优缺点，适用于不同的情况。最基本的采样方法有简单随机采样、系统采样、分层随机采样、整群采样和双重采样等。在这些方法之上又结合、引申出其他采样方法，前者如系统随机采样、分层系统采样等，后者如非列线采样、优先网格采样及重点采样和自适应采样等。

1. 常用的采样点的布置

常用的采样点的布置一般可分为随机布点法、分区随机布点法和规则系统（网格）等距布点法（鲁如坤，2000）。此外，土壤环境调查中常用的还有单一优先系统采样（网格采样）和多层采样布点法等（齐峰和王学军，2000）。每种布点法如图 14-1 所示。

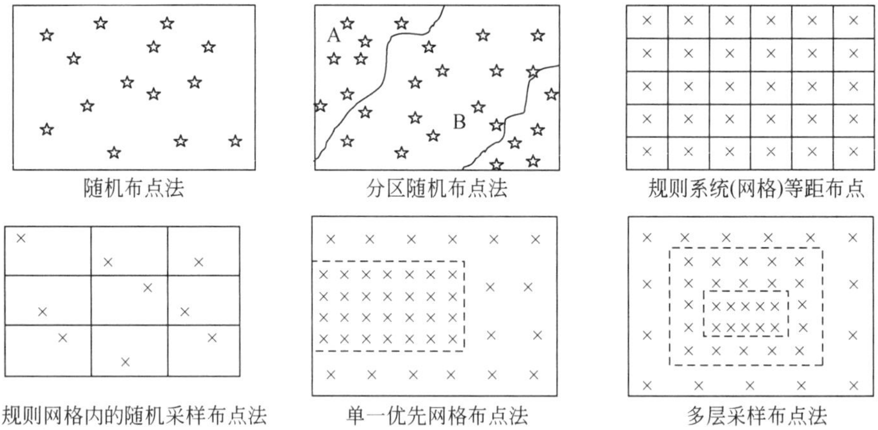

图 14-1　常用采样方法

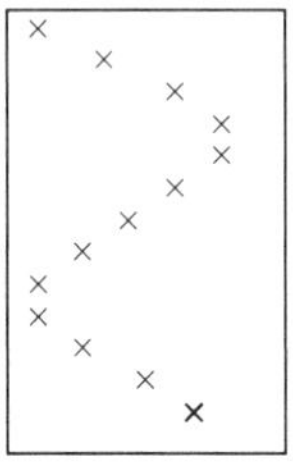

图 14-2　“之”字形布点法

对于区域性土壤环境背景调查，图上每个点可能均代表 1 个混合样，由相邻若干个样点的样品混合而成。混合样点的数目也可以根据式（14-1）来计算。在一般情况下，1 个混合样区的采样点可在 20～30 个，土壤变异小的田块有 10 个点即可。混合样点的布点一般采用“之”字形布点法，如图 14-2 所示。

区域性土壤环境质量背景调查一般采用随机布点法、规则系统等距法或规则网格内的随机采样布点法。如果调查区域有明显的亚区差异时，可

采用分区随机布点法，分区可依据土壤类型、土地利用类型和地形地貌等。单一优先网格采样可应用于污灌土壤环境调查或污水引起的土壤污染事故调查，它同规则网格等距采样一样，样点取自预设网格的固定位置，只是对污染影响严重区加大采样密度，例如，在污灌口附近采样密度加大。对工厂废气和烟尘排放造成的土壤污染调查一般可采用多层采样，即将区域划分为变量值变化相对平缓的几个层次，分别对每一个层次进行采样。根据点源大气污染的特点，采取从点源向外围逐步减小采样密度的方法，分层区域一般往下风口方向延伸。

2. 不同污染源型的土壤采样点的布置

对于不同的污染源，在布设土壤采样点之前，首先要对土壤污染状况、污染类型、污染面积、植物生长状况和地形地势等进行踏勘，并在此基础上，根据土壤污染的主要类型提出样点布设方案（师忠东，2007）。

（1）大气污染型　对于大气污染型的土壤，应根据工厂规模、废气排放情况、当地风向、风速及地形条件等布设采样点。一般以污染源为中心，按扇形伸展方向由近及远布设采样点，采样间距通常是靠近污染源的样点要小些，远离污染源的要大些。例如，可以在 50 m、100 m、250 m、500 m、1 000 m 和 2 000 m 的不同距离设置采样间距，在每个间距上至少布设一个采样点，采集一个分析样品或在每个间距的不同方向上以 3～5 个采样点制成一个混合样（图 14-3）。这样，每个间距就能保证有一个分析样品（代表样）。

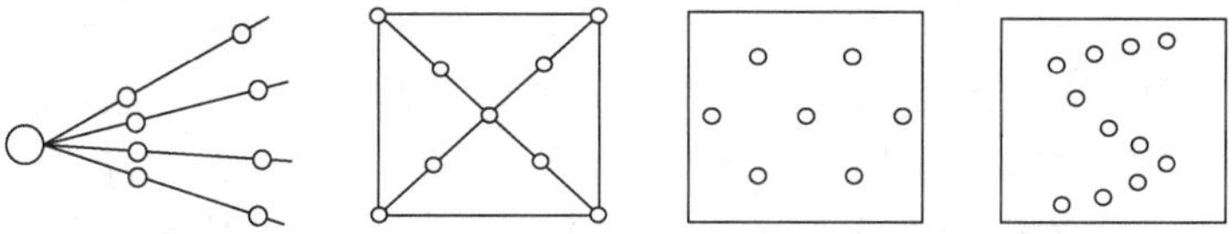

图 14-3　不同污染源型土壤采样点的布置

（2）水污染型　对于水污染型的土壤，首先按污染面积大小和轻重程度把被污染土壤划分成若干田块，在每个田块上布设若干采样点，最后采集一个（每田块）混合分析样品。布点方法是根据灌溉水流的流经路线，在田块的进水口、中部和出水口各布设一个采样点；对于水流经距离较长的田块，中部可加设一些采样点；田块四周也可以适当布设采样点。一个田块可布设 5～13 个采样点（图 14-3），将这些样点的土样制成一个混合代表分析样品。

（3）水、气混合型污染型　对既受大气污染又受水污染的土壤，同样是先把污染土壤分成若干田块，例如，同水污染型一样，在每个田块上采集一个混合分析样品。具体方法是，按梅花形或 S 形的布点方式布设采样点。其中，梅花形适合于面积较小、地势平坦和土壤较均匀的田块；S 形适合于面积较大、地势不平坦和土壤不均匀的田块。样点数量应根据田块大小、地势平坦情况而定。一般是每块以 5～10 个 或 10～20 个（地势不平坦者）样点为宜，最少不应少于 5 个（图 14-3）。将上述样点所采集的土样制成一个混合分析样品，即为该田块的代表性样品。

3. 场地污染调查的土壤采样点布置

许多工业、企业搬出城镇中心后使原有土地使用性质发生改变。而在改变原土地使用性质时，必须对原址土地进行监测分析和环境影响分析，以免出现一些因遗留污染物或土壤污染造成的环境污染事故。对于企业搬迁后的场地污染土壤，如有标准规定可采用标准方法；如无标准可依，建议采用下列方式采集土壤样品，第一阶段，在受污染最严重的区域应用梅花布点法采样；第二阶段，为确认受污染的局部小区域范围，以曾经存在的污染源所在边界位置为核心，分别向 4 个方向辐射，以 1～2 m 等间距设置采样点，每个采样点在同一半径的弧线上 10 m 范围内采样混合为一个样品。这种布点方式与网格布点数量相近，但更精确地确定了受污染范围，有利于核算下一步采取治理修复措施的工程量；第三阶段，采用剖面法取样，剖面深度尽量挖到土壤母质处，每 50 cm 的深度采集一个样品，分别测试各剖面样品（罗财红和孙静，2008）。还应该根据场地地下水流向，布设至少 3 个地下水监测井，监测井深度为静态水位以下 2 m（王华，2005）。

4. 农用地土壤采样点的设置应考虑农作物品种

不同农作物对土壤中化学物质的响应可能存在较大的差异，因而在农用地土壤调查中还要注意不同农作物的土壤代表性。在对农用地土壤进行环境质量评价时，应该特别注意“点对点”和“同时”采样，这里的“点对点”是指土壤和农产品的样品应该来自于同一位点，而“同时”是指采集土壤样品的同时采集生长于该样点的农产品，反之亦然。“点对点”和“同时”采样的原则在土壤环境质量评价中虽然是一个基础性的要求，然而由于对其重要性和必要性认识不足，即使是在一些国家层面的任务中，都未能很好地认真执行，影响了评价结果的科学性和可信度（陈怀满，2016）。

5. 农用地土壤污染状况详查点位布设要求

详查点位的布设所遵循的一般原则包括合理性、可行性、经济性和差异性。合理性原则是指围绕已有调查发现的点位超标区与土壤重点污染源影响区，合理划定农用地土壤污染状况详查调查区域，突出重点，确定有限目标。可行性原则是指根据详查的目标和任务，充分考虑采样时间、采样工作量和实验室分析测试能力等因素，统筹确定布点采样方案。经济性原则是指确保点位代表性最大化，最大限度节约采样成本、人力资源和实验室资源。充分利用已有调查数据，避免重复布点。差异性原则是指充分考虑不同地区的土壤污染程度和土壤环境特征，有针对性地确定调查精度，进行差异化布点。有关研究结合土壤污染调查的特定需求，提出基于污染概率和污染物局部空间变异特征的土壤污染调查加密布点方法（谢云峰等，2016），以提高土壤污染调查方法对污染区范围和污染程度的估计精度。在初步调查的基础上，首先利用地统计条件模拟方法预测土壤污染概率，基于污染概率和土壤污染物含量局部空间变异确定加密布点的优先区域，并根据污染物含量的空间变化趋势布设样点，然后根据优化后的土壤污染调查布点方案估计污染区面积和空间位置，并以镉污染场地为例，验证了布点优化方法的效果，表明土壤污染调查加密布点方法显著提高了污染区面积及其空间位置的估计精度，相比于传统调查方法，可显著降低土壤污染调查的样本量。

二、样品采集与处理

（一）样品的采集

1. 采样前的准备工作

（1）组织准备　采样组必须由具有一定的野外调查经验，熟悉土壤采样技术规范，具有土壤、环境、化学、地质、地理和植物等知识的人员组成。采样前组织学习有关土壤采集方案及作业指导书，采样组应包括有关质量管理人员，样品采集过程由质量管理人员全程质控，同时采样组应有一个作风严谨、工作认真的技术负责人。采样人员要掌握土壤分类方法、采样技术人员规定及质量控制要求，了解布点原则，正确使用采样工具，掌握采样深度、采样方式、样品混合与取舍、样品编码规则、样品运输和保存条件等，会正确使用定位设备及航迹的保存和导出；质量管理人员需熟悉土壤污染状况调查布点、采样、制备和保存及分析等全过程的质量保证规定及相关控制措施，熟悉质量控制样品的准确度和精密度复核手段，掌握土壤污染状况调查过程质量跟踪方法（柴志德，2008）。

（2）技术准备　　1∶25 万～1∶5 万等比例尺的采样点位分布图，电子底图应包括行政区划（省、市、县和乡镇）、水系、土地利用现状、地形地貌和公路交通等基本图；交通图、土壤类型图以及 1∶50 000 的地形图；掌握采样点位的土壤类型、土地利用方式、施肥、农药使用及周边污染源等基本情况。

（3）物质准备　　应根据样品的采集需要，准备齐全的采样工具及用品，注意不要遗漏散、小用品。特别注意采样人员安全用品，如工作服、工作鞋及常用药品等。

2. 采样点位的验证与确定

（1）点位验证　　通过到现场进行踏勘，经常遇到与初步布点不符的状况，有时点位落在无法采样的地方，如山顶等。有时土地利用类型已有所改变，此时都需要重新确认点位。通过对区域内土地利用、植被类型和土壤类型等情况做初步调查，可允许实际采样点位稍偏离于原定点位，但如果发生偏离较远的状况，应记录现场状况和周围状况，及时调整采样点位。

（2）点位确定　　为保证样品具有代表性，根据不同分析项目和监测要求，确定正确的采样点位和处理方法。样品分为单独样、混合样、背景值剖面样和分层样 4 种。单独样：用采样铲挖取面积为 25 cm×25 cm，深度为 0～20 cm 的土壤样品。混合样：确定监测点位以后，在 50 m×50 m 采样区域内分点采样，一般有蛇形法、对角线法和梅花形法 3 种采集方法。蛇形法适用于面积较大、土壤不够均匀、地势不平坦的地方，一般布设 10～30 个分点。对角线法适用于污灌农用地土壤采样，可布 5～9 个分点。梅花形法适用于面积较小、地势平坦、土壤组成均匀的地方，一般布设 5 个分点。背景值剖面样：土壤剖面样在已确定的背景点位上采集，一般用自然发生层次的采样方法，根据已划分的层次，由下而上逐层采集通层混合样。分层样：在确定的点位处，自下而上采集不同深度土壤，每层按梅花形法采集中部位置的土壤。此外，采样点位应注意避开田坟、地头及堆肥处等明显缺乏代表性的地方。

3. 采样点位信息记录

根据点位布设方案，结合地形和实际情况，使用定位设备确定点位后，必须在现场完成相关点位信息的记录。例如，点位地理坐标、海拔、坡度和土地利用类型等。样品采集时能记录的信息应记录完全，包括照片和录像。

4. 样品采集

（1）一般测定项目的土壤样品采集　　在样品采集方案和采集点位确定以后，在实地要依据方案进行采样。应根据不同的测定对象采集不同深度的土壤样品，重金属和农药类污染物一般积蓄于土壤表层，土壤环境分析样品只在 0～20 cm 处采集。有些调查需采集土壤剖面不同层次的样品，为防止上层土壤对底层土壤的干扰，采集不同层次土壤时，应从下层采起，逐渐往上，每层采样厚度不应跨越土壤发生层次。剖面样往往为单点样。在进行区域性土壤环境质量调查时，表层土壤样往往为混合样，一般由相邻的 10～25 个样点混合组成。如果混合样品量超过所需的样品量时，混匀后可用四分法取舍。根据分析项目的性质分别将样品装入不同的容器中，运回实验室进一步处理。

采样前应清洁土壤表面，采样时先采集有机分析样，然后再采集无机分析样。在有机分析样采样时可使用铁铲、不锈钢铲等，禁止使用木铲、塑料制品；样品应使用棕色磨口玻璃瓶，在装样时应避免土壤接触容器磨口处。应使用竹铲、竹片直接采集无机分析样品，如用铁铲、土钻挖掘后，必须使用竹片刮去与金属采样器接触的部分，再用竹片采样。

采样现场要剔除土样中的砾石等异物，点位间注意及时清洁采样工具，避免交叉污染，现场测定的项目必须现场测定并记录相关信息，现场要记录的信息必须在现场记录完全，记录内容至少应包括样品编号、采样地点、定位坐标、土壤名称、采样点土地利用和植被等基本情况、采样时间、采样深度和采样人姓名等，同时使用影像设备记录采样点位周围状况和采样过程（柴志德，2008）。

（2）挥发性有机化合物类土壤测定样品的采集　挥发性有机化合物（VOCs）类污染一般不限于土壤表层，而是向地下迁移，容易滞留在土壤的含水层，必须使用钻孔采样法。当需要监测土壤气体时，使用捕集浓缩管采样，如减压捕集瓶或捕集袋等，一般不使用多孔聚合物类吸附剂做捕集剂，可用活性炭、沸石硅酸质离子交换剂作为捕集材料。当土壤气体 VOCs 类大于 0.1 μL/L 时，在苯大于 0.05 μL/L 的受污染情况下，钻孔机采集的土壤必须填满样品瓶，不留空间，要求严格密封，否则待测成分易损失。考虑到 VOCs 类对地下水的污染，除监测地下水中的 VOCs 类外，采土样后钻孔机内的水也应收集后测定（齐文启等，2007）。

VOCs 类要测定原始土壤，不能风干。其他监测项目的土壤要经过风干和过筛，均匀制样后作为分析样品，在制样时必须注意测定成分的挥发损失，防止样品沾污，可在通入暖风的干燥箱中进行干燥，暖风通过活性炭柱和滤膜过滤后通入干燥箱中，既可缩短风干时间，也可防止沾污。

（3）场地污染调查的土壤样品的采集　采用机钻或手用螺旋钻钻孔，安装临时井套，确保采样前井壁不会坍塌。记录土层结构和土壤颜色、气味等污染迹象。在钻孔过程中记录初见水位。孔深一般在静止水位以下 2 m。有机污染物采样要求在每个土孔钻井过程中，每隔一定深度取出土壤供采样，土样同时装入两个密封容器中，一个供检测挥发性有机物，另一个留做备选样（瓶装）。在钻每个土孔前，所有钻探设备及采样工具均需清洗，以防止交叉污染。在取样过程中，工作人员每采一个土样都要更新或者清洁取样设施和工具（王华，2005）。

（二）样品的处理和保存

从野外取回的土样经登记编号后，都需要经过一个制备过程——风干、磨细、过筛、混匀和装瓶，以备各项测定之用。土壤重金属分析一般采用烘干样；半挥发性的持久性有机污染物的分析一般采用冷冻干燥样；挥发性有机污染物的测定一般采用新鲜样。新鲜样可暂时保存于冰箱或冰柜中，但必须在 10 d 内进行提取处理。

从野外采回的土壤样品要及时放在样品盘上，摊成薄薄的一层，置于干净整洁的室内通风处自然风干，严禁曝晒，并注意防止酸、碱等气体及灰尘的污染。在风干过程中要经常翻动土样，并将大块破碎以加速干燥，同时剔除土壤以外的侵入体，细小已断的植物须根可用静电吸附的方法清除。风干后的土样按照不同的分析要求研磨过筛，充分混匀后装入样品瓶中备用。重金属分析样品要求过 100 目（0.149 mm）以上的筛，不能随意取舍，有机污染物分析样一般要求过 60 目（0.25 mm）的筛。在处理样品的每个过程中都要特别注意，用于重金属分析的样品，不要接触金属器具，以免样品受到污染，一般采用玛瑙研钵和尼龙网筛等；而用于有机污染物分析的样品，则应防止使用塑料工具。样品瓶内、外各具有标签一张，写明编号、采样地点、土壤名称、采样深度、样品粒径、采样日期、采样人、制样时间和制样人等项目。

制备好的样品要妥善储存，避免日晒、高温、潮湿和酸碱等气体的污染。在全部分析工作结束、分析数据核实无误后，试样一般还要保存 3 个月至半年，以备查询。少数有价值需要长期保存的样品，必须保存于广口瓶中，用蜡封好瓶口。在有条件的地方，样品应低温保存。

三、采样质量保证与控制

（一）采样质量保证

采样质量保证的相关概念体系还不是很完整，从而阻碍了对采样质量的描述。为了解决这一问题，一些学者通过研究表明，采样过程和分析测试过程在质量保证方面有相似之处，这样便可以把分析测试质量保证方面的概念用于采样过程质量保证。例如，认为误差也普遍存在于采样过程中，准确度是样本中待测物的真实含量与采样总体中待测物真实含量之间的差异，它反映了采样的系统误差和偶然误差；对于精密度可以定义为，假设根据某一特定的监测方案在采样总体中采集若干样本，这些样本中待测物的真实含量的离散程度即为采样的精密度，反映了采样过程的偶然误差，可用采样标准偏差来定量描述（董德明等，2000a）。

采样误差是因采样技术上的问题所造成的样品测定结果与其真值之间的差异。采样误差一般有两种。一种误差是使用不恰当的采样方法所产生的固定偏差，可通过正确的采样方法来尽量避免。另一种误差是随机误差，是由土壤特性不均一所造成的，无法通过采样方法来消除，但可以通过增加样点数量、加大样品量和制备混合样等手段来减少误差，提高采样的精密度。

为保证样品的代表性，可采取以下两点技术措施控制采样误差。

1）采样前要进行现场勘察和有关资料的收集，根据土壤类型、肥力等级和地形等因素，将研究范围划分为若干个采样单元，每个采样单元的土壤要尽可能均匀一致。

2）要保证有足够多的采样点，使之能充分代表采样单元的土壤特性。采样点的多少取决于研究范围的大小、研究对象的复杂程度和调查研究所要求的精密度等因素。采样点设置过少，所采样品的偶然性增加，缺乏足够的代表性；采样点设置过多，则增大了采样的工作量和分析工作量，浪费了人力、物力和财力。

（二）采样质量控制

土壤环境样品采集和分析的各个环节都将可能引入误差，采样过程也不例外。实验表明，采样误差往往是最大，而且是最重要的误差。

校验采样各环节所发生的问题，可在现场采样时加采质量控制样品，以判断误差的来源，即在同一采样点上采样时，同时采集双份平行样，按密码方式交付实验室进行分析。这种方法简单易行，其缺点在于只能判断采样和分析全过程的精密度，难以估计采样误差的大小，更无法分清误差的主要来源是发生在现场，还是产生于实验室的分析过程之中。但是采集平行样进行质量控制仍为目前被广泛使用的措施。

（三）全程质量控制

1. 质量控制系统

土壤环境样品采集和分析是一个完整的系统，是由诸多操作单元相互联系构成的一个整体（图 14-4），每个环节离开了它与周围的联系和相互作用就失去了存在的意义。如果只是孤立地对某个环节进行质量控制，而忽略其他环节，都会严重影响分析质量；因此，全程质量控制便越来越引起人们的重视。现场-实验室质控方法是全程质量控制方法的一种，它是通过在每一个采样点采集平行双样和空白样来控制采样过程的误差，通过实验室内空白样和样品的平行分析来控制分析测试过程的误差，用所得的结果与允许差比较后推断采样和分析过程的误差来源。

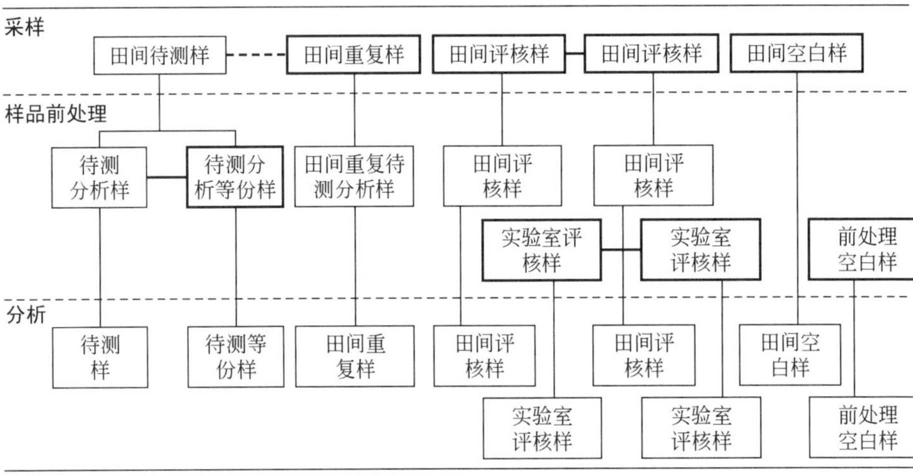

图 14-4　土壤采样与分析全程质量控制示意图（van Ee et al.，1990）

2. 样品采集和分析质量控制模式

上述方法的工作量很大，从而制约了其在实际中的应用。因为在实际工作中更有意义的是基本、简单、易于理解和执行，以及比较科学的最小质量控制程序。样品采集和分析质量控制模式（sampling and analytical quality control scheme，SAX）是另一种全程质量控制方法，它首先用于地球化学研究中对分析数据的质量控制上，后来广泛用于土壤环境分析质量控制中。SAX 是把传统分析质量控制扩展到包括采样在内的全程质量控制方法，它要求每个采样最后用方差分析这一统计学手段把包含在数据中的分析偶然误差和采样偶然误差分别以方差的形式分离并定量地表示出来，其最大优点是能定量地描述来自于分析测试过程和采样过程的偶然误差，因而为评价质量控制水平提供了依据（董德明等，2000a）。

SAX 是基于平行采样、平行分析的质量控制设计方案，是一种土壤环境分析全程质量控制方法。它有效地解决了同时对采样过程和分析过程进行质量控制的问题。SAX 的理论基础如下。

土壤这一环境要素是成土母质在一定的水、热条件和生物作用下，经过一系列物理、化学和生物化学作用而形成的。土壤环境分析数据间的差异主要受成土过程、采样过程和分析过程 3 个因素的影响。因此，在一采样点采集一份样品，并进行单次分析所得到的分析结果可表示为

$$X_{\text{测量}} = \text{真实值} + \text{采样误差} + \text{分析误差}$$

若各种来源的误差彼此独立，那么包含在 $X_{\text{测量}}$ 中的总方差 δ_{total}^2 可表示为

$$\delta_{\text{total}}^2 = \delta_{\text{tite}}^2 + \delta_{\text{s}}^2 + \delta_{\text{a}}^2 \tag{14-4}$$

式中，δ_{site}^2为地球化学方差，是各采样点待测组分真实值之间的方差；δ_s^2为采样方差，是同一采样点随机分布的不同采样位置待测组分真实值之间的方差；δ_a^2为分析方差，是对一个样品的随机部分进行分析时产生的方差。显然，它们分别定量地描述了上述 3 个因素对土壤环境分析数据离散贡献的大小。如果采用系统分组的方式进行实验设计，对所得结果进行方差分析统计处理，就可分解出S_{site}^2、S_s^2和S_a^2作为δ_{site}^2、δ_s^2和δ_a^2的估计值。

SAX 就是基于上述理论而形成的。因此，在实验设计上，要求对每个采样点进行平行采样，并对每个样品进行平行分析，然后用方差分析的手段进行统计处理，解析出δ_{site}^2、δ_s^2和δ_a^2。在进行方差分析的统计处理时，根据土壤环境分析数据常出现离群值的具体情况，SAX 强调使用英国皇家化学会推荐的 Robust 方差分析方法。这是由于离群值的出现使分析数据总体不能很好地满足经典方差分析的假定前提，这时若仍沿用经典方差分析，就会严重影响方差分析结果的客观性。而 Robust 方差分析则不然，由于在统计处理中使用了具有稳健性的统计量，因此，即便是在离群值存在时，也能对各方差给予较客观的估计。Robust 方差分析采用具有稳健性的统计量——样本中位数及其绝对偏差，对样本的中心位置和分散度进行估计。对于离群值采取保留处理方法，并根据它们偏离中心的远近，配以不同的权重。具体计算方法可参见《土壤样品分析全程质量控制方法及应用计算程序》（董德明等，2000b）。

SAX 评价标准如下：

$$1\%\,S_{total}^2 < S_{meas}^2 < 20\%\,S_{total}^2$$

$$1\%\,S_{meas}^2 < S_a^2 < 20\%\,S_{meas}^2$$

式中，S_{meas}^2为测定方差，包括分析方差和采样方差。测定方差（S_{meas}^2）占总体方差（S_{total}^2）的 1%～20%，同时分析方差（S_a^2）占测定方差的 1%～20%将表明分析和采样过程中的误差分布处于控制之下，分析结果合理、可信。如果测定方差占总体的方差超过 20%，显然采样点位之间的地理方差将被掩盖。同样，如果分析方差占测定方差的 20%以上，也就是占总体方差的 4%以上，则分析过程的方差将在总体方差中占主导地位，并将掩盖该元素由于地理分布导致的方差的真实水平。另外，如果测定方差在总体方差中占有的比例低于 1%，那么从费用及效益分析的角度来说，再通过技术手段降低测定过程的误差就得不偿失了。同样的分析也适用于分析方差占测定方差的比例小于 1%的情况（董德明等，2002）。

董德明等（2002）对我国主要茶叶产区安徽、江苏和浙江三省的 13 个茶园的土壤样品中可提取态磷的测定采用了 SAX 法进行了全程质量控制。为了进行采样误差和分析误差的估计，在每一个采样点上按照平行间距 2 m 的方式采集平行双样，每个土壤样品都进行平行分析。结果表明，测定方差占总体方差的 19.48%，满足 20%的临界值要求，也说明采样点位之间的地理方差信息没有丢失。S_a^2占S_{meas}^2的比例为 18.43%，也满足 20%的临界值。这说明在样品分析中，S_a^2不是整个采样分析过程的限制因素。从误差的分布和费用效益分析的角度来说比较合理，符合质量控制临界值要求。

（四）农用地土壤污染详查总量保证和质量控制

国家环境分析测试中心于 2017 年 2 月制定了《农用地土壤污染状况详查质量保证与质量控制技术规定》，用于国家相关任务的样品采集、制备等过程的质量保证和质量控制的基本要求，采样中规定了密码平行样的采集，在指定的详查平行样采样点位，采集实际环境样品制成的一种详查精密度外部质量控制样品，强调样品采集应严格按照《农用地土壤样品采集流转制备和保存技术规定》《农产品样品采集流转制备和保存技术规定》进行；土壤样品采集使用手持采样终端，采样人员现场执行导航、定位、接受采样任务指令、填报现场记录表、现场打印标签、拍照和信息上传等任务，实现对采样过程的质量管理。

第二节　土壤中无机元素的分析

环境土壤学既具有与普通土壤学相通的研究方法，也有其特殊的研究手段。土壤的基本性质及典型污染物的测定在土壤常规分析（鲁如坤，2000）和国家标准方法中均有介绍。在本书中对土壤元素测定的具体步骤不再做详细论述，仅介绍一些分析中需要注意的问题，具体方法和操作步骤可查阅有关标准或文献。

一、样品的前处理与分析质量控制

样品前处理是整个分析工作的关键步骤之一，对于测定结果的准确性和质量控制至关重要，关于环境样品的前处理技术已有系统的讨论（江桂斌，2016）。在样品前处理工作中，方法的选择首先应适应测量仪器的需要，例如，原子光谱样品前处理技术的详细内容可参考有关文献（周天泽和邹洪，2006）；还应该遵循安全、准确、高效和经济等原则。在实际工作中，应该根据自身实验室条件和本人的技术特长，在保障分析质量的基础上，选择最合适的前处理方法。

（一）定量分析简要步骤

1）取样　要求均匀，具有代表性，然后粉碎、过筛、混匀和缩分（四分法，对角线）。

2）干燥　去吸湿水，风干、烘干、干燥器（采用不同温度，防污染）。

3）消解　溶解固体，制备待测溶液，待测元素一般呈离子态。

4）消除干扰　掩蔽，分离（沉淀、萃取、挥发或蒸馏、离子交换）。

5）测定　根据组分含量、任务性质、灵敏度与准确度要求选择方法。

6）计算　报告分析结果，评价。在整个分析过程中不能用零星纸片记录，记录要详细，包括日期、分析对象、溶液配制过程、简要分析步骤和观察到的现象等。数据不能随意涂改。若确属记错了，可将错的数据轻轻划一道杠（保持数据清晰可见），并写上正确的数据。若是自动记录，需要随时复制（防止消字），所有资料均需要妥善保存。

（二）土壤样品常规分解方法

土壤样品常规分解方法一般分为湿法分解和熔融法。

1. 湿法分解

在酸或碱作用和一定的温度与压力下，通过化学反应使样品分解而制成待测液，待测元素转化成离子态以供测试。分解样品常用的器皿有玻璃烧杯或锥形瓶，也可用聚乙烯、聚四氟乙烯，耐热合金外壳保护的增压分解器。常用酸溶溶剂有易挥发酸（HCl、HNO_3、HF）和难挥发酸（H_2SO_4、$HClO_4$、H_3PO_4），还有其他溶剂（如氧化剂 H_2O_2）；碱溶溶剂有 NaOH、KOH 等。

湿法分解可分为常压分解、高压分解和微波消解。常压分解一般是将玻璃器皿或聚四氟乙烯坩埚置于电热板上加热，或用全自动石墨消解仪消解，在一定的条件下消煮，分解试样，待消解液清亮后，再用酸溶解，定容待测。自动消解仪能够自动完成样品的消解过程，提高消解效率，实验精度高和重复性好，并且可减少实验人员遭受化学试剂的侵害。

常压分解的优点是无需特殊设备，消化成功率高、安全和多数样品能定量回收；适应性强、重现性好、便于多个样品同时消解和易实现自动化。局限性是空白值高（试剂和容器）、操作强度大。

常压分解中酸的组成、用量、消化温度、时间和方式等均会影响分解效率。选择的酸要能够断开被分析元素与基体间的健，被分析元素能完全溶于酸溶液中。根据土壤中被测元素和酸的特性可选择一种酸或混合酸，其酸用量根据分析元素和样品的量确定；对消化温度来说，一般提高温度，反应速度将显著加快。但不宜快速加温，因为有可能由于激烈沸腾造成大量液滴飞溅，难以保证测定结果的准确性；同时可引起大量的酸挥发，增加酸的消耗量，所以采用缓慢升温较快速高温消化要安全、有效。

高压分解是一种在高温、高压下进行的湿法消解过程，即把样品和消解液（通常为混酸或混酸+氧化剂）置于合适的容器中，再将容器装于保护套内，在密闭情况下进行分解。常用的容器有聚四氟乙烯（PTFE）、玻璃碳或石英材料，它们易于清洗，不沾污器壁，保护套为不锈钢材料。常用的试剂为 HNO_3 加 HF、$HClO_4$ 或 H_2SO_4。

高压分解的优点是在一定的压力和温度下进行，酸的活性增强，用量少而分解效率提高，难溶的固体试样也可被迅速地分解。因为是在密闭系统中，可以有效地防止样品挥发，所以也适于易挥发元素的测定；同时可防止外界污染物，空白值低。其局限性为样品不宜过多（$<$0.5g），对于样品的代表性要求较高；消化温度不得超过 250℃，一般为 150℃，升温不宜过快，以免由于有机质与酸反应在短时间内生成大量气体以至于压力过高发生爆炸，有机质含量高时需要进行预处理。

微波是一种频率范围在 300～300 000 MHz 的电磁波（波长在 100 cm～0.1 cm 内），有时也称为超高频。最常用的频率是 2 450 MHz，输出功率为 600～800 W，在 5 min 内释放出 180 kJ 能量。微波能穿透绝缘体介质，直接把能量辐射到有电介特性的物质上，电介质（样品和酸）吸收微波后被加热，样品表层经搅动、破裂，不断更新的样品表面与酸接触直至消解完全（周天泽和邹洪，2006）。

微波消解容器大部分是绝缘体材料，玻璃、聚四氟乙烯和全氟代烷氧乙烯（Tellon，PFA）等，耐腐蚀、易加工、不吸收微波和热导性差。

微波消解的优点是快速、用酸少和空白低。局限性是存在 HF 时，必须另行加工处理，以赶净残留的 HF；样品量不宜多。

2. 熔融法

将样品与某些固体试剂混合，加热到试剂熔点以上温度，固体样与熔剂间发生多相化学反应，样品被分解为可溶于水或酸的化合物，使其易于浸提（用酸提取成氯化物或硝酸盐类）。熔融分解容器材料有硼硅酸盐玻璃、瓷坩埚、石英、氧化铝、石墨或其他氧化物；金属材料有铂、银、镍、铁、金和锆等坩埚。

熔融分解试剂有酸性（$K_2S_2O_7$）、碱性（$NaCO_3$、NaOH、Na_2O_2、$LiBO_2$（Li_2CO_3+H_3BO_3）、配位性（KHF_2）、还原性（Zn）和有机物（萘）。特点是分解完全，在全量分析中可同时进行

硅的测定；缺点是熔剂过量，致使试液中带入大量的熔剂盐类，同时要防止坩埚材料的熔出。熔融分解对操作人员的技术水平和熟练程度要求比较高。

（三）土壤分析质量控制

土壤分析质量控制一般包括空白试验、精密度控制和准确度控制等。对于研究工作，所有测试样品均必须设置重复。测定样品中精密度可用平行样控制，一般情况下，允许的最大相对偏差见表 14-1；测定中的准确度可用土壤标样（如 GSS 系列）进行控制，其测定范围一般控制在 $X\pm1S$ 内，不超过 $X\pm2S$。农用地土壤污染详查中规定，空白试验按分析测试方法的规定进行；分析测试方法无规定的，实验室空白试验一般每批样品应至少做 2～3 个。空白样品分析结果一般应低于方法检测限；若空白分析结果异常，则应查找原因并采取纠正措施。在精密度控制中，每批样品分析时，每个检测项目（除挥发性有机物以外）均必须做平行双样分析。当每批分析样品数≥20 个时，应随机抽取 5%的样品做平行分析；当每批样品数＜20 个时，应至少随机抽取 1 个样品做平行分析。一般情况下，平行双样分析最大允许偏差与加标回收率如表 14-2 所示；对于所测定元素或者化合物有具体规定的，应按照规定执行。

表 14-1　平行双样允许最大相对偏差的控制（中国环境监测总站，1990）

元素质量范围/（mg/kg）	>100	100～10	10～1	1～0.1	＜0.1
允许最大相对偏差/%	5	10	20	25	30

表 14-2　土壤样品平行双样分析最大允许相对偏差与加标回收率范围 1）

监测项目	含量范围	RD/%	回收率/%	适用方法
无机元素	≤10 MDL	30	80~120	AAS，ICP-AES
	＞10 MDL	20	90~110	ICP-MS
挥发性有机物	≤10 MDL	50	70~130	GC，GC-MSD
	＞10 MDL	25		
半挥发性有机物	≤10 MDL	50	60~140	GC，GC-MSD
	＞10 MDL	30		
难挥发性有机物	≤10 MDL	50	60~140	GC，GC-MSD
	＞10 MDL	30		

1）MDL 为方法检测限；AAS 为原子吸收法；ICP-AES 为电感耦合等离子体发射光谱法；ICP-MS 为电感耦合等离子体质谱法；GC 为气相色谱法；GC-MSD 为气相色谱质谱法；最大允许相对偏差：$RD(\%)=\left[\left|A-B\right|/\left(A+B\right)\right]\times100\%$。

二、土壤中无机元素的测定

（一）土壤矿质全量分析

土壤矿质全量分析是为了解土壤中原生和次生矿物化学组成，以及这些元素的迁移和变化规律，确定土壤的风化程度和化学特性，为土壤发生、发展、分类、土壤肥力和土壤环境研究提供依据。矿质全量分析项目有 SiO_2、Fe_2O_3、Al_2O_3、CaO、MgO、TiO_2、MnO、K_2O、Na_2O、P_2O_5 及烧失量（以烘干土为计算基础）。难点是因为氧离子在硅酸盐中是主要阴离子，所以元素成分以氧化物的百分数表示，其总和必须接近 100%，对分析人员的技能和素养要求高。

土壤中矿质元素成分以硅酸盐或铝酸盐及游离态（石英、无定形 SiO_2、Fe_2O_3 和 Al_2O_3 等）形态存在，在分析各元素时，必须先用酸溶法和碱熔法分解土壤并制备成溶液。酸溶法（HF+氧化性酸），酸度小，适于仪器分析，但对难溶矿物分解不完全，Al、Ti 结果偏低，不能测硅（SiF_4挥发），其优点是酸消化中多余的酸可以通过蒸发除去。碱熔法对样品分解较完全，常用的熔剂有碳酸钠、碳酸钾、氢氧化钠、偏硼酸锂等。碳酸钠熔融效果较好，但需用铂坩埚，测硅不简便，不能测定钠，整个分析过程冗长。碱熔法所用的试剂不能像酸溶中去除多余酸那样可将多余的盐分除去，以致制备液中的离子浓度较大。

偏硼酸锂分解试样可在同一份溶液中进行土壤全分析，速度快，且可以用石墨粉瓷坩埚代替铂坩埚。土壤试样与偏硼酸锂（$LiBO_2$）或碳酸锂+硼酸（Li_2CO_3-H_3BO_3）的混合物在高温下熔融，熔块在4%的硝酸溶液中，借助于超声波溶解，制备成待测液，直接在ICP光谱仪上测定土壤（胶体）矿质全量的各成分含量。含结晶水的偏硼酸锂分解能力最强，但在脱水过程中会膨胀鼓出坩埚，必须在高温时将坩埚放入电炉内。脱水$LiBO_2$和Li_2CO_3-H_3BO_3在低温、高温时均可放入，但脱水的$LiBO_2$蓬松、体积大而难以处理；所以Li_2CO_3-H_3BO_3混合剂比较好，它在熔样过程中生成$LiBO_2$。其反应如下：

$$Li_2CO_3+2H_3BO_3 \longrightarrow 2LiBO_2+3H_2O+CO_2$$

生成的BO_2^-是良好的O^{2-}给予体，易与某些酸性或两性氧化物（如SiO_2、Al_2O_3、SnO_2和TiO_2等）发生反应，硅氧化物与BO_2^-反应是各种岩石矿样熔融分解的基础。硼酸盐熔剂既能分解酸基矿物，又能分解碱性物料，是一种作用范围宽广的有效试剂（周天泽和邹洪，2006）。

（二）土壤中重金属元素的测定

1. 方法概述

土壤重金属的检测方法主要是通过强酸消解或碱熔后运用光谱学、电化学和生物学检测技术等进行分析。光谱学检测法主要有原子吸收光谱法（AAS）、原子发射光谱法（AES）、原子荧光光谱法（AFS）、电感耦合等离子体发射光谱法（ICP-AES）、电感耦合等离子体质谱法（ICP-MS）、激光诱导击穿光谱法（LIBS）、X射线荧光光谱法（XRF）和分光光度法（SP）等。电化学方法主要包括离子选择性电极法、极谱法、电位溶出分析法和伏安法等。生物学相关检测方法主要有酶分析法、生物传感器和免疫分析法等。

近年来，一些新型检测土壤重金属的方法，如高光谱分析法、太赫兹光谱法、生物量间接测定法及基于环境磁学的检测方法研究也得到了快速发展。高光谱分析技术是利用遥感（RS）技术获取高光谱数据，以其高光谱分辨率和多而连续的光谱波段对土壤重金属含量进行预测。太赫兹光是近年发展起来的国际前沿科技，可用来探测分子间、分子内部大小介于氢键和微弱作用（范德瓦耳斯力等）之间的能量吸收特性，同时也可探测重金属配合物分子的振动特征。生物量间接测定技术是利用某些生物基因表达具有发光等特征，通过运用遥感技术接收相关光谱，根据光谱特征进而确定土壤重金属含量。环境磁学是根据物质具有的某种磁性质，对外加磁场效应所对应的特征电流，用以物质定量，并依据某些磁参数值定量土壤重金属（周宝宣和袁琦，2015）。

目前国内测定土壤重金属用得较多的是光谱法。对土壤中镉、铬、铜、铅和锌等含量的测定，通常根据含量的高低分别采用AAS（火焰法）、AAS（石墨炉，无焰法）、ICP-AES或ICP-MS来进行。这些方法具有灵敏度高、选择性好、操作简便和快速的特点，是测定土壤重金属元素的主要方法之一，但这些方法前处理过程复杂、周期长。一些简便的土壤测定方法在国内也有研究和应用，例用固体直接进样（苏补拽和马建疆，2015）、能量色散X射线荧光光谱（EDXRF）分析（储彬彬和罗立强，2010）、便携式X荧光光谱测定（王本伟等，2012）

等。需要特别注意的是，一些速测方法的结果是定量还是半定量必须认真对其进行甄别，否则有可能带来错误的结论。

土壤中镉、钴、铬、铜、镍、铅和锌等的测定方法是，可称取一定量的烘干土样在聚四氟乙烯坩埚内，经 $HF\text{-}HClO_4\text{-}HNO_3$ 混合液在电热板或者自动消解仪上消化后，根据不同含量选用合适的仪器测定。例如，用王水-过氯酸消化可在玻璃烧杯中进行。

土壤中砷和汞的测定普遍使用原子荧光法，它具有较高的灵敏度、较好的选择性、干扰少、简便、快速等优点。称取一定量风干土样，经盐酸-硝酸-水溶液于沸水浴中消煮后，用原子荧光仪测定。

土壤中重金属测定的具体方法可参阅有关标准（表 14-3）或者相关论著（刘凤枝和李玉浸，2015；陈怀满等，2010；鲁如坤，2000），也可以参照 2017 年国家环境分析测试中心等单位制定的《全国土壤污染状况详查土壤样品分析测试方法技术规定》进行。

表 14-3　土壤无机元素测定有关标准方法示例

标准名称	编号
土壤和沉积物 金属元素总量的消解 微波消解法	HJ 832—2017
土壤和沉积物 硫化物的测定 亚甲基蓝分光光度法	HJ 833—2017
固体废物 22 种金属元素的测定 电感耦合等离子体发射光谱法	HJ 781—2016
土壤和沉积物 12 种金属元素的测定 王水提取-电感耦合等离子体质谱法	HJ 803—2016
土壤 8 种有效态元素的测定 二乙烯三胺五乙酸浸提-电感耦合等离子体发射光谱法	HJ 804—2016
土壤和沉积物 无机元素的测定 波长色散 X 射线荧光光谱法	HJ 780—2015
土壤 有机碳的测定 燃烧氧化-非分散红外法	HJ 695—2014
土壤和沉积物 汞、砷、硒、铋、锑的测定 微波消解/原子荧光法	HJ 680—2013
土壤 总铬的测定 火焰原子吸收分光光度法	HJ 491—2009
土壤质量 总汞、总砷、总铅的测定 原子荧光法 第 1 部分：土壤中总汞的测定	GB/T 22105.1—2008
土壤质量 总汞、总砷、总铅的测定 原子荧光法 第 2 部分：土壤中总砷的测定	GB/T 22105.2—2008
土壤质量 总汞、总砷、总铅的测定 原子荧光法 第 3 部分：土壤中总铅的测定	GB/T 22105.3—2008
土壤质量 氟化物的测定 离子选择电极法	GB/T 22104—2008
土壤中全硒测定	NY/T 1104—2006
土壤质量 铅、镉的测定 石墨炉原子吸收分光光度法	GB/T 17141—1997
土壤质量 铜、锌的测定 火焰原子吸收分光光度法	GB/T 17138—1997
土壤质量 镍的测定 火焰原子吸收分光光度法	GB/T 17139—1997

2. 样品消解注意事项

1）土壤样品采用硝酸-氢氟酸-高氯酸全分解的方法，与标准法是等效的，可在同一消化液中测定镉、钴、铬、铜、镍、铅和锌等元素，用此法测定的土壤标样 GSS1～8 的测定结果可达“可用值±1*S*”范围内。此法适用于土壤背景值测定，且对于大量样品的分析更为合适，可节省时间。在农用地土壤质量普查中，有利于基层分析人员的掌握。

2）王水-高氯酸法消化土壤会使土壤中重金属（Cd、Co、Cr、Cu、Ni 和 Pb）的测定结果偏低，尤其是对土壤背景值的影响较大。

3）锌是一个较易污染的元素，用 HF 溶解的溶样测定 Zn 时，在转移定容后，应立即倒回坩埚中或塑料瓶中，否则测定结果会偏高。

4）铬与高氯酸或盐酸单独作用时，不会形成二氯二氧化铬（或氯化铬酰，CrO_2Cl_2）。但用 $HClO_4$ 分解，而又存在氯化物时，铬会形成氯化铬酰而损失，因此，在铬的消解中，不能用 $HCl\text{-}HNO_3\text{-}HF\text{-}HClO_4$ 进行消解，可用 $HF\text{-}HNO_3\text{-}HClO_4$、$HF\text{-}H_2SO_4\text{-}HNO_3$ 或碱熔法（$LiBO_2$）

进行分解。

5）玻璃对汞有吸附作用，因此，反应瓶、容量瓶等玻璃器皿在每次使用后都需用 10%的硝酸溶液浸泡，随后用去离子水洗净备用。

（三）土壤中重金属和相关元素的可提取态和形态划分

研究“可提取态”的主要目的是检验土壤中重金属的可提取态（有效态）与相应土壤中所规定的生物（靶生物）体中重金属浓度的关系及其影响程度，探索通过土壤分析来进行土壤环境质量和风险评价的可能性。

大部分提取剂对于同一类型土壤来说，其提取的土壤重金属浓度与生长于该土壤中的同一种植物所吸收的重金属之间均有良好的相关性，但对于不同类型的土壤或同一土壤在不同植物之间则往往无可比性。实验表明，中性盐在不同类型的土壤之间表现出较好的相关性。

理想的通用提取剂应具备以下条件：适用于浸提尽可能多的元素，浸提的量要和植物生长状况或吸收有良好的相关性，适用于所有土壤类型，便于仪器分析测定，重现性好、快速而价廉。

（1）土壤中镉、铜、镍、铅和锌可提取态　　中性盐适用于各种类型的土壤，提取的主要是土壤中重金属可溶态和可交换态部分。在以中性盐作为提取剂时，一些学者认为 $CaCl_2$（0.01 mol/L）可能较为合适，这是因为：①提取剂与土壤溶液的离子强度具有可比性；②可较为真实地反映不同类型土壤的 pH 状况，而 pH 是影响重金属浓度和活度关系的重要因子；③钙对土壤悬浮液有很好的絮凝效果，没有必要用高浓度的 Na^+盐或 NH_4^+盐；④在一些土壤中，钙是主要的吸附性阳离子，因此，$CaCl_2$ 溶液可较好地提取其他吸附性阳离子；⑤在同一提取液中可同时测定多种元素，从而可以了解元素之间的关系；⑥简单、廉价和环境友好。

酸性土壤中镉、铜、锰、镍、铅和锌可提取态可采用 0.1 mol/L 的盐酸浸提。碱性和中性土壤的镉、铜、锰、镍、铅和锌可提取态，一般用二乙三胺五乙酸（DTPA）溶液提取剂：pH7.30，0.005 mol/L DTPA-0.01 mol/L $CaCl_2$-0.1 mol/L TEA（三乙醇胺）浸提。

其他土壤多元素浸提法有乙酸铵（1 mol/L）：浸提土壤交换性镉、铅、钾、钠、钙和镁等；Mehlieh3：氟化铵-EDTA-硝酸铵-乙酸-硝酸，适用于中性和酸性土壤中的铜、锰、锌、钾、钠、钙和镁等；AB-DTPA（1 mol/L NH_4HCO_3-0.005 mol/L DTPA，pH7.6），适用于碱性土壤中的砷、镉、铜、锰、镍、铅、锌、铁、钾和磷等；离子交换树脂：适用于提取土壤有效态钾、钙、镁和磷。

（2）土壤中铬可提取态　　配位剂 EDTA 适用于各种土壤中的可提取态铬。土壤中的 Cr(Ⅵ)提取可采用 $NaCO_3$（0.28 mol/L）和 NaOH（0.5 mol/L）溶液，加热至 90～95℃，保持 1 h（EPA 3060A 六价铬的碱消化）。

（3）汞可提取态　　酸性土壤中可提取态汞含量用 0.1 mol/L 的盐酸浸提；碱性（石灰性）和中性土壤中的汞用 1 mol/L NH_4OAc 溶液浸提。

（4）砷可提取态　　酸性土壤中可提取态砷用 0.1 mol/L 的盐酸浸提；碱性和中性土壤中可提取态砷用 0.5 mol/L $NaHCO_3$ 溶液浸提。

（四）同步辐射技术的原理及其在形态分析中的应用

近年来同步辐射技术快速发展，基于同步辐射的 X 射线吸收光谱精细结构（XAFS）技术为原位无损分析土壤中的重金属形态提供了新的研究手段。XAFS 的主要原理是利用比尔定律研究物质对 X 射线的吸收规律，当高能 X 射线照射到目标原子后，原子内的电子可被电离或被激发到较高能级，原子内出现空穴，空穴数与 X 射线吸收系数成正比。激发态电子或处于高能级的电子不稳定，又落入此类空穴中，从而发射出相应能级差的 X 射线，这种能级之间的电子跃迁均符合选择定律，每种原子均有自己的一套电子能级，这些能级之间的跃迁产生一组特定的 X 射线，所以称为元素的 X 射线特征谱或者特征线，可利用该特征线研究各元素吸收边的精细结构和扩展吸收精细结构。

XAFS 包括延展 X 射线吸收精细结构（EXAFS）和 X 射线吸收近边结构（XANES），EXAFS 是电离光电子在被吸收原子周围的配位原子作单散射回到吸收原子与出射波干涉形成的，通常是边后 200 ev 到边后 1000 ev，其特点是振幅不大，似正弦波动。1971 年由于单电子散射理论的发展，并将傅里叶变换引入到 EXAFS 数据分析中，建立了 EXAFS 谱与结构数据的定量关系，进而确定吸收原子周围配位层的配位原子种类、数量、键长和键角等结构参数。而 XANES 是由低能光电子（被电离，但动能不大的电子）在配位原子作多次散射后再回到吸收原子，与出射波发生干涉形成的，通常从边前 100 ev 到边后 200 ev，其特点是振荡强。XANES 谱的解释比 EXAFS 要晚一些，20 世纪 70 年代后期，有学者利用多重散射理论解释 XANES 谱，XANES 中形状共振的能量位置、强度及数量与分子的几何对称性有关，对于具有相同对称性的分子，其 XANES 谱相同，由 XANES 可以得到 EXAFS 得不到的近邻结构信息和完整的立体信息。利用 XANES 研究了某铅锌矿尾矿坝中拟南芥根际土壤铅的形态（沈亚婷，2014），发现根际土壤中铅的主要形态为 PbO（64.2%）、$Pb(OH)_2$（28.8%）、Pb_3O_4（6.3%）。

XAFS 的测量方法主要是测量分析样品的吸收系数与 X 射线光子能量的关系，直接的测量方法是透射法，间接的测量方法是探测样品吸收 X 射线光子而产生的 X 射线荧光、俄歇（Auger）电子或二次电子，近年来又发展了掠入射和全反射的方法。透射法主要针对高浓度样品，而荧光则是分析低浓度样品。

EXAFS 在微观尺度上得到的信息可以为重金属（类金属）在土壤界面反应的分子机制研究提供更充足的证据，利用 EXAFS 不仅可以分析复杂体系（土壤）中重金属的结合形态，还可以获取单一体系（矿物或金属氧化物）甚至复杂体系中重金属的配位结构信息。EXAFS 的分析结果表明，受矿山开采和冶炼污染的漫滩沉积物中锌主要以菱锌矿（$ZnCO_3$）、四配位体结合态锌及含锌的三八面体层状硅酸盐矿物的形式存在（van Damme et al.，2010）。Nachtegaal 和 Sparks（2004）利用 EXAFS 研究铁氧化物包被作用下 Zn^{2+} 在矿物水界面上的吸附机制，结果发现 pH 为 5.5 时，Zn^{2+} 主要与各吸附剂表面羟基位点结合；在 pH 为 7.0 时，Zn^{2+} 在高岭石表面则形成锌-铝层状双金属羟基化合物（Zn-Al LDH），而在针铁矿表面形成单齿内圈配合物，随着反应的进行，在针铁矿表面形成氢氧化锌表面沉淀，在针铁矿包被的高岭石表面，Zn^{2+} 先与包被物——针铁矿的 Fe 羟基发生相互作用，随着反应时间的进行，吸附的锌逐渐形成了 Zn-Al LDH。

目前，微区 X 射线荧光光谱技术（μ-XRF）已经发展成为一种较为完善的多元素同时、无损、原位、微区及痕量分析技术，甚至可以提供低原子序数元素、微米尺度的两维和三维的元素分布，可以形象、直观地揭示目标元素在复杂体系中的分布。樊建新等（2013）利用该技术原位分析土壤样品中各元素的空间分布，发现土壤中的砷与铁、锰的空间分布相关性较好，表明砷主要与土壤中的铁锰氧化物相结合。将 μ-XRF 和 XAFS 技术联用可以很好地用于土壤中金属离子形态的研究。Strawn 和 Baker（2007）利用 XANES、EXAFS、μ-XRF 技术对 6 种土壤中铜的分子形态进行分析，发现 Cu^{2+}在土壤上的固定并不是与氧化铝、氧化铁和氧化硅等发生配位结合，而是与土壤中的腐殖酸等有机质发生配位反应，这一结果与传统方法——化学提取的结果相映证（Cavallaro and McBride，1984）。同样地，Mamindy-Pajany 等（2014）将传统宏观方法与 μ-XRF、μ-XANES 微观分子技术手段相结合，进一步阐明施用生物固体（污泥，来自于污水处理厂）可以促进重金属离子（Ni^{2+}、Cu^{2+}、Zn^{2+}）在土壤中的固定，主要固定机制是与土壤的有机质和铁氧化物作用相结合。μ-XRF 技术不仅可以用于研究重金属离子在土壤中的分布情况与结合形态，还可以用于分析重金属与生物体的相关作用。Cui 等（2015）利用 μ-XRF 技术发现根表铁膜可固定锑，从而影响水稻对锑的吸收转运。

目前，测定土壤重金属的实际形态比较困难，除了采用 X 射线吸收光谱精细结构光谱以外，还采用漫反射光谱仪、高分辨率热重分析仪等来分析重金属离子在矿物表面的结合方式，包括外配位、内配位和表面沉淀等。另外，应用电化学和膜技术（如梯度扩散技术，DMT）也可以分析土壤溶液中重金属实际存在的化学形态，用以区分重金属离子态和有机配合态等。

除了重金属形态分析外，XAFS 技术也可应用于非金属元素碳、氮、硫和磷等的形态或价态研究。例如，XANES 用于硫形态的测定，硫的 K 边吸收峰是硫电子由 ls 向 3p 的跃迁，吸收峰的位置与硫的氧化态有关，随着氧化态增加，峰位向高能方向移动。通过拟合硫的 XANES 获得了潮土中不同施肥制度对硫形态的影响（刘利娟等，2010），在有机肥+氮、磷和钾（MNPK），氮（N），氮和磷（NP），氮、磷和钾（NPK），休闲，轮作和不施肥的对照（CK）7 个不同的处理中不同形态硫占全硫的比例，其中，还原态（硫化物、二硫化物、硫醇和噻吩类）占 22%～28.7%（平均值为 25.6%），中间态（亚砜、磺酸酯）占 16.1%～27.4%（平均值为 22.2%）和高氧化态（酯硫酸盐）占 46.1%～58.4%（平均值为 52.2%）。

第三节　土壤典型有机污染物分析方法

土壤中典型有机污染物主要有有机氯农药（OCPs）、多氯联苯（PCBs）、多环芳烃（PAHs）、抗生素（Antibiotics）、酞酸酯（PAEs）、全氟化物（PFOS/PFOA）和溴代阻燃剂（PBDE）等。不同种类有机污染物的理化性质不同，提取、净化方法不同，所采用的检测方法也不尽相同。土壤中有机污染物常用的化学分析方法主要有气相色谱（GC）法、高效液相色谱（HPLC）法、气相色谱/质谱（GC/MS）法、液相色谱/质谱（LC/MS）法等。多氯联苯可以采用配有电子俘获检测器（ECD）的气相色谱及气质联用方法进行分析（黎莉等，2011）；多环芳烃的常见检测方法主要有配火焰离子化检测器（FID）的气相色谱、配紫外/荧光检测器的液相色谱及气质联用法（郭丽等，2007；饶竹等，2007）；土壤中抗生素的检测多以液质联用方法进行分析，减少背景干扰及假阳性结果（马丽丽等，2010）；酞酸酯可以采用气质联用方法进行分析测定，方法的检出限可达几十 μg/kg（王盛才等，2007）。

本节例举多氯联苯、多环芳烃等持久性有机污染物，以及抗生素药物、酞酸酯和挥发性有机化合物（VOCs）的分析方法。一些有机污染物测定的标准方法见表 14-4。

表 14-4　土壤中有机化合物测定的有关标准方法示例

标准名称	编号
土壤和沉积物 有机氯农药的测定 气相色谱-质谱法	HJ 835—2017
土壤和沉积物 半挥发性有机物的测定 气相色谱-质谱法	HJ 834—2017
土壤和沉积物 多环芳烃的测定 气相色谱-质谱法	HJ 805—2016
土壤和沉积物 多环芳烃的测定 高效液相色谱法	HJ 784—2016
土壤和沉积物 有机物的提取 加压流体萃取法	HJ 783—2016
土壤和沉积物 多氯联苯的测定 气相色谱-质谱法	HJ 743—2015
土壤和沉积物 挥发性芳香烃的测定 顶空/气相色谱法	HJ 742—2015
土壤和沉积物 挥发性有机物的测定 顶空/气相色谱法	HJ 741—2015
土壤和沉积物 挥发性卤代烃的测定 顶空/气相色谱-质谱法	HJ 736—2015
土壤和沉积物 挥发性卤代烃的测定 吹扫捕集/气相色谱-质谱法	HJ 735—2015
土壤和沉积物 酚类化合物的测定 气相色谱法	HJ 703—2014
土壤和沉积物 丙烯醛、丙烯腈、乙腈的测定 顶空-气相色谱法	HJ 679—2013
土壤、沉积物 二噁英类的测定 同位素稀释/高分辨气相色谱-低分辨质谱法	HJ 650—2013
土壤和沉积物 挥发性有机物的测定 顶空/气相色谱-质谱法	HJ 642—2013
土壤和沉积物 挥发性有机物的测定 吹扫捕集/气相色谱-质谱法	HJ 605—2011
土壤 毒鼠强的测定 气相色谱法	HJ 614—2011
土壤和沉积物 二噁英类的测定 同位素稀释高分辨气相色谱-高分辨质谱法	HJ 77.4—2008
水、土中有机磷农药测定的气相色谱法	GB/T 14552—2003
固体废物多氯联苯的测定 气相色谱-质谱法	HJ 891—2017

一、土壤有机污染物样品前处理技术

土壤有机污染物的分析流程一般包括目标有机物的提取、净化、浓缩和分析测定。土壤中有机污染物因土壤背景成分复杂，无法直接对其进行分析测定，需要采用物理、化学等手段破坏目标物与土壤基质间的结合力，将目标物从土壤中游离出来；净化是为了将目标物与提取过程中的共萃取物（杂质）有选择地进行分离，减少杂质对目标物定性、定量及对检测仪器的影响；浓缩是减少溶剂的量，或者更换溶剂，从而使痕量级别的目标物能够被仪器检测，或者达到仪器检测的要求（江桂斌，2016）。

（一）土壤有机污染物提取方法

土壤有机污染物的提取可分为液体萃取和气体萃取，液体萃取包括两个过程：土壤样品中欲测定组分分子在液体溶剂中的溶解过程和欲测定组分分子与溶剂分子相互扩散的过程。气体萃取即顶空技术，适合高挥发性物质的分析测定，包括静态顶空和动态顶空（吹扫/捕集），动态顶空是一种“连续气体萃取”方法。

传统的土壤有机物提取方法有振荡萃取法、索氏提取法和超声波萃取法，近年来发展的提取方法有加速溶剂萃取法（accelerated solvent extraction，ASE）、微波辅助萃取法（microwave-assisted extraction，MAE）、超临界流体萃取法（supercritical fluid extraction，SFE）和动态顶空浓缩法（吹扫/捕集）等（Jurado-Sánchez et al.，2013；Amezcua-Allieri et al.，2012；赵国峥等，2009；曾斌等，2008）。

索氏提取法又名连续提取法、索氏抽提法，是利用溶剂回流和虹吸原理，使固体物质每一次都能为纯的溶剂所萃取，所以萃取效率较高。其优点是可以处理大样品量、无需过滤、效率高、费用低和封闭体系；缺点是萃取时间长，溶剂使用量较大。

超声波萃取法是利用超声波辐射压强产生的强烈空化效应、机械振动、扰动效应，以及高的加速度、乳化、扩散、击碎和搅拌作用等多级效应，增大物质分子的运动频率和速度，增强溶剂的穿透力，从而加速目标成分进入溶剂中，促进提取的进行。其优点是快速、溶剂使用量小、成本低、提取效率较高、能量大和速度快，特别适合萃取热不稳定和基体致密、难用常规方法萃取的固体样品；缺点是需要进一步预处理。

加速溶剂萃取法是通过提高温度和增加压力来进行有机溶剂的自动萃取土壤中有机物的样品前处理方法，温度范围为 50～200℃，压力范围为 10.3～20.6 MPa（Zhang et al.，2016；牟世芬，2001）。与传统提取方法相比较，ASE 具有有机溶剂用量少、萃取速度快和回收率高等优点，已经成为环境保护部标准方法《土壤和沉积物有机物的提取 加压流体萃取法》（HJ 783—2016）；缺点是仪器成本高、样品需要过滤、装样过程繁琐、采用串联萃取方法、速度较慢、不适合大批量样品处理及热不稳定化合物的萃取。

微波辅助萃取法（MAE）是利用微波能作为一种辅助手段，选择性地加热目标分析物，以利于目标分析物从样品基质中渗出，从而使欲分析组分与样品的基体分离。与传统提取方法相比，MAE 的优势主要体现在以下几点：选择性高，可以提高回收率及提取物纯度，节能，节省溶剂，污染小，质量稳定，可以避免长时间的高温引起样品的分解，适合于处理大批量样品。MAE 技术已经广泛应用于萃取土壤中的持久性有机污染物，如 PAHs、PCBs、杀虫剂、除草剂和酚类化合物（赵国峥等，2009；曾斌等，2008）。

超临界流体萃取法（SFE）是以超临界流体作为萃取剂，从各种组分复杂的样品中把目标物提取出来的一种分离提取技术。超临界流体中可以加入少量其他溶剂，提高被萃取物质的溶解能力，在实际应用中以 CO_2 使用最多。SFE 减少有机溶剂用量，缩短了样品处理时间，操作简单，提取物无需净化可直接进行在线分析，便于实现自动化；SFE 提取效率高，改变萃取条件就可以进行选择性萃取。与其他提取方法相比，SFE 一般可以从土壤中提取出大部分有机物（Han et al.，2015；Hawthorne et al.，2012）；缺点是超临界流体可选种类少，迄今应用对象仍是非极性或弱极性物质。

吹扫-捕集技术又称为动态顶空浓缩法，用 N_2、H_2 或其他惰性气体连续通过样品，将其中的挥发性组分萃取后在吸附剂或冷阱中捕集，再进行分析测定，是一种非平衡态的连续萃取。吹扫-捕集技术作为一种不使用有机溶剂的样品前处理方式，由于不会对环境造成二次污染，而且具有取样量少、效率高、受基体干扰小及容易实现在线检测等优点，倍受人们青睐。但使用该技术时易形成泡沫、会使仪器超载等缺点，还有待于进一步发展。表 14-5 为不同萃取技术的比较。

表 14-5　土壤样品不同萃取技术比较

萃取技术	样品量/g	溶剂体积/mL	溶剂/样品	平均萃取时间/h
振荡萃取法	40	200	5	10～16
索氏提取法	10～30	300～500	16～30	4～48
自动索氏	10	50	5	1～4
超声波萃取法	30	300～400	10～13	0.5～1
加速溶剂萃取法	10～30	15～45	1.5	0.2～0.33
微波辅助萃取法	5	30	6	0.5～1
超临界流体萃取法	2～3	—	—	0.25～0.5

（二）土壤有机污染物的净化及富集方法

土壤基质复杂，目标有机物通过上述提取技术获得后，因浓度低及基质干扰严重等原因，大多需要进行净化和富集，才能通过相关仪器进行分析测定。用于土壤有机污染物净化的技术主要有液-液分配、固相萃取和凝胶渗透色谱等。

1. 液-液分配净化技术

液-液分配是利用化合物在两种互不相溶的液体中分配系数或溶解度的不同，对样品进行分离而达到被测物质纯化和消除干扰物质的目的。目标化合物溶质应对其中一种溶剂表现出更为明显的“亲和”作用。目标化合物在两种溶剂中的分离程度取决于以下几种因素：溶质的极性、两种溶剂的相对极性、离子强度、pH、温度、共存溶质及其浓度、时间、液体间混合/接触的频率等。

溶质在两种溶剂中的分配，与原始浓度、对萃取溶剂和起始溶剂亲和力的相对大小及两种溶剂的相对体积有关。可用下式表示：

$$K=(C_b \times V_b)/(C_a \times V_a) \tag{14-5}$$

式中，K 为分配系数（由溶质和溶剂决定的常数）；C_a 和 C_b 分别为溶质在原溶剂和萃取剂中的浓度；V_a、V_b 分别为原溶剂和萃取剂的体积。

液-液分配的优缺点是：经典、简单、快速和实用，易于推广；重现性好；净化效率与提取操作有关，如频率等；对小规模样品，配合离心机、吹氮仪等能达到流程化操作，但易乳化，应避免过分振动提取；采用大体积有机溶剂为主，损耗较大，同时可能会引入一些来源于溶剂本底的干扰；相对而言，毒性较强，并且环境成本较大；比较费时，不利于自动化。分散液液微萃取（DLLME）为该技术的新发展。

2. 固相萃取净化技术

固相萃取（SPE）是利用固体吸附剂将液体样品中的目标化合物吸附，与样品的基体和干扰化合物分离，然后再用洗脱液洗脱或加热解吸附，达到分离和富集目标化合物的目的。其可分为正相吸附剂（极性大于洗脱液极性）、反相吸附剂（极性小于洗脱液极性）、离子交换与吸附。在原有的基础上，出现了膜片型-固相萃取、多层填料-固相萃取，以及发展出基质固相分散萃取技术（DSPE）、固相微萃取技术（SPME），以及快速、简单、价廉、高效、耐用和安全的快速样品处理技术（蔡小虎等，2016；Kenessov et al.，2016）。

与液-液分配相比，SPE 有很多优点：固相萃取不需要大量互不相溶的溶剂，处理过程中不会产生乳化现象，它采用高效、高选择性的吸附剂（固定相），能显著减少溶剂的使用量，简化样品预处理过程，同时所需费用也有所减少。一般来说，SPE 所需时间为液-液分配的 1/2，费用为液-液分配的 1/5。其缺点是目标化合物的回收率和精密度低于液-液分配。

3. 凝胶渗透色谱净化技术

凝胶渗透色谱（GPC）的分离过程是在装有多孔物质为填料的色谱柱中进行的，色谱柱填料的颗粒含有许多不同尺寸的小孔，尺寸大的化合物分子，由于只能扩散到尺寸大的孔洞中，在色谱柱中保留的时间就短；而尺寸小的化合物分子，几乎能够扩散到填料的所有孔洞中，向孔内扩散得较深，在色谱柱中保留的时间就长。GPC 可以按物质的分子量大小进行分离，分离相对分子质量为 400～10^7 的分子（李斌等，2014）。

GPC 作为非破坏性的样品净化方法，用于对复杂样品（土壤、沉积物和生物样品）中色素、脂类、蛋白和核酸等大分子干扰物质进行处理净化，具有较好的重复性，自动化程度高，已成为美国 EPA 的推荐方法。但是其仪器价格昂贵，溶剂消耗大，且不同批次的溶剂可能对分离效率有较大影响。

4. 浓缩与富集技术

用于土壤有机污染物样品浓缩和富集的技术主要有 K-D 浓缩法（Kuderna-Danish evaporative concentration）、氮吹法、旋转蒸发法和离心真空干燥法等。经过浓缩，待测物浓度可提高 2～6 个数量级，且可以更换溶剂，可以根据待浓缩的溶剂量进行选择，旋转蒸发法和离心真空干燥法适合大体积溶剂的浓缩，K-D 浓缩法和氮吹法适合中小体积溶剂的浓缩。

二、土壤中多氯联苯的分析

目前，国内外主要采用振荡萃取、索氏提取、超声波萃取、微波辅助萃取、加速溶剂萃取、超临界流体萃取和亚临界水萃取等萃取技术，结合浓 H_2SO_4 磺化净化、固相萃取、凝胶渗透色谱、固相微萃取、顶空固相微萃取和分散液-液微萃取等一种或两种净化方法，再采用气相色谱电子捕获检测法、气相色谱-质谱法和气相色谱串联质谱法等技术进行土壤或底泥中多氯联苯（PCBs）检测（胡红美等，2016）。

从所用的仪器设备来说，最早使用的是对有机物中氯原子有高灵敏度的 GC-ECD，后来发展到 GC/MS（多级质谱法、选择离子检测法、多离子检测法和负离子化学电离法等）、多维色谱法等（夏丹等，2017；邵超英等，2009）。这些方法仍然是土壤中 PCBs 检测的主要手段，针对不同的分析要求，选择合适的方法和仪器设备才能使我们对不同土壤样品中的 PCBs 分析更加准确。

土壤中多氯联苯的分析可参考国家标准方法（HJ 891—2017）（表 14-4）。

示例：超声波萃取-分散固相萃取净化-气相色谱电子捕获法测定土壤中的多氯联苯。

（1）*方法原理* 物质在气相中传递速度快，待测组分气化后在色谱柱中与固定相多次相互作用，并在流动相和固定相中反复进行多次分配，使分配系数本来只有微小差别的组分得到很好的分离。土壤中的多氯联苯经超声波萃取、净化后采用 ECD 气相色谱测定，以保留时间定性，峰高或峰面积外标法定量。

（2）*分析步骤* 土壤样品经冻干机干燥后，研磨过筛备用；称取一定量土壤加入一定比例的有机溶剂涡旋振荡后，超声提取 30 min，根据需要，加入铜粉脱硫，在离心后的提取液中加入浓 H_2SO_4，振荡后静置分层，弃去下层的浓 H_2SO_4 废液，根据需要，可多次加浓 H_2SO_4 净化，至浓 H_2SO_4 层无色。溶液加入无水硫酸钠脱水后，低温旋转蒸发至干，正己烷定容至 1 mL，转移至具塞管中加入 100 mg N-丙基乙二胺（PSA），涡旋振荡后，离心过滤，经 GC-ECD 进行分析（胡红美等，2016）。

三、土壤中多环芳烃的分析

土壤中多环芳烃（PAHs）提取方法主要包括索氏提取、超声波萃取、微波辅助萃取、加速溶剂萃取、超临界流体萃取和协同萃取等。其中，索氏提取由于其试剂使用量大，萃取时间长，近几年已逐渐被取代。超声波萃取是美国 EPA 推荐的提取方法之一，相对于索氏提取，其提取时间较短、试剂用量较少和提取效果较好。加速溶剂萃取方法与传统方法相比具有减少溶剂用量、缩短提取时间和样品提取自动化的优点，且提取回收精确度符合 EPA 评判标准。

超临界流体萃取是近年来发展很快的一种样品提取技术，它的主要优点为能与多种近代分析仪器，如 GC、GC/MS、HPLC 和超临界流体色谱等联机使用，极大地缩短了分析时间（董彦等，2013）。

目前，国内外分离和检测 PAHs 的方法主要有薄层层析荧光光度法、高效液相色谱法、超高效液相色谱法、气相色谱法和气相色谱-质谱联用法。传统荧光分光光度法不仅安全性差，且操作繁琐，耗时较长，因此，逐渐被后几种方法所替代。高效液相色谱法测定 PAHs，对某些 PAHs 有较高的分辨率和灵敏度。高效液相色谱法测定 PAHs 所用检测器为紫外、荧光和二极管阵列（张茜等，2011）。气相色谱法测定对多组分样品有较高的分离能力和选择性。质谱法对单一组分具有较强的鉴定能力，GC-MS 在线联用是分析易挥发多组分样品最强有力的手段，尤其适合于多环芳烃分析，其检测方法灵敏度高，检测限低，目前被国内外广泛应用（田福林等，2017）。

土壤中多环芳烃的高效液相色谱法测定参照环境保护部标准方法（HJ 784—2016），气相色谱-质谱法分析参阅 HJ 805—2016（表 14-4）。

示例：高效液相色谱法测定土壤中的多环芳烃。

（1）方法原理　土壤中的多环芳烃用合适的萃取方法（索氏提取、加压流体萃取等）提取，根据样品基体干扰情况采取合适的净化方法（硅胶层析柱、硅胶或硅酸镁固相萃取柱等）对萃取液进行净化、浓缩和定容，用配备紫外/荧光检测器的高效液相色谱仪分离检测，以保留时间定性，外标法定量。

（2）分析步骤　土壤样品除去枝棒、叶片和石子等异物，准确称取样品 10 g 经索氏提取或加速溶剂萃取，经过滤和脱水，氮吹浓缩定容，硅胶层析柱净化。选择合适的流动相、色谱柱、梯度洗脱程序，进行高效液相色谱检测。检测波长根据不同待测物的出峰时间选择其紫外检测波长、最佳激发波长和最佳发射波长，编制波长变换程序。建立校准曲线，计算土壤样品中多环芳烃的含量。

四、土壤中抗生素的分析

土壤中抗生素的残留浓度范围为 μg/kg 到 mg/kg 级，接近于土壤中其他农药类有机污染物的含量水平。在施用养殖场畜禽粪便的表层土壤中，抗生素含量可高达 200 mg/kg 以上；在水产养殖的鱼塘沉积物中土霉素浓度在 0.1～10 mg/kg（He et al.，2011）。

对于土壤中抗生素类药物等痕量污染物的提取，常用的技术有超声提取和加速溶剂萃取（国彬等，2012）。HLB（hydrophile-lipophile balance）小柱是兼具亲脂和亲水基团的反相柱，可同时富集不同极性的物质，常用于复杂基质中多种目标化合物的同时富集。但对于土壤基质来说，单一的 HLB 小柱不能较好地去除天然有机质（如腐殖酸等）的干扰，从而影响检测结果的灵敏度和特异性。使用 HLB 串联 NH_2 柱富集净化，结合超高效液相色谱-串联质谱（UPLC-ESI-MS/MS）技术，可建立土壤中多种抗生素的检测方法（王硕等，2013）。

示例：用固相萃取-高效液相色谱-串联质谱法测定土壤中的抗生素。

（1）方法原理　土壤中的抗生素用合适的提取方法（索氏提取、超声波萃取和 CO_2 超临界萃取等）提取。根据样品基体干扰情况采取合适的纯化富集方法（如 HLB 小柱等）对萃取液进行净化，并经过浓缩、定容，采用超高效液相色谱与串联四级杆质谱联用检测，以保留时间定性，目标药物使用基质外标法定量。

（2）分析步骤　土壤样品经自然风干后，粉碎过筛；准确称取一定质量的土壤样品，加入含 50%乙腈的磷酸盐缓冲液（pH = 3）反复提取 3 次，合并提取液后，以 SAX（阴离子交换柱）-HLB 串联小柱净化富集，氮气吹至近干，定容后，在高效液相色谱/二级质谱（HPLC/MS/MS）多反应监测模式下进行定性及定量分析（马丽丽等，2010）。

五、土壤中酞酸酯的分析

土壤酞酸酯（PAEs）分析的样品前处理一般有索氏提取、超声波萃取、加速溶剂萃取和微波辅助萃取等。索氏提取和超声波萃取由于其操作简单和设备便宜等优点被广泛运用。但酞酸酯烷基链本身的长短和异构现象导致其物理、化学和毒理学等环境特性具有较宽的变化范围，一些酞酸酯物质（如邻苯二甲酸二异壬酯）在特定的分子量条件下存在着许多同分异构体，使这些物质在常规的定量分析方法上存在较大的争议。同时，与其他污染物相比，酞酸酯在分析过程中更容易受溶剂、器皿和实验室环境等因素的影响，因此，对分析过程中的操作步骤要求更为严格。研究结果表明，索氏提取由于溶剂用量大、提取时间长等特点，容易带入较大的方法空白背景，而超声波萃取在提取剂用量与提取时间上有一定的优越性，能有效控制分析过程中受到其他介质中酞酸酯的污染，并能获得良好的回收率，是一种较为合适的土壤酞酸酯分析的前处理方法（陈永山等，2011）。

目前，成功运用于 PAEs 分析测定的方法主要有傅里叶变换红外光谱法、胶束电动毛细管色谱法、气相色谱法、液相色谱法及色谱-质谱联用法等，但应用较多的是气相色谱、液相色谱和色谱质谱联用法（刘庆等，2012）。普通气相色谱和高效液相色谱在分析过程中只根据保留时间来定性和定量 PAEs 可能会出现假阳性问题。色谱-质谱联用法可通过特征离子扫描，减少定性定量的干扰信息而获得更为可靠的结果。

示例：气相色谱-质谱联用内标法测定土壤中的酞酸酯。

（1）方法原理　土壤中的酞酸酯采用合适的萃取方法（超声波萃取等），根据样品干扰情况选择合适的净化方法（层析柱净化等）对提取液净化、浓缩和定容，经过气相分离、质谱检测。通过与标准物质质谱图、保留时间、碎片离子质荷比及其丰度比较进行定性，内标法定量。

（2）分析步骤　土壤样品经自然风干后，粉碎过筛；准确称取一定质量的土壤样品，加入苯甲酸苄酯（BB）为内标物，再加入丙酮和正己烷混合溶液，浸泡过夜，经多次超声波萃取合并提取溶液；提取液浓缩后，经层析柱净化、旋转蒸发后定容，旋涡混合后待 GC-MS 测定（黄玉娟等，2013）。

六、土壤中挥发性有机物的分析

土壤中 VOCs 种类繁多，按其化学结构的不同，可以将其进一步分为 8 类：烷类、芳烃类、烯类、卤烃类、酯类、醛类、酮类和其他。目前主要用于测定 VOCs 的方法有分光光度法、气相色谱法、荧光及其传感器法、离子色谱法、反射干涉光谱法等。到目前为止，国际标准化组织推荐的 VOCs 检测方法依然是基于热解吸原理的气相色谱法。气相色谱又常常与质谱联用，结合顶空、吹扫捕集及其他各种前处理方法，可对土壤中的 VOCs 进行定性和定量分析。

土壤中 VOCs 的吹扫捕集/气相色谱-质谱法测定参照环境保护部标准方法（HJ 605—

2011），顶空/气相色谱-质谱法分析参阅 HJ 642—2013（表 14-4）。

示例：顶空/气相色谱-质谱法测定土壤中的挥发性有机物。

（1）方法原理　在一定的温度条件下，顶空瓶内样品中挥发性组分向液上空间挥发，产生蒸气压，使气、液、固三相达到热力学动态平衡。气相中的挥发性有机物进入气相色谱分离后，用质谱仪进行检测。通过与标准物质保留时间和质谱图相比较进行定性，内标法定量。

（2）分析步骤　土壤样品除去叶片、石子等异物，准确称取 2 g 样品于顶空瓶中，迅速向顶空瓶中加入 10 ml 基体改良剂、1.0 μL 替代物（甲苯-d8 和 4-溴氟苯）和 2.0 μL 内标物质（氟苯、氯苯-d5 和 1，4-二氯苯-d4），立即密封，在振荡器内以 150 次/min 振荡 10 min 后，GC-MS 测定。

第四节　土壤环境质量评价方法示例

环境质量评价就是根据不同的目的要求，按一定的原则和方法对某区域的某些环境要素的质量好坏进行单项或综合的客观评价和分级。在评价过程中一般以国家颁布的环境质量标准或环境背景值为评价依据。

土壤环境质量评价是环境质量评价的重要组成部分，也是环境科学研究的内容之一。它一方面正确反映过去和现在的土壤环境质量，确定是否污染，是何种污染，污染程度和范围，指导环境管理和污染治理工作；另一方面，对土壤环境质量的将来趋势作出预测，评价拟建项目对环境的影响，从而为保护环境、发展生产提供科学的规划和决策依据。

一、土壤环境质量现状评价

土壤环境质量现状评价的任务是对土壤环境现状（包括污染程度、范围和污染物的分布等）作出定量或半定量的评价。土壤环境质量现状评价是在全面掌握土壤及其环境特征、主要污染源和污染物、土壤背景值等基础资料之后，选择适当的评价参数和评价标准建立评价模式和指数系统，再进行研究分析，评定土壤的质量状况。

（一）评价目标化学物质的选择

根据评价的目的要求和评价区域的主要污染物来选择适当的评价目标化学物质。土壤污染可供选择的化学物质如下。

1）重金属及其他无机化合物：铅、镉、铜、锌、铬、镍、汞、砷、硒、氟和氰化物等。

2）有机化合物：酚、石油、多环芳烃、DDT、六六六、三氯乙醛、多氯联苯及其他农药等。

此外，对土壤中化学物质的累积、迁移和转化影响较大的土壤理化性质，如土壤 pH 值、有机质、质地、CEC、Eh、全氮、硝态氮和水溶性磷等也应加以考虑。特别是在评价土壤重金属污染时，单纯以重金属在土壤中的含量来衡量和比较其影响程度，较难真实反映它们对作物和生态与环境的影响，所以应对上述土壤理化性质特别加以注意。本节主要讨论了土壤环境质量的重金属影响评价问题；在场地污染对人体健康的影响中对有机污染物也有涉及。

（二）评价方法的选择

文献计量学分析表明，在国内外土壤重金属评价方法中，指数法，如内梅罗综合污染指数法、富集因子法、地累积指数法和潜在生态危害指数法，应用较为广泛（王玉军等，2017）；以指数法为基础的模型指数法，如模糊数学模型和灰色聚类法等，在应用时也有一定优势；基于地理信息系统（GIS）的地统计学评价法及人体健康风险评价等方法从空间分布到建立土壤中重金属含量与人体健康关系的途径等角度，多维度评价土壤中重金属的影响。这里讨论了几种应用广泛的指数法，分析了它们在实际评价中的优势与不足。

1. 单因子评价

单因子评价即对土壤中的某一元素或化合物的影响程度进行评价，评价的依据是该物质的单项指数：

$$P_{\mathrm{i}}=\frac{C_{\mathrm{i}}}{S} \tag{14-6}$$

式中，P_{i}为单项累积（或污染）指数；C_{i}为实测浓度；S为土壤评价参比值（背景值、标准值等）。

若以土壤背景值为评价参比值，$P_{\mathrm{i}}<1$ 表示背景状况；$P_{\mathrm{i}}>1$ 表示沾污或累积状况，P_{i}越大，沾污越严重或累积量越多；如果评价参比值明确为污染起始值，则可进行污染评价，$P_{\mathrm{i}}<1$ 表示未污染；$P_{\mathrm{i}}>1$ 表示污染。该方法简单、直观，但不能反映多元素的综合影响。

2. 多因子评价

在实际情况中，常出现多种外源物质同时侵袭某一区域土壤的现象，需要一种同时考虑土壤中多种物质综合影响的多因子评价方法。

（1）内梅罗（Nemerow）法　该法的计算公式如下：

$$P_{\mathrm{N}}=\sqrt{\frac{\overline{P_{\mathrm{i}}}^{2}+P_{\mathrm{i(max)}}^{2}}{2}} \tag{14-7}$$

式中，P_{N}为内梅罗综合指数；$\overline{P_{\mathrm{i}}}$为特定化学物质单项指数的算术平均值；$P_{\mathrm{i(max)}}$为最大单项指数。由方法计算公式可知，它涵盖了各单项污染指数，并突出了高浓度污染在评价结果中的权重。相比于单项污染指数法的单独应用，避免了由于平均作用削弱高污染元素的权值，提升了评价方法的综合评判能力。然而，仅提升高浓度污染物在其中的比重，可能会导致最大值或者不规范合理设置采样点、后续分析检测所带来的异常值对所得结果的影响过大，人为夸大了该元素的影响作用。同时，最大值的应用可能缺乏生态毒理学依据，从而降低了该评价方法的合理性，并且方法中并没有消除重金属区域背景值的差异，使所得综合指数在区域间比较时不尽合理。

（2）地累积指数法　地累积指数法（Müller，1979）适用于研究河流沉积物重金属污染程度。通过元素在环境介质中的实测含量与目标元素地球化学背景值相比，以减少环境地球化学背景值，以及造岩运动可能引起的背景值变动的干扰，该法亦为一些研究者用于土壤中重金属污染评价。其计算公式为

$$I_{\mathrm{geo}}=\log_{2}\frac{C_{\mathrm{n}}}{1.5B_{\mathrm{n}}} \tag{14-8}$$

式中，C_{n}为土壤或沉积物中元素的实测含量；B_{n}为该元素的地球化学背景值；背景值乘以修

正系数 1.5（通常标示为 k）以得到最小污染级别的界限值，是考虑到成岩作用等可能引起背景值波动的因素。后续的研究者将 C_n 替换为表层土壤中的重金属含量，将 B_n 替换为该元素在地壳中的平均含量或当地土壤背景中的含量；表征沉积特征、岩石地质及其他影响的修正系数 k=1.5，在土壤重金属污染的评价中也多被直接应用。然而，重金属在土壤中的迁移能力与土壤物理化学性质密切相关，同沉积物有较大差异，使得应用该方法所得的累积指数在原污染指数分级框架下的评价结果偏离实际。

（3）*潜在生态危害指数法*　　潜在生态危害指数法是从沉积学角度出发（Håkanson，1980），根据重金属在“水体—沉积物—生物区—鱼—人”这一迁移累积主线，将重金属含量和环境生态效应、毒理学有效联系到一起。表达式为

$$\mathrm{RI}=\sum_{i=1}^{n}T_{\mathrm{r}}^{i}C_{\mathrm{r}}^{i}=\sum_{i=1}^{n}T_{\mathrm{r}}^{i}C_{\text{实测}}^{i}/C_{n}^{i} \tag{14-9}$$

式中，$C_{\text{实测}}^{i}$为表层沉积物中重金属实测含量；C_n^i为元素的评价标准；C_{r}^{i}为目标元素污染系数；T_{r}^{i}为毒性响应系数，与目标污染物毒性系数和生物生产指数（bioproduction index，BPI）有关，将二者相关联以满足方法灵敏度的要求。随后很多学者将其应用于土壤中的重金属污染评价。但通过对原始文献进行研读可知，评价方法中毒性系数的推导完全基于重金属在“水体—沉积物—生物区系—鱼—人”这一主线中的迁移转化规律，与重金属在自然界中的丰度、水体和沉积物中的分配规律及湖泊的生产力密切相关，并且原文中明确区分了毒性系数（S_{t}^{i}）与毒性响应系数（T_{r}^{i}）的关系，例如，原文中几种目标污染物的毒性系数已为定值，而 PCB 的毒性响应系数随着湖泊生产力的增加而提升，此时毒性响应系数大于毒性系数；其余几种重金属（如铅、镉、铜、锌、铬和汞等）的毒性响应随湖泊生产力增加而降低，毒性响应系数小于毒性系数，砷则与该因素无关。而一些研究者应用该方法进行土壤重金属污染评价时，却直接使用文献中的毒性系数，并省略湖泊生产力因素，直接将毒性系数当作毒性响应系数带入评价模型。另外，该模型在运用于土壤介质时不经修正，缺乏表征土壤理化性质对重金属毒性影响的特征指标，使所得的评价结果不够科学合理。

3. 土壤和农产品综合质量指数法

（1）*方法构建*　　上述一些评价方法在建立之初并非用于土壤中重金属污染评价，而在相关学者将其引入到土壤污染评价体系中时，对公式中各参数的假设条件、初始含义和适用范围研究不够透彻，并在使用时缺少表征土壤特征性质的因素，在公式引用时修正不足，使得评价结果与实际情况不尽相符。农用地土壤中重金属污染关乎农产品安全，粮食作物中可食用部分重金属的累积对人体健康具有重大影响，因此，适用于农用地重金属污染的评价方法显得尤为必要。

在总结前人工作的基础上提出了一种耕地土壤和农产品综合质量指数法（王玉军等，2016），该方法将耕地土壤和农产品中的重金属含量有效结合，综合考量了元素价态效应、土壤环境质量标准、土壤元素背景值、负载容量和农产品污染物限量标准等，可应用于评价耕地土壤重金属的单独和复合污染。

1）在构建该综合质量指数法时，需要确立评价元素的种类和数量，根据样品分析结果，确认参与评价的、超过土壤环境评价参比值（X）、土壤背景值（Y）及农产品限量标准值（Z）的样品数量，这些基础数据将参与最终判断及描述土壤环境质量状态和划分等级的计算。

2）计算土壤相对影响当量（relative impact equivalent，RIE）、土壤元素测定浓度偏离背

景值程度（deviation degree of determination concentration from the background value，DDDB），以及总体上土壤标准偏离背景值程度（deviation degree of soil standard from the background value，DDSB）3 个指标，其表达式分别为

$$\mathrm{RIE}=\left[\sum_{i=1}^{N}\left(P_{SSi}\right)^{1/n}\right]/N=\left[\sum_{i=1}^{N}\left(C_i/C_{Si}\right)^{1/n}\right]/N \tag{14-10}$$

$$\mathrm{DDDB}=\left[\sum_{i=1}^{N}\left(P_{SBi}\right)^{1/n}\right]/N=\left[\sum_{i=1}^{N}\left(C_i/C_{Bi}\right)^{1/n}\right]/N \tag{14-11}$$

$$\mathrm{DDSB}=\left[\sum_{i=1}^{N}\left(C_{Si}/C_{Bi}\right)^{1/n}\right] \tag{14-12}$$

式中，n 为测定元素 i 的氧化数，在实际评价中一般采用该元素在土壤中的稳定态氧化数。对于变价元素，应考虑其价态与毒性的关系；由于土壤环境质量标准值已经考虑了元素氧化数与毒性的关系，所以在实际评价中一般采用元素在土壤中的稳定态，例如，As(Ⅲ)和 As(Ⅴ)一般取氧化数为 5，Cr(Ⅲ)和 Cr(Ⅵ)一般取氧化数为 3。如有可能，应根据土壤中的实际情况进行选择。N 为测定元素的数目；C_i 为测定元素 i 的浓度；C_{Si} 为元素 i 的土壤环境质量标准值（评价参比值）；C_{Bi} 为元素 i 的背景值；P_{SSi} 为样品元素测定值与评价标准值的指数值；P_{SBi} 为样品元素测定值与背景值的指数值。

指标 RIE 在一般的综合评价方法中考虑了元素的氧化数及相应的毒性大小问题，并与相应参比值比较，以区分元素氧化数相同、但无法区分其相对毒性大小的问题；指标 DDDB 可以体现外源物质偏离土壤背景值的程度，除了表明污染程度外，还可以量化污染元素超过土壤背景值而未达到环境质量标准值或污染起始值的程度。DDSB 通过土壤环境质量参比值同当地元素背景值相比，是当地土壤环境负载容量的一个量度，表现其对重金属等污染物的缓冲能力。

3）计算农产品品质指数（quality index of agricultural products，QIAP），表达式为

$$\mathrm{QIAP}=\left[\sum_{i=1}^{N}\left(P_{APi}\right)^{1/n}\right]/N=\left[\sum_{i=1}^{N}\left(C_{APi}/C_{LSi}\right)^{1/n}\right]/N \tag{14-13}$$

式中，C_{Api} 为土壤重金属采样点位对应的农产品中元素 i 的浓度；C_{LSi} 为农产品中元素 i 的限量标准；P_{APi} 为农产品样品重金属含量测定值与食品中污染物限量值的指数值。指标 QIAP 可以用于表征重金属对农产品质量状况的影响。

最终的综合质量影响指数（IICQ）包含土壤综合质量影响指数（$\mathrm{IICQ_S}$）和农产品综合质量影响指数（$\mathrm{IICQ_{AP}}$），其定义为

$$\mathrm{IICQ_S}=X\cdot(1+\mathrm{RIE})+Y\cdot\mathrm{DDDB}/\mathrm{DDSB} \tag{14-14}$$

$$\mathrm{IICQ_{AP}}=Z\cdot(1+\mathrm{QIAP}/k)+\mathrm{QIAP}/(k\cdot\mathrm{DDSB}) \tag{14-15}$$

$$\mathrm{IICQ}=\mathrm{IICQ_S}+\mathrm{IICQ_{AP}}=[X\cdot(1+\mathrm{RIE})+Y\cdot\mathrm{DDDB}/\mathrm{DDSB}] + [Z\cdot(1+\mathrm{QIAP}/k)+\mathrm{QIAP}/(k\cdot\mathrm{DDSB})] \tag{14-16}$$

式中，X、Y 分别为测量值超过土壤环境质量标准值、背景值的数目；Z 为农产品超过限量标准值的样品数目；k 为农产品中相应元素背景校正因子，一般取 5；其余含义同上文。

4）土壤环境质量状态描述与等级划分，当 IICQ≤1 时为清洁状态（I）；其余均为污染或

超标状态，当 1<IICQ≤2 时为轻微污染或轻微超标(II)；2<IICQ≤3 时为轻度污染或轻度超标(III)；3<IICQ≤5 时为中度污染或者中度超标(IV)；IICQ>5 时为重度污染或重度超标(V)。本方法除了对土壤样品或样点进行评价，还可用于区域样品的评价，avIICQ 为区域样品平均值，相应评价标准同上。

值得注意的是，该方法还引入了亚污染或亚超标状态 sub-（II-V），即耕地土壤重金属超标而农产品不超标（X≥1 或者 $IICQ_S>1$ 且 $Z=0$ 且 $IICQ_{AP}<1$ 时）或农产品中重金属含量超标而耕地土壤未超标（$X=0$ 且 $IICQ_S<1$ 且 $Z≥1$ 或 $IICQ_{AP}>1$）的状态，此时可依据相应数值具体划分为相应等级的亚污染状态，并有针对性地追踪污染来源，或者筛选、选种低累积作物。

5）写出土壤环境质量状况表达式，该步骤可根据实际需要确定取舍：

（i）对于土壤样品或样点

$$ {}^{U}_{Z}T^{X}_{\mathrm{IICQ}} - (a_{\mathrm{S}}, b_{\mathrm{S}}, \cdots; a_{\mathrm{AP}}, b_{\mathrm{AP}}, \cdots) \quad （等级） \tag{14-17} $$

式中，X 为超过土壤标准的元素的数目；Z 为超过农产品污染物限量标准的元素数目；U 为样品或样点编号；IICQ 为综合质量影响指数；a_S、b_S 为土壤超过评价参比值元素的名称；a_{AP}、b_{AP} 为农产品中超过限量标准的元素名称。

（ii）对于区域

$$ {}^{W}T_{\mathrm{avIICQ}} - (\mathrm{grade}) \tag{14-18} $$

式中，W 为区域名称或编号；avIICQ 为区域样品的平均值；grade 为根据 avIICQ 所确定的土壤环境质量等级。

土壤和农产品综合质量指数法虽然能够准确而客观地反映土壤环境质量状况，但由于参数和计算步骤较多，计算时需要特别小心，以免出现差错；但如果利用针对该方法开发的应用软件，则可以快速、方便而准确地获得所需要的结果。

（2）示例

1）基础数据（表 14-6）　区域 1 和区域 2 位于贵州省 SQ 和 DX 的典型铅锌矿区（吴迪等，2010），样品 1～4 采自水稻田，5～6 a 为玉米地。区域 3 位于浙江省苍南县主要水稻生产基地（丁能飞等，2007）。区域 4 位于广东省增城市肥料试验田，主要考察不同肥料对稻米产量和安全性的影响（陆秀明等，2007）。

表 14-6　土壤和农产品样品中重金属含量、评价标准和背景值　（单位：mg/kg）

区域	样品	As		Cd		Hg		Pb	
		土壤	农产品	土壤	农产品	土壤	农产品	土壤	农产品
区域 1	1	26.59	0.85	7.41	0.59	1.35	0.07	172.7	17.20
	2	29.24	0.45	7.99	0.40	1.43	0.07	252.2	8.05
	3	22.50	0.26	17.03	1.08	1.10	0.05	224.9	8.16
	4	31.08	0.68	29.33	0.75	2.04	0.12	498.1	12.30
评价标准		25	0.5	0.50	0.2	0.50	0.02	160	0.2
土壤元素背景值		20.0		0.659		0.110		35.2	
区域 2	5	50.13	0.06	17.01	0.35	1.11	0.08	1598	7.48
	6	19.71	1.02	37.85	0.80	1.02	0.06	354.9	3.93
	6 a	35.88	未检出	4.11	0.32	0.36	0.07	714.5	6.12
评价标准		30	0.5	0.50	0.1	0.50	0.02	160	0.2
土壤元素背景值		20.0		0.659		0.110		35.2	

续表

区域	样品	As		Cd		Hg		Pb	
		土壤	农产品	土壤	农产品	土壤	农产品	土壤	农产品
区域 3	7	5.80	0.096	0.22	0.13	0.19	0.005	36.00	0.14
	8	8.00	0.15	0.057	0.20	0.069	0.008	26.60	0.18
	9	5.90	0.064	0.12	0.066	0.16	0.004	50.20	0.13
	10	6.20	0.12	0.071	0.037	0.18	0.005	29.50	0.11
评价标准		30	0.5	0.40	0.2	0.30	0.02	120	0.2
土壤元素背景值		9.2		0.070		0.086		23.7	
区域 4	11	16.40	0.27	0.067	0.097	0.132	0.004	51.80	0.27
	12	16.60	0.31	0.067	0.13	0.219	0.006	49.10	0.28
	13	16.90	0.22	0.077	0.094	0.147	0.005	52.10	0.56
	14	17.10	0.23	0.080	0.12	0.144	0.006	50.00	0.53
	15	13.70	0.31	0.083	0.063	0.159	0.005	48.70	0.51
	16	15.70	0.29	0.062	0.14	0.176	0.005	42.60	0.57
	17	15.80	0.26	0.058	0.10	0.159	0.005	50.00	0.55
	18	16.00	0.30	0.064	0.15	0.165	0.006	51.50	0.49
评价标准		30	0.5	0.40	0.2	0.30	0.02	120	0.2
土壤元素背景值		8.9		0.056		0.078		36.0	

2）计算结果

评价示例中各参数的计算结果见表 14-7。

表 14-7　评价示例中各参数的计算

样品编号	土 壤 样 品				农 产 品		土壤超标准 X	土壤超背景 Y	农产品超标 Z	综合 IICQ
	RIE	DDDB	DDSB	$IICQ_S$	$QIAP$	$IICQ_{AP}$				
1	1.886	2.533	6.181	13.18	3.49	6.91	4	4	4	20.09
2	1.994	2.711	6.181	13.73	2.65	4.68	4	4	3	18.41
3	2.371	2.949	6.181	12.02	2.79	4.77	3	4	3	16.79
4	3.122	3.958	6.181	19.05	3.32	6.77	4	4	4	25.82
IICQ1～4（平均值±标准差）：20.28±3.93										
5	2.898	4.049	6.220	18.20	2.66	4.68	4	4	3	22.88
6	3.134	3.699	6.220	14.19	2.54	6.11	3	3	4	20.30
6 a	1.716	2.484	6.220	9.75	3.06	4.94	3	4	3	14.68
IICQ5～6 a（平均值±标准差）：19.29±4.19										
7	0.701	1.351	7.775	0.52	0.72	0.02	0	3	0	0.54
8	0.524	0.957	7.775	0.12	0.84	0.02	0	1	0	0.14
9	0.662	1.261	7.775	0.49	0.62	0.02	0	3	0	0.50
10	0.605	1.123	7.775	0.43	0.61	0.02	0	3	0	0.45
IICQ7～10（平均值±标准差）：0.41±0.18										
11	0.654	1.181	7.735	0.61	0.80	1.18	0	4	1	1.79
12	0.698	1.268	7.735	0.66	0.86	1.19	0	4	1	1.85
13	0.672	1.221	7.735	0.63	0.93	1.21	0	4	1	1.84
14	0.670	1.218	7.735	0.63	0.95	1.21	0	4	1	1.84
15	0.669	1.225	7.735	0.63	0.89	1.20	0	4	1	1.83
16	0.658	1.191	7.735	0.62	0.98	1.22	0	4	1	1.84
17	0.658	1.186	7.735	0.61	0.94	1.21	0	4	1	1.82
18	0.670	1.211	7.735	0.63	0.97	1.22	0	4	1	1.85
IICQ11～18（平均值±标准差）：1.83±0.02										

3）写出土壤环境质量状况表达式，例如

（i）样品 1 可表征为

$$ {}_{4}^{1}T_{20.09}^{4}-(\mathrm{As_S},\mathrm{Cd_S},\mathrm{Hg_S},\mathrm{Pb_S};\mathrm{As_{AP}},\mathrm{Cd_{AP}},\mathrm{Hg_{AP}},\mathrm{Pb_{AP}})\text{；（Ⅴ）} \tag{14-19} $$

（ii）样品 5 可表征为

$$ {}_{3}^{5}T_{22.88}^{4}-(\mathrm{As_S},\mathrm{Cd_S},\mathrm{Hg_S},\mathrm{Pb_S};\mathrm{Cd_{AP}},\mathrm{Hg_{AP}},\mathrm{Pb_{AP}})\text{；（Ⅴ）} \tag{14-20} $$

（iii）样品 7 可表征为

$$ {}_{0}^{7}T_{0.54}^{0}-(0)\text{；（Ⅰ）} \tag{14-21} $$

（iv）样品 11 可表征为

$$ {}_{1}^{11}T_{1.79}^{0}-(\mathrm{Pb_{AP}})\text{；（sub-Ⅱ）} \tag{14-22} $$

由式（14-19）～式（14-22）可以十分清楚地看出，样品 1 土壤和农产品 4 个元素均超标（重度污染或重度超标，土壤环境质量等级为Ⅴ）；样品 5 有 4 个土壤和 3 个农产品元素超标（质量等级Ⅴ）；样品 7 土壤和农产品均未超标（清洁，质量等级为Ⅰ）；样品 11 土壤没有超标，但农产品中的铅却超过了食品中污染物的限量标准，属于亚污染状态或亚超标状态（质量等级 sub-Ⅱ），需要对污染的来源进行分析与追踪。

对于区域土壤环境质量可进行如下表征：

$$ {}^{w_1}T_{20.28}-(V)\text{；}\ {}^{w_2}T_{19.29}-(V)\text{；}\ {}^{w_3}T_{0.41}-(I)\text{；}\ {}^{w_4}T_{1.83}-(\text{sub-II}) $$

上述土壤环境质量状况表达式和表 14-7 表明，区域 1（样品 1～4）和区域 2（样品 5～6 a）土壤污染严重；区域 3（样品 7～10）土壤为清洁状态；而区域 4（样品 11～18）的情况则较为复杂，虽然土壤中元素的含量并无异常，但土壤却处于亚污染状态，即土壤元素无超标现象，但农产品中的铅却超过了食品中污染物的限量标准，从而应探讨污染的来源。单因素方差分析表明，区域 1 和区域 2 没有显著差异，而区域 1 与区域 3、区域 4，区域 2 与区域 3、区域 4，区域 3 与区域 4 之间差异显著（$P<0.05$），其质量状况按照优劣排序为区域 3(Ⅰ)＞区域 4(sub-Ⅱ)＞区域 1(Ⅴ)≈区域 2(Ⅴ)。

4. 土壤污染对人体健康的影响评价

环境保护部发布的标准《污染场地风险评估技术导则》（HJ 25.3—2014），规定了开展污染场地人体健康风险评估的原则、内容、程序、方法和技术要求，适用于污染场地人体健康风险评估和污染场地土壤风险控制值的确定。土壤污染对人体健康的风险评估，在致癌性方面可参照该标准进行。文献中在土壤健康风险评估的多角度、多层面方面越来越受到关注。

（1）城市老工业区重金属污染健康风险评价　以陕西省某城市内的典型老工业区为研究对象，涵盖化工、冶金、机械、钢铁和电力等不同部门。依据《污染场地风险评估技术导则》对该区土壤中砷、铅、铬和镉的健康风险进行了评价（张承中等，2015），包括污染物识别、暴露评估和毒性评估。结果表明（表 14-8），经口摄入是暴露途径的主要风险，住宅及公共用地非致癌风险值均超过非致癌风险阈值 1，表明该地居民存在一定的非致癌风险。依据致癌风险值，住宅及公共用地砷和铬达到了显著风险水平；商服及工业用地铬的致癌风险值也超过了可接受水平。

（2）基于土壤重金属生物可给性的人体健康风险评价　土壤重金属的生物可给性是指

其直接进入人体消化系统、并可为胃肠道溶解的部分。土壤重金属直接进入人体的可能性在一般情况下并不常见，但在农村，特别是儿童无意摄入的可能性却较为普遍，有可能危害身体健康，所以应引起足够的关注。评估土壤重金属无意经口摄入的风险，首先要有效、准确地判断重金属的生物可给性，体外试验是一种行之有效的方法。利用土壤样品研究了铅、镉、砷、铬和镍等生物有效性对人体的健康风险（尹娟等，2016），比较了土壤重金属总量和可给性可能产生风险的异同（表 14-9）。

表 14-8　老工业区土壤重金属对人体健康的影响

暴露风险		住宅及公共用地				商服及工业用地			
		As	Pb	Cr	Cd	As	Pb	Cr	Cd
非致癌风险值	$HQ_{口腔}$	3.22	1.69	1.18	1.03	0.23	0.16	0.11	9.59×10^{-2}
	$HQ_{皮肤}$	0.54	2.58×10^{-3}	5.42×10^{-6}	4.73×10^{-2}	0.12	5.71×10^{-4}	1.20×10^{-6}	1.05×10^{-2}
	$HQ_{呼吸}$	6.88×10^{-2}	1.03×10^{-2}	0.76	6.32×10^{-3}	1.47×10^{-2}	2.19×10^{-3}	0.16	1.35×10^{-3}
	$HQ_{总}$	3.83	1.70	1.94	1.09	0.43	0.16	0.27	0.11
致癌风险值	$R_{i\,口腔}$	1.86×10^{-4}		1.92×10^{-2}	5.04×10^{-5}	4.68×10^{-5}		4.81×10^{-3}	1.26×10^{-5}
	$R_{i\,皮肤}$	7.50×10^{-5}		5.14×10^{-5}	1.35×10^{-7}	3.83×10^{-5}		2.63×10^{-5}	6.64×10^{-8}
	$R_{i\,呼吸}$	2.34×10^{-6}		2.41×10^{-4}	1.07×10^{-5}	6.58×10^{-7}		6.76×10^{-5}	3.00×10^{-6}
	$R_{i\,总}$	2.64×10^{-4}		1.94×10^{-2}	6.12×10^{-5}	8.58×10^{-5}		4.90×10^{-3}	1.57×10^{-5}

表 14-9　土壤重金属总量和可给性对人体非致癌性和致癌性风险值比较

元素	非致癌风险值（HQ_i）				致癌风险值（R_i）			
	儿童		成人		儿童		成人	
	全量	可给性	全量	可给性	全量	可给性	全量	可给性
Cu	4.63×10^{-2}	1.19×10^{-3}	6.07×10^{-4}	1.56×10^{-4}				
Zn	7.02×10^{-2}	7.64×10^{-4}	9.20×10^{-5}	1.00×10^{-4}				
Pb	1.214	9.44×10^{-2}	0.159	1.24×10^{-4}	3.07×10^{-6}	2.39×10^{-7}	2.01×10^{-6}	1.57×10^{-7}
Cd	1.81×10^{-3}	1.27×10^{-3}	2.37×10^{-4}	1.67×10^{-4}	9.17×10^{-7}	6.47×10^{-7}	6.01×10^{-7}	4.24×10^{-7}
As	1.111	1.03×10^{-2}	0.146	1.36×10^{-3}	4.17×10^{-5}	3.88×10^{-7}	2.73×10^{-5}	2.54×10^{-7}
Cr	0.124	8.84×10^{-4}	1.63×10^{-2}	1.16×10^{-4}	1.56×10^{-5}	1.10×10^{-7}	1.02×10^{-5}	7.24×10^{-8}
Ni	5.21×10^{-2}	5.63×10^{-4}	6.83×10^{-4}	7.38×10^{-5}				
总风险	2.47	0.11	0.32	1.43×10^{-2}	6.12×10^{-5}	1.38×10^{-6}	4.01×10^{-5}	9.07×10^{-7}

由表 14-9 可以看出，采用重金属全量进行评价时，土壤重金属对儿童的非致癌风险（HQ_i）为 Pb＞As＞Cr＞Zn＞Ni＞Cu＞Cd，其中，Pb 和 As 的 HQ 值均大于 1，因此，土壤铅和砷污染对于敏感儿童群体是产生非致癌危害的主要因素；土壤重金属对成人的非致癌风险顺序与儿童一致，但其风险值远小于对儿童群体的；儿童和成人群体的总非致癌风险分别为 2.47 和 0.32，很明显该区域土壤重金属会对儿童群体产生较大的非致癌危害。

在致癌风险方面，As、Cr、Pb 和 Cd 具有致癌性，研究区土壤重金属污染对儿童和成人群体的致癌风险均表现为 As＞Cr＞Pb＞Cd。一般认为，R_i 值或总风险＜1.0×10^{-6} 表示风险甚微；在 1.0×10^{-6}～1.0×10^{-4} 表示存在一定风险，但尚可接受；＞1.0×10^{-4} 表示风险相对显著。在本研究区域中，As、Cr 和 Pb 的致癌风险值介于 1.0×10^{-6}～1.0×10^{-4}，所以无论是单个元素，还是总风险，均表现为可能对儿童和成人群体产生潜在的致癌风险。

然而，采用土壤重金属可给性进行评价时，污染对儿童和成人群体的致癌风险顺序变为 Cd＞As＞Pb＞Cr，其总致癌风险分别为 1.38×10^{-6} 和 9.07×10^{-7}，较修正前大幅度下降，但对儿童群体还存在轻微的致癌风险。该结果表明，土壤重金属总量作为评价依据时，无疑会高估其健康风险。

（3）场地土壤有机污染物对人体健康的风险评估　由于城市规划的需要，一些老工业区搬迁后的原址会用于住宅或者商业开发。土壤中的遗留污染物可能会产生环境危害，或者人体健康风险，因而必须对其进行评估，以提出有针对性的修复措施。本案例目标场地前身为炼油厂厂区，建于20世纪50年代，2002年拆迁。健康评估以土壤中的苯、苯并（a）芘和苯并（a）蒽3种有机污染物为对象，综合选择美国国家环境保护局（USEPA）等认可程度较高的健康风险评价方法，结合我国的人群特点和场地特征修正风险评估参数，对该场地受污染的土壤进行健康风险分析，通过口腔摄入、皮肤接触和呼吸吸入污染物3种暴露途径计算健康风险（表14-10），污染土壤对人体产生的叠加致癌风险值和非致癌风险值分别达到了9.59×10^{-5}和15.46，分别大于评价限值1×10^{-6}和1，有可能对该场地上的居民产生较大的健康危害，必须采取有效的修复措施（化勇鹏等，2012）。

表14-10　炼油厂原址土壤有机污染物风险评价结果

项目	非致癌风险值（HQ_i）			致癌风险值（R_i）		
	经口摄入	皮肤接触	呼吸吸入	经口摄入	皮肤接触	呼吸吸入
苯	1.21×10^{-2}	2.84×10^{-4}		3.42×10^{-7}	1.03×10^{-8}	1.23×10^{-8}
苯并（a）芘	1.305		11.45	2.45×10^{-5}	3.00×10^{-5}	6.87×10^{-6}
苯并（a）蒽	0.819		1.88	1.54×10^{-5}	1.88×10^{-5}	4.90×10^{-8}
合计		15.46			9.59×10^{-5}	

此外，污染土壤的生态毒理学评价也是污染土壤环境质量评价的重要组成部分。在污染土壤的生物毒性评价中，包括污染土壤化学物质浸出毒性评价、土壤污染物迁移能力的评价等。在土壤-植物系统重金属迁移的模拟中，有关模型在一定条件下有很好的模拟精度（Wu et al.，2004；吴启堂等，1996，1994）。

二、土壤环境质量预测评价

（一）环境质量预测评价的意义、程序和内容

《中华人民共和国环境影响评价法》于2002年颁布，于2016年进行了修改。环境影响评价是指对规划和建设项目实施后可能造成的环境影响进行分析、预测和评估，提出预防或者减轻不良环境影响的对策和措施，进行跟踪监测的方法与制度。

环境影响评价的核心是对未来环境质量变化进行预测，也称为环境预测评价，其一般程序为：①明确新建或扩建项目对环境有不利影响的内容；②掌握环境现状和提出预测评价目的；③研究确定环境保护的目标和标准；④环境影响的预测；⑤讨论已得出的预测和评价，并确定方案；⑥编写环境影响报告书。

环境影响评价的主要内容包括：①建设项目的一般情况；②建设项目周围的环境状况；③建设项目对周围地区的环境影响；④建设项目环境保护措施可行性技术、经济论证意见。

（二）土壤环境质量预测评价

土壤环境质量预测评价是环境质量影响评价中的重要组成部分。在土壤环境质量评价中，上述一般过程和内容也有很好的参考价值。土壤环境质量预测评价是根据污染物在土壤中的

迁移转化规律、土壤的自净能力和土壤环境质量标准，建立土壤污染物积累的计算模式，预测一定条件下的土壤环境质量变化趋势，从而提出控制污染和消除污染的有效措施。

若不考虑土壤自净能力，则 n 年后土壤中特定化合物的浓度为

$$W_n = B_i + nR \tag{14-23}$$

式中，W_n 为第 n 年土壤中特定化合物的残留量（mg/kg）；R 为土壤特定化合物的平均年输入量（mg/kg）；B_i 为特定化合物 i 的现有浓度（mg/kg）。

若土壤有一定的自净能力，即化合物在土壤中的残留率小于 1，则特定化合物在土壤中第 n 年的残留量（mg/kg）为

$$\begin{aligned} W_n &= BK^n + RK^n + RK^{n-1} + \cdots + RK \\ &= BK^n + R \cdot K\frac{1-K^n}{1-K} \end{aligned} \tag{14-24}$$

式中，B 为特定化合物的现有浓度（mg/kg）；K 为特定化合物年平均残留率；R 为特定化合物平均年输入量（mg/kg）。

根据当地特定化合物的年输入量，预测多年后土壤的环境质量。例如，某灌区土壤 Cd 的背景浓度为 0.19 mg/kg，土壤 Cd 基准值为 2.2 mg/kg，外源镉残留率为 0.9，年输入量为 630 g/hm^2，耕层土重为 2 250 t/hm^2，则 20 a 后土壤 Cd 的浓度为

$$W_{20} = 0.19 \times 0.9^{20} + \frac{630}{2\,250} \times 0.9 \times \frac{1-0.9^{20}}{1-0.9} = 2.236 \text{ mg/kg}$$

上述计算表明，在年输入量为 630 g/hm^2 的情况下，20 a 后将会造成土壤镉超标。为了防止重金属的土壤污染，应采取切实而有效的措施。

（三）耕地土壤重金属污染防治的有效措施——土壤负载容量管控法

预测评价的主要目的是防止污染发生。在全面考量土壤重金属环境质量标准赋值的独立性和依存性的基础上，确认土壤重金属污染的防治可以采用负载容量管控法，从单一依靠质量标准的重金属终端控制，过渡到以负载容量为依据的管理模式（王玉军等，2015）。负载容量管控法既适用于正常土壤环境质量的管控，又适用于问题土壤的科学利用。

1. 从正常土壤考虑，可从单一标准过渡到双界面的过程管控

土壤环境质量标准不应该被视为土壤允许污染的限量值，所以单一标准的管理在土壤资源保护和可持续利用方面有一定的局限性；而负载容量管控法是双界面的过程控制，既考虑了污染物的临界值，又考虑了土壤背景值，是控制污染物在一定容量范围内的动态平衡，兼顾了土壤的自然环境质量和资源的可持续利用性。

2. 从污染和高背景值土壤考虑，有利于修复标准的确定和土壤的合理利用

耕地污染土壤修复的最终目标是恢复其原有的容量；而高背景值土壤的关键是“土宜”问题。临界值受多种因素的影响，例如，采用合适的修复或者改良措施使得容量值处于动态平衡状态，则特定农产品质量安全便可获得基本保证。同时，根据容量状况可评估种植结构调整、禁产地或弃耕地的合理性，跟踪修复效果，监测修复的时效性。

3. 从污染源影响的赔偿考虑，可为量化有偿利用和恢复容量的经济评估提供依据

根据外源物质所消耗的容量值，可将外源物质输入造成的容量损失作为经济赔偿的依据。

此外，根据负载容量的变化情况，可明确规定外源输入的允许量，控制外源输入物质，例如，当考虑磷肥中镉含量和肥料施用量时，在农产品品质和产量之间必须有一个良好的平衡。

4. 从责任主体考虑，有利于责任主体的认定和保护措施的落实

实行负载容量管控法，可明确土地使用者即为土壤环境保护的主体，对承包土地的环境质量具有不可推卸的保护义务，并可通过负载容量的测算量化保护的目标，明确赔偿责任。在责任主体的认定中有一个“原貌”和“现状”的问题，原貌是指某一种土壤原来的背景状况；现状是指勘查时的实际情况。负载容量管控法追求的目标是在距离背景状况一定范围内的动态平衡，如此才能保障良好的土壤环境质量，才能将“土壤可持续利用”的美好愿望变为现实。在进行主体责任认定时，“原貌”和“现状”两者并不矛盾，因为责任主体只对剩余容量负责，如果已经占用的容量已经到达或超过警戒线，则应对责任主体进行严加管控和合理利用，即原貌是管控的目标，现状是实事求是的责任认定。

思考题与习题

1. 在制订土土壤样品的采集方案时要考虑哪些问题？
2. 重金属和有机污染物分析的土壤样品在采集和处理中各应注意哪些问题？
3. 在采样和分析过程中如何进行质量控制？
4. 简述土壤重金属全量和有效态的测定方法。
5. 简述有机化合物的测定方法。
6. 叙述如何进行环境质量现状评价和环境质量影响评价。如何选择合适的评价方法？
7. 设计有关案例，阐述如何应用负载容量管控法来防止土壤重金属污染？

主要参考文献

蔡小虎，蔡述伟，时磊等. 2016. QuEChERS－GC/ECD 法分析土壤和沉积物中残留有机氯农药和多氯联苯. 环境监控与预警，8（3）：14～17
柴志德. 2008. 全国土壤污染状况调查样品采集质量保证. 环境科学与管理，33（7）：150～152
陈怀满. 2016. 耕地土壤环境质量评价中点对点土壤–农产品同时采样的重要性和必要性. 农业环境科学学报，35（3）：404
陈怀满等. 2010. 环境土壤学. 第 2 版. 北京：科学出版社
陈永山，骆永明，章海波等. 2011. 土壤样品中酞酸酯含量分析的前处理研究—提取液浓缩过程与净化的影响. 土壤学报，48（2）：311～319
储彬彬，罗立强. 2010. 铅锌矿区土壤重金属的 EDXRF 分析. 光谱学与光谱分析，30（3）：825～828
丁能飞，林义成，杨丽. 2007. 苍南县稻田土壤 • 稻米质量安全性评价研究. 安徽农业科学，35（4）：1068～1069
董德明，房春生，王菊等. 2002. 土壤样品采集和化学元素分析全过程质量控制比较研究. 分析化学，30（10）：1158～1162
董德明，房春生，朱先磊等. 2000a. 环境样品采集和分析质量保证研究的现状与进展. 吉林大学自然科学学报，（3）：85～90
董德明，朱先磊，房春生等. 2000b. 土壤样品分析全程质量控制方法及应用计算程序. 吉林大学自然科学学报，（1）：83～86
董彦，韩甜甜，沈向等. 2013. 我国农业土壤中 PAHs 研究现状. 山东农业大学学报（自然科学版），44（1）：155～159
樊建新，王玉军，崔晓丹等. 2013. 基于同步辐射的硬 X 射线荧光技术分析污染土壤中重金属分布. 生态与农村环境学报，29（3）：375～379
郭丽，惠亚梅，郑明辉等. 2007. 气相色谱-质谱联用测定土壤及底泥样品中的多环芳烃和硝基多环芳烃. 环境化学，26（2）：192～196
国彬，姚丽贤，何兆桓等. 2012. 土壤中磺胺类抗生素的检测方法优化及残留、降解研究. 土壤通报，43（2）：386～390
胡红美，郭远明，郝青等. 2016. 超声波萃取-分散固相萃取净化-气相色谱电子捕获法测定土壤或底泥中的多氯联苯. 分析化学，44（1）：88～94
化勇鹏，罗泽娇，程胜高等. 2012. 基于健康风险的场地土壤修复限值分析. 工业安全与环保，38（4）：68～71
黄玉娟，陈永山，骆永明等. 2013. 气相色谱-质谱联用内标法测定土壤中 11 种酞酸酯. 环境化学，32（4）：658～665
江桂斌. 2016. 环境样品前处理技术. 第 2 版. 北京：化学工业出版
黎莉，黄晶，曹旭静等. 2011. 土壤中多氯联苯分析方法研究进展. 污染防治技术，24（2）：16～20

李斌，刘昕宇，解启来等. 2014. 自动索氏抽提-凝胶渗透色谱（GPC）-气相色谱/质谱法测定沉积物中多环芳烃和有机氯农药. 环境化学，33（2）：236～242
刘凤枝，李玉浸. 2015. 土壤监测分析技术. 北京：化学工业出版社
刘利娟，崔明启，赵佳等. 2010. 同步辐射中能X射线近边吸收谱方法研究不同施肥制度对土壤中硫形态的影响. 核技术，33（1）：5～9
刘庆，杨红军，史衍玺等. 2012. 环境中邻苯二甲酸酯类（PAEs）污染物研究进展. 中国生态农业学报，20（8）：968～975
刘廷良，腾恩江，王晓慧等. 1997. 土壤环境监测现存问题与展望. 中国环境监测，13（1）：46～51
鲁如坤. 2000. 土壤农业化学分析方法. 北京：中国农业科技出版社
陆秀明，黄庆，刘怀珍等. 2007. 肥料对稻米产量和食用安全的影响. 广东农业科学，（6）：39～41
罗财红，孙静. 2008. 受污染土壤环境风险评估中存在的问题及对策. 安徽农业科学，36（10）：4241，4277
马丽丽，郭昌胜，胡伟等. 2010. 固相萃取-高效液相色谱-串联质谱法同时测定土壤中氟喹诺酮、四环素和磺胺类抗生素. 分析化学，38（1）：21～26
牟世芬. 2001. 加速溶剂萃取的原理及应用. 环境化学，20（3）：299～300
齐峰，王学军. 2000. 环境空间分析中常用采样方法及其对空间结构表达的影响. 环境科学学报，20（2）：207～212
齐文启，汪志国，孙宗光. 2007. 土壤污染分析中样品采集与前处理方法探讨. 现代科学仪器，4：55～58
饶竹，李松，何淼等. 2007. 高效液相色谱-荧光-紫外串联测定土壤中16种多环芳烃. 分析化学，35（7）：954～958
邵超英，张琢，施伟华等. 2009. 微波辅助萃取-气相色谱测定土壤中多氯联苯. 分析实验室，28（9）：119～122
沈亚婷. 2014. 原位微区同步辐射x射线荧光和近边吸收谱研究拟南芥幼苗及根际土壤中铅分布与形态特征. 光谱学与光谱分析，34（3）：818～822
师忠东. 2007. 污染土壤分析样品的采集与制备. 山西能源与节能，2：46～48
苏补拽，马建疆. 2015. 石墨炉原子吸收固体进样测定土壤中重金属. 内蒙古石油化工，（4）：14～15
田福林，刘成雁，王志嘉等. 2017. 气相色谱-串联质谱法测定土壤中多环芳烃和多氯联苯. 分析科学学报，33（2）：212～216
王本伟，胡文友，黄标等. 2012. 便携式X荧光光谱（PXRF）测定法在农田土壤重金属分析中的应用. 矿物岩石地球化学通报，31（5）：522～526
王华. 2005. 土地利用变更的土壤及地下水污染调查方法及实例. 环境污染与防治，3：221～224
王盛才，胡华勇，罗岳平等. 2007. GC-MS测定土壤中酞酸酯类化合物. 中国环境监测，23（4）：23～25
王硕，张晶，邵兵. 2013. 超高效液相色谱-串联质谱测定污泥中氯霉素、磺胺类、喹诺酮类、四环素类与大环内酯类抗生素. 分析测试学报，32（2）：179～185
王玉军，陈能场，刘存等. 2015. 土壤重金属污染防治的有效措施：土壤负载容量管控法——献给2015“国际土壤年”. 农业环境科学学报，34（4）：613～618
王玉军，刘存，周东美等. 2016. 一种农田土壤重金属影响评价的新方法：土壤和农产品综合质量指数法. 农业环境科学学报，35（7）：1225～1232
王玉军，吴同亮，周东美等. 2017. 农田土壤重金属污染评价研究进展. 农业环境科学学报，36（12）：2365～2378
吴迪，李存雄，邓琴等. 2010. 典型铅锌矿区土壤一农作物体系重金属含量及污染特征分析. 安徽农业科学，38（2）：849～851
吴启堂，Morel J L，Guckert A. 1994. 一个定量植物吸收重金属的原理模型. 土壤学报，31（1）：68～76
吴启堂，陈同斌. 1996. 地表生态系统污染物质迁移转化及模拟软件. 北京：中国农业科技出版社
夏丹，高丽荣，郑明辉等. 2017. 全二维气相色谱分析持久性有机污染物的应用进展. 色谱，35（1）：91～98
谢云峰，曹云者，杜晓明等. 2016. 土壤污染调查加密布点优化方法构建及验证. 环境科学学报，36（3）：981～989
尹娟，邓超冰，王晓飞等. 2016. 基于农田土壤重金属生物可给性的人体健康风险评价. 江西农业学报，28（12）：110～114
曾斌，胡立嵩，李庆新等. 2008. 土壤样品中有机污染物提取方法的研究新进展. 长江大学学报（自然科学版：农学卷），5（1）：74～78
张承中，李勇，吴曼莉等. 2015. 城市老工业区土壤重金属污染状况与健康风险评价. 工业安全与环保，41（6）：25～29
张茜，刘潇威，罗铭等. 2011. 快速溶剂（ASE）提取、凝胶渗透色谱（GPC）联合固相萃取（SPE）净化，高效液相色谱法测定土壤中的多环芳烃. 环境化学，30（4）：771～777
赵国峥，李长波，张洪林等. 2009. 土壤介质中有机物提取方法研究进展. 长春理工大学学报（自然科学版），32（2）：310～313
中国环境监测总站. 1990. 中国土壤元素背景值. 北京：中国环境科学出版社
周宝宣，袁琦. 2015. 土壤重金属检测技术研究现状及发展趋势. 应用化工，44（1）：131～138
周天泽，邹洪. 2006. 原子光谱样品处理技术. 北京：化学工业出版社
Amezcua-Allieri M A，Ávila-Chávez M A，Trejo A et al. 2012. Removal of polycyclic aromatic hydrocarbons from soil：A comparison between bioremoval and supercritical fluids extraction. Chemosphere，86（10）：985～993
Boudreault J P，Dubé J S，Sona M et al. 2012. Analysis of procedures for sampling contaminated soil using Gy's Sampling Theory and Practice. Science of the Total Environment，425：199～207
Cavallaro N，McBride M B. 1984. Zinc and copper sorption and fixation by an acid soil clay - effect of selective dissolutions. Soil Science Society of America Journal，48：1050～1054

Crepin R，Johnson L. 1993. Soil sampling for environmental assessment. In：Carter M R. Soil sampling and methods of analysis. Canada Society of Soil Science，Boca Raton，Florida：Lewis Publishers

Cui X D，Wang Y J，Hockrnann K et al. 2015. Effect of iron plaque on antimony uptake by rice（Oryza sativa L. ）. Environmental Pollution，204：133～140

Håkanson L. 1980. An ecological risk index for aquatic pollution control. A sedimen- tological approach. Water Research，14：975～1001

Han Y H，Ren L M，Xu K et al. 2015. Supercritical fluid extraction with carbon nanotubes as a solid collection trap for the analysis of polycyclic aromatic hydrocarbons and their derivatives. Journal of Chromatography A，1395：1～6

Hawthorne S B，Chai Y Z，Grabanski C B et al. 2012. Investigating differential binding of polychlorinated dibenzo-p-dioxins/dibenzofurans in soil and soil components using selective supercritical fluid extraction. Chemosphere，88（3）：261～269

He S，Chen Q Y，Sun Y et al. 2011. Determination of tobramycin in soil by HPLC with ultrasonic-assisted extraction and solid-phase extraction. Journal of Chromatography B，879（13～14）：901～907

Jurado-Sánchez B，Ballesteros E，Gallego M. 2013. Comparison of microwave assisted，ultrasonic assisted and Soxhlet extractions of N-nitrosamines and aromatic amines in sewage sludge，soils and sediments. Science of the Total Environment，463～464：293～301

Kenessov B，Koziel J A，Bakaikina N V et al. 2016. Perspectives and challenges of on-site quantification of organic pollutants in soils using solid-phase microextraction. Trends in Analytical Chemistry，85：111～122

Mamindy-Pajany Y，Sayen S，Mosselmans J F W et al. 2014. Copper，nickel and zinc speciation in a biosolid-amended soil：pH adsorption edge，mu-XRF and mu-XANES Investigations. Environmental Science & Technology，48：7237～7244

Müller G. 1979. Schwermetalle in den sedimenten des rheinsveränderungen seit 1971. Umschau in Wissenschaft und Technik，79（24）：778～783

Nachtegaal M，Sparks D L. 2004. Effect of iron oxide coatings on zinc sorption mechanisms at the clay-mineral/water interface. Journal of Colloid and Interface Science，276：13～23

Strawn D G，Baker L L. 2007. Speciation of Cu in a contaminated agricultural soil measured by XAFS，μ-XAFS，and μ-XRF. Environmental Science & Technology，42：37～42

Van Damme A，Degryse F，Smolders E et al. 2010. Zinc speciation in mining and smelter contaminated overbank sediments by EXAFS spectroscopy. Geochimica Et Cosmochimica Acta，74：3707～3720

Van Ee J J，Blume L J，Starks T H. 1990. A rationale for the assessment of errors in the sampling of soils. Las Vegas，NV：US Environmental Protection Agency，Environmental Monitoring Systems Laboratory

Wu Q T，Xu Z L，Meng Q Q et al. 2004. Charaterization of Cd desorption in soils and its relationship to plant uptake and Cd leaching. Plant and Soil，258（1）：217～226

Zhang Y N，Yang X L，Bian Y R et al. 2016. An accelerated solvent extraction-solid phase extraction-high performance liquid chromatographic method for determination of polycyclic aromatic hydrocarbons in soil and earthworm samples. Chinese Journal of Analytical Chemistry，44（10）：1514～1520

建议进一步阅读的文献

李国刚. 2008. 空气和土壤中持久性有机污染物监测分析方法. 北京：中国环境科学出版社

刘多森. 2002. 土壤中有机污染物的降解动力学建模. 见：陈怀满等. 土壤中化学物质的行为与环境质量. 北京：科学出版社

刘凤枝，李玉浸. 2015. 土壤监测分析技术. 北京：化学工业出版社

鲁如坤. 2000. 土壤农业化学分析方法. 北京：中国农业科技出版社

骆永明. 2017. 土壤污染毒性、基准与风险管理. 北京：科学出版社

齐文启，孙宗光. 2001. 痕量有机污染物的监测. 北京：化学工业出版社

Boudreault J P，Dubé J S，Sona M et al. 2012. Analysis of procedures for sampling contaminated soil using Gy's Sampling Theory and Practice. Science of the Total Environment，425：199～207

Pansu M，Gautheyrou J. 2006. Handbook of soil analysis：Mineralogical，organic and inorganic methods. Berlin，Heidelberg，New York：Springer

Peverill K I，Sparrow L A，Reuter D J. 1999. Soil analysis：An interpretation manual. Collingwood VIC：CSIRO Publishing

Rocco C，Duro I，Rosa S D. 2016. Composite vs. discrete soil sampling in assessing soil pollution of agricultural sites affected by solid waste disposal. Journal of Geochemical Exploration，170：30～38

附表 1　中国土壤元素背景值（A 层）

（数据引自中国环境监测总站，1990）

19 K 钾 0.03 4.87 1.86 0.463	
19	原子序数
K	元素符号
钾	元素名称
0.03	最小值
4.87	最大值
1.86	算术平均值
0.463	标准差

单位:
Al, Ca, Corg, Fe, K, Mg, Na, Ti 为百分含量，其余为 mg/kg

族／周期	ⅠA	ⅡA	ⅢB	ⅣB	ⅤB	ⅥB	ⅦB	Ⅷ	Ⅷ	Ⅷ	ⅠB	ⅡB	ⅢA	ⅣA	ⅤA	ⅥA	ⅦA	0	电子层
1	1 H 氢																	2 He 氦	K
2	3 Li 锂 2.00 225 32.5 15.48	4 Be 铍 0.001 10.0 1.95 0.731											5 B 硼 1.00 768 47.8 32.55	6 Corg 有机碳 0.006 53.1 1.80 1.91	7 N 氮	8 O 氧	9 F 氟 50 3467 478 197.7	10 Ne 氖	L K
3	11 Na 钠 0.01 6.07 1.02 0.626	12 Mg 镁 0.02 4.00 0.78 0.433											13 Al 铝 0.005 27.3 6.62 1.626	14 Si 硅	15 P 磷	16 S 硫	17 Cl 氯	18 Ar 氩	M L K
4	19 K 钾 0.03 4.87 1.86 0.463	20 Ca 钙 0.01 47.9 1.54 1.633	21 Sc 钪 0.03 61.7 11.10 3.540	22 Ti 钛 0.05 8.22 0.38 0.113	23 V 钒 0.46 1264 82.4 32.68	24 Cr 铬 2.20 1209 61.0 31.07	25 Mn 锰 1 5888 583 362.8	26 Fe 铁 0.12 12.5 2.94 0.948	27 Co 钴 0.01 93.9 12.7 6.40	28 Ni 镍 0.06 627 26.9 14.36	29 Cu 铜 0.33 272 22.6 11.41	30 Zn 锌 2.60 593 74.2 32.78	31 Ga 镓 1.70 46.0 17.5 7.46	32 Ge 锗 0.50 7.6 1.7 0.30	33 As 砷 0.01 626 11.2 7.86	34 Se 硒 0.006 9.13 0.290 0.255	35 Br 溴 0.13 126 5.40 6.247	36 Kr 氪	N M L K
5	37 Rb 铷 1 435 111 31.1	38 Sr 锶 6 5957 167 147.6	39 Y 钇 0.50 130 22.9 7.63	40 Zr 锆 1 871 256 105.4	41 Nb 铌	42 Mo 钼 0.10 75.1 2.0 2.54	43 Tc 锝	44 Ru 钌	45 Rh 铑	46 Pd 钯	47 Ag 银 0.001 0.84 0.132 0.098	48 Cd 镉 0.001 13.4 0.097 0.079	49 In 铟 0.001 0.25 0.068 0.032	50 Sn 锡 0.10 27.6 2.6 1.54	51 Sb 锑 0.002 87.6 1.21 0.676	52 Te 碲 0.004 1.02 0.035 0.025	53 I 碘 0.13 33.1 3.76 4.443	54 Xe 氙	O N M L K
6	55 Cs 铯 0.001 195 8.24 4.764	56 Ba 钡 5 1675 469 134.7	57-71 La-Lu 镧系	72 Hf 铪 0.002 62.5 7.72 2.537	73 Ta 钽 0.002 9.91 1.151 0.415	74 W 钨 0.10 146 2.48 1.219	75 Re 铼	76 Os 锇	77 Ir 铱	78 Pt 铂	79 Au 金	80 Hg 汞 0.001 45.9 0.065 0.080	81 Tl 铊 0.036 2.38 0.620 0.216	82 Pb 铅 0.68 1143 26.0 12.37	83 Bi 铋 0.06 12.1 0.37 0.211	84 Po 钋	85 At 砹	86 Rn 氡	P O N M L K
7	87 Fr 钫	88 Ra 镭	89-103 Ac-Lr 锕系	104	105	106	107	108	109										

57-71 镧系元素	57 La 镧 0.26 242 39.7 14.40	58 Ce 铈 0.02 265 68.4 23.48	59 Pr 镨 0.10 40.5 7.17 2.828	60 Nd 钕 0.05 100 26.4 8.65	61 Pm 钷	62 Sm 钐 0.004 20.1 5.22 1.764	63 Eu 铕 0.01 5.15 1.03 0.328	64 Gd 钆 0.19 16.8 4.60 1.466	65 Tb 铽 0.005 3.10 0.63 0.260	66 Dy 镝 0.07 14.4 4.13 1.309	67 Ho 钬 0.04 3.04 0.87 0.279	68 Er 铒 0.13 9.37 2.54 0.813	69 Tm 铥 0.04 1.40 0.37 0.115	70 Yb 镱 0.02 7.68 2.44 0.786	71 Lu 镥 0.002 1.90 0.36 0.108
89-103 锕系元素	89 Ac 锕	90 Th 钍 0.003 100 13.75 5.619	91 Pa 镤	92 U 铀 0.42 21.1 3.03 1.312	93 Np 镎	94 Pu 钚	95 Am 镅	96 Cm 锔	97 Bk 锫	98 Cf 锎	99 Es 锿	100 Fm 镄	101 Md 钔	102 No 锘	103 Lr 铹

附表 2 中国土壤（A 层）和世界土壤化学组成的中值

（数据引自中国环境监测总站，1990）

图例：

元素符号 →	19 K 钾 1.88 1.4	← 原子序数 ← 元素名称 ← 中值（世界）

元素符号 → K；中值（中国）→ 1.88；原子序数 ← 19；元素名称 ← 钾；中值（世界）← 1.4

单位:
Al, Ca, Corg, Fe, K, Mg, Na, O, Si, Ti 为百分含量，其余为 mg /kg

族 周期	I A	II A	IIIB	IVB	V B	VIB	VIIB	VIII	VIII	VIII	I B	II B	IIIA	IVA	V A	VIA	VIIA	0	电子层
1	1 H 氢																	2 He 氦	K
2	3 Li 锂 30.6 25	4 Be 铍 1.90 0.3											5 B 硼 41.0 20	6 Corg 有机碳 1.16 2	7 N 氮 - 2000	8 O 氧 - 49	9 F 氟 453 200	10 Ne 氖	L K
3	11 Na 钠 1.11 0.5	12 Mg 镁 0.74 0.5											13 Al 铝 6.65 7.1	14 Si 硅 - 33	15 P 磷 - 800	16 S 硫 - 700	17 Cl 氯 - 100	18 Ar 氩	M L K
4	19 K 钾 1.88 1.4	20 Ca 钙 0.93 1.5	21 Sc 钪 10.80 7	22 Ti 钛 0.38 0.5	23 V 钒 76.8 90	24 Cr 铬 57.3 70	25 Mn 锰 540 1000	26 Fe 铁 2.97 4	27 Co 钴 11.6 8	28 Ni 镍 24.9 50	29 Cu 铜 20.7 30	30 Zn 锌 68.0 9	31 Ga 镓 17.0 20	32 Ge 锗 1.7 1	33 As 砷 9.6 6	34 Se 硒 0.207 0.4	35 Br 溴 3.63 10	36 Kr 氪	N M L K
5	37 Rb 铷 106 150	38 Sr 锶 147 250	39 Y 钇 22.1 40	40 Zr 锆 228 400	41 Nb 铌 - 10	42 Mo 钼 1.1 1.2	43 Tc 锝	44 Ru 钌	45 Rh 铑	46 Pd 钯	47 Ag 银 0.100 0.05	48 Cd 镉 0.079 0.35	49 In 铟 0.064 1	50 Sn 锡 2.3 4	51 Sb 锑 1.07 1	52 Te 碲 0.029 -	53 I 碘 2.20 5	54 Xe 氙	O N M L K
6	55 Cs 铯 7.02 4	56 Ba 钡 454 500	57-71 La-Lu 镧系	72 Hf 铪 7.36 6	73 Ta 钽 1.085 2	74 W 钨 2.27 1.5	75 Re 铼	76 Os 锇	77 Ir 铱	78 Pt 铂	79 Au 金	80 Hg 汞 0.038 0.06	81 Tl 铊 0.580 0.2	82 Pb 铅 23.5 35	83 Bi 铋 0.31 0.2	84 Po 钋	85 At 砹	86 Rn 氡	P O N M L K
7	87 Fr 钫	88 Ra 镭 - 8×10^{-7}	89-103 Ac-Lr 锕系	104	105	106	107	108	109										

57-71 镧系元素	57 La 镧 36.8 40	58 Ce 铈 65.2 50	59 Pr 镨 6.57 7	60 Nd 钕 25.2 35	61 Pm 钷	62 Sm 钐 4.99 4.5	63 Eu 铕 1.00 1	64 Gd 钆 4.44 4	65 Tb 铽 0.59 0.7	66 Dy 镝 4.03 5	67 Ho 钬 0.84 0.6	68 Er 铒 2.47 2	69 Tm 铥 0.36 0.6	70 Yb 镱 2.35 3	71 Lu 镥 0.35 0.4
89-103 锕系元素	89 Ac 锕	90 Th 钍 12.40 9	91 Pa 镤	92 U 铀 2.72 2	93 Np 镎	94 Pu 钚	95 Am 镅	96 Cm 锔	97 Bk 锫	98 Cf 锎	99 Es 锿	100 Fm 镄	101 Md 钔	102 No 锘	103 Lr 铹